国家出版基金项目
NATIONAL PUBLICATION FOUNDATION

"十三五"国家重点图书出版规划项目
当代科学技术基础理论与前沿问题研究丛书

自然语言
计算机形式分析的理论与方法

Theory and Method for Formal Analysis
of Natural Language by Computer

中国科学技术大学出版社

冯志伟　著

内 容 简 介

自然语言计算机形式分析是横跨语言学、计算机科学和数学的一个交叉研究领域，是自然语言计算机处理的关键。自然语言是信息最主要的负荷者，在当今信息网络时代，计算机已经日益普及，普通计算机用户可以使用的语言资源正以惊人的速度飞快增长。互联网主要是由自然语言构成的，它已经成为了极为丰富的语言信息资源；移动通信也是以自然语言为媒介的，它已经渗透到日常生活的各个领域。因此，自然语言计算机形式分析对于国家的信息化建设，对于互联网和移动通信的安全具有重要作用。

本书对自然语言处理中的各种理论和方法进行了系统的总结和梳理。首先讨论了自然语言处理的学科定位；接着介绍了语言计算的一些先驱研究；然后以主要的篇幅讨论自然语言处理中的各种形式模型，包括基于短语结构语法的形式模型、基于合一运算的形式模型、基于依存和配价的形式模型、基于格语法的形式模型、基于词汇主义的形式模型、语义自动处理的形式模型、系统功能语法、语用自动处理的形式模型、概率语法、Bayes 公式与动态规划算法、N 元语法和数据平滑、隐 Markov 模型（HMM）、语音自动处理的形式模型、统计机器翻译的形式模型；同时还讨论了自然语言处理系统的评测问题；最后从哲学的角度讨论了自然语言处理中的理性主义和经验主义，探索理性主义方法和经验主义方法相结合的途径。

本书说理透彻、语言流畅、实例丰富、深入浅出，适合从事自然语言处理研究的科研人员、大学师生阅读，也可以作为人工智能、计算语言学等课程的教学参考书。

图书在版编目(CIP)数据

自然语言计算机形式分析的理论与方法/冯志伟著. —合肥：中国科学技术大学出版社,2017.1

（当代科学技术基础理论与前沿问题研究丛书）

"十三五"国家重点图书出版规划项目

国家出版基金项目

ISBN 978-7-312-04130-3

Ⅰ.自⋯ Ⅱ.冯⋯ Ⅲ.自然语言处理—研究 Ⅳ.TP391

中国版本图书馆 CIP 数据核字(2016)第 325329 号

出版	中国科学技术大学出版社
	安徽省合肥市金寨路 96 号,230026
	http://press.ustc.edu.cn
印刷	安徽联众印刷有限公司
发行	中国科学技术大学出版社
经销	全国新华书店
开本	787 mm×1092 mm 1/16
印张	53.5
字数	1135 千
版次	2017 年 1 月第 1 版
印次	2017 年 1 月第 1 次印刷
印数	1—1000 册
定价	198.00 元

序

采用计算机技术来研究和处理自然语言是 20 世纪 40 年代末期才开始的，六十多年来，这项研究取得了长足的进展，形成了当代计算机科学中一门重要的新兴学科——自然语言处理（Natural Language Processing，NLP）。在信息网络时代，自然语言处理引起了包括计算机专家和语言学家在内的越来越多的学者的重视，成为了一门文科和理科紧密结合的典型的交叉学科。

由于现实的自然语言极为复杂，不可能直接作为计算机的处理对象，为了使现实的自然语言成为可以由计算机直接处理的对象，在自然语言处理的各个应用领域中，我们都需要根据处理的要求，把自然语言处理抽象为一个"问题"（problem），再把这个问题在语言学上加以"形式化"（formalism），建立语言的"形式模型"（formal model），使之能以一定的数学形式，严密而规整地表示出来，并且把这种严密而规整的数学形式表示为"算法"（algorithm），建立自然语言处理的"计算模型"（computational model），使之能够在计算机上实现。在自然语言处理中，算法取决于形式模型。形式模型是自然语言计算机处理的本质，而算法只不过是实现形式模型的手段而已。这种建立语言形式模型的研究是非常重要的，它应当属于自然语言处理的基础理论和方法研究。

本书对自然语言处理中的各种理论和方法进行了系统的总结和梳理。首先讨论了自然语言处理的学科定位；接着介绍了语言计算的一些先驱研究；然后以主要的篇幅讨论自然语言处理中的各种形式模型，包括基于短语结构语法的形式模型、基于合一运算的形式模型、基于依存和配价的形式模型、基于格语法的形式模型、基于词汇主义的形式模型、语义自动处理的形式模型、系统功能语法、语用自动处理的形式模型、概率语法、Bayes 公式与动态规划算法、N 元语法和数据平滑、隐 Markov 模型（HMM）、语音自动处理的形式模型、统计机器翻译的形式模型；同时还讨论了自然语言处理系统的评测问题；最后从哲学的角度讨论了自然语言处理中的理性主义和经验主义，探索理性主义方法和经验主义方法相结合的途径。

早在 20 世纪 50 年代我在北京大学求学时，就对自然语言的数学模型研究产生了兴趣，毅然从理科转到文科，师从王力、岑麒祥、朱德熙等著名语言学家学习语言学，探讨语言研究中的数学方法；后来考上了理论语言学的研究生，试图从理论上探讨自然语言处理的形式模型。可惜不久就发生了"文化大革命",我被分配到边疆当了一名中学物理教员。

1978年高考制度恢复,我考入了中国科学技术大学研究生院。入学之后,学校公派我到法国格勒诺布尔理科医科大学应用数学研究所(IMAG)自动翻译中心(CETA)留学,师从法国著名数学家、国际计算语言学委员会主席 B. Vauquois(沃古瓦)教授,系统地学习计算机科学知识和数学知识,并专门研究文理交叉的自然语言处理问题,把语言学、计算机科学和数学紧密地结合起来。

中国科学技术大学使我有机会重新回到自然语言处理的队伍,使我有可能为我毕生钟爱的这个学科尽自己的绵薄之力。现在,中国科学技术大学出版社又决定出版我的专著,并为此申请了国家出版基金,使我有机会系统地总结自己研究自然语言形式分析技术的经验和教训。我永远也忘不了中国科学技术大学对我的恩情。

我从事自然语言处理已经五十多年了。五十多年前,我还是一个不谙世事的小青年,现在,我已经是年过花甲、白发苍苍的古稀老人了。我们这一代人正在一天天地变老;然而,我们如痴如醉地钟爱着的自然语言处理事业却是一门新兴的学科,它还非常年轻,充满了青春的活力,尽管它还比较稚嫩,还不够成熟,但是它无疑地有着光辉的发展前景。我们个人的生命是有限的,而科学知识的探讨和研究却是无限的。我们个人渺小的生命与科学事业这棵长青的参天大树相比较,显得多么微不足道,如沧海之一粟。想到这些,怎不令我们感慨万千!"书山有路勤为径,学海无涯苦作舟。"我们应当勤苦地工作,把个人的有限的生命投入到无限的科学知识的探讨和研究中去,从而实现人生的价值。

在本书的写作过程中,我参考了国内外时贤著作多种,没有他们丰厚的研究成果,本书是不可能写出来的。在此,我对他们表示诚挚的谢意,就不一一列名道谢了。

本书涉及语言学、计算机科学、数学等多个领域的知识。我自己水平有限,错误在所难免,敬请广大读者提出宝贵的意见。

冯志伟

2016年1月于杭州下沙钱塘江畔

目　次

第 18 章
自然语言处理中的理性主义与经验主义　803

附录
走在文理结合的道路上

第 1 章

自然语言处理的学科定位

采用计算机技术来研究和处理自然语言是 20 世纪 40 年代末才开始的,六十多年来,这项研究取得了长足的进展,成为了当代计算机科学中一门重要的新兴学科——自然语言处理(Natural Language Processing, NLP)。在信息网络时代,自然语言处理引起了越来越多的学者的重视,成为一门"显学",人们提出了各种不同的理论和方法。

在工业革命时代,人类需要探索物质世界的奥秘。由于物质世界是由原子和各种基本粒子构成的,因此,研究原子和各种基本粒子的物理学成了非常重要的学科;在信息网络时代,由于信息网络主要是由语言构成的,因此,我们可以预见,在不久的将来,研究语言结构的自然语言处理必定也会成为像物理学一样非常重要的学科。物理学研究物质世界中各种物理运动的规律,而自然语言处理则研究信息网络世界中语言载体的规律。自然语言处理的重要性完全可以与物理学媲美,它们将成为未来科学世界中举足轻重的双璧。这是我们在直觉上的一种估计,我们坚信这样的估计将会成为活生生的现实。

在这样的情况下,如何对自然语言处理进行正确的学科定位,使我们认识到自然语言处理在整个学科体系中的位置,从而自觉地推动自然语言处理的发展,是一个至关重要的问题。

我们可以从自然语言处理的过程、自然语言处理的范围以及自然语言处理的历史三个角度来考察自然语言处理的学科定位问题。从自然语言处理的过程来考察它的学科定位,是从纵的角度来讨论;从自然语言处理的范围来考察它的学科定位,是从横的角度来讨论。纵横交错,我们对于自然语言处理的学科定位就可以在共时的平面上得到比较清晰的认识。最后,我们再从自然语言处理的历史来考察,也就是从发展的角度来讨论。这样,我们对于自然语言处理的学科定位就可以在历时的平面上得到比较清晰的认识。

1.1 从自然语言处理的过程
来考察其学科定位

首先,我们从自然语言处理的过程,也就是从纵的角度来讨论这个问题。

我们认为,计算机对自然语言的研究和处理,一般应经过如下四个方面的过程:

● 把需要研究的问题在语言学上加以形式化,建立语言的形式化模型,使之能以一定的数学形式,严密而规整地表示出来。这个过程可以叫作"形式化"。

● 把这种严密而规整的数学形式表示为算法。这个过程可以叫作"算法化"。

● 根据算法编写计算机程序,使之在计算机上实现,建立各种实用的自然语言处理系统。这个过程可以叫作"程序化"。

● 对于所建立的自然语言处理系统进行评测,不断地改进其质量和性能,以满足用户的要求。这个过程可以叫作"实用化"。

美国计算机科学家 Bill Manaris(马纳利斯)在 1999 年出版的《计算机进展》(*Advances in Computers*)第 47 卷的《从人-机交互的角度看自然语言处理》一文中曾经对自然语言处理提出了如下的定义:

"自然语言处理可以定义为研究在人与人交互中以及在人与计算机交互中的语言问题的一门学科。自然语言处理要研制表示语言能力(linguistic competence)和语言应用(linguistic performance)的模型,建立计算框架来实现这样的语言模型,提出相应的方法来不断地完善这样的语言模型,根据这样的语言模型设计各种实用系统,并探讨这些实用系统的评测技术。"这个定义的英文如下:"NLP could be defined as the discipline that studies the linguistic aspects of human-human and human-machine communication, develops models of linguistic competence and performance, employs computational frameworks to implement process incorporating such models, identifies methodologies for iterative refinement of such processes/models, and investigates techniques for evaluating the result systems."

Manaris 关于自然语言处理的这个定义,比较全面地表达了计算机对自然语言的研究和处理的上述四个方面的过程。我们认同这样的定义。

在 2001 年的美国电影《太空漫游》(*A Space Odyssey*,Stanley Kubrick 和 Arthur C. Charke 编)中机器人 HAL 和 Dave 进行了如下对话:

Dave Bownman:Open the pod bay doors,HAL.

HAL:I'm sorry Dave,I'am afraid I can't do that.

(Dave Bownman:HAL,请你打开太空舱的分离舱门。

HAL:对不起,Dave,我不能这样做。)

HAL 实际上是一台名为"9000"的电子计算机,这台计算机具有 20 世纪最受人们认可的一些特征。HAL 实际上是一个具有高级的语言处理能力并且能够说英语和理解英语的智能机器人(artificial agent),在影片情节的关键时刻,HAL 甚至能够进行唇读(reading lip)。上面就是电影中的角色 Dave 先生请求智能机器人 HAL 打开宇宙飞船的分离舱门时与 HAL 之间的一段对话。作者 Arthur C. Charke 曾经乐观地预言,到一定的时候,我们就可以制造出像 HAL 这样的智能机器人。但是,现在我们离这样的预言还有多远呢?为了让 HAL 具有与语言相关的能力,我们究竟还应该做些什么呢?

我们认为，像 HAL 这样的机器人至少应该能通过语言与人类进行交流。其中包括通过语音识别（speech recognition）和自然语言理解（natural language understanding，当然包括唇读）来与人类沟通，通过自然语言生成（natural language generation）和语音合成（speech synthesis）来与人类交互。HAL 也应该能够做信息检索（information retrieval，发现它所需要的文本资源在哪里）和信息抽取（information extraction，从文本资源中抽取它所需要的信息），并且进行知识推理（reference，根据已知的事实推出结论）。

尽管这些问题现在还远远没有完全解决，但 HAL 需要的一些与语言相关的技术现在已经研发出来了，并且有一部分技术已经商品化。解决这样的问题以及其他类似的问题，是自然语言处理、计算语言学、语音识别与语音合成的主要研究内容。我们把它们统称为语音与语言的计算机处理，或者简单地称为自然语言处理，因此，自然语言处理也同时包括了语音处理的内容。

像 HAL 这样有复杂的语言能力的智能机器人将要求具有非常广泛和深刻的语言知识。我们只要读一读前面 HAL 和 Dave 之间进行的对话，就可以了解到这样复杂的应用所需要的语言知识的范围和种类。

为了确定 Dave 讲什么，HAL 必须能够分析它所接收的声音信号，并且把 Dave 的这些信号复原成词的系列。与此相似，为了生成回答，HAL 必须把它的回答组织成词的系列，并且生成 Dave 能够识别的声音信号。要完成这两方面的任务，需要语音学（phonetics）和音系学（phonology）的知识，这样的知识可以帮助我们建立词如何在话语中发音的模型。

值得注意的是，HAL 还能够说出如 I'm 和 can't 这样的缩约形式。HAL 必须把它们分别还原为 I am 和 can not，才能在它的词库中找到这些单词的对应物，从而明白这些缩约形式究竟代表什么样的语言成分。HAL 还要能够产生并且识别单词的这样或那样的变体（例如，识别 doors 是复数）。这些都要求 HAL 具有形态学方面的知识，这些知识能够反映关于上下文中词的形态和行为的有关信息。

除了处理一个一个的单词之外，HAL 还应该知道怎样分析 Dave 所提出的请求的结构。这样的分析能够使 HAL 确定，Dave 说的话是关于要 HAL 采取某种行动的一个请求，这样的请求不同于下面关于陈述客观世界的简单命题，也不同于下面关于 door 的问话，它们是 Dave 请求的不同变体：

HAL, the pod bay door is open.（HAL，分离舱的门是开着的。）

HAL, is the pod bay door open?（HAL，分离舱的门是开着的吗?）

此外，HAL 还必须使用类似的结构知识把一个一个的单词组织成为符号串，构成它的回答。例如，HAL 必须知道，下面的单词序列对于 Dave 是没有意义的，尽管这个单词系列所包含的单词与它原来的回答中所包含的单词完全一样：

I'm I do, sorry that afraid Dave I'm can't.

这里所说的关于组词成句的知识,叫作句法(syntax)。

显而易见,如果只是知道 Dave 所说的话语的各个单词以及句法结构,并不能使 HAL 了解 Dave 提出的请求的实质。为了理解 Dave 的请求事实上是关于要求打开 pod bay door(分离舱门)的一个命令,而不是讲关于当天中饭的菜单的事情,就要有复合词的语义的知识、词汇语义学(lexical semantics)的知识以及如何把这样的复合词组成更大意义的知识,即关于组合语义学(compositional semantics)的知识。pod bay door 按照字面逐词翻译是"豆荚-海湾-门",但是它们组合成的意思却是"分离舱门"。这是关于科学技术术语(terminology)的知识。

另外,尽管智能机器人 HAL 的行为还不十分熟练,但它也应该充分地懂得如何对 Dave 表示礼貌。例如,它不要简单地回答 No 或者 No, I won't open the door。HAL 首先用表示客气的话(I'm sorry 和 I'm afraid)回答,然后委婉地说 I can't,而不是直截了当地说 I won't。这种礼貌和委婉语言的用法属于语用学(pragmatics)的研究领域。

最后,HAL 不是简单地无视 Dave 的请求,让门继续关着,而是对于 Dave 开始的请求,选择结构会话的方式来对待。HAL 在它给 Dave 的回答中,正确地使用单词 that 来简单地表示会话中话段之间的共同部分。正确地把这样的会话组织成结构,需要话语规约(discourse convention)的知识。

因此,我们认为,建立自然语言处理模型需要如下九个不同平面的知识:

- 声学和韵律学的知识:描述语言的节奏、语调和声调的规律,说明语音怎样形成音位。
- 音位学的知识:描述音位的结合规律,说明音位怎样形成语素。
- 形态学的知识:描述语素的结合规律,说明语素怎样形成单词。
- 词汇学的知识:描述词汇系统的规律,说明单词本身固有的语义特性和语法特性。
- 句法学的知识:描述单词(或词组)之间的结构规则,说明单词(或词组)怎样形成句子。
- 语义学的知识:描述句子中各个成分之间的语义关系,这样的语义关系是与情景无关的,说明怎样从构成句子的各个成分中推导出整个句子的语义。
- 话语分析的知识:描述句子与句子之间的结构规律,说明怎样由句子形成话语或对话。
- 语用学的知识:描述与情景有关的情景语义,说明怎样推导出句子具有的与周围话语有关的各种含义。
- 外界世界的常识性知识:描述关于语言使用者和语言使用环境的一般性常识,例如语言使用者的信念和目的,说明怎样推导出这样的信念和目的内在的结构。

当然,关于自然语言处理所涉及的知识平面还有不同的看法,不过,一般而言,大多数的自然语言处理研究人员认为,这些语言学知识至少可以分为词汇学知识、句法学知识、语义学知识和语用学知识等平面。每一个平面传达信息的方式各不相同。例如,词汇学平面可能涉及具体的单词的构成成分(例如语素)以及它们的屈折变化形式的知识;句法学平面可能涉及在具体的语言中单词或词组怎样结合成句子的知识;语义学平面可能涉及怎样给具体的单词或句子指派意义的知识；语用学平面可能涉及在对话中话语焦点的转移以及在给定的上下文中怎样解释句子含义的知识。

下面我们具体说明在自然语言处理中这些知识平面的一般情况。如果我们对计算机发一个口头的指令"Delete file x"（删除文件 x），我们要通过自然语言处理系统让计算机理解这个指令的含义，并且执行这个指令，一般来说需要经过处理，过程如图 1.1 所示。

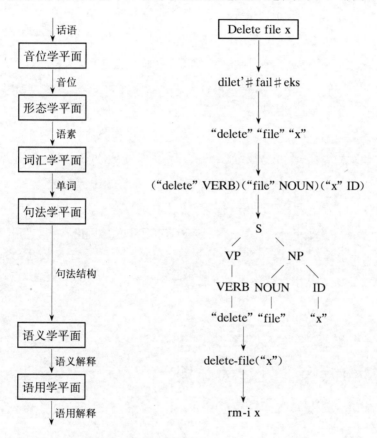

图 1.1　自然语言处理系统中的知识平面

从图 1.1 中可以看出，自然语言处理系统首先把指令"Delete file x"在音位学平面转化成音位系列"dilet'♯fail♯eks"；然后在形态学平面把这个音位系列转化为语素系列"delete""file""x"；接着在词汇学平面把这个语素系列转化为单词系列并标注相应的词性：（"delete"VERB）（"file"NOUN）（"x"ID）；在句法学平面进行句法分析，得到这个单词系列的句法结构，用树形图表示；在语义学平面得到这个句法结构的语义解释：delete-file（"x"）；在语用学平面得到这个指令的语用解释"rm-i x"，最后让计算机执行这个指令。

这个例子来自美国自然语言处理学者 Wilensky（威林斯基）为 UNIX 设计的一个语音理解界面，叫作 UNIX Consultant。这个语音理解界面使用了上述的第 1 至第 6 个平面的知识，得到口头指令"Delete file x"的语义解释：delete-file（"x"）；然后使用第 8 个平面的语用学知识把这个语义解释转化为计算机的指令语言"rm-i x",让计算机执行这个指令,这样便可以使用口头指令来指挥计算机的运行了。

　　不同的自然语言处理系统需要的知识平面可能与 UNIX Consultant 不一样,根据实际应用的不同要求,很多自然语言处理系统只需要使用上述九个平面中的部分平面的知识就行了。例如,书面语言的机器翻译系统只需要第 3 至第 7 个平面的知识,个别的机器翻译系统还需要第 8 个平面的知识,语音识别系统只需要第 1 至第 5 个平面的知识。

　　上述九个平面的知识主要涉及的是语言学知识,所以我们认为自然语言处理原则上是一个语言学问题。除了语言学之外,自然语言处理还涉及如下的知识领域:

- 计算机科学:给自然语言处理提供模型表示、算法设计和计算机实现的技术。
- 数学:给自然语言处理提供形式化的数学模型和形式化的数学方法。
- 心理学:给自然语言处理提供人类言语行为的心理模型和理论。
- 哲学:给自然语言处理提供关于人类的思维和语言的更深层次的理论。
- 统计学:给自然语言处理提供基于样本数据来预测统计事件的技术。
- 电子工程:给自然语言处理提供信息论的理论基础和语言信号处理技术。
- 生物学:给自然语言处理提供大脑中人类语言行为机制的理论。

　　因此,自然语言处理是一个多边缘的交叉学科。自然语言处理的研究,应该把这些学科的知识结合起来。每一个从事自然语言处理研究的人,都应该尽量使自己成为文理兼通、博学多识的人。

1.2　从自然语言处理的范围　来考察其学科定位

　　上面,我们从自然语言处理的过程,也就是从纵的角度,考察了自然语言处理的学科定位。下面,我们换一个角度,从自然语言处理的范围,也就是从横的角度来考察自然语言处理的学科定位。

　　自然语言处理的范围涉及众多的领域,如语音的自动识别与合成、机器翻译、自然语言理解、人机对话、信息检索、文本分类、自动文摘等等。我们认为,这些领域可以归纳为如下四个大的方向:

- 语言学方向:把自然语言处理作为语言学的分支来研究,它只研究语言及语言处理与计算相关的方面,而不管其在计算机上的具体实现。这个研究方向的最重要的研究领域是语法形式化理论和自然语言处理的数学理论。
- 数据处理方向:把自然语言处理作为开发语言研究相关程序以及语言数据处理的学科

来研究。这一方向的研究早期有术语数据库的建设、各种机器可读的电子词典的开发,近年来随着大规模语料库的出现,这个方向的研究显得更加重要。

● 人工智能和认知科学方向:把自然语言处理作为在计算机上实现自然语言能力的学科来研究,探索自然语言理解的智能机制和认知机制。这一方向的研究与人工智能以及认知科学关系密切。

● 语言工程方向:把自然语言处理作为面向实践的、工程化的语言软件开发来研究。这一方向的研究一般称为"人类语言技术"(Human Language Technique,HLT),或者称为"语言工程"(language engineering)。

2004 年,德国出版了一本叫作《计算语言学和语言技术》(*Computerlinguistik und Sprachtechnologie*)的专著,把目前自然语言处理的研究领域也分为四个方向(Carstensen 等,2004),与我们的分法大致相同。

这四个方向大致涵盖了当今自然语言处理研究的内容。更加细致地说,自然语言处理可以进一步细分为如下 13 个方面的内容:

1. 口语输入(spoken language input)

● 语音识别(speech recognition)。

● 信号表示(语音信号分析)(signal representation (voice signal analysis))。

● 鲁棒的语音识别(robust speech recognition)。

● 语音识别中的隐 Markov(马尔可夫)模型方法(HMM (Hidden Markov Model) methods in speech recognition)。

● 语言表示理论(语言模型)(language representation (language model))。

● 说话人识别(speaker recognition)。

● 口语理解(spoken language understanding)。

2. 书面语输入(written language input)

● 文献格式识别(document format analysis)。

● 光学字符识别:印刷体识别(OCR (Optical Character Recognition):print recognition)。

● 光学字符识别:手写体识别(OCR:handwriting recognition)。

● 手写界面(例如用笔输入的计算机)(handwriting as computer interface (e. g. pen computer))。

● 手写文字分析(例如签名验证)(handwriting analysis (e. g. signature verification))。

3. 语言分析和理解(language analysis and understanding)

● 小于句子单位的处理(形态分析、形态排歧)(sub-sentential processing (morphological analysis, morphological disambiguation))。

● 语法的形式化（例如上下文无关语法、词汇功能语法、中心语驱动的短语结构语法）（grammar formalisms（e. g. CFG，LFG，FUG，HPSG））。

● 针对基于约束的语法编写的词表（lexicons for constraint-based grammars）。

● 计算语义学（computational semantics）。

● 句子建模与剖析技术（sentence modeling and parsing）。

● 鲁棒的剖析技术（robust parsing）。

4. 语言生成（language generation）

● 句法生成（syntactic generation）。

● 深层生成（deep generation）。

5. 口语输出技术（spoken output technologies）

● 合成语音生成（synthetic speech generation）。

● 用于文本-语音合成（TTS）的文本解释（text interpretation for Text-To-Speech（TTS）synthesis）。

● 口语生成（从概念到语音）（spoken language generation（conception to speech））。

6. 话语分析与对话（discourse analysis and dialogue）

● 话语建模（discourse modeling）。

● 对话建模（dialogue modeling）。

● 口语对话系统（spoken language dialogue system）。

7. 文献处理（document processing）

● 文献检索（document retrieval）。

● 文本解释：信息抽取（text interpretation：extracting information）。

● 文本内容归纳（text summarization）。

● 文本写作和编辑的计算机支持（computer assistance in text creation and editing）。

● 工业和企业中使用的受限语言（controlled languages in industry and company）。

8. 多语（multilinguality）

● 机器翻译（machine translation）。

● 人助机译（human-aided machine translation）。

● 机助人译（machine-aided human translation）。

● 多语言信息检索（multilingual information retrieval）。

● 多语言语音识别（multilingual speech processing）。

● 自动语种验证（automatic language identification）。

9. 多模态(multimodality)

● 空间和时间的表示方法(从文本中自动抽取空间和时间的信息)(representations of space and time(automatic abstraction of space and time from text))。

● 文本与图像处理(text and images processing)。

● 口语与手势的模态结合(使用数据手套)(modality integration of speech and gesture (using data-gloves))。

● 口语与面部信息的模态结合:面部运动与语音识别(modality integration:facial movement & speech recognition)。

10. 信息的传输与存储(transmission and storage of message)

● 语音编码(语音压缩)(speech coding(speech compression))。

● 语音品质的提升(改善语音的品质)(speech enhancement(speech quality improvement))。

11. 自然语言处理中的数学方法(mathematical methods)

● 统计建模与分类(statistical modeling and classification)的数学理论。

● DSP(数字信号处理)技术(DSP(Digital Signal Processing) techniques)。

● 剖析算法(parsing techniques)的数学基础研究。

● 连接主义的技术(例如神经网络)(connectionist techniques(e.g. neural network))。

● 有限状态分析技术(finite state technology)。

● 语音和语言处理中的最优化技术和搜索技术(optimization and search in speech and language processing)。

12. 语言资源(language resources)

● 书面语料库(written language corpora)。

● 口语语料库(spoken language corpora)。

● 机器词典与词网(lexicons and word net)的建设。

● 术语编纂与术语数据库(terminology compiling and terminological databank)。

● 网络数据挖掘与信息提取(data-mining and information extract in Web)。

13. 自然语言处理系统的评测(evaluation)

● 面向任务的文本分析评测(evaluation of task-oriented text analysis)。

● 机器翻译系统和翻译工具的评测(evaluation of machine translation system and translation tools)。

● 大覆盖面的自然语言剖析器的评测(evaluation of broad-coverage natural-language parsers)。

● 人的因素与用户的可接受性(human factors and user acceptability)。

- 语音识别：评估与评测（speech recognition：assessment and evaluation）。
- 语音合成评测（evaluation of speech synthesis）。
- 系统的可用性和界面的评测（evaluation of usability and interface design）。
- 语音通信质量的评测（evaluation of speech communication quality）。
- 文字识别的评测（evaluation of character recognition）。

这 13 个方面的内容的研究对象都是自然语言，当然都涉及语言学。这些研究都要对语言进行形式化的描述，建立合适的算法，并在计算机上实现这些算法，因此，要涉及数学和计算机科学。口语输入、书面语输入、口语输出、信息传输与信息存储都需要电子工程的技术。多模态的计算机处理和话语分析涉及心理学，自然语言系统的评测也需要心理学的理论支持。空间和时间的表示方法涉及哲学，机器词典和词网的建设需要对知识进行分类，需要"本体知识体系"（ontology）的支持，也涉及哲学。书面语料库和口语语料库的加工需要使用统计方法，涉及统计学。神经网络的连接主义技术涉及生物学。可以看出，从横的角度来考察，自然语言处理也涉及语言学、计算机科学、数学、心理学、哲学、统计学、电子工程、生物学等领域。

不论从纵的角度还是从横的角度来考察，自然语言处理都是一个多边缘的交叉学科。由于自然语言处理的对象是自然语言，因此，它基本上是一个语言学科，但是它还涉及众多的学科，特别是涉及计算机科学和数学。前面我们从共时的平面考察自然语言处理的学科定位，下面我们进一步从历时的平面来考察这个问题。

1.3　从自然语言处理的历史
　　　来考察其学科定位

在历史上，自然语言处理曾经在计算机科学、电子工程、语言学和心理认知语言学等不同的领域分别被研究。之所以出现这种情况，是由于自然语言处理包括了一系列性质不同而又彼此交叉的学科，因此，从历时方面进行考察，也可以帮助我们进一步理解自然语言处理的学科定位。

1.3.1　萌芽期

早在计算机出现之前，英国数学家 A. M. Turing（图灵，1912～1954）就预见到未来的计算机将会对自然语言研究提出新的问题。

他在 1950 年发表的《机器能思维吗？》一文中指出："我们可以期待，总有一天机器会同人在一切的智能领域里竞争起来。但是，以哪一点作为竞争的出发点呢？ 这是一个很难决定的问题。许多人以为可以把下棋之类的极为抽象的活动作为最好的出发点，不过，我更倾向于支持另一种主张，这种主张认为，最好的出发点是制造出一种具有智能的、可用钱买到的机器，然后，教这种机器理解英语并且说英语。这个过程可以仿效小孩子说话的那种办法来进行。"Turing 提出，检验计算机智能高低的最好办法是让计算机来讲英语和理解英语，他天才地预见到计算机和自然语言将会结下不解之缘。

从 20 世纪 40 年代到 50 年代末这个时期是自然语言处理的萌芽期。自然语言处理研究的最早的根子可以追溯到第二次世界大战刚结束时的那个充满了理智的时代，那个时代刚发明了计算机。在自然语言处理的萌芽期，有三项基础性的研究特别值得注意：

- A. M. Turing 算法计算模型的研究。
- N. Chomsky（乔姆斯基）形式语言理论的研究。
- C. E. Shannon（香农）概率和信息论模型的研究。

20 世纪 50 年代提出的自动机理论来源于 Turing 在 1936 年提出的算法计算模型，这种模型被认为是现代计算机科学的基础。

Turing 的工作首先导致了 McCulloch-Pitts（麦克罗克-皮特）的神经元（neuron）理论。一个简单的神经元模型就是一个计算的单元，它可以用命题逻辑来描述。接着，Turing 的工作导致了 Kleene（克林）关于有限自动机和正则表达式的研究。Turing 是一个数学家，他的算法计算模型与数学有着密切的关系。

1948 年，Shannon 把离散 Markov 过程的概率模型应用于描述语言的自动机。1956 年，Chomsky 从 Shannon 的工作中吸取了有限状态 Markov 过程的思想，首先把有限状态自动机作为一种工具来刻画语言的语法，并且把有限状态语言定义为由有限状态语法生成的语言。由这些早期的研究工作产生了形式语言理论（formal language theory）这样的研究领域，采用代数和集合论把形式语言定义为符号的序列。Chomsky 在研究自然语言的时候首先提出了上下文无关语法（context-free grammar），随后，Backus（巴库斯）和 Naur（瑙尔）等在描述 ALGOL 程序语言的工作中，分别于 1959 年和 1960 年也独立地发现了这种上下文无关语法。这些研究都把数学、计算机科学与语言学巧妙地结合了起来。

Chomsky 在他的研究中，把计算机程序设计语言与自然语言置于相同的平面上，用统一的观点进行研究和界说。

Chomsky 在《自然语言形式分析导论》一书中，从数学的角度对语言提出了新的定义，指出："这个定义既适用于自然语言，又适用于逻辑和计算机程序设计理论中的人造语言。"[1]在《语法的形式特性》一书中，他专门用了一节的篇幅来论述程序设计语言，讨论了有关程序设计语言的编译程序问题。这些问题，是作为"组成成分结构的语法的形式研究"[2]，从数学的

---

[1]　Chomsky N, Miller G A. Introduction to the Formal Analysis of Natural Languages [M]. New York: Wiley, 1963.

[2]　Chomsky N. Formal Properties of Grammar [M]. New York: Wiley, 1963.

角度提出来，并从计算机科学理论的角度来探讨的。他在《上下文无关语言的代数理论》一文中提出："我们这里要考虑的是各种生成句子的装置，它们又以各种各样的方式，同自然语言的语法和各种人造语言的语法二者都有着密切的联系。我们将把语言直接地看成在符号的某一有限集合 V 中的符号串的集合，而 V 就叫作该语言的词汇……我们把语法看成是对程序设计语言的详细说明，而把符号串看成是程序。"[①]在这里，Chomsky 把自然语言和程序设计语言放在同一平面上，从数学和计算机科学的角度，用统一的观点来考察，对"语言""词汇"等语言学中的基本概念，获得了高度抽象化的认识。

这个时期的另外一项基础研究工作是用于语音和语言处理的概率算法的研制，这是 Shannon 的另一个贡献。Shannon 把通过诸如通信信道或声学语音这样的媒介传输语言的行为比喻为噪声信道（noisy channel）或者解码（decoding）。Shannon 还借用热力学的术语"熵"（entropy）来作为测量信道的信息能力或者语言的信息量的一种方法，并且他采用手工方法

来统计英语字母的概率，然后使用概率技术首次测定了英语的熵为 4.03 位。

这些研究与数学和统计学有着密切的联系，属于信息论（information theory）的基础性研究。

语音自动处理的研究是自然语言处理的一个重要方面，这样的研究源远流长。

早在 1780 年，von Kempeln（肯普棱，1734～1804，图 1.2）就发明了 Kempeln 机（图 1.3）来模拟人的发音。

图 1.2   von Kempeln

这种机器实际上是一种皮制的共鸣箱。图 1.3（a）模拟肺部，控制鼓风器就可以产生气流；图 1.3（b）模拟口腔和鼻腔，用两个指头压住鼻腔，机器就发出鼻音；图 1.3（c）模拟清辅音的产生机制，口腔后部关闭，通过空气振动发出不同的清辅音。

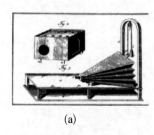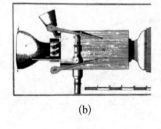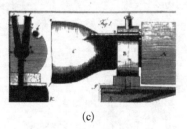

(a)   (b)   (c)

图 1.3   Kempeln 机

Riezs（利兹）于 1937 年设计了一个机械的声腔。如图 1.4 所示。

---

①   Chomsky N, Schützenberger M P. The algebraic theory of context-free grammars[M]//Troelstra A S, Daleh D V, Beklemishev L. Computer Programming and Formal Systems. Amsterdam：North-Holland Publishing Company，1963.

前端模拟嘴唇(lip)和口腔(mouth),后端模拟咽喉(pharynx)和小舌(velum)。

20 世纪初,Homer Dudler(多德利,图 1.5)发明了 Dudler 机,这种装置又叫作 Voder 语音合成器(图 1.6)。

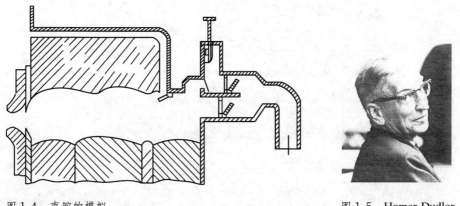

图 1.4　声腔的模拟　　　　　　　　　　　　　　　　图 1.5　Homer Dudler

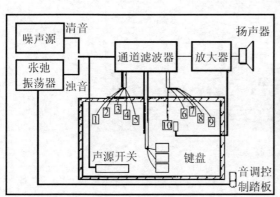

图 1.6　Voder 语音合成器

Dudler 机可以合成英语,它在 1939 年的纽约国际博览会上展出。

1936 年英国人设计出了说话钟(speaking clock),如图 1.7 所示。

语音信号存储在四个玻璃盘上,分别发出"时、分、秒"的语音信息。

图 1.8 为技术员在调节说话钟的放大器。

Hapkin 实验室的 Copper(库泊)研制了语音模式再生装置(pattern playback,图 1.9)。光束通过棱镜和 45°的平面镜投射到声谱图上,声谱图上表示语音模式的声谱转换为语音信号,经过放大器由喇叭输出。

1946 年,König(科尼希)等研究了声谱。声谱和实验语音学的基础研究为尔后语音识别

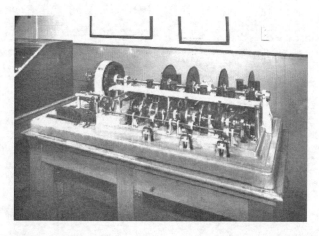

图 1.7　说 话 钟

图 1.8　技术员在调节说话钟的放大器

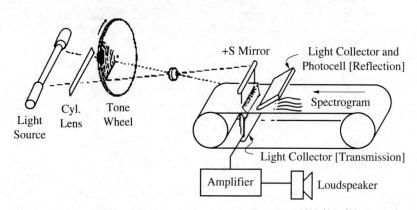

图 1.9　语音模式再生装置

的研究奠定了基础。这导致了 20 世纪 50 年代第一个机器语音识别器的研制成功。1952 年，Bell(贝尔)实验室的研究人员建立了一个统计系统来识别由一个单独的说话人说出的 10 个任意的数目字。该系统存储了 10 个依赖于说话人的模型，它们粗略地代表了数目字的头两个元音的共振峰。Bell 实验室的研究人员采用选择与输入具有最高相关系数模式的方法，达到了 97%～99%的准确率。这些研究与电子工程密切相关。

1968 年，Umeda(伍姆达)等研制出第一个完全的文本语音转换器。

1977 年 Joe Oliver(奥里维)等研制出商品化的语音合成器"Speak and Spell"，能够把拼写出的单词读出声来。如图 1.10 所示。

图 1.10　语音合成器

自然语言处理的另一个重要领域是机器翻译(machine translation)。

1946 年，美国宾夕法尼亚大学的 J. P. Eckert(埃克特)和 J. W. Mauchly(莫希莱)设计并制造出了世界上第一台电子计算机 ENIAC。电子计算机惊人的运算速度，启示人们考虑翻译技术的革新问题。因此，在电子计算机问世的同一年，英国工程师 A. D. Booth(布斯)和美国洛克菲勒基金会自然科学部主任 W. Weaver(韦弗，图 1.11)在讨论电子计算机的应用范围时，就提出了利用计算机进行语言自动翻译的想法。

图 1.11　W. Weaver

1947 年 3 月 6 日，Booth 与 Weaver 在纽约的洛克菲勒中心会面，Weaver 提出，"如果将计算机用在非数值计算方面，是比较有希望的"。在 Weaver 与 Booth 会面之前，Weaver 在 1947 年 3 月 4 日给控制论学者 N. Wiener(维纳)写信，讨论了机器翻译的问题，Weaver 说："我怀疑是否真的建造不出一部能够做翻译的计算机？即使只能翻译科学性的文章(在语义上问题较少)，或是翻译出来的结果不怎么优雅(但能够理解)，对我而言都值得一试。"可是，Wiener 给 Weaver 泼了一瓢冷水，他在 4 月 30 日给 Weaver 的回信中写道："老实说，恐怕每一种语言的词汇，范围都相当模糊；而其中表示的感情和言外之意，要以类似机器翻译的方法来处理，恐怕不是很乐观的。"不过 Weaver 仍然坚持自己的意见。1949 年，Weaver 发表了一份以《翻译》为题的备忘录，正式提出了机器翻译问题。在这份备忘录中，他除了提出各种语言都有许多共同的特征这一论点之外，还有两点值得我们注意：

● 他认为翻译类似于解读密码的过程。他说："当我阅读一篇用汉语写的文章的时候，我可以说，这篇文章实际上是用英语写的，只不过它是用另外一种奇怪的符号编了码而已。当我在阅读时，我是在进行解码。"他的这段话非常重要，广为流传，我们把英文原文写在下面：

"I have a text in front of me which is written in Chinese but I am going to pretend that it is really written in English and that it has been coded in some strange symbols. All I need to do is strip off the code in order to retrieve the information contained in the text."

在这段话中,Weaver 首先提出了用解读密码的方法进行机器翻译的想法,这种想法成为后来噪声信道理论的滥觞。备忘录中还记载了一个有趣的故事,布朗大学数学系的 R. E. Gilmam(吉尔曼)曾经解读了一篇长约 100 个词的土耳其文密码,而他既不懂土耳其文,也不知道这篇密码是用土耳其文写的。Weaver 认为,Gilmam 的成功足以证明解读密码的技巧和能力不受语言的影响,因而可以用解读密码的办法来进行机器翻译。

● 他认为原文与译文"说的是同样的事情"。因此,当把语言 A 翻译为语言 B 时,就意味着,从语言 A 出发,经过某一"通用语言"(universal language)或"中间语言"(interlingua),然后转换为语言 B,这种"通用语言"或"中间语言",可以假定是全人类共同的。

可以看出,Weaver 把机器翻译仅仅看成一种机械的解读密码的过程,他远远没有看到机器翻译在词法分析、句法分析以及语义分析等方面的复杂性。

早期机器翻译系统的研制受到 Weaver 的上述思想的很大影响,许多机器翻译研究者都把机器翻译的过程与解读密码的过程相类比,试图通过查询词典的方法来实现词对词的机器翻译,因而译文的可读性很差,难于付诸实用。

由于学者的热心倡导,实业界的大力支持,美国的机器翻译研究一时兴盛起来。1954 年,美国乔治敦大学在国际商用机器公司(IBM 公司)的协同下,用 IBM-701 计算机进行了世界上第一次机器翻译试验,把几个简单的俄语句子翻译成英语,接着,苏联、英国、日本也进行了机器翻译试验,机器翻译出现热潮。

下面,我们向读者介绍几张与第一次机器翻译实验有关的图片:

● 第一次机器翻译试验的设计者 Hurd(赫德),Dostert(多斯特)和 Watson(华生,图 1.12)。

● 提出了"支点分析法"(fulcrum analysis)的语言学家 Garvin(加尔文,图 1.13)。

图 1.12 Hurd,Dostert 和 Watson

图 1.13 Garvin

- 第一次机器翻译使用的计算机(图 1.14)。

图 1.14   IBM-701 计算机

- 第一次机器翻译在键盘上使用穿孔卡片输入(图 1.15)。

图 1.15   穿孔卡片输入

- 穿孔卡片上的数据样本:72 行卡片,1 分钟可转写为 150 个二进制代码(图 1.16)。
- 第一次机器翻译使用光电管读入数据(图 1.17)。

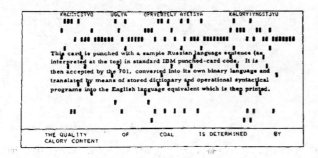

图 1.16   穿孔卡片

图 1.17   使用光电管读入数据

● 第一次机器翻译的程序流程图(图 1.18)。

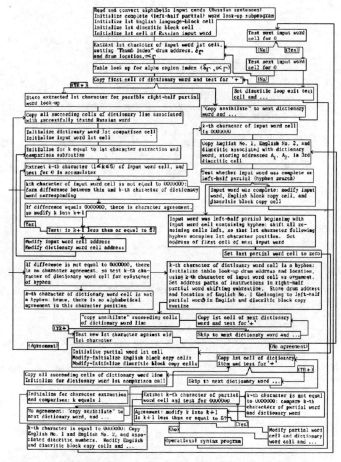

图 1.18　机器翻译的程序流程图

● 第一次机器翻译的词典片段(图 1.19)。

Dictionary output for example sentence

| Russian input | English equivalents | | 1st code | 2nd code | 3rd code |
	Eng$_1$	Eng$_2$	(PID)	(CDD$_1$)	(CDD$_2$)
vyelyichyina	magnitude	---	***	***	**
ugl-	coal	angle	121	***	25
-a	of	---	131	222	25
opryedyelyayetsya	is determined	---	***	***	**
otnoshycnyi-	relation	the relation	151	***	**
-yem	by	---	131	***	**
dlyin-	length	---	***	***	**
-i	of	---	131	***	25
dug-	arc	---	***	***	**
-i	of	---	131	***	25
k	to	for	121	***	23
radyius-	radius	---	***	221	**
-u	to	---	131	***	**

图 1.19　机器翻译的词典片段

● 第一次机器翻译在宽行打印机上输出英文
（图 1.20）。

在 1954 年 1 月 7 日向公众表演的时候，他们把俄语
句子用英文字母进行转写，使用穿孔卡片输入数据，这样
就可以便于不懂俄语的操作员进行操作了。

我们把第二天《纽约时报》（*New York Times*，1954 年
1 月 8 日）标题为《翻译者 701》（*701 Translator*）报道的英
文原文抄录如下：

图 1.20　在宽行打印机上输出英文

In the demonstration，a girl operator typed out on a keyboard the following Russian text
in English characters："Mi pyeryedayem mislyi posryedstvom ryechi"（Мы передаем мысли
посрествoм речи）. The machine printed a translation almost simultaneously："We transmit
thoughts by means of speech." The operator did not know Russian. Again she types out the
meaningless（to her）Russian words："Vyelyichyina ugla opryedyelyayatsya otnoshyenyiyem
dlyini dugi k radyiusu."（величина угла определяется отношением длины дуги к радиусу）And
the machine translated it as："Magnitude of angle is determined by the relation of length of
arc to radius."（*New York Times*，January 8，1954）

这段英文的汉语译文如下：

在演示时，一个女操作员在键盘上使用穿孔卡片输入转写成英文字母的俄语句子
"Mi pyeryedayem mislyi posryedstvom ryechi"，尽管她对于俄语一无所知，可是聪明的计算
机很快就输出了英语译文"We transmit thoughts by means of speech"。接着，她又在键盘上
使用穿孔卡片输入她完全不懂的另一个俄语句子"Vyelyichyina ugla opryedyelyayatsya
otnoshyenyiyem dlyini dugi k radyiusu"（величина угла определяется отношением длины дуги к
радиусу），计算机几乎同时就输出了相应的英语译文"Magnitude of angle is determined by
the relation of length of arc to radius"。

第一次机器翻译取得了很大的成功，但是，很快就受到了保守分子的攻击。

1962 年 8 月号的《Harper 杂志》（*Harper's Magazine*）发表了 John A. Kouwenhoven（古温豪
芬）的题为《翻译的困扰》（*The Trouble with Translation*）的文章，文章中编造了如下的故事：

有几个电子工程师设计了一部自动翻译机，这部机器的词典包含 1 500 个基础英语词汇
和相对应的俄语词汇。他们宣称这部机器可以马上进行翻译，而且不会犯人工翻译的错误。
第一次试验时，观众要求翻译"Out of sight，out of mind"（眼不见心不烦）这个句子，灯光一阵
闪动之后，翻译出来的俄语句子的意思竟然是"看不见的疯子"（invisible idiot）。他们觉得这
样的谚语式的句子比较难以翻译，于是又给机器翻译系统翻译另一个出自圣经的句子"The
spirit is willing，but the flesh is weak"（心有余而力不足），机器翻译出来的俄语句子的意思却

是"酒保存得很好，但肉已经腐烂"(The liquor is holding out all right，but the meat has spoiled)。

这样的故事显然是凭空捏造的，当时美国只研究过把俄语翻译成英语的机器翻译系统，根本没有研究过把英语翻译为俄语的机器翻译系统。这说明文章作者 Kouwenhoven 对于美国机器翻译的历史一无所知。尽管这是无中生有编造出来的虚假故事，但是，从中我们可以感觉到当时美国的许多人对机器翻译强烈的不满情绪。

早在机器翻译刚刚问世的时候，美国著名数理逻辑学家 Y. Bar-Hillel(巴希勒)在 1959 年就指出，全自动高质量的机器翻译(Fully Automatic High Quality MT，FAHQMT)是不可能的。

Bar-Hillel 说明，FAHQMT 不仅在当时的技术水平下是不可能的，而且在理论原则上也是不可能的。

他举出了如下简单的英语片段，说明要在上下文中发现多义词 pen 的正确译文是非常困难的事情。

John was looking for his toy box. Finally he found it. The box was in the pen. John was very happy.

他的理由如下：

● pen 在这里只能翻译为 play-pen("游戏的围栏")，而绝对不能翻译为书写工具"钢笔"。

● 要确定 pen 的这个正确的译文是翻译好这段短文的关键所在。

● 而要确定这样的正确译文依赖于计算机对于周围世界的一般知识。

● 但是我们没有办法把这样的知识加到计算机中去。

在机器翻译的早期，Bar-Hillel 就科学地预见到了机器翻译将会遇到的困难，显示了他的远见卓识。学者们普遍认识到，尽管解读密码已经是一件困难的工作，但是，自然语言处理要求的知识和信息比解读密码要求的知识和信息更加丰富和复杂，这项研究比解读密码困难得多！

1964 年，美国科学院成立语言自动处理咨询委员会(Automatic Language Processing Advisory Committee，ALPAC)，调查机器翻译的研究情况，并于 1966 年 11 月公布了一个题为《语言与机器》的报告，简称 ALPAC 报告，对机器翻译采取否定的态度。报告宣称："在目前给机器翻译以大力支持还没有多少理由"；报告还指出，机器翻译研究遇到了难以克服的"语义障碍"(semantic barrier)。

在 ALPAC 报告的影响下，许多国家的机器翻译研究陷入了低潮，许多已经建立起来的机器翻译研究单位遇到了行政上和经费上的困难，在世界范围内，机器翻译的热潮突然消失了，出现了空前的萧条局面。

从 20 世纪 50 年代末期到 60 年代中期，自然语言处理明显地分成两个阵营：一个是符号派(symbolic)，一个是随机派(stochastic)。

● 符号派的工作可分为两个方面。

一方面是 20 世纪 50 年代后期以及 60 年代初期和中期 Chomsky 等的形式语言理论和生成句法研究,很多语言学家和计算机科学家的剖析算法研究,早期的自顶向下和自底向上算法的研究,后期的动态规划的研究。最早的完整的剖析系统是 Zelig Harris(海里斯)的"转换与话语分析课题"(Transformation and Discourse Analysis Project,TDAP)。这个剖析系统于 1958 年 6 月至 1959 年 7 月在宾夕法尼亚大学研制成功。这些研究都是语言学家和计算机科学家共同完成的。

另一方面是人工智能的研究。在 1956 年夏天,John McCarthy(麦卡锡),Marvin Minsky(明斯基),Claude Shannon(香农)和 Nathaniel Rochester(罗切斯特)等著名学者汇聚到一起组成了一个为期两个月的研究组,讨论关于他们称之为"人工智能"(Artificial Intelligence,AI)的问题。尽管有少数的 AI 研究者着重于研究随机算法和统计算法(包括概率模型和神经网络),但是大多数的 AI 研究者着重研究推理和逻辑问题。典型的例子是 Newell 和 Simon 关于"逻辑理论家"(logic theorist)和"通用问题解答器"(general problem solver)的研究工作。早期的自然语言理解系统几乎都是按照这样的观点建立起来的。这些简单的系统把模式匹配和关键词搜索与简单试探的方法结合起来进行推理和自动问答,它们都只能在某一个领域内使用。在 20 世纪 60 年代末期,学者们又研制了更多的形式逻辑系统。AI 研究是计算机科学、哲学、生物学、心理学、语言学密切配合的结果。

● 随机派主要是一些来自统计学专业和电子学专业的研究人员。

在 20 世纪 50 年代后期,贝叶斯方法(Bayesian method)开始被应用于解决最优字符识别的问题。1959 年,Bledsoe(布莱德索)和 Browning(布劳宁)建立了用于文本识别的贝叶斯系统,该系统使用了一部大词典,计算词典的单词中所观察的字母系列的似然度,把单词中每一个字母的似然度相乘,就可以求出字母系列的似然度来。1964 年,Mosteller(莫斯泰勒)和 Wallace(华莱士)用贝叶斯方法来解决在《联邦主义者》(*The Federalist*)文章中的原作者的分布问题。这些研究与统计学和电子工程密切相关。

20 世纪 50 年代还出现了基于转换语法的第一个人类语言计算机处理的可严格测定的心理模型;并且还出现了第一个联机语料库——布朗语料库(Brown Corpus),该语料库包含 100 万个单词的语料,样本来自不同文体的五百多篇书面文本,涉及的文体有新闻、中篇小说、写实小说、科技文章等。这些语料是布朗大学(Brown University)在 1963~1964 年收集的。美国加州大学的华裔科学家王士元(William S. Y. Wang)在 1976 年建立了 DOC(Dictionary On Computer),这是一部联机的汉语方言词典。这些研究成果是语言学和计算机科学相结合的产物。

ALPAC 报告公布之后,机器翻译的研究者们在低潮中冷静地反省。他们普遍认识到,为了提高机器翻译的质量,应当加强面向机器翻译的语言研究,在机器翻译中,原语和译语两种语言的差异,不仅只表现在词汇的不同上,而且,还表现在句法结构的不同上。为了得到可读性强的译文,必须在自动句法分析上多下工夫。

早在 1957 年,美国学者 V. Yngve(英格维)在《句法翻译的框架》(*Framework for Syntactic Translation*)一文中就指出,一个好的机器翻译系统,应该分别对原语和译语都做出恰如其分的描写,这样的描写应该互不影响,相对独立。Yngve 主张,机器翻译可以分为三个阶段来进行:

(1) 用代码化的结构标志来表示原语文句的结构;

(2) 把原语的结构标志转换为译语的结构标志;

(3) 构成译语的输出文句。

第一阶段只涉及原语,不受译语的影响,第三阶段只涉及译语,不受原语的影响,只是在第二阶段才涉及原语和译语二者。在第一阶段,除了做原语的词法分析之外,还要进行原语的句法分析,才能把原语文句的结构表示为代码化的结构标志。在第二阶段,除了进行原语和译语的词汇转换之外,还要进行原语和译语的结构转换,才能把原语的结构标志变成译语的结构标志。在第三阶段,除了做译语的词法生成之外,还要做译语的句法生成,才能正确地输出译文的文句。

Yngve 的这些主张,在这个时期广为传播,并被机器翻译系统的开发人员普遍接受,因此,这个时期的机器翻译系统几乎都把句法分析放在第一位,并且在句法分析方面取得了很大的成绩,促进了句法的形式化研究。

这个时期机器翻译的另一个特点是语法(grammar)与算法(algorithm)分开。早在 1957 年,Yngve 就提出了把语法与"机制"(mechanism)分开的思想。Yngve 所说的"机制",实质上就是算法。所谓语法与算法分开,就是要把语言分析和程序设计分开,程序设计工作者提出规则描述的方法,而语言学工作者使用这种方法来描述语言的规则。语法和算法分开,是机器翻译技术的一大进步。它非常有利于程序设计工作者与语言工作者的分工合作,为面向计算机的语言研究指出了方向。

自然语言处理萌芽期的这些出色的基础性研究,为自然语言处理的理论和技术奠定了坚实的基础。自然语言处理从萌芽期一开始,就带有明显的边缘性交叉学科的特点,它是在各个相关学科的交融和协作中逐渐成长起来的。

1.3.2　发展期

20 世纪 60 年代中期到 80 年代末期是自然语言处理的发展期。在自然语言处理的发展期,各个相关学科彼此协作,联合攻关,取得了一些令人振奋的成绩。

从 20 世纪 60 年代开始,法国格勒诺布尔理科医科大学应用数学研究所(Institut Mathematique Appliquèe de Grenoble,IMAG)自动翻译中心(Centre d'Etude de Traduction

Automatique,CETA)就开展机器翻译系统的研制。这个自动翻译中心的主任是著名法国数学家B. Vauquois(沃古瓦,1929～1985)教授,他也是国际计算语言学大会(International Conference on Computational Linguistics,COLING)的创始人和第一任主席。

Vauquois教授明确地提出,一个完整的机器翻译过程可以分为如下六个步骤:

(1) 原语词法分析;

(2) 原语句法分析;

(3) 原语译语词汇转换;

(4) 原语译语结构转换;

(5) 译语句法生成;

(6) 译语词法生成。

这六个步骤形成了"机器翻译金字塔"(MT pyramid,图 1.21),又叫 Vauquois 三角形(triangle)。其中,(1)和(2)步只与原语有关,(5)和(6)步只与译语有关,只有(3)和(4)步牵涉到原语和译语二者。这就是机器翻译中的"独立分析-独立生成-相关转换"的方法。他们用这种方法研制的俄法机器翻译系统,已经接近实用水平。

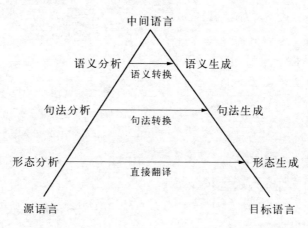

图 1.21　机器翻译金字塔

他们还根据语法与算法分开的思想,设计了一套机器翻译软件 ARIANE-78,这个软件分为 ATEF,ROBRA,TRANSF 和 SYGMOR 四个部分。语言工作者可以利用这个软件来描述自然语言的各种规则。其中,ATEF 是一个非确定性的有限状态转换器,用于原语词法分析,它的程序接收原语文句作为输入,并提供该文句中每个词的形态解释作为输出;ROBRA 是一个树形图转换器,它的程序接收词法分析的结果作为输入,借助语法规则对此进行运算,输出能表示文句结构的树形图;ROBRA 还可以按同样的方式实现结构转换和句法生成;TRANSF 可借助于双语词典实现词汇转换;SYGMOR 是一个确定性的树-链转换器,它接收译语句法生成的结果作为输入,并以字符链的形式提供译文。

通过大量的科学实验的实践,机器翻译的研究者们认识到,机器翻译中必须保持原语和译语在语义上的一致,也就是说,一个好的机器翻译系统应该把原语的语义准确无误地在译语中表现出来。这样,语义分析在机器翻译中越来越受到重视。

美国斯坦福大学 Y. A. Wilks(威尔克斯)提出了"优选语义学"(preference semantics)。

Wilks 在此基础上设计了英法机器翻译系统,这个系统特别强调在原语和译语生成阶段,都要把语义问题放在第一位,英语的输入文句首先被转换成某种一般化的通用的语义表示,然后再由这种语义表示生成法语译文输出。由于这个系统的语义表示方法比较细致,能够解决仅用句法分析方法难于解决的歧义、代词所指等困难问题,译文质量较高。这些出色的工作,为语义的形式化研究奠定了基础。

1976 年,加拿大蒙特利尔大学与加拿大联邦政府翻译局联合开发了实用性机器翻译系统 TAUM-METEO,正式提供天气预报服务。这个机器翻译系统投入使用之后,每小时可以翻译(6~30)万个词,每天可以翻译 1 500~2 000 篇天气预报的资料,并能够通过电视、报纸立即公布。TAUM-METEO 系统是机器翻译发展史上的一个里程碑。

1978 年,欧洲共同体(即现在的"欧洲联盟")提出了欧洲共同体内 7 种(后来变为 11 种)语言之间进行任一方向翻译的多语种机器翻译计划 EUROTRA,此计划于 1982 年正式实施,前后延续了十多年,至今尚未达到预期的结果。

日本在提出第五代计算机计划的同时,于 1982 年至 1986 年由政府开展了英日、日英机器翻译 Mu 系统的研制;接着,又由通产省出面,组织与亚洲四个邻国(中国、印度尼西亚、马来西亚、泰国)合作研究日语、汉语、印度尼西亚语、马来语、泰语五种语言互译的多语言机器翻译 ODA 计划,原定于 1987 年至 1992 年完成,后来延长至 1995 年才完成,实验效果未尽如人意。

欧洲共同体在 1982 年开始实施 EUROTRA 计划的同时,还支持了多语言机器翻译系统 DLT 的可行性研究。从 1984 年开始,改由荷兰政府和荷兰的一家软件公司 BSO 各出资一半对此系统的研制进行长期的支持,从 1984 年到 1992 年每年投资均在 100 万美元左右。DLT 系统原打算 20 世纪 90 年代中期开始实用化,可是至今尚未得到满意的结果。

机器翻译的发展经历了一个马鞍形的过程,见图 1.22。

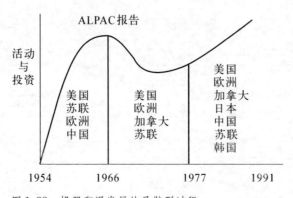

图 1.22　机器翻译发展的马鞍形过程

近些年来,国外开始了自动翻译电话的研究,在日本关西地区成立了口语翻译研究实验室(Spoken Language Translation Research Laboratories,ART-SLT),其目的在于把语音识别、语音合成技术用于机器翻译中,实现语音机器翻译。

语音机器翻译的原理见图 1.23。

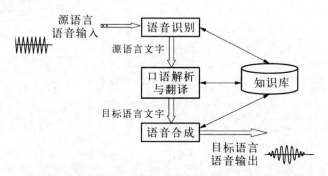

图 1.23　语音自动翻译的原理

1987 年 10 月,在瑞士日内瓦召开的 TELECOM'87 会议期间举办的最新通信技术国际展览会上,他们展示了自动翻译电话试验,把机器翻译系统与办公用通信网(NTT,KDD,PTT)等结合起来,利用通信卫星,在瑞士与日本之间通话;在日本的通话者讲日语,在瑞士的通话者可以听到经过机器翻译得到的相应的英语口语译文;在瑞士的通话者讲英语,在日本的通话者可以听到经过机器翻译的相应的日语译文。自动翻译电话通话试验,一时引起了轰动。

表 1.1　国外部分语音翻译系统

系统名称	开发单位	时间	领域	语种	方法	词汇量
SpeechTrans	CMU	1989	医生与病人对话	日英	RB	—
JANUS-Ⅲ	CMU,Karlsruhe	1997	旅馆预订	德英日西	ME	开放
ATR-MATRIX	ATR	1998	旅馆预订	日英韩德等	EB	2 000
Head-Trans	AT & T	1996	航空旅游	英汉西班牙	SB	1 300
Verbmobil	BMBF	1990's	会晤日程	德英等	ME	>2 500

表中方法部分的英文缩写词含义如下:
RB:Rule-Based,ME:Maximum Entropy,EB:Example-Based,SB:Statistic-Based。

近年来,中国科学院自动化研究所模式识别国家重点实验室(NLPR)与韩国电子通信研究所(ETRI)合作,进行了汉语和韩语的口语翻译实验:在北京打电话用汉语,在韩国大田的ETRI 听到的是韩语,在韩国大田打电话用韩语,在北京听到的是汉语。这样的成绩令人鼓舞(图 1.24)。不过,由于机器翻译、语音的识别与合成都是十分困难的技术,集这些困难技术于一身的自动翻译电话的实用化不是可以一蹴而就的。

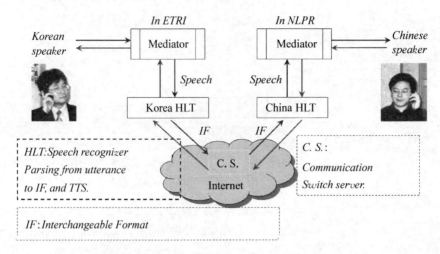

图 1.24　中韩双向语音翻译系统

中国科学院自动化研究所还进行了中日双向语音翻译的试验,如图 1.25 所示。

图 1.25　中日双向语音翻译

在图 1.25 中,日本朋友用日语问:"領収書をもらえますか?"语音翻译系统把这个句子翻译成中文,并且用中文说:"能开发票吗?"中国的服务员用中文回答:"可以。"语音翻译系统把她的回答翻译成日语,并且用日语说:"わかりました。"

为了开发语音自动翻译系统,1991 年,国际上建立了国际语音翻译先进研究联盟(Consortium for Speech Translation Advanced Research,C-STAR)的组织,其核心成员有日本的 ATR-SLT(Spoken Language Translation Research Laboratories)、法国的 GETA-CLIPS(Communication in Natural Language and Person-System Interaction)、意大利的 ITC-irst(Institute of Scientific and Technological Research)、韩国的 ETRI(Electronics and Telecommunication Research Institute)、美国的 CMU(Carnegie Mellon University)和德国的

UKA(University of Karlsruhe)。2000年10月,经C-STAR核心成员投票表决,中国科学院自动化研究所国家模式识别实验室(National Lab of Pattern Recognition,NLPR)成为了该组织的核心成员之一。至此,C-STAR的核心成员扩充为七个,汉语成为C-STAR多语言语音翻译系统的主要语言之一(图1.26)。

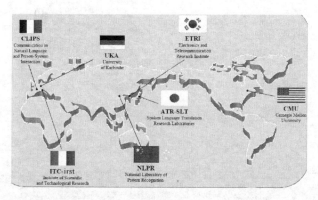

图1.26　C-STAR的七个核心成员分布

C-STAR使用一种中间转换式(Interchange Format,IF)各个成员国分别研制本国语言到IF的分析和生成。其翻译框架如图1.27所示。

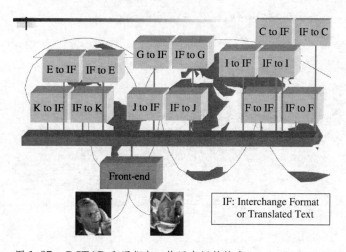

图1.27　C-STAR翻译框架:使用中间转换式

C-STAR的发展分为三个阶段,从1991年成立到1993年9月为第一阶段,简称C-STAR-Ⅰ,核心成员有四个,联合进行了国际越洋电话语音翻译试验;从1993年9月到1999年7月为第二阶段,简称C-STAR-Ⅱ,核心成员扩大到六个,于1999年7月22日联合进行了第二次国际越洋电话语音翻译试验;从1999年7月到现在为第三阶段,简称C-STAR-Ⅲ,中国科学院自动化研究所NLPR成为C-STAR-Ⅲ的核心成员,C-STAR-Ⅲ的目标是研制语音的实用技术,为旅游提供口语翻译的技术支持,在任何地方、任何时刻都能够进行翻译服务(图 1.28)。

- Technology for real application
- Translating aid for traveler
- Service available anywhere, anytime

图 1.28　C-STAR-Ⅲ 的目标

当然,要实现这个目标是很困难的。目前,语音识别的质量还不高,在噪声环境下,识别效果还不好,但是,语音合成已经接近实用水平,而文字的输入和自动翻译已经达到一定的水平。因此,可以考虑把文字输入、机器翻译和语音输出等技术结合起来。

在这个时期,统计方法在语音识别算法的研制中取得了成功。其中特别重要的是隐 Markov 模型(hidden Markov model)、噪声信道与解码模型(noisy channel model and decoding model)。这些模型是分别独立地由两支队伍研制的。一支是 Jelinek(杰里奈克),Bahl(巴尔),Mercer(梅塞尔)和 IBM 公司的华生研究中心的研究人员;另一支是卡内基梅隆大学(Carnegie Mellon University)的 Baker(贝克尔)等,Baker 受到普林斯顿防护分析研究所的 Baum(鲍姆)和他的同事们的工作的影响。AT & T 的贝尔实验室(Bell Laboratories)也是语音识别和语音合成的中心之一。在我国,中国科学技术大学多年来一直致力于语音识别和语音合成的研究,建立了科大讯飞股份有限公司,该公司以智能通信领域内的声讯服务和中文信息处理技术为主要方向,在语音信号处理、视频、音频编码和传输等领域内的多项关键技术达到了国际领先水平。科大讯飞股份有限公司开发的"迅飞听见",使用先进的语音合成技术,可以帮助用户把网络上的文本自动转换为语音,直接用耳朵听到网络上的信息。"迅飞听见"已经商品化并推向市场,受到用户的普遍欢迎。这些都是统计学方法在自然语言处理中应用的可喜成果。

逻辑方法在自然语言处理中取得了很好的成绩。1970 年,A. Colmerauer(柯尔迈洛埃)和他的同事们使用逻辑方法研制了 Q 系统(Q-system)和变形文法(metamorphosis grammar),并在机器翻译中应用了它们,Colmerauer 还是 Prolog 语言的先驱者,他使用逻辑程序设计的思想设计了 Prolog 语言。1980 年 Pereira(佩瑞拉)和 Warren(瓦楞)提出的定子句文法(definite clause grammar)也是在自然语言处理中使用逻辑方法的成功范例之一。1979 年 M. Kay(凯依)对于功能语法的研究,1982 年 Bresnan(布列斯南)和 Kaplan(卡普兰)在词汇功能语法(Lexical Function Grammar, LFG)方面的工作,都是特征结构合一(feature structure unification)研究方面的重要成果。这些都是数学、逻辑学和语言学相结合的可喜收获。

自然语言理解也取得了明显的成绩。

这个时期的自然语言理解（Natural Language Understanding，NLU）肇始于 Terry Winograd（维洛格拉德）在 1972 年研制的 SHRDLU 系统，这个系统能够模拟一个嵌入玩具积木世界的机器人的行为（图 1.29）。该系统的程序能够接受自然语言的书面指令（例如，"Pick up a red block"（请拿起一个红色的积木块），"Move the red block on top of the smaller green one"（请把红色积木块移动到绿色的小

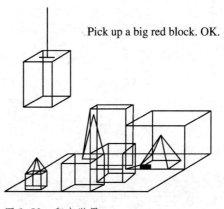

Pick up a big red block. OK.

图 1.29　积木世界

积木块的上端）），从而指挥机器人摆弄玩具积木块。这是一个复杂而精妙的自然语言理解系统。这个系统还首次尝试建立基于 Halliday（韩礼德）系统语法（systemic grammar）的全面的（在当时看来是全面的）英语语法。Winograd 的 SHRDLU 系统还清楚地说明，句法剖析也应该重视语义和话语的形式模型的研究。

1977 年，R. Schank（杉克）和他在耶鲁大学的同事以及学生们建立了一些语言理解程序，这些程序构成一个系列。他们重点研究诸如脚本、计划和目的这样的人类的概念知识以及人类的记忆机制。他们的工作经常使用基于网络的语义学理论，并且在他们的表达方式中开始引进 C. Fillmore（菲尔摩）在 1968 年提出的关于格角色（case role）的概念。他们建立了自然语言处理中的"耶鲁学派"。耶鲁学派的工作是语言学、计算机科学、数学巧妙结合的成果。

在自然语言理解研究中也使用过逻辑学的方法，例如，1967 年 Woods（伍兹）在他研制的 LUNAR 问答系统中，就使用谓词逻辑来进行语义解释。

话语分析（discourse analysis）集中探讨了话语研究中的四个关键领域：话语子结构的研究、话语焦点的研究、自动参照消解的研究、基于逻辑的言语行为的研究。1977 年，Crosz（克洛茨）和她的同事研究了话语中的子结构（substructure）和话语焦点；1972 年，Hobbs（霍布斯）开始研究自动参照消解（automatic reference resolution）。在基于逻辑的言语行为研究中，Perrault（佩劳特）和 Allen（艾伦）在 1980 年建立了"信念-愿望-意图"的框架，即 BDI（Belief-Desire-Intention）的框架。这样的研究与心理学、逻辑学、哲学有密切关系。

在 1983～1993 年的十年中，自然语言处理研究者对于过去的研究历史进行了反思，发现过去被否定的有限状态模型和经验主义方法仍然有其合理的内核。在这十年中，自然语言处理的研究又回到了 20 世纪 50 年代末期 60 年代初期几乎被否定的有限状态模型和经验主义方法上去，之所以出现这样的复苏，其部分原因在于 1959 年 Chomsky 对于 Skinner（斯金纳）

的"言语行为"(verbal behavior)很有影响的评论在 20 世纪 80 年代和 90 年代之交遭到了理论上的反对。

这种反思的第一个倾向是重新评价有限状态模型,由于 Kaplan 和 Kay 在有限状态音系学和形态学方面的工作,以及 Church(丘吉)在句法的有限状态模型方面的工作,显示了有限状态模型仍然有着强大的功能,因此,这种模型又重新得到自然语言处理界的注意。

这种反思的第二个倾向是所谓的"重新回到经验主义"。这里值得特别注意的是语音和语言处理的概率模型的提出,这样的模型受到 IBM 公司华生研究中心的语音识别概率模型的强烈影响。这些概率模型和其他数据驱动的方法还传播到了词类标注、句法剖析、名词短语附着歧义的判定以及从语音识别到语义学的连接主义方法的研究中去。

此外,在这个时期,自然语言的生成研究也取得了引人注目的成绩。

1.3.3　繁荣期

从 20 世纪 90 年代开始,自然语言处理进入了繁荣期。1993 年 7 月在日本神户召开的第四届机器翻译高层会议(MT Summit Ⅳ)上,英国著名学者 J. Hutchins(哈钦斯)在他的特约报告中指出,自 1989 年以来,机器翻译的发展进入了一个新纪元。这个新纪元的重要标志是,在基于规则的技术中引入了语料库方法,其中包括统计方法、基于实例的方法、通过语料加工手段使语料库转化为语言知识库的方法等等。这种建立在大规模真实文本处理基础上的机器翻译,是机器翻译研究史上的一场革命,它将会把自然语言处理推向一个崭新的阶段。随着机器翻译新纪元的开始,自然语言处理进入了它的繁荣期。

特别是在 20 世纪 90 年代的最后五年(1994～1999)以及 21 世纪初期,自然语言处理的研究发生了很大的变化,出现了空前繁荣的局面。这主要表现在以下三个方面:

● 概率和数据驱动的方法几乎成了自然语言处理的标准方法。句法剖析、词类标注、参照消解和话语处理的算法全都开始引入概率,并且采用从语音识别和信息检索中借过来的评测方法。

● 由于计算机的速度和存储量的增加,在语音和语言处理的一些子领域,特别在语音识别、语音合成、拼写检查、语法检查这些子领域,有可能进行商品化的开发。语音和语言处理的算法开始被应用于增强交替通信(Augmentative and Alternative Communication,AAC)中,用以帮助残疾人进行交际。在移动通信(mobile communication)中,使用语音识别技术来识别手机的电话号码,使得用户可以直接口呼电话号码,而不必用手拨号;使用语音合成技术来合成手机短信文本的语音,使得用户可以直接听到短信的声音而不必阅读短信的文本。由于语音处理技术的迅速发展,出现了一大批使用语音合成和语音识别技术的商品化系统。随着国际机器翻译潮流的变化,国际语音翻译先进研究联盟在第三阶段也逐渐转向以统计方法为主的口语机器翻译研究,在 2002 年建立了包括汉语、英语、日语、韩语、德语、意大利语在内的多语言口语并行语料库 BTEC,规模达 20 万句,并从 2004 年开始组织每年一次的国际口语机器翻译评测。

● 网络技术的发展对于自然语言处理产生了的巨大推动力。万维网(World Wide Web,WWW)的发展使得网络上的信息检索和信息抽取的需要变得更加突出,数据挖掘的技术日渐成熟。而 WWW 主要是由自然语言构成的,因此,随着 WWW 的发展,自然语言处理的研究将会变得越来越重要。自然语言处理的研究与 WWW 的发展息息相关。

这里,我们要特别谈一下 WWW 的发展问题。

WWW 是基于因特网(Internet)的计算机网络,用户使用 WWW 通过因特网访问存储在世界范围内的 Web 上的海量信息。WWW 是根据"客户端-服务器"(client-server)的模式来进行工作的。客户通过叫作"客户端"(client)的程序与远程存储着数据的"服务器"(server)连接,Web 的浏览通过叫作"浏览器"(browser)的客户额程序来进行(例如 Navigator,Internet Explorer 等)。Web 浏览器把用户的提问传送给远程的服务器搜索有关的信息,然后返回搜索到的文件,这些文件使用超文本标记语言书写,最后在客户端用户的计算机屏幕上显示出来。

Web 的操作依赖于超文本(hypertext)文件的结构。超文本可以让网页的作者把他们的文件与 Web 的其他文件进行超链接(hyperlink),从而看到 Web 上的有关的文件。

Web 的概念最早是 Tim Berners-Lee(蒂姆·伯讷斯-李,图 1.30)于 1989 年提出的。

当时 Berners-Lee 在瑞士的欧洲核研究中心(Centre European pour la Recherche Nucleaire,CERN)工作,他写了第一个 WWW 的服务器和客户端程序,并且把它们叫作 World Wide Web。1989 年 3 月,Berners-Lee 给 CERN 的高层领导提交了一个建议。在这个建议中,他分析了当时使用的层级式信息组织方法(hierarchical organization of information)的缺点,同时又指出了基于超文本系统(hypertext system)的优点,初步提出了建立"分布式超文本系统"(distribution hypertext system)的基本方法。可惜他的这个建议没有得到 CERN 高层必要的支持。

图 1.30　Tim Berners-Lee

1990 年,Berners-Lee 又再次向 CERN 提出他的建议,这一次他的建议得到了 CERN 的支持。于是,Berners-Lee 和他在 CERN 的同事们立即采用分布式超文本系统的思想来研究 Web,为 Web 将来的发展做了奠基性的工作。他们为此研制了 Web 的服务器、浏览器,并研制了客户端和服务器之间的通信模型、超文本传输协议(HyperText Transfer Protocol,HTTP)、超文本标记语言(HyperText Makeup Language,HTML)、通用资源定位器

（Universal Resources Locator，URL）。

1993 年 2 月，美国 Illinois 大学国家超级计算机应用中心（National Center of Supercomputer Application）的 Marc Andereeson（安德里森）和他的研究小组设计了使用 Mosaic 技术的用户图形界面，并把它用来作为 UNIX 的 Web 浏览器，在短短的几个月之内，Macintosh 和 Windows 的操作系统都先后使用了 Mosaic 的用户图形界面技术。用户只要点击计算机屏幕上的图形，就可以对计算机进行各种操作。1994 年，Jim Clarc（克拉克）与 Marc Andereeson 合作，成立了 Mosaic Communication 公司，后来改名为 Netscape Communication 公司，在几个月之内，他们就研制出了 Netscape 的浏览器，并在 Web 用户中普及。1995 年 8 月，微软公司公布了他们的 Web 浏览器 Internet Explorer，并向 Netscape 挑战。从此，用户就可以通过浏览器在 Web 上随心所欲地漫游了。

Tim Berners-Lee 创立的 World Wide Web 以及 Mosaic 浏览器的出现，是 Web 发展历史上两个最重要的事件，它们使得 Web 能够迅速地在用户中得到推广和普及。

Internet 是 Web 的通信网络。没有 Internet，Web 是不可能发挥其功能的。Internet 的前身是计算机网络 ARPANET，这个计算机网络是在美国国防部高等研究计划处（Advanced Research Project Agency，ARPA）的支持下研制的。早在 1969 年 ARPANET 就建成了。1972 年，ARPANET 在计算机与通信第一次国际会议上表演，ARPA 的科学家们出色地利用 ARPANET 把处于四十多个不同的地方的计算机连接在一起。后来，这个 ARPANET 进一步发展成为当今的 Internet。

1973 年，Vinton Cerf（塞尔夫）和 Bob Kahn（卡恩）就开始研究网络协议（Internet Protocol）；1974 年，他们发表了《传输控制协议》（*Transmission Control Protocol*）的文章，正式把他们提出的协议叫作 TCP/IP（Transmission Control Protocol/Internet Protocol），TCP/IP 可以使计算机网络彼此连接起来，彼此进行通信。但是，直到 1982 年，TCP/IP 才正式得到采用，Internet 使用 TCP/IP 把不同网络连接起来了。

为了有效地获取分布在全世界网络上的信息，需要研制"搜索引擎"（search engine）。1993 年，美国 Stanford 大学的六个学生研制了搜索系统 Excite；1994 年，美国 Texas 大学研制了 EINet Galaxy，同年，著名的搜索引擎 Yahoo 问世；1998 年，Stanford 大学的 Sergey Brim（布里姆）和 Larry Page（派杰）推出了搜索引擎 Google；2005 年，微软推出了搜索引擎 MSN。

为了促进 Web 在全世界范围内的推广和使用，美国麻省理工学院（MIT）和瑞士的 CERN 在 1994 年成立了万维网协会（the World Wide Web Consortium，W3C），W3C 是万维网的国际性组织，它的成立使得 Web 在国际范围内迅速地得到普及，几乎每一个现代人的生活和工作都与 Web 息息相关。自 1994 年第一次 W3C 会议召开以来，每年都召开一次 W3C 的国际会议。

90%以上的网络信息都是文本信息，它们都是以自然语言为载体的信息，面对 Web 的迅速发展,如何有效地获取在 Web 上的这些浩如烟海的信息,成为当前自然语言处理的一个关键问题。可以预见,Web 的进一步发展,一定会把自然语言处理的研究推向一个新阶段。

从以上的论述可以看出,自然语言处理在六十多年的发展历程中,把语言学、计算机科学、数学、心理学、哲学、逻辑学、统计学、电子工程、生物学等学科融合起来,形成了一门边缘性的交叉学科。

所以,不论从共时的方面考察,还是从历时的方面考察,我们都可以看出自然语言处理的学科交叉性和边缘性,它横跨了文科(语言学、哲学、逻辑学)、理科(计算机科学、数学、心理学、统计学、生物学)和工科(电子工程)三大知识领域,这就是自然语言处理在人类整个知识体系中的定位。在信息网络时代,由于 Web 主要是由自然语言构成的,因此,随着网络技术的进一步发展,自然语言处理的研究将会变得越来越重要,在不久的将来,自然语言处理的重要性将可以与物理学媲美。

随着自然语言处理技术的进步,我们将有可能使用语音识别技术,把 Web 上的各种语言新闻广播中的语音信息转写成文本,然后使用机器翻译技术把这些文本翻译成英语或汉语,把译文存储成可随时检索的文档,这样,我们就可以在任何时间和任何地点,及时地获取世界各地的新闻信息,再也不受到"语言障碍"(language barrier)的限制,我们将成为无所不知的"顺风耳"和"千里眼"。如图 1.31 所示,我们首先把阿拉伯语的广播新闻(news broadcast)借助于外语语音识别技术(foreign language speech recognition)转写成阿拉伯语的文本;然后使用机器翻译技术把它翻译成英语的文本;最后再把英语的译文存储在可搜索的文档(searchable archive)中,供我们随时检索和查询。对各种语言我们都可以这样做,我们将永

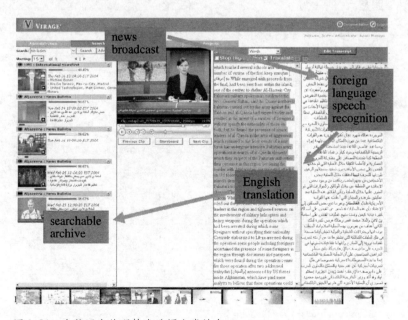

图 1.31　自然语言处理技术造福人类社会

远摆脱"语言障碍"的限制。这是多么激动人心的事情啊！这样的时刻已经不是遥不可及的将来,而正在逐渐地成为近在眼前的活生生的现实了。自然语言处理技术将会大大地造福于人类社会,它的应用前景是非常诱人的。

1.4　当前自然语言处理发展的
几个特点

21 世纪以来,由于 Web 的普及,自然语言的计算机处理成了从 Web 上获取知识的重要手段,生活在信息网络时代的现代人,几乎都要与 Web 打交道,都要或多或少地使用自然语言处理的研究成果来帮助他们获取或挖掘在广阔无边的 Web 上的各种知识和信息,因此,世界各国都非常重视自然语言处理的研究,投入了大量的人力、物力和财力。

我们认为,当前自然语言处理研究有四个显著的特点:

第一,基于句法-语义规则的理性主义方法受到质疑,随着语料库建设和语料库语言学的崛起,随着 Web 的日益普及,大规模真实文本的处理成为自然语言处理的主要战略目标。

在过去的五十多年中,从事自然语言处理系统开发的绝大多数学者,基本上都采用基于规则的理性主义方法,这种方法的哲学基础是逻辑实证主义,他们认为,智能的基本单位是符号,认知过程就是在符号的表征下进行符号运算,因此,思维就是符号运算。

著名语言学家 J. A. Fodor(弗托)在 *Representations* 一书中说:"只要我们认为心理过程是计算过程(因此是由表征式定义的形式操作),那么除了将心灵看作别的之外,还自然会把它看作一种计算机。也就是说,我们会认为,假设的计算过程包含哪些符号操作,心灵也就进行哪些符号操作。因此,我们大致上可以认为,心理操作跟图灵机的操作十分类似。"[1]Fodor的这种说法代表了自然语言处理中的基于规则(符号操作)的理性主义观点。

这样的观点受到了学者们的批评。J. R. Searle(塞尔)在他的论文 *Minds, Brains and Programs* 中,提出了所谓"中文屋子"的质疑。[2] 他提出,假设有一个懂得英文但是不懂中文的人被关在一个屋子中,在他面前是一组用英文写的指令,说明英文符号和中文符号之间的对应和操作关系。这个人要回答用中文书写的几个问题,为此,他首先要根据指令规则来操作问题中出现的中文符号,理解问题的含义,然后再使用指令规则把他的答案用中文一个一个地写出来。比如,对于中文书写的问题 Q1 用中文写出答案 A1,对于中文书写的问题 Q2 用中文写出答案 A2,如此等等。这显然是非常困难的几乎是不能实现的事情,而且,这个人即使能够这样做,也不能证明他懂得中文,只能说明他善于根据规则做机械的操作而已。Searle

---

① Fodor J A. Representations [M]. Cambridge：MIT Press，1980.

② Searle J R. Minds，Brains and Program [J]. Behavioral and Brain Sciences，1980，3：417-457.

的批评使基于规则的理性主义的观点受到了普遍的怀疑。

　　理性主义方法的另一个弱点是在实践方面的。自然语言处理的理性主义者把自己的目的局限于某个十分狭窄的专业领域之中,他们采用的主流技术是基于规则的句法-语义分析。尽管这些应用系统在某些受限的"子语言"(sub-language)中也曾经获得一定程度的成功,但是,要想进一步扩大这些系统的覆盖面,用它们来处理大规模的真实文本,仍然有很大的困难。因为从自然语言系统所需要装备的语言知识来看,其数量之浩大和颗粒度之精细,都是以往的任何系统所远远不及的。而且,随着系统拥有的知识在数量上和程度上发生的巨大变化,系统在如何获取、表示和管理知识等基本问题上,不得不另辟蹊径。这样,就提出了大规模真实文本的自然语言处理问题。1990 年 8 月在芬兰赫尔辛基举行的第 13 届国际计算语言学会议(即 COLING'90)为会前讲座确定的主题是"处理大规模真实文本的理论、方法和工具",这说明,实现大规模真实文本的处理将是自然语言处理在今后一个相当长的时期内的战略目标。为了实现战略目标的转移,需要在理论、方法和工具等方面进行重大的革新。1992 年 6 月在加拿大蒙特利尔举行的第四届机器翻译的理论与方法国际会议(TMI-92)上,宣布会议的主题是"机器翻译中的经验主义和理性主义的方法"。所谓"理性主义",就是指以生成语言学为基础的方法;所谓"经验主义",就是指以大规模语料库的分析为基础的方法。从中可以看出当前自然语言处理关注的焦点。当前语料库的建设和语料库语言学的崛起,正是自然语言处理战略目标转移的一个重要标志。随着人们对大规模真实文本处理的日益关注,越来越多的学者认识到,基于语料库的分析方法(即经验主义的方法)至少是对基于规则的分析方法(即理性主义的方法)的一个重要补充。因为从"大规模"和"真实"这两个因素来考察,语料库才是最理想的语言知识资源。

　　这种大规模真实的语料库还为语言研究的现代化提供了强有力的手段。笔者在四十多年前曾经测试过汉字的熵(汉字中所包含的信息量),这是中文信息处理的一项基础性研究工作。为了计算汉字的熵,首先需要统计汉字在文本中的出现频率,由于 20 世纪 70 年代我们还没有机器可读的汉语语料库,哪怕小规模的汉语语料库也没有,笔者只得根据书面文本进行手工查频,用了将近 10 年的时间,对数百万字的现代汉语文本(占 70%)和古代汉语文本(占 30%)进行手工查频,从小到大地逐步扩大统计的规模,建立了六个不同容量的汉字频率表,最后根据这些不同的汉字频率表,逐步地扩大汉字的容量,终于计算出了汉字的熵。这是一件极为艰辛而烦琐的工作。如今我们有了机器可读的汉语语料库,完全用不着进行手工查频,频率的统计可以在计算机上进行,只要非常简单的程序就可以轻而易举地从语料库中统计出汉字的频率并进一步计算出汉字的熵。语言研究工作的效率成百倍、成千倍地提高了!尽管学问是从苦根上长出来的甜果,但是,现代化的手段不仅可以帮助我们少吃很多的苦,而且也还能把学问做得更好。手工查频犹如赶着老牛破车在崎岖的山路上跋涉,使用语料库犹如乘宇宙飞船在广阔的太空中翱翔。这是我们从前根本不敢想象的。大规模机器可读语料库的出现和使用,把语言学家从艰苦繁重的手工劳动中解放出来,使语言学家可以集中精力来研究那些更加重要的问题,这对于促进语言学研究的现代化具有不可估量的作用。

第二,自然语言处理中越来越多地使用机器学习的方法来获取语言知识。

传统语言学基本上是通过语言学家归纳总结语言现象的手工方法来获取语言知识的。由于人的记忆能力有限,任何语言学家,哪怕是语言学界的权威泰斗,都不可能记忆和处理浩如烟海的全部的语言数据,因此,使用传统的手工方法来获取语言知识,犹如以管窥豹、以蠡测海。这种获取语言知识的方法不仅效率极低,而且带有很大的主观性。传统语言学中啧啧称道的所谓"例不过十不立,反例不过十不破"的朴学精神,貌似严格,但实际上,在浩如烟海的语言数据中,以十个正例或十个反例就轻而易举地来决定语言规则的取舍,难道就能够万无一失地保证这些规则是可靠的吗? 这是很值得怀疑的。当前的自然语言处理研究提倡建立语料库,使用机器学习的方法,让计算机自动地从浩如烟海的语料库中获取准确的语言知识。机器词典和大规模语料库的建设,成为当前自然语言处理的热点。Web 的发展日新月异,Web 上有无比丰富的文本语言数据,有结构化的语言数据,也有非结构化的语言数据,我们可以从 Web 上的语言数据中自动地获取语言知识。这是语言学获取语言知识方式的巨大变化,作为 21 世纪的语言学工作者,都应该注意到这样的变化,逐渐改变获取语言知识的手段。

随着 Web 的迅速发展,如何获取和挖掘 Web 上的数据成为计算机科学的一个重要研究领域——"数据挖掘"(data mining)。所谓"数据挖掘",就是从 Web 的数据源中发现有用的知识的过程。由于大多数的数据是以文本形式存在的,所以数据挖掘所要挖掘的数据,主要还是文本数据,而这些文本数据恰恰就是自然语言处理的研究对象。因此,数据挖掘中采用的机器自动学习的方法,对于自然语言处理具有重要的价值。

目前,机器自动学习的方法主要有三种类型:有指导的学习(supervised learning)、无指导的学习(unsupervised learning)、半指导的学习(semi-supervised learning)。

有指导的学习实际上是对于数据进行"分类"(classification),首先使用事先定义好的类别或范畴标记对数据的实例进行标注,作为训练数据(training date),机器根据这些标注好的训练数据进行自动学习,再根据学习得到的知识对新的数据进行分类。由于用来学习的训练数据是用事先定义好的标记进行过标注的,机器学习的过程是在这些训练数据的指导下进行的,所以叫作有指导的学习。

在无指导的学习中,用来学习的数据没有使用事先定义好的类别或范畴标记进行过标注,要使用机器学习的算法来自动地发现隐藏在数据中的结构或规律。这种无指导学习的一个关键技术是"聚类"(clustering),聚类技术根据数据实例的相同点或相异点,自动地把它们聚类为不同的"组合"(groups)。例如,我们可以把 Web 的页面聚类为不同的组合,每一个组合代表一个特定的主题;我们也可以把文件聚类为不同的层次,每一个层次代表一个特定的主题层次。

有指导的学习要求事先人工标注大量的数据实例,需要付出巨大的人工劳动量,费力而又费时。为了减少人工标注的劳动量,可以同时对标注过的数据实例和没有标注过的数据实例进行学习,标注过的数据实例的集合可以比较小,而没有标注过的数据实例的集合可以很大,这样的模型叫作半指导的学习。

机器自动学习的这些方法目前已经逐渐成熟,而且广泛地应用于自然语言处理的研究中,这就从根本上改变了传统的获取语言知识的手段,对于自然语言处理的发展具有革命性的意义。

2000 年,在美国约翰·霍普金斯大学(Johns Hopkins University)的暑假机器翻译讨论班(workshop)上,来自南加州大学、罗切斯特大学、约翰·霍普金斯大学、施乐公司、宾夕法尼亚州立大学、斯坦福大学等的研究人员,对于基于统计的机器翻译进行了讨论。以德国亚琛大学(Aachen University)年轻的博士研究生 Franz Josef Och(奥赫)为主的 13 位科学家写了一个总结报告(final report),报告的题目是《统计机器翻译的句法》(*Syntax for Statistical Machine Translation*)。这个报告提出了把基于规则的方法和基于统计方法结合起来的有效途径。Och 在国际计算语言学 2002 年的会议(ACL 2002)上发表论文,题目是《统计机器翻译的分辨训练与最大熵模型》(*Discriminative Training and Maximum Entropy Models for Statistical Machine Translation*),进一步提出统计机器翻译的系统性方法,获 ACL 2002 大会最佳论文奖。

2002 年 1 月,在美国成立了 Language Weaver 公司,专门研制统计机器翻译软件(Statistical Machine Translation Software,SMTS),Och 加盟 Language Weaver 公司,作为这个公司的顾问。Language Weaver 公司是世界上第一个把统计机器翻译软件商品化的公司。他们使用机器自动学习的技术,从翻译存储资料(translation memories)、翻译文档(translated archives)、词典(dictionaries & glossaries)、因特网(Internet)以及翻译人员(human translators)那里获取大量的语言数据。在这个过程中,他们对这些语言数据进行各种预处理(pre-processing),包括文本格式过滤(format filtering)、光学自动阅读和扫描(scan + OCR)、文字转写(transcription)、文本对齐(document alignment)、文本片段对齐(segment alignment)等。接着,把经过预处理的语言数据,在句子一级进行源语言和目标语言的对齐,形成双语并行语料库(parallel corpus)。然后使用该公司自己开发的"LW 学习软件"(Language Weaver Learner,LW Learner),使用机器自动学习的方法,对双语并行语料库进行处理,从语料库中抽取概率翻译词典、概率翻译模板以及概率翻译规则等语言信息,这些抽取出来的语言信息,统称为翻译参数(translation parameters)。这样的翻译参数实际上就是概率化的语言知识,经过上述的处理,语言数据就变成了概率化的语言知识。翻译参数是该公司翻译软件的重要组成部分。为了处理这些翻译参数,该公司还开发了一个统计翻译器,叫作解码器(decoder),这个解码器是该公司翻译软件的另一个重要组成部分。解码器和翻译参数成为 Language Weaver 公司翻译软件的核心(core components)。解码器使用上述通过统计学习获得的翻译参数对新的文本进行机器翻译,把新的源语言文本(new source language documents)自动地翻译成新的目标语言译文(new target language translation),提供给用户使用。

Language Weaver 公司的翻译系统的工作流程如图 1.32 所示。

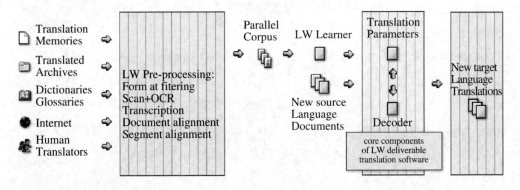

图 1.32　Language Weaver 统计机器翻译软件工作流程

该公司开发的汉英机器翻译系统和英语-西班牙语双向机器翻译系统已经问世。他们还要使用同样的方法,开发英语-法语的双向机器翻译系统、印地语-英语以及索马里语-英语的单向机器翻译系统。

2003 年 7 月,在美国 Maryland 州 Baltimore(巴尔的摩)由美国商业部国家标准与技术研究所 NIST/TIDES (National Institute of Standards and Technology) 主持的机器翻译评比中,Och 获得了最好的成绩,他使用统计方法从双语语料库中自动地获取语言知识,建立统计机器翻译的规则,在很短的时间之内就构造了阿拉伯语和汉语到英语的若干个机器翻译系统。伟大的希腊科学家 Archimedes(阿基米德)说过:"只要给我一个支点,我就可以移动地球。"(Give me a place to stand on, and I will move the world.)而现在 Och 也模仿着Archimedes 说:"只要给我充分的并行语言数据,那么对于任何的两种语言,我就可以在几小时之内给你构造出一个机器翻译系统。"(Give me enough parallel data, and you can have translation system for any two languages in a matter of hours.)这反映了新一代的自然语言处理研究者朝气蓬勃的探索精神和继往开来的豪情壮志。看来,Och 似乎已经找到了机器翻译的有效方法,至少按照他的路子走下去,使用机器自动学习的方法,也许有可能开创出机器翻译研究的一片新天地,使我们在探索真理的曲折道路上看到了耀眼的曙光。过去我们使用人工编制语言规则的方法来研制一个机器翻译系统,往往需要几年的时间,而现在采用 Och的机器学习方法,构造机器翻译系统只要几小时就可以了,研制机器翻译系统的速度已经大大地提高了,这是令我们感到振奋的。

第三,统计数学方法越来越受到重视。

自然语言处理中越来越多地使用统计数学方法来分析语言数据。使用人工观察和内省的方法,显然不可能从浩如烟海的语料库和 Web 中获取精确可靠的语言知识,必须使用统计数学的方法。

语言模型是描述自然语言内在规律的数学模型,构造语言模型是自然语言处理的核心。语言模型可以分为传统的规则型语言模型和基于统计的语言模型。规则型语言模型是人工编制的语言规则,这些语言规则来自语言学家掌握的语言学知识,具有一定的主观性和片面性,难以处理大规模的真实文本。基于统计的语言模型通常是概率模型,计算机借助于语言统计模型的概率参数,可以估计出自然语言中语言成分出现的可能性,而不是单纯地判断这样的语言成分是否符合语言学规则。

目前,自然语言处理中的语言统计模型已经相当成熟,例如,隐 Markov 模型(Hidden Markov Model,HMM)、概率上下文无关语法(Probabilistic Context-Free Grammar,PCFG)、基于决策树的语言模型(decision-tree based model)、最大熵语言模型(Maximum Entropy Model,ME 模型)、条件随机场(Condition Random Field,CRF)模型等。研究这样的语言统计模型需要具备统计数学的知识,因此,我们应当努力进行知识更新,学习统计数学。如果我们认真地学会了统计数学,熟练地掌握了统计数学,我们在获取语言知识的过程中就会如虎添翼。

第四,自然语言处理中越来越重视词汇的作用,出现了强烈的"词汇主义"倾向。

句法歧义问题的解决不仅与概率和结构有关,还往往与词汇的特性有关。词汇特性的重要性,在解决英语自动分析中的 PP 附着问题以及并列结构的歧义问题时,都明显地表现出来。

在理论语言学中,Chomsky 提出了"最简方案",所有重要的语法原则直接运用于表层,把具体的规则减少到最低限度,不同语言之间的差异由词汇来处理,也非常重视词汇的作用,在语言学中也出现了"词汇主义"(lexicalism)的倾向。在自然语言处理中,词汇知识库的建造成为普遍关注的问题。美国的 WordNet(词网),FrameNet(框架网络)以及我国各种语法知识库和语义知识库的建设,都反映了这种强烈的"词汇主义"的倾向。

在这样的新形势下,自然语言处理这个学科的交叉性和边缘性显得更加突出了。我们自然语言处理的研究者如果只是局限于自己原有的某一个专业的狭窄领域而不从其他相关的学科吸取营养来丰富自己的知识,在自然语言处理的研究中必将一筹莫展、处处碰壁。面对这样的形势我们应该怎么做?是抱残守缺,继续把自己蜷缩在某一个专业的狭窄领域之内孤芳自赏,还是与时俱进,迎头赶上,努力学习新的知识,以适应学科交叉性和边缘性的要求?这是我国自然语言处理工作者必须考虑的大问题。

根据 Miniwatts Marketing Group(2011)的调查,互联网十大语言如表 1.2 所示。

表 1.2　互联网上的十大语言

互联网十大语言	互联网用户	互联网语言的渗透率	互联网增数	互联网用户所占比例	该语言全球人数
英语	565 004 126	43.4%	301.4%	26.8%	1 302 275 670
汉语	509 965 013	37.2%	1 478.7%	24.2%	1 372 226 042
西班牙语	164 968 742	39.0%	807.4%	7.8%	423 085 806
日语	99 182 000	78.4%	110.7%	4.7%	126 475 664
葡萄牙语	82 586 600	32.5%	990.1%	3.9%	253 947 594
德语	75 422 674	79.5%	174.1%	3.6%	94 842 656
阿拉伯语	65 365 400	18.8%	2 501.2%	3.3%	347 002 991
法语	59 779 525	17.2%	398.2%	3.0%	347 932 305
俄语	59 700 000	42.8%	1 825.8%	3.0%	139 309 205
韩语	39 440 000	55.2%	107.1%	2.0%	71 393 343
十大语言合计	1 615 957 333	36.4%	421.2%	82.2%	4 442 056 069
其他语言	350 557 483	14.6%	588.5%	17.8%	2 403 553 891
全球总计	2 099 926 965	30.3%	481.7%	100.0%	6 930 055 154

从表 1.2 中可以看出,在 2011 年,使用中文的互联网用户(internet users)已经超过了 5.09 亿,占全世界互联网用户总数(internet users % of total)的 24.2%,从 2000 年到 2011 年中文的互联网用户增长率(growth in internet)为 1 478.7%。[①]

从表 1.2 中还可以看出,目前,在互联网上除了使用英语之外,越来越多地使用汉语、西班牙语、德语、法语、日语、韩语等英语之外的语言。从 2000 年到 2010 年,互联网上使用英语的人数仅仅增加了 301.4%,而在此期间,互联网上使用俄语的人数增加了 1 825.8%,使用葡萄牙语的人数增加了 990.1%,使用中文的人数增加了 1 478.7%,使用法语的人数增加了 398.2%。互联网上使用英语之外的其他语言的人数增加得越来越多,英语在互联网上独霸天下的局面已经被打破,因为互联网确实已经变成了多语言的网络世界。因此,网络上的不

---

① 2014 年 7 月 21 日,中国互联网络信息中心(CNNIC)在京发布第 34 次《中国互联网络发展状况统计报告》(以下简称《报告》)。《报告》显示,截至 2014 年 6 月,中国网民规模达 6.32 亿(这个数字比 Miniwatts Marketing Group 统计的数字 6.49 亿稍低),其中,手机网民规模达 5.27 亿,互联网普及率达到 46.9%。在网民上网设备中,手机使用率达 83.4%,首次超越传统个人计算机(PC)80.9%的使用率,手机作为第一大上网终端的地位更加巩固。2014 上半年,网民对各项网络应用的使用程度更加深入。移动商务类应用在移动支付的拉动下,正经历跨越式发展,在各项网络应用中地位越来越重要。在互联网金融类应用中,互联网理财产品仅在一年时间内使用率超过 10%,成为 2014 年上半年引人注目的网络应用。

同语言之间的翻译自然也就越来越迫切了。

2011 年某语言的互联网渗透率(internet penetration by language)是指该语言的互联网的网民与 2011 年使用该语言的总人数(world population for this language)之比。例如,使用中文的互联网网民有 509 965 013 人,2011 年使用中文的总人数有 1 372 226 042 人,则 2011 年中文的互联网渗透率为

$$509\ 965\ 013/1\ 372\ 226\ 042 = 37.2\%$$

在 2011 年,日语的网络渗透率已经达到 78.4%,德语的网络渗透率已经到达 79.5%。虽然 2011 年中文的互联网渗透率只有 37.2%,但世界各语言的平均网络渗透率是 30.3%,十大互联网语言的平均网络渗透率是 36.4%,中文的互联网渗透率还是比较高的,仍然是一种非常重要的互联网语言。

从表 1.2 中还可以看出,在 2011 年使用汉字的中文互联网用户占全世界互联网用户总数的 24.2%,而不使用中文的其他互联网用户却占了 75.8%。使用汉字的中文互联网用户并不占优势。

而且,我们还应当看到,在使用汉字的中文互联网用户增长的同时,世界上使用其他语言的互联网用户也在增长。根据 Miniwatts Marketing Group(2014)的调查,2013 年中文互联网用户占全世界互联网用户总数的比例与 2011 年相比有所下降,如表 1.3 所示。

表 1.3　中文互联网用户统计

语言	人数 (截至 2014 年)	占全球 比例	互联网用户 (2013-12-31)	渗透率 /%	用户占全球 比例/%	Facebook (2012-12-31)
中文用户	1 392 320 407	19.4%	649 375 491	46.6%	23.2%	21 034 200
其他用户	5 789 538 212	80.6%	2 153 103 443	37.2%	76.8%	954 909 760
全球总计	7 181 858 619	100.0%	2 802 478 934	39.0%	100.0%	975 943 960

从表 1.3 中可以看出,2013 年的中文互联网用户占全世界互联网用户总数的比例降低到 23.2%,而不使用中文的其他互联网用户却上升到 76.8%。

所以,我们对中文汉字在互联网上的使用情况还不能过分地乐观。

现在有人提出了"汉字优越论",他们说"21 世纪是汉语汉字的世纪",又说"汉字是计算机互联网的理想语言文字",等等。这些说法,在上述的事实面前是站不住脚的;我们认为,由于国家人口多而使本国语言的互联网用户在全世界的互联网中排行靠前,并没有什么特别值得骄傲自豪的地方。更深入地看,尽管我国人口基数大而使得互联网用户数目大,但是,就数据质量和数据管理科技水平来说,中文数据质量和管理水平还很低,到目前为止,连完整的字符数据库还没有建设完毕,数据全面管理的标准也没有,跟拼音文字的数据质量和数据管理科技水平还有很大的差距。我们在中文的自然语言处理方面根本不应该盲目乐观,夜郎自大。

　　总的来说,我国自然语言处理虽然已经取得不少成绩,但是,与国际水平相比,差距还是很大的。自然语言处理是国际性的学科,我们不能闭门造车,而应该参与到国际自然语言处理的研究中去,用国际的水平和国际的学术规范来要求我们的研究。近年来,我国的自然语言处理工作者也到国外参加过一些一流的自然语言处理国际会议,如 COLING,ACL,LREC等,但是,在这些国际会议上,我国学者很少被邀请代表当前国际最高研究水平并且引导计算语言学发展潮流的"主题报告",我们只能代表一般水平的发言,或者在分组会议上讲一讲我们的成绩和体会。这种情况说明,我国的自然语言处理研究,不论在理论上还是在应用系统的开发上,基本上还没有什么重大的创新,尽管我们的自我感觉良好,但实在还没有什么特别值得称道的突破,我们的研究,基本上还是跟踪性的研究,很少有创造性的研究,当然更没有具有原创思想的研究了。因此,我们不能夜郎自大,不能坐井观天,我们只有努力学习国外的先进成果,赶上并超过国际的先进水平,使我国的自然语言处理在国际的先进行列中占有一席之地,以无愧于我国这个国际大国的地位。

　　自然语言处理有着明确的应用目标,我们前面列举的语音合成、语音识别、信息检索、信息抽取、机器翻译等,都是自然语言处理的重要应用领域。由于现实的自然语言极为复杂,不可能直接作为计算机的处理对象,为了使现实的自然语言成为可以由计算机直接处理的对象,在这众多的应用领域中,我们都需要根据处理的要求,把自然语言处理抽象为一个"问题"(problem),再把这个问题在语言学上加以"形式化"(formalism),建立语言的"形式模型"(formal model),使之能以一定的数学形式,严密而规整地表示出来,并且把这种严密而规整的数学形式表示为"算法"(algorithm),建立自然语言处理的"计算模型"(computational model),使之能够在计算机上实现。在自然语言处理中,算法取决于形式模型,形式模型是自然语言计算机处理的本质,而算法只不过是实现形式模型的手段而已。

　　显而易见,这种建立语言形式模型的研究是非常重要的,它应当属于自然语言处理的基础理论研究。由于自然语言处理的复杂性,这样的形式模型的研究往往是一个"强不适定问题"(strongly ill-posed problem),也就是说,在用形式模型建立算法来求解自然语言处理的问题时,往往难以满足问题解的存在性、唯一性和稳定性的要求,有时是不能满足其中的一条,有时甚至三条都不能满足。因此,对于这样的强不适定性问题求解,应当加入适当的"约束条件"(constraint conditions),使问题的一部分在一定的范围内变成"适定问题"(well-posed problem),从而顺利地求解这个问题。

　　自然语言处理是一个多边缘的交叉学科,因此,我们可以通过计算机科学、语言学、心理学、认知科学、人工智能等多学科的通力合作,把人类知识的威力与计算机的计算能力结合起来,给自然语言处理的形式模型提供大量的、丰富的"约束条件",从而解决自然语言处理的各种困难问题。自然语言处理这个学科的边缘性、交叉性的特点,为解决这样的"强不适定问题"提供了有力的手段,我们有可能把自然语言处理形式模型的研究这个"强不适定问题"变成"适定问题",这是我们在研究自然语言处理的形式模型的时候,值得特别庆幸的,也是应该特别注意的。

本书着重讨论的自然语言处理的形式模型,属于自然语言处理的基础理论研究的范围。当然,在讨论这些基础理论问题的时候,我们不可避免地也会涉及一些实际应用的问题。没有理论的实践是盲目的实践,没有实践的理论是空洞的理论,我们应当把自然语言处理的基础理论研究与实际应用研究紧密地结合起来,促进我国自然语言处理的发展。

参考文献

[1] Bakushinsky A, Goncharsky A. Ill-posed problems：Theory and Application[M]. Dordrecht：Kluwer Academic Publishers, 1994.

[2] Carstensen K-U, et al. Computerlinguistik und Sprachtechnologie：Eine Einführung[M]. Heidelberg：Spektrum Akademischer Verlag, 2004.

[3] Jurafsky D, Martin H J. Speech and Language Processing：An Introduction to Natural Language Processing, Computational Linguistics and Speech Recognition[M]. 冯志伟, 孙乐, 译. 北京：电子工业出版社, 2005.

[4] Manaris B. Natural language processing：A human-computer interaction perspective[J]. Advances in Computers, 1998(47)：1-66.

[5] 冯志伟. 中国计算语言学的世界化刍议[J]. 语言文字应用, 1994(1)：24-27.

[6] 冯志伟. 自然语言的计算机处理[M]. 上海：上海外语教育出版社, 1996.

[7] 冯志伟. 汉字和汉语的计算机处理[J]. 当代语言学, 2001(1)：1-20.

[8] 冯志伟. 机器翻译研究[M]. 北京：中国对外翻译出版公司, 2004.

[9] 冯志伟. 自然语言处理的学科定位[J]. 解放军外国语学院学报, 2005(1)：1-8.

[10] 冯志伟. 机器翻译今昔谈[M]. 北京：语文出版社, 2007.

[11] 冯志伟. 计算语言学的历史回顾与现状分析[J]. 外国语, 2011(1)：9-17.

[12] 冯志伟. 用计量方法研究语言[J]. 外语教学与研究, 2012(2)：256-269.

[13] 冯志伟. 自然语言问答系统的发展与现状[J]. 外国语, 2012(6)：11-26.

[14] 冯志伟. 大哉, 计算语言学之为用![N]. 中国社会科学报, 2012-12-03(7).

[15] 李颖, 冯志伟. 计算语言学超学科研究刍议[J]. 现代外语, 2015(3)：407-415.

[16] 张钹. 自然语言处理的计算模型[J]. 中文信息学报, 2007(3)：3-7.

第 2 章

语言计算研究的先驱

在电子计算机出现之前,就有一些具有远见卓识的学者研究过语言的计算问题,他们从计算的角度来研究语言现象,揭示语言的数学面貌。

1847 年,俄国数学家 B. Buljakovski(布良柯夫斯基)认为可以用概率论方法来进行语法、词源和语言历史比较的研究。

1851 年,英国数学家 A. De Morgen(摩尔根)把词长作为文章风格的一个特征进行统计研究。

1894 年,瑞士语言学家 de Saussure(德·索绪尔)指出,在基本性质方面,语言中的量和量之间的关系,可以用数学公式有规律地表达出来,他在 1916 年出版的《普通语言学教程》中又指出,语言好比一个几何系统,它可以归结为一些待证的定理。

1898 年,德国学者 F. W. Kaeding(凯定)统计了德语词汇在文本中的出现频率,编制了世界上第一部频率词典《德语频率词典》。

1904 年,波兰语言学家 Baudouin de Courtenay(博杜恩·德·库尔特内)指出,语言学家不仅应当掌握初等数学,而且还要掌握高等数学,他坚信地表示语言学将日益接近精密科学,语言学将根据数学的模式,更多地扩展量的概念,发展新的演绎思想的方法。

1933 年,美国语言学家 L. Bloomfield(布龙菲尔德)提出一个著名的论点:"数学只不过是语言所能达到的最高境界。"

1935 年,加拿大学者 E. Varder Beke(贝克)提出了词的分布率的概念,并以之作为词典选词的主要标准。

1944 年,英国数学家 G. U. Yule(尤勒)出版了《文学词语的统计分析》一书,大规模地使用概率和统计的方法来研究词汇。

这些事实说明,关于语言计算的思想和研究是源远流长的。

在本章中,我们着重讨论六项最值得我们重视的关于语言计算的先驱性研究,它们是:俄国数学家 A. A. Markov(马尔可夫)关于 Markov 链的研究,美国学者 G. K. Zipf(齐夫)关于 Zipf 定律的研究,美国科学家 Shannon(香农)关于熵的研究,美国数理逻辑学家 Y. Bar-Hillel(巴希勒)关于范畴语法的研究,美国语言学家 Z. Harris(海里斯)关于语言串分析的研究,俄罗斯数学家 Kulakina(库拉金娜)关于语言集合论模型的研究。这些先驱性的研究为尔后的自然语言处理形式模型的研究奠定了初步的基础。

2.1　Markov 链

图 2.1　A. A. Markov

早在 1913 年,俄国著名数学家 A. A. Markov(1856～1922,图 2.1)就注意到语言符号出现概率之间的相互影响,他试图以语言符号的出现概率为实例,来研究随机过程的数学理论。

Markov 出生于俄罗斯的梁赞,他的父亲是一位中级官员,后来举家迁往圣彼得堡。1874 年 Markov 进入圣彼得堡大学,毕业后留校任教。1886 年当选为圣彼得堡科学院院士。Markov 的主要研究领域在概率和统计方面。他的研究开创了随机过程这个新的领域,以他的名字命名的 Markov 链在现代工程、自然科学和社会科学各个领域都有很广泛的应用。

图 2.2　Пушкин 的叙事长诗
《欧根·奥涅金》

为了研究随机过程这个数学问题,他在汗牛充栋的众多文学作品中进行选择,选中了著名俄罗斯诗人 A. Пушкин(普希金)脍炙人口的叙事长诗《欧根·奥涅金》(图 2.2),作为他研究数学问题的素材。

Markov 把《欧根·奥涅金》中的连续字母加以分类,把元音记为 V,把辅音记为 C,然后,以连续字母为统计单元进行计算,研究元音和辅音字母出现概率之间的相互影响。由于当时还没有计算机,也没有大规模的语料库,所以,Markov 只得使用手工查频的方法,统计了由元音和辅音字母组成的三字母序列在《欧根·奥涅金》中的出现次数,得到了元辅音序列表 2.1(其中 N 表示字母序列的记数,即 count number)。

表 2.1　《欧根·奥涅金》中的元辅音序列表

$$N(VVV) = 115$$
$$N(VVC) = 989$$
$$-N(VV) = 1\,104$$
$$N(VCV) = 4\,212$$
$$N(VCC) = 3\,322$$
$$-N(VC) = 7\,534$$
$$-N(V) = 8\,638$$
$$N(CVV) = 989$$
$$N(CVC) = 6\,545$$
$$-N(CV) = 7\,534$$
$$N(CCV) = 3\,323$$
$$N(CCC) = 505$$
$$-N(CC) = 3\,828$$
$$-N(C) = 11\,362$$
$$-N = 20\,000$$

从表 2.1 中可以看出,在统计文本的总字母出现次数(包括元音和辅音)为 20 000,其中,元音字母出现 8 638 次,辅音字母出现 11 362 次;当元音字母之后为元音字母时,字母序列 VV 出现 1 104 次;当元音字母之后出现辅音时,字母序列 VC 出现 7 534 次;当字母序列 VV 之后为元音字母时,字母序列 VVV 出现 115 次;当字母序列 VV 之后为辅音字母时,字母序列 VVC 出现 989 次;等等。

根据表 2.1 中的数据,可以计算出有关元音字母和辅音字母出现的概率。

例如,元音字母的出现概率为

$$P(V) = \frac{N(V)}{N} = \frac{8\,638}{20\,000} = 0.432$$

元音字母在辅音字母之后的出现概率为

$$P(V \mid C) = \frac{N(CV)}{N(C)} = \frac{7\,534}{11\,362} = 0.663$$

元音字母在元音字母之后的出现概率为

$$P(V \mid V) = \frac{N(VV)}{N(V)} = \frac{1\,104}{8\,638} = 0.128$$

显而易见,在俄语中,元音字母在辅音字母之后出现的概率大于元音字母在元音字母之后出现的概率。Markov 的这个表,确切地说明了元音字母和辅音字母之间出现概率的相互影响。

上面的现象可以概括成随机过程加以研究。

随机过程有两层含义:

● 它是一个时间的函数,随着时间的改变而改变;

● 每个时刻上的函数值是不确定的,是随机的,也就是说,每一时刻上的函数值按照一定的概率而分布。

在我们写文章或讲话的时候,每一个字母(或音素)的出现随着时间的改变而改变,是时间的函数,而在每一时刻上出现什么字母(或音素)则有一定的概率性,是随机的,因此,我们可以把语言的使用看成一个随机过程。

在这个随机过程中,所出现的语言符号是随机试验的结局,语言就是一系列具有不同随机试验结局的链。

如果在随机试验中,各个语言符号的出现彼此独立,不相互影响,那么这种链就是独立链。

如果在独立链中,每个语言符号的出现概率相等,那么这种链就叫作等概率独立链。

如果在独立链中,各个语言符号的出现概率不相等,有的出现概率高,有的出现概率低,则这种链叫作不等概率独立链。

在独立链中,前面的语言符号对后面的语言符号没有影响,是无记忆的,因而这种独立链是由一个无记忆信源发出的。这种独立链是一种没有后效的随机过程,在已知的当前状态的情况下,过程的未来状态与它过去的状态无关,这是一种原始形式的 Markov 过程。

Markov 对于《欧根·奥涅金》中的元音和辅音系列的研究突破了原始形式的 Markov 过程,过程的未来状态与它过去的状态是有关系的。这样,就把 Markov 过程的研究向前推进了一步。

在如像《欧根·奥涅金》中的元音和辅音系列这样的随机试验中,每个语言符号的出现概率不相互独立,每一个随机试验的个别结局依赖于它前面的随机试验的结局,那么这种链就叫作"Markov 链"(Markov chain)。

在 Markov 链中,前面的语言符号对后面的语言符号是有影响的,这种链是由一个有记忆信源发出的。这正是 Markov 研究《欧根·奥涅金》的字母序列所面临的情况。正如 Markov 所指出的,语言就是由这种有记忆信源发出的 Markov 链。

如果我们只考虑前面一个语言符号对后面一个语言符号出现概率的影响,这样得出的语言成分的链,叫作一重 Markov 链,也就是二元语法。

如果我们考虑到前面两个语言符号对后面一个语言符号出现概率的影响,这样得出的语言符号的链,叫作二重 Markov 链,也就是三元语法。

如果我们考虑到前面三个语言符号对后面一个语言符号出现概率的影响,这样得出的语言符号的链,叫作三重 Markov 链,也就是四元语法。

类似地,我们还可以考虑前面四个语言符号、五个语言符号…… 对后面的语言符号出现概率的影响,分别得出四重 Markov 链(五元语法)、五重 Markov 链(六元语法),等等,依此类推。

随着 Markov 链重数的增大,随机试验所得出的语言符号链越来越接近有意义的自然语言文本。

美国语言学家 N. Chomsky 和心理学家 G. Miller(米勒)指出,这样的 Markov 链的重数并不是无穷地增加的,它的极限就是语法上和语义上成立的自然语言句子的集合。这样,我们就有理由把自然语言的句子看成是重数很大的 Markov 链了。Markov 链在数学上刻画了自然语言句子的生成过程,是一个早期的自然语言的形式模型,后来的很多研究(例如"N 元语法"的研究),都是建立在 Markov 模型的基础之上的。

2.2 Zipf 定律

20 世纪初,随着不同语言中有关词的资料的大量积累以及频率词典的编纂,学者们便试图从理论上把这些语言材料中的事实从数学的角度加以总结。

在频率词典中,词的出现频率与词的序号是两个最基本的数据,它们刻画出了一个单词在词表中的性质,因此,学者们着重地研究了词表中两个基本数据之间的相互关系,提出了词的频率分布规律。

J. Estoup(艾思杜),E. Condon(贡东),G. K. Zipf(齐夫),M. Joos(朱斯)和 B. Mandelbrot(芒德布罗)等学者先后对这个问题做了探索。

1916 年,法国速记学家 J. Estoup 在从事速记文字体系的改善的研究中,观察到如下的规律:

假设有一个包含 N(N 应当充分地大)个单词的文本,按这些单词在文本中出现的绝对频率的顺序 n 递减的顺序,把它们排列起来,并且按照自然数的顺序从 1(绝对频率最高的单词)到 L(绝对频率最低的单词)编上序号,造出这个文本中单词的词表。单词的频率用 n 表示,单词的序号用 r 表示,r 可以取区间 $1 \leqslant r \leqslant 2$ 内的全部自然数的值。频率词表的形式如表 2.2 所示。

表 2.2　频率词表

单词的序号	1	2	...	r	...	L
单词的频率	n_1	n_2	...	n_r	...	n_L

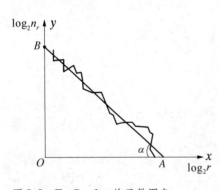

图 2.3　E. Condon 的函数图表

Estoup 发现,单词的绝对频率 n_r 与它相应的序号之间 r 的乘积大体上稳定于一个常数 k,即

$$n_r \cdot r = k \tag{2.1}$$

1928 年,美国贝尔电话公司物理学家 E. Condon在研究提高电话线路通信能力的工作中发现了一个有趣的规律。

他根据单词的频率统计资料,做出了的函数图表,见图 2.3。

横坐标记录单词的序号的对数 $\log_2 r$,纵坐标记录单词的绝对频率的对数 $\log_2 n_r$。之所以采用对数,是为了使比例适当。例如,当 $r = 1$ 时,$n = 10^4$,而当 $r = L$(L 很大)时,$n_r = 1$,在坐标图上画起来很不方便,但是如果用对数表示,两者的差别就不太大,便于在坐标图上画出来。

Condon 发现,$\log_2 r$ 与 $\log_2 n_r$ 的分布关系接近于一条直线 AB。

令 $x = \log_2 r$,$y = \log_2 n_r$,设 $OB = \log_2 k$(k 是一个常数),直线与 x 轴在反方向上的夹角为 α,且 $\tan \alpha = \gamma$,则有

$$OA = \frac{OB}{\tan \alpha} = \frac{\log_2 k}{\gamma}$$

根据直线的截距式方程,显然有

$$\frac{x}{OA} + \frac{y}{OB} = 1$$

即

$$\frac{\dfrac{\log_2 r}{\log_2 k}}{\gamma} + \frac{\log_2 n_r}{\log_2 k} = 1$$

$$\frac{\gamma \cdot \log_2 r}{\log_2 k} + \frac{\log_2 n_r}{\log_2 k} = 1$$

$$\gamma \cdot \log_2 r + \log_2 n_r = \log_2 k$$

$$\log_2 r^{\gamma} + \log_2 n_r = \log_2 k$$

因而有

$$n_r = kr^{-\gamma}$$

经过多次试验,发现 $\alpha = 45°$,即

$$\gamma = \tan \alpha = \tan 45° = 1$$

故上式变为

$$n_r = kr^{-1}$$

用所考察的文本的总长度 N 除上式两边,得到

$$\frac{n_r}{N} = \frac{k}{N} r^{-1}$$

而 $\dfrac{n_r}{N} = f_r$,$\dfrac{k}{N}$ 乃是常数。令 $\dfrac{k}{N} = c$,则得到

$$f_r = cr^{-1} \tag{2.2}$$

Condon 说明,公式(2.2)中的 c 是作为一个常数来处理的,但是,c 是否为一个常数,还需要更多的试验来检验它。

1935 年,美国哈佛大学教授、语言学家 G. K. Zipf(1902～1950,图 2.4)首先来检验 Condon 的结果。他根据 M. Hanley 为 J. Joyce 的长篇小说《尤利西斯》(*Ulysses*)一书所编的频率词典,文本容量为 260 432 个词,词典中收集不同的单词 29 899 个[1],在比 Condon 的文本规模大得多的基础上,来检验 Condon 的结果。

Zipf 根据有关的数据做出了类似于 Condon 所画的那种函数图表(图 2.5)。

Zipf 的结果与 Condon 的结果相同,即

$$f_r = cr^{-1}$$

当试验次数 $t \to \infty$ 时,频率 f_r 变成了概率 p_r,故有公式

$$p_r = cr^{-1}$$

接着,Zipf 来测定 c 的值。开初,他指出,在上面的公式中,当 $r = 1$ 时,

---

[1]　M. Hanley 的《詹姆斯・裘易士的〈尤利西斯〉词汇索引》(*Word Index to James Joyce's Ulysses*)。

$$p_r = cr^{-1} = c \times 1^{-1} = c$$

可见,c 就是序号为 1 的单词的概率,也就是在文本中出现频率最高的那个单词的概率。Zipf
测出了 $c = 0.1$,因而认为 c 是一个常数。这样,他得出的结论与 Condon 的结论几乎是完全
一致的,因为 Condon 也认为 c 是一个常数。他与 Condon 不同之处在于,他使用的语料规模
比 Condon 大,而且他具体地测出了 c 的数值应该等于 0.1。

图 2.4　G. K. Zipf

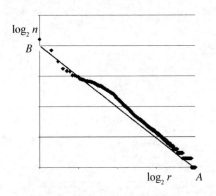

图 2.5　G. K. Zipf 的函数图表

　　然而,后来大量的事实说明,大多数欧洲语言,序号为 1 的单词的相对频率一般都小于
0.1,几乎没有一种欧洲语言的序号为 1 的单词的相对频率为 0.1。因此,后来 Zipf 对他原来
的说法做了修正,他指出,c 不是一个常数,而是一个参数,它的值的区间为

$$0 < c < 0.1$$

对于 $r = 1, \cdots, n$,这个参数 c 使得

$$\sum_{r=1}^{n} p_r = 1$$

　　这个单参数频率分布定律,在大部分的计算语言学和自然语言处理的文献中,被称为
"Zipf 定律"(Zipf's law)。

　　1936 年,就在 Zipf 发表其成果不久,美国语言学家 M. Joos 就对 Zipf 的公式进行了
修正。

　　Joos 指出,在 Zipf 公式

$$p_r = cr^{-1}$$

中,不仅 c 是一个参数,而且 r 的负指数 -1 中的 1 也是一个参数 γ。这是因为,当词典收词
多的时候,γ 会增大,即图像中的 α 角会增大;当词典收词少的时候,γ 会减少,即图像中的 α
角会变小。可见,γ 并不永远等于 1,α 角并不永远都是 45°,也就是说,γ 并不是一个常数而
是一个参数。若令这个参数 $\gamma = b$,则有

$$p_r = cr^{-b} \tag{2.3}$$

其中,$b > 0, c > 0$。对于 $r = 1, \cdots, n$,参数 b, c 要使

$$\sum_{r=1}^{n} p_r = 1$$

这就是 Joos 的双参数频率分布定律。

在 Joos 的公式中,当 $b=1$ 时,公式变为

$$p_r = cr^{-1}$$

这就是 Zipf 的公式,因此,Zipf 公式只不过是 Joos 公式在 $b=1$ 时的一种特殊情况,所以 Joos 公式也可以叫作双参数 Zipf 定律。

20 世纪 50 年代初期,英籍法国数学家 B. B. Mandelbrot 利用概率论和信息论方法来研究词的序号分布规律。他把单词看成是以空白为结尾的字母的随机序列,又把句子看成是用单词来编了码的单词的随机序列,把文章看成是由句子的增消过程而形成的句子的随机序列。从这样的观点出发,Mandelbrot 通过严格的数学推导,从理论上提出了三参数频率分布定律,其形式是

$$p_r = c(r + a)^{-b} \tag{2.4}$$

其中,$0 \leqslant a < 1, b > 0, c > 0$。对于 $r = 1, \cdots, n$,参数 a, b, c 要使

$$\sum_{r=1}^{n} p_r = 1$$

a, b, c 三个参数的含义如下:

 ● 参数 c 与出现概率最高的单词的概率的大小有关;

 ● 参数 b 与高概率单词的数量的多少有关,对于 $r < 50$ 的高概率单词,b 是非减函数,随着 r 的增大,参数 b 并不减小;

 ● 参数 a 与单词的数量 N 有关,由于 a 的选择自由较大,因而公式的灵活性很大,更能在各种条件下适应测定的数据。

在 Mandelbrot 的公式中,当 $a = 0$ 时,公式形式为

$$p_r = cr^{-b}$$

这就是 Joos 公式,它是双参数的 Zipf 定律。

当 $a = 0, b = 1$ 时,公式形式为

$$p_r = cr^{-1}$$

这就是 Zipf 公式,它是单参数的 Zipf 定律。

可见,Joos 公式和 Zipf 公式只不过是 Mandelbrot 公式的特殊形式。Mandelbrot 公式就是三参数的 Zipf 定律。

当然,关于词的频率分布问题是比较复杂的。上述公式并不能完全地反映其分布规律。例如,从公式看来,一个 r 的值只能对应于一个 p_r 的值,因此,公式本身的性质决定了文本中不能存在频率相同的单词,这与语言的客观事实显然是不符合的。试验证明,当 $15 < r < 1\,500$ 的时候,频率相同的词群容量不大,但是,当 $r > 1\,500$ 时,也就是当单词的频率比较小的

时候,频率相同的词群的容量就大大增加了。这时,就会出现数据稀疏的问题。可见,上述各个公式都不能用来描述低频率的单词的频率分布情况,事实上,前面的函数图像应该为图 2.6 的形式。

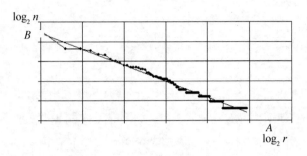

图 2.6 AB 实际上是一条破碎折线

实际上,AB 并不是一条直线,而是一条阶梯形的破碎折线。从图 2.6 中可看出,对于序号高的低频率单词,不同的序号很可能具有相同的低频率,因而对于这些低频率单词,序号不同而频率相同的很多;而对于序号低的高频率单词,频率相同的词随着序号的增加越来越多。越是频率低的单词,其序号相同的越多;越是频率高的单词,其序号相同的越少。这种事实,用上述各个公式都不能很好地描述。可见,词的频率分布规律尽管为频率词典的结构建立了一个初步的形式模型,但是,这个形式模型还不完善,还有必要进一步加以研究。

在 Mandelbrot 公式

$$p_r = c(r + a)^{-b}$$

中,如果通过试验测得某种语言的 $a = 0, b = 1, c = 0.1$,则得

$$p_r = 0.1(r + 0)^{-1} = 0.1 r^{-1} = \frac{0.1}{r}$$

我们来计算频率最高的前 1 000 个单词在该语言文本中占全部单词总数的百分比:

$$\sum_{r=1}^{1\,000} p_r = \sum_{r=1}^{1\,000} \frac{0.1}{r} = 0.1 \sum_{r=1}^{1\,000} \frac{1}{r}$$

$$= 0.1 \times \left(\frac{1}{1} + \frac{1}{2} + \frac{1}{3} + \cdots + \frac{1}{1\,000} \right)$$

$$= 0.748 = 74.8\%$$

可见,对于这种语言来说,频率最高的前 1 000 个单词占了该语言文本中的全部单词总数的 74.8%。也就是说,只要认识了这 1 000 个使用频率最高的常用词,就可以读懂这种语言文本中的绝大部分内容。根据 Zipf 定律得出的这个结论,对于语言学习和外语教学是很有参考价值的。

当然,要真正读懂一篇文章,除了认识单词之外,还需要具备语法、语义、语用和其他背景知识,语言学习仍然是一件很不容易的事情,非下苦功不可。

笔者早在 20 世纪 80 年代就注意到 Zipf 定律,并于 1983 年在论文中介绍了该定律。①
这是我国学者关于 Zipf 定律的最早的论文。

2.3　Shannon 关于"熵"的研究

1948 年,美国科学家 C. E. Shannon(香农,1916～2001,图 2.7)在《贝尔系统技术杂志》
(*Bell System Technical Journal*,1948,27:379 - 423)上发表了《通信的数学理论》
(*A mathematical theory of communication*)的长篇论文,奠定了信息
论(information theory)的理论基础,Shannon 被尊为"信息论之父"。

Shannon 于 1916 年 4 月 30 日出生于美国密歇根州的
Petoskey,1936 年毕业于密歇根大学并获得数学和电子工程学士
学位,1940 年获得麻省理工学院(MIT)数学博士学位和电子工程
硕士学位。1941 年他加入贝尔实验室数学部,工作到 1972 年。
1956 年成为麻省理工学院(MIT)客座教授,并于 1958 年成为终身
教授,1978 年成为名誉教授。Shannon 于 2001 年 2 月 26 日去世,
享年 84 岁。

图 2.7　C. E. Shannon

信息论是研究信息传输和信息处理系统中的一般规律的科学。在信息论产生之前,人们
对于信息系统的理解是比较肤浅的,一般把携带信息的消息看成是瞬态性的周期性的信号。
后来,人们把近代统计力学中的重要概念、Markov 随机过程理论以及广义谐波分析等数学方
法应用于信息系统的研究中,才看出通信系统内的信息实质上是一种具有概率性的随机过
程,从而得出了一些概括性很高的结论,建立了信息论这个学科。

信息论的研究对象是广义的信息传输和信息处理系统,从最普通的电报、电话、传真、雷
达、声呐,一直到各种生物的感知系统,都可以用同样的信息论观点加以描述,都可以概括成
这样的或那样的随机过程加以深入的研究。

从信息论的角度看来,用自然语言来交际的过程,也就是从语言的发送者通过通信媒介
传输到语言的接收者的过程,如图 2.8 所示。

图 2.8　交际过程示意图

---

①　冯志伟.齐普夫定律的来龙去脉 [J].情报科学,1983(2):37 - 42.

　　语言的发送者(即信源)随着时间的顺序顺次地发出一个一个的语言符号,语言的接收者也随着时间的顺序顺次地接收到一个一个的语言符号。显而易见,这个过程是时间的函数,而每一个时刻的值(即出现什么样的符号)又是随机的,因而这个过程是一个随机过程。

　　在这个随机过程中,如果我们做试验来确定语言中出现什么语言符号,那么这样的试验就叫作随机试验,而所出现的语言符号就是随机试验的结局,语言可以看作是一系列具有不同随机试验结局的链。这样,我们就可以使用 2.1 节中讲过的 Markov 链的理论来研究语言符号的生成过程了。

　　如果在随机试验中,各个语言符号的出现彼此独立,不互相影响,那么这种链就是独立链。

　　如果在独立链中,每一个语言符号的出现概率相等,那么这种链就叫作等概率独立链。如果语言符号是英语字母(包括 26 个字母和空白),则英语字母的等概率独立链如下:

XFOML RXKHRJFFJUJ ZLPWCFWKCYJ FFJEYVKCQ SDHYD

QPAAMKBZAACIBZLHJQD

　　如果在独立链中,各个语言符号的出现概率不相等,有的出现概率高,有的出现概率低,那么这种链叫不等概率独立链,英语字母的不等概率独立链如下:

OCRO HLIRGWR NMIELWIS EU LLNBNESEBYA TH EEI

ALHENHTTPA OOBTTVA NAH BRL

　　在上述的独立链信源中,前面的语言符号对于后面的语言符号没有影响,是无记忆的,因而它是由一个无记忆信源发出的。

　　如果在随机试验中,各个语言符号的出现概率不相互独立,每一个随机试验的个别结局依赖于它前面的随机试验的结局,那么这种链就是 Markov 链。在 Markov 链中,前面的语言符号对于后面的语言符号是有影响的,它是由一个有记忆信源发出的。

　　语言显然就是这种由有记忆信源发出的 Markov 链。例如,在英语中,当前面的字母是一串相互连接的辅音字母时,元音字母的出现概率就增加起来。这种链显然就是 Markov 链。

　　如果我们只考虑前面一个语言符号对于后面一个语言符号出现概率的影响,这样得出的语言符号的链就是一重 Markov 链。英语字母的一重 Markov 链如下:

ON IE ANTSOUTINYS ARE TINCTORE BE S DEAMY ACHIND ILONASINE

TUCDOWE AT TEASONARE FUSO TIZIN ANDY TOBE SEACE CTIBE

　　如果我们考虑到前面两个语言符号对于后面一个语言符号出现概率的影响,这样得出的语言符号的链,就是二重 Markov 链。英语字母的二重 Markov 链如下:

IN NO IST LAT WHEY CRATICT FROUREBIRS CROCID PONDENOME

OF DEMONSTURES OF THE REPTAGIN IS REGOAQCTIONA OF CRE

　　如果我们考虑到前面三个语言符号对于后面一个语言符号出现概率的影响,这样得出的语言符号的链就是三重 Markov 链。类似地,我们还可以考虑前面四个语言符号、五个语言符号……对后面的语言符号出现概率的影响,分别得出四重 Markov 链、五重 Markov 链等等。

随着 Markov 链重数的增大,每一个重数大的英语语言符号的链都比重数小的英语语言符号的链更接近于有意义的英语文本。这种情况,当语言符号是单词的时候,我们可以看得更加清楚。

例如,如果语言符号是英语的单词,那么英语单词的不等概率独立链如下:

REPRESENTING AND SPEEDILY IS AN GOOD APT OR CAME CAN DIFFERENT NATURAL HERE HE THE A IN CAME THE TOOF TO EXPERT GRAY COME TO FURNISHES THE MESSAGE HAD BE THESE

英语单词的一重 Markov 链如下:

THE HEAD AND IN FRONTAL ATTACK ON AN ENGLISH WRITER THAT THE CHARACTER OF THIS POINT IS THEREFORE ANOTHER METHOD FOR THE LETTERS THAT THE TIME OF WHO EVER TOLD THE PROBLEM FOR AN UNEXPECTED

英语单词的二重 Markov 链如下:

FAMILY WAS LARGE DARK ANIMAL CAME ROARING DOWN THE MIDDLE OF MY FRIENDS LOVE BOOKS PASSIONATELY EVERY KISS IS FINE

英语单词的四重 Markov 链如下:

ROAD IN THE COUNTRY WAS INSANE ESPECCIALLY IN DREARY ROOMS WHERE THEY HAVE SOME BOOKS TO BUY FOR STUDYING GREEK

不难看出,这个链已经很像英语了,尽管它仍然是没有意义的单词链,但是,它比起其他的单词链来,更容易记忆。

那么,Markov 链的重数究竟为多大,才能得出令人满意的英语句子呢? 我们来考虑如下的英语句子:

The people who called and wanted to rent your house when you go away next year are from California.

在这个句子中,语法上的相关性从第 2 个单词 people 一直延伸到第 17 个单词 are,为了反映这种相关性,至少需要 15 重 Markov 链。在一些情况下,Markov 链的重数可能还要更大。

随机过程的一个重要特征是前后符号的相关性,从语言文本产生的历史,预测这个语言文本的将来。随着 Markov 链重数的增大,我们越能根据前面的语言符号预测下一个语言符号的出现情况,也就是说,随着 Markov 链重数的增大,我们根据前面的语言符号来预测下一个语言符号出现的这个随机试验的不确定性越来越小,至于那些不是 Markov 链的独立链,其语言符号的出现情况是最难预测的,也就是说,每一个语言符号出现的不定度是很大的。

在信息论中,信息量的大小,恰恰就是用在接收到消息之前,随机试验不定度的大小来度量的。随机试验不定度的大小,叫作"熵"(entropy)。在接收到语言符号之前,熵因语言符号数目和出现概率的不同而不同,在接收到语言符号之后,不定度被消除,熵等于零。可见,信息量等于被消除的熵,因此,只要我们测出了语言符号的熵,就可以了解该语言符号所负荷的信息量是多少了。

早在 1928 年,L. Hartley(哈特利)就提出了如何测量信息量大小的问题。他认为,如果某个装置有 D 个可能的位置或物理状态,那么两个这样的装置组合起来工作就会有 D^2 个状态,三个这样的装置组合起来工作就会有 D^3 个状态。随着装置数量的增加,整个系统的可能的状态数目也相应地增加。为了测定其信息能力,要使 $2D$ 个装置的能力恰恰为 D 个装置的能力的 2 倍。因此,Hartley 把一个装置的信息能力定义为 $\log_2 D$,其中,D 是整个系统可以进入的不同的状态数目。

在信息论中,Shannon 采用了 Hartley 的这种办法来测定熵值。

Shannon 提出,如果我们做某一有 n 个可能的等概率结局的随机试验(例如掷骰子,$n = 6$),那么这个随机试验的熵就用 $\log_2 n$ 来度量。这种度量熵的方法是合理的。理由如下:

● 随机试验的可能结局数 n 越大,这个随机试验的不定度也就越大,因而它的熵也就越大。

● 如果我们同时做包含两个随机试验的复合试验,每一个随机试验有 n 个可能的结局(例如,同时掷两颗骰子),那么这个复合试验有 n^2 个结局,其熵等于 $\log_2 n^2 = 2\log_2 n$,即等于只掷一颗骰子时的两倍,这与 Hartley 的看法完全一致。

● 如果我们同时做包含两个随机试验的复合试验,一个随机试验有 m 个可能结局,另一个随机试验有 n 个可能结局(例如,投硬币时,$m = 2$;掷骰子时,$n = 6$),那么这个复合试验有 $m \cdot n$ 个可能的等概率结局,也就是说,这个复合试验的熵应该等于 $\log_2 mn$。另一方面,我们又可以认为,这个复合试验结局的熵应该等于构成这个复合试验的两个随机试验结局的熵之和,即等于 $\log_2 m + \log_2 n$。但是,我们知道

$$\log_2 mn = \log_2 m + \log_2 n$$

可见,复合试验结局的熵,不论是把它看成一个统一的试验,还是看成两个随即试验的总和,都是相等的。

这些事实都说明了我们用 $\log_2 n$ 来度量熵的合理性。

我们把有 n 个可能的等概率结局的随机试验的熵记为 H_0,

$$H_0 = \log_2 n \tag{2.5}$$

在这个公式中,当 $n = 2$ 时,

$$H_0 = \log_2 2 = 1$$

这时的熵,叫作 1 位。

这意味着,如果某一消息由两个等概率的语言成分构成,那么包含于每一个语言成分中的熵就是 1 位。

如果随机试验有 n 个结局,而且,它们是不等概率的,第 i 个结局的概率为 p_i,那么这个随机试验的熵 H_1 用下面的公式来计算:

$$H_1 = - \sum_{i=1}^{n} p_i \log_2 p_i \qquad (2.6)$$

1951 年,Shannon 首先计算出英语字母的不等概率独立链的熵 H_1 为 4.03 位。

随机试验结局不等概率,减少了这个随机试验的不定度,因此,有不等式:

$$\log_2 n \geqslant - \sum_{i=1}^{n} p_i \log_2 p_i$$

$$H_0 \geqslant H_1 \qquad (2.7)$$

当 $p_1 = p_2 = \cdots = p_n = 1/2$ 时,

$$H_0 = H_1$$

对于计算机科学工作者来说,定义熵的最直观的办法,就是把熵想象成在最优编码中一定的判断或信息编码的位数的下界。

假定我们想在我们住的地方给赛马场的赛马下赌注,但是赛马场距离我们住的地方太远,我们不能亲自到赛马场去,只好在我们住的地方给赛马场登记赌注的人发一条短的消息,告诉他我们给哪匹马下赌注。

假定有八匹马参加比赛。给这个消息编码的一个办法是用二进制代码来表示马的号码;这样,号码为 1 的马的二进制代码是 001,号码为 2 的马的二进制代码是 010,号码为 3 的马的二进制代码是 011,等等,号码为 8 的马的二进制代码是 000。如果我们用一天的时间来下赌注,每一匹马用位来编码,每次比赛我们要发出 3 位的信息。

我们能不能把这件事做得好一点呢?我们可以根据赌注的实际分布来传送消息,假定每匹马的先验概率如表 2.3 所示。

表 2.3　马的先验概率

序号	先验概率	序号	先验概率
马 1	1/2	马 5	1/64
马 2	1/4	马 6	1/64
马 3	1/8	马 7	1/64
马 4	1/16	马 8	1/64

我们可以知道这些马的随机变量 X 的熵的下界,计算如下:

$$H(X) = -\sum_{i=1}^{i=8} p_i \log_2 p_i$$

$$= -\frac{1}{2}\log_2\frac{1}{2} - \frac{1}{4}\log_2\frac{1}{4} - \frac{1}{8}\log_2\frac{1}{8} - \frac{1}{16}\log_2\frac{1}{16} - 4\left(\frac{1}{64}\log_2\frac{1}{64}\right)$$

$$= -\frac{1}{2}(\log_2 1 - \log_2 2) - \frac{1}{4}(\log_2 1 - \log_2 2^2) - \frac{1}{8}(\log_2 1 - \log_2 2^3)$$

$$-\frac{1}{16}(\log_2 1 - \log_2 2^4) - 4\left(\frac{1}{64}\right)(\log_2 1 - \log_2 2^6)$$

$$= \frac{1}{2} + \frac{1}{2} + \frac{3}{8} + \frac{4}{16} + \frac{6}{16}$$

$$= 2(\text{位})$$

每次比赛平均为 2 位的代码可以这样来编码：用最短的代码来表示我们估计概率最大的马，估计概率越小的马，其代码越长。例如，我们可以用 0 来给估计概率最大的马编码，按照估计概率从大到小的排列，其余马的代码分别为 10,110,1110,111100,111101,111110,111111。

如果我们对于每一匹马的概率估计都是一样的，情况将如何呢？前面我们已经看到，如果对于每一匹马，我们都使用等长的二进制编码，每匹马都用 3 位来编码，因此平均的位数为 3。这时的熵是一样的吗？是的，在这种情况下，每匹马的估计概率都是 1/8。我们选择马的熵是这样计算的：

$$H(X) = -\sum_{i=1}^{i=8} \frac{1}{8}\log_2\frac{1}{8} = -\log_2\frac{1}{8} = 3(\text{位})$$

由这个例子我们就可以理解为什么会有

$$H_0 \geqslant H_1$$

与熵有密切关系的是"困惑度"（perplexity）这个概念。如果我们把熵 H 作为 2 的指数，那么 2^H 这个值就叫作困惑度。从直觉上，我们可以把困惑度理解为在随机试验中选择随机变量的加权平均数。因此，在等概率估计的八匹马之间进行选择（这时，熵 $H = 3$ 位），困惑度为 2^3，也就是 8。在概率有差异的八匹马之间进行选择（这时，熵 $H = 2$ 位），困惑度是 2^2，也就是 4。显然，一个随机试验的熵越大，它的困惑度也就越大。

在自然语言处理中，熵和困惑度是用于评估 N 元语法模型的最普通的计量方法。

如果考虑到前面的语言符号对后面的语言符号出现概率的影响，那么可得出条件熵。Markov 链的熵就是条件熵，具体地说，其计算公式可以简明地写为：

$$H = -\sum_{i,j}^{n} P(b_i(n-1),j)\log_2 P_{b_i(n-1)}(j)$$

其中，$b_i(n-1)$ 是由 $n-1$ 个结局构成的组合，在它后面有第 j 个结局，$P(b_i(n-1),j)$ 是这个组合出现的概率，$P_{b_i(n-1)}(j)$ 是在由前面 $n-1$ 个结局构成的组合之后，第 j 个结局出现的条件概率。

根据这个公式，我们可以分别就一重 Markov 链（二元语法）、二重 Markov 链（三元语法)、三重 Markov 链(四元语法)……分别算出一阶条件熵(H_2)、二阶条件熵(H_3)、三阶条件熵(H_4)等等。

一阶条件熵按下面的公式来计算:

$$H_2 = - \sum_{i,j}^{n} P_{ij} \log_2 P_i(j) \tag{2.8}$$

其中,P_{ij} 表示在文本中一切可能的双语言符号组合的出现概率,$P_i(j)$ 表示在前面语言符号为 i 的条件下,语言符号 j 出现的条件概率。

二阶条件熵按下面的公式来计算:

$$H_3 = - \sum_{i,j}^{n} P_{ijk} \log_2 P_{ij}(k) \tag{2.9}$$

其中,P_{ijk} 表示一切可能的三语言符号组合的出现概率,$P_{ij}(k)$ 表示在语言符号 i,j 之后,语言符号 k 出现的条件概率。

随着 Markov 链重数的增大,条件熵越来越小,我们总是有

$$H_0 \geqslant H_1 \geqslant H_2 \geqslant H_3 \geqslant \cdots \geqslant H_{k-1} \geqslant H_k \geqslant \cdots \geqslant \cdots \geqslant H_\infty \tag{2.10}$$

这说明,每在前面追加一个语言符号,不会使包含在文本中一个语言符号的熵有所增加。另一方面,因为包含在文本的一个语言符号中的熵在任何场合总是正的,所以存在着关系式:

$$\lim_{k \to \infty} H_k = H_\infty \tag{2.11}$$

也就是说,熵是有下限的。当 k 逐渐增加时,熵逐渐趋于稳定而不再减少,这时,这个不再减少的熵就是包含在自然语言一个符号中的真实信息量,叫作极限熵。

从等概率独立链的熵到不等概率独立链的熵,从不等概率独立链的熵到一阶条件熵,从一阶条件熵到二阶、三阶……一直到极限熵,是语言信息结构化的体现,它反映了语言的结构对于语言信息的制约性。极限熵的概念,科学地把语言结构的这种制约性反映在语言符号的熵值中,它对于自然信息处理的研究具有重要的意义。

在很多场合,我们需要计算单词序列的熵。例如,对于一个语法来说,我们需要计算单词的序列 $W = \{\cdots, w_0, w_1, w_2, \cdots, w_n\}$ 的熵,其中,$w_0, w_1, w_2, \cdots, w_n$ 表示不同的单词。我们的办法之一是让变量能够覆盖单词的序列。例如,我们可以仿照上面的方法来计算在语言 L 中长度为 n 的单词的一切有限序列的随机变量的熵。计算公式如下:

$$H(w_1, w_2, \cdots, w_n) = - \sum_{w_1^n \in L} P(W_1^n) \log_2 W_1^n \tag{2.12}$$

我们可以把熵率(entropy rate)定义为用单词数 n 来除这个序列的熵所得的值(我们也可以把熵率想象成每个单词的熵):

$$\frac{1}{n} H(W_1^n) = - \frac{1}{n} \sum_{w_1^n \in L} P(W_1^n) \log_2 W_1^n \tag{2.13}$$

但是为了计算一种语言的极限熵,我们需要考虑无限长的序列。如果我们把语言想象成产生单词序列的随机过程 L,那么它的熵率 $H(L)$ 可定义为

$$H(L) = \lim_{n \to \infty} \frac{1}{n} H(w_1, w_2, \cdots, w_n)$$

$$= \lim_{n \to \infty} \frac{1}{n} \sum_{w \in L} P(w_1, w_2, \cdots, w_n) \log_2 P(w_1, w_2, \cdots, w_n) \qquad (2.14)$$

Shannon-McMillan-Breiman(香农-麦克米兰-布莱曼)定理指出,如果语言在某种意义下是正则的(确切地说,如果语言既是平稳的,又是遍历的),那么有

$$H(L) = \lim_{n \to \infty} \left(-\frac{1}{n} \log_2 P(w_1, w_2, \cdots, w_n) \right) \qquad (2.15)$$

这意味着,我们可以取语言中一个足够长的序列来替代该语言中所有可能的序列的总和。Shannon-McMillan-Breiman 定理的直觉解释是:一个足够长的单词序列可以在其中包含其他很多较短的序列,而且每一个这些较短的序列都可以按照它们各自的概率重复地出现在较长的序列之中。

如果随着时间的推移,随机过程指派给序列的概率是不变的,那么就说这个随机过程是平稳的(stationary)。换言之,在平稳随机过程中,单词在时间 t 的概率分布与在时间 $t+1$ 的概率分布是相同的。Markov 模型以及 N 元语法的概率分布都是平稳的。例如,在二元语法中,P_i 只依赖于 P_{i-1},因此,如果我们把时间的索引号移动到 x,P_{i+x} 仍然依赖于 P_{i+x-1}。然而自然语言却不是平稳的,在自然语言中,下一个单词的概率可能依赖于任意距离的事件并且依赖于时间。所以,我们的统计模型对于自然语言的正确分布和熵的描述,都是近似的。

最后,使用这种尽管不正确但是非常方便的简单假设,我们就能够取一个很长的输出样本,来计算某个随机过程的极限熵,并且计算它的平均对数概率。

我们在前面说过,某个模型的交叉熵可以用来作为某个随机过程的极限熵的上界。我们可以使用这样的方法来估计英语的极限熵。

为什么我们要关心英语的极限熵呢?

第一个原因是英语的极限熵将为我们对概率语法的试验提供一个可靠的下界。另一个原因是我们可以利用英语的极限熵帮助理解语言中的哪一部分提供的信息最大。例如,判断英语的预测能力主要是依赖于词序,还是语义,还是形态,还是组成符号,或者是语用方面的线索,这可以大大地帮助我们了解我们的语言模型应该着重研究哪一方面。

计算英语极限熵的方法通常有两种。

第一种方法是 Shannon 使用的方法,这是他在信息论领域的开创性工作的一部分。他的思想是利用受试人来构造一个信息试验,要求受试人来猜测字母,观察他们猜测的字母中有多少是正确的,从而估计字母的概率,然后估计序列的熵值。

实际的试验是这样来设计的:我们给受试人看一个英语文本,然后要求受试人猜测下一个字母。受试人利用他们的语言知识来猜测最可能出现的字母,然后猜测下一个最可能的字母,如此等等。我们把受试人猜对的次数记录下来。Shannon 指出,猜测数序列的熵与英语字母的极限熵是相同的。Shannon 这种观点的直觉解释是:如果受试人做 N 个猜测,那么给

定猜测数序列,我们能够通过选择第 N 个最可能的字母的方法,重建原来的文本。这样的方法要求猜字母而不是猜单词,受试人有时必须对所有的字母进行穷尽的搜索! 所以,Shannon 计算的是英语中每个字母的极限熵,而不是英语中每个单词的极限熵。他报告的结果是:英语字母的极限熵是 1.3 位(对于 27 个字母(26 个字母加上空白)而言)。Shannon 的这个估值太低了一些,因为他是根据单篇的文本(Dumas Malose 的 *Jefferson the Virginian*)来进行试验的。Shannon 还注意到,对于其他的文本(新闻报道、科学著作、诗歌),他的受试人往往会猜测错误,因此这时的熵就比较高。

第二种计算英语极限熵的方法有助于避免导致 Shannon 结果失误的单篇文本的问题。这种方法使用一个很好的随机模型,在一个很大的语料库上训练这个模型,用它给一个很长的英语序列指派一个对数概率,计算时使用 Shannon-McMillan-Breiman 定理:

$$H(English) \leqslant \lim_{n \to \infty}\left(-\frac{1}{n}\log_2 P(w_1, w_2, \cdots, w_n)\right)$$

例如,P. L. Brown(布朗)等在 58.3 亿个单词的英语文本上(293 181 个"型"[type])训练了一个三元语法模型,用它来计算整个 Brown 语料库的概率(1 014 312 个"例"[token])。训练数据包括新闻、百科全书、小说、官方通信、加拿大议会的论文集,以及其他各种资源。

然后,他们使用词的三元语法给 Brown 语料库指派概率,把语料库看成是一个字母序列,从而来计算 Brown 语料库中字符的熵。他们得到的结果是:每个字符的极限熵为 1.75 位(这里的字符集包含 95 个可印刷的全部 ASCII 字符)。这是在三元语法的情况下英语字母的条件熵。显而易见,这个条件熵比 Shannon 测出的熵 1.3 位要大一些,而且 Brown 使用的字符集是 ASCII 字符集,包含 95 个字符,很多字符超出了英语 26 个字母的界限。

大多数文献报道,包含在一个英语字母中的极限熵大约在 0.929 6 位到 1.560 4 位范围,其平均值为 1.245 位,这个计算结果与 Shannon 测定的结果(1.3 位)相近,我们一般都采用这样的计算结果。

在实践的迫切要求下,继 Shannon 测出了英语字母的不等概率独立链的熵 H_1 之后,人们又测出了一些印欧语言的熵。到目前为止,英语已经测出了 9 阶条件熵,俄语已经测出了 14 阶条件熵。下面,我们把法语、意大利语、西班牙语、英语、德语、罗马尼亚语、俄语的不等概率独立链的熵 H_1 列表比较,如表 2.4 所示。

笔者在 20 世纪 70 年代,模仿 Shannon 对于英语字母的熵的研究,采用手工查频的方法首次估算出汉字的熵 H_1 为 9.65 位,并提出了"汉字容量极限定理"。他根据 Zipf 定律,使用数学方法,证明了当统计样本中汉字的容量不大时,包含在一个汉字中的熵 H_1 随着汉字容量的增加而增加;当统计样本中的汉字容量达到 12 366 个时,包含在一个汉字中的熵 H_1 就不再增加了。这意味着,在测定汉字的熵 H_1 的时候,统计样本中汉字的容量是有极限的。这个极限值就是 12 366 个汉字,超出这个极限值,测出的汉字的熵就再也不会增加了,在这 12 366 个汉字中,有 4 000 多个是常用字,4 000 多个是次常用字,4 000 多个是罕用字。笔者认为,这 12 366 个汉字基本上可以代表古代和现代文献中汉字的基本面貌。由此得出结论:从汉语书面语总体来考虑,在全部汉语书面语中(包括现代汉语和古代汉语),包含在一个汉字中的熵 H_1 是 9.65 位。当然,这只是笔者一个不成熟的猜测。

表 2.4　某些语言的熵 H_1

语　种	符　号　数	熵 H_1	说　明
法　语	27 个(包括空白)	3.98	拉丁字母
意大利语	22 个(包括空白)	4.00	拉丁字母
西班牙语	27 个(包括空白)	4.01	拉丁字母
英　语	27 个(包括空白)	4.03	拉丁字母
德　语	27 个(包括空白)	4.10	拉丁字母
罗马尼亚语	27 个(包括空白)	4.12	拉丁字母
俄　语	32 个(包括空白)	4.35	斯拉夫字母

1988 年,北京航空学院计算机系刘源使用计算机自动查频计算出汉字的熵 H_1 为 9.71 位,1994 年,新加坡国立大学计算机系 Lua Kim Teng(赖金锭)使用计算机计算出汉字的熵 H_1 为 9.59 位,他们的结果与笔者原来用手工查频方法测算的结果是很接近的。

1996 年,冯志伟还根据汉语与英语文本对比,首次估算出汉字的极限熵为 4.046 2 位;2006 年,清华大学计算机系孙茂松、孙帆在大规模语料库($10^6 \sim 10^7$ 个汉字)的基础上,使用 Brown 的方法估算出汉字的极限熵为 5.31 位,这个结果更为准确。

熵是信息量的度量。在自然语言处理中,熵是用来刻画语言数学面貌的非常有价值的数据。熵可以用来度量一个特定的语法中的信息量是多少,度量给定语法和给定语言的匹配程度有多高,预测一个给定的 N 元语法中下一个单词是什么。如果有两个给定的语法和一个语料库,我们可以使用熵来估计哪一个语法与语料库匹配得更好。我们也可以使用熵来比较两个语音识别任务的困难程度,还可以使用它来测量一个给定的概率语法与人类语法的匹配程度。

2.4　Bar-Hillel 的范畴语法

范畴语法(categorial grammar)是分别由数理逻辑专家 Kazimierz Ajukievicz(阿久凯维奇,1890~1963)和 Yehoshua Bar-Hillel(巴希勒,1915~1975,图 2.9)提出的。

早在 1935 年,数理逻辑学家 Kazimierz Ajukievicz 就提出了范畴语法的基本概念。1958 年,数学家 J. Joachim Lambek(兰姆贝克)在《句子结构的数学》(*The Mathematics of Sentence*

Structure,载于 *American Mathematical Monthly*,Vol. 65,pp. 154‑170)中,提出了句法类型演算的理论,根据这种理论,可以辨识一个符号串是不是语言中成立的句子。1959 年,Bar‑Hillel 在《自然语言结构的判定程序》(*Dicision Procedure for Structure in Natural Language*,载于 *logique et analyse*,2‑e annee,No. 5)中,进一步发展了句法类型演算的理论,详细讨论了自然语言结构的判定程序。由于句法类型是一种范畴,因此,1960 年 Bar‑Hillel 等在《论范畴语法和短语结构语法》(*On Categorial and Phrase Structure Grammars*,载于 *Bull. Res. Council Israel*,Sec. F. 9,

图 2.9　Y. Bar‑Hillel

pp.1‑16)中,把这种语法命名为"范畴语法"。数十年来,范畴语法一直是自然语言处理研究关注的一个热点,始终保持着其勃勃的生命力。

Bar‑Hillel 于 1915 年生于奥地利的 Vienna(维也纳),二战期间曾在英军的犹太旅服役,在以色列独立战争中失去一只眼睛。战后,Bar‑Hillel 在以色列的 Hebrew(希伯来)大学获博士学位,1950 年在美国 Chicago(芝加哥)大学师从著名数理逻辑学家 Carnap(卡尔纳普)做博士后研究,以后到 MIT 工作。他是机器翻译的先驱者之一,曾在 1952 年组织召开了第一次机器翻译会议。1953 年,他离开 MIT 到以色列的 Hebrew 大学哲学系工作,直到 1975 年在 Jerusalem(耶路撒冷)去世。

在本书中,我们讨论范畴语法时,以 Bar‑Hillel 的理论为蓝本。

我们首先介绍句法类型(syntactic types)的概念。

任何词都可以根据它在句子中的功能归入一定的句法类型,如果用 n 表示名词的句法类型,用 S 表示句子,则其他的一些句法类型都可以用 n 和 S 以不同的方式结合起来表示。规则是:

① 如果有某个词 B,其后面的词 C 的句法类型是 γ,而它们所构成的词的序列 BC 的功能与 β 相同,则这个词 B 的句法类型记为 β/γ;

② 如果有某个词 B,其前面的词 A 的句法类型为 α,而它们所构成的词的序列 AB 的功能与 β 相同,则这个词 B 的句法类型记为 $\alpha\backslash\beta$;

③ 如果有某个词 B,其前面的词 A 的句法类型为 α,其后面的词的句法类型为 γ,而它们所构成的词的序列 ABC 的功能与 β 相同,则这个词 B 的句法类型为 $\alpha\backslash\beta/\gamma$。

根据这种记法,可以写出自然语言中词的句法类型。

例如,在英语中,

John 的句法类型为 n。

poor John(可怜的约翰)中的 poor,它后面出现名词 John,而它所构成的 poor John,功能与名词相同,故其句法类型为 n/n。

John works(约翰工作)中的 works,它前面出现名词 John,而它所构成的 John works,功能与句子相同,故其句法类型为 n\S。

John likes Jane(约翰喜欢珍妮)中的 likes,它前面为名词 John,后面为名词 Jane,而它所构成的 John likes Jane,功能与句子相同,故其句法类型为 n\S/n。

John slept soundly(约翰睡熟了)中的 soundly,它前面的 slept 为 n\S,而它所构成的 slept soundly,功能与 n\S 相同,故其句法类型为(n\S)\n\S。

John works here (约翰在这里工作)中的 here,能够把 John works 这个句子 S,转换成一个新的句子 John works here,故 here 的句法类型为 S\S。

John never works(约翰从不工作)中,由于 John 的句法类型为 n,故 never works 的句法类型为 n\S,可见,句法类型为 n\S 的 works 前面加了 never 构成 never works 之后,其句法类型仍然为 n\S,所以,never 的句法类型为 n\S/(n\S)。

John works for Jane(约翰为珍妮工作)中,for 的作用与 John works here 中 here 的作用相似,但其后还有一个名词 Jane,故 for 的句法类型为 S\S/n。

John works and Jane rests(约翰工作而珍妮休息)中 and 是一个连接词,它把前后两个句子连接起来,构成一个新的句子,故其句法类型为 S\S/S。

于是我们得到了如表2.5所示的英语的句法类型表。

表2.5　英语的句法类型表

	词	句 法 类 型	词　类
(1)	John	n	名词
(2)	poor	n/n	形容词
(3)	works	n\S	不及物动词
(4)	likes	n\S/n	及物动词
(5)	soundly	(n\S)\n\S	副词
(6)	here	S\S	副词
(7)	never	n\S/(n\S)	副词
(8)	for	S\S/n	介词
(9)	and	S\S/S	连接词

从表2.5中可以看出,句法类型大致相当于传统语法中的词类。(1)中的 John 是名词,(2)中的 poor 是形容词,(3)中的 works 是不及物动词,(4)中的 likes 是及物动词,(5)中的 soundly、(6)中的 here、(7)中的 never 都是功能不尽相同的副词,(8)中的 for 是介词,(9)中的 and 是连接词。这样,范畴语法便把英语的词类用 S 和 n 两个最基本的范畴表示出来。S 和 n 是原子范畴,而用它们表示出来的其他的词类则可以看成复合范畴。在逻辑语义的层面上,S 代表了陈述句所表示的真值命题(proposition),n 代表了该命题中的论元(argument),这是一

种非常简捷的句子的表示方法。在数学上,如果我们把句子中除了 S 和 n 之外的语言单位都看成是函数,把和它们结合成新结构的那些语言单位看成该函数的变元,那么,函数的值便是二者合成所得到的那个新的结构。这样,任何一个单词的语法特征便都可以通过这些原子范畴和复合范畴表示出来。这是一种典型的词汇主义(lexicalism)做法。可以说,在语言信息处理中,范畴语法是词汇主义的典型代表之一。

对于语言中的词列出了一个完整的句法类型清单之后,便可根据如下规则进行句法类型演算(syntactic calculus):

如果有形如 $\alpha, \alpha\backslash\beta/\gamma, \gamma$ 的符号序列,那么用 β 来替换它。

这个规则同时也包括下面两个规则:

① 用 β 替换形如 $\alpha, \alpha\backslash\beta$ 的符号序列,即 $(\alpha)(\alpha\backslash\beta) \rightarrow \beta$;

② 用 β 替换形如 $\beta/\gamma, \gamma$ 的符号序列,即 $(\beta/\gamma)(\gamma) \rightarrow \beta$;

如果把语言中的词标上句法类型,通过有穷个演算步骤,可把词的序列化为 S,则这个词的序列便是该语言中的合格句子。这样一来,语言中各种成分的句法行为,便都可以通过原子范畴和复合范畴的演算来描述了。

例 2.1　John　works
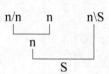
　　　　　n　　n\S
　　　　　　　S

例 2.2　Poor　John　works
　　　　　n/n　　n　　n\S
　　　　　　　n
　　　　　　　　S

例 2.3　John　works　here
　　　　　n　　n\S　　S\S
　　　　　　S
　　　　　　　　S

例 2.4　John　never　　works
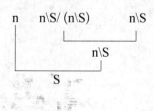
　　　　n　n\S/ (n\S)　　n\S
　　　　　　　　n\S
　　　　　　　S

例 **2.5**

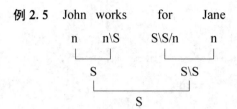

例 **2.6**

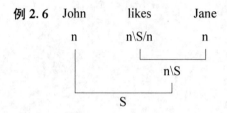

例 **2.7**

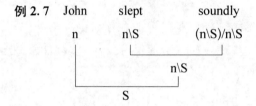

例 **2.8**

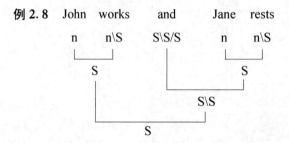

一个词可以属于几个句法类型。如 knows,在 John knows 中,属于 n\S,在 John knows Jane 中,属于 n\S/n。在实际的演算中,我们应该把每一个词可能有的句法类型全都列出来,对每个词都列出一份句法类型清单。

例如,我们有词的序列

Paul thought that John slept soundly

我们对该序列中的每个词都列出句法类型清单,并且把句法类型的全部符号都标在相应单词的下方,删节号表示清单中还包括一些其他的句法类型,不过,为简单起见,此处暂不考虑。

Paul	thought	that	John	slept	soundly
n	n	n	n	n\S	(n\S)\n\S
	n\S	n\n			(n\S/n)\n\S/n
	n\S/n	n/S			⋮

n\S/S

⋮

假定 thought 的句法类型只是上面所列出的 4 个, soundly 的句法类型只是上面所列出的 2 个, 那么由所列出的这些句法类型, 我们可以得到 24 个初始符号序列(1×4×3×1×1×2＝24)。

现在, 我们应用上述规则对这些初始符号序列进行演算。

在初始符号序列"n　n　n　n　n\S　(n\S)\n\S"中, 把规则①用于第 4 个句法类型 n 和第 5 个句法类型 n\S, 得到符号序列"n　n　n　S　(n\S)\n\S"。对于这个序列, 不能再运用我们的规则进行演算了。

在同一个初始符号序列中, 如果把规则①运用于第 5 个句法类型 n\S 和第 6 个句法类型 (n\S)\n\S, 可以得到符号序列"n　n　n　n　n\S"。对于这个序列, 不能再利用我们的规则进行演算了。

把我们的演算规则施行于 24 个初始符号序列, 最后可以得到两个结论:

第一个结论:

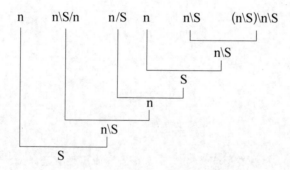

第二个结论:

演算规则可以把"Paul thought that John slept soundly"化为 S, 可见, 这个词的序列是英语中合格的句子。可是, 我们在这里得到的是两个结论, 这说明这个句子是同形结构, 它在句法上有两个不同的意思:一个意思是"保罗想, 约翰睡熟了"(that 是连接词), 另一个意思是"保罗想, 那个约翰睡熟了"(that 是指示代词, 这时, 在动词 thought 之后, 宾语从句中的连接词 that 被省略了)。

　　为了区别动词 works 和动词 work 这样不同的形式,我们规定用 n﹡来表示如 men(人们),chairs(一些椅子)等一切复数名词的句法类型。这样,在 men work 中,我们把 men 记为 n﹡,把 work 记为 n﹡\S;在 poor men work(贫困的人们工作)中,我们把 poor 记为 n﹡/n﹡,把 men 记为 n﹡,把 work 记为 n﹡\S;在"John works for men"(约翰为人们工作),把 John 记为 n,works 记为 n\S,for 记为 S\S/n,把 men 记为 n﹡;在"John likes girls"(约翰喜欢姑娘们)中,把 John 记为 n,likes 记为 n\S/n﹡,girls 记为 n﹡;在"men like Jane"(人们喜欢珍妮)中,把 men 记为 n﹡,like 记为 n﹡\S/n,Jane 记为 n;等等。

　　采用这样的记法,就可以运用演算规则对包含复数名词的句子进行判定。

　　在例 2.5"John works for Jane"中,如果我们首先对 works for 进行演算,将会出现困难。其原因是:"John works for Jane"的句法类型顺次为"n　n\S　S\S/n　n",当中的第 2 和第 3 个句法类型不能使用我们前面讲过的演算规则合并。因此,补充了如下的演算规则:

　　③ $(\alpha\backslash\beta)(\beta\backslash\gamma) \rightarrow \alpha\backslash\gamma$;

　　④ $(\alpha/\beta)(\beta/\gamma) \rightarrow \alpha/\gamma$。

　　采用这样的规则,可对例 2.5 首先归并第 2 和第 3 个句法类型,做如下的演算:

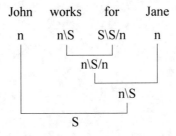

　　这样一来,范畴语法中句法类型演算的演算规则就变成了如下四条:

　　① $(\alpha)(\alpha\backslash\beta) \rightarrow \beta$;

　　② $(\beta/\gamma)(\gamma) \rightarrow \beta$;

　　③ $(\alpha\backslash\beta)(\beta\backslash\gamma) \rightarrow \alpha\backslash\gamma$;

　　④ $(\alpha/\beta)(\beta/\gamma) \rightarrow \alpha/\gamma$。

　　明眼人不难看出,范畴语法在确定这些演算规则时显然考虑到了语义,不过,范畴语法的语义是通过句法类型以及反映这些句法类型的语义连锁的演算规则潜在地表示出来的。这种别具一格的表达方式,使得范畴语法的风格与短语结构语法的风格迥然不同,短语结构语法力图对句子进行切分,采用的是一种解析模式(analytic pattern),而范畴语法则力图反映句法类型的语义连锁,采用的是一种构造模式(constructive pattern)。范畴语法尽量设法把语义直接表示在句法之中,因而受到了语言信息处理研究者的欢迎,其算术上的透彻性和模型的简明性,五十年来始终保持着其旺盛的生命力。

　　范畴语法对于英语动词短语的句法类型演算进行过细致的研究,这里简述这方面的内容。

英语动词短语的情况比较复杂,因此在演算时,除了使用上述的 n 和 S 等句法类型符号之外,还应该再增加如下的句法类型符号:

i:表示不及物动词的不定式;

p:表示不及物动词的现在分词;

q:表示不及物动词的过去分词。

下面我们说明如何使用这些句法类型符号。

John must work(约翰必须工作)中,work 是不及物动词不定式,故其句法类型为 i,must 的前面为 n,后面为 i,它所构成的 John must work 的功能与句子相同,故其句法类型为 n\S/i。

John is working(约翰正在工作)中,working 是不及物动词的现在分词,故其句法类型为 p,is 的前面为 n,后面为 p,它所构成的 John is working 的功能与句子相同,故其句法类型为 n\S/p。

John has worked(约翰干了工作)中,worked 是不及物动词的过去分词,故其句法类型为 q,has 的前面为 n,后面为 q,它所构成的 John has worked 的功能与句子相同,故其句法类型为 n\S/q。

显而易见,我们之所以给 must,is,has 选择这样的句法类型,是为了保证 must work,is working,has worked 等的句法类型为 n\S,使得它们像单个动词 work 那样起作用。

John must be working(约翰一定在工作)中,working 是不及物动词的现在分词,故其句法类型为 p,be 后面为 working,它构成的 be working 的功能相当于一个不定式动词,故其句法类型为 i/p。

John has been working(约翰还在工作)中,working 是不及物动词的现在分词,故其句法类型为 p,been 后面为 working,它构成的 been working 的功能相当于一个不及物动词的过去分词,故其句法类型为 q/p。

我们举例来说明这些句法类型的演算情况。

例 2.9 John must work

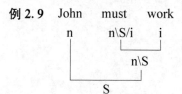

例 2.10 John　　is　　working

例 2. 11

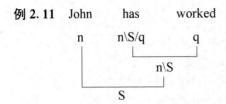

例 2. 12

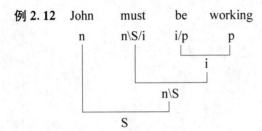

例 2. 13

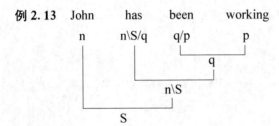

我们再来看包含及物动词的句子的情况。

John calls Jane（约翰给珍妮打电话）中，calls 的前面为 n，后面为 n，它所构成的 John calls Jane 的功能相当于一个句子 S，故 calls 的句法类型为 n\S/n。

John must call Jane（约翰应该给珍妮打电话）中，call 的后面为 n，它所构成的 call Jane 的功能相当于一个不及物动词不定式 i，故其句法类型为 i/n。

John is calling Jane（约翰正在给珍妮打电话）中，calling 的后面为 n，它所构成的 calling Jane 的功能相当于一个不及物动词的现在分词 p，故其句法类型为 p/n。

John has called Jane（约翰给珍妮打了电话）中，called 的后面为 n，它所构成的 called Jane 的功能相当于一个不及物动词的过去分词 q，故其句法类型为 q/n。

我们举例来说明及物动词句法类型演算的情况。

例 2. 14 John   calls   Jane

```
n        n\S/n        n
         └────┬────┘
            n\S
   └──────┬──────┘
          S
```

这里，calls 的句法类型与前面 likes 的句法类型是一样的，它们都是及物动词现在时单数第三人称的形式。

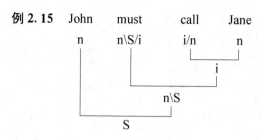

例 2.15

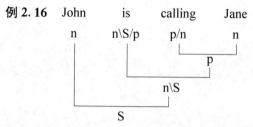

例 2.16

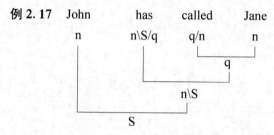

例 2.17

英语动词短语中各成分的句法类型,可以归纳为表 2.6。

表 2.6　英语动词短语中各成分的句法类型

	情态 动词	不及物 动词	及物 动词	助动词	构成进行时 的助动词	构成被动态 的助动词
不定式		work i	call i/n	have i/q	be i/p	be i/(q/n)
现在 分词		working p	calling p/n			being p/(q/n)
过去 分词		worked q	called q/n		been q/p	been q/(q/n)
单数第 三人称	must n\S/i	works n\S	calls n\S/n	has n\S/q	is n\S/p	is n\S/(q/n)

利用表 2.6,进行动词短语的句法类型演算就更加方便了。

下面,我们用范畴语法来判断较复杂的符号串是不是英语中成立的句子。

例 2.18

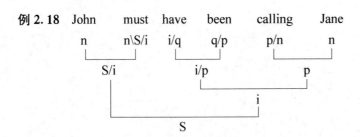

这个句子的意思是："约翰一定还在给珍妮打电话"，由句法类型演算的结果为 S 可以知道这是一个成立的句子。

例 2.19

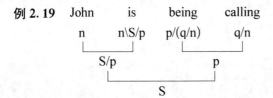

这个句子的意思是："有人正在给约翰打电话"，由句法类型演算的结果为 S 可以知道这是一个成立的句子。

上面的动词短语句法类型表是不完善的。表中没有列出一些重要的动词类型。例如，要求双宾语的动词，如 give（给），appoint（任命）；把名词和形容词联系起来的动词，如"lunch tastes good"（中饭好吃）中的动词 tastes；像 am 这样的动词第一人称形式，像 are 这样的动词复数形式，等等。

表 2.6 中列出的动词是有代表性的，它们实际上是某类动词的代表。例如，work 代表着所有的不及物动词，call 代表着所有的及物动词，must 代表着所有的情态助动词，如 will，shall，can，may，would，should，could，might 等。

表 2.6 中的一些动词也可以有另外的句法类型。call 还可以是名词；have 和 be 还可以是实意动词，在句子"John must have lunch"（约翰必须吃午饭）以及句子"John must be good"（约翰必定是好的）中的 have 和 be 是实意动词。这时，它们就不能用表中的句法类型来表示了。

表 2.6 中的第一列有空白，是因为 must 没有不定式，也没有 musting（p/i）和 musted（q/i）这样的形式。表中的第四、第五列中有空白，是因为助动词 have 没有现在分词，也没有过去分词，进行式助动词 be 没有现在分词。但是，实意动词 have、被动态助动词 be 以及实意动词 be 是有现在分词的。例如：

John is having lunch（约翰正在吃午饭）

John has had lunch（约翰吃了午饭）

John is being called（有人正在给约翰打电话）

其中，having 的句法类型是 p/n，had 的句法类型是 q/n，being 的句法类型是 p/(q/n)。

根据演算规则①～④，我们可以把表中的各个句法类型的演算结果总结为乘法表，如表 2.7 所示。

表 2.7　句法类型演算的乘法表

后项＼前项	i/i	i	i/n	i/q	i/p	i/(q/n)
i/i	i/i	i	i/n	i/q	i/p	i/(q/n)
p/i	p/i	p	p/n	p/q	p/p	p/(q/n)
q/i	q/i	q	q/n	q/q	q/p	q/(q/n)
n\S/i	n\S/i	n\S	n\S/n	n\S/q	n\S/p	n\S/(q/n)

例如，当前项为 p/i，后项为 i 时，因为

$$(p/i)i \rightarrow p$$

所以，p/i 与 i 相交之处为 p。

当前项为 q/i，后项为 i/p 时，因为

$$(q/i)(i/p) \rightarrow q/p$$

所以，q/i 与 i/p 相交之处为 q/p。

乘法表中相交处的值可以反向展开。例如，由于乘法表中有 $(p/i)i \rightarrow p$，所以，可以把 p 反向展开为 (p/i)i；由于乘法表中有 $(q/i)(i/p) \rightarrow q/p$，因此，可以把 q/p 反向展开为 (q/i)(i/p)。

如果我们把乘法表中相交处的值都做这样的反向展开，那么我们就可能对于语言现象获得一些新的认识。

例如，works 的句法类型为 n\S，按乘法表把 n\S 反向展开为 (n\S/i)i，这意味着，works 可以被看成是由句法类型分别为 n\S/i 和 i 两部分组成的。在 does work 中，does 的句法类型为 n\S/i，work 的句法类型为 i，所以，我们可以把 does work 解释为 works 的一种变体。事实上，当 works 处于疑问句中的时候，它就要变成 does work。

试比较：

陈述句：John works.（约翰工作。）

疑问句：Does John work?（约翰工作吗?）

又如，副词 today 的句法类型为 S/S，在 John works today 中，各个词的句法类型分别为 n，n\S 和 S/S。根据规则进行演算，有 $n(n\S) \rightarrow S,S(S/S) \rightarrow S$，故这是一个成立句子。但是，我们也可以把 today 的句法类型写为 i/i，因为如果我们把 works 的句法类型 n\S 反向展开为 (n\S/i)i，那么，如果 today 的句法类型取 i/i，则有 $i(i/i) \rightarrow i$，并且有 $(n\S/i)i \rightarrow n\S$，因此，$((n\S/i)i)(i/i) \rightarrow n\S$，并且 $n(n\S) \rightarrow S$。这样，也可以判定 John works today 是一个成立的句子，它的意思是"约翰今天工作"。这个句子的演算过程分别表示如下：

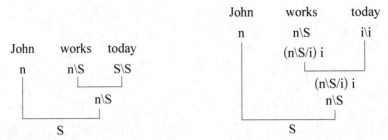

采用这种反向展开的办法,还可以把等立连接词和从属连接词区别开来。例如,在"John works and Jane sleeps"(约翰工作而珍妮睡觉)这个句子中,and 是等立连接词,其句法类型是 S\S/S,演算过程为

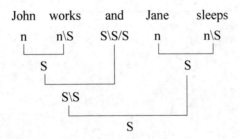

但是,works 的句法类型 n\S 也可以反向展开为(n\S/i)i,这样,在"John works while Jane sleeps"(当约翰工作的时候,珍妮在睡觉)这个句子中,从属连接词 while 的句法类型便为 i\i/S 了。因为在 works 反向展开之后,这个句子的演算过程为

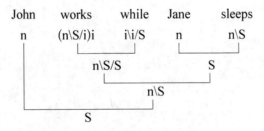

这样,才可以判定它是一个成立的句子。

这里,((n\S/i)i)(i\i/S) → n\S/S,是因为

$$i(i\backslash i/S) \rightarrow i/S$$

$$(n\backslash S/i)(i/S) \rightarrow n\backslash S/S$$

由此可见,采用把句法类型反向展开的办法,可以从新的角度对语言现象做出解释。

早在 1975 年,笔者就在《计算机应用与应用数学》杂志上介绍过范畴语法①,可惜并没有引起我国语言学界和计算机界足够的重视;由于近些年来自然语言处理中词汇主义日益盛行,我国一些自然语言处理学者才开始关注到范畴语法。

---

① 冯志伟.数理语言学简介[J].计算机应用与应用数学,1975(4):34-51.

范畴语法提出已经多年,它是自然语言处理中较早提出的一种形式模型,并且一直受到逻辑学界、语言学界的广泛重视,在自然语言处理中独具一格,影响深远。

20 世纪 90 年代,M. Steedman（斯提德曼）和 J. Baldridge（巴德里奇）提出了组合范畴语法（Combinatory Categorial Grammar,CCG）,对范畴语法进行了扩展。扩展的实质在于"组合"（combinatory）,在范畴语法的基础上,增添了函子范畴的组合运算,这类似于数学中函数的复合。近年来,组合范畴语法在自然语言处理中得到越来越广泛的应用,成为了一种重要的自然语言处理的形式模型。

2.5　Harris 的语言串分析法

美国结构主义语言学的代表人物 Zellig S. Harris（图 2.10）是 Noam Chomsky 的老师,他在 1962 年发表的《句子结构的串分析》（*String Analysis of Sentence Structure*）中,提出了"语言串理论"（linguistic string theory）,并在这种理论的基础上提出了"语言串分析法"（approach of linguistic string analysis）,这是 Harris 为计算机进行英语句法分析而专门研究的分析法,也是一个最早在计算机上实现的自然语言处理的形式模型。

在 Harris 的著作中,在不致引起误解的情况下,"串"（string）这个术语既可以用来表示词串（word sequence）,也可以用来表示串式（string formula）。

图 2.10　Zellig S. Harris

所谓词串是指任何一个句子或其组成部分中按线性顺序排列的一个或多个词。例如

　　　　　① 客厅　里　坐　着　两　位　客人

这个汉语句子是由 8 个词顺序排列而成的一个词串。其中,"客厅""里""坐""着""两""位""客人"分别是句子的组成部分,因而也是词串。

所谓串式是指用词类或其次类替换词串中的具体得出单词而形成的符号串。例如,句子①的串式是

　　　　　② 〈N〉 〈FN〉 〈V〉 〈PART〉 〈NUM〉 〈MEA〉 〈N〉

其中,〈N〉表示名词,〈FN〉表示方位词,〈V〉表示动词,〈PART〉表示助词,〈NUM〉表示数词,〈MEA〉表示量词。

而"客厅""里""坐""着""两""位""客人"等词串对应的串式分别是〈N〉,〈FN〉,〈V〉,〈PART〉,〈NUM〉,〈MEA〉,〈N〉。

　　词串和串式实际上都是符号按线性排列而成的符号串,它们之间的区别仅在于这些符号在词串中是词,在串式中是词类。在运用语言串分析法来分析句子时,我们将采用词串和串式这样的术语来分析句子或它们的某个组成部分。

　　在语言串分析法中,每一个句子都可以看成是由若干个基本串通过附加、连接和替换等方式组合而成的。在组成句子的这些基本串中至少有一个是中心串(center string),中心串代表着这个句子的基干。例如,句子①中的中心串是

　　　　　　　　③　客厅　　　坐　　　客人
　　　　　　　　④〈N〉　　〈V〉　　〈N〉

一般地说,中心串代表了一种语言的基本句式。除了中心串之外,基本串还包括附加串(adjunct string)、连接串(conjunct string)和替换串(replacement string)。每一个句子都由一个中心串加上零个或多个基本附加成分(elementary adjuncts)组成,这些附加成分是具有特殊结构的词串,它们本身不是句子,它们直接邻接于中心串或附加成分的前后,或者邻接于中心串或附加成分内部的某个组成部分的前后,从而可以生成任意复杂的句子。例如,句子①可以看成是在中心串③的基础上,通过下列操作而构成的:

● 中心串内部的名词"客厅"后面邻接上方位词"里";

● 中心串内部的动词"坐"后面邻接上助词"着";

● 中心串内部的名词"客人"前面邻接上数词"两"和量词"位",接受"两"和"位"的修饰。

　　这样,从中心串出发,通过逐渐扩展的方式,就可以生成语言中无限的句子来。

　　用语言串分析法可以总结出句法规则,其步骤如下:

　　(1) 用相应的词类符号将词串替换成串式。例如,将句子①中的词串

　　　　　　　① 客厅　　里　　坐　　着　　两　　位　　客人

替换成串式:

　　　　　　　②〈N〉　〈FN〉　〈V〉　〈PART〉　〈NUM〉　〈MEA〉　〈N〉

　　(2) 逐步切除词串中的附加串,以获取中心串。例如,对于句子①来说,要做如下的切除:

● 切除"客厅"后面的附加串"里";

● 切除"坐"后面的附加串"着";

● 切除"客人"前面的数-量附加串"两"和"位"。

　　这样,便获得了中心串及其串式:

　　　　　　　　③　客厅　　　坐　　　客人
　　　　　　　　④〈N〉　　〈V〉　　〈N〉

　　(3) 写出针对上述分析的句法规则。例如,对于句子①～④来说,可以得到如下句法规则:

R1：〈中心串〉→〈N〉〈V〉〈N〉

R2：〈N〉→〈N〉〈FN〉

R3：〈V〉→〈V〉〈PART〉

R4：〈N〉→〈NUM〉〈MEA〉〈N〉

以上四条规则仅仅是根据一个例句分析归纳出来的。不过,这些句法规则已经具有一定的抽象性,它们不仅可以描述这一个句子,而且还可以描述一类在结构上与这个句子相似的一类句子。例如,下面的句子都可以用上述四条规则来描述:

桌子	上	放	着	五	个	苹果
天空	中	出现	了	一	朵朵	云彩
墙	上	挂	着	一	幅	山水画
招待所	里	来	了	三	位	旅客
花瓶	里	插	着	一	束	鲜花
广场	上	耸立	着	一	座	纪念碑

这些句子对应的串式都是

〈N〉 〈FN〉 〈V〉 〈PART〉 〈NUM〉 〈MEA〉 〈N〉

如果我们针对更丰富的语言事实,对上述句法规则稍加扩充,便可以得到更多的句法规则;如果我们用这样的语言串分析法来系统地剖析现代汉语的各种类型的句子,就有可能归纳出具有较广的覆盖面的汉语语法规则。

Harris 用这样的方法,对英语的各类句子进行了语言串分析。随后,美国纽约州立大学的研究人员采用语言串分析法成功地开发了一些实用的英语句法分析程序。其中比较著名的系统有两个:一个是 N. Sager 在 20 世纪 80 年代研制的语言串分析器 LSP(Linguistic String Parser),它包括大约 250 条上下文无关的句法规则和 200 条限制,词典收词近万条。LSP 已经应用于美国的医学信息管理系统,在医院的病历和医学文献的语言信息处理方面获得了相当大的成功。另一个是 T. Strzalkowski 开发的英语句法分析器 TTP(Tagged Text Parser)。TTP 的机器词典是根据《牛津现代高级英语词典》开发的,语法分析主要采用语言串分析法,TTP 接受的是带有词性标记的英语句子,已完成了对 5 000 万词次的英语语料库的快速句法分析,每秒钟可分析两句。

2.6 О.С.Кулагина 的语言集合论模型

1958 年,О.С.Кулагина 在苏联《控制论问题》(*Проблемы Кибернетики*)第一卷上,发表了《根据集合论定义语法概念的一种方法》(*Об одном способе определения грамматических яонятий на базе теории множеств*)一文,用集合论方法来建立自然语言的数学模型,并以此来模拟机器翻译中从词归约为词组,从词组归约为句子的层次分析过程。

O. C. Кулагина 指出,在某种具体的自然语言中,通过毗连运算而形成的词的一切组合,可以分为两个子集:一个是成立句子的子集,一个是不成立句子的子集。

凡是在形式上正确的句子,都叫作成立句子。所谓形式上正确,是指语法上正确,而不是指语义上正确。因此,在俄语中,Стол стоит на полу(桌子立在地板上)和 Тупой куст врсзалку хихикнул(直译是"迟钝的灌木蹒跚地吃吃笑",它只是在语法上正确)都是成立句子。而 Он пошёл в школа 是不成立句子,因为 школа 没有变为它的第四格形式 школу,在语法上不正确。

成立句子的集合记为 θ。

如果有了词的集合 W 以及在 W 上的成立句子的集合 θ,那么就说我们有了语言 L。也就是说,$L = \{W, \theta\}$ 称为词汇集合 W 上的一种语言。

某一个词的完整的形式系统,也就是某一个词的词形变化的全部形式的集合,叫作这个词的域。例如,对于词 стол(桌子),有 стол,стола,столу,столом,столе,столы,столов,столами,столах 等等,它们构成词 стол 的一个域。词 x 的域记为 $\Gamma(x)$。

$\Gamma(x)$ 可把集合 W 分割为彼此不相交的子集之并,故可得出域的分划,记为"Γ 分划"。

对于语言中的词 x 与词 y,如果:

① 对于任何一个形如 $A_1 x A_2$ 的成立句子,句子 $A_1 y A_2$ 也成立;

② 对于任何一个形如 $B_1 y B_2$ 的成立句子,句子 $B_1 x B_2$ 也成立,

其中,A_1, A_2, B_1, B_2 是任意的词串,它们也可以是不包含任何一个词的空词串,那么我们就说,词 x 与词 y 等价,记为 $x \sim y$。

这样的等价具有自反性、对称性和传递性,它可以把集合 W 分划为一系列不相交的子集合,这种子集合叫作"族"。两个等价的元素进入同一个族中,而两个不等价的元素则进入不同的族中。词 x 的族记为 $S(x)$。

例如,我们取俄语句子

(1) Я пошёл к окну.

(我走到窗前。)

(2) прямоугольник, равный окну, очень красиво.

(跟窗子一样大小的那个长方形框子很好看。)

在句子(1)中,词 окну 以两个词串为其环境,一个是"Я пошёл к",一个是空词串。在这个环境中,出现词 столу,человеку 等仍得成立句子。在句子(2)中,词 окну 以词串"прямоугольник, равный"及词串"очень касиво"为其环境,在这个环境中,出现词 столу,человеку 等仍得成立句子,因此词 окну,столу,человеку 等价,属于一个族。

族 $S(x)$ 把集合 W 分割为彼此不相交的子集合之并,故可得出族的分划,记为"S 分划"。

这样,我们便得到了用不相交子集合系统的形式来表示词的全部集合的两种方法,这就是 Γ 分划和 S 分划。在这种场合下,如果我们不管分划出子集合的标准是什么,而用彼此不相交子集合之并的形式来表示集合 W,即

$$W_i = B_1 \bigcup B_2 \bigcup \cdots \bigcup B_i \bigcup \cdots \bigcup B_n = \bigcup_{i=1}^{n} B_i$$

那么我们就把它称为集合 W 的 B 分划。若 $x \in B_i$,有时可把 B_i 写为 $B(x)$。

如果一个子集合只由一个词构成,我们就把这种分划称为"E 分划"。显然,E 分划是 B 分划的一种特殊情况。

现在我们引入句子 A 的 B 结构的概念。

取任何一个句子 $A = x_1 x_2 \cdots x_i \cdots x_n$,我们把子集合 $B(x_1) B(x_2) \cdots B(x_i) \cdots B(x_n)$ 的序列,即在给定的 B 分划中,词 x_i 所进入的子集合的序列,称为句子 A 的 B 结构,记为 $B(A)$。

我们取同一个句子

$$A = \text{раздался звонок}(铃响了)$$

为例,来看看在不同的分划下,这个句子的 B 结构是怎样的:

- 在 E 分划下,B 结构有形式:

$$E(A) = \{\text{раздался}\} \{\text{звонок}\}$$

这种 B 结构叫作 E 结构。

- 在 S 分划下,B 结构有形式(图 2.11)。

$$S(A) = \left\{ \begin{array}{l} \text{раздался} \\ \text{зазвонил} \\ \text{уехал} \\ \text{шёл} \\ \text{плакал} \\ \vdots \end{array} \right\} \left\{ \begin{array}{l} \text{звонок} \\ \text{нош} \\ \text{клуб} \\ \text{трамвай} \\ \vdots \end{array} \right\}$$

图 2.11　S 结构

这种 B 结构可叫作 S 结构。

- 在 Γ 分划下,B 结构有形式(图 2.12)。

$$(A) = \left\{ \begin{array}{l} \text{раздаться} \\ \text{раздалось} \\ \text{раздались} \\ \text{раздаются} \\ \vdots \end{array} \right\} \left\{ \begin{array}{l} \text{звонку} \\ \text{звонка} \\ \text{звонками} \\ \text{звонки} \\ \vdots \end{array} \right\}$$

图 2.12　Γ 结构

这种 B 结构可叫作 Γ 结构。

如果至少有一个成立句子具有某一 B 结构，那么这个 B 结构就是成立的。

取集合 W 的任意 B 分划，我们把这样的 B 结构称为一级 B 格式，记为 $\bar{B}_{(1)}$，如果：

① $\bar{B}_{(1)}$ 含有的元素不少于两个；

② 存在着 B 分划的一个元素 B_{a_1}，使得 B 结构 $B(A_1)\bar{B}_{(1)}B(A_2)$ 及 $B(A_1)\ B_{a_1}B(A_2)$ 在任何词串 A_1 与 A_2 中，同时成立或同时不成立。

元素 B_{a_1} 可以在保持结构成立性的条件下替换格式 $\bar{B}_{(1)}$，我们把它叫作"结果元"，结果元可以不是唯一的。事实上，如果 B_{a_1} 是格式 $\bar{B}_{(1)}$ 的结果元，那么 B 分划中与 B_{a_1} 处于 B 等价的任何元素 $B_i(B_{i_g}\sim B_{a_1})$，也可以是格式 $\bar{B}_{(1)}$ 的结果元。

用结果元 B_{a_1} 来替换一级 B 格式，我们便得到一级 B 结构，记为 $B_{(1)}$。

一般地说，我们把这样的 B 结构称为 n 级 B 格式，记为 $\bar{B}_{(n)}$，如果：

① $\bar{B}_{(n)}$ 含有的元素不少于两个；

② 存在一个元素 B_{a_n}，使得 $n-1$ 级 B 结构 $B(A_1)\bar{B}_{(n)}B(A_2)$ 和 B 结构 $B(A_1)\ B_{a_n}B(A_2)$ 在任何词串 A_1 和 A_2 中，同时成立或同时不成立。

其中，不包含 n 级 B 格式的 B 结构 $B(A_1)\ B_{a_n}B(A_2)$ 叫作 n 级 B 结构。

可见，B 格式的定义是递归的：通过 $n-1$ 级 B 结构来定义 n 级 B 格式，通过 $n-2$ 级 B 结构来定义 $n-1$ 级 B 格式，如此等等。这样，每一个 B 格式用结果元替换之后，就得到了同级的 B 结构。

从这样的观点出发，我们来分析下面这个 B 结构：

B(маленькая)B(девочка)B(долго)B(ласкала)B(кошку)

这是俄语句子

маленькая девочка долго ласкала кошку

（小姑娘长时间地抚摩着小猫）

的 B 结构。

如果我们用 B(девочка)来替换 B(маленькая)B(девочка)，则得到

B(девочка)B(долго)B(ласкала)B(кошку)

这也是一个成立 B 结构。但是，这时我们还没有理由认为 B(маленькая)B(девочка)这个 B 结构就是一级 B 格式，因为我们还没有检查能够进行这种替换的一切环境。

我们再取这样的环境：

B(весьма)B(маленькая)B(девочка)B(стояла)

这是句子

весьма маленькая девочка стояла

（很小的女孩站着）

的 B 结构。

如果我们在这个成立 B 结构中,用 B(девочка)来替换 B(маленькая)B(девочка),那么我们将会得到:

B(весьма)B(девочка)B(стояла)

这个 B 结构显然是不成立的。可见 B(маленькая)B(девочка)不是一级 B 格式。

容易检验,B(весьма)B(маленькая)是一级 B 格式,因为 B(весьма)B(маленькая)在一切环境中都可用 B(маленькая)来替换。这时,这个一级 B 格式的结果元 $B_{a_1} = B$(маленькая)。

如果我们只研究一级 B 结构,即其中没有一级 B 格式的 B 结构,那么在任何环境中,B(маленькая)B(девочка)都可用 B(девочка)来替换,可见 B(маленькая)B(девочка)是二级 B 格式,它的结果元 $B_{a_2} = B$(девочка)。

再继续分析我们的 B 结构。B(долго)B(ласкала)是二级 B 格式,其结果元为 B(ласкала)。这样,由原来的那个 B 结构可得到二级 B 结构:

B(девочка)B(долго)B(ласкала)B(кошку)

如果只研究这个二级 B 结构,那么在任何环境中,都可用 B(ласкала)来替换 B(ласкала)B(кошку),也就是用不及物动词来替换述宾短语,这样,我们就得到三级 B 结构:

B(девочка)B(ласкала)

从此例可以看出,上述的格式变换的理论实际上是一种归纳过程,把复杂的结构按其层次一步一步地化为不能再归约的简单结构。这种归约的过程,实际上就是机器翻译中进行句法分析的过程,因此,Кулагина 提出的这个语言的形式模型可以看成是机器翻译句法分析过程的数学模拟。

Кулагина 把这个形式模型运用到法俄机器翻译系统中,使这个系统能够建立在一种比较完善的理论基础之上,这就为进一步开展机器翻译的研究以及其他的自然语言信息处理的研究,在理论上提供了一个很好的工具。

参考文献

[1] Bar-Hillel Y. Decision procedure for structure in natural language[J]. Logique Et Analyse, 2-e annee, 1959,2:19 - 29.

[2] Bar-Hillel Y. On categorial and phrase structure grammars[J]. Bull. Res. Council Israel, Sec. F. 1960(9): 1 - 16.

[3] Brown P L, et al. An estimate of an upper bound for the entropy of english [J]. Computational Linguistics, 1992(1): 31 - 40.

[4] Harris Z S. String Analysis of Sentence Structure[M]. Hague: Mouton, 1962.

[5] Lambek J. The mathematics of sentence structure[J]. American Mathematical Monthly, 1958

(65)：154 - 170.

[6]　Markov A A. Essai d'une recherche statistique sur le texte du roman "Eugene Onegin" illustrant la liaisong des epreuve en chain（Example of a statistical investigation of the text of "Eugene Onegin" illustrating the dependence between sample in chain）［J］. Bulletin de l'Academie Impériale des Sciences de St.-Petersbourg，1913(7)：153 - 162.

[7]　Shannon C E. A mathematical theory of communication［J］. Bell System Technical Journal，1948，27：379 - 423.

[8]　Кулагина О С. Об одном способе определения грамматических понятий на базе теории множеств ［J］. Проблемы Кибернетики，1958(I).

[9]　冯志伟.齐普夫定律的来龙去脉［J］.情报科学,1983(2)：37 - 41.

[10]　冯志伟.汉字的熵［J］.文字改革,1984(4)：12 - 17.

[11]　冯志伟.汉字的极限熵［J］.中文信息,1996(1)：53 - 56.

[12]　冯志伟.关于汉字的熵和极限熵致编辑部的一封信［J］.中文信息学报,1998(1)：63 - 64.

[13]　冯志伟.范畴语法［J］.语言文字应用,2001(3)：100 - 110.

[14]　冯志伟.数理语言学［M］//杨自检.语言学多学科研究与应用.南宁:广西教育出版社,2002：399 - 431.

[15]　冯志伟.语言与数学［M］.北京:世界图书出版公司,2011.

[16]　冯志伟,胡凤国.数理语言学(增订本)［M］.北京:商务印书馆,2012.

[17]　孙帆,孙茂松.基于统计的汉字极限熵估测［C］//中国中文信息学会.中文信息处理前沿.北京:清华大学出版社,2006：542 - 551.

第 3 章

基于短语结构语法的形式模型

目前在大多数基于规则的自然语言处理系统中,使用最为广泛的是短语结构语法 (Phrase Structure Grammar,PSG)。这是一种非常重要的自然语言处理的形式模型。

在本章中,我们将讨论语法 Chomsky 层级,介绍扩充转移网络、递归转移网络、通用句法分析器、线图分析法、Earley 算法、左角分析法、CYK 算法、Tomita 算法、管辖-约束理论、最简方案、树邻接语法与词汇化树邻接语法;最后,使用上下文无关语法对汉字结构进行形式化的描述,并介绍 Hausser 的左结合语法。

3.1 语法的 Chomsky 层级

把句子分割为成分层次的思想最早出现在实验心理学的奠基人 W. Wundt(温特,图 3.1)的《大众心理学》(*Voelker Psychologie*,1900)一书中。与此相反,从古典时期开始的传统的欧洲语法研究如何确定具体的单词之间的关系,而不是研究确定单词所表示的成分之间的层次关系。

Wundt 关于组成性的思想被 Leonard Bloomfield(布龙菲尔德,图 3.2)在他于 1914 年出版的早期著作《语言研究导论》(*An Introduction to the Study of Language*)中引入了语言学。1933 年在他的著作《语言论》(*Language*)发表的时候,"直接成分分析法"(immediate-constituent analysis)已经成为了美国语言学研究中的相当完善的方法。与此相反,欧洲的句法学家们仍然强调以词为基础的语法或者依存语法(dependency grammar)。以成分为基础

图 3.1　W. Wundt

图 3.2　Leonard Bloomfield

的语法和以词为基础的语法各有千秋,在自然语言处理中,它们形成了两种有代表性的形式模型。我们在这里首先讨论以成分为基础的形式模型(如短语结构语法),以后我们还要讨论以词为基础的形式模型(如依存语法)。

美国结构主义提出了关于直接成分的一些定义,把他们的研究说成是"发现程序"(discovery procedure),这是描写语言句法的一种有方法论色彩的算法。总起来说,这些研究都试图印证"直接成分的首要标准就是一个组合作为简单的单位起作用的程度"这样的直觉(Bazell,1952)。① 其中最有名的定义是 Z. Harris 关于使用"可替换性"(substitutability)试验来检验单独的单位"分布相似性"(distributional similarity)的思想。从实质上说,这种方法是把一个结构分解为若干个成分,把它替换为可能成分的简单结构。如果可以用一个简单形式(例如 man)来替换一个比较复杂的结构(例如 intense young man),那么这个比较复杂的结构intense young man 就可能是一个成分。Harris 的试验成为把成分看成是一种等价类的这种直觉的开端。

图 3.3　N. Chomsky

这种层次成分思想的最早的形式化描述是美国语言学家N. Chomsky(1928～,图 3.3)在 1956 年定义的短语结构语法,后来Chomsky 又先后在 1957 年和 1975 年做了进一步的扩充,并提出反对的理由来论证。从此以后,大多数的生成语法理论都建立在短语结构语法的基础之上,至少也是部分地建立在短语结构语法的基础之上。

Chomsky 于 1928 年 12 月 7 日生于美国费城。1947 年,他认识了著名语言学家 Z. Harris。在学习了 Harris 的《结构语言学方法》一书的若干内容之后,他被 Harris 那种严密的方法深深地吸引了。从此,他立志以语言学作为自己毕生的事业,进了 Harris 执教的宾夕法尼亚大学,专攻语言学。他决定把 Harris 的方法做适当的改变,建立一种形式语言理论,采用递归的规则来描写句子的形式结构,从而使语法获得较强的解释力。为了完成形式语言理论这一有意义的研究课题,在 Harris 的建议下,Chomsky 从 1953 年开始学习哲学、逻辑学和现代数学。1954 年,Chomsky 着手写《语言理论的逻辑结构》(*The Logical Structure of Linguistic Theory*)一书。在这部著作中,他初步勾画出生成语法的理论观点和思想方法。1955 年秋,Chomsky 到麻省理工学院(MIT)电子学研究室做研究工作,并在现代语言学系任教,给研究生讲授语言学、逻辑学、语言哲学等课程。Chomsky 除了在美国麻省理工学院担任语言学教授之外,他还是牛津大学约翰·洛克讲座讲师、柏克莱加利福尼亚大学客座教授,并在普林斯顿进修学院和哈佛认知研究中心任高级研

---

① Bazell C E. The correspondence fallacy in structural linguistics[R]//Studies by Members of the English Department. Istanbul University,1952,3:1-41.（又见:Reading in Linguistics Ⅱ. Chicago:University of Chicago Press,1966:271-298.）

究员，在伦敦大学主持谢尔门纪念讲座。Chomsky 是美国科学院院士、英国科学院通讯院士，并任世界裁军和平同盟的理事。芝加哥大学、芝加哥洛约拉大学和伦敦大学都授予他名誉博士学位。

Chomsky 在《语言描写的三个模型》(*Three Models for the Description*，1956)、《句法结构》(*Syntactic Structure*，1957)、《有限状态语言》(*Finite-state Language*，1958)、《论语法的某些形式特性》(*On Certtai Formal Properties of Grammars*，1959)、《语法的形式特性》(*Formal Properties of Grammars*，1963)等论著中，建立了形式语言理论(formal language theory)的完整系统，这种理论基本上是从语言生成的角度来进行研究的。短语结构语法是形式语言理论的主要内容，是自然语言处理中最重要的形式模型。

在形式语言理论中，Chomsky 提出了不同于传统语法的"形式语法"(formal grammar)的定义。因此，我们要了解短语结构语法，首先必须了解 Chomsky 的形式语法究竟是什么。

Chomsky 把形式语法理解为数目有限的规则的集合，这些规则可以生成语言中的合格句子，并排除语言中的不合格句子。形式语法的符号用 G 表示，用语法 G 所生成的形式语言用 $L(G)$ 表示。形式语言是一种外延极为广泛的语言，它既可以指自然语言，也可以指各种用符号构成的语言(例如计算机使用的程序设计语言)。Chomsky 把自然语言和各种符号语言放在一个统一的平面上进行研究，因而，他的理论就更加具有概括性。

Chomsky 把形式语法 G 定义为四元组：

$$G = (V_n, V_t, S, P)$$

其中，V_n 是非终极符号，不能处于生成过程的终点，V_t 是终极符号，只能处于生成过程的终点；V_n 与 V_t 不相交，没有公共元素；S 是 V_n 中的初始符号；P 是重写规则，其一般形式为

$$\phi \rightarrow \psi$$

这里，ϕ 和 ψ 都是符号串。

如果用符号 ♯ 来表示符号串中的界限，那么可以从初始符号串 ♯S♯ 开始，应用重写规则 ♯S♯ → ♯ϕ_1♯，从 ♯S♯ 构成新的符号串 ♯ϕ_1♯，再利用重写规则 ♯ϕ_1♯ → ♯ϕ_2♯，从 ♯ϕ_1♯ 构成新的符号串 ♯ϕ_2♯……一直到得出不能再继续重写的符号串 ♯ϕ_n♯ 为止，这样得出的终极符号串 ♯ϕ_n♯，显然就是形式语言 $L(G)$ 中合格的句子。

可以采用这种形式语法来生成自然语言。例如，对于汉语而言，我们写出如下最为简单的形式语法：

$$G = (V_n, V_t, S, P)$$
$$V_n = \{NP, VP, N\}$$
$$V_t = \{编写, 研究, 大学, 教授, 物理, 教材 \cdots\cdots\}$$
$$S = S$$
$$P:$$

$$① \ S \rightarrow NP \quad VP$$
$$② \ NP \rightarrow N \quad N$$
$$③ \ VP \rightarrow V \quad NP$$
$$④ \ N \rightarrow \{大学,教授,物理,教材 \cdots\cdots\}$$
$$⑤ \ V \rightarrow \{编写,研究 \cdots\cdots\}$$

这里,初始符号 S 表示句子,NP 表示名词短语,VP 表示动词短语,N 表示名词。利用这些重写规则,可以从初始符号 S 开始,生成汉语句子"大学教授编写物理教材""大学教授研究物理教材"等。

"大学教授编写物理教材"这个句子的生成过程可写成如下形式(后面注明所用规则的号码):

		S			规则号码
	NP		VP		①
	NP	V		NP	③
N	N	V		NP	②
N	N	V	N	N	②
大学	N	V	N	N	④
大学	教授	V	N	N	④
大学	教授	编写	N	N	⑤
大学	教授	编写	物理	N	④
大学	教授	编写	物理	教材	④

这样写出来的生成过程,叫作"推导史"(derivation history)或者叫作"推导过程"(derivation process)。

Chomsky 根据重写规则的形式,把形式语法分为四类:

● 0 型语法(type 0 grammar):重写规则为 $\phi \rightarrow \psi$,并且要求 ϕ 不是空符号串。

● 上下文有关语法(context-sensitive grammar):重写规则为 $\phi_1 A \phi_2 \rightarrow \phi_1 \omega \phi_2$,在上下文 $\phi_1 \text{-} \phi_2$ 中,单个的非终极符号 A 被重写为符号串 ω,所以,这种语法对上下文敏感,是上下文有关的。上下文有关语法又叫作 1 型语法。

● 上下文无关语法(context-free grammar):重写规则为 $A \rightarrow \omega$,当 A 重写为 ω 时,没有上下文的限制,所以,这种语法对上下文自由,是上下文无关的。上下文无关语法又叫作 2 型语法。把上下文无关语法应用于自然语言的形式分析中,就形成了"短语结构语法"(phrase structure grammar)。

● 有限状态语法(finite state grammar):重写规则为 $A \rightarrow aQ$ 或 $A \rightarrow a$。其中,A 和 Q 是非终极符号,a 是终极符号,而 $A \rightarrow a$ 只不过是 $A \rightarrow aQ$ 这个重写规则中当 Q 为空符号时的一

种特殊情况。如果把 A 和 Q 看成不同的状态,那么由重写规则可知,由状态 A 转入状态 Q 时,可生成一个终极符号 a,因此,这种语法叫作有限状态语法。有限状态语法又叫作 3 型语法。

每一个有限状态语法都是上下文无关的,每一个上下文无关语法都是上下文有关的,而每一个上下文有关语法都是 0 型的,Chomsky 把由 0 型语法生成的语言叫 0 型语言,把由上下文有关语法、上下文无关语法、有限状态语法生成的语言分别叫作上下文有关语言、上下文无关语言、有限状态语言。有限状态语言包含于上下文无关语言之中,上下文无关语言包含于上下文有关语言之中,上下文有关语言包含于 0 型语言之中。这样就形成了语法的"Chomsky 层级"(Chomsky hierarchy)。在自然语言处理中,我们最感兴趣的是上下文无关语法和上下文无关语言,它们是短语结构语法理论的主要研究对象。

Chomsky 认为,根据这样的形式语言理论,可以采用有限的规则来描述形式上是潜在地无限的句子,达到以简驭繁的目的。他在我国黑龙江大学出版的《Chomsky 语言理论简介》一书的序言中说:"一个人的语言知识是以某种方式体现在人脑这个有限的机体之中的,因此,语言知识就是一个由某种规则和原则构成的有限系统。但是一个会说话的人却能讲出并理解他从未听到过的句子以及和我们听到的不十分相似的句子,而且这种能力是无限的。如果不受时间和记忆力的限制,那么一个人所获得的知识系统规定了特定形式、结构和意义的句子的数目也将是无限的。不难看到这种能力在正常的人类生活中得到自由的运用。我们在日常生活中所使用和理解的句子范围是极大的,无论就其实际情况而言还是为了理论描写上的需要,我们完全有理由认为人们使用和理解的句子范围都是无限的。"[①]早在 19 世纪之初,德国杰出的语言学家和人文学者 W. V. Humboldt(洪堡特,1767~1835,图 3.4)就观察到"语言是有限手段的无限运用"。Humboldt 在《论人类语言结构的差异及其对人类精神发展的影响》(1836 年单独印行)一书的

图 3.4　W. V. Humboldt

第 12 章"对语言方法的详细分析"中说,"语言面对着一个无限的、无边无际的领域,即一切可思维对象的总和,因此,语言必须无限地运用有限的手段,而思维力量和语言创造力量的同一性确保了语言能够做到这一点。"[②]但是,由于当时尚未找到揭示这种理解所包含的本质内容的技术工具和方法,Humboldt 的论断还是不成熟的。

Chomsky 发展了 Humboldt 的理论,并从数学上做了严格的论证。这样,我们就可以根据形式语言理论来揭示"语言是有限手段的无限运用"这个论断本质的内容了。

Chomsky 的形式语言理论是当代计算机科学的基础理论之一,在算法分析、编译技术、图像

① Chomsky N. Chomsky 语言理论简介[M].哈尔滨:黑龙江大学出版社,1984.
② 洪堡特.论人类语言结构的差异及其对人类精神发展的影响[M].中译本.北京:商务印书馆,1997:114.

识别、人工智能等领域中得到广泛的应用。在自然语言处理中,它是一种重要的语言形式模型。

为了一览形式语言理论的全貌,下面我们对这四种类型的语法加以进一步的说明。

3.2 有限状态语法和它的局限性

由有限状态语法重写规则可知,当从状态 A 转入状态 Q 时,可生成一个终极符号 a。这样,我们便可以把有限状态语法想象成一种生成装置,这种装置每次能够生成一个终极符号,而每一个终极符号都与一个确定的状态相联系。

我们改用小写字母 q 来表示状态。如果这种生成装置原先处于状态 q_i,那么生成一个终极符号之后,就转到状态 q_j;在状态 q_j 再生成一个终极符号后,就转到状态 q_k,等等。这种情况,可用状态图(state diagram)来表示。

例如,如果这种生成装置原先处于某一状态 q_0,生成一个终极符号 a 后,转到状态 q_1,那么其状态图见图 3.5。

它生成的语言是 a。

如果这种生成装置原先处于状态 q_0,生成终极符号 a 后,转入状态 q_1,在状态 q_1 再生成终极符号 b 后,转入状态 q_2,那么其状态图见图 3.6。

图 3.5 状态图(1)　　　　　　　　　　　图 3.6 状态图(2)

图 3.7 状态图(3)

它生成的语言是 ab。

如果这种生成装置处于状态 q_0,生成终极符号 a 后,又回到 q_0,那么其状态图见图 3.7。

这种状态图叫作"圈"(loop),它生成的语言是 a,aa,aaa,$aaaa$ 等等,可简写为 $\{a^n\}$,其中,$a \geqslant 0$。

如果这种生成装置处于状态 q_0,生成终极符号 a 后转入状态 q_1,在状态 q_1,或者生成终极符号 b 后再回到 q_1,或者生成终极符号 c 后转入状态 q_2,在状态 q_2,或者生成终极符号 b 后再回到 q_2,或者生成终极符号 a 后转入状态 q_3,那么其状态图见图 3.8。

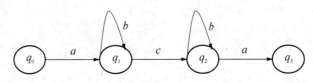

图 3.8 状态图(4)

它生成的语言是 *aca*，*abca*，*abcba*，*abbcba*，*abcbba* 等等，可简写为 $\{ab^n cb^m a\}$，其中，$n \geqslant 0$，$m \geqslant 0$。

这种生成装置在生成了若干个终极符号后，还可以转回到前面的状态，构成一个大的封闭圈。例如，状态图(5)如图 3.9 所示。

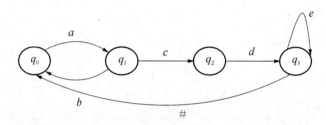

图 3.9　状态图(5)

它可以生成如 *acde* ♯，*abacdee* ♯，*ababacdeee* ♯ 等终极符号串，这里，"♯"表示符号串的终点。但是，它还可以进入初始状态 q_0 后继续生成新的符号串。在这种情况下，q_0 既是初始状态，又是最后状态。这个状态图生成的语言，可简写为 $\{a(ba)^n cde^m\}$，其中，$n \geqslant 0$，$m \geqslant 0$。

可见，给出一个状态图，我们就可能从初始状态出发，按着状态图中的路，始终顺着箭头所指的方向来生成语言。当达到图中某一个状态时，可以沿着从这一状态引出的任何一条路前进，不管这条路在前面的生成过程中是否已经走过；在从一个状态到另一个状态时，可以容许若干种走法；状态图中还可以容许任意有限长度的、任意有限数目的圈。这样的生成装置，在数学上叫作"有限状态 Markov 过程"(finite state Markov process)。

状态图是有限状态语法的形象表示法，因此，根据状态图，我们可以轻而易举地写出其相应的有限状态语法。

例如，与上面那个状态图相对应的有限状态语法如下：

$$G = (V_n, V_t, S, P)$$
$$V_n = \{q_0, q_1, q_2, q_3\}$$
$$V_t = \{a, b, c, d, e, \sharp\}$$
$$S = q_0$$
$$P:$$

$$q_0 \rightarrow aq_1$$
$$q_1 \rightarrow bq_0$$
$$q_1 \rightarrow cq_2$$
$$q_2 \rightarrow dq_3$$
$$q_3 \rightarrow eq_3$$
$$q_3 \rightarrow \sharp q_0$$

在这个语法中，q_0，q_1，q_2，q_3 表示状态，它们都是非终极符号。不难看出，语法重写规则

P 中的各条规则都符合有限状态语法重写规则的形式。

用这种有限状态语法,我们还可以画出能生成 2.4 节中的"客厅里坐着两位客人""桌子上放着五个苹果""天空中出现了一朵朵云彩"等汉语句子的状态图,见图 3.10。图中,q_0 是初始状态,q_f 是最后状态。

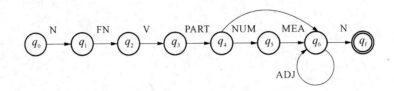

图 3.10　分析汉语句子的状态图

由于状态图中使用了词类符号 N,FN,V 等,这样的有限状态语法不仅可以描述一个句子,而且可以描述一类句子。这类句子就是汉语的存现句,它的基本格式是:

"表示处所、时间的词或词组—表示存在、出现或消失的动词—助词—表示存在、出现或消失的某人、某事物"。

由此可见,有限状态语法有一定的描述自然语言句子的能力。但是,由于真实的自然语言句子中常常有套叠、递归等结构,有限状态语法对这些结构的处理能力不强。因此,在自然语言处理中,人们喜欢用有限状态语法来进行黏着语和屈折语的形态分析。

黏着语的词内有专门表示语法意义的附加成分,一个附加成分表达一种语法意义,一种语法意义也基本上由一个附加成分来表达,词根和词干的结合不紧密。日语是一种黏着语,日语的词可以分为独立词和附属词两大类。独立词在句子中能单独地使用,如名词、代词、数词、动词、形容词、形容动词、连体词、副词、连词、叹词等;附属词在句子中不能单独使用,只能附加在独立词之后起一定的语法作用,如助词、助动词等。除了叹词和连词之外,独立词在句子中的地位和语法功能都由助词或助动词表示,因此,助词和助动词在日语中起着特别重要的作用。动词、形容词和形容动词有屈折变化,其变化以后面的黏着成分为转移。如果我们把日语中具有屈折变化的词以及它们后面附加的助词或助动词看成是由若干个不同的语素连接而成的符号串,则可以用有限状态语法对它们进行切分,在切分过程中,把词干的词汇意义和各种附加成分表示的语法意义记录在屈折变化词上,就可以得到关于这个屈折变化词的词汇信息和语法信息,达到形态分析的目的。为此,我们可以建立一部机器词典。在机器词典中,对于每一个词标出它的形式、形态信息、句法信息、语义信息、它可能接续的附属词等等。在利用有限状态语法来切分屈折变化词的过程中,就可以将构成这个屈折变化词的每个语素在机器词典中记录的有关信息,转移到这个屈折变化词上,从而得到关于这个屈折变化词的各种信息,实现对日语的形态分析。例如,我们可以建立如图 3.11 所示的状态图来分析日语短语"みじかくなります"(变短了)。

我们建立如下的词典：

みじかく：形容词みじかしい（短的）的连用形；

なり：动词なる的连用形；

ます：表示敬体的动词ます的终止形。

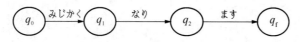

图 3.11　分析日语短语的状态图

在上面的状态图中，从初始状态开始，沿着箭头所指的方向遍历这个状态图，同时把词典中有关的信息记录在"みじかくなります"上，便实现了这个短语的形态分析。

屈折语用屈折词尾表示语法意义，词可以由词根、词缀和词尾构成，词根和词缀可以组成词干，词根也可以单独成为词干，因此，我们用状态图来表示屈折语单词的形态分析过程。

在一种语言里，词缀的数量是有限的，根据词缀相对于词根（或词干）的位置，可以分为前缀、后缀和中缀三类。

前缀附加在词根（或词干）之前。如英语中的 un-往往使原词意义变成相反：lucky（幸运的）—unlucky（倒霉的）。

后缀附加在词根（或词干）之后。如英语中的-ness 常常把形容词变成名词：straight（平直的）—straightness（平直度）。

中缀附加在词根（或词干）之中。如他加禄语（Tagalog）中的-um-往往表过去时：sulat（写）—sumulat（写过了）。

屈折语中一般没有中缀，因此，我们在为屈折语形态分析设计状态图时，只考虑前缀和后缀。

在屈折语的一个单词中，前缀、词干、后缀和词尾的关系有如下几种情况：

● 单词只有词干。例如英语的 form（形式）。

● 单词由前缀和词干组成。例如英语的 reform（改革，re-是前缀，form 是词干）。

● 单词由词根和后缀组成。例如英语的 formation（形成，form 是词根，-ation 是后缀）。

● 单词由前缀、词根和后缀组成。例如英语的 reformation（革新，re-是前缀，form 是词根，-ation 是后缀）。

● 单词由词干和词尾组成。例如英语的 forms（"形式"一词的复数，form 是词干，-s 是词尾）。

● 单词由词根、后缀和词尾组成。例如英语的 formations（"形成"一词的复数，form 是词根，-ation 是后缀，-s 是词尾）。

● 单词由前缀、词根、后缀和词尾组成。例如英语的 reformations（"革新"的复数，re-是前缀，form 是词根，-ation 是后缀，-s 是词尾）。

因此,我们设计如图 3.12 所示的状态图来进行英语名词的各种变化形式的形态分析。

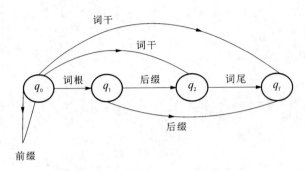

图 3.12　分析英语形态的状态图

可见采用状态图可以非常清楚地描述屈折语单词的形态分析过程。

在词根与后缀相连时,有时会发生音变。例如,英语的词根 decide 与后缀 -ion 连接成 decision 时,-de-变为-s-,decide 中的元音 i 读为[ai],在 decision 中变为[i]。对于这些问题,在用状态图来进行形态分析时,应该建立相应的音变规则来处理。可见,有限状态语法是形态分析的有力工具。

然而,由于有限状态语法的重写规则的形式限制较严,它存在着如下的缺陷:

第一,一些由非常简单的符号串构成的形式语言,不能由有限状态语法生成。Chomsky 举出了如下三种形式语言:

● ab,$aabb$,$aaabbb$,$\cdots$,它们的全部句子都是由若干个 a 后面跟着同样数目的 b 组成的,这种形式语言可表示为 $L_1 = \{a^n b^n\}$,其中,$n \geqslant 1$。

● aa,bb,$abba$,$baab$,$aaaa$,$bbbb$,$aabbaa$,$abbbba$,$\cdots$,这种形式语言是没有中心元素的镜像结构语言。如果用 α 表示集合 $\{a, b\}$ 上的任意非空符号串,用 α^* 表示 α 的镜像,那么这种语言可以表示为 $L_2 = \{\alpha\alpha^*\}$。

● aa,bb,$abab$,$aaaa$,$bbbb$,$aabaab$,$abbabb$,$\cdots$,它的全部句子是由若干个 a 或若干个 b 构成的符号串 α,后面跟着而且只跟着完全相同的符号串 α 而组成的。如果 α 表示集合 $\{a, b\}$ 上的任意非空符号串,那么这种语言可表示为 $L_3 = \{\alpha\alpha\}$。

L_1,L_2,L_3 都不能由有限状态语法生成,可见这种语法的生成能力不强。

第二,在英语中存在着如下形式的句子:

● If S_1, then S_2.

● Either S_3, or S_4.

● The man who said S_5, is arriving today.

在这些句子中,if 和 then、either 和 or、man 和 is 之间存在着相依关系,这种句子,与 Chomsky 指出的、具有镜像结构的形式语言 L_2 很相似,也不能由有限状态语法生成。

在其他语言中也存在着镜像结构的句子。例如,在法语中可以看到这样的句子:

Chez la maitresse d' un member d' une societe linguistique enrhume envoyee à Paris.
　　　a　　　　　b　　　　　c　　　c　　　　b　　　a

（在巴黎语言学会的一个患感冒的会员出差到巴黎的女教师家里。）

我们可以看到，在这个句子中，societe 与 linguistique 相配（都是阴性），member 与 enrhume 相配（都是阳性），maitresse 与 envoyee 相配（都是阴性），因而形成 $abccba$ 这样的镜像结构。前面我们说过，这样的句子是不能由有限状态语法来生成的。

第三，美国语言学家 P. Poster（波斯塔）在《短语结构语法的局限性》（*Limitation of Phrase Structure Grammar*，1964）中指出，在印第安的 Mohawk 语中，动词的宾语要在动词的前后按相同的顺序复现。

例如，"我读书"，在 Mohawk 语中是：

"我书读书"，其形式为 aa。

　　a　　a

"我喜欢读书"，在 Mohawk 语中是：

"我书读书喜欢书读书"，其形式为 $babbab$。

　　$b\ a\ b$　　　$b\ a\ b$

"我尝到了读书的甜头"，在 Mohawk 语中是：

"我书读书的甜头尝到了书读书的甜头"，其形式为 $babcdbabcd$。

　　$b\ a\ b\ c\ d$　　　　$b\ a\ b\ c\ d$

Mohawk 语中的这种结构，与形式语言 L_3 很相近。显而易见，这样的结构也是不能用有限状态语法生成的。

第四，有限状态语法不适合于刻画自然语言的句法结构。例如，上面我们的那个表示存现的汉语句子"客厅里坐着两位客人"，表示其句法结构的状态图显得十分复杂，如果遇到汉语的套叠和递归等结构，其状态图不知要有多么复杂。可见，有限状态语法作为一种刻画自然语言句法结构的模型是不合格的。

第五，有限状态语法只能说明语言中各个符号的前后排列顺序，而不能说明语言符号的层次，因此，它不能解释自然语言中的许多歧义现象。例如，在英语中，"They are flying planes"这个句子有两个不同的意思：一个意思是"它们是正在飞的飞机"［试比较：Those specks on the horizon are flying planes（那些在地平线上的小黑点是正在飞着的飞机）］；另一个意思是"他们正在驾驶飞机"［试比较：Those pilots are flying planes（那些飞行员正在驾驶飞机）］。这种意义上的差别，用有限状态语法得不到说明。可见，有限状态语法对语言现象的解释力不强。

3.3　短语结构语法

为了克服有限状态语法的缺陷, Chomsky 提出了上下文无关语法（context-free grammar）。

上下文无关语法的重写规则的形式为

$$A \rightarrow \omega$$

其中, A 是单个的非终极符号, ω 是不为空的符号串, 即

$$|A| = 1 \leqslant |\omega|$$

应该注意的是"上下文无关"(context-free)这个名称是指语法中重写规则的形式, 而不是指它所生成的语言与上下文没有关系。

例如, 我们提出如下的上下文无关语法:

$$G = (V_{\mathrm{n}}, V_{\mathrm{t}}, S, P)$$
$$V_{\mathrm{n}} = \{S\}$$
$$V_{\mathrm{t}} = \{a, b\}$$
$$S = S$$
$$P:$$
$$S \rightarrow aSb$$
$$S \rightarrow ab$$

这个语法的重写规则的左边都是单个的非终极符号 S, 右边是由终极符号或非终极符号构成的符号串 aSb 和 ab, 符合上下文无关语法重写规则的要求。

这样的语法可以生成语言 $L_1 = \{a^n b^n\}$。

推导过程如下: 从 S 开始, 用第一个重写规则 $n-1$ 次, 然后再用第二个重写规则 1 次, 我们便可以得到

$$S \Rightarrow aSb \Rightarrow aaSbb \Rightarrow aaaSbbb \Rightarrow \cdots \Rightarrow a^{n-1}Sb^{n-1} \Rightarrow a^n b^n$$

前面我们说过, 语言 L_1 是不能用有限状态语法来生成的。

我们还可以提出如下的上下文无关语法来生成语言 $L_2 = \{\alpha \alpha^*\}$:

$$G = (V_{\mathrm{n}}, V_{\mathrm{t}}, S, P)$$
$$V_{\mathrm{n}} = \{S\}$$
$$V_{\mathrm{t}} = \{a, b\}$$
$$S = S$$
$$P:$$

$$S \rightarrow aa$$
$$S \rightarrow bb$$
$$S \rightarrow aSa$$
$$S \rightarrow bSb$$

这个语法的重写规则的形式也满足上下文无关语法重写规则的要求：左边是单独的终极符号 S，右边是符号串 aa, bb, aSa, bSb。

如果我们要生成符号串 $babbbbab$，其推导过程如下：

$$S \Rightarrow bSb \Rightarrow baSab \Rightarrow babSbab \Rightarrow babbbbab$$

可是，用上下文无关语法不能生成语言 $L_3 = \{\alpha\alpha\}$。可见，上下文无关语法的生成能力也是有一定限度的。

上下文无关语法的推导过程，可以通过推导树来描述。

设 $G = (V_n, V_t, S, P)$ 是上下文无关语法。如果有某个成分结构树满足下列条件，它就是上下文无关语法的推导树（derivational tree）：

① 每一个结点有一个标记，这个标记就是 $V_n \cup V_t$ 中的符号；

② 根的标记是 S；

③ 如果结点 n 至少有一个异于其本身的后裔，并有标记 A，那么 A 必定是非终极符号集 V 中的符号；

④ 如果结点 $n_1, n_2, \cdots, n_k$ 是结点 n 的直接后裔，从左向右排列，其标记分别为 $A_1, A_2, \cdots, A_k$，那么 $A \rightarrow A_1 A_2 \cdots A_k$ 必定是 P 中的重写规则。

推导树就是树形图（tree graph），它同时也表示了句子的句法结构。

例如，前面我们举出的"大学教授编写物理教材"这个句子的生成规则也满足上下文无关语法的重写规则的形式，显然也是用上下文无关语法生成的。其推导过程可以表示为如图 3.13 所示的树形图，这个树形图也就是它的句法结构。

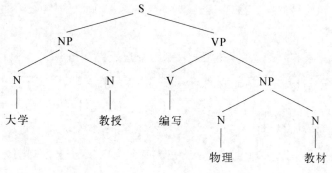

图 3.13　树形图

树形图由结点和连接结点的枝组成，标记表示结点上的有关信息。树形图中各个结点之间,有两种关系值得注意:一种是支配关系(dominance),一种是前于关系(precedence)。

如果在树形图中,从结点 X 到结点 Y 有一系列的枝把它们连接起来,而且所有的枝顺着同一方向,那么说结点 X 支配结点 Y。在上面的树形图中,标有 S 的结点支配标有 VP 的结点,因为连接结点 S 和结点 VP 的枝都一律从较高的结点逐次降到较低的结点:S→VP→V。当 X 支配 Y 时,Y 就叫作 X 的后裔。

如果结点 X 与结点 Y 是相异的,X 支配 Y,而且 X 与 Y 之间没有另一个相异的结点,这就叫作直接支配(direct dominance)。在上面的树形图中,结点 S 直接支配结点 VP,结点 VP 直接支配结 V 点,而结点 S 只支配结点 V,并不直接支配结点 V。支配关系中不被任何其他的结点支配的结点叫作根(root),如图 3.13 中标有 S 的结点就是根。被其他结点支配而不支配任何其他结点的结点叫作叶(leaf),如图 3.13 中,标有"大学""教授""编写""物理""教材"的结点都是叶。

树形图中的两个结点,只有当它们之间没有支配关系的时候,才能在从左到右的方向上排序,这时,这两个结点之间就存在前于关系,左边的结点前于右边的结点。在图 3.13 中,标有"大学"的结点前于标有 VP 的结点以及被 VP 结点所支配的各个结点,因为 VP 结点与标有"大学"的结点之间不存在支配关系,但是,标有"大学"的结点不能前于支配它的 NP 及 N 等结点。因此,支配关系与前于关系是互相排斥的。在树形图中,如果两个结点 X 与 Y 之间存在前于关系,那么 X 与 Y 之间必定不存在支配关系,并且,如果 X 前于 Y,则由 X 支配的所有的结点都前于由 Y 支配的所有的结点。

一般地说,树形图可为语言的自动分析提供出如下三个方面的语言信息:

● 句子中的词序:树形图中的各个叶按从左到右的前于关系排列起来,就是它所表示的句子的词序,这些叶之间必定不存在支配关系。

● 句子的层次:一个结点的直接后裔必定是这个结点的直接组成成分,根据结点与结点之间的直接支配关系,便可看出句子的层次关系。

● 词类信息、词组类型信息、句法功能信息、词与词或者词组与词组之间的语义关系信息和逻辑关系信息。

例如,上面的树形图提供了句子"大学教授编写物理教材"中的词序信息,说明了句子中单词的线性顺序从左到右是:大学→教授→编写→物理→教材,又说明了这个句子 S 由 NP 和 VP 组成,NP 由 N 和 N 组成,VP 由 V 和 NP 组成,后面的这个 NP 又由 N 和 N 组成,还说明了"大学、教授、物理、教材"都是名词,"编写"是动词,"大学"和"教授"构成名词词组"大学教授","物理"和"教材"构成名词词组"物理教材"。这些信息,对于自动句法分析都是非常重要的。

为了用上下文无关语法来描述和生成自然语言,Chomsky 提出了 Chomsky 范式(Chomsky normal form)。Chomsky 证明了,任何由上下文无关语法生成的语言,均可由重写

规则为 $A \to BC$ 或 $A \to a$ 的语法生成,其中,A,B,C 是非终极符号,a 是终极符号。具有这样的重写规则的上下文无关语法的推导树均可简化为二元形式,这样,就可以采用二分法来分析自然语言,采用二叉树来表示自然语言的句子结构。因此,上下文无关的重写规则 $A \to BC$ 或 $A \to a$ 便叫作 Chomsky 范式。

在 Chomsky 范式中,重写规则和推导树都具有二元形式,这就为自然语言的形式描述提供了数学模型。

我们知道,自然语言的句法结构一般都是二分的,因而一般都具有二元形式。例如,在汉语中,除了联合结构和兼语结构之外,具有二元形式的句法结构占了大多数:

述宾结构:<u>思考</u> <u>问题</u>;

主谓结构:<u>张三</u> <u>咳嗽</u>;

偏正结构:<u>大学</u> <u>教授</u>;

述补结构:<u>打扫</u> <u>干净</u>。

在语言学史上,不少语言学家在描写自然语言的工作中,已经认识到自然语言的这种二分特性。

我国语言学家马建中在他的《马氏文通》中提出了"两端两语说"。他指出,"盖意非两端不明,而句非两语不成"。美国语言学家 E. A. Nida(奈达)在《形态学》(*Morphology*)中指出,"根据经验,我们发现语言结构倾向于二分"。美国语言学家 C. C. Fries(福里斯)在《英语结构》(*English Structures*)一书中,更是明确地提出了二分的观点。他指出,"在英语里,一个结构层次通常只有两个成分。当然,每一个成分都可以由好几个单位组成,不过在同一层次上,结构的直接成分通常只有两个"。

语言学中的层次分析法(hierarchical analysis),实际上就体现了 Chomsky 范式的二分法的思想。这种分析法的理论基础应该是上下文无关语法。

层次分析法主张,一个复杂的语言形式不能一下子就分析为若干个单词,而要按层次逐层地进行分析。例如,语言成分 A 要按照图 3.14 中的步骤来分析。

A			
$A1$		$A2$	
$A11$	$A12$	$A21$	$A22$
	$A121$ $A122$	$A211$ $A212$	$A221$ $A222$

图 3.14 层次分析

不是把 A 一下子就分成 $A11$,$A121$,$A122$,$A211$,$A212$,$A221$,$A222$,而是先把 A 分成 $A1$ 和 $A2$ 两部分,然后把 $A1$ 分成 $A11$ 和 $A12$ 两部分,把 $A2$ 分成 $A21$ 和 $A22$ 两部分,再把 $A12$ 再分为 $A121$ 和 $A122$ 两部分……这样一直分析下去,一直分析到单词为止。通常把 $A1$ 和 $A2$ 叫作 A 的直接成分,把 $A11$ 和 $A12$ 叫作 $A1$ 的直接成分,把 $A121$ 和 $A122$ 叫作 $A12$ 的直接成分。这种顺次找出语言格式直接成分的方法,就是层次分析法,又可以叫作直接成分分析法。

上下文无关语法采用这种二分的层次分析法来揭示语言句子内部的句法结构规律。它说明,要判定两个语言片段是否存在同一性,不仅要看组成这两个语言片段的词形是否相同,词序是否相同,而且还要看它们的层次构造是否相同。而有限状态语法难以反映语言片段层次构造的差别。可见,上下文无关语法对于语言现象的解释力比有限状态语法强大得多,也深入得多,比有限状态语法更胜一筹。

那么,上下文无关语法与有限状态语法之间存在什么样的关系呢? Chomsky 指出了如下的关系:

第一,每一个有限状态语法生成的语言都可以由上下文无关语法来生成。

在上下文无关语法的重写规则 $A \rightarrow \omega$ 中,当 ω 为 aQ 或 a 时,就可以得到

$$A \rightarrow aQ$$

或者

$$A \rightarrow a$$

这就是有限状态语法的重写规则。

这说明,有限状态语法包含在上下文无关语法之中。

第二,如果在上下文无关语法中,存在某一个非终极符号 A,具有性质

$$A \Rightarrow \phi A \psi$$

这里,ϕ 和 ψ 是非空符号串,G 表示上下文无关语法,$\Rightarrow$ 表示推导关系,那么这个语法就是"自嵌入语法"(self-embedding grammar)。Chomsky 指出,如果 G 是非自嵌入的上下文无关语法,那么由 G 生成的语言 $L(G)$ 就是有限状态语言。如果 $L(G)$ 是上下文无关语言,那么当且仅当语法 G 是具有自嵌入性质的上下文无关语法时,$L(G)$ 才不是有限状态语言。

我们前面讨论过的 $\{a^n b^n\}$,$\{\alpha \alpha^*\}$ 等上下文无关语言,不但在它们的语法的重写规则中,而且在用语法来生成符号串的过程中,都会出现

$$A \Rightarrow \phi A \psi$$

这样的推导式,具有自嵌入性质。因此,这样的语言都不可能是有限状态语言,而是具有自嵌入性质的上下文无关语言。这样的语言不能之所以由有限状态语法生成,其原因盖在于此。

下面我们来讨论上下文有关语法(context-sensitive grammar)。

上下文有关语法的重写规则 P 的形式为

$$\phi \rightarrow \psi$$

其中,ϕ 和 ψ 都是符号串,并且要求 $|\phi| \leqslant |\psi|$,也就是 ψ 的长度不小于 ϕ 的长度。

现在有一种形式语言 $L = \{a^n b^n c^n\}$,它是由 n 个 a、n 个 b 和 n 个 c 相互毗连而成的符号串,并且要求 $n \geqslant 1$。生成这种语言的语法 G 是

$$G = (V_n, V_t, S, P)$$
$$V_n = \{S, B, C\}$$
$$V_t = \{a, b, c\}$$

$$S = \text{S}$$

$$P:$$

   ① $\text{S} \rightarrow a\text{S}BC$

   ② $\text{S} \rightarrow aBC$

   ③ $CB \rightarrow BC$

   ④ $aB \rightarrow ab$

   ⑤ $bB \rightarrow bb$

   ⑥ $bC \rightarrow bc$

   ⑦ $cC \rightarrow cc$

从 S 开始,用规则① $n-1$ 次,得到

$$\text{S} \Rightarrow a^{n-1}\text{S}(BC)^{n-1}$$

然后,用规则② 1 次,得到

$$\text{S} \Rightarrow a^n(BC)^n$$

规则③可以把 $(BC)^n$ 变换成 B^nC^n。例如,如果 $n=3$,则有

$$aaaBCBCBC \Rightarrow aaaBBCCBC \Rightarrow aaaBBCBCC \Rightarrow aaaBBBCCC$$

这样,便有

$$\text{S} \Rightarrow a^nB^nC^n$$

接着,用规则④ 1 次,得到

$$\text{S} \Rightarrow a^nbB^{n-1}C^n$$

然后,用规则⑤ $n-1$ 次,得到

$$\text{S} \Rightarrow a^nb^nC^n$$

然后,用规则⑥ 1 次,得到

$$\text{S} \Rightarrow a^nb^ncC^{n-1}$$

最后,用规则⑦ $n-1$ 次,得到

$$\text{S} \Rightarrow a^nb^nc^n$$

这就是我们要生成的形式语言。

在这个语法的各个重写规则中,右边的符号数总是大于或等于左边的符号数,满足条件

$$|\phi| \leqslant |\psi|$$

因此,这个语法是上下文有关语法。

Chomsky 指出,上下文有关语法和上下文无关语法之间存在着如下的关系:

第一,每一个上下文无关语法都包含在上下文有关语法之中。

在上下文有关语法的重写规则 $\phi \rightarrow \psi$ 中,ϕ 和 ψ 都是符号串,当重写规则左边的符号串蜕化为一个单独的非终极符号 A 时,就有 $A \rightarrow \psi$。由于 ψ 是符号串,因而可用 ω 代替,即得 A

$\rightarrow \omega$,这就是上下文无关语法的重写规则。

第二,存在着不是上下文无关语言的上下文有关语言。

例如,Chomsky 指出不能用有限状态语法来生成的语言 $L_3 = \{\alpha\alpha\}$,也不能用上下文无关语法来生成。但是,它却可以用上下文有关语法来生成。生成语言 L_3 的语法如下:

$$G = \{V_n, V_t, S, P\}$$
$$V_n = \{S\}$$
$$V_t = \{a, b\}$$
$$S = S$$
$$P:$$

① $S \rightarrow aS$

② $S \rightarrow bS$

③ $\alpha S \rightarrow \alpha\alpha$

在规则③中,α 是集合 $\{a, b\}$ 上的任意非空符号串。由于 αS 的长度不大于 $\alpha\alpha$ 的长度,并且 αS 不是单个的非终极符号,而是符号串,所以,这个语法不可能是上下文无关语法,而是上下文有关语法。

例如,形式语言 abbabb 可以这样来生成:从 S 开始,用规则①一次,得到 S⇒aS;用规则②两次,得到 S⇒abbS;用规则③一次,得到 S⇒$abbabb$。

可见,上下文有关语法的生成能力,比有限状态语法和上下文无关语法都强。但是,由于上下文无关语法可以采用 Chomsky 范式这种有力的手段来实现层次分析,所以,在自然语言的计算机处理中,人们还是乐于采用上下文无关语法。

最后,我们来讨论 0 型语法(type-0 grammar)。

0 型语法的重写规则是 $\phi \rightarrow \psi$,除了要求 $\phi \neq \psi$ 之外,没有任何别的限制。Chomsky 证明了,每一个 0 型语言都是符号串的"递归可枚举集"(recursively enumerable set);并且证明,任何一个上下文有关语言同时又是 0 型语言,而且还存在着不是上下文有关语言的 0 型语言。因此,上下文有关语言应包含在 0 型语言之中,它是 0 型语言的子集合。

不过,因为 0 型语法的重写规则几乎没有什么限制,用于描写自然语言颇为困难,它的生成能力太强,会生成难以计数的不合格的句子,所以,在 Chomsky 的四种类型的语法中,最适合于描述自然语言的还是上下文无关语法。这种语法,我国自然语言处理的学者习惯于把它叫作短语结构语法。

Chomsky 的形式语言理论,对计算机科学发生了重大的影响。Chomsky 把他的四种类型的语法分别与图灵机、线性有界自动机、后进先出自动机和有限自动机等四种类型的自动机(自动机是用来识别语言的抽象机器)联系起来,并且证明了语法的生成能力和语言自动机的识别能力的等价性的四个重要结果:

- 若一语言能被图灵机识别,则它就能用 0 型语法生成,反之亦然。
- 若一语言能被线性有界自动机识别,则它就能用上下文有关语法生成,反之亦然。
- 若一语言能被后进先出自动机识别,则它就能用上下文无关语法生成,反之亦然。
- 若一语言能被有限自动机识别,则它就能用有限状态语法生成,反之亦然。

Chomsky 的上述结论,提供了关于语言的生成过程和语言的识别过程的极为精辟的见解。这对于计算机程序语言的设计、算法分析、编译技术、图像识别、人工智能等,都是很有用处的,在自然语言处理中,也发挥了巨大的作用。

3.4　递归转移网络和扩充转移网络

1970 年,美国人工智能专家 W. Woods 在《自然语言分析的转移网络语法》(*Transition Network Grammar in Natural Language Analysis*, *Communication of the ACM*, 13)一文中,提出了扩充转移网络(Augmented Transition Network, ATN)。

ATN 是在有限状态语法的基础之上,做了重要的扩充之后研究出来的。

我们知道,有限状态语法可以用状态图来表示,但是这种语法的功能仅仅在于生成。如果从句法分析的角度出发,我们也可以用状态图来形象地表示一个句子的分析过程,这样的状态图叫作"有限状态转移图"(Finite State Transition Diagram, FSTD)。一个 FSTD 由一组状态(结点)和若干条弧组成,其中包括一个或一个以上的起始(start)状态和终止(final)状态,弧从一个状态引向另一个状态,弧上有标记,这些标记可以是语法的终极符号(terminal symbols),例如语言中的词或者词类符号:⟨Verb⟩、⟨Adj⟩、⟨Noun⟩等。分析过程从起始状态出发,沿着 FSTD 中弧的方向(用箭头表示)逐个转移,并且同时扫描输入的句子,将句子中的词与弧上的标记相匹配,如果存在这样的情形,即扫描到输入句子的末端而同时也进入 FSTD 的终止状态,则这个句子被 FSTD 接受,分析完成。

FSTD 只能识别有限状态语言。我们知道,有限状态语法的重写规则是 $A \rightarrow aQ$ 和 $A \rightarrow a$,这种语法是比较简单的,FSTD 有足够的能力来识别由有限状态语法生成的语言。

例如,我们可以提出这样一个名词词组让 FSTD 来分析:这个名词词组以⟨Det⟩开头,以⟨N⟩(名词)结尾,开头和结尾之间可以有任意个⟨A⟩(形容词)。如:

the pretty girl（美丽的姑娘）

the handsome boy（英俊的小伙子）

the excellent success（优秀的成绩）

FSTD 如图 3.15 所示。

如果输入的名词词组是 the pretty girl,从状态 q_0 开始,沿着标有⟨Det⟩的弧进行扫描,因为 the 是输入符号串的最左词,而且其词类是 Det,二者相匹配,然后进入状态 q_1,而在输入符号串中剩下来应该分析的部分是 pretty girl,在走过标有〈Adj〉的这个成圈的弧之后,由于 pretty 是 Adj,二者相配,然后进入状态 q_1,这时,在输入符号串中剩下的部分是 girl,由于这个词是 N,与弧上的标号〈N〉相配,故进入最后状态 q_f。这时,输入符号串中的全部词检查完毕,这个名词词组被 FSTD 接受。

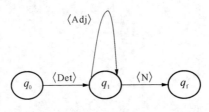

图 3.15　有限状态转移图

　　FSTD 有足够的能力识别由有限状态语法生成的语言。由于有限状态语法的局限性,难以识别复杂的句子,因此,FSTD 需要加以扩充,在其中加入一个递归机制(recursive machanism),使之具备处理上下文无关语言的能力。经过这样扩充的 FSTD,就是"递归转移网络"(Recursive Transition Networks,RTN)。在 RTN 中,弧的标记不仅仅是终极符号或词类符号,还可以是表示词组类型的非终极符号(nonterminal symbols),如 NP,VP 等,这些词组类型符号同时也表示相应词组的子网络的名称,每种类型的词组都可以单独用一个 FSTD 来表示。有了这些子网络,RTN 就获得了递归能力。在对句子的分析处理过程中,当弧的标记不是词组类型符号时,RTN 的操作方式和 FSTD 是一样的,当遇到词组类型符号时,则把当前的分析状态置入栈内保存,而控制转移到该符号对应的子网络,继续处理该句子,直到在子网络中的处理结束或者失败,再重新返回原处,根据先前的状态继续操作下去。

　　例如,我们可以提出如图 3.16 所示的 RTN,这个 RTN 由名字为 S 的网络和两个名字分别为 NP 和 PP 的子网络组成。

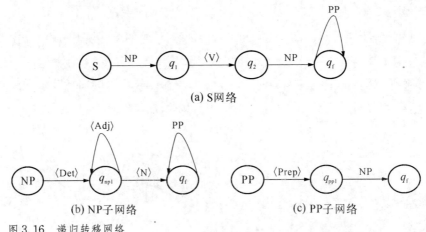

(a) S网络

(b) NP子网络　　　　　　　　(c) PP子网络

图 3.16　递归转移网络

这里,NP 表示名词词组,PP 表示介词词组,当输入句子是 "The little boy in swimsuit kicked the red ball"(那个穿游泳衣的小男孩儿踢了那个红色的球),上面的 RTN 将按如下步骤来进行分析:

NP：The little boy in the swimsuit

PP：in the swimsuit

NP：the swimsuit

〈V〉：kicked

NP：the red ball

在 S 网络中,从 S 出发,扫描到 NP,于是,下推到 NP 子网络以处理 The little boy in the swimsuit 这个 NP。在 NP 子网络中,当扫描完 The little boy 之后,遇到了 in the swimsuit 这个 PP,于是,进一步下推到 PP 子网络以处理这个 PP。在 PP 子网络中,当扫描完〈Prep〉即 in 之后,就应当扫描 the swimsuit 这个 NP,于是,再下推到 NP 子网络以处理 the swimsuit 这个 NP。扫描完 the swimsuit 之后,进入了 NP 子网络的最后状态,于是,名词词组 The little boy in the swimsuit 处理完毕。接着,先上托到 PP 子网络并进入 PP 子网络的最后状态,再继续上托到 NP 子网络并进入 NP 子网络的最后状态,再继续上托到 S 网络的状态 q_1;在状态 q_1 扫描到动词 kicked,进入状态 q_2,在状态 q_2 扫描到 the red ball 这个名词词组 NP,于是,又下推到 NP 子网络以处理 the red ball,处理完毕这个名词词组之后,上托到 S 网络的最后状态 q_f,这时,输入句子扫描完毕,RTN 也进入了最后状态。这个句子被 RTN 接受。上述过程可图示,如图 3.17 所示。

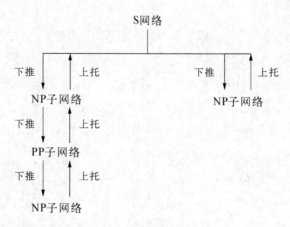

图 3.17　递归转移网络中的下推和上托

RTN 具有处理上下文无关语言的能力,但对于自然语言处理仍是不够完美的。RNT 本身存在不确定性,在分析过程中,如果同时存在一条以上的路径,单凭 RTN 自身的机制是无法做出抉择并使分析继续顺利进行下去的。例如,词串 the building blocks,由于 blocks 是名词和动词的兼类词,这个词串究竟是一个 NP,还是一个 NP + V,这需要看后面的词是什么才能决定,而 RTN 没有这样的机制。因此,要进一步扩充 RTN 使之具备这样的处理机制,对于一个以上的可选线路,或者进行"并行处理"(parallel processing),或者先在一条路径上试探,失败时可以"回溯"(backtracking),在另一条路径上再行分析。

W. Woods 对 RTN 进行改进和扩充之后,又提出了"扩充转移网络"(Augmented Transition Network,ATN)。与 RTN 比较起来,扩充转移网络主要在下面三方面做了改进和扩充:

● 增加一组寄存器用以存储信息。在各个子网络中局部形成的一些推导树(derivation tree),可以暂时存放在这些寄存器里,分析过程中的其他一些必要信息也可以保存在寄存器里;回溯操作要以先前的背景信息作为依据。例如,词串 the building blocks 可能先被看成是一个 NP,但随后发现后面的词串是 the sun(太阳),则要返回到前面的某一个转移点重新分析,选择另一条路径,词组 the building 被判定为 NP,blocks 则被判定为动词 V,因而得出正确结果:"the building blocks the sun"的结构是 NP + V + NP,它的意思是"建筑物遮住了太阳"。

● 网络中弧的标记除了终极符号和非终极符号外,还可以附加一些条件(condition),进入该弧之前要检查(test)当前状态是否满足条件要求。

● 弧上还可以附加一些动作,经过一条弧要执行规定的操作,通常是重新安排分析句子所生成的数据结构。例如,句子"The red ball was kicked by the little boy"(红色的球被小男孩儿踢了),第一个 NP(The red ball)首先作为句子可能的逻辑主语被存入寄存器,分析到后面,发现动词是被动态,则执行动作,以 the little boy 取代前一个 NP 进入寄存器,因而分析结果的结构得到适当的调整。

ATN 的操作方式和 RTN 类似,不同之处在于通过一条弧的前后,要测试条件和执行相应动作。在 RTN 的基础上,经增加寄存器、弧上附设条件和动作而扩展成的 ATN,识别功能可以提高到图灵机(Turing machine)的水平。从理论上说,ATN 有足够能力识别计算机可以识别的任何语言,并且比图灵机的形式更为自然,具有更高的表达能力。由于过分依赖于句法分析,ATN 在处理一些有明确语义但并非完全符合语法的话语时还存在局限。又由于 ATN 是过程性的而非描述性的,静态的数据与动态的分析往往混淆在一起,不完全符合计算意义下知识组织的一般原则,修改一个很大的 ATN 常常会牵一发而动全身,引起意想不到的副作用。尽管有这些不足之处,但 ATN 仍然不失为一种用来分析自然语言的非常有效的工具。ATN 在机器翻译、文本生成、话语理解、人机对话等自然语言处理领域都得到了广泛的应用,成绩显著。

3.5　自顶向下分析法和自底向上分析法

我们在 3.4 节中讨论的递归转移网络 RTN 和扩充转移网络 ATN,都是建立在有限状态语法的基础之上的。

在本节中,我们来讨论建立在上下文无关语法基础上的自然语言分析方法:自顶向下分析法和自底向上分析法。首先讨论自顶向下分析法(top-down parsing method)。

使用自顶向下分析法的时候,首先根据上下文无关语法的重写规则,从初始符号开始,自顶向下地进行搜索,构造推导树,一直分析到句子的结尾为止。如图 3.18 所示。

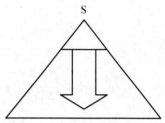

图 3.18　自顶向下分析法

例如,我们提出这样的上下文无关语法:

$$G = (V_n, V_t, S, P)$$

$$V_n = \{S, NP, VP, Det, N, V, Prep\}$$

$$V_t = \{the, boy, rod, dog, hits, with, a\}$$

$$S = S$$

P:

(a) S → NP VP

(b) NP → Det N

(c) VP → V NP

(d) VP → VP PP

(e) PP → Prep NP

(f) Det → [the]

(g) Det → [a]

(h) N → [boy]

(i) N → [dog]

(j) N → [rod]

(k) V → [hits]

(l) Prep → [with]

在搜索过程中,搜索目标首先是初始符号 S,从 S 开始,选择语法中适用的规则来替换搜索目标,并用语法规则的右边部分同句子中的单词相匹配,如果匹配成功,则抹去这个单词。在搜索目标中,记录下有关规则,然后,继续对输入句子中的遗留部分进行搜索,如果分析到句子的结尾,搜索目标为空,则分析成功。

英语句子"The boy hits the dog with a rod"(那个男孩儿用一根棍子打狗)分析过程如下(向下的箭头"↓"旁边注明规则的号码,搜索目标中有下划线的符号表示它是所使用规则的左边部分):

	搜索目标	输入句子中遗留部分
(1)	<u>S</u>	The boy hits the dog with a rod
	↓(a)	
(2)	<u>NP</u> VP	The boy hits the dog with a rod
	↓(b)	
(3)	<u>Det</u> N VP	The boy hits the dog with a rod
	↓(f)	
(4)	<u>N</u> VP	boy hits the dog with a rod
	↓(h)	
(5)	<u>VP</u>	hits the dog with a rod
	↓(c)	
(6)	<u>V</u> NP	hits the dog with a rod
	↓(k)	
(7)	<u>NP</u>	the dog with a rod
	↓(b)	
(8)	<u>Det</u> N	the dog with a rod
	↓(f)	
(9)	<u>N</u>	dog with a rod
	↓(i)	

如果根据规则(i)抹去 dog,句子中还有遗留部分 with a rod,而这时搜索目标已经变空,分析无法继续进行下去,因而回溯到第(5)步,看一看是否还能利用别的规则进行分析。

(5′)	<u>VP</u>	hits the dog with a rod
	↓(d)	
(10)	<u>VP</u> PP	hit the dog with a rod
	↓重复进行从(5)到(9)的搜索过程,此时,搜索目标为 PP	
(11)	<u>PP</u>	with a rod
	↓(e)	
(12)	<u>Prep</u> NP	with a rod
	↓(l)	
(13)	<u>NP</u>	a rod
	↓(b)	
(14)	<u>Det</u> N	a rod
	↓(g)	
(15)	<u>N</u>	rod
	↓(j)	
(16)	结束,分析成功	

在搜索过程中,当分析到第(5)步时,由于使用了规则(c),分析无法继续进行下去,于是,

我们采用了回溯(backtracking)的办法,回到第(5)步,不再使用规则(c)而改为使用规则(d),从而使搜索得以成功。

根据这样的搜索过程,我们可以把这个英语句子"the boy hits the dog with a rod"用推导树表示,如图 3.19 所示。

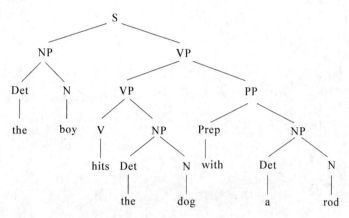

图 3.19　英语句子的推导树(1)

现在我们来讨论自底向上分析法(bottom-top parsing method)。

使用自底向上分析法来分析句子的时候,从输入句子的句首开始顺次取词向前"移进"(shift)并根据语法的重写规则逐级向上"归约"(reduce),直到构造出表示句子结构的整个推导树为止。如图 3.20 所示。

自底向上分析法实际上是一种"移进-归约算法"(shift-reduce algorithm),它对于句子中的单词取词是顺次"移进",而利用语法中的重写规则是按条件"归约"。这种算法类似于编译技术中的 LR 算法[L 表示 left-to-right(分析方向从左到右);R 表示 rightmost production(最右推导,每次推导都

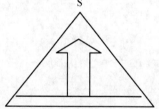

图 3.20　自底向上分析法

展开最右的结点)]。移进-归约算法的信息存放方式主要是"栈"(stack),信息操作方式主要有移进、归约、拒绝、接受。这种算法利用一个栈来存放分析过程中的有关"历史"信息(即关于已经走过的过程的信息),并且根据这种历史信息和当前正在处理的符号串来决定究竟是移进还是归约。所谓"移进",就是把一个尚未处理过的符号移入栈顶,并等待更多的信息到来之后再做决定;所谓"归约",就是把栈顶部分的一些符号,由语法的某个重写规则的左边的符号来替代,这时,这个重写规则的右边部分必须与栈顶的那些符号相匹配。用这样的办法对栈中的符号以及输入符号串进行移进和归约两种操作,直到输入的符号串处理完毕并且栈中仅仅剩下初始符号 S 的时候,就认为输入符号串被接受。如果在当前状态,既无法进行移进,也无法进行归约,并且栈并非只有唯一的初始符号 S,或者输入符号串中还有符号未处理完毕,那么输入符号串就被拒绝。

在一个时刻,常常既可以进行移进操作,又可以进行归约操作,这种情况称为"移进-归约
冲突",简称"移归冲突";在一个时刻,常常会有多个规则都能满足归约条件,这种情况称为
"归约-归约冲突",简称"归归冲突"。什么时候进行移进操作,什么时候进行归约操作,怎样
定义归约的条件,这些问题是移进-归约算法的中心问题。

下面,我们以"the boy hits the dog with a rod"为例子,说明采用这种移进-归约算法的自
底向上分析法分析句子的过程:

栈	操作	输入句子中的遗留部分
(1)		the boy hits the dog with a rod
(2) the	移进	boy hits the dog with a rod
(3) Det	用规则(f)归约	boy hits the dog with a rod
(4) Det boy	移进	hits the dog with a rod
(5) Det N	用规则(h)归约	hits the dog with a rod
(6) NP	用规则(b)归约	hits the dog with a rod
(7) NP hits	移进	the dog with a rod
(8) NP V	用规则(k)归约	the dog with a rod
(9) NP V the	移进	dog with a rod
(10) NP V Det	用规则(f)归约	dog with a rod
(11) NP V Det dog	移进	with a rod
(12) NP V Det N	用规则(i)归约	with a rod
(13) NP V NP	用规则(b)归约	with a rod
(14) NP VP	用规则(c)归约	with a rod
(15) S	用规则(a)归约	with a rod
(16) S with	移进	a rod
(17) S Prep	用规则(l)归约	a rod
(18) S Prep a	移进	rod
(19) S Prep Det	用规则(g)归约	rod
(20) S Prep Det rod	移进	
(21) S Prep Det N	用规则(j)归约	
(22) S Prep NP	用规则(b)归约	
(23) S PP	用规则(e)归约	

这时,语法中不再有适合的规则,分析无法进行,于是返回到(14),先不采用规则(a)归
约,而是移进下一个单词 with,然后采用规则(l)归约:

(14′) NP VP	回溯	with a rod
(24) NP VP with	移进	a rod
(25) NP VP Prep	用规则(l)归约	a rod
(26) NP VP Prep a	移进	rod
(27) NP VP Prep Det	用规则(g)归约	rod
(28) NP VP Prep Det rod	移进	
(29) NP VP Prep NP	用规则(b)归约	
(30) NP VP PP	用规则(e)归约	
(31) NP VP	用规则(d)归约	
(32) S	用规则(a)归约	

这时,栈中只剩下初始符号 S,而且输入符号串为空,该句子被接受,分析成功。

在英语中,介词词组 PP 不仅可以修饰动词,而且还可以修饰名词。上面的语法只考虑了 PP 修饰动词的情况,没有考虑 PP 修饰名词的情况。如果我们在语法重写规则中,再加上一条新的规则:NP→NP PP,那么除了得到上面的分析结果之外,还可以按别的分析进程得到另一个结果,其树形图如图 3.21 所示。

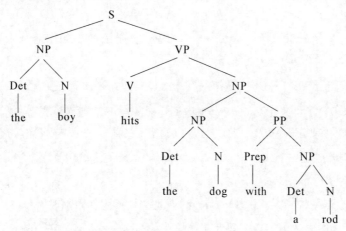

图 3.21　英语句子的推导树(2)

这个结果在语义上虽然不十分完善(其意思是"那个男孩儿打身上带着棍子的狗","狗"身上带着"棍子",这种情况不太多见),但在句法结构上是合格的。

如果我们按照这个句子的结构把句子中的单词换成"the man saw a boy with a telescope",那么这个句子显然有两个不同的意思:一个意思是"那个人看见一个带着望远镜的男孩儿",一个意思是"那个人用望远镜看见一个男孩儿"。这就产生了歧义。如果我们在介词词组"with a telescope"的前面再加上一个介词词组"in the park",造出新句子"The man saw the boy in the park with a telescope",那么这两个 PP 可以同时修饰名词 boy,也可以同时修饰动词 saw,也可以第一个 PP 修饰名词 boy,第二个 PP 修饰动词 saw,还可以第一个 PP 修饰动词 saw,第二个 PP 修饰名词 boy,从而得到四种不同的结构,相应地得到四种不同的意义:"那个人看到一个在公园中带着望远镜的男孩儿""那个人在公园中用望远镜看见一个男孩儿""那个人用望远镜看见一个在公园中的男孩儿""那个人在公园中看到一个带着望远镜的男孩儿"。从纯粹句法的观点看来,第一个 PP 中的名词 park 还可以受第二个 PP"with a telescope"的修饰,其含义是"装有望远镜的公园"。如果把这种情况也算进去,那么还可以得到第五种结构,相应地得到第五种不同的意思:"那个人在装了望远镜的公园中看见一个男孩儿"。

　　这样一来,分析的结果将是有歧义的。歧义是自然语言中普遍存在的现象,我们将在后面的章节中进一步讨论自然语言的歧义消解问题。

　　移进-归约算法在本质上是一种自左向右的 LR 算法,标准的 LR 算法最初是为程序语言设计的,效率虽然较高,但在处理自然语言的歧义问题时却进退维谷,因此,用基于 LR 算法的普通的移进-归约分析技术难以处理自然语言中的歧义问题。

3.6　通用句法处理器和线图分析法

1973 年,美国学者 R. M. Kaplan(卡普兰)提出了通用句法处理器(General Syntactic Processor,GSP)。

　　GSP 是一个用于分析和生成自然语言符号串的非常好的系统。它的数据结构直观,控制结构简明,操作使用方便。如果调整某些控制参数,GSP 还可以直接模拟 ATN。

　　GSP 力图综合各种分析方法的形式特征,以建立一个统一的框架来比较这些分析方法。在这个意义上说,GSP 是一个元系统(meta-system),它不仅是一种处理方法,而且也是一个能形式地描写各种方法的系统。

　　GSP 的基本数据结构是"线图"(chart)。线图是把树形图加以修改而形成的一种图。

　　我们知道,树形图中各个结点之间存在着两种关系:一种是前于关系,一种是支配关系。

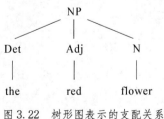

图 3.22　树形图表示的支配关系

但是,在树形图中,支配关系表示得相当直观,我们一眼就可以看出树形图中各个结点之间的支配关系来。而前于关系在树形图中却表示得不十分直观,不容易一眼看出来。例如,表示"the red flower"(红的花)的树形图可如图 3.22 所示。

　　在这个树形图中,结点 NP 直接支配着结点 Det,Adj和 N,又支配着结点 the,red 和 flower,结点 Det 直接支配着 the,结点 Adj 直接支配着 red,结点 N 直接支配着 flower,这都是非常直观的。但是,Det,Adj 和 N 之间的前于关系以及 the,red 和 flower 之间的前于关系,却不是十分直观的。

为了直观地表示前于关系,Kaplan 把树形图做了一些修改。修改的办法是:对于树形图中的每一个结点,添一条带箭头的边,箭头的方向从左到右,并在这条边上注明这个结点的标记,然后,将有支配关系的结点用一条直线连接起来。如果一个结点直接支配着若干个结点,则只需用一条直线连接这个结点与被它直接支配的第一个结点;如果一个结点只直接支配另一个结点,则用一条直线把这两个结点连接起来就可以了。

树形图做了这样的修改之后,我们便得到一个新的图,把它叫作"线图"(chart)。

例如,如图 3.22 所示的树形图经过这样的修改之后,变成了如图 3.23 所示的线图。

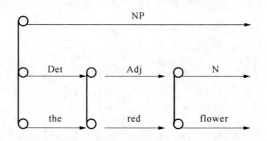

图 3.23　线图表示的前于关系

在树形图中,Det 和 Adj 没有直接联系,而在相应的线图中,Det 前于 Adj 的这种关系被形象地表示出来了。这对于自然语言处理是非常有利的,因为在自然语言中,特别是在汉语和英语这样的分析性语言中,一个语言单位跟随另一个语言单位的这种前后相续的关系是一种最为基本的关系,线图在表示前于关系方面显然比树形图直观。当然,线图也可以表示支配关系。

除了能直观地表示前于关系之外,线图还具有另外两个明显的优点:

第一,线图可以表示不相连的子树。在自然语言的分析中,有时局部的结构分析成功了,但是总体结构分析得不好,使得最后难以形成一棵完整的树,这样,分析的结构也就无法用树形图表示,造成了分析的失败。由于没有形成一棵完整的树,总体分析失败了,原来局部的分析结果即使正确,也无法在树形图上表示出来,因此,这些局部正确的结构也被一股脑儿抛弃了,这是很遗憾的。线图可以表示不相连的子树,不一定要求最后必须形成一棵完整的树,因此,就可以把局部分析正确的结构以子树的形式保存下来,使分析不至于前功尽弃。例如,英语句子"the nurses book her travel"(护士预订旅行票)可用树形图表示为下面三个互不相连的子树:一个子树以 NP(表示"the nurses")开头,一个子树以 N(表示"book")开头,一个子树也是以 NP(表示"her travel")开头,由于子树 N 中的结点 book 是兼属名词(词义是"书")和动词(词义是"预订")的兼类词,这里错判为名词 N,因此,三个子树难以形成一个完整的树,NP,N 和后面一个 NP 的先辈结点不明,我们暂时将其标以问号"?"(图 3.24)。

这种不相连的子树形不成一个完整的树形图，因而导致分析全盘失败。然而，如果我们将这种不相连的子树转化为如图 3.25 所示的线图，每一个子树都可以保存下来，虽然"book"的分析错了，但是，"the nurses"和"her travel"这两个局部正确的分析结果得以保留，这样一来，尽管全局的分析失败了，但是局部正确的分析结果可以得以保存，不至于全盘皆输。

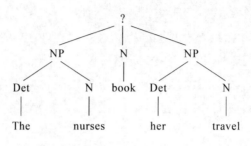

图 3.24　不完整的结构

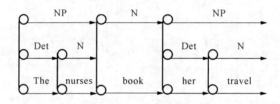

图 3.25　用线图表示不完整的结构

第二，线图可以表示有多个解释的词。在线图中，如果某个词有多个解释（某词是多义词），可以把这多种解释表示为多重的边，从而把歧义问题清楚地表示出来。例如，在"I saw the log"这个句子中，saw 这个词可以解释为 see 这个词的过去时形式，其词义是"看"，或者可以解释为 saw 这个词的现在时形式，其词义是"锯"，因此，这个句子有两个意思：一个是"我看到了木头"，一个是"我锯木头"。这种情况，如果用树形图来表示是比较困难的，而如果用图 3.26 的线图来表示就非常清楚。

在图 3.26 中，Pro 表示代词，其他符号含义同前。

为了处理各种复杂的语法现象，GSP 中设有如下的控制机构：

● 寄存器：其功能与 ATN 中的寄存器一样。

● 层次栈：这个层次栈有递归的功能，它先把线图及一些语法信息存在栈中，以供递归调用。

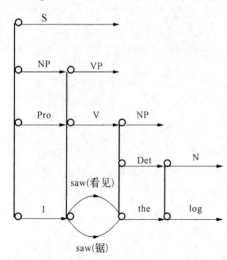

图 3.26　线图表示多义词

● 非确定表：这是一个选择语法的指示表，当做出选择时，用户可以把当前的格式随意地存储在这个表中,以便进行回溯处理。

● 过程栈:这是一个暂停处理表,它有暂停和重新开始等功能。

Kaplan 用 GSP 来实现 Martin Kay(马丁·凯依)的 MIND 系统(这是一个上下文无关的自底向上句法分析系统)和 J. Friedman(福里德曼)的转换语法文本生成系统,获得了成功。

笔者首先注意到 Kaplan 在 GSP 方面的研究,在 1985 年出版的《数理语言学》一书中单独用一小节的篇幅详细地介绍了 GSP,认为这种理论很有生命力,后来一直关注着这种理论的发展。

1968 年,J. Earley(依尔利)发表了他的博士论文《一种高效的上下文无关分析算法》(*An Efficient Context-Free Parsing Algorithm*),提出了 Earley 算法(Earley algorithm)和点规则(dot rule)的概念,为线图分析法奠定了理论基础。

在通用句法处理器 GSP 和 Earley 算法的基础之上,Martin Kay 于 1980 年在《句法处理中的算法图和数据结构》(*Algorithm Schemata and Data Structure in Syntactic Processing*)中,提出了"线图分析法"(chart parser)。他最初把线图叫作"算法图"(algorithm schemata),后来才采用了 Kaplan 提出的"线图"(chart)这个术语。

为了表达上的方便,上面的三个线图,可以改变为如图 3.27、图 3.28、图 3.29 所示的形式。

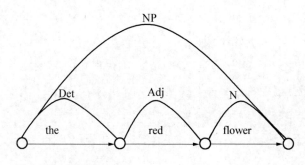

图 3.27 线图(1)

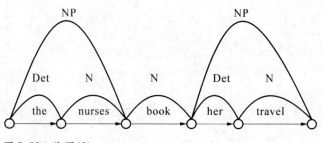

图 3.28 线图(2)

这样的线图虽然能够帮助我们保存某些分析得正确的中间结果,免去了多次重复地做虚功之苦,但是,当分析失败时,它并不能帮助我们记住前面所做的假设和猜测,也不能让我们了解到分析的目标,也就是说,这样的线图只能表示结构的某些事实,但是不能表示关于结构的假设、猜测和目标。为此,Martin Kay 提出了把部分分析树(局部树)加在线图边上的方法以及"活性边"(active edge)和"非活性边"(inactive edge)的概念。

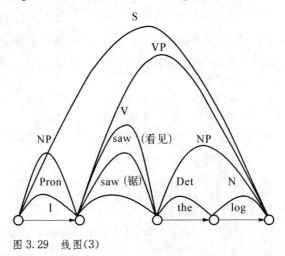

图 3.29　线图(3)

我们来研究下面的英语句子:

Failing student looked hard.

这个句子中的短语"failing student"具有两重含义:一个含义是"让学生落榜",这时,"failing"为动名词(gerund),我们这里用 Grd 表示;另一个含义是"落榜生","failing"为现在分词的形容词用法,我们这里把它记为 Adj。短语"looked hard"也具有两重含义:一个含义是"看来是难的","hard"为形容词,记为 Adj;另一个含义是"似乎很努力","hard"为副词,记为 Adv。这意味着,这个句子有四个意思:

让学生落榜看来是难的。

让学生落榜这件事似乎干得很努力。

落榜生看来是难的。

落榜生似乎很努力。

我们提出如下的语法规则来分析这个句子:

① S → NP VP;

② NP → Adj N;

③ NP → Grd N;

④ VP → V Adj;

⑤ VP → V Adv;

⑥ A → failing | hard;

⑦ Grd → failing;

⑧ N → student；

⑨ V → looked；

⑩ Adv → hard。

采用这些规则来分析句子,在分析到第 2 个词之前,可以得到如图 3.30 所示的局部树。由于第 2 个词还没有分析完,局部树中用"?"表示。

在线图中,表示局部树的数据结构叫作"项"(term),这个局部树的项为:

$$[[failing]Adj[?]N]NP$$

其中,"[?]N"表示内容尚未确定的名词。"?"称为"空所"。这个项的含义是:已经查出 failing 为 Adj,但名词 N 的内容还未确定,整个短语是 NP。

采用自底向上的方法,分析开始时线图的初始状态如下:

编号	局部树在线图中的位置	局部树长度	项
1	0	1	[failing]Adj
2	0	1	[failing]Grd
3	1	1	[student]N
4	2	1	[looked]V
5	3	1	[hard]Adj
6	3	1	[hard]Adv

在线图中,起始位置(第一个词的位置)算为 0,按顺序排下去,依次为位置 1、位置 2、位置 3 等等。为了不与项的编号相混淆,在图 3.31 的线图中,位置号是不言自明的,故不再标出,这里只标出了项的编号。局部树的长度是指局部树中包含的单词的数目,项的含义如上所述。例如,编号为 1 的项位于线图中的起始位置 0,长度为 1,项的表现为[failing]Adj。

分析开始时的线图如图 3.31 所示。

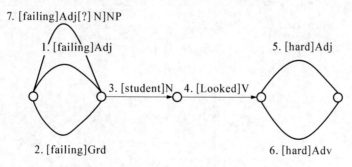

图 3.31　分析开始时的线图

线图中的边上标上了项的编号,在位置 0,由于 failing 既可以为 Adj,又可以为 Grd,所以,有两条边,分别记为 1,2,它们的项分别为[failing]Adj 和[failing]Grd。依此类推。

线图中的边上表示的项有两类:一类是像[failing]Adj 和[failing]Grd 这样的项,没有空所,另一类是像[[failing]Adj [?]N]NP 这样的项,含有空所。表示不含有空所的项的边叫作"非活性边",非活性边中没有空所,这样的边不再需要进一步证实,所以,它是非活性的;表示含有空所的项的边叫作"活性边",活性边中的空所,还需要进一步证实,所以,它是有活性的。例如,在活性边[[failing]Adj[?]N]NP 中,[failing]Adj 是已经证实的部分,而空所[?]N 是需要证实的部分,它需要猜测 failing 之后是不是名词 N,这就需要继续往前进行分析,使分析的过程继续往前走。如果活性边中的空所部分被有关规则证实,则填充这个空所,使活性边变成非活性边,并使进程向前推进。这种使活性边变为非活性边的操作,是线图分析法的基本操作,使得线图分析得以一步一步地进行。

线图可以用于自底向上分析,也可以用于自顶向下分析。我们通过实例来进一步说明线图分析的过程。

上述句子的自底向上的分析过程如下(为简单起见,"局部树在线图中的位置"简写为"位置","局部树长度"简写为"长度",在"所用规则和项的编号"中,项的编号前冠以♯号,两者用&连接):

编号	位置	长度	项	所用规则和项的编号
1	0	1	[failing]Adj	6
2	0	1	[failing]Adj	7
3	1	1	[student]N	8
4	2	1	[looked]V	9
5	3	1	[hard]Adj	6
6	3	1	[hard]Adv	10
7	0	1	[[failing]Adj[?]N]NP	2&♯1

当句子中所有的词都有了词类标记之后,从位置 0 开始分析短语,由规则②NP→ Adj N 和♯1 可知,Adj 为 failing,但 N 的内容待查,整个短语是 NP,故该项记为[[failing]Adj[?]N] NP,所用规则和项的编号记为 2&♯1。接着分析当 failing 为 Grd 的情况:

8	0	1	[[failing]Grd[?]N]NP	3&♯2
9	0	2	[[failing]Adj[student]N]NP	♯3&♯7

由♯3 得知[student]N,代入♯7 得[[failing]Adj[student]N]NP,这时,NP 的长度为 2:

10	0	2	[[failing]Grd[student]N]NP	♯3&♯8
11	0	2	[[[failing]Adj[student]N]NP[?]VP]S	1&♯9

按♯9 分析 NP 之后,根据规则①继续向前分析 VP,这时 VP 的内容为空所:

12	0	2	[[[failing]Grd[student]N]NP[?]VP]S	1&♯10

按♯10 分析 NP 之后,继续根据规则①分析为空所的 VP:

13   2   1   [[looked]V[?]Adj]VP   4 &♯4

在位置 2 分析 looked,使用规则④和编号♯4,Adj 为空所:

14   2   1   [[looked]V[?]Adv]VP   5 &♯4

使用规则⑤和编号♯4,Adv 为空所:

15   2   2   [[looked]V[hard]Adj]VP   ♯5 &♯13

用非活性边♯5 来填充活性边♯13 中的空所 Adj,这时,被分析的字段长度为 2:

16   2   2   [[looked]V[hard]Adv]VP   ♯6 &♯14

用非活性边♯6 来填充活性边♯14 中的空所 Adv:

17   0   4   [[[failing]Adj[student]N]NP[[looked]V[hard]Adj]VP]S   ♯11 &♯15

用非活性边♯15 来填充活性边♯11 中的空所 VP,得到第一个分析结果"落榜生看来是难的":

18   0   4   [[[failing]Grd[student]N]NP[[looked]V[hard]Adj]VP]S   ♯12 &♯15

用非活性边♯15 来填充活性边♯12 中的空所,得到第二个分析结果"让学生落榜看来是难的":

19   0   4   [[[failing]Adj[student]N]NP[[looked]V[hard]Adv]VP]S   ♯11 &♯16

用非活性边♯16 来填充活性边♯11 中的空所,得到第三个分析结果"落榜生似乎很努力":

20   0   4   [[[failing]Grd[student]N]NP[[looked]V[hard]Adv]VP]S   ♯12 &♯16

用非活性边♯16 来填充活性边♯12 中的空所,得到第四个分析结果"让学生落榜这件事干得似乎很努力"。

这个句子的自顶向下分析过程与自底向上分析类似,我们把它写在下面,建议读者耐心地按编号的顺序把整个过程走一遍。

编号	位置	长度	项	所用规则和项的编号
1	0	0	[?]S	1
2	0	1	[failing]Adj	6
3	0	1	[failing]Grd	7
4	1	1	[student]N	8
5	2	1	[looked]V	9
6	3	1	[hard]Adj	6
7	3	1	[hard]Adv	10
8	0	0	[[?]NP[?]VP]S	1 &♯1

根据规则①,把♯1 中的活性边[?]S 换为活性边[[?]NP[?]VP]S:

9　0　0　[[?]Adj[?]N]NP　2 &#8

根据规则②,把#8中的NP变换为活性边[[?]Adj[?]N]NP:

10　0　0　[[?]Grd[?]N]NP　3 &#8

根据规则③,把#8中的NP变换为活性边[[?]Grd[?]N]NP:

11　0　1　[[failing]Adj[?]N]NP　#2 &#9

把非活性边#2填充到活性边#9中:

12　0　1　[[failing]Grd[?]N]NP　#3 &#10

把非活性边#3填充到活性边#10中:

13　0　2　[[failing]Adj[student]N]NP　#4 &#11

把非活性边#4填充到活性边#11中,形成一个非活性边:

14　0　2　[[failing]Grd[student]N]NP　#4 &#12

把非活性边#4填充到活性边#12中,形成一个非活性边:

15　0　2　[[[failing]Adj[student]N]NP[?]VP]S　#8 &#13

把非活性边#13填充到活性边#8中,继续向前查找VP:

16　0　2　[[[failing]Grd[student]N]NP[?]VP]S　#8 &#14

把非活性边#14填充到活性边#8中,继续向前查找VP:

17　2　0　[[?]V[?]Adj]VP　4 &#15

根据规则④,在位置2进一步分析活性边#15中的空所[?]VP:

18　2　0　[[?]V[?]Adv]VP　5 &#15

根据规则⑤,在位置2进一步分析活性边#15中的空所[?]VP:

19　2　1　[[looked]V[?]Adj]VP　#5 &#17

把非活性边#5填充到活性边#17的空所[?]V中:

20　2　1　[[looked]V[?]Adv]VP　#5 &#18

把非活性边#5填充到活性边#18的空所[?]V中:

21　2　2　[[looked]V[hard]Adj]VP　#6 &#19

把非活性边#6填充到活性边#19的空所[?]Adj中,形成一条非活性边:

22　2　2　[[looked]V[hard]Adv]VP　#7 &#20

把非活性边#7填充到活性边#20的空所[?]Adv中,形成一条非活性边:

23　0　4　[[[failing]Adj[student]N]NP[looked]V[hard]Adj]VP]S　#15 &#21

用非活性边#21来填充活性边#15中的空所[?]VP,得到第一个分析结果:

24　0　4　[[[failing]Grd[student]N]NP[looked]V[hard]Adj]VP]S　#16 &#21

用非活性边#21来填充活性边#16中的空所[?]VP,得到第二个分析结果:

25　0　4　[[[failing]Adj[student]N]NP[looked]V[hard]Adv]VP]S　#15 #22

用非活性边♯22 来填充活性边♯15 中的空所[?]VP,得到第三个分析结果:

26　0　4　[[[failing]Grd[student]N]NP[[looked]V[hard]Adv]VP]S　♯16 &♯22

用非活性边♯22 来填充活性边♯16 中的空所[?]VP,得到第四个分析结果。

后来,Martin Kay 还提出了"点规则"来更加直观地表示"活性边"与"非活性边"。我们来观察图 3.32 中的线图。

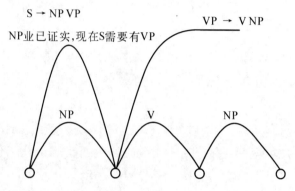

图 3.32　线图表示的状况

在这个线图中,力图表示出分析过程中的某些状况,主要包括如下内容:

● 这个符号串由序列 NP 及 VP 组成;

● 分析程序正试图把 S 分析成序列 NP VP,并证实这样的假设;

● 分析程序业已证实从起始点到第 2 个点之间的边上的 NP 与序列 NP VP 中的 NP 是等同的;

● 分析程序还需要证实序列 V NP 可以归结为 VP。

不难看出,这样的线图可以表示出其中一部分分析状况,但是,为了全面地表示上述分析状况,还需要进一步指出分析过程中的某些假设,因此,Martin Kay 对上述线图的数据结构进行如下的修改:

第一,在线图中,容许从某个结点出发,中间不经过其他的结点,又重新返回到这个结点的圈出现。但是,不容许从某个结点出发,中间经过其他的结点,才返回这个结点的圈出现。

第二,线图的边上的标记,不仅可以是简单的范畴,而且可以是语法规则。在这样的规则的右部的符号串中,可以加圆点,叫作"点规则"(dotted rule)。例如,如果 S → NP VP 是语法中的一个规则,那么在线图中,下面几个加了圆点的点规则都可以做边上的标记:

$$S \rightarrow .\,NP\ VP, \quad S \rightarrow NP.\,VP, \quad S \rightarrow NP\ VP.$$

在这些点规则中,圆点用来表示在分析过程的某一时刻,已经被分析程序检验过的当前规则所涉及的假设延伸的范围。这样的点规则告诉我们,什么是规则中检验过的,什么是规则中尚未检验过而有待进一步检验的。

点规则"S → NP. VP"所标记的边的下方,应该可以覆盖另一个标记为 NP→⟨category⟩

的边,它说明假设的第一部分(即圆点前面的部分 NP)已经被证实,而假设的第二部分(即圆点后面的部分 VP)还有待检验和证实。

点规则"S → NP VP."说明,假设 S → NP VP 已经被检验和证实。

点规则"S → .NP VP"被标记在从某一点出发又回到该点的边上,这个边恰好形成一个自封闭的圈,它表示假设 S → NP VP 还没有被检验,也没有被证实。

容易看出,点规则中圆点后面的部分,相当于我们前面的"项"中的"空所"部分。如果圆点后面不空,说明项中还有空所,这样的项所在的边必定是活性边;如果圆点后面为空,说明项中没有空所,这样的边必定是非活性边。因此,前面的所有的"项"都不难改写为相应的点规则的形式,并且把它们写在线图的边上。

经过这样修改后的线图,比原来的线图具有更强的功能,我们把它叫作"活性线图"(active chart),简称"线图"(chart)。今后我们说到"线图",都是指"活性线图"。

根据对活性线图的这种理解,我们有必要对于前面的"活性边"和"非活性边"的定义稍加修改。在这样的活性线图中,表示尚未证实的假设的边叫作"活性边"(active edge),表示已经证实的假设的边,叫作"非活性边"(inactive edge)。

点规则 S → .NP VP 和 S → NP. VP 所在的边是活性边,其中圆点后面的部分是尚未证实的假设;而点规则 S → NP VP. 所在的边是非活性边,其中圆点后面为空,表示已经不存在尚未证实的假设。

采用点规则的办法来表示活性边和非活性边,比前面那种用"项"的办法来表示更加方便和直观。

下面,从点规则的角度,我们给出活性线图的一般定义。

活性线图是由具有如下属性的边构成的图:

● 起点:用〈START〉表示,是一个整数;

● 终点:用〈FINISH〉表示,也是一个整数;

● 标记:用〈LABEL〉表示,是一个范畴;

● 已在分析中证实的部分,用〈FOUND〉表示,是一个范畴系列;

● 在分析中尚待证实的部分,用〈TOFIND〉表示,也是一个范畴系列。

这样一来,活性线图的一个边可用五元组记录如下:

$$(\langle START \rangle, \langle FINISH \rangle, \langle LABEL \rangle \rightarrow \langle FOUND \rangle . \langle TOFIND \rangle)$$

这里,在点规则〈LABEL〉→〈FOUND〉.〈TOFIND〉中,〈FOUND〉是已经证实的部分,〈TOFIND〉是尚待证实的部分。利用点规则可以更好地表示猜测和假设。

例如,(0,2,NP→Det N.)表示在活性线图中的一条边,它的起点为结点 0,终点为结点 2,标记 NP 在分析中已经证实的部分为 Det 和 N,尚未证实的部分为空。用五元组形式记录为

$$\langle START \rangle = 0$$

$$\langle FINISH \rangle = 2$$

$$\langle LABEL \rangle = NP$$

$$\langle FOUND \rangle = Det \ N$$

$$\langle TOFIND \rangle = 空$$

由于规则右部全部被证实,所以,这是一条非活性边。

又如,$(0,2,S \rightarrow NP.VP)$ 表示在活性线图中的一条边,它的起点为结点 0,终点为结点 2,标记 S 在分析中已证实部分为 NP,尚待证实部分为 VP。用五元组形式记录为

$$\langle START \rangle = 0$$

$$\langle FINISH \rangle = 2$$

$$\langle LABEL \rangle = S$$

$$\langle FOUND \rangle = NP$$

$$\langle TOFIND \rangle = VP$$

显然,这是一条活性边,其中圆点"."后面的待证实部分为 VP,说明这个边尚未被完全证实,它还需要进一步的证实。

又如,$(2,3,VP \rightarrow V.NP)$ 表示在活性线图中的另一条边,它的起点为结点 2,终点为结点 3,标记 VP 在分析中已证实部分为 V,尚待证实部分为 NP PP。用五元组形式记录为

$$\langle START \rangle = 2$$

$$\langle FINISH \rangle = 3$$

$$\langle LABEL \rangle = VP$$

$$\langle FOUND \rangle = V$$

$$\langle TOFIND \rangle = NP$$

这也是一条活性边。

再如,$(3,5,NP \rightarrow Det \ N.)$ 表示活性线图中的另一条边,它的起点为结点 3,终点为结点 5,标记 NP 在分析中已证实的部分为 Det V,没有尚待证实的部分。用五元组形式记录为

$$\langle START \rangle = 3$$

$$\langle FINISH \rangle = 5$$

$$\langle LABEL \rangle = NP$$

$$\langle FOUND \rangle = Det \ N$$

$$\langle TOFIND \rangle = 空$$

这是一条非活性边,其中圆点"."后面的待证实部分为空,说明这个边已经被证实了。

由此可见,根据点规则中圆点的位置来区分活性边和非活性边是非常方便的。

带有上述的活性边和非活性边的线图如图 3.33 所示。

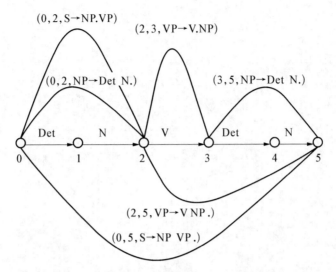

图 3.33　线图中的活性边与非活性边

在起点为 0、终点为 2 的非活性边(0,2,NP→Det N.)中,点规则的左部为 NP,而在起点为 0、终点为 2 的活性边(0,2,S→NP.VP)中,点规则的右部圆点之前已经被证实的部分也为 NP,二者完全匹配。这说明分析的进程在结点 2 之前的部分已经成功。在活性边(0,2,S→NP.VP)中,点规则的右部圆点之后需要证实的部分为 VP,如果我们能够找到一条点规则以 VP 为左部的非活性边,那么可以满足假设条件,但事实上我们这时没有找到这样的非活性边。在这种情况下,我们只好把注意力转到以 2 为起点的活性边(2,3,VP→V.NP)上去。在点规则 VP→V.NP 中,由于圆点之后的部分为 NP,我们需要找一条以 NP 为左部的非活性边。起点为 3、终点为 5 的非活性边(3,5,NP→Det N.)上的点规则"NP→Det N."的左部范畴恰好是 NP,正好满足我们的条件。由于起点为 3、终点为 5 的边是非活性边,点规则右部中的圆点之后已经为空,不必再考虑圆点之后的部分,因此,可以直接把活性边的点规则"VP→V.NP"中的圆点向前移动一位,得到新的点规则"VP→V NP."和新的边(3,5,VP→V NP.),这条边也是非活性边。由于活性边(0,2,S→NP.VP)的点规则中圆点之后的部分是 VP,而新的非活性边(3,5,VP→V NP.)中,点规则的左部恰好是 VP,因此,我们可以得到一条新的边(0,5,S→NP VP.)。

这时,这条新的边横跨在活性边(0,2,S→NP.VP)和非活性边(2,5,VP→V NP.)之上,处于结点 0 和结点 5 之间。由于这条新的边中的点规则"S→NP VP."右部的圆点之后的部分为空,说明这条边是非活性边。这时,分析进程已到达句子的结尾,句子分析完毕。

在上述的线图分析过程中,我们曾经两次把活性边与非活性边结合起来,并且直接在活性边中,把圆点向前移动到那个与非活性边标记中的范畴相匹配的范畴之后,造出新的边来,从而推进分析的进程。这样的操作是线图分析中最基本的操作。如果在分析过程中,活性边暂时遇不到满足条件的非活性边,则可以继续向前分析,把注意力转移到别的活性边上,设法找到满足条件的非活性边,造出新的非活性边来,看一看这条新的非活性边是否能够满足原来的活性边的条件。总而言之,我们在分析过程中要力求找到能满足活性边条件的非活性边,以便推动分析的进程。这对于线图分析是至关重要的。

我们可以把这样的做法总结为如下的规则:如果一条活性边遇到了一条非活性边,而且,这条非活性边的标记上的范畴满足活性边的要求,那么可以在线图中加上一条新的边,这条边横跨在活性边和非活性边上。

Martin Kay 把这个规则叫作"线图分析的基本规则"(fundamental rule)。

线图分析的基本规则可以稍微严格地表述如下:

如果在线图中含有活性边$(i, j, A \rightarrow W_1 . BW_2)$和非活性边$(j, k, B \rightarrow W_3 .)$,其中,$A$ 和 B 是范畴,W_1,W_2 和 W_3(可能为空)是范畴序列或词,那么在线图中加一条新的边$(i, k, A \rightarrow W_1 B . W_2)$。如图 3.34 所示。

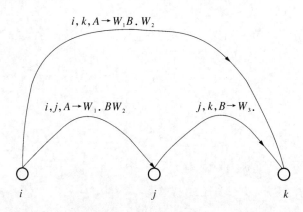

图 3.34　线图分析基本规则的图示

在线图分析基本规则中没有明确地说明新的边是活性边还是非活性边,因为这完全取决于 W_2。如果 W_2 不空,那么新的边就是活性边;如果 W_2 为空,那么新的边就是非活性边。在上述例子的分析中,我们利用线图分析的基本规则把活性边$(2, 3, \text{VP} \rightarrow \text{V} . \text{NP})$和非活性边$(3, 5, \text{NP} \rightarrow \text{Det N} .)$结合起来形成新的边$(2, 5, \text{VP} \rightarrow \text{V NP} .)$。这时,$i = 2$,$j = 3$,$A = \text{VP}$,$W_1 = \text{V}$,$B = \text{NP}$,$W_2 = $空,$k = 5$,$W_3 = \text{Det N}$。由于 $W_2 = $空,新的边是一条非活性边。我们再把活性边$(0, 2, \text{S} \rightarrow \text{NP} . \text{VP})$和这条新的非活性边$(2, 5, \text{VP} \rightarrow \text{V NP} .)$结合起来,形成新的边$(0, 5, \text{S} \rightarrow \text{NP VP} .)$。这时,$i = 0$,$j = 2$,$A = \text{S}$,$W_1 = \text{NP}$,$B = \text{VP}$,$W_2 = $空,$W_3 = \text{V NP}$。由于 $W_2 = $空,新的边也是一条非活性边。如果 VP 之后还有介词词组(PP),那么 W_2 就不为空。这时,所形成的新的边就是活性边。

线图分析的另一个重要问题是线图的启动问题。

从线图分析的基本规则可以知道,在线图分析时,至少要有一条活性边和一条非活性边,这样,我们才可能想办法使非活性边与相关的活性边按基本规则的要求结合起来,从而使得线图的分析进程得以运行。根据线图分析的基本规则,如果在线图开始运行时就能有一条非活性边和一条与它相关的活性边按基本规则运行,那么线图就可以启动了。因此,为了启动一个线图,我们可以通过查词典的办法,把单词在词典中的有关范畴信息记录到线图的边上,从而形成非活性边。例如,当分析英语句子"The boy hits the dog"时,我们有如下的规则:

① S → NP VP;

② NP → Det N;

③ VP → V NP;

④ Det → [the];

⑤ N → [boy];

⑥ N → [dog];

⑦ V → [hits]。

规则④～⑦相当于词典,我们可以把有关的信息记录到线图上(图 3.35)。

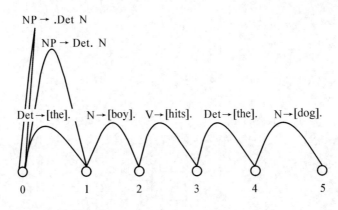

图 3.35　线图分析

这样,我们可以造出如下的非活性边:

$$(0,1,\text{Det} \to [\text{the}].)$$

$$(1,2,\text{N} \to [\text{boy}].)$$

$$(2,3,\text{V} \to [\text{hits}].)$$

$$(3,4,\text{Det} \to [\text{the}].)$$

$$(4,5,\text{N} \to [\text{dog}].)$$

根据规则②,我们还可以造出从结点 0 出发到结点 0 终止的活性边:

$$(0,0,\text{NP} \to .\text{Det N})$$

把这条活性边同非活性边$(0,1,\text{Det} \to [\text{the}].)$结合起来,由于活性边圆点后面的第一个

部分是 Det,正好与非活性边规则左部的部分相同,满足基本规则的条件,因此,我们可以造出新的边:

$$(0,1,\text{NP} \to \text{Det. N})$$

在新的边中,圆点向前移动了一个位置,分析进程也向前推进了一步,这样,便把线图启动起来。

这时,我们可以看到,在结点 1 和结点 2 之间的非活性边(1,2,N → [boy].)的点规则的左部恰好是 N,与新的边点规则中圆点之后的部分相匹配,于是我们又可以利用基本规则造出一条新的边;再继续利用基本规则,一步一步地把分析进程向前推进,便可完成对这个句子的分析。

上面我们讲述了线图分析的基本规则,又讲述了线图启动的方法。显而易见,只要我们把二者结合起来,就可以按部就班地进行线图分析了。

1968 年 J. Earley 在他的博士论文中提出的 Earley 算法中,规则的表示形式与线图分析法大同小异。如果线图分析法的规则表示为$(i,j,A \to \alpha.\beta)$,那么在 Earley 算法的早期表述中,第 j 项的规则表示为$(A \to \alpha.\beta, i)$。Earley 算法中这样的规则表示方法体现了点规则的基本精神,在实质上与线图分析法的规则是一致的。

3.7　Earley 算法

在本节中,我们进一步来讨论 Earley 算法(Earley algorithm)。为了表达上的方便,我们仍然采用线图分析法中点规则的表示方法,把点规则写为"$A \to \alpha \cdot \beta, [i, j]$"这样的形式。

Earley 算法的核心是线图。对于句子中的单词,线图包含一个状态表来表示在此之前已经生成的部分;在句子的终点,线图提供出该句子所有可能的分析结果。

线图中的状态包含三种信息:

● 关于与语法的一个规则相对应的子树的信息;

● 关于完成这个子树已经通过的进程的信息;

● 关于这个子树相对于输入的位置的信息。

我们来研究下面三个状态的例子,它们是使用 Earley 算法在分析句子"Book that flight"的过程中产生的。

我们使用的规则是

$$S \to VP$$

$$NP \to Det\ Nominal$$

$$VP \to V\ NP$$

产生的三个状态是

$$S \rightarrow . VP, [0,0]$$
$$NP \rightarrow Det . Nominal, [1,2]$$
$$VP \rightarrow V NP ., [0,3]$$

在第一个状态中,点处于成分的左侧,表示自顶向下地预测这个特定的开始结点 S。第一个 0 表示这个状态所预测的成分开始于输入符号串的开头;第二个 0 表示点也在开始的位置。第二个状态是在处理这个句子的下一个阶段产生的,它说明 NP 开始于位置 1,这时 Det 已经被成功地分析,期待下一步处理 Nominal。在第三个状态中,点处于规则中两个成分的右侧,表示已经成功地找到了与 VP 相对应的树,而且这个 VP 横跨在整个的输入符号串上。这些状态也可以用图来表示,其中,分析的状态是边(edge)或者弧(arc),线图是一个有向的非成圈图(Directed Acyclic Graph,DAG),如图 3.36 所示。

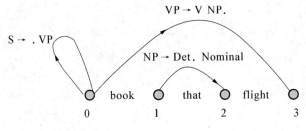

图 3.36　线图的状态

Earley 在他的算法中,提出了三种不同的基本操作:Predictor(预示),Scanner(扫描),Completer(完成)。它们的功能分述如下:

● Predictor:它的功能是预示。在自顶向下的搜索过程中,Predictor 的作用是生成新的状态,来预示下一步可以做什么。Predictor 用于点规则中在点的右边为非终极符号的那些状态,对于每一个这样的非终极符号,根据文法规则进行进一步的扩展。这些新生成的状态可加入到线图中去。Predictor 从所生成的新状态的位置出发,再回到同一个位置。例如,应用 Predictor 于状态"S → . VP, [0,0]",可以生成新的状态"VP → . V, [0,0]"和"VP → . V NP, [0,0]",并把它们加入到线图中去。

● Scanner:它的功能是扫描。当状态中有一个词类范畴符号处于点的右边,Scanner 就检查输入句子,判断将要分析的单词的词类是否与这个词类范畴相匹配,如果匹配,就把点向右移动一个位置,并把新的状态加入到线图中。例如,在状态"VP → . V NP, [0,0]"中,点的右边是词类范畴 V,而在输入句子中恰恰分析到单词 book,而且根据规则"V → book., [0,1]",book 的词类范畴也是 V,二者相互匹配,这时,就把点向右移动一个位置,状态改变为"VP → V. NP, [0,1]",并且把这个新的状态加入到线图中去。

● Completer:它的功能是完成某一种分析。当状态中的点的右边是非终极符号,而在输入句子中,这个非终极符号所跨越的输入符号串已经分析结束时,就把该状态中点的位置向右移动到这个非终极符号的右边,并把新的状态加入到线图中。例如,如果经过 Scanner,计算机处于状态"VP → Verb. NP,[0,1]",则输入句子中已经把跨越在结点 1 和结点 3 之间的符号串处理完毕,状态为"NP → Det Nom.,[1,3]",其中的非终极符号 NP 与状态"VP → Verb. NP,[0,1]"中点的右边的 NP 相匹配,这时,就把状态"VP → Verb. NP,[0,1]"中的点向右移动到结点 3 的位置,得到新的状态"VP → Verb NP.,[0,3]",从而完成对 VP 的分析。

显而易见,Earley 算法与线图分析的基本规则是完全一致的。

下面,我们使用 Earley 算法来分析句子,进一步理解 Earley 算法的技术内容。

我们有如下的上下文无关语法:

① S → NP VP;

② S → Aux NP VP;

③ S → VP;

④ NP → Det Nominal;

⑤ Nominal → Noun;

⑥ Nominal → Noun Nominal;

⑦ Nominal → Nominal PP;

⑧ NP → Proper-Noun;

⑨ VP → Verb;

⑩ VP → Verb NP;

⑪ Det → that | this | a;

⑫ Noun → book | flight | meat | money;

⑬ Verb → book | include | prefer;

⑭ Aux → does;

⑮ Prep → from | to | on;

⑯ Proper-Noun → CA 937 | ASIANA | KA 852。

(说明:CA 937,ASIANA,KA 852 都是航班名称。)

如果使用我们这个上下文无关语法的规则来分析句子"book that flight",那么线图中的状态序列可表示如下:

Chart[0]

γ → .S	[0,0]	γ 表示开始状态是一个哑状态
S → .NP VP	[0,0]	Predictor
NP → .Det Nominal	[0,0]	Predictor

NP → . Proper-Noun	[0,0]	Predictor
S → . Aux NP VP	[0,0]	Predictor
S → . VP	[0,0]	Predictor
VP → . Verb	[0,0]	Predictor
VP → . Verb NP	[0,0]	Predictor
	Chart[1]	
Verb → book.	[0,1]	Scanner
VP → Verb.	[0,1]	Completer
S → VP.	[0,1]	Completer
VP → Verb. NP	[0,1]	Completer
NP → . Det Nominal	[1,1]	Predictor
NP → . Proper-Noun	[1,1]	Predictor
	Chart[2]	
Det → that.	[1,2]	Scanner
NP → Det. Nominal	[1,2]	Completer
Nominal → . Noun	[2,2]	Predictor
Nominal → . Noun Nominal	[2,2]	Predictor
	Chart[3]	
Noun → flight.	[2,3]	Scanner
Nominal → Noun.	[2,3]	Completer
Nominal → Noun. Nominal	[2,3]	Completer
NP → Det Nominal.	[1,3]	Completer
VP → Verb NP.	[0,3]	Completer
S → VP.	[0,3]	Completer
Nominal → . Noun	[3,3]	Predictor
Nominal → . Noun Nominal	[3,3]	Predictor

上面我们列出了在分析句子"book that flight"的整个过程中造出的状态序列。开始时，算法播下一个种子线图自顶向下地预测 S。这个种子线图的种植是通过在Chart[0]中加入哑状态(dummy state)γ→. S,[0,0]来实现的。当处理这个状态时，算法转入 Predictor，造出三个状态来表示对于 S 的每一个可能的类型的预测，并逐一地造出这些树的所有左角的状态。当处理状态 VP → . Verb,[0,0]时，调用 Scanner 并查找第一个单词。这时，代表 book 的动词意义的状态被加入到线图项目 Chart[1]中。注意，当处理状态 VP → . Verb NP,[0,0]时，还要再次调用 Scanner。但是，这一次没有必要再加一个新的状态，因为在线图中已经有一个

与它等同的状态了。还要注意,由于我们这个语法确实是很不完善的,它不能产生对于 book 的名词意义的预测,因此,在线图中就不必为此造一个线图项目了。

当在 Chart[0]中的所有的状态都处理以后,算法就转移到 Chart[1],在这里,它找到了代表 book 的动词意义的状态。由于这个状态中的点规则的点处于它的成分的右侧,显然这是一个完成的状态,因此调用 Completer。然后,Completer 找到两个前面存在的 VP 状态,在输入中的这个位置上预测 Verb,复制这些状态并把它们的点向前推进,然后把它们加入到 Chart[1]中。完成的状态对应于一个不及物动词 VP,这将导致造出一个表示命令句 S 的状态。另外,在及物动词短语中的点后面还有 NP,这将导致造出两个状态来预测 NP。最后,状态 NP → . Det Nominal,[1,1]引起 Scanner 去查找单词 that,并把相应的状态加入到 Chart[2]中。

移动到 Chart[2]时,算法发现代表 that 的限定词意义的状态。这个完成状态导致在 Chart[1]预测的 NP 状态中把点向前推进一步,并预测各种类型 Nominal。其中的第一个 Nominal 引起最后一次调用 Scanner 去处理单词 flight。

移动到 Chart[3]时,出现了代表 flight 的状态,这个状态导致一系列快速的 Completer 操作,分别完成一个 NP、一个及物的 VP 以及一个 S。在这个最后的 Chart 中出现了状态 S → VP. ,[0,3],这意味着,算法已经找到了成功的分析结果。

刚才我们描述的 Earley 算法的这个版本实际上是一个识别器,而不是一个分析器。在处理完成之后,正确的句子也就离开线图中的状态 S → α. ,[0,N]了。遗憾的是,这时我们还没有办法把句子 S 的结构检索出来。为了把这个算法转变为分析器,我们必须能够从线图中把一个一个的分析都抽取出来。为了做到这一点儿,每一个状态的表示必须再增加一个区域来存储关于生成句子中各个成分所完成的状态的信息。

这种信息只要简单地修改一下 Completer 就可以收集到。我们知道,当状态中的点后面的成分被找到以后,Completer 通过推进老的未完成状态的办法,造出了一个新的状态,唯一需要修改的,就是让 Completer 给老的状态在新状态的前面一个状态的表中增加一个指针。当算法从线图检索分析树的时候,只要从在最后的线图项目中代表一个完全 S 的那个状态(或一些状态)开始,递归地进行检索,就能够把分析树从线图中检索出来。下面我们写出使用修改过的 Completer 构造线图的过程。

Chart[0]

S0 γ → . S	[0,0]	[]	从哑状态开始
S1 S → . NP VP	[0,0]	[]	Predictor
S2 NP → . Det Nominal	[0,0]	[]	Predictor
S3 NP → . Proper-Noun	[0,0]	[]	Predictor
S4 S → . Aux NP VP	[0,0]	[]	Predictor

S5 S → . VP	[0,0]	[]	Predictor
S6 VP → . Verb	[0,0]	[]	Predictor
S7 VP → . Verb NP	[0,0]	[]	Predictor
	Chart[1]		
S8 Verb → book.	[0,1]	[]	Scanner
S9 VP → Verb.	[0,1]	[S8]	Completer
S10 S → VP.	[0,1]	[S9]	Completer
S11 VP → Verb. NP	[0,1]	[S8]	Completer
S12 NP → . Det Nominal	[1,1]	[]	Predictor
S13 NP → . Proper-Noun	[1,1]	[]	Predictor
	Chart[2]		
S14 Det → that.	[1,2]	[]	Scanner
S15 NP → Det. Nominal	[1,2]	[S14]	Completer
S16 Nominal → . Noun	[2,2]	[]	Predictor
S17 Nominal → . Noun Nominal	[2,2]	[]	Predictor
	Chart[3]		
S18 Noun → flight.	[2,3]	[]	Scanner
S19 Nominal → Noun.	[2,3]	[S18]	Completer
S20 Nominal → Noun. Nominal	[2,3]	[S18]	Completer
S21 NP → Det Nominal.	[1,3]	[S14,S19]	Completer
S22 VP → Verb NP.	[0,3]	[S8,S21]	Completer
S23 S → VP.	[0,3]	[S22]	Completer
S24 Nominal → . Noun	[3,3]	[]	Predictor
S25 Nominal → . Noun Nominal	[3,3]	[]	Predictor

可以看出,在使用 Earley 算法分析句子"book that flight"的全部过程中,Predicator 只是用于预测,并没有参与实际的分析过程,在构造线图的过程中删除了 Predicator 操作之后,整个的分析过程就可以归纳如下:

S8 Verb → book.	[0,1]	[]	Scanner
S9 VP → Verb.	[0,1]	[S8]	Completer
S10 S → VP.	[0,1]	[S9]	Completer
S11 VP → Verb. NP	[0,1]	[S8]	Completer
S14 Det → that.	[1,2]	[]	Scanner
S15 NP → Det. Nominal	[1,2]	[S14]	Completer

S18 Noun → flight.	[2,3]	[]	Scanner
S19 Nominal → Noun.	[2,3]	[S18]	Completer
S20 Nominal → Noun. Nominal	[2,3]	[S18]	Completer
S21 NP → Det Nominal.	[1,3]	[S14,S19]	Completer
S22 VP → Verb NP.	[0,3]	[S8,S21]	Completer
S23 S → VP.	[0,3]	[S22]	Completer

上述分析结果可以用 DAG 表示,如图 3.37 所示。

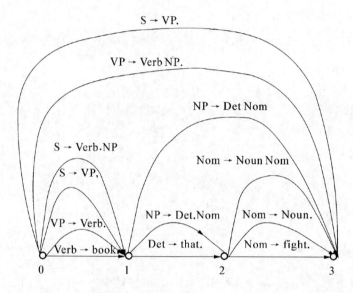

图 3.37　分析结果的 DAG 表示(1)

下面我们举几个比较复杂的例子。

例 3.1　使用 Earley 算法分析句子 "Does KA 852 have a first class section"。

在这个句子中,"first" 是一个次第数词,我们用 "Ord" 表示,并在我们的语法中增加规则

$$NP → Ord\ Nom$$

这个句子的状态是

● Does　● KA 852　● have　● first　● class　● section　●
0　　　　1　　　　2　　　3　　　4　　　5　　　6

线图的状态序列如下:

	Chart[0]	
γ → . S	[0,0]	从哑状态开始
S → . NP VP	[0,0]	Predictor
NP → . Ord Nom	[0,0]	Predictor
NP → . PrN	[0,0]	Predictor

S → . Aux NP VP	[0,0]	Predictor
S → . VP	[0,0]	Predictor
VP → . V	[0,0]	Predictor
VP → . V NP	[0,0]	Predictor

Chart[1]

Aux → does.	[0,1]	Scanner
S → Aux. NP VP	[0,1]	Completer
NP → . Ord Nom	[1,1]	Predictor
NP → . PrN	[1,1]	Predictor

Chart[2]

PrN → KA 852.	[1,2]	Scanner
NP → PrN.	[1,2]	Completer
S → Aux NP. VP	[0,2]	Completer
VP → . V	[2,2]	Predictor
VP → . V NP	[2,2]	Predictor

Chart[3]

V → have.	[2,3]	Scanner
VP → V.	[2,3]	Completer
VP → V. NP	[2,3]	Completer
NP → . Ord Nom	[3,3]	Predictor

Chart[4]

Ord → first.	[3,4]	Scanner
NP → Ord. Nom	[3,4]	Completer
Nom → . N Nom	[4,4]	Predictor
Nom → . N.	[4,4]	Predictor
Nom → . N PP	[4,4]	Predictor

Chart[5]

N → class.	[4,5]	Scanner
Nom → N.	[4,5]	Completer
NP → Ord Nom.	[3,5]	Completer
VP → V NP.	[2,5]	Completer
S → Aux NP VP.	[0,5]	Completer（S 的跨度 5 ＜ 6）
Nom → N. Nom	[4,5]	Completer

Nom → . N	[5,5]	Predictor
	Chart[6]	
N → section.	[5,6]	Scanner
Nom → N.	[5,6]	Completer
Nom→ N Nom.	[4,6]	Completer
NP → Ord Nom.	[3,6]	Completer
VP → V NP.	[2,6]	Completer
S → Aux NP VP.	[0,6]	Completer
	〔分析成功!〕	

分析过程为

Aux → does.	[0,1]	Scanner
S → Aux. NP VP	[0,1]	Completer
PrN → KA 852.	[1,2]	Scanner
NP → PrN.	[1,2]	Completer
S → Aux NP. VP	[0,2]	Completer
V → have.	[2,3]	Scanner
VP → V.	[2,3]	Completer
VP → V. NP	[2,3]	Completer
Ord → first.	[3,4]	Scanner
NP → Ord. Nom	[3,4]	Completer
N → class.	[4,5]	Scanner
N → section.	[5,6]	Scanner
Nom → N.	[5,6]	Completer
Nom→ N Nom.	[4,6]	Completer
NP → Ord Nom.	[3,6]	Completer
VP → V NP.	[2,6]	Completer
S → Aux NP VP.	[0,6]	Completer
	〔分析成功!〕	

分析结果的 DAG 表示如图 3.38 所示。

例 3.2　使用 Earley 算法分析句子"It is a flight from Beijing to Seoul on ASIANA"。

这个句子的状态为

　●It　●is　●a　●flight　●from　●Beijing　●to　●Seoul　●on　●ASIANA　●
　　0　1　　2　3　　4　　5　　　6　7　　8　9　　10

"It"是代词,句子中有介词词组 PP,所以我们有必要在语法中增加两条新的规则:

$$NP \to Pron \quad 和 \quad PP \to Prep\ NP$$

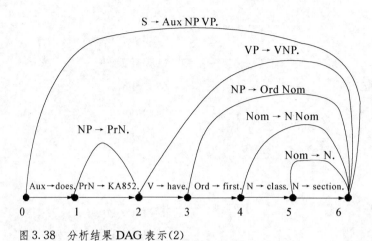

图 3.38　分析结果 DAG 表示(2)

线图的状态序列如下:

	Chart[0]	
$\gamma \to .S$	[0,0]	从哑状态开始
$S \to .NP\ VP$	[0,0]	Predictor
$NP \to .Pron$	[0,0]	Predictor
$NP \to .PrN$	[0,0]	Predictor
$S \to .Aux\ NP\ VP$	[0,0]	Predictor
$S \to .VP$	[0,0]	Predictor
$VP \to .V$	[0,0]	Predictor
$VP \to .V\ NP$	[0,0]	Predictor
	Chart[1]	
$Pron \to It$	[0,1]	Scanner
$NP \to Pron.$	[0,1]	Completer
$S \to NP.\ VP$	[0,1]	Completer
$VP \to .V$	[1,1]	Predictor
$VP \to .V\ NP$	[1,1]	Predictor
	Chart[2]	
$V \to is.$	[1,2]	Scanner
$VP \to V.$	[1,2]	Completer
$S \to NP\ VP.$	[0,2]	Completer(S 的跨度 2 < 10)
$VP \to V.\ NP$	[1,2]	Completer

| NP → . Det Nom | [2,2] | Predictor |

Chart[3]

Det → a.	[2,3]	Scanner
NP → Det. Nom	[2,3]	Completer
Nom → . N	[3,3]	Predictor
Nom → . N Nom	[3,3]	Predictor
Nom → . Nom PP	[3,3]	Predictor

Chart[4]

N → flight.	[3,4]	Scanner
Nom → N.	[3,4]	Completer
NP → Det Nom.	[2,4]	Completer
VP → V NP..	[1,4]	Completer
S → NP VP.	[0,4]	Completer（S 的跨度 4 < 10）
Nom → N. Nom	[3,4]	Completer

注意：在 N 之后没有 Nom，所以过程转入下面的状态：

| Nom → Nom. PP | [3,4] | Completer |
| PP → . Prep NP | [4,4] | Predictor |

Chart[5]

Prep → from.	[4,5]	Scanner
PP → Prep. NP	[4,5]	Completer
NP → . PrN	[5,5]	Predictor

Chart[6]

PrN → Beijing.	[5,6]	Scanner
NP → PrN.	[5,6]	Completer
PP → Prep NP	[4,6]	Completer
Nom → Nom PP.	[3,6]	Completer

注意：PP 之后是点（这个 PP = "from Beijing"），所以，这是一个非活性边。

| Nom → Nom. PP | [3,6] | Completer |

注意：点处于 PP 之前（这个 PP = "to Seoul"），所以，这是一个活性边。

| PP → . Prep NP | [6,6] | Predictor |

Chart[7]

| Prep → to. | [6,7] | Scanner |
| PP → Prep. NP | [6,7] | Completer |

NP → . PrN	[7,7]	Predictor

Chart[8]

PrN → Seoul.	[7,8]	Scanner
NP → PrN.	[7,8]	Completer
PP → Prep NP.	[6,8]	Completer
Nom → Nom PP.	[3,8]	Completer

注意：PP 之后是点（这个 PP = "to Seoul"），所以，这是一个非活性边。

Nom → Nom. PP	[3,8]	Completer

注意：点在 PP 之前（这个 PP = "on ASIANA"），所以，这是一个活性边。

PP → . Prep NP	[8,8]	Predictor

Chart[9]

Prep → on.	[8,9]	Scanner
PP → Prep. NP	[8,9]	Completer
NP → . PrN	[9,9]	Predictor

Chart[10]

PrN → ASIANA.	[9,10]	Scanner
NP→PrN.	[9,10]	Completer
PP → Prep NP.	[8,10]	Completer
Nom → Nom PP.	[3,10]	Completer
NP → Det Nom.	[2,10]	Completer
VP → V NP.	[1,10]	Completer
S → NP VP.	[0,10]	Completer

［分析成功！］

分析过程为

Pron → It	[0,1]	Scanner
NP → Pron.	[0,1]	Completer
S → NP. VP	[0,1]	Completer
V → is.	[1,2]	Scanner
VP → V. NP	[1,2]	Completer
Det → a.	[2,3]	Scanner
NP → Det. Nom	[2,3]	Completer
N → flight.	[3,4]	Scanner
Nom → N.	[3,4]	Completer

NP → Det Nom.	[2,4]	Completer
Nom → Nom. PP	[3,4]	Completer
Prep → from.	[4,5]	Scanner
PP → Prep. NP	[4,5]	Completer
PrN → Beijing.	[5,6]	Scanner
NP → PrN.	[5,6]	Completer
PP → Prep NP	[4,6]	Completer
Nom → Nom PP.	[3,6]	Completer

注意：PP 之后是点（这个 PP = "from Beijing"），所以，这是一个非活性边。

Nom → Nom. PP	[3,6]	Completer

注意：点处于 PP 之前（这个 PP = "to Seoul"），所以，这是一个活性边。

Prep → to.	[6,7]	Scanner
PP → Prep. NP	[6,7]	Completer
PrN → Seoul.	[7,8]	Scanner
NP → PrN.	[7,8]	Completer
PP → Prep NP.	[6,8]	Completer
Nom → Nom PP.	[3,8]	Completer

注意：PP 之后是点（这个 PP = "to Seoul"），所以，这是一个非活性边。

Nom → Nom. PP	[3,8]	Completer

注意：点在 PP 之前（这个 PP = "on ASIANA"），所以，这是一个活性边。

Prep → on.	[8,9]	Scanner
PP → Prep. NP	[8,9]	Completer
PrN → ASIANA.	[9,10]	Scanner
NP→PrN.	[9,10]	Completer
PP → Prep NP.	[8,10]	Completer
Nom → Nom PP.	[3,10]	Completer
NP → Det Nom.	[2,10]	Completer
VP → V NP	[1,10]	Completer
S → NP VP.	[0,10]	Completer

[分析成功！]

分析结果的 DAG 表示如图 3.39 所示。

在上述句子的分析过程中没有回溯，明显地改进了自顶向下分析的效果，由此可以看出 Earley 算法的优越性。

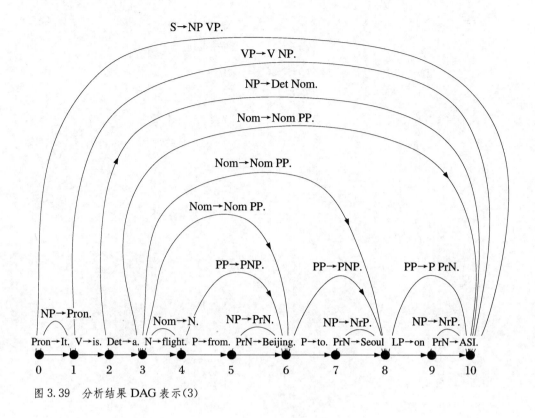

图 3.39 分析结果 DAG 表示(3)

3.8 左角分析法

左角分析法(left-corner parsing method)是一种把自顶向下分析法和自底向上分析法结合起来的分析法。所谓"左角"是指表示句子句法结构的树形图的任何子树(subtree)中左下角的那个符号。例如,在表示句子"the boy hits the dog with a rod"的树形图中,the 是 Det 的左角,Det 是 NP 的左角,NP 是 S 的左角,hits 是 V 的左角,V 是 VP 的左角,with 是 Prep 的左角,Prep 是 PP 的左角。从重写规则的角度来看,"左角"是重写规则右边部分的第一个符号。如果重写规则的形式是 $A→BC$,则 B 就是左角。

重写规则 $A→BC$ 可以表示为如图 3.40 所示的树形图。

如果采用自顶向下分析法,其分析过程应该是 $A→B→C$,是先上后下;如果采用自底向上分析法,其分析过程应该是 $B→C→A$,是先下后上;如果采用左角分析法,其分析过程就应该是 $B→A→C$,是有下有上。把数码记在相应的结点上,这三种分析法的分析顺序如图 3.41 所示。

图 3.40 重写规则的
树形表示

左角分析法的分析从左角 B 开始,然后根据重写规则 $A \rightarrow BC$,自下而上地推导出 A,最后再自顶向下地推导出 C。

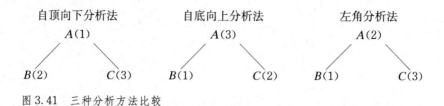

图 3.41 三种分析方法比较

下面,我们用左角分析法来分析句子"the boy hits the dog with a rod"。

(1) 首先从句首的 the 开始,根据语法的规则(f),从规则(f)的左角 the,做出 Det(图 3.42)。

(2) 因为规则(b)的左角为 Det,所以,从 Det 出发,选择语法(b),并由此预测 Det 后面的 N(图 3.43)。

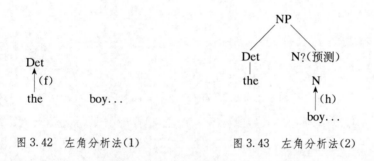

图 3.42 左角分析法(1)   图 3.43 左角分析法(2)

(3) 根据规则(h),从 boy 做出 N(图 3.44)。

(4) 由于 boy 的父结点(father node)恰好是 N,可见我们对于 N 的预测是正确的,于是做出子树 NP(图 3.45)。

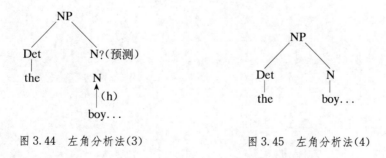

图 3.44 左角分析法(3)   图 3.45 左角分析法(4)

(5) NP 是规则(a)的左角,由 NP 选择规则(a),并预测 VP(图 3.46)。

(6) 根据规则(k),由 hits 做出 V(图 3.47)。

(7) 由于 V 是规则(c)的左角,所以选择规则(c),并预测 NP(图 3.48)。

(8) 从 the dog 做成 NP,对于 NP 的预测得到证实。由于 NP 得到证实,因此可继续证实对于 VP 的预测（图 3.49）。

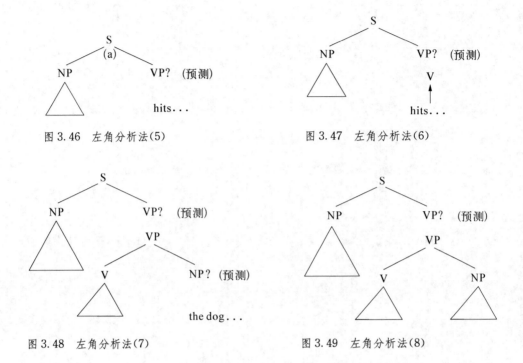

图 3.46　左角分析法(5)　　　　　　图 3.47　左角分析法(6)

图 3.48　左角分析法(7)　　　　　　图 3.49　左角分析法(8)

（9）由于 VP 还可以是规则(d)的左角，而且，the dog 之后还有 with 等单词，说明还不能过早地归约，需要进行回溯，以 VP 为规则(d)的左角，选择规则(d)来预测 PP（图 3.50）。

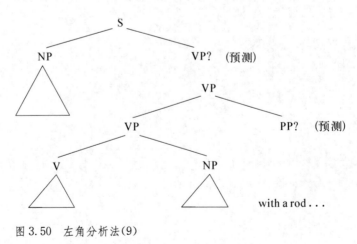

图 3.50　左角分析法(9)

（10）对于 VP 的预测得到证实，于是，完成句子 S（图 3.51）。

上述分析法中都使用了回溯。当输入的符号串属于这种语法所描述的语言时，加入回溯机制能够保证输入符号串被接受。但是，当输入的符号串不属于这种语法所描述的语言时，通过多次回溯而没有新的选择可以回溯，输入符号串就将被拒绝。系统地回溯能够保证算法的正确性，但回溯同时也夹着大量的重复和多余的计算。

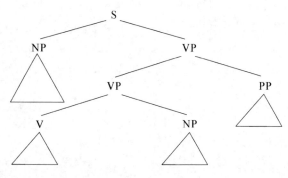

图 3.51   左角分析法(10)

美国计算语言学家 M. Marcus 于 1980 年提出用人工的方法对归约的条件加以控制,从而避免了回溯。这就是"Marcus 确定性分析算法"。Marcus 的确定性算法由两部分组成:模式部分和行为部分。模式部分说明栈及缓冲区的内容在什么样的情况下,分析算法可以执行行为部分所表明的操作。Marcus 引入的缓冲区是输入概念的推广,它从左到右按顺序存放一些已经建成的句子成分,允许查看的缓冲区的内容是有限的,这就避免了规则的复杂化。在行为部分允许的操作,有的类似于归约、移进,有的将栈顶元素移到缓冲区,有的将缓冲区的成分移出,挂到栈顶所放成分的结点之下,等等。

美国学者 J. Earley 于 1968 年在他的博士论文中提出的 Earley 算法(Earley algorithm),在左角分析法的基础上,把自顶向下分析法和自底向上分析法结合起来,在分析过程中交替地使用这两种分析法。首先自顶向下预测某个语言成分的起点,找出起点之后,再自底向上长成一棵子树。Earley 算法提出了"点规则",这种"点规则"采用在规则中加点的方式来系统地表示已经建成的和有待进一步分析的结构部分,从而步步为营地从左到右对句子进行分析,提高了分析的效率。Martin Kay 的线图分析法,就是在 Earley 算法的基础上提出来的。由此我们可以看出从事自然语言处理的学者们在研究短语结构语法的分析算法方面所做的艰苦卓绝的努力。

3.9　CYK 算法

CYK 算法是 Cocke-Younger-Kasami 算法的缩写。这是一种并行的句法分析算法。CYK 算法是以 Chomsky 范式(Chomsky normal form)为描述对象的句法分析算法。Chomsky 范式的重写规则形式为

$$A \rightarrow BC$$

其中,A,B,C 都是非终极符号。Chomsky 范式把单个的非终极符号重写为两个非终极符号 B 和 C,反映了自然语言的二分特性,在语言信息处理中便于用二叉树来表示自然语言的数

据结构,更加适合于描述自然语言。显而易见,Chomsky 范式的重写规则是在上下文无关的短语结构语法的重写规则 $A \rightarrow \omega$ 中,当 $\omega = BC$ 时的一种特殊情况。由于任何的 Chomsky 范式与上下文无关的短语结构语法都是等价的,因此,这样的限制并不失一般性。

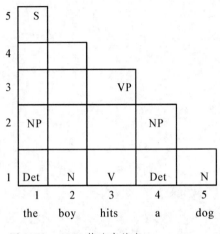

图 3.52 CYK 算法中的表

对于英语句子"the boy hits a dog"(那个男孩儿打狗),使用 CYK 分析法,我们可以得到如图 3.52 所示的表。

在这个表中,行方向(横向)的数字表示单词在句子中的位置,列方向(纵向)的数字表示该语言成分所包含的单词数。语言成分都装在框子(box)内,我们用 b_{ij} 来表示处于第 i 列第 j 行的框子的位置。这样,每一个语言成分的位置就可以确定下来。例如:

Det$\in b_{11}$ 表示 Det 处于第 1 列第 1 行;

N$\in b_{21}$ 表示 N 处于第 2 列第 1 行;

V$\in b_{31}$ 表示 V 处于第 3 列第 1 行;

Det$\in b_{41}$ 表示 Det 处于第 4 列第 1 行;

N$\in b_{51}$表示 N 处于第 5 列第 1 行。

这样一来,处于第 1 列第 2 行的 NP 的位置可用 b_{12} 表示(NP$\in b_{12}$),这种记法说明,这个 NP 处于句首,包含两个单词(the 和 boy),也就是说,这个 NP 是由 Det 和 N 组成的;处于第 4 列第 2 行的 NP 的位置可用 b_{42} 表示(NP$\in b_{42}$),这种记法说明,这个 NP 处于第 4 个词的位置,包含两个单词(a 和 dog),也就是说,这个 NP 是由 det 和 N 组成的;处于第 3 列第 3 行的 VP 的位置可用 b_{33} 表示(VP$\in b_{33}$),这种记法说明,这个 VP 处于第 3 个词的位置,包含三个单词(hits,a 和 dog),也就是说,这个 VP 是由 V(包含一个词)和 NP(包含两个词)组成的;处于第 1 列第 5 行的 S 的位置可用 b_{15} 表示(S$\in b_{15}$),这种记法说明,这个 S 处于句首,包含五个单词(the,boy,hits,a 和 dog),也就是说,这个 S 是由 NP(包含两个单词)和 VP(包含三个单词)组成的。这些框子里的标记,明确地说明了这个句子中的句法结构关系,因此,如果我们能够通过有限步骤造出这样的表,就等于完成了句子的句法结构分析。

由于语法规则都用 Chomsky 范式表示,因此,在语法规则 $A \rightarrow BC$ 中,对于某个 k ($1 \leqslant k < j$)来说,如果 b_{ik} 中包含 B,$b_{i+k, j-k}$ 中包含 C,则 b_{ij} 中必定包含 A。也就是说,如果从输入句子中的第 i 个单词开始,造成了表示由 k 个单词组成的成分 B 的子树(这时,B 的长度为 k,其首词标号为第 i 列,末词标号为第 $i+k-1$ 列,例如,如果 B 的长度为 4,如首词标号为 3,则末词标号为 $i+k-1=3+4-1=6$,即这四个词的标号分别为 3,4,5,6),从第 $i+k$ 个单词开

始,造成了表示由 $j-k$ 个单词组成的成分 C 的子树(这时,C 的长度为 $j-k$,其首词标号为第 $i+k$ 列,末词标号为第 $i+j-1$ 列,例如,如果 A 的长度 $j=6$,C 的长度为 $j-k=6-4=2$,则其首词标号为 $i+k=3+4=7$,末词标号为 $i+j-1=3+6-1=8$),那么可以做出如图 3.53 所示的 A 的树形图。

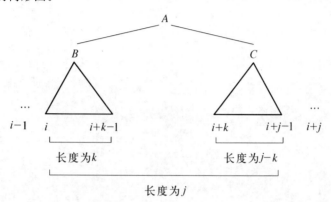

图 3.53　CYK 算法中的标号

例如,在上表的 b_{12} 中包含 NP,b_{11} 中包含 Det,b_{21} 中包含 N,这反映了语法规则 NP→Det N 的情况。这时,$k=1$,$i=1$,$j=2$。

CYK 算法就是顺次构造上述表的算法,当输入句子的长度为 n 时,CYK 算法可分为如下两步。

第一步:从 $i=1$ 开始,对于长度为 n 的输入句子中的每一个单词 W_i,显然都有重写规则 $A \to W_i$,因此,顺次把每一个单词 W_i 相应的非终极符号 A 记入框子 b_{i1} 中。在我们的例句"the boy hits a dog"中,根据相应的重写规则,顺次把 Det 记入 b_{11} 中,把 N 记入 b_{21} 中,把 V 记入 b_{31} 中,把 Det 记入 b_{41} 中,把 N 记入 b_{51} 中。

第一步相当于确定输入句子中各个单词所属的词类,如果一个单词属于若干个词类,可以把它所属的词类都记入表中。

第二步:对于 $1 \leqslant h < j$ 以及所有的 i,造出 b_{ih},这时,包含 b_{ij} 的非终极符号的集合定义如下:

$b_{ij} = \{A \mid$ 对于 $1 \leqslant k < j$,B 包含在 b_{ik} 中,C 包含在 $b_{i+k,j-k}$ 中,并且,存在语法规则 $A \to BC\}$

第二步相当于构造句子的句法结构。根据语法的重写规则,从句首开始,顺次由 1 到 n 取词构造框子 b_{ij},如果框子 b_{1n} 中包含开始符号 S,也就是说,S $\in b_{1n}$,那么说明输入句子是可以接受的。

例如,根据规则 NP→Det N 以及 Det$\in b_{11}$ 和 N$\in b_{21}$,可知此时 $i=1$,$k=1$,$j=2$,因此,NP 的框子的编号应为 b_{12};根据规则 NP→Det N 以及 Det$\in b_{41}$ 和 N$\in b_{51}$,可知此时 $i=4$,$k=1$,$j=2$,因此,这个 NP 的框子的编号应为 b_{42};根据规则 VP→V NP 以及 V$\in b_{31}$ 和 NP$\in b_{42}$,可知此时 $i=3$,$k=1$,$j=3$,因此,VP 的框子的编号应为 b_{33};根据规则 S→NP VP

以及 NP$\in b_{12}$ 和 VP$\in b_{33}$，可知此时 $i=1$，$k=2$，$j=5$，因此，S 的框子的编号为 b_{51}。由于句子长度 $n=5$，因此，有 S$\in b_{n1}$，所以输入句子被接受，分析成功。

下面我们使用 CYK 算法来分析更加复杂的句子。

设上下文无关语法具有如下的规则：

$$S \rightarrow NP\ VP$$
$$NP \rightarrow PrN$$
$$NP \rightarrow Det\ N$$
$$NP \rightarrow N\ WH\ VP$$
$$NP \rightarrow Det\ N\ WH\ VP$$
$$VP \rightarrow V$$
$$VP \rightarrow V\ NP$$
$$VP \rightarrow V\ that\ S$$

我们用这个语法来分析句子"The table that lacks a leg hits Jack"。

（1）把重写规则转换为 Chomsky 范式：

$$S \rightarrow NP\ VP$$

NP $\rightarrow$ PrN 这个规则不是 Chomsky 范式，因此转换为

$$NP \rightarrow Jack \mid John \mid Maria$$
$$NP \rightarrow Det\ N$$

NP $\rightarrow$ N WH VP 这个规则不是 Chomsky 范式，因此转换为

$$NP \rightarrow N\ CL$$
$$CL \rightarrow WH\ VP$$

NP $\rightarrow$ Det N WH VP 这个规则不是 Chomsky 范式，因此转换为

$$NP \rightarrow NP\ CL$$
$$NP \rightarrow Det\ N$$
$$CL \rightarrow WH\ VP$$

这里，CL 是一个 WH 从句（WH clause），它由 that 和 VP 组成。

VP $\rightarrow$ V 这个规则不是 Chomsky 范式，因此转换为

$$VP \rightarrow cough \mid walk \mid \cdots$$
$$VP \rightarrow V\ NP$$

VP $\rightarrow$ V that S 这个规则不是 Chomsky 范式，因此转换为

$$VP \rightarrow V\ TH$$
$$TH \rightarrow WH\ S$$

这里，TH 是一个 that 从句，它由 that 和 S 组成。

（2）计算非终极符号 b_{ij} 的列号和行号。

● 按照句子中的词序排列表示词类（POS）的非终极符号 b_{ij}，并计算它们的列号和行号：

"The　table　that　lacks　a　leg　hits　Jack"

DET　N　　WH　V　　DET N　V　　NP

b_{11}　　b_{21}　　b_{31}　　b_{41}　　b_{51}　b_{61}　b_{71}　　b_{81}

● 计算表示短语的非终极符号 b_{ij} 的列号和行号，得到如图 3.54 所示的方框和表。

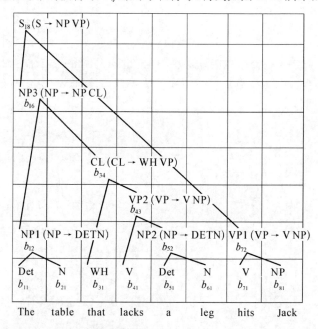

图 3.54　句子的方框和表(1)

其中，各个方框中的 b_{ij} 计算详情如下：

$$b_{ij}(\text{NP1})：i=1, j=1+1=2$$
$$b_{ij}(\text{NP2})：i=5, j=1+1=2$$
$$b_{ij}(\text{VP1})：i=7, j=1+1=2$$
$$b_{ij}(\text{VP2})：i=4, j=1+2=3$$
$$b_{ij}(\text{CL})：i=3, j=1+3=4$$
$$b_{ij}(\text{NP3})：i=1, j=2+4=6$$
$$b_{ij}(\text{S})：i=1, j=2+6=8$$

这个句子的长度为 8，我们得到的 S 的方框中的行号也为 8，因此句子分析成功。

我们使用 CYK 算法构造出图 3.54 的表中的各个结点可以连起来形成一个金字塔（pyramid），这个金字塔也就是一个树形图，它可以表示句子的结构。

现在，我们使用 CYK 算法来分析句子"Book that flight"。

上下文无关语法的规则与前面使用过的规则相同，它们是

① S → VP；

② VP → Verb NP；

③ NP → Det Nominal；

④ Nominal → Noun。

由于规则①的右边只包含一个单独的非终极符号 VP，这不是 Chomsky 范式，但是，规则②是 Chomsky 范式，因此，我们把规则①和规则②结合起来，形成如下的符合 Chomsky 范式要求的规则：

$$S → Verb\ NP$$

规则④的右边也只包含一个单独的非终极符号，也不是 Chomsky 范式，但是，规则③是 Chomsky 范式，因此，我们把规则④和规则③结合起来，形成如下的符合 Chomsky 范式要求的规则：

$$NP → Det\ Noun$$

现在，这个上下文无关语法的规则如下：

$$S → Verb\ NP$$

$$NP → Det\ Noun$$

这些规则都符合 Chomsky 范式的要求了。根据这样的规则使用 CYK 算法分析上述句子的结果如图 3.55 所示。

其中，各个方框中的 b_{ij} 计算详情如下：

$b_{ij}(NP)$：$i=2, j=1+1=2$

$b_{ij}(S)$：$i=1, j=1+2=3$

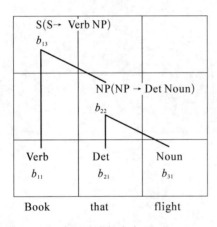

图 3.55　句子的方框和表(2)

用 CYK 算法造出的金字塔也就是表示句子结构的树形图。可以看出，CYK 算法是一种简单而有效的算法。

CYK 算法由小型分析树开始逐渐扩大，同样的分析树绝不重复运算，不需要进行回溯，规则都采用 Chomsky 范式，这是它的优越之处。

短语结构语法具有结构清晰、简洁明确、易于操作等优点，给自然语言的计算机处理带来了许多方便。因此，上述基于短语结构语法的自动句法分析方法，在计算语言学中得到广泛的应用，目前仍然有着很强的生命力。

3.10　Tomita 算法

美国卡内基-梅隆大学的计算语言学家 M. Tomita（富田）于 1985 年提出 Tomita 算法（Tomita algorithm），这是一种扩充的 LR 算法，也是一种基于上下文无关的短语结构语法的高效的自然语言分析算法。Tomita 在这种算法中,引入了图结构栈、子树共享和局部歧义紧缩等技术,提高了算法的效率。

使用标准的 LR 分析器来分析自然语言时,首要的工作是构造出所有的分析状态以及这些分析状态之间的转移关系,当所有的分析状态以及它们之间的转移关系明确之后,在分析过程中,在什么样的状态下做出什么样的分析动作也就十分清楚了。LR 分析方法把分析状态和分析动作的对应关系组织在一张分析表中,在某个分析状态下,要执行什么样的分析动作,LR 分析器只要查一下分析表就知道了。分析表的构造存在着统一的方法,而且可以自动地进行,对于任何一个上下文无关语法,都可以构造出一张分析表。LR 分析表由两个部分组成:一部分为动作表(ACTION),描述在某个状态下遇到某个展望符号时分析器所应该采取的分析动作,另一部分是转移表(GOTO),描述当归约动作发生以后,分析状态应该怎样转移。如表 3.1 所示。

表 3.1　LR 分析表

状态	动作表(ACTION)					转移表(GOTO)			
	a_1	a_2	$\cdots$	a_k	$	N_1	N_2	$\cdots$	N_m
0			$\cdots$					$\cdots$	
1			$\cdots$					$\cdots$	
$\vdots$			$\cdots$					$\cdots$	
N			$\cdots$					$\cdots$	

LR 分析表的每一行对应一个状态,描述分析器在分析时可能遇到的状态,其中的动作表每一列对应一个语法中的终极符号(用 $a_1, a_2, \cdots, a_k$, $ 表示)。如果分析器的当前状态为 i,当前输入缓冲区中的第一个输入符号是 a_j,那么分析器下一步要做的分析动作就可以从第 i 行和第 a_j 列交叉的单元格获得,也就是从 ACTION(i, a_j)获得,所以,动作表中记录的是分析动作。转移表的每一列对应一个语法中的非终极符号(用 $N_1, N_2, \cdots, N_m$ 表示),在发生归约时,转移表用来确定归约发生后分析器应该转向的分析状态。如果分析器把栈顶的几个语法符号归约为非终极符号 N_j,并且分析栈中被归约的符号串前面的状态号码为 i,那么分析器在归约后的状态可以从第 i 行和第 N_j 列交叉的单元格获得,也就是从 GOTO(i, N_j)处获得,可见,转移表中记录的是要转向的分析状态的号码。

对于某一个上下文无关语法,如果我们把这个语法的状态转移关系用有限状态转移网络表示出来,那么可以从这个有限状态转移网络自动地构造这样的 LR 分析表。

LR 分析算法是为了分析程序设计语言而提出的,它成功地把一个具有不确定性的分析过程变成了确定性的分析过程,但是,LR 分析算法并不适用于所有的上下文无关语法。由于 LR 分析算法是一个由分析表驱动的自底向上的分析算法,它的确定性表现在 LR 分析表的确定性上。如果在分析表中,每个单元格中最多只有一个分析动作或状态,那么可以保证分析器的每一步分析动作都是确定的,否则,就是不确定的。事实上,并不是每一个上下文无关语法都可以构造出一个确定性的分析表来。这意味着,LR 分析器只能处理那些可以构造出确定性分析表的上下文无关语法,在形式语言中这类语法叫作"LR 语法"(LR grammar)。LR 分析器不能处理非 LR 语法。此外,如果语法是有歧义的,那么这种语法肯定不会是 LR 语法。

自然语言中充满了结构歧义,因此,与自然语言对应的语法一般都是有歧义的语法,也就是非 LR 语法。所以,标准的 LR 分析器是不适合用来分析自然语言的。如果我们给自然语言的语法构造分析表,在分析表的某些单元格中会出现一个以上的分析动作,分析表会出现多重入口,由于存在歧义,其中有很多的分析动作可能都是正确的。因此,自然语言处理的分析器需要对于一个句子给出多种分析结果,这样的分析器不能只按照一种路径分析下去,在有些分析阶段,需要按照多种路径进行分析。

对于 LR 分析表中的多重入口,由于相应的分析动作是多重的,分析动作应当同时沿着多条分析路径进行,为此,Tomita 引入了图结构栈技术。

图结构栈是由栈表技术和树结构栈技术发展而来的。

LR 算法在使用栈表技术时,对进程的操作是并行地进行的,每一个进程对应于一个栈,每一个进程的动作与标准的 LR 分析一样。栈表技术的缺点是各个进程之间没有关系,任何一个进程都无法利用其他进程已经做过的分析结果,而且,当出现歧义时,栈表数目会呈指数增长。

为了克服栈表技术的缺点,引入了树结构栈。树结构栈的具体做法是:如果几个进程处于相同的状态,那么这几个栈的工作就会一样,直到进行到某一时刻,该栈顶顶点被某一归约动作弹出。为了消除冗余,可以把这几个进程归结为一个进程,只要在几个进程之间,对应的栈顶顶点具有相同的状态,就将这几个进程合并。这时,这些栈就变成树形结构,树的根结点便是栈的顶点,所以叫作"树结构栈"。在树结构栈中,当栈顶被弹出时,树结构栈又会分解为原来的几个栈。实际上,系统可能会并行地存在几组树结构栈,因此,系统中的栈从总体来看构成了一个森林。

尽管树结构栈可以大大地缩减计算量,但是,树结构栈的枝干数目仍然会随着歧义的增加而呈指数上升。为了解决这个问题,Tomita 在树结构栈的基础上,进一步提出了"图结构栈"。

采用树结构栈技术,当栈分裂时,要将整个栈复制若干个。但在实际上,整个栈不一定都复制,只要将栈的某些部分分裂一下就可以了。当一个栈分裂时,就被表示为一棵树,栈的底对应于树的根。利用栈合并技术,可以将栈表示为非成圈有向图(DAG),这样,就形成了"图结构栈"。采用图结构栈技术,Tomita 算法不会对输入句子的任何部分以同样的方式做两次或两次以上的分析。这是因为,如果两个进程以同样的方式分析句子的某一部分,那么这两个进程就会处于同样的状态,就一定会被组合成一个进程。

这样一来,在分析过程中,每当分析进程遇到有多个动作可以同时进行的时候,分析进程就分裂成相应的若干个子进程,栈顶也同时分裂为若干个栈顶,分别依据分析表中规定的不同动作进行分析。如果两个进程处理同一个状态,那么栈顶就合并为一个栈顶,两个进程合并为一个进程,形成一个图结构的分析栈,所以,Tomita 把这种栈叫作图结构栈。

由于采用了图结构栈,分析算法的空间复杂度和时间复杂度都大大地降低了。

非 LR 语法存在歧义,而自然语言句子的歧义数量随着句子长度的增加而呈指数增加,这时,即使我们使用 LR 算法,分析器的开销也将呈指数上升,而且存储所有可能的分析树所需要的存储空间也将相应地呈指数上升。

一个自然语言的自动分析系统应该能够求出歧义句子的所有分析结果,并且将它们以合理的方式表达和存储起来,以便在后面的阶段进行歧义消解的处理。但是,由于分析时所得到的歧义句子的总数(它们形成“分析森林”)可能随着句子长度的增加而呈指数增长,即使是输出所有的分析结果,也得花费指数时间的代价。这样就必须有效地表达句法分析的结果,使得分析森林的规模不会呈指数增长。为此,Tomita 提出了“子树共享”和“局部歧义紧缩”的技术,以保证分析森林的大小不至于增加得太快。

所谓“子树共享”,就是指如果几棵树存在一个共同的子树,那么这样的子树只表达一次,构成一个“共享森林”。

为了实现“子树共享”的技术,不再将具体的语法范畴符号放到栈上,而只在栈中存放指向共享森林某一结点的指针。当分析器移进某一个单词时,它就会产生一个叶结点,这个叶结点的标记是该词及其词性,此时不是直接将该词及其词性压入栈中,而是只压入一个指向这个新创建的结点的指针。如果已经有一个相同的叶结点存在,则把一个指向已经存在的结点的指针压入栈中,就不再为它创建新的结点了。当分析器在栈中归约时,只需从栈中弹出相关结点的指针,创建一个新的结点,这个新结点的后继结点,就是这些弹出的指针所指的结点,然后,再将一个指向这个新创建的结点的指针压入栈中。如此反复进行,直到相应的共享森林构造完毕为止。

例如,使用 Tomita 算法来分析“I saw a boy with a telescope”(我看见一个带着望远镜的男孩儿或者我用望远镜看见一个男孩儿)这个英语歧义句子的时候,构造出来的共享森林如图3.56 所示。

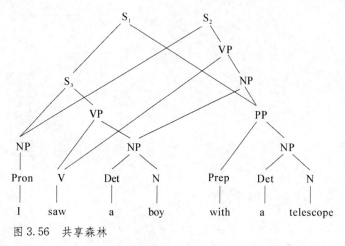

图 3.56　共享森林

从这个共享森林中可以看出,“a boy”这个名词短语 NP 形成一个以结点 NP 为根的子树

NP(Det(a) N(boy))。这个子树有两个父结点：一个父结点是它左上方的 VP，另一个父结点是它右上方的 NP。这表明以结点 NP 为根的子树是一个共享子树，它同时被两个不同的父结点共享。在这个共享森林中还存在着其他的共享子树。例如，with a telescope 形成的子树 PP(Prep(with) NP(Det(a) N(telescope))) 被它上方的两个父结点 S_1 和 S_2 共享；I 形成的子树 NP(Pron(I)) 被它上方的两个父结点 S_3 和 S_2 共享，等等。

当两个或两个以上的子树具有相同的叶结点，并且这几棵子树的根具有相同的非终极符号，也就是说，句子的某一部分能够用两种或两种以上的方式归约为一个非终极符号时，这若干个子树就构成一个"局部歧义"（local ambiguity）。例如，在上面的共享森林中，with a telescope 可形成子树 PP(Prep(with) NP(Det(a) N(telescope)))，而共享这个子树的两个父结点 S_1 和 S_2 的非终极符号都是 S，这时，就可以把这两个父结点归约为一个非终极符号 S，构成一个局部歧义。不难看出，在图 3.56 的共享森林中，还存在着其他的局部歧义。如果一个句子的局部歧义太多，那么这个句子的总的歧义数量就会呈指数增长。因此，需要把具有局部歧义的子树的若干个顶点结合为一体，进行"局部歧义紧缩"。

局部歧义紧缩的工作方式如下：当出现局部歧义时，把表达局部歧义的子树的根合并为一个结点，这个结点叫作"紧缩结点"，而合并之前的子树的根结点，叫作这个紧缩结点的隶属结点。在图结构栈中，如果两个或两个以上的符号顶点具有相同的状态顶点在其左边，又有相同的状态顶点在其右边，就表示这几个符号具有"局部歧义"，因此，应当把这些符号顶点指向的结点紧缩为一个结点。例如，"I saw a boy in the park with a telescope"这个句子，局部歧义紧缩之前和局部歧义紧缩之后的共享森林分别如图 3.57 和图 3.58 所示。

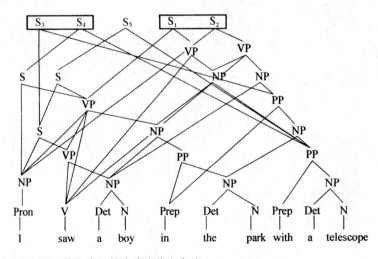

图 3.57　局部歧义紧缩前的共享森林

可以看出，经过局部歧义紧缩之后，结点数目大大减少了。例如，紧缩前的共享森林中的 S_1 和 S_2 结点，紧缩后成为 S_1 结点；紧缩前的共享森林中的 S_3 和 S_4 结点，紧缩后成为 S_3 结点。

这就提高了算法的分析效率。正是由于 Tomita 算法对于自然语言的分析具有很高的效率，它在自然语言的计算机处理中很受研究者们欢迎。

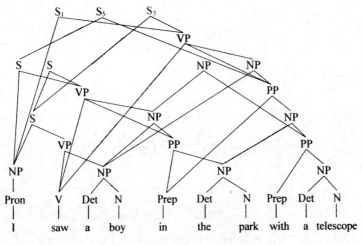

图 3.58　局部歧义紧缩后的共享森林

3.11　管辖-约束理论与最简方案

在本节中，我们将介绍在短语结构语法之后，Chomsky 的语言学理论的新发展。这些新发展，是 Chomsky 对于语言形式模型在语言学理论上的新探索，对于自然语言处理的形式模型的研究，也是很有价值的。

Chomsky 于 1979 年在意大利比萨的学术讨论会上做了一系列演讲，回到美国以后，他于 1980 年在美国《语言研究》（*Linguistic Inquiry*）第 2 卷第 1 期上，发表了《约束论》（*On Binding*），1981 年又发表了《管辖与约束论集：比萨学术演讲》（*Lectures on Government and Binding, The Pisa Lectures*），从普遍语法的角度来研究语言问题。1993 年，我国社会科学出版社出版了《管辖与约束论集》的中译本，书名叫作《支配与约束论集——比萨学术演讲》。在这个译本中，把"管辖"翻译成"支配"。本书仍然采用"管辖"这个术语。为了简明起见，我们把"管辖与约束理论"简称为"管约论"。

Chomsky 认为，普遍语法属于人类语言的共性。凡是能够用普遍语法原则说明的语言现象，就不必在个别语言的语法中分别做出具体的规定了。普遍语法适用于每种语言，同时又具有灵活性，允许不同的语言在一定的范围内有些差异。Chomsky 指出："我们所希望发现的是建立在几个基本原则上的高度结构化的普遍语法理论——这些原则严格限制可以获致的那些语法的种类，大力约束它们的形式，但是又具有必须用经验来确定的诸多参数。如果把

这些参数包含在一个结构上足够丰富的普遍语法理论中去,那么通过以这种或那种方式确定
这些参数的值而决定的种种语言将表现出相当大的差异;因为一组选择带来的后果和另一组
选择带来的后果可以很不相同。虽然如此,仅仅足以确定普遍语法诸参数的有限材料将决定
一种语法,它可能很复杂,而且将一般地缺乏经验(由归纳得来的经验)的根据。每一种这样
的语法都将成为判断和理解的基础,并将进入行为。然而语法作为某种知识系统,只间接地
跟已获得的经验相联系,普遍语法就是这种联系的媒介。"①

　　管约论就是 Chomsky 朝这个方向所做的努力。管约论的核心是一系列相互联系、相互
制约的基本原则。这些原则具有普遍性,适用于每种语言,同时又具有灵活性,允许不同的语
言有一定的差异,差异所在之处就是 Chomsky 所谓的"参数"(parameter),差异是后天学会
的,所以 Chomsky 说是"用经验来确定的"。

　　管约论的核心是一系列普遍性的原则,称为"原则子系统"(principle sub-system)。
Chomsky 共提出了下列原则子系统:X 阶标理论、题元理论、格理论、管辖理论、约束理论、界
限理论、控制理论,它们是彼此独立而又互相联系的,构成了一个错综复杂的体系,对于人类
的语言起制约的作用。下面我们逐一说明。

1. X 阶标理论(X-bar theory)

1970 年,Chomsky 曾经提出过"X 阶标理论"。这种理论认为:

● 短语范畴应该分析为词汇范畴的阶标投射,阶标可以分为若干个层次,处于最低层次
的词 X 就是中心语,中心语带有若干个补足语,中心语管辖着补足语。

● 词汇范畴应该分析为一组特征。

在 X 阶标理论中,Chomsky 把英语的名词短语和动词短语进行了对比。他指出,名词短
语和动词短语的内部结构存在着一些共同的特征。试比较:

(1) John proved the theorem. (约翰证明了定理。)

(2) John's proof of the theorem. (约翰对定理的证明。)

(1)是动词短语(记为 VP),其中心语是动词(记为 V)prove,the theorem 是动词的补语,
记为 Comp;(2)是名词短语(记为 NP),其中心语是名词(记为 N)proof,名词的补语是 the
theorem。用短语结构语法的重写规则可以分别表示为

$$VP \rightarrow V \ Comp$$

$$NP \rightarrow N \ Comp$$

不仅动词短语和名词短语可以这样表示,形容词短语(记为 AP)和介词短语(记为 PP)也
可以分别表示为形容词(记为 A)加补语以及介词(记为 PP)加补语:

---

①　Chomsky.支配和约束论集:比萨学术演讲[M].中译本.北京:中国社会科学出版社,1993.

$$AP \rightarrow A\ Comp$$

$$PP \rightarrow P\ Comp$$

不难看出，动词短语、名词短语、形容词短语和介词短语的重写规则都非常相似，可以归纳为如下格式：

$$XP \rightarrow X\ Comp$$

在这个规则中，X 相当于数学中的变量，可以用 V，N，A，P 的任何一项代入，就可以得到上面的各个规则。这个规则可以用树形图表示，如图 3.59 所示。

如果我们把 XP 写为 X'（或 $\overline{X}$），那么重写规则就变为

$$X' \rightarrow X\ Comp$$

树形图如图 3.60 所示。

图 3.59　XP 规则的树形表示　　　　图 3.60　X' 规则的树形表示

这样一来，整个表示方法就变得非常简练了。

从树形图上可以看出，X' 表示比 X 高一个层次的语类，比 X' 更高一个层次的语类可以表示为 X''（也可以用 $\overline{\overline{X}}$ 表示）。

下面，我们以"this proof of the theorem"（对这一定理的证明）为例，来比较短语结构语法的树形图和 X 阶标语法的树形图之间的异同。

这个句子的短语结构语法的树形图为图 3.61。

这个句子的 X 阶标语法的树形图为图 3.62。

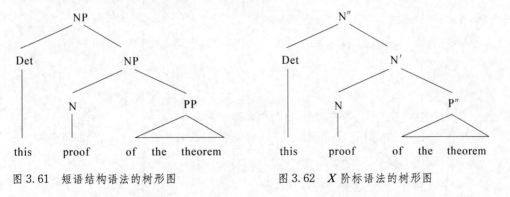

图 3.61　短语结构语法的树形图　　　　图 3.62　X 阶标语法的树形图

以上是名词短语的例子，动词短语也有相应的 V'，V'' 等层次，形容词短语也有相应的 A'，A'' 等层次。各种语类的通用形式是 X，X'，X''，其层次关系可用树形图表示，如图 3.63 所示。

X'' 上面还有没有 X'''，学者们各说不一，有的人认为有，有的人认为没有。由于无法确定

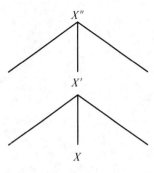

图 3.63　X 阶标语法中的
层次关系

一共有多少层,可以采用权宜之计,把最低层写作 X,把最高层写作 XP,中间需要加几层就加几个"'"。这样,用 XP 封顶,XP 下面的整个树形就是 XP 所属的"最大投射"(maximal projection)。

　　X 阶标语法比短语结构语法的表达力更强。短语结构语法只有单词型语类(lexical category)和短语型语类(phrasal category)两种语类,缺乏中间层次。例如,This proof of the theorem 和 Proof of the theorem,如果用短语结构语法,都只能称为 NP,不能把它们区别开来,而用 X 阶标语法就可以把前者称为 X'',后者称为 X',可以把它们清楚地区别开来。

　　X 阶标语法比短语结构语法更为严谨。在 X 阶标语法中,V″之下一定是 V′,不允许出现 V,更不允许出现 N 或者 A,而在短语结构语法中却没有这样的限制,对于如像 VP → A PP 之类的不合理结构,短语结构语法无法阻止其出现。

2. 题元理论(θ-theory)

　　Chomsky 把逻辑学的命题中的谓词(predicate)和个体词(individual)的关系用 θ(题元)来表示,称为"题元关系"。例如:

　　(1) John ran quickly.(约翰跑得快。)

　　(2) John likes Mary.(约翰喜欢玛丽。)

　　在(1)中的 ran quickly 是谓词,John 是个体词,这是一个一元命题,John 充当施事的题元;(2)中的 likes 是谓词,John 和 Mary 是个体词,这是一个二元命题,John 充当施事的题元,Mary 充当受事的题元。

　　Chomsky 把充当题元的词语称为"主目"(argument),例如上例中的 John 和 Mary 都是主目。不充当题元的或者不能充当题元的称为"非主目"(non-argument)。例如,下面句子中的 it,there 都是非主目。

　　(3) It is certain that John will win.(约翰肯定会赢。)

　　(4) There are believed to be unicorns in the garden.(人们相信花园里有独角兽。)

　　Chomsky 提出了如下的"题元准则"(θ-criterion):

　　● 每个主目必须,而且只许,充当一个题元;

　　● 每个题元必须,而且只许,由一个主目充当。

　　例如,在例句(2)中,根据第 1 条准则,主目 John 充当施事的题元,就不能再充当受事的题元,主目 Mary 充当了受事的题元,就不能再充当施事的题元;根据第 2 条准则,施事既然由 John 来充当,就不能再由 Mary 来充当,受事既然由 Mary 来充当,就不能再由 John 来充当。

有了这样的题元准则,就可以限制转换的条件。

如果在题元位置上缺少有形词,就必须用无形词来填充,这样的无形词叫作"空语类"(proform),用 PRO 来表示。例如,在句子"It is unclear to see who"(不清楚去看谁)中,see 是一个二元谓词,但是在句子中只有"受事"who,没有施事,因而在施事的位置上用 PRO 来填充,写为如下形式:

$$\text{It is unclear} \ [\text{Comp} \ [\text{PRO to see who}]]$$

其中的 Comp 是"标句成分",表示它后面可以引入一个句子,这个 Comp 中的所有字母都用大写,与前面 X 阶标理论中用来表示补语的 Comp 不同。在由 Comp 引入的句子 to see who 中,在施事位置用空语类 PRO 来填充。

3. 格理论(Case theory)

格是一个传统语法的概念,俄语、德语的名词都有格的形态变化。"格理论"中的"格"是一个抽象的概念,只要名词处于一定的句法关系,不论有没有形态上的变化,就都有格,"格理论"中的格不一定要通过语音形式(即形态变化)表示出来,因此,汉语、英语和法语的名词虽然没有形态变化,没有语音上的表现形式,但是,它们都有这种意念上的格。Chomsky 建议把"case"的第一个字母大写,写为"Case",以区别于传统语法中的"格"。

在 X 阶标理论中,动词、名词、形容词和介词等语类都有补语,但是,表达补语的方式并不完全相同。动词和介词的后面可以直接接一个名词短语做补语,如"John proved the theorem",而名词和形容词的后面不可以直接跟补语,必须在中间插入一个介词,如"John's proof of the theory"。其原因在于:动词和介词的补语有格。而名词和形容词的补语没有格,也就是说,动词和介词能够指定格,而名词和形容词不能指定格。X 阶标理论中的语类是按照体词性(N)和谓词性(V)两个特征的有无来划分的:

名词: $[+N, -V]$(有体词性特征,无谓词性特征);

动词: $[-N, +V]$(无体词性特征,有谓词性特征);

形容词: $[+N, +V]$(有体词性特征,有谓词性特征);

介词: $[-N, -V]$(无体词性特征,无谓词性特征)。

在英语中只有具有$[-N]$特征的语类才能指定格,名词和形容词不带$[-N]$特征,因此,必须在它们和补语之间插入一个介词,由介词来指定格。根据格理论,可以解释语类的不同性质。

4. 管辖理论(government theory)

所谓"管辖",就是成分之间的支配关系,它要说明短语中的各个成分是否在同一管辖区域之内,以及在管辖区域之内,什么是主管成分,什么是受管成分。例如:

(1) John likes him.(约翰喜欢他。)

(2) John says Bill likes him.(约翰说比尔喜欢他。)

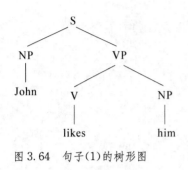

图 3.64　句子(1)的树形图

（3）John likes himself.（约翰喜欢他自己。）

句子(1)的树形图如图 3.64 所示。

在图 3.64 的树形图中，John 与 him 在同一管辖区域 S 内，John 是主管成分，him 是受管成分，John 统领 him。

句子(2)的树形图如图 3.65 所示。

在图 3.65 的树形图中，Bill 和 him 处于同一管辖区域 S_1 内，Bill 是主管成分，him 是受管成分，Bill 统领 him，但 him 与 John 不在同一管辖区域之内，因为这时在 him 和 John 之间隔了一个层次 S_1，John 处于 S_1 的管辖区域之外，超出了 S_1 的最大投射的范围。

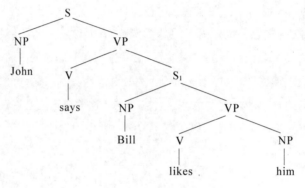

图 3.65　句子(2)的树形图

句子(3)的树形图如图 3.66 所示。

在图 3.66 的树形图中，John 与 himself 处于同一管辖区域 S 之内，John 是主管成分，himself 是受管成分，John 统领 himself。

从 X 阶标理论的角度来看，主管成分就是 X 阶标结构中的最低一个层次 X，受管成分就是 X 的补语 Comp。

5. 约束理论(binding theory)

所谓"约束"，就是语义解释的照应关系。"约束"要说明，在管辖区域内的成分，在什么样的情况下是自由的，在什么样的情况下是受约束的。

图 3.66　句子(3)的树形图

Chomsky 提出了三条约束原则：

① 照应词在管辖区域内受约束(bound)；

② 代词在管辖区域内是自由的(free)；

③ 指称词总是自由的(free)。

这里，照应词是指像反身代词 himself 这样的词，代词是指像 him，her 这样的词，指称词是指像 John，Bill 这样的词。

"约束"和"自由"都是逻辑学的术语。在逻辑学中,量词约束变项。凡是受量词约束的变项称为"约束变项"(bound variable),不受量词约束的变项称为"自由变项"(free variable)。所谓某个名词短语受到"约束",是指它与先于它的另外一个名词短语指同一客体;所谓某个名词短语"自由",是指它与先于它的名词短语不指同一客体;所谓"管辖区域"是指最底层的 S 和 NP。

根据约束原则③,前面提到的例句(1)~(3)中的 John,Bill 等都是指称词,它们总是自由的,它们在任何情况下都不受别的词的约束,而它们却可以约束别的词。

根据约束原则②,句子(1)中的代词 him 在管辖区域 S 内是自由的,它不受同一管辖区域内的主管成分 John 的约束,因此,句子(1)中的 John 与 him 不会指同一个人。

同样,根据约束原则②,句子(2)中的代词 him 在管辖区域 S_1 内也是自由的,它不受同一管辖区域 S_1 内主管成分 Bill 的约束,因此,Bill 与 him 不会指同一个人。但是,约束原则②并不限制 him 与管辖区域 S_1 之外的 John 指同一个人。所以,句子(2)中的 him 不可以指 Bill,但可以指 John,当然也可以指任何别的人。

根据约束原则③,句子(3)的照应词 himself 在管辖区域 S 内,受到统领它的主管成分 John 的约束,因此,himself 与 John 指同一个人。

上述语言现象的解释,与我们对于英语的语感是符合的,而且,同样的解释也可以适用于与英语句子(1)~(3)相对应的汉语句子,可见,这样的约束原则是语言中的普遍原则。诸如此类的约束原则引起了语言学家的注意,因为它们是以对于人类语言的总的性质和特点的正确认识为基础的,这样的问题有着特别的研究价值。

6. 界限理论(bounding theory)

界限理论研究对转换范围的限制,重点讨论 wh-移位应该在什么样的区域范围内进行。

英语中构成特殊疑问句时要把疑问词移位。例如,"这本书批评谁?"要说成"Who does the book criticize?",其中,who 是 criticize 的受事宾语,本来在陈述句中位于 criticize 之后,变成疑问句时,移位到句首。可以表示为

$$\text{who}_i [_s \text{ does this book criticize } t_i]$$

其中,t_i 表示 who 的踪迹(trace),也就是 who 在陈述句中的位置,who 从这个位置移位到句首,只越过了一个 S。

但是,当疑问词处于关系从句中时,就不能移位到句首。例如,"你正在看的那本书批评谁?"在英语中不能说成"Who are you reading the book that criticize?"。这个句子可以表示为

$$\text{who}_i [_s \text{ are you reading } [_{NP} \text{ the book } [\text{ that } [_s \text{ criticize } t_i]]]]$$

当 who 由在陈述句中的位置 t 移位到句首时,要越过两个 S 和一个 NP。

为什么 who 有时能移位到句首,有时不能移位到句首呢? 这是由于 wh-移位时有一定的

区域限制。在英语中 S 和 NP 都是界点（bounding node），它们标志一定的区域界限，不能任意地越过。领属条件（subjacency condition）规定，wh-移位时，不能一步越过两个界点。在前句中，who 移位只越过一个界点，符合领属条件的规定，所以得到合格的句子。在后句中，who 移位要越过三个界点，违反了领属条件的规定，所以句子不合格。

7. 控制理论（control theory）

Chomsky 提出的控制理论主要研究如何解释语音上是零的空语类 PRO。先看如下的英语句子：

（1）John promised Bill to leave.（约翰答应比尔离开。）

（2）John persuaded Bill to leave.（约翰劝告比尔离开。）

这两个句子的区别在于：（1）中的 John 是 leave 的逻辑主语，而（2）中的 Bill 是 leave 的逻辑主语。但是，在两个句中都没有移动任何成分，也没有踪迹的问题。这两个句子的实际结构应该是

John promised Bill［PRO to leave］

John persuaded Bill［PRO to leave］

显而易见，PRO 的性质是由动词 promised 和 persuaded 决定的。因此，应该在词项中说明动词的特性，以保证句子（1）中的 PRO 与动词 promised 的主语所指相同，而句子（2）中的 PRO 与动词 persuaded 的主语所指相同。这种情况，用下标可以表示如下：

John$_i$ promised Bill［PRO$_i$ to leave］

John persuaded Bill$_i$［PRO$_i$ to leave］

这意味着，动词 promise 分派主语控制，动词 persuade 分派非主语控制，这样，便可以将动词分为控制动词和非控制动词两类。

控制理论的基本原则是"最小距离原则"。这就是说，如果控制带有宾语，则定宾语为控制成分；如果不带宾语，则定主语为控制成分。大部分动词都以宾语为控制成分，只有 promise 这样的少数动词才以主语为控制成分。像 promise 这样的词，在词项中应该标上［＋SC］，表示主语控制（subject control）。

在有的情况下，PRO 为任意所指（arbitrary reference），例如：

It is unclear［what PRO to do］

It is difficult［PRO to see the point of this］

在这种结构中，PRO 可解释为"某人、每个人"。

管辖和约束理论从普遍语法的角度提出的原则，对于自然语言处理有指导作用。这种理论成为语言信息处理理论和方法的重要基础之一。到了 20 世纪 90 年代，Chomsky 又提出了原则——参数方法和最简方案，把生成语法的研究提高到一个新的阶段。由于这个时期生成语法着重研究了普遍语法（Universal Grammar，UG）的问题。这样的研究，对于计算语言学

的理论的发展,具有重要的理论价值。

生成语法创立六十多年来,在句法理论模式方面经过几次重大的变化。不停地向新的方向发展。在这样的发展过程中,赋予生成语法以生命活力的是生成语法的语言哲学理论。其中,最为重要的是关于人类知识的本质、来源和使用问题。

Chomsky 把语言知识的本质问题叫作"Humboldt(洪堡特)问题"(Humboldt's problem)。德国学者 W. Humboldt 曾经提出"语言绝不是产品(ergon),而是一种创造性活动(energeria)",语言实际上是心智不断重复的活动,它使音节得以成为思想的表达。人类语言知识的本质就是语言知识如何构成的问题,其核心是 Humboldt 指出的"有限手段的无限使用"。语言知识的本质在于人类成员的心智/大脑(mind/brain)中,存在着一套语言认知系统,这样的认知系统表现为某种数量有限原则和规则体系。高度抽象的语法规则构成了语言应用所需要的语言知识,由于人们不能自觉地意识到这些抽象的语法规则,Chomsky 主张,这些语言知识是一些不言而喻的或者无意识的知识。我们应当把语言知识和语言的使用能力区分开来。两个人拥有同一语言的知识,他们在发音、词汇知识、对于句子结构的掌握等方面是一样的。但是,这两个人可能在语言使用的能力方面表现得非常不同。因此,语言知识和语言能力是两个不同的概念。语言能力可以改进,而语言知识则保持不变。语言能力可以损伤或者消失,而人们并不至于失去语言知识。所以,语言知识是内在于心智的特征和表现,语言能力是外在行为的表现。生成语法研究的是语言的心智知识,而不是语言的行为能力。语言知识体现为存在于心智/大脑中的认知系统。

语言知识的来源问题,是西方哲学中的"Plato(柏拉图)问题"(Plato's problem)的一个特例。所谓"Plato 问题"是:我们可以得到的经验明证是如此贫乏,而我们是怎样获得如此丰富和具体明确的知识、如此复杂的信念和理智系统的呢? 人与世界的接触是那么短暂、狭隘、有限,为什么能知道那么多的事情呢? 刺激的贫乏和所获得的知识之间为什么会存在如此巨大的差异呢? 与"Plato 问题"相应,人类语言知识的来源问题是:为什么儿童在较少直接语言经验的情况下,能够快速一致地学会语言? Chomsky 认为,在人类成员的心智/大脑中,存在着由生物遗传而天赋决定的认知机制系统。在适当的经验引发或一定的经验环境下,这些认知系统得以正常地生长和成熟。这些认知系统叫作"心智器官"(mental organs)。决定构成人类语言知识的是心智器官中的一个系统,叫作"语言机能"(language faculty)。这个语言机能在经验环境引发下的生长和成熟,决定着人类语言知识的获得。语言机能有初始状态(initial state)和获得状态(attained state)。初始状态是人类共同的、普遍一致的;获得状态是具体的、个别的。语言机能的初始状态叫作"普遍语法"(Universal Grammar,UG),语言机能的获得状态叫作"具体语法"(Particular Grammar,PG)。对普遍语法 UG 的本质特征及其与具体语法 PG 的关系的研究和确定,是解决关于语言知识的"柏拉图问题"的关键。

Chomsky 把语言知识的使用问题叫作"笛卡儿问题"(Cartesian problem)。基于机械论哲学的物质概念,法国哲学家和数学家 Descartes 认为,所有非生命物质世界的现象、动物的生理与行为、大部分的人类器官活动,都能够纳入物质科学(science of body)的范畴。但是,Descartes 又指出,某些现象不能处于物质科学的范畴之内,其中最为显著的就是人类语言,特别是"语言使用的创造性方面",更是超出了机械论的物质概念所能够解释的范围。所以,对于语言的正常使用,是人类与其他动物或机器的真正区别。为了寻求对于语言这一类现象的解释,Descartes 设定了一种"第二实体"的存在,这种第二实体就是"思维实体"(thinking substance)。"思维实体"明显地不同于物质实体,它与物质实体相分离,并通过某种方式与物质实体相互作用。这一种"思维实体"就是心灵或者心智。语言知识的使用是内在于心智/大脑的,因此,对于这样的问题是很难解决和回答的。语言使用问题对于当年的 Descartes 来说是神秘的,目前对于我们而言也同样是神秘的。Chomsky 认为,我们应当首先解决语言知识的本质问题和语言知识的来源问题,在这样的基础上,才有可能对于语言的使用问题进行有意义的探索。

　　Chomsky 坚持认为,语言机能内在于心智/大脑,对语言的研究是对心智的研究,最终是在抽象的水平上对大脑结构的研究。因此,生成语法研究在学科归属上属于"认知心理学"(cognitive psychology),最终属于"人类生物学"(human biology)。它实际上应当叫作"生物语言学"(biolinguistics)。这是生成语法与其他任何传统的语言研究的根本区别。生成语法追求的目标,就是在理想化和抽象化的条件下,构建关于语言和心智的理论,它期待着与主体自然科学的统一,生成语法通过抽象的关于普遍语法、语言获得机制、所获得的状态以及语言与其他认知系统的关系的研究,不管好与坏、正确与错误,都是自然科学的组成部分。这就是生成语法"方法论的自然主义"(methodological naturalism)。生成语法的这种自然主义的研究与自然科学的研究,在本质上是完全一致的。Chomsky 力图把对于语言、心智的研究以及对于大脑的研究统一在一个共同的理论原则之下,最后把它纳入自然科学的总体研究之中。

　　Chomsky 主张,语言是语言机能或者语言器官所呈现的状态,说某个人具有语言 L,就是说他的语言机能处于状态 L。语言机能所获得的状态能够生成无限数目的语言表达式,每一个表达式都是语音、结构和语义特征的某种排列组合。这个语言机能所获得的状态是一个生成系统或者运算系统。为了与一般人理解的外在语言相区别,Chomsky 把这样的运算系统叫作"I语言"。这里,字母 I 代表内在的(internal)、个体的(individual)、内涵的(intensional)等概念。这意味着,I语言是心智的组成部分,最终表现在大脑的神经机制之中,因此,I语言是"内在的";I语言直接与个体有关,与语言社团存在着间接的联系,语言社团的存在取决于该社团的成员具有相似的 I语言,因此,I语言是个体的;I语言是一个函数或者生成程序,它生成一系列内在的表现于心智/大脑中的结构描写,因此,I语言是内涵的。

　　根据这种对于 I语言的认识,Chomsky 指出,基于社会政治和规范目的论因素之上的关于语言的通常概念,与科学的语言学研究没有任何关系,这些概念都不适合于用来进行科学的语言研究。生成语法对于语言的科学认识是内在主义(internalist)的,而结构主义语法则是外在主义(externalist)的。结构主义语法研究的方法,是在广泛搜集语言材料的基础上,通过切分、归类、替换等程序,概括出有关语言的语法规则。这些结构规则存在于外部世界之中,外在于人类的心智/大脑。结构主义语法研究的方法是经验主义的方法,这种方法的基础是外在主义的语言观。Chomsky 认为,根据结构主义语法的外在主义语言观,人们不能正确地认识和揭示人类语言的本质特征,不能解释人类语言知识获得的过程。只有内在主义的语言观才有可能正确地、全面地认识和解释人类语言知识的本质、来源和使用等问题。

"最简单主义"(minimalism)是生成语法的一个重要原则。最简单主义可以分为"方法论最简单主义"(methodological minimalism)和"实体性最简单主义"(substantive minimalism)。方法论最简单主义是从一般性科学方法论的思想和概念出发的,实体性最简单主义是就研究对象本身而言的。

方法论最简单主义要求人们在科学研究中创建最好的理论,而好的理论的主要标准就是最简单性。这种最简单性的表现是:在科学研究中使用最小数量的理论原则和理论构件;最大限度地减少复杂性,消除冗余性,增加理论原则的抽象性和概括性;构建最简单的理论模式和最具有解释性的理论;寻求理论的对称性和完美性。

实体性最简单主义要求科学研究对象本身在设计和结构方面具有简单性、优化性和完美性。

在最简单主义的思想原则下,生成语法的理论构建过程是一个逐步抽象化、概括化和最简单化的过程。

在生成语法构建的早期,Chomsky 就指出,虽然 Humboldt 在很早就认识到语言的本质是"有限规则的无限使用",但是,由于当时缺少相应的技术手段,Humboldt 的这种卓越见解难以得到很好的发展。现代数学和逻辑学的发展,为生成语法提供了有力的形式化描述手段,使得生成语法在表达形式上与其他自然科学研究取得了一致。

Chomsky 在生成语法研究的早期提出的短语结构语法的生成能力过强,常常会生成一些不合乎语法的句子,违反了最简单主义的要求,于是他提出了转换的方法,把研究的重点放在转换规则系统上,结果并没有达到简单化的目标,反而导致了规则系统更加复杂化。出于对最简单主义的追求,他采取了多种途径来限制和减少规则的数量,把生成语法的研究由规则的理论变为限制规则的条件理论;接着又由条件理论的研究发展到原则和参数方式的研究。

在生成语法的原则和参数阶段,Chomsky 提出了语法规则系统。这个语法规则系统由词库(lexicon)、句法(syntax)、语音式(PF-component)、逻辑式(LF-component)构成。与规则系统相对应,Chomsky 还提出了普遍语法的原则子系统,这就是管约论中的 X 阶标理论(X-bar theory)、题元理论(θ-theory)、格理论(case theory)、管辖理论(government theory)、约束理论(binding theory)、界限理论(bounding theory)和控制理论(control theory)。在原则子系统的各种理论之间,存在着相互依存和相互作用的关系。

除了这些规则系统和原则子系统之外,原则和参数方式所研究和刻画的普遍语法模型中还有一些一般性的原则。其中最重要的是投射原则(projection principle)、准许原则(licensing principle)和完全解释原则(full interpretation principle)。这些一般性原则比原则子系统更加抽象,更加理论化。原则参数方式研究进一步限制以至于彻底取消了具有具体语言特征的语法规则,把必须具备的规则在数量上抽象概括并缩减到最低程度,并且给它们赋予普遍语法的特征和意义,用一般的原则来解释具体规则的应用。

这些原则具有普遍性,含有一些数值未定的参数,参数的数值由个别的语言来选择和决定。

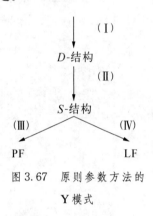

图 3.67 原则参数方法的
Y 模式

Chomsky 给出了"Y 模式"图式,来说明语法的规则和运算的表现形式(图 3.67)。

由于这个模式看起来像一个倒置的英文字母 Y,所以被称为"Y 模式"(Y-model)。在 Y 模式中,(Ⅰ)表示语法基础部分的短语结构规则,(Ⅱ)表示转换规则移动 $-\alpha$,(Ⅲ)是音位规则,(Ⅳ)是逻辑规则。应用规则(Ⅰ)生成 D-结构(D-structure);应用规则(Ⅱ)把 D-结构转化为 S-结构(S-structure);应用规则(Ⅲ)把 S-结构直接转化为语音表现形式 PF;应用规则(Ⅳ)把 S-结构转化为逻辑表现形式 LF。四个子规则系统的运算分别生成四个不同层次的表现形式:规则(Ⅰ)生成 D-结构,规则(Ⅱ)生成 S-结构,规则(Ⅲ)生成语音式 PF,规则(Ⅳ)生成逻辑式 LF。D-结构和 S-结构是完全属于语言机能内部的,PF 和 LF 分别与心智中的其他认知系统和信念系统形成界面(interface)关系,一方面产生直接的声音表现,一方面在与其他系统的相互作用中产生意义表现。在这里,D-结构和 S-结构之间不存在先后顺序的问题,字母 D 和 S 不表示任何深浅(Deep and Shallow)的含义,它们只不过是语言内部机能的理论构件而已。语法规则把包含四个层次表现形式的结构赋予每个语言表达式,用公式表示为 $\Sigma = (D, S, P, L)$。其中,Σ 表示语言结构描写,D 表示 D-结构,S 表示 S-结构,P 表示语音式,L 表示逻辑式。

例如,句子"What is easy to do today?"的运算情况如下:

首先,根据短语结构规则生成如下 D-结构:

$$[_S[_{NP} it] [_{VP} is [_{AP} easy [_S NP[_{VP} to do [_{NP} what]]]] today]]$$

使用移动规则之后,得到如下 S-结构:

$$[_{NP} what][_S[_{NP} it] [_{VP} is [_{AP} easy [_S NP[_{VP} to do [_{NP} e]]]] today]]$$

应用逻辑规则,对于 S-结构的逻辑表现形式的解释是

$$For\ which\ x, it\ is\ easy\ [_S NP[_{VP} to\ do\ [_{NP} e]]]\ today$$

这里,what 被看成一个准量词,转化为 for which 的形式,约束着变量 x。

应用音位规则,得到 S-结构的语音表现形式是

What is easy to do today?

这样根据 Y 模式运算出来的结果,就是表层的句子"What is easy to do today?".

在 D-结构、S-结构、PF 和 LF 这四个表现形式中,PF 和 LF 与其他的认知系统发生外在性界面关系,D-结构与词库发生内在性界面关系。在整个的运算过程中,S-结构起着中心枢纽的作用。

在生成语法一系列的发展过程中,Chomsky 逐步地消除了语法理论模式中的冗余部分,最大限度地减少规则系统,最后终于在理论上取消了规则系统。进入原则和参数阶段以后,随着内在主义语言观的建立,Chomsky 的研究开始着重遵循实体性最简单主义的原则,分析和探索内在性语言自身的简单性和完美性,生成语法的研究进入了最简单主义的阶段。在这个阶段,生成语法从语言本身的设计特征以及它与其他认知系统的相互关系出发,消除了一切只是服务于语言机能内部的理论构件,使得生成语法的整体模式达到了空前的简单性和完美性。

在《语言学理论的最简方案》中,Chomsky 阐述了关于语言学最简单主义的一些最基本的观点,提出了一些需要进一步思考和探索的问题。

关于语言学理论的最简方案形成的原因和动机,Chomsky 认为涉及如下两个问题:

● 什么是人类语言机能应该被期望去满足的一般性条件?

● 在哪种程度上,语言机能是由这些条件所决定的,而不存在超出它们的特殊结构?

第一个问题又可以进一步分为两个方面:

● 语言机能自身在心智/大脑认知系统序列中的位置是什么?

● 那些具有某些独立性的一般概念自然性的考虑,即简单性、经济性、对称性、非冗余性等等,对于语言机能施加的是一些什么样的条件?

Chomsky 对于第一个问题的回答是:

● 语言机能自身在心智/大脑认知系统序列中的位置是心智/大脑中其他认知系统对于语言机能所施加的界面条件。

● 科学研究对于客体对象所施加的一般性条件,属于方法论的"最简单主义"(minimalism)的范畴。

从实体性最简单主义出发,Chomsky 对于第二个问题的回答是:语言机能可以很好地满足这些外界性条件,在这个意义上说,语言是一个"完美的系统"(perfect system)。

语言学理论最简方案的研究,就是要对于这些答案所表达的可能性进行探索。出于对最简单主义的始终不懈的追求,Chomsky 对于这些问题所展开的讨论,在总体上变得更加内在化和抽象化。

Chomsky 在《语言学理论的最简方案》中再次说明了他的内在主义的语言观。语言是由生物遗传而来的语言机能所呈现出来的状态。语言机能的组成成分之一是一个生成程序,也就是内在性语言(I 语言)。这个程序叫作运算推导。I 语言生成结构描写(Structure Description,SD),即语言的表达式。生成结构描写的过程就是运算推导。I 语言内嵌在应用系统之中,应用系统把语言所生成的表达式应用于与语言有关的活动。结构描写可以看成是对于这些应用系统所发出的"指令"。

关于最简方案的总体性考虑,Chomsky 又讨论了如下问题:

● 在最简方案中,与内在语言有关的应用系统在总体上可以分为两个:一个是发声感知系统(Articulatory-Perceptual system,A-P);一个是概念意向系统(Conceptual-Intentional system,C-I)。每一个运算生成的语言表达式都包含着给予这些系统的指令。语言与这两个系统形成的界面是 A-P 和 C-I,它们分别给发声感知系统和概念意向系统提供指令。A-P 界面一般被认为就是语音表现形式,C-I 界面一般被认为就是逻辑式。从语言理论构建的必要性考虑,最简方案中语言的设计只需要 A-P 和 C-I 这两个界面就可以了,这样的思想符合我们对于语言的形式主要是由语音和意义组合而成的这种认识,这也是 2 000 多年前古希腊哲学家 Aristotle(亚里士多德)对于语言本质的思考。这说明,原则参数方法 Y-模式中的内部层面 D-结构和 S-结构并不是为语言的自身设计所必需的,它们只是出于研究的需要,由语言学家人为地设定的语言理论的内部构件而已。这些语言内在表现层面数量的减少以至于完全取消,正是最简方案所追求的目标。

● 在最简方案中,语言包括词库和运算系统两个组成部分。词库明确地和详细地描写进入运算过程的词汇项目的特征。运算系统使用这些词汇成分生成推导式和结构描写。推导是运算的规程,结构描写是运算的结果。基于这样的设想,每一语言都要确定由 π 和 λ 组成的集合。π 取自语音式,λ 取自逻辑式。运算系统的某些部分只与 π 发生联系,构成语音组成部分;运算系统的另外一些部分只与 λ 发生联系,构成逻辑语义组成部分,还有一些部分同时与 π 和 λ 发生联系,叫作"显性句法"(overt syntax)。语言成分音义之间的任意结合是必然存在的,所以,语音形式方面不言而喻地存在着语言变体。此外,词汇也具有任意性,语言变体还存在于词汇项目之中。但是,在显性句法和逻辑式中,语言变体的存在却很成问题,因为可以观察到的证据还不十分直接,我们甚至可以推测这里并不存在这样的变体。因此,最简方案的设想是,除了语音形式的选择和词汇的任意性之外,语言变体只限于词库中那些非实体性的部分和词汇项目的一般性特征。这样一来,对于所有的人类语言来说,除了这些数量有限的变体之外,就只存在两个东西:一个是普遍性的运算系统,一个是词库。就运算系统而言,语言的初始状态由普遍原则组成,与原则有关的选项限于功能成分和词库的一般性特征。从这些选项中做出的选择 Σ 决定一种语言,语言获得的过程就是确定 Σ 的过程,某一种语言的描述就是对于 Σ 所做的陈述。这样,语言获得问题也在最简方案中得到了实质性的修正。

● 在最简方案中,原则参数方法的题元理论、格理论、约束理论等,只能在界面上起作用,并通过界面获得它们存在的原因和动机。这样一来,以前在 *D*-结构和 *S*-结构层面上所做的工作,现在都必须在 A-P 和 C-I 两个界面上完成。与运算有关的条件只能是界面条件。语言表达式是对界面最为理想的满足和实现,体现了语言运算的理想性和优化性。

● 在最简方案中,由普遍语法的运算推导可产生"收敛"(converge)和"破裂"(crash)两个结果。如果推导式产生一个合理的结构描写,这一个推导便收敛;否则,便破裂。具体地说,如果结构描写 π 是合理的,推导式就收敛于语音式,否则就在语音式这个层面破裂。如果结构描写 λ 是合理的,推导式就收敛于逻辑式,否则就在逻辑式这个层面破裂。这是比较松散的条件,因为根据这些条件,π 和 λ 有可能各自都是合理的,但是不能结合成语音式和逻辑式都合理的偶对。所以,更为严格的条件应当是:如果一个推导式同时收敛于 PF 层面和 LF 层面,才可以算是真正的收敛。

根据这些简单性研究的思想,生成语法的理论模式发生了重大的变革。

最简方案主张语言包括词库和运算系统两个组成部分。这样的思想与自然语言处理的认识是极为接近的。我们知道,在机器翻译系统中,我们正是依靠词库和运算规则两个组成部分来组织整个系统的。因此,Chomsky 对于最简方案的这些深刻的理论探讨,必然会给自然语言处理的形式模型的研究以巨大的影响。

3.12 Joshi 的树邻接语法

1975 年,A. K. Joshi(尤喜,图 3.68),L. S. Levy(莱维),M. Takahashi 等提出"树邻接语法"(Tree Adjoining Grammar,TAG),TAG 可以识别和生成"树邻接语言"(Tree Adjoining Langrage,TAL)。

树邻接语法是在短语结构语法的基础上发展起来的。它以句法结构树作为核心操作对象,在树的基础上来组织语言知识,它的产生式规则也对应着树结构,它以线性的一维形式来表达二维的树结构。

树邻接语法与短语结构语法的不同之处在于,树邻接语法的规则比短语结构语法的规则写得更加细致。例如,汉语双宾语的树邻接语法的规则可以写为

图 3.68　A. K. Joshi

$$VP \rightarrow VP(V\ NP)\ NP$$

这个规则实际上包含了短语结构语法的两条规则:

$$VP \rightarrow VP \ NP$$

$$VP \rightarrow V \ NP$$

如果我们使用短语结构语法的两条规则来生成汉语,由于第一条规则 VP→ VP NP 是自嵌入的规则,在推导过程中,可以用规则右部的 VP 来不断重写规则左部的 VP,从而产生

$$VP \ NP \ NP \ NP \ NP \ NP \cdots NP$$

这样的包含若干个 NP 的符号串,显然这样的符号串在汉语中是不会出现的,是汉语中的不合法句子。

但是,如果我们使用树邻接语法,只有 VP → VP(V NP) NP 这样包含了树结构的规则,就只能产生

$$VP(V \ NP) \ NP$$

这样的树结构,它只包含两个 NP 作为双宾语,是符合汉语语法的。这样就限制了短语结构语法过强的生成能力,保证了规则的准确性。

可见,短语结构语法是一个基于符号串的生成系统,而树邻接语法是基于树的生成系统。当然,由树邻接语法生成的树邻接语言仍然是符号串语言,生成的结果中并不包含树结构。树邻接语法是对于短语结构语法的重要改进,它比短语结构语法更能反映自然语言的真实面貌。

下面我们从形式化的角度来讨论树邻接语法的基本组成要素及其操作模式。

一个树邻接语法是一个五元组 (Σ, NT, I, A, S),其中,

● Σ 是终极符号的有限集合。

● NT 是非终极符号的有限集合[①], $\Sigma \bigcap NT = \varnothing$。

● S 是初始符号,它是一个特殊的非终极符号,$S \in NT$。

● I 是初始树[②](见图 3.69 中的左树)的有限集合,它有两个特征:

■ 所有的非叶结点都用非终极符号标记。

■ 所有的叶结点,或者用终极符号标记,或者用带有下箭头(↓)的非终极符号标记。下箭头(↓)是初始树的标志,它的含义是"替换"(substitution),它表示该结点可以被其他的树结构替换。

如果一个初始树的根结点为 X,则这个初始树在 TAG 系统中叫作 X 类型的初始树。

● A 是辅助树[③](见图 3.69 中的右树)的有限集合,它也有两个特征:

■ 所有的非叶结点都用非终极符号标记。

■ 辅助树叶上的结点用终极符号或非终极符号标记。A 树叶上的非终极符号结点带有

---

① 在树邻接语法中,用小写字母表示终极符号,用大写字母表示非终极符号。

② 初始树是图 3.69 左边的 Initial tree。

③ 辅助树是图 3.69 右边的 Auxiliary tree,简称 A 树。

插接符号(adjunction),用星号(＊)标注将被插接的结点,这个结点叫作"落脚结点"
(foot node),落脚结点标记的非终极符号(短语类符号)要跟它所在的树结构的根结点
相同。

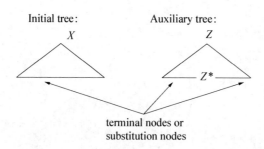

图 3.69　初始树与辅助树图例

在初始树集合 I 与辅助树集合 A 中的树都没有进行过任何操作,它们是本来就存储在集
合中的,这样的树叫基础树(elementary tree),主要用于 TAG 中的一些操作。

在 $I \cup A$ 这个集合中所有的树都叫作基础树。如果一个基础树的根用非终极符号 X 标
记,我们把它叫作 X 类型的基础树(X-type elementary tree)。在 TAG 中,基础树就是储存
在 I 或 A 中没有进行过任何操作的树。

TAG 是树生成系统而不是一个串生成系统,但 TAG 最终生成的树可以用来分析和解释
目标语言的串语言。

在一个 TAG 中,通过树的推导而生成目标语言中的树,下面介绍目标语言中的"树"及这
些"树"的生成过程。

如果一棵树是由集合 $I \cup A$ 中任意两棵树组合而成的,那么这棵树就叫作推导树
(derived tree)。

得到推导树的过程叫作推导过程。在这个过程中使用的操作有两个:一个是插接,另一
个是替换。

插接(adjoining)是把辅助树 β 插到任意树 α[①] 中而建立一棵新树的过程。

设 α 是一个包括非替换结点 n 的树,在树 α 的非替换结点上有一个标记是 X,设 β 是一
个辅助树,β 的根结点上的标记也是 X。由 β 与 α 在结点 n 处插接可以获得一棵结果树 γ
(resulting tree)。它的具体操作步骤如下[见图 3.70(a)]:

(1) 设 α 的子树为 t,t 由结点 n 支配,n 上的标记为 X,剪掉 t 后保存 n 的副本;

(2) β 的根结点与 X 相同,因此可以将辅助树 β 接在结点 n 的副本上;

(3) t 的根结点与 β 的末端结点相同,将子树 t 的根结点接到 β 树中标有 ＊ 号的落脚结点
上,就可以得到结果树 γ 了。

[①]　α 可以是初始树、辅助树,也可以是推导树。

下面我们具体看一个树邻接语法中邻接操作的例子[见图3.70(b)]。在 α_2 这棵树中,辅助树 β_1 邻接在 VP 这个结点上,α_1 是最终的结果树[见图3.70(b)]。它的具体操作过程是:

(1) 设 α_2 的子树是 t,t 的根结点是 n,n 上的标记是 VP,剪掉 t 后保存 n 的副本,标记还是 VP;

(2) 辅助树 β_1 的根结点的标记与 n 的标记相同,都是 VP,将辅助树 β 插接在副本 VP 上;

(3) 子树 t 的根结点与 β_1 上标有 * 号的落脚结点相同,都是 VP,将子树 t 的根结点接到 β_1 的有 * 号的落脚结点上,就可以得到结果树 α_2 了。

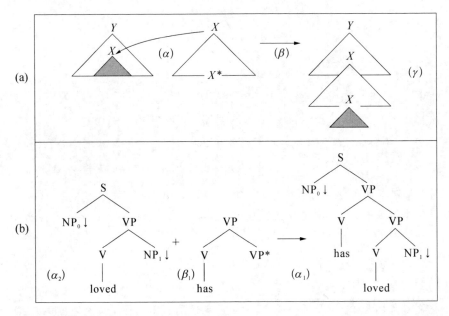

图 3.70　插接操作

在 TAG 中有三种插接,标记经过插接之后,就可以确定某个辅助树可以插接在初始树中某个指定的结点上,这种标记可以使插接操作更方便。

假设 G 是 TAG,$G = (\Sigma, NT, I, A, S)$,可以为 I 与 A 中的每个基础树上的结点规定下面的一种插接操作:

(1) 选择插接(Selective Adjunction,SA(T)),辅助树可以插接到指定结点上,但这种辅助树上的插接不是强制的,因此这种插接叫作选择插接。

(2) 空插接(Null Adjunction,NA),在指定结点上不允许有任何邻接成分。

(3) 强制插接(Obligatory Adjunction,OA(T)),令 T 是辅助树集合,当 $T \subseteq A$ 时,T 中的树一定要插接在指定结点上。在这种情况下,辅助树的插接成分是强制的,因此这种插接叫作强制插接。

下面再来看推导过程中的另外一个操作——替换(substitution)。

替换是用一个推导树 β 替换初始树 α 而建立一棵新树的过程。

替换只发生在一棵树叶子的非终极结点上[见图 3.71(a)]。在 TAG 中将要发生替换的结点都有下箭头(↓)做标记。

我们来看 TAG 中一个具体的替换操作的例子,在图 3.71(b)中,树 α_3 的根结点 NP 与初始树 α_2 中 VP 子树下的 NP_1 结点相同,NP_1 上标有下箭头(↓),因此可以用树 α_3 中 NP 替换初始树 α_2 中的 NP_1,这样就得到了结果树 α_4。

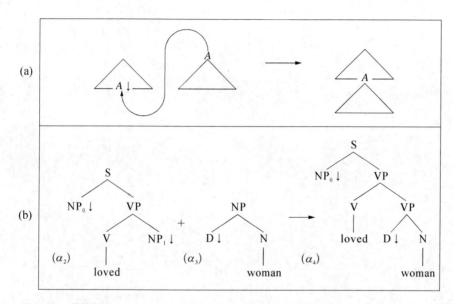

图 3.71 替换操作

当替换在一个结点 n 上发生时,这个结点由将要替换的树代替。当一个结点被标记上要被替换时,只有推导树可以替换它。在标记了替换的结点上不允许出现任何插接操作。例如,在图 3.70 与图 3.71(b)中的 α_2 这棵树上,在 NP_0 与 NP_1 这两个结点上都不允许有任何插接操作。

在 TAG 的推导树中,没有给出足够的信息来确定这棵树是如何构成的,但是,这些信息在 TAG 的推导关系树中都给出了。

什么是推导关系树呢?

推导关系树(derivation tree)是一个确定推导树构成过程的树。插接和替换这两种操作在 TAG 的推导过程中都被包括进去了。例如,推导树 α_5 可以产生下面的句子(图 3.72):

(1) Yesterday a man saw Mary.

图 3.72 是句(1)的推导树,它表明了句(1)的内部组成结构,但却没有告诉我们句(1)的获得过程。在图 3.73 中,句(1)被分解为几棵局部的基础树,图 3.74 是句(1)的推导关系树,它表明了图 3.72 中的推导树是如何获得的。

在 TAG 的推导关系树中,除根结点外,树的地址与各个结点联系在一起。结合图 3.73 中句(1)的局部基础树,图 3.74 中的推导关系树应做如下解释:α_a 在 α_{man} 这棵树中,在地址 1

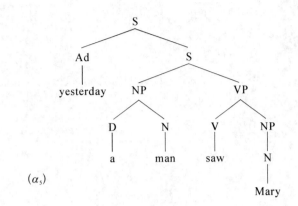

图 3.72　句(1)的推导树

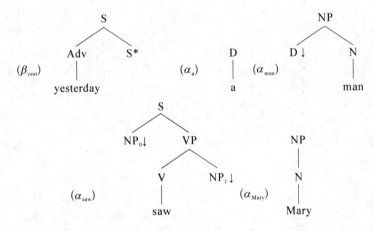

图 3.73　句(1)的局部基础树

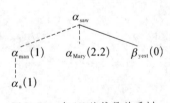

图 3.74　句(1)的推导关系树

被替换,地址 1 与图 3.73 中结点 D 相关联,α_{man} 在树 α_{saw} 中,在地址 1 被替换,地址 1 还与图 3.73 中的结点 NP_0 相关联,α_{Mary} 在树 α_{saw} 中,在地址 2.2 被替换,地址 2.2 与图 3.73 中的结点 NP_1 相关联,β_{yest} 这棵树在地址 0 邻接,地址 0 与图 3.73 中的结点 S 相关联。① 在 TAG 的推导关系树中,如果两棵树是插接关系,用实线连接;如果是替换关系,用虚线连接。比如在图 3.74 中,β_{yest} 与 α_{saw} 之间由实线相连,它们是插接关系,在图 3.73 中树 β_{yest} 上有 S^*,α_{saw} 的根结点是 S,因此,树 β_{yest} 中的 S^* 要由 α_{saw} 插接。再看图 3.74,α_a 与 α_{man} 之间是虚线,在图 3.73 中,α_{man} 中的叶子结点 D 上标有下箭头,α_a 的根结点是 D,因此 α_a 可以替换 D↓,其他树之间的关系可以依此类推。

---

① 在 TAG 中,用哪种顺序解释推导关系树对最终的推导树没有影响。

由于插接在一个结点只能发生一次,因此在推导关系树中,一个父结点的所有子结点的地址都不相同,也就是说,在同一层级上的兄弟结点地址不能相同。比如在句(1)的推导关系树中,α_{saw} 的所有子结点地址都不相同,α_{man} 与 α_a 是父子关系,所以地址可以相同。

前面说过,树邻接语法是一个树生成系统,它生成的树组合在一起可以形成树集合。下面介绍一下 TAG 生成的树集合的定义和属性。

TAG 中的树集合(tree sets)是指从某个以 S 为根的初始树推导出的绝对初始树(completed initial trees)的集合。在这里,绝对初始树是指叶子上没有替换结点的初始树。它有下面一些属性:

● 可识别树集合(recognizable tree sets)[①]严格包括在树邻接语法的树集合中;[②]

● 在给定的 TAG 的树集合中,树集合中所有树的路径的集合(set of path)$P(T(G))$ 都是上下文无关语言;

● 对于 TAG 中每个语法 G 来说,G 的树集合 $T(G)$ 都可以多次被识别。

树邻接语法可以识别和最终生成的语言是树邻接语言(Tree Adjoining Language,TAL),树邻接语言中不再包含任何形式的树,它是一种串语言(string languages)。树邻接语言生成的树最终还是为了识别和生成这样的串语言,下面介绍 TAG 中串语言的定义和属性。

设 $T_G = \{t \mid t$ 是从某个以 S 为根的初始树的推导结果$\}$。

假设 $L(G)$ 是 TAG 的串语言,则 $L(G)$ 是树集合中所有树的生成结果的集合。定义如下:

$$L_G = \{w \mid w \text{ 是 } T_G \text{ 中某个树 } t \text{ 的生成结果}\}$$

TAG 中的串语言有以下一些属性:

● 树邻接语言完全包括上下文无关语言;如果用 CFL 表示上下文无关语言,用 TAL 表示树邻接语言,则有 CFL⊂TAL;

● 树邻接语言是半线性(semi-linear)的;

● 树邻接语言是语言的完整抽象集合(full Abstract Family of Languages,full AFLs);

● TAG 的自动机是嵌入式下推自动机(Embedded Push-Down Automaton,EPDA),它精确地概括了树邻接语言集合的特征;

● 树邻接语言都有一个启动词条(pumping lemma);

● 树邻接语言可以被多次分析。

总起来说,一个 TAG 语法包括一组有限的初始树和辅助树,用一个 TAG 语法生成自然语言中的句子,就是从 S 类型的初始树开始,不断地进行替换和插接操作,直到所有带替换标记的结点都已经被替换了;所有带插接标记的结点都已经被插接了,最后,把所得到的树的叶

---

① 可识别树集合也叫作规则树集合(regular tree sets)。

② 形式化公式为 recognizable tree sets⊂$T(G)$。

结点按顺序列出,就可以得到该 TAG 语法所生成的句子的集合。

TAG 也可以用来进行自然语言句子的分析。在分析时,从包含树中词语的树结构开始,通过替换和插接操作,形成一个以 S 为根结点的树结构。

以上我们介绍和讨论了树邻接语法的基本定义和操作,在这些定义和操作的共同作用下,树邻接语法最终可以生成目标语言中的树集合,这些树又可以反过来分析目标语言中的串语言。虽然树邻接语法是在语言学领域里建立起来的,但它已经变成了数学和计算机科学领域都令人感兴趣的理论,研究 TAG 后产生了很重要的数学结果,这些结果将会反过来对语言学产生推动作用。因此,可以说 TAG 是一种语法、一种形式语言理论、一种自动机理论,因此,TAG 是自然语言处理的一种形式模型,它体现了形式语言学、数学及计算机各领域间的相互作用。

从 TAG 发展至今,它的面貌已经发生了很大的变化,对于自然语言的描述也越来越精细。最近又提出了词汇化树邻接语法(Lexicalized TAG,LTAG),把词汇信息引入 TAG 的规则中。

LTAG 对于 TAG 的扩充主要在于把每一个初始树和辅助树都与某一个或某一些具体的单词关联起来,LTAG 树结构中带有词的结点叫作这个树的"抛锚点"(anchor)。下面是 LTAG 树的例子(图 3.75)。

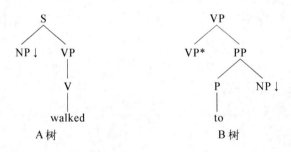

图 3.75　带抛锚点的树

图 3.75 中 A 树是一个初始树,它抛锚在 walked 这个动词上,B 树是一个 VP 类型的辅助树,它抛锚在 to 这个介词上。在 A 树中,抛锚点上的 walked 是一个不及物动词,这就限制了这个词不能带宾语,也就不可能由 A 树参与而生成出"John walked Beijing"这样的不合法的句子,但是,如果用 B 树与 A 树进行插接操作,可以得到"John walked to Beijing"这样合乎语法的句子。其树结构如图 3.76 所示。

显而易见,由于在树结构中引入单词的信息,词汇化树邻接语法 LTAG 又进一步限制了短语结构语法过强的生成能力,提高了自然语言处理的精确度和效率。树邻接语法和词汇化树邻接语法都是比短语结构语法更好的自然语言处理的形式模型。

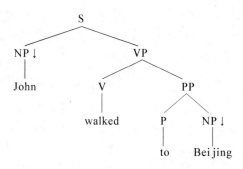

图 3.76　B 树与 A 树进行插接而生成的树

3.13　汉字结构的形式描述

文字的计算机处理是自然语言处理的一个重要方面。汉字结构分析是自然语言处理应当特别关注的问题。

汉字可以分为独体字(single character)和合体字(compound character)两类。独体字在字形结构上分解不出几个相离的部件而只能分解出笔画,例如"甘、手、亦"。合体字是由两个或两个以上的部件组合而成的字。例如,"休"字由"亻"和"木"两个部件组成,"霜"由"雨""木"和"目"三个部件组成。合体字的结构可以分为三个层次:第一个层次是合体汉字本身,第二个层次是组成这个合体字的部件(component),第三个层次是组成部件的笔画(stroke)。

在汉字形体结构的三个层次中,部件是枢纽性的一环,是汉字形体结构的核心。

从汉字的发展历史来看,古人有所谓"独体为文,合体为字"的说法。东汉许慎在《说文解字》第十五中说:"仓颉之初作书,盖依类象形,故谓之文,其后形声相益,即谓之字。文者,象物之本,字者,言孳乳而浸多也。"[①]在这段话中,许慎明确地把"文"与"字"区别开来,认为"字"是由象形的"文"孳乳繁衍出来的。可见,造字的历史,不是先造笔画,再造部件,然后再造出整个的汉字,而是先造出了一些象形的"文",这些"文"又作为部件繁衍而成为数量众多的合体的"字"。例如,由"日"和"月"这两个象形的文,用会意的方法合成"明"这个合体字。至于笔画系统的形成,那是进入隶书阶段以后的事情,汉字形体的新陈代谢是一种笔势的变革,除了草书和简化字之外,基本上不是结构本身的变革。由此可见,由单体的"文"到合体"字",是合乎汉字发展规律的,所以,研究汉字的形体结构,应当从部件入手,这样才可能抓住问题的关键,做到纲举目张。

从汉字的现状来看,自从汉字形成了平直的笔画系统和方正的方块体系之后,部件具有

---

① 许慎.说文解字 [M].北京:中华书局,1963.

承上启下的作用,它一方面由几个简单的笔画构成,另一方面又进一步构成成千上万个汉字。部件处于枢纽的地位,把笔画与汉字联系起来,成了汉字形体结构的核心。部件总数只有几百个,合成一个汉字时,只需要为数不多的几个部件,把部件分解为笔画,得出的笔画数目也不多。如果我们不要部件这个承上启下的枢纽,直接把汉字分解为笔画,所得的笔画数目会很多,排列起来犹如一个长蛇阵,不容易说清楚其中的序列关系。另外,部件具有固定的形体,大多数部件有一定的含义,许多部件还有明确的称读,在性质上与汉字比较接近,有的部件同时也就是独体汉字,远较笔画优越。

因此,部件应该是汉字形体结构研究的中心内容。我们在研究汉字结构的形式化描述时,一定要充分重视部件的这种枢纽作用。

如果一个部件再继续分解就成为笔画,那么这说明这个部件已经不能再继续分解为更小的部件,这样的部件叫作末级部件(primitive component)。独体字再继续分解就是笔画,因此,独体字也可以看成是由一个末级部件组成的汉字。从这个意义上说,所有的汉字(包括独体字与合体字)都是由末级部件组合而成的。

第一次分解　雨　　　相

第二次分解　　　　木　　目

图 3.77　"霜"字结构的树形图表示

例如,"霜"字首先可以分解为"雨"和"相"两部分,其中,"雨"是独体字,属于末级部件,再继续分解就成了笔画,而"相"是合体字,还可以进一步分解为末级部件"木"和"目"。我们可以用树形图(tree graph)表示,如图 3.77 所示。

我们注意到,在图 3.77 中,"雨、木、目"等末级部件都出现在树形图的叶结点上,而"霜、相"则不出现在树形图的叶结点上。

对于每一个合体汉字,我们都可以使用这样的办法,把它分解为树形图,从而揭示出它的结构。这对于汉字信息处理和对外汉语教学,显然是很有好处的。

根据计算机统计的结果,现代汉字是由 648 个末级部件组成的。在这 648 个末级部件中,有 327 个是独体字,如"口、木、土、十、又"等,另外的 321 个不是独体字,它们仅仅是合体字的组成单位,如"纟、犭、扌、辶、忄、亻、钅"等。如果我们掌握了这 648 个末级部件,再掌握了合体字的分解方法,那么我们在汉字信息处理和对外汉语教学中,就可以达到以简驭繁、事半功倍的效果。[①]

Chomsky 的上下文无关语法(Context Free Grammar,CFG)是自然语言处理中应用得最为广泛的一种形式语法,这个语法在数学上简洁、清晰,在语言学上有比较好的解释力,在程序的实现上有比较成熟的算法。

我们是不是也可以采用上下文无关语法来描述汉字的结构呢? 笔者在用德文出版的《汉

---

①　冯志伟.现代汉字和计算机[M].北京:北京大学出版社,1989.

字的历史与现状》(*Die chinesiscnen Schriftzeichen in vergangenheit und Gegenwart*)[①]一书中，对于这个问题给出了肯定的回答。通过对国家标准 GB 2313—80 中的 6 763 个汉字的结构进行了全面的分析之后得出结论：汉字的结构完全可以使用上下文无关语法来描述。

根据 Chomsky 的形式语言理论，一个上下文无关语法 G 可以用四元组来表示。这个四元组可以定义如下：

$$G = (V_n, V_t, S, P)$$

其中，V_n 是非终极符号的集合，V_t 是终极符号的集合，S 是初始符号，P 是重写规则，其形式为

$$A \rightarrow \omega$$

这里，A 是单独的非终极符号，ω 是符号串，它可以由终极符号或非终极符号组成。

在图 3.77 中，出现在树形图的叶结点上的"雨、木、目"相当于上下文无关语法中的终极结点，不出现在树形图叶结点上的"霜、相"相当于上下文无关语法中的非终极结点，"霜"出现在树形图的根结点上，而根也是非终极结点。由于"霜、相"不出现在树形图的叶子结点上，它们的结构表示了某种信息，"霜"是由"雨"和"相"上下相接而组成的，它表示了"上下结构"这样的结构方式信息(construction pattern)，"相"是由"木"和"目"左右相接而组成的，它表示了"左右结构"这样的结构方式信息。

因此，我们可以写出如下的重写规则：

$$霜(上下结构) \rightarrow 雨 + 相(左右结构)$$
$$相(左右结构) \rightarrow 木 + 目$$

由于"霜"和"相"都不出现在树形图的叶结点上，所以在重写规则中，我们只需要写出它们所代表的结构方式信息。这样，上述的重写规则可以改写为

$$上下结构 \rightarrow 雨 + 左右结构$$
$$左右结构 \rightarrow 木 + 目$$

这两个规则的左部分别是"上下结构"和"左右结构"，它们都是单独的非终极符号，与上下文无关语法的重写规则 $A \rightarrow \omega$ 中的左部 A 相对应，第一个规则的右部是"雨 + 左右结构"，"雨"是末级部件，属于终极符号，"相"是非终极符号，它们是由终极符号和非终极符号组成的符号串，与上下文无关规则 $A \rightarrow \omega$ 中的右部 ω 相对应。

这样一来，我们就可以用上下文无关语法来描述"霜"字的结构了。

这个上下文无关语法可以这样来写：

$$G = (V_n, V_t, S, P)$$
$$V_n = \langle 上下结构, 左右结构 \rangle$$

---

① Feng Zhiwei. Die chinesiscnen Schriftzeichen in vergangenheit und Gegenwart[M]. 德文版. Germany：Wissenschaftlicher Verlag Trier，1994.

$$V_t = \{雨,木,目\}$$

$$S = \{上下结构\}$$

$$P:$$

上下结构 → 雨 + 左右结构

左右结构 → 木 + 目

"上下结构""左右结构"都是表示范畴的概念,我们可以使用符号来代表它们。例如,我们可以使用符号 A 代表"上下结构",用符号 C 代表"左右结构",那么上面的上下文无关语法可以写得更加简洁:

$$G = (V_n, V_t, S, P)$$

$$V_n = \{A, C\}$$

$$V_t = \{雨,木,目\}$$

$$S = \{A\}$$

$$P:$$

A → 雨 + C

C → 木 + 目

显而易见,从上下文无关语法的角度来看汉字,V_n 就是汉字的结构方式,V_t 就是构成汉字的末级部件,S 就是需要分解的汉字的最顶一级的结构方式,P 就是分解的规则。由于 P 的左部是一个单独的非终极符号,右部是一个符号串,因此,这样的语法完全符合 Chomsky 关于上下文无关语法的定义。

汉字的结构方式 V_n 究竟有多少?经过统计分析证实,汉字的 V_n 是有限的,一共有如下 11 种[①]:

(1) 上下结构,记为 A。

例如:志、呆、苗、字。

(2) 上中下结构,记为 B。

例如:曼、禀、复、享。

(3) 左右结构,记为 C。

例如:伟、亿、课、化。

(4) 左中右结构,记为 D。

例如:衍、棚、树、狱。

(5) 左上包围结构,记为 E。

例如:庙、病、房、尾。

---

① 有的学者认为汉字的结构方式有13种,他们的分类方法与此稍有差异。

(6) 右上包围结构,记为 F。

例如:句、氧、可、习。

(7) 左下包围结构,记为 G。

例如:达、旭、连、爬。

(8) 左上右包围结构,记为 H。

例如:同、问、闹、风。

(9) 上左下包围结构,记为 I。

例如:区、医、匿、匣。

(10) 左下右包围结构,记为 J。

例如:凶、画、击、函。

(11) 全包围结构,记为 K。

例如:困、国、回、团。

此外,还有一种特殊的对称结构,例如,米、韭、隶、垂。这样的结构不能进一步拆分,从结构分析的角度来看,它们的性质与独体字、末级部件是一样的,属于不能再进一步分解的结构,因此,我们把这些不能进一步分解的结构都记为 O,由于它们都不能进一步分解,应该属于终极符号 V_t,在树形图中它们都处于叶子的位置上,用符号■表示。

根据这样的分析,在表示汉字结构的上下文无关语法中,非终极符号 V_n 就是 A,B,C,D,E,F,G,H,I,J,K 等 11 个符号,它们表示了汉字的基本结构方式,终极符号 V_t 就是 648 个末级部件,包含独体字(如"口、木、土、十、又"等),偏旁部首(如"纟、犭、扌、辶、忄、亻、钅"等)以及对称结构字(如"米、韭、隶、垂"等)。

这样一来,我们可以把表示汉字结构的上下文无关语法重新定义如下:

$$G = (V_n, V_t, S, P)$$
$$V_n = \{A, B, C, D, E, F, G, H, I, J, K\}$$
$$V_t = \{O\}$$

O 可以为各种终极符号。例如:口、木、土、十、又、纟、犭、扌、辶、忄、亻、钅、米、韭、隶、垂等等。

初始符号 S 就是要分析其结构的汉字本身,它可以取 V_n 中的符号为其值。当我们用上下文无关语法来分析自然语言的句子的时候,初始符号 S 只有一个,这就是表示句子(Sentence)的符号 S,而在用上下文无关语法描述汉字的时候,初始符号 S 可以取 V_n 中的符号为其值,可以有 11 种不同的选择,这意味着,对于汉字描述来说,我们总是有 $S \in V_n$,S 可以取 V_n 中的不同的值。但是,在用上下文无关语法描述句子的时候,S 只能取 V_n 中唯一的一个值(也就是 Sentence 的缩写表示 S 这个非终极符号本身),只有一种选择。这是用上下文无关语法来描述汉字结构时与描述句法结构时的差别。

重写规则 P 具有上下文无关语法的规则的形式,它的左部必须是一个单独的非终极符

号,右部是一个符号串,其形式是

$$A \to \omega$$

例如

$$A \to 雨 + C \qquad\qquad\qquad ①$$
$$C \to 木 + 目 \qquad\qquad\qquad ②$$

使用重写规则①和②,我们可以写出"霜"字的推导史(derivational history)如下:

A	(初始符号)
雨 + C	(使用规则①)
雨 + 木 + 目	(使用规则②)

这样,我们也可以把一个汉字看成是从初始符号开始,使用上下文无关语法的重写规则,一步一步生成的,也就是把汉字看成是由上下文无关语法生成的结果。

在图 3.77 所表示的树形图中,"霜"是上下结构,"相"是左右结构,我们可以在树形图中的相应结点上加上"上下结构"和"左右结构"的标记,"雨、木、目"都是末级部件,用不着再加其他标记了。这样,图 3.77 中的树形图可以改写为图 3.78 中的树形图。

这个树形图又可以进一步抽象,如图 3.79 所示。

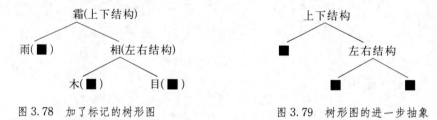

图 3.78　加了标记的树形图　　　　图 3.79　树形图的进一步抽象

使用上下文无关语法中约定的终极符号和非终极符号,树形图可以表示为图 3.80。这个树形图可以转写成等价的括号表达式(bracket formula):

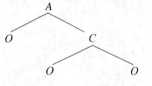

图 3.80　结点用终极符号和非终极符号表示的树形图

$$A(O, C(O, O))$$

这意味着,合体字"霜"可以表示为括号表达式 $A(O, C(O, O))$。

任何一个合体字都可以表示为这样的括号表达式。这样,我们便找到汉字结构的一种形式化表示方法——括号式表示法。这是一种基于上下文无关语法的表示方法。

很多常用汉字包含不止两个或三个部件,往往包含多个部件,因此,我们必须对它们逐级分解。下面,我们说明包含三个或三个以上部件的合体字的结构分解情况,这样的结构分解也就是对于它们的形式描述。

1. 包含三个部件的合体字的形式描述

包含三个部件的合体字按照形式可以分为 15 个小类。

(1) $A(O, C(O, O))$。

与这个括号式相应的树形图如图 3.81 所示。

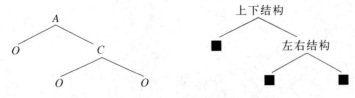

图 3.81　与括号式 $A(O, C(O, O))$ 相应的树形图

例如，"花"可以表示为图 3.82 所示的树形图。

"花"的结构与"霜"属于同一个小类，都是 $A(O, C(O, O))$。

此外的小类还有，括号式如下：

(2) $C(O, A(O, O))$。例如"陪"。

(3) $C(O, E(O, O))$。例如"缠"。

(4) $C(O, G(O, O))$。例如"挺"。

(5) $C(O, H(O, O))$。例如"润"。

(6) $C(O, I(O, O))$。例如"抠"。

(7) $C(O, K(O, O))$。例如"捆"。

(8) $E(O, A(O, O))$。例如"庶"。

(9) $E(O, C(O, O))$。例如"厢"。

(10) $H(O, A(O, O))$。例如"间"。

(11) $K(O, A(O, O))$。例如"围"。

(1)～(11)的结构可以归纳为图 3.83 所示的几何形式。

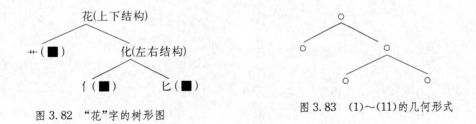

图 3.82　"花"字的树形图　　　　图 3.83　(1)～(11)的几何形式

(12) $A(C(O, O), O)$。

相应的树形图如图 3.84 所示。例如，合体字"型"的结构如图 3.85 所示。

(13) $C(A(O, O), O)$。例如"部"。

(14) $G(A(O, O), O)$。例如"逞"。

(15) $G(C(O, O), O)$。例如"逊"。

(12)~(15)的结构可以归纳为如图 3.86 所示的几何形式。

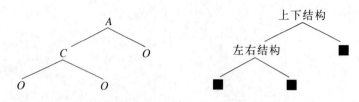

图 3.84 与括号式 $A(C(O,O),O)$ 相应的树形图

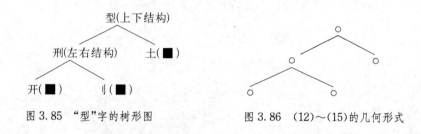

图 3.85 "型"字的树形图   图 3.86 (12)~(15)的几何形式

2. 包含四个部件的合体字的形式描述

包含四个部件的合体字的形式可分为 19 个小类。

(1) $C(O,A(O,C(O,O)))$。

树形图如图 3.87 所示。

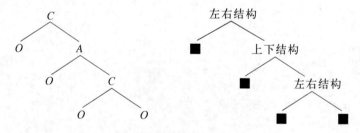

图 3.87 与括号式 $C(O,A(O,C(O,O)))$ 相应的树形图

例如,"摄"可以表示为如图 3.88 所示的树形图。

此外的小类还有,括号式如下:

(2) $A(O,C(O,A(O,O)))$。例如"瘟"。

(3) $A(O,A(O,C(O,O)))$。例如"蕊"。

(4) $C(O,I(O,C(O,O)))$。例如"榧"。

(5) $H(O,C(O,A(O,O)))$。例如"阔"。

(6) $I(O,A(O,E(O,O)))$。例如"匿"。

(1)~(6)的结构可以归纳为如图 3.89 所示的几何形式。

(7) $C(A(O,O),A(O,O))$。

树形图如图 3.90 所示。

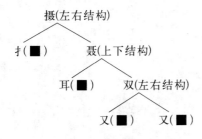

图 3.88 "摄"字的树形图

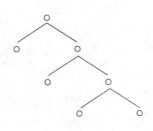

图 3.89 (1)~(6)的几何形式

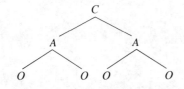

图 3.90 与括号式 $C(A(O,O),A(O,O))$ 相应的树形图

例如,"韶"字可表示为如图 3.91 所示的树形图。

此外的小类还有,括号式如下:

(8) $A(C(O,O),I(O,O))$。例如"筐"。

(9) $A(C(O,O),E(O,O))$。例如"鏊"。

(10) $C(I(O,O),A(O,O))$。例如"欧"。

(7)~(10)的结构可归结为如图 3.92 所示的几何形式。

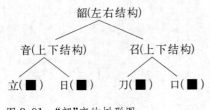

图 3.91 "韶"字的树形图

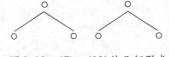

图 3.92 (7)~(10)的几何形式

(11) $B(O,O,A(O,O))$。

树形图如图 3.93 所示。

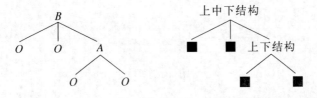

图 3.93 与括号式 $B(O,O,A(O,O))$ 相应的树形图

例如,"营"字可表示为如图 3.94 所示的树形图。

此外的小类还有,括号式如下:

(12) $D(O,O,A(O,O))$。例如"游"。

(11)~(12)的结构可以归结为如图3.95所示的几何形式。

(13) $C(B(O,O,O),O)$。

树形图如图3.96所示。

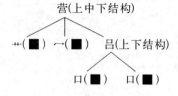

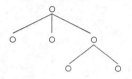

图 3.94 "营"字的树形图　　　　　图 3.95 (11)~(12)的几何形式

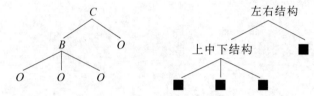

图 3.96 与括号式 $C(B(O,O,O),O)$ 相应的树形图

例如,"额"字可表示为如图3.97的树形图。

此外的小类还有,括号式如下:

(14) $A(D(O,O,O),O)$。例如"辔"。

(13)~(14)的结构可以归结为如图3.98所示的形式。

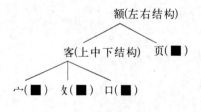

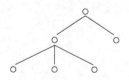

图 3.97 "额"字的树形图　　　　图 3.98 (13)~(14)的几何形式

(15) $C(O,B(O,O,O))$。

树形图如图3.99所示。

例如,"樟"字可表示为如图3.100所示的树形图。

其几何形式抽象如图3.101所示。

(16) $A(O,A(C(O,O),O))$。

树形图如图3.102所示。

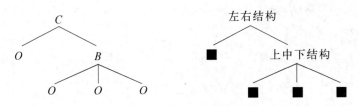

图 3.99　与括号式 $C(O, B(O, O, O))$ 相应的树形图

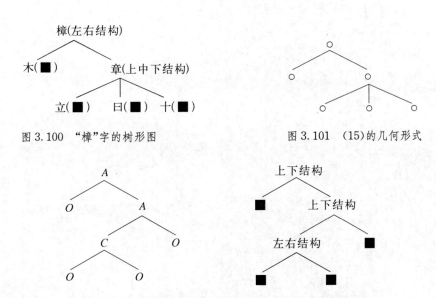

图 3.100　"樟"字的树形图　　　　图 3.101　(15) 的几何形式

图 3.102　与括号式 $A(O, A(C(O, O), O))$ 相应的树形图

例如,"荜"字可表示为如图 3.103 所示的树形图。

此外的小类还有,括号式如下:

(17) $C(O, A(O, O), O))$。例如"燃"。

(18) $E(O, A(C(O, O), O))$。例如"腐"。

(16)~(18) 的结构可归结为如图 3.104 所示的形式。

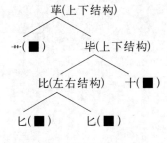

图 3.103　"荜"字的树形图

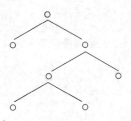

图 3.104　(16)~(18) 的几何形式

此外,还有:

(19) $G(E(O, A(O, O)), O)$。例如"遮"。

通过对于上面的汉字结构的分析,想来读者已经理解了我们的方法,我们建议读者自己做出这个汉字的树形图。

在下面的论述中,为了节省篇幅,我们不再做树形图,只写出汉字的括号式结构。

3. 包含五个部件的合体字的形式描述

包含五个部件的合体字可分为 19 个小类,其形式描述用括号式表示如下。

(1) $C(O, B(O, C(O, O)), O)$。例如"澡"。

(2) $A(O, B(O, A(O, O)), O)$。例如"膏"。

(3) $C(O, B(O, O, H(O, O)))$。例如"搞"。

(4) $A(O, B(O, O, H(O, O)))$。例如"蒿"。

(5) $C(O, A(C(O, O), C(O, O)))$。例如"缀"。

(6) $E(O, A(C(O, O), G(O, O)))$。例如"魔"。

(7) $D(O, B(O, O, O), O)$。例如"渤"。

(8) $C(B(O, O, H(O, O)), O)$。例如"敲"。

(9) $A(D(O, A(O, O), O), O)$。例如"樊"。

(10) $B(C(O, O), O, C(O, O))$。例如"器"。

(11) $C(A(O, D(O, O, O)), O)$。例如"鄙"。

(12) $C(A(O, O), B(O, O, O))$。例如"蹂"。

(13) $C(A(C(O, O), C(O, O)), O)$。例如"戳"。

(14) $A(C(O, O), A(C(O, O), O))$。例如"篮"。

(15) $A(O, C(O, B(O, O, O)))$。例如"寝"。

(16) $C(O, E(O, A(O, C(O, O))))$。例如"潇"。

(17) $C(B(O, O, O), A(O, O))$。例如"毂"。

(18) $B(O, O, D(O, O, O))$。例如"赢"。

(19) $A(O, G(E(O, A(O, O)), O))$。例如"蘑"。

4. 包含六个部件的合体字的形式描述

包含六个部件的合体字的形式可分为 10 个小类,其形式描述用括号式表示如下:

(1) $C(A(F(O, O), F(O, O)), A(O, O))$。例如"歌"。

(2) $A(C(I(O, O), A(O, O)), C(O, O))$。例如"翳"。

(3) $C(B(O, O, O), B(O, O, O))$。例如"豁"。

(4) $A(C(O, O), E(O, A(O, C(O, O))))$。例如"麓"。

(5) $C(B(O, O, O), A(O, C(O, O)))$。例如"豌"。

(6) $A(C(C(E(O, A(O, O)), A(O, O)), O)$。例如"臀"。

(7) $C(O, B(O, O, D(O, O, O)))$。例如"瀛"。

(8) $D(O,A(C(O,O),C(O,O)),O)$。例如"衢"。

(9) $C(O,B(C(O,O),O,A(O,O)))$。例如"骥"。

(10) $C(O,B(O,C(O,O),C(O,O)))$。例如"灌"。

5. 包含七个部件的合体字的形式描述

包含七个部件的合体字的形式可分为 4 个小类,其形式描述用括号式表示如下:

(1) $A(C(B(O,O,O),B(O,O,O)),O)$。例如"恋"。

(2) $C(E(O,A(O,C(O,O))),A(O,C(O,O)))$。例如"麟"。

(3) $A(C(A(O,O),E(O,A(O,O))),A(O,O))$。例如"饕"。

(4) $C(A(O,O),B(O,C(O,O),A(O,O)))$。例如"馕"。

6. 包含八个和九个部件的合体字的形式描述

包含八个部件的合体字的形式只有 1 个小类,包含九个部件的合体字的形式也只有 1 个小类,其形式描述用括号式分别表示如下:

包含八个部件的合体字的括号式为:

$C(B(O,O,O),B(O,C(O,O),A(O,O)))$。例如"鱶"。

包含九个部件的合体字的括号式为:

$C(B(O,O,B(O,O,O)),A(C(O,A(O,O)),O))$。例如"懿"。

总而言之,我们可以使用上下文无关语法的形式模型来描述汉字的结构,采用类似于句法分析的方法,把汉字或者表示为一个树形图,或者表示为与之相应的括号式,这样,我们就可能对汉字进行自动分析或处理,从而推动中文的自然语言处理的研究。当然,这样的方法对于面向非汉族人的汉字教学也是有好处的。

3.14 Hausser 的左结合语法

"左结合语法"(Left-Associative grammar,LA)的创始人 Roland Hausser(豪塞尔,图 3.105)是德国埃尔朗根-纽伦堡大学计算语言学教授。他先后出版了《表面组成语法》《自然人机交流》《计算语言学基础:人机自然语言交流》和《自然语言交流的计算机模型》等多部专著,发表文章近百篇。Hausser 创立"左结合语法"之后,又进一步提出了"数据库语义学"(DataBase Semantics,DBS)和完整的"语表组合线性内部匹配"理论(Surface compositional Linear Internal Matching,SLIM),在计算语言学界形成了他自己独特的风格。

图 3.105 R. Hausser

笔者与 Hausser 曾有一面之交。2002 年联合国教科文组织

(UNESCO)韩国委员会在韩国首尔(Seoul)举行了一次关于"信息时代的语言问题"的学术研讨会,笔者和 Hausser 都被邀请参加了这次会议。在会议期间的交谈中,笔者对于 Hausser 独特的理论有了初步的了解,回国之后,笔者又细读了他的《计算语言学基础:人机自然语言交流》一书,对于他的理论又有了进一步的认识。笔者认为 Hausser 是一位具有独创精神的计算语言学家。

2006 年,Hausser 又出版了《自然语言交流的计算机模型:数据库语义学下的语言理解、推理和生成》[①]一书。在这本书中,他系统地分析了自然语言的主要结构,以英语为例,分析了听话人模式(hearer mode)和说话人模式(speaker mode)下的示意推导。听话人模式下的分析主要讨论了如何严格按照时间线性顺序将函词-论元结构(hypotaxis)和并列结构(parataxis)编码为命题因子,并把共指(coreference)作为推理基础上的二级关系来分析。说话者模式下的分析主要讨论如何在词库内进行以提取内容为基础的自动导航,如何按照相应语言的语法要求输出正确的词形、语序,如何析出适当的功能词,等等。同时,他还构建了一个功能完整但覆盖面有限的英语交流体系,为我们提供了一个对自然语言交流进行理论分析的功能框架。

Hausser 认为,面向未来的计算语言学的中心任务就是研究一种人类可以用自己的语言与计算机进行自由交流的认知机器。因此,自然语言的人机交流应当是计算语言学的中心任务。计算语言学研究应当通过对说话人的语言生成过程与听话人解释语言的过程进行建模,在适宜的计算机上复制信息的自然传递过程,从而构建一种可与人用自然语言自由交流的自治的认知机器,这样的认知机器也就是机器人(robot)。为了实现这一目标,我们必须对自然语言交流机制的功能模型有深刻的理解。

Hausser 提出的"语表组合线性内部匹配"(SLIM)理论以人作为人机交流的主体,而不是以语言符号为主体,突出了人在人机交流中的主导作用,SLIM 理论要求通过完全显化的机械步骤,使用逻辑和电子的方式来解释自然语言理解和自然语言的生成过程。因此,SLIM 理论与现代语言学中的结构主义、行为主义、言语行为等理论是不同的,具有明显的创新特色。

SLIM 理论强调"表层成分"(surface),以语表组合性作为它的方法论原则;SLIM 理论强调"线性"(linearity),以时间线性作为它的实证原则;SLIM 理论强调语言的"内部因素"(internality),以语言的内部因素作为它的本体论原则;SLIM 理论强调"匹配"(matching),以语言和语境信息之间的匹配作为它的功能原则。事实上,SLIM 这个名字本身就来自于"表层成分""线性""内部因素""匹配"这四项原则的英文名称的首字母缩写。

SLIM 理论的技术实现手段叫作"数据库语义学"(DBS)。DBS 是把自然语言理解和生成

---

① Hausser R. A Computational Model of Natural Language Communication: Interpretation, Inference and Production in Database Semantics[M]. Berlin: Springer-Verlag, 2006.

重新建构为"角色转换"(turn-taking)的规则体系。角色转换指的是从"说话人模式"向"听话人模式"的转换,或者从"听话人模式"向"说话人模式"的转换。

在自然语言的实际交流过程中,第 1 个过程是听话人模式中的自然主体从另一个主体或者语境获得信息,第 2 个过程是自然主体在自己的认知当中分析信息,第 3 个过程是自然主体思考如何做出反应,第 4 个过程是自然主体用语言或者行动做出反馈。

DBS 的输入与第 1 个过程相似,要求计算机或者机器人具备外部界面。接下来匹配语境和认知的内容,采用左结合语法(LA)来模拟第 2 个过程,这个左结合语法是处于听话人模式中的,叫作 LA-hear。左结合语法的第 2 个变体负责在内存词库中搜索合适的内容,叫作 LA-think,这一部分操作对应于第 3 个过程。左结合语法的第 3 个变体的任务是语言生成,叫作 LA-speak,模拟第 4 个过程。如图 3.106 所示。

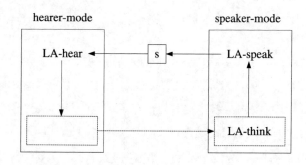

图 3.106   角色转换体系

在图 3.106 中,听话人模式的 LA-hear 模拟第 2 个过程,说话人模式的 LA-think 模拟第 3 个过程,LA-speak 模拟第 4 个过程。

DBS 的分析结果用 DBS 图(DBS graph)来表示。DBS 图是一种树结构,但是,DBS 图的树结构与短语结构语法和依存语法的树结构有所不同。

例如,英语的句子"The little girl slept"(那个小女孩睡着了)用短语结构语法分析后的树结构如图 3.107 所示。

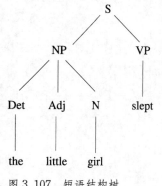

图 3.107   短语结构树

在这个短语结构语法的树结构中,S(句子)由 NP(名词短语)和 VP(动词短语)组成,NP 由 Det(限定词),Adj(形容词)和 N(名词)组成,它们分别对应于单词 the,little 和 girl,VP对应于单词 slept。句子的层次和单词之间的前后线性关系都是很清楚的,但是,在组成 S 的 NP 和 VP 之间,没有说明哪一个是中心词,在组成 NP 的 Det,Adj 和 N 之间,也没有说明哪一个是中心词,句子中各个成分的中心不突出。

用依存语法分析后的树结构如图 3.108 所示。

在这个依存语法的树结构中,全部结点都是具体的单词,没有 S,NP,VP,Det,Adj,N 等表示范畴的结点,各个单词之间的依存关系清楚,这种依存关系是二元关系,支配者是中心词,被支配者是从属词。但是,单词之间的前后线性顺序不如短语结构语法的树结构那样明确。

用 DBS 图分析后的树结构如图 3.109 所示。

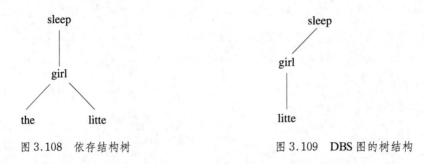

图 3.108   依存结构树   图 3.109   DBS 图的树结构

在 DBS 图的树结构中,着重对语言内容进行分析,因此,没有表示定冠词 the 的结点,结点上的单词都用原型词表示。DBS 图最突出的特色在于,DBS 图树结构的结点之间的连线各自有其明确的含义,连线不仅表示结点之间的依存关系,还可以根据连线走向的不同来表示不同的功能:垂直竖线"|"表示修饰-被修饰关系,例如,图 3.109 中 little 与 girl 用垂直竖线相连,表示 little 修饰 girl;左斜线"/"代表主语-动词关系,例如,图 3.109 中 girl 与 sleep 用左斜线相连,表示 girl 是 sleep 的主语。此外,DBS 图树结构还使用右斜线"\"表示宾语-动词关系,使用水平线"—"表示并列关系。由于连线走向的不同可以表示不同的功能,这样的树结构表示的信息比短语结构语法的树结构和依存语法的树结构丰富多了。这是 DBS 图树结构最引人瞩目的特点。

图 3.109 中表示了 little 做 girl 的修饰语,girl 做 sleep 的主语,表达的是句子中单词之间的语义关系,所以,Hausser 把这样的 DBS 图叫作"语义关系图"(the Semantic Relations Graph,SRG)。

如果把 DBS 图中每个结点上的单词替换为代表其词性的字母,那么语义关系图就变成了"词性关系图"(the part of speech signature,或者简写为 signature)。上一例句的词性关系图如图 3.110 所示。

语义关系图和词性关系图是同一句子内容的不同表示,它们表示的内容相同,但表示的形式不同。

Hausser 在 2011 年的新书中还提出了另外两个图:一个是"编号弧图"(the Numbered Arcs Graph,NAG),一个是"语表实现图"(the surface realization)。这两个图分别表示如何从内容生成语言的过程和结果。编号弧图表示激活语义关系图的时间线性顺序,也就是说,编号弧图在某种程度上可以说是添加了编号弧的语义关系图。语表实现图表示如何按照遍历顺序生成语言的表层形式。

例如，英语句子"The little girl ate an apple"（这个女孩吃了一个苹果）的语义关系图（SRG）如图 3.111 所示。

图 3.110　词性关系图　　　　　　　　　图 3.111　语义关系图

由于语义关系图只表示句子的内容，所以在这个 SRG 中，没有表示定冠词 the 的结点，也没有表示不定冠词 an 的结点，过去时形式 ate 用不定式动词 eat 来表示。

这个句子的词性关系图（signature）如图 3.112 所示。

在这个词性关系图中，结点上的单词都替换表示其词性的字母。

这个句子的编号弧图（NAG）如图 3.113 所示。

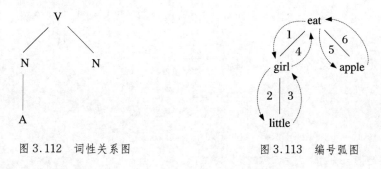

图 3.112　词性关系图　　　　　　　　　图 3.113　编号弧图

由于编号弧图要表示激活语义关系图的时间线性顺序，这种时间顺序用编号弧表示，编号弧用虚线标出，并在虚线旁边用数字注上时间的线性顺序：结点 eat 首先激活结点 girl（编号弧 1）；接着，结点 girl 激活结点 little（编号弧 2）。由于它们之间用垂直竖线"|"相连，因此，可推导出 little 修饰 girl（编号弧 3）；由于结点 girl 与结点 eat 之间用左斜线"/"相连，因此，可推导出 girl 是 eat 的主语（编号弧 4）。然后，结点 eat 激活结点 apple（编号弧 5）。由于结点 apple 与结点 eat 之间用右斜线"\"相连，因此，可推导出 apple 是 eat 的宾语（编号弧 6）。可以看出，所有表示推导的编号弧的方向都是自底向上的。

这个句子的语表实现图如图 3.114 所示。这个语表实现图中的数字表示单词生成的顺序。

数据库语义学（DBS）有两个基础：一个是左结合语法，一个是单词数据库（word bank）。左结合语法和单词数据库在 DBS 中紧密结合在一起。Hausser 把左结合语法比作火车头，把单词数据库比作火车运行必需的铁路系统。

	1	2	3	4	5	6
	The	little	girl	ate	an_apple	·

图 3.114　语表实现图

$$
\begin{bmatrix}
\text{sur} & : & \text{学生} \\
\text{pyn} & : & \text{xuesheng} \\
\text{noun} & : & \text{student} \\
\text{cat} & : & \text{nr} \\
\text{scm} & : & \text{pl} \\
\text{fnc} & : & \\
\text{mdr} & : & \\
\text{pm} & : &
\end{bmatrix}
$$

图 3.115　学生的属性-值矩阵

单词数据库存储单词的内容的存储形式是一种非递归的特征结构,叫作"命题因子"(proplet)。英文"proplet"取自"proposition droplet",表示命题的构成部分。

一个命题因子是"属性-值偶对"的集合。每个单词或者句子元素的句法语义信息都体现为相应的属性-值矩阵。例如,汉语"学生"这个单词的属性-值矩阵如图 3.115 所示。这样的属性-值矩阵就是单词数据库的"命题因子"。

左结合语法是按照自然语言的时间线性顺序自左向右结合进行分析与计算的方法。

具体来讲,每个句子的第一个词为整句分析过程中的第一个"句子起始部分"(sentence start),之后输入"下一个词"(next word),二者经过计算构成新的句子起始部分,再继续与下一个输入的单词进行组合计算。这样不断地进行分析,直到句子结束或者出现语法错误才终止。当出现句法歧义或者词汇歧义时,左结合语法允许按照不同的推导路径并行地继续运算。

Hausser 将左结合语法与短语结构语法进行了对比分析。他指出,左结合语法与短语结构语法是同质的语言分析方法。它们之间的差异在于:短语结构语法依据的是"替换原则"(the principle of substitution),而左结合语法依据的则是"可接续性原则"(the principle of continuation)。如果以"a,b,c,…"来代表语言符号,以"+"代表串连符,那么左结合语法的计算过程可以表示为图 3.116。

a
(a)+b
(a+b)+c
(a+b+c)+d
…

图 3.116　左结合语法的计算过程

左结合语法在进行推导时,总是按照自左向右和自底向上的顺序,沿着树结构的左侧,一步一步地把单词逐一地结合起来。树结构中的推导顺序如图 3.117 所示。

例如,英语句子"Every girl drank water"(每一个女孩都喝了水)的推导顺序如图 3.118 所示。从这个树结构中可以看出,推导从左侧开始,首先把 every 与 girl 结合起来,形成(NP),然后把(NP)与 drank 结合起来,形成(NP'V),最后把(NP'V)与(SN)结合起来,形成(V)。

整个推导过程遵循时间线性(time linearity)的原则。所谓"时间线性",就是"以时间为序,与时间同向"(linear like time and in the direction of time),也就是说,在推导时,要按照时间先后的顺序进行,要沿着时间的方向推进。

显而易见,左结合语法是一种基于短语结构语法的形式模型,同时又吸取了依存语法和数据库语义学的一些优点,具有明显的创新特色。

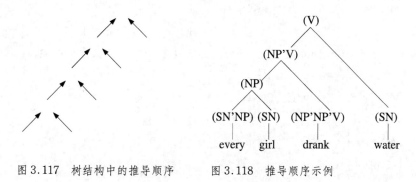

图 3.117　树结构中的推导顺序　　　图 3.118　推导顺序示例

参考文献

[1] Chomsky N. Three models for the description of language[J]. IRI Transaction on Information Theory, 1956, 2(3): 113 - 124.

[2] Chomsky N. Syntactic Structure[M]. Mouton: The Hague, 1957.

[3] Chomsky N, Miller G A. Finite-state languages[J]. Information and Control, 1958(1): 91 - 112.

[4] Chomsky N. On certain formal properties of grammars[J]. Information and Control, 1959 (2): 137 - 167.

[5] Chomsky N. Formal properties of grammars[J]. Handbook of Mathematical Psychology, 1963 (2): 323 - 418.

[6] Chomsky N. Aspects of the Theory of Syntax[M]. Cambridge: MIT Press, 1965.

[7] Chomsky N. Lectures on Government and Binding[M]. Foris: Dordrcht, 1981.

[8] Chomsky N. The Minimalist Program[M]. Cambridge: MIT Press, 1995.

[9] Earley J. An Efficient Context-Free Parsing Algorithm[D]. Pittsburgh, PA: Carnegie Mellon University, 1968.

[10] Feng Zhiwei. Die chinesiscnen Schriftzeichen in vergangenheit und Gegenwart[M]. Trier: Wissenschaftlicher Verlag Trier, 1994.

[11] Joshi A K, Levy L S, Takahashi M. Tree Adjunct Grammar[J]. Journal of Computer and System Sciences, 1975, 10(1): 55 - 75.

[12] Kay M. Algorithm Schemata and Data Structure in Syntactic Processing[C]//Nobel Academy. Proceedings of the Nobel Symposium on Text Processing, Gothenburg, 1980.

[13] Woods W A. Transition network grammar in natural language analysis[J]. Communication of the ACM, 1970, 13(10): 591 - 606.

[14]　Wundt W. Völkerpsychologie：Eine Untersuchung der Entwilck lungsgesetz von Sprache，Mythus，und Sitte[M]. Leipzig：Engelmann，1900.

[15]　冯志伟.形式语言理论[J].计算机科学,1979(1):34 - 57.

[16]　冯志伟.从形式语言理论到生成转换语法[C]//语言研究论丛.天津:天津人民出版社,1982.

[17]　冯志伟.中文科技术语中的歧义结构及其判定方法[J].中文信息学报,1989(3):10 - 25.

[18]　冯志伟.中文科技术语描述中的三种结构[J].语文建设,1989(5):14 - 20.

[19]　冯志伟.论歧义结构的潜在性[J].中文信息学报,1995(4):14 - 24.

[20]　冯志伟.歧义消解策略初探[C]//计算语言学的理论和应用.北京:清华大学出版社,1995.

[21]　冯志伟.自然语言处理中歧义消解的方法[J].语言文字应用,1996(1):55 - 60.

[22]　冯志伟.潜在歧义理论用于自然语言处理[J].中文信息,1996(1):9 - 12.

[23]　冯志伟.日语形态的有限状态转移网络分析[C]//术语学与知识转播国际会议论文集.北京,1997.

[24]　冯志伟.线图分析法[J].当代语言学,2002(4):266 - 278.

[25]　冯志伟.一种无回溯的自然语言分析算法[J].语言文字应用,2003(1):63 - 74.

[26]　冯志伟.花园幽径句的句法语义特性[C]//2003年计算语言学联合学术会议文集.哈尔滨,2003.

[27]　冯志伟.花园幽径句的自动分析算法[J].当代语言学,2003(4):339 - 349.

[28]　冯志伟.用上下文无关语法来描述汉字结构[J].语言科学,2006,5(3):14 - 23.

[29]　冯志伟.从自然语言处理的角度看二分法[J].东方语言学,2011(8):1 - 17.

[30]　冯志伟.自然语言处理简明教程[M].上海:上海外语教育出版社,2012.

[31]　冯志伟.现代语言学流派(增订本)[M].北京:商务印书馆,2013.

[32]　冯志伟.自然语言的计算复杂性[J].外语教学与研究,2015(5):659 - 672.

[33]　冯志伟.用计算机分析术语结构的尝试[C]//术语学研究新进展.北京:国防工业出版社,2015.

[34]　杨泉,冯志伟.机用现代汉语"v + v + v"结构句法功能歧义问题研究[J].语文研究,2008(12):14 - 20.

[35]　杨泉,冯志伟.面向中文信息处理的现代汉语"n + n + n"结构句法功能歧义问题研究[J].汉语学习,2008(12):37 - 47.

[36]　杨泉,冯志伟."N + N"歧义消解的博弈论模型研究[J].语言科学,2015(5):250 - 257.

[37]　洪堡特.论人类语言结构的差异及其对人类精神发展的影响(1836年单独印行)[M].姚小平,译.北京:商务印书馆,1997.

[38]　吴刚.生成语法研究[M].上海:上海外语教育出版社,2006.

第 4 章

基于合一运算的形式模型

在自然语言处理的发展过程中,最早提出的自动语法分析理论是美国语言学家 N. Chomsky 的短语结构语法。由于短语结构语法使自然语言句子的生成获得了可计算的性质,因此,这种语言理论在自然语言的计算机处理中,特别是在机器翻译的研究中,得到了广泛的应用。

然而,人们不久就发现了短语结构语法存在着许多局限性,其中最严重的问题,就是这种语法的生成能力过于强大,区分歧义结构的能力很差,常常会生成大量的歧义句子或不合格的句子。于是,学者们纷纷研制能够避免这些局限性的新的语法理论,如中文信息 MMT 模型、词汇功能语法、功能合一语法、广义短语结构语法、PATR、中心语驱动的短语结构语法、定子句语法等等。本章我们讨论这些自然语言处理的形式模型。

4.1　中文信息 MMT 模型

笔者在汉外多语言机器翻译研究的实践中,吸取了 L. Tesnière 的依存语法和德国学者的配价语法的精粹,针对 Chomsky 短语结构语法的弱点和汉语语法的特点,在 20 世纪 80 年代初期提出了"多叉多标记树形图分析法"(Multiple branched and Multiple labeled Tree analysis),又叫作"中文信息 MMT 模型"。这个模型是我国学者对自然语言处理的形式模型研究的最早尝试。

为了改进 Chomsky 短语结构语法中的二叉树,MMT 模型用多叉树来代替二叉树。

多叉树(multiple branched tree)是同一个结点上具有两个以上的叉的树形图。

由于自然语言通常都具有二分的特性,一般都采用二叉树来描述自然语言的层次结构和线性顺序。例如,汉语中的主谓结构由主语和谓语两部分组成,述宾结构由述语和宾语两部分组成,偏正结构由修饰语和中心语两部分组成,它们都可以用二叉树来描述。

但是,汉语中的许多语法形式不便于用二叉树来描述,而应该采用多叉树来描述。例如:

● 兼语式。

在"我们|请|他|做报告"中,"他"是"请"的宾语,又是"做报告"的主语,如用二叉树表示,就会前后交叠,而用多叉树就描述得很清楚。

● 状述宾式。

在"努力｜学习｜英语"中，如用二叉树来描述，是先二分为"努力｜学习英语"呢，还是先二分为"努力学习｜英语"呢？常常令人踌躇不决，而用多叉树将其切分为三部分："努力｜学习｜英语"，就避免了用二叉树描述的困难。

● 双宾语。

在"给｜弟弟｜一本书"中，由于动词"给"有两个宾语，难于用二叉树描述，而应该用多叉树描述。

因此，汉语的特点决定了我们最好采用多叉树来描述它的句子结构。

采用多叉树还可以减少在编制程序时的程序量。一些长的句子，如采用二叉树来描述，其层次会多到十层八层，计算机处理这样多层次的二叉树时，需逐层进行，运算量很大，而采用多叉树，就会大大地减少层次，提高了计算机处理自然语言的效率。

采用多叉树还有利于抓住句子的主干，把句子的格局清楚地显示出来，便于研究和检查。

如果把多叉树形图看成一种普遍的树形图格式，那么二叉树便是多叉树形图的一种特殊情况。所谓"多叉"，可以是"三叉""四叉"，也可以是"二叉""一叉"，它是一种更为一般的形式，而"二叉"只不过当"多叉"的"多"等于"二"时的一种特殊情况罢了。

MMT 模型还提出了树形图的多值标记函数（multi-value labeled function of tree）的概念，采用多个标记来描述树形图中结点的特性。

Chomsky 的短语结构语法中的树形图是单标记的，这使得短语结构语法难以表达纷繁复杂的自然语言现象，分析能力过弱，生成能力过强。针对短语结构语法的这个弱点，MMT 模型主张把单标记改变为多标记。

在树形图中，使一个结点与多个标记相对应的函数，叫多值标记函数，记为 L。

树形图的多值标记函数 L 可表示如下：

$$L(X) = \begin{bmatrix} y_1 \\ y_2 \\ \vdots \\ y_n \end{bmatrix}$$

其中，X 表示结点，$y_1, y_2, \cdots, y_n$ 表示标记。对于一个结点 X，函数 L 可映射出多个标记 y_1，$y_2, \cdots, y_n$ 与之对应。

多值标记函数特别适于用来描述汉语，因为：

● 汉语句子中的词组类型（或词类）与句法功能之间不存在简单的一一对应关系，因此，在描述汉语句子时，除了给出其组成成分的词类或词组类型特征之外，还必须给出句法功能特征，才不致产生歧义。

例如，一个名词 N 加上一个动词 V，在句法功能上可以形成主谓结构（如"小孩/咳嗽"），也可以形成偏正结构(如"程序/设计")。如果只用 N + V 来描述这种结构,显然在句法功能上是有歧义的,而必须采用多值标记函数,把主谓结构的 N + V 描述为

$$\left[\begin{bmatrix} \text{CAT} = \text{N} \\ \text{SF} = \text{SUBJ} \end{bmatrix} + \begin{bmatrix} \text{CAT} = \text{V} \\ \text{SF} = \text{PRED} \end{bmatrix}\right]$$

式中,CAT 表示词类特征,N 和 V 是 CAT 的值,SF 表示句法功能特征(syntactic function),SUBJ(主语)和 PRED(谓语)是 SF 的值。这样,在第一的结点上有 CAT = N 及 FS = SUBJ 两个值,在第二个结点上有 CAT = V 及 SF = PRED 两个值。

类似地,把偏正结构的 N + V 描述为

$$\left[\begin{bmatrix} \text{CAT} = \text{N} \\ \text{SF} = \text{MODE} \end{bmatrix} + \begin{bmatrix} \text{CAT} = \text{V} \\ \text{SF} = \text{HEAD} \end{bmatrix}\right]$$

式中,MODF 表示定语,HEAD 表示中心语,它们都是 SF 的值。这样,在第一个结点上有 CAT = N 及 SF = MODF 两个值,在第二个结点上有 CAT = V 及 SF = HEAD 两个值。可见,采用多值标记函数,可以把歧义结构 N + V 分离为两个句法功能不同的结构,排除了歧义。

● 汉语句子中词组类型(或词类)和句法功能都相同的成分,与句中其他成分的语义关系还可能不同,句法功能与语义关系之间也不是简单地一一对应的。因此,在描述汉语句子时,除了给出其组成成分的词组类型(或词类)特征以及句法功能特征之外,还应该再给出语义关系特征,才有可能把它们区别开来。

例如,一个名词 N 加上一个动词 V,如果在句法功能上排除了述宾结构的可能而被判定为主谓结构之后,其中做主语的 N 可以是施事者(如"小王/工作"中的"小王"),也可以是受事者(如"火车票/丢了"中的"火车票"),也可以是结果(如"文章/写好了"中的"文章"),也可以是工具(如"左手/拿纸,右手/拿笔"中的"左手"和"右手")。因此,在汉语的自动分析中,还应该加上语义关系特征,这样,对应于树形图中结点上的标记就更多了。

● 汉语中单词固有的语法特征和语义特征,对于判断词组结构的性质,往往有很大的参考价值,因此,在树形图的结点上,除了标出词组类型(或词类)这样的简单特征之外,再标上单词固有的语法特征和语义特征,采用多标记,就便于判断词组的性质。例如,在"文章/写好了"这个句子中,如果知道了动词"写"的施事者是"有生命的人","写"的结果是"无生命的文化产物",还知道"文章"的语义特征是"无生命的文化产物",那么可以判断"文章"是"写"的结果。

可见,在用树形图分析法来自动地描述汉语时,如果采用多值标记函数,就可以大大地提高这种分析法的效力。这种多值标记函数实际上也就是"复杂特征集"(complex feature set),它与复杂特征集名异而实同。MMT 模型是我国学者对于 Chomsky 的短语结构语法的重要改进,它是 20 世纪 80 年代我国汉外机器翻译系统和德汉、法汉机器翻译系统等自然语言处

理研制的形式模型。

我们在 MMT 模型中,是采用若干个特征和它们的值来描述汉语的。汉语的复杂特征集包含若干个特征,而每一个特征又包含若干个值,这种由特征和它们的值构成的描述系统,叫作"特征/值"系统。每种语言都有自己的"特征/值"系统。语言不同,它们的"特征/值"系统也不同。

根据我们设计 FAJRA(汉-法/英/日/俄/德)、GCAT(德-汉)和 FCAT(法-汉)等机器翻译系统的经验,我们认为,对于汉语的自动分析和自动生成来说,可采用如下的"特征/值"系统。

1. 词类特征和它的值

词类是描述汉语句子的复杂特征之一,记为 CAT。

CAT 可取如下的值:名词、处所词、方位词、时间词、区别词、数词、量词、体词性代词、谓词性代词、动词、形容词、副词、介词、连词、助词、语气词、拟声词、感叹词。

为便于计算机处理,我们把标点符号与公式也各算为一个词类,这样一来,汉语共有 20 个词类,即特征 CAT 可取 20 个值。

每个特征值还可以再取子值,即进行进一步的分类。例如,汉语的形容词可以再分为状态形容词和性质形容词两个次类,也就是说,形容词这个值还可以再取状态形容词和性质形容词两个子值。特征的值及其子值,可以看成是次一级的"特征/值"偶对,也就是可以把值看成次一级"特征/值"偶对中的特征,把该值的子值看成次一级"特征/值"偶对中的值。这意味着当存在子值时,在"特征/值"偶对中的"值"本身,也可以是一个次一级的"特征/值"偶对。

2. 词组类型特征和它的值

词组类型是描述汉语的另一个特征,记为 K。

K 的值可取动词词组、名词词组、形容词词组、数量词组,共 4 个。

我们把传统语法中的介词词组并入名词词组,因为从信息处理的角度看来,介词词组中的介词,实际上只是它后面名词词组的功能的一种标志,并入名词词组处理更为方便。

3. 单词的固有语义特征和它的值

单词的固有语义特征,就是单词的语义类别,它表示的是孤立的单词的语义,而不是单词与单词之间的语义关系。单词的固有语义特征记为 SEM。

SEM 可取如下的值和子值:

物象:其子值为生物、无生物、机关组织、类别名称。

物资:其子值为设备、产品、原材料。

现象:其子值为自然现象、人工现象、社会现象、力能现象。

时空:其子值为时间、空间。

测度：其子值为数量、单位、标准。

抽象：其子值为学问、概念、符号。

属性：其子值为性质、形状、关系、结构。

行动：其子值为行为、动作、操作。

这些固有语义特征都标在词典中孤立的单词上面，成为单词本身固有的语义属性。笔者后来又从知识本体(ontology)的角度，提出了更加完善的语义分类系统 Ontol-MT。[①]

4. 单词的固有语法特征和它的值

孤立的单词也具有语法特征。例如，不同的名词要求不同的量词，因此，带量词特征，就是名词的固有语法特征；不同的动词及物性不同，因此，及物性就是动词的固有语法特征；不同的动词的"价"(valence)也不尽相同，因此，"价"就是动词的另一个固有语法特征，"价"反映了动词对其前后词语的要求，但它是动词本身的属性，因此，我们把它看成是动词的固有语法特征。

单词的固有语法特征记为 GRM。

语法特征的值也可以具有子值，这时，我们可以把值和它的子值作为"特征/值"偶对来处理。例如，动词的固有语法特征的及物性这个值具有两个子值："及物"和"不及物"。我们可把及物性(记为 TRANS)看成特征，把及物(记为 TV)和不及物(记为 IV)这两个子值看成它的这个特征的值。这样，我们有：TRANS = TV 和 TRANS = IV。

"价"也可取子值：一价、二价、三价。一价动词只能有一个主语，如"咳嗽"；二价动词可有一个主语和一个宾语，如"写"；三价动词可有一个主语、一个直接宾语、一个间接宾语，如"给"。MMT 模型早在 20 世纪 80 年代初期就使用"配价理论"来设计机器翻译系统了。

5. 句法功能特征

由于现代汉语中的词组类型和句法功能之间没有明确的一一对应关系，它们之间的关系极为错综复杂，在汉语句子的自动分析中，必须注意句法功能特征，这些特征都是在句子的自动分析中产生的，而不是单词或词组本身固有的。

汉语中句子组成成分的句法功能特征记为 SF。

SF 可取如下的值：主语、谓语、宾语、定语、状语、补语、述语、中心语。

SF 的值可以有子值。例如，宾语这个值可有直接宾语和间接宾语两个子值。

6. 语义关系特征

语义关系特征也不是单词本身固有的，而是在计算机自动进行句法语义分析的过程中通过运算得出的。孤立的单词谈不上语义关系，只有两个或两个以上的单词或词组才会产生语义关系。语义关系特征记为 SM。

---

① 冯志伟. 术语学中的概念系统与知识本体[J]. 术语标准化与信息技术，2006(1)：9-16.

SM 可取以下的值：主体者、对象者、受益者、时刻、时段、时间起点、时间终点、空间点、空间段、空间起点、空间终点、初态、末态、原因、结果、目的、工具、方式、条件、内容、范围、比较、伴随、程度、附加、修饰等。

SM 的各个值还可以分得更细，这样每个值就还可以再取子值。

7. 逻辑关系特征

如果把汉语的句子看成一个逻辑命题，那么在逻辑命题的谓词与它的各个论元（argument）之间还存在着逻辑关系。由于逻辑命题的各个论元在句子中是由单词或词组来充当的，因而在句子中，单词与单词或者词组与词组之间还存在着逻辑关系。这种关系就是 Chomsky 所说的"题元关系"（θ relation）。逻辑关系用 LR 表示。

LR 的值如下：

论元 0：它是句子的深层主语；

论元 1：它是句子的深层直接宾语；

论元 2：它是句子的深层间接宾语。

逻辑关系特征的值一般没有子值。

每一个论元均起一个题元作用，而且只能起一个题元作用；每个题元作用均由一个论元来充当，而且只能由一个论元来充当。因此，可以根据论元的情况来检验所处理的句子在逻辑关系的分析上是否正确，并且揭示出整个句子的逻辑结构。

MMT 模型在 20 世纪 80 年代初期提出的上述的汉语"特征/值"系统，还不十分完善，后来又进行了改进。

在上面所列举的各类特征中，词类特征、单词的固有语义特征、单词的固有语法特征都是可以在词典中独立地给出来的，它们是单词本身所固有的特征，MMT 模型把它们叫作"静态特征"（static features）。而词组类型特征、句法功能特征、语义关系特征、逻辑关系特征并不能表示单词本身的固有特征，它们是单词与单词之间发生联系时才产生出来的特征，MMT 模型把它们叫作"动态特征"（dynamic features）。这就是 MMT 模型中最重要的"双态原则"（Di-State Principle，DSP）。DSP 原则主张区分静态特征和动态特征，对于自然语言的自动处理系统的设计具有指导作用。在实际操作时，计算机首先从词典中查询静态特征，然后，在静态特征的基础上求解动态特征，这样，自然语言处理的过程就可以有条不紊地进行了。

在自动句法语义分析中，静态特征是计算机进行运算的基础，计算机依赖于这些预先在词典中给出的静态特征，通过有穷步运算，逐渐算出各种动态特征，从而逐步弄清楚汉语句子中各个语言成分之间的关系，达到自动句法语义分析的目的。

在各种动态特征中，词组类型特征是最容易运算求出的。一般根据树形图中某个结点的直接后裔的词类特征、单词的固有语法特征及单词的固有语义特征等静态特征，就不难推算出该结点的词组类型特征。句法功能特征则要通过更广泛的上下文信息才能推算求出,而语义关系特征及逻辑关系特征则是最难求出的,往往不是一步求出,而是要通过许多步的演绎和推理,才有可能推算出来的。一个汉语自动分析和语义分析系统的质量的高低,在很大的程度上取决于它所推算出的句法功能特征、语义关系特征和逻辑关系特征的多寡和正确与否。因此,如何根据各种静态特征推算出动态特征,便是汉语自动处理的关键所在。汉语语法和语义的研究应该为这方面的工作提供有效的规则,在这个领域中,非常需要语言学家和计算机专家的通力协作。

在 MMT 模型"双态原则"的指导下,笔者认为汉语句子的自动分析应该包括如下步骤:

(1) 对输入的汉语句子进行切分,确定单词与单词之间的界线。这就是所谓的"自动切词"(automatic segmentation)。

(2) 在词典中查出句子中各个单词的静态特征。这就是所谓的"自动标注"(automatic tagging for part of speech)。

(3) 根据语法规则和语义规则,检查这些静态特征的相容性,把静态特征相容的单词结合成词组,并求出词组类型特征。

(4) 根据语法规则和语义规则,由静态特征和词组类型特征出发,计算出句法功能特征,并进一步计算出语义关系特征和逻辑关系特征。

在检查静态特征的相容性以及由静态特征计算动态特征时,如果两个特征不相容,则不能进行运算,运算失败;如果两个特征相容,则根据有关的语法和语义规则进行运算。由于在特征不相冲突时就可以对特征进行运算,运算所得出的特征信息必然不断增多,句子各个组成成分所包含的特征越来越丰富,最后求出的各种特征就能比较全面地反映汉语句子的性质。

汉语的自动生成过程与此相反。在从外语到汉语的机器翻译中,一般是根据外语分析得到的有关句法功能、语义关系、逻辑关系的特征,并根据外汉双语言机器词典中提供的有关汉语单词的静态特征,进行汉语词序的调整及必要的词性变化(如动词和形容词的重叠式变化),最后产生出合格的汉语句子。

笔者在 FAJRA(汉-法/英/日/俄/德,1981),GCAT(德汉,1984),FCAT(法汉,1984)等机器翻译试验中使用了 MMT 模型的这些方法,得到了较好的结果。[①]

下面是 FAJRA 系统于 1981 年 11 月 4 日在 IBM-4341 计算机上进行汉外机器翻译的一个例子。它输入了一篇汉语的短文,得到了英语、法语、德语、日语、俄语等五种外国语的机器翻译译文(图 4.1～图 4.6)。

---

① 冯志伟.汉-法/英/日/俄/德多语言自动翻译试验[J].语言研究,1982(2):49-103.

汉语输入　　　　4 November 1981

　　语言和通信在人类的生活中起着重要的作用。学者们正在积极地研究语言的生动翻译。他们提出了自动机的理论和形式语言的理论。自动机是能够识别语言的一种抽象机器。语言的规则能够把一个树形图自动地转换成另一个树形图。这个自动翻译系统已经被他们使用了五年。如果我们把这个系统同其他一些系统相比较，就可以看出它的优点。

图 4.1　FAJRA 系统的汉语输入

English Output

英语输出　　　　　　　　　　　　4　　November 1981

Language and communication play important role in human life. Scholars are actively studying automatic translation of languages. They have proposed the theory of automaton and the theory of formal grammar. An automaton is an abstract machine that can recognize language. Grammar rule can transform a tree graph to another tree graph automatically. This system for automatic translation had been used by them for five years. If we compare this system with other systems, then we can see its advantage.

图 4.2　FAJRA 系统的英语输出

French Output

法语输出　　　　　　　　　　　　4　　November 1981

Le langage et la communication jouent un rôle important dans la vie humaine. Les savants sont en train d'étudier activement la traduction automatique des langages. Ils ont proposé la théorie des automates et la théorie des grammaires formelles. Un automate es une machine abstraire qui peut reconnaître le langage. La règle de la grammaire peut transformer automatiquement une arborescence en une autre arborescence. Ce système de la traduction auotmatique a été utilis par eux pendant cinq ans. Si nous comparons ce système à d'autres systèmes, alors nous pouvons voir ses avantages.

图 4.3　FAJRA 系统的法语输出

Japanese output

日语输出　　　　　　　　　　　　4　　November 1981

言語と通信は人間の生活に重要な役割を果している。研究者は言語の自動翻訳を熱心に研究している。彼等はオートマトンの理論と形式文法の理論を提案している。オートマトンは言語を認識することができる一種の抽象機械である。文法の規則はひとつの木のグラフを別の木のグラフに自動的に変換することができる。自動翻訳のためのこのシステムは彼等によって五年間使われていた。このシステムを他のシステムと比べると、われわれはその利点をわかることができる。

图 4.4　FAJRA 系统的日语输出

Russian output

俄语输出　　4 November 1981

Язык и коммуникация играют важную
роль в жизни человечества. Учёные
активно изучают автоматический
перевод языков. Они выдвигают теорию
автомата и теорию формальной
грамматиги. Автомат есть одна
абстрактная машина, которая может
распознавать язык.Правило грамматиги
может автоматически превращать одну
древовидную схему на другую
древовидную схему. Эта система
автоматического перевода использо-
вана ими уже пять лет. Если мы сравни
ваем эту систему с другимисистем
ами, то мы можем видеть еёпреиму
шества.

图 4.5　FAJRA 系统的俄语输出

German output

德语输出　　4 November 1981

Die Sprache und die Kommunikation spielen im Leben der Menschen wichtige Rolle. Die Wissenschaftler sind gerade dabei, die automatische Übersetzung der Sprachen aktiv zu studieren. Sie haben die Theorie der Automaten und die Theorie der formalen Grammatiken Vorgeschlagen. Ein Automat ist eine abstrakte Maschine, die die Sprache erkennen kann. Die Grammatikregel kann einen Baumgraphen in einen anderen Baumgraphen automatisch umwandeln. Dieses System zur automatischen Übersetzung war von Ihnen soll fünf Jahren verwendet worden. Wenn wir dieses System mit anderen Systemen vergleichen, dann können wir seinen Vorzug sehen.

图 4.6　FAJRA 系统的德语输出

FAJRA 系统的机器翻译成果于 1982 年在布拉格召开的 COLING-82 和 1983 年在香港召开的东南亚电脑会议上发表，这是我国学者研制的世界上第一个汉语到多种外语的机器翻译系统。在 20 世纪 80 年代的技术条件下，研制这样的机器翻译系统是难能可贵的。

4.2　Kaplan 的词汇功能语法

词汇功能语法（Lexical Functional Grammar，LFG）是美国语言学家 R. M. Kaplan（卡普兰，图 4.7）和 J. Bresnan（布列斯南）于 1982 年在《词汇功能语法——一个语法表示的形式系统》（*Lexical-functional Grammar: A Formal System for Grammatical Representation*）一文中提出的。这种语法为自然语言的描述和语法知识的表达提供了一个有效的模式，它不仅可以解释幼儿的语言习得的机制,而且还可以解释人类处理自然语言的行为,从而满足了自然语言计算机处理的需要,在自然语言处理中得到了广泛的应用。词汇功能语法还采用了一系列有效的手段来克服短语结构语法的局限性,提高了语言自动分析的效率,成为当前最有影响的一种自然语言处理的形式模型。

词汇功能语法有两个来源:一个来源是 Bresnan 在转换语法的框架内所做的研究,另一个来源是 Kaplan 等在语言信息处理和心理语言学方面所作的研究。Bresnan 感到转换生成语法把转换完全放在句法中不能对许多语言现象做出合适的解释,提出了将语法中的大部分放到词库内进行处理的模式。Kaplan 认为人脑对于语言的处理并不完全按照转换生成语法的模式进行,在用计算机模拟人脑处理语言方面做了许多工作。最后,Bresnan 和 Kaplan 在他们各自的成果的基础上合作,提出了词汇功能语法。

图 4.7　R. M. Kaplan

早在 20 世纪 70 年代初期,Chomsky 就曾经对当时语言研究中滥用转换的现象提出过批评,提倡把某些语言现象放到词汇中去处理。Bresnan 是 Chomsky 的学生,她同意 Chomsky 的这种见解,而且走得比 Chomsky 更远,把 Chomsky 本人认为属于转换的现象也归到词汇中去处理,完全不使用转换,最后终于发展成为独立的学派。词汇功能语法的研究中心原来在麻省理工学院,1982 年起随 Bresnan 一起转到斯坦福大学。

在语言哲学方面,Bresnan 接受 Chomsky 关于语法学是心理学的观点。Chomsky 虽然提出语法学研究的是人的语言知识,语言知识存在于大脑和心理之中,但是认为语法规则并不直接体现在心理活动过程之中,语法的研究只能用数学、逻辑的方法来模拟心理过程,而不能采用一般心理学实验的方法。Chomsky 认为语法研究必须以理想的说话者和听话者为研究对象,而不能以常人为实验对象,否则实验中就会掺杂许多与语法无关的因素。所以,Chomsky 虽然把语法学看成是心理学的一个分支,但在实际上,他的研究是与心理学脱节的。Bresnan 认为语法学应该是地地道道的心理学,每条语法规则都应该在心理活动中有所体现,都可以看作是行为的模型。她提倡"现实的语法"(realistic grammar),也就是体现心理活动的语法,这是一种极端心理主义的观点,从这样的观点出发,词汇功能语法借鉴了心理语言学实验和计算机科学的信息处理技术,因而词汇功能语法也就成为语言信息处理应该特别重视的一种理论语法。

抽象地说,词汇功能语法的理论构架可用图 4.8 表示。

概念结构(conceptual structure)是概念之间在逻辑

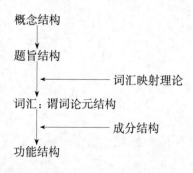

图 4.8　词汇功能语法的理论构架

上的关系,它的表达方式与语言学无关,题旨结构(thematic structure)由不同的题旨角色(thematic roles)构成,它的表达方式与语言学有关,任何概念所要表达的情境都要由一个或多个角色充当论元(argument),而每一个概念转换成语言表达方式时规定要出现的论元就叫作题旨角色,题旨结构是语言经过筛选之后保存下来的概念结构的骨架,它是相对于抽象的句法结构时赋予每个论元不同语义角色的依据。词汇映射理论用于解释题旨结构与词汇项目的对应关系。经过词汇映射理论得到了完整的词汇之后,便进入了句法的范围。

词汇功能语法的一个基本思想就是:语法功能与表示语义的谓词论元结构一端的联系可以通过词汇规则改变,但是语法功能和表示句法结构一端的关系却不能通过任何规则加以改变。句法部分不存在任何的转换机制。这就是"直接句法编码原则"(the principle of direct syntactic encoding)。这个原则规定,句法部分的语法功能不能被另一个语法功能所代替,因而词汇功能语法的成分结构是单一的。这样,词汇功能语法便发展了一种独树一帜的不用转换的语言学新方法。

词汇功能语法主要由词库、句法和语义解释三部分组成。表示语义的谓词论元结构首先在词库里通过词汇编码而分配到一个语法功能。这种语义与语法功能之间的联系在词库里是可以通过词汇规则进行转换的。当一个词条最后取得正确的语法功能编码以后,它就可以和其他表示语法意义的词条一起构成词汇输入进入到句法部分。

句子在句法部分有两个表达层次:成分结构(constituent structure,c-structure)和功能结构(functional structure,f-structure)。在构成成分结构时,在树形图的结点上,还附加有"定义性功能等式"(annotated functional equation)和"限制性功能等式"(constraint equation)。

成分结构是语言的外部结构,它表示句子成分的先后次序,是由一组短语结构规则映射而成的树形结构。语法功能通过句法编码进入短语结构规则,然后进入到树形结构的相应位置。这一层次代表句子的句法排列和语音表达。功能结构是语言的内部结构,它表述各语言成分之间的关系,代表句子的语义。一般说来,不同语言的内部结构的表达方式大体上是一致的,因而功能结构具有普遍性,而不同语言的外部结构却有着很大的不同,因而成分结构具有差异性。功能结构和成分结构是两个具有不同形式的独立体系,词汇功能语法把它们明确区别开来,一部分一部分地分别进行描述,然后又把它们合在一起,使人们对语言的结构获得一个总体的印象。成分结构可以通过功能描写向功能结构转换,功能描写由一组等式构成,可以很容易地进行计算机编码。成分结构描述了语言的表层结构,成分结构中的单词承载了大多数语法信息,功能等式规定了这些语法信息的组合方法,经过有穷步骤的运算之后,便得到了这些语法信息的最终组合结果——功能结构,为了确保功能结构的正确性,还要对功能结构的合格性进行判别,因此,词汇功能语法还规定了"合格性条件"(well-formedness conditions)。

Kaplan 和 Bresnan 证明了,在词汇功能语法中,由成分结构到功能结构的运算在数学上是"有定解的"(decidable),而且所有的运算都只需要"合一"(unification)这种简单的运算方式,所谓"合一",就是当信息相冲突时,运算失败,当信息不冲突时,运算成功。合一运算是数理逻辑中"并"运算的一种适于自然语言处理的特殊形式。由于采用合一运算作为基本的运算方式,词汇功能语法就可以十分方便地应用到机器翻译和自然语言处理中去。

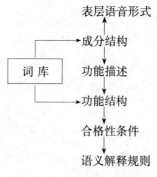

图 4.9　词汇功能语法的模式

这样一来,我们便可以把词汇功能语法更加具体地表示为如图 4.9 所示的模式。

成分结构是词汇功能语法中句法描写的一个平面。它是由上下文无关的短语结构语法来表示的,它的形式是一般意义上的短语结构树。树形图上的结点带有句子中的词或短语预示的功能信息。这些信息由语法规则右部的符号所带的"功能等式"来表示。

例如,短语结构规则

$$S \rightarrow \quad NP \qquad\qquad VP$$
$$(\uparrow SUBJ) = \downarrow \qquad\qquad \uparrow = \downarrow$$

规则中采用了向上单箭标"↑"和向下单箭标"↓"来表示范畴的支配关系。向上单箭标"↑"表示直接支配成分,向下单箭标"↓"表示被支配成分,这些箭标可以用在功能等式中,等式左边为限定成分,等式右边为限定值。例如,(↑SUBJ) = ↓读为"直接支配成分的主语等于被直接支配成分的语法功能",↑ = ↓读为"直接支配成分的语法功能等于被直接支配成分的语法功能"。上面的短语结构规则表示句子 S 由 NP 和 VP 组成,VP 前的 NP 是句子的主语。NP 的下方"(↑SUBJ) = ↓"是它的功能等式,表示这个 NP 继承了它的父结点 S 的主语(SUBJ)特征,"(↑SUBJ)"表示 NP 的全部功能信息就是支配它的 S 的主语功能信息,"↓"表示该符号本身(即被 S 直接支配的成分 NP)。VP 下方的功能等式"↑ = ↓"表示 VP 所带的全部功能信息就是支配它的父结点 S 的功能信息。

这个短语结构规则也可以用树形图表示,如图 4.10 所示。

这里要注意三个问题:

● 上箭标和下箭标都表示功能信息,而不表示结点;

● 下箭标表示的是本结点的功能信息,而不是本结点之下的子女结点的功能信息;

$$S$$
$$(\uparrow SUBJ)=\downarrow \qquad \uparrow = \downarrow$$
$$NP \qquad\qquad VP$$

图 4.10　短语结构规则的
树形图表示

● 等号不仅表示两边的值相等,而且还表示进行合一运算,也就是说,运算前要进行相容性的检查。

又如,短语结构规则

$$NP \rightarrow \quad (DET) \qquad\qquad N$$
$$(\uparrow = \downarrow) \qquad\qquad \uparrow = \downarrow$$

表示 NP 由限定词 DET 和名词 N 组成,限定词是可选的成分,N 继承了其父结点 NP 的功能信息。这条语法规则实际上代表了如下两条短语结构规则:

$$① \text{ NP} \rightarrow \quad \text{DET} \qquad \text{N}$$
$$\qquad \qquad \uparrow = \downarrow \qquad \uparrow = \downarrow$$

$$② \text{ NP} \rightarrow \quad \text{N}$$
$$\qquad \qquad \uparrow = \downarrow$$

它们可以用树形图表示,如图 4.11 所示。

规则① NP

$\uparrow = \downarrow \quad \uparrow = \downarrow$

DET　　N

规则② NP

$\uparrow = \downarrow$

N

图 4.11　短语结构规则的树形图表示

再如,短语结构规则

$$\text{VP} \rightarrow \quad \text{V} \qquad \qquad \text{NP}$$
$$\qquad \qquad \uparrow = \downarrow \qquad (\uparrow\text{OBJ}) = \downarrow$$

表示 V 继承了其父结点 VP 的功能信息,NP 继承了其父结点 VP 的宾语(OBJ)特征。

这条语法规则可以用树形图表示,如图 4.12 所示。这时,由于 V 继承了 VP 的功能信息,而 VP 又继承了 S 的功能信息,所以,V 也就继承了 S 的功能信息,也就是说,V 共享了 S

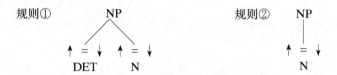

VP

$\uparrow = \downarrow \qquad (\uparrow\text{OBJ}) = \downarrow$
V　　　　　NP

图 4.12　短语结构规则的
树形图表示

的全部信息。上面规则的 VP 和这个规则的 V 上都有功能等式 $\uparrow = \downarrow$,这个功能等式使得 V,VP 和 S 共享了全部的信息,因此,我们把带有功能等式 $\uparrow = \downarrow$ 的结点称为"功能中心语"(functional heads)。功能中心语所承载的信息直接并入到它们的父结点所代表的功能信息之中,这些信息非常重要,它们表示了所分析的句子或短语在功能上的基本格局。$(\uparrow\text{SUBJ})$ $= \downarrow$ 与 $(\uparrow\text{OBJ}) = \downarrow$ 表示相应结点所代表的功能信息在父结点中的具体功能。

成分结构代表句子的表层结构中的单词的顺序,它是语音描写的输入部分。成分结构由短语结构规则决定。每一种语言都有其特有的短语结构规则。从理论上说,这些短语结构规则能够生成这一语言中的任何句子。把短语结构规则所表示的各个范畴映射到树形图上,就得到了一个句子的成分结构。

例如,英语句子"He reads the book"的成分结构可以把上述的语法规则结合起来表述,如图 4.13 所示。

成分结构只能由短语结构规则映射而成。除此之外,我们没有其他手段来改变成分结构中各个单词的先后次序。就是对于具有结构依附关系句子的成分结构,也都要用短语结构规则来生成。

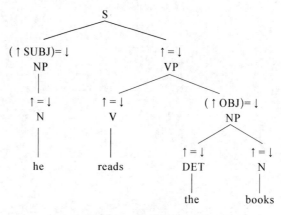

图 4.13　成分结构的树形图表示

例如,英语句子"I wondered what he read"(我不知道他读了什么)就是一个具有结构依
附关系句子。在这个句子中,read 的宾语就是 what,即 he read what。构成这个句子的成分
结构所要用到的短语结构规则如图 4.14 所示。

$$
\begin{array}{lll}
\text{S}' & \text{NP} & \text{S} \\
(\uparrow\text{COMP})=\downarrow \longrightarrow & (\uparrow\text{WH})=\downarrow & \uparrow=\downarrow \\
& \uparrow=\Downarrow & \\
\text{NP} \longrightarrow & e & \\
& \uparrow=\Uparrow & \\
\text{VP} \longrightarrow & \text{V} & \text{S}' \\
& \uparrow=\downarrow & (\uparrow\text{COMP})=\downarrow
\end{array}
$$

图 4.14　带双箭标的短语结构规则

我们在短语结构规则中使用了双箭标"$\Downarrow\Uparrow$"。双箭标主要用来表示成分结构中范畴之间
非直接支配的依赖关系,特别是远距离的支配关系。双箭标必须成对使用,凡是标有"$\Downarrow$"关系
的成分必须依附于标有"$\Uparrow$"关系的成分,而"$\Uparrow$"关系的存在要以"$\Downarrow$"关系的存在为前提。

在规则中,e 表示空位,通过上述规则的映射,我们可得到"I wondered what he read"这
个句子的成分结构,如图 4.15 所示。

因为双箭标必须成对使用,所以,e 就代表了 what,二者是相通的。可见,成分结构也可
以表示远距离的支配关系。

短语结构规则是句法规则,此外还有词法规则。词法规则是由词典信息提供的,它带有
语法功能的预示信息,在词汇功能语法中占有重要地位。例如,下面的词汇项表:

he: N,　　($\uparrow$ PRED) = 'he'

　　　　　($\uparrow$ ABST) = −

$$(\uparrow \text{GENDER}) = \text{MAS}$$
$$(\uparrow \text{NUM}) = \text{SING}$$
$$(\uparrow \text{PERS}) = 3$$
$$(\uparrow \text{CASE}) = \text{NOM}$$

read：V，　$(\uparrow \text{PRED}) = '\text{read} \langle \text{SUBJ} \rangle \langle \text{OBJ} \rangle'$
$$(\uparrow \text{TENSE}) = \text{PRESENT}$$

the：DET，$(\uparrow \text{SPEC}) = \text{the}$
$$(\uparrow \text{DEF}) = +$$

book：N，　$(\uparrow \text{PRED}) = '\text{book}'$
$$(\uparrow \text{NUM}) = \text{SING}$$

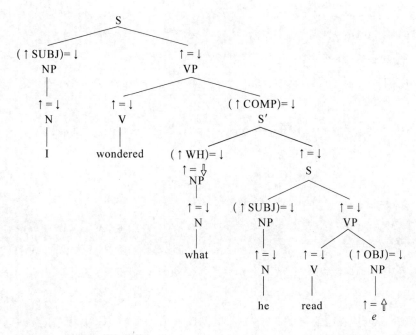

图 4.15　句子的成分结构

词汇功能语法把词汇按词的不同意义立项，词汇项所含的信息有语法范畴和功能等式。功能等式的形式与短语结构规则中的功能等式完全一致，便于用统一的方法来处理语言信息。

在上述的词汇项中，he 这个词汇项的"$(\uparrow \text{PRED}) = '\text{he}'$"表示它的父结点具有功能 PRED（谓词），其具体的信息为'he'；"$(\uparrow \text{ABST}) = -$"表示它的父结点具有功能 ABST（抽象），其具体的信息为"－"（不抽象），因此，he 是个具体的物；"$(\text{GENDER}\uparrow) = \text{MAS}$"表示它的父结点具有功能 GENDER（语法性），其具体信息为 MAS（阳性）；"$(\uparrow \text{NUM}) = \text{SING}$"表示它的父结点具有功能 NUM（数），其具体信息为 SING（单数）；"$(\uparrow \text{PERS}) = 3$"表示它的父结

点具有功能 PERS(人称),其具体信息为 3(第三人称);"(↑CASE) = NOM"表示它的父结点
具有功能 CASE(格),其具体的信息为 NOM(主格)。The 这个词汇项的"DET(↑SPEC) =
the"表示它的父结点具有功能 SPEC(指示),其具体的信息为 the(定冠词);"(↑DEF) = +"
表示它的父结点具有功能 DEF(定指),其具体的信息为 +(是定指)。读者由这种表达方式不
难理解其他词汇项的含义。

这里值得注意的是动词的 PRED。在词汇功能语法中,采用"谓词论元结构"(predicate
argument structure)来表示谓词所带论元的多少以及每个论元所表示的逻辑语义。谓词论元
结构的各个论元列在尖括号"⟨ ⟩"之中。例如,read 的谓词论元结构为"(↑PRED) = ′READ
⟨(SUBJ)(OBJ)⟩′",这表示 read 的论元分别是其父结点的主语(SUBJ)和宾语(OBJ)。

词汇功能语法中的语法信息终究来自词汇。功能结构的作用只是检查信息的结构是否
合理,成分结构的作用只是规定信息组合的方式,而真正的带有实质意义的信息全部都来自
词汇。因此,词汇在词汇功能语法中起着决定性的作用,是我们必须认真地加以对待的。

词汇功能语法中的词汇所记录的词汇项目都是形态完全的。词汇中的信息以"定义性功
能等式"和"限制性功能等式"的形式来记录。例如,英语 persuades(劝说)这个词汇可记录
如下:

$$\text{persuades V.} \quad (↑PRED) = ′\text{persuades} ⟨(SUBJ)(OBJ)(XCOMP)⟩′$$
$$(↑OBJ) = (↑XCOMP\ SUBJ)$$
$$(↑SUBJ\ PER) = c\ 3$$
$$(↑SUBJ\ NUM) = c\ SING$$

其中,前两个等式是一般的"功能等式",它们都是定义性的,因而是"定义性功能等式";后两
个等式是"限制性功能等式",限制性功能等式中有符号 c,表示"限制"(constraint)。第一个
定义性功能等式规定了该动词的谓词-论元关系(predicate-argument relationship),该动词要
带主语、宾语和宾语补足语(XCOMP)三个论元;第二个定义性功能等式规定了论元之间的控
制关系(control relationship),persuades 这个动词的宾语补足语 XCOMP 没有主语,它在逻
辑上的主语被它上层谓词的宾语所控制(如在句子"John persuades Mary to study
computational linguistics"中,宾语补足语 to study computational linguistics 在逻辑上的主语
受到上层谓词 persuades 的宾语 Mary 的控制);第三个等式是限制性功能等式,表示该动词
的主语应该是单数第三人称;第四个等式也是限制性功能等式,表示该动词的主语的数应该
是单数。后两个等式的信息来自词尾-s,其余的信息来自 persuade 这个动词词根。

属性	值
A	a
B	b
C	c

图 4.16　属性值矩阵

功能结构是词汇功能语法句法描写的另一个平面。它是一
个属性值矩阵(attribute-value matrix),其基本结构可以表示为
图 4.16:在这个属性矩阵中,第一列 A,B,C 等表示属性,第二
列 a,b,c 等表示相应属性所取的值。

具体地说，功能结构用方括号形式表示语法中各个有意义成分之间的等级关系，从而为在句法层次上做出语义解释提供必要的信息。方括号内左列首纵行所列的是语法功能或语法特殊标记，我们笼统地把它们叫作“限定成分”。与限定成分在水平方向上相对应的是它们各自的限定值。限定值有三种形式：简单符号、语义形式和子功能结构。子功能结构有自己的限定成分和限定值，而它的限定值还可以有子功能结构，这样就构成了功能结构的递归性质。从理论上说，功能结构可以容纳任何长度的句子。

英语句子“he reads the book”的功能结构是如图 4.17 所示。

$$\begin{bmatrix} \text{SUBJ} & \begin{bmatrix} \text{PRED} & \text{'he'} \\ \text{ABST} & - \\ \text{GENDER} & \text{MAS} \\ \text{NUM} & \text{SING} \\ \text{PERS} & 3 \\ \text{CASE} & \text{NOM} \end{bmatrix} \\ \text{TENSE} & \text{PRESENT} \\ \text{PRED} & \text{'read}\langle(\text{SUBJ})(\text{OBJ})\rangle\text{'} \\ \text{OBJ} & \begin{bmatrix} \text{SPES} & \text{the} \\ \text{DEF} & + \\ \text{NUM} & \text{SING} \\ \text{PRED} & \text{'book'} \end{bmatrix} \end{bmatrix}$$

图 4.17 功能结构

在以上的功能结构中，左首纵行的 SUBJ，TENSE，PRED 和 OBJ 是限定成分，它们各自的限定值被排列在右边对应的位置上。TENSE 的限定值“PRESENT”为简单符号，PRED 的限定值为语义形式，SUBJ 和 OBJ 的限定值为子功能结构。在这两个子功能结构中，左首纵行所列的仍然是限定成分，右首纵行所列的仍然是限定值。

成分结构和功能结构之间存在着对应关系。这种对应关系，是一个句子的成分结构能够转变为相应的功能结构的基本根据。下面我们来研究成分结构和功能结构的对应关系。

例如，如图 4.18 所示的成分结构，与这个成分结构相对应的功能结构如图 4.19 所示。

图 4.18 成分结构

$$\begin{bmatrix} \text{PRED} & \text{'pred}\langle(\text{SUBJ})(\text{OBJ})\rangle\text{'} \\ \text{OBJ} & [\quad] \\ \text{SUBJ} & [\quad] \end{bmatrix}$$

图 4.19 与图 4.18 中的成分结构对应的功能结构

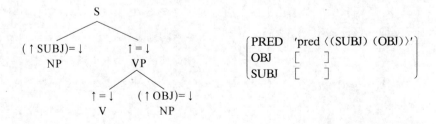

其中 PRED 表示某个具体的谓词,如 read 等。

在成分结构与功能结构之间有如下的对应关系:

● 结点 S,VP 和 V,由于 VP 和 V 都有功能等式↑=↓,它们是功能中心语,因而对应于整个的功能结构。

● 带有功能等式(↑SUBJ)=↓的结点 NP 和带有功能等式(↑OBJ)=↓的结点 NP,由于它们不是功能中心语,它们只能分别对应于上述功能结构中的 SUBJ［　］和 OBJ［　］。成分结构与功能结构的这种对应情况可用图 4.20(左边是成分结构,右边是功能结构)表示。

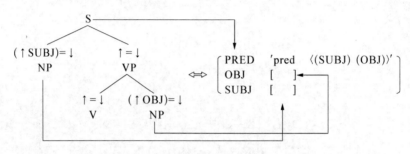

图 4.20　SVO 语言中成分结构与功能结构的对应

这是 SVO 语言(即主-谓-宾结构语言)的成分结构和功能结构。

功能结构表示的是语言的共同性,成分结构表示的是语言的差异性,因此,功能结构基本上不会受到各种语言的各色各样的表层形式的影响。SOV 语言(即主-宾-谓语言)的成分结构和功能结构可用图 4.21 表示。

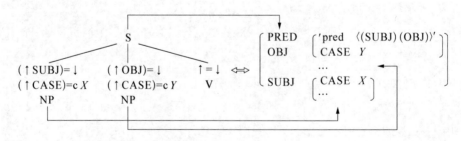

图 4.21　SOV 语言中成分结构与功能结构的对应

可以看出,SOV 语言的成分结构中各个成分的顺序与 SVO 语言不同,因此,成分结构反映了语言的差异性,而 SOV 语言和 SVO 语言的功能结构则是相同的。

有时,为了使成分结构和功能结构具有更强的表达能力,可以使用限制性功能等式。这种等式并不真正赋予任何属性值,而是硬性地规定该属性必须带某个指定的值。例如,规定某个 NP 是单数还是复数,是可数还是不可数,规定某个 NP 必须带什么样的格标志,等等。上面 SOV 语言的成分结构中的↑CASE＝c X 和↑CASE＝c Y 以及功能结构中的［CASE Y］和［CASE X］都是限制性功能等式。

　　这类限制性功能等式可以根据语言分析的实际情况来制定，在不同的语言分析系统中，它们的具体解释并不完全相同。在日语中，↑CASE＝c X 表示 NP 必须带有某个格标 X（如"が"）时，才能具有主语的功能，↑CASE＝c Y 表示 NP 必须带有另一个格标 Y（如"を"）时，才能具有宾语的功能。

　　将成分结构转变为功能结构不能直接进行，而应该通过功能描述（function description）这个中介成分来进行。也就是说，要首先把成分结构转变为功能描述，再由功能描述转变为功能结构。

　　从成分结构到功能描写的转变分三个步骤来进行：

　　(1) 将成分结构进行语法功能编码，并插入词项。例如，"he reads the book"这个句子经过第一步后变为如图 4.22 所示的情况。

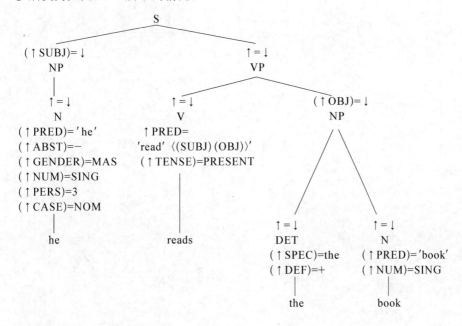

图 4.22　插入词项信息

　　(2) 把功能变项$(f_1, f_2, \cdots, f_{n-1}, f_n)$分配给 S 结点及其他各个附有下向箭标的结点。例如，上面的树形图中，对于 S，NP，VP，N，V，NP，DET，N 等结点分别分配功能变项 $f_1, f_2, f_3,$ f_4, f_5, f_6, f_7, f_8 得到如图 4.23 所示的情况。

　　(3) 用功能变项代替成分结构中的所有的上下箭标，得到句子的功能描写。例如，在上面的树形图中，把各个功能变项分别代入到直接支配它的上箭标以及所有受上箭标支配的下箭标中去。此时，成分结构中所有功能等式的集合，就是该句子的功能描写。例如，在功能等式$(↑SUBJ)＝↓$中，用上箭标的功能变项 f_1 来代替↑，用下箭标的功能变项 f_2 来代替↓，得到$(f_1 SUBJ)＝f_2$；在结点 VP 的功能等式↑＝↓中，用上箭标的功能变项 f_1 来代替↑，用下箭标的功能变项 f_3 来代替↓，得到 $f_1＝f_3$，如此等等。这样，我们便可以得到上面树形图，它的

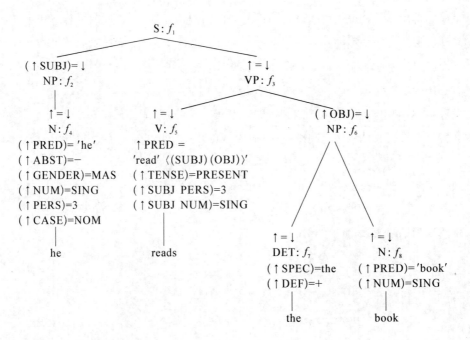

图 4.23　分配功能变项

功能描述如下：

①　$(f_1 \text{SUBJ}) = f_2$；

②　$f_1 = f_3$；

③　$f_2 = f_4$；

④　$(f_4 \text{PRED}) = {}'\text{he}'$；

⑤　$(f_4 \text{ABST}) = -$；

⑥　$(f_4 \text{GENDER}) = \text{MAS}$；

⑦　$(f_4 \text{NUM}) = \text{SING}$；

⑧　$(f_4 \text{PERS}) = 3$；

⑨　$(f_4 \text{CASE}) = \text{NOM}$；

⑩　$f_3 = f_5$；

⑪　$(f_5 \text{PRED}) = {}'\text{read} \langle (\text{SUBJ}) (\text{OBJ}) \rangle'$；

⑫　$(f_5 \text{TENSE}) = \text{PRESENT}$；

⑬　$(f_5 \text{SUBJ PERS}) = 3$；

⑭　$(f_5 \text{SUBJ NUM}) = \text{SING}$；

⑮　$(f_3 \text{ OBJ}) = f_6$；

⑯　$f_6 = f_7$；

⑰　$f_6 = f_8$；

⑱ $(f_7 \text{ SPEC}) = \text{the}$；

⑲ $(f_7 \text{ DEF}) = +$ ；

⑳ $(f_8 \text{ PRED}) = '\text{book}'$；

㉑ $(f_8 \text{ NUM}) = \text{SING}$。

功能描写的形式化特点为计算机处理提供了方便。一个句子如果不合语法，就可以很快地通过计算机的运算查出来。比如说，如果我们把树形图中的 he 改成 they，句子就不合乎语法了。因为如果 they 为复数，则它的词项输入的相应内容也应该是复数，也就是应该有 $(\uparrow \text{NUM}) = \text{PLUR}$，这里，PLUR 表示复数。这样，在功能描写中，功能等式⑦的“$(f_4 \text{NUM}) = \text{SING}$”应该改为“$(f_4 \text{NUM}) = \text{PLUR}$”。但是，这样一来，就与功能等式 n 的“$(f_5 \text{SUBJ NUM}) = \text{SING}$”发生了矛盾。因为由 $f_1 = f_3$ 和 $f_3 = f_5$，可以得出 $f_1 = f_5$，将 f_5 替换 $(f_1 \text{SUBJ}) = f_2$ 中的 f_1，可以得到 $(f_5 \text{SUBJ}) = f_2$，用 f_2 来替换“$(f_5 \text{SUBJ NUM}) = \text{SING}$”中的 $f_5 \text{SUBJ}$，得到 $(f_2 \text{NUM}) = \text{SING}$，而 $f_2 = f_4$，所以得 $(f_4 \text{MUN}) = \text{SING}$。但这时我们已经有 $(f_4 \text{NUM}) = \text{PLUR}$，因此，计算机根据功能一致性的原则，可以判断出将 he 改为 they 是不合乎语法的，很容易就检查出语法错误。这个事实说明，将词汇功能语法作为语言信息处理的一种基本理论是会受到欢迎的。

前面说过，在句子“I wondered what he read”的成分结构中，e 就是 what。这可以由功能描写体现出来。以下是“what he read”这一片段的功能描写经过前两步得到的树形图（图 4.24）。

在上面的成分结构中，双箭标“$\Downarrow$”和“$\Uparrow$”具有同一功能变项，这就确定了语义形式“what”应该被理解为“read”的第二个论元。我们可以得到如下的一些功能描写：

① $(f_6 \text{ WH}) = f_7$；

② $f_7 = f_8$；

③ $f_7 = f_9$；

④ $(f_9 \text{ PRED}) = '\text{what}'$；

⑤ $f_6 = f_{10}$；

⑥ $f_{10} = f_{13}$；

⑦ $(f_{13} \text{ OBJ}) = f_{15}$；

⑧ $f_{15} = f_8$。

计算机通过简单的运算，就可以从这些功能描写中得出 $(f_{10} \text{ OBJ}) = f_8$ 的结论，也就是证明了 he read 的宾语是 what。

功能描写既然是成分结构和功能结构之间的中介成分，所以，它可以向功能结构转变。由功能描写到功能结构的转变主要是由定位（locate）和合并（merge）两个算子（operator）来完成的。整个转变过程是一个综合分析的过程。

定位算子首先定出功能描写中功能等式两边的名称在功能结构中所处的位置,然后由合并算子按照功能结构的格式将功能描写等式两边的内容进行横向排列。这样的过程需要不断重复,直到功能描写中的所有的功能等式都计算完毕,并得到功能结构才告结束。

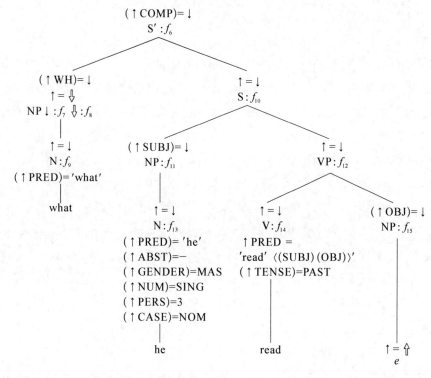

图 4.24　包含远距离关系的成分结构

下面简要说明句子"he reads the book"的成分结构到功能结构的转变过程。

(1) 由功能等式 $(f_1 \text{SUBJ}) = f_2$ 和 $f_1 = f_3$ 可以推出

$$f_1 f_3 \begin{bmatrix} \text{SUBJ} & f_2 \underline{\quad\quad} \end{bmatrix}$$

这时,f_1 与 f_3 合并,f_2 定位为 f_1 和 f_3 的子功能描述,处于 $f_1 f_3$ 下位。f_2 后面下划线的部分表示有待填入的未知数,也就是限定值,这个值可以通过与 f_2 和 f_4 有关的功能等式来确定。

(2) 由功能等式 $f_2 = f_4$,用 f_4 的值来填充 f_2 中的下划线部分,f_2 与 f_4 合并。f_4 的这些值是

$$(f_4 \text{ PRED}) = {}'\text{he}'$$

$$(f_4 \text{ ABST}) = -$$

$$(f_4 \text{ GENDER}) = \text{MAS}$$

$$(f_4 \text{ NUM}) = \text{SING}$$

$$(f_4 \text{ PERS}) = 3$$

$$(f_4 \text{ CASE}) = \text{NOM}$$

得到图 4.25。式中 f_1 和 f_3 合并了，f_2 和 f_4 合并了，故 f_1 和 f_3 定位于同一位置，f_2 和 f_4 定位于同一位置。

$$
\begin{array}{l}
\\ \\ \\ \\ f_2 \\ f_5
\end{array}
\left(\begin{array}{ll}
\text{SUBJ} & \begin{array}{l} \\ \\ \\ \\ f_2 \\ f_6 \end{array}
\left(\begin{array}{ll}
\text{PRED} & \text{'he'} \\
\text{ABST} & - \\
\text{GENDER} & \text{MAS} \\
\text{NUM} & \text{SING} \\
\text{PERS} & 3 \\
\text{CASE} & \text{NOM}
\end{array}\right)
\end{array}\right)
$$

图 4.25　功能结构(1)

(3) 由功能等式 $f_3 = f_5$，把 f_5 的值填入 f_3 中，这些值由功能等式

$$(f_5\ \text{PRED}) = \text{'read}\langle(\text{SUBJ})(\text{OBJ})\rangle\text{'}$$

$$(f_5\ \text{TENSE}) = \text{PRESENT}$$

来确定，分别定位为 f_3 的 PRED 和 TENSE。

由功能等式

$$(f_5\ \text{SUBJ PERS}) = 3$$

$$(f_5\ \text{SUBJ NUM}) = \text{SING}$$

可把 f_5 的 SUBJ 的 PERS 和 NUM 的值填入 f_3(也就是 f_1，因为它们合并了)的 SUBJ 的子功能结构中，而这个 SUBJ 的子功能结构中已经有 PERS 和 NUM，并且它们的值完全一致，故可取已有的 PERS 和 NUM 的值来代之。得到图 4.26。

$$
\begin{array}{l}
\\ \\ \\ \\ \\ \\ f_4 \\ f_5 \\ f_6
\end{array}
\left(\begin{array}{ll}
\text{SUBJ} & \begin{array}{l} \\ \\ \\ \\ f_2 \\ f_6 \end{array}
\left(\begin{array}{ll}
\text{PRED} & \text{'he'} \\
\text{ABST} & - \\
\text{GENDER} & \text{MAS} \\
\text{NUM} & \text{SING} \\
\text{PERS} & 3 \\
\text{CASE} & \text{NOM}
\end{array}\right) \\
\text{TENSE} & \text{PRESENT} \\
 & \\
\text{PRED} & \text{'READ}\langle(\text{SUBJ})(\text{OBJ})\rangle\text{'}
\end{array}\right)
$$

图 4.26　功能结构(2)

(4) 由功能等式 $(f_3\ \text{OBJ}) = f_6$，把 f_6 的值填入 f_3 中，定位为 f_3 的 OBJ，由功能等式 $f_6 = f_7$ 和 $f_6 = f_8$，把 f_7 和 f_8 的值填入 f_6 中，充当 f_3 的 OBJ 中的值，它们由下列功能等式提供：

$$(f_7\ \text{SPEC}) = \text{the}$$

$$(f_7\ \text{DEF}) = +$$

$$(f_8\ \text{PRED}) = \text{'book'}$$

$$(f_8\ \text{NUM}) = \text{SING}$$

得到图 4.27。

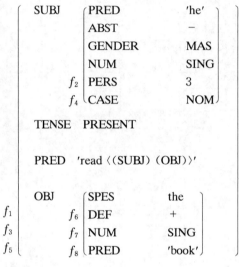

图 4.27　功能结构(3)

(5) 把 OBJ 的值填入 f_3 中,就可以得到整个句子的功能结构,如图 4.28 所示。

图 4.28　功能结构(4)

功能结构不仅可以用于描述完整的句子,而且也可以用于描述不成句子的短语。在上面的功能结构中,语法功能 SUBJ 和 OBJ 的值也是功能结构(我们称它们为子功能结构),它们都是短语而不是句子。这些语法功能既是功能结构描述的对象,也是功能结构的名字。而在 Chomsky 的短语结构语法中,所有的合格语句都是由初始符号 S 派生出来的符号串,S 就是句子,这样,短语结构语法就得以句子作为描述的对象了。由于短语不能构成 S,因而就是不合格的了。而在词汇功能语法中,一个由 NP 表达的功能结构和一个由 S 表达的功能结构同样地都是合格的。这样,词汇功能语法就可以成功地描述如英语的"a red rose"(一朵红玫瑰花)和"in our classroom"(在我们的教室里)等名词短语和介词短语。在自然语言的自动剖析(parsing of natural language)中,常常需要进行部分剖析(partial parsing),在输入的语言片段不是句子而是短语时,仍然能够顺利地进行处理。这是词汇功能语法的一个很大的优点。

为了保证词汇功能语法在数学上的正确性和逻辑上的合理性,功能结构要受到下列合格性条件的制约。

1. 功能唯一性(uniqueness)

在任何的功能结构中,每一个属性最多只能有一个值。例如 * NUM (数)这个属性有单数和复数两个值,但在具体的某一功能结构中,NUM 的值不可能既是单数又是复数,只能在单数和复数这两个值中取一个值。

2．功能完备性(completeness)

● 任一功能结构为局部功能完备的,当且仅当该功能结构包含它的所有谓词所管辖的所有语法功能。

● 任一功能结构为功能完备的,当且仅当该功能结构内的所有功能结构都是局部功能完备的。

3．功能接应性(coherence)

● 任一功能结构为局部功能接应的,当且仅当该功能结构所包含的可被管辖的语法功能都为一个局部谓词所管辖。

● 任一功能结构为功能接应的,当且仅当该功能结构内的所有功能结构都是局部功能接应的。

功能唯一性与数学上函数的特性非常相似。函数的定义域到值域的对应可以是多对一的,但不可以是一对多的,函数定义内的属性不能有一个以上的值。事实上,功能这个术语的英文 function 在数学上的含义就是函数,词汇功能语法实质上就是一种函数式的语法。词汇功能语法的这种函数性质,使得它非常便于自然语言的计算机处理。

功能完备性和功能接应性的配合建立了一种特殊的一一对应关系。每个功能结构中都有谓词论元结构(predicate-augment structure)这个属性,这个属性表示功能结构的谓词论元关系,它决定了功能结构中论元的个数和种类。在谓词论元结构中,谓词所管辖的是语法功能,而可被管辖的语法功能因语言的不同而不同,这些语法功能通常包括 SUBJ,OBJ,OBJ,COMP 等。功能完备性规定每个由谓词论元结构规定的语法功能都必须在功能结构中出现,而功能接应性规定每个出现的语法功能都是由谓词论元结构所管辖的。这样,在词汇功能语法中,可被管辖的语法功能要同谓词论元结构规定的语法功能一一对应。

下面是一些符合合格性条件的例子,它们都是功能完备而且是接应的。

$$
\begin{bmatrix}
\text{PRED} & '\text{pred}\,\langle(\text{SUBJ})\,(\text{OBJ})\rangle' \\
\text{SUBJ} & [\quad] \\
\text{OBJ} & [\quad]
\end{bmatrix}
$$

例 4.1 在"小王学英语"中,"学"是 PRED,"小王"是 SUBJ,"英语"是 OBJ。

$$
\begin{bmatrix}
\text{PRED} & '\text{pred}\,\langle(\text{SUBJ})\,(\text{OBJ})\,(\text{XCOMP})\rangle' \\
\text{SUBJ} & [\quad] \\
\text{OBJ} & [\quad] \\
\text{XCOMP} & \text{PRED}\ '\text{pred}\,\langle\text{SUBJ}\rangle' \\
& \text{SUBJ}
\end{bmatrix}
$$

其中,XCOMP 表示宾语补足语。

例 4.2　在"小王劝小张休息"中,"劝"是 PRED,"小王"是 SUBJ,"小张"是 OBJ,"休息"是 XCOMP,在这个 XCOMP 中,PRED 是"休息",它的 SUBJ("小张")是"劝"的 OBJ,因而它们之间用一条线相连接。

下面是一些违反合格性条件的例子。

4. 功能接应但不完备

$$\begin{bmatrix} \text{PRED } '\text{pred} \langle (\text{SUBJ}) \ (\text{OBJ}) \rangle' \\ \text{SUBJ} \begin{bmatrix} \quad \end{bmatrix} \end{bmatrix}$$

SUBJ 与 PRED 中的 SUBJ 一致,但缺少语法功能 OBJ。

例 4.3　在"小王开"中,"开"是及物动词,它做 PRED 时应有 SUBJ 和 OBJ,但该句子中只有 SUBJ,而没有 OBJ,违反了功能完备性的原则。

5. 功能完备但不接应

$$\begin{bmatrix} \text{PRED } '\text{pred} \langle (\text{SUBJ}) \rangle' \\ \text{SUBJ} \begin{bmatrix} \quad \end{bmatrix} \\ \text{OBJ} \begin{bmatrix} \quad \end{bmatrix} \end{bmatrix}$$

例 4.4　在"小王咳嗽小张"中,"咳嗽"是不及物动词,它只能有 SUBJ,而不能有 OBJ,但在功能结构中出现了 OBJ,违反了功能接应性的原则。

词汇功能语法最近还提出了词汇映射理论(Lexical Mapping Theory,LMT)。根据词汇映射理论,题旨结构与词汇中的谓词-论元结构之间存在着映射关系,为了表示这种映射关系,词汇映射理论采用两个特征来给语法功能和题旨角色分类:一个特征是 + r(+ restricted),它表示语义是否受限,受限取 + 号,不受限取 − 号,另一个特征是 + o(+ objective),它表示语法表现是否具备宾语性,具备宾语性取 + 号,不具备宾语性取 − 号。使用这两个特征,可把被管辖的语法功能分为四类:

$$\text{SUBJ}: [-r, -o] \qquad \text{OBJ}: [-r, +o]$$
$$\text{OBL}_\theta: [+r, -o] \qquad \text{OBJ}_\theta: [+r, +o]$$

可以看出,SUBJ 和 OBJ 都有共同的特征要素 $[-r]$,它们的语义都不受限,SUBJ 的语法表现不具备宾语性,故具有特征要素 $[-o]$,OBJ 的语法表现具备宾语性,故具有特征要素 $[+o]$,它们自然地形成一类语法功能;OBJ_θ 是语义受限的宾语,θ 表示某种特定的题旨角色,故具有特征要素 $[+r]$,在有双宾语的句子中,OBJ_θ 表示间接宾语;OBL_θ 表示语义受限而且语法表现不像宾语的某种语法功能,英语中的 of + NP 这样的短语就是 OBL_θ,因为它可以充当主题(theme)、受事者(patient)、经验者(experiencer),但不能充当施事者(agent)。

例如,当我们把英文句子

The Romans destroyed the city（罗马人破坏了这个城市）
　　SUBJ　　　　　　　OBJ

名物化为名词短语

The destruction of the city by the Romans
　　　　　　OBL$_{pt}$　　　OBL$_{ag}$

时，of the city 是 OBL$_{pt}$，即受事者，by the Romans 是 OBL$_{ag}$，即施事者，如果把 by the Romans 改为 of the Romans，得到的

*　the destruction of the Romans

在英语中是不能成立的。由此可以看出，of ＋ NP 在语义上受限，在语法表现上不像宾语，它的被管辖的语法功能应是 OBL$_\theta$。

词汇映射理论还规定了题旨角色的层次（thematic hierarchy）。例如，该理论提出了如图 4.29 所示的题旨角色层次。

agent＞beneficiary＞recipient/experiencer＞instrument＞patient/theme＞locative

图 4.29　题旨角色层次

图 4.29 中，agent 表示施事者，beneficiary 表示受惠者，recipient 表示接受者，experiencer 表示经验者，instrument 表示工具，patient 表示受事者，theme 表示涉事者，locative 表示方位，"/" 表示二者择一，"＞" 表示层次的优先关系。

可以根据这样的层级系列来构造动词的题旨结构。

这种层级结构的理论依据是动词谓语与角色在语义组合上存在一种先后次序，即层级序列中较低位置上的角色与谓语动词的组合先于层级序列中处于较高位置上的角色与谓语动词的组合。因此，处于较低位置上的角色容易被词汇化（to be lexicalized）。

这种规律可以从如下现象中得到证明。习惯语大多由"动词＋方位"构成，如 put X to shame（羞辱 X），take X to task（申斥 X），go to the dogs（堕落）；或者由"动词＋涉事"构成，如 give X a hand（帮助 X），lend X an ear（倾听 X），ring a bell（使人想起）；或者由"动词＋涉事 ＋方位"构成，如 let the car out of the bag（泄露机密），carry coals to Newcastle（徒劳无益）。随着角色层级的上升，构成习惯语的可能性越来越小。

这种层级结构理论的另一个依据来自谓语动词一致关系标记的语法化序列：处于语法化序列较前位置上的角色也就是处于层级序列较高位置上的角色。也就是说，角色的层级越高，越有资格跟动词发生一致关系。因此，我们可以把题旨层级结构中最高层级上的角色叫作"逻辑主语"，这个逻辑主语经常由施事者充当。因此，我们可以根据题旨角色的层次和各个角色充当施事者或受事者的情况，来决定得到［＋r］或［＋o］的那些特征要素，词汇映射理论不但规定了这些特征要素的决定的过程，而且还规定了只有当特征要素彼此不冲突时，才能够被选来表达某个题旨角色。另外，这种理论还要求映射与特征要素的分配过程具有单调性（后面的特

征值不能与前面的特征值相抵触),功能具有独特性(每个功能至多只能与一个角色相对应)。

词汇映射理论是词汇功能语法的一种新理论。根据词汇映射理论,只要知道了表达概念的题旨结构,就可以预测语法功能的表达方式和谓词论元结构,而知道了语法功能的谓词论元结构,就可以预测各种语言中可能出现的表层结构。所以,这种理论对于自然语言的计算机处理具有指导意义。

总起来说,词汇功能语法具有如下几个特点:

- 采用属性值矩阵作为表达语法信息的基本手段;
- 以合一作为运算的基本方式,以属性值作为运算的基本单元;
- 以词汇中包含的信息作为语法信息的基本来源;
- 以无序的语法功能作为语法理论的基本观念。

由于具备这些特点,词汇功能语法克服了短语结构语法的生成能力过强而分析能力不足的缺陷,而且没有像 Chomsky 那样采用转换的办法,在当代语言学中独树一帜,这是语言信息处理的重要成果之一。

4.3 Martin Kay 的功能合一语法

图 4.30 Martin Kay

美国计算语言学家 Martin Kay(马丁·凯依,图 4.30)于 1985 年在"功能合一语法"(Functional Unification Grammar,FUG)这一新的语法理论中,提出了"复杂特征集"(complex feature set)的概念。他认为,自然语言是一个效率极高同时又能够精确地表达各种复杂意念的信息系统,只用 Chomsky 的短语结构语法中的单一的句法范畴不可能充分地描述自然语言的句子,而必须使用复杂特征集来描述。

在功能合一语法中,复杂特征集用功能描述(Functional Description,FD)来表示。功能描述由一组描述元(descriptors)组成,而每一个描述元则是一个成分集(constituent set)、一个模式(pattern)或一个带值的属性(attribute),其中最主要的是"属性/值"偶对。在功能描述中,描述元的值可以是原子,也可以是另一个功能描述。所以,功能描述是递归地定义的。

下面给出表示复杂特征集的功能描述的严格定义:

α 为一个功能描述,当且仅当 α 可表示为图 4.31。其中,f_i 表示特征名,v_i 表示特征值,而且满足如下两个条件:

(1) 特征名 f_i 为原子,特征值 v_i 或为原子,或为另一个功能描述;

(2) $\alpha\langle f_i\rangle = v_i (i = 1, 2, \cdots, n)$,读作:集 α 中,特征 f_i 的值等

$$\begin{bmatrix} f_1 = v_1 \\ f_2 = v_2 \\ \vdots \\ f_n = v_n \end{bmatrix} \quad n \geqslant 1$$

图 4.31 功能描述

于 v_i。

采用这样的功能描述,就可以表示复杂特征集。

组成功能描述的一组描述元都写在一个方括号里,书写的顺序无关紧要。在一个"属性/值"偶对中,属性是一个符号,如 NUM(数),SUBJ(主语),OBJ(宾语),MODF(修饰语),HEAD(中心语)等,它的值或者是一个符号,或者是另一个功能描述。属性和它的值之间用等号来连接,因此,$a = b$ 表示属性 a 的值是 b。

例如,句子"We helped her"(我们帮助过她)可以用下面的功能描述 FD(1)来表示:

$$
\text{FD}(1):\ \begin{bmatrix} \text{K} = \text{S} \\ \text{SUBJ} = \begin{bmatrix} \text{CAT} = \text{PRON} \\ \text{CASE} = \text{NOM} \\ \text{NUM} = \text{PLUR} \\ \text{PERS} = 1 \end{bmatrix} \\ \text{OBJ} = \begin{bmatrix} \text{CAT} = \text{PRON} \\ \text{GENDER} = \text{FEM} \\ \text{CASE} = \text{ACC} \\ \text{NUM} = \text{SING} \\ \text{PERS} = 3 \end{bmatrix} \\ \text{PRED} = \begin{bmatrix} \text{CAT} = \text{VERB} \\ \text{LEX} = '\text{help}' \end{bmatrix} \\ \text{TENSE} = \text{PAST} \\ \text{VOICE} = \text{ACTIVE} \end{bmatrix}
$$

这个功能描述表示:"We helped her"是个句子(K = S),在这个句子中,主语"we"是代词,主格,复数,第一人称;宾语"her"是代词,阴性,宾格,单数,第三人称;谓语"helped"是动词,具体的词是"help",整个句子的时态是过去时,语态是主动态。这些功能描述也就是这个句子的复杂特征集。

在一个功能描述中,每一个属性/值偶对都是该 FD 所描述对象的一个特征。如果这个值是一个符号,那么这个属性/值偶对就叫作功能描述的一个基本特征。任何功能描述都可以用一张由基本特征组成的表来表示。例如,上面的功能描述 FD(1)也可以用下面的表 FD(2)来描述:

$$
\begin{aligned}
\text{FD}(2):\ &\langle \text{K} \rangle = \text{S} \\
&\langle \text{SUBJ}\quad \text{CAT} \rangle = \text{PRON} \\
&\langle \text{SUBJ}\quad \text{CASE} \rangle = \text{NOM} \\
&\langle \text{SUBJ}\quad \text{NUM} \rangle = \text{PLUR} \\
&\langle \text{SUBJ}\quad \text{PERS} \rangle = 1 \\
&\langle \text{OBJ}\quad \text{CAT} \rangle = \text{PRON} \\
&\langle \text{OBJ}\quad \text{GENDER} \rangle = \text{FEM}
\end{aligned}
$$

$$\langle \text{OBJ} \quad \text{CASE} \rangle = \text{ACC}$$

$$\langle \text{OBJ} \quad \text{NUM} \rangle = \text{SING}$$

$$\langle \text{OBJ} \quad \text{PERS} \rangle = 3$$

$$\langle \text{PRED} \quad \text{CAT} \rangle = \text{VERB}$$

$$\langle \text{PRED} \quad \text{LEX} \rangle = '\text{help}'$$

$$\langle \text{TENSE} \rangle = \text{PAST}$$

$$\langle \text{VOICE} \rangle = \text{ACTIVE}$$

在这个表 FD(2)中，尖括号⟨ ⟩里的符号构成了一条路径(path)，功能描述中的每一个值，总可以用一条路径来称呼它。可以看出，FD(2)中表达的特征与 FD(1)中表达的特征是相同的，它们是同一个句子中的复杂特征的不同的表达方式。不过，尽管 FD(1)和 FD(2)都是同一个功能描述的两种表示，它们还各有不同：FD(1)显示了功能描述的嵌套，因而强调了功能描述的结构特性；FD(2)是一个表，因而强调了功能描述内部的分量特性。这两种表示方法都有意模糊特征和结构之间的通常区别，使得功能合一语法具有更大的灵活性。

把功能描述看作是非结构性的特征集，就有可能用集合论的标准运算来处理它们。但是，功能描述又不完全服从集合论的运算。集合论运算一般并不考虑运算对象的相容性，而功能描述则必须考虑运算对象的相容性。如果有两个功能描述中都包含一个共同的属性，而这个共同的属性在这两个功能描述中的值不相同，那么这两个功能描述就是不相容的。例如，如果功能描述 F_1 中含有基本特征⟨A⟩ = x，功能描述 F_2 中含有基本特征⟨A⟩ = y，那么除非 $x = y$，否则，F_1 和 F_2 不相容。如果两个功能描述不相容，那么在进行集合论中的"并"运算时，运算的结果就不会是一个合格的功能描述。例如，假定功能描述 F_1 所描述的句子中含有一个单数主语，而功能描述 F_2 所描述的句子中含有一个复数主语，那么如果 S_1 和 S_2 是它们相应的基本特征集，那么它们的并集 $S_1 \cup S_2$ 就不是合格的，因为这个并集中⟨SUBJ NUM⟩ = SING 和⟨SUBJ NUM⟩ = PLUR 不相容。

对于语法上有歧义的句子或词组，需要两个或两个以上的不相容的功能描述来表示。例如，"三个学校的实验员来了"这个句子是有歧义的，它有两个意思。一个意思可用功能描述 FD(3)来表示，另一个意思可用功能描述 FD(4)来表示：

$$\text{FD}(3): \begin{bmatrix} \text{K} = \text{S} \\ \text{SUBJ} = \begin{bmatrix} \text{CAT} = \text{NP} \\ \text{HEAD} = '实验员' \\ \text{MODF} = \begin{pmatrix} \text{CAT} = \text{NP} \\ \text{HEAD} = '学校' \end{pmatrix} \\ \text{QUANT} = 3 \end{bmatrix} \\ \text{PRED} = '来' \\ \text{TENSE} = \text{PAST} \\ \text{VOICE} = \text{ACTIVE} \end{bmatrix}$$

$$
\text{FD(4):} \begin{bmatrix} \text{CAT} = \text{K} \\[2pt] \text{SUBJ} = \begin{bmatrix} \text{CAT} = \text{NP} \\ \text{HEAD} = '实验员' \\ \text{MODF} = \begin{bmatrix} \text{CAT} = \text{NP} \\ \text{HEAD} = '学校' \\ \text{QUANT} = 3 \end{bmatrix} \end{bmatrix} \\[2pt] \text{PRED} = '来' \\ \text{TENSE} = \text{PAST} \\ \text{VOICE} = \text{ACTIVE} \end{bmatrix}
$$

可以看出,在 FD(3)中,句子的意思是只来了三个实验员,而这三个实验员是学校的实验员;在 FD(4)中,句子的意思是来了一些实验员,而这些实验员分属三个不同的学校。

几个不相容的简单的功能描述 $F_1, F_2, \cdots, F_k$,可以合并成为一个单独的复杂的功能描述:$\{F_1, F_2, \cdots, F_k\}$,复杂的功能描述表示分量的对象集的并,其中的不相容部分应该用花括号括起来。下面是把 FD(3)和 FD(4)合并而成的复杂的功能描述 FD(5),它描述了 FD(3)和 FD(4)所分别表示的两种结构关系:

$$
\text{FD (5):} \begin{bmatrix} \text{CAT} = \text{S} \\[2pt] \text{SUBJ} = \begin{bmatrix} \text{CAT} = \text{NP} \\ \text{HEAD} = '实验员' \\ \left\{ \begin{bmatrix} \text{MODF} = \begin{bmatrix} \text{CAT} = \text{NP} \\ \text{HEAD} = '学校' \end{bmatrix} \\ \text{QUANT} = 3 \end{bmatrix} \right. \\ \left. \begin{bmatrix} \text{MODF} = \begin{bmatrix} \text{CAT} = \text{NP} \\ \text{HEAD} = '学校' \\ \text{QUANT} = 3 \end{bmatrix} \end{bmatrix} \right\} \end{bmatrix} \\[2pt] \text{PRED} = '来' \\ \text{TENSE} = \text{PAST} \\ \text{VOICE} = \text{ACTIVE} \end{bmatrix}
$$

FD(5)中的花括号表示不相容的功能描述或子功能描述之间的析取关系。用这种复杂功能描述的紧凑形式,可以描述大量的互不相容的对象。一般来说,功能合一语法中的语法规则可以用一个统一的功能描述 FD(6)表示如下:

$$FD(6): \left\{ \left[\begin{array}{c} \left[\begin{array}{c} CAT = C1 \\ \vdots \end{array} \right] \\ \left[\begin{array}{c} CAT = C2 \\ \vdots \end{array} \right] \\ \vdots \\ \left[\begin{array}{c} CAT = Cn \\ \vdots \end{array} \right] \end{array} \right] \right\}$$

对于采用这种复杂特征集来描述的系统来说,其描述的详尽程度是没有限制的。一个描述中所包含的特征越多,它对所描述的对象的限定也就越具体;如果从一个描述中撤销某些特征,就可能扩大它所描述的对象的覆盖面。因此,灵活地控制特征的数量,认真地选择特征的内容,才可以用复杂特征集进行恰当的描述。

在机器翻译的机器词典中,对于每一个单词的定义不仅仅给出其词类,而且,还应该标出这个词的静态的词法特征、句法特征和语义特征,这就是在词这一级采用复杂特征集。随着自动句法分析的推进,句子中的每个单词除了被标注上来自词典中的这些静态特征之外,在表示句子层次结构的树形图的每个结点上,还会运算出一些动态特征,它们大大地充实了来自词典中的静态特征的内容,这些动态特征当然也要以复杂特征来标注,这就是在句法分析和语义分析一级采用复杂特征集,复杂特征集中的各种复杂特征,可以在短语归并的过程中从中心语的复杂特征标记中继承过来,也可以根据句法语义规则动态地通过计算机计算出来。在原语自动分析中采用这样的复杂特征集,有效地解决了歧义结构的判定问题,并且把句法分析和语义分析通过复杂特征集这种手段有机地结合起来,从而提高原语句法语义分析的效率。

复杂特征集概念的提出,与音位学中“区别特征理论”的提出有某些相似之处。1951 年,Jakobson(雅可布逊)指出,一切的音都不是单元性的(monadic),它们还可以进一步分成一对对的最小对立体,而且这些最小对立体可以被归纳为 12 对区别特征,这样,就把传统音位学中一个个不可分解的元音和辅音变为可分解的区别特征的集合。这一理论使得我们有可能通过逻辑描述的方法来分析和鉴定音位的结构,把音位学的理论提高到一个新的阶段。在早期的短语结构语法中,语法范畴是没有内部结构的,它们就像“区别特征理论”提出之前的音位一样,也是只具有单元性的单位,采用复杂特征集来描述这些句法范畴之后,我们发现,原来这些句法范畴也不是单元性的,它们也具有结构,因而它们不能采用单一的特征,而必须采用复杂的特征来描述。当然,语言信息处理中的复杂特征集比音位学中的区别特征要丰富得多,它们不仅是二元对立的,而且还是多元对立的,不仅具有线性的结构,而且还具有嵌套的、递归的结构,所以,对于复杂特征集就不能采用一般的集合论方法来运算。

功能合一语法是采用"合一"这种独特的运算方式来对复杂特征集进行运算的。

"合一"(unification)这个术语最初是在数理逻辑的一阶谓词演算中开始使用的。寻找某种项对变量的置换,从而使表达式一致的过程叫作合一。如果存在一个置换 S,把它作用到表达式集 $\{E_i\}$ 中的每一个元素上,使得 $E_{1S} = E_{2S} = \cdots = E_{nS}$,那么说表达式集 $\{E_i\}$ 是可合一的,S 就叫作 $\{E_i\}$ 的合一者(unifier),因为它的作用是使该集合简化为一致的形式。

例如,有两个逻辑项 $A:f(x,y)$ 和 $B:f(g(y,a),h(a))$,如果用逻辑项 $C:x = g(h(a),a)$ 和 $D:y = h(a)$ 置换 A,B 中的变量 x 和 y,则置换之后 A,B 均成为 $f(g(h(a),a),h(a))$,使得 A 和 B 都成为一致的形式,这个结果叫作 A,B 的合一,C 和 D 叫作 A,B 的合一者,A,B 叫作可合一的逻辑项。

目前,这种合一运算已经被广泛地应用于高阶逻辑、计算复杂性理论、可计算性理论、逻辑程序设计等领域,并进一步发展到计算语言学、机器翻译、自然语言理解和人工智能等领域。合一运算被如此广泛应用的原因之一是逻辑程序设计语言 Prolog 的普及,因为 Prolog 在霍恩子句(Horn clause)的归结过程中所依据的基本运算之一就是合一运算。

在功能合一语法中,使用合一运算来把若干个功能描述合并成一个单独的功能描述。具体地说,如果有两个或两个以上简单的功能描述是相容的,便可通过合一运算把它们合并成一个简单的功能描述,使得这个功能描述所描述的对象正是前面若干个功能描述所共同描述的对象。

这样的合一运算与集合论中的求并运算十分类似,但合一运算与求并运算的不同之处在于,当合一运算应用到不相容的项时,合一失败,并产生空集。

求并运算所得到的并集是参与运算的各个集合里所有不同元素组成的集合。

例如

$$\{A, B\} \bigcup \{C, B\} = \{A, B, C\}$$

在求并运算时,总是把集合中的元素看成是不可分解的原子。即使元素是有序的偶对,如 (f_i, v_i) 表示特征 f_i 的值为 v_i,求并运算时仍然把它们看成是不可再分解的个体,而不考虑它们的内部结构。假设

$$\alpha = \{(f_1, v_1), (f_2, v_2)\}$$
$$\beta = \{(f_1, v_1')\}$$

即使 $v \neq v'$,α 与 β 所表达的信息互相抵触,在进行求并运算之后,其并集仍然为

$$\gamma = \alpha \bigcup \beta = \{(f_1, v_1), (f_1, v_1'), (f_2, v_2)\}$$

在并集中虽然保持了抵触的信息,不过,从信息组合和传递的角度来看,所求得的并集 γ 是没有意义的。

合一运算必须考虑运算结果的合理性,在合一运算中,当 α 与 β 所表达的信息相互抵触时,其合一结果为空集 $\varnothing$,表示合一失败。如果用符号 $\overline{\bigcup}$ 表示合一,则有

$$\alpha \overline{\bigcup} \beta = \varnothing$$

下面我们给出在功能合一语法中合一运算的形式定义(运算符号用 $\overline{\bigcup}$ 表示):

(1) 若 a 和 b 均为原子,则 $a \overline{\bigcup} b = a$,当且仅当 $a = b$;否则 $a \overline{\bigcup} b = \varnothing$。

(2) 若 α 和 β 均为复杂特征集,则

① 若 $\alpha(f) = v$,但 $\beta(f)$ 的值未经定义,则 $f = v$ 属于 $\alpha \overline{\bigcup} \beta$;

② 若 $\beta(f) = v$,但 $\alpha(f)$ 的值未经定义,则 $f = v$ 属于 $\alpha \overline{\bigcup} \beta$;

③ 若 $\alpha(f) = v_1$,$\beta(f) = v_2$,且 v_1 与 v_2 不相抵触,则 $f = (v_1 \overline{\bigcup} v_2)$ 属于 $\alpha \overline{\bigcup} \beta$;否则 $\alpha \overline{\bigcup} \beta = \varnothing$。

从这个定义可以看出,集合论中的求并运算是合一运算的一种特殊情况。当合一的对象所含的元素为不可分解的原子时,合一的结果等于并集。当合一的对象是有结构的复杂特征集时,就要检验特征的相容性,只有当特征相容时,相应的复杂特征才能合一。因此,合一运算具有两种作用:一个是合并原有的特征信息,构造新的特征结构,这与集合论中的求并运算类似;另一个是检查特征的相容性和规则执行的前提条件,如果参与合一的特征相冲突,就立即宣布合一失败。可见,合一运算提供了一种在合并各方面来的特征信息的同时,检验限制条件的机制。这正是机器翻译的句法语义分析所需要的,因而它受到机器翻译工作者的欢迎。

我们举例来说明如何进行合一运算。

例 4.5

$$\begin{bmatrix} CAT = V \\ LEX = 'run' \\ TENSE = PRES \end{bmatrix} \overline{\bigcup} \begin{bmatrix} CAT = V \\ NUM = SING \\ PERS = 3 \end{bmatrix} \rightarrow \begin{bmatrix} CAT = V \\ LEX = 'run' \\ TENSE = PRES \\ NUM = SING \\ PERS = 3 \end{bmatrix}$$

由于参与合一运算的两个功能描述中的复杂特征是相容的,因此,合一运算的结果等于这两个功能描述中的复杂特征求并。

例 4.6

$$\begin{bmatrix} CAT = V \\ LEX = 'run' \\ TENSE = PRES \end{bmatrix} \overline{\bigcup} \begin{bmatrix} CAT = V \\ TENSE = PAST \\ PRES = 3 \end{bmatrix} \rightarrow NIL$$

由于这两个功能描述中,第一个功能描述中的 TENSE = PRES,第二个功能描述中的 TENSE = PAST,相互抵触,因而合一运算的结果为 NIL,表示合一失败。

例 4.7

$$
\left\{
\begin{array}{l}
\begin{bmatrix} \text{TENSE} = \text{PRES} \\ \text{FORM} = \text{'is'} \end{bmatrix} \\
\begin{bmatrix} \text{TENSE} = \text{PAST} \\ \text{FORM} = \text{'was'} \end{bmatrix}
\end{array}
\right\}
\overline{\cup}
\begin{bmatrix} \text{CAT} = \text{V} \\ \text{TENSE} = \text{PAST} \end{bmatrix}
\rightarrow
\begin{bmatrix} \text{CAT} = \text{V} \\ \text{TENSE} = \text{PAST} \\ \text{FORM} = \text{'was'} \end{bmatrix}
$$

第一个功能描述是由不相容的两个简单功能描述合并而成的复杂功能描述,它与第二个功能描述进行合一运算时,取相容的特征作为合一运算的结果。由于第一个复杂功能描述中的特征

$$
\begin{bmatrix} \text{TENSE} = \text{PRES} \\ \text{FORM} = \text{'is'} \end{bmatrix}
$$

与第二个功能描述中的特征不相容,故被舍去。

一般来说,两个复杂功能描述的合一结果仍然是复杂功能描述,其中,每一项代表原来的功能描述中的一对相容项。因此,

$$
\{a_1, a_2, \cdots, a_n\} \overline{\cup} \{b_1, b_2, \cdots, b_m\}
$$

就得到一个形式为 $\{c_1, c_2, \cdots, c_k\}$ 的功能描述,其中每一个 $c_h (1 \leqslant h \leqslant k)$ 都是一对相容项的合一结果 $a_i = b_j (1 \leqslant i \leqslant n, 1 \leqslant j \leqslant m)$。

由此可见,合一运算应该具有如下的性质:

● 合一运算可以对信息进行相加。

例如

$$
[\text{CAT} = \text{NP}] \overline{\cup} (\text{AGREEMENT} = [\text{NUM} = \text{SING}])
$$

$$
\rightarrow
\begin{bmatrix} \text{CAT} = \text{NP} \\ \text{AGREEMENT} = [\text{NUM} = \text{SING}] \end{bmatrix}
$$

其中,特征 AGREEMENT 表示一致关系。

● 合一运算是幂等的。

例如

$$
[\text{CAT} = \text{NP}] \overline{\cup}
\begin{bmatrix} \text{CAT} = \text{NP} \\ \text{AGREEMENT} = [\text{NUM} = \text{SING}] \end{bmatrix}
$$

$$
\rightarrow
\begin{bmatrix} \text{CAT} = \text{NP} \\ \text{AGREEMENT} = [\text{NUM} = \text{SING}] \end{bmatrix}
$$

前一个复杂特征集中的 CAT = NP 被吸收到后一个复杂特征集当中去了。

● 空白项是合一运算的幺元。

例如

$$\begin{bmatrix} \quad \end{bmatrix} \overline{U} \begin{bmatrix} CAT = NP \\ AGREEMENT = [NUM = SING] \end{bmatrix}$$

$$\rightarrow \begin{bmatrix} CAT = NP \\ AGREEMENT = [NUM = SING] \end{bmatrix}$$

空白项与复杂特征集进行合一,则该空白项被复杂特征吸收。

● 当特征值相容时,相同的特征可以合一。

例如

$$\begin{bmatrix} AGREEMENT = [NUM = SING] \\ SUBJ = (AGREEMENT = [NUM = SING]) \end{bmatrix} \overline{U} (SUBJ = AGREEMENT = [PERS = 3])$$

$$\rightarrow \begin{bmatrix} AGREEMENT = [NUM = SING] \\ SUBJ = \begin{bmatrix} AGREEMENT = \begin{bmatrix} NUM = SING \\ PERS = 3 \end{bmatrix} \end{bmatrix} \end{bmatrix}$$

由于前后复杂特征集中,特征 SUBJ 和特征 AGREEMENT 中的特征值 NUM = SING 和 PERS = 3 是相容的,所以,合一后形成特征

$$\begin{bmatrix} AGREEMENT = [NUM = SING] \\ SUBJ = \begin{bmatrix} AGREEMENT = \begin{bmatrix} NUM = SING \\ PERS = 3 \end{bmatrix} \end{bmatrix} \end{bmatrix}$$

如果把自然语言看作是一个传递和负载信息的系统,并且承认自然语言中的句法成分和语义成分都可由较小的成分合成较大的成分,那么采用合一作为句法和语义分析的基本运算便是非常理想的了。这是因为:

● 一个语言单位(如句子或词组等)所负载的信息可以分布在各个成分之中,每个成分所负载的可以只是部分的信息。

● 通过合一运算,在小成分组合成大成分的过程中,小成分所负载的信息也同时被传递或累加为大成分所负载的信息,在合一运算的过程中,信息只逐渐增加而不会减少。

● 由于句法和语义分析都以合一作为基本运算,不仅句子的合法性可以通过语义手段来判断,而且,还可以把句子的句法结构和语义表示用合一运算这种方式更加自然地衔接起来。

● 不同的功能描述的合一运算结果,同这个运算所进行的先后次序无关,不论合一从哪个方向开始,也不论是先合一还是后合一,合一的结果都是相同的。合一运算的这种无序性非常便于进行并行处理,而且还使我们有可能自由地选择分析算法和自然语言描述的语法理论。

在复杂特征集与合一运算的基础上,Martin Kay 提出了功能合一语法。

功能合一语法的最大特点就是在词条定义、句法规则、语义规则和句子的描述中,全面

地、系统地使用复杂特征集。

1. 词条定义的描述

例如,英语的 saw 有三个义项,在词条 saw 中,可给出三条定义,每一条定义的形式都用复杂特征集的功能描述,见 FD(7),FD(8),FD(9)。

$$
FD(7)：\begin{bmatrix} CAT = V \\ TENSE = PAST \\ TRANSITIVITY = MENTAL\text{-}PROCESS \\ ROOT = 'see' \\ LEX = 'saw' \end{bmatrix}
$$

FD(7) 表示 saw 是动词 see 的过去时形式,它的含义是"看见"。

$$
FD(8)：\begin{bmatrix} CAT = N \\ NUM = SING \\ LEX = 'saw' \end{bmatrix}
$$

FD(8) 表示 saw 是名词,它的含义是"锯子"。

$$
FD(9)：\begin{bmatrix} CAT = V \\ TENSE = INFINITIVE \\ TRANSITIVITY = MATERIAL\text{-}PROCESS \\ ROOT = 'saw' \\ LEX = 'saw' \end{bmatrix}
$$

FD(9)表示 saw 是动词 saw 的不定式形式,它的含义是"锯"。

2. 句法规则的描述

例如,FD(10)和 FD(11) 分别是主动态和被动态的规则:

$$
FD(10)：\begin{bmatrix} K = S \\ PATTERNS = (\cdots PREDICATOR\ DIRECT\text{-}OBJE \cdots) \\ SUBJ = ACTOR = [CAT = N] \\ PREDICATOR = \begin{bmatrix} CAT = V \\ TRANSITIVITY = MATERIAL\text{-}PROCESS \\ VOICE = ACTIVE \end{bmatrix} \\ VOICE = ACTIVE \end{bmatrix}
$$

$$
\text{FD}(11):\ \left[
\begin{array}{l}
K = S \\[4pt]
\text{PATTERNS} = (\cdots\ \text{PREDICATOR}\ \cdots\ \text{BY}\ \cdots\ \text{ADJUNCT}\ \cdots) \\[4pt]
\text{SUBJ} = \text{AFFECTED} = [\text{CAT} = N] \\[4pt]
\text{PREDICATOR} = \left[
\begin{array}{l}
\text{CAT} = V \\
\text{TRANSITIVITY} = \text{MATERIAL-PROCESS} \\
\text{VOICE} = \text{PASSIVE}
\end{array}
\right] \\[18pt]
\text{BY-ADJUNCT} = \begin{array}{l} K = PP \\[6pt]
\ \ \text{PREP} = \left[
\begin{array}{l}
\text{CAT} = \text{PREP} \\
\text{LEX} = '\text{by}'
\end{array}
\right] \\[12pt]
\ \ \text{OBJ} = \langle \text{AGENT} \rangle
\end{array} \\[24pt]
\text{VOICE} = \text{PASSIVE}
\end{array}
\right]
$$

其中,ACTOR 表示施事,AFFECTED 表示受事,其他符号的含义从相应的英文词的词义不难体会出来。

这两条规则的调用条件是:

(1) 句法成分的 K = S;

(2) 谓语动词表示一个"物质过程",即 TRANSITIVITY = MATERIAL-PROCESS。

特征 PATTERNS 的值是有序的,它规定了主动态和被动态句型中语言成分的基本顺序。主动态中的 PATTERNS 是(⋯ PREDICATOR DIRECT-OBJ ⋯),被动态中的 PATTERNS 是(⋯PREDICATOR⋯BY⋯ADJUNCT⋯)。这样,根据 PATTERNS 的值就可以安排和调整有关语言成分的位置。

3. 句子结构的描述

例如,英语句子"She smashed a brick"(她砸碎了一块砖)的句子结构可用 FD(12) 来描述(图 4.32)。

在这个功能描述中,不仅包括了对单词、词组和句子等各级语言成分的特征和功能的描述,而且,还说明了中心动词 smashed 的施事(actor)、受事(affected)等语义关系方面的内容。

Martin Kay 认为,功能合一语法适合于直接用来进行句子的生成。这个生成过程可以从一个梗概描述开始,然后把这个梗概描述同语法规则的功能描述相结合,进行合一运算,就可以生成这个句子的完整结构。

但是,用功能合一语法来进行句子的分析就比较困难。因为 Martin Kay 只是把它看成一种描述语言能力(language competence)的语法,并没有期望把这种语法的形式直接用于句子的分析。后来,Martin Kay 提出了一种编译程序,这种编译程序可以把功能合一语法的功能描述映射为某种适合于分析算法的形式,然后采用 Kaplan 的通用句法处理器,就可以完成

句子的自动分析,这样,功能合一语法既可以用于生成,又可以用于分析,成为一种双向性的
语法。

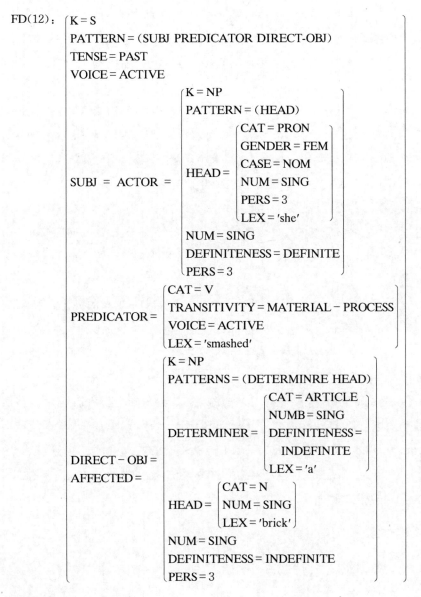

图 4.32 句子的功能描述

近来用于自然语言计算机处理的语法几乎都采用了复杂特征集和合一运算的方法,因此
这种方法成为当代语言信息处理研究的主流。除了功能合一语法之外,广义短语结构语法、
词汇功能语法、中心语驱动的短语结构语法、定子句语法都明显地采用了这种方法。

广义短语结构语法是以上下文无关的短语结构语法作为基础的,它的信息表达方式就是
一个限制的"特征/值"系统,包括简单特征,也包括复杂特征。Chomsky 曾宣称短语结构语法

不适合于以数学的语言来描述自然语言的句子结构,而 Gazdar 等指出,Chomsky 之所以得出这样的结论,是因为他对短语结构语法的形式化做了不必要的限制,规定只使用简单标记,排除了对复杂特征的使用。Gazdar 认为,如果采用复杂特征对原有的短语结构语法进行改造,把短语结构语法发展成为广义短语结构语法,而不是像 Chomsky 那样搞生成转换语法,那么这种广义短语结构语法将具有生成转换语法的普遍性和生成性,同时还可保留短语结构语法的许多优点。

前面讲过的词汇功能语法的信息结构主要是功能结构,这种功能结构本身就是一个属性值矩阵,而这种属性值矩阵实际上就是一个递归的"特征/值"系统。除此之外,这种语法还带有特殊类型的特征和信息,并且在词汇一级也采用复杂特征集。词汇功能语法的功能等式实现了复杂特征集在句法结构的各个结点之间的组合和传递。

中心语驱动的短语结构语法通过引入环绕中心语的符号串运算,放宽了广义短语结构语法中对上下文自由的特征系统的某些限制,扩充了广义短语结构语法的描述能力。由于整个句子是以中心语为核心而把复杂特征集的信息联系起来的,故复杂特征集在这种语法中起着举足轻重的作用。

定子句语法中的符号是逻辑项,它可以负载多方面的信息,这样的负载信息的结构,实际上是一个"特征/值"系统。定子句语法规则的右部带有测试条件的信息,这显然也是复杂特征集信息的一部分。定子句语法中普遍使用"霍恩子句",而合一运算就是 Prolog 语言在霍恩子句归结的过程中所依据的基本运算之一。

由此可见,复杂特征集与合一运算是当前语言信息处理的主要潮流。目前,在语言信息处理中正进行着"基于复杂特征的方法"(complex-feature-based)、"基于合一的语法形式化方法"(unification-based grammar formalism)等带有一般性方法论意义的研究,正说明了复杂特征集与合一运算的方法,正在沿着不同的历史线索迅速地发展起来。我们在语言信息处理的研究中,不可不重视这种颇具新意的方法。

4.4　Gazdar 的广义短语结构语法

广义短语结构语法(Generalized Phrase Structure Grammar,GPSG)是一种改进了的短语结构语法,初创于 20 世纪 70 年代末。主要代表人物是英国语言学家 Gerald Gazdar(图 4.33),Ivan Sag,Ewan Klein 和美国语言学家 Geoffrey Pullum。

关于广义短语结构语法的论文最初在 1979 年开始流传。1982 年 Gazdar 发表《短语结构语法》一文,同年,Gazdar 和 Pullum 合著并出版了《广义短语结构语法理论梗概》一书,他们在此书中提出了广义短语结构语法的基本原则和方法。此后，Gazdar 等又对原有理论进行了修订和补充，于 1985 年出版了《广义短语结构语法》(*Generalized Phrase Structure Grammar*, Oxford, Basil Blackwell, 1985)一书，对广义短语结构语法做了全面系统的阐述，这代表了广义短语结构语法的最新成果。

20 世纪 50 年代末期，Chomsky 就指出了短语结构语法在描述自然语言方面的种种局限性，并提出了转换生成语法来克服短语结构语法的这些局限性，20 世纪 70 年代以来，Chomsky 发现，就是转换生成语法本身也有局限性，它的生成能力太强，它不仅可以生成

图 4.33　G. Gazdar

一切人类的语言，还可以生成许多人类语言之外的符号串，于是，Chomsky 提出管辖-约束理论(government and binding theory)来限制转换生成语法过强的生成能力。然而，由于转换生成语法通常要涉及若干个句子之间的关系，在机器翻译和自然语言处理中使用起来很不方便，不像短语结构语法那样，就一个句子来分析一个句子，它的成分结构是单一的，一个句子只有一个成分结构，句子与句子之间在成分结构上没有联系，非常便于进行机器翻译的语法分析和自然语言处理。广义短语结构语法又重新回到了短语结构语法的立场，主张句法只有一个结构平面，同时又对短语结构语法进行了一系列的限制，既发挥了原来的短语结构语法的长处，又克服了它的种种局限性。

广义短语结构语法不仅主张句法结构只有一个平面，而且主张每一个句法结构都跟一个语义解释相对应，把句法分析和语义解释合为一体。广义短语结构语法坚持严格的形式化，非常重视语法的数学性质的研究和描述，因而受到了自然语言处理研究者的欢迎。

在短语结构语法中，表示句子结构的树形图是直接通过规则重写而形成并得到解释的，由重写规则可以直接推导出树形结构。而在广义短语结构语法中，规则系统要经过一系列的合格性条件检验，才能跟句子的表层结构联系起来，每一条规则只产生一个候选的局部树形结构，至于这个树形结构能否接受，要经过一系列的合格性条件的检验，通过这种检验的能够接受，通不过这种检验的就不能接受。这样，语法就从单纯的推导过程变成了一步一步检验的过程，通过这种检验，把不合格的句法结构排除出去。这是广义短语结构语法跟传统的短语结构语法的根本区别。

广义短语结构语法还参照 Montague 语法①来进行语义解释。他们接受了 Montague 语法关于"规则对规则假说"(rule-to-rule hypothesis)，认为语法中的每条句法规则都必须有一条语义规则与之联系，语义规则的作用在于解释由句法规则得出的树形结构。广义短语结构语法在进行语义解释时，首先将树形结构中每一个父结点上的句法特征、句法范畴翻译成内

①　关于 Montague 语法，请参看本书 8.4 节。

涵逻辑表达式,然后,再根据 Montague 语法对这些表达式进行模型论的解释。

句法特征是广义短语结构语法进行特征制约的媒介,分为三类:

第一类是主特征(head feature),包括:N(名词),V(动词),SUBJ(主语),INV(倒置),AUX(助动词),AGR(一致),PRED(谓语),SUBCAT(次范畴化),BAR(阶数),SLASH(斜线),PLUR(复数),PERS(人称),VFORM(动词形式),PFORM(介词形式),PAST(过去时),ADV(状语),LOC(处所)。

第二类是次特征(foot feature),只有三个:SLASH(空位特征),WH(疑问词和关系代词特征),RE(反身代词和相互代词特征)。其中,SLASH 在主特征中用于描写斜线,在次特征中用于描写结构中的空位,既用于描写主特征,也用于描写次特征,这是唯一兼具主次两种不同性质的特征。当 SLASH 表示描写结构中的空位时,其特征值就是该空位所代表的范畴。

第三类是一般特征,包括:CASE(格),CONJ(连词),GER(动名词),NFORM(名词形式),NULL(空位),POSS(所属),COMP(补语成分),NEG(否定),REMOR(反身词),WHMOR(疑问词)。

把特征分为这三种不同的类型,是为了说明这些特征在句法描写中的不同属性,从而解释这些不同的特征受到不同规则制约的原因。

主特征在树形结构中可以从上而下地扩散,次特征在树形结构中可以自下而上地渗透,而一般特征不具备这种扩散性和渗透性。

广义短语结构语法采用了复杂特征来描述句法,所有的句法特征都由⟨特征,特征值⟩构成。特征有两种性质:一是它能有什么样的值;二是它与其他特征在分布上呈现什么样的规律性。

一些特征具有终极值。例如,在英语中有如下特征及其终极的特征值:

特征	特征值
BAR（阶）	$\{0,1,2\}$
PERS（人称）	$\{1,2,3\}$
PLUR（复数）	$\{+,-\}$
CASE（格）	$\{NOM,ACC\}$
VFORM（动词形式）	$\{FIN,INF,BAS,PAS,\cdots\}$
PFORM（介词形式）	$\{to,by,for,\cdots\}$

在 CASE 和 VFORM 的特征值中,NOM 表示主格,ACC 表示宾格,FIN 表示定式动词,INF 表示不定式动词,BAS 表示原形动词,PAS 表示被动式动词。

另一些特征以某个句法范畴为其值,因此它的特征值就是这个句法范畴所具有的特征及这个句法范畴特征值。例如,特征 AGR(一致关系特征)就以句法范畴 NP 为其值,如果句法范畴 NP 含有如下的特征：

$$\langle\langle N,+\rangle,\langle V,-\rangle,\langle BAR,2\rangle,\langle PER,3\rangle,\langle PLU,-\rangle\rangle$$

那么表示一致关系的特征 AGR 的值就是

$$\langle\langle AGR,\langle\langle N,+\rangle,\langle V,-\rangle,\langle BAR,2\rangle,\langle PER,3\rangle,\langle PLU,-\rangle\rangle\rangle\rangle$$

采用了这样的复杂特征，就能够充分地表达句子中所包含的各种信息，大大提高了广义短语结构语法的描述能力。

广义短语结构语法的句法描写的一个特点就是给树形图中的各个结点标上特征值。特征可以通过两种途径进入树形图中。一个途径是通过句法中的直接支配规则进入树形图，树形图结点上的特征来自直接支配规则。这种来自直接支配规则的特征叫作"继承性特征"（inherited feature）。另一个途径是不通过句法规则而直接进入树形图，这种特征叫作"获取性特征"（instantiated feature）。特征获取时要受到一定原则的制约，这些原则的作用一方面在于引导特征准确地进入树形图中合适的结点，另一方面在于制止各种错误的特征分配的不良情况的产生。把特征划分为继承性特征和获取性特征，有利于解释语言现象。因为有些制约原则只对获取性特征有作用，而对于继承性特征则无能为力。

概括地说，广义短语结构语法通过短语结构规则来描述句子的树形结构，同时又通过特征系统对树形结构进行制约，使其在整体上正确反映语言的现实。这个树形结构又通过特定的语义解释系统而得到句子的模型论语义解释。

因此，广义短语结构语法可以分为句法规则系统、特征制约系统和语义解释系统三部分，它们之间的关系如图 4.34 所示。

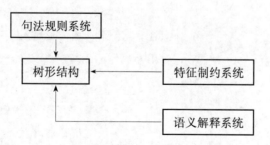

图 4.34　广义短语结构语法的理论构架

1. 句法规则系统

广义短语结构语法的句法规则是进行句法描写的主要依据。它由三部分组成：编号部分、直接支配规则部分、语义解释部分。句法规则的一般形式如下：

$$\langle n,C_0\to C_1,C_2,\cdots,C_n;\ \alpha'(\beta')\rangle$$

其中，n 是次范畴化的编号，中间部分是直接支配规则，$\alpha'(\beta')$ 是语义解释。由此可见，广义短语结构语法将词汇插入到成分结构中的主要根据是词汇次范畴化的编号而不是上下文语境，因此，这是一种上下文无关的短语结构语法。

广义短语结构语法的句法范畴主要是以"X 阶标理论"(X-bar theory)为基础的。在 X 阶标句法理论中,传统的 NP,VP,AP,PP 等短语范畴被看成是 N,V,A,P 等词汇范畴的投射范畴(projection)。"投射"是范畴在更抽象的层次上的反映,其抽象程度通过投射的阶数来表示。在广义短语结构语法中,词汇范畴(如 N,V,A,P)为 0 阶,短语范畴(如 NP,VP,AP,PP)为词汇范畴的 2 阶投射。词汇范畴和短语范畴之间还有一个中间层次,即词汇范畴的 1 阶投射。

投射的阶数是用上标或在投射范畴上方加横线来表示的。

例如,X 的 0 阶投射、1 阶投射、2 阶投射可以用上标表示如下:

$$X^0, X^1, X^2$$

或

$$X, X', X''$$

也可以在 X 的上方加横线表示如下:

$$X, \overline{X}, \overline{\overline{X}}$$

X 阶句法范畴可以分为两类:一类是主范畴,一类是小范畴。主范畴由 N,V,A,P 及它们的 1 阶或 2 阶投射范畴组成,小范畴是主范畴之外的其他各个范畴,其中包括 DET,COMP,CONJ 等。这两种范畴的主要区别在于:主范畴有投射阶数值(如 N 为 0 阶,NP 为 2 阶等等),而小范畴则没有这种值,因此小范畴是没有投射的。

主范畴 N,V,A,P 的 0 阶、1 阶、2 阶投射如图 4.35 所示。

X	X'	X''
N	N$'$	NP
V	V$'$	VP
A	A$'$	AP
P	P$'$	PP

图 4.35　主范畴的投射

其中,主范畴的 1 阶投射由主范畴及其次范畴化的成分组成,主范畴的 2 阶投射由主范畴的 1 阶投射再加上一些附带的修饰性成分构成,它们可以分别形成 NP,VP,AP,PP。

例如,在句子"He sees tables in the room"的动词短语"sees tables in the room"中,动词 sees 的 0 阶范畴 V 就是它本身 sees,动词 sees 的 1 阶范畴 V$'$ 由 sees 加上它的次范畴化成分 tables(直接宾语)构成,也就是"sees tables",动词 sees 的 1 阶范畴 V$''$ 由它的 1 阶范畴 sees tables 再加上表示空间的修饰成分 in the room(状语)构成,也就是 VP:"sees tables in the room"。

0 阶范畴 V: sees;

1 阶范畴 V$'$: sees tables;

1 阶范畴 V$''$(VP): sees tables in the room。

在广义短语结构语法中,句法范畴除了上述的类别之外,还可以根据其是否有次范畴化特征而分为两类,次范畴化特征记为 SUBCAT。所有的小范畴词汇和阶数为 1 的主范畴词汇在词库中都有一个次范畴化编号,即 SUBCAT 特征,它们属于词汇范畴;所有其他投射阶数为 1 或 2 的主范畴都不列入词库之中,它们没有 SUBCAT 特征,是非词汇范畴。

次范畴化特征是对词汇范畴进行再分化的一种特征。例如,动词范畴的次范畴化特征,就是该范畴在形成一个句子时所欠缺的所有范畴的集合。借此可以把动词分化为不及物动词和及物动词。如果是不及物动词,它要形成一个句子还欠缺主语,所以它的次范畴化特征就是主语;如果是及物动词,它要形成一个句子还欠缺主语和宾语,所以它的次范畴化特征就是主语和宾语的集合。

一个词汇范畴的次范畴化特征可以用一个表(list)或一个栈(stack)来直观地表示。在分析句子时,把次范畴化特征中的项目逐个同所分析句子中的成分相匹配,从而得出该句子的结构。因此,次范畴化特征在自动句法分析中起着十分重要的作用。

由于短语是词汇的投射,而短语结构中一般会有一个词汇成分为其中心语,这样便可把短语定义为其"内部中心语"(head)的投射,中心语在很大的程度上决定了短语内部句法特征的分布。短语的最高层次为 2 阶,可写为⟨BAR,2⟩,中心语为 0 阶,可写为⟨BAR,0⟩,也可写为 H(Head 的缩写)。于是句法范畴根据其 BAR 的阶数,就可以标记到树形结构中相应的结点上去了。广义短语结构语法进一步要求在阶层次上的父结点(直接支配另一结点的结点)的特征与处于其子结点(受父结点直接支配的结点)上的中心语的特征相一致,这样,词库中记录的词汇的各种句法特征就可以流通到树形图中去了。例如,在如图 4.36 所示的树形图中,父结点 VP 的句法特征是从中心语 H 的句法特征流通而来的。

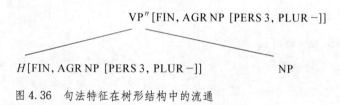

图 4.36　句法特征在树形结构中的流通

图 4.36 中,FIN 表示定式动词,AGR NP［PERS 3,PLUR －］表示中心语动词的第三人称与单数等特征要与名词词组 NP 一致,并且这些特征都流通到父结点动词短语 VP 中去。

初期的广义短语结构语法的规则是一般的短语结构规则。例如:

$$VP \rightarrow V \text{ NP PP}$$

这种短语结构规则表达了两方面的结构关系:一种是直接支配关系,上述规则表示 VP 直接支配 V,NP 和 PP;一种是线性序列关系,上述规则还表示,在 VP 中,V 在 NP 之前,NP 在 PP 之前。

后来,广义短语结构语法的研究者们取消了这样的短语结构规则,代之以两种规则:一种表示直接支配关系,叫作直接支配规则(Immediate Dominance rules,ID 规则);一种表示前后位置关系,叫作线性前置规则(Linear Precedence rules,LP 规则)。例如:

$$\text{ID 规则：VP} \rightarrow \text{V NP PP}$$

$$\text{LP 规则：V} < \text{NP} < \text{PP}$$

前者为 ID 规则，它只表示句法结构中的直接支配关系，并不表示语序关系；后者为 LP 规则，它用"<"表示前后位置关系。

把直接支配规则与线性前置规则分开来处理，使语法具有更大的概括能力。某些语序比较自由的语言，如果用短语结构语法的规则来写，表达起来是很烦琐的。例如，A 是由 $B,C,$ D 组成的，但 B,C,D 的语序不受限制，用短语结构语法的规则来写，有六条规则：

$$A \rightarrow B\,C\,D$$

$$A \rightarrow B\,D\,C$$

$$A \rightarrow C\,B\,D$$

$$A \rightarrow C\,D\,B$$

$$A \rightarrow D\,B\,C$$

$$A \rightarrow D\,C\,B$$

而用广义短语结构语法的直接支配规则来写，只要下面一条规则就够了（规则右部的符号 $B,$ C,D 是无序的）：

$$A \rightarrow B\,C\,D$$

在机器翻译的转换阶段结束之后，原语的结构主要是要表示原句法结构中的直接支配关系，而原语中各个成分的线性前置顺序则是无关紧要的，这时，完全有必要把直接支配规则和线性前置规则分开来进行处理，因而这种区分在机器翻译上是很有作用的。

在广义短语结构语法中，直接支配规则又可以分为两类：词汇直接支配规则（lexical ID-rules）和非词汇直接支配规则（non-lexical ID-rules）。中心语有次范畴化特征 SUBCAT 的规则是词汇直接支配规则，这时，BAR 的值为 0。词汇直接支配规则可表述为

$$C \rightarrow \cdots, H[\,n\,], \cdots$$

其中，n 是 SUBCAT 的值，它代表中心语的次范畴化特征，即该中心语在构成句子时所欠缺的成分，也就是该中心语所能支配的句法范畴，如主语、宾语等，C 是非终极符号，H 是中心语。这时，父结点直接支配词汇范畴。例如，规则

$$\text{VP}'' \rightarrow H, \text{NP}$$

是一个词汇直接支配规则，中心语 $H = \text{V}$，即中心语为动词 V，而动词 V 是一个词汇范畴，NP 是中心语 H 的 SUBCAT 的值，即 H 的次范畴化特征。

词汇范畴 V 可以表示为

$$\{\langle N, - \rangle, \langle V, + \rangle, \langle \text{BAR}, 0 \rangle, \langle \text{SUBCAT}, \text{NP} \rangle\}$$

中心语不具有 SUBCAT 特征的直接支配规则，叫作非词汇直接支配规则。例如，规则

$$\text{S} \rightarrow \text{N}'', H[\,-\text{SUBJ}\,]$$

是一个非词汇直接支配规则,这时,N″是二阶的,中心语 H 具有非主语特征,不具有次范畴化特征,S 表示句子。

2. 元规则

广义短语结构语法有一个从规则生成规则的机制,这就是"元规则"(metarule)。元规则主要用于描述某项父结点中子结点成分数量的增减或特征的变化。

元规则由"模式结构"和"目标结构"两部分组成。

模式结构可表示为

$$P_0 \rightarrow W, P_m$$

其中,P_0 为父结点,W 为范畴的任何变项,P_m($m = 0$ 或 1)为由 P_0 直接支配的结点。

目标结构可表示为

$$a_0 \rightarrow a_1, \cdots, a_k$$

其中,a_0 和 P_0 属于同一个主范畴,而且,至多只能有一个 a_i 是 W 的变项,至多只能有一个 a_i 与 P_m 相对应。元规则的具体形式如图 4.37 所示。

以上形式可以读作:如果 $P_0 \rightarrow W, P_m$ 是一条词汇直接支配规则,那么 $a_0 \rightarrow a_1, a_2, \cdots, a_k$ 也是一条词汇直接支配规则。元规则的作用就是将所有符合模式结构的直接支配规则转变成由目标结构所表示的直接支配规则,从而扩大语法中直接支配规则的数量。

例如,英语中表示"被动"的元规则如图 4.38 所示。其中,W 为范畴变项,PAS 为 VP 的特征,by 为 PP 的特征,表示在被动式中,动词短语中的动词取被动式,介词短语中的介词取 by。圆括号表示其中的部分可以省略,(PP[by])表示被动句中带 by 的介词短语 PP 可以省略。

模式结构	$P_0 \rightarrow W, P_m$	模式结构	VP $\rightarrow W$, NP
	$\downarrow$		$\downarrow$
目标结构	$a_0 \rightarrow a_1, a_2, \cdots, a_k$	目标结构	VP[PAS] $\rightarrow W$, (PP[by])

图 4.37　元规则　　　　　　　图 4.38　英语中表示被动的元规则

应用这个元规则于英语句子

He broke the window

可以得到被动句:

The window was broke (by him)

在这个被动句中,原来的动词 broke 变为 was broken,by him 是可以省略的。

3. 特征制约系统

为了限制传统的短语结构语法过强的生成能力,广义短语结构语法还提出了"合格性定义"(well-formedness definition)来防止不合格结构的产生。这就是特征制约系统。

在由直接支配规则向树形结构投射时,要经过合格性条件的定义。这就是说,在规则和树形结构之间存在着某种投射功能 ϕ,这个 ϕ 联系着每个具体的规则来定义相应的各个局部的树形结构,最后才能得到合格的表层结构。这种制约情况可用图 4.39 表示。

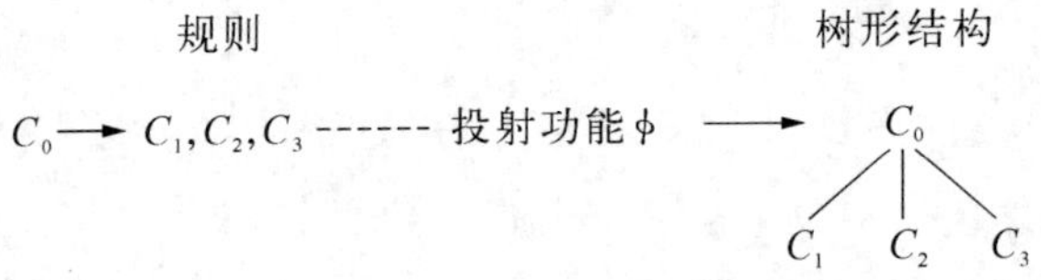

规则 树形结构

$$C_0 \longrightarrow C_1, C_2, C_3 \text{ ------ 投射功能 } \phi \longrightarrow$$

图 4.39 特征制约

这里,C 表示树形结构中的结点,它们对应于直接支配规则中的范畴 C。所谓"规则向树形结构投射",就是把规则所含有的句法特征反映到树形结构上去,投射功能 ϕ 决定哪些特征是可以容许的,哪些特征是不能容许的。通过这样的特征制约系统,就保证了广义短语结构语法的正确性。

特征制约系统的合格性定义的投射功能 ϕ 由如下原则组成:

● 特征共现限制(Feature Co-occurrence Restriction,FCR)。

特征之间存在着蕴涵关系。当某些特征出现时,一定伴随着另一些特征的出现,这样,在描写句法规则时,某些伴随出现的特征就不必列入,使得句法规则只用最低数量的特征,而又不降低概括的准确性。例如,下面是两条"特征共现限制"的规则:

① $[\text{INV} +] \rightarrow [\text{AUX} +, \text{FIN}]$;

② $[\text{VFORM}] \rightarrow [\text{V} +, \text{N} -]$。

规则①说明,倒置特征 $[\text{INV} +]$ 必须同时具有 $[\text{AUX} +]$ 和 $[\text{VFORM FIN}]$ 两个特征,也就是说,倒置特征与助动词特征和定式动词是同时出现的。

规则②说明,动词形式 $[\text{VFORM}]$ 这个特征只能用于动词范畴($[\text{V} +]$),不能用于名词范畴($[\text{N} -]$),如果在 NP 结点获取了 $[\text{VFORM}]$ 这个特征,就违反了这个特征共现限制的原则。

广义短语结构语法中共罗列了 22 条特征共现限制,树形结构中的每一个结点都不能违背这些限制。

● 默认特征规定(Feature Specification Defaults,FSD)。

这个原则用来指明某些特征的"可默认性"(default)。如果某个特征具有可默认性,那么要根据一般规定来取值。例如,在广义短语结构语法中有这样的默认特征规定:特征 $[\text{INV}]$ 在一般情况下取负值,即

$$[\text{INV} -]$$

这意味着,在一般情况下,$[\text{INV} -]$ 是默认的,倒置特征 $[\text{INV} +]$ 这个值不能随意地引入到树形图中去,只有在主语和谓语倒置的时候,倒置特征 $[\text{INV} +]$ 才能通过其他方式引入树形图中。

句子作为一个整体结构,它的各个部分之间的句法关系常常表现为成分结构之间的语法属性的一致性。例如,在英语中,谓语的人称和数必须和主语的人称和数取得一致,照应成分的人称和数也必须与控制成分的人称和数取得一致。因此,在结构中有关特征的获取不是随意的和即兴的,而是受一定原则制约的,这些原则使得整个结构的特征保持协调。在这方面的特征制约原则有主特征归约、次特征原则和控制一致原则,分述如下:

● 主特征规约(Head Feature Convention,HFC)。

与中心语联系的特征叫作中心语特征,记为 HEAD。在任何的局部树形结构中,子结点上的中心语特征必须跟处于父结点上的中心语所含的特征保持一致。主特征归约规定:在直接支配规则

$$C_0 \rightarrow \cdots, C_n, \cdots$$

中,如果 C_n 是 C_0 的中心语,那么结点 C_n 的获取性主特征应该与结点 C_0 的主特征保持一致。换言之,结点 C_0 必须把它所有的主特征传递给结点 C_n。如果中心语 C_n 还有自己的中心语 δ,那么根据主特征归约的原则,δ 的获取性主特征也必须与结点 C_n 的主特征相同。这样,就保证了主特征在树形图中能够自上而下地进行传递。例如,the old men(这些老人)这个名词短语的树形图,经过主特征归约的作用之后,可以表示为图 4.40。

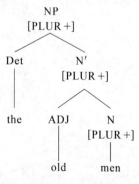

图 4.40 主特征归约

在图 4.40 的树形图中,N′为 NP 的中心语,N 为 N′的中心语,主特征归约的原则确保了[PLUR +]这个特征从结点 NP 通过结点 N′传到结点 N。而由于结点 Det 和结点 ADJ 都不是中心语,所以[PLUR +]这个特征不可以由这两个结点获取。

● 次特征原则(Foot Feature Principle,FFP)。

次特征原则只适用于 SLASH,WH 和 RE 这三个次特征。次特征原则规定了这三个特征在树形图中自下而上传递的原则。根据次特征原则,语法可以将某个结点上获取性次特征传递给父结点,父结点上的获取性次特征还可以继续向上传递,依此类推。

我们以 SLASH 为例来说明。SLASH 以范畴为特征值,表示结构中的空位。$C[\text{SLASH } C']$ 表示一个缺少 C' 的 C 范畴,简写为 C/C'。根据次特征原则,可以借助于 SLASH 来传递空位特征。例如,从"Sandy, Jim wants to give Fido to"("桑迪,吉姆想把费多给她",Fido 是狗的名字)的树形图(图 4.41)可以看出空位的传递过程。

根据直接支配规则

$$P' \rightarrow H, NP[\text{NULL } +]$$

可以得到

$$P' \rightarrow P, NP[\text{NULL } +]$$

从而造出最下面一个局部子树形图。

根据特征共现限制

$$[\text{NULL } +] \rightarrow [\text{SLASH}]$$

由[NULL +]可得到 SLASH 特征。由于 SLASH 是次特征,故可按照次特征原则,将空位特征一层一层地向上传递。一直传递到 S/NP 这一层。这时,根据直接支配规则

$$S \rightarrow NP, S/NP$$

可以知道 S/NP 中缺少的 NP,就是自下而上传递过来的空位 e,因此,空位 e 就是指 Sandy 这个 NP。

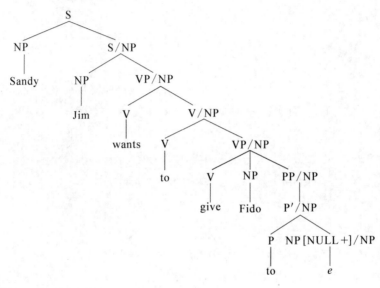

图 4.41　次特征原则

● 控制一致原则(Control Agreement Principle,CAP)。

这个原则确保结构中两个结点的特征取得一致。这两个结点中,一个是控制成分,一个是目标成分,必须与其他结点的特征取得一致的成分叫作目标成分。控制一致原则规定:① 如果目标成分 C 在同一个局部树形结构中有一个控制成分 C',那么 C 的控制特征的值必须同 C' 范畴相同;② 如果 C 在同一个局部树形结构中没有控制成分 C',那么 C 的控制特征的值必须与 C 的父结点控制特征的值相同。控制特征有两个:一个是 AGR,它是一致关系特征;另一个是 SLASH,它是继承性特征。它们都以范畴作为特征值。

英语中要求主语和谓语保持人称、性、数的一致,在主语和谓语之间存在着一致关系。控制一致原则用于控制和检验这种一致关系。根据控制一致原则,在英语中,为了使做谓语的功能成分范畴 VP 与做主语的论元范畴 NP 在功能上保持一致,就要把主语 NP 的信息复制到谓语 VP 中去,使得谓语 VP 的人称、性、数与主语 NP 保持一致。

● 线性前置陈述(Linear Precedence Statement,LPS)。

广义短语结构语法直接支配规则是没有顺序的,因此,经过直接支配规则处理之后的局

部树形结构,还有必要安排其中各个兄弟结点之间的前后顺序关系。这种工作由线性前置陈述来控制,经过线性前置陈述的规则处理之后的局部树形结构中的各个兄弟结点就成为有前后顺序的了。

由此可见,在从规则向树形结构投射时,要受到上述合格性条件的限制,这种投射不能违背所有的特征共现限制(FCR),要对所有的默认特征规定(FSD)进行比较,要符合主特征规约(HFC)、次特征原则(FFP)、控制一致原则(CAP),还不能违背所有的线性前置陈述(LPS)。满足这些合格性条件限制的投射,才能算可准许的投射,如果树形结构中的每一个局部树形结构都通过了这些合格性条件的检验,那么这个树形结构就是合格的表层结构,语法生成的句子才能算合格的句子。

在进行句子剖析的时候,首先要根据元规则来展开直接支配规则,在满足控制一致原则(CAP)、主特征规约(HFC)和次特征原则(FFP)的条件下,做出部分的剖析树,然后使用特征共现限制(FCR)和默认特征规定(FSD)来检查范畴特征,最后使用线性前置陈述(LPS)来检验表层线性的顺序,完成句子的自动剖析。

由于广义短语结构语法设置了这些合格性条件检验的规定,有效地限制了短语结构语法过强的生成能力,提高了语法理论对语言事实的解释能力。这是对 Chomsky 短语结构语法的一个重要改进。

广义短语结构语法的语义解释系统采用了内涵逻辑的方法,这种方法是在 Montague 语法的基础上形成的。广义短语结构语法能够将子结点上的内涵逻辑表达式映射到父结点的内涵逻辑表达式之上,从而使父结点上的内涵逻辑表达式成为函数运用的结果。内涵逻辑表达式的所指域(即可能的所指范畴)取决于该表达式的义类。广义短语结构语法的语义解释主要是确定内涵逻辑表达式的所指域,有了所指域,再给定一个模型,就能求出表达式对于该模型的语义解释了。

广义短语结构语法以短语结构为它唯一的句法对象,以表层结构为它唯一的句法描写平面,对短语结构语法进行了扩充,使扩充之后的语法仍然是短语结构语法,所以这种语法的名称为广义短语结构语法。这种语言理论在建立语法的同时,试图揭示出句法和语义的相互关系,句法与语义并重,这是广义短语结构语法所追求的目标。广义短语结构语法还致力于语法普遍性的探索,它根据已知的一批语言的语法特征所建立的元语言,能够定义多数自然语言的语法,具有普遍性。因此,这种语法是自然语言处理中具有重大影响的一种语法理论。

广义短语结构语法通过一系列复杂的数学运算,推导出句子的含有语义解释的表层结构。这种语法理论是非常形式化的,便于在自然语言处理和机器翻译系统的设计中对语言做形式化的描述,因而广义短语结构语法受到了自然语言处理工作者的欢迎,是颇具影响的一种自然语言处理的形式模型,对自然语言处理的发展起了积极的作用。

4.5　Shieber 的 PATR

20 世纪 80 年代,美国斯坦福大学的 Stuart M. Shieber(图 4.42)研制了 PATR。PATR
是用来给语言信息编码的计算机语言,也是一种自然语言处
理的形式模型。

一个 PATR 语法包括一套规则(rules)和一个词表
(lexicon)。

一个 PATR 的规则包括一个上下文无关的短语结构规则
(context free phrase structure rule)和一套特征约束(feature
constraints),与短语结构规则的成分相联系的特征结构使用
合一(unification)的方法进行运算。词表中的词项(term)记
录语言中的单词及其相关特征,这些词项用来替换短语结构
规则中的终极符号。

图 4.42　Stuart M. Shieber

上下文无关的短语结构规则的形式为

$$\text{LHS} \to \text{RHS\_1 RHS\_2} \cdots$$

其中,箭头前面的 LHS(Left Hand Side)是规则的左部,它必须是一个单独的非终极符号;箭
头后面的 RHS(Right Hand Side)是规则的右部,它是一个符号串,可以包括一个或一个以上
的符号,记为"RHS_1 RHS_2 …",这些符号可以是终极符号,也可以是非终极符号。

下面是英语的一些上下文无关的短语结构规则:

S	→ NP VP(SubCl)
NP	→ {(Det)(AdjP) N(PrepP)} / PR
Det	→ DT / PR
VP	→ VerbalP(NP / AdjP)(AdvP)
VerbalP	→ V
VerbalP	→ AuxP V
AuxP	→ AUX(AuxP_1)
PrepP	→ PP NP
AdjP	→ (AV) AJ(AdjP_1)
AdvP	→ {AV / PrepP}(AdvP_1)
SubCl	→ CJ S

其中,S,N,V,NP,VP,Det 等符号的含义是我们早已熟悉的,不再解释。除此之外,SubCl

表示从句（Sub Clause），AdjP 表示形容词短语（Adjective Phrase），PrepP 表示介词短语（Preposition Phrase），PR 表示代词（Pronoun），DT 表示限定词（Determiner），VerbalP 表示动词或者动词与助动词的组合，AdvP 表示副词短语（Adverb Phrase），AuxP 表示助动词短语（Auxiliary Phrase），AV 表示副词（Adverb），AJ 表示形容词（Adjective），PP 表示介词（Preposition），CJ 表示连词（Conjunction）。在规则的右部，圆括号"（　）"中的成分表示可选的成分；斜线"/"前后的成分表示二者择一；相同的成分重复出现，后面用"_"加上数字标出，以示区别；花括号"{　}"中的成分是成组地交替出现的，交替出现的成分没有歧义。

用这些规则来剖析英语句子"the man sees us with a telescope"，可以得到如图 4.43 所示的树形图。

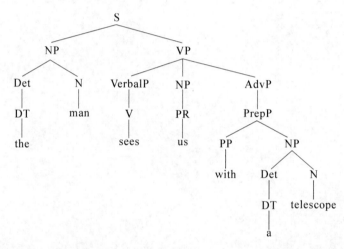

图 4.43　剖析得到的树形图

由于 sees 的宾语 us 是代词，可以在规则 NP→{（Det）（AdjP）N（PrepP）} / PR 中，选择斜线后面的 PR，得到规则 NP → PR，这个规则在 PR 的后面不带介词短语 PrepP，我们得到图 4.43 中的剖析结果，句子的意思是："这个男人用望远镜看我们"。

但是，如果我们使用这个上下文无关的短语结构语法来剖析英语句子"we see the man with a telescope"，由于这个句子存在歧义，剖析结果得到如图 4.44(a)和(b)所示的两个不同的树形图。

由于介词短语（PrepP）"with a telescope"可以修饰动词（VerbalP）"sees"，又可以修饰名词（N）"man"，从而产生歧义，剖析结果是两个结构不同的树形图：第一个树形图表示的意思是"我们用望远镜看这个男人"；第二个树形图表示的意思是"我们看这个带着望远镜的男人"。可见，上下文无关的短语结构语法有能力辨别句子的歧义，是一种很有效的自然语言处理的形式模型。

上下文无关的短语结构语法最严重的问题是它的生成能力太强（overgeneration），常常会生成一些不符合语法的句子。在剖析句子的时候,上下文无关的短语结构语法的生成能力太强,也会对一些不正确的句子给出剖析结果,降低了剖析的精确性。例如,使用我们的这个上下文无关的短语结构语法,就可以剖析"∗ he see the man with a telescope"这个不正确的英语句子(动词 see 没有加词尾 s),产生出类似于图 4.43 中的树形图那样的剖析结果。这种错误的剖析,在自然语言处理中是应当避免的。

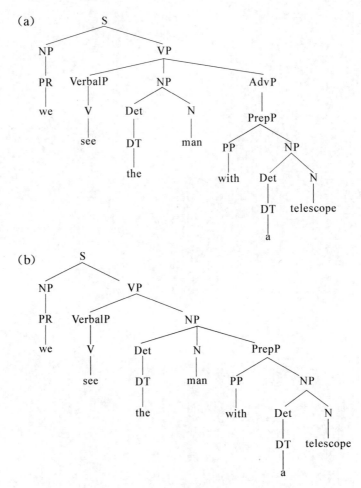

图 4.44　同一个句子得到不同的剖析结果

　　为了克服上下文无关的短语结构语法的这个严重的缺点,PATR-Ⅱ 把上下文无关的短语结构语法和特征结构的合一结合起来,使用特征结构来控制上下文无关的短语结构语法的过强的生成能力。例如,在上面的上下文无关的短语结构语法中,如果我们对于动词 see 加上复数第一人称的特征,就不能对错误的句子"∗ he see the man with a telescope"也给出剖析的结果了。

　　PATR 的基本数据结构是特征结构(feature structure)。一个特征结构可以包含一个或一个以上的特征(feature)。一个特征由属性名(attribute name)和属性值(attribute value)组成。特征结构可以用属性-值矩阵(attribute-value matrices)来表示。例如,下面是一个属性-值矩阵:

$$
\begin{bmatrix}
\text{lex：} & \text{telescope} \\
\text{cat：} & \text{N}
\end{bmatrix}
$$

其中,lex 和 cat 是属性名,telescope 和 N 分别是 lex 和 cat 的属性值。特征结构用方括号括起来,方括号的头表示特征结构的开始,方括号的尾表示特征结构的结束。在用属性-值矩阵表示的特征结构中,每一个特征占单独的一行,属性名写在最前面,然后写冒号,最后写属性值。

　　特征结构中的属性值可以是简单值,也可以是复杂值。简单值如上例所示,下面是复杂值的例子:

$$
\begin{bmatrix}
\text{lex：} & \text{telescope} \\
\text{cat：} & \text{N} \\
\text{gloss：} & \text{'telescope} \\
\text{head：} & \begin{bmatrix} \text{agr：} & [\text{3sg：} +] \\ \text{number：SG} \\ \text{pos：} & \text{N} \\ \text{proper：} & - \\ \text{verbal：} & - \end{bmatrix} \\
\text{root\_pos：N}
\end{bmatrix}
$$

在这个特征结构中,head 这个特征又包含了另一个特征结构 agr(表示一致关系 agreement),而在这个特征结构 agr 中又包含了另一个嵌入的特征结构[3sg：+]。特征结构就这样一层一层地叠套起来。

　　特征结构中的组成部分,可以通过路径(path)来描述。所谓路径,就是特征结构中的一个或多个属性名形成的序列,路径使用尖括号"〈 〉"括起来表示。例如,在上面的特征结构中,

〈head〉
〈head number〉
〈head agr 3sg〉

都是这个特征结构的路径。

　　在一个特征结构之内,不同的路径可以共享相同的值。例如,在下面的特征结构中,

$$
\begin{bmatrix}
\text{cat：} & \text{S} \\
\text{pred：} & \begin{bmatrix} \text{cat：VP} \\ \text{head：}[\text{agr：}[\text{3sg：} +] \end{bmatrix}
\end{bmatrix}
$$

$$
\begin{array}{l}
\qquad\qquad\qquad \text{finite：}+\\
\qquad\qquad\qquad \text{pos：V}\\
\qquad\qquad\qquad \text{tense：PAST}\\
\qquad\qquad\qquad \text{vform：ED]]}\\
\qquad\quad \text{subj：[cat：NP}\\
\qquad\qquad\qquad \text{head：[agr：[3sg：+]}\\
\qquad\qquad\qquad\qquad \text{case：NOM}\\
\qquad\qquad\qquad\qquad \text{number：SG}\\
\qquad\qquad\qquad\qquad \text{pos：N}\\
\qquad\qquad\qquad\qquad \text{proper：}-\\
\qquad\qquad\qquad\qquad \text{verbal：}-\text{]]]}
\end{array}
$$

路径〈head agr〉的值是[3sg：+]，而路径〈subj head agr〉的值也是[3sg：+]，它们具有相同的值(identical value)。在这种情况下，它们就可以共享这个相同的值[3sg：+]。当两个路径共享某个值的时候，在第一个路径的前面标以 $ 1 号，与它共享这个值的路径就不必再重复写这个数值，直接引用 $ 1 就可以了，表示如下：

$$
\begin{array}{l}
\qquad\quad \text{[cat：\quad S}\\
\qquad \text{pred：[cat：VP}\\
\qquad\qquad\quad \text{head：[agr：} \$ 1[\text{3sg：}+]\\
\qquad\qquad\qquad \text{finite：}+\\
\qquad\qquad\qquad \text{pos：V}\\
\qquad\qquad\qquad \text{tense：PAST}\\
\qquad\qquad\qquad \text{vform：ED]]}\\
\qquad \text{subj：[cat：NP}\\
\qquad\qquad\quad \text{head：[agr：} \$ 1\\
\qquad\qquad\qquad \text{case：NOM}\\
\qquad\qquad\qquad \text{number：SG}\\
\qquad\qquad\qquad \text{pos：N}\\
\qquad\qquad\qquad \text{proper：}-\\
\qquad\qquad\qquad \text{verbal：}-\text{]]]}
\end{array}
$$

可以看出，路径〈head agr〉的值记为 $ 1[3sg：+]，而路径〈subj head agr〉与它共享这个值，记为 $ 1 就可以了。如果在一个特征结构中，出现若干个共享的值，可以改变 $ 后面的数字，记为 $ 2，$ 3，等等。

特征结构的基本运算是"合一"。合一运算的原理与功能合一语法中合一的原理相同。

在两个特征结构中,如果它们共有属性的属性值相容,才可以合一;如果它们共有属性的属性值不相容,就不能合一。下面是一些特征结构:

(1) 〔agr：〔number：singular

person：first〕〕；

(2) 〔agr：〔number：singular〕

case：nominative〕；

(3) 〔agr：〔number：singular

person：third〕〕；

(4) 〔agr：〔number：singular

person：first〕

case：nominative〕；

(5) 〔agr：〔number：singular

person：third〕

case：nominative〕。

特征结构(1)可以与特征结构(2)合一,得到特征结构(4);特征结构(2)可以与特征结构(3)合一,得到特征结构(5);但是,特征结构(1)与特征结构(3)不能合一,因为特征结构(1)中的路径〈agr person〉的值为 first,而特征结构(3)中的路径〈agr person〉的值为 third,它们的值彼此冲突。

为了限制短语结构语法过强的生成能力,PATR 给短语结构规则加上了合一表达式(unification expression),对段与结构规则进行约束。合一表达式由左部和右部组成,左部和右部之间用等号"="相连接。

合一表达式的左部是一个特征路径,路径的第一个成分是短语结构规则中的某一个符号;合一表达式的左部或者是一个简单的值,或者是另一个路径,这个路径的第一个成分也是短语结构规则中的符号。例如,下面是 PATR 的两条规则:

(1) S → NP VP (SubCl)

〈NP head agr〉　　 = 〈VP head agr〉

〈NP head case〉　　= NOM

〈S subj〉　　　　　 = 〈NP〉

〈S head〉　　　　　 = 〈VP head〉；

(2) NP → {(Det) (AJ) N (PrepP)} / PR

〈Det head number〉 = 〈N head number〉

〈NP head〉　　　　 = 〈N head〉

〈NP head〉　　　　 = 〈PR head〉。

在规则(1)中有四个合一表达式对短语结构规则"S → NP VP (SubCl)"进行约束。第一个合一表达式要求 NP 和 VP 的路径⟨head agr⟩相等,也就是说,NP 和 VP 要保持一致关系(agr);第二个合一表达式要求 NP 为主格(NOM);第三个合一表达式要求 S 的主语(subj)为NP;第四个合一表达式要求 S 的中心语等于 VP 的中心语。

在规则(2)中有三个合一表达式对短语结构规则"NP → {(Det)(AJ) N (PrepP)} / PR"进行约束。第一个合一表达式要求 Det 和 N 的数(number)相等,第二个合一表达式要求 NP 和 N 的中心语相等,第三个合一表达式要求 NP 和 PR 的中心语相等。

PATR 的规则加上了这样的约束,有效地改善了短语结构语法处理自然语言的效果。

下面是 PATR 的一些规则:

(3) Det − ⟩ DT / PR

　　⟨PR head case⟩ = GEN

　　⟨Det head⟩ = ⟨DT head⟩

　　⟨Det head⟩ = ⟨PR head⟩;

(4) VP − ⟩ VerbalP (NP / AdjP)(AdvP)

　　⟨NP head case⟩ = ACC

　　⟨NP head verbal⟩ = −

　　⟨VP head⟩ = ⟨VerbalP head⟩;

(5) VerbalP − ⟩ V

　　⟨V head finite⟩ = +

　　⟨VerbalP head⟩ = ⟨V head⟩;

(6) VerbalP − ⟩ AuxP V

　　⟨V head finite⟩ = −

　　⟨VerbalP head⟩ = ⟨AuxP head⟩;

(7) AuxP − ⟩ AUX (AuxP_1)

　　⟨AuxP head⟩ = ⟨AUX head⟩;

(8) PrepP − ⟩ PP NP

　　⟨NP head case⟩ = ACC

　　⟨PrepP head⟩ = ⟨PP head⟩。

读者从合一表达式中,不难理解它们对短语结构规则所施加的约束。

使用 PATR 规则来剖析英语句子"the man saw us with a telescope"(那人用望远镜看了我们),可以得到如图 4.45 所示的树形图以及结点上所带的复杂特征信息,其剖析的结果比短语结构语法的剖析结果丰富得多。

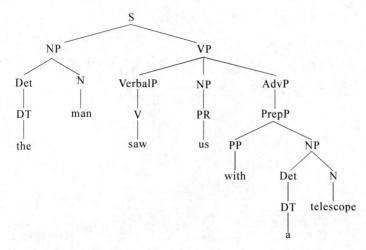

图 4.45 剖析得到的树形图

结点 S 的复杂特征如下：

[cat：S

　　pred：[cat：VP

　　　　　　head：[agr：$ 1[3sg：+]

　　　　　　　　　　finite：+

　　　　　　　　　　pos：V

　　　　　　　　　　tense：PAST

　　　　　　　　　　vform：ED]]

　　subj：[cat：NP

　　　　　　head：[agr：$ 1

　　　　　　　　　case：NOM

　　　　　　　　　number：SG

　　　　　　　　　pos：N

　　　　　　　　　proper：−

　　　　　　　　　verbal：−]]]

可以看出，路径〈subj head agr〉与路径〈pred head agr〉共享属性值 $ 1，这个属性值为[3sg：+]，
这是因为使用了 PATR 规则(1)的结果。

　　在规则(1)中，对短语结构规则

S → NP VP (SubCl)

进行了如下的约束：

〈NP head agr〉 = 〈VP head agr〉

〈NP head case〉 = NOM

$$\langle S\ subj\rangle \qquad = \langle NP\rangle$$

$$\langle S\ head\rangle \qquad = \langle VP\ head\rangle$$

这样的约束导致路径$\langle subj\ head\ agr\rangle$与路径$\langle pred\ head\ agr\rangle$共享属性值。

在 PATR 的规则中,还可以使用变量 X 来抽象地表示。例如,我们可以有如下的规则:

$$X_1 \to X_2\ X_3$$

$$X_1(\langle cat\rangle) = S$$

$$X_2(\langle cat\rangle) = NP$$

$$X_3(\langle cat\rangle) = VP$$

$$X_1(\langle head\rangle) = X_3(\langle head\rangle)$$

$$X_1(\langle head\ subj\rangle) = X_2(\langle head\rangle)$$

在这个规则中,X_1,X_2,X_3 都是变量。这样的规则可以表达如下三方面的信息:

- 变量的线性顺序:X_2 在 X_3 之前。
- 变量所对应的范畴:X_1 的范畴是 S,X_2 的范畴是 NP,X_3 的范畴是 VP。
- 变量之间的关系:X_1 与 X_3 的$\langle head\rangle$相等,X_1 的$\langle head\ subj\rangle$与 X_2 的$\langle head\rangle$相等。

这个规则表达的信息,与规则(1)表达的信息是一样的。

PATR 的词表(lexicon)也使用复杂特征来表示。

例如,下面是 Uther,sleeps 和 sleep 等词项的复杂特征表示:

$$Uther \to \begin{bmatrix} cat: NP \\ head: agr: \begin{bmatrix} number: SG \\ person: third \end{bmatrix} \end{bmatrix}$$

$$sleeps \to \begin{bmatrix} cat: V \\ head: \begin{bmatrix} form: finite \\ subj: \begin{bmatrix} agr: \begin{bmatrix} number: SG \\ person: third \end{bmatrix} \end{bmatrix} \end{bmatrix} \end{bmatrix}$$

$$sleep \to \begin{bmatrix} cat: V \\ head: \begin{bmatrix} form: finite \\ subj: \begin{bmatrix} agr: \begin{bmatrix} number: PLUR \end{bmatrix} \end{bmatrix} \end{bmatrix} \end{bmatrix}$$

其中,PLUR 表示复数(plural)。

在自动句法剖析时,计算机从词表中提取有关词项的复杂特征,进行合一运算,最后得到句法剖析的结果。

例如,Uther sleep 这个句子是不合语法的,因为其中的动词 sleep 的 number 的特征值为 PLUR,而 Uther 的 number 的特征值为 SG,彼此不相容,合一失败,得不出剖析结果。我们有

$$Uther\ sleep \to 失败$$

但是,对于 Uther sleeps 这个句子,由于 sleeps 的 number 的特征值为 SG,person 的特征值为 third,sleeps 与 Uther 的 number 的特征值是相容的,它们的 person 的特征值也是相容的,因此,可以进行合一运算。剖析时,首先使用规则(2)计算出 NP 的特征结构,再使用规则(5)和(4)计算出 VP 的特征结构,最后使用规则(1)计算出整个句子的特征结构,剖析结果如下:

$$
\text{Uther sleeps} \rightarrow \begin{bmatrix} \text{cat}: \text{S} \\ \text{head}: \begin{bmatrix} \text{form}: \text{finite} \\ \text{subj}: \begin{bmatrix} \text{agr}: \begin{bmatrix} \text{number}: \text{SG} \\ \text{person}: \text{third} \end{bmatrix} \end{bmatrix} \end{bmatrix} \end{bmatrix}
$$

剖析成功。

PATR 是一个较好的自然语言处理的形式模型,它具有如下的优点:

● 简单性。PATR 自始至终只使用一种运算 —— 合一运算。

● 灵活性。PATR 也可以在 LFG,GPSG 中使用,用来进行句法剖析。

● 陈述性。PATR 中合一运算是与顺序无关的,不管是先合一还是后合一,运算的结果是一样的。

● 模块性。PATR 的规则和词表是模块化的,便于调试和使用。

4.6 Pollard 的中心语驱动的 短语结构语法

1984 年,C. Pollard 和 I. A. Sag(图 4.46)在《中心语驱动的短语结构语法分析》(*Parsing Head-Driven Phrase Structure Grammar*)的论文中,提出了中心语驱动的短语结构语法(Head-Driven Phrase Structure Grammar, HPSG)。

中心语驱动的短语结构语法是在广义短语结构语法的基础上提出的一种自然语言处理的形式模型,它基本上继承了广义短语结构语法的原则,并根据自然语言处理的实践进行了重要的改进。这种新的语法理论的突出特点,就是特别强调中心语在语法分析中的作用,使整个语法系统由中心语来驱动,这种语法显示出强烈的词汇主义(lexicalism)倾向。

图 4.46　I. A. Sag

我们来看下面几个英语句子:

(1) John was hit by Mary.

（约翰被玛丽打了。）

（2）John seems to be happy.

（约翰似乎是幸福的。）

（3）Who did Mary hit?

（玛丽打了谁?）

（4）John tries to finish the job.

（约翰试图结束这项工作。）

这些句子的短语结构分别如图 4.47~图 4.50 所示。

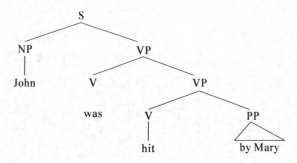

图 4.47　句子 (1)的短语结构

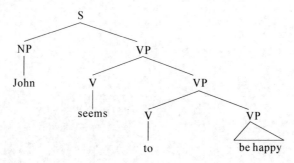

图 4.48　句子 (2)的短语结构

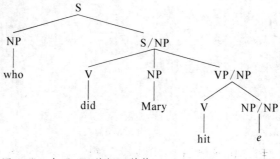

图 4.49　句子 (3)的短语结构

图 4.49 的树形图叶结点上的 *e* 表示 who 的踪迹。

根据广义短语结构语法,我们可用如下的直接支配规则来生成上述句子:

① S → H,NP

② VP → H,VP

③ VP → H,NP

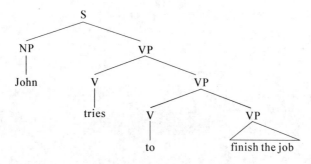

图 4.50　句子 (4)的短语结构

显而易见,对于英语来说,还需要增加下列规则来处理 VP:

④ VP → H,NP,NP

⑤ VP → H,NP,PP

⑥ VP → H,NP,VP

⑦ VP → H,NP,S

在这些规则中,VP 规则的使用是由作为中心语的动词的出现情况决定的。例如,在不定式标志 to 之后,必定出现 VP,这可用规则②来表示;当动词 give 有两个宾语时,可用规则④,⑤来表示,等等。可见,规则的使用必须考虑中心语的词汇项目的基本性质,也就是必须考虑中心语的次范畴化特征 SUBCAT 的值,从而用中心语来驱动规则的使用。

次范畴化规则用特征结构表来表示,写为[SUBCAT],这实际上也就是次范畴化特征。我们在讨论广义短语结构语法时曾经说过,动词的次范畴化特征,就是该动词在形成一个句子时所欠缺的所有范畴的集合,如果是不及物动词,它要形成句子还欠缺一个主语,因此,它的次范畴化特征就是主语;如果是及物动词,它要形成一个句子时还欠缺主语和宾语,因此,它的次范畴化特征就是主语和宾语。单词的次范畴化特征用特征结构表(list)来直观地表示。语言单位的远距离联系也可以通过普遍语法的原则来表示。所有合格的语言单位都要用合一的方法来进行运算。

由于中心语驱动的短语结构语法重视词汇(特别是中心语)的作用,根据中心语的次范畴化特征,就可以十分方便地把中心语的语法信息与句子中其他成分的语法信息联系起来,使得整个句子中的信息以中心语为核心而串通起来。

Pollard 和 Sag 提出的中心语驱动的短语结构语法,系统地总结了这些语法现象,突出了中心语在语法分析中的地位,并把 SUBCAT 做成一个成分表(list)来取值,逐个地详细描述作为中心语的动词的性质。与上述的广义短语结构语法的 VP 规则相对应,中心语驱动的短语结构语法对于中心语动词的 SUBCAT 做了如下的描述:

① V[SUBCAT ⟨VP,NP⟩]。

这可描述 seem,do,be,try 等动词。

例如,John seems to be happy. (约翰似乎是幸福的。)
   NP   VP

② V[SUBCAT ⟨NP,NP⟩]。

这可描述 love,hit,kill,read 等动词。

例如,John loves Mary. (约翰爱玛丽。)
   NP   NP

③ V[SUBCAT ⟨NP,NP,NP⟩]。

这可描述 give,send,spare 等动词。

例如,John gives Mary a book. (约翰给玛丽一本书。)
   NP   NP NP

④ V[SUBCAT ⟨PP,NP,NP⟩]。

这可描述 give,send,buy 等动词。

例如,John gives a book to Mary. (约翰把一本书给玛丽。)
   NP   NP PP

⑤ V[SUBCAT ⟨VP,NP,NP⟩]。

这可描述 persuade,expect 等动词。

例如,John persuades Mary to leave. (约翰劝玛丽离开。)
   NP   NP VP

⑥ V[SUBCAT ⟨S,NP,NP⟩]。

这可描述 expect,believe 等动词。

例如,John expects every man to do his duty. (约翰希望人人尽责。)
   NP   NP   S

在 SUBCAT 的值中,最后的一个 NP 是主语,其余的值是在上面的 VP 规则中出现的补足语。在广义短语结构语法中,SUBCAT 的值的排列顺序在语义上与动词相结合的顺序有关。对于英语来说,SUBCAT 的各个值的排列顺序在大多数情况下与句子中各个成分的逆顺序相对应。

使用这样的 SUBCAT 属性,上述六个 NP 规则可表示为如下两个补足语规则和 SUBCAT 属性原则:

● 补足语规则:

$$① \ M \rightarrow H \ C_1$$
$$② \ M \rightarrow H \ C_2 \ C_1$$

● SUBCAT 属性原则:

M 的 SUBCAT 的值应该与 H 的 SUBCAT 的值中从左而右地清除了与补足语 C_1 和 C_2

相一致的部分之后留下的部分相一致，也就是说，在 H 的 SUBCAT 的值中，清除了与补足语
C_1 和 C_2 相一致的部分之后，留下的部分应与 M 的 SUBCAT 的值相一致。

例如，在直接支配规则

$$S \rightarrow H, NP$$

中，S 相当于 M，H 应是 VP，因此，S 可表示为 V[SUBCAT ⟨ ⟩]，VP 可表示为 V[SUBCAT
⟨NP⟩]，C_1 为 NP，这时，H 的 SUBCAT 的值 NP 与 C_1 的值 NP 相一致，在 H 的 SUBCAT 的
值中清除了这个仅有的相一致的部分 NP 之后，留下的部分为空集，这样，M 的 SUBCAT 也
为空集。可见，这个直接支配规则符合 SUBCAT 属性原则。这个原则后来发展成"饱和原
则"（saturation principle），我们后面还要进一步讨论。

在中心语驱动的短语结构语法中，SUBCAT 的值是可以改变的。例如，为了表示被动句，
可以设定如下的词汇规则来改变 SUBCAT 的值：

$$V[SUBCAT \langle \cdots, NP, NP \rangle] \Rightarrow V[PAS+; SUBCAT \langle (PP[by], \cdots, NP) \rangle]$$

这里，输入侧最左端的 NP（主语）与输出侧的 PP 相对应，输入侧从右数起第二个 NP（宾语）与
输出侧最右端的 NP（主语）相对应，PAS+ 表示动词为被动式。

特征结构（feature structure）是描述语法信息的一种手段，中心语驱动的短语结构语法广
泛采用复杂特征结构来描述词语或短语的信息。图 4.51 是关于英语单词 give 的描写。

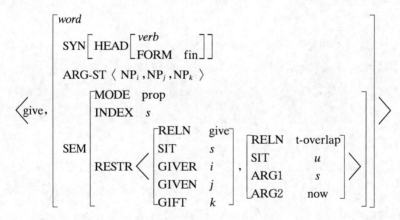

图 4.51　give 的特征结构

其中，[…]表示属性-值矩阵，⟨…⟩表示属性的特征列表。SYN 表示句法结构，ARG-ST 表示
论元结构，说明 give 这个动词可以带三个论元 NP_i，NP_j，NP_k，SEM 表示语义结构，包括
MODE，INDEX 和 RESTR 三部分，MODE 有五个备选的属性值：prof（陈述），ques（疑问），
dir（祈使），ref（指称），none。这里，give 的 MODE 是 prof。INDEX 对应于所描述的情景或
事件（event）。这里，give 传达了一个以 s 为代号的事件。RESTR 表示事件成立必须满足的
条件。在这里，give 这个事件成立必须满足的条件是：情景 s 中 i 把 k 给了 j；事件发生的时间
是现在（now），i，j，k 分别与 give 的不同的论元相联系：NP_i 对应于 GIVER，NP_j 对应于

GIVEN，NP_k对应于 GIFT。

有时，ARG-ST 这一部分也可以不用论元结构，而使用指定语 SPR 和补足语 COMPS 来描述。例如，give 也可以用图 4.52 来描述。其中，NP_i 用 SPR 来表示，NP_j 和 NP_k 用 COMPS 来表示。

$$\left\langle \text{give,} \begin{bmatrix} \text{SYN} & \begin{bmatrix} word \\ \text{HEAD} \begin{bmatrix} verb \\ \text{FORM} & \text{fin} \end{bmatrix} \\ \text{SPR} \quad \langle \text{ NP}_i \rangle \\ \text{COMPS} \langle \text{ NP}_j, \text{NP}_k \rangle \end{bmatrix} \end{bmatrix} \right\rangle$$

图 4.52　ARG-ST 中的指定语 SPR 和补足语 COMPS

中心语驱动的短语结构语法采用"类特征结构"（typed feature structure）。语言中的语音、单词、短语、句子都属于不同的"类"（type），分别要求不同的属性特征与它们相对应。语言中客观地存在着一个词类体系结构。

中心语驱动的短语结构语法认为，词汇类体系结构中存在上层类（supertype）和下层类（subtype）。如果有词汇类 T_1 和 T_2，T_1 是 T_2 的上层类，T_2 是 T_1 的下层类，那么

（1）适合于 T_1 的每一个特征也适合于 T_2；

（2）与 T_1 相关的每一个约束都影响到 T_2 和下层类。

这里，（1）和（2）所规定的这种约束承袭（inheritance of constraints）是单值的（monotonic），也就是说，在承袭过程中不允许有例外发生。约束承袭的单值性与自然语言的实际情况是不符合的。例如，英语中的名词一般没有格（case）的属性，但是，作为名词的下层类的代词却有格的属性。因此，中心语驱动的短语结构语法提出"约束缺省承袭"（default inheritance of constraints）的概念。

语言有规则，但是规则是有例外的。约束规则有两种：一种是不可违背的（inviolable），下层类自动地、没有例外地从上层承袭；一种是缺省的（default）。在约束缺省承袭的场合，上层类缺省的约束规则可以被下层类特殊的、例外的约束规则覆盖和否定。

在图 4.53 中，lex-item（lexical item）是最上层的一个类。word 和 lxm（lexeme）是 lex-item 的直接下层类，word 指有词形变化的音义结合体，lxm 是不关注词形变化的一个词语家族，是一个抽象的、静态的原型词（proto-word）。例如，walk，walks，walked 是不同的 word，但是，它们属于同一个 lxm。lxm 是语言描写的出发点，word 是从 lxm 演化而来的。

根据是否有形态，lxm 可以分为 const-lxm（constant-lexeme）和 infl-lxm（inflecting-lexeme）两类。

const-lxm 又进一步分为 prep-lxm 和 adj-lxm 等。

infl-lxm 又进一步分为 noun-lxm 和 verb-lxm。

noun-lxm 再进一步分为 pron-lxm（pronoun，代词），pn-lxm（proper-noun-lexeme，专有名词）和 cn-lxm（common-noun-lexeme，普通名词）。

verb-lxm 再进一步分为 iv-lxm（intransitive-verb-lexeme，不及物动词）和 tv-lxm（及物动词）。

iv-lxm 继续进一步分为 piv-lxm（prepositional-intransitive-verb-lexeme，带介词结构宾语的不及物动词），siv-lxm（strict-intransitive-verb-lexeme，严格的不及物动词）等。

tv-lxm 继续进一步分为 stv-lxm（strict-transitive-verb-lexeme，严格的及物动词），dtv-lxm（ditransitive-verb-lexeme，双及物动词），ptv（prepositional-transitive-lexeme，带介词的及物动词）等。

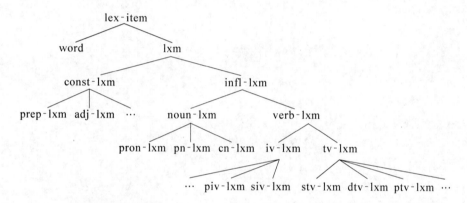

图 4.53　英语的词汇体系结构

这个词汇类体系结构从两个方面简化了中心语驱动的短语结构语法的词汇操作：

● 由于一定的类对应于一定的属性特征，名词不会有及物性，形容词不会有人称，因此，就没有必要再去描述名词的及物性特征，或者去描述形容词的人称特征。

● 类及其属性特征是一个有规律的层级体系，只要知道了一个符号在整个层级体系结构中的位置，就可以自动地获得它的大部分句法和语义特征，而没有必要逐一地去单独描述。

在词汇类体系结构中，一个完整的词位描述包括两部分：一个是词位的基础信息，一个是从上层类承袭来的信息。

例如，如果我们要描述英语单词 dog 的信息，可以首先描述 dog 的基础信息（图 4.54）。其中，ARG-ST〈[COUNT ＋]〉表示 dog 要求一个可数的指定语和它共现，dog 属于 cn-lxm 类，它承袭上层类的一些信息作为它的信息来使用。承袭的轨迹是

lex-item → lxm → infl-lxm → noun-lxm → cn-lxm → dog

在承袭过程中，要遵循上层类、下层类的约定和约束的缺省承袭机制。把 dog 本身的基础信息和承袭得来的信息相加，就可以得到 dog 的属性特征结构（图 4.55）。

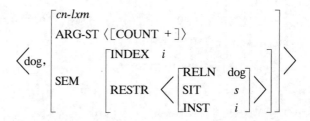

图 4.54 dog 的基础信息

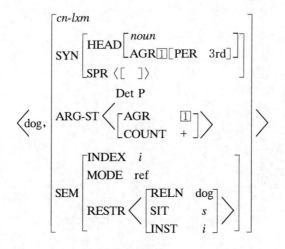

图 4.55 dog 的属性特征结构

上面介绍的都是单亲承袭体系,此外,还有多亲承袭体系(multiple inheritance hierarchy)。在单亲承袭体系中,一个子结点只能从一个父结点获取信息,它不能有效地描述跨类的语言信息。在多亲承袭体系中,一个子结点可以从若干个父结点处获取信息,具有更加强大的描述能力。图 4.56 是 give 的多亲承袭的例子。

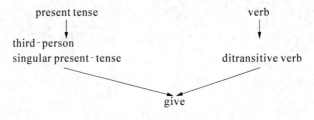

图 4.56 多亲承袭

在图 4.56 中,give 从 present(现在时)处获取了 third-person,singular,present-tense(第三人称,单数,现在时)等信息,又从 verb(动词)处获取了 ditransitive verb(双及物动词)的信息,当然,give 还可以从其他地方获取相关信息,所有这些信息相加,共同成为 give 的词汇信息。

中心语驱动的短语结构语法的词汇规则是一个产生式的装置,其形式为

$$X \rightarrow Y$$

其中,X 是输入,经过词汇规则运算之后,得到输出 Y。

词汇规则有两种:一种是形态规则(inflectional rules),一种是派生规则(derivational rules)。

形态规则说明如何从一个词位产生具有屈折变化的词项。中心语驱动的短语结构语法有很多屈折规则,例如单数名词规则、复数名词规则、动词过去时规则、动词进行时规则等等。图 4.57 是名词复数规则。

$$\left\langle \boxed{1}, \begin{bmatrix} noun\text{-}lxm \\ \text{ARG-ST} \ \langle [\text{COUNT} \quad +] \rangle \end{bmatrix} \right\rangle \rightarrow$$

$$\left\langle F_{\text{NPL}}(\boxed{1}), \begin{bmatrix} word \\ \text{SYN} \begin{bmatrix} \text{HEAD} \begin{bmatrix} \\ \text{AGR}[\text{NUM} \quad \text{pl}] \end{bmatrix} \end{bmatrix} \end{bmatrix} \right\rangle$$

图 4.57 名词复数规则

这个规则的输入是一个 noun-lxm,它的指定语特征是[COUNT +],表示这是一个可数名词。F_{NPL} 是一个屈折变化函数,它将一个名词由原形变化成复数形式,输出的类由 noun-lxm 变成了 word,并且获得属性[NUM pl]。

派生规则说明如何由一个词位产生另一个相关的词位。图 4.58 是名物化名词的派生规则。

$$\left\langle \boxed{1}, \begin{bmatrix} verb\text{-}lxm \\ \text{ARG-ST} \ \langle \text{NP}_i(, \boxed{2} \ \text{NP}) \rangle \\ \text{SEM} \qquad [\text{INDEX} \quad s] \end{bmatrix} \right\rangle \rightarrow$$

$$\left\langle F\text{-er}(\boxed{1}), \begin{bmatrix} cn\text{-}lxm \\ \text{ARG-ST} \ \left\langle \text{Det P}(, \begin{bmatrix} \text{PP} \\ \text{P-OBJ} \quad \boxed{2} \\ \text{FORM} \quad \text{of} \end{bmatrix}) \right\rangle \\ \text{SEM} \qquad [\text{INDEX} \quad i] \end{bmatrix} \right\rangle$$

图 4.58 名物化名词的派生规则

这个规则 ARG-ST 中的圆括号( )表示可选,说明输入的是一个及物动词。在输出中,*verb-lxm* 变成了 *cn-lxm*,表示由动词派生出普通名词。F-er 是一个形态函数,表示输出名词时,在动词词尾加-er。输入的动词和输出的名词具有相同的情景 INDEX,它们都是 i。例如,在"驾驶"这样的情景中,drive 和 driver 的情景是相同的。这从下面的例句可以理解:

He discovered the oxygen → the discoverer of oxygen

其中的 oxygen 由动词 discover 的补足语变成了名词 discoverer 后面介词 of 的宾语,用标签 ②表示。

　　这样的词汇规则使得词汇操作更加简单易行,词汇的描述也更加清楚,可以借助这样的词汇规则来解释一些句法现象,体现了词汇主义的精神。

　　中心语驱动的短语结构语法的词汇体系的运作可以直观地描述,如图 4.59 所示。

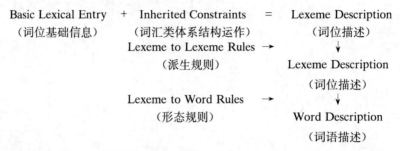

图 4.59　词汇体系的运作

　　可见,中心语驱动的短语结构语法具有鲜明的词汇主义倾向,这种形式模型特别重视中心语的作用,根据中心语的次范畴化特征,就有可能十分方便地把中心语的语法信息与句子中其他成分的语法信息联系起来,使得整个句子中的信息以中心语为核心而串通起来,用复杂特征来表示句子的各种信息,为自然语言的计算机处理提供了方便。这种语法理论已经在一些机器翻译系统得到应用,具有很强的生命力。

　　在这种语法中,所有的语言单位都是通过特征结构来表示的。特征结构要描述语音、句法和语义的信息,把它们分别表示为[PHON],[SYNSEM]。再把这些特征值结合起来,就可以确定语言单位的声音和意义之间在语法上的关系。语法也是以特征结构的方式来表示的,这些特征结构也就是语言单位的合格性的限制条件。

　　中心语驱动的短语结构语法与广义结构语法的主要区别在于,在中心语驱动的短语结构语法中,特别重视词汇的作用,词汇借助于合一的形式化方法,构成一个层级结构,在这个词汇层次结构中的信息可以相互流通和继承,在全部的句法信息中,词汇信息占了很大的比例,而真正的句法信息只占了不多的比例。

　　在中心语驱动的短语结构语法的早期模型中,一个句子的结构可以形式地用表示式(sign)来描述,最简单的表示式包括[PHON]和[SYNSEM]两大部分:

$$\begin{bmatrix} \text{PHON} \langle \quad \rangle \\ \text{SYNSEM} \end{bmatrix}$$

其中,[PHON]是句子的语音部分。例如,句子"Kim saw the girl"的语音部分可表示为

$$\text{PHON} \langle \text{Kim}, \text{saw}, \text{the}, \text{girl} \rangle$$

〔SYNSEM〕是句子的句法（SYNtax）语义（SEMantics）部分,其基本结构又可以用类似的表示式描述,如图 4.60 所示。

$$
\text{SYNSEM}\begin{bmatrix} \text{LOC} \begin{bmatrix} \text{CAT}\begin{bmatrix}\cdots\end{bmatrix} \\[6pt] \text{CONTENT}\begin{bmatrix}\cdots\end{bmatrix} \end{bmatrix} \\[10pt] \text{NONLOC} \end{bmatrix}
$$

图 4.60　SYNSEM 的基本结构

在句法语义部分中,LOC 表示实位成分（local）,用于记录在句子中实际位置的信息,NON-LOC 表示空位成分（no local）,用于记录有远距离关系的空位信息。LOC 进一步分为CAT 和 CONTENT,CAT 表示范畴（category）,说明句子成分的形态和句法特征,CONTENT表示含义（content）,说明句子成分的语义特征。

例如,英语的 Kim（吉姆）这个专有名词的表示式可用图 4.61 描述。

$$
\begin{bmatrix} \text{PHON}\ \langle \text{Kim}\rangle \\[4pt] \text{SYNSEM}\begin{bmatrix}\text{LOC}\begin{bmatrix} \text{CAT}\begin{bmatrix}\text{HEAD Cat: noun}\\ \text{Case: } - \\ \text{SUBCAT: }\langle\ \rangle\end{bmatrix} \\[10pt] \text{CONTENT}\begin{bmatrix} \text{PARA[1]}\begin{bmatrix}\text{INDEX}\begin{bmatrix}\text{PERS}\ \ \text{3rd}\\ \text{NUM}\ \ \text{sg}\end{bmatrix}\end{bmatrix} \\[10pt] \text{RESTR}\begin{bmatrix}\text{RELN}\ \ \ \ \text{naming}\\ \text{BEARER}\ \ \text{[1]}\\ \text{NAME}\ \ \ \text{Kim}\end{bmatrix}\end{bmatrix}\end{bmatrix}\end{bmatrix}\end{bmatrix}
$$

图 4.61　专有名词的描述

上述表示式中,PHON 部分的语音是 Kim,SYNSEM 部分的句法语义只有实位成分,没有空位成分,实位成分的 CAT 记录了 HEAD（中心语）的范畴特征（Cat）为 noun（名词）,格特征（Case）为“－”（没有格）,SUBCAT（次范畴）特征为〈　〉,实位成分的 CONTENT 记录了 Kim的含义（即语义特征）,PARA 表示参数（parameter）,其 INDEX（标引）有 PERS（人称）和NUM（数）两项,PERS 为第三人称（3rd）,NUM 为单数（sg）;RESTR 表示限制参数（restriction）,共有 RELN（relation,表示关系）,BEARER（表示承担者）,NAME（表示名字）三项,RELN 为 naming（命名,即给人取名字）,BEARER 后注明[1],表示它的参数与 PARA（1）相同,NAME 后的 Kim 就是给承担者取的名字。这些特征恰当地表达了 Kim 这个词的语音和句法语义特性。

又如,英语 walks(走路)这个动词的表示式可用图 4.62 描述。

$$
\begin{bmatrix}
\text{PHON} \ \langle \text{walks} \rangle \\
\text{SYNSEM} \ \begin{bmatrix} \text{LOC} \ \begin{bmatrix} \text{CAT} \ \begin{bmatrix} \text{HEAD} \ \ \text{verb} \ [\text{VFORM} \ \ \text{fin}] \\ \text{SUBCAT} \ \ \langle \text{NP}[\text{NOM}]_{[1][\text{3rd,sg}]} \rangle \end{bmatrix} \\ \text{CONTENT} \begin{bmatrix} \text{RELN} \ \ \text{walk} \\ \text{AGENT} \ \ [1] \end{bmatrix} \end{bmatrix} \end{bmatrix}
\end{bmatrix}
$$

图 4.62　动词的描述

上述表示式中,PHON 部分的语音是 walks,SYNSEM 部分的句法语义只有实位成分,没有空位成分。实位成分的 CAT 记录了 HEAD 特征是 verb,它的动词形式是限定动词 [VFORM fin],SUBCAT 记录了 walk 的次范畴为 $\langle \text{NP}[\text{NOM}]_{[1][\text{3rd,sg}]} \rangle$,这是一个主格 (NOM)、第三人称 (3rd)、单数 (sg) 的名词短语 NP,参数取标签 [1];实位成分的含义 CONTENT 记录了其关系 (RELN) 为 walk,其施事者 (AGENT) 的参数取标签 [1]。我们知道,在专有名词 Kim 中的参数也取 [1],因此,walk 的次范畴要取 Kim 的参数 [1]。

短语 Kim walks 的结构的表示式可用图 4.63 描述。

$$
\begin{bmatrix}
\text{PHON} \ \langle \text{Kim, walks} \rangle \\
\text{SYNSEM} \ \begin{bmatrix} \text{LOC} \ \begin{bmatrix} \text{CAT} \ \begin{bmatrix} \text{HEAD} \ \ \text{verb} \ [\text{VFORM} \ \ \text{fin}] \\ \text{SUBCAT} \ \ \langle \ \ \rangle \end{bmatrix} \\ \text{CONTENT} \begin{bmatrix} \text{RELN} \ \ \text{walk} \\ \text{AGENT} \ \ [1] \end{bmatrix} \end{bmatrix} \end{bmatrix} \\
\text{DTRS} \ \begin{bmatrix} \text{HEAD-DTR} \\ \quad \text{SYNSEM}|\text{LOC}|\text{CAT} \begin{bmatrix} \text{HEAD} \ \ \text{verb} \ [\text{VFORM} \ \ \text{fin}] \\ \text{SUBCAT} \ \ \langle \text{NP}[\text{NOM}]_{[1][\text{3rd,sg}]} \rangle \end{bmatrix} \\ \quad \text{SYNSEM}|\text{LOC}|\text{CONT} \begin{bmatrix} \text{RELN} \ \ \text{walk} \\ \text{AGENT} \ \ [1] \end{bmatrix} \\ \text{COMP-DTRS} \\ \quad \text{SYNSEM}|\text{LOC}|\text{CAT} \begin{bmatrix} \text{HEAD} \ \ \text{noun} \\ \text{SUBCAT} \ \ \langle \ \ \rangle \end{bmatrix} \\ \quad \text{SYNSEM}|\text{LOC}|\text{CONT} \begin{bmatrix} \text{PARA} \ \ [1] \ \ \text{INDEX} \begin{bmatrix} \text{PERS} \ \ \text{3rd} \\ \text{NUM} \ \ \text{sg} \end{bmatrix} \\ \text{RESTR} \begin{bmatrix} \text{RELN} \ \ \text{naming} \\ \text{BEARER} \ \ [1] \\ \text{NAME} \ \ \text{Kim} \end{bmatrix} \end{bmatrix} \end{bmatrix}
\end{bmatrix}
$$

图 4.63　短语结构的描述

在上述句子的表示式中,PHON 部分的语音是 Kim walks,SYNSEM 部分记录了短语的句法语义;值得注意的是,短语表示式中增加了 DRTS(Daughters)部分,用于描述短语的子结点的信息。子结点分为 HEAD-DRT 和 COMP-DRTS 两种,HEAD-DRT 是中心语子结点,描写这个短语中的 walks 的特征,COMP-DRTS 是补足语子结点,用于描述短语中 Kim 的特征。可以看出,除了 SUBCAT 不同之外,短语中 HEAD 的特征值与中心语子结点的 HEAD 中的特征值是相同的,它们在结构上是共享的,由于短语和中心语子结点所处的层次不同,它们的次范畴应该不同,在短语这一层,SUBCAT 为⟨　⟩,在中心语子结点这一层,SUBCAT 为⟨NP[NOM]$_{[1]\,[\text{3rd,sg}]}$⟩,它要求一个主格、单数、第三人称的 NP 做补足语。这个补足语就在COMP-DRTS 中描述。

为了节省空间,DRTS 中采用了简洁的表示方法,在 SYNSEM 和 LOC 这两层都没有使用括号,而是使用"|"来代替括号。

$$\text{SYNSEM}\,|\,\text{LOC}\,|\,\text{CAT}\begin{bmatrix}\text{HEAD verb}\,[\text{VFORM fin}]\\ \text{SUBCAT}\,\langle\text{NP}[\text{NOM}]_{[1]\,[\text{3rd,sg}]}\rangle\end{bmatrix}$$

代表了括号表达式

$$\text{SYNSEM}\begin{bmatrix}\text{LOC}\begin{bmatrix}\text{CAT}\begin{bmatrix}\text{HEAD verb}\,[\text{VFORM fin}]\\ \text{SUBCAT}\,\langle\text{NP}[\text{NOM}]_{[1]\,[\text{3rd,sg}]}\rangle\end{bmatrix}\end{bmatrix}\end{bmatrix}$$

从 Kim walks 这个短语的结构表示式中可以看出,在有中心语的短语中,短语的 HEAD 的特征值同中心语子结点的 HEAD 的特征值在结构上共享。这是中心语驱动的短语结构语法词汇信息流通的最重要的原则,叫作"中心语特征原则"(head feature principle)。

因为短语所在的层次也就是父结点所在的层次,因此,我们可以换一种方式来表达这个"中心语特征原则":

在有中心语的短语中,父结点的 HEAD 的特征值同中心语子结点的 HEAD 的特征值在结构上共享。

中心语驱动短语结构语法中的词汇信息流通的原则还有:

● 奉献原则(contribution principle)。在有中心语的短语中,父结点的 CONTENT 的特征值与中心语子结点的 CONTENT 的特征值等同。

这意味着,父结点的 CONTENT 的特征值来自中心语子结点,也就是说,中心语子结点要向它的父结点奉献特征值。

例如,短语 Kim walks 表示式中,父结点的 CONTENT 的特征值

$$\text{CONTENT}\begin{bmatrix}\text{RELN walk}\\ \text{AGENT}\,[1]\end{bmatrix}$$

就是由它的中心语子结点中的 CONTENT 的特征值奉献的。

　　奉献原则可用结构表示式描述,如图 4.64 所示。

$$
\begin{bmatrix}
\text{PHON}\ \langle\ \ \rangle \\
\text{SYNSEM}\,|\,\text{LOC}\,|\,\text{CAT}\ \cdots \\
\text{SYNSEM}\,|\,\text{LOC}\,|\,\text{CONT}[1] \\
\text{DRTS}\ \begin{bmatrix}
\text{HEAD-DRT} \\
\quad\text{SYNSEM}\,|\,\text{LOC}\,|\,\text{CAT}\ \cdots \\
\quad\text{SYNSEM}\,|\,\text{LOC}\,|\,\text{CONT}[1] \\
\text{COMP-DRTS}\ \cdots
\end{bmatrix}
\end{bmatrix}
$$

图 4.64　奉献原则

父结点的 CONT[1]来自中心语子结点的 CONT[1]。

● 饱和原则(saturation principle)。在有中心语的短语中,父结点的 SUBCAT 之值等于其中心语子结点上的 SUBCAT 之值减去补足语子结点上的有关特征值。

例如,德语短语"Kim mir ein Buch gibt"(吉姆给我一本书)的树形结构图如图 4.65 所示。

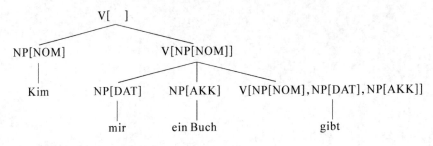

图 4.65　德语短语的树形图

在图 4.65 的树形图中,每个结点的 SUBCAT 之值标在它后面的方括号中,NOM 表示主格,DAT 表示给格,AKK 表示宾格,每个易于看出,如果 V[ ]为父结点,那么它的中心语子结点 V[NP[NOM]]的 SUBCAT 之值[NP[NOM]]减去它的补足语 NP[NOM]的值[NOM]为 [ ],这恰恰是父结点的 SUBCAT 之值;如果 V[NP[NOM]]为父结点,那么它的中心语子结点 V[NP[NOM],NP[DAT],NP[AKK]]的 SUBCAT 之值[NP[NOM],NP[DAT],NP[AKK]]减去它的补足语 NP[DAT]和 NP[AKK]的值[DAT]和[AKK]之后,恰恰等于父结点 V[NP[NOM]]的 SUBCAT 之值[NP[NOM]]。

如果不管树形图的叶子结点,那么图 4.65 的树形图还可以改变为如图 4.66 所示的一些形式:

不论怎样改变树形图的组合方式,中心语子结点的 SUBCAT 之值减去补足语子结点的相关值,一定等于父结点的 SUBCAT 之值。这说明,中心语子结点上的 SUBCAT 之值是饱和的,它不可能再增加了,它已经处于饱和状态了。

饱和原则可用结构表示式描述,如图 4.67 所示。

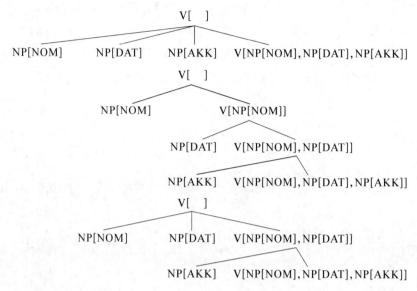

图 4.66　树形图的另一种组合方式

$$\begin{bmatrix} \text{SYNSEM}|\text{LOC}|\text{CAT} \begin{bmatrix} \text{HEAD}[n] \\ \text{SUBCAT} \langle[1]\cdots[m]\rangle \end{bmatrix} \\ \text{DTRS} \begin{bmatrix} \text{HEAD-DRT} & |\text{SYNSEM}|\text{LOC}|\text{CAT}|\text{HEAD}[n] \\ & |\text{SYNSEM}|\text{LOC}|\text{CAT}|\text{SUBCAT}\langle[1]\cdots[m],[n]\rangle \\ \\ \text{COMP-DRTS} \langle n \rangle \end{bmatrix} \end{bmatrix}$$

图 4.67　饱和原则

可以看出,HEAD-DRT 的 SUBCAT 中的 $\langle[1]\cdots[m],[n]\rangle$ 减去 COMP-DRTS 的 SUBCAT 中的 $\langle n \rangle$ 之后,正好等于父结点的 SUBCAT 之值 $\langle[1]\cdots[m]\rangle$。

此外,还有"暂存量词继承原则"(QSTORE-inheritance principle)、"修饰语原则"(SPEC principle)和"空位特征原则"(NONLOCAL principle)。

"暂存量词继承原则"说明了中心补足语的信息暂存于逻辑量词中,在分析时可渗透到树形图的顶端;"修饰语原则"描述了非中心语子结点的修饰语 SPEC 的值与中心语子结点的语义特征的关系;"空位特征原则"说明远距离空位成分的特征值与其父结点特征值的传递关系,等等。这些原则都是普遍语法的原则。这里不再赘述。

1999 年,I. Sag 和 T. Wasow 在《句法理论的形式导论》(*Syntactic Theory:A Formal Introduction*)中,采用不同的规则和原则来描述中心语驱动的短语结构语法,他们的描述更加直观和简洁。下面我们介绍他们描述的中心语驱动的短语结构语法的规则和原则。

Sag 和 Wasow 提出的规则如下:

● 中心语-补足语规则（head-complement rule）

补足语是中心语在句法上要求的同现成分，用 COMPS 来表示。COMPS 是一个属性特征列表，其成分的排列次序与实际句子中的次序相吻合。例如，put 的 COMPS 的值是⟨NP，PP⟩，give 的 COMPS 的值是⟨NP，NP⟩。COMPS 中用"(…)"表示可选，如 eat[COMPS(NP)]；用"|"表示"或"，如 deny[COMPS NP|P]。规则如图 4.68 所示。

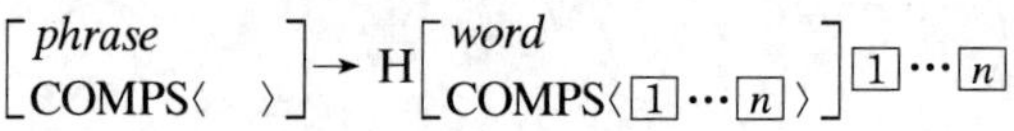

$$\begin{bmatrix} phrase \\ \text{COMPS} \langle \quad \rangle \end{bmatrix} \to \text{H} \begin{bmatrix} word \\ \text{COMPS} \langle \boxed{1} \cdots \boxed{n} \rangle \end{bmatrix} \boxed{1} \cdots \boxed{n}$$

图 4.68　中心语-补足语规则

中心语-补足语规则要求所有的补足语实现为中心语的兄弟结点。例如，put flowers in a vase 的分析如图 4.69 所示。

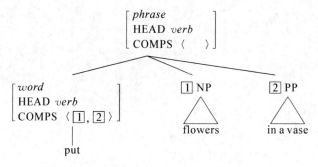

图 4.69　COMPS 实现为兄弟结点

● 中心语-指定语规则（head-specifier rule）

指定语就是动词中心语的主语，在中心语驱动的短语结构语法中，名词中心语的限定成分（determiner）用 SPR 的属性来表示。与 COMPS 一样，SPR 也是一个属性特征列表。规则如图 4.70 所示。

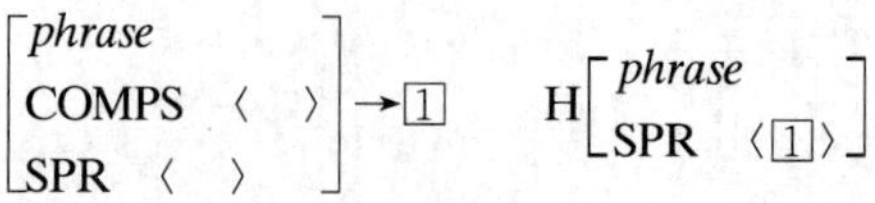

$$\begin{bmatrix} phrase \\ \text{COMPS} \langle \quad \rangle \\ \text{SPR} \langle \quad \rangle \end{bmatrix} \to \boxed{1} \quad \text{H} \begin{bmatrix} phrase \\ \text{SPR} \langle \boxed{1} \rangle \end{bmatrix}$$

图 4.70　中心语-指定语规则

从图中可以看出，在中心语-指定语规则中，中心语子女的类是 phrase；而在中心语-补足语规则中，中心语子女的类是 word。这意味着，中心语-补足语规则总是发生在中心语-指定语之前，中心语总是先与补足语捆绑，然后作为一个 phrase 再与指定语捆绑。例如，John put flowers in a vase 的分析如图 4.71 所示。

● 中心语-修饰语规则（head-modifier rule）

修饰语是修饰中心语的成分，在中心语驱动的短语结构语法中，用 MOD 的属性来表示修饰语的功能,MOD 也是一个属性特征列表。例如,形容词的 MOD 属性是[MOD NP],副词的 MOD 属性是[MOD VP]。规则如图 4.72 所示。

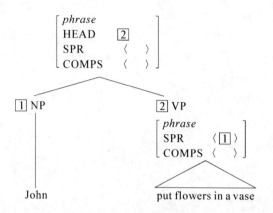

图 4.71　指定语的限定成分 SPR 作为一个 phrase
与指定语 John 捆绑

$$[phrase] \longrightarrow \text{H} \boxed{1}[phrase] \quad \begin{bmatrix} phrase \\ \text{MOD} \quad \boxed{1} \end{bmatrix}$$

图 4.72　中心语–修饰语规则

此外,还有并列结构规则(Coordination Rule)。兹不赘述。

Sag 和 Wasow 进一步发展了前面讲过的"中心语特征原则""奉献原则""饱和原则"等原则,把这些原则总结为如下的原则:

● 中心语特征原则(head feature principle)

在任何一个中心语短语中,父结点的中心语特征值和中心子结点的中心语特征值合一。其形式描述如图 4.73 所示。

● 值传递原则(valence principle)

在一个中心语短语中,除非特别说明,父结点的指定语 SPR

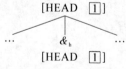

图 4.73　中心语特征原则

和补足语 COMPS 的特征值与中心子结点的特征值相同,以保证父结点的 SPR 和 COMPS 的属性与它的子结点保持一致。如图 4.74 所示。

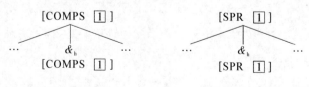

图 4.74　值传递原则

中心语特征原则和值传递原则是关于句法的原则。下面两个原则是关于语义的原则。

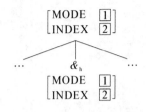

图 4.75　语义承袭原则

● 语义承袭原则(semantic inheritance principle)

在一个中心语短语中,父结点 MODE 和 INDEX 特征值与中心子结点相同。如图 4.75 所示。

● 语义组合原则(semantic combination principle)

在一个完整的短语结构中,父结点的 RESTR 的值等于它所有的子结点的 RESTR 的值之和("和"用符号⊕表示)。如图 4.76 所示。

图 4.76　语义组合原则

此外,还有论元实现原则(argument realization principle)、回指一致性原则(anaphoric agreement principle)、约束原则(binding principle)等。兹不赘述。

在上下文无关的短语结构语法中,所有的短语结构规则的初始符号(initial symbol)是 S(Sentence),句子的生成是从 S 开始的。但是,在中心语驱动的短语结构语法中,没有 S 的概念,它的初始符号是一个满足约束条件的 phrase,如图 4.77 所示。

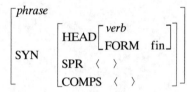

图 4.77　中心语驱动的短语结构语法的初始符号

这个 phrase 的中心语是一个 verb,它的形式是有定的(finite),它是完全饱和的(saturated),SPR 和 COMPS 的值都为空。中心语驱动的短语结构语法采用这样的方法来定义初始符号,使得整个理论变得更加完美和统一。

中心语驱动的短语结构语法(HPSG)的表示式中包括 SYNSEM,DTRS 和 PHON 三个部分。与上下文无关的短语结构语法(CFG)的规则相比,中心语驱动的短语结构语法中 SYNSEM 部分描述短语或单词的句法语义的限制特征,它大致相当于上下文无关语法规则中的左边部分的信息,但是包含的信息更多;中心语驱动的短语结构语法的 DRTS 部分构成短语的各组成成分的特征,每一个这样的组成成分又可以是一个完全的中心语驱动的短语结构语法的表示式,DRTS 部分相当于上下文无关语法规则中的右边部分的信息,但是没有包含关于这些成分的前后顺序信息;中心语驱动的短语结构语法的 PHON 部分描述 DRTS 中各组成成分的前后顺序以及这些成分的发音,这一部分相当于上下文无关语法规则中右边部分的前后顺序信息。从这样的对比可以看出,中心语驱动的短语结构语法在本质上仍然是一种上下文无关的短语结构语法,但是,这种语法包含了更加丰富的信息,它是短语结构语法的新发展。

下面,我们通过实例来说明如何使用中心语驱动的短语结构语法来进行自然语言的自动分析。

中心语驱动的短语结构语法的自底向上分析算法的大致过程是:

(1) 把输入句子中单词的词汇表示式与词典中的词汇表示式进行合一;

(2) 直到没有单词可以再进行合一时,则把已经合一的表示式同短语的子结点的表示式同该语法中短语的表示式进行合一,直到句子 S 饱和;

(3) 如果所有的表示式都合一结束,并且所有表示式中的 PHON 的值都全部得到说明,则构造出句子 S 的整个结构;

(4) 否则,分析失败。

我们来说明句子"Kim walks"的分析过程。

● 输入句子"Kim walks"中的单词只是描述了它们的发音和在句子中的位置。

① [PHON ⟨(0 1 Kim)⟩];

② [PHON ⟨(1 2 walks)⟩]。

其中,(0 1 Kim)表示 Kim 处于句子中从 0 位到 1 位的位置,(1 2 walks)表示 walks 处于句子中从 1 位到 2 位的位置。

● 把①同词典中 Kim 的表示式进行合一,得到

③ [PHON ⟨(0 1 kim)⟩

　　SYNSEM [CAT [HEAD noun SUBCAT ⟨ ⟩]

　　CONTENT [INDEX $*1*$ [PERS 3rd NUM sg]]

　　CONTENT [RESTR {[RELN naming BEARER $*1*$ NAME Kim]}]]]

从中我们了解到关于 Kim 的意义的某些信息(这是某个名字叫作 Kim 的人)以及某些关于句法性质的某些信息(单数,第三人称)。

● 把②同词典中 walks 的表示式进行合一,得到

④ [PHON ⟨(1 2 walks)⟩

　　SYNSEM [CAT [HEAD [VFORM fin]

　　　　SUBCAT ⟨[CAT [HEAD noun SUBCAT ⟨ ⟩]

　　　　　　CONTENT [INDEX $*1*$ [PERS 3rd NUM sg]]]⟩

　　CONTENT [RELN walk WALKER $*1*$]]]

从中我们了解到 walks 是一个关于走路的行为,它是一个限定动词,要求一个主语做走路的行为者,但不要求宾语。

● 我们有如下的语法规则,这条规则只适用于 VP 为不及物动词的场合。规则用我们的表示式可写为

　　[SYNSEM [CAT [HEAD $*1*$ SUBCAT ⟨ $*2*$ ⟩]

$$\text{CONTENT } *4*\,]$$

$$\text{DRTS}\,[\text{HEAD-DRT}\,[\text{SYNSEM}\,[\text{CAT}\,[\text{HEAD } *1*\ \ \text{SUBCAT}\,\langle\,*2*\,\rangle]$$

$$\text{CONTENT } *4*\,]$$

$$\text{PHON } *3*\,]$$

$$\text{COMP-DRTS}\,\langle\ \rangle]$$

$$\text{PHON } *3*\,]$$

这个规则中的 $*1*$、$*2*$、$*3*$、$*4*$ 是一些临时性的参数,用于简化规则的写法,含义如下:

$$*1* = [\text{VFORM fin}]$$

$$*2* = [\text{CAT}\,[\text{HEAD noun SUBCAT}\,\langle\ \rangle]\ \text{CONTENT}$$

$$[\text{INDEX } *1*\ [\text{PERS 3rd NUM sg}]]]$$

$$*3* = (1\ 2\ \text{walks})$$

$$*4* = [\text{RELN walk WALKER } *1*\,]$$

把④与这个规则中的中心语子结点 HEAD-DRT 合一,得到

⑤ $[\text{SYNSEM}\,[\text{CAT}\,[\text{HEAD}\,[\text{VFORM fin}]$

$$\text{SUBCAT}\,\langle\,[\text{CAT}\,[\text{HEAD noun SUBCAT}\,\langle\ \rangle]$$

$$\text{CONTENT}\,[\text{INDEX } *1*\ [\text{PERS 3rd NUM sg}]]]\rangle]$$

$$\text{CONTENT}\,[\text{RELN walk WALKER } *1*\,]]$$

$$\text{DRTS}\,[\text{HEAD-DRT}\,[\text{SYNSEM}\,[\text{CAT}\,[\text{HEAD}\,[\text{VFORM fin}]\ \text{SUBCAT}\,\langle\cdots\rangle]]$$

$$\text{CONTENT}\,[\cdots]$$

$$\text{PHON}\,\langle(1\ 2\ \text{walks})\rangle]$$

$$\text{COMP-DRTS}\,\langle\ \rangle]$$

$$\text{PHON}\,\langle(1\ 2\ \text{walks})\rangle]$$

现在我们得到了一个以不及物动词 walks 为中心语的 VP。

● 我们还有如下的语法规则,这个规则表示:一个饱和的短语可以包含一个中心语短语和一个在这个中心语短语前面的补足语。因为这里的 VP 只要求一个主语,所以正好使用这条规则。规则用我们的表示式可写为

⑥ $[\text{SYNSEM}\,[\text{CAT}\,[\text{HEAD } *1*\ \ \text{SUBCAT}\,\langle\ \rangle]$

$$\text{CONTENT } *4*\,]$$

$$\text{DRTS}\,[\text{HEAD-DRT}\,[\text{SYNSEM}\,[\text{CAT}\,[\text{HEAD } *1*\ \ \text{SUBCAT}\,\langle\,*2*\,\rangle]$$

$$\text{CONTENT } *4*\,]$$

$$\text{PHON } *3*\,]$$

$$\text{COMP-DRTS}\,\langle\,[\text{PHON } *5*$$

$$SYNSEM \ *2* \ ]\rangle]$$

$$PHON \ (*5* \ \langle \ *3* \ )]$$

这里，$*5*$ = (0 1 Kim)。

把前面得到的⑤与这个规则中的 HEAD-DTR 合一，得到

⑦ [SYNSEM [CAT [HEAD [VFORM fin SUBCAT ⟨ ⟩]]

    CONTENT [RELN walk WALKER $*1*$]]

  DRTS [HEAD-DRT [SYNSEM [CAT [HEAD [VFORM fin]

          SUBCAT ⟨[CAT [HEAD noun SUBCAT ⟨ ⟩]

             CONTENT [INDEX $*1*$

               [PERS 3rd NUM sg]]]⟩]

          CONTENT[RELN walk WALKER $*1*$]]

      PHON ⟨(1 2 walks)⟩]

   COMP-DRTS ⟨[PHON $*5*$

       SYNSEM [CAT [HEAD noun SUBCAT ⟨ ⟩]

         CONTENT [INDEX $*1*$]]]⟩]

  PHON ⟨ $*5*$ ⟨ (1 2 walks)⟩]

这里，$*1*$ = [PERS 3rd NUM sg]。

现在我们得到了一个句子(其次范畴为 0)，但是这个句子的主语(在表示式中是补足语)
还没有发音信息。

● 把③与⑦中的 COMP-DRTS 合一，得到

⑧ [SYNSEM [CAT [HEAD [VFORM fin SUBCAT ⟨ ⟩]]

    CONTENT [RELN walk WALKER [PERS 3rd NUM sg]]]

  DRTS [HEAD-DRT [SYNSEM [CAT [HEAD [VFORM fin]

          SUBCAT ⟨[CAT [HEAD noun SUBCAT ⟨ ⟩]

            CONTENT [INDEX $*1*$

              [PERS 3rd NUM sg]]]⟩]

         CONTENT [RELN walk WALKER

            [PERS 3rd NUM sg]]]

       PHON ⟨(1 2 walks)⟩]

    COMP-DRTS <[PHON ⟨(0 1 Kim)⟩

       SYNSEM [CAT [HEAD noun SUBCAT ⟨ ⟩]

        CONTENT [INDEX [PERS 3rd NUM sg]]]]⟩]

 PHON ⟨(0 1 Kim) ⟨ (1 2 walks)⟩]

　　至此,句子的主语有了发音信息,整个句子分析完毕。

　　上面的分析过程阅读起来比较困难,请读者仔细阅读,是可以理解的。为了帮助读者更清楚地了解中心语驱动的短语结构语法对于语言信息处理的作用,我们再用更加简洁的方式来描述,用中心语驱动的短语结构语法来分析自然语言句子的过程。

　　我们不再写出完整的特征表示式,单词和短语的范畴一律用诸如"NP:"这样的方式来表示。

　　我们来分析英语句子"Sue the guy with the mustache"(控告那个留小胡子的家伙)。其中,Sue 有歧义,作名词用时是人名,作动词用时是"控告"。

　　自底向上分析过程如下:

　　(1) Sue 可为名词,也可为动词,首先把它当作名词,得

$$N: Sue$$

　　(2) 名词可以作 NP 的中心语,得到

$$NP: [HEAD [N: Sue]]$$

　　(3) NP 可以做句子 S 的主语补足语 COMP,得到

$$S: [HEAD?$$
$$COMP1 [NP: [HEAD [N: Sue]]]$$
$$MOOD\ declarative]$$

declarative 表示陈述句。

　　(4) 对于 Sue,不能再继续分析下去,因此,回到输入句子中,取下一个词 the,这是一个限定词,而限定词必定是一个 DetP 的中心语 HEAD,并且一个 DetP 必定是一个 NP 的补足语 COMP。"(MOD)"表示 NP 有一个可选的定语(modifier)。

$$Det: the$$
$$DetP: [HEAD [Det: the]]$$
$$NP: [HEAD?$$
$$COMP [DetP: [HEAD [Det: the]]]$$
$$(MOD)]$$

　　(5) 继续往前走,我们必须回到输入句,找下一个词 guy。guy 必定是一个名词,它是 NP 的中心语 HEAD,而且要求一个补足语(COMP)DetP。

$$N: guy$$
$$NP: [HEAD [N: guy]$$
$$COMP [DetP: [HEAD [Det: the]]]$$
$$(MOD)]$$

　　(6) 这个 NP 不足以构成句子,我们回到输入句,继续分析后面的 with,the,mustache 等单词。它们分别是介词、限定词、名词,构成一个介词短语 PP。

Prep：with

PP：[HEAD [Prep：with

COMP?]

Det：the

DetP：[HEAD [Det：the]]

NP：[HEAD?

COMP [DetP：[HEAD [Det：the]]]]

N：mustache

NP：[HEAD [N：mustache]

COMP [DetP：[HEAD [Det：the]]]]

PP：[HEAD [Prep：with]

COMP [NP：[HEAD [N：mustache]

COMP [DetP：[HEAD [Det：the]]]]]]

(7) 可以把 PP 作为前面的 NP 的修饰语，得到

NP：[HEAD [N：guy]

COMP [DetP：[HEAD [Det：the]]]

MOD [PP：[HEAD [Prep：with

COMP [NP：[HEAD [N：mustache]

COMP [DetP：[HEAD [Det：the]]]]]]]]]

这时，这个复杂的 NP 处理完毕。继续往前分析。

(8) 单词已经全部走完了，可是，S 还没有找到它的 HEAD，所以，我们只好回溯到第一个
词 Sue，这次我们把 Sue 作为动词，这样一来，这个句子成了命令句（imperative），并且隐含着
句子的主语是 you。

V：sue

VP：[HEAD [V：sue]

COMP?

(MOD)]

S：[HEAD [VP：[HEAD [V：sue]

COMP?

(MOD)]]

COMP [HEAD [N：you]

PHON 〈 〉]

MOOD imperative]

(9) 现在,我们回到输入的句子,得到该句子的一个分析结果:

S:[HEAD [VP:[HEAD [V:sue]

　　　　　　　COMP [NP [HEAD [N:guy]

　　　　　　　　　　COMP [DetP:[Det:the]]]

　　　　　　　　　　MOD [PP:[HEAD [Prep:with]

　　　　　　　　　　　　　COMP [NP:[HEAD [N:mustache]

　　　　　　　　　　　　　　　　COMP [DetP:[HEAD [Det:the]]]]]]]]

　　　　　　　　(MOD)]]

　　　COMP [NP:[HEAD [N:you]

　　　　　PHON 〈 〉]]

　　　COMP2

　　　MOOD imperative]

(10) 如果我们想得到一切可能的分析结果,那么上面的结果还忽略了另外一种结果,这就是 PP 修饰动词词组 VP 的情况,这时,NP 只含有 the guy,是一个简单的名词词组。显然,这样的结果在句法上是成立的,但是在语义上却不合情理。

S:[HEAD [VP:[HEAD [V:sue]

　　　　　　　COMP [NP [HEAD [N:guy]

　　　　　　　　　　COMP [DetP:[Det:the]]]]]

　　　　　　　MOD [PP:[HEAD [Prep:with]

　　　　　　　　　　COMP [NP:[HEAD [N:mustache]

　　　　　　　　　　　　　COMP [DetP:[HEAD [Det:the]]]]]]]]]

　　　COMP [NP:[HEAD [N:you]

　　　　　PHON 〈 〉]]

　　　MOOD imperative]

自顶向下分析过程如下:

(1) 我们只有两条关于 S 的规则,一条规则描述陈述句(declarative),另一条规则描述命令句(imperative):

　　　　　　　S:[HEAD?

　　　　　　　　COMP?

　　　　　　　　MOOD declarative]

　　　　　　　S:[HEAD?

　　　　　　　　COMP [NP:[HEAD [N:you]

　　　　　　　　　　PHON 〈 〉]]

MOOD imperative]

(2) 从树形图的顶部 S 继续往下走一步，只存在两个非空的 NP 以及两个非空的 VP。

两个 NP 如下：

    S：[HEAD?

        COMP [NP：HEAD [N]]

        MOOD [declarative]

    S：[HEAD?

        COMP [NP：[HEAD [N]

                COMP [DetP]]]

        MOOD declarative]

两个 VP 如下：

    S：[HEAD [VP：[HEAD [V]]

        COMP [NP：[HEAD [N：you]

              PHON ⟨ ⟩]]

        MOOD imperative]

    S：[HEAD [VP：[HEAD [V

              COMP [NP]]]

        COMP [NP：[HEAD [N：you]

              PHON ⟨ ⟩]]

        MOOD imperative]

(3) 顺着树形图的树枝继续往下走，可得到如下结果。

    S：[HEAD?

        COMP [NP：[HEAD [N：sue]]

        MOOD declarative]

    S：[HEAD?

        COMP [NP：[HEAD [N

                COMP [DetP [HEAD [Det]]]]]

        MOOD declarative]

    S：[HEAD [VP：[HEAD [sue]

              COMP [NP]]]

        COMP [NP：[HEAD [N：you]

              PHON ⟨ ⟩]]

        MOOD imperative]

继续进行自顶向下的分析,便可得到分析结果,限于篇幅,兹不赘述,有兴趣的读者可以自己试着分析。

近些年来,国内外自然语言处理界对于中心语驱动的短语结构语法(HPSG)的研究非常热烈。1994 年在丹麦的 Copenhagen 召开第一届会议,1995 年在德国的 Tubingen 召开第二届会议,1996 年在美国的 Pittsburgh 召开第三届会议,1997 年在美国的 Cornell 大学召开第四届会议,1998 年在德国的 Saarbrücken 召开第五届会议,1999 年在英国的 Eddinburgh 召开第六届会议,2000 年在美国的 Berkeley 召开第七届会议,2001 年在 Trondheim 召开第八届会议,2002 年在韩国的 Seoul 召开第九届会议,2003 年在美国的 Michigan 召开第十届会议。此外,在法国的 Marseilles、波兰的 Boznan 也召开过中心语驱动的短语结构语法的专题国际研讨会。可以说,中心语驱动的短语结构语法是当前国际自然语言处理研究的一个热点。

这种语法为什么会引起国内外这么多学者的注意? 我们认为,这是由于中心语驱动的短语结构语法反映了当前语言信息处理的一些重要的思想,符合世界学术发展潮流的大趋势。当前,中心语驱动的短语结构语法正在对如下一些问题继续进行探讨:

● 强调语法的限制性,力图把人类的语言模型描述成一个特征结构限制的系统,实行严格的词汇主义(lexicalism),使得词汇的结构和短语的结构都由一些独立的规则和原则来支配。

● 着重于描述具体的、面向表层的结构,尽力避免那些抽象的结构(如空范畴、功能映射等),把成分结构的描述放在重要位置。

● 语法的组织方式也要反映句子的几何结构,按层次关系组织起来的语言信息有助于预测某些在结构上绝对不可能存在的语言现象。

● 力图做到中心语选择的局部化。词汇中心语的选择只局限于 SYNSEM 部分的主语、补足语和修饰语。范畴的选择、中心语的一致关系等由局部化的选择特征控制。

● 语法中的词汇特征丰富,这些特征不仅仅是简单地列举出来的,而要通过树形图中特征的继承和传递而获得的,所有的词汇特征被组织成一个有继承关系的层级系统。

● 短语的类型也利用继承关系的层级方法来处理,把不同类型的结构处理方法统一起来,并在这样的基础之上,建立"构式语法"(construction grammar)的一般性概念。

4.7 Pereira 和 Warren 的
定子句语法

1975 年 A. Colmerauer(科尔迈洛埃,图 4.78)和 R. Kowalski(库瓦斯基)证明,上下文无关的短语结构语法可以翻译为"定子句"(definite clause),定子句是一阶谓词逻辑的一个受限子集。

这样,一种语言的一个词串的句法分析问题就可以转换成采用描写某种语言一组定子句公理来进行定理证明的问题。1980年,英国爱丁堡大学的 F. Pereira(佩瑞拉)和 D. Warren(瓦楞)发表了论文《用于语言分析的定子句语法——形式化问题一览并同扩充转移网络相比较》(*Definite Clause Grammars for Language Analysis — a Survey of the Formalism and a Comparison with Augmented Transition Networks*),正式提出定子句语法(Definite Clause Grammar,DCG),并且证明了定子句语法是一种扩充的上

图 4.78　A. Colmerauer

下文无关语法,这种语法保持了上下文无关语法的一系列重要特性,并且其描述能力至少不低于过程性的扩充转移网络语法。这篇论文还阐明了一个十分重要的事实,即用定子句表述的语法规则经过简单的转换便可以直接成为逻辑程序设计语言 Prolog,由于定子句表达的语法规则本身就是逻辑程序设计语言 Prolog 的可执行程序,因而可以被 Prolog 系统直接解释。由于 Prolog 语言的编译系统或解释系统本身已经构成了一个高效的自顶向下的句法分析器,因此,用定子句语法书写的语法规则和词典,就可以直接成为 Prolog 程序,而无需再单独设计一个分析程序。由于 Prolog 语言是陈述式的程序设计语言,它已经被用来实现了许多大规模的应用程序,Prolog 诞生之后,便马上成为欧洲人工智能领域的主流程序语言,日本第五代计算机也采用 Prolog 作为机器推理的核心程序语言。定子句语法和 Prolog 语言的这种天然结合,使得定子句语法具有巨大的吸引力,迅速成为语言信息处理中受人喜爱的一种形式语言。

定子句语法的基本思想是:语法的符号不仅仅是原子符号,而且可以是广义的逻辑项。例如,上下文无关语法的规则

$$sentence \rightarrow noun\_phrase, verb\_phrase$$

表示一个句子由名词短语和动词短语两个部分组成。在定子句语法中,这个规则可以表示:如果存在一个名词短语和一个动词短语,那么存在一个句子的推理过程,用一阶谓词逻辑公式表示如下:

$$(\forall U)(\forall V)(\forall W)[NP(U) \wedge VP(V) \wedge concatenate(U,V,W) \rightarrow S(W)]$$

这里,$\forall$ 表示全称量词,$\wedge$ 表示逻辑合取,$\rightarrow$ 表示蕴涵。具有三个变元的谓词 concatenate(U,V,W)取真值,当且仅当词串 W 是词串 U 与词串 V 经过毗连运算的结果。因此,上述逻辑公式的含义是:对于任意的词串 U,V 和 W 来说,如果 U 是一个名词短语,V 是一个动词短语,而且,W 是 U 和 V 顺序毗连而成的,则 W 是这条语法规则定义的一个合法的陈述句。这种逻辑演绎的实质相当于证明如下的定理:

"存在一个句法结构 S,使词串 W 成为满足语法规则集 *P* 的一个分析。"

上下文无关的短语结构语法的规则与定子句语法的规则在形式上虽然有许多相同之处,但是在本质上却有很大的区别,上下文无关的短语结构语法只是一种语言的描述语法,而定

子句语法则是一种语言的推理语法。这样,定子句语法便实现了从描述性的形式语法到推理性的逻辑语法的转变,从而使上下文无关的短语结构语法产生了质的飞跃。

　　定子句的逻辑意义清晰、形式简明,给程序设计带来了很大的方便。从逻辑程序设计的观点来解释,可以把定子句看成是左部至多只含有一个谓词的规则。例如,上面的定子句语法规则可以写为

$$\mathrm{sentence}(s_0, s) : -\ \mathrm{noun\_phrase}(s_0, s_1), \mathrm{verb\_phrase}(s_1, s)$$

这里,s_0, s_1, s 为字符串的指针。这个定子句规则可这样来解释:如果 s_0 到 s_1 之间是一个名词短语,s_1 到 s 之间是一个动词短语,那么 s_0 到 s 之间就是一个句子。可见,定子句规则具体地表示了句子的推理过程。

　　由于定子句语法和 Prolog 语言之间存在着天然联系,下面我们直接引用 Prolog 语言的标记和术语来定义定子句。

　　Prolog 语言的数据对象叫作"项"(term)。一个项可以是一个常量、一个变量,或者是一个复合项。

　　常量包括整数和原子。整数如 0,1,2,12,99 等。原子一般用英文小写字母或其他字符串表示,如 john,mary,isa,plural,np,＝,:－,[]等。同其他程序语言一样,常量用来表示确定的基本对象。

　　变量用首字母为英文大写字母的符号串表示。如:X,A06,Result,C－ 等。一个变量通常指某个特指的未确定的对象。

　　复合项是具有一定结构的数据对象。在 Prolog 中最常见的复合项是谓词和表。

　　谓词由一个谓词名和一个或多个变元(argument)组成。例如,$\mathrm{NP}(X)$ 是一元谓词,如果 X 是一个名词短语,则 $\mathrm{NP}(X)$ 的值为真,否则为假。又如,$\mathrm{isa}(X, Y)$ 是二元谓词,如果 X 是 Y 的下位概念(如"金丝猴"是"动物"的下位概念),则该谓词取真值。

　　复合项中的每个变元本身也可以是一个复合项。例如,句子"John likes Mary"的句法结构可以用复合项表示如下:

$$\mathrm{S}(\mathrm{NP}(\mathrm{John}), \mathrm{VP}(\mathrm{V}(\mathrm{likes}), \mathrm{NP}(\mathrm{Mary})))$$

其中,S 的每一个变元都是复合项,它刻画了句法树的如图 4.79 所示的层级结构。

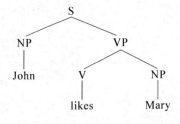

图 4.79　层级结构

表的边界用方括号表示,表中的元素之间用逗号分隔开。因此,空表用原子"[ ]"表示。由整数 1,2,3 组成的表可以表示为[1,2,3]。表中的每个元素也可以是一个表,例如,[a,[b,c]]中,第一个元素是 a,第二个元素是表[b,c]。如果表的头和尾分别用变量 H 和 L 来表示,这个表可记为[X|L],这里,L 是这个表中除表头 H = X 之后剩余的表,叫作"余表"。因此,在表[1,2,3]中,如果表头 X = 1,则余表 L = [2,3]。

Prolog 中的另一个概念是子句(clause)。

一个逻辑程序仅仅由一系列的子句组成。在逻辑程序设计中,提出了所谓 Horn(霍恩)子句(Horn Clause)。Horn 子句也就是定子句(definite clause)。定子句由一个头(head)和一个体(body)组成,定子句的"头"只能包含零个或一个谓词,定子句的"体"则可以包含零个或多个谓词。这样定义的子句有以下三种形式:

● 头和体非空的子句:其一般形式为

$$P: -\ Q, R, S.$$

其中,分隔头和体的原子": -"读作"if(如果)",其右部的谓词 Q,R,S 是这个子句的条件,谓词之间的逗号","表示合取,其左部的单个谓词 P 是该子句的结果,每条子句都以句点"."结束。这样的子句实际上是一条规则,它可以陈述性地解释为

如果 Q,R 和 S 均为真,则 P 为真。

由于子句的结果是完全确定的,所以称为"定子句",这种定子句的头最多只能含有一个谓词。上面的子句也可以像解释一条程序那样,用过程性的方式解释如下:

为了满足目标 P,必须同时满足目标 Q,R 和 S。

● 体为空的子句,记为

$$P.$$

显然,这样的子句是规则的一个特例,表示 P 的成立是无条件的,所以,它是一条事实,可以陈述性地解释为

"P 为真"。

也可以过程性地解释为

"目标 P 必然满足"。

● 头为空的子句,记为

$$?: -\ P, Q.$$

它可以陈述性地解释为

"P 和 Q 是否为真?"

或者过程性地解释为

"试满足目标 P 和 Q"。

一般说来,子句都含有变量,在不同的子句中出现的变量即使取名相同,它们也是相互独

立的,因此,一个变量管辖的领域仅仅限于它所在的那个子句。

Prolog 程序由上述的事实和规则组成,Prolog 的提问相当于人机对话中的查询语句。下面是简单的程序:

> male（John）
>
> male（Bill）
>
> female（Mary）
>
> parent-of（Mary,John）
>
> mother-of（X,Y）:－parent-of（X,Y）,female(X).

前四行都是事实,表示 John 为男性(male),Bill 为男性(male),Mary 为女性(female),Mary 是 John 的双亲(parent-of);第 5 行是推理规则,意思是:如果 X 是 Y 的双亲,并且 X 是女性,那么 X 是 Y 的母亲。

上面的事实和规则构成了 Prolog 的数据库,下面是在 Prolog 环境中,用户输入的询问和机器的回答:

用户问:?－ parent-of（Mary,John）

　　　（Mary 是不是 John 的双亲?）

机器答:Yes.

　　　（是。说明:程序中有此事实。）

用户问:?－ parent-of（Bill,John）

　　　（Bill 是不是 John 的双亲?）

机器答:No.

　　　（不是。说明:程序中无此事实。）

用户问:?－ mother-of（Mary,John）

　　　（Mary 是不是 John 的母亲?）

机器答:Yes.

　　　（是。说明:程序中虽然无此事实,但根据规则可以推出这个结论。）

用户问:?－ mother-of（X,John）

　　　（谁是 John 的母亲?）

机器答:Mary.

　　　（是 Mary。说明:根据规则可以推出这个结论。）

定子句语法的规则形式如下:

$$〈非终极符号〉→〈规则体〉$$

其中,非终极符号是一个词或者短语标记,用 Prolog 的原子来标记。规则体由一个或多个条目组成,条目之间用逗号隔开,每个条目或者是一个非终极符号,或者是一个终极符号的序列,如果是终极符号的序列,则用 Prolog 的表来标记,而其中每一个终极符号可以是任何 Prolog 的项。

下面是定子句语法的一套规则:

$$S \rightarrow NP, VP$$
$$NP \rightarrow N$$
$$VP \rightarrow V, NP$$
$$N \rightarrow [John]$$
$$N \rightarrow [wine]$$
$$V \rightarrow [likes]$$

后面三条规则的右部都是终极符号,用 Prolog 的"表"来标记。

为了将定子句语法的规则转换成 Prolog 语言的子句形式,只需将每个非终极符号都替换为其同名的二元谓词,其中每个变元都是一个表,而且第二个变元代表第一个变元的余表。下面是转换后得到的 Prolog 程序。

$$S(X, Y) : - NP(X, Z), VP(Z, Y)$$
$$NP(X, Y) : - N(X, Y)$$
$$VP(X, Y) : - V(X, Z), NP(Z, Y)$$
$$N([John|X], X)$$
$$N([wine|X], X)$$
$$V([likes|X], X)$$

运行这段程序,可以得到如下的人机对话结果:

用户问:? - S([John, likes, wine], [ ])

  ("John likes wine"是一个句子吗?)

机器答:Yes.

  (是。)

用户问:? - NP([John, likes, wine], X)

  (在一个词串中,扣除什么后是一个名词短语 NP?)

机器答:X = [likes, wine]

  (扣除余表[likes, wine]之后,剩下的[John]是名词短语 NP。)

由此可见,定子句语法在自然语言的人机对话中是很有用的,特别是当用 Prolog 语言来写人机对话的程序的时候,由于定子句语法与 Prolog 语言的这种直接关系,规则写起来尤其方便。

为了提高定子句语法的描述能力,克服上下文无关的短语结构语法的缺陷,定子句语法对上下文无关的短语结构语法做了如下的改进:

● 在定子句语法的规则中,非终极符号可以是具有多个变元的复合项,可以携带有关上下文、转换、结构等多方面的信息,使得句法和语义信息像复杂特征一样可以作为变元在规则内部传递,从而实现了上下文相关的约束机制,大大地增加了定子句语法描述自然语言复杂特征的能力。

● 定子句语法规则的右部可以引进不属于语法本身的测试条件和动作,进一步增加规则的约束能力。

这样,定子句语法虽然使用了上下文无关的短语结构语法,它的描述能力已经相当于Chomsky 所定义的 0 型语法。定子句语法是用逻辑程序设计的观点对 Chomsky 的短语结构语法的一个重要改进,是当代自然语言处理研究中一种特别值得关注的形式模型。

参考文献

［1］ Feng Zhiwei. Description of Complex Features for Chinese Language［C］//Proceedings of COLING'90，Helsinki，1990.

［2］ Feng Zhiwei. On Potential Ambiguity in Chinese Terminology［C］//Proceedings of TSTT'91，Beijing，1991.

［3］ Pollard C，Sag I. Information Based Syntax and Semantics［M］. Chicago：University of Chicago Press，1987.

［4］ Pollard C，Sag I. Head-Driven Phrase Structure Grammar［M］. Chicago：University of Chicago Press，1994.

［5］ Sag I，Wasow T. Syntactic Theory：A Formal Introduction［M］. CA：CSLI Publication，1999.

［6］ Shieber S M. The Design of a Computer Language for Linguistic Information［R］//Association for Computational Linguistics Morristown，NJ，USA. Proceedings of COLING'84，10th International Conference on Computational Linguistics. Stanford：Stanford University，1984：362-366.

［7］ Shieber S M. Using Restriction to Extend Parsing Algorithms for Complex-feature-based Formalisms［C］//Association for Computational Linguistics Morristown，NJ，USA. Proceedings of the 22nd Annual Meeting of the Association for Computational Linguistics. Chicago：University of Chicago，1985：145-152.

［8］ Shieber S M. An Introduction to Unification-Based Approaches to Grammar［R］//CSLI Lecture Notes Series，Number 4，Center for the Study of Language and Information. Stanford：Stanford University，1986.

［9］ 冯志伟. 汉-法/英/日/俄/德多语言自动翻译试验［J］. 语言研究，1982(2)：49-103.

［10］ 冯志伟. 汉语句子的多叉多标记树形图分析法［J］. 人工智能学报，1983(2)：29-46.

[11]　冯志伟. 汉语句子描述中的复杂特征[J]. 中文信息学报，1990(3)：20 - 29.

[12]　冯志伟. 词汇功能语法及其在计算语言学中的作用[J]. 中国计算机用户，1990(11)：37 - 40.

[13]　冯志伟. Martin Kay 的功能合一语法[J]. 国外语言学，1991(2)：34 - 42.

[14]　冯志伟. 中文信息 MMT 模型[J]. 语言文字应用，1992(4)：21 - 30.

[15]　冯志伟. 计算语言学对理论语言学的挑战[J]. 语言文字应用，1992(1)：81 - 97.

[16]　冯志伟. 中文信息 MMT 模型中多值标记集合的运算方法[J]. 情报科学，1994，15(3)：14 - 25.

[17]　冯志伟. 中心语驱动的短语结构语法[G]//语言学问题集刊. 长春：吉林人民出版社，2001：186 - 206.

[18]　冯志伟. LFG 中从成分结构到功能结构的转换[J]. 语言文字应用，2004(4)：105 - 112.

[19]　吴云芳. HPSG 理论简介[J]. 当代语言学，2003(3)：231 - 242.

第 5 章
基于依存和配价的形式模型

在自然语言处理中,"依存"和"配价"是两个重要的概念。在本章中,我们首先介绍"配价"概念的起源,然后介绍 Tesnière 的依存语法,最后介绍配价语法。依存语法和配价语法是很多自然语言处理的形式模型的理论基础,在本章中也将讨论它们在自然语言处理中的一些实际的应用以及有关的形式模型。

5.1 配价观念的起源

早在 12 世纪,语言学家 Petrus Helias(赫利亚斯)在他的著作中就提出了"动词中心说",他认为,动词要求的句子成分的数量是不同的,动词的必有成分一般是指名词性的,这些成分是构造一个 perfectio constructionis(拉丁文:完整的结构)所必需的。这种"动词中心说"指出了动词对于句子成分的要求,已经隐含了"配价"的理念。

被誉为是德国 18 世纪最伟大的普通语言学家的 Johann Werner Meiner(梅讷尔)在 1781 年的著作里就明确将谓语(动词)分为一价动词、二价动词和三价动词,只不过他没有直接使用"价"这个词,而是用了一个德语词"seitig-unselbständig"[1],但是其定义已基本上与现代人定义的动词"配价"很接近了。

1934 年,奥地利语言学家 Karl Bühler(卡尔·比勒)在他出版的《语言理论》(*Sprachtheorie*)中说:"每种语言中都存在着选择亲缘性,副词寻找自己的动词,别的词也是如此。换言之,某一词类中的词在自己周围辟开一个或几个空位,这些空位必须由其他类型的词来填补。"[2] Karl Bühler 关于"空位"的见解,揭示了"配价"的本质。虽然他没有使用过"配价"这个词,但是研究配价理论的学者普遍认为他是配价理论研究的先驱。

1948 年,苏联语言学家 Kacnel'son(科茨涅尔森)首次提出"配价"这个术语。他说:"在每一种语言中,完整有效的具体化的词不是简单的词,而是带有具体句法潜力的词,这种潜力使得词只能在严格限定的方式下应用,语言中语法关系的发展阶段预定了这种方式。词在句中

---

① Vilmos Á. Valenztheorie [M]. Tübingen: Narr, 2000: 21 - 25.
② Bühler K. Sprachtheorie: Die Darstellungsfunktion der Sprache [M]. Stuttgart: Lucius & Lucius, 1934, c1999: 173.

以一定的方式出现以及与其他词组合的这种特性,我们可以称之为句法配价。"①

40 年后,Kacnel'son 对于配价的理解有了一些变化,他说:"配价可以被定义为一种包含在词的词汇意义中的句法潜力,这意味着这种可与其他词产生关系的能力是由实词决定的。我们用配价(结合能力)来揭示那些隐藏在词汇意义里面,需要用一定类型的词在句子中完善词义的东西。按照这种观点不是所有的实词都有配价,只有那些本身让人感到表达不完整并且需要使其完整的词,才具有配价。"②

Kacnel'son 特别强调"配价"的"潜在性"。他认为:明显的语法范畴、功能和关系是"通过句法形态来表现的",而在词的句法组配和语义中隐含了潜在的语法范畴、功能和关系。他说,"语法如同一座冰山,绝大部分是在水下的。"因此,为了研究这些潜在的语法现象,"配价"作为一种表现潜在的句法关系的手段,就具有特殊的意义了。

1949 年,荷兰语言学家 A. W. de Groot(格罗特)在他的《结构句法》(*Structurale Syntaxis*)一书中也使用了"配价"这一概念,而且还系统地描述了建立在配价概念基础上的句法体系。但是,此书受荷兰语之限,鲜为人知。de Groot 在他的书中写道:"与其他词类相比,某些词类的运用可能性受到限制,即:词类具有不同的句法配价。配价是被其他词所限定或限定其他词的可能性或不可能性。"③他在句法研究中使用了"valentie"(配价)和"syntactische valentie"(句法配价)这两个术语。de Groot 认为,不但词有"配价",语言中的其他结构也都有"配价";不但动词有"配价",而且所有其他词类,如名词、冠词、数词、感叹词、介词短语等都有"配价"。这是一种"泛配价"的观点。

在自然语言处理中,"配价"是一个非常重要的概念,我们在这一节中追溯了这个概念的起源,有助于读者深入理解自然语言处理中的"配价"。

5.2 Tesnière 的依存语法

依存语法(grammaire de dependance)又称"从属关系语法",是由法国语言学家 L. Tesnière(泰尼埃,1893~1954,图 5.1)提出的。依存语法中提出的"配价"的概念,成为尔后配价语法的滥觞。在全世界范围内,虽然 Tesnière 既不是唯一的一位、也不是第一位使用"配价"这个概念的学者,但毫无疑问的是,由于他的关于依存语法的著作,"配价"这个术语才变得如此广为人知。所以,我们认为,Tesnière 可以称为"配价理论之父"。

---

① Kacnel'son S D. O grammaticeskio kategorii[M]//Serija Istorii, Jazykai Literatury 2. Leningrad: Vestnik Lenningradskogo Universiteta, 1948: 114 - 134.

② Kacnel'son S D. Zum Verständnis von Typen der Valenz[M]//Sprachwissenschaft 13, 1988: 1 - 30.

③ de Groot A W. Structurele Syntaxis[M]. Den Haag: Servire, 1949: 114.

图 5.1　Tesnière

Tesnière 是 20 世纪上半叶法国著名语言学家。他生于 1893 年 5 月 13 日,曾在斯特拉斯堡大学和蒙彼利埃大学任教,研究斯拉夫语言和普通语言学。

Tesnière 的主要工作是建立依存语法的一般理论。他做了大量的语言对比研究,涉及的语言有古希腊语、古罗马语、罗曼语、斯拉夫语、匈牙利语、土耳其语、巴斯克语。他曾为不能在论著中引用东方语言而深表遗憾。1934 年,他在《斯特拉斯堡大学语文系通报》(*Bulletinde la Faculté des Lettres de Strasbourg*)上,发表了《怎样建立一种句法》(*Comment Construire une Syntaxe*)一文,这篇文章阐述了依存语法的基本论点。从 1939 年起,他开始写依存语法的巨著《结构句法基础》(*Élément de Syntaxe Structurale*)①,边写边改,历时十余载,一直到 1950 年才完成。可惜这部巨著未能在他生前出版。1954 年 12 月 6 日,Tesnière 逝世。后来,他的朋友们整理了他的遗稿,五年之后,《结构句法基础》一书于 1959 年出了初版,于 1965 年出了第二版。

除了《结构句法基础》一书之外,Tesnière 还写过一些关于斯洛文尼亚语的论文,如《斯洛文尼亚语中的双数形式》(*Les formes du duel en Slovene*)、《用于研究斯洛文尼亚语双数形式的语言地图》(*Atlas linguistique pour servir à l'étude du duel en slovènel*)等等。

依存语法的最基本的概念是"关联"(connexion)和"转位"(translation),本节中我们着重介绍这两个基本概念。

1. 关联

法语句子 Alfred parle(阿尔弗列德讲话)是由 Alfred 和 parle 两个形式构成的。但操法语的人在说这句话时,其意思并不是指一方面有一个人叫 Alfred,另一方面有一个人在讲话,而是指 Alfred 做了讲话这个动作,讲话人是 Alfred。Alfred 和 parle 之间的这种关系,不是通过 Alfred 和 parle 这两个单独的形式来表达的,而是通过句法的联系来表达的,这种句法的联系就是"关联"。正是"关联"这个东西把 Alfred 和 parle 联系在一块儿,使它们成为一个整体。Tesnière 说:"这种情况与在化学中的情况是一样的,氯和钠化合形成一种化合物——氯化钠(食盐),这完全是另外一种东西,它的性质不论与氯的性质或是与钠的性质都是迥然不同的。""'关联'赋予句子以'严谨的组织和生命的气息'。""它是句子的'生命线'""所谓造句,就是建立一堆词之间的各种关联,给这一堆词赋予生命;反之,所谓理解句子,就意味着要抓住把不同的词联系起来的各种关联。"②

关联要服从于层次(hiérarchie)原则,也就是说,关联要建立起句子中词与词之间的依存

---

① Tesnière L. Éléments de Syntaxe Structurale[M]. Paris：Klincksieck,1959.

② Tesnière L. Éléments de Syntaxe Structurale[M]. Paris：Klincksieck,1959.

关系来。这种依存关系可用"图式"(stemma)来表示。例如,法语句子"Alfred mange une pomme"(阿尔弗列德吃苹果)可用图 5.2 的图式来表示。

这里,动词 mange(吃)是句子的"结"(noeud),Alfred 和 pomme 依存于动词 mange,它们被置于 mange 的下方;une 依存于 pomme,它被置于 pomme 的下方。

Tesnière 认为,动词是句子的中心,它支配着别的成分,而它本身却不受其他任何成分的支配。因此,他把主语和宾语同等看待,把它们都置于动词的支配之下。例如,法语句子

　　　　Mon jeune ami connaît mon jeune cousin
　　　　　(我年轻的朋友认识我年轻的表弟)

的图式如图 5.3 所示。

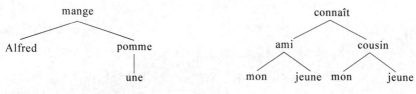

图 5.2　Alfred mange une pomme 的图式　　图 5.3　动词是句子的中心

主语的词组和宾语的词组都平列在动词结点 connaît 之下,这两个词组是可以相互调位的,因此,可以组成如下的被动句:

　　　　Mon jeune cousin est connu de mon jeune ami
　　　　　(我年轻的表弟为我年轻的朋友所认识)

层次原则的一个必然的推论是:所有的依存成分都依存于其支配者。例如,我们来对比图 5.4 中的两个句子。

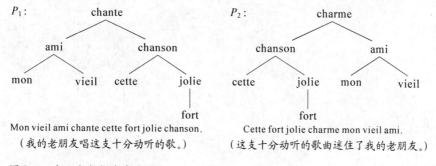

Mon vieil ami chante cette fort jolie chanson.　　　Cette fort jolie charme mon vieil ami.
　　(我的老朋友唱这支十分动听的歌。)　　　　　　(这支十分动听的歌曲迷住了我的老朋友。)

图 5.4　支配者与依存成分

在图 5.4 中,P_1 中做主语的名词词组 mon vieil ami 在 P_2 中变为做宾语的名词词组;在 P_1 中做宾语的名词词组 Cette fort jolie chanson 在 P_2 中变为做主语的名词词组,而它们都是动词的依存成分。

Tesnière 认为,应该把结构顺序(ordre structurale)和线性顺序(ordre linéaire)区别开来。例如,词组 un petit garçon(一个小的男孩)与词组 un garçon poli(一个有礼貌的男孩)有相同

的结构顺序(图 5.5)。

　　名词 garçon 在图 5.5 中是支配者,形容词 petit 和 poli 都依存于这个名词。但是,这两个词组的线性顺序却不同:在 un petit garçon 中,形容词在名词 garçon 的左侧;在 un garçon poli 中,形容词在名词 garçon 的右侧。显而易见,结构顺序是二维的,而线性顺序则是一维的。

图 5.5　结构顺序

　　句法理论中的一个重要问题,就是确定那些把二维的结构顺序改变为一维的线性顺序的规则,以及那些把一维的线性顺序导致二维的结构顺序的规则。garçon poli 的顺序是离心的或下降的,形容词 poli 离开中心名词 garçon 而下降;而 petit garçon 的顺序是向心的或上升的,形容词 petit 向着中心名词 garçon 而上升。有的语言有向心倾向,有的语言有离心倾向。例如在英语中,名词的修饰语一般是向着被修饰的中心名词而上升的,有向心倾向;在法语中,名词的修饰语有许多是离开被修饰的中心名词而下降的,有离心倾向。

　　在表示句子结构顺序的图式中,直接处于动词结点之下的,是名词词组和副词词组。名词词组形成"行动元"(actant),副词词组形成"状态元"(circonstants)。

　　"状态元"的含义是不言自明的,而"行动元"的含义则必须加以界说。

　　Tesnière 是这样来定义行动元的:

　　行动元是某种名称或某种方式的事或物,它可以通过极简单的名称或消极的方式来参与过程。①

　　行动元的数目不得超过三:主语、宾语 1、宾语 2。

　　例如:

Alfred donne le livre à Charles.

(阿尔弗列德给查理一本书。)

在这个法语句子中,依存于动词 donne 的行动元有三个:第一个行动元是 Alfred,做主语,第二个行动元是 livre,做宾语 1,第三个行动元是 à Charles,做宾语 2。其图式如图 5.6 所示。

图 5.6　行动元

---

　　①　Tesnière L. Éléments de Syntaxe Structurale[M]. Paris: Klincksieck,1959.

从理论上说,状态元的数目可以是无限的。例如,法语句子

Ce Soir, je passerai vite, chez lui, en sortant du bureau, pour …

(今晚,我从办公室出来,将很快到他家去,为了……)

其中,Ce Soir,vite,chez lui,en sortant du bureau,pour 等,都是状态元。

Tesnière 指出:

"在大部分欧洲语言中占中心地位的动词结点,代表了一出完整的小戏。如同实际的戏剧一般,它必然有剧情,大多也有人物和场景。"

"把戏剧里的说法挪到结构句法中来,剧情、人物和场景就变成了动词、行动元和状态元。"

对于 Tesnière 把动词比喻为一出小戏的说法,有人做了一幅图画来形象地说明 Tesnière 的这个比喻,如图 5.17 所示。

图 5.7　把动词比喻为小戏

在这幅画中,les acteurs 是人物,l'action (le procès) 是剧情,le décor et les circonstances 是场景。剧情相当于动词,人物相当于行动元,场景相当于状态元。

Tesnière 关于动词和小戏的比喻非常生动形象。日本学者管山谦正在其关于动词配价的两篇日文文章中给出了有关术语的日文译名,他把配价翻译为"结合价",把行动元翻译为"共演成分",把状态元翻译为"状况成分",把必有行动元翻译为"义务的共演成分",把可选的行动元翻译为"随意的共演成分",把自由状态元翻译为"自由添加成分"。[①]

Tesnière 又说:"可以把动词比作一个带钩的原子,动词用这些钩子来吸引与其数量相同的行动元作为自己的依存成分。一个动词所具有的钩子的数量,即动词所能支配的行动元的数目,就构成了我们所说的动词的配价。"

行动元的数目决定了动词的配价(valence)的数目。如没有行动元,则为零价动词;如有一个行动元,则为一价动词;如有两个行动元,则为二价动词;如有三个行动元,则为三价

① 管山谦正. Some notes on verb valency in English I, II ［G］//神户外国语大学论丛,1984;1988.

动词。

例如：

零价动词(verbes avalents)：

Il pleut   0个行动元

（下雨）

一价动词(verbes monovalents)：

Il dort   1个行动元

（他睡觉）

二价动词(verbes bivalents)：

Il mange une pomme   2个行动元

（他吃苹果）

三价动词(verbes trivalents)：

Il donne son livre à Charles   3个行动元

（他把他的书给查理）

Tesnière 说明："应该指出的是，不必总是要求动词依照配价带全所有的行动元，或者说让动词达到饱和状态。有些价可以不用或空缺。"

除了上面所述的关联之外，还有一个潜在的关联，它是语义上的关联而不是结构上的关联。潜在的关联在图式中用虚线表示。例如：

Alfred aime son père.

（阿尔弗列德爱他的父亲。）

在这个法语句子中，son(他的)这个词不仅与其依存的词 père 有结构上的关联，而且，它和 Alfred 还有语义上的关联。如图 5.8 所示。

2. 转位

Tesnière 提出了四个基本词类：动词、名词、形容词、副词。动词用 I 表示，名词用 O 表示，形容词用 A 表示，副词用 E 表示。它们之间的依存关系如图 5.9 所示。

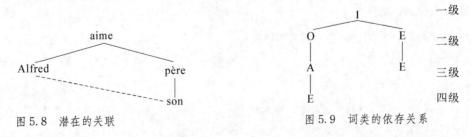

图 5.8　潜在的关联　　　　　　　　　　图 5.9　词类的依存关系

第一级是动词，第二级是名词和副词，第三级是形容词和副词。第四级只是副词。

这个图式可以通过"转位"加以复杂化。在词组 le livre de Pièrre(皮埃尔的书)中，de

Pièrre 在结构上与 livre 发生关系,它起着类似于形容词的作用。这样,我们就可以认为,介词 de 把名词 Pièrre 转位为话语中的形容词。这种情况可用图 5.10 表示。

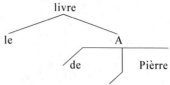

图 5.10　介词把名词转位为形容词

这时,de 是转位者(translateur),Pièrre 是被转位者(translaté),它们合起来构成一个转位。根据转位所涉及的词类,Tesnière 把转位区分为一度转位和二度转位。如果转位的被转位者是名词(O)、形容词(A)和副词(E),那么这种转位就是一度转位。如上例就是一度转位。如果转位的被转位者是动词(I),动词本身是支配者而不是被支配者,那么这种转位就是二度转位。例如,在法语句子

Je crois qu'Alfred reviendra

(我相信阿尔弗列德会回来的)

中,Alfred reviendra 代替了名词的位置,动词 reviendra 被 que 转位为名词。所以,这种转位是二度转位,如图 5.11 所示。

在一度转位和二度转位的内部,Tesnière 还区分了简单转位和复杂转位。如果转位只是把一个成分转位到另一个成分,就是简单转位,如上述各例都是简单转位。如果转位可连续地从一个成分转位到另一个成分,又由这个成分转位到其他的成分,也就是先转位为成分 C_1,再由成分 C_1 转位为成分 C_2,再由成分 C_2 转位为成分 C_3 等等,一直转位到成分 C_n,那么这种转位就是复杂转位。例如,在法语短语 trancher dans le vif(割到肉里)中,vif 一词的转位就是复杂转位:形容词 vif 由转位者 le 转位为名词,而 le vif 的功能就其对动词 trancher 的关系来说相当于副词,其转位者是 dans。如图 5.12 所示。

从理论上说,转位有六种类型:

O>A,　O>E,　A>O

A>E,　E>O,　E>A

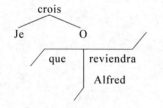

图 5.11　动词被 que 转位为名词

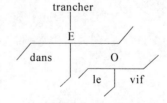

图 5.12　复杂转位

在这六种类型的转位中,转位者或者是介词,或者是后缀,或者是加标记,转位者也可以为空。在下面的例子中,介词转位者注以 PREP,后缀转位者注以 SUFF,加标记转位者注以 INDICE,空转位者注以 ∅。例如:

PREP

O>A: un poéte /de/ génie(天才诗人)

SUFF
un poéte gen /ial（天才诗人）

∅

là question / /type（典型问题）

PREP
O＞E：Il se bat/avec/courage
（他勇敢地奋斗）

∅

cette année / /il se bat
（这一年他奋斗）

INDICE
A＞O：/le /vif（肉）

SUFF
La beau/té/（美丽）

SUFF
A＞E：Courageus/ement/（勇敢地）

∅

Sentir bon / /（散发香味）

INDICE
E＞O：/le /bien（好处）

PREP
E＞A：le mode /d'/aujourd'hui
（今天的风尚）

∅

un homme bien / /（一位体面的人）

　　Tesnière 的依存语法已引起了越来越多的语言学家的重视,从事自然语言处理的计算语言学家们特别推崇这一种语法,把它看成一种重要的形式模型。依存语法在自动翻译、人机对话的研究中,显示出越来越大的作用。法国格勒诺布尔理科医科大学教授 B. Vauquois,在他所领导的 GETA 自动翻译实验室中,采用依存语法来设计多语言自动翻译系统,异军突起,成果累累。目前,国内外的许多树库都是根据依存语法的形式模型建造的。

5.3　依存语法在自然语言处理中的应用

　　Tesnière 的依存语法受到了自然语言处理研究者的欢迎,1980 年,笔者在法国格勒诺布尔理科医科大学应用数学研究所(IMAG)自动翻译中心研究机器翻译时,曾经利用依存语法设计了汉-法/英/日/德/俄多语言自动翻译系统。笔者把 Tesnière 关于"配价"的概念引入机器翻译的研究中,提出了一个初步的汉语配价体系。在这个初步的汉语配价体系中,笔者把动词和形容词的行动元分为主体者(agent)、对象者(patient)、受益者(benefactive)三个,把状态元分为时刻(time point)、时段(time period)、时间起点(start of time)、时间终点(end of time)、空间点(space point)、空间段(time distance)、空间起点(start of space)、空间终点(terminal of space)、初态(initial state)、末态(final state)、原因(reason)、结果(result)、目的(goal)、工具(instrument)、方式(manner)、范围(scope)、条件(condition)、内容(content)、比较(comparison)、伴随(comitative)、程度(degree)、附加(adjunct)、修饰(modifier)等 23 个,以此来建立多语言的自动句法分析系统;对于一些表示观念、感情的名词,也分别给出了它们的价。

笔者还把依存语法和短语结构语法结合起来,在表示结构关系的树形图中,明确指出中心词的位置,并用核心(GOV)、枢轴(PIVOT)等结点来表示中心词,GOV 表示短语的中心词,PIVOT 表示整个句子的中心词。这可能是我国学者最早利用依存语法来进行自然语言计算机处理的一次成功的尝试。

笔者回国之后,马上就著文介绍依存语法①,这是我国第一次直接根据 Tesnière 的法文原文介绍依存语法,可惜当时孤掌难鸣,应者寥寥,在 20 世纪 80 年代长达整整 10 年的时间之内,依存和配价的概念,在中国的自然语言处理学界几乎无人问津。直到 20 世纪 90 年代,我国的自然语言处理研究者们,才开始利用依存语法来进行汉语的自动处理,并取得了很好的成果。至此,这种重要的语法才在我国语言信息处理界普及开来,受到广泛的关注。事实证明,依存语法确实是自然语言处理的一种较好的形式模型。

与短语结构语法比较起来,依存语法没有词组这个层次,每一个结点都与句子中的单词相对应,它能直接处理句子中词与词之间的关系,而结点数目大大减少了,便于直接标注词性,具有简明清晰的长处。特别在语料库文本的自动标注中,使用起来比短语结构语法方便。

例如,"铁路工人学习英语语法"这个句子,如果用短语结构语法来表示,其结构是一个短语结构树(图 5.13)。

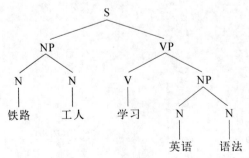

图 5.13 短语结构树

----
① 冯志伟.特思尼耶尔的从属关系语法[J].国外语言学,1983(1):63-65.

如果用依存语法来表示,其结构是一个依存树(图5.14)。

图 5.14　依存树

显而易见,依存树的结构比短语结构树简洁得多,层次和结点数都减少了。因此,依存语法受到了自然语言处理研究者的欢迎。

如果在短语结构树中,确定了结点之间的依存关系,把处于支配地位的词叫作主词,处于依存地位的词叫作从词,那么可以通过如下步骤,把短语结构树转化为依存树:

(1) 从叶结点开始,首先把表示具体单词的结点归结到表示词类的结点上;

(2) 自底向上把主词归结到父结点上;

(3) 把全句的中心主词归结到根结点上。

这样,便可以得到与短语结构树等价的依存树。

例如,如图5.13所示的短语结构树中,首先把“铁路”归结到支配它的结点 N 上,把“工人”归结到支配它的结点 N 上,把“学习”归结到支配它的结点 V 上,把“英语”归结到支配它的结点 N 上,把“语法”归结到支配它的结点 N 上;然后,把 NP“铁路工人”中的主词“工人”归结到其父结点 NP 上,把“学习”归结到其父结点 VP 上,把 NP“英语语法”中的主词“语法”归结到其父结点 NP 上;最后,再把全句的中心主词“学习”从结点 VP 归结到根结点 S 上,就得到了如图5.14所示的与短语结构树完全等价的依存树。

由此可见,依存语法与短语结构语法具有等价性。通过有穷的步骤,我们不难实现短语结构语法和依存语法之间的相互转化。

美国语言学家 D. G. Hays(海斯)在 1960 年发表的论文《分类与依存的理论》(*Grouping and Dependency Theory*)中,根据机器翻译的特点提出了依存分析法(dependency analysis)。尽管 Hays 的依存分析法是独立提出的,但是,这种分析法在基本原则方面与 Tesnière 的依存语法有许多共同之处。这种分析法力图从形式上建立句子中词与词之间的依存关系,比 Tesnière 的理论更加形式化。例如,在英语中,冠词(Art)与名词(N)之间的关系是:名词是中心词,冠词是依存词,冠词位于名词的左侧,这种依存关系如图5.15所示。

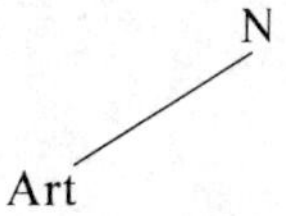

N

Art

图 5.15　依存关系表示方法

依存词写于中心词的下方,如依存词位于中心词的右侧,就写在右下方。

这种依存关系还可以用符号来表示。假定 X_i 为中心词,$X_{j1}, X_{j2}, \cdots, X_{jk}$ 为 X_i 的左侧依存词(X_{j1} 位于最左侧),$X_{jk+1}, X_{jk+2}, \cdots, X_{jn}$ 为 X_i 的右侧依存词(X_{jn} 位于最右侧),那么表示 X_i 与其依存词之间的语法规则可写为

$$X_i(X_{j1}, X_{j2}, \cdots, X_{jk}, *, X_{jk+1}, X_{jk+2}, \cdots, X_{jn})$$

式中 * 代表中心词相对于依存词的位置。这个规则记为规则①。

除了这种形式的规则之外,还有两种形式的规则,分别记为②和③:

② $iX_i(*)$:表示 X_i 在句子中没有依存性,这是终极型规则;

③ $i*(X_i)$:表示 X_i 不是任何词的依存词,即 X_i 为全句的中心词,这是初始型规则。

采用这三种形式的规则,可以从形式上表示句子的中心词及其依存词之间的关系,以造出句子的依存关系树形图,从而表示出句子的句法结构,达到自动句法分析的目的。

1970 年,美国计算语言学家 J. Robinson(罗宾逊)提出了依存语法的 4 条公理:

● 一个句子只有一个成分是独立的;

● 句子中的其他成分直接依存于某一成分;

● 任何一个成分都不能依存于两个或两个以上的成分;

● 如果成分 A 直接依存于成分 B,而成分 C 在句子中位于 A 和 B 之间,那么成分 C 或者依存于 A,或者依存于 B,或者依存于 A 和 B 之间的某一成分。

1987 年,K. Schubert(舒贝尔特)在研制多语言机器翻译系统 DLT 的工作中,从语言信息处理的角度出发,提出了用于语言信息处理的依存语法 12 条原则:

● 句法只与语言符号的形式有关;

● 句法研究从语素到语篇各个层次的形式特征;

● 句子中的单词通过依存关系而相互关联;

● 依存关系是一种有向的同现关系;

● 单词的句法形式通过词法、构词法和词序来体现;

● 一个单词对于其他单词的句法功能通过依存关系来描述;

● 词组是作为一个整体与其他词和词组产生聚合关系的语言单位,而词组内部的各个单词之间存在着句法关系,形成语言组合体;

● 一个语言组合体内部只有一个支配词,这个支配词代表该语言组合体与句子中的其他成分发生联系;

● 句子的主支配词支配着句子中的其他词而不受任何词的支配,除了主支配词之外,句子中的其他词只能有一个直接支配它的词;

● 句子中的每一个词只在依存关系结构中出现一次;

● 依存关系结构是一种真正的树结构;

● 在依存关系结构中应该避免出现空结点。

不难看出,舒贝尔特的这 12 条原则包含了罗宾逊的 4 条公理,并且把依存关系扩展到了语素和语篇的领域,可计算性和可操作性更好,更加适合于自然语言处理的要求。

依存关系可以用树形图来表示。表示依存关系的树形图,叫作"依存树"(dependency tree)。这种依存树是机器翻译中句子结构的一种形式描述方式。因此,我们有必要进一步研究依存树中结点之间的各种关系。

依存树中的结点之间的关系,主要有支配关系和前于关系两种。

如果从结点 x 到结点 y 有一系列的树枝把它们连接起来,系列中所有的树枝从 x 到 y 自上而下都是同一个方向,那么我们就说结点 x 支配结点 y。例如,在表示"铁路工人学习英语语法"这个句子的依存树中,标有"学习"的结点支配标有"工人"和"铁路"的结点;标有"工人"的结点支配标有"铁路"的结点;标有"学习"的结点还支配标有"语法"和"英语"的结点;标有"语法"的结点支配标有"英语"的结点。

依存树中的两个结点,只有当它们之间没有支配关系的时候,才能够在从左到右的方向上排序,这时,这两个结点之间就存在着前于关系。例如,在前面的依存树中,标有"工人"的结点前于标有"语法"和"英语"的结点,"工人"与"语法"这两个结点之间,不存在支配关系,"工人"与"英语"这两个结点之间,也不存在支配关系;同样,标有"铁路"的结点前于标有"语法"和"英语"的结点,"铁路"与"语法"这两个结点之间不存在支配关系,"铁路"与"英语"这两个结点之间也不存在支配关系。

根据机器翻译研究的实践,笔者提出依存树应该满足如下 5 个条件:

● 单纯结点条件:在依存树中,只有终极结点,没有非终极结点,也就是说,依存树中的所有结点所代表的都是句子中实际出现的具体的单词。

● 单一父结点条件:在依存树中,除了根结点没有父结点之外,所有的结点都只有一个父结点。

● 独根结点条件:一个依存树只能有一个根结点,这个根结点,也就是依存树中唯一没有父结点的结点,这个根结点支配着其他所有的结点。

● 非交条件:依存树中的树枝不能彼此相交。

● 互斥条件:依存树中的结点之间,从上到下的支配关系和从左到右的前于关系是互相排斥的,也就是说,如果两个结点之间存在着支配关系,那么它们之间就不能存在前于关系。

依存树的这 5 个条件,更加形象地描述了依存树中各个结点之间的联系,显然比 Robinson 的 4 条公理和 Schubert 的 12 条原则更加直观,更加便于在机器翻译中使用。

用依存语法来进行自动分析是很好的,因为分析得到的依存树层次不多,结点数目少,清晰地表示了句子中各个单词之间的依存关系。但是,用依存树来进行自动生成时,必须把表示句子层次结构的依存树转变成线性的自然语言的句子,根据依存树的第 5 个条件(互斥条件),依存树中结点之间的支配关系和前于关系是互相排斥的,从结点之间的支配关系,不能直接地推导出它们之间的前于关系。所以,还应该按照具体自然语言中词序的特点,提出适当的生成规则,把表示结构关系的依存树,转变成表示线性关系的句子。在这方面,各种自然语言的生成规则是不尽相同的。例如,汉语的修饰成分一般应置于中心成分之前,而法语的某些修饰成分则置于中心成分之后;汉语主动句的宾语一般应置于谓语之后,而日语的宾语则置于谓语之前。

与短语结构语法的成分结构树相比,依存树也有它的不足之处。在短语结构语法的成分结构树中,由于终极结点之间的前于关系直接地反映了单词顺序,只要顺次取终极结点上的单词,就能够直接生成句子。所以,在自动生成方面,依存树不如短语结构语法的成分结构树方便。为了弥补依存树的这种不足,我国学者在机器翻译研究中,把短语结构语法和依存语法结合起来,较好地解决了句子的自动生成问题。

除了依存树不能反映句子中单词的前于关系而成分结构树可以反映句子中单词的前于关系这个差别之外,依存语法与短语结构语法基本上是等价的。根据依存语法与短语结构语法的这种等价性,笔者等在 20 世纪 80 年代研制了一个英日机器翻译系统 E-to-J。针对英语和日语的特点,采用短语结构语法来进行英语分析,在英语分析中,采用基于短语结构语法的移进-规约算法和 Tomita(富田)算法来对成分结构树进行剪枝、子树共享和局部歧义紧缩,发挥了短语结构语法分析英语的优势。英语分析完成之后,把英语的成分结构树转化为英语的依存树,并把英语单词转换成相应的日语单词,最后采用依存语法来进行日语词序的调整,按照日语的形态规则来生成日语。在表示日语句子结构的依存树中,各个短语的主词都在父结点上,全句的中心主词在根结点上,而日语中的主词恰好也是短语的最后一个词,日语句子的中心主词恰好在整个句子的最后面。日语语法的这个特点,把从上到下的支配关系和从左到右的前于关系统一起来了,有利于克服依存树不能反映句子中单词的前于关系的缺陷,这样,在生成日语时,只需由依存树的末端结点从左到右、自底向上逐次取词,便可以得到符合日语词序规则的日语句子,大大地简化了日语生成的规则,十分方便,发挥了依存语法生成日语的优势。这个英日机器翻译系统目前已经商品化,于 1998 年 11 月在日本市场上推出。

1984 年,英国语言学家 Richard Hudson(哈德森)提出"词语法"(Word Grammar,WG)。[①] 词语法是建立在依存语法的基础之上的一种形式语法。在词语法里,语法就是由一种语言里所有的词构成的网络。Hudson 认为,语法没有天然的边界,也就是说,不存在语法甚至语言模块,语法网络只是有关词汇知识的整个网络的一部分,它和这个网络中有关百科知识、社会结构、语音等子网密切相关。Hudson 指出,"语法"和"词汇"在描写上没有什么本质的区别,只不过"语法"处理的是一般性的模式,而"词汇"描述的是有关单个词素的事实。从形式上看,一般模式虽然涉的是有关词类方面的事情,但表现方式与描写词素的方法没有什么不同(Hudson,2003)。

在词语法的网络中,单词之间的关系有 isa 关系(is-a 关系)、part 关系(部分-整体关系)和各种依存关系,"依存"(dependency)是词语法的网络中最重要的关系。

下面是词语法处理动词 put 的例子:

PUT

---

① 可从以下地址读到 WG 的最新资料 *An Encyclopedia of English Grammar and Word Grammar*:http://www.phon.ucl.ac.uk/home/dick/enc-gen.htm。

PUT is a verb.

stem of PUT = ⟨put⟩.

whole of ed-form of PUT = stem of it.

NOT：whole of ed-form of PUT = ⟨put⟩ + mEd.

sense of PUT = put.

PUT has [1 - 1] object.

PUT has [1 - 1] adjunct-complement.

NOT：PUT has [0 - 0] complement.

type of sense of adjunct-complement of PUT = place.

referent of adjunct-complement of PUT = position of sense of it.

referent of object of PUT = put-ee of sense of it.

根据英文说明,读者不难理解 put 的句法和语义特征。我们这里就不再解释了。

图 5.16 是一个包含了 put 的例句"Fred put it there"(Fred 把它放在那儿)的词语法的分析图。

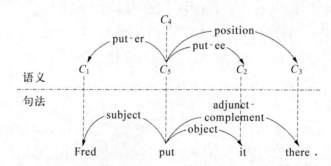

图 5.16　词语法的分析图

在这个例句的词语法的分析图里,下层表示句法分析的结果,上层表示语义分析的结果,语义分析结果通过依存关系表示出来。可以看出,Fred 是 put 的 subject(主语),依存关系是 put-er(Fred 是 put 的施事),it 是 put 的 object(宾语),依存关系是 put-ee(it 是 put 的受事),there 是 put 的 adjunct-complement(说明补足语),依存关系是 position(there 是 put 的位置)。对于每一个句法成分,都有相应的依存关系分析结果。在整个的词语法中,句法分析和依存关系分析是紧密联系在一起的,依存关系的分析和描述是词语法的重要内容。

在自然语言处理中,依存分析的结果是使用依存关系标记(dependency tag)来表示的。美国斯坦福大学研制的 Stanford Parser 自动句法分析系统,既可以进行短语结构分析,也可以进行依存分析。在进行依存分析时,他们使用谓词逻辑表达式来表示支配词和从属词之间的依存关系,谓词逻辑表达式的括号中,支配词写在前,从属词写在后:

谓词(支配词,从属词)

Stanford Parser 表示依存关系的主要标记如下,这些标记可以充当谓词逻辑表达式中的谓词:

root:根(root)。表示句子依存树的根。使用一个虚结点(fake node)ROOT 来表示支配者(governor)。在依存树中,这个根结点编号为 0,是虚拟的编号,句子中真正的单词的编号是从 1 开始的。例如:

在"I love French fries"中,有 root(ROOT,love);

在"an honest man"中,有 root(ROOT,man)。

dep:从属者(dependent)。如果系统不能准确地判定两个单词之间哪一个是从属者,就可以标以 dep;如果系统遇到古怪的语法结构,或者出现分析错误,或者遇到难以分析的长距离依存关系,也可以使用 dep 这个标记。例如:

在"Then,as if to show that he could …"中,show 与 if 的关系不清楚,就可以标以 dep(show,if)。

aux:助动词(auxiliary)。助动词在句子中不充当主要动词,例如情态动词,或者表示时态等语法关系的 be,do,have 等动词,都标以 aux。例如:

在"Reagent has died"中,有 aux(died,has);

在"He should leave"中,有 aux(leave,should)。

auxpass:被动助动词(passive auxiliary)。被动助动词不是句子中的主要动词,它包含被动信息。例如:

在"Kennedy has been killed"中,有 auxpass(killed,been);

在"Kennedy was/got killed"中,有 auxpass(killed,was/got)。

cop:系动词(copula)。cop 表示句子中系动词的补足语与系动词之间的关系。例如:

在"Bill is big"中,有 cop(big,is);

在"Bill is an honest man"中,有 cop(man,is)。

表示论元(argument)的依存标记有 agent(施事者),complement(补足语),object(宾语),subject(主语)。补足语、宾语、主语还可以进一步细分。

agent:施事者(agent)。agent 表示由介词 by 引入的被动动词的补足语,它是动作的行为者。这个标记只用于简化的依存树(collapsed dependency tree)中,用来代替 prep_by。在基本的依存树(basic dependency tree)中不使用 agent 这个标记。例如:

在"The man has been killed by the police"中,有 agent(killed,police);

在"Effects caused by the protein are important"中,有 agent(caused,protein)。

表示补足语(complement)的依存标记可进一步细分为 acomp,ccomp,xcomp。

acomp:形容词补足语(adjectival complement)。动词的形容词补足语是功能为补足语的形容词短语。例如:

在"She looks very beautiful"中,有 acomp(looks,beautiful)。

ccomp:带内部主语的小句补足语(clausal complement with internal subject)。动词或形容词的小句补足语带有内部主语,这个内部主语的功能就像该动词或形容词的宾语。名词的带内部主语的小句补足语仅仅限于诸如 fact 或 report 之类的名词才具有。这种带内部主语的小句补足语一般都是有定的。例如:

在"He says that you like to swim"中,有 ccomp(says,like);

在"I am certain that he did it"中,有 ccomp(certain,did);

在"I admire the fact that you are honest"中,有 ccomp(fact,honest)。

xcomp:带外部主语的小句补足语(clausal complement with external subject)。动词或形容词的小句补足语是一个不带主语补足语的小句或者谓词。主语的参照必须由 xcomp 外部的论元来判定。这种补足语总是非限定的。例如:

在"He says that you like to swim"中,有 xcomp(like,swim);

在"I am ready to leave"中,有 xcomp(ready,leave);

在"Sue asked George to respond to her offer"中,有 xcomp(asked,respond);

在"I consider him a fool"中,有 xcomp(consider,fool);

在"I consider him honest"中,有 xcomp(consider,honest)。

表示宾语(object)的依存标记可进一步细分为 dobj,iobj,pobj。

dobj:直接宾语(direct object)。动词或动词短语的直接宾语是充当动词的宾格(accusative)的名词短语。例如:

在"She gave me a raise"中,有 dobj(gave,raise);

在"They win the lottery"中,有 dobj(win,lottery)。

iobj:间接宾语(indirect object)。VP 的间接宾语是充当动词的给格(dative)的名词短语。例如:

在"She gave me a raise"中,有 iobj(gave,me)。

pobj:介词宾语(object of preposition)。介词宾语是介词后面的名词短语的中心词或者是 here 和 there 之类的副词。与 Penn Treebank 不同,Stanford Parser 把诸如 including,concerning 之类的词算作准介词(quasi-preposition)。例如:

在"I sat on the chair"中,有 pobj(on,chair)。

表示主语(subj:subject)的依存标记可进一步细分为 nsubj,nsubjpass,csubj,csubjpass。

nsubj:名词主语(nominal subject)。名词主语是句子中充当句法主语的名词短语,nsubj 的支配者不一定总是动词:当动词是系动词时,句子的根(支配者)不是这个系动词,而应当是这个系动词的补足语,这个补足语可以是形容词或者名词。例如:

在"Clinton defeated Dole"中,有 nsubj(defeated,Clinton);

在"The baby is cute"中,有 nsubj(cute,baby)。

nsubjpass:被动名词主语(passive nominal subject)。被动名词主语是充当被动句中句法主语的名词短语。例如:

在"Dole was defeated by Clinton"中,有 nsubjpass(defeated,Dole)。

csubj:小句主语(clausal subject)。小句主语是句子中充当句法主语的小句,也就是说,由小句本身来充当主语。csubj 的支配者不一定总是动词:当动词是系动词时,句子的根(支配者)不是这个系动词,而应当是这个系动词的补足语。在下面的句子中,What she said 就是小句主语:

在"What she said makes sense"中,有 csubj(makes,said);

在"What she said is not true"中,有 csubj(true,said)。

csubjpass:被动小句主语(passive clausal subject)。被动小句主语是充当被动句中句法主语的小句。在下面的例句中,That she lied 是小句主语:

在"That she lied was suspected by everyone"中,有 csubjpass(suspected,lied)。

表示修饰语(mod:modifier)的依存关系可进一步细分为 amod,advmod,appos,advcl,det,predet,preconj,vmod,mwe,poss 等。

amod:形容词修饰语(adjectival modifier)。名词短语的形容词修饰语就是用于修饰 NP 意义的任何形容词短语。例如:

在"Sam eats red meat"中,有 amod(meat,red);

在"Sam took out a 3 million dollars loan"中,有 amod(loan,dollars);

在"Sam took out a ＄3 million loan"中,有 amod(loan,＄)。

advmod:副词性修饰语(adverbial modifier)。一个单词的副词性修饰语是副词或副词短语(ADVP),用于修饰或限制该单词的含义。例如:

在"Genetically modified food"中,有 advmod(modified,genetically);

在"less often"中,有 advmod(often,less)。

appos:同位修饰语(appositional modifier)。名词短语的同位修饰语是直接位于该名词短语中的第一个名词短语右侧的名词短语,用于确定或者修饰该名词短语。appos 也包括圆括号中的实例以及这些结构中的缩写词。例如:

在"Sam,my brother,arrived"中,有 appos(Sam,brother);

在"Bill (John's cousin)"中,有 appos(Bill,cousin);

在"The Australian Broadcasting Corporation(ABC)"中,有 appos(Corporation,ABC)。

advcl:副词性小句修饰语(adverbial clause modifier)。动词短语或句子的副词性小句修饰语是修饰该动词的一个小句(包括时间小句、结果小句、条件小句、目的小句等)。例如:

在"The accident happened as the night was falling"中,有 advcl(happened,falling);

在"If you know who did it,you should tell the teacher"中,有 advcl(tell,know);

在"He talked to him in order to secure the account"中,有 advcl(talked,secure)。

det:限定词(determiner)。限定词关系是一个 NP 中的中心词及其限定词之间的关系。例如:

在"The man is here"中,有 det(man,the);

在"Which book do you prefer"中,有 det(book,which)。

predet:前限定词(predeterminer)。前限定词关系是一个 NP 中的中心词和位于 NP 的限定词之前并且用于修饰这个限定词意义的单词之间的关系。例如:

在"All the boys are here"中,有 predet(boys,all)。

preconj:前连接成分(preconjunct)。前连接成分表示一个 NP 中的中心词和出现在连接成分开头的单词(诸如 either,both,neither 等)之间的关系。例如:

在"Both the boys and the girls are here"中,有 preconj(boys,both)。

vmod:蜕化的非定式动词修饰语(reduced non-finite verbal modifier)。蜕化的非定式动词修饰语是动词的分词形式或者不定式形式,vmod 处于短语的开头(该短语往往有一些论元成分,如动词短语),用于修饰名词短语或另一个动词的意义。例如:

在"Points to establish are …"中,有 vmod(points,establish);

在"I don't have anything to say to you"中,有 vmod(anything,say);

在"Truffles picked during the spring are tasty"中,有 vmod(truffles,picked);

在"Bill tried to shoot,demonstrating his incompetence"中,有 vmod(shoot,demonstrating)。

mwe:多词修饰语(multi-word expression modifier)。多词修饰关系用于多词的惯用语中,这些惯用语的功能相当于一个单词。在普通的多词结构中,很难给它再加上任何其他的关系,或者加上其他的关系之后,多次结构的含义就不清楚了。目前,mwe 主要用于如下结构中:rather than, as well as, instead of, such as, because of, in addition to, all but, such as, because of,due to。例如:

在"I like dogs as well as cats"中,有 mwe(well,as);

在"He cries because of you"中,有 mwe(of,because)。

poss:主有修饰语。主有修饰语 poss 用于表示名词短语中的所属关系。例如:

在"their offices"中,有 poss(offices,their);

在"Bill's clothes"中,有 poss(clothes,Bill)

此外,还有表示并列关系、连接成分、存现关系的 cc、conj、expl 等。

cc:并列关系(coordination)。并列关系是连接成分和该连接成分的并列连接词之间的关系。注意:在不同的依存语法中,对于并列关系的处理方式是不同的。Stanford Parser 用连接成分中的一个连接词(一般情况下是第一个连接词)作为连接成分的中心词。连接词 and 也可以出现在句子的开头,这个连接词也可以标记为 cc,它是句子的根谓语的从属者。例如:

在"Bill is big and honest"中,有 cc(big,and);

在"They either ski or snowboard"中,有 cc(ski,or);

在"And then we left"中,有 cc(left,And)。

conj:连接成分(conjunct)。conj 表示由并列连接词(如 and,or 等)连接的两个成分之间的关系。Stanford Parser 对于连接成分的处理方式是非对称的:conj 关系的中心词是第一个连接成分,而另外一个连接成分则通过 conj 关系从属于第一个连接成分。例如:

在"Bill is big and honest"中,有 conj(big,honest);

在"They either ski or snowboard"中,有 conj(ski,snowboard)。

expl:存现(expletive)。存现关系用于表示存现词 there。在存现关系中,句子的主要动词充当支配者。例如:

在"There is a ghost in the room"中,有 exp(is,there)。

Stanford Parser 在对句子进行依存分析时,首先要对句子中的单词按照自然数顺序标号,以表示单词在句子中所处的位置,在输出分析结果时,每一个单词都要带上它在句子中位置的编号。例如,My dog also likes eating sausage(我的狗也喜欢吃香肠)这个句子编号如下:

$$\text{My dog also likes eating sausage}$$
$$1 \quad 2 \quad 3 \quad 4 \quad 5 \quad 6$$

ROOT 表示依存树的根,它是一个虚拟的结点,编号为 0。

这个句子的依存分析结果如下:

$$\text{poss}(\text{dog—2}, \text{My—1})$$
$$\text{nsubj}(\text{likes—4}, \text{dog—2})$$
$$\text{advmod}(\text{likes—4}, \text{also—3})$$
$$\text{root}(\text{ROOT—0}, \text{likes—4})$$
$$\text{xcomp}(\text{likes—4}, \text{eating—5})$$
$$\text{dobj}(\text{eating—5}, \text{sausage—6})$$

从分析结果可以看出,dog—2 支配 My—1,它们之间的依存关系是主有修饰语 poss;likes—4 支配 dog—2,它们之间的依存关系是名词主语 nsubj,likes—4 还支配 also—3,它们之间的依存关系是副词性修饰语 advmod;ROOT—0 支配 likes—4,它们之间的依存关系是根 root;likes—4 支配 eating—5,它们之间的依存关系是带外部主语的小句补足语 xcomp;eating—5 支配 sausage—6,它们之间的依存关系是直接宾语 dobj。通过这些谓词逻辑表达式,就可以把依存分析的结果清楚地表示出来。

5.4　配价语法

20 世纪 60 年代初期,德国学者把 Tesnière 的依存语法引进了德语研究。依存语法在德国一般叫"配价语法"(valenzgrammatik)。德国的配价语法在当时主要集中在东德的莱比锡(Leipzig)和西德的曼海姆(Mannheim),分别称为莱比锡学派和曼海姆学派。

莱比锡学派的领军人物是 Gerhard Helbig(赫尔比希),他和 W. Schenkel(申克尔)于1969 年编辑出版了人类历史上第一部配价词典《德语动词配价与分布词典》。此后,他们又编辑出版了《形容词配价词典》(1974)和《名词配价词典》(1977)。除了大量的文章之外,莱比锡学派还出版了一些有关配价的论文集,Helbig 和 Welke 的两本著作[①]被认为是研究配价理论的入门必读书。

莱比锡学派的贡献主要在配价理论方面。

Helbig 认为,"配价指的是动词及受其支配成分之间的抽象关系;句法配价是指动词在其周围开辟一定数量的空位,并要求用必有或可选共演成分(mitspieler)填补的能力。"[②]

Helbig 提出了"补足语"(ergänzungen)和"说明语"(angaben)的概念,补足语大致相当于 Tesnière 的行动元,说明语大致相当于 Tesnière 的状态元。

Helbig 认为不但应该区分补足语和说明语,还应该区别必有补足语和可有补足语。而动词的价数由必有补足语和可有补足语的数目相加而成。必有补足语可用删除法来确定,具体做法是依次删除一个句子里的每个成分。如果删掉某个成分后,句子的结构依然正确,则说明所删成分不是必有的,反之,这个的成分就是必有的。经过删除法处理后的句子里,最后剩下的成分就是这个动词可以支配的必有补足语的数量。删除法删掉的成分可统称为可有成分,它是由两种性质不同的成分构成的:可有补足语和说明语。因为可有补足语在计算动词的价时要用,所以有必要把它和说明语分开。Helbig 采用还原法来识别说明语,但效果不太理想。

补足语和说明语的判定、可有补足语和说明语的区别,对于任何构造配价词典的人都是重要的环节。

Zifonun(齐富伦)等引入了一种判定补足语、说明语和可有补足语的方法,按照图 5.17的流程图,可以解决德语中大多数"补足语/说明语"(E/A)的界定问题。

---

　　① Helbig G. Probleme der Valenz-und Kasustheorie[M]. Tübingen：Niemeyer,1992.
　　Welke K. Einführung in die Valenz-und Kasustheorie[M]. Leipzig：Bibliographischens Institut,1988.
　　② Helbig G, Schenkel W. Wörterbuch zur Valenz und Distribution deutscher verben[M]. Leipzig：Bibliographisches Institut，1978：49－50.

将待判定的 E/A 候选成分放入流程图中表示为开始的地方,首先接受的是 R-Test(删除测试),如果不能删除,就可以判定为必有补足语。接着对剩余的待判定成分进行 F-Test(替换测试)。具体做法是,将测试对象用一个变元,即诸如某人、某物、某地等不定人称代词来替换,在被删掉的成分和带不定词的句子间形成一种推论关系:若不能替换,则判定为说明语,若可以替换,则进行 An-Test(改写测试)。An-Test 测试是把被测试的成分改写为 und das X(其中的 X 表示要测试的成分),然后看句子是否成立,如果句子不成立,则将 X 判定为可有补足语,否则,判定为说明语。

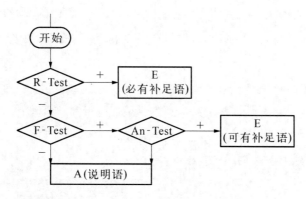

图 5.17 "补足语/说明语"的判定流程

曼海姆学派的核心人物是德语研究所(Institut für Deutsche Sprache, IDS)的 Ulrich Engel(恩格),虽然他们也编辑了德语动词的配价词典,但是这一学派的主要贡献在于他们研究并实践了是否可以用依存的原则来完整地描写一种语言中的主要现象。这一方面的成果有 Engel 的两部德语语法著作。[①] Engel 在其著作中,建立了完善的德语配价语法体系,他把补足语定义为动词在次范畴化形成一个句子时所特有的被支配成分的集合,对补足语和说明语进行了详尽的分类和论述。他的这些语法可能是人类第一次只用依存的原则来较完整地描写某种语言的语法。Engel 把价理解为动词在次范畴化时的一种支配能力。他认为补足语和说明语的差别在于,补足语只是某个词类在次范畴化时所具有的,而一切的词类都可以具有说明语。必有成分是语法上不可缺少的成分,而即使没有可有成分也不会产生不合语法的句子。必有成分必然是补足语,而可有成分既可以是说明语,也可以是补足语。可有成分到底是说明语还是补足语,由它们的支配者来决定。1980 年,Engel 将 Tesnière 的依存语法经典著作翻译成了德语,有助于德国学者对于依存语法经典著作的学习和研究。

德语研究所的学者 H. Schumacher(舒马赫)主编了《动词配价分类词典》,对补足语的种

① Engel U. Syntax Der Deutschen Gegenwartssprache[M]. Zweite Auflage. Berlin: Schmidt, 1982.
Engel U. Deutsche Grammatik[M]. 北京:北京语言学院出版社,1992.

类进行了调整,该词典于 1986 年出版,是一部研究德语动词配价的专著。该所的 W. Teubert (托依拜特)把"价"的概念扩展到名词,深入地研究了德语名词的价,于 1979 年出版了专著《名词的配价》,这是关于名词配价的最早著作,开名词配价研究的先河。

配价可以从逻辑、句法和语义三个不同的层次来认识。

● 逻辑配价。德国学者 W. Bondzio(邦茨欧)认为,在句法结构的组合过程中,词汇的意义提供了决定性的前提,词汇本身具有联结的可能,其联结的能力来源于词汇的语义特点,词义的概念核心反映了语言之外现实中的各种现象之间的关系。

例如,德语的 verbinden(联结)这个词的词义表示了联结者、联结的对象、同联结的对象相连的成分三者的关系,德语的 besuchen(访问)这个词的词义表示了访问者和被访者二者之间的关系。

Bondzio 认为价是词义的一种特性,是词义开辟了一定数量的空位,这种空位就是价。价体现的是一种逻辑语义关系。他主张用"空位"这个谓词逻辑的术语来表示词义所具有的关系。动词 verbinden 的词义含有三个空位,动词 besuchen 的词义含有两个空位。空位的数量是完全由单词的词义决定的,在词义的基础上产生的空位就是"价",某个单词的词义含有的空位数就是该词的价数。这种由词义的逻辑关系所决定的配价,叫作逻辑配价。

在不同的语言中,同一个概念所表示的逻辑配价的价数是相同的。在汉语中,"联结"这个动词也是三价的,"访问"这个动词也是二价的。不过,在某一具体的语言中,逻辑关系如何实现,则要借助于该语言特殊的表现方法。

● 句法配价。逻辑配价在某一具体语言中的表现形式是不尽相同的,这种不同的表现形式,是由具体语言的特有形式决定的,逻辑配价在具体语言中的表现形式就是句法配价。例如,德语的"helfen(帮助)"这个动词的逻辑配价为三价:帮助者、被帮助者、所提供帮助的内容,这种逻辑配价在德语中的表现是:谓语动词需要变位,帮助者用主格表示,被帮助者用给予格表示,所提供的帮助用 bei 构成介词结构表示。"他帮助我工作"的德语是"Er hilft mir bei der Arbeit"。

同一语言中的同义词的逻辑配价是相同的,但却往往具有不同的句法配价。例如,德语的 warten 和 erwarten 都表示"等待",逻辑配价是一样的,它们都是二价动词,有两个空位:等待者、被等待者。但是,warten 的被等待者要用 auf 构成介词结构表示,而 erwarten 的被等待者则用宾格表示。比较:

Er wartet auf seine Freundin

Er erwartet seine Freundin

这两个句子的含义都是"他等待他的女朋友"。

● 语义配价。语义配价是指充当补足语的词语在语义上是否与动词相容。语义配价在不同语言中往往有不同的特点。例如,汉语中可以说"喝汤",补足语"汤"在语义上与动词

"喝"是相容的,但是,在德语中,suppe(汤)与 trinken(喝)是不相容的,德语中不说"eine suppe trinken"(喝汤),而要说"eine suppe essen"(吃汤),而在汉语普通话中是不能说"吃汤"的。这种语义配价也同样反映了不同语言的特性。

Helbig 根据几十年的经验,总结出了构造配价词典条目的六个步骤:

(1) 分析动词对应的谓词的逻辑语义结构,找出形成完整谓词结构的可词汇化论元的数量;

(2) 标出动词具有的语义特征;

(3) 为动词标示语义格,也就是为第一步得到的那些论元赋予明确的语义角色,如施事、受事、地点、工具等;

(4) 对可词汇化的论元进行语义指称分析,并进行诸如[±有生命][±人类][±抽象]之类的义位标识;

(5) 这一步处理从语义层到句法层的映射问题,要考虑两种情况:一是按照句子的功能成分,如主语、宾语等,二是按照句子成分的形态表示,如名词是什么格,介词短语的类型等,这是对行动元(补足语)的定性描述;

(6) 给定词项行动元(补足语)的定量描述,也就是给出动词项的价数,应区分必有和可有补足语。

Helbig 提出的确定配价的六个步骤,不但对于配价词典的构造具有重要的价值,而且对于配价词表的建设也具有重要的参考价值。

例如,我们来给德语动词 wohnen(住)来构造配价词目。

wohnen：Er wohnt in Köln. (他住在科隆。)

　　　　　Er wohnt am Bahnhof. (他住在火车站。)

按照如下步骤来构造 wohnen 的配价词目:

(1) wohnen 的逻辑语义结构是 R a b,它的语义空位数量为 2,分别为 a 和 b。

(2) wohnen 的语义特征如下:

● 与配价有关的谓词特征:[+静态][+关系][-对称][+外表][+地点];

● 与配价无关的谓词特征:[+位置][+房屋][+固定]……

(3) wohnen 的语义格:

　　a → 状态拥有者;

　　b → 方位格。

(4) wohnen 论元的语义指称分析:

　　a →[人类];

　　b →[+具体][-无生命][+固体];[地点][建筑物]……

(5) 论元到句法层的映射:

论元映射到句子成分：a→ Subj；

b→ Adv。

论元映射到格或短语类型：a→ Sn(主格)；

b→ pS(介词短语)。

(6) wohnen 行动元的数量为 2,是一个二价动词：表示为 wohnen₂。

曼海姆学派的 Schumacher 对于德语动词 herstellen(制造,生产)的处理办法分如下步骤：

(1) 给出动词的句子结构式。如：herstellen 的句子结构式为"herstellen NomE AkkE (PrapE aus/mit)①",这个句子结构式表示：herstellen 在句中需要一个第一格补足语、一个第四格补足语,这两个补足语是必有的；在句中也可以出现一个可有的介词补足语,一般由介词 aus 或 mit 引出,这种可有补足语在词典中用括号来标明。

(2) 给出该结构式的句子格式。其中,各补足语是用 a,x,y 等来表示的,在字母的右下角则用上述的缩略语形式表明补足语的句法类型,同时把补足语均作为阳性名词来看待,用定冠词尽可能把各个格表示出来,如 herstellen 的结构式的句子格式如图 5.18 所示。

Der a*NomE* stellt den x*AkkE* (*aus/min dem* y*PrapE*) her.

图 5.18　结构式的句子格式

这个句子格式的意思是："a (用 y) 制造 x"。

(3) 用"改写法"对该句子格式进行释义。例如,所谓"a (用 y) 制造 x"即可以用"改写法"做如图 5.19 所示的释义。

a bewirkt absichtlich, daβ es auf der Voraussetzung von y dazu kommt, daβ *es x gibt*.

图 5.19　用改写法释义

这个改写释义的意思是："在具备 y 的先决条件下,a 有目的地使 x 得以出现。"

(4) 对句子格式中出现的各种补足语进行语义描述,例如,这里的第一格补足语 a 可以是"有行为能力的个体""集体"或"机构",第四格补足语 x 则是"(作为商品的)人工制品",而介词补足语 y 可以是"物体"或"材料"。

(5) 讨论动词构成被动态的能力。

(6) 在对动词释义过程中,实例引证是其中一个中心部分。

---

① 在有关德语的例子中,Nom"表示主格,第一格",Akk 表示"宾格,第四格",Dat 表示"与格,第三格",Gen 表示"属格,第二格"。

（7）从"构词法"的角度探讨动词派生的可能性。

（8）每一个词典项，只对应动词的一个义项，但是需要本动词项中指出其他义项的所在。

从 Helbig 和 Schumacher 的配价词典的格式里，我们可以看到二者之间的一些共性，例如，二者都含有句法和语义要素，配价结构里都没有体现表层的线性次序等。

二者之间的不同是：Helbig 的描述方法是从语义到句法，语义是确定价的主要手段，最后才得到句法配价；Schumacher 虽然没有详细提到他是如何得到一个词项的配价的，但是可以看到他的描述方法明显受到了 Engel 的影响，是从句子的表层（句法）出发来得到句子结构式的，语义在这里的作用更多的是选择限制，而不是确定配价的依据。

5.5　配价语法在自然语言处理中的应用

德国学者对于配价理论的研究受到了自然语言处理研究者的欢迎。笔者在 1983 年研制的德汉机器翻译系统 GCAT 中[1]，就应用了德国学者当时已经取得的成果。在这个德汉机器翻译系统中，语言成分之间的关系不仅有句法关系，还有逻辑关系和语义关系，自觉地接受了德国配价学者关于句法配价、逻辑配价和语义配价相区分的理论。这个 GCAT 德汉机器翻译系统还确定了以词的词汇意义为基础来建立句子成分支配关系的原则，也明显地受到了德国配价学者关于词义决定动词的空位的思想。[2]

下面，我们介绍几个基于配价语法的形式模型，它们对于自然语言处理是很有帮助的。

捷克布拉格大学的计算语言学学者 Petr Sgall（斯加尔），Jarmila Panevová（帕内沃娃），Eva Hajicová（哈吉科娃）等提出了功能生成描述（Functional Generative Descriptions，FGD）。这是一种多层级的自然语言处理的形式模型，配价在这种模型中占有核心的地位。

Hajicová 和 Sgall 指出："如果将依存视为一种基本关系，那么词汇单元的句法特性就可以依据其可有或必有的依存成分来进行描述，这种描述可包括词汇组合的限制，它们与句子表层结构的关系等。……广义的配价框架包含了所有的补足语和说明语，狭义的配价框架只考虑补足语和那些必有的说明语。"[3]多年来，布拉格大学的这些研究者们不但从理论上证明了 FGD 的可行性和精确性，而且也据此构造了许多可运行的自然语言处理系统。

2003 年发布的 The Valency Lexicon of Czech Verbs（Vallex 1.0，捷克语动词配价词表）

① 冯志伟.德-汉机器翻译 GCAT 系统的设计原理和方法[J].中文信息学报，1988(3)：65-75.

② 冯志伟.德汉机器翻译 GCAT 系统[J].语文现代化，1990(10).

③ Sgall P，Hajicová E，Panevová J. The Meaning of the Sentence in Its Semantic and Pragmatic Aspects [M]. Dordrecht：D. Reidel，1986.

收有1 400个捷克语动词,可能是现有最大的面向实用的配价词表。除了语言研究的一般用途外,Vallex还在以下的自然语言处理领域中得到应用:

● 有助于保证布拉格依存树库(Prague Dependency Tree bank,PDT)配价结构的一致性。

● 有助于自动句法分析。如没有配价信息的帮助,一个剖析器就很难区分下列两个句子的句法结构:

He began to love her.

He forced her to walk.

● 配价词表有助于生成输入句子的语义结构表示。

● 有助于通过自动的方式来构造名词配价词典。

图5.20是Vallex中的一个条目zřídit及其构成。[1]

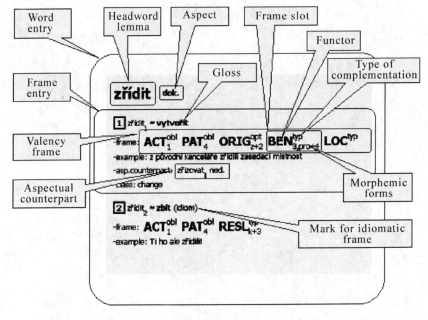

图5.20 Vallex中的一个条目zřídit及其构成

从图5.20中可以看出,Vallex中一个词条(entry)的内容非常丰富,包括:

Headword lemma(中心词的词目),Aspect(体),Gloss(词条说明),Frame slot(框架槽),functor(配价功能),Type of complementation(补足语类型),Morphemic form(形态形式),Mark for idiomatic frame(成语框架的标示),Frame entry(框架条目),Valency frame(配价条目),Aspectual counterpart(体成分)等。

值得一提的是,Vallex不但提供了传统的印刷版,也构建了xml格式和html的版本,这对于词表的共享、交流和使用,都是很有意义的。特别是建立在html文件之上的交互界面,

---

① 详见http://ckl.mff.cuni.cz/zabokrtsky/vallex/1.0/doc/vallex-doc.html.

尽管本身的技术含量并不很高,但是非常便于人们使用(图 5.21)。

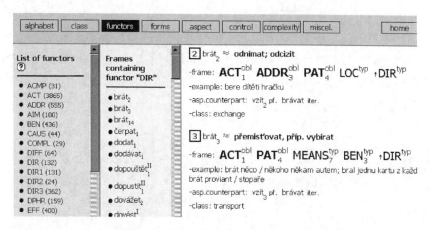

图 5.21　Vallex 的交互界面

通过这个交互界面,可以方便地按照不同的指标来浏览配价词表的内容和对各类动词的配价结构进行定量和定性的研究分析。例如,如果用户要查询 brát 的配价功能,可以点击 functors,交互界面就显示出它的各种配价功能,如 ACT,ADDR,PAT,LOC,DIR 等。

配价语法一般不考虑句子中单词的线性顺序。但是,在自然语言处理中,单词的线性顺序也是很重要的,因此,有必要研究单词顺序的自动处理问题。

Stanley Starosta(斯塔罗斯塔)于 20 世纪 70 年代初创立了一种句法理论,叫作 Lexicase,可以有效地处理配价分析中单词的线性顺序。

Starosta 认为:"语法就是词表。一个词与语法有关的属性都在其词汇矩阵里得到了说明。这些属性限定了词可以出现的'环境',这里的'环境'不仅仅指的是线性环境,也包括分层次的依存环境。"[1]他还说:"上下文属性作为词汇表示的组成部分使得短语结构规则不再有存在的必要了。上下文属性类似于一种原子价,它申明哪些词可作为依存者依附到给定的词身上形成被称为'句子'的分子。上下文属性既可属于句法,也可属于语义和词法。"[2]

Starosta 给出了"配价"在 Lexicase 中的定义:"Lexicase 里的大多数词类都用了一种或多种上下文属性来标识,这就限定了它们的价(valence)。价属性表明了该词和其他词的组合潜力,这包括必需和可选的依存连接、线性前置等要求。事实上,每一个词都包含了一个词序列是否合格的条件,只有字符串中的每一个词能够成为其他词的支配者或依存者,而且每一个词的价被满足时,这个短语才是合格的。"[3]这说明,价是一种词汇属性,它反映了词汇与其他

① Starosta S. The Case for Lexicase: An Outline of Lexicase Grammatical Theory [M]. London: Pinter Publishers, 1988.

② 同①.

③ Starosta S. Lexicase Grammar[M]//Vilmos À, Ludwig E, Hans-Werner Eroms, et al. Dependenz Und Valenz: Ein Internationales Handbuch Der Zeitgenösischen Forschung. Berlin: De Gruyter, 2003: 526-545.

词组合的潜在能力。我们研究价的目的是实现这种潜在的能力,任何事物只有在使用中才能体现自己的价值,价也不例外。通过词汇潜在能力"价"的实现,我们可以生成更大的语言单位,可以从句法、语义乃至语用来检验字符串是否合格,为什么合格。

图 5.22 是 Lexicase 对英语句子"Children like pets"(小孩喜欢宠物)进行分析后的一种表示,由此我们可以看出,在 Lexicase 中,单词的线性顺序在最后的剖析结果中是有反映的。例如,从下面的例子可以看出,like 是动词,其线性顺序为 2,支配两个位于 1,3 的名词(图 5.22)。

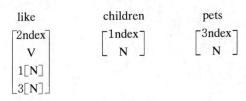

图 5.22　Lexicase 中表示的线性顺序

显然这些表示是具体语句实例化以后的结果。如果在词表中,属性的表示是没有实例化的,也可以用词汇项来表示和判别线性关系。下面是表示日语后置词から(*kara*)和英语前置词 *from* 的例子:

(1) から(*kara*)[@ndex,P,+sorc,?［N］,?［N］<@];

(2) *from*［@ndex,P,+sorc,?［N］,@<?［N］];

其中,未被实例化的词的位置用"@"表示,要求的成分 N 用"?"引入,要求成分的位置的顺序用"<"来限定。假如现在要分析、识别一个日语字串"学校から"(gakkoo kara,从学校)和一个英语字串"from school",那么经过实例化后的(1)和(2)就变成了:

(3) 学校(*gakkoo*)［1ndex,N］,

　　から(*kara*)［2ndex,P,+sorc,1［N］,1［N］<2];

(4) *from*［1ndex,P,+sorc,2［N］,1<2［N］],

　　school［2ndex,N］。

完全满足结合的条件,因此,输入字串是合格的。

Lexicase 也用词汇规则判定英语中 Det,Adj 和 N 之间的顺序是否合乎语法。例如,如果有字符串 old this house,我们使用词汇规则来判定它是否合乎语法。在 Lexicase 的词表中,作为中心词或支配者的 house 有如下格式:

house［@ndex,N,?［Det］,?［Adj］,?［Det］<@,?［Adj］<@,?［Det］≤?［Adj］]

依据词表对输入字符串进行分析,得到如下结果:

　　house［3ndex,N,2［Det］,1［Adj］,2［Det］<3,1［Adj］<3,2［Det］≤1［Adj］]

　　old［1ndex,Adj］

　　this［2ndex,Det］

因为,2 不小于 1,所以输入字符串不合格。

德国计算语言学家 Hellwig(赫勒维希)把配价和合一结合起来,提出了"依存合一语法"(Dependency Unification Grammar,DUG)。配价是 DUG 的核心概念之一。

Hellwig 认为:"句法差不多就是词的组合能力。词不仅仅是一种已有的结构模式的填充者,它们也是这种模式的真正源泉。从形式的观点看,依存语法的核心概念就是补足语。一个核心(head)元素和一些可以完善核心元素的成分形成了一个标准的句法结构。在现实世界中,自然语言是用来为某些事物指定属性和描述这些事物之间关系的。据此,可将词分为两类:表示关系的和指代事物的。如果缺少补足语,表示关系的词就不完整了。但是,适宜于填补这些特定缺口的句法结构的数量和种类是可以预测的。如果这种补足语预测的能力在句法形式化体系中扮演了主角,那么我们的方法和体系就属于依存语法。"[1]

由于 DUG 的目标是面向机器的应用,所以采用了一种表(list)的形式来表示语言知识和分析结果。表 5.1 是英语句子 The robot picks up a big red block(机器人抓起一个红色的大积木块)的表。

表5.1　表示句子分析结果的表

(string[·] role[illocution] lexeme[statement'] category[sign] utterance[+]
(<string[picks] role[predication] lexeme[pick] category[verb] form[finite] tense[present] voice[active] person[it,U] s_type[statement] adjacent[+] margin[left]
(< string [robot] role [subject] lexeme [robot] category [noun] number[singular] person[it,C]
(< string [The] role [determination] lexeme [definite'] category[determiner] number[singular,C])
(>string[up] role[phrasal_part] lexeme[up] category[particle])
(> string[block] role[dir_object] lexeme[block] category[noun] number[singular] person[it]
(< string [a] role [determination] lexeme [indefinite'] category[determiner] number[singular,C])
(<string[big] role[attribute] lexeme[big] category[adjective] use[attributive])
(<string[red] role[attribute] lexeme[red] category[adjective])))

---

[1] Hellwig P. Dependency Unification Grammar [M]//Vilmos À, Ludwig E, Hans-Werner E, et al. Dependenz Und Valenz: Ein Internationales Handbuch Der Zeitgenösischen Forschung. Berlin: De Gruyter, 2003.

DUG 中的"<"和">"表示了核心词和其补足语之间的线性顺序:"<"表示"在前","＞"表示"在后"。

如果我们将上表顺时针转动 90°,把每个核心项与其补足语用线连接起来,就不难得到一个树形图,如图 5.23 所示。

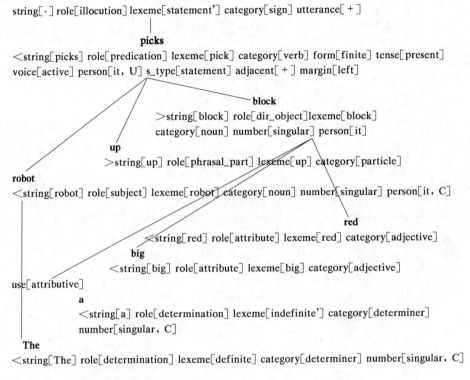

图 5.23　表示句子分析结果的树形图

2007 年,我国学者刘海涛与笔者提出了"概率配价模型理论"(Probabilistic Valency Pattern Theory,PVP 理论)的形式模型。[①]

PVP 理论指出:配价是词[②]的一种根本属性,广义的配价是指词具有的一种和其他词结合的能力,这种能力是一种潜在的能力,它在语句中的实现受句法、语义和语用等因素的限制;狭义的配价指动词等词类要求补足语的能力。图 5.24 是一个配价模式示意图。

其中,W 表示一个词(Word),$C_1 \sim C_3$ 是为了完善或明确 W 的意义所需要的补足语(Complements),$A_1 \sim A_3$ 是可对 W 做出进一步说明或限定的说明语(Adjunct),G 为 W 的潜在的支配词类(Governor)。这个示意图也显示,一个词的结合力可以分为向心(输入)和离心(输出)两类,向心力表示词受别的词的支配能力,离心力则是它支配其他词的能力。[③] 一

---

①　刘海涛,冯志伟.自然语言处理的概率配价模式理论[J].语言科学,2007(3):32-41.

②　事实上,配价应该被视为是语言单位的一种普遍属性。这里只提词或词类,是为了便于讨论。

③　这里采用离心力和向心力的比喻,主要是为了更好地解释词形成句子的问题。

且 W 出现在真实的文本之中,那么它就打开了一些需要填补的空位。换言之,在全力开辟具体空位的同时,它也预言了所需要补足语的数量和类型。同时,W 在进入具体文本时也显现了它是否能满足别的词依存者的需要。至于真正的结合能否发生,则要看句法、语义等方面的结合要求是否能得到满足,这样句法、语义特征限制也就成为配价的一部分了。

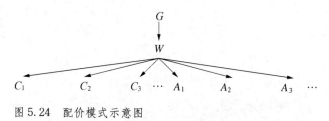

图 5.24　配价模式示意图

在配价词表中的词项里,不但应该对该词的价进行量的描述,还应该进行质的研究。具体来说,需要研究价的数量、种类、性质、实现的条件等等。在数量方面,不但应该包括传统配价必需的名词性补足语,也需要考虑其他能够完善该词的成分;在种类和性质方面,语义格关系和语义特征都是需要考虑的;在实现方面,句法、语义乃至语用的模式都属考虑的范围。在此基础上构造出来的配价词项具有分级或分层次的特性,依据应用领域的不同,可以使用句法、语义和语用等配价属性来限制价的实现。当然,所用限制条件的多少对分析理解的效率、精度有直接的影响。图 5.25 是一种类似于树结构的配价表示框架。

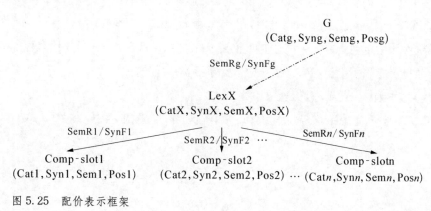

图 5.25　配价表示框架

在图 5.25 中,LexX 表示当前单词,Cat 表示范畴,Syn 表示句法特征,Sem 表示语义特征,Pos 表示词类特征,Comp-slot 表示补足语的槽。在这个配价表示的框架中,也可以将所有与语义相关的因素刨除,这样就形成了一个纯形式的基于配价的依存语法分析模型。这样的纯句法模型在生成依存结构树后,需要一套语义机制从有歧义的结构中选择最适宜的结果。配价属于语义-句法范畴。语义不但在决定配价时有作用,而且在配价的实现过程中也有约束作用。语义和句法及早的结合,使得分析和理解结果更加明确,而且在理解的过程中可以做到边处理、边消歧,符合人类的语言理解机制。在配价词表模式中,既可以只含有简单的句法信息,也可以含有语义信息,甚至可以含有语用和场景信息,这些信息决定了词与词组合时的约束级别。依据不同应用领域和理解精度的需要,这几个层面的信息,既可以单用,也可以联合起来使用。因此,这个配价模式可以看成为一种多层级的词类组合信息描写格式。

配价是一种词与其他词结合的潜在能力,它是对词汇的一种静态描述。当词汇进入具体语境时,这种潜在能力得以实现,也就形成了依存关系。显然,一个词类可支配的依存关系不是均衡的,虽然某个词类从理论上说可以通过若干依存关系支配其他若干类词,但是这些依存关系出现的可能性是不一样的。例如,名词作为"主语"和"宾语"的可能性明显要远远大于它做"谓语"的时候。这意味着,可以在词类的句法配价模式中引入量的概念,通过语料库来标注依存关系的强度,出现多的数值就高,出现少的数值就低。一个词的结合力(配价)可以分为向心力(输入)和离心力(输出)两类,向心力表示词受别的词的支配能力,离心力则是它支配其他词的能力。可以用一个词类所能(被)支配的依存关系在数和量上的不同来定性地描述这种能力的大小,也可以通过语料库来获得更精确的定量描述。这样,就可以从实践的角度,更好地构造一些基于统计的语言信息处理系统。在配价模式中引入概率的概念,对于建立更具普适意义的语言处理或理解模型也是非常必要的,因为"大量的语言事实证明,语言是一种概率的东西。在语言理解和生成的过程中,无论是在存取、歧义消解,还是在生成阶段,概率都在起作用。在句法和语义领域,概率对范畴的渐变性(gradience)、句法合格性的判定以及语句的解释,都有意义。"[1]引入了概率之后,上面的配价模式就成了一种"概率配价模式"(Probabilistic Valency Pattern,PVP),在"概率配价模式"中,在描述一个词或词类的配价模式时,不仅应该用定性的方式来描述它可支配什么样的依存关系,可以受什么样的依存关系的支配,而且也应该用定量的方式给出这些依存关系的权重或概率分布,例如,名词做主语的概率是多少,做宾语的概率又是多少,等等。

采用概率配价模式 PVP 来描述图 5.25 中的配价模式示意图,可以得到图 5.26。

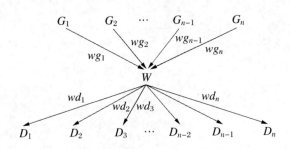

图 5.26　概率配价模式示意图

图中的 W 仍为一种词类或一个具体的词,G_1,G_2,$\cdots$,G_n 为 n 种可以支配 W 的依存关系,D_1,D_2,$\cdots$,D_n 为 n 种 W 可以支配的依存关系;wg_1,wg_2,$\cdots$,wg_n 为相应的依存关系在 W

① Bod R,Hay J,Jannedy S. Probabilistic Linguistics[M]. Cambridge:MIT Press,2003.

的总被支配能力中所占的概率,也就是权重(weight)。显然有:$wg_1 + wg_2 + \cdots + wg_n = 1$;$wd_1, wd_2, \cdots, wd_n$ 为相应的依存关系在 W 的总支配能力中的概率,同样也有:$wd_1 + wd_2 + \cdots + wd_n = 1$。在采用配价模式驱动的句法分析中,可支配的成分能多于一个,而被支配者只能接受一个在它上面的词的支配。也就是说,虽然一个词或一种词类的支配与被支配能力都不是呈均匀分布的,但被支配关系具有排他性,即一个词不能同时有两个或两个以上的支配者。

还可以通过如图 5.27 所示的方式描述构成某种依存关系的概率分布。

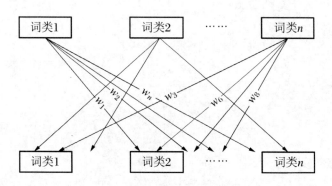

图 5.27　依存关系的概率分布

假设一部语法含有 n 个词类,那么对于此语法中的任何一种依存关系 D 的实现,理论上可以有 $n \times (n-1)$ 种可能,但实际上几乎没有这样的 D 存在,如主语关系多在动词和名词间形成,而不可能在数词和量词间形成。这样,如果去掉那些不可能的组合,剩余的组合也有量的不同。图 5.27 就是这种思想的一种反映,图中上方的词类表示支配者,下方的表示依存者,词类之间有连线表示在它们之间可以形成依存关系 D,每一条连线上的标记 w_i 表示这种连接在关系 D 的总构成里所占的概率,$w_1 + w_2 + \cdots + w_i = 1$。当然,此图中的词类也可以为具体的单词,现在这样做只不过是为了便于表述。

将上述定量的方式引入配价描述,可以更好地体现概率统计在语言分析中的作用,也对配价模式中的离心力和向心力的比喻有了一个更好的解释,因为力不但有方向,也有大小。概率配价模式还有助于解释对一篇文本进行依存关系统计,各个依存关系的出现频率为什么是不一样的,这样就可以更好地把"依存关系是实现了的配价关系"这一思想和语言研究中的概率与统计方法结合在一起。利用"概率配价模式"还有可能更好地描述熟语和固定搭配的语言单元,因为在这样的结构里,各部分之间的结构强度非常大,难以用一般的方法分开,如果用"概率配价模式"作为基础,研究固定搭配结构的搭配强度,以及花园幽径句的理论解释等问题,显然是很有好处的。

如果把依存关系和现代汉语的词类联系到一起,就可以形成一个初步的现代汉语词类组合能力的模式,即"汉语词类的概率配价模式"。在下面的结构图中,用粗细不同的线形来表示依存关系的强度①,即概率配价模式中的概率。

对于结合力较强的词类,如动词、形容词、名词等,将输入和输出分开表示。图中箭头向外的关系表示的是该词类可以支配的关系,箭头向里的关系表示该词类可以满足这种关系。前者可视为词类的主动结合力,这是一种开辟空位的能力;后者可视为词类的被动结合力,这是一种填补空位的能力。为了简化起见,这里只给出了词的大类结合能力,将一些子类属性也一并归入大类。在具体实现时,这一点是需要注意的。

下面各个图中表示依存关系的各种符号基本上都是根据相应英语单词缩写的,如 subj 是 subject 的缩写,表示主语,obj 是 object 的缩写,表示宾语,等等。如表 5.2 所示。

表 5.2　PVP 的依存关系符号

Type	Label	Type	Label
Main governor	S	Sentential object	SentObj
Subject	SUBJ	Auxiliary verb	ObjA
Object	OBJ	Coordinating mark	C-
Indirect Object	OBJ2	Adverbial	AVDA
Subobject	SUBOBJ	Verb adjunct	VA
Subject Complement	SOC	Attributer	ATR
Prepositional Object	POBJ	Topic	TOP
Postpositional Complement	FC	Coordinating adjunct	COOR
Complement	COMP	Epithet	EPA
Complement of usde "的"	DEC	Numeral adjunct	MA
Complement of usdi "地"	DIC	Aspect adjunct	TA
Complement of usdf "得"	DFC	Adjunct of sentence end	ESA
Object of Pba "把"	BaOBJ	Parenthesis	InA
Plural complement	PLC	Clause adjunct	CR
Ordinal complement	OC	Correlative adjunct	CsR
Complement of classifier	QC	Particle adjunct	AuxR
Construction of Pbei "被"	BeiS	Punctuation	Punct

动词的概率配价模式如图 5.28 所示。

图中箭头的粗细代表概率配价模式中概率的大小。

可以看出,动词支配主语(subj)的概率最大,其次是宾语(obj),再次是补语(comp)。动词被句子(S)支配的概率最大,其次是被补语(comp)支配,也就是说,动词经常用来填充句子的空位和补语的空位。

---

①　因为现在还缺乏精确的统计数据,这里只能用线条的粗细来作为一种描述框架模型。线条的粗细基本上是靠语感画的。待有了足够充分的统计数据之后,还可以给出精确的描述。

名词的概率配价模式如图 5.29 所示。

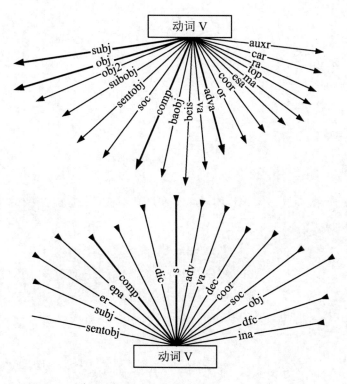

图 5.28　动词的概率配价模式

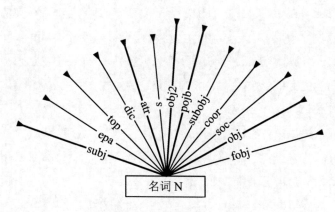

图 5.29　名词的概率配价模式

可以看出,名词基本上只被其他成分支配,经常用来填充主语(subj)的空位和宾语(obj)的空位。

介词的概率配价模式如图 5.30 所示。

可以看出,介词经常支配介词宾语(pobj),经常用来填充状语(adva)的空位和补语(comp)的空位。

数词的概率配价模式如图 5.31 所示。

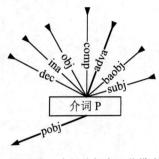

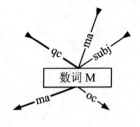

图 5.30 介词的概率配价模式　　　　　图 5.31 数词的概率配价模式

可以看出,数词经常支配基数词说明语(ma)和序数词补足语(oc),用来填充量词补足语(qc)的空位的概率最大。

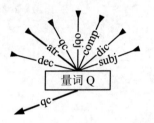

图 5.32 量词的概率配价模式

量词的概率配价模式如图 5.32 所示。

可以看出,量词经常支配量词补足语(qc),用来填充表语(atr)空位的概率最大。

这样的研究,从定量的角度深化了我们对于配价的认识。

在基于配价模式的自然语言处理体系里,词库中的词是以游离状态存在的,这些游离的词本身带有一种与其他词结合的能力,这种能力在词处于孤立状态时,虽然是潜在的,但是客观存在的。一旦受到激励,即接受到理解或生成的指令的时候,作为大脑或计算机的智能体(intelligent agent)便从词库中复制涉及的词汇的副本进入一个临时工作区,这些原本处于游离状态的词进入工作区后,开始试图与别的词进行结合,这是一个将潜在显现的过程。

价的实现过程由于生成和识别的不同而略有不同。

在生成时,智能体根据预先的计划在词库中选取可表示生成核心内容的词语(一般是动词),动词的出现构成了整个句子的基本框架,智能体随后可依据这个框架有针对性地从词库中选取其他词,此时选取的指标仍然是词的结合能力。

在识别时,有两种方法可用,一种是待输入的全部词语都进入工作区后,将它们具有的各种信息依据词库中对应的项一一赋予,然后开始寻亲组合活动(可以采用动词制导策略),如果这些词语可以组成一个有机的整体,则识别成功;另外一种方法是从收到第一个输入的词开始,马上就从词库中提取相关信息,在随后的读取过程中,都采用边读入边分析的策略,这样输入结束之时,也就是结果显现之时。如果采用的是被赋予了概率的配价模式,系统可以生成不同分值的理解结果,当然也可以利用概率作为分析过程中的一种实时的消歧手段。

词库里的有关词汇结合能力的知识,可以通过手工或自动的方式从文本和语言实际运用中提取出来。词的配价是一种(可以)从过去或已有经验中学来的东西,这样依据配价来理解或生成语言的过程是一种基于经验的方法。

在生成语句时,游离状态的词在临时工作区依据自身的价能力,结合为一个有机的整体后,它是一个二维或三维的结构,受人类器官的限制,需要将二维或三维的结构转变为线性的一维序列,需要利用一些约束条件来完成,这些约束条件因语言的不同而有差别,这些限制可以是词法的、句法的、语义的和语用的。

在分析时,虽然线性约束条件在检测句法的合格性方面有些用处,但由于分析和理解的结果是一种二维的表示,所以词的配价起的作用更大,这样做的结果,有可能将某些不太符合句法的输入也能让计算机进行正确的理解,这对于提高系统的鲁棒性会有一定的好处,因此,基于配价的依存分析策略是一种语义制导的面向分析和理解的方法。例如,"我看书""书我看""看书我""书看我"等按照词的价(语义结合能力)组合,都可判定或理解为"我看书",而在考虑线性顺序约束条件后,那些不符合句法的输入就被剔除了。这样就可以构造出一种根据约束条件多少来衡量理解程度的系统。

需要注意的是,如果在一个连续的或大于句子的语篇中,处于某个句子中的词的配价(空位)在与其他词结合时,如果通过上下文可以容易地得出实现配价的填充成分,那么按照交际有效性的原则,一般可以省略这些成分。这种情形,常常出现于日常会话等场景中。此时,不能说这些含有省略成分的句子不是合格的句子。借用 Tesnière 的小戏比喻,可将这种省略成分的现象称为配价实现中的"连续剧"效应。因此,在研究和确定配价时,应该以脱离语境的简单句为主要对象。

为了让系统的工作更可控,让理论模型更有效、更具一般性,可以引入描写某一词类的配价模式,从而简化和精炼词表的建构和使用。在这种情况下,词的调用是一个两阶段的过程,首先实例化相应词类子类的配价模式,然后携带有具体词类的价模进入工作区。如图 5.33 所示。

在图 5.33 中,一个配价关系是由两种元素构成的:有待于完善的成分或结构和一些可以完善它的另外一些成分,前者是中心词,后者是补足语。依存关系是一种实现了的配价关系,但是应该看到,如果狭义地解释配价的定义和范围,那么配价只是依存关系的一个子集。因为无论是把配价定义为要求补足语的能力还是定义为一种词类子类的支配能力,配价及其他的实现都只覆盖了依存关系的一部分。换言之,为了构造完整的基于配价的语言理解模型,只考虑补足语是不够的。

图 5.33 大致说明了句子"我吃肉""我吃书"的理解过程,这里处理的只是一种非常受限的结构。

从图 5.33 中可以看出,在词库和价模库中,存储着单词的词类信息、语义信息以及配价信息。例如,"书"的词类是 N,语义是[+ object],"肉"的词类是 N,语义是[+ food],"吃"的词类是 V1，而 V1 要求它的 sub 是[＋hum]，它的宾语是[＋food]。输入待理解的句子"我吃肉""我吃书"之后，工作区中开始动词制导的寻亲组合活动，进行组配和填补补足语的空位，"我吃肉"组配成功，而"我吃书"组配失败。

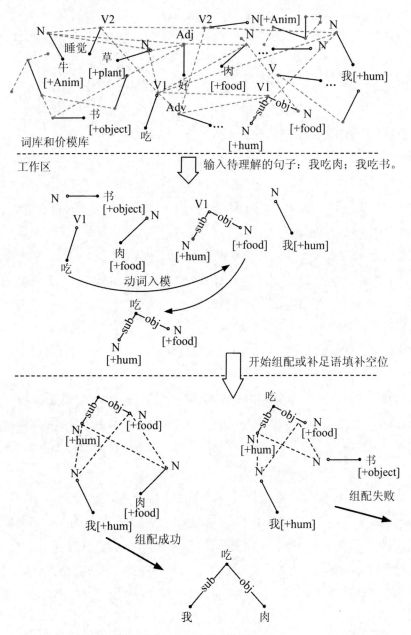

图 5.33 "我吃肉""我吃书"的理解过程示意图

显然，使用这种狭义的配价模式，还无法表达和分析在什么时间、在什么地方、和谁一起"吃肉"的句子。这一点，特别是在语句的生成中会看得更清楚。配价的这种局限是源于配价的语义特性的。它所关心的是如何完善"吃"这一活动的最低语义要求，至于其他一些起说明作用的东西,就无能为力,同时也不感兴趣了。

以上是 PVP 形式模型的简单介绍,下面讨论 PVP 模型的可行性。

为了验证这个模型的可行性,需要一种形式化的方法和体系来描述 PVP 模型。尽管目前已有不少依存语法形式化的理论和方法,但其中的许多方法大多是从短语结构形式化方法发展出来的东西,如果只注重二元依存关系的获得,这些方法不但是可行的,而且可能还是有效的(Nivre,2006)。① 因为 PVP 句法分析模型在本质上要求一种陈述性的形式化体系来进行描述,所以用这些方法来描述 PVP 模型,总有些削足适履的感觉。如果想在句法分析时不仅使用句法层面的信息,还希望采用 PVP 配价模式中的其他属性,那么适合 PVP 模型的形式化体系也应该是一种基于复杂特征和约束(合一)的具有渐进处理能力的系统,同时该系统也应该能够对 PVP 配价模式进行完整的描述,包括能区分配价模式中的支配力和被支配力等一些新的概念。

考虑到这些需要,刘海涛和胡凤国②选用德国萨尔大学 Debusmann 等的可扩展依存语法(eXtended Dependency Grammar,XDG)、可扩展依存语法研制包(XDK)作为形式化体系和实现平台来模拟 PVP 提出的基于配价模式的依存分析架构(Debusmann/Duchier/Kruijff 2004)。③

XDG 是一种基于多维图描述的语法形式化理论。在 XDG 里,语法被视为是一种图描述。这样就可把分析和生成当作一种图构形问题,而此类问题的求解可以采用约束程序设计技术。XDG 采用的图就是依存语法中熟知的依存结构图。与 XDG 本身欲实现的并行语法分析的概念不同的是,他们没有采用 XDG 的多维结构,而是在句法维中引入不同的约束条件,因为这也是 PVP 理论的一项基本原则,即所有其他层面的特征都是为句法分析服务的。使用 XDK 进行汉语句法分析的过程如下:先用 XDG 允许的形式写出处理形式化规则,编写规则时遵循的一般原则见上一部分,然后调入 XDK 系统,由机器对例句进行自动句法分析。如下所用的句法依存结构树图均截取自动句法分析系统的输出结果。由于实现 XDK 的程序设计语言 Mozart 不能处理汉字,他们采用汉语拼音来表示汉字,作为一种临时的替代。

他们将汉语句法分析的实验分为两部分,第一部分处理的是简单句,第二部分处理的是稍微复杂一些的结构。在第一部分的研究中,他们的测试又分为三个阶段:

● 第一个阶段没有任何限制;

● 第二个阶段只有语义限制;

● 第三个阶段既有语义限制也有词序限制。

---

① Nivre J. Inductive Dependency Parsing[M]. Dordrecht:Springer,2006.

② 刘海涛,胡凤国.基于配价模式的汉语依存句法分析[C]//ICCC'07 会议论文集,武汉,2007.

③ Debusmann R,Duchier D,Niehren J. The XDG Grammar Development Kit[C]//Second International Mozart/Oz Conference,MOZ Charleroi,2004.

通过这样的划分,可以更清楚地发现不同的约束条件或因素对于汉语依存句法分析的影响。这从基于规则的方面进一步完善了 PVP 模型的研究。

在第一阶段,他们进行了未加任何约束的分析实验。所谓"未加任何限制"指的是只给出了词的配价(支配和被支配能力)、分析所用的词类和依存关系。"我睡觉"和"睡觉我"的分析结果如图 5.34 所示。

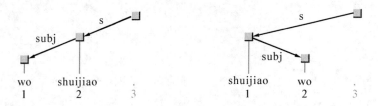

图 5.34　未加任何约束时"我睡觉"和"睡觉我"的分析结果

当然,在第一阶段,由于未加任何限制,能睡觉的不仅是"人","肉"和"苹果"也都可以睡觉。再来看机器对"我吃肉"的分析结果,如图 5.35 所示。

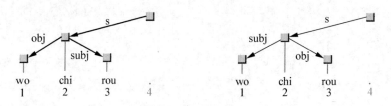

图 5.35　未加语义特征时"我吃肉"的分析结果

在第一阶段时,"肉吃我"也是完全可以的。为什么会这样呢?因为无论是"我"还是"肉",都具有名词性的配价模式,而名词是既可以做主语又可以做宾语的,当"肉"做主语时,就会出现,所以就有"肉吃我"这样的结果了。系统对目前掌握的汉语知识而言,"我吃肉"和"肉吃我"是一样的,都有两种分析结果,即:"我"和"肉"既可做"吃"的宾语也可做它的主语。

在第二阶段,他们给名词赋予一些简单的语义特征。这样做的目的是想观察语义限制对此类问题的解决能力。加了语义特征之后,"苹果"和"肉"都不能睡觉了。那么"我吃肉"和"肉吃我",又有什么变化呢?他们得到的分析结果如图 5.36 所示。

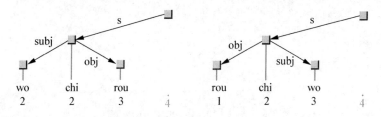

图 5.36　加语义特征之后"我吃肉"的分析结果

加了语义特征之后,不论词序怎么变,现在都只有一个分析结果了:"我"总是主语,"肉"

总是宾语,这说明语义特征的引入对于句法分析过程中的歧义消解起到了积极的作用。同时,还可以看到,无论"肉"跑到哪里,都逃脱不了被吃的命运,它总是做宾语。现在,不仅"书"不能吃"我"了,"我"也同样不能吃"书"。因为"书"是用来"看"的,当然可以"看"的不仅仅有"书","肉"和"苹果"也可以被"看",分析结果如图 5.37 所示。

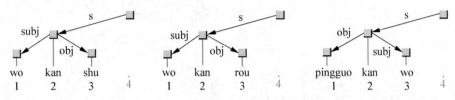

图 5.37　加语义特征之后"书""肉""苹果"的分析结果都是宾语

在第二阶段,无论是"书看我"还是"肉吃我"中的"书""肉",系统都认为它们是宾语,但是,分析结果中词序还有问题,例如,在"苹果看我"中,尽管"苹果"被分析为宾语,却处于动词"看"之前,线性顺序是错误的。

在第三阶段,他们又进一步引入了词序约束条件。现在,诸如"睡觉我""肉吃我""我苹果吃"等字符串都不会再有分析结果了。正确的只能是"我吃肉""我看书"了(图 5.38)。

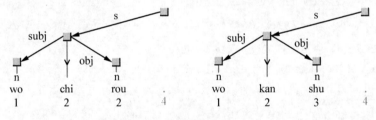

图 5.38　加词序约束条件之后的分析结果

机器达到这一理解水平时,他们所用语法文件中的关键部分如表 5.3 所示。

表 5.3　语法文件中的关键部分

defclass ″v_id″{ dim syn〈in:{s?} 　　　　out:{subj!} 　　　　on:{V} 　　　　govern:{subj:{hum}}〉}	定义动词的配价模式。其中的 in 为受支配的能力,out 为可支配的依存关系,govern 引入的是词类对 subj 的语义要求
defclass ″V2″ Word{ 　　″v_id″ 　　dim lex〈word:Word〉 dim syn〈out:{obj!} 　　　　govern:{obj:{food}}〉}	定义二价动词子类的配价模型。V2 表示二价动词,它要求 obj 的语义为 food
defentry〈″V2″〈Word:″chi″〉〉	为输入的动词"吃"(chi)赋予词类属性。"吃"的词类属性为 V2

在实验的第二部分,为了将句法分析尽可能限制在句法层面,他们针对一些结构比较复杂的长句子,做了只使用配价模式和词序约束的句法分析实验,内容比较庞杂,兹不赘述。

通过以上实验,他们不但验证了刘海涛与笔者所提出的 PVP 概率配价模式理论的可行性,而且也对语义特征及词序在汉语句法分析中的作用有了进一步的了解。同时也证明在多维的 XDG 中,只用一个维度(句法维度),再加上词(类)的价模和词序约束来解决汉语的分析问题,这基本上是可行的。这些研究对于配价语法在自然语言处理中的应用很有启发。

参考文献

[1] Vilmos Á. Valenztheorie[M]. Tübingen：Narr，2000：21 - 25.

[2] Engel U. Deutsche Grammatik[M]. 北京：北京语言学院出版社，1992.

[3] Helbig G，Schenkel W. Wörterbuch zur Valenz und Distribution deutscher verben[M]. Leipzig：Bibliographishes Institut，1978.

[4] Helbig G. Linguistische Theorien der Moderne[M]. Berlin：Weidler Buchverlag，2002.

[5] Hudson R A. An Encyclopedia of English Grammar and Word Grammar[EB/OL]. http：//www. phon. ucl. ac. uk/home/dick/enc-gen. htm，2004.

[6] Liu Haitao，Hudson R A，Feng Zhiwei. Using a Chinese treebank to measure the dependency distance[J]. Corpus Linguistics and Linguistic Theory，2009,5(2)：161 - 175.

[7] Tesnière L. Eléments de la syntaxe structurale[M]. Paris：Klincksieck，1959.

[8] 冯志伟. 特思尼耶尔的从属关系语法[J]. 国外语言学，1983(1)：63 - 65.

[9] 冯志伟. 从属关系语法的某些形式特性[C]//1998 年中文信息国际会议论文集,北京,1998：237 - 243.

[10] 冯志伟. 从属关系语法对机器翻译研究的作用[J]. 外语学刊，1998(1)：18 - 21.

[11] 冯志伟. 英日机器翻译系统 E-to-J 原语分析中兼类词消歧策略[J]. 中文信息学报，1999(5)：14 - 27.

[12] 冯志伟. 泰尼埃与依存语法[J]. 现代语文,2014(11)：1 - 9.

[13] 高松,冯志伟. 基于依存树库的文本聚类研究[J]. 中文信息学报,2011(3)：59 - 63.

[14] 刘海涛,冯志伟. 自然语言处理的概率配价模式理论[J]. 语言科学，2007,6(3)：32 - 41.

[15] 刘海涛,胡凤国. 基于配价模式的汉语依存句法分析[C]//ICCC'07 会议论文集,武汉,2007.

第 6 章

基于格语法的形式模型

20 世纪 60 年代提出的格语法既便于描写句子中的句法语义关系,也便于在自然语言处理中对句子中的成分进行形式化的描述,因而受到了自然语言处理研究者的欢迎,成为被广泛采用的自然语言处理的一种形式模型。本章首先介绍格语法,然后介绍在格语法基础上发展起来的框架网络。格语法和框架网络统称为"基于格语法的形式模型"。

6.1 Fillmore 的格语法

格语法(case grammar)是美国语言学家 C. Fillmore(菲尔摩,图 6.1)提出的一种语法理论,在自然语言处理中得到了广泛的应用。

格语法的发展可以分为两个阶段。20 世纪 60 年代末期到 70 年代初期为第一阶段。这一阶段只用格分析平面做工具,把句子的底层语义表达跟句子描述的情景的特点联系起来,不考虑深层语法关系平面。在第一阶段的主要著作有 Fillmore 于 1966 年发表的《关于现代的格理论》(*Toward a Modern Theory of Case*),1968 年发表的《格辨》(*The Case for Case*),1971 年发表的《格语法的若干问题》(*Some Problems for Case Grammar*)。20 世纪 70 年代中期以后格语法进入了第二阶段,这一阶段除了格分析平面之外,还增加了

图 6.1　C. Fillmore

深层语法关系平面来解释语义和句法现象。在第二阶段的主要著作有 1977 年发表的《再论"格"辨》(*The Case for Case Reopened*)、《词汇语义学论题》(*Topics in Lexical Semantics*)等论文。这两个阶段的研究,构成了格语法理论的系统,对语言信息处理有很大的影响。

Fillmore 认为,在自然语言的句子中,存在着一个体现其主题的深层结构,这个深层结构由一个作为中心成分的动词和若干个名词短语组成,每个名词短语都以一种特定的关系与中心动词发生联系,这些联系就是格(case)关系。Fillmore 在这里所说的"格",并不是传统语法中的格,而是深层结构中的格。

传统语法中的格是与名词的形态变化联系在一起的,不同格的名词有不同的形态变化。例如,俄语名词有六个格,德语名词有四个格,每一个格都与一种特定的形态变化相联系。按

传统语法的观点来看,英语和法语的名词没有形态变化系统,所以,它们是没有格的。但是,这种情况并不意味着英语和法语中不存在"施事""受事""工具""给予""处所"等语法意义。这些语法意义不一定要通过名词词尾的形态变化来表达,而可以通过其他的语法形式来表达。不同的语言有不同的表达方式。例如,英语、法语可通过介词来表达,日语可通过助词来表达,另外,有些语言则不通过名词的形态变化,而通过动词的形态变化来表达。为了从深层结构的角度来研究格的关系,有必要抛弃附加在名词上的形态变化,而用"格"这个术语来表示在深层结构中的句法语义关系。

Fillmore 认为,在标准理论中存在于深层结构中的语法关系,如主语、直接宾语、间接宾语、介词宾语等,实际上都是属于表层结构的概念,在深层结构中所需要的不是这些表层的语法关系,而是深层的句法语义关系,如施事、受事、工具、处所等格的关系。换言之,每个名词短语(包括单个的名词和代词)在深层结构中都有一定的格,这些格经过适当的转换之后,才在表层结构中成为主语、宾语、介词短语等,在名词有形态变化的语言中,就变为不同形式的名词的表层的格。因此,Fillmore 才把他的理论称为格语法。

Fillmore 指出:"对于转换语法的理论我想提出的实质性的修正,可以归结为重新引进作为'概念框架'来理解的格的体系。不过这一回我已经清楚地理解到深层结构和表层结构之间的区别。句子在基础结构中包含一个动词和一个或几个名词短语,每一个名词短语以一定的格的关系和动词发生联系。"[①]

在格语法中,一个句子包括情态和命题两部分。如果我们用 S 表示句子(sentence),用 M 表示情态(modality),用 P 表示命题(proposition),则可写为

$$S \rightarrow M + P$$

成分 P 可以扩展为一个动词和一个或一个以上的格的范畴。如动词用 V 表示,格的范畴分别用 $C_1, C_2, \cdots, C_n$ 表示,则可写为

$$P \rightarrow V + C_1 + C_2 + \cdots + C_n$$

而每一个格的范畴又可以表示一个格标(记为 K,这是德语 Kasus[格]的缩写)加上一个名词短语(记为 NP),即

$$C \rightarrow K + NP$$

这样,一个用格语法来表示的句子就可以画成图 6.2 中的树形图。

这里需要解释一下的是情态 M,它与传统意义上的"情态"不同。传统意义上的"情态"主要表示可能、必然等,而格语法中的情态主要是指动词的时、体、态以及肯定、否定、祈使、疑问、感叹、陈述等。

Fillmore 说:"格的概念包括一整套带有普遍性的、可以假定是内在的概念,相当于人类

① Fillmore C. The Case for Case [M]. New York: Holt, Rinehart, Winston, 1968:24(中译本. 格辨:语言学译丛第 2 辑[M]. 北京:中国社会科学出版社,1980.)

对在周围发生的事所能做出的某些类型的判断,诸如谁做了这件事情,这件事情发生在谁身上,什么东西发生了变化这类事情的判断。"

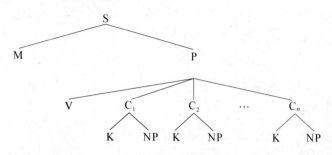

图 6.2　格的树形图表示

Fillmore 提出的格有施事格(agentive)、工具格(instrumental)、客体格(objective)、处所格(locative)、承受格(dative)、使成格(factitive)。格是格语法解释语义和句法关系的基本工具,可是确定一个格的清单却十分困难。Fillmore 本人从来就没有列出一个完整而明确的格清单,在不同的文章中,格的数目各不相同,连名称也经常改变。经过我们归纳发现,在 1966 年到 1977 年间,Fillmore 一共提出了 13 个格。除了原来的施事格、工具格、客体格、处所格、承受格之外,还增加了感受格(experiencer)、源点格(source)、终点格(goal)、时间格(time)、行径格(path)、受益格(benefactive)、伴随格(comitative)、永存格/转变格(essive/translative)。原来的使成格并入了终点格。

下面是 Fillmore 给出的一些常见的格及它们的简单定义:

● 施事格(A):表示由动词确定的动作能察觉到的典型的动作发生者,一般为有生命的人或物。例如,He laughed(他笑了)中的"he"。

● 工具格(I):表示对于动词所确定的动作或状态而言,作为某种因素而牵涉到的、无生命的力量或客体。例如,He cut the rope with a knife(他用小刀割断绳子)中的"a knife"。

● 承受格(D):表示由动词确定的动作或状态所影响的有生物。例如,He is tall(他个子高)中的"he"。

● 使成格(F):表示由动词确定的动作或状态所形成的客体或有生物,或者是理解为动词意义的一部分的客体或有生物。例如,John dreamed a dream about Mary(约翰做了一个关于玛丽的梦)中的"a dream"。

● 方位格(L):表示由动词确定的动作或状态的处所或空间方向。例如,He is in the house(他在屋子里)中的"house"。

● 客体格(O):表示由动词确定的事物或状态所影响的事物,它是由名词所表示的事物,其作用要由动词本身的词义来确定。例如,He bought a book(他买了一本书)中的"book"。客体格后来改称"受事格"(P)。

● 受益格(B):表示由动词所确定的动作为之服务的有生命的对象。例如,He sang a

song for Mary(他给玛丽唱了一支歌)中的"Mary"。

● 源点格(S):表示由动词所确定的动作所作用到的事物的来源或发生位置变化过程中的起始位置。例如,I bought a book from Mary(我从玛丽那里买了一本书)中的"Mary"。

● 终点格(G):表示由动词所确定的动作所作用到的事物的终点或发生位置变化过程中的终端位置。例如,I sold a car to Mary(我卖一辆车给玛丽)中的"Mary"。

● 伴随格(C):表示由动词确定的、与施事共同完成动作的伴随者。例如,He sang a song with Mary(他跟玛丽一起唱了一首歌)中的"Mary"。

Fillmore 的上述定义比较抽象,我们可通过下面的例句来进一步理解它们的含义。

(1) John opened the door.

　　(约翰打开了门。)

John 是施事格(A)。

(2) The door was opened by John.

　　(门被约翰打开了。)

John 也是施事格(A)。

(3) The key opened the door.

　　(钥匙打开了门。)

the key 是工具格(I)。

(4) John opened the door with the key.

　　(约翰用钥匙打开了门。)

the key 也是工具格(I)。

(5) John used the key to open the door.

　　(约翰使用钥匙打开了门。)

the key 还是工具格(I)。

(6) John believed that he would win.

　　(约翰相信他会赢的。)

John 是承受格(D)。

(7) We persuaded John that he would win.

　　(我们使约翰相信他是会赢的。)

John 也是承受格(D)。

(8) It was apparent to John that he would win.

　　(对约翰来说很清楚,他是会赢的。)

John 还是承受格(D)。

(9) Chicago is windy.

（芝加哥多风。）

Chicago 是方位格（L）。

(10) It is windy in Chicago.

Chicago 也是方位格（L）。

可以看出,这些格里面没有哪一个格与具体语言中的表层关系(如主语、宾语等)是对应的,它们都是深层格。

词汇表中的每个词,除了它本身所表示的语义之外,还可以有一系列的特征。格语法着重研究了名词和动词的特征。

某一特定的格所要求的名词的特征可用强制规则来规定。例如,在 A 或 D 词组中的任何名词 N 都必须具有"有生命"[+Animate]这一特征,可以记为

$$N \rightarrow [+\text{Animate}]^{A,D}[X—Y]$$

动词的特征取决于全句提供的格的安排,这种安排可用格框架来表示。例如,动词 run(跑)可插入格框架[—A],动词 sadden(忧伤)可插入格框架[—D],动词 remove(搬开)和 open(打开)可插入格框架[—O+A],动词 murder(谋杀)和 terrorize(恐吓)可插入格框架[—D+A],动词 give(给)可插入格框架[—O+D+A]……

同一个动词可以出现在不同的环境中。例如,open(打开)这个词,可以出现在[—O]中:

The door opened.

（门开了。）

也可以出现在[—O+I]中:

The wind opened the door.

（风把门吹开了。）

还可以出现在[—O+I+A]中:

John opened the door with a chisel.

（约翰用凿子把门撬开了。）

为了表示这些不同的情况,把凡是可以随选的成分,在格框架中用圆括号括起来,这样,open 的格框架就可简写为

$$+[—O (I) (A)]$$

这个格框架表示,open 这个动词必须使用 O(客体格),而 I(工具格)和 A(施事格)则是时有时无的。

Fillmore 的格语法还提出了由句子的深层结构转化为表层结构的方法(图 6.3)。

表层结构中的主语来自不同的深层格,由深层结构中的深层格转化为表层结构中的主语的过程,叫作"主语化"(subjectivisation)。格语法规定,在主语化时,如有 A,则 A 为主语;如无 A 而有 I,则 I 为主语;如无 A 又无 I,则 O 为主语。

例如，设某一句子的基础表达形式如图 6.3 所示。

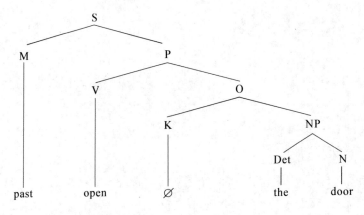

图 6.3　句子的基础表达形式

从图 6.3 中可看出，这个句子(S)的情态(M)是 past(过去时)，命题(P)由动词 V 和格的范畴 O(客体格)构成，这个格的范畴的格标 K 为空(∅)，名词短语 NP 由 the(定冠词)和 door(门)构成。由于这个句子的基础表达形式中，没有 A 和 I，只有 O，所以，O 为主语。

首先，把 O 移至句首，如图 6.4 所示。

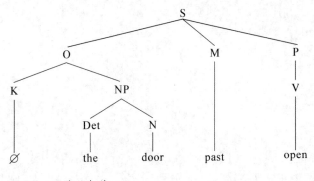

图 6.4　O 移至句首

然后进行主语介词删除，并删除格标。图 6.4 中主语介词为 ∅，删除格标 K 后得到图 6.5。

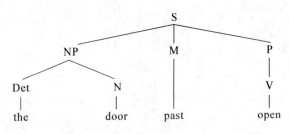

图 6.5　删除主语介词和格标

最后把时态 past 加入动词 open，得到表层形式，如图 6.6 所示。

在表层把 open 变为过去时形式 opened，这样可得到句子：The door opened（门开了）。

我们再来看稍复杂的例子。设某一句子的基础表达形式如图 6.7 所示。

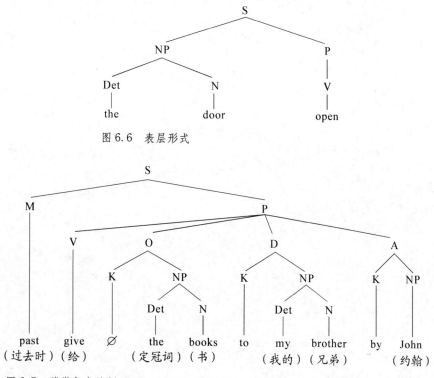

图 6.6　表层形式

图 6.7　稍微复杂的例子

从图 6.7 中可看出，这个句子的深层格中有 A,D,O。根据主语化规则，因为有 A，就选择
A 为主语，并把它移至句首，得到图 6.8。

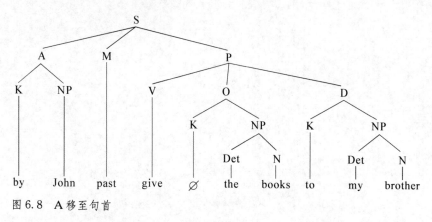

图 6.8　A 移至句首

然后进行主语介词删除，并删除主语的格标。图 6.8 中主语介词为 by，必须删除，再删除
格标 K 后，得到图 6.9。

图 6.9 中，客体格 O 做 give 的直接宾语，要进行直接宾语的介词删除并删除格标。直接

宾语的介词为∅,再删除格标 **K** 后得到图 6.10。

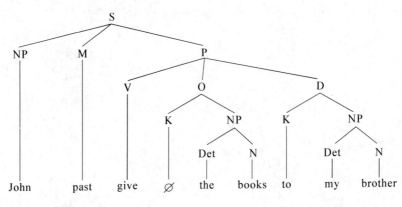

图 6.9　删除 by

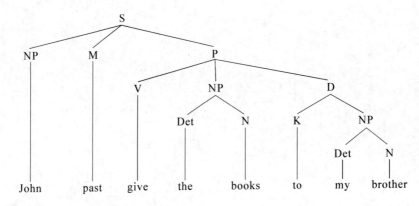

图 6.10　删除直接宾语的介词和格标

最后,把时态 past 加入动词 give,得到表层形式如图 6.11 所示。

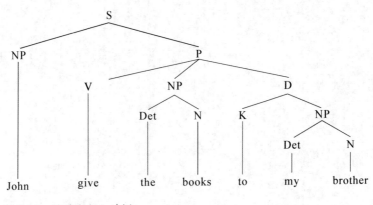

图 6.11　把时态加入动词

这样可得到句子: John give the books to my brother.(约翰把那些书给了我的兄弟。)

在上面的句子中,give 用 A 做主语,这是常规选择。但还存在着"非常规"的选择,这就是说,give 也可以用 O 或 D 做主语,这时,要给动词加上[+passive](被动)这一特征。加上[+passive]后,V 丧失宾语介词删除特性,要求在成分 M 中自动插入一个 be,并填入一个特殊的被动形式 given。

选择 O 做主语时转换过程如下:

首先把图 6.7 中的 O 移至句首,如图 6.12 所示。

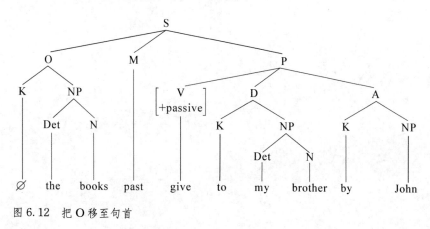

图 6.12 把 O 移至句首

接着进行主语介词删除,并删除格标。图 6.12 中主语介词为 ∅,删除格标 K 后得到图 6.13。

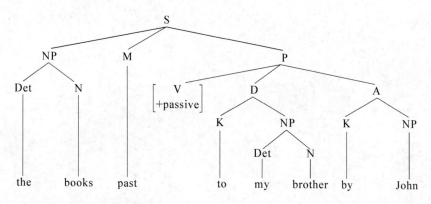

图 6.13 删除主语的格标

然后,在 M 中插入一个 be,得到图 6.14。

最后,把时态 past 并入 be,把 be 变为 were,再把 give 变成 given,便得到表层形式,如图 6.15 所示。

这样可得到句子:The books were given to my brother by John.(那些书被约翰给了我的兄弟。)

如果进行"非常规"的选择,还可以选择 D 做主语,这时转换过程如下:

首先把图 6.7 中的 D 移至句首,得到图 6.16。

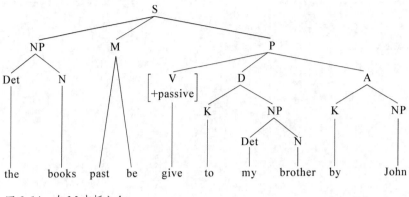

图 6.14　在 M 中插入 be

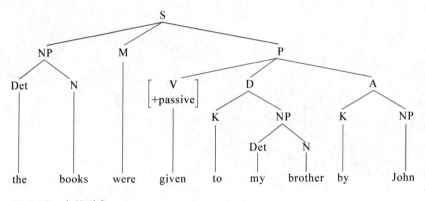

图 6.15　表层形式

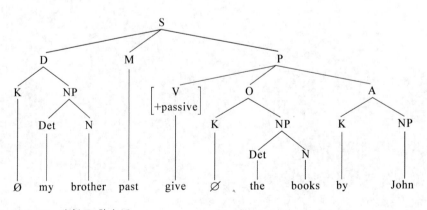

图 6.16　选择 D 做主语

接着进行主语介词删除，并删除格标。在图 6.16 中，主语介词为 to，必须删除，删除格标 K 后得到图 6.17。

然后，在 M 中插入一个 be，得到图 6.18。

在图 6.18 中，O 做直接宾语，删除该直接宾语的介词和格标，介词为 $\varnothing$，删除格标 K，并把 give 变为 given，得到图 6.19。

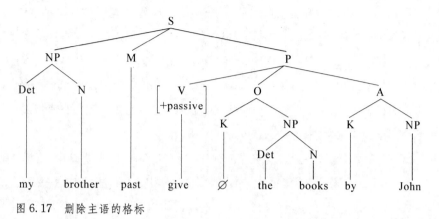

图 6.17　删除主语的格标

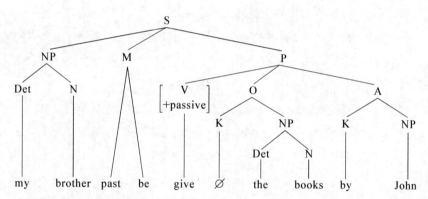

图 6.18　在图 6.17 的 M 中插入 be

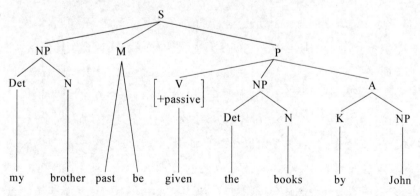

图 6.19　删除介词宾语的格标，把 give 变为 given

最后把时态 past 并入 be，把 be 变为 was，得到表层形式。

这样可得到句子：My brother was given the books by John.（我的兄弟得到了约翰给的那些书。）

Fillmore 的格语法，把传统的"格"概念做了改进，推陈出新，醒人耳目。深层格的功能具有普遍性,适用于一切自然语言,格语法能揭示深层的语义关系,可以利用它对表层结构进行推断。正如 Fillmore 所说的:"知道了格的关系,就可以同实际的句子的句法结构挂起钩来。例如,预测主语是什么? 能否形成一个主谓结构? 能否确定什么是直接宾语? 这些成分有什么表面标记? 在这种语言里,哪些东西要分开? 哪些东西是一回事? 句子中的词序怎样? ……总之,一旦对句子结构进行了格的描写,就能对表层句的关系和性质做种种推断。"①正因为这样,格语法提出后,受到了各国语言学界的重视,尤其是在语言信息处理和人工智能的研究中,引起了广泛的注意,并取得了一定的应用效果。

上面我们介绍了格语法第一阶段的主要内容。20 世纪 70 年代中期以后,格语法的发展进入了第二阶段。第二阶段的格语法主要做了如下修改:Fillmore 把第一阶段表示格角色的结构叫作底层结构,底层结构由格角色构成,在第一阶段的格语法中,底层结构经过转换就得到表层结构;而在第二阶段,由格角色构成的底层结构,在转换之前还必须经过深层主语和深层宾语等语法关系的分配,才能得到深层结构。深层结构进入转换部分,经过转换得到表层结构。这样一来,每一个句子就有格角色和语法关系两个分析平面,这两个平面把句子和句子所描述的事件联系起来,解释句子的语义和句法现象。

Fillmore 提出,句子描述的是场景(scene),场景中各参与者承担格角色,构成句子的底层结构。底层结构经过透视域(perspective)的选择,使得一部分参与者进入透视域,成为句子的核心成分(nucleus)。每一个核心成分根据突出的等级体系(saliency hierarchy)确定其语法关系,其他的参与者不一定能进入句子,即使它们出现在句子中,也只能成为外围成分(periphery)。

场景是语言之外的真实世界,如物体、事件、状态、行为、变化,以及人们对于真实世界的记忆、感觉、知觉等。语言中的每一个词、短语、句子都是对场景的描述。当人们说出一个词、一个短语、一个句子或者一段话语,都是在确定一个场景,并且突出或强调那个场景中的某一部分。例如,动词"写"描写的是这样一种场景:一个人在某个物体的表面握着一个顶部尖锐的工具使其进行运动,在物体表面留下痕迹。在这个场景中有四个实体(即四个参与者):发出这个行为的人、实施这个行为所凭借的工具、承受这个行为的物体表面、这个行为在物体表面留下的痕迹。这是在没有上下文的时候,单独一个动词"写"所描述的全部场景。也就是当我们没有遇到任何其他的上下文条件时,一个单独的动词"写"所产生的全部想象。这也就是"写"这个词给我们引发出的全部想象。句子的功能在于突出被描述的主体。假如我对你说,"小王正在写",那么这个句子所引发出的场景就不同了。根据这个句子,你可以知道这是真实世界中一个事件的场景,当你听到这个句子时,你会建立起这样一个场景,小王正在握着一支笔,在某一物体表面移动,并且在物体表面留下痕迹。这个场景仍然有四个实体:书写人

---

① 叶蜚声.雷柯夫、菲尔摩教授谈美国语言学问题(第二部分菲尔摩的谈话)[J].国外语言学,1982(3):1.

（小王）、书写工具（笔）、书写物体的表面（纸）、在表面留下的痕迹（字），但是，在这个场景中突出了书写人小王这一个实体。如果我说"小王正在写信"，那么这个句子引出的场景仍然只有四个实体，但是突出了书写人（小王）和在表面留下的痕迹（信）两个实体。如果我说"小王用粉笔在黑板上写"，这个句子引发出的仍然是四个场景，但是突出了书写人（小王）、书写工具（粉笔）和物体表面（黑板）三个实体。如果我说"小王用粉笔在黑板上写了一个数学公式"，这个句子引发出的场景仍然是四个，不过，与前面三个句子不同的是，这四个实体都突出了：书写人（小王）、在表面留下的痕迹（数学公式）、书写工具（粉笔）、物体表面（黑板）。

语义联系着场景，但是场景并不等于语义，场景必须通过语言使用者的透视才能进入语言，才能与语义发生联系。我们说出每一个句子或者每一段话语，都有一个特定的透视域。在一段话语的任何一个地方，我们都是从一个特殊的透视域去考虑一个场景。当整个场景都在考虑之中的时候，我们一般只是注意场景的某一部分。例如，商务事件有四个参与者：买主、卖主、款项和货物，款项有时还可以再进一步分析为现金和赊账两种情况。一个原型商务事件应该包括上述的内容，但是，当我们谈论这个事件时，所使用的单个句子要求我们对于事件选择一个特殊的透视域。例如，想把卖主和货物置于透视域，就用动词"卖"；想把买主和款项置于透视域，就用动词"购买"，如此等等。这样，任何人听见并理解他所听到的某一句话时，心目中就有一个包括商务事件的全部必要方面的场景。然而前提是，只有事件的某些方面被确定下来，并且被置于透视域中。

进入透视域的成分会成为句子的核心成分。每一个核心成分在深层结构中都常有一种语法关系，担任句子的主语或直接宾语。没有进入透视域的成分不一定出现在句子中，即使出现的话，也只是作为句子的外围成分。外围成分通常由介词、状语或者小句引入。

核心成分的突出情况是不同的，Fillmore 提出如下原则来确定核心成分的突出等级：

- 主动成分级别高于非主动成分；
- 原因成分级别高于非原因成分；
- 作为人的（或有生命的）感受者的级别高于其他成分；
- 蒙受改变的成分的级别高于未蒙受改变的成分；
- 完全的或个性化的成分的级别高于一个成分的某一部分或无个性化的成分；
- 实际形体的级别高于背景成分；
- 有定成分的级别高于不定成分。

这里的等级是按照突出程度递减的顺序来排列的，因此，主动成分的级别高于其他任何成分，原因成分的级别高于除了主动成分之外的任何一种成分，作为人的感受者的成分的级别高于除了主动成分和原因成分之外的任何一种成分，依此类推。

因此，在确定核心成分的语法关系时，应该按照突出程度的顺序来考虑。

当核心成分确定只有一个时，场景中最高的成分就是主语。当确定核心成分有两个时，应该按照它们在等级中的相对位置来分配主语和直接宾语,级别高的成分为主语,级别较低的成分为直接宾语。当一个动词的主语已经确定,可以在其他两个事物中选择一个作为直接宾语时,在突出等级中级别高的事物占有优先地位。如果两个成分的突出程度相同,那么它们中的任何一个都可以进入透视域。不过,这种突出等级的划分还处于假设阶段。正如Fillmore 所说的:"在现阶段,这一切还纯属推测。"

格语法中的深层格具有普遍性,适用于描写各种自然语言的语句。一旦用格语法对句子结构进行了格的描写,就能对句子的表层关系和性质做出各种推断。例如,推断主语是什么,能否形成一个主谓结构,如何安排句子中的词序,等等。

格语法在自然语言处理中广为使用,成为自然语言处理的一种重要的形式模型。这种形式模型在机器翻译、人工智能等领域发挥了作用。

6.2 Fillmore 的框架网络

Fillmore 在 1977 年指出,能够描述同一商业事件的不同的动词可以选择不同的方式来表达事件的参与者。例如,在 John 和 Tom 之间涉及 3 美元和 1 个三明治的交易可以用下面的任何一种方式来描述:

- John **bought** the sandwich from Tom for three dollars.

  (John 花三美元从 Tom 处买了那块三明治。)

- Tom **sold** John the sandwich for three dollars.

  (Tom 以三美元卖给 John 那块三明治。)

- John **paid** Tom three dollars for the sandwich.

  (John 付给 Tom 三美元来买那块三明治。)

在这些句子里,动词 buy,sell 和 pay 从不同的视角来表达商业事件,并选择潜在参与者与题元角色的不同的映射来实现这种视角。我们可以看出,这三个动词具有完全不同的映射。这个事实告诉我们:动词的语义角色必须在动词的词典条目中列出,从潜在的概念结构是不能预测的。

根据这些事实,许多研究者认为,在自然语言处理系统的词典中,需要分别列出每个动词的句法和语义组合的可能性,不能完全依靠句法功能和语义关系之间的对应,简单地进行逻辑推理来解决语义分析问题,而动词的句法和语义组合的可能性应该通过"框架"(frame)来描述。

由于语言中句法功能和语义结构之间的对应关系因单词的不同而不同,因此,Fillmore 深切地认识到需要针对具体的单词来描述句法功能和语义结构之间的对应关系,建立描述句法和语义结构的框架。基于这样的认识,在 20 世纪末,Fillmore 提出了"框架语义学"(frame semantics),从格语法进一步走到了框架网络(FrameNet)。这样,框架网络就成了在格语法的基础上进一步发展起来的另一个自然语言处理的形式模型。

框架网络是 Fillmore 主持的一个课题,课题主要成员有 Srini Narayanan,Dan Jurafsky,Mark Gawron,项目经理是 Collin Baker,词典编纂顾问是 Sue Atkins。这个课题的目的在于研究英语中语法功能和概念结构(也就是语义结构)之间的关系,建立用于自然语言处理的词汇知识库。这个课题得到美国国家科学基金(U. S. National Scientific Foundation,NSF)的多年持续资助。课题(NSF ITR/HCI ♯ 0086132)名称是:框架网络＋＋:一个在线的词汇语义资源及其在语音、语言科技方面的应用,时间为 2000 年 9 月～2003 年 8 月。由于这个课题影响很大,2003 年 8 月之后仍然在继续进行,并不断取得新的成果。

这个框架网络根据框架语义学的理论,依靠语料库的支持,正在建立一个在线(online)的英语词汇资源。截至 2005 年 10 月,整个框架网络的规模至少包含 7 600 个词元(lexical unit),包括动词、名词、形容词,覆盖很广的语义领域,对于每一个词位(lexeme)的每一个含义(sense)都要详尽地描述它的语义和句法的各种结合可能性,也就是它的配价(valences)。这些配价是通过手工标注例句以及自动地对标注结果加以组织和整理而得到的。

框架语义学的中心思想是词的意义的描述必须与语义框架相联系。框架是信仰、实践、制度、想象等概念结构和模式的图解表征,它为一定言语社团中有意义的互动提供了基础。

框架网络为自己确立的任务是:

● 描述给定词元所隶属的概念结构或者框架;

● 从语料库中抽取包含某个词的句子,并从中挑选能够描述我们所要分析的具有某种给定意义的词元的例子;

● 通过把与框架相关的标记(也就是"框架元素")指派到包含词元的句子中的短语上,使挑选出来的句子得到标注;

● 准备最终的标注总结报告,简明显示每个词元在组合上的可能性,这些被称作"配价描述"(valence descriptions)。

框架网络数据库的格式是独立于开发平台的,因而可以通过网络和其他交互手段进行显示。

下面,我们通过分析一个简单的例子,使大家对语义框架的做法有一个较好的理解。这里请看一组与称为"复仇(revenge)"框架相关的词。唤起"复仇(revenge)"意义的词元包括:avenge(复仇),avenger(复仇者),get back (at) (实行报复),get even (with) (和……算账),retaliate(报仇), retribution (报应), revenge (报仇,名词), revenge (报仇,动词),以及vengeance(报仇)。"复仇(revenge)"必须与为了回应某个不应该的遭受而施加的某种惩罚相关。一个"复仇者(AVENGER)"对一个"冒犯者(OFFENDER)"施加某种"惩罚

(PUNISHMENT)"，以回应冒犯者早期所做的坏事，即某种"伤害（INJURY）"。"复仇者（AVENGER）"也许就是"被伤害方（INJURED PARTY）"，即遭受伤害的人，也许不是。对"冒犯者（OFFENDER）"所造成的"伤害（INJURY）"的裁断与法律无关，这就要求要把复仇概念与法律上许可的"惩罚"区分开来。复仇情景实例中的事件和参与者，如"复仇者（AVENGER）"和"惩罚（PUNISHMENT）"，称作"框架元素"（Frame Elements，FEs）。

请看下列包含"revenge（复仇）"框架词元的做了标注的例句：

(1) [Ethel AVENGER] eventually **got even** [with Mildred OFFENDER] [for the insult to Ethel's family INJURY].

（Ethel 最终向侮辱她家的 Mildred 报了仇。）

(2) Why hadn't [he AVENGER] sought to **avenge** [his child INJURED PARTY]?

（他为什么还没有试图为他的孩子报仇?）

(3) Yesterday [the Cowboys AVENGER] **avenged** [their only defeat of the season INJURY] [by beating Philadelphia Eagles 20 - 10 PUNISHMENT].

（昨天，牛仔们以 20 比 10 战胜费城老鹰队，从而为他们赛季的唯一失利报了仇。）

(4) The Old Bailey was told [he AVENGER] was desperately in love and wanted to **get back** [at the woman OFFENDER] ["for ending their relationship" INJURY].

（据说，那个老 Bailey 在恋爱中绝望，并且想向那个结束他们恋爱关系的女人复仇。）

(5) [The USA AVENGER] **retaliated** [against the harassment of its diplomats INJURY] [by expelling 36 staff from the Iraqi embassy in Washington on Aug. 27 PUNISHMENT].

（通过在 8 月 27 日驱逐驻华盛顿的伊拉克大使馆的 36 位工作人员，美国为其外交官所受的折磨报了仇。）

从上述例子可明显看出，我们拥有所需的用以标注主要参与者的各种框架元素。现在我们可以考虑不同的框架元素在语言上是怎样实现的，即：框架元素怎样与句法成分相关。有时不同的词元会有不同的可能性。

以上述框架中的动词为例，在主动语态的句子中，"AVENGER（复仇者）"是主语。"OFFENDER（冒犯者）"典型地出现在介词短语当中。介词词汇形式的不同，取决于词元：与 get even 搭配的是 with，如例(1)所示，与 get back 搭配的是 at，如例(4)所示。"INJURY（伤害）"大多数出现在 for 介词短语中，但也可以是动词 revenge 和 avenge 的直接宾语。"INJURY（伤害）"的表达可以从原始事件（如：my brother's murder，我哥哥的谋杀）的角度理解，也可以从对被伤害方的影响上理解（如：my brothers' death，我哥哥的死）。"PUNISHMENT（惩罚）"典型地表现为一个包含动名词补足语的 by 短语。最后，"INJURED PARTY（被伤害方）"有时表现为一个独立成分，特别是像例(2)那样充当 avenge 的直接宾语。

相比之下,在带有动词核心的句法结构中,某些成分与动词框架之间具有更为特定的语义联系。因此,框架网络区分了中心框架元素(core FEs)和非中心框架元素(non-core FEs)。尽管与句法学家传统所做的论元(argument)与修饰语(adjunct)的区分有相当一部分的重合,但二者并不相同。传统的区分主要是基于诸如提取(extraction)这种有关句法配置和句法现象所做的假设。框架网络的概念主要是语义的,关注某个概念对于框架的意义理解是否必要。在框架网络中,与动词描写密切相关的配价模式只建立在中心元素的基础上。非中心元素包括各种类型的外围修饰语,它们或多或少地与各种类型的事件或者状态相协调。非中心元素的例子如上述例(3)中的时间副词 yesterday。尽管任何“复仇”行为很明显地都有空间和时间的属性,但是时间修饰语 yesterday 与动词 avenge 没有特定的意义联系。尽管框架网络的二级目标是对所考察的句子至少提供部分的语义分析,标注者经常给这些成分标上适当的框架元素标记(时间、地点等),但是在框架网络中,对于相关动词的基本的配价的描述只包括那些中心框架元素。

由此可见,语义框架(semantic frame)是一个类似于“脚本”(script)那样的结构,结构中的各个成分由词汇单元的意义联系起来。

每一个框架是框架元素的集合。框架元素包括框架的参与者(participant)和框架的道具(props),它们是题元角色。词汇单元的框架语义要描述在所给定的含义下,框架元素的结合方式和框架元素在框架中的分布情况。

每一个含义都要描述它的配价,配价不仅要表示出框架元素组合方式的集合信息,而且还要表示出在有关语料库中检验过的语法功能信息和词组类型信息。

标注好的句子是数据库的一个组成部分。它们是用 XML 语言置标的,这些句子是词汇条目的基础。这样的格式可以支持采用框架、框架元素以及它们的组合来进行搜索。

框架网络数据库既可以作为词典(dictionary)来使用,也可以作为叙词表(thesaurus)来使用。

作为词典来使用时,词典中单词条目的信息包括:

● 该单词的定义:大部分的定义来自《简明牛津词典》(*Concise Oxford Dictionary*,COD)。

● 标注好的例句:这些例句来自语料库,它们应该是语言学家精选过的,在词典的“标注报告”中加以说明。

● 框架元素表:这个表中要说明框架元素在标注报告中的出现情况以及它们表示的句法关系。

● 配价模式:要说明该单词可以具有的配价模式,并说明每一个配价模式中的框架元素相应的词组类型和句法功能。

● 索引:按照字母顺序排列。

作为叙词表来使用时,每一个单词都与它们所参与的语义框架相链接,而框架反过来又与词表和其他相关的框架相链接。

框架网络所使用的语料库是包含 1 亿个词的英国国家语料库(British National Corpus,BNC),并取得了牛津大学出版社(Oxford University Press,OUP)的使用许可。语义标注是使用 MITRE 公司的 Alembic 工作台(Alembic Workbench)进行的,句法标注是使用他们自己的标注程序进行的,这个程序可以给每一个短语标注上语法功能信息和短语类型信息。框架网络中的每一个条目都可以与其他的词汇资源相链接,这些词汇资源包括词网的 SYNSET 和 COMLEX 的次范畴化框架。

框架网络中的每一个条目要列出该条目的所有论元,包括题元角色以及它们的词组类型和语法功能。

框架网络包括若干个领域(domains),每一个领域又包括若干个框架(frames),每一个框架由若干个题元角色来定义。

例如,在前期的框架网络中,COGNITION(认知)这个领域包括如下的三个框架:

● STATIC COGNITION(静态认知)框架:如 believe(相信),think(考虑),understand(理解)等;

● COGITATION(沉思)框架:如 brood(细想),ruminate(反复推敲);

● JUDGMENT(判断)框架:如 respect(尊重),accuse(控告),admire(赞美),rebuke(指责)。

在领域 COGNITION 的各个框架中都有题元角色 COGNIZER(认知者),这个题元角色在不同的框架中可以使用不同的名字来引用。例如,在 JUDGMENT 框架中,引用 COGNIZER 的名字叫作 JUDGE(判断者),此外,在 JUDGMENT 框架中的题元角色还有 EVALUEE(被评价者),REASON(原因)和 ROLE(作用)。这些题元角色的意思从下面的关于动词 respect 的例句中可以看出来(表示题元角色的单词用方括号标出):

JUDGE:[John] respects Kim for being so brave.

EVALUEE:John respects [Kim] for being so brave.

REASON:John respects Kim [for being so brave].

ROLE:John respects Kim [as a scholar].

这些题元角色也就是相应框架的框架元素。

在框架网络中,每一个条目还要标注词组类型(如 NP,PP)和句法功能(如 Subj,Obj)。

例如,表示判断的动词 appreciate 有动态认知的含义和静态认知的含义,它的框架如下:

● 动态认知的含义,表示"to be thankful or grateful for"。

■ JUDGE	REASON	EVALUEE
NP/Subj	NP/Obj	PP(in)/Comp
I still appreciate	good manners	in men.

- ■ JUDGE   EVALUEE   REASON

  NP/Subj   NP/Obj   PP(for)/Comp

  I   could appreciate   it   for the music alone.

- ■ JUDGE   REASON

  NP/Subj   NP/Obj

  I   appreciate   your kindness.

- ■ JUDGE   EVALUEE   ROLE

  NP/Subj   NP/Obj   PP(as)/Comp

  I   did not appreciate   the artist   as a dissending voice.

- ● 静态认知的含义,表示"understand"。

- ■ COGNIZER   CONTENT

  NP/Subj   Sfin/Comp

  They   appreciate   that communication is a two-way process.

- ■ COGNIZER   CONTENT

  NP/Subj   Swh/Comp

  She   appreciated   how far she had fallen from grace.

从这些例句中,我们还可以看出,在题元角色与句法功能(或词组类型)之间存在着对应关系。题元角色 JUDGE,COGNIZER 一般是主动句中的主语 Subj,题元角色 ROLE 一般是以 as 为介词的介词短语 PP,题元角色 CONTENT 一般是从句 S(句子)。这样的信息,对于句法驱动的自动语义分析是十分有用的。

在框架网络中,还可以使用核心依存图(Kernel Dependency Graph,KDG)来表示词项依存关系的基本面貌,而略过那些与依存关系无关的成分。例如,"The professor demonstrated the proof to the class"的核心依存图(省略了冠词 the)如图 6.20 所示。

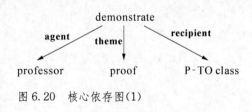

图 6.20   核心依存图(1)

在标注中,值得注意的是,一个短语的句法核心并不总是最重要的框架唤起者,依存短语的句法核心也不总是这些短语的意义的最重要的指示者。这些现象包括:

- ●"支撑动词"(support verb):一个动词的句法核心在语义方面的作用很小,其主要的框架引介者是与支撑动词有关的名词。

have,do,make,take,give 等"轻动词"(light verb)是支撑动词最明显的例子。它们使用频率很高,并且可以与大量的事件名词搭配,而对于名词所唤起的场景几乎没有什么语义上的贡献。例如 have desire(想),have an argument(拌嘴),make an argument(提出论点),

make a complaint（抱怨），give a speech（发言）等。

除了轻动词之外，其他的支撑动词与事件名词的搭配范围很窄，如 pay 与 attention、say 与 prayers。

图 6.21　核心依存图（2）

在这些情况下，支撑动词不作为核心依存图的谓词核心，而应当把事件名词作为谓词核心。

例如，"The team has the desire to sign the player"的核心依存图如图 6.21 所示。

在这个句子中，the team 是作为外部论元（external argument，记为 EXT）被引介的，充当 have 的主语，因此，我们在框架元素 experiencer 的核心前加 EXT。我们用改变箭头方向的方式来显示，在句法上名词 desire 仍然是支撑动词 have 的依存成分。

● 零形式框架元素（null instantiated frame element）：有时，核心框架元素既不是谓词的依存成分，也不能通过槽填充以得到发现，因此，明显体会得出的概念成分在句子中却没有相应的形式。这种情况叫作零形式框架元素，有三种：

■ 结构零形式框架元素（CNI）：例如祈使句中省略的主语、被动句中省略的 by 短语中的施事。

■ 有定零形式框架元素（DNI）：缺失的元素一定是在篇章或者上下文中已经理解了的。

例如，"John left"中，"离开的地方"一定可以从上下文中得到。核心框架图如图 6.22 所示。

■ 无定零形式框架元素（INI）：缺省的元素的自然类型或语义类型都能够被理解，没有必要找回或者建立一个特定的篇章所指。

例如，"The committee replaced Harry with Susan"省略 with Susan 之后，变为"The committee replaced Harry"，核心框架图如图 6.23 所示。

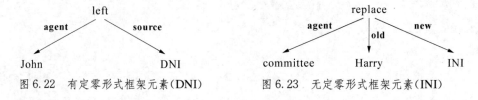

图 6.22　有定零形式框架元素（DNI）　　　图 6.23　无定零形式框架元素（INI）

● 透明名词（transparent noun）：一个名词短语的句法核心成分代表了数量成分、类型或者容器，它的补足语则包含了这个名词短语的语义核心。

例如，several **pints** of water 中的 pints（品脱）、a **kind** of asbestos（一种石棉）中的 kind、this **type** of filter 中的 type 都是透明名词。在核心框架图中，我们应当注意挑选与透明名词在语义上相关的名词作为核心。

句子"The majority of tobacco producer use a kind of asbestos in this of filter"的核心框

架图如果用图 6.24 的形式来表示,其语义就很模糊。

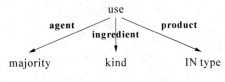

图 6.24　透明名词 kind

但是,如果用 asbestos 替换 kind,提供的信息就多得多,如图 6.25 所示。

图 6.25　用 asbestos 替换 kind

● 框架元素融合(frame element fusion):与两个框架元素相关的信息由一个成分来表达。在有些框架中,成对的框架元素非常紧密地联系在一起,因此,语法上可以容许省略其中的一个,因为被省略的那一个可以从另一个实现了的框架元素中推出来。

例如,"I hired 〔her EMPLOYEE〕〔as my assistant POSITION〕"与"I expect to hire two new assistants EMPLOYEE + POSITION"。在第二个句子中框架元素 EMPLOYEE 与 POSITION 融合了。它们的核心框架图如图 6.26 所示。

在框架网络中,需要对已经标注好的句子以及这些句子的配价模式进行深入的研究。框架网络课题组为此开发了相应的软件工具,这

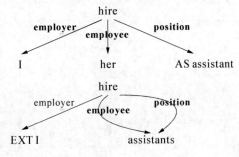

图 6.26　框架元素融合

样的软件工具可以从标注语料库中自动地生成两个报告:一个报告叫作"词元标注报告"(Annotation by LexUnit Report),一个报告叫作"词条报告"(Lexical Entry Report)。这两个自动生成的报告可以帮助研究人员进行进一步的深入研究。

在自动生成的"词元标注报告"中,首先列出该词元的框架元素表(Frame Element Table),然后展示出用这些框架元素标注的包含该词元的例句,这些例句是从语料库中自动抽取出来的。

例如,"复仇(Revenge)"框架中词元 avenge 的标注报告如下:

框架元素表为:

AVENGER:复仇者

INJURED PARTY:被害方

INJURY:伤害

OFFENDER：冒犯者

PUNISHMENT：惩罚

包含词元 avenge 的标注例句为：

（1）［Swegen AVENGER］is also to have invaded England later to AVENGE［his brother INJURED PARTY］. ［DNI PUNISHMENT］［DNI OFFENDER］

（后来 Swegen 也进犯英格兰为他的弟弟复仇。）

（2）With this,［ElCid AVENGER］at once AVENGED［the death of his son INJURY］and once again showed that any attempt to reconquer Valencia was fruitless while he still lived. ［DNI PUNISHMENT］［DNI OFFENDER］

（采用这样的方式,ElCid 马上为他的儿子复了仇,并且再次说明,只要他还活着,任何试图征服 Valencia 的尝试都不会有结果。）

（3）His secret ambition was for the Argentine ban to be lifted so［he AVENGER］could get to England and AVENGE［Pedro's death INJURY］［by taking out the England and especially one pocker-faced Guards Officer PUNISHMENT］. ［DNI OFFENDER］

（他暗暗下了决心来消除 Argentine 的禁令,这样,他就有可能进入英格兰并且通过破坏英格兰特别是杀死一个麻脸侍卫官的方式为 Pedro 的死复仇。）

（4）In article 3 of the agreement,［each AVENGER］had promised to AVENGE［the violent death of the other INJURY］［with the blood of the murderer PUNISHMENT］. ［DNI OFFENDER］

（在协议的第三条中,每个人都承诺要用杀人者的鲜血来为其他人暴烈的死复仇。）

（5）Suddenly he walked back to me and said［I AVENGER］ought to AVENGE［my father's death INJURY］and that he could help me. ［DNI PUNISHMENT］［DNI OFFENDER］

（突然他转过身来对着我,并且说,我应该为我父亲的死报仇,他可以帮我的忙。）

（6）［The Trojans AVENGER］wish to AVENGE［the death of Hector INJURY］; their misplaced values mean that patience in adversity is impossible. ［DNI PUNISHMENT］［DNI OFFENDER］

（Trojans 希望为 Hector 的死复仇;他们错误的估计意味着在逆境中忍耐是不可能的。）

（7）"We know the conditions here and［we AVENGER］want to AVENGE［that World Cup defeat INJURY］," he said, referring to South Africa's 64-run with in New-Zealand. ［DNI PUNISHMENT］［DNI OFFENDER］

（他引用在新西兰进行的南非的第 64 场比赛,并且说:"我们知道这里的条件,我们想为世界杯比赛中的失败复仇。"）

我们可以看到,在这些自动抽取出来的例句中,都进行了框架元素的标注,其中,DNI 是有定零形式框架元素,尽管在例句中没有出现,但仍然应当标出。

通过上面带标注的七个例句,我们可以归纳出词元 avenge 的两种配价模式:

① [AVENGER]-[INJURED PARTY]-[PUNISHMENT]- [OFFENDER];

② [AVENGER]-[INJURY]-[PUNISHMENT]- [OFFENDER]。

如果我们从语料库中自动地抽取出更多的标注例句,还可以归纳出第三种配价模式:

③ [AVENGER] - [INJURED PARTY] - [INJURY] - [PUNISHMENT] - [OFFENDER]

这三种配价模式反映了 avenge 这个词元的句法语义特性。显而易见,这样的配价模式对于自然语言处理是非常有价值的。

框架网络的软件工具还可以自动地生成"词条报告"。自动生成的词条报告包括"框架元素句法实现表"和"词元的配价模式表",这两个表格分别总结了框架元素的句法实现情况以及词元的配价模式。

"框架元素句法实现表"可以展示出某一词元的全部核心框架元素、被标注例子的数目以及它们的句法实现情况。

例如,词元 avenge 的框架元素句法实现表如表 6.1 所示。

表 6.1　avenge 的框架元素句法实现表

构架元素	在例句中的标注实例数	句法实现情况
AVENGER	33 exx	NP. Ext 25 exx
		. . . 　　7 exx
		Poss. Ext 1 exx
INJURED PARTY	14 exx	NP. Ext 4 exx
		NP. Obj 11 exx
INJURY	21 exx	NP. Ext 4 exx
		PP. Comp 2 exx
		NP. Obj 13 exx
		. . . 　　2 exx
OFFENDER	33 exx	PP. Comp 3 exx
		. : . 　　30 exx
PUNISHMENT	33 exx	PPing. Comp 5 exx
		PP. Comp 3 exx
		. . . 　　25 exx

其中,exx 表示在语料中出现的实例。例如,第一行中的 33 ext 表示在语料中 AVENGER 这个框架元素出现了 33 个实例。

"词元的配价模式表"可以分别说明模式中框架元素的词组类型(如 NP,VP 等)和句法功能(如 Ext,Obj,Comp 等)。

下面是词元 *avenge* 的配价模式表(表 6.2),它说明了在 avenge 的三个配价模式中的词组类型和句法功能的分布情况。

表 6.2　*avenge* 的配价模式表

标注实例数	配　价　模　式				
2 exx TOTAL	〔Avenger〕-	〔Injured party〕-	〔Injury〕-	〔Punishment〕-	〔Offender〕
2 exx	NP	NP	PP	PPing	—
	Ext	Obj	Comp	Comp	—
12 exx TOTAL	〔Avenger〕-	〔Injured Party〕-	〔Punishment〕-		〔Offender〕
2 exx	—	NP	—		—
		Ext	—		
1 exx	—	NP	—		PP
		Ext	—		Comp
6 exx	NP	NP	—		—
	Ext	Obj	—		—
1 exx	NP	NP	PP		—
	Ext	Obj	Comp		—
1 exx	NP	NP	PPing		—
	Ext	Obj	Comp		—
1 exx	NP	NP	PPing		PP
	Ext	Obj	Comp		Comp
19 exx TOTAL	〔Avenger〕-	〔Injury〕-	〔Punishment〕-		〔Offender〕
3 exx	—	NP	—		—
	—	Ext	—		—
1 exx	—	NP	PP		—
	—	Ext	Comp		—
1 exx	NP	—	—		—
	Ext	—	—		—
11 exx	NP	NP	—		—
	Ext	Obj	—		—
1 exx	NP	NP	PP		—
	Ext	Obj	Comp		—
1 exx	NP	NP	PPing		—
	Ext	Obj	Comp		—

这些通过软件自动地生成的"词元标注报告"和"词条报告",以直观的形式为我们提供了充分的语言信息,有助于我们对相关词元的句法和语义功能进行深入的分析和研究。

除了这些能够自动地生成以标注语料库为基础的报告的软件工具之外,框架网络课题组还开发了一个强大的以网络为基础的数据库查询工具,叫 FrameSQL,这个工具是由日本 Senshu 大学的 Hiroaki Sato 教授协助开发的,可通过链接框架网络的网页得到。FrameSQL 能够帮助使用者实现多个搜索参数的数据库查询,如框架名称、框架元素名称、语法功能等。例如,可以查询被称作"惩罚(PUNISHMENT)"的框架元素以介词短语的形式出现的任意框架的所有句子。

对框架网络有兴趣的读者可以访问 http://www.icsi.berkeley.edu/~framenet。

上面我们描述了从格语法到框架网络的发展过程,由此我们可以看出,Fillmore 对于题元角色关系的研究工作有了长足的进步,我们认为,这些进步主要体现在如下三个方面:

● 框架网络中使用的框架元素比格语法中使用的 13 个格更加丰富、更加具体,因而也更加便于用来描述单词的句法语义功能,使我们对于题元角色关系获得更加深刻的认识。

● 格语法研究所依赖的语言事实主要是根据语言学家本人的语言知识以及语言学家对于语言的直观感受,难免带有主观性和片面性,而框架网络的研究则是在大规模标注语料库的基础上进行的,能够客观地反映语言现象的真实面貌,有助于避免主观性和片面性。

● 格语法的研究方法主要是靠语言学家的内省和对于语言现象的洞察力,而框架网络的研究则使用计算机提供各种软件工具,如"词元标注报告"和"词条报告"的自动生成工具、以网络为基础的数据库查询工具等等,这些软件工具成为研究人员的有力助手,提高了研究工作的效率。

美国 Pennsylvania(宾州)大学计算机与信息科学系的 Martha Palmer(帕默尔)等在宾州树库(Penn Treebank)的基础上,对这个树库动词的配价关系进行标注,建立了"命题树库"(Proposition Bank,PropBank)。PropBank 的工作与 FrameNet 有相似之处,但是,他们标注的不是配价模式中的框架元素 FE,而是命题中的论元(Argument,Arg)。例如

Chuck bought a car from Jerry.(Chuck 从 Jerry 那里买了一辆汽车。)

Jerry sold a car to Chuck.(Jerry 卖了一辆汽车给 Chuck。)

这两个句子在 FrameNet 和 PropBank 中的标注如图 6.27 所示。

FRAMENET ANNOTATION:

[Buyer Chuck] *bought* [Goods a car][Seller from Jerry][Payment for $1 000].

[Seller Jerry] *sold* [Goods a car][Buyer to Chuck][Payment for $1 000].

PROPBANK ANNOTATION:

[Arg0 Chuck] *bought* [Arg1 a car][Arg2 from Jerry][Arg3 for $1 000].

[Arg0 Jerry] *sold* [Arg1 a car][Arg2 to Chuck][Arg3 for $1 000].

图 6.27　FrameNet 和 PropBank 标注实例

从图 6.27 的标注实例可以看出,FrameNet 把 bought 和 sold 归结为 COMMERCE(商务

活动）这个事件类别，在 COMMERCE 这个事件中的框架元素有 Buyer，Goods，Seller，Payment。FrameNet 使用这些框架元素对这两个句子做了标注。从 FrameNet 的标注结果可以看出，尽管两个句子的表达方式不一样，但是，它们的框架元素是一致的，因此它们表达的语义内容也是一致的。PropBank 没有对 bought 和 sold 进行归类，把两个句子看作两个命题（Proposition），采用逻辑论元 Arg0，Arg1，Arg2，Arg3 来进行标注，bought 和 sold 的论元是不同的。例如，在第一个句子中的 Arg0 是 Chuck，而在第二句子中的 Arg0 却是 Jerry，等等。

上面是主动句的标注结果，我们再来看如下的被动句：

A car was bought by Chuck.（汽车被 Chuck 买了。）

A car was sold to Chuck by Jerry.（汽车被 Jerry 卖给 Chuck 了。）

Chuck was sold a car by Jerry.（Jerry 卖了一辆汽车给 Chuck。）

它们的标注结果如图 6.28 所示。

FRAMENET ANNOTATION：

[Goods A car] was *bought* [Buyer by Chuck].

[Goods A car] was *sold* [Buyer to Chuck][Seller by Jerry].

[Buyer Chuck] was *sold* [Goods a car][Seller by Jerry].

PROPBANK ANNOTATION：

[Arg1 A car] was *bought* [Arg0 by Chuck].

[Arg1 A car] was *sold* [Arg2 to Chuck][Arg0 by Jerry].

[Arg2 Chuck] was *sold*[Arg1 a car][Arg0 by Jerry].

图 6.28　被动句的标注实例

从图 6.28 可以看出，在被动句中，FrameNet 的框架元素仍然是 Buyer，Goods，Seller。尽管三个句子的表达方式各不相同，但三个句子中各个单词所标注的框架元素总是保持一致的。而在 PropBank 中，由于是被动句，主语都不能再标注为 Arg0，而标注为 Arg1 或 Arg2，并且，bought 和 sold 的论元 Arg0，Arg1，Arg2 都不一样。

在 PropBank 中，bought 的 Arg0 是 buyer（买者），Arg1 是 thing bought（买的东西），Arg2 是 seller（卖者），Arg3 是 price paid（所付的价钱），Arg4 是 benefactive（受益者）；sold 的 Arg0 是 seller（卖者），Arg1 是 thing sold（卖的东西），Arg2 是 buyer（买者），Arg3 是 price paid（所付的价钱），Arg4 是 benefactive（受益者）。bought 和 sold 的论元各不相同。但是，在 FrameNet 中，bought 和 sold 都属于 COMMERCE 这一类事件，它们的框架元素总是一样的。二者的比较如图 6.29 所示。

从这样的比较可以看出，FrameNet 比 PropBank 对于语言现象具有更好的描述能力和解释能力。

PropBank		FrameNet
buy	*sell*	COMMERCE
Arg0：buyer	Arg0：seller	Buyer
Arg1：thing bought	Arg1：thing sold	Seller
Arg2：seller	Arg2：buyer	Payment
Arg3：price paid	Arg3：price paid	Goods
Arg4：benefactive	Arg4：benefactive	Rate/Unit

图 6.29　PropBank 与 FrameNet 的比较

参考文献

[1]　Fillmore C J. The case for case [C]//Emmon Bach and Harms，Universals in Linguistic Theory. New York：Holt-Rinehart-Winston，1968：1‑88.

[2]　Fillmore C J. Frames and the semantics of understanding[J]. Quaderni di Semantica，1985，6 (2)：222‑253.

[3]　冯志伟. 框架核心语法与自然语言的计算机处理[J]. 汉语学习,2002(2)：24‑25.

[4]　冯志伟. 从格语法到框架网络[J]. 解放军外国语学院学报，2006，29(3)：1‑9.

[5]　冯志伟. 现代语言学流派[M]. 西安：陕西人民出版社，1999.

[6]　冯志伟. 关注认知语言学的研究[J]. 科学中国人,2012(23)：20‑24.

[7]　李丽,冯志伟. 框架网络的理解和构建[C]//内容计算的研究与应用前沿. 北京:清华大学出版社,2007：314‑319.

第 7 章

基于词汇主义的形式模型

词汇主义(lexicalism)是当前自然语言处理的一个趋势,值得我们关注。本章介绍基于词汇主义的形式模型,首先介绍词汇语法和链语法,然后介绍词汇语义学和知识本体,最后介绍两个最重要的形式化的词汇资源——词网 WordNet 和知网 HowNet,并介绍 Pustejovesky 的生成词库理论。

7.1 Gross 的词汇语法

法国语言学家格罗斯(Maurice Gross,1934～2001,图 7.1)在词汇研究的基础上,于 1968 年发表了《法语转换语法——动词句法》(*Grammaire Transformationnelle du Français*,*Syntaxe du Verbe*,Larousse),1975 年发表了《句法方法论》①(*Methodes en Syntaxe*,Paris,Hernamm),1977 年发表《法语转换语法——名词句法》(*Grammaire Transformationnelle du Français*,*Syntaxe du Nom*,Larousse),1979 年发表《语言学的实证》(*Evidence in Linguistics*),提出了"词汇语法"(Lexicon-grammar)的理论。词汇语法是一种基于词汇主义的形式化的语言理论。

图 7.1　Maurice Gross

Gross 于 1934 年生于法国色当(Sedan),学习军事工程技术,毕业于巴黎高等工业学院,1961～1962 年到美国 MIT 学习语言学,师从 Noam Chomsky,1964～1965 年转到宾州大学,师从 Zellig Harris,毕业后在 MIT 任教。回法国后从事自然语言处理研究,1968 年,他创办了巴黎第七大学语言学资料自动化实验室(Laboratoire Automatique de Documentation Linguistique,LADL),并担任实验室主任。1975 年 Gross 首次提出"词汇语法"的理论,1979年又进一步完善了这种理论,他是词汇语法的创始人。

下面我们介绍词汇语法的理论基础和操作原理。

首先介绍词汇语法的理论基础。

---

① Gross M. Methodes en Syntaxe[M]. Paris：Hernamm,1975.

Gross 既是 Chomsky 的学生,又是 Harris 的学生,在学术思想上,他更倾向于 Harris 的结构主义语言学,因此,我们可以说,词汇语法的理论基础是结构主义语言学。

● 词汇语法坚持索绪尔的纯语言学的立场,主张"语言学唯一的、真正的对象是就语言并为语言而研究的语言",把语言定义为一种特殊的、带有自然现象许多特点的社会现象,主张从语言的内在结构去研究,即把语言作为音义结合的符号系统来研究,把一切非语言的因素(如社会因素、文化因素、心理因素)严格限制在一个能把握得了的范围之内。词汇语法要营造一个属于语言学的独立空间,使其探讨经验范围之内的有关事实,即有关语言结构的内部和外部解释,其目的在于向应用研究人员提供一个容易操作、便于运用的系统。词汇语法指出,对语言结构的内部解释属学科的本位研究,而对其外部解释属于学科的主体研究,应当处理好二者之间的辩证关系。

● 词汇语法坚持结构主义方法论的原则。20 世纪结构主义方法论的共同特点是:语言是一个结构系统,应当注重语言结构中各个成分之间关系的探索,应当重视共时的研究,强调形式的分析和描写。语言学家的任务是描写语言,应当注意描写语言的整体性、描写手段的局限性和句法研究的重要性。在句法研究中,应该包括分类的研究观点、转换的研究观点、功能的研究观点。

● 词汇语法坚持实证主义的变换方法。认为语言研究应当处理实证资料的总体,其核心是句型对立类别,因为类别体现着句子之间的等级关系,而对立类别则体现着句子之间的转换关系。

● 词汇语法的中心思想是词汇及语法这两个组成部分具有同等的重要性,缺一不可。对于二者互动关系的探求应该系统地进行。词汇单位的句法个性正是句子共现和共存变异的主要原因,词汇和语法的互动要给出语言形式的共现和共存条件。

● 词汇语法在理论和实践的关系上,坚持方法的选择必须以应用价值为先导,反对以假设为前提、忽视应用的做法。

● 词汇语法主张句法独立(autonomie de la syntaxe),坚持在句法描写中摒弃语义上的先验模式(apriorisme),使语义的描写处于最低量态度(minimaliste),做到"语义低量"。只有这样,语言学家才有可能把握句子中句法和语义之间的相互制约的关系,从而对于句法进行更加系统和精确的描写。Gross 坚信,句法可以形式化到相当的应用程度(valeur operatoire),而语义不可能独立于句法而达到形式化,他并不排斥语义,但是主张语义描写的最低量。

● 在科学精神和科学方法上,词汇语法主张自然科学研究中所表现出来的那种求真求实的科学精神,即具有创新意识、实证态度和怀疑精神,相信一切语言理论和方法都受到语言事实的检验。从语言学还没有成为精密科学的现状出发,提出要对研究方法进行淘汰与创新,把归纳和演绎两种方法有机地结合起来。

上面我们讨论了词汇语法的理论基础,下面我们来介绍词汇语法的操作原理。

词汇语法的操作原理明确具体。词汇语法坚持实证论,阐明有关描写语法的基本事实以及进行分类和再分类的归纳的操作原则和顺序。其操作理据、操作背景、操作意图和操作方法如下:

● 词汇语法的操作理据是基于经验证实原则和客观主义的实证主义。经验证实原则强调任何观念和理论都必须以可观察的事实为基础,能为经验所验证。客观主义强调认识过程中主体和客体的合理分离,主体的知识应该如实反映客观事物的特点,尽量不掺杂个人的态度和情感、信念和价值等主观因素。

● 词汇语法的操作背景是后海里斯主义(Post-Harrisism)。和其他结构主义语言学家一样,Harris 一贯重视语言的形式特征,其核心概念是"分布"(distribution),分布就是某个单位或特征在话语里出现的不同位置的总和,也就是出现其中一切环境的总和。Harris 致力于提升句法学的地位,重组语言学,试图使它像自然科学一样精确。Harris 把语法研究定位于句子。主张采取形式方法,不回避口语材料和反例(exception),以直觉为本(intuition-based),从结构入手来进行研究,而把句子的内容方面(即语义)放在次要的位置。其中心思想是认为离开核心句的框架,不可能有效地观察句法事实,因为只有在这样的框架里,才能把握句子成分跟句子内在的语义结构及外在的形式分布互动的关系。Gross 继承了 Harris 的学术传统,坚持后海里斯主义,他认为,口语材料和反例两项语料的处理离不开直觉的甄别和补充,任何回避口语材料和反例的做法都无助于语言的形式化描写。

● 词汇语法的操作意图是构建相互有机联系的描写、验证、分类、语料这四种机制。
描写机制包括:

■ 对特定语言进行系统描写的共时机制;
■ 集中研究句子得以形成和出现的实证条件;
■ 以词汇驱动,尽量进行穷尽性的描写,在具有相当规模的真实语料的范围内,对其中相关的语言现象全部地彻底地逐一描写;
■ 建立以句子为基点的语法描写机制,把词汇放到句子中来验证句子的组配规则;
■ 描写核心句的成句条件的句法模式,以符合足句条件的核心句为基本观念。

验证机制是把过去的语言学家所提出的语法规则放在一个形式化的、词汇与语法互动的系统中,从而核实它的可操作性。

分类机制是建立一套有关处理语料的理论,以便更加系统地收集事实,寻找观念与自省的互补关系,寻找语料及其种种相关形态的层次关系。

语料机制主张语料是语言学唯一的研究对象。语料应有样本再现性、规模开放性和输出形式化的特点,要建立词汇库和语法库。

● 词汇语法的操作方法分词汇的处理、语法的处理、矩阵的设计和专家的干预四项。
词汇的处理包括分出核心词汇、确定相关词汇义项的分立以及制定句法表现的合法度;

分出熟语性词汇,对非熟语性的核心词进行词目分立,句法的形式标准是分立词目的基础。彻底的研究应该是一个词一个词地进行观察,一项特征一项特征地进行确定。

例如,在如下句子中的 book 应当分别立为不同的词目:

Bob booked a seat for the show.

The police booked the thieves.

Bob booked a room for Tom.

三个 booked 的含义和用法都不同,应当立为三个词目。Gross 研究 6 000 个法语动词,把它们立为 12 000 个词目。

在语法的处理中,词汇语法主张句法的研究需要一个明确的、清楚界定了的框架。

不同动词具有不同的必有补足语,而且同一个动词的不同用法也具有不同的必有补足语。只有在整个词汇系统中对动词进行个别描写才能有效地标示出什么是必有的补足语,什么是可有的补足语,而补足语就是出现条件或成句条件。只有从一个个具体的词项出发来引导和控制句法分析,才能从根本上把握词汇和语法的互动关系,而这一点正是词汇语法方法论上的本质特征之所在。

词汇语法的另一个重点是转换(transformation)。分布和转换是密切联系在一起的两个概念。句法的转换关系联系着相同的词类构成的相关句子集合,而且与单词的特性密切相关。

例如,英语的主动句与被动句之间存在着如下的转换关系:

$$NP_0 \ V \ NP_1 = NP_1 \ be \ V_{pp} \ by \ NP_0$$

如果其中的 V 是 eat,我们有

$$NP_0 \ eat \ NP_1 = NP_1 \ be \ eaten \ by \ NP_0$$

对于单词 eat 来说,上面的转换关系是正确的。

如果其中的 V 是 require,上面的转换关系也成立。

This report requires a lot of attention 的被动句是:

A lot of attention is required by this report.

可是,如果其中的 V 是 deserve,got,receive,上面的转换关系就不成立了。

我们可以有主动句:

This report deserved a lot of attention.

This report got a lot of attention.

This report received a lot of attention.

但是,我们不能有相应的被动句:

*A lot of attention is deserved by this report.

* A lot of attention is got by this report.

* A lot of attention is received by this report.

由此可见,如果我们在抽象的转换规则中代入具体的单词,这样的转换规则有时成立(如 eat,require),有时则不能成立(如 deserve,got,receive)。词汇的不同特性对于转换规则是否成立,起着举足轻重的作用。因此,必须特别重视词汇的作用,在词汇的基础上来建立词汇语法。这正是词汇语法的精粹。

母版(matrice)的设计是词汇语法形式化的关键,包括纵向标示和横向标示。纵向标示包括句型属性、分布属性、语义属性和相关变换属性,它们可以用不同的特征的"有"(＋)或"无"(－)来表示,每一栏目表示特定词项的句法聚合关系。横向标示表示预设的词汇语法的词项。

在分析时,把词汇输入到母版中,经过母版的处理,在输出端得到句法分析的结果。如图7.2所示。

图 7.2　母版处理

通过母版这样的经验模型,语言研究者就可以立即识读出某一个具体词项的句法分布特征,从而得到句法分析的结果。

例如,如果我们对于谓语 A, A', A'' 的主语和宾语建立了如图7.3所示的母版。

主　语		谓语	宾　　语		
a_1	a_2		a_3	a_4	a_5

图 7.3　母版

其中,主语的分布特征为 a_1, a_2,宾语的分布特征为 a_3, a_4, a_5。当输入谓语时,不同的谓语选择主语和宾语中不同的特征,研究者就可以使用母版进行句法识读,在输出端得到句法分析的结果(图7.4)。

主　语		谓语	宾　　语		
a_1	a_2		a_3	a_4	a_5
＋	－	A	＋	＋	－
＋	－	A'	－	＋	－
＋	＋	A''	＋	－	＋

图 7.4　句法识读

当输入的谓语为 A 时,输出句子的分布特征是 $a_1 + a_3 + a_4$;当输入的谓语为 A' 时,输出

句子的分布特征是 $a_1 + a_4$;当输入的谓语为 A'' 时,输出句子的分布特征是 $a_1 + a_2 + a_3 + a_5$。

Gross 认为,在一般人的判断能力中,句法的可接受度(acceptabilité syntaxique)高于语义的可接受度(acceptabilité semantique),因而句法的可接受度也就更加可信,如果出现差错,也便于依据客观的语言事实来加以纠正。在词汇语法中,这种句法的可接受度是通过专家的干预来决定的。

专家的干预通过各种渠道系统地积集语料,以专家干预为主导处理语料。词汇语法要求把专家干预、语料库构建和计算机技术三者有机结合起来。专家干预的关键词是通过可理解度和再现性对句子的可接受度进行判断。这种操作原理告诉我们:应该从何处开始? 到何处结束? 中间经过哪几个步骤? 研究者们随时知道自己已经研究到了何种地步,再进一步该如何做。它既有宏观上的考虑,又有微观上的处理,把宏观和微观紧密而有机地结合起来。

Gross 对法语动词的研究非常细致。他本人有很好的数学基础,长期从事计算语言学的研究。从计算语言学的角度出发,他制成了法语动词配价的矩阵表,将 3 000 个法语动词以义项为词条分列在 19 张矩阵表中。每一种矩阵表代表一种或两种基本的"动词 + 补足语结构",由于矩阵表上的配价兼容关系处理得很高明,每一个矩阵表实际上可以反映多种不同的结构方式。Gross 采用了 100 个左右的配价特征来分析动词,分类做得非常细致,3 000 个动词竟然分成了 2 000 个细类。Gross 的工作为面向自然语言处理的语法信息词典研制奠定了基础。到 1990 年的时候,Gross 和他领导的 LADL 实验室已经分析了 6 000 个法语动词,设置了 81 个矩阵表来描写 31 000 个词项。

对于词汇语法,Gross 于 1994 年在《词汇语法的构建》(*Constructing Lexicon-Grammar*)一文中作过如下总结式的叙述,他指出:"我们在词汇语法的框架里进行研究,这个框架要求我们系统地罗列事实。当前,我们可以这样理解词汇语法的运作方式,它的目的在于验证特定语言的词目的种种用法都能够得到语法意义上的、令人满意的描写,也就是说,相关句式之间的关系都无一遗漏地参照现有的语法规则得到描写。"[1]

总起来说,词汇语法具有如下突出的特点:

● 基于表层形态以矩阵作为表达语言信息的媒介,通过具体词汇的各种特性的描写来描述语言的语法规则,对于母版的格式做定量描述,对配价做恒量描述。

● 不回避口语材料和反例,以直觉为本,强调句法的可接受度,适当注意语义因素。

● 以词汇驱动,尽量进行穷尽性的研究,充分重视词汇的个别特性,要求尽可能高的词汇覆盖面。

● 以符合足句条件的核心句为基本观念,把词放到句子中来验证句子的组配规则,在结构平面上把对句子里各部分之间形式上的关系放在主导地位上,排除会话情景等语用因素以

---

[1] Gross M. Constructing Lexicon-Grammar [G]//Computational Approaches to the Lexicon. Oxford: Oxford University Press, 1994: 213-263.

及篇章分析等修辞因素。

　　词汇语法坚持"格式定量,配价恒量,语义低量,词汇覆盖面高量"的做法,体现了现代语言学中的词汇主义倾向。

7.2　链语法

　　链语法(link grammar)是 D. Sleator (斯里特)和 D. Temperley (汤佩雷)于 1991 年在《用链语法剖析英语》(*Parsing English with a Link Grammar*,Technical Report of Carnegie Mellon University,CMU-CS-91-196)中提出的(图 7.5)。

图 7.5　D. Sleator(左)和 D. Temperley(右)

　　链语法的构思方式与范畴语法十分接近,对单词的特性十分重视,带有强烈的词汇主义倾向。我们在第 2 章中已经介绍过范畴语法,熟悉范畴语法的读者,不难领会链语法的原理。链语法便于语言工程的实现,是语言信息处理中引人注目的一种新的形式模型。

　　一部链语法由一组词组成,语法中的每一个词都有一些特定的链接要求,这些链接要求被一一登录在链语法词典的相应词条里,根据这些链接要求对单词的链特性进行链接运算,便可以得出句子的结构。可以说,链语法是一种立足于单词的链接特性的语法。

　　单词的链接要求通过链来描述。链有两种:一种是链头,一种是链座。可以把链同电路相比拟,链头相当于电路中的插头,链座相当于电路中的插座。在链语法中,如果两个词要合法地链接,它们必须带有同一类的链,并且,一个词带链头,一个词带链座,链头应该恰如其分地插在链座中。

　　例如,在句子"代表团昨天参观博物馆"中的单词"代表团""昨天""参观""博物馆"可以通过连接子(connector)分别描述如下:

　　"代表团":它的连接子为((),(s)),其中,左边的()是链座,现在为空,右边的(s)是链头,是 s(主语)类的链,表示这个词要向右找一个链座为 s 的词相链接。

　　"昨天":它的连接子为((),(t)),其中,左边的()是链座,现在为空,右边的(t)是链头,是

t(时间词)类的链,表示这个词要向右找一个链座为 t 的词相链接。

"参观":它的连接子为((t,s),(o)),其中,左边的(t,s)是链座,按从后向前顺序分别为 t 和 s,表示这个词要向左首先找一个链头为 t 的词相链接,接着再向左找一个链头为 s 的词相链接,右边的(o)是链头,是 o(宾语)类的链,表示这个词要向右找一个链座为 o 的词相链接。

"博物馆":它的连接子为((o),()),其中,左边的(o)是链座,表示这个词要向左找一个链头为 o 的词相链接,右边的()是链座,现在为空。

如果一个连接子的链头能够插入类别和它相同的链座之中,那么说这个连接子的链接要求得到满足,如果一个句子中的各个词的连接子的链接要求都得到满足,那么链接这些词的一组链就叫作这个句子的一个链系统(linkage)。句子"代表团昨天参观博物馆"的链系统如图 7.6 所示。

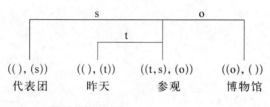

图 7.6　链系统实例(1)

"代表团"的连接子要向右找一个链座为 s 的词相链接,"昨天"的连接子要向右找一个链座为 t 的词相链接,而"参观"的连接子首先要向左找一个链头为 t 的词相链接,"昨天"的连接子特性正好满足这个条件,"参观"的连接子然后还要再向左找一个链头为 s 的词相链接,"代表团"的连接子正好满足这个条件,因此,可以把"参观"先同"昨天"链接起来,然后再同"代表团"链接起来。"参观"的连接子还要求向右找一个链座为 o 的词相链接,而"博物馆"的连接子正好满足这个条件,于是,最后把"参观"同"博物馆"链接起来,造出句子的连锁。从图 7.6 中可以看出,这个链系统包括 s,t 和 o 三条链,每一条链的链头都正好插入链座之中,完全满足链接的条件。

我们再以英语为例。在英语句子"The cat chased a snake"(那只猫追赶一条蛇)中的单词"the""cat""chased""a""snake"可以用连接子描述如下:

"the":它的连接子为(( ),(d)),其中,左边的()是链座,现在为空,右边的(d)是链头,它表示这个词要向右找一个链座为 d 的词相链接。

"cat":它的连接子为(((d),(s))∨((d,o),(s))),这个连接子中的((d),(s))以及((d,o),(s))叫作"选言肢",这两个选言肢之间的关系是"逻辑或"(用∨表示)的关系。选言肢((d),(s))中,左边的(d)是链座,它表示这个词要向左找一个链头为 d 的词相链接,右边的(s)是链头,它表示这个词要向右找一个链座为 s 的词相链接;选言肢((d,o),(s))中,左边的(d,o)是链座,它表示这个词首先要向左找一个链头为 d 的词相链接,然后再向左找一个链头为 o 的词相链接,右边的(s)是链头,它表示这个词要向右找一个链座为 s 的词相链接。

"chased"：它的连接子为((s),(o))，其中，左边的(s)是链座，它表示这个词要向左找一个链头为s的词相链接，右边的(o)是链头，它表示这个词要向右找一个链座为o的词相链接。

"a"：它的连接子为((),(d))，其中，左边的()是链座，现在为空，右边的(d)是链头，它表示这个词要向右找一个链座为d的词相链接。

"snake"：它的连接子由两个选言肢组成：(((d),(s)) ∨ ((d,o),()))。选言肢((d),(s))中，左边的(d)是链座，它表示这个词要向左找一个链头为d的词相链接，右边的(s)是链头，它表示这个词要向右找一个链座为s的词相链接；选言肢((d,o),())中，左边的(d,o)是链座，它表示这个词首先要向左找一个链头为d的词相链接，然后再向左找一个链头为o的词相链接，右边的()是链头，现在为空。

根据单词的连接子的性质，对它们进行链接，我们可以得到句子"The cat chased a snake"的链接系统如图7.7所示。

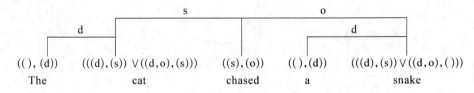

图 7.7 链系统实例(2)

在构成句子的链系统时，对于具有两个或两个以上的选言肢的连接子，由于连接子中选言肢之间是"逻辑或"关系，只能而且只能有一个选言肢满足链接的条件。例如，在 cat 的连接子中，只有((d),(s))这个选言肢能够满足条件，从而同它左边的 the 和右边的 chased 链接起来；在 snake 的连接子中，只有((d,o),())这个选言肢能够满足条件，从而先同它左边的 a 链接起来，再同它距离更左的 chased 链接起来。

严格地说，链语法是由一组词以及这些词相应的连接子组成的。而词的连接子是由一列逻辑选言肢(即"逻辑或")组成的。即有

$$w = (d_1 \vee d_2 \vee \cdots \vee d_k)$$
$$d = ((l_1, l_2, \cdots, l_m), (r_n, r_{n-1}, \cdots, r_1))$$

其中，$d \in \{d_1, d_2, \cdots, d_k\}$，$(l_1, l_2, \cdots, l_m)$称为左链，$(r_n, r_{n-1}, \cdots, r_1)$称为右链。带选言肢 d 的词 w 可以同处于该词两边的其他词相链接，但是，从左边相链接的词必须与$(l_1, l_2, \cdots, l_m)$中的链相匹配，不能有重复，也不能有遗漏；从右边相链接的词必须与$(r_n, r_{n-1}, \cdots, r_1)$中的链相匹配，不能有重复，也不能有遗漏。对于被采用的选言肢 $d = ((l_1, l_2, \cdots, l_m), (r_n, r_{n-1}, \cdots, r_1))$，与 l_i 相链接的词和 w 的距离，随着 i 的增加而增加，与 r_j 相链接的词和 w 的距离，随着 j 的减少而增加。

也就是说，如果单词 w 左右成分 l_i 与 r_j 的排列顺序如下：

$$l_m, \cdots, l_2, l_1, w, r_n, r_{n-1}, \cdots, r_1$$

那么单词 w 的选言肢表示如下：

$$(l_1, l_2, \cdots, l_m), \quad (r_n, r_{n-1}, \cdots, r_1)$$

句子的链系统应该满足如下四个条件：

● 平面性（planarity）：在一个句子上面画出的词与词之间的链互不交叉。

● 连接性（connectivity）：画出的链可以无遗漏地把这个词序列中的所有的词都链接起来。

● 顺序性（ordering）：在一个选言肢的左链中从左到右排列的成分必须同它们分别要链接的在其左边的词从近到远的顺序相一致，在一个选言肢的右链中从左到右排列的成分也必须同它们分别要链接的在其右边的词从近到远的顺序相一致。

● 排他性（exclusion）：一对词之间最多只能有一条链相链接，也就是说，不允许在同一对词之间出现一条以上的链。

像链语法这样的基于词的语法系统，比起上下文无关语法来，更容易得到词间关系的统计数据，如果通过大规模真实文本的语料库来获取每种链所链接的单词对的出现频率，那么在句法系统遇到链接的歧义时，便可以凭借这样的统计数据做出判断，从而为句子的分析选出概率意义上的最佳结果。

7.3　词汇语义学

语言中的词汇具有高度系统化的结构，正是这种结构决定了单词的意义和用法。这种结构包括单词和它的意义之间的关系以及个别单词的内部结构。对这种系统化的、与意义相关的结构的词汇研究叫作"词汇语义学"（lexical semantics）。

从词汇语义学看来，词汇不是单词的有限的列表，而是高度系统化的结构。

在继续讲述词汇语义学之前，让我们首先引入一些新的术语，因为迄今为止我们用过的这些术语都过于模糊。例如，对于"词"（word）这个术语，目前已有各式各样的用法，这增加了我们澄清其用法的难度。因此我们将使用"词位"（lexeme）这个术语来替代"词"这个术语，词位表示词典中一个单独的条目，是一个特定的正字法形式和音素形式与一些符号的意义表示形式的组合。词典（lexicon）是有限个词位的列表，从词汇语义学的观点看来，词典还是无限的意义的生成机制。一个词位的意义部分叫作"含义"（sense）。

词位和它的含义之间存在着复杂的关系。这些关系可以用同形关系、多义关系、同义关系和上下位关系来描述。

● 同形关系

形式相同而意义上没有联系的词位之间的关系叫作同形关系（homonymy）。具有同形关系的词位叫作同形词(homonyms)。

例如,bank 有两个不同的意思:

(1) 银行(financial institution)。在句子 "A **bank** can hold the investments in an account in the client's name."中的 bank 就具有这个意思,我们把它叫作 bank1。

(2) 倾斜的堤岸(sloping mound)。在句子 "As the agriculture development on the east **bank**, the river will shrink even more"中的 bank 就具有这个意思,我们把它叫作 bank2。

bank1 和 bank2 在意义上没有联系,在词源上,bank1 来自意大利语,而 bank2 来自斯堪底纳维亚语。

同形词可以分为两种:

■ 同音异义词(homophones):发音相同但是拼写法不同的词位。例如 wood—would, be—bee, weather—whether。

■ 同形异义词(homographs):正词法形式相同但是发音不同的词位。例如 bass〔bæs〕—bass〔beis〕。bass〔bæs〕是一种皮肤带刺可食用的鱼,叫作"狼鲈",而 bass〔beis〕表示低音。

在自然语言处理中,我们应该重视同形关系的研究。

■ 在拼写校正时,同音异义词可能会导致单词的拼写错误。例如,把 "weather"错误地拼写成"whether"。

■ 在语音识别时,同音异义词会引起识别的困难。例如,"to""two"和"too"发音相同,在识别时难以区分。

■ 在文本-语音转换系统(Text-To-Speech system,TTS 系统)中,同形异义词由于发音不同,会引起转换的错误。例如 bass〔bæs〕和 bass〔beis〕。

● 多义关系

一个单独的词位具有若干个彼此关联的含义的现象,叫作多义关系现象(polysemy),具有多义关系的词位叫作多义词,这意味着,在一个多义词中的各个含义是彼此相关的,而同形词的各个含义是不相关的。

例如,英语的 head 是一个多义词,它具有如下的含义:

① 包括大脑、眼睛、耳朵、鼻子和嘴的身体部分。

② 物品的最前端。例如 the head of the bed(床头)。

③ 头脑。例如 Can't you get these facts into your head 中的 head。

②的含义是①的含义的引申,③的含义是①的含义的缩小。各个含义之间是有联系的。

判断含义是否有联系的方法有两种:

■ 词源判断法(etymology criteria):词源上有联系的是多义词,词源上没有联系的是同形词。bank1 和 bank2 的词源不同,因此,它们的含义没有联系,应该是同形词。

■ 共轭搭配法(zeugma criteria):把待判断的两个含义用连接词组合到一个句子中,如果句子成立,则判断它们是多义词,否则,判断它们是同形词。

例如,在句子"Which of those flights serve breakfast"中,"serve"的含义是"供应食品"(to offer food to eating),在句子"Does ASIANA serve Philadelphia"中,"serve"的含义是"提供服务"(to work for)。共轭搭配法使用连接词 and 把它们构成句子*"Does ASIANA serve breakfast and Philadelphia",这个句子是个病句,我们觉得有些怪,我们似乎不能把 serve 同时应用于 breakfast 和 Philadelphia,这说明 serve 的这两个含义之间的联系不是很明显,但是我们还不能决定它们究竟是多义词还是同形词。

可见,与词源判断法比起来,共轭搭配法只能作为我们判断多义词或同形词的参考,它还不是非常过硬的判断手段。

不过,这种共轭搭配法可以帮助我们测定不同多义词的各个含义之间的语义距离。

我们来研究下面的句子:

(1)"They play the soccer."这里的"play"表示"进行某种使人愉快的体育活动"(to do sport that passed the time pleasantly)。

(2)"They play the basketball."这里的"play"的含义与上句相同。

(3)"They play the piano."这里的"play"的含义表示"操作某种乐器"(to perform a music instrument)。

(4)"They play doctors and nurses."这里"play"的含义是"孩子们在游戏中扮演某个角色"(Children amuse oneself by pretending to be some roles in the games)。

我们使用共轭搭配法造出如下的新句子,从而判定各个含义之间的语义距离:

"They play the soccer and the basketball."——这个句子可以成立,说明句子(1)和句子(2)中 play 的含义最接近。

"They play the soccer and the piano."——这个句子有点儿怪!这说明句子(1)与句子(3)中的 play 的含义相距比较远。

"They play the soccer and doctors."——这个句子非常奇怪!!这说明句子(1)与句子(4)中 play 的含义相距很远。

在用共轭搭配法造出的这些新句子中,句子越是奇怪,它的可接受程度就越差。可见,共轭搭配法是判断词位的语义距离的一种有效的手段。

在语言学中,区分同形词和多义词是很重要的。不过,在自然语言处理中,由于同形词和多义词实际上都是一个词具有一个以上的含义的现象,它们都属于词义的歧义问题,我们一般没有必要区分同形词和多义词,我们把它们都作为词义排歧(Word Sense Disambiguation, WSD)的问题来处理。

● 同义关系

在传统语言学中,如果两个词位具有相同的意义,那么就说它们之间具有同义关系

(synonymy)。这样的定义显然过于笼统,缺乏操作性。

在自然语言处理研究中,我们可以根据可替换性(substitutability)来定义同义关系:在一个句子中,如果两个词位可以互相替换而不改变句子的意思或者不改变句子的可接受性,那么我们就说这两个词位具有同义关系。这样的定义显然具有可操作性。

例如,句子"How **big** is that plane"和句子"Would I be flying on a **large** or small plane"中的 big 和 large 可以互相替换,而不会改变这两个句子的意义或改变它们的可接受性,我们就说 big 和 large 具有同义关系。

不过,如果我们坚持这种可替换性一定要在一切环境中都具有,那么英语中的同义词的数量就很少了。因此,我们对于可替换性的要求不能太过于严格,只要求在某些环境下可替换就可以了。也就是说,我们宁愿给同义关系一个比较弱的定义,这样做比较现实。

可替换性与下面四个因素有联系:

■ 多义关系中的某些含义的有无

例如,句子"Miss Kim became a kind of **big** sister to Mrs. Park's son"是可以接受的,而句子"Miss Kim became a kind of **large** sister to Mrs. Park's son"就显得有些怪。其原因在于,第一个句子中的 big 这个多义词的多个含义中有 older 这个含义,而 large 这个多义词的多个含义中没有 older 这个含义,因此,在这样的环境下,big 和 large 不能相互替换。

■ 微妙的意义色彩的差别

例如,句子"What is the cheapest first class **fare**"是可以接受的,而句子"What is the cheapest first class **price**"就显得有些怪。其原因在于,fare 比较适合于描述某些服务中需要支付的费用,而 price 通常适合于描述票据的价格,因此,第二个句子中用 price 来替换 fare 就显得有些奇怪。

■ 搭配约束的不同

例如,句子"They make a **big** mistake"是可以接受的,而句子"They make a **large** mistake"就显得有些怪。其原因在于,当描述 mistake 比较严重时,往往使用 big 而不用 large,也就是说,mistake 倾向于与 big 搭配,而不倾向于与 large 搭配。

■ 使用域的不同

使用域(register)是指语言使用中的礼貌因素、社会地位因素以及其他社会因素对词语使用的影响。使用域的差别也会影响到同义词的选择。

在自然语言处理研究中,同义词的意义色彩差别、搭配约束和使用域对译文的质量有明显的影响,我们应该考虑到这些因素,正确地选择恰当的同义词。

● 上下位关系

如果两个词位中,一个词位是另一个词位的次类,那么就说它们之间存在上下位关系(hyponymy)。car(小汽车)和 vehicle(交通工具)间的关系就是一种上下位关系。上下位关系是不对称的,我们把特定性较强的词位称为概括性较强的词位的下位词(hyponym),把概括性较强的词位称为特定性较强的词位的上位词(hypernym)。因此,我们可以说,car 是 vehicle 的下位词,而 vehicle 是 car 的上位词。

我们可以使用受限的替换来探讨上下位关系的概念。

我们来考虑下面的蕴涵式:

$$This \ is \ a \ X \Rightarrow That \ is \ a \ Y$$

在这个蕴涵式中,如果 X 是 Y 的下位词,则在任何情形下,当左边的句子为真时,右边新产生的句子也必须为真。例如,我们有

$$This \ is \ a \ car \Rightarrow That \ is \ a \ vehicle$$

在这里,新生成句子的目的并不是作为原句的替换,而仅仅是作为对是否存在上下位关系的一种诊断测试。所以,这只是一种受限的替换。

在知识本体(ontology)、分类体系(taxonomy)、对象层次(object hierarchy)中,上下位关系是很有用的。知识本体通常是指对一个领域或微世界(microworld)进行分析而获得的概念系统的规范说明。分类体系是指把知识本体中的元素排列成包含结构的树状分类的一种特别的方式。计算机科学里的对象层次是基于这样的概念:知识本体中的对象被安排在一个分类体系中,并能够接受或继承分类体系中它们的祖先的特征。当然,只有当分类体系中的元素事实上是带有可继承特征的复杂结构的对象时这才会有意义。因此,上下位关系本身并不能组成一个知识本体、范畴结构、分类体系或对象层次。然而,上下位关系可以作为这类结构的近似表示。在我们下面讨论知识本体和词网(WordNet)的时候,都会涉及上下位关系的概念。

7.4 知识本体

如果我们对一个领域中的客体进行分析,找出这些客体之间的关系,获得了这个领域中不同客体的集合,这一个集合可以明确地、形式化地、可共享地描述这个领域中各个客体所代表的概念的体系,它实际上就是概念体系的规范,这样的概念体系规范就可以看成这个领域的"知识本体"(ontology)。

人们很早就开始研究知识本体,因此,知识本体有很多不同的定义,这些定义有的是从哲学思辨出发的,有的是从知识的分类出发的,最近的一些定义则是从实用的计算机推理出发的。

《牛津英语词典》对于知识本体的定义是"对于存在的研究或科学"(the science or study of being)。这个定义显然是非常广泛的,因为它试图研究存在的一切事物,为存在的一切事

物建立科学。不过,这个定义确实是关于知识本体的经典定义,它来自哲学研究。

什么是事物(things)? 什么是本质(essence)? 当事物发生改变时,本质是否仍然存在于事物之中? 概念(concept)是否存在于我们的心智(mind)之外? 怎样对世界上的实体(entities)进行分类? 这些都是知识本体要回答的问题,所以,知识本体是"对于存在(being)的研究或科学"。

远在古希腊时代,哲学家就试图研究当事物发生变化的时候,如何去发现事物的本质。例如,当植物的种子发育变成树的时候,种子不再是种子了,而树开始成为树。那么,树还包含着种子的本质吗? Parmenides(巴门尼德)认为,事物的本质是独立于我们的感官的,种子

图 7.8　Aristotle

在表面上虽然变成了树,但是,它的本质是没有改变的,所以,在实质上种子并没有转化为树,只不过是我们的感官原来感到它是种子,后来感到它是树。Aristotle(亚里士多德,公元前 384～公元前 322,图 7.8)认为,种子只不过是还没有完全长成的树,在发育过程中,树的本质并没有改变,只是改变了它存在的形式,从没有完全长成的树(潜在的树)变成了完全长成的树(实在的树)。种子和树的本质都是一样的。知识本体就要研究关于事物本质的问题。Aristotle 还把存在区分为不同的模式,建立了一个范畴系统(system of categories),包含的范畴有 10 个:substance(实体),quality(质量),quantity(数量),relation(关系),action(行动),passion(感情),place(空间),time(时间),active(主动),passive(被动)。这个范畴系统是最早的概念体系。

在中世纪,学者们研究事物本身和事物的名称之间的关系,分为唯实论(realism)和唯名论(nominalism)两派。唯实论主张,事物的名称就是事物本身,而唯名论主张,事物的名称只不过是引用事物的词而已。在中世纪晚期,大多数学者都倾向于认为,事物的名称只是表示事物的符号(symbol)。例如,book 这个名称只不过是用来引用一切作为实体的"书"的一个符号。这是现代物理学的一个起点,在现代物理学中,采用不同符号来表示物理世界的各种特征(例如,速度的符号为 v,长度的符号为 L,能量的符号为 E,等等)。这些用符号表示的特征,实际上都是物理学中的概念或范畴。

1613 年,德国哲学家 R. Goclenius(郭克兰纽)在他用拉丁文编写的《哲学辞典》中,把希腊语的 on(也就是 being)的复数 onta(也就是 beings)与 logos(含义为"学问")结合在一起,创造出 ontologia 这个术语。ontologia 也就是英文的 ontology,这在西方文献中是最早出现的。1636 年,德国哲学家 A. Calovius(卡洛维)在《神的形而上学》中,把 ontologia 看成"形而上学"(metaphysica;英文为 metaphysics)的同义词,这样,他便把"ontologia"与 Aristotle 的"形而上学"紧密地联系起来了。法国哲学家 R. Descartes(笛卡儿)更是明确地把研究本体的第一哲学叫作"形而上学的 ontologia",这样,ontologia 便成为形而上学的一个部分了。德国哲

学家 G. von Leibniz(莱布尼茨)和他的继承者 C. Wolff(沃尔夫)更是从学科分类的角度,把 ontologia 归属为形而上学的一个分支,使 ontologia 成为哲学中一个相对独立的分支学科。ontologia 这个术语,在哲学中翻译成"本体论",在自然语言处理中,从应用的角度出发,我们认为翻译为"知识本体"更为恰当。因此,在本节中,我们统一地使用"知识本体"这个术语。

德国哲学家 Emmanuel Kant(康德,图 7.9)也研究知识本体,他认为,事物的本质不仅仅由事物本身决定,也受到人们对于事物的感知或理解的影响。

Kant 提出这样的问题:"我们的心智究竟是采用什么样的结构来捕捉外在世界的呢?"为了回答这个问题,Kant 对范畴进行了分类,建立了 Kant 的范畴框架,这个范畴框架包括四个大范畴:

图 7.9　Emmanuel Kant

quantity(数量),quality(质量),relation(关系),modality(模态)。
每一个大范畴又分为三个小范畴。quantity 又分为 unity(单量),plurality(多量),totality(总量)三个范畴;quality 又分为 reality(实在质),negation(否定质),limitation(限度质)三个范畴;relation 又分为 inherence(继承关系),causation(因果关系),community(交互关系)三个范畴;modality 又分为 possibility(可能性),existence(现实性),necessity(必要性)。根据这个范畴框架,我们的心智就可以给事物进行分类,从而获得对于外面世界的认识。例如,作者属于的范畴是:unity,reality 和 existence。这样,我们就认识到:作者是一个"单一的、实在的、现实的"人。在数据库中,我们可以根据 Kant 的方法给事物建立一些范畴,从而根据这些范畴来管理数据。例如,我们给人事管理数据库建立"姓名、性别、籍贯、职业"等范畴,使用这些范畴进行人事管理。可以看出,Kant 对范畴框架的研究,为知识本体的研究奠定了坚实的基础。不过,他的这个范畴框架不同于 Aristotle 的范畴系统,Kant 在他的《纯粹理性批判》的著作中明确地反对 Aristotle 的 10 个范畴。

1991 年,美国计算机专家 R. Niches(尼彻斯)等在完成美国国防部高级研究计划局(Defense Advanced Research Projects Agency,DARPA)的一个关于知识共享的科研项目时,提出了一种构建智能系统方法的新思想,他们认为,构建的智能系统由两个部分组成,一个部分是"知识本体"(ontology),一个部分是"问题求解方法"(Problem Solving Methods,PSMs)。知识本体涉及特定知识领域共有的知识和知识结构,它是静态的知识,而 PSMs 涉及在相应知识领域进行推理的知识,它是动态的知识,PSMs 使用知识本体中的静态知识进行动态的推理,就可以构建一个智能系统。这样的智能系统就是一个知识库,而知识本体是知识库的核心,这样,知识本体在计算机科学中就引起了学者们的极大关注。

1990 年,笔者提出了"双态原则"(Di-State Principle,DSP)。这种"双态原则"认为,在机器翻译系统中,要把静态标记和动态标记两种不同的状态标记结合起来,静态标记要表示存储在机器词典中的单词的词类特征和单词固有的语义特征，它们与单词所在的上下文语境是无关的，动态标记是使用静态标记经过计算机运算求出来的句法功能标记、语义关系标记、逻辑关系标记，它们是要根据单词的上下文语境来确定的。静态信息的制定要根据词类和语义系统的规范，动态标记的求解要根据产生式规则，产生式规则的基本形式是"条件-动作"偶对，因此，面向机器翻译的语言学研究要着重阐明规则的条件。笔者所说的词类规范，实际上就是语法信息的规范，而语义系统的规范，实际上就是概念系统的规范，也就是"知识本体"。

"双态原则"构想可以表示为

基于语法信息和知识本体的静态标记标注的机器词典+基于产生式规则的动态标记求解规则＝机器翻译系统

Niches 的构想可以表示为

静态的"知识本体"＋动态的"问题求解方法"＝知识库

通过比较可以看出：关于静态标记与动态标记相结合的"双态原则"构想，与 Niches 关于静态的"知识本体"与动态的"问题求解方法"相结合的构想是非常相似的。

在 20 世纪末 21 世纪初，知识本体的研究开始成为计算机科学的一个重要领域。其主要任务是研究世界上的各种事物（例如物理客体、事件等）以及代表这些事物的范畴（例如概念、特征等）的形式特性和分类。计算机科学对知识本体的研究当然是建立在上述的经典的知识本体研究的基础之上的，不过，已有了很大的发展。因此，我们有必要重新给知识本体下定义。下面，我们介绍在计算机科学中对于知识本体的定义。

在人工智能研究中，Gruber（格鲁伯）在 1993 年给知识本体下的定义是：

"知识本体是概念体系的明确规范"（An ontology is an explicit specification of conceptualization）。

这个定义比较具体，也比较便于操作，在知识本体的研究中广为传布。

1997 年，Borst（波尔斯特）对 Gruber 的定义做了很小的修改，提出了如下的定义：

"知识本体是可以共享的概念体系的形式规范"（Ontologies are defined as a formal specification of a shared conceptualization）。

1998 年，Studer（施图德）等在 Gruber 和 Borst 的定义的基础上，对于知识本体给出了一个更加明确的解释：

"知识本体是对概念体系的明确的、形式化的、可共享的规范"（An ontology is a formal explicit specification of a shared conceptualization）。

在这个定义中，所谓"概念体系"是指所描述的客观世界的现象中有关概念的抽象模型；所谓"明确"是指对所使用的概念的类型以及概念用法的约束都明确地加以定义；所谓"形式化"是指这个知识本体应该是机器可读的；所谓"共享"是指知识本体中所描述的知识不是个人专有的而是集体共有的。

具体地说,如果我们把每一个知识领域抽象成一个概念体系,再采用一个词表来表示这个概念体系,在这个词表中,要明确地描述词的含义、词与词之间的关系,并与该领域的专家之间达成共识,使得大家能够共享这个词表,那么这个词表就构成了该领域的一个知识本体。知识本体已经成为了提取、理解和处理领域知识的工具,它可以被应用于任何具体的学科和专业领域,知识本体经过严格的形式化之后,借助于计算机强大的处理能力,可以对人类的全部知识进行整理和组织,使之成为一个有序的知识网络。

人们对于知识本体的认识可能存在差别,因此,有不同类型的知识本体。

● 通用知识本体(common ontology)常常从哲学的认识论出发,概念的根结点往往是很抽象的,例如时间、空间、事件、状态、对象等。

● 领域知识本体(domain ontology)对领域的知识进行抽象,概念比较具体,容易进行形式化和共享。例如,我国学者研制的生物学领域知识本体(domain-specific ontology of botany)、考古学领域知识本体(domain-specific ontology of archeology)都是领域知识本体。

● 语言知识本体(language ontology)常常表现为一个词表,其中要描述单词和术语之间的概念关系,词网(WordNet)就是一个语言知识本体。如果语言知识本体中的概念结点是专业术语,那么这样的语言知识本体就叫作术语知识本体(terminology ontology)。术语是科学技术知识在自然语言中的结晶,哪里有科学技术,哪里就有术语,所以,术语知识本体对于领域知识的处理是非常重要的。

● 形式知识本体(formal ontology)对于概念和术语的分类很严格,要按照一定的原则和标准,明确地定义概念之间的显性和隐性关系,明确概念的约束和逻辑联系。领域知识本体或术语知识本体经过进一步的抽象和提炼,就可能发展成形式知识本体。

知识本体可以帮助我们对领域知识进行系统的分析,把领域知识形式化,使之便于计算机处理。知识本体还可以实现人和人之间以及人和计算机之间知识的共享,实现在一定领域中知识的重复使用。在自然语言处理的语义分析中,知识本体可以给我们提供单词的各种信息,帮助我们揭示单词之间的各种语义关系,是语义分析的知识来源。

目前,支持知识本体的开发工具已经有数十种,功能各不相同,对于知识本体语言的支持能力、表达能力各有差别,可扩展性、灵活性、易用性也不一样。其中比较著名的有Protégé-2000,OntoEdit,OilEd,Ontolingua 等。Protégé-2000 是使用比较广泛的知识本体工具,是可以免费获得的开放软件,它用 Java 语言开发,通过各种插件支持多种知识本体格式。

笔者在日汉机器翻译的研究中,设计了一个知识本体系统 ONTOL-MT。这个知识本体的初始概念有事物(entity)、时间(time)、空间(space)、数量(quantity)、行为状态(action-state)和属性(attribute)六个。在这六个初始概念之下,还有不同层次的下位概念。

ONTOL-MT 的基本结构如图 7.10 所示。

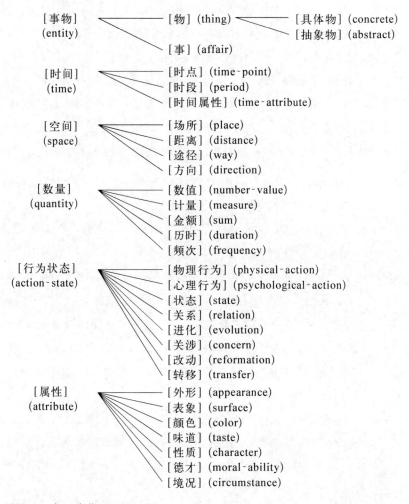

图 7.10　知识本体 ONTOL-MT

ONTOL-MT 中的上述主要概念的含义定义如下：

［事物］（entity）　在空间（包括思维空间）上和时间上延展的事物本体。

　　［物］（thing）　主要在空间（包括思维空间）上延展的事物本体。

　　　　［具体物］（concrete）　有形、有色、有质量的物。

　　　　［抽象物］（abstract）　无形、无色、无质量的物。

　　［事］（affair）　主要指在时间上延展的事物本体。包括人类生活中的一切活动和所遇到的一切社会现象（政治、军事、法律、经济、文化、教育）或与人有关联的自然现象。

［时间］（time）　由过去、现在和将来构成的连绵不断的系统，它是物质运动和变化的持续性的表现，是物质存在的一种客观形式。

［时点］（time-point） 指时间里的某一点。

［时段］（period） 指有起点和终点的一段时间。

［时间属性］（time-attribute） 时间所具有的属性（年、月、日、小时、分、秒、毫秒等）。

［空间］（space） 事物及其运动存在的另一种客观形式，它在不同的维度上延伸。

　　［场所］（place） 由长度、宽度和高度表现出来的物质存在的一种客观形式，也就是活动的处所。

　　［距离］（distance） 在空间或者时间上相隔。

　　［途径］（way） 两地之间的通道。

　　［方向］（direction） 指东、南、西、北、上、下等。

［数量］（quantity） 事物的多少与计量。

　　［数值］（number-value） 一个量用数目表示出来的多少。

　　［计量］（measure） 温度、长度、重量、使用量等。

　　［金额］（sum） 钱数的多少。

　　［历时］（duration） 时间在数量上的长短。

　　［频次］（frequency） 事情发生的频繁程度的大小。

［行为状态］（action-state） 人或事物表现出来的活动和形态。

　　［物理行为］（physical-action） 人或事物在物理上表现出来的活动。

　　［心理行为］（psychological-action） 人或动物在心理上表现出来的活动。

　　［状态］（state） 人或事物表现出来的形态。

　　［关系］（relation） 事物之间相互作用相互影响的状态。

　　［进化］（evolution） 事物由简单到复杂、由低级到高级的变化。

　　［关涉］（concern） 一事物关联或牵涉另一事物。

　　［改动］（reformation） 使事物发生变化或者差别。

　　［转移］（transfer） 使事物从一方改动到另一方。

［属性］（attribute） 事物所具有的特性和关系。

　　［外形］（appearance） 人或事物的外部形体属性。

　　［表象］（surface） 从外表可以观察到的现象的属性。

　　［颜色］（color） 由物体发射、反射或者透过的光波通过视觉所产生的印象。

　　［味道］（taste） 能使舌头得到某种味觉的特性。

　　［性质］（character） 一个事物区别于另一个事物的属性。

　　［德才］（moral-ability） 人的道德和才能表现出来的属性。

　　［境况］（circumstance） 外界环境所具有的属性。

这里只是列出了 ONTOL-MT 中主要的上层概念，在这些概念的下层，还有很多其他的概念,限于篇幅,这里就不列出了。可以看出,ONTOL-MT 中的初始概念与 Aristotle 的范畴系统中的范畴很接近,明显地受到了 Aristotle 的范畴系统的影响。这个知识本体也反映了我们的世界观:万事万物都是在时间和空间中运动和存在的,它们都具有一定的属性和数量。所以,ONTOL-MT 虽然是为机器翻译的技术而设计的,但是,它继承了 Aristotle 的范畴系统,反映了我们的世界观,具有鲜明的人文性。

ONTOL-MT 知识本体系统中的概念,实际上也就是单词本身所固有的语义特征,它们是独立于单词的上下文而存在的,因此,可以用这些概念来表示机器翻译词典中单词的固有语义特征。在日汉机器翻译中,我们利用单词固有的这些语义特征在机器翻译系统中进行日语分析中同形词的判别,效果良好。

在日语中,"きしゃ"是一个同形词,从机器翻译的角度看,它也是一个多义词,它可以有"记者、火车、回公司"等不同的含义。在日语句子"きしゃ は きしゃ で きしゃ した"中有三个"きしゃ",而且每一个"きしゃ"的含义各不相同,这里,为了表达上的方便,我们把第一个"きしゃ"记为"きしゃ 1",第二个"きしゃ"记为"きしゃ 2",第三个"きしゃ"记为"きしゃ 3";"は"是表示主语的提示助词,"で"是表示方式的助词,"した"是处于动词之后表示过去时态的助动词,这样,我们的句子可以记为如下的形式:

"きしゃ 1 は きしゃ 2 で きしゃ 3 した"

在机器词典中,我们存储如下的信息:

如果"きしゃ"的语义特征是[HUMAN],则汉语译文为"记者";

如果"きしゃ"的语义特征是[VEHICLE],则汉语译文为"火车";

如果"きしゃ"的语义特征是[MOVEMENT],则其汉语译文为"回公司",并且其有如下的语义框架:

"[HUMAN] は [VEHICLE] で [MOVEMENT]"

这里的[HUMAN],[VEHICLE]和[MOVEMENT]等语义特征都是 ONTOL-MT 知识本体中的概念。

在我们的句子中,助动词"した"在"きしゃ 3"之后,所以"きしゃ 3"必定是中心动词,它的语义范畴必定是[MOVEMENT],而它的汉语译文应该是"回公司"。

把我们的句子

"きしゃ 1 は きしゃ 2 で きしゃ 3 した"

同"きしゃ 3"的语义框架

"[HUMAN] は [VEHICLE] で [MOVEMENT]"

相比较,我们可以得到如下的认识:

——"きしゃ 1"在は之前,它的语义范畴是[HUMAN],所以,它的汉语译文应该是"记者",因而"きしゃ は"应该是中心动词"きしゃ 3"的主语。

——"きしゃ2"在で之前,它的语义范畴是［VEHICLE］,所以,它的汉语译文应该是"火车",因而"きしゃ2　で"应该是中心动词"きしゃ3"的方式状语。

经过以上的分析我们可以得到三个"きしゃ"正确的汉语译文,再经过结构转换和汉语生成,最后我们就可以得到这个句子的汉语译文:记者乘火车回公司。

由此可见,ONTOL-MT 知识本体中的语义特征对于区分同形词和辨别歧义是非常有用的。这样的语义特征信息还可以用在语音识别和语音机器翻译中。知识本体的研究和设计是机器翻译的基础性工程之一,我们应该给予足够的重视。

笔者还把 ONTOL-MT 应用到同义词词典的编纂工作中,针对同义词词典编纂的需要研制了基于 ONTOL-MT 的同义词标记系统 ONTOL-MT2。

参照英文的 P. M. Roget(罗格)的《英语单词和短语的分类词典》(*Thesaurus of English Words and Phrases*,London,1851)和 L. V. Berrey(贝莱)的《国际罗格分类词典》(*Roget's International Thesaurus*,*Third edition*,New York,1962)以及德文的 R. Hallig(哈里希)& W. von Wartburg(瓦尔特布尔格)的《概念系统是词典编纂的基础》(*Begriffssystem als Grundlage für die Lexikographie*,Versuch eines Ordnungsschemas,Berlin,1963),笔者把《同义词词林》的总目全部融入 ONTOL-MT,形成了 ONTOL-MT2,一共有 ABCDEFGHIJKLMN 14 大类。

● ［人］(human)　能制造工具和使用工具进行劳动的高等动物。

● ［自然物］(natural-things)　以自然形态存在的有形、有色、有质量的物。

● ［人造物 工具］(artificial-things-tools)　由人制造的有形、有色、有质量的物。

● ［抽象物］(abstract-things)　无形、无色、无质量的物。

● ［事］(affair)　主要在时间上延展的事物本体。

● ［时间］(time)　由过去、现在和将来构成的连绵不断的系统,它是物质运动和变化的持续性的表现,是物质存在的一种客观形式。

● ［空间］(space)　事物及其运动存在的另一种客观形式,它在不同的维度上延伸。

● ［数量］(quantity)　事物的多少与计量。

● ［物理行为 动作］(physical-action)　人或事物在物理上表现出来的活动。

● ［心理行为］(psychological-action)　人或动物在心理上表现出来的活动。

● ［社会活动］(social-activity)　人在社会上参与的各种集体活动,这些活动与政治、军事、法律、经济、文化、教育等社会现象有关。

● ［现象和状态］(phenomena-state)　人或事物表现出来的形态。

● ［属性］(attribute)　事物所具有的特性和关系。

● ［其他］(others)　关联、感叹、梳状、招呼、拟声等。

每一个大类又可以进一步细分。这样,就可以在 ONTOL-MT2 的基础上编写同义词词典。目前鲁东大学正在根据这个 ONTOL-MT2 语义分类系统编写《新编同义词词典》。

下面我们从知识本体的角度出发来介绍一个著名的语言知识本体——词网（WordNet）。

7.5 词　　网

词网（WordNet）是英语的词汇关系数据库。从知识本体的角度来看，词网是一个语言知识本体。词网是 1985 年由美国 Princeton（普林斯顿）大学的 G. A. Miller（米勒），R. C. Beckwick（贝克威克），C. Fellbaum（费尔鲍姆）等研制的，可以在因特网上访问，网址为 http：//www. cogsci. princeton. edu/~wn/。

为了建造词网，Miller 等提出了词网的三个基本假设。

● 分离性假设（separability hypothesis）：语言中的词汇成分可以从语言中分离出来，单独地进行研究。

● 模式化假设（patterning hypothesis）：人们倾向于特别关注词语所表达的含义之间的系统模式和关系。

● 完全性假设（comprehensiveness hypothesis）：系统需要尽可能地把人们的词语知识存储在词网中。

这意味着，Miller 等试图把词语从语言中分离出来并用模式化的方法进行研究，研究时，尽量完全地收集词语的知识。

尽管词网中包含合成、短语、惯用语和搭配关系描述，但是，词网的基本单位还是单词。词网包括动词、名词、形容词-副词三个数据库。词网中一个完全的含义条目包含单词、同义词、定义以及一些使用实例。

在词网中不区分同形关系与多义关系，同形词也就是多义词，一个多义词可以有若干个不同的含义。因此，词网中含义的数量比单词的数量大。

词网中单词及其含义的数量是相当可观的。词网 1.6（WordNet 1.6）的规模如表 7.1 所示。

表 7.1　词网的规模

范　　畴	单　词　数	含　义　数
名　词	94 474	116 317
形容词	20 170	29 881
副　词	4 546	5 677
动　词	10 319	22 066

下面，我们分别介绍词网中的名词、形容词、副词和动词。

1. 词网中的名词

由于存在多义关系，词网中的 94 474 个名词可以表示 116 317 个含义（词汇化的概念）。

词网中的基本语义关系是同义关系。词网中同义词的基本原则与我们前面的讲述是相同的。如果词网中的两个条目在某些上下文环境能够成功地进行替换,则认为它们是同义词。同义词的集合构成了同义词集,叫作 SYNSET。下面是 SYNSET 的一个例子:

{chump,fish,fool,gull,mark,patsy,fallguy,sucker,schlemiel,shlemiel,softtouch,mug}

这个 SYNSET 的定义是"易受骗和易被利用的人"(a person who is gullible and easy to take advantage of)。因此,在这个 SYNSET 中的每个词条都可以在一些场景下表达这个概念。实际上,词网中许多条目的含义都是由这类 SYNSET 组成的。具体地说,这样的 SYNSET 及其定义和例句,构成了 SYNSET 中所列条目的含义。

从一个更理论化的观点看,每个 SYNSET 都可以表示语言中已经词汇化的一个概念。不过,词网不是用逻辑项来表示概念,而是通过把可用于表达概念的词典条目组成列表来表示概念。这种观点引出这样一个事实,正是 SYNSET,而不是词典条目或单个的含义,参与了词网的名词中的大部分语义关系。这里我们讨论的各种语义关系,实际上都是 SYNSET 之间的关系。为了表达上的方便,我们一般只用 SYNSET 中的有代表性单词来表示 SYNSET。

下面我们讨论名词中的三种语义关系:上下位关系、部分-整体关系、反义关系。

● 上下位关系

词网中的上下位关系与我们前面讨论过的上下位关系直接对应。特定性较强的单词叫作概括性较强的单词的下位词(hyponym),概括性较强的单词叫作特定性较强的单词的上位词(hypernym)。

例如,bird(鸟)是 robin(知更鸟)的上位词,robin 是 bird 的下位词。

根据上下位关系,我们可以将名词组织到一个词汇的层级体系中。

例如,根据词网中的定义,robin 是"一种会唱歌的候鸟,它的胸部为红色,背部和翅膀为灰黑色"(a migratory bird that has a clear melodious song and a reddish breast with gray or black upper plumage)。因此,robin 的上位词是 bird。

而 bird 在词网中的定义是"一种热血的、会生蛋的动物,有羽毛,前肢变成了翅膀"(a warm-blooded egg-laying animal might having feathers and forelimbs modified as wing)。因此,bird 的上位词是 animal(动物)。

词网中对 animal 的定义是"能够主动地运动的生物体,有感觉器官,细胞壁不是纤维素的"(an organism capable of voluntary movement and possessing sense organs and cells with non-cellulose walls)。因此,animal 的上位词是 organism(生物体)。

词网中对 organism 的定义是"有生命的物体"(a living entity)。

可以看出,在这样的上下位关系中,每一个单词代表了一个 SYNSET,每个 SYNSET 通过上位关系和下位关系与紧靠的更普遍化或更具体化的 SYNSET 相关联。为了找到一系列更普遍化或更具体化的 SYNSET,我们可以简单地跟随一个上位和下位关系的传递链往上查询或者往下查询。

应该注意的是，上下位关系表示的是单词所代表的某个特定的含义之间的关系，它并不表示具体的单词形式（word form）之间的关系。例如，当我们说"tree"（树）是一种"plant"（植物）的时候，我们指的是含义为"树"的 tree 和含义为"植物"的 plant 之间的关系，并不是指 tree 的其他含义和 plant 的其他含义之间的关系，因此，我们说的并不是"树形图"（tree graph）和"工厂"（manufacturing plants）之间的关系。

因此，上下位关系是单词的特定含义之间的关系，它代表的是词汇化的概念之间的关系。在词网中，上下位关系用指针"@->"把相应的 SYNSET 联系起来表示。例如，我们有

{robin, redbreast} @-> {bird} @-> {animal, animate_being} @-> {organism, life_form, living_thing}

从数学上说，@ 是传递的、非对称的。它表示的语义关系可以读为"IS-A"或"IS-A-KIND-OF"。

"->"读为"指向"（to point upward）。

当由概括性较弱的含义指向概括性较强的含义时，叫作普遍化（generalization），也就是从特殊（specific）指向一般（generic），用"@->"表示，写为 Ss @-> Sg。

当由概括性较强的含义指向概括性较弱的含义时，叫作具体化（specification），也就是从一般（generic）指向特殊，用"~->"表示，写为 Sg ~-> Ss。

在上下位关系中，概念的特性可以继承，因此，我们就可以用上下位关系进行推理。例如，如果 Rex 是一个 collie（牧羊犬），那么 Rex 就是一个 dog（狗）；如果 Rex 是一个 dog，那么 Rex 就是一个 animal（动物）；如果 Rex 是一个动物，那么 Rex 就能够主动地运动（capable of voluntary movement）。这样，上下位关系可以形成传递链，一步一步地把概念普遍化。当到达最普遍的概念的时候，这样的概念就是语义的基元（primitive semantic component），在词网中叫作初始概念（unique beginners）。

词网的名词数据库中使用了 25 个初始概念。它们是

{act, activity}（活动）

{animal, fauna}（动物，动物群）

{artifact}（人工物）

{attribute}（属性）

{body}（躯体）

{cognition, knowledge}（认知，知识）

{communication}（交际）

{event, happening}（事件）

{feeling, emotion}（感觉，情感）

{food}（食物）

{group，grouping}（集体）

{location}（位置）

{motivation，motive}（动机）

{natural object}（自然物）

{natural phenomenon}（自然现象）

{person，human being}（人，人类）

{plant flora}（植物，植物群）

{possession}（所属）

{process}（过程）

{quantity，amount}（数量）

{relation}（关系）

{shape}（外形）

{state}（状态）

{substance}（实体）

{time}（时间）

后来，词网又对这 25 个初始概念进行归纳和整理，形成了如下的 11 个初始概念（图 7.11）：entity（实体），abstraction（抽象），psychological feature（心理特征），natural phenomenon

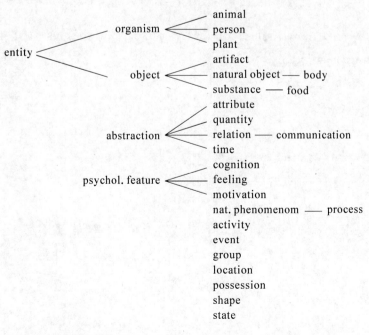

图 7.11　词网的初始概念

（自然现象），activity（活动），event（事件），group（集体），location（位置），possession（所属），shape（外形），state（状态）。

　　"bass"这个词位有两个不同含义："含义3"和"含义7"。下面是"bass"的这两个含义上下位关系的传递链。注意，这两个传递链是完全分别开来的，但是它们在初始概念"实体"（entity）处汇集在一起了。

Sense 3（含义3）

bass，basso

（an adult male singer with the lowest voice）（成年的男低音歌唱家）

⇒ singer，vocalist（歌唱家）

　　⇒ musician，instrumentalist，player（音乐家，演奏家）

　　　　⇒ performer，performing artist（表演艺术家）

　　　　　　⇒ entertainer（演艺人员）

　　　　　　　　⇒ person，individual，someone …（人）

　　　　　　　　　　⇒ life form，organism，being …（生物体）

　　　　　　　　　　　　⇒ **entity**，something（实体）

　　　　　　　　　　⇒ causal agent，cause，causal agency（作为导因的人或事物）

　　　　　　　　　　　　⇒ **entity**，something（实体）

Sense 7（含义7）

bass-

（the number with the lowest range of a family of musical instruments）（低音乐器）

⇒ musical instrument（乐器）

　　⇒ instrument（工具）

　　　⇒ device（设备）

　　　　⇒ instrumentality，instrumentation（设施）

　　　　　⇒ artifact，artefact（人工物）

　　　　　　⇒ object，physical object（物理客体）

　　　　　　　⇒ **entity**，something（实体）

　　在第一个传递链中，链的开始是"男低音歌唱家"，它的上位词是"歌唱家"这个更为一般的概念，再上位的概念顺次是"音乐家""表演艺术家""演艺人员""人""生物体""实体"。第二个传递链从"低音乐器"开始，顺着完全不同的链，顺次经过"乐器""工具""设备""设施""人工物""物理客体"等概念，最后也到达初始概念"实体"。这两个传递链顺着不同的路径而达到初始概念"实体"。在概念的层级系统中，"实体"处于最顶端的位置，它是词网的11个初始概念之一。

● 部分-整体关系

词网名词数据库中的部分和整体之间构成的关系叫作部分-整体关系（meronymy）。"meros"来自希腊语，它的意思是"部分"。

在部分-整体关系中，表示"部分"（part）的词叫作"部分词"（meronym），记为 S_m，表示"整体"（whole）的词叫作"整体词"（holonym），记为 S_h。显而易见，如果 S_m 是 S_h 的部分词，那么 S_h 就是 S_m 的整体词。

在词网中，也用 W_m 和 W_h 分别表示部分词和整体词，用"is a part of"（是一部分）和"has a"（有……作为一部分）来描述部分-整体关系的语义。如果"W_m is a part of W_h"（如果 W_m 是 W_h 的一部分）是可接受的，那么我们就说"W_m is a meronym of W_h"（W_m 是 W_h 的部分词）；如果"W_h has a W_m（as a part）"（W_h 有 W_m 作为一部分）是可接受的，那么我们就说"W_h is a holonym of W_m"（W_h 是 W_m 的整体词）。

部分-整体关系与上下位关系的数学特性很相似，它们都是可传递的、非对称的。例如，finger（指头）是 hand（手）的一部分，hand（手）是 arm（胳臂）的一部分，arm（胳臂）是 body（躯体）的一部分。

根据温斯顿（Winston）和切芬（Chaffin）在 1987 年的研究，部分-整体关系可以分为如下六种类型：

组成成分-客体（component-object）：例如 branch（树枝）—tree（树）。

成员-集体（member-collection）：例如 tree（树）—forest（森林）。

局部-物质（portion-mass）：例如 slice（一片蛋糕）—cake（蛋糕）。

材料-客体（stuff-object）：例如 aluminum（铝）—airplane（飞机）。

特征-活动（feature-activity）：例如 paying（支付）—shopping（购物）。

地点-地域（place-area）：例如 Princeton（普林斯顿）—New Jersey（新泽西州）。

在词网中，仅仅使用了三种关系：组成成分-客体关系、成员-集体关系、材料-客体关系，分别用 ♯p->，♯m->，♯s-> 来表示。具体地说，

"W_m♯p-> W_h"表示"W_m 是 W_h 的组成成分"；

"W_m♯m-> W_h"表示"W_m 是 W_h 的成员"；

"W_m♯s-> W_h"表示"W_m 是制造 W_h 的材料"。

● 反义关系

相反或对立的词之间的关系，叫作反义关系（antonymy）。含义彼此相反并不是名词之间的一种基本的意义组织方式，可是，反义关系在词网中还是存在的，所以，我们也要说明一下它的表示方法。

反义关系用"!->"表示。例如

$$[\{man\}\ !->\ \{woman\}]$$

表示 man 是 woman 的反义词；

$$[\{woman\}\ !->\{man\}]$$

表示 woman 是 man 的反义词。

具有反义关系的名词的上位词往往是相同的，它们通常具有一个直接上位词。例如，man 和 woman 的直接上位词是 human（人）。

2. 词网中的形容词

词网中的 20 170 个形容词组织到 29 881 个含义（词汇化的概念）中。

在词网中凡是修饰名词的词都看成形容词。因此，除了通常的形容词之外，名词、现在分词、过去分词、介词短语、小句（clause）都算形容词。例如，"a *large* chair，a *comfortable* chair"中的 large 和 comfortable 是形容词，在词网中，当然也算形容词。但是，在下面句子中的用斜体标出的词、短语或小句，在词网中也都算为形容词。

kitchen chair，*barber* chair（原来是名词）

The *creaking* chair（原来是现在分词）

The *overstuffed* chair（原来是过去分词）

Chair *by the window*（原来是介词短语）

The chair *that you bought at the auction*（原来是小句）

词网的 16 428 个形容词 SYNSET 中包含了很多的形容词、分词和介词短语。

形容词可以分为描写形容词（descriptive adjective）和关系形容词（relational adjective）两种。

● 描写形容词：例如 big，beautiful，interesting，possible，married 等。

描写形容词可以给被它修饰的名词赋上一个属性值。"X is Adj"意味着，存在着一个属性 A，使得 A(X) = Adj。例如，"the package is heavy"意味着，存在着一个属性 WEIGHT（重量）使得 WEIGHT（package）= heavy。"heavy"或"light"是属性 WEIGHT 的值。词网中使用一个指针把描写形容词与它所修饰的名词联系起来。

● 关系形容词：例如 electrical 等。

关系形容词是由名词派生而来的，因此，关系形容词和派生它的名词之间是有联系的。例如，关系形容词 electrical 与名词 electricity 有联系。

描写形容词之间的基本语义关系是反义关系（antonymy）。例如

good—bad

描写形容词有两个显著的特征：一个显著特征是属性的两极性（bipolar），另一个显著特征是属性的分级性（gradedness）。分述如下：

● 两极性：描写形容词的属性具有两极化的倾向。

反义形容词表示的属性是彼此对立的。例如，heavy 的反义词是 light，它们表示

WEIGHT(重量)这个属性的彼此对立的两极的值。

在词网中,这种两极对立用符号"!-＞"表示,它的含义是"IS-ANTONYMOUS-TO"。例如,"heavy（vs. light）"和"light（vs. heavy）"可以分别表示为

heavy ！-＞ light

light ！-＞ heavy

如果一个单词具有两个不同的含义,就把它作为两个不同的词形（word form）来处理。在词网中,同一个单词的不同的词形标以不同的数字。例如,hard 有"坚硬"和"困难"两个不同的含义,含义为"坚硬"的 hard 写为 hard1,含义为"困难"的 hard 写为 hard2,hard1 的反义词是"soft"（柔软）,hard2 的反义词是"easy"（容易）。

在英语中,如像"heavy/light","weighty/weightless"这样直接对立的反义词叫作直接反义词（antonym）。此外,还存在着间接反义词（indirect antonym）。例如,"ponderous"（笨重）这个词很难说出它的反义词是什么,但是,"ponderous"的含义与"heavy"的含义很近似,所谓"含义近似",是因为凡是能够被"heavy"修饰的名词,也能够被"ponderous"修饰;而"heavy"的反义词是"light",所以,我们可以通过"heavy"的中介,近似地把"light"看成是"ponderous"的反义词。可见,"ponderous/light"这一对概念的对立是通过"heavy"中介建立起来的,它们不是直接反义词,它们之间的反义关系是间接的,所以,我们把"ponderous/light"叫作间接反义词。从词汇的角度说,"ponderous/light"不是对立的词汇偶对,但是通过"heavy"中介,我们可以在概念上给它们建立反义关系。在词网中,"含义近似"的意思是"is similiar to",用指针"&-＞"表示,这样,间接反义词的推理过程是

由于 heavy ！-＞ light 而且 ponderous &-＞ heavy

所以我们有：ponderous ！-＞ light

按照这样的办法,我们就可能给英语中所有的描写形容词都找到反义词,对于那些很难判定反义词是什么的形容词,我们也可以给它们找到间接反义词。

这样一来,我们就有可能把直接反义词和间接反义词组织到"两极聚类"（bipolar cluster）中。图 7.12 是一个两极聚类。

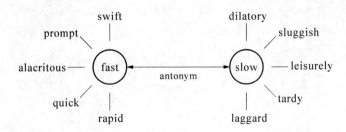

图 7.12　两极聚类

在这个两极聚类中,"中心词 SYNSET"（head SYNSET）是"fast/slow",共包含两个半聚类,一半聚类以 fast 为中心词,另一半聚类以 slow 为中心词,在中心词周围是"含义近似"的

单词，它们构成了"卫星词 SYNSET"（satellite SYNSET）。fast 的卫星词是 swift，prompt，alacritous，quick，rapid，它们都具有"快"的含义；slow 的卫星词是 dilatory，sluggish，leisurely，tardy，laggard，它们都具有"慢"的含义。这个两极聚类确定了"SPEED"（速度）这个属性。

在两极聚类中的反义词偶对表示相同的含义或紧密相关的含义，它们可以代表一个属性值。例如，"large/small"和"big/little"这样的反义词偶对确定了"SIZE"（大小）这个属性；在词网中，这个两极聚类的一半表示为 large（vs. small），big（vs. little），另一半表示为 small（vs. large），little（vs. big）。

词网的形容词数据库中包含 1 732 个这样的两极聚类，每一个两极聚类的两侧的单词都具有反义关系，也就是说，每一个单词都有其相应的反义词，而两极聚类的每一侧有 1 732 个"近似含义"。如果考虑到两极聚类两侧的所有的"近似含义"，那么词网形容词数据库中"近似含义"聚类的总数就应该是 3 464。这些"近似含义"聚类的数目也就是词网中形容词含义的大致数目。

● 分级性（gradedness）：词网中的形容词可以按不同的属性进行分级。例如，可以按 SIZE（大小），LIGHTNESS（亮度），QUALITY（质量），BODY-WEIGHT（体重）和 TEMPERATURE（温度）对形容词进行分级如图 7.13 所示。

根据这样的分级，可以看出形容词含义近似的程度，而形容词表示的属性也就会因此而显示出方向性，而方向性也就是维度（dimension），所以，我们可以把词网中的形容词想象成一个具有多个维度的超空间（hyperspace），其中，每一个维度的一端紧紧地嵌在这个多维超空间的一个原点上。

关系形容词在语义上或形态上与名词有联系，尽管关系形容词与名词形态上的联系还不是很直接。

SIZE	LIGHTNESS	QUALITY	BODY-WEIGHT	TEMPERATURE
Astronomical	snowy	superb	obese	torrid
huge	white	great	fat	hot
large	ash-gray	good	plump	warm
...	gray	mediocre	...	tepid
small	charcoal	bad	slim	cool
tiny	black	awful	thin	cold
infinitesimal	pitch-black	atrocious	gaunt	frigid

图 7.13　形容词的分级性

例如，"musical"（音乐的）与名词"music"（音乐）有关；"dental"（牙科的）与名词"tooth"（牙齿）有关。

因此，名词常常可以用关系形容词或者该关系形容词所派生的名词来修饰。例如

关系形容词 ＋ 名词 ： 名词 ＋ 名词

"atomic bomb" ： "atom bomb"

"dental hygiene" ： "tooth hygiene"

关系形容词与描写形容词的区别之处在于：

● 关系形容词不涉及它们所修饰的名词的性质,因此,与属性无关。

● 关系形容词不能分级。不能说"the very atomic bomb"。

● 大多数关系形容词没有直接反义词。

因此,关系形容词不能包括到聚类中,它们也没有两极性。在词网中,关系形容词的文档包含 2 823 个 SYNSET。每一个关系形容词有一个指针指向相应的名词。

例如,关系形容词

stellar, astral(星的,星形的)

star(星)

Celestial body, heavenly body(天体)

3. 词网中的副词

词网中有 4 546 个副词形式,它们被组织为 5 677 个含义(词汇化的概念)。

大多数副词是从形容词通过加后缀"-ly"的方法派生而成的。例如,"beautifully, oddly, quickly, interestingly, hurriedly"等副词分别来自形容词"beautiful, odd, quick, interesting, hurried"。其他的副词是通过加后缀"-ward, -wise, -ways"的方法派生而成的,例如"northward, crosswise, sideways"。

在词网中,这些派生出来的副词都通过一个意思为"DERIVED-FROM"的指针与相应的形容词联系起来。

4. 词网中的动词

词网中的 10 319 个动词被组织到 22 066 个含义(词汇化的概念)中。

词网的动词数据库中的语义领域有 14 个：motion(运动),perception(感知),contact(接触),communication(交际),competition(竞争),change(变化),cognition(认知),consumption(消耗),creation(创造),emotion(情绪),possession(占有),body care and function(身体保健和功能),social behavior(社会行为),interaction(交互)。普尔曼(Pulman,1983)建议使用"be"和"do"作为概念系统中一切动词的根结点,用动词"be"表示静态动词,用"do"表示行为动词。但是,这两个动词都是多义的,如果用来作为一切动词的根结点,实际上很不方便,因此,词网没有采用普尔曼的这个建议。词网中的"be"和"do"各有 12 个含义,例如,在"To be or to not be, that is the question"和"Let him be, I tell you'"中的 be,含义各不相同,在"do my hair"和"do my room in blue"中的 do,含义也各不相同。显然不能选用 be 和 do 作为一切动词的根结点。

词网 1.5 版中，共有 11 500 个动词的 SYNSET。

在一个单独的语义领域内，很难把所有的动词归属到一个单独的初始概念之下。有些语义领域需要使用若干个独立的树形结构来表示。

例如，表示 motion(运动)的动词要分为 move1 和 move2。move1 表示有位移的运动，move2 表示没有位移的运动。

表示 possession(所属)的动词向上归属时，要归属到三个不同的概念，用三个不同的 SYNSET 分别表示为{give, transfer}，{take, receive}，{have, hold}。

表示 communication(交际)的动词要分为 verbal communication(口头交际)和 nonverbal communication(非口头交际，如使用手势进行交际)。

词网中使用"承袭"(entailment)来描述两个动词之间的关系。对于两个动词 V1 和 V2，如果句子"someone V1"表示的行为合乎逻辑地承袭了句子"some V2"表示的行为，那么我们就说 V1 承袭了 V2。

例如，句子"He is snoring"表示的行为"他打鼾"，承袭了句子"He is sleeping"表示的行为"他睡觉"，我们就说，动词"snore"(打鼾)承袭了动词"sleep"(睡觉)。从逻辑上说，如果第一个句子成立，那么第二个句子也成立。

动词之间的承袭关系具有如下的性质：

● 单词的承袭关系是单向关系：如果动词 V1 承袭了动词 V2，而且它们不是同义词，那么动词 V2 不能承袭动词 V1。

● 如果两个动词彼此承袭，那么它们必定是同义词，也就是说，它们具有相同的含义。

● 否定可以改变承袭的方向："not sleeping"承袭"not snoring"，但是，"not snoring"不承袭"not sleeping"。

● 否定承袭的一方会造成矛盾：如果句子"he is snoring"承袭"He is sleeping"，那么句子"he is snoring'"与句子"he is not sleeping"矛盾。

● 具有承袭关系的动词在时间上存在着联系：例如，"drive"(驾驶)和"ride"(乘车)在时间上是相互联系的。如果你"drive"，那么你一定也同时在"ride"。

● 承袭关系在时间上的包含关系："snoring"和"sleeping"在时间上是同时存在的，你用来 snoring 的时间是你 sleeping 的时间的一个部分。snoring 的时间包含在 sleeping 的时间之中，但不一定总是同时的。如果你停止 sleeping，那么你一定也必须停止 snoring(不过你可以继续 sleeping 而不再继续 snoring)。这就是说，由承袭关系联系起来的两个动词中，一个动词在时间上包含在另一个动词之中。如果在动词 V1 和 V2 发生的时间片段中，动词 V1 发生而动词 V2 不发生，那么我们就说，动词 V2 发生的时间真正包含在动词 V1 发生的时间之中。

在词网中动词含义的分布情况可以用坐标来表示。在一个直角坐标系中，如果我们用 y 轴表示词位的含义数，用 x 轴表示多义词的数目，那么动词含义的分布情况如图 7.14 所示。

从图 7.14 中可以看出,在词网中,多义程度很高的动词的数量相对地小,大多数动词只有一个含义。

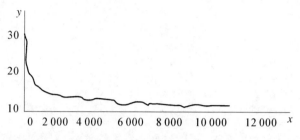

图 7.14 词网中动词含义的分布

词网实际上是一个语言知识本体,它给我们提供了极为丰富的词汇语义信息。这些信息对于自然语言处理中的语义分析是大有用处的。

7.6 知　网

我国学者董振东和董强研制了"知网"(HowNet)。知网是一个词典知识描述系统,描述的词汇包括汉语和英语两种语言,这两种语言是相对独立的,它们的词语之间的对应是建立在相同的属性描述基础之上的。知网现有汉语词汇 33 069 条(41 791 个概念)、英语词汇 38 774 条(48 834 个概念)。知网的规模还在不断地扩大。

知网的开发可以分为五个阶段:1988~1993 年是概念设计阶段,1993~1997 年是试验阶段,1997~1999 年是工程实现阶段,1999~2003 年是修改阶段,2003 年到现在是应用阶段。目前,知网进一步研究了概念关系的计算、概念相似度的计算等问题,并且计划研制知网的最新版本。

在知网中,每一个词语的概念及其描述构成一个记录,每一个记录有八项内容,其中的每一项都由两部分组成,中间用等号" = "连接,等号的左边是数据的域名,等号的右边是数据的值。排列如下:

W_C = 汉语词语

G_C = 汉语词语的词性

E_C = 汉语词语的例子

W_E = 英语词语

G_E = 英语词语的词性

E_E = 英语词语的例子

Def = 概念类别和属性

其中,"概念类别和属性"是知识词典中最重要的信息,"类别"放在首位,"属性"放在"类别"之后,"类别"与"属性"之间用逗号隔开,"属性"可以有多个,不同的属性之间也用逗号隔开。

下面是一些示例:

W_C = 医生

G_C = NOUN

E_C =

W_E = doctor

G_E = NOUN

E_E =

Def = human|人类,medical|医,＊cure|医治,♯disease|疾病,addressable|称

前七项内容不言自明,最后一项"Def"则需要加以说明。Def 中,等号右边的首位"human|人类"表示"医生"的类别是"人类"(human),其属性为:"是行医的领域"(medical),"是施行医治行为的"(＊cure,符号"＊"表示"施事-事件"关系),"医治的是疾病"(♯disease,符号"♯"表示"主体-相关体"关系),"可以作为一种称呼"(addressable)。

W_C = 医院

G_C = NOUN

E_C =

W_E = hospital

G_E = NOUN

E_E =

Def = institute-place|场所,＋cure|医治,♯disease|疾病,medical|医

Def 中,等号右边的首位"institute-place|场所"表示"医院"的类别是"场所"(institute-place),其属性为:"是医治的场所"(＋cure,符号"＋"表示"处所-事件"关系),"医治的是疾病"(♯disease),"是行医的领域"(medical)。

W_C = 看病

G_C = VERB

E_C =

W_E = see a patient

G_E = VERB

E_E =

Def = cure|医治,content = disease|疾病,medical|医

Def 中,等号右边的首位"cure|医治"表示"看病"的类别是"医治"(cure),其属性值为:看病的内容是"疾病"(content = disease),"是行医的领域"(medical)。这里,"看病"这个概念是表示

"医生给病人看病"。

"看病"还有一个概念是"病人找医生要求治疗",可以表示如下:

> W_C = 看病
>
> G_C = VERB
>
> E_C =
>
> W_E = see a doctor
>
> G_E = VERB
>
> E_E =
>
> Def = request│要求,result-event = cure│医治,♯medical│医

Def 中,等号右边的首位是"要求"(request│要求),这个概念本身已经含有一个必要的角色,即结果性动作是"医治"(result event = cure),与医药领域有关(♯medical,♯表示相关体)。

> W_C = 健壮
>
> G_C = ADJ
>
> E_C =
>
> W_E = tough
>
> G_E = ADJ
>
> E_E =
>
> Def = situation-value│状况值,physique│体格,strong│强,desired│良

Def 中,等号右边的首位是"状况值"(situation-value),这是一个属性值,这个概念表示体格强壮(physique,strong),这种属性是人们所期望的(desired)。

这些概念在知网中彼此联系起来,形成一个网络(图 7.15)。

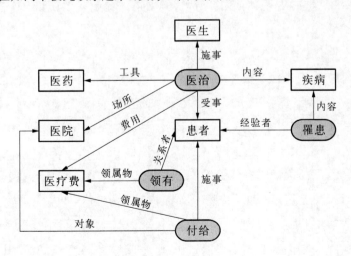

图 7.15　概念形成的网络

从这个网络中可以看出,动词"医治"的施事是"医生",它的受事是"患者",它的内容是

"疾病",它的费用是"医疗费",它的场所是"医院",它的工具是"医药"。动词"付给"的施事是"患者",它的领属物是"医疗费",它的对象是"医院"。

从这些例子不难看出,知网对于词语概念的描述比词典中对于词语的文字定义更为清晰。这样的描述实际上就是对词典中词语文字定义的形式化。由于做到了形式化,也就便于把概念的各种属性极其属性值进行重新组合,去描述其他词语的概念。这样,知网的描述能力就更强大了。

知网的设计者认为,世界上的一切事物(物质的、精神的或事情)都在一定的时间和空间内不停地运动和变化,它们通常是从一种状态变化到另一种状态,并通常由其属性值的改变来体现。因此,知网把概念的范畴分为 N 范畴、V 范畴和 A 范畴三类。N 范畴包含实体、属性和单位,其中,实体又包含万物、时间、空间和部分,万物又进一步分为物质、精神和事情三类,它们通常是运动和变化的主体。属性是一个非常重要的类。属性是无所不在的,一个人可以有性别、年龄、国籍、健康状况、文化程度、智力、性格等属性,一件东西可以有大小、重量、颜色、质量、用途等属性。世界上不存在没有属性的事物,也不存在游离于事物之外的属性。V 范畴包含各种事件,事件又可以分为静态事件和行为动作。A 范畴包含各种属性值。A 范畴中的属性值与 N 范畴中的属性有着严格的对应关系。有什么类的属性,就有什么样的属性值。世界上不存在没有属性的属性值,也不存在没有属性值的属性。

例如,A 范畴的"聪明"是一个属性值,它指向 N 范畴中的"智力"这个属性。

知网不是简单地把语法上的名词、动词、形容词对应于 N 范畴、V 范畴和 A 范畴。大体上说,N 范畴中的实体、属性、时间、空间、事情、部分和单位对应于英语中的名词,V 范畴中的事件对应于英语中的动词和部分形容词,A 范畴中的属性值对应于英语中的形容词和副词。这种对应的情况,汉语与英语不尽相同。所以,知网描述的是词语的语义,它是一部知识词典。

知网中的词语定义 Def 中的概念类别代表了概念的主要属性,它们被组织在体现上下位关系的层级结构之中,主要属性体现了概念的本质属性。例如,"医生"这个概念的主要属性是"human"(人类),"医院"这个概念的主要属性是"institute-place"(场所),这样的主要属性把"医生"与"医院"区别开来。概念"医生"的主要属性"人类"的上位概念是"动物",这个主要属性被组织在体现上下位关系的层级结构中。

然而,概念的次要属性之间却不存在上下位关系。这些次要属性包括 A 范畴规定的属性值(如"男、女、老、幼、善、恶"等)和词语应用的领域(如"工、商、医"等)。

主要属性与次要属性的区分是相对的。在一个概念中的主要属性有时也可以用作另一个概念中的次要属性。例如,在 N 范畴的概念"医生"中,"医治"是次要属性,但是,"医治"这个属性在 V 范畴的概念"看病"中却是一个主要属性,它代表了概念的类别。

知网对于主要属性和次要属性的处理遵循如下原则:

● 上位概念的属性可以由下位概念的属性继承；下位概念至少有一个属性是它的上位概念所不具备的。

● 词典中每一个概念都必须有一个主要属性，它就是这个概念的类别。主要属性放在等号右边的首位。一个概念可以有若干个次要属性，也可以没有次要属性。次要属性放在主要属性的后面，用逗号隔开。

● 在确定类范畴及其上位下位关系时，分类标准必须保持一致。例如，当对"用品"进行分类时，如果以它的用途作为标准，那么会分出"家具、文具、化妆品、茶具"等；如果以它的材料作为标准，那么会分出"瓷器、陶器、玻璃器皿"等。分类时，只能按一种标准，不允许既按用途标准，又按材料标准。

● 当主要属性用作次要属性时，可以保留它的全部或部分属性，但是，一旦主要属性用作次要属性，它就要失去它在层级系统中上下位关系的地位，不能再推导它的上位或下位关系。

知网对于概念的形式化描述，把概念和它们的属性组织在一个完整的知识系统中，对于自然语言的计算机处理是很有价值的。

7.7　Pustejovesky 的生成词库理论

生成词库理论（Generative Lexicon Theory，GLT）是美国布兰代斯大学（Brandeis University）教授 Pustejovesky（普斯特尤夫斯基，图 7.16）于 1991 年提出的，1995 年出版了专著《生成词库》（*The Generative Lexicon*），其理论框架已经基本成形。①

GLT 首次把广义的生成方法引入到词义和其他领域的研究中，解决了词汇语义研究中的一些难题。历经二十多年的发展和改进，GLT 已经逐渐发展成熟，广泛应用于各种语言的研究，越来越有影响力。GLT 是在研究了词的创造性用法的基础上建立的词义表示方法，它关注词义的形式化和计算，试图从生成的角度来解释词的不同用法以及词在上下文中的创新性用法，已经成为基

图 7.16　Pustejovesky

于词汇主义的一种重要的自然语言处理的形式模型。近年来，我国语言学界开始关注 GLT 模型②，并且试图把这种模型应用到汉语大型语言知识库和语料库的建设中。

GLT 的核心思想是，一个词项的意义在词库（lexicon）中是相对稳定的，到了句子层面，在上下文中，通过一些生成机制（generative mechanism）可以获得词项的延伸意义。其主要

① Pustejovsky J. Generative Lexicon[M]. Cambridge：MIT Press，1995.

② 宋作艳.生成词库理论的最新发展：语言学论丛第 44 辑[M].北京：商务印书馆，2011：202 - 221.

目标是研究各语言中的多义、意义模糊和意义变化等现象。

GLT 主要包括两大部分：一是词项在词库中的词汇语义表达，这牵涉到词库问题；二是句法层面的语义生成机制，这牵涉到生成问题。因此，这种理论叫作生成词库理论。

在词库中，一个词项的词汇语义表达包括四个层面：论元结构、事件结构、物性结构和词汇类型结构。

(1) 论元结构（argument structure）：包括论元（argument）的具体数目、类型，并说明它们在句法层面的实现方法。

(2) 事件结构（event structure）：事件类型包括状态（state）、过程（process）和转变（transition）。例如，like 属于状态类型，run 属于过程类型，build 属于转变类型。事件可能有子事件（subevent）。事件结构还要说明哪个事件是核心事件（core event），并说明事件的组合规则，例如，说明事件发生的先后顺序等。

(3) 物性结构（qualia structure）：描写词项所指对象（object），说明词项由什么构成、指向什么、怎样产生的，并说明词项的用途或功能，包括词项的构成特征（constitutive quale）、形式特征（formal quale）、功用特征（telic quale）和施成特征（agentive quale）等四个特征。这些特征通常叫作构成角色（constitutive role）、形式角色（formal role）、功用角色（telic role）和施成角色（agentive role）。

① 构成角色：描写物体与其组成部分之间的关系，包括材料（material）、质量（weight）、部分（part）；也描写物体在更大的范围内构成或者组成哪些物体。例如，house 的构成角色要说明 house 是由砖头、水泥和钢筋等物质构成的，hand 的构成角色要说明 hand 是由指头、手掌、手臂组成的，同时还要说明 hand 是身体的一个部分。

② 形式角色：描写物体在更大的认知域内区别于其他物体的属性，包括方位（orientation）、大小（magnitude）、形状（shape）、颜色（color）和维度（dimensionality）等。根据形式角色，可以把一个物体与它周围的其他物体区别开来。

③ 功用角色：描写物体的用途（purpose）和功能（function）。功用有两种：一种是直接功用（direct telic），一种是间接功用（purpose telic）。直接功用描写那些人可以跟某物体发生直接联系的功用。例如，beer 的功用角色是 drink，可以直接构成述宾结构 drink beer。间接功用描写某个物体可以用来协助完成某个活动的功用。例如，knife 的功用角色是 cut，这种功用要通过介词 with 的引导来连接。例如，cut with a knife。功用角色还描写人的社会功用，表示人的词语的功用角色说明人的指称对象有什么社会功用。例如，角色定义型名词"打印员"的功用角色说明"打印员"是专门提供打印服务的人。

④ 施成角色：涉及物体的来源或产生的因素，描写物体是怎样形成或产生的，如创造、因果关系等。例如，book 是作者写（write）出来的，因此，book 的施成角色就是 write。场景定义型名词"乘客"的施成角色是乘车或乘飞机的活动，这样的施成角色使某人成为"乘客"。场景

定义型名词"原告"的施成角色是控告活动,在这样的施成角色使某人成为"原告"。

有的词项的物性结构可以具有上面的四种角色。例如,"roman"(小说)这个单词,它的构成角色是"story"等,形式角色是"book",功用角色是"read",施成角色是"write",四种角色都具备。然而,不是每个词项都具有上述所有的角色。

物性结构实际上是说明与一个词项相关的事物、事件和关系,表达的是一个词项中典型的谓词和关系,是范畴交叉的表征工具,物性结构为词项提供功能标签,把词项与概念网络联系起来,是概念逻辑的组织原则。

一个词项 α 的词汇语义表达式通常可表示为图 7.17。

$$
\begin{bmatrix}
\alpha \\
\text{ARGSTR} = \begin{bmatrix} \text{ARG1} = x \\ \cdots \end{bmatrix} \\
\text{EVENTSTR} = \begin{bmatrix} \text{E}_1 : e_1 \\ \cdots \end{bmatrix} \\
\text{QUALIA} = \begin{bmatrix} \text{CONST} = \text{what } x \text{ is made of} \\ \text{FORMAL} = \text{what } x \text{ is} \\ \text{TELIC} = \text{function of } x \\ \text{AGENTIVE} = \text{how } x \text{ came into being} \end{bmatrix}
\end{bmatrix}
$$

图 7.17　词项 α 的词汇语义表达式

在图 7.17 中,ARGSTR 表示论元结构,$\text{ARG1} = x$ 表示论元 1 为 x;EVENTSTR 表示事件结构,$\text{E}_1 : e_1$ 表示事件 1;QUALIA 表示物性结构,其中 $\text{CONST} = \text{what } x \text{ is made of}$ 表示构成角色,$\text{FORMAL} = \text{what } x \text{ is}$ 表示形式角色,$\text{TELIC} = \text{function of } x$ 表示功用角色,$\text{AGENTIVE} = \text{how } x \text{ came into being}$ 表示施成角色。

例如,词项 book(书)的词汇语义表达式如图 7.18 所示。这说明 book 有两个论元:一个指物质实体(physobj),一个指信息(info),book 是二者合并的一个词汇概念范式(Lexical Conceptual Paradigm,LCP),它的形式角色是 $\text{hold}(y, x)$,表示物质实体 y 里装载着信息 x,它的功用角色是 $\text{read}(e, w, x. y)$,表示对于 e 和 w,其功用是 read(读)具有 $x. y$ 形式角色(物质实体 y 里装载着信息 x)的 book,它的施成角色是 $\text{write}(e', v, x. y)$,表示 book 是由 e',v 把信息 x 装载在 y 而 write(写成)的。

$$
\begin{bmatrix}
\text{book} \\
\text{ARGSTR} = \begin{bmatrix} \text{ARG1} = x : \text{info} \\ \text{ARG2} = y : \text{physobj} \end{bmatrix} \\
\text{QUALIA} = \begin{bmatrix} \text{fino} \cdot \text{physobj\_1 cp} \\ \text{FORMAL} = \text{hold}(y, x) \\ \text{TELIC} = \text{read}(e, w, x. y) \\ \text{AGENTIVE} = \text{write}(ee', v, x. y) \end{bmatrix}
\end{bmatrix}
$$

图 7.18　词项 book 的词汇语义表达式

又如,词项 kill(杀)的词汇语义表达式如图 7.19 所示。这说明 kill 有两个论元:一个指个体的物质实体(ind),一个指有生命的物质实体(animate_ind);kill 包括两个子事件:一个表示过程 kill(e_1: process),一个表示状态 dead(e_2: state),第一个事件是整个事件的核心。kill 是个表致使的词汇概念范式,其施成角色是 kill_act 这个动作,其形式角色是 dead 这个状态。

$$
\text{kill}\begin{bmatrix}
\text{EVENTSTR} = \begin{bmatrix} E_1 = e_1 : \text{process} \\ E_2 = e_2 : \text{state} \\ \text{RESTR} = \angle_\alpha \\ \text{HEAD} = e_1 \end{bmatrix} \\
\text{ARGSTR} = \begin{bmatrix} \text{ARG1} = \boxed{1}\begin{bmatrix} \text{ind} \\ \text{FORMAL} = \text{physobj} \end{bmatrix} \\ \text{ARG2} = \boxed{2}\begin{bmatrix} \text{animate\_ind} \\ \text{FORMAL} = \text{physobj} \end{bmatrix} \end{bmatrix} \\
\text{QULIA} = \begin{bmatrix} \text{Cause-lcp} \\ \text{FORMAL} = \text{dead}(e_2, \boxed{2}) \\ \text{AGENT} = \text{kill\_act}(e_1, \boxed{1}, \boxed{2}) \end{bmatrix}
\end{bmatrix}
$$

图 7.19　词项 kill 的词汇语义表达式

(4) 词汇类型结构(lexical typing structure):说明一个词项在一个类型系统中的位置,即一个词项所属的类型(type)。这决定了此词项与其他词项的关联方式,也就是词汇继承关系。这个层面的词义与常识直接相关。这一层面在早期的理论框架中叫词汇继承结构(lexical inheritance structure),后来叫作词汇类型结构(lexical typing structure),如图 7.20 所示。在图中,功用角色(telic role)用 T 表示,施成角色(agentive role)用 A 表示,形式角色(formal, role)用 F 表示。

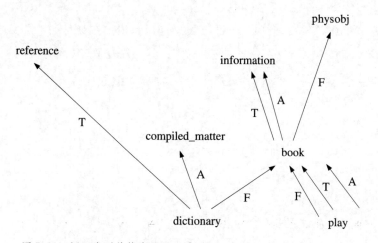

图 7.20　词汇类型结构中的继承关系

一个词可以从多个上层继承特征。例如,从图 7.20 中可以看出,dictionary(词典)从 reference(参考书)继承功用角色 consult(参考),从 compiled_matter(编纂物)继承施成角色 compile(编纂),从 book 继承形式角色 hold(容纳),但是没有继承 book 的功用角色 read。这 是因为,read a dictionary(读一部词典)这种表达似乎不够自然,而 consult a dictionary(参考 一部词典)这种表达更加自然。从图 7.20 中还可以看出,play 从 book 继承形式角色、功用角 色和施成角色;book 从 information 继承功用角色和施成角色,从 physobj(物质实体)继承形 式角色。

在 GLT 的论元结构、事件结构、物性结构和词汇类型结构四种结构中,最引人注目的是 物性结构。物性结构是 GLT 这种形式模型的特色,因此,我们有必要对物性结构做进一步的 说明。

物性结构的思想最早源于古希腊哲学家 Aristotle 的"四因说"(Aristotel's four causes of knowledge)。Aristotle 认为,"求知是人类的本性"[①],"智慧就是有关某些原理与原因的知 识"[②],作为关于智慧(sophy)的学问的哲学(philosophy),其任务就是说明事物产生和运动变 化的原因。Aristotle 提出了说明性因素类型论,假定存在着解释性因素(explanatory conditions and factors),说明具体的事物的产生和运动变化都是处于以下四种原因:

(1) 质料因(material cause):由事物所产生的,并在事物内部始终存在着的那种东西叫 作质料因,质料因也就是构成事物的原始质料,就好比建造房屋的砖瓦、制作床的木料、雕塑 铜像的青铜等等。

(2) 形式因(formal cause):事物内在的或本质的结构形式叫作形式因。形式因是构成事 物的样式和原理,就好比建造房屋的图纸或者建筑师头脑里的房屋原型、床的结构模样、青铜 塑像的构形或轮廓等等。

(3) 动力因(efficient cause or moving cause):使被动者运动的事物,或者引起变化者变 化的事物叫作动力因。动力因是推动质料变成形式的力量,就好比把砖瓦变成房屋的建筑 师、制作床或者制作雕像的匠师,以及制作床或雕像的行为,等等。

(4) 目的因(final cause):事物产生或运动变化的目的叫作目的因。Aristotle 指出,目的 因也就是事物"最善的终结";就好比建筑房屋是为了居住,制作床是为了睡觉,制作雕像是为 了欣赏,等等。

这就是 Aristotle 的"四因说"。

在这四种原因中,质料因是形成事物的基础。不过,质料因本身是消极被动的,只有在形 式因所需要的一定动力的作用下,并符合形式因所规定的目的,质料才可能变成形式。 Aristotle 指出:"这物质的'底层'本身不能使自己改变,木材与青铜都不能自变,木材不能自

①　亚里士多德.形而上学[M].吴寿彭,译.北京:商务印书馆,1959:1.
②　亚里士多德.形而上学[M].吴寿彭,译.北京:商务印书馆,1959:3.

成床,青铜不能自造像,这演变的原因只能求之于另一事物。找寻这个,就是找寻我们所说的第二原因—— 动因。"①这样,形式因似乎包含了动力因和目的因。因此,Aristotle 又把他的四因说的四因只归结为质料因和形式因。Aristotle 在《物理学》第二卷第七章中说:"显然,原因就是这么多类别,也就是这么多数目。既然原因有四种,那么自然哲学家就应该通晓所有的这些原因,并运用它们——质料、形式、动力、'何所为'来自然地回答'为什么'的问题。后面三种原因在多数情况下都可以合而为一。因为所是的那个东西和所为的那个东西是同一的,而运动的最初本原又和这两者在种上相同。……所以,要说明事物的为什么,就必须追溯到质料,追溯到是什么,追溯到最初的运动者。因为考察生成原因的最为主要的方式,就是研究什么在什么之后生成,什么是最初动作或承受,而且,在每一阶段上都是这样。"②

Aristotle 说,他的这种学说能够解释一切事物的原因。我们认为,在 2 300 多年前,Aristotle 对于事物的原因就进行过这样深入的分析,确实是难能可贵的。四因说展示了人类理性对于事物最普遍的现象和终极原因的探索。

Pustejovesky 继承了 Aristotle 的这一重要研究成果,把这个成果用于 GLT 的研究,他把 Aristotle 的四因发展成词项的构成特征、形式特征、功用特征和施成特征等四个特征,又把这些特征分别叫作构成角色、形式角色、功用角色和施成角色等四个角色,提出了独具特色的物性结构的思想。这些研究显示了 Pustejovesky 的聪明智慧和远见卓识。

近十几年来,Pustejovsky 等学者在物性结构中的功用角色的基础上,把词汇的类型分为自然类、人造类和合成类,并据此建构了整个语义类型体系。

GLT 假设人类的认知能力反映在语言中,尤其反映在心理词典(mental lexicon)中,这个心理词典是复杂的、动态的(dynamic)而又连贯的知识系统,是结构化的语言学操作(structural linguistic operations)和生成意义的组合规则(generative combinative rules)之间的接口(interface)。心理词典中的词汇按其所代表的意义内容分为自然类、人造类和合成类。

(1) 自然类(natural types):自然类是与物性结构中的形式角色和构成角色相关的原子概念,自然类从上位类中继承形式角色,是其他类的基础,自然类的谓词来自于物质域。例如,下面句子中的 rabbit 就是自然类名词:

The rabbit died.

(2) 人造类(artifactual types):人造类增加了功能概念,它从上位类中继承功用角色,因此,人造类是结合了物性结构中施成角色和功用角色信息的基础类型,人造类的谓词也与这两个角色相联系。自然类和人造类之间最大的区别在于:人造类有"意图"(intentionality)这

---

① 亚里士多德.形而上学[M].吴寿彭,译.北京:商务印书馆,1959:9.

② 亚里士多德.物理学[M].徐开来,译//苗力田.亚里士多德全集:第二卷.北京:中国人民大学出版社,1991:49-50.

个特征,而自然类没有"意图"特征。例如,good 是评价性的,与"意图"相关,下面的例句(a)可以说而(b)不可以说,就是因为 chair 是人造类而 rock 是自然类。

(a) This is a good chair.

(b) * This is a good rock.

具体到一个特定的名词,都会跟自然类和人造类发生联系,人造类也需要物质继承,必然与自然类相联系。例如,beer 是自然类 liquid(液体),结合了施成角色 brew、功用角色 drink;knife 是自然类 phys,结合了施成角色 make、功用角色 cut。表示如下:

$$\text{beer：}(\text{liquid} \otimes_A \text{brew}) \otimes_T \text{drink}$$

$$\text{knife：}(\text{phys} \otimes_A \text{make}) \otimes_T \text{cut}$$

在上面的表达式中,$\otimes$ 是张量类型构造算子(the tensor type constructor),$\otimes$ 把一种物性关系引入到一个类型之中,使这种物性关系成为这个类型的一个部分。

又如 beverage(饮料),它的基础类(ground type)也就是它的自然基础是 liquid(液体),它本身是人造类,与功用角色 drink 相联系。这个类型可以记作 $\text{liquid} \otimes \text{drink}_T$,是一个张量类型(tensor type)。根据不同的具体功能,beverage 又可以细分为图 7.21 所示的小类。

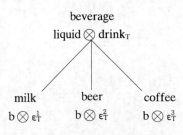

图 7.21　beverage 的下位类

这样,通过继承,人造类就有多个功用角色,有的离得近,有的离得远。如 coffee(咖啡)就有两个功用角色,一个是从 beverage(饮料)继承来的功用角色 drink(喝),记为 b(beverage 的简写),一个是它自身的功用角色 wake-up(提神),记为 $\text{b} \otimes \varepsilon_T^3$,咖啡要喝了才能提神,因此,继承的功用角色可以看成是根植在物性结构功用角色中的施成角色,可以表示为

$$\text{coffee：liquid} \otimes_T \text{drink} \otimes_T \text{wake-up}$$

词项 coffee 的词汇语义表达式如图 7.22 所示。

$$\begin{bmatrix} \text{coffee} \\ \text{ARGSTR：}[\text{ARG1：}x：\text{liquid}] \\ \\ \text{QULIA：}\begin{bmatrix} \text{FORMAL：}x \\ \\ \text{TELIC}\begin{bmatrix} \text{TELIC：wake\_up}(e^T, y) \\ \text{AGENTIVE：drink}(d^p, y, x) \end{bmatrix} \end{bmatrix} \end{bmatrix}$$

图 7.22　词项 coffee 的词汇语义表达式

指人的名词也有自然类和人造类之分,如图 7.23 所示。左侧是自然类,右侧是人造类,doctor 和 surgeon 都是人造类名词。

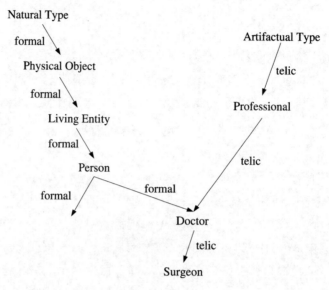

图 7.23 自然类与人造类的类型继承

(3) 合成类(complex types):合成类在 GLT 中又叫作"点对象"(dot object),因为其类型构造以圆点为代表,由自然类和人造类组成,从两三个自然类或人造类继承角色。

合成类在描写中用词汇概念范例(lexical conceptual paradigms,LCP)来标记:把一个词的不同词义合并到一个元词项(meta-entry)中,这个元词项就叫 LCP,这样可以大大缩小词库的规模。

如图 7.20 中的 book 就是一个合成类 phys·info,这个合成类是由 phys_obj(物质实体)与 information(信息)合成的,它的形式角色反映了二者之间的关系是 hold。

其他的例子还有:

EVENT·INFO:lecture, play, seminar, exam, quiz, test;

EVENT·PHYSOBJ:lunch, breakfast, dinner, tea;

EVENT·(INFO·SOUND):concert, sonata, symphony, song。

词项 lecture 是事件(EVENT)和信息(INFO)的合成类,既指一个事件,同时带有信息内容;lunch 是事件(EVENT)和物质实体(PHYSOBJ)的合成类,既指一个有时间过程的事件,也指具体的食物。依此类推。

三大语义类的区分是以名词为出发点的,动词、形容词根据其与名词语义类的对应关系也相应地分为三大类,如上面例子中的 rabbit 是自然类,die 就是自然类,形成三分的概念网格(tripartite concept lattice)。图 7.24 是三大范畴的上层分类,最上层概念被结构化成实体(Entity)、事件(Event)、性质(Quality)三个域,每一个域又被结构化成自然类(Natural)、人造类（Artifcactual）和合成类（Complex），由简单到复杂。

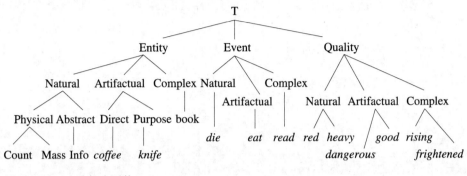

图 7.24　三分的概念网格

下面是三大主要范畴的分类举例：

（1）名词

自然类 N：rock，water，woman，tiger，tree；

人造类 A：knife，beer，husband，dancer；

合成类 C：book，lunch，university，temperature。

（2）动词

自然类 N：fall，walk，rain，put，have；

人造类 A：donate，spoil，quench；

合成类 C：read，perform。

（3）形容词

自然类 N：red，large，flat；

人造类 A：useful，good，effective；

合成类 C：rising，frightened。

GLT 关于词项的语义描述，最大的特色在于增加了物性结构，把名词词义与经验知识相结合，把名词与动词相联系，尤其是功用角色的引入，直接影响了其语义类型体系。其具体特点和贡献在于：

（1）通过物性结构，把日常经验知识与词汇语义连接在一起。关于语言知识与非语言知识的问题一直是语义研究中的一个难题，传统的语义学认为语言知识与非语言知识有明显的界限，必须加以区分，后者不是语言研究的对象；认知语言学（cognitive linguistics）则认为语言知识和非语言知识没有明显的界限；框架语义学（frame semantics）也认为语言的理解要引入非语言知识的背景。不是所有的日常经验知识都有语言学价值，GLT 通过物性结构中的构成角色、形式角色、功用角色和施成角色把与词汇语义相关的经验知识引入词义的描写中，为非语言的经验知识与语言知识提供了接口。研究表明，这些物性角色能解释很多语言现象，具有较高的语言学系统价值。

（2）区分了自然类与人造类。在与名词相关的动词中，GLT 更强调表示功用角色的动词，并以此为依据把名词分为自然类与人造类。这种区分是根本性的，会造成语言表达层面的差异。例如：

① 自然类不能做联合谓语（co-predication），人造类可以。例如：

* That is a dog and a cat.

That is a pen and a knife.

She is a teacher and a mother.

② 被形容词修饰时，自然类只允许一种解释，人造类则可以有另外的解释。例如：

beautiful flower（beautiful 只表示"美丽"）。

long record/disk（long 可以表示"物体本身长"或者"播放的时间长"）。

③ 自然类需要从上下文获得强迫语义（coerced meaning），而人造类则可以为上下文提供强迫语义。例如，下面（a）中有自然类 tree，began 没有默认的上下文，它的语义需要根据上下文才可以获得解释，获得的语义是强迫性的，而（b）中有人造类 book，began 默认的解释是 write 或者 read，人造类 book 本身提供了语义解释。

（a）I began the tree.

（b）I began the book.

区分自然类的都是一些对立结构（opposition structure），如 male/female、alive/dead，谓词是自然类谓词，如 swimming，flying，walking 等；区分人造类的则是功能行为（functional behavior），因此具有一定的任意性，不同的语言可能有差异。

自然类与人造类的区分并不是 Pustejvosky 最早提出的，很多学者早已经注意到这一点：Labov 在 1973 年的用品辨认实验表明，功能或用途会决定识别结果；Pulman 在 1983 年讨论了自然类范畴（natural kind categories）和名义类范畴（nominal kind categories），这样的区分与自然类和人造类的区分相当；Wierzbicka 在 1985 年指出，属性不是与物体本身有关，而是与物体在特定文化中的作用有关；Taylor 在 1989 年指出事物的属性有时是功能的，这种功能性属性决定了事物的用途，有时是人与物之间的相互（interactional）作用，这种相互作用反映了人们怎样运用某物；Pinker 在 1995 年也认为，自然类与人造类是很重要的区分。在词网和知网的语义分类中也有自然物与人工物的区分。

GLT 的贡献在于把自然类和人造类的区分与动词联系起来，并加以形式化。他把动词纳入到名词语义的表达式，进而把这种视角扩展到了指人的名词，甚至扩展到了形容词和动词，从而重建了整个语义类型架构，把自然类和人造类的这种区分渗入到了语言的各个层面。

（3）引入多重继承（multiplied inheritance）。对于一个词，不是将其简单地在结构树中放置，而是由下往上从不同的树枝继承不同的物性角色，避免了重复放置的问题。

GLT 认为，词汇的意义是相对稳定的，只是在组合中发生变化，这种变化是由语义生成机制(Generative Mechanisms in Semantics)来实现的。

1995 年,Pustejovsky 把语义生成机制分成三类:类型强迫(type coercion)、选择约束 (selective binding)和共同组合(co-composition)。近年来,这个语义生成机制有了很大改变, 主要是把类型强迫纳入了语法上的论元选择机制。这样,根据论元选择的具体情况,就有三 种论元选择生成机制(Generative Mechanisms of Argument Selection),它们可以解释词项在 组合中句法和语用的表现。因此,语义生成机制也就是论元选择生成机制。

下面,我们进一步来说明这三种论元选择生成机制。

(1) 纯粹类型选择(pure selection):在生成机制中,函项(function)要求的类型能被论元 直接满足。

(2) 类型调节(type accommodation):在生成机制中,函项要求的类型能从论元继承。

(3) 类型强迫(type coercion):在生成机制中,函项要求的类型被强加到论元上。类型强 迫通过"利用"和"引入"两种方式来实现。

利用(exploitation):在生成机制中,利用论元类型结构的一部分来满足函项的要求。

引入(introduction):在生成机制中,引入函项要求的类型来包装论元。

表 7.2 是各种语义生成机制出现的环境。在语义生成时,只有当论元类型(argument type)与要求的类型(type selected)匹配时,才可能是纯粹类型选择;同样,类型调节也只用于 相同的类型域(type domain);如果类型域不一样,类型强迫就会起作用。当论元类型比要求 的类型复杂时,采用类型利用的方式;反之,则采用类型引入的方式。

表 7.2　三种论元选择生成机制的出现环境

要求的类型 论元类型	Natual	artifactual	Complex
Natual	Sel/Acc	Intro	Intro
artifactual	Exploit	Sel/Acc	Intro
Complex	Exploit	Exploit	Sel/Acc

表 7.2 中,Sel 表示"纯粹类型选择",Acc 表示"类型调节",Exploit 表示"类型强迫:利 用",Intro 表示"类型强迫:引入"。

我们举例来说明上述论元选择生成机制。

(1) 纯粹类型选择。在下面句子的论元选择生成时,fall 需要一个指物质实体的类型 phys,rock 能直接满足这个要求,因此,这是纯粹类型选择。

The rock fell.

在下面句子的论元选择生成时,read 要求与之组合的名词是合成类 Phys·Info(物质实 体·信息),book 可以直接满足这个要求,因此也是纯粹类型选择。

John read the book.

如图 7.25 所示。

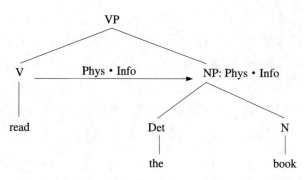

图 7.25　纯粹类型选择

（2）类型调节。在下面句子的论元选择生成时，句子中的 wipe 要求宾语论元有 surface（表面）。hands 虽然不能直接满足要求，却可以从它的上位类 Phys（物质实体）继承一个 surface，因此是类型调节。

Mary wiped her hands.

如图 7.26 所示。

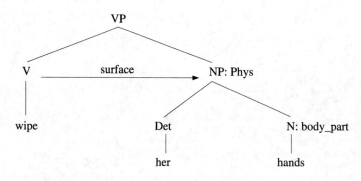

图 7.26　类型调节

（3）类型强迫。在下面句子（a）的论元选择生成时，burn 要求与之组合的名词是自然类 Phys（物质实体），合成类 book（Phys·Info）不满足要求，但其类型结构中的一部分（Phys）能满足要求，因此句子（a）属于类型强迫中的类型利用。

（a）The police burned the book.

如图 7.27 所示。

在下面句子（b）的论元选择生成时，believe 要求与之组合的名词是 Info（信息），也可以从 book（Phys·Info）中选择一部分（Info）来满足，因此句子（b）也是类型强迫中的类型利用。

（b）Mary believed the book.（类型强迫：利用）

如图 7.28 所示。

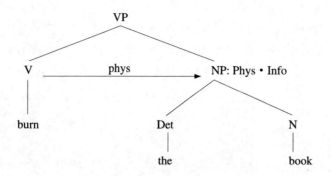

图 7.27　类型强迫例子(a)：利用

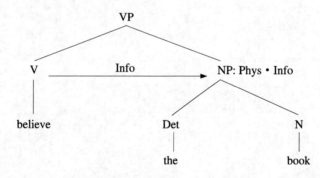

图 7.28　类型强迫例子(b)：利用

在下面句子的论元选择生成时，read 要求宾语论元是合成类 Phys · Info，而 rumor 的类型是 info，不能满足其要求，类型强迫机制就会给 rumor 引入一个新的类型 Phys · Info，因此，这是类型强迫中的类型引入。句子中的 rumor 一定有某种物质实体做载体，比如 news paper(报纸)。

Mary read a rumor about John.(类型强迫：引入)

如图 7.29 所示。

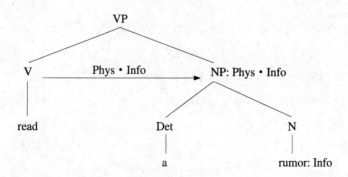

图 7.29　类型强迫：引入

在下面句子的论元选择生成时，begin 是个事件动词（eventive verb），要求其补足语（complement）是一个事件论元，句法上通常表现为一个动词短语 VP（read the book/write the book），(a)和(b)能满足这种语义选择（s-selection），是纯粹类型选择；而(c)在句法层面却实现为一个指事物的名词短语 NP（the book），这样就会出现类型不匹配（type-mismatch），因此，begin 就会强迫（coerce）这个 NP 进行类型转换（type shift），变成事件类型，这种强迫是通过名词 book 物性结构中的施成角色 write 或功用角色 read 实现的。这也是类型强迫中的类型引入，为一个实体类型 book 引入了一个事件类型。

(a) John began writing/reading the book.

(b) John began to write/read the book.

(c) John began the book. （John 开始写那本书，或者 John 开始读那本书。）

如图 7.30 所示。

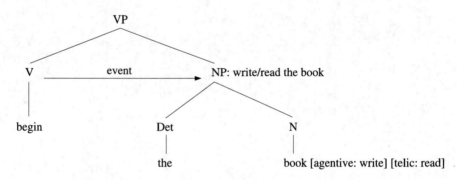

图 7.30　类型强迫：引入

GLT 在语义生成机制方面的改进主要表现在，从类型选择的角度区分了纯粹类型选择和类型强迫，分别来处理类型匹配和不匹配的情况，尤其强调类型强迫这一机制的作用，从而可以解决某些多义问题或语义模糊问题。

在论元选择生成时，类型强迫是一种重要的语义操作方法，这种方法可以把论元转换成符合函项要求的类型，否则就会出现类型匹配错误。出现类型强迫的时候，词项的语义可能发生变化，主要有两种变化：

(1) 保持域不变（domain-preserving）。如可数的 chicken（鸡）变成不可数的 chicken（鸡肉），但还在实体（entity）这一域内。如下面的句子：

There's chicken in the soup. （在汤里有鸡肉。）

(2) 域发生变化（domain-shifting）。又分几个小类：

① 实体变成事件（entity shifts to event）：

I enjoyed the beer. （我喜欢喝这种啤酒/我享受喝这啤酒这件事的乐趣。）

② 事件变成时间间隔（event shifts to interval）：

before the party started （在集会的时间之前开始）

③ 实体变成命题(entity shifts to proposition):

I doubt John.(我怀疑约翰所说或所想的内容。)

近几年,GLT 发展迅速,研究已具规模,到 2009 年为止,关于这一理论的国际性专题会议 "International Conference on Generative Approaches to the Lexicon"已经召开了 5 届。在 GLT 的基础上,Pustejovsky 带领其课题组,正在构建基于语料库的一个语义体系——Brandeis Semantic Ontology(BSO),目前建设的语义类型网格(Type lattice)包括 3 500 个语义类型结点,涵盖了 40 000 个多义词,其中名词 29 000 个、动词 5 000 个、形容词 6 000 个。此外,Pustejovsky 等还在 GLT 的基础上创制了一套生成词库置标语言(A Generative Lexicon Markup Language,GLML),并尝试对语料进行语义标注,与标注施事、受事等语义格不同,GLML 要标注名词的语义类型(人造类、事件等),名词与谓词之间的组合关系(类型选择或类型强迫),以及涉及的物性角色(形式角色、构成角色、功用角色、施成角色)等。

GLT 是一种基于词汇主义的形式模型,这种模型既关注"生成"(generation),又关注"词库"(lexicon),把"生成"和"词库"巧妙地结合起来。这种模型在自然语言处理中,特别是在互联网的搜索中具有重要的作用。

在互联网搜索中,一个基本的搜索过程分成如下几步:提交搜索请求→发送→筛选分类→查找索引→选择网页→结果排名→呈现结果。

谷歌搜索研究团队曾指出:"一个搜索请求会被分发到数千个数据中心,然后根据关键词进行匹配,再根据数百个指标对得到的数据进行排名。这个复杂的过程通常在一秒内完成,但平均每个谷歌搜索的关键词往返于用户电脑和数据中心的距离约为 2 400 千米(1 500 英里)。"①

由此可见,用户检索表面上看起来似乎是一个简单的秒级行为,其实背后隐含了很多分析。检索的后台操作程序一般分为高层和低层两部分,高层是对用户搜索意图(search intention)进行分析,这是一种自上而下的分析,低层则是对搜索词语自身结构、语义进行分析,这是一种自下而上的分析。搜索过程中的意义分析主要是这两种分析的结合。

目前,在互联网搜索中,用户提交的搜索词语大多数是名词词组。当用户提交的搜索词语是名词词组时,我们如果使用 GLT 模型对这个名词词组进行自动语义解释,那么就可以进一步理解这个名词词组的本体意义(ontological meaning),并为发现用户的搜索意图提供参考。

例如,当用户输入的检索词为"蔬菜大王"这个名词词组时,我们猜想其搜索意图是要检索跟"蔬菜大王"这个人物相关的新闻报道,因此我们首先要弄清楚"蔬菜大王"的本体意义是什么。我们根据 GLT 模型对这个检索的名词词组中词项的形式角色、构成角色、功用角色、

---

① 引自 2012 年 3 月 12 日的新浪科技报道(http://www.sina.com.cn)。

施成角色进行分析,通过 GLT 的论元选择生成机制,可以发现"蔬菜大王"这个名词词组是有歧义的:因为根据"蔬菜"和"大王"的功用角色、施成角色等特征的分析,可以认识到"蔬菜大王"既可以指"买/卖蔬菜的大王",也可以指"种植蔬菜的大王",还可以指"吃蔬菜的大王"。这样我们可以采用 GLT 模型,弄清楚"蔬菜大王"多种可能的语义解释,就可以为用户提供不同语义解释下的搜索结果来供用户选择,从而为搜索意图的获取提供帮助。

GLT 模型还存在许多有争议的地方。例如,GLT 丰富词汇语义描写的方法是否可取?功用角色和施成角色是否属于语言知识?物性结构中的特征是否需要增加?在类型强迫中是否真的发生了类型转换?等等。这些问题的研究还有待进一步深入。

但不容置疑的是,GLT 提出了一种全新的理念和形式化操作方式,能够更好地解释一些语言现象,是一个独具特色的自然语言处理的形式模型。

参考文献

[1] Gomez-Perez A. Ontological Engineering with Examples from the Areas of Knowledge Management, e-Commerce and Semantic Web[M]. Berlin: Springer, 2004.

[2] Borst W N. Construction of Engineering Ontologies, Centre for Telemetica and Information Technology[D]. Enschede: University of Twenty, 1997.

[3] Deng Yaochen, Feng Zhiwei. Corpus-based study on the relation between word length and word frequency in Chinese[C]//Proceedings of 7th International Corpus Linguistics Conference (CL 2013). Lancaster, 2013: 59 - 61.

[4] Dong Zhendong, Dong Qiang. HowNet and the Computation of Meaning[M]. Singapore: World Scientific Publishing Co. Pte, Ltd. , 2006.

[5] Gu F, Cao C G, Sui Y F, et al. Domain-specific ontology of botany[J]. Journal of Computer Science & Technology, 2004, 19(2): 238 - 248.

[6] Gross M. Grammaire Transformationnelle du Français: Syntaxe du Verbe [M]. Paris: Larousse, 1968.

[7] Gross M. Methodes en Syntaxe[M]. Paris: Hernamm, 1975.

[8] Gross M. Grammaire Transformationnelle du Français: Syntaxe du Verbe[M]. Deuxieme Vesion. Paris: Larousse, 1977.

[9] Gruber T R. A translation approach to portable ontologies specifications[J]. Knowledge Acquisition, 1993, 5(2):199 - 220.

[10] Jurafsky D, Martin J. 自然语言处理综论[M]. 冯志伟, 孙乐, 译. 北京: 电子工业出版社, 2005.

[11] Miller G, Beckwith R, Fellbaum C, et al. Introduction to WordNet: An on-line lexical database

[J]. International Journal of Lexicography，1990，3(4)：235‐244.

[12] Miller G. WordNet：A lexical database for English[J]. Communication of the ACM，1995，38 (11)：39‐41.

[13] Studer R，Benjiamins V R，Fensel D. Knowledge engineering：Principles and methods[J]. Data & Knowledge Engineering，1998，25(1‐2)：161‐197.

[14] Zhang Chunxia. Domain-specific formal ontology of archeology and its application in knowledge acquisition and analysis[J]. Journal of Computer Science & Technology，2004，19 (3)：290‐301.

[15] 邓耀臣,冯志伟. 词汇长度与词汇频数关系的计量语言学研究[J]. 外国语,2013(3)：29‐39.

[16] 冯志伟. 应用语言学综论[M]. 广州：广东教育出版社,1999.

[17] 冯志伟. 链语法述评[J]. 语言文字应用,1999(4)：100‐102.

[18] 冯志伟. 计算语言学基础[M]. 北京：商务印书馆,2001.

[19] 冯志伟. 计算语言学探索[M]. 哈尔滨：黑龙江教育出版社,2001.

[20] 冯志伟. 应用语言学新论[M]. 北京：当代世界出版社,2003.

[21] 冯志伟. 机器翻译研究[M]. 北京：中国对外翻译出版公司,2004.

[22] 冯志伟. 从知识本体看自然语言处理的人文性[J]. 语言文字应用,2005(4)：100‐107.

[23] 冯志伟. 词汇语义学与知识本体[C]//应用语言学前沿讲座.北京：中国传媒大学出版社,2005.

[24] 冯志伟.术语学中的概念系统与知识本体[J]. 术语标准化与信息技术,2006(1)：9‐15.

[25] 冯志伟. 机器翻译词典中语言信息的形式表示方法[J]. 语文研究,2006(3)：12‐23.

[26] 冯志伟. 语义互联网与辞书编纂[J]. 华文教学与研究（暨南大学华文学院学报）,2009(4)：88‐94.

[27] 冯志伟. 从不同的角度看知识本体[J]. 山东外语教学,2011(6)：8‐16.

[28] 冯志伟. 语言学中一个不容忽视的学科：术语学[J]. 山东外语教学,2012(6)：31‐39.

[29] 冯志伟. 词典学研究中的一门新兴学科——计算术语学[C]//辞书研究与辞书发展论文集.上海：上海辞书出版社,2014：1‐16.

[30] 冯志伟. 在博客上研究词汇问题[J]. 当代外语研究,2015(2)：3‐7.

[31] 揭春雨,冯志伟. 基于知识本体的术语定义[J]. 术语标准化与信息技术,2009(2)：4‐14.

[32] 宋作艳. 生成词库理论的最新进展[M]//语言学论丛第44辑. 北京：商务印书馆,2011：202‐221.

[33] 张秀松,张爱玲. 生成词库论简介[J]. 当代语言学,2009(3)：267-271.

第 8 章

语义自动处理的形式模型

自然语言的计算机处理,除了进行词法分析和句法分析之外,还要进行语义分析。

关于语义分析和句法分析的关系,在现有的自然语言处理系统中还有不同的处理办法,有的系统采用"先句法后语义"的办法,有的系统采用"句法语义一体化"的办法。

所谓"先句法后语义",就是在自然语言的分析系统中,首先进行独立的句法分析,得到表示输入句子的句法表示式,然后再经过独立的语义分析,获得输入句子的语义表示式。在句法分析中,虽然也要利用附加在词和词组上的某些必要的语义信息,但主要的依据是词法和句法信息。这一类系统的程序设计不依赖于某个特定的领域,具有较好的可移植性和可扩展性。

所谓"句法语义一体化",是指在自然语言分析系统中,不单独设置一个句法分析模块,而是句法分析和语义分析并行,或者根据某些语义模式,直接从输入句子求出其语义表示式。这一类系统往往可以有效地处理某些有语法错误或者信息不全的句子,根据语义线索直接获得对句子的语义解释,但是,由于句法信息不充分,语义分析往往难以奏效。

不论采取哪一种办法,语义分析都是必不可少的。所以,语义分析同句法分析一样,它们都是自然语言处理的最基本的功能模块。

人工智能的核心课题是关于知识表达的研究,而知识实际上也就是有意义的、反映世界状况的符号集合。知识表达离不开语义分析,表达自然语言语句意义的问题是与知识表达的问题融为一体的,自然语言语义的研究,必然会对人工智能中知识表达的理论产生重要的影响。

本章中,我们主要介绍义素分析法、语义场、语义网络、Montague 语法、优选语义学、概念依存理论、意义-文本理论等语义自动处理的形式模型,最后讨论词义排歧方法。

8.1 义素分析法

早在 20 世纪 40 年代初期,结构主义丹麦学派的代表人物 L. Hjelmslev(叶尔姆斯列夫)就提出了义素分析法的设想。20 世纪 50 年代,美国人类学家 F. G. Lounsbury(朗斯伯里)和 W. H. Goodenough(古德纳夫)在研究亲属词的含义时就提出了义素分析法。20 世纪 60 年代初,美国语言学家 J. J. Katz(卡兹)和 J. A. Fodor(弗托)提出了解释语义学(interpretive semantics),将义素分析法引入语言学中,为生成转换语法提供语义特征。

义素(sememes)是意义的基本要素,它就是词的理性意义的区别特征。词的理性意义是一束语义特征(即义素)的总和。例如,汉语"哥哥"的理性意义是［＋人］［＋亲属］［＋同胞］［＋年长］［＋男性］等义素的总和,"弟弟"的理性意义是［＋人］［＋亲属］［＋同胞］［－年长］［＋男性］等义素的总和,"姐姐"的理性意义是［＋人］［＋亲属］［＋同胞］［＋年长］［－男性］等义素的总和,"妹妹"的理性意义是［＋人］［＋亲属］［＋同胞］［－年长］［－男性］等义素的总和。"＋"表示肯定,"－"表示否定,［－年长］就是［＋年幼］,［－男性］就是［＋女性］。

"哥哥"的义素［＋年长］是与弟弟的义素［－年长］相比较而言的,"哥哥"的义素［＋男性］是与姐姐的义素［－男性］相比较而言的。英语表同胞的亲属词 brother 没有长幼的对比,brother 既可表示汉语的"哥哥",又可表示汉语的"弟弟",因此,英语也就没有［＋年长］、［－年长］这样的义素。壮语表同胞的亲属词没有男女的区别,因此,壮语也就没有［＋男性］、［－男性］这样的义素。

一组词的义素可以用义素矩阵来表示,纵坐标表示词,横坐标表示义素,纵横两坐标的相交点上注以"＋或－"号。例如,汉语中表同胞的亲属词的义素矩阵如表 8.1 所示。

表 8.1　亲属词的义素矩阵

	［人］	［亲属］	［同胞］	［年长］	［男性］
哥哥	＋	＋	＋	＋	＋
弟弟	＋	＋	＋	－	＋
姐姐	＋	＋	＋	＋	－
妹妹	＋	＋	＋	－	－

《现代汉语词典》中对上述亲属词的释义是:

哥哥:同父母(或只同父、只同母)而年纪比自己大的男子。

弟弟:同父母(或只同父、只同母)而年纪比自己小的男子。

姐姐:同父母(或只同父、只同母)而年纪比自己大的女子。

妹妹:同父母(或只同父、只同母)而年纪比自己小的女子。

如果我们把上述亲属词的义素矩阵与它们在《现代汉语词典》中的释义相比较,就可以看出,义素矩阵反映了相应亲属词的基本语义特征,它们与词典中的释义是彼此对等的。

由此可见,义素分析法是语义形式化描述的一种好办法。

在义素矩阵中,一般标以二元对立的"＋或－"号,但有时二元对立用不上,也可以采用别的标示办法。例如,美国语言学家 E. A. Nida(奈达)在分析英语中的 run(跑),walk(走)等七个表示人的肢体活动的词的语义时,列出了如表8.2的义素矩阵。

表8.2　肢体活动的义素矩阵

| | 总有一肢
接触地面 | 肢体接触地面的
顺序 | 接触地面的
肢数 |
| --- | --- | --- | --- |
| run | − | 1—2—1—2 | 2 |
| walk | + | 1—2—1—2 | 2 |
| hop | − | 1—1—1/2—2—2 | 1 |
| skip | − | 1—1—2—2 | 2 |
| jump | − | | 2 |
| dance | + | 变异但有韵律 | 2 |
| crawl | + | 1—3—2—4 | 4 |

在这个义素矩阵中,[总有一肢接触地面]这个义素有二元对立,用"＋或－"号表示,[肢体接触地面的顺序]这个义素没有二元对立,用"1—1—1—2"等这样的数目字表示,"1—2—1—2"表示下肢轮换地动作:先左脚,后右脚,先左脚,后右脚,或者先右脚,后左脚,先右脚,后左脚;"1—1—1/2—2—2"表示下肢不轮换地动作;"1—1—2—2"表示左脚右脚每两次轮换地动作;"1—3—2—4"表示上肢和下肢轮换地动作。[接触地面的肢数]这个义素也没有二元对立,用数字表示接触地面的肢体的数目。

义素分析法在分析亲属词、军衔词等方面获得了相当可观的成绩,其应用范围正在扩大,然而,至今为止,还没有见到应用义素分析法来分析某一语言整个词汇系统的成果。

在自然语言的计算机处理中,机器词典的建造是一个十分重要的工作。机器词典也就是电子词典,它是存储在磁盘、光盘、EPROM(可擦可编程只读存储器)等介质上可由计算机随意访问的词典,其中要存储自然语言处理所需要的多种信息,包括词的语音信息、语法信息和语义信息。在机器词典中的语义信息,通常是用直接地存储每个词的理性意义(义项)的办法来进行的,也就是像普通词典那样,将每个词条对应的概念加以枚举和解释。但是,用这样的办法不仅要占用巨大的存储空间,而且,也难于判别同义词、近义词在理性意义上的差别,难以确定词与词之间的搭配关系。

如果采用义素分析法来建造机器词典,就可以解决这些问题。

● 由于在机器词典中,词条不再以词的义项来存储,而是以义素来存储,就可以使用较少量的义素,对大量的、难以穷尽枚举的词义做形式化的描述。当然,由于义素要代表广阔纷繁的大千世界,它的数量也是相当大的。迄今为止,我们还说不清现代汉语中大概有多少个义素,这个问题的解决还有待时日。从实用的目的出发,在自然语言处理系统中,我们可以建立不同领域、不同用途的义素系统,可以根据有关的要求逐步从概念中分解出义素,也可以采用目标驱动的途径来试探性地建立义素系统。在建立义素系统时,我们应该注意到明晰性、联系性、完备性、易解释性、易理解性以及经济性的原则。

● 通过对机器词典中不同义素集合内的各个义素的分析比较,计算机可以比较容易地找出不同单词在词义上的细微差别。

例如,用义素分析法,汉语中的"陆军、海军、空军"三个词的义素表达式如下:

陆军:[军队]{[在陆地][作战的]}f{[通常由……组成][步兵][炮兵][装甲兵][工程兵][铁道兵]各[专业部队]};

海军:[军队]{[在海上][作战的]}f{[通常由……组成][水面部队][潜艇部队][海军航空兵][海军陆战队]各[专业部队]};

空军:[军队]{[在空中][作战的]}f{[通常由……组成]各[航空兵部队][空军地面部队]}。

在上面的三个义素表达式中,义素写在方括号内,同一类型或相互配合的义素写在同一花括弧里。f 是结构式的标志,意思是"适用范围"。"各"不是一个义素,而是一个标志,它表示被标志的义素可以分解为若干同类的义素。

从上述的义素表达式中,我们可以清楚地看出,"陆军""海军""空军"这三个词的共同点是,它们都有[军队][作战的]等义素,不同点是:

① 它们的作战地域不同:陆军的义素为[在陆地],海军的义素为[在海上],空军的义素为[在空中];

② 它们的组成不同:陆军的义素为{[通常由……组成][步兵][炮兵][装甲兵][工程兵][铁道兵]各[专业部队]},海军的义素为{[通常由……组成][水面部队][潜艇部队][海军航空兵][海军陆战队]各[专业部队]},空军的义素为{[通常由……组成]各[航空兵部队][空军地面部队]}。

又如,汉语的"手"和"脚"两个词的义素表达式为:

手:[器官][人体的]{[位于……][+上肢]的[末端]}[能使用工具];

脚:[器官][人体的]{[位于……][-上肢]的[末端]}[能行动]。

其中,义素间的"的"是表示领属关系的标志。

从它们的义素表达式中可以看出,"手"和"脚"这两个词的共同点是:它们都有[器官][人体的]等义素。不同点是:

① 它们的位置不同,"手"的义素为{[位于……][+上肢]的[末端]},"脚"的义素为{[位于……][-上肢]的[末端]};

② 它们的功能不同,"手"的功能是[能使用工具],脚的功能是[能行动]。

再如,"炒""熘""炸""煎"四个词的义素表达式为:

炒:[-用水][-油量大][+不断翻动][-加淀粉汁];

熘：[－用水][－油量大][＋不断翻动][＋加淀粉汁]；

炸：[－用水][＋油量大][－不断翻动]；

煎：[－用水][－油量大][－不断翻动]。

从它们的义素表达式可以看出，"炒""熘""炸""煎"这四个词的共同点是[－用水]，也就是在烹饪时不用水。不同点是："炒""熘""煎"的用油量不大（[－油量大]）；而"炸"的用油量大（[＋油量大]），"炒"和"熘"要不断翻动（[＋不断翻动]）；而"炸"和"煎"不要不断翻动（[－不断翻动]），"炒"时不加淀粉汁（[－加淀粉汁]），"熘"时要加淀粉汁（[＋加淀粉汁]）。

由于义素表达式是词义的一种形式化的表示，因而计算机易于找出单词在词义上的不同点，发现它们的细微差别。

● 通过义素分析法，计算机可以了解到词与词搭配时在语义上要受到什么样的限制。

例如，在"说话"和"想"这两个词的义素表达式中，都要求动作发出者具有[＋人]这个义素，而在"椅子"和"鱼"这两个词的义素表达式中，都不包含[＋人]这个义素。因此，在一般情况下，"椅子在想""鱼在说话"这样的句子在语义上是不能成立的，尽管它们在语法上是正确的。这将有助于计算机判断句子在语义上是否合理。

当然，在一定条件下，例如在童话故事中，不包含[＋人]这个义素的"椅子"和"鱼"，也可以与"说话"和"想"连用。这时，"椅子在想""鱼在说话"这样的句子在语义上也就可以成立了。不过，这只是在童话中为了特定的目的使"椅子"和"鱼"临时地获得了[＋人]的义素，在一般情况下并不能这样做。有时，为了达到修辞的效果，可以把动物比喻为人。例如，我们说"黄河在咆哮"，使非动物的"黄河"临时地获得了[＋动物]这一义素；我们说"黄鼠狼给鸡拜年"，使动物"黄鼠狼"临时地获得了[＋人]这一义素。这种情况叫作"隐喻"（metaphor）。但是，在通常的情况下，我们并不能这样做。隐喻存在的这些事实并不足以否定词语在组合时必须有一定的语义限制。因而我们对于词语在组合时的语义限制仍然是必要的和有效的。

不过，我们对于隐喻也不能掉以轻心。隐喻是自然语言中普遍存在的一种现象，这种现象一直是修辞学（rhetoric）研究的重要内容。例如，"历史的车轮滚滚向前"这个句子的意思是，历史发展的轨迹就像车轮那样滚滚向前。这是一个隐喻。在这个隐喻中，用"车轮"这个概念来比喻"历史发展的轨迹"这个概念，"车轮"是我们熟悉的、比较具体直观的、比较容易理解的概念，而"历史发展的轨迹"则是抽象的、不太容易理解的概念。通过"车轮"这样的隐喻，我们对于"历史发展的轨迹"这样比较抽象的、不太容易理解的概念获得了更加明确的、更加形象的认识。

在修辞学中，隐喻属于一种"辞格"，一个完整的隐喻一般由"喻体"和"本体"构成，喻体通常是我们熟悉的、比较具体直观的、比较容易理解的一些概念范畴，本体则是我们后来才认识的、抽象的、不太容易理解的概念范畴。在我们上面的例子中，"车轮"就是喻体，"历史发展的轨迹"就是"本体"。

在认知语言学(cognitive linguistics)中,喻体叫作"始源域"(source domain),本体叫作"目标域"(target domain)。在我们上面的例子中,"车轮"就是始源域,"历史发展的轨迹"就是目标域。隐喻的认知力量就在于将始源域的图式结构映射到目标域上,使人们通过始源域的图式结构,对于目标域得到更加清晰的认识。因此,认知语言学认为,隐喻不但是一种修辞手段,而且还是人的一种思维方式,隐喻普遍地存在于人们的各种认知活动中。

就是在以严谨著称的术语中,也存在着隐喻。

术语是人类科学知识在自然语言中的结晶,是人类认知活动的重要产物。因此,在术语中,当然也应当存在着隐喻。通过隐喻的"始源域"帮助人们更加清晰地认识"目标域",应当是术语命名的一种重要方式。

下面,我们以计算机科学中的术语为例子,来说明隐喻在术语命名中的作用。

计算机科学中的"防火墙"(fire wall)这个术语,就是使用隐喻命名的术语。它的始源域是指建筑物中用于防止火灾的墙;它的目标域是置于因特网和用户设备之间的一种安全设施,通过识别和筛选,防火墙可以阻止外部未被授权的或具有潜在破坏性的访问。计算机科学中本来没有真实的具体的"防火墙",通过"防火墙"这个始源域,人们可以更加清楚地理解"置于因特网和用户设备之间的一种安全设施"的这个抽象的概念范畴。

计算机科学中的"病毒"(virus)这个术语,它的始源域是:比病菌更小的病原体,没有细胞结构,但有遗传、变异等生命特征,一般能通过阻挡细菌的过滤器,多用电子显微镜才能看见。而它的目标域则是:一种有害的、起破坏作用的程序。通过"病毒"这个始源域,人们可以认识到,一旦在计算机运行"病毒"这种程序,计算机就会像生物染上了病毒一样,给用户带来灾难。

计算机科学中的"树"(tree)这个术语,它的始源域是:木本植物的通称。而它的目标域则是:计算机算法中表示结点之间的分支关系的一种非线性的结构。通过"树"这个始源域,人们可以把这种抽象的非线性结构想象成自然界中的树,从而对这个概念获得更加清晰的理解。

在计算机科学中,像这样使用隐喻来命名的术语还很多,例如槽、网络、桌面、回收站等等。

笔者在《现代术语学引论》①中指出,术语的命名应当遵循专业性、准确性、单义性、系统性、语言的正确性、简明性、理据性、稳定性、能产性等原则。使用隐喻的方法来给术语命名,与这些原则是不是矛盾呢? 笔者认为并不矛盾。因为隐喻是人类的一种重要的思维方式,在术语命名中当然也应该使用这样的思维方式,使用隐喻来给术语命名,不仅与这些原则不矛盾,而且能够更好地实现这些原则。

①　冯志伟.现代术语学引论[M].北京:商务印书馆,2011.

　　前几年我们在讨论计算机科学中的"菜单"这个术语的时候,一些学者提出,计算机科学中的"菜单"这个术语中并没有"菜",与事实不符,因此,他们强烈地反对使用"菜单"这个术语,主张使用"选单"来代替"菜单",后来,学术界也大力推广"选单"而反对使用"菜单"。可是,在大多数计算机用户中,"菜单"这个术语仍然广为使用,而"选单"这个术语却很难推广。"菜单"(menu)这个术语的始源域是:记录经过烹调供下饭或下酒的蔬菜、鱼、肉等的单子。而它的目标域则是:由若干可供选择的项目组成的表。面对在显示屏上显示出来的菜单,用户可以用光标来选择,就像人们在吃饭的时候点菜一样方便。使用隐喻方法命名的"菜单"这个术语,准确、鲜明、生动,符合术语的命名原则,所以它才为广大用户喜闻乐见,始终没有被学术界大力推广的"选单"这个术语所替代。

　　这种情况说明,在术语的命名中,我们不能拒绝使用隐喻这种重要的方法。隐喻是人类重要的思维方式,在术语命名中不能避开这种重要的思维方式。①

　　既然在术语命名中不能忽视隐喻,那么在自然语言处理中,当然就更不能忽视隐喻了。目前我们在隐喻的自然语言处理方面,已经取得了初步的成绩。

8.2　语义场

　　要进行某种语言的义素分析,首先要求对该语言的词汇体系建立起"语义场"(semantic field)。

　　"语义场"这一术语是德国学者 G. Ipsen(伊普森)于 1924 年提出来的。20 世纪 30 年代初,另一位德国学者 J. Trier(特里尔)提出了系统的语义场理论。Trier 的学生 L. Weisgerber(魏斯盖尔伯)在 20 世纪 30 年代曾与他合作进行研究,第二次世界大战之后,Trier 又继续研究语义场理论,但是,在 20 世纪 30 年代和 40 年代,语义场理论影响是很有限的。到了 20 世纪 50 年代,Chomsky 提出了转换生成语法,美国人类学家又提出了义素分析法,语义场理论才引起普遍的关注。

　　Ipsen 于 1922 年毕业于德国莱比锡大学,获心理学博士学位,他的老师 F. Krügers(克吕格斯)是著名心理学家 Wundt(温特)在莱比锡大学教授职位的继承人,是格式塔心理学莱比锡学派的创始人。Krügers 指出,意识具有"完形性"(gestalt),意识在完形性感知的基础上可以再进一步区分。在完形性理论的影响之下,1924 年 Ipsen 在《古代东方与印度日耳曼人》(*Der alte Orient und die Indogermanen*)中指出,"词不能单独地出现在语言中,而要按照它们的意义排列成词群……根据整个词群的特征组成语义场,就像是彼此连接而具有结构的马

---

　　① 冯志伟.术语命名中的隐喻[J].科技术语研究,2006(3):19-20.

赛克"①,首次提出了"语义场"(bedeutungsfeld)这个术语。

1927 年,Weisgerber 在《语义学说是语言科学的迷途吗?》(*Die Bedeutungslehre-ein Irrweg der Sprachwissenschaft?*)中指出,一个单词并不是孤立地存在于人们的意识之中的,一个单词通常是与概念相近的其他单词共同构成一个或者一些具有某种结构的、彼此相互关联的集合。② 为了表达词的这种集合,Weisgerber 使用了"词场"(wortfeld)这个术语。

1931 年,Trier 在《智能语义域中的德语词汇:语言场的历史》(*Der Deutsche Wortschatz im Sinnbezirk des Verstandes:Die Geschichte eines sprachlichen Feldes*)中,把 Ipsen 的"语义场"和 Weisgerber 的"词场"等理论综合成一个完整的理论系统,他指出,"每一个词都处于其相关的概念之间。这些单词彼此之间与概括它们的那个单词一起,共同构成一个自成体系的结构。"③Trier 把"语义场"和"词场"归纳为"语言场"(das sprachliche feld)。1934 年,他在《语言场:相互作用》(*Das Sprachliche Feld:Eine Auseinandersetzung*)中对"场"做了如下的定义:"场是个体的词语与整体的词汇之间存在的语言现实。作为局部性的整体场,有的场与其他词语一起组合成更大结构体的共同特征,有的场与其他词语一起分割为更小的共同特征"。④这些共同的特征使得单个的词语与整个的场互相作用,这样一来,单个的词语可以组合成更大的结构体,也可以被分割成更小的语言单位。

近些年来,我国学者也开始研究汉语的语义场。北京大学贾彦德教授在《汉语语义学》(1992)一书中,系统地提出了汉语的语义场理论;北京语言大学语言信息处理研究所张普教授在前人研究的基础上,结合自然语言计算机处理的实际,提出了"场型"的概念,进一步深化了对汉语语义场的研究。

"场"原是物理学术语,如电场、磁场、引力场等。物理场即相互作用场,是物质存在的基本形态之一。场要占一定的空间,具有空间性,后来进一步引申为分布着某一物理量或数学函数的空间区域本身,不一定有物质存在的形式,"场"的概念进一步虚化了,但仍然具有空间性。

语义场是词义形成的系统,它是基于概念的关系场,是词义与词义之间构成的一种完全虚化的、非物质的空间领域。语义场的空间性体现为构成词义的义素的分布情况。词义总是在语义场中与其他词义发生相互作用的。通俗地说,若干个意义上紧密相联的词义,通常归属于一个总称之下,就构成了语义场。

---

① Ipsen G. Der alte Orient und die Indogermanen[M]//Friedrich J, Hofmann J, et al. Stand und Aufgabe der Sprachwissenschaft: Festschrift für Wilhelm Streitberg. Heidelberg: Winter, 1924: 225.

② Weisgerber L. Die Bedeutungslehre-ein Irrweg der Sprachwissenschaft? [J]. Germanisch-Romanische Monatsschaft, 1927(15): 161-168.

③ Trier J. Der Deutsche Wortschatz im Sinnbezirk des Verstandes: Die Geschichte eines sprachlichen Feldes, Bd I, Von den Anfangen bis zum Beginn des 13 Jahrhunderts[M]. Heidelberg: Winter, 1931: 31.

④ Trier J. Das sprachliche feld: Eine auseinandersetzung[J]. Neue Jahrbücher für Wissenschaft und Jugendbildung, 1934(10): 132.

语义场可以进一步分为词汇场(lexical field)和联想场(associative field)。词汇场是静态的,它表现为词义与词义之间的聚合关系;联想场是动态的,它表现为词义与词义之间的组合关系。我们在本节中讲的语义场主要是词汇场,为了称说上的方便,在不妨碍读者理解时,我们把词汇场简称为语义场。至于联想场,我们将在语义网络这一节中进一步说明。

词汇场是静态的语义场,在这种语义场中,语义与语义之间的关系是各种类聚关系。下面是按词义分出的各种语义场:

鸟类场:老鹰、八哥、孔雀、海鸥……

动物场:象、鹿、马、牛、羊、虎、蚂蚁……

人类场:老人、男人、工人、青年、军人……

烹调场:煮、烩、炖、炒、煎、熘、炸……

亲属场:父亲、哥哥、叔叔、爷爷、妯娌……

颜色场:红色、橙色、黄色、绿色、蓝色……

物态场:固体、液体、气体、胶体……

抽象场:思想、计划、意志、性格……

这些语义场还可以进一步细分。例如,"亲属场"可按"直系""旁系""父系"等关系进一步细分,形成更小的语义场,细分后而形成的语义场称为"子场",不能再进一步细分的子场,称为"小子场";这些语义场也可以进一步概括与合并。例如,"动物场""植物场"可进一步概括为"生物场",概括后形成的语义场称为"母场"。

不同类型的语义场称为场型。汉语中主要的场型如下。

1. 分类场型

在分类场型中,处于同一语义场的各个词义都是指同一类事物、运动或性状。分类场型一般是多层次的。例如,图 8.1 表示印刷术的语义场就是一种分类场型。

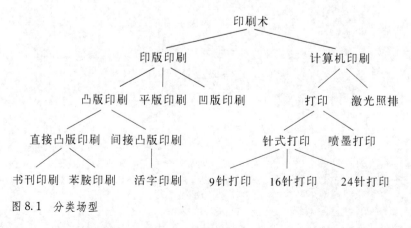

图 8.1 分类场型

在语义场中,上一层的词义称为上位,下一层的词义称为下位。双方紧连的上位称为直接上位,双方紧连的下位称为直接下位,最下层的词义不再含有更小的词义,称为底位,最上层的词没有上位,成为顶位。同一层次的词义称为平位。同一概念的若干个词义变体称为同位。例如,[妻子]、[夫人]、[老婆]是同位,其中,[妻子]是这个词义的主位,[夫人]、[老婆]是这个词义的变位。

分类场型的词义关系有如下特点:

● 上下词义之间存在着领属关系。上位表示语义场的领域,下位表示该领域中的分类,处于中间层次的词义,既是其上位的分类,又是其下位的领域。例如,在图 8.1 中,"印刷术"是上位词义,且处于顶位,它表示这一语义场的领域是"印刷术";"24 针打印"是下位词义,且处于底位,它表示"24 针打印"是"印刷术"的一个小类别。"印版印刷"是处于中间层次的词义,它是其上位词义"印刷术"的一个类别,又是其下位词义的领域,因而"凸版印刷""平版印刷""凹版印刷"都属于"印版印刷"这一领域。

● 下位可以继承上位的基本义素。例如,"9 针打印""16 针打印""32 针打印"都继承了上位"打印"的基本义素;"打印"和"激光照排"都是"计算机印刷",它们继承了上位"计算机印刷"的基本义素;而"计算机印刷"和"印版印刷"都是"印刷术",它们继承了上位"印刷术"的基本义素。在分类场型中,越是上层的词义,其共同义素越少,越是下层的词义,其累计继承的共同词义越多,越是上层的词义,其所含的领域越大,越是下层的词义,其所含的领域越小,底位不再构成新的语义场,它所在的语义场称为最小子场,顶位所在的母场称为最大母场。

2. 构件场型

构件场型也是一种基本场型。在构件场型中,处于同一语义场的各个词义不是指同一类的事物、运动或性状,任何下位都是其上位的一个构件。构件场型也是有层次的。例如,图 8.2 表示"汽车"的结构的语义场就是一种构件场型。

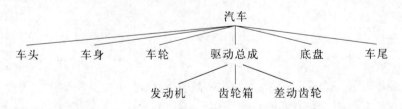

图 8.2 构件场型

构件场型的词义关系具有如下的特点:

● 上位和下位之间是整体和构件的关系。上位表示一个整体,下位表示整体的构件。例如,上位词义"汽车"表示一个整体,下位词义"齿轮箱"表示这个整体中的一个构件。处于中间层次的词义,既是上位词义的构件,又是下位词义的整体。例如,处于中间层次的词义"驱动总成",是上位词义"汽车"的构件,又是下位词义"发动机""齿轮箱""差动齿轮"的整体。

● 在构件场型中,不是下位继承了上位的义素,而是上位抽取下位的某些义素来集成。例如,"建筑物"由"门"和"窗"组成,构件"门"有[出入]和[闭锁]等表示功能的义素,构件"窗"

有［采光］和［透气］等表示功能的义素,因而"建筑物"可以从其下位"门"和"窗"中抽取［出入］、［闭锁］、［采光］、［透气］等表示功能的义素集成为自己的义素。当然,并不是一切表示功能的义素都可以这样从下位构件传递到顶位。例如,在"建筑物"中有"灯泡"这个构件,但是构件"灯泡"中表示功能的义素［发光］并不能传递到顶位"建筑物"而作为"建筑物"的一个表示功能的义素。可以传递到顶位的表示功能的义素应该是下位构件中最重要的义素。可见,整体的功能可以从构件的功能中抽取,但并不等于其构件的功能的总和。

3. 有序场型

分类场型和构件场型是基本场型,而有序场型不是基本场型。有序场型是基于分类场型和构件场型的一种特殊场型。在有序场型中的所有平位都是有序的,它们除分别具有分类场型或构件场型的上位与下位之间的传递关系之外,在平位之间还存在着顺序关系。这种顺序可以表现在时间、空间、数量、程度、范围、等级等方面。例如,分类场型"军衔"的下位结点"少尉、中尉、上尉、大尉、少校、中校、上校、少将、中将、上将、大将、元帅、大元帅"有着严格的等级顺序。

具有有序场型的词义关系的特点如下:

● 同一层次的词义排列是有序的,这一有序关系反映了客观世界的有序性。例如,反映时间顺序的季节名称"春、夏、秋、冬"是有序的,"夏"之前为"春","夏"之后为"秋"。

● 一些有序的词义是封闭型的,封闭型的词义可以循环。例如,一年四季"春、夏、秋、冬"是周而复始、循环不已的,既没有开始,也不会终止。

一些有序的词义是非封闭型的,非封闭型的词义不可以循环。例如,表示学位的词义"学士、硕士、博士"是非封闭型的,学海无涯,学无止境,不可循环。

4. 对立场型

对立场型也不是基本场型,而是一种特殊场型。在对立场型中,平位的词义之间存在着对立关系,例如"硬"和"软"、"开"和"关"、"进"和"退"、"生"和"死"、"男"和"女"等等。这种对立可表现在性质、状态、运动方向、运动结果、所处位置、所处时间等方面的义素对立。例如,"硬"和"软"是性质的对立,"进"和"退"是运动方向的对立,"生"和"死"是生命的开始和结束,是所处时间的对立。

对立场型的特点是:

● 一些对立场型中的平位只有两个,非此即彼,不存在中间状态。这种对立叫作相反对立。例如"开"和"关",不是"开",就是"关",不存在中间状态;"生"和"死",不是"生",就是"死",也不存在中间状态。

● 一些对立场型的平位不止两个,互相对立的两个平位处于平位串的两极,它们之间还存在着中间状态,这种对立叫作两极对立。例如,"进"和"退",中间有不进不退的"停"这种状态。

5. 同义场型

同义场型是一种特殊场型。在同一场型中,同位和变位的理性意义是完全相同的,只是附属于理性意义的风格、色彩等方面的义素不一样,例如"计算机"与"电脑"、"犹豫"与"迟疑"、"妻子""夫人"与"老婆"等。

严格地讲,同义场型只涉及同位和变位的关系,它还不能成为一种独立的场型。

上述这些不同的场型组成了语义总场。在语义总场中,场与场之间的关系主要有以下几种类型:

- 嵌套关系

大的分类场型之下嵌套着小的分类场型,大的构件场型之下嵌套着小的构件场型。例如,分类场型"生物场"之下,嵌套着小的分类场型"动物场"和"植物场","动物场"之下又嵌套着更小的分类场型"鸟""兽""虫""鱼"等子场;构件场型"人"之下,嵌套着"头""颈""躯干""四肢"等构件场型,构件场型"四肢"之下嵌套着"上肢""下肢"等构件场型,构件场型"上肢"之下又嵌套着"手""臂"等更小的构件场型。

嵌套关系反映的是同一类场型之间的关系。

- 交叉关系

在一些分类场型或构件场型构件场型中,其平位又是有序场型或对立场型。例如,分类场型"军衔"的各种下位词义"少尉""中尉""大尉"等又是有序场型,构件场型"手"的下位词义"手指""手掌""手背"等又是有序场型。

交叉关系反映的是不同场型之间的关系。

- 传递关系

传递关系是指一种场型中的词义传递到另一种场型之中。例如,在构件场型中,整体"人"由构件"头""颈""躯干""四肢""内脏"等构成;在分类场型中,"人"的下位有"男人、女人""白种人、黑种人""老年人、中年人、青年人、未成年人""中国人、美国人、德国人""军人、工人、商人"等。如果将构件场型中的"人"与分类场型中的"人"建立传递关系,把"人"的所有构件词义传递到分类场型"人"的各种词义之中,就可以使分类场型中各种"人"均具有构件场型中的"人"的构件。

显而易见,传递关系也是不同场型之间的关系。

- 联想关系

不同场型之间以及同一场型的不同子场之间都可以产生联想关系。例如,"水兵—海—军舰—军港"之间可以产生"军人、自然环境、武器、军事设施"之间的联想关系。联想关系可用于句子的语义分析中,它可以揭示句子中各词义之间的联系,从而帮助计算机理解句子的语义。

由联想关系构成的语义场叫作联想场,它反映了词义与词义之间的动态的组合关系。这种组合关系,可以通过语义网络(semantic network)来描述。由于语义的内容就是概念的内容,因此在语义网络中,就直接用概念来表示词义。

8.3　语义网络

语义网络是 1968 年由美国心理学家 M. R. Quillian(奎尼安)研究人类联想记忆时提出的。1972 年,美国人工智能专家 R. F. Simmons(西蒙斯)和 J. Slocum(斯乐康)首先将语义网络用于自然语言理解系统中。1977 年,美国人工智能学者 G. Hendrix(亨德里克斯)提出了分块语义网络的思想,把语义的逻辑表示与"格语法"(case grammar)结合起来,把复杂问题分解为若干个较为简单的子问题,每一个子问题以一个语义网络表示,这样可进行自然语言理解中的各种复杂的推理,把自然语言理解的研究向前大大推进了一步。

语义网络可用有向图来表示。一个语义网络就是由一些以有向图表示的三元组

(结点 1,弧,结点 2)

连接而成的。

结点表示概念,弧是有方向的、有标记的。在三元组中,弧由结点 1 指向结点 2,结点 1 为主,结点 2 为辅,弧的方向体现了主次,弧上的标记表示结点 1 的属性或结点 1 与结点 2 之间的关系。

语义网络中的一个三元组如图 8.3 所示。这样,由若干个三元组构成的语义网络就可表示为图 8.4。

图 8.3　三元组的表示法　　　　　　图 8.4　语义网络

从逻辑表示的方法来看,语义网络中的一个三元组相当于一个二元谓词,因此,三元组

(结点 1,弧,结点 2)

可写成二元谓词

P(个体 1,个体 2)

其中,个体 1 对应于结点 1,个体 2 对应于结点 2,而弧及其上面表示结点 1 与结点 2 之间的关系的标记由谓词 P 来体现。

这样一来,一个由若干个三元组构成的语义网络就相当于一组二元谓词。

我们可以把语义网络看成一种知识的单位。人脑的记忆是通过存储大量的语义网络来

实现的。

在人工智能中,语义网络内各个概念之间的关系,主要由 ISA, PART-OF, IS 等谓词来表示。

谓词 ISA 表示"具体-抽象"关系,具体概念隶属于某个抽象概念,因此,ISA 是一种隶属关系,它体现为某种层次分类,具体层的结点可继承抽象层结点的属性。

例如,"鱼是一种动物"这一命题可表示为图 8.5。

动物具有"会动、吃食物、要呼吸"等属性,鱼也具有"会动、吃食物、要呼吸"等属性。此外,鱼还具有"用鳃呼吸、水中生活、有鳍"等特殊的属性,而有的动物就不具有这些属性。"鱼"是具体层的结点,"动物"是抽象层的结点。这说明具体层的结点可以继承抽象层的结点的属性,反之不然,这就是 ISA 关系中的"属性继承规则"。

又如,"学生是人"这一命题可以表示为图 8.6。

图 8.5 ISA 关系(1)   图 8.6 ISA 关系(2)

人具有"能制造工具、能使用工具、能进行劳动、高等动物"等属性,因此,学生也具有"能制造工具、能使用工具、能进行劳动、高等动物"等属性,此外,学生还具有"在学校读书"的特性,而其他的人不一定具有这样的特性。这一命题显然也遵循着 ISA 关系中的"属性继承规则"。

谓词 PART-OF 表示"整体-构件"关系,构件包含于整体之中,因此,PART-OF 也是一种包含关系。在 PART-OF 关系中,各下层结点的属性不能彼此继承,ISA 关系中的"属性继承规则",在 PART-OF 关系中是不能成立的。

例如,"车轮是汽车的一部分"这个命题,可以表示为图 8.7。其中,"车轮"不一定具有"汽车"的某些属性。

又如,"墙上有黑板"这个命题,可以表示为图 8.8。但是,黑板的属性与墙的属性几乎毫无共同之处。

图 8.7 PART-OF 关系(1)   图 8.8 PART-OF 关系(2)

谓词 IS 用于表示一个结点是另一个结点的属性。例如,"奥斯陆是挪威的首都"这个命题,可以表示为图 8.9。

又如,"小刘聪明过人"这个命题,可以表示为图 8.10。

图 8.9 IS 关系(1)   图 8.10 IS 关系(2)

结点与结点之间的关系是多种多样的。ISA,PART-OF 和 IS 只是三种最常见的关系。对于自然语言的计算机处理来说,这三种关系是远远不够的。

如上所述,语义网络是由一组二元谓词构成的,它可表示一个事件(event)。事件是由若干个概念组合所反映的客观现实,它可以分为叙述性事件、描述性事件和表述性事件三种。当用语义网络来表述事件时,语义网络中结点之间的关系,还可以为施事(AGENT)、受事(OPATIENT)、位置(LOCATION)、时间(TIME)等。

例如,"张忠帮助王林"这一事件可以表示为图 8.11。

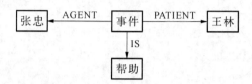

图 8.11　事件的语义网络(1)

如果知道张忠是老师,王林是学生,那么语义网络可表示为图 8.12。

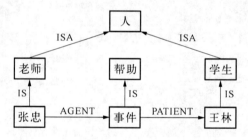

图 8.12　事件的语义网络(2)

语义网络系统的推理机制一般基于网络的匹配。根据提出的问题可构成局部网络,其中的变量代表待求客体。查询解答的过程就是查询局部网络到网络知识库的匹配操作,若匹配成功,则输出变量所得的替换值为"是",匹配不成功则输出"否"。

例如,如果在语义网络知识库中存储了事件"张忠帮助王林",查询的目的是找出"张忠帮助谁",根据图 8.12 中的网络进行匹配,结果匹配得到成功,得到变量的替换值为"王林",即"谁＝王林"。

把语义网络的理论和方法运用于汉语的自动处理,有必要根据汉语的特点,对于二元谓词中的谓词做深入的研究,充分地揭示汉语中的语义关系。

随着互联网(Web)的发展和开放数据链接(linking open data)[①]等项目的全面展开,语义网络的思想被用在互联网上,开始建立"语义互联网"(Semantic Web)。语义互联网用知识本体(ontology)来表示概念和概念之间的关系,所以文档的语义信息标注实际上是一种建立在

---

① 　http://linkeddata.org/.

知识本体基础之上的标注。目前,语义互联网的数据源的数量激增,大量 RDF(Resource Description Framework,即语义互联网中的"资源描述框架")数据被发布。互联网正从仅包含网页和网页之间超链接的文档互联网(Document Web)转变成包含大量描述各种实体和实体之间丰富关系的数据互联网(Data Web)。在这个背景下,谷歌、百度和搜狗等搜索引擎公司纷纷以此为基础构建"知识图谱"(knowledge graph)来改进搜索质量,从而拉开了语义搜索的序幕。

知识图谱要描述真实世界中存在的各种实体或概念。其中,每个实体或概念用一个全局唯一确定的标识符(identifier,ID)来标识。每个属性-值偶对(Attribute-Value Pair,AVP)用来刻画实体的内在特性,而关系(relation)用来连接两个实体,刻画它们之间的关联。我们可以把知识图谱看作是一个巨大的语义网络,语义网络中的结点表示实体或概念,而语义网络中的弧则由属性或关系构成。

据不完全统计,谷歌知识图谱到目前为止包含了 5 亿个实体和 35 亿条事实(用"实体-属性-值"和"实体-关系-实体"的方式来表示)。谷歌知识图谱是面向全球的,因此包含了实体和相关事实的多语言描述,以英语为主。百度和搜狗也针对中文搜索推出知识图谱,其知识库中的知识主要以中文来描述,规模略小于谷歌知识图谱。

为了提高互联网的搜索质量,我们不仅要求知识图谱包含大量高质量的常识性知识,还要能及时发现并添加新的知识。目前,知识图谱通过收集来自百科类网站和各种垂直网站的结构化数据来覆盖大部分常识性知识,这些数据质量较高,但更新较慢。另一方面,知识图谱还通过从各种半结构化数据(如 HTML 表格)抽取相关实体的 AVP 来丰富实体的描述。此外,通过互联网搜索日志(query log)发现新的实体或新的实体属性也可以不断地扩展知识图谱的覆盖率。此外,知识图谱还可以通过数据挖掘的方法来获取知识数据,与高质量的常识性知识相比,通过数据挖掘抽取得到的知识数据更多,更能反映当前用户的查询需求,并能及时发现最新的实体或事实,但这些知识数据的质量相对较差,存在一定的错误。我们可以利用互联网的冗余性,在后续的挖掘中通过投票或其他聚合算法来评估这些知识数据的置信度,并通过人工审核加入到知识图谱中。

使用上述方法得到的知识数据,仅仅是从各种类型的数据源中获取的构建知识图谱所需的各种候选实体(概念)及其属性关联,它们形成了一个个孤立的抽取图谱(extraction graphs)。为了构建一个真正的知识图谱,我们还需要将这些信息孤岛集成在一起。

因此,我们不能仅仅在数据层(data level)上构建知识图谱,还需要进一步在模式层(schema level)上构建知识图谱。模式(schema)是对知识的提炼,遵循预先给定的模式来建立知识图谱,有助于知识的标准化,更有利于查询等后续处理。

为知识图谱构建模式相当于为其建立知识本体(ontology)。最基本的知识本体包括概念、概念层次、属性、属性值类型、关系、关系定义域(domain)概念集、关系值域(range)概念集。在此基础上,我们可以额外添加规则(rules)或公理(axioms)来表示模式层更复杂的约束关系。

面对规模如此庞大而且与领域无关的知识库,即使是构建最基本的知识本体,也是非常有挑战性的。谷歌等公司普遍采用的方法是自顶向下(top-down)和自底向上(bottom-up)相结合的方式。

这里,自顶向下的方式是指通过知识本体编辑器(ontology editor)预先构建知识本体。知识本体的构建要使用从百科类和结构化数据得到的高质量知识中所提取的模式(schema)信息。谷歌知识图谱的模式是在其收购的 Freebase 模式的基础上修改而得到的。Freebase 模式定义了 Domain(领域),Type(类别)和 Topic(主题,即实体)。每个 Domain 有若干 Type,每个 Type 包含多个 Topic 并且和多个 Property(特性)关联,这些 Properties 规定了属于当前 Type 的那些 Topic 需要包含的属性和关系。这样定义好的模式可用来抽取属于某个 Type 或满足某个 Property 的新实体(或实体对)。

自底向上的方式则使用各种抽取技术,特别是通过搜索日志和 Web Table 抽取发现的类别、属性和关系,并将这些置信度高的模式合并到知识图谱中。对于未能与原有知识图谱中模式的类别、属性和关系相匹配的模式,可以作为新的模式加入到知识图谱中,然后使用人工进行过滤。

在知识图谱的构建中,自顶向下的方法有利于抽取新的实例,保证抽取质量,而自底向上的方法则有利于发现新的模式。二者是相辅相成的。

8.4 Montague 语法

Montague(蒙塔鸠)语法是采用内涵逻辑的方法来描述句子语义内容的一种新的语言理论。1970 年前后,美国数理逻辑学家 R. Montague (蒙塔鸠,1932~1971)等把内涵逻辑应用于自然语言的研究,并把生成语法与内涵逻辑这两个领域的研究集中提炼为 Montague 语法。Montague 语法开创了用现代逻辑的形式化方法研究自然语言的新思路。

Montague 提出,自然语言与高度形式化的人工语言(逻辑语言)在理论上没有什么区别,这两种语言的句法和语义完全有可能在同一个理论体系下得到描写。当然,一种理论如果要对意义丰富多彩的自然语言进行形式化的描写,首先必须具备数学的高度精确性。因此,Montague 认为自然语言研究是数学的一个分支,而不是像 Chomsky 那样认为是心理学的一个分支。

Montague 语法理论体现了 Frege(弗雷格)原理(Frege's principle)的基本思想。Frege 原理提出,一个句子的整体意义是它各部分的意义和组合方式的函数。Montague 把 Frege 原理中的"意义"扩展到"结构",进一步提出:一个句子的整体结构是它各部分的结构和组合方式的函数。因此,在 Montague 语法里,一个句子的句法形式、内涵逻辑表达式和语义所指都是从基本单位开始,通过句法规则、转译规则和语义规则,从小到大逐段确定的。句法、转译和语义三大部分是同态的(homomorphism)。在 Montague 语法中,有一条句法规则就有一条转译规则把它处理的短语转译成内涵逻辑表达式,然后再由一条语义规则来确定这个内涵逻辑表达式的语义。歧义问题通过不同的组合方式和运用不同的句法、语义规则来解决。这是 Montague 语法的一个假说,叫作"规则对规则假说"(rule-to-rule hypothesis)。

Montague 语法首先把词或短语的意义从它们的载体中分离出来。意义称为有意义词语(Meaningful Expression,ME),它们的载体称为基本词语(Basic expression,B),有意义词语是给定的,它们的具体所指取决于特定的模型,基本词语也是给定的,其形式因语言而异。

Montague 语法主要由句法、转译和语义三大部分组成。

句法部分包括一套语类(category)和一套句法规则。它的功能是把来自词库的词语组成句子。语类给基本词语规定一个句法范畴。句法规则的作用是把基本词语变成短语,然后再把较小片段的短语合成为较大片段的短语。它根据输入端基本词语或短语的语类,规定一个输出端短语的语类,并且规定输出端成分的句法排列顺序。这套规则可以反复使用,将短语从小到大逐步结合,直到生成句子为止。整个过程都用树形结构来表示。在句法部分,词库中的每一个成员都有一个"基本词语",基本词语并不包括意义,它完全是一种表达形式。每个基本词语都有一个语类,语类是根据基本词语的句法特性确定的。根据规则,每个基本词语都是一个短语,短语和短语可以组成一个更大的短语,句子则可以看成最大的短语。短语中词语的线性排列以及它们的语类搭配都由句法规则确定。

Montague 语法中的语类并不是名词、动词和形容词等的集合,而是由基本语类 e 和 t 以及它们之间关系的一组集合。e 和 t 是基本语类,其他的是派生语类。语类 e 表示自然界某类事物中的个体词语(individual expression)或实体词语(entity expression)。语类 e 并不等于传统语法中的名词或名词短语。汉语和英语中都没有与它对应的单位。例如,chair(椅子)并不属于语类 e,因为 chair 只是一个概念,它可以指世界上所有椅子的集合,只有表示这个集合中具体的某个椅子的词语才属于语类 e。语类 t 表示具有真值的语言单位,叫作真值词语(truth value expression)或陈述语句(declarative sentence)。其他的语类都是从基本语类 e 和 t 派生出来的。Montague 语法规定,如果 A 和 B 是语类标记,则 A/B,A//B 都是语类标记。这里,A 和 B 是变项。设 A = t,B = e,则 t/e 和 t//e 都是语类标记;设 A = t/e,B = e,则 t/e/e 和 t/e//e 都是语类标记。这样的定义是递归的,如此循环反复,Montague 语法便可确定无限的语类标记。由于 Montague 语法中的句法和语义是同态的,句法中的语类和语义中的义类一一对应,义类通过语义规则可以在模型中确定所指,因此可以把语类与客观事物联系起来,对语类用这种递归的方法加以定义,实际上为确定语类与客观事物之间的联系打下了基础。

转译部分包括一套转译规则,把短语转译成内涵逻辑表达式。转译过程严格按照句子的生成过程进行。每一条句法规则都有一条与它相对应的转译规则。

语义部分是以内涵逻辑为基础建立的。这是 Montague 语法的精粹所在。Montague 语法的内涵逻辑又包括句法和语义两方面。语义部分的句法方面由一套义类系统和句法规则组成。义类是由对应函数从该词项的语类中求得的。句法规则规定各种成分结合以后的义类。一个完整的内涵逻辑表达式的义类可以用这套规则通过运算求得。语义部分的句法方面主要解决内涵逻辑结构成分的结合问题。如果一个成分的所指集合不在另一个成分的所指集合之内,那么它们就不能结合。语义部分的语义方面主要解决语义所指问题,它有一套语义规则,运用这套语义规则就可以求出内涵逻辑表达式在特定模型中的语义所指。

Montague 语法的语义理论以内涵逻辑为基础,具有三个特点:

● 它具体描写一个句子的真值条件,确定在什么条件下,一个句子所表示的意义为真或者为假,因此,Montague 语法是一种真值条件语义学(truth-conditional semantics);

● 它通过语义规则而得出的语义所指都是相对于特定的模型而言的,句子或短语的语义值在不同的模型中具有可变性,因此,Montague 语法是一种模型论语义学(model-theoretic semantics);

● 它的所指可以包括世界上不存在的东西,真值与时间和空间有着密切的关系,判断一个句子的真假必须参照行为发生的具体时间和地点,Montague 语法中引入了时间参数和空间参数,可以把一些不存在于现实世界中的东西(如"龙、麒麟、独角兽")在模型中表示出它们的所指来(它们只有内涵而没有外延),因此,Montague 语法是一种可能世界语义学(possible-world semantics)。

de re(关于事物的)读法和 de dicto(关于所说的)读法的歧义问题曾经在哲学中进行过讨论。Montague 语法对此做出了独特的解释。de re 读法是指存在某一个个体,而且该个体具有某种特征,是一种"就事论事"的读法;de dicto 读法是指概念中的某一个个体,而且该个体具有某种特征,是一种"就言辞而论"的读法。例如,英语句子"John seeks a unicorn"(约翰寻找一只独角兽)根据句法规则的不同,就可以有两种不同的读法。de re 读法预设存在一只独角兽,约翰在设找找到它,而 de dicto 读法却是一种非确指读法,约翰并没有在寻找某只具体的独角兽,他只是寻找想象中的独角兽这种动物。seek 的这后一种读法可以指寻找不存在于现实世界中的东西。

Montague 语法的数学描述比较形式化,这里,我们仅通过实例来介绍其基本内容,尽量不涉及过于形式化的内容。

Montague 语法有两个来源:一个是 N. Chomsky 的生成转换语法,一个是 Louis(路易思)提出的内涵逻辑学。Montague 把这两方面的研究成果结合起来,采用内涵逻辑学来描述句子的深层结构,在句子的每一个层次上,都可得出一个相应的内涵逻辑表达式,并以此来表示该句子深层结构的逻辑含义。

例如

$$\text{The man walks.} \tag{8.1}$$

（这个人走路。）

按生成转换语法,这个句子的深层结构可用图 8.13 的树形图(1.a1)表示。

从树形图可以看出,句子 S 可以重写为名词词组 NP 与动词词组 VP,名词词组 NP 又可以重写为限定词 Det 和名词 N,根据词汇插入规则,得到词汇串"the man walk"。为了得到句子的表层结构,还必须做形态变化,把 walk 转换为 walks,最后得到句子"The man walks"。

又如

$$\text{Every man walks.} \tag{8.2}$$

（每个人都走路。）

这个句子的深层结构可以用图 8.14 的树形图(1.b1)表示。

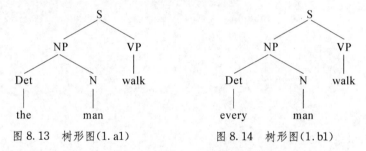

图 8.13　树形图(1.a1)　　　　图 8.14　树形图(1.b1)

从树形图可以看出,句子(8.2)与句子(8.1)的深层结构完全一样,它们的差别仅在于 Det 的后裔,一个是 the,一个是 every,但 the 与 every 的这种差异,仅仅从 Chomsky 的生成转换语法是无从得到说明的。

为了说明这种差异,Montague 采用内涵逻辑学的方法来转译成立句子的深层结构。这样的转译是按树形图中从上而下的顺序来进行的,它要把树形图中有关结点上的成分转译为相应的内涵逻辑表达式。

首先,从图 8.15 的树形图(1.a1)的末端的词汇项开始进行转译:

the $\to \lambda P \lambda Q \{ \exists x (P(x) \land Q(x)) \land \forall x \forall y ((P(x) \land P(y)) \to x = y) \}$

man $\to$ man

walk $\to$ walk

下面,我们来解释上述的转译表达式。

首先解释符号 $\lambda P \lambda Q$。

表达式 $\lambda x \ x + 1$ 表示加 1 的函数。例如

$$(\lambda x \ x + 1) \ 2 = 2 + 1 = 3$$

表达式 $\lambda x \ x > 0$ 表示 >0 的函数。例如

$$(\lambda x\ x > 0)3 = 3 > 0\,(\text{这是一个真命题})$$

$$(\lambda x\ x > 0) - 2 = -2 > 0\,(\text{这是一个假命题})$$

一般地说,

$$(\lambda x\cdots x\cdots)\ a = \cdots a\cdots\ \text{是满足}\cdots x\cdots\text{这一性质的集合}.$$

另外,$\lambda x\ x + 1 = \lambda y\ y + 1$,也就是说,加 1 的函数 $\lambda x\ x + 1$,亦可写为 $\lambda y\ y + 1$。

由此可见,符号 λ 之后是一个变数,它可以写为 x,亦可以写为 y,亦可以写为其他符号。

定冠词 the 的转译表达式中的 $\lambda P\lambda Q$,表示 P 与 Q 两个性质,$\exists x(P(x) \land Q(x))$ 表示存在某个 x,它满足性质 P 并且满足性质 Q,$\forall x\forall y(P(x) \land P(y))$ 表示对于任何的 x 与任何的 y,x 与 y 都同时具有 P 这一性质,"$\rightarrow$"是蕴涵号,表示"如果……则……"。$x = y$ 表示 x 与 y 相等。可见,定冠词 the 的转译表达式说明,P 这一性质是唯一地存在的,如果 x 具有性质 P 与 Q,并且 y 与 x 同时具有性质 P,则 x 与 y 相等。这种转译表达式,恰当地说明了定冠词 the 的含义。

man 被转译为 man,左边的 man 是英语中的 man,右边的 man 是内涵逻辑学中的常量 man。

walk 的转译与 man 同。

从 $(\lambda x\cdots x\cdots)a$ 出发得到 $\cdots a\cdots$ 这一性质,称为"λ-变换"(λ-conversion)。上述的 $(\lambda x\ x + 1)2 = 2 + 1 = 3$ 就是 λ-变换。

λ-变换是 Montague 语法转译计算的关键。

下面,我们从 the 的内涵逻辑式出发,采用 λ-变换,来继续转译树形图(1.a1)中的其他成分。从 the 与 man 向上溯,分别得到限定词 Det 和名词 N,再继续往上溯,便得到了 the 与 man 构成的名词词组 NP,为了得出 NP 的内涵逻辑表达式,我们把 man 代入 the 的内涵逻辑表达式,有

$$\left[\lambda P\lambda Q\{\exists x(P(x) \land Q(x)) \land \forall x\forall y((P(x) \land P(y)) \rightarrow x = y)\}\right] \tag{8.3}$$

由此进行 λ-变换,用 man 来代替性质 P,得到

$$\lambda Q\{\exists x(\mathrm{man}(x) \land Q(x)) \land \forall x\forall y((\mathrm{man}(x) \land \mathrm{man}(y)) \rightarrow x = y)\}_{\mathrm{man}} \tag{8.4}$$

walk 上溯到 NP,把 NP 与 VP 相结合,构成句子 S,为此,我们把 walk 代入式(8.4),有

$$\left[\lambda Q\{\exists x(\mathrm{man}(x) \land Q(x) \land \forall x\forall y((\mathrm{man}(x) \land \mathrm{man}(y)) \rightarrow x = y)\}\right]_{\mathrm{walk}} \tag{8.5}$$

由此进行 λ-变换,用 walk 来代替性质 Q,得到

$$x((\mathrm{man}(x) \land \mathrm{walk}(x)) \land x\ y((\mathrm{man}(x) \land \mathrm{man}(y)) \rightarrow x = y \tag{8.6}$$

式(8.6)就是句子 S 的内涵逻辑表达式,它说明了"The man walks"这一句子的内涵逻辑学解释是:

存在某个 x,如果 x 具有 man 这一性质,又具有 walk 这一性质,并且对于任何的 x 和任何的 y,x 具有 man 这一性质,y 也具有 man 这一性质,那么 $x = y$。

对于树形图(1.b1),我们有

$$\text{every} \to \lambda P \lambda Q \quad \forall x(P(x) \to Q(x))$$

$$\text{man} \to \text{man}$$

$$\text{walk} \to \text{walk}$$

把 man 代入 every 的内涵逻辑学表达式,有

$$[\lambda P \lambda Q \quad \forall x(P(x) \to Q(x))]_{\text{man}} \tag{8.7}$$

由此进行 λ-变换,用 man 来代替性质 P,得到

$$\lambda Q \quad \forall x(\text{man}(x) \to Q(x)) \tag{8.8}$$

把 walk 代入式(8.8),有

$$[\lambda Q \quad \forall x(\text{man}(x) \to Q(x))]_{\text{walk}} \tag{8.9}$$

由此进行 λ-变换,用 walk 来代替性质 Q,得到

$$\forall x(\text{man}(x) \to \text{walk}(x)) \tag{8.10}$$

式(8.10)是句子 S 的内涵逻辑表达式,它说明了"Every man walks"这一句子的内涵逻辑学解释是:

对于一切的 x,如果 x 具有 man 这一性质,则 x 具有 walk 这一性质。

由此可见,用 Chomsky 的生成转换语法得出的具有完全相同的树形图的两个不同的句子,在用 Montague 语法进行 λ-变换后,可以得出不同的内涵逻辑表达式。所以,Montague 语法对于自然语言现象的解释,比 Chomsky 的生成转换语法更为深刻,Montague 语法的内涵逻辑表达式是比生成转换语法的深层结构更为深刻的深层结构,这种深层结构是一种逻辑的深层结构。

Montague 还通过真值条件语义学、模型论语义学和可能世界语义学,把自然语言所表现出来的意义介入内涵逻辑学中,从而建立了 Montague 语法的语义理论。

由于 Montague 语法将句法与语义结合起来,使得任何一个通过句法分析得到的表示句子的句法结构的树形图,都可以用 Montague 语法解释为相应的内涵逻辑表达式,从而表现出句子的语义内容。因此,在目前的一些机器翻译系统中,采用 Montague 语法在语义上把原语和译语联系起来,来进行两种语言之间的机器翻译。

用 Montague 语法来进行机器翻译的好处有:

第一,在 Montague 语法中,从句子到内涵逻辑表达式的变换以及内涵逻辑表达式的解释,都是一个机械式的过程,并且,这种机械式过程都是在各种强的制约条件下进行的,因而易于用计算机实现。例如,英语句子

$$\text{No student has a textbook.} \tag{8.11}$$

(任何一个学生也没有一本教科书。)

与之对应的内涵逻辑表达式为

$$\forall x[\text{student}(x)] \to \sim \exists y[\text{have}(x,y) \land \text{textbook}(y)] \tag{8.12}$$

这个内涵逻辑表达式的含义是：

对于任何的 x，如果 x 是学生，那么不存在这样的 y，使得 x 有 y，且 y 是教科书。

欲得到这样的内涵逻辑表达式，须经过如下步骤：

第一步：进行句子分析。

根据词典项目及句法生成规则，分析输入句子，得到表示句子结构的树形图。句子 (8.11) 分析的结果如图 8.15 中的树形图所示。

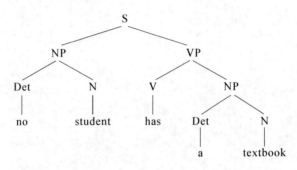

图 8.15　树形图

在构造树形图时，使用了以下的词库项目和句法规则：

词库项目：

Det（deter miner，限定词）：

$\{a, no, the, \cdots\}$

N（noun，名词）：

$\{student, textbook, \cdots\}$

V（verb，动词）：

$\{has, \cdots\}$

句法规则：

$R_1: S \to NP + VP$

$R_2: VP \to V + NP$

$R_3: NP \to Det + N$

树形图表示法与下面的括号表示法是等价的：

$$R_1(R_3(no, student), R_2(has, R_3(a, textbook))) \tag{8.13}$$

式 (8.13) 表示了句子 (8.11) 的句法分析结果。

第二步：把句子分析的结果解释为内涵逻辑表达式。

把第一步中各个词典项目和句法规则变换为内涵逻辑表达式的变换规则，称为解释规则。采用解释规则对与树形图等价的括号表示式 (8.13) 中的各个部分进行解释。

关于词典项目的解释如下：

Det：

$$no \Rightarrow \lambda P \lambda Q [\forall x [P(x) \rightarrow \sim Q(x)]]$$
$$a \Rightarrow \lambda P \lambda Q [\exists y [P(y) \wedge Q(y)]]$$

N：

$$textbook \Rightarrow textbook$$
$$student \Rightarrow student$$

V：

$$has \Rightarrow have$$

关于句法规则的解释如下：

$$R_1(NP, VP) \Rightarrow NP'(VP')$$
$$R_2(V, NP) \Rightarrow \lambda u [NP'(\lambda v [V'(u, v)])]$$
$$R_3(Det, N) \Rightarrow Det'(N')$$

这里，α' 表示 α 的解释结果。例如，NP' 表示 NP 的解释结果。

根据这样的解释规则，式(8.13)中的"R_3：(no, student)"这一部分，可以解释如下：

$$R_3(no, student) \Rightarrow no\ (student) \Rightarrow \lambda P \lambda Q [\forall x [P(x) \rightarrow \sim Q(x)]] (student)$$

因为这时有

$$Det = no, \quad N = student$$

就这样，采用解释规则，可以对式(8.13)中的各个部分做出解释。可见，采用 Montague 语法，完全有可能以严格的机械的方式来分析句子。

第二，Montague 语法中提出了 λ-变换，采用 λ-变换进行运算，就可以最后求解出整个句子的内涵逻辑表达式。

λ-变换的理论是非常深奥的，但是其运算规则却十分简单，运算方式也极为直观，给句子的语义解释提供了极大的方便。

下面，我们把解释规则代入式(8.13)，进行 λ-变换，来求解句子(8.11)的内涵逻辑表达式：

$$R_1(R_3(no, student), R_2(has, R_3(a, textbook)))$$
$$\equiv (\lambda P \lambda Q [\forall x [P(x) \rightarrow \sim Q(x)]] (student))$$
$$(\lambda u [\lambda P \lambda Q [\exists y [P(y) \wedge Q(y)]] (textbook)]$$
$$(\lambda v [have(u, v)])])$$
$$\equiv \lambda Q [\forall x [student(x) \rightarrow \sim Q(x)]]$$
$$(\lambda u [\lambda Q [\exists y [textbook(y) \wedge Q(y)]]$$
$$(\lambda v [have(u, v)])])$$

$$\equiv \lambda Q[\forall x[\text{student}(x) \rightarrow \sim Q(x)]]$$
$$(\lambda u[\exists y[\text{textbook}(y) \wedge \lambda x[\text{have}(u,v)(y)]]])$$
$$\equiv \lambda Q[\forall x[\text{student}(x) \rightarrow \sim Q(x)]]$$
$$\lambda u[\exists y[\text{textbook}(y) \wedge \text{have}(u,y)]]$$
$$\equiv \forall x[\text{student}(x) \rightarrow \sim \lambda u[\exists y[\text{textbook}(y) \wedge \text{have}(u,y)]](x)]$$
$$\equiv \forall x[\text{student}(x) \rightarrow \sim \exists y[\text{textbook}(y) \wedge \text{have}(x,y)]]$$

在上面的解释过程中,"≡"号表示语义上的等价关系。可以看出,采用 λ-变换,十分清晰地推导出了句子的内涵逻辑表达式。

对于汉语,也可以从式(8.13)出发,利用解释规则和 λ-变换,求得式(8.13)的汉语译文。这里,不同之处仅仅在于要给汉语单独制定一套单词的解释规则。

例如,对于上面的英语句子(8.11),与之相应的汉语解释规则如下:

$$\text{no} \Rightarrow \lambda P \lambda Q[+\text{否定}(Q(任何一个~P~也))]$$
$$\text{a} \Rightarrow \lambda P \lambda Q[Q(一本~P)]$$
$$\text{textbook} \Rightarrow 教科书$$
$$\text{student} \Rightarrow 学生$$
$$\text{have} \Rightarrow \lambda uv(u~有~v)$$

原封不动地照搬关于句法规则的解释规则,并将上述的单词解释规则代入式(8.13),则得

$$R_1(R_3(\text{no},\text{student}),R_2(\text{has},R_3(\text{a},\text{textbook})))$$
$$\equiv((\lambda P \lambda Q[+\text{否定}(Q(任何一个~P~也))])(学生))$$
$$(\lambda x[((\lambda P \lambda Q[Q(一本~P)])(教科书))$$
$$(\lambda y[\lambda uv[u~有~v](x,y)])])$$
$$\equiv \lambda Q[+\text{否定}(Q(任何一个学生也))]$$
$$(\lambda x[\lambda Q[Q(一本教科书)]$$
$$(\lambda y[x~有~y])])$$
$$\equiv \lambda Q[+\text{否定}(Q(任何一个学生也))]$$
$$(\lambda x[x~有一本教科书])$$
$$\equiv+\text{否定}(任何一个学生也有一本教科书)$$
$$\equiv 任何一个学生也没有一本教科书$$

我们从式(8.13)出发,运用英语的词典项目和解释规则,通过 λ-变换,可求得英语的内涵逻辑表达式。同样从式(8.13)出发,运用与汉语相应的单词解释规则以及原有的其他解释规则,通过 λ-变换,可以得出式(8.13)的汉语译文,不同之处仅仅是给汉语单词单独制定了相应的解释规则。也就是说,对于英语和汉语两种语言来说,除了关于单词部分的规则之外,其他

部分的解释规则都是共同的。这就为简化和优化英汉机器翻译规则提供了广阔的余地。

通过 λ-变换，还可以把英语的输入句(8.11)经过式(8.13)表示为如下的另外一种形式：

$$no(student)\big[\lambda x\big[a(textbook)(\lambda y\big[have(x,y)\big])\big]\big]\qquad(8.14)$$

式(8.14)比式(8.13)更简明，通过它，利用关于词典项目的解释规则，可以得到如(8.11)那样的英语句子的内涵逻辑表达式，还可以得到相应的汉语译文，因此，我们把式(8.14)作为处理的母体，称之为"面向英语的形式表达式"(English oriented Formal Representation，EFR)。在英汉机器翻译中，可把 EFR 作为中间语言来使用。翻译时，首先把输入的英语句子变为 EFR，再由 EFR 生成汉语句子。

Montague 语法把用树形图表示的句子的深层结构转换为内涵逻辑表达式，从而揭示句子的某些语义内容。这种语法理论对于自然语言信息处理、逻辑学以至于认知科学都是很有价值的。

Montague 在《普通英语中量化的特定处理》(*The Proper Treatment of Quantification in Ordinary English*，1974)的论文中提出了著名的 PTQ 系统用以计算句子的语义值。具体步骤如下：

(1) 选出有限片段的英语(fragment English)，从中提炼出包含 9 个派生语类(连同基本语类 e 和 t 在内，一共 11 个语类)的词典和 17 条句法规则，根据组合原则，从最简单的成分词汇开始，逐层组合成复杂成分。

11 个语类如下：

语类	定义	基本词语
t	（基本语类）	无
e	（基本语类）	无
IV	t/e	run, walk, talk, rise, change
T	t/IV	John, Mary, he
TV	IV/T	find, lose, eat, love, be, seek
IAV	IV/IV	rapidly, slowly, voluntarily
CN	t//e	man, woman, fish, unicorn, friend
t/t		necessarily
IAV/T		in, about
IV/t		believe that, assert that
IV//IV		try to, wish to

以上的派生语类都可以由基本语类 e 和 t 递归地定义。例如

$$IV = t/e$$
$$TV = IV/T = t/e/T = t/e/(t/IV) = t/e/(t/(t/e))$$

17 条句法规则用 S1 至 S17 表示。

S1 是用于处理简单名词短语的规则,S2 是用于处理量化名词短语(every,the 或 a 加名词)的规则,S3 是用于处理由小句修饰的名词短语的规则,S4 是用于处理句子的主谓搭配的规则,S5 是用于处理句子的谓宾搭配的规则,S6 是用于处理介词短语的规则,S7 是用于处理带小句的动词短语的规则,S8 是用于处理带不定式的动词短语的规则,S9 是用于处理由副词修饰的句子的规则,S10 是用于处理由副词修饰的动词短语的规则,S11 至 S13 是用于处理由 and 或 or 连接的合取或析取短语的规则,S14 至 S16 是量化规则,S17 是处理时制及记号的规则。

(2) 片段英语的 17 条句法规则中的每一条都相应地对应着一条转译规则,一共有 17 条内涵逻辑转译规则,将片段英语中的每一个语言成分转译成内涵逻辑语言中的一个内涵逻辑表达式,使一个语言成分对应于一个内涵逻辑表达式,最后将片段英语中的复杂的语言表达式转译成复杂的内涵逻辑表达式。

(3) 根据内涵逻辑的语义解释规则,将内涵逻辑表达式在给定的模型下求出其语义值。这个语义值就是对片段英语表达式的一个语义解释。

Montague 语法的内涵逻辑理论是建立在真值条件语义学的基础之上的,真值条件语义学要求从真值条件的角度来描述语句的意义,以作为外部世界的数学抽象的模型为参照物来考察语句的真值条件。

从语言学方法论的高度,Montague 语法的形式化特征主要表现为有限片段的研究风格和高度数学化的处理特色。

Montague 语法对自然语言的描述严格地限定在一个有限的范围内,在 PTQ 中,只研究陈述句,只考虑主动语态,只列出了 9 种句法范畴,而每一范畴只涉及不多的单词条目。正是在这样严格限定的条件下,Montague 语法才有可能刻画自然语言。Montague 指出,"我把自己的描述限定在一个极有限的片段内,部分原因在于我不知道如何处理片段以外的现象,同时也是为了保持系统的简洁性并对系统的某些特征进行清晰的说明。现在大家已经知道怎样从各种不同的方向来广泛地扩充和处理这种有限的描述了"。Montague 语法的这种限定方法,既可以先精确地刻画一个英语片段,又可以随后逐渐扩展这一有限的片段,达到逐步地逼近整个自然语言的目的。

Montague 语法高度数学化的处理特色表现在大量地使用数理逻辑和集合论的方法。在 Montague 语法中,句子的句法结构生成看作一种代数运算,自然语言从简单到复杂的语义组合过程看作另一个代数系统的运算,句法代数与语义代数之间的对应关系是一种数学同构关系。在 PTQ 系统中,从英语的句法构成到内涵逻辑公式的转译,都采用了递归的方式来进行描述,环环相扣,步步为营,自然语言的句法范畴被解释成内涵逻辑中的个体、真值和函数,自然语言的语义组合被表示为数学中的函数运算,自然语言的意义就是从模型角度描述真值条件。此外,Montague 语法强调总体的简明协调,讲究系统的完美精致,也表现了这种语法的高度数学化的处理特色。

日本京都大学的西田丰明(Nishita)等,用 Montague 语法来研制英日机器翻译系统,取得了一定的成效。这个系统分英语分析、英日语转换、日语生成等三个阶段。在英语分析阶段,分析输入的英语文本,得到英语的内涵逻辑表达式,在转换阶段,进行英日语词汇转换和某些简单的结构转换,把英语的内涵逻辑表达式变为日语的内涵逻辑表达式,在日语生成阶段,从日语的内涵逻辑表达式生成日语的短语结构,再经过形态处理之后,得到日语的输出文本。由于英语和日语分属两个不同的语系,语法结构差别很大,采用 Montague 语法的内涵逻辑表达式作为中间表达方法,在一定程度上减少了语言自动分析和生成的难度。

笔者在 1986 年曾根据 Montague 语法在计算机上实现过一个英汉机器翻译的小模型,只能处理片段的英语,汉语生成部分也很有局限。这是我国语言信息处理者最早对 Montague 语法的理论在计算机上进行的实际检验。Montague 语法也被使用于广义短语结构语法之中,用来描述句子的语义解释。这种语法在自然语言处理中有着广阔的应用前景。

8.5 Wilks 的优选语义学

1874 年 Y. A. Wilks(威尔克斯,图 8.16)在研制英法机器翻译系统的基础上,提出了"优选语义学"(preference semantics)的理论。

优选语义学中共有五种语义单位,并有从较小的单位到较大的单位的构造规则。

这五种语义单位是:

义素(semantic elements);

义式(semantic formulas);

裸模板(bare templates);

模板(templates);

超模板(paraplate)。

图 8.16 Y. A. Wilks

由义素构成义式以描写单词的语义,由义式构成裸模板和模板以描述简单句的语义,再由超模板描写更大的文句单位一直到句子的语义。

下面我们进一步对这些单位进行描述。

● 义素

义素是 Wilks 定义的 80 个语义单元,用以表示语义实体、状态、性质和动作。这些义素共分为如下 5 组(大写英文字母表示义素,括号里的中文是其近似含义):

■ 语义实体:MAN(人类),STUFF(物质),SIGN(口头或书面信号),THING(物体),

PART(事物的部分)，FOLK(人类的群体)，STATE(存在的状态)，BEAST(兽类)，等等；

■ 动作：FORCE(强制)，CAUSE(引起)，FLOW(流动)，PICK(挑选)，BE(存在)，等等。

■ 性状(类型识别子)：KIND(性质)，HOW(动作的方式)，等等。

■ 种类：CONT(容器)，GOOD(道德上可接受的)，THRU(孔)，等等。

■ 格：TO(方向)，SOUR(来源)，GOAL(目标)，LOCA(位置)，SUBJ(施事)，OBJE(受事)，IN(包含)，POSS(领有)，等等。

此外，还有一种前面加了星号的义素用于表示类别。例如，* ANI 表示有生命的义素 MAN，BEAST 和 FOLK；* HUM 表示人类义素 MAN 和 FOLK；* PHYSOB 表示包括 MAN，THING 等义素但不包括 STUFF 义素的类；* DO 表示动作类义素。使用星号可以简化义素的写法。

在选择义素时，应当考虑下面的原则：

■ 全面性(comprehensiveness)：义素应当适合于全面地表达和区别不同词的词义。

■ 独立性(independence)：不能存在可以用其他的义素来定义的义素。

■ 非循环性(non-circularity)：不能存在可以彼此定义的义素。

■ 基元性(primitiveness)：义素在意义上不能再进一步分解，也就是说，任何一个义素不能通过更小的义素来定义。

Wilks 指出，他根据这些原则所提出的义素，同《韦伯斯特大词典》中的高频率实词差不多完全吻合。

● 义式

义式由义素以及左右圆括号构成，义素在义式中要按一定的顺序来排列，义式中最重要的义素永远排在最右端，称为义式的首部(head)，首部直接或间接地支配着义式中的其他义素。可作为首部的义素也可以出现在义式的内部。例如，CAUSE 可位于 drink(喝)的义式的首部，因为 drink 可以看成是一种"引起后果的行动"，而在 box(拳击)的义式的内部，也可以出现 CAUSE 这个义素，box 的义式的含义是"打某人，目的是引起他疼痛"。

为了避免在义式中增加新的义素，可以由两个义素构成子式(sub-formulas)。例如，子式(FLOW STUFF)表示液体，子式(THRU PART)表示孔洞。

下面我们举出一个义式的例子。

Drink(喝)的义式为

Drink(动作)→ ((* ANI SUBJ)(((FLOW STUFF)OBJE)

((SELF IN)((((* ANI(THRU PART))TO)(BE CAUSE)))))

最右边的义素 CAUSE 是首部。整个义式由若干个子式嵌套而成，每个子式既是对格关系的说明，又是对义式首部的说明。在各层子式中，括号内两项之间有一定的依赖关系，它是对于类型的进一步说明。例如，上例中的 * ANI 就是对于施事者类型的说明。子式与子式之间的关系不是依赖关系,但子式在义式中的顺序很重要。例如,在义式中,一个表示受事的说明就被认为是其右边所有动作的宾语,不管这个动作是处于义式的首部还是处于义式内部的其他层次上。

下面,我们把 drink 的义式分解为子式,并分别说明它们的意义,如表 8.3 所示。

表 8.3　dring 的义式的子式

子式	格/动作	值	解释
(*ANI SUBJ)	SUBJ	*ANI	优先的行为主体是有生命的
((FLOW STUFF)OBJE)	OBJE	(FLOW STUFF)	优先的客体是液体
(SELF IN)	IN	SELF	容器是主体本身
((*ANI(THRU PART))TO)	TO	*ANI(THRU(PART))	动作的方向是人身体上的孔(即嘴)
(BE CAUSE)	CAUSE	BE	动作是属于引起存在(在某处)类型的

根据义式,drink 的意义可以这样来理解:drink 是一个动词,优先的行为主体是有生命的物体(*ANI SUBJ),动作的优先客体是液体或者能够流动的物质((FLOW STUFF)OBJE),动作导致液体存在于有生命的物体的自身内部(SELF IN),液体通过(TO 表示方向格关系)有生命物体上的一个特殊的孔进入体内。

在这里,"优先"(preference)这个关系很重要。SUBJ 表示动作的优先主体,OBJE 表示动作的优先客体。但是,又不能把优先当作一种呆板的规定,应该优先选择正常的情况;假如选择不到正常的情况,就选不正常的情况,这样我们就可以解决比喻等问题。例如,下面的句子都是"不正常"的比喻,但却是可以接受的。

To drink gall and wormwood.

(喝苦胆和艾草 → 深恶痛绝。)

The car drinks gasoline.

(汽车喝汽油 → 给汽车加油。)

fire at(射击)的义式为

　fire at(动作)→ ((MAN SUBJ)((*ANI OBJE)(STRIKE GOAL)

　　　　　　　　　((THING INSTR)((THING MOVE)CAUSE))))

fire at 的义式的各个子式说明如表 8.4 所示。

grasp(抓)的义式为

　　　　grasp(动作)→ ((*ANI SUBJ)((*PHYSOB OBJE)

　　　　　　　　　(((THIS (MAN PART))INSTR)(TOUCH SENSE))))

表 8.4　fire at 的义式的子式

子式	格/动作	值	解释
(MAN SUBJ)	SUBJ	MAN	优先的动作主体是人
(*ANI OBJE)	OBJE	*ANI	优先的客体是有生命物
(STRIKE GOAL)	GOAL	STRIKE	动作的目标是打击有生命物

grasp 的义式的各个子式说明如表 8.5 所示。

表 8.5　grasp 的义式的子式

子式	格/动作	值	解释
(*ANI SUBJ)	SUBJ	*ANI	优先的行为主体是有生命的
(*PHYSOB OBJE)	OBJE	*PHYSOB	优先的客体是物体
((THIS (MAN PART))INSTR)	INSTR	(THIS (MAN PART))	动作的工具是人体的一个部分(手)
(TOUCH SENSE)	SENSE	TOUCH	动作是实际接触的

因此,grasp 的意思是:接触物体的动作,行为的优先主体是有生命的物体,行为的工具是人体的一个部分——手。

下面是另外几个义式的例子:

policemen → ((FOLK SOUR)((((NOTGOOD MAN)OBJE)PICK)(SUBJ MAN)))

这个义式可用树形图表示,如图 8.17 所示。由此可知,其意思是:policeman 是从人群(FOLK)中找出坏人的人。

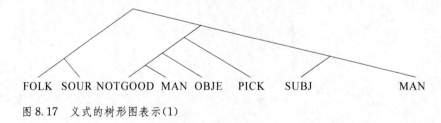

FOLK　SOUR NOTGOOD MAN OBJE　PICK　SUBJ　　　　MAN

图 8.17　义式的树形图表示(1)

big → ((*PHYSOB POSS)(MUCH KIND))

这个义式可用树形图表示,如图 8.18 所示。由此可知,其意思是:big 表示的性质是物体(*PHYSOB)所优先具有的,而一般的物质(STUFF)不能由 big 修饰(我们不能说"big substances"),big 的性质(KIND)是大(MUCH)。

interrogate → ((MAN SUBJ)((MAN OBJE)(TELL FORCE)))

这个义式可用树形图表示,如图 8.19 所示。由此可知,其意思是:interrogate 是强迫说明某事,优先表现为人对人的动作。

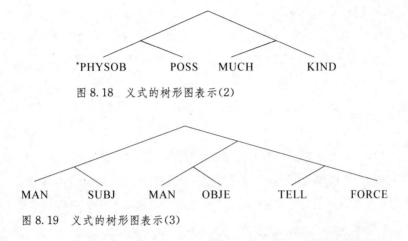

图 8.18 义式的树形图表示(2)

图 8.19 义式的树形图表示(3)

● 裸模板

裸模板是由一个行为主体义式首部、一个动作义式首部和一个客体义式首部组成的能够直观地解释得通的序列。其形式为

$$N_1 — V — N_2$$

其中,N_1 是行为主体义式的首部,V 是动作义式的首部,N_2 是行为客体义式的首部或者是表示性质的义素 KIND。

实质上,裸模板提出了句子的主要成分——主语、谓语和直接宾语(或表语)的语义类。

例如,"He has a compass(他有一个指南针)"的裸模板是

MAN—HAVE—THING

又如,"The old salt is damp"有歧义,其模板有两个:

一个是

MAN—BE—KIND

其意思是"老水手消沉"。

另一个是

STUFF—BE—KIND

其意思是"陈盐潮了"。

用这种三项义素组成的裸模板,可以记录一切句子,甚至可以记录那些谓语用不及物动词来表达的句子。如果谓语是不及物动词,在裸模板中 N_2 的位置上可用一个虚构的结点 DTHIS 来代替。这个 DTHIS 不与句子中任何东西相对应,叫作哑元。例如,"He travels(他旅行)"这个句子,可以表示为这样的裸模板:

MAN—DO—DTHIS

● 模板

如果义式的首部能组成裸模板,那么这些义式可能依附于其上的其他义式所组成的序列,就称为该原文片段的一个模板。

例如,句子"Small men sometimes father big sons"(有时小个子的人是大个子儿子的父亲)可表示为两个义式序列。现将义式的首部与句子中的单词一一对应写出如下:

Small	men	sometimes	father	big	sons
KIND	MAN	HOW	MAN	KIND	MAN
KIND	MAN	HOW	CAUSE	KIND	MAN

其中,CAUSE 是 father 作为动词("引起产生生命"之意)用时的义式的首部。

第一个序列不能组成裸模板,因为它的三联元素序列从直观上解释不通,而第二个序列中的 MAN CAUSE MAN 可以直观地解释为"人引起人的存在",所以是一个裸模板,它是句子模板的核心部分,这样,它也就成为了句子的模板。

应该指出的是,模板并不仅仅包括义式的首部,它实际上是义式组成的网络,首部只不过是其核心部分。有些歧义问题,要在初步建立起模板之后,再进一步扩展分析才能解决。例如,在

The old salt drinks wine

这个句子中,salt 有两个词义:"水手"或"盐"。

取前一个词义,这个句子的模板是

MAN—INGEST—THING

取后一个词义,这个句子的模板是

STUFF—INGEST—THING

由于存在两个模板,还不能马上得出这个句子的意思,必须再进一步分析。从 drink 的义式可知,这个"喝"的动作要以生物作为行为的主体,这样,前一个模板 MAN—INGEST—THING 中,第一项和第二项这两项间联系的程度就增大了,因此,就优选第一个词义"水手",而 STUFF—INGEST—THING 这个模板就被排除,从而得出这个句子的意思是"老水手喝酒"。

又如,在

Policeman interrogated the crook

这个句子中,crook 有两个词义:"无赖汉"或"牧羊杖"。

取前一个词义,句子的模板是

MAN—FORCE—MAN

取后一个词义,句子的模板是

MAN—FORCE—THING

从 interrogate 的义式可以知道,这个动作优先以人为客体,因此选择第一个模板而排除

第二个模板,从而得出这个句子的意思是"警察审问无赖汉"。

● 超模板

把模板结合起来就形成超模板。结合的方式有两种:

■ 利用虚构的结点。例如,当动词由不及物动词充当时,根据做直接宾语的哑元(它显然是一个虚构的结点),可以引入间接宾语,或者利用模板中的深层格信息引入状语。

■ 找出指代和照应关系。这常常要求模板有充分的语义信息。例如,在下面的一段话中,

Give the bananas to the monkeys, although they are not ripe. They are hungry.

(把香蕉给猴子,尽管它们没有熟。它们饿了。)

第一个 they 是指代 bananas 的,第二个 they 是指代 monkeys 的。这是因为 ripe 的义式满足 bananas 的义式中被支配成分的条件,而 hungry 的义式满足 monkeys 的义式中的条件。

又如,在下面的句子中,

John took a bottle of whisky, came to the rock and drank it.

(约翰拿着一瓶威士忌酒,来到岩石那里把它喝了。)

it 是指代 whisky 而不是指代 bottle 或 rock 的。这是因为 drink 这个动作优先以液体作为其客体,而 whisky 是液体,bottle 和 rock 都不是液体。

指代在语言信息处理中是一个相当困难的问题,采用优选语义学的方法,可以比较顺利地得到解决。

除了上述各种语义单位之外,在优选语义学中,还采用了常识推理的法则。这种常识推理法则,一般在需要较多的信息,而义式、模板和超模板所含的信息不够用的情况下使用。例如,在下面的句子中,

The soldiers fired at the women and I saw several of them fall.

(士兵们向妇女们开枪,我看见其中的几个倒下了。)

这里的 them 是指代 soldiers 呢,还是指代 women 呢?单凭上述五种语义单位是无法判定的,因为 soldiers 和 women 同样都可能倒下。在这种情况下,优选语义学可以采用如下的常识推理规则:

$$(1(\text{THIS STRIKE})(^*\text{ANI2}))\longleftrightarrow((^*\text{ANI2})(\text{NOTUP BE})\text{DTHIS})$$

其中,(NOTUP BE) 这个子式表示"倒下",DTHIS 是哑元,在此填补空白,使之与规范形式一致。

这条常识推理的含义是:"如果 1 打击了有生命的 2,有生命的 2 很可能会倒下",句子中"women"是有生命的,又是 soldiers 打击的客体,因此,按常识推理规则,倒下的应该是"women"而不是"soldiers"。

Wilks 把优选语义学应用于自然语言机器翻译中,还使用了原型词典(stereotypes)。在他设计的英法机器翻译系统中,在英语词目与法语条目一一对应的场合,原型词典中包括英

语词目、它的义式、法语词目(法语名词还注上其语法性)。例如

private(士兵)	(MASC simple soldat)
odd(奇数)	(impair)
build(建设)	(construire)
brandy(白兰地酒)	(FEMI eau de vie)

但是在更复杂的词典中,除了包括上述的信息之外,还要加上选择规则。例如,英语的 advise 有两个法语等价物:conseiller à 和 conseiller。这就要考虑在所给动词中客体义式的首部的情况:如果首部是 MAN 或 FOLK,则选择 conseiller à;如果首部是 ACT,STATE 或 STUFF,则选择 conseiller。这时,原型词典的写法如下:

(ADVISE(CONSEILLER A(FN1 FOLK MAN))

(CONSEILLER(FN2 ACT STATE STUFF)))

其中,FN1 和 FN2 两个函数在进行选择时使用,它们的作用是区分法语两种不同的译法。例如,在"I advise John to have patience"中,advise 的宾语是人(MAN),翻译为法语时选择 conseiller à,在"I advise patience"中,advise 的宾语是一种状态(STATE),翻译为法语时选择 conseiller。这些都可以在较高的层次上,通过构造法语句子的函数来自动地完成。

这样的原型词典不仅可以用于单词,也可以用于词组。例如,英语的 out of 在法语中有三种译法:de, par, en dehors de。在选择时,要考虑支配 out of 的动词的语义信息以及在支配语段与被支配语段之间的深层格的联系特征。

采用优选语义学进行语言自动分析过程可以分为如下几个步骤:

(1) 切分(SEGMENTATION):以成段的文章作为处理单位,根据关键词把整段文章切分为若干个片段,这里的关键词是指标点符号、连接词和介词。例如

I advise him / to go

I want him / to go

John likes / eating fish

The old man / in the corner / left

The key is / in the lock

He put the list / in the table

I bought the wine, / sat on a rock / and drink it

其中,"/"表示片段之间的切分点。

(2) 匹配(PICKUP):把抽出的切分段与裸模板进行匹配,看相应的切分段符合哪一个裸模板。当符合的裸模板不止一个时,要把与切分段项匹配的所有的裸模板都找出来。

(3) 扩展(EXTEND):把裸模板扩展为模板的网络。这时,在切分段内部,以模板为框架建立词与词之间的相互关系。如果在前一步的匹配中,得到的裸模板不止一个,那么在建立

相互关系时,就要根据各个裸模板语义联系程度的不同情况进行优选。

(4) 捆绑(TIE):在各个模板之间建立联系,把模板捆绑为超模板。这时,在切分段外部,也就是在切分段与切分段之间建立联系。捆绑的主要任务是:

- 建立模板之间的深层格的联系;
- 建立哑元与它所替代的词之间的联系;
- 解决遗留的歧义问题;
- 解决代词的指代问题。

经过上述的切分、匹配、扩展和捆绑等阶段,便可以实现对于文本的优选语义学分析。显而易见,Wilks 的优选语义学最为引人注目的特点是:

- 语言分析不经过形态分析和句法分析等中间阶段,形态信息和句法信息都通过语义信息表示出来,这样,就摆脱了传统的句法分析的框框,使整个分析都牢牢地扎根在语义的基础之上,自然语言的自动分析成为一个完整的语义分析系统。
- 文本的各个片段的语义描写,从单词到整个段落,都可以用义素和括号统一地进行。

当然,优选语义学也不是没有缺点,但是,它无疑是描写自然语言语义的一种经过周密考虑的手段。更加重要的是,Wilks 不仅提出了优选语义学的思想,还把这种理论在机器翻译系统中实现了。因此,优选语义学对于语言信息处理的价值是不容忽视的。

8.6 Schank 的概念依存理论

1973 年,美国计算语言学家 R. Schank(杉克,图 8.20)提出了概念依存理论(Conceptual Dependency Theory,CD 理论),用于描述自然语言中短语和句子的意义。

Schank 在 1975 年根据概念依存理论,在美国斯坦福大学人工智能实验室研制了 MARGIE 系统(Meaning Analysis, Response Generation and Inference of English),提供了一个自然语言理解的直观模型。1975 年,在美国耶鲁大学心理学系教授 R. Abelson(阿贝尔森)的配合下,Schank 在美国耶鲁大学建立了 SAM 系统(Script Applier Mechanism)。1978 年,R. Wilensky(威林斯基)建立了

图 8.20 R. Schank

PAM 系统(Plan Applier Mechanism)。他们用这些系统来理解自然语言写的简单故事,显示了概念依存理论的实用价值。他们先后提出了脚本(scripts)、计划(plans)、目的(goals)和记忆组织包 MOP(Memory Organization Packets)等一系列静态的和动态的记忆模型,进一步设计了 FRUMP(Fast Reading Understanding and Memory Program)和 IPP(Integrated Partial

Parser)等著名的故事理解系统,使得概念依存理论成为在语言信息处理中有重大影响的一种理论。

本节先介绍这种理论的基本原理,再讲述在这种理论基础上建立的 MARGIE,SAM,PAM,FRUMP,IPP 等系统。

概念依存理论的提出和应用,是对传统的自然语言理解模型的挑战,这种理论主张通过句法、语义和推理相互融合的一体化(integrated)处理模型,这种模型更接近于人对自然语言理解的过程,由于在处理的最初阶段就综合运用了包括语言学和外部世界的各种知识,处理效率比较高。

概念依存理论有三条重要的原理:

● 对于任何两个意义相同的句子,不管这两个句子属于什么语言,在概念依存理论中,它们的语义表达式只有一个。

早在 1949 年,美国洛克菲勒基金会的副总裁 W. Weaver(韦弗)就提出,当机器把语言 A 翻译为语言 B 的时候,可以从语言 A 出发,通过一种中间语言(Interlingua),然后再转换为语言 B,这种中间语言是全人类共同的。Schank 对于 Weaver 的思想极为推崇。

● 蕴涵在一个句子中的任何为理解所必需的信息都应该在概念依存理论中得到显式的表达。

这样的显式表达一般使用概念依存表达式。概念依存表达式由数量有限的若干个语义基元(semantic primitive)组成,这些语义基元可以分为基本行为和基本状态两种。

基本行为主要有:

PTRANS:物体的物理位置的转移。例如,go(去)就是行为者自己要进行 PTRANS,也就是行为者把自身 PTRANS 到某处;put(放)一个物体在某处,就是为了把一件物体 PTRANS 到某处。

ATRANS:占有、物主或控制等抽象关系的转移。例如,give(给)就是占有关系或所有权的 ATRANS,也就是把某物 ATRANS 给某人;take(拿)就是把某物 ATRANS 给自己;buy(买)是由两个互为因果的概念构成的,一个是钱的 ATRANS,一个是商品的 ATRANS。

INGEST:使某种东西进入一个动物的体内。INGEST 的宾语通常是食物、流体或气体。例如,eat(吃),drink(喝),smoke(抽烟),breathe(呼吸)等都属于 INGEST。

PROPEL:在某物上使用体力。例如,push(推),pull(拉),kick(踢)都属于 PROPEL。

MTRANS:人与人之间或者在一个人身上的精神信息的转移。例如,tell(告诉)是人们之间的 MTRANS,see(看)则是个人内部从眼睛到大脑的 MTRANS,类似的还有 remember(回忆),forget(忘记),learn(学习)等。

MBUILD:人根据旧信息加工成新信息。例如,decide(决定),conclude(得出结论),imagine(想象),consider(考虑)等都属于 MBUILD。

1977 年 Schank 和 Abelson 共列出了 11 个基本行为。除了上述的 6 个之外，还有 MOVE，GRASP，EXPEL，SPEAK，ATTEND 等 5 个。另外，还有一个用于表示行为哑元的 DO(泛指一般的行为)。

这些基本行为的概念之间的关系，叫作依存(dependency)。依存关系的数量也是有限的，每种依存关系用一种特殊的箭头在图上表示出来。例如，"John gives Mary a book"(约翰给玛丽一本书)这个句子的概念依存表达式如图 8.21 所示。

$$John \Leftrightarrow ATRANS \xleftarrow{\quad O \quad} book \xleftarrow{\quad R \quad} \begin{array}{l} Mary \\ John \end{array}$$

图 8.21　概念依存表达式

图中，John，book，Mary 叫作概念结点，ATRANS 是这个结点表示的一个基本行为，是"给"这种抽象关系的转移，标有 R 的三通箭头表示 John，Mary 和 Book 之间的接受或给予的依存关系，因为 Mary 从 John 那里得到了一本 book，标有 O 的箭头表示"宾位"的依存关系，也就是说，book 是 ATRANS 的目的物。

概念依存理论中的基本状态的数量比较多。这里举出几种。

HEALTH 表示健康状态，取值从 −10 到 +10：

死(−10)	重病(−9)	病(−9 到 −1)	不舒服(−2)
正常(0)	好(+7)	完全健康(+10)	

FEAR 表示害怕状态，取值从 −10 到 0：

毛骨悚然(−9)	惶恐(−5)	担心(−2)	平静(0)

MENTAL-STATE 表示精神状态，取值从 −10 到 +10：

发狂(−9)	沮丧(−5)	心烦(−3)	忧愁(−2)
正常(0)	愉快(+2)	高兴(+5)	心醉神怡(+10)

PHYSICAL-STATE 表示物理状态，取值从 −10 到 +10：

死(−10)	重伤(−9)	轻伤(−5)	物体破碎(−5)
受伤(−1 到 −7)	正常(+10)		

例如

Mary HEALTH(−10)	Mary is dead.(玛丽死了。)
John MENTAL-STATE(+10)	John is ecstatic.(约翰心醉神怡。)
Vase PHYSICAL-STATE(−5)	The vase is broken.(瓶子打碎了。)

此外，还有 CONSCIOUSNESS，ANGER，HUNGER，DISGUST，SURPRISE 等，也都表示基本状态。

另外一些基本状态用来表示物体之间的关系，它们不能用数值标尺来度量。例如 CONTROL，PART-OF，POSSESSION，OWNERSHIP，CONTAIN，PROXIMITY，LOCATION，

PHYSICAL-CONTACT 等。

基本行为和基本状态可以结合起来。例如,John told Mary that Bill was happy(约翰告诉玛丽说,比尔是幸福的)这个句子,可以不用上面的那种带箭头的表达式,而用基本行为和基本状态表示如下:

John MTRANS (Bill BE MANTAL-STATE(+ 5)) to Mary

其中,MTRANS 表示 John 把某种精神信息转移给 Mary,也就是"约翰告诉玛丽",MENTAL-STATE(+ 5)表示精神状态还好,也就是说,"比尔是幸福的",这是精神信息转移的内容。

这个句子也可以用基本行为和基本状态表示如下:

(MTRANS (ACTOR John)

(OBJECT (MENTAL-STATE (OBJECT BILL)

(VALUE 5)))

(TO Mary)

(FROM John)

(TIME PAST))

根据我们前面的解释,读者不难理解这个表达式的含义。

下面是用这样的方式表达的两个语句的例子。

(1) John gave Mary a book. (约翰给玛丽一本书。)

(ATRANS (ACTOR John)

(OBJECT book)

(TO Mary)

(FROM John)

(TIME PAST))

(2) John killed Mary.

(HEALTH (OBJECT Mary)

(VALUE − 10)

(CAUSE (DO (ACTOR John))))

推理在自然语言理解过程中是非常重要的,这不仅是由于句子中个别单词或句法结构的歧义需要借助于推理来排除,而且希望发现句子中蕴涵的信息。Schank 等为概念依存理论建立了如下五条推导因果关系的规则:

① 行为可以引起状态的改变;

② 状态可以使行为成为可能;

③ 状态可以使行为成为不可能;

④ 状态可以激发一个精神事件,行为也可以激发一个精神事件;

⑤ 精神事件可以成为行为的原因。

下面具体说明显式表达的应用。

(1) 如果有

$$(\text{ATRANS}\,(\text{ACTOR}\,x)\,(\text{OBJECT}\,y)\,(\text{TO}\,z)\,(\text{FROM}\,w))$$

则可推导出：

前提：w 拥有 y［相当于（POSSESSES（ACTOR w

（OBJECT y））］

结果：z 拥有 y；

允许 z 利用 y 的某些功能；

w 不再拥有 y。

(2) 又如果有

$$(\text{PTRANS}\,(\text{ACTOR}\,x)\,(\text{OBJECT}\,y)\,(\text{TO}\,z)\,(\text{FROM}\,w))$$

则可推导出：

前提：y 原先在 w 处［相当于（LOCATION（OBJECT y）

（LOC w））］

结果：y 现在处于 z 处；

允许：如果 z 是某个物体的存放处所，那么 y 现在可以利用该物体的功能了；

y 现在已经不处于 w 处。

(3) 又如根据给定状态

$$(\text{POSSESSES}\,(\text{ACTOR}\,x)\,(\text{OBJECT}\,y))$$

可以推导出有关行为的原因：

$$(\text{ATRANS}\,(\text{ACTOR?})\,(\text{OBJECT}\,y)\,(\text{TO}\,x)\,(\text{FROM?}))$$

x 之所以 POSSESSE y 是由于某个 ACTOR 从自身处把 y 的 ATRANS 给了 x。

● 在句子的意义表达式中，必须把隐晦地存在于句子中的信息尽量地显现出来。

例如，John eats the ice cream with a spoon（约翰用匙吃冰淇淋）这个句子，可以用比较复杂的概念依存表达式表示，如图 8.22 所示。

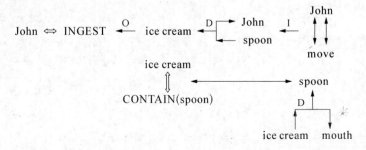

图 8.22　复杂的概念依存表达式

在图 8.22 中,标有 D 的箭头表示方向依存关系,标有 I 的箭头表示工具依存关系。值得注意的是,mouth(口)在原来的句子中并不存在,但是它却作为一个概念结点进入了概念依存表达式中,这是概念依存网络与在分析时产生的推导树之间的一个根本的不同点。根据概念依存理论的第三条原理,John 的 mouth 是作为 ice cream 的接纳器隐晦地存在于句子的意义之中的,不管它是不是用文字表示出来,John 吃冰淇淋的时候一定要动用 mouth 这个接纳器,因此,我们应该在概念依存表达式中把它表示出来。

当然,隐晦地存在于句子中的意思是挖掘不尽的,所以,这样的表达式还可以把意思表示得更细致一些。例如,这个句子还可以解释为:

John INGESTs the ice cream by TRANSITing the ice cream on a spoon to his mouth, by TRANSITing the spoon to the ice cream, by GRASPing the spoon, by MOVing his hand to the spoon, by MOVing his hand muscles.

(约翰把冰淇淋纳入其体内,把匙里的冰淇淋转移到他的口中,把匙转移到冰淇淋上,抓住匙,把他的手往匙那边移动,并且使他手上的肌肉动起来。)

当然,在一般情况下,没有必要没完没了地进行这样的扩展,只需扩展到能够满足我们的要求就可以了。

对于诸如同义互训(paraphrase)和回答问题(question answering)这样的工作,概念依存表达式同那些面向表层结构的系统比较起来,具有不少的优点。

例如

Shakespeare wrote *Hamlet*.　　　　The author of *Hamlet* was Shakespeare.

(莎士比亚写了《汉姆莱特》。)　　　　(《汉姆莱特》的作者是莎士比亚。)

这两句话有完全相同的意思,因而可以用同样的概念依存表达式来表示。概念依存表达式一般不依赖于句法,这与早期的短语结构语法和转换语法的释句方式很不一样。Schank 认为,概念依存理论具有一定的心理学效应,它反映了人们认知活动的知觉概念。

在概念依存理论的这些原理的基础之上,Schank 等还提出了一些更高层次的知识结构:脚本(script)、计划(plan)、目的(goal)和主题(theme)。

脚本是用来描述人们活动(如上饭馆、看病)的一种标准化的事件序列,它是人们对特定的场合下可能出现的一些事件的固定顺序特有的一种集装知识(packages)。Schank 和 Abelson 假定,在理解故事时,这些脚本可以用来建立事件的上下文,因而也就可以用来预料它所代表的事件的情况。例如,我们可以针对“上饭馆”这件事建立一个 RESTAURANT 脚本,这个脚本包括进饭馆、找座位、点菜等基本活动。人们可以根据这些基本活动进行推论。例如,对于“John went out to dinner”(约翰出去吃午饭)这个句子,人们根据 RESTAURAT 脚本,可以预料到约翰首先要点菜,然后用餐,最后付钱并且走出饭馆等。

下面是 RESTAURANT 脚本。

人物：customer（顾客），server（服务员），cashier（出纳员）。

道具：restaurant（饭馆），table（桌子），menu（菜单），food（食品），check（账单），tip（小费），payment（交款）。

事件：(1) Customer goes to restaurant.

（顾客到饭馆去。）

(2) Customer goes to table.

（顾客走到桌子旁边。）

(3) Server brings menu.

（服务员拿来菜单。）

(4) Customer orders food.

（顾客点菜。）

(5) Server brings food.

（服务员上菜。）

(6) Customer eats food.

（顾客用餐。）

(7) Server brings check.

（服务员拿来账单。）

(8) Customer leaves tip to server.

（顾客给服务员小费。）

(9) Customer gives payment to cashier.

（顾客向出纳员交款。）

(10) Customer leaves restaurant.

（顾客离开饭馆。）

关键事件是(1)，主要概念是(6)。

脚本中有两个项目是特别重要的：一个项目是关键事件，首先要匹配关键事件，以便开始分析句子；另一个项目是主要概念，它是脚本所叙述的故事的目的。在 RESTAURANT 这个脚本中，关键事件是"顾客到饭馆去"，它是要首先匹配的事件；主要概念是"顾客用餐"，它是这个脚本的目的。

在对故事进行分析时，要把故事中发生的事件与脚本中按一定顺序的事件相匹配，由于脚本中事件发生的顺序是合乎一般常理的，因此，进行匹配时就可以直观地了解到人们究竟是怎样来理解一个故事的。

关于在指定情况中为了达到某个目标而必须（或可能）采取的行动序列，是另一类更一般化的集装知识，Schank 和 Abelson 把这类知识叫作"计划"（plan）、"目的"（goal）和"主题"

(theme)。例如,当人想使用某件工具时,他必须先知道工具存放的地方,然后接近它,把它拿在手中,在完成了这些步骤之后,他才能使用这件工具。在计划这种知识结构中,目的 USE 可分解为 D-KNOW,D-PROXIMITY 和 D-CONTROL 等三个子目的,以及为实现这些子目的而可能采取的行动。

计划是故事中的角色为实现其目的所采取的手段。如果通过"计划"的办法来理解故事,就要找出角色的目的以及为了完成这样的目的所采取的行动。例如

John wanted to go a movie. He walked to bus stop.

(约翰想上电影院去。他走到了汽车站。)

"上电影院去"是约翰的直接目的,称为 D-目的(读为"Delta-目的"),而这个 D-目的是某一个更一般的目的的具体化。例如,"上电影院去"这个 D-目的,可以是某个更为一般的目的 "Going to somewhere"(到某个地方)的具体化。"到某个地方"这个更为一般的目的,不一定恰恰是"上电影院去",也可能是"上饭馆去""上学去""上班去"等等,这种一般的目的就是"计划"。

计划中还可以包括为实现某个一般的目的所采取的手段。例如,为了实现"到某个地方"这个计划,可以采取"骑马""骑自行车""骑摩托""自己开小汽车""步行"等手段来达到这个目的。

把这些计划集中起来,就可以构成"计划库"(plan box)。计划库中存储着有关各种目的以及手段的信息。

在理解故事时,只要计算出有关情节与计划库中存储信息的交集,就可以理解到某个故事的目的是什么。这样,当把一个一个的故事情节与脚本匹配出现障碍时,由于"计划库"可以提供关于一般目的的信息,就不致造成故事理解上的失败。

采用"计划"来理解故事的过程是:首先确定角色的目的,再确定导致主要目的之 D-目的,然后再把角色的行动同存储着 D-目的之打算库相匹配,从而对故事获得一定的理解。

"主题"是我们的预见所赖以建立起来的背景信息,在这种背景信息中,一定会包含着角色的某种目的。例如,如果有一个 LOVE 主题,这是关于约翰和玛丽相爱的主题,在这样的主题中,一定会包含着他们彼此之间互相保护并避免受到伤害这样的目的。

一个主题要列举出一系列的角色,说明这些角色所处的情况以及为了处理这种包含于主题中的情况而必须采取的行动,而主题的目的就是完成这些行动。

Schank 和 Abelson 提出了七种类型的目的,其中主要有:

● A-目的或达成性目的(Achievement goals):例如,身体好就是要在健康方面有一个 A-目的。

● P-目的或保护性目的(Preservation goals):例如,保护某人就是要在健康方面或精神状态方面有一个 P-目的。

● C-目的或紧急性目的（Crisis goals）：这是必须马上采取某种行动的一种特殊的 P-目的。

LOVE 主题可以用若干个这样的目的来表示，我们这里用 Schank 和 Abelson 的符号把这个主题写出来。

设 X 是爱人者，Y 是被爱者，Z 是另外一个人。

情况	行动
Z cause Y harm （Z 引起 Y 受到伤害）	A-Health（Y）and possible cause Z harm （主要角色 X 对 Y 产生在健康方面的 A-目的，并可能使 Z 受到伤害） 或者　C-Health（Y） （主要角色 X 对 Y 产生一个健康方面的 C-目的）
not-LOVE（X，Y） （X 与 Y 之间还没有相爱）	A-Love（Y，X） （X 对于 Y 产生一个关于爱方面的 A-目的）
General goals （一般性目的）	A-Respect（Y） （X 对 Y 产生一个尊重方面的 A-目的） A-Marry（Y） （X 对 Y 产生一个结婚方面的 A-目的） A-Approval（Y） （X 对 Y 产生一个赞同方面的 A-目的）

用计划、目的和主题这类知识结构去理解一个故事的过程大致如下：

(1) 用计划和主题这类知识结构去识别故事的目的；

(2) 利用计划找到满足该目的之子目的以及相应的实施行动；

(3) 在故事的相继输入中寻找上述子目的和行动，并据此对故事做出解释。

SAM 和 PAM 系统就是利用这样的知识结构来理解故事的，这样的系统通过上述过程对故事做出释义，并回答有关人物的目的和行动的问题。

脚本、计划、目的和主题之间存在着如下关系：

● 主题引起目的；

● 当目的被认出，并且其行动与该目的之实现相一致时，就可以引起计划；

● 脚本是事件的标准化模式；

● 脚本是特殊的，而计划则是一般的；

● 计划的来源是脚本；

● 计划是表示人的目的之一种方法，这些目的隐含在脚本中，它们只表示行动；

● 脚本中有一个关键事件，它要与输入的句子进行模式匹配，而计划中没有关键事件，每一个计划归入一个目的之下。

采用脚本、计划、目的、主题等这些更高层次的知识结构,Schank 等先后建立了 MARGIE,SAM,PAM,MOP,FRUMP, IPP 等系统。

下面我们分别介绍这些系统。

MARGIE 系统是用 LISP 1.6 来写的,系统分为三部分。

● 概念分析程序

这个程序是由 C. Riesbeck(里斯贝克)设计的。概念分析程序的任务是把英语句子转换成概念依存表达式。首先找出句子的某些表层结构,如果找到了,就执行相应的动作,动作包括三方面的信息:

■ 在输入中,下一步要找查的东西是什么;

■ 对于刚才查到的输入,要干些什么事;

■ 如何把输入的表层结构组织成概念依存表达式。

这个概念分析程序是非常灵活的,工作时不过分依赖句法,执行效率较高。

● 推理程序

该程序是由 C. Rieger(里格尔)设计的。推理程序接收已经转换成概念依存表达式的语句,根据系统的存储器中存储的有关信息进行推理,从该语句中推演出大量的事实。因为概念依存理论认为,人们在理解一个句子时,总是要牵涉到比这个句子外部表达的东西多得多的信息。推理程序中的推理有 16 种类型,包括原因、效应、说明、功能等。推理知识在存储器中是用语义网络来表示的。

下面是推理过程的一个例子。

由 John hit Mary(约翰打玛丽)这个句子,推理规则可以推出如下的一些句子:

John was angry with Mary. (约翰生玛丽的气了。)

Mary might hit John back. (玛丽可能反过来打约翰。)

Mary might get hurt. (玛丽可能受伤。)

采用推理程序,对于任意给定的输入句子,可能会推演出大量的句子。为了避免推演过度,防止无止境地进行推演,这个推理程序相对地做了一些限制。

● 文本生成程序

这个程序是由 N. Goldman(戈尔德曼)设计的,它可以把内部的概念依存表达式转换成英语句子输出。

文本生成采用如下两种办法:

■ 分辨网络(discriminative network):用于区别不同的词义,它可以根据英语的上下文来选择恰当的单词,使之适合输出文本的要求。它对于动词的选择力特别好,因而输出的动词的词义是很贴切得体的,提高了输出的质量。

■ 扩充转移网络(Augmented Transition Network,ATN):它可以把概念依存表达式转变为线性的单词符号序列,从而输出句子的表层线性结构。

MARGIE 系统的运行方式有推理方式和释句方式(paraphrase)两种。所谓推理方式,就是接收句子,对这个句子进行推理。所谓释句方式,就是用尽可能多的方式来解释一个句子。例如,对于给定的输入句子

John killed Mary by choking her

(约翰掐住玛丽杀死了她)

采用释句方式可以产生如下的句子:

John strangled Mary.

(约翰掐死了玛丽。)

John choked Mary and she died because she was unable to breathe.

(约翰掐住了玛丽,她死了,因为她不能呼吸。)

由于 MARGIE 系统采用了概念依存表达式来表示句子的意义,当处理句子时,句子的表层结构立即消失,进一步的工作就完全使用概念依存的符号来做了;而且,对于具有同一个意思的所有句子,都可以用一个规范的概念依存表达式来表示,这就使得释句和问题回答等工作变得简单易行。

SAM 和 PAM 系统采用脚本和计划来理解用自然语言写的简单故事。这两个系统都使用概念依存理论,把用英语写的故事分析为这个故事的内部表达式,即故事中各个英语句子的概念依存表达式,两个系统都能对故事进行释句,并利用这些释句进行智能推理。

SAM 系统和 PAM 系统的不同在于它们建立概念依存表达式之后的处理过程。

SAM 系统采用故事与脚本相匹配的办法来理解故事,当这种匹配完成之后,SAM 系统就可以对故事做出总结。

SAM 系统的匹配工作由分析模块 PARSER、存储模块 MEMTOK 和脚本模块 APPLY 来完成。

PARSER 模块针对每一个句子生成相应的概念依存表达式,但是,这个模块不能做很多的推理。例如,当输入句子是

The hot dog was burned, it tasted awful

(红肠面包烧焦了,它吃起来糟透了)

时,PARSER 模块不能辨认 it 就是 hot do(红肠面包)。

这样的任务由存储模块 MEMTOK 来完成。MEMTOK 模块可以对故事中的人物、地点、事件进行推理,在推理过程中,给它们补充有关的信息,这样,MEMTOK 模块就可以识别后面句子中的 it 就是前面句子中的 hot dog。

脚本使用模块有三个功能:

● 从分析模块 PARSER 中取出句子,检查它是否与当前的脚本相匹配,或者是否与对它

有影响的其他脚本相匹配,或者是否与数据库中的其他任何脚本相匹配。如果匹配成功,就执行第二个功能。

● 对句子匹配成功之后可能发生的事件做出预测,估计还会发生什么样的事件。

● 在该故事所涉及的当前脚本中,进一步对某些步骤加以具体的说明。

当用上述方法把整个故事改写成概念依存表达式之后,SAM 系统的程序就产生出对于这个故事的总结,并回答与它有关的问题。SAM 系统可以用英语、俄语、德语、西班牙语和汉语对故事做出总结。

下面是 SAM 系统理解故事的例子。

输入原文:

John went to a restaurant. He sat down. He got mad. He left.

(约翰走进一个饭馆。他坐下来。他生气了。他离开了。)

释句的结果是:

John was hungry. He decided to go to a restaurant. He went to one. He sat down in a chair. A waiter did not go to the table. John became upset. He decided he was going to leave the restaurant. He left it.

(约翰饿了。他决定上饭馆去。他到一个饭馆。他坐在一个座位上。服务员没有到桌边来招待。约翰变得烦躁起来。他决定离开这个饭馆。于是他就走开了。)

如果我们把 SAM 系统做出的释句与输入原文相比较,就可以看出,释句把原文中各句间的一些隐晦的联系解释出来了。值得注意的是,SAM 系统能够推出,约翰之所以离开饭馆是由于他没有得到应有的招待。这是根据 RESTAURANT 脚本推理出来的。因为在这个脚本中,事件 3 是"Server brings menu"(服务员拿来菜单),也就是说,根据脚本,当主要角色约翰坐下来之后,服务员应该到桌边来服务,而在输入原文中,看不出服务员已到桌边来服务,因此,SAM 系统根据反映人们常识的脚本推出,当服务员不来服务时,约翰会生气,也就是说,由于没有出现事件 3,约翰就生气了。SAM 系统利用它的推理功能,找到了约翰生气的原因。

PAM 系统是 Wilensky 于 1978 年设计的另一个故事理解系统。PAM 系统是建立在"计划"这个概念的基础之上的。它的方法是确定故事中任务的目的,并且把而后的行动解释为实现这些行动的目的和 D-目的。

具体地说,PAM 系统理解故事的过程是:

(1) 确定目的;

(2) 确定满足该目的之 D-目的;

(3) 分析已经表示为概念依存表达式的输入材料,这些概念依存表达式是存放在"计划库"中的,因此,要把 D-目的与"计划库"中的概念依存表达式相匹配,并利用有关的主题进行推理,从而理解故事的内容。例如,输入材料是如下的句子:

John wanted to rescue Mary from the dragoon.

（约翰想从暴徒那里营救玛丽。）

John loves Mary.

（约翰爱玛丽。）

Mary was stolen away by a dragoon.

（玛丽是被暴徒窃走的。）

假定暴徒窃走玛丽是为了伤害她，那么根据 LOVE 主题，如果角色 Z 要伤害角色 Y，而角色 Y 是主要角色 X 所爱的人，那么角色 X 就会产生一个在健康方面的 A-目的，并且可能伤害角色 Z。这样，PAM 系统就可以推出，约翰营救玛丽是为了保护玛丽的身体安全。而在输入句子中，并没有明确地提到这个目的。

PAM 系统确定角色的目的之方法是：

（1）指出在故事的句子中已经明确地提到的那些东西；

（2）把这些东西确定为 D-目的；

（3）根据故事中所提到的主题进行推理，从而确定角色的目的。

从 PAM 系统的设计者看来，所谓理解一个故事，就是要找出故事中每个人物的目的，并把这些人物的行动解释为实现这些目的之一种手段。PAM 系统首先接受书面的英文句子，把它们转换成概念依存表达式，然后用目的来解释每一个句子，预言 D-目的以及实现这些目的之动作，或者用动作本身来解释句子，使 D-目的成为所要实现的东西。当这个过程结束时，PAM 就能对故事做出总结，并能回答关于人物的目的和行动的有关问题。

Schank 和 Abelson 指出，人们在理解故事时是同时利用"脚本"和"计划"这两种手段的，除了这样的集装知识之外，还需要另一类知识，这就是抽象知识。

拿脚本这种知识结构来说，在不同的脚本中可能存在极其相似的场景，但是由于它们分属各自的脚本，所以针对某一特定环境的知识不能应用于另一与该环境相似的环境之中。例如，去内科门诊部看病和去牙科门诊部看病这两个脚本中，都会有挂号、候诊、交费、取药等场景。但是由于这些知识必须放在两个不同的脚本中，这些普通常识不能为两个脚本所共享。显而易见，这样的知识存放方式对于计算机的内存空间来说是极大的浪费。

如果把可以被各种不同的环境共享的一类知识叫作抽象知识，那么心理学实验和人们的直觉都说明，人们在理解故事的过程中存在着另一类知识结构，这种知识结构能同时容纳上面提到的集装知识和抽象知识。Schank 把这样的知识结构叫作记忆组织包（Memory Organization Packages，MOPs）。在 MOP 中，可以将被各种不同环境共享的抽象知识存放在同一个地方，以便被不同的 MOP 所调用。

如果把去内科门诊室看病的脚本叫作 DOCTOR，把相应的 MOP 叫作 M-DOCTOR，那么我们只要比较一下这两种表达方式，就可以进一步理解 MOP 的结构特点了。

$-DOCTOR(脚本表示)：

> Have-Medical-Problem(有病)
>
> Make-Appointment(预约)
>
> Go(去看病)
>
> Enter(进入门诊部)
>
> Waiting-Room(候诊室)
>
> Treatment(诊治)
>
> Pay(交费)

M-DOCTOR(MOP 表示)：

> M-Professional-Office-Visit(访问业务办公处)
>
> > Have-Problem(有问题)
> >
> > Make-Appointment(预约)
> >
> > Go(去)
> >
> > Enter(进入)
> >
> > Waiting-Room(等候室)
> >
> > ［Get-Service］(得到服务)
>
> M-Contract(订约)
>
> > Negotiate(交涉)
> >
> > ［Get-Service］(得到服务)
>
> Pay(交费)

在 M-DOCTOR 中包括两个一般化的 MOP，即 M-Professional-Office-Visit(访问业务办公处)和 M-Contract(订约)。前者概括了去内科门诊部或牙科门诊部看病或者去律师事务所找律师等情况下可能发生的一般事件序列，后者总结了社会上有关业务双方订约和交费等一般性知识。

概念依存表达式、脚本、计划等属于静态记忆，而 MOP 则是一种具有自修改能力的动态记忆，它能把具体事件中获得的经验升华为抽象的一般性经验，它反映了人类学习的过程。MOP 这种知识表示模型正是对人类这种学习功能的模拟。

任何语言理解系统都要把输入的文本转换成某种机器内部的含义表示。过去语言信息处理的做法是首先进行句法分析，以便找到对输入语句句法结构的某种形式化描述(例如表示句法结构的树形图)，然后把分析结果传递给另一个语义抽取程序，得到该输入语句的语义表示。

Schank 和他的同事认为，这种分离的句法分析是不必要的，而且也不符合人们理解语言的心理过程。他们主张把有关句法和语义的知识结合在一起，一次就把输入语句转换成某种机器的内部表示。他们把这样的分析方法叫作一体化的概念分析模型。

事实上,早在 Riesbeck 为 MARGIE 系统编写的概念分析程序中,就已经体现了这种一体化的思想。这个概念分析程序经过适当的扩充之后,成为 ELI(English Language Interpreter)。ELI 充当着 Schank 领导下的许多故事理解系统(如 SAM,PAM)的公共前端。ELI 的任务就是把输入语句直接映射为概念依存表达式,然后系统再利用脚本或计划等知识结构对输入的概念依存表达式进行演绎推理。

Schank 和 Riesbeck 在 ELI 程序中采用的基本手段叫作"期望"(expectation)。他们认为,当一个人谈到或者听到一个词时,他会预见到某些别的词或者已经出现,或者即将相继出现。这种期望是根据迄今已经被理解的内容以及有关语言和世界的知识建立起来的。人们在阅读过程中,不断地根据这样的期望来预见下一步可能会读到什么,并利用它们来排除歧义和理解正在读入的文本。

Schank 进一步把理解过程中所必需的推理也包含到分析程序中来,从而实现了句法、语义和推理的一体化。就人们的直觉来看,人们对自然语言的理解就是这样高度统一的过程,人们往往不等到一个句子全部读完就能根据已经读入并理解的片段做出某些必要的推断。

第一个一体化程序叫作 FRUMP,是由 DeJong(德荣)在 1977 年设计的。FRUMP 并不对输入的新闻故事逐字逐句地处理,而是通过对输入文本的浏览来寻找它感兴趣的东西。这些东西往往就是 FRUMP 系统打算在故事的总结中陈述的那些重要信息。FRUMP 系统采用梗概脚本(sketchy script)作为它的知识表示模型。各类新闻都有一个相应的梗概脚本。整个理解程序是期望驱动的,一旦找到与输入的新闻故事相应的梗概脚本之后,分析就完全在这个梗概脚本的指导下进行了。附加在指定梗概脚本上的期望,指明了脚本希望寻找的信息是什么,而其余的都可以忽略。例如,在一个关于自然灾害的梗概脚本中,希望寻找的信息仅仅是日期、地点、灾害性质、伤亡人数、援救情况等等。如果在输入的新闻故事中找到了这些信息,也就等于理解了这个故事。

FRUMP 系统的分析程序在本质上几乎无法同它的推理程序分割开来。该系统有 2 300 个单词和 60 个梗概脚本,它的处理速度很快,在 DEC 的 PDP 20/50 计算机上分析一个故事的 CPU 时间仅需 8.5 秒,而这样一篇故事从美联社电讯上接收下来要 1 分钟,因此,FRUMP 系统完全有能力实时地处理美联社的一部分新闻故事。

由于 FRUMP 系统的故事理解是根据事先设计好的梗概脚本的内容来进行的,如果梗概脚本设计时忽略了某些重要的情节,理解时就会出错。因此,需要对此做出改进。1980 年 M. Lebowitz(莱波威茨)设计的 IPP 系统克服了 FRUMP 系统的这个缺陷。

IPP 系统采用 MOP 作为知识结构,抽象程度较高,并且能够从读入的故事中自动地归纳出一般的结论来。在 IPP 系统的 MOP 中,不仅有事先设计好的 MOP,而且也有系统通过归纳提炼而成的新 MOP。因此,IPP 系统的记忆模型是动态的,具有初步的学习功能。

　　IPP 系统同样体现了一体化的设计思想,而且也同样是期望驱动的。它的词典中的词条分为立即分析的词、暂时跳过的词和完全忽略的词三种类型,因此,处理故事时只可能忽略单词,不会整句地忽略,这样就有能力发现和处理事先某些没有预见到的重要情节,有效地克服了 FRUMP 系统的缺陷。

　　IPP 系统理解的故事题材仅限于有关恐怖主义的新闻,词典有 200 条单词,能成功地分析从各种报刊上摘录的新闻故事。

　　1976 年,Lames Meehan(梅汉)设计了 TALE-SPIN 系统,可以自动地编写简单的故事。

　　TALE-SPIN 编写故事的过程分为三步:

　　(1) 确定故事的内容;

　　(2) 使用概念依存理论建立模型,编写程序,把它加入到现存的系统之中;

　　(3) 运行系统,发现系统的错误或不足之处,为进一步编写故事提供借鉴。

　　例如,如果某个用户试图使用 TALE-SPIN 编写一个关于 "thirsty"(口渴)的故事,系统要首先与用户进行初步的对话,确定故事中的角色以及有关的设施,运行程序时,当角色感到口渴的时候,故事就开始了。

　　使用 TALE-SPIN 编写的故事如下:

　　"Once upon a time George ant lived near a patch of ground. There was a nest in an ash tree. Wilma bird lived in the nest. There was some water in a river. Wilma knew that the water was in the river. George knew that the water was in the river. One day Wilma was very thirsty. Wilma wanted to get near some water. Wilma flew from her nest across a meadow through a valley to the river. Wilma drank the water. Wilma was not thirsty any more.

　　George was very thirsty. George wanted to get near some water. George walked form his patch of ground across the meadow through the valley to a river bank. George fell into the river. George wanted to get near the valley. George couldn't get near the valley. George wanted to get near the meadow. Wilma wanted George to get near the meadow. Wilma wanted to get near George. Wilma grabbed George with her claw. Wilma took George from the river through the valley to the meadow. George was devoted to Wilma. George owed everything to Wilma. Wilma let go of George. George fell to the meadow. The end."

　　(从前,一个名叫 George 的蚂蚁生活在一小块地的附近,这里的岑树上有一个鸟巢,一个名叫 Wilma 的小鸟就生活在鸟巢里。这里的河里有水。Wilma 知道,水就在这条河里。George 也知道,这条河里有水。有一天,Wilma 非常口渴。Wilma 想接近水源。于是 Wilma 从它的鸟巢通过草地,穿过山谷,飞到了这条河里。Wilma 喝了水,它就不再口渴了。

　　George 很口渴。George 从它的小块地上通过草地,穿过山谷,走到了这条河的岸边。

George 掉进了这条河里。George 想接近山谷,可是 George 不能接近山谷。于是 George 又想接近草地。Wilma 想让 George 接近草地。因此,Wilma 就想接近 George。Wilma 用它的脚爪抓住了 George。Wilma 抓住 George 从小河通过山谷到了草地。George 要回报 Wilma。George 把一切都归功于 Wilma。Wilma 让 George 离开。于是,George 就回到草地去了。故事结束。)

可以看出,TALE-SPIN 自动编写的这个简单故事还是很生动的。

1979 年,Carbonell(卡波奈尔)编写了 POLITICS 系统。这个系统由若干个彼此紧密联系的计算机程序组成,POLITICS 系统试图模拟人们对于国际政治事件在意识形态上的理解情况,模拟美国参议院对于一些政治敏感问题的对话。为此,POLITICS 系统模拟参议院中的保守派和自由派在对话中的不同看法,并根据这样的观点来评价新闻事件。POLITICS 系统建立了自己的信念系统以及一系列的目标树(goals tree),根据政治事件或信念的相对重要程度来构建层级系统。

政治意识形态的形式表示必须包括计算机推理机制中所需要的对于政治事件的各种不同的意识形态的解释,模拟系统必须为不同的意识形态行为建模,显示了概念依存理论对于自然语言理解的能力。

下面是 POLITICS 系统关于"美国国会期望通过《巴拿马运河条约》"这一事件的对话。

保守派的观点:

Q1:Should the US approve the treaty?

（美国想通过这个条约吗?）

A1:NO, THE TREATY IS BAD FOR THE UNITED STATES.

（不,这个条约对于美国是坏的。）

Q2:Why is the treaty bad for the US?

（为什么这个条约对于美国是坏的?）

A2:THE UNITED STATES WOULD LOSE THE CANAL TO PANAMA AND THE UNITED STATES WILL BE WEAKER.

（美国将失去运河而把它交还给巴拿马,这样美国将变弱。）

Q3:What might happen if the United States loses the canal?

（如果美国失去运河,将会发生什么情况呢?）

A3:RUSSIA WILL TRY TO CONTROL THE CANAL.

（俄罗斯将试图控制这条运河。）

Q4:Why would Russia try to take over the canal?

（为什么俄罗斯试图接管这条运河呢?）

A4:RUSSIA WANTS TO EXPAND ITS MILITARY CONTROL. THE PANAMA

CANAL HAS HIGH MILITARY VALUE.

（俄罗斯想扩张它的军事控制。巴拿马运河有很高的军事价值。）

Q5：How might this happen?

（这将发生什么事呢?）

A5：THE UNITED STATES MAY NOT BE ABLE TO STOP ANYONE TAKING OVER THE PANAMA CANAL. TORRIJOS IS A COMMUNIST. TORRIJOS WILL LET RUSSIA CONTROL PANAMA.

（美国将不能阻止任何人通过巴拿马运河。TORRIJOS 是一个共产主义者。TORRIJOS 愿意让俄罗斯来控制巴拿马。）

Q6：Why should the US worry about Russia taking over the canal?

（为什么美国担心俄罗斯接管运河呢?）

Q6：BECAUSE RUSSIA WANTS TO CONTROL THE WORLD.

（因为俄罗斯企图控制全世界。）

Q7：What should the US do to stop Russia from taking over the canal?

（为了阻止俄罗斯接管运河，美国要做些什么呢?）

A7：CONGRESS SHOULD VOTE AGAINST *THE PANAMA CANAL TREATY*.

（国会要投票反对《巴拿马运河条约》。）

自由派的观点：

Q1：Should the US approve the treaty?

（美国要通过这个条约吗?）

A1：YES. *THE PANAMA CANAL TREATY* IS GOOD FOR THE UNITED STATES.

（是的。《巴拿马条约》对于美国是好的。）

Q2：Why is the treaty good?

（为什么这个条约是好的呢?）

A2：*THE PANAMA CANAL TREATY* IMPROVES RELATIONS WITH LATIN AMERICAN COUNTRIES.

（《巴拿马条约》将改善同拉丁美洲国家的关系。）

Q3：What happens if the US keeps the canal?

（如果美国保住了运河，将会发生什么后果呢?）

A3：THIS WILL CAUSE DISCONTENT AND CONFLICT IN PANAMA AND LATIN AMERICA.

（这将引起不满以及巴拿马与拉丁美洲国家的冲突。）

Q4：Why would this lead to conflict?

（为什么这将导致冲突呢？）

A4：THE CANAL ZONE IS A UNITED STATES COLONY. LATIN AMERICA DOES NOT LIKE COLONIALISM. THE UNITED STATES WOULD MAINTAIN COLONIALISM.

（因为运河地区是美国的殖民地。拉丁美洲不喜欢殖民主义。美国想维持殖民主义。）

Q5：What if Russia tries to take over the canal?

（如果俄罗斯试图接管运河，将会怎样呢？）

A5：RUSSIA DOES NOT WANT CONFLICT WITH THE US. RUSSIA WILL STAY OUT OF THE CANAL，IF THE UNITED STATES DEFENDS IT. THE UNITES STATES DEFENDING THE CANAL IS PART OF THE TREATY.

（俄罗斯不想与美国发生冲突。如果美国防卫运河，俄罗斯将撤出运河地区。美国防卫运河是这个条约的一部分。）

巴拿马运河问题是 20 世纪 70 年代冷战时期非常复杂的国际政治问题，计算机对于这样复杂的问题的理解当然是非常有限的。但是，POLITICS 系统对于这样的政治事件的理解机制是具有一般性的，它可以用来处理一些与政治事件同样复杂的其他的规划问题。

8.7 Mel'chuk 的意义⇔文本理论

语言的生成过程是首先从意义开始的，经过句法处理，最后输出线性的文本，这是一个从意义（meaning，俄语是 смысл）到文本（text，俄语是 текст）的过程。而语言的分析过程是首先从文本开始的，经过句法分析，最后输出文本的意义。意义⇔文本理论（Meaning-Text Theory，MTT）对于语言的生成过程和语言的分析过程都做了深入的研究，这种理论既研究从意义到文本的规程，也研究从文本到意义的过程，意义和文本之间的关系是双向的，因此，在意义和文本之间用一个双箭头来表示，写为"意义⇔文本"，我们下面来介绍这种理论。

意义⇔文本理论是 A. K. Zolkovski（卓尔可夫斯基）和 I. A. Mel'chuk（梅里楚克）在莫斯科提出的。他们最早的文章在 20 世纪 60 年代发表于俄语出版的《控制论问题》第 19 卷，文章的题目是《论文本的语义合成》（On semantic synthesis（of text））。1977 年，Mel'chuk 离开莫斯科到了加拿大的 Montreal（蒙特利尔）大学，在那里，他建立了一个专门的小组"意义⇔文本语言学观察站"（Observatoire de Linguistique Sens-Texte）来深入研究意义⇔文本理论，形成了一个学派。

意义⇔文本理论主张自然语言是建立意义和文本之间对应的逻辑工具，尽管这种观点似乎是每一个人都可以接受的,但是,在现代语言学理论中的大多数理论还没有采取这样的方式来建立自然语言的模型。

什么是语言? 为了回答这个问题,意义⇔文本理论提出了三个基本假设:

● 假设1:自然语言的意义和文本之间的对应是多对多的。

● 假设2:自然语言中意义和文本之间的对应可以采用形式化的逻辑工具来描述,这个逻辑工具应当反映自然的说话人的语言活动。

● 假设3:由于意义和文本之间的对应是非常复杂的,所以,在话语过程中,必须区分一些中间层次,例如句法层次、形态层次等。

假设1说明,所谓描写自然语言$\mathbb{L}$就是描写$\mathbb{L}$的意义集合与$\mathbb{L}$的文本集合之间的对应关系。de Saussure(德·索绪尔)曾经提出语言符号包括所指(signifie)和能指(significant)两个方面,意义⇔文本理论的假设1与索绪尔的这种观点很接近,所指相当于"意义",能指相当于"文本"。

假设2说明,自然语言必须描写意义和文本之间的对应,建立"意义⇔文本模型"(Meaning-Text Model,MTM)。意义⇔文本模型必须模拟说话人的语言活动,必须描述当说话人说话时,说话人是怎样把他想说的东西(也就是"意义")转化为他说出的东西(也就是"文本"),而从意义到文本的转化方向也必须是特定的。Mel'chuk指出:"语言学家应尽力提出一套表达意义的形式规则或一定形式的解释规则,即建立意义和文本之间的对应关系。"Mel'chuk在这里所说的"文本",包括交际中的所有的语句,而不仅仅只包括书面句子。

假设3说明,从意义到文本之间的对应包括一些中间层次。这些层次有如图8.23所示的七个。

语义表示(Semantic Representation,SemR),或者"意义"

⇕

深层句法表示(Deep-Syntactic Representation,DSyntR)

⇕

表层句法表示(Surface-Syntactic Representation,SSyntR)

⇕

深层形态表示(Deep-Morphological Representation,DMorphR)

⇕

表层形态表示(Surface-Morphological Representation,SMorphR)

⇕

深层音位表示(Deep-Phonological Representation,DPhonR)

⇕

表层音位表示(Surface-Phonological Representation,SPhonR),或者"文本"

图8.23　从意义到文本的七个层次

"语义表示"(SemR)这个层次就是"意义"层次,"表层音位表示"(SPhonR)这个层次就是"文本"层次。这样一来,从意义到文本的对应就可以划分为六个模块:从SemR到DSyntR

的对应是语义模块(semantics module),从 DSyntR 到 SSyntR 的对应是深层句法模块(deep syntax module),从 SSyntR 到 DMorphR 的对应是表层句法模块(surface syntax module),从 DMorphR 到 SMorphR 的对应是深层形态模块(deep morphological module),从 SMorphR 到 DPhonR 的对应是表层形态模块(surface morphological module),从 DPhonR 到 SPhonR 的对应是音位模块(phonology module)。意义到文本的转化不是直接实现的,而是要通过中间的各个层次来实现的。意义⇔文本模型就是包括上述六个模块的、层次化的、系统化的模型。

不同层次的表示具有不同的性质。语义表示是多维的,因此,语义表示是一个多维的图(multi-dimensional graph)。句法表示是二维的,因此,句法表示是一个二维的树(two-dimensional tree)。形态表示是一维的,因此,形态表示是一个一维的串(one-dimensional string)。

意义到文本的转化过程就是从多维的图,经过二维的树,最后转化到一维的串的过程。例如,句子"Peter wants to sell his blue car"(Pater 想出售他的蓝色汽车)的语义表示(也就是"意义")如图 8.24 所示。

这个语义表示是一个多维的有向图。图中的结点上的标记叫作"语义素"(semanteme),语义素是一

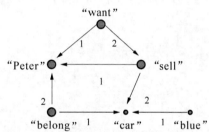

图 8.24　语义表示

个语义单位,它相应于语言中单词的一个含义,语义素要用单括号括起来,从数学的角度看来,语义素相当于一个"函子"(functor),它的函项(argument)叫作"语义行动元"(semantic actant),没有函项的函子叫作语义名(semantic name),语义名一般都是具体名词。语义素和它的语义行动元之间用箭头相连接,这种连接叫作"语义依存"(semantic dependency),指向语义素的第 i 个语义行动元的箭头标以 i,语义行动元编号的顺序不是任意的,大致要根据说话时的句法要求来编号。图 8.24 中的语义表示说明,语义素"want"有两个语义行动元,第一个语义行动元是"Peter",第二个语义行动元是"sell";"sell"本身也是一个语义素,它有两个语义行动元,第一个语义行动元是"Peter",第二个语义行动元是"car";"belong"是一个语义素,表示所属关系,它有两个语义行动元,第一个语义行动元是"car",第二个语义行动元是"Peter";"blue"是一个语义素,它只有一个语义行动元"car";"Peter"和"car"都是语义名,它们都没有语义行动元。这个有向图中的关系错综复杂,形成一个非常复杂的网。应该注意的是,这个语义表示只代表话语的意义,并代表话语的表层形式,"belong"这个语义素在表层形式中是不出现的,但是,它表示所属关系,说明"car"是属于"Peter"的,这种关系对于话语的意义非常重要,尽管"belong"不在表层形式中出现。

图 8.24 中的有向图是经过简化的。实际上,每一个语义素的语义特征都构成一个有向图,它们从四面八方彼此联系起来,最后构成一个非常复杂的、立体的网络,所以,我们上面说语义表示是一个多维的有向图。这个语义表示经过语义模块和深层句法模块的处理,从语义

表示 SemR 转化为深层句法表示 DSyntR，再从深层句法表示 DSyntR 转化为表层句法表示 SSyntR，得到的表层句法表示，如图 8.25 所示。

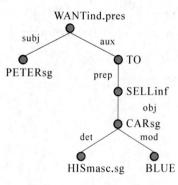

图 8.25　表层句法表示

这个表层句法表示是一个二维的依存关系树（dependency tree）。这里，意义⇔文本理论不采用短语结构树而采用依存关系树，因为在短语结构树中，除了表示结点之间的二维的支配关系（也就是依存关系）之外，还表示结点之间的一维的前后线性关系，这意味着，短语结构树没有把句法结构和形态结构区分开来。意义⇔文本理论严格区分句法结构和形态结构，句法结构只表示二维的依存关系，而不表示一维的前后线性关系。在这方面，意义⇔文本理论与依存语法是一致的，而与短语结构语法则有差别。

　　图 8.25 中的表层句法表示说明，依存关系树的根 WANTind. pres 是现在时态，它所支配的主语 subj 是 PETERsg，这是一个单数的名词，它还支配着 TO 和 SELL；TO 是一个介词 prep，SELLinf 是不定式动词；SELL 所支配的宾语 obj 是 CARsg，这是一个单数名词；CAR 所支配的限定词 det 是 HISmasc. sg，这是一个阳性单数代词，它替代了语义表示中的语义素 "belong"，说明了 CAR 和 PETER 之间的所属关系，因此，"belong" 在表层句法表示中消失了；CAR 所支配的修饰语 mod 是 BLUE。这个依存关系树，只表示结点之间的依存关系，不表示结点之间的前后顺序，所以，它是二维的，而不是一维的。

　　这样的表层句法表示，再经过表层句法模块和深层形态模块的处理，从表层句法表示 SSyntR 转化为深层形态表示 DMorphR，再从深层形态表示 DMorphR 转化为表层形态表示 SMorphR，得到的表层形态表示如下：

　　　　PETERsg WANTind. pres. sg TO SELLinf HISmasc. sg BLUE CARsg
这个表层形态表示是一个一维的符号串，符号串中的单词是有顺序的，而且每一个单词都带有相应的语法信息。

　　得到表层形态表示之后，如果是书面机器翻译系统，就可以直接取这些表层形态表示中的单词，根据单词中所得到的形态信息，经过一定的形态变化之后，就可以作为翻译结果输出了。如果是语音机器翻译，那么还需要经过表层形态模块和音位模块的处理，把表层形态表示转化为深层音位表示，再把深层音位表示转化为表层音位表示，得到句子的语音输出。

　　由此可见，意义⇔文本理论可以描述机器翻译中的生成过程，可以作为机器翻译自动生成研究的理论基础。

　　当然，意义⇔文本理论也可以用于描述自然语言处理中的分析过程。我们在图 8.25 中可以看出，各个层次之间的联系是双向的，既可以从意义到文本，也可以反过来：从文本到意义。

从文本到意义的过程也就是自然语言的分析过程。所以,意义⇔文本理论既可以应用于自然语言的生成,也可以应用于自然语言的分析。从生成和分析的过程来看,意义⇔文本理论也就是一个"意义⇔文本模型"(meaning⇔text model),这是一种重要的自然语言处理的形式模型。

Mel'chuk 强调,意义⇔文本模型不是一个"生成"装置,而是一个"转换"装置,这是意义⇔文本理论与 Chomsky 生成语法的最重要的区别。意义⇔文本模型的主要工作原理是进行"同义转换"。利用同义现象之间的转换这个原理,意义⇔文本模型在各个层次上生成大量的同义结构,这些同义结构再经过各种过滤装置,剔除不合乎自然语言规则的结构,筛选出合格的文本。"转换性"是意义⇔文本模型最突出的特点。

意义⇔文本之间的转换的每一个环节,都是"一对多"的关系,因此,Mel'chuk 设置了八种类型的过滤器,对各个层次的分析与生成的结果进行过滤。这八个过滤器是:

● 一般类型过滤器:剔除语义合成结果中所有包含人造虚构词的深层句法结构。

● 同类过滤器:剔除同义结构中所有包含"空位"关键词的深层句法结构。

● 保障语义配价和句法配价饱和的过滤器:剔除不满足配价的深层句法结构。

● 限制单词或词组的组合性能的过滤器:剔除不合规则的词汇组合。

● 词序规则过滤器:提出在一定语言环境下不合格的词序。

● 限制表层句法成分的过滤器:剔除在表层句法结构中不合格的句法成分。

● 限制形态或构词的过滤器:剔除在形态或构词上不合格的句法成分。

● 优化文本的过滤器:剔除在修辞上不合格的文本。

在意义⇔文本模型中,这些过滤器大部分都实现了,只有优化文本的过滤器还处在设想阶段。由于使用了这些过滤器,便于处理在各个层面上的歧义问题,而歧义正是自然语言处理最核心的问题。

Mel'chuk 曾经说过:"意义⇔文本模型应该做的事情是同样的:把给定的意义转构为表达这个意义的文本(因此这个模型是转构的)。"这段话的原文是法语,照录如下:"Un MST (Modele Sens-Texte) doit faire la même chose:traduire un sens donne en un texte qui l'exprime(voila pourquoi ce modele est 'traductif')。"Mel'chuk 在这里强调了"转构"(traductif)的重要性。

巴黎第七大学 S. Kahane(卡安纳)根据 Mel'chuk 的思想和意义⇔文本理论的精神,提出了"转构语法"(transductive grammar)。Kahane 把他的这种转构语法比拟为转录机(transducer),他认为转构语法的主要功能就是把意义-文本模型中不同层次上的结构集合对应起来。设 S 和 S' 是两个不同层次上的结构集合(如图的集合、树的集合、符号串的集合),S 和 S' 之间的转构语法 G 就是把集合 S 中的元素与集合 S' 中的元素联系起来的形式语法。作为一种形式语法,转构语法 G 包括规则的有限集合,这些规则叫作对应规则,对应规则把由 S 中的元素组成的结构片断与由 S' 中的元素组成的结构的片断联系起来,相互对应。对于由

G 联系起来的结构 S 和结构 S'，G 也可以定义结构 S 中和结构 S' 中的某一部分，并且在这两个部分的片断之间进行一一对应的映射。显而易见，这样的转构语法与一般的语法有很大的不同，它不是只研究语言中某一个层次上的问题，而是致力于探讨意义⇔文本模型中不同层次的转构问题，因此，转构语法是一种"元语法的形式化模型"（meta-grammar formalism），这种元语法的形式化模型对于机器翻译中自动生成理论的进一步深入研究，当然是很有价值的。

8.8　词义排歧方法

词义排歧（Word Sense Disambiguation，WSD）是自然语言计算机处理中的一个很困难的问题。由于多义词是任何语言中都普遍存在的现象，而多义词中诸多的词义分布又很不容易找到一般的规律，多义词的排歧涉及上下文因素、语义因素、语境因素，还涉及甚至日常生活中的常识，而这些因素的处理，恰恰是计算机最感棘手的问题。

我们在第 1 章曾经说明，早在机器翻译刚刚问世的时候，美国著名数理逻辑学家 Bar-Hillel 在 1959 年就指出，全自动高质量的机器翻译（Fully Automatic and High Quality Machine Translation，FAHQMT）是不可能的，他认为，词义排歧问题将始终困扰着刚刚萌芽的机器翻译研究，因此，FAHQMT 不仅在当时的技术水平下是不可能的，而且，在相当长的时间内也是不可能实现的。

在机器翻译中，两种语言中的多义词的词义往往出现错综复杂的交叉局面。例如，英语的 leg 可表示人的腿、动物的腿、椅子的腿、船抢风直行的一段旅程，foot 可表示人的脚、椅子的脚，paw 表示动物的爪子、笨拙或肮脏的手，这三个多义词与法语的 jambe（腿），pied（脚），patte（爪子），etape（一段旅程）等单词的词义，形成非常复杂的交叉情况。如图 8.26 所示。

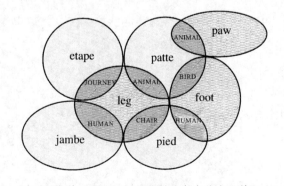

图 8.26　英语和法语词义的错综复杂的交叉情况

此图引自 Jurafsky 和 Martin 的 *Speech and Language Processing*，谨此致谢

这种词义错综复杂的情况,给英语-法语机器翻译的多义词的词义选择工作带来了很大的困难。

从 1959 年到现在已经五十多年了,学者们在探索多义词排歧的研究中做了大量的工作。尽管词义排歧的问题距离彻底解决还非常遥远,但是,从这五十多年的成就已经可以让我们看到希望的曙光。

词义排歧的方法归纳起来可以有如下几种:

1. 选择最常见义项的方法

早期的机器翻译系统没有词义排歧的功能。虽然机器词典中的多义词都列举出各种不同的义项,但实际上只是选择排列在第一位的那个最常见的义项。这样的办法虽然能够处理一些多义词,达到一定的排歧目的,但是,词义排歧的效率不高,这是早期机器翻译系统的译文质量低劣的重要原因之一。例如,在上面的例子中,由于 pen 最常见的词义是“钢笔”,因此,把 pen 翻译成“钢笔”,结果,The box was in the pen 就翻译成“盒子在钢笔中”,弄出了笑话。

2. 利用词类进行词义排歧的方法

有些多义词的词义与它们所属的词类有关。不同的词义往往属于不同的词类。因此,如果我们能够确定这些多义词的词类,词义排歧的问题也就迎刃而解了。例如:

face:当 face 是动词时,它的词义是“面对”;当 face 是名词时,它的词义是“面孔”。在“The house faces the park”中,faces 前面为名词词组,后面也为名词词组,可判定为动词,因而它的词义是“面对”,整句的意思是“房子面对公园”。在“She pulled a long face”中,face 前面是形容词,可判定为名词,其词义是“面孔”,整句的意思是“她拉长了面孔”。

May:当 May 是助动词时,它的词义是“可以”(在句子开头,第一个字母大写,在其他情况下,第一个字母不大写);当 May 是名词并且第一个字母大写时,它的词义是“5 月”。在“May I help you”中,May 是助动词,因而它的词义是“可以”,整个句子的意思是“我可以帮助你吗”。在“May Day is first day of May”中,May 是名词,因而它的词义是“5 月”,整个句子的意思是“5 月 1 日是 5 月的第一天”。

can:当 can 是助动词时,它的词义是“能够”;当 can 是名词时,它的意思是“罐头”。在“She can speak German”中,can 处于动词 speak 前面,人称代词 she 后面,可判定为助动词,因而它的词义是“能够”,整个句子的意思是“她能够说德语”。在“He opened a can of beans”中,can 前面是不定冠词,后面是介词,可判定为名词,因而它的词义是“罐头”,整个句子的意思是“他打开一个豆子罐头”。

will:当 will 是助动词时,它的词义是“将要”;当 will 是名词时,它的意思是“意志”。在“It will rain tomorrow”中,will 前面是代词,后面是动词,可判定为助动词,因而它的词义是“将要”,整个句子的意思是“明天将要下雨”。在“Free will makes us able to choose our way of life"中,will 前面是形容词,后面是第三人称现在时动词,可判定为名词,因而它的词义是"意志",整个句子的意思是"自由的意志使得我们能够选择我们的生活方式"。

kind:当 kind 是名词时,它的意思是"种类";当 kind 是形容词时,它的意思是"亲切"。在"I like that kind of book"中,kind 在指示词 that 之后,在介词 of 之前,可判定为名词,因而它的词义是"种类",整个句子的意思是"我喜欢这种书"。在"It was very kind of you to do it"中,kind 在副词 very 后面,介词 of 前面,可判定为形容词,因而它的词义是"亲切",整个句子的意思是"你做这件事显得非常亲切"。

如果我们有一个高效率的词性标注系统,可以正确地决定兼类的多义词的词类,那么我们就可以利用标注正确的词类,来决定多义词的词义,从而达到词义排歧的目的。可是,当同一个词类的多义词还存在多个不同的词义的时候,这种"以词类决定词义"的方法就显得无能为力了,因为在判定了词类之后,还需要对不同的词义进行选择。

例如,works 这个多义词可兼属动词和名词,当它是动词的时候,它的词义是"工作",当它是名词的时候,它的词义可以是"工厂",也可以是"著作"。在句子"My daughter works in an office",works 处于名词词组之后,介词之前,可判定为动词,因而它的词义是"工作",整个句子的意思是"我女儿在一个办公室工作"。可是,当判定 works 为名词的时候,它的词义还没有最后决定,这就会出现两难的尴尬局面。在"It is a gas works"和"I read the works of Shakespear"中,works 都可以判定为名词,可是,我们还决定不了前句中 works 的词义是"工厂",后句中的 works 的词义是"著作"。这时,我们还需要根据上下文的选择限制来排歧。比如说,如果我们规定,works 与表示燃料的名词连用,可判定其词义是"工厂",当 works 与作家的名字连用,可判定其词义是"著作",那么我们就可以根据这样的选择限制来进行词义排歧。

3. 基于选择限制的词义排歧方法

选择限制(selectional restriction)和语义类型的分类(type hierarchies)是词义排歧的主要的知识源。在语义分析中,它们被用来删除不恰当的语义,从而减少歧义的数量。

最早研究选择限制的是 Katz 和 Fodor(1963)。把选择限制应用于计算机处理的是 Hirst(1987)。

例如,对于 dish 的排歧,我们来研究下面的一段话:

"In our house, everybody has a career and none of them includes washing dishes," he says.

In her tiny kitchen at home, Mr. Chen works efficiently, stir-frying several simple dishes, including braised pig's ears and chicken livers with green peppers.

(他说道:"在我们的房子里,每一个人都有自己的事情,可以这些事情不包括洗碟子。"在她的小厨房里,陈先生干得很有成效,他炒炸几个简单的菜肴,包括炖猪耳朵和炒胡椒鸡肝。)

前句中的 dishes 是用于吃饭的物理物(physical object),后句中的 dishes 则是菜肴。它们的选择限制各不相同,前者是 wash 的 PATIENT(受事),它应该具有可洗性(washable feature),后者是 stir-fry 的 PATIENT(受事),它应该具有可食性(edible feature)。谓词选择其歧义论元的正确含义,删除不能匹配的含义。由此可见,使用选择限制实际上是一种"观其伴而知其意"(You shall know a word by the company it keeps)的方法。

当谓词有歧义时,可以根据其论元(argument)的语义来消除歧义。例如:

Well, there was the time served green-lipped mussels from New Zealand.

(好,有时间来品尝来自新西兰的绿唇蚌。)

Which airlines serve Denver?(哪一个航班到 Denver?)

Which ones serve breakfast?(哪一个航班提供早餐?)

第一句中的 serve 要求某种食物作为其 PATIENT,第二句中的 serve 要求地名或者团体作为其 PATIENT,第三句中的 serve 要求某种饭局作为其 PATIENT。如果我们确信 mussel,Denver 和 breakfast 都是无歧义的,那么可以通过它们的语义来消除 serve 的歧义。

如果谓词和它的论元都有歧义,则选择的可能性大大增加。例如:

I'm looking for a restaurant that serves vegetarian dishes.

Serve 有 3 个含义,dish 有 2 个含义,则这个句子应该有 3×2 个含义。在这种情况下,要根据谓词和论元的选择限制共同地决定其正确的选择(图 8.27)。

因此,这个句子的意思是"我正在找一个出售素食的饭馆"。

可见,基于选择限制的词义排歧要求在语义分析中使用两方面的知识:

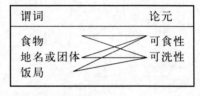

图 8.27　选择限制

- 论元的语义类型分类;
- 论元对于谓词的选择限制。

这两方面的知识都可以从词网(WordNet)上获取。语义类型分类的信息可以从有关词的上下位词(hypernymy)中获得,选择限制的信息通过把有关词的同义词集(synset)与谓词的论元相联系的方法来获得。如果我们从词网上获得了这两方面的知识,就可以利用选择限制来进行词义排歧了。

然而,选择限制是有局限性的,主要表现在:

- 当选择限制的一般性太强的时候,很难决定有关词的选择限制的范围。例如:

What kind of dishes do you recommend?

这里,我们难于决定 dishes 的选择限制是"可洗性"还是"可食性"。

- 当在否定句子中的时候,否定关系明显地违反了选择限制,但是,句子的语义却是合法的。例如:

People realized you can't <u>eat</u> gold for lunch if you're hungry.

（人们认识到，当你饥饿的时候，你是不会把金子当作午餐来吃的。）

句子中的 eat gold 显然违反了 eat 的选择限制，因为 gold 不具有可食性。但是，由于有否定词 can't，这个句子是完全合法的。

● 当句子描述的事件是不寻常的事件时，尽管违反了选择限制，但句子仍然是完全合法的。例如：

In his two championship trials, Mr. Kulkirni <u>ate</u> glass on an empty stomach, accompanied only by water and tea.

（在他的两次冠军比赛中，Kulkirni 先生空腹<u>吞食</u>玻璃，吞食的时候只是喝点水和茶。）

句子中 glass(玻璃)是不具有可食性的，违反了 eat 的选择限制，可是，这个句子仍然是合法的。

● 当句子中出现比喻(metaphor)或借喻(metonymy)的时候，这样的比喻或借喻是对选择限制的极大挑战。例如：

If you want to <u>kill</u> the Soviet Union, get it to try to <u>eat</u> Afghanistan.

（如果你想扼杀苏联，那么让它去吞吃阿富汗吧。）

这里，谓词 kill 和 eat 的 PATIENT 的典型的选择限制都完全失效了，可是，这个句子的在语义上合法性却是毋庸置疑的。

1987 年，Hirst 指出，所有这些违反选择限制却在事实上合法的例子，都将导致词义排歧的失效。因此，他建议，与其把选择限制看成一种硬性的规定，不如把它看成是一种优选关系(preference)，应该把优选的概念引入选择限制的研究中。

1997 年，Resnik 提出了"选择联想"(selectional association)的概念。选择联想是在谓词与该谓词所支配论元的类别之间的联想强度的一种概率测度。Resnik 把词网中上下位关系与标注语料库中的动词－论元关系结合起来，从而推算选择联想的强度。Resnik 用选择联想来进行词义消歧，算法选择在谓词与其论元的上位词之间具有最高选择联想的论元作为该论元的正确含义。Resnik 的选择联想方法的缺陷是，它只能用于谓词没有歧义而仅仅论元有歧义的场合。

4. 鲁棒的词义排歧方法

前面的方法是所谓"规则对规则的方法"(rule-to-rule approach)，另外，还有自立的方法(stand-alone approach)。自立的方法是一种鲁棒(robust)的词义排歧方法。鲁棒的自立的词义排歧方法依靠词类标注来工作，力求把对于信息的要求减低到最低限度，从而做到"自立"，让机器自己学习而获得信息。

这种机器学习的方法，要求对系统进行积极性训练，使得系统能够自行进行词义排歧。

要进行词义排歧的词叫作目标词(target word)，目标词所嵌入的文本叫作上下文(context)。输入按下面方式进行初始化的处理：

- 输入文本一般应该是经过词类标注的。
- 上下文可以看成是围绕目标词的长短不一的语言片段。
- 上下文中的单词,应该是经过词法分析的,应该把变形词还原成原形词。
- 文本最好是经过局部句法分析或者依存关系分析,能够反映出题元角色关系或者其他语法关系。经过这样的初始化处理,输入文本要进一步提炼为包含相关信息特征的集合。

主要步骤是:

- 选择相关的语言学特征;
- 根据学习算法的要求对这些特征进行形式化描述(或者编码)。

大多数的学习系统使用简单的特征向量(feature vector),这些特征向量采用数字或者词类标记来编码。

用来训练词义排歧系统的语言学特征可以粗略地分为两类:

- 搭配特征(collocation feature);
- 共现特征(co-occurrence feature)。

搭配特征对目标词左右的上下文进行编码,要求指出特定的、能反映这些单词的语法性质的位置特征。典型的特征是单词、词根形式、词类等。这样的特征往往能把目标词特定的含义孤立起来以便处理。例如:

An electric guitar and bass player stand off to one side, not really part of the scene, just as a sort of nod to gringo expectations perhaps. (电吉他和低音乐器演奏者站在一旁,他并不是站在舞台的一部分,大概只是为了等待外国佬的到来。)

我们取特征词 bass(低音乐器)的左右两个词以及它们的词类标记为特征向量,表示如下:

$$[guitar, NN1, and, CJC, player, NN1, stand, VVB]$$

共现特征不考虑相邻词的精确的位置信息,单词本身就可以作为特征。特征的值就是单词在围绕目标词的环境中出现的次数。目标词的环境一般定义为以目标词为中心的一个固定窗口,要计算出在这个窗口中实词的出现频率。

例如,对于目标词 bass,我们从语料库中选出它的 12 个共现词。然后标出它们在特定窗口中的出现频率。

这 12 个共现词是:fishing, big, sound, player, fly, rod, pound, double, runs, playing, guitar, band。

在上面句子中选取 guitar and bass player stand 作为窗口,则其特征向量为

$$[0,0,0,1,0,0,0,0,0,0,1,0]$$

根据这样的特征向量,由于第 4 个共现词 player 和第 11 个共现词 guitar 在特征向量中的值都是 1,因此可以确定这个 bass 的词义是"低音乐器"。

在鲁棒的词义排歧系统中,一般都把搭配特征与共现特征结合起来使用。

5. 有指导的学习方法

有指导的学习方法(Supervised Learning Approaches)又可以分为朴素 Bayes 分类法和决策表分类法两种。

● 朴素 Bayes 分类法

使用朴素 Bayes 分类法(naive Bayes classifier)时,不是去寻找某个特定的特征,而是在综合考虑多个特征的基础上进行词义排歧。这种方法实际上是在给定的上下文环境下,计算一个多义词的各个义项中概率最大的义项。计算公式如下:

$$s_{max} = \arg\max_{s \in S} P(s \mid V)$$

其中,S 是词义的集合,s 表示 S 中的每一个可能的义项,V 表示输入上下文中的向量。

直接根据向量的计算公式是

$$s_{max} = \arg\max_{s \in S} P(s) \prod_{j=1}^{n} P(v_j \mid s)$$

1992 年,Gale(盖尔)等使用这个方法试验了六个英语(duty, drug, land, language, position, sentence)的多义词的词义排歧,正确率达到 90% 左右。

● 决策表分类法

决策表分类法(decision list classifier)根据共现词的等价类的不同制定决策表,然后利用这个决策表于输入向量,确定最佳的词义。

例如,可以制定如表 8.6 所示的决策表来确定 bass 的词义。

表 8.6　bass 词义的决策表

规则		词义
窗口中出现 fish	→	bass1
striped bass	→	bass1
窗口中出现 guitar	→	bass2
bass player	→	bass2
窗口中出现 piano	→	bass2
窗口中出现 tenor	→	bass2
sea bass	→	bass1
play/V bass	→	bass2
窗口中出现 river	→	bass1
窗口中出现 violin	→	bass2
窗口中出现 salmon	→	bass1
on bass	→	bass2
bass are	→	bass1

其中，bass1 表示 fish 的含义，bass2 表示 music 的含义。如果检测成功，就选择相应的词义，如果检测失败，那就进入下一个检测。这样一直检测到决策表的末尾，其缺省值就是最大可能的词义。

这个决策表可用于从 bass 的 music 含义中消除 fish 的含义。第一项检测说明，如果在输入中出现 fish，那么选择 bass1 为正确的答案。如果不是这样，那么检测下一项一直到返回值为 True，在决策表末尾的缺省值的检测的返回值为 True。

决策表中项目的排列根据训练语料的特征来决定。1994 年，Yarowsky（雅罗夫斯基）提出一种方法来计算决策表中的每个特征值偶对的对数似然比值（log-likelihood ratio），根据计算所得的比值调整 Sense1 和 Sense2 在决策表的顺序，从而确定整个决策表中特征值的排列顺序。计算公式如下：

$$\text{Abs}\left(\lg\left[-\frac{P(\text{Sense1} \mid f_i = v_j)}{P(\text{Sense2} \mid f_i = v_j)}\right]\right)$$

这里，v 表示 Sense 的特征向量，f 表示该 Sense 的绝对频率，Abs 表示绝对值。

根据这个公式来比较个特征值偶对，便可以获得一个排列最佳的决策表。Yarowsky（1996）采用这样的方法，得到了 95% 的正确率。

6. 自举的词义排歧方法

有指导的学习方法的问题是需要训练大量的标注语料。Hearst（希尔斯特）在 1991 年，Yarowsky 在 1995 年，都分别提出自举方法（bootstrapping approaches）。这种方法不需要训练大量的语料，而只需要依靠数量相对少的实例，每一个词目的每一个义项都依靠少量的标记好的实例来判别。以这些实例作为种子（seed），采用有指导的学习方法来训练语料，从而得到初始的分类。然后，利用这些初始的分类，从未训练的语料中抽取出大量的训练语料，反复进行这个过程一直到得到较满意的精确度和覆盖率为止。

这个方法的关键是从较小的种子集合出发，创造出大量的训练语料。然后再利用这些得出的大量的训练语料来创造出新的、更加精确的分类。每重复一次这样的过程，所得到的训练语料就越来越大，而未标注的语料越来越少。

自举法的初始种子可以使用不同的方法来产生。

1991 年，Hearst 用简单的手工标记方法从初始语料中获得一个小的实例集合。他的方法具有如下三个优点：

- 种子实例可靠，保证了机器学习有正确的立足点；
- 分析程序选出的实例不仅是正确的，而且可以作为每个义项的意义原型；
- 训练简单可行。

1995 年，Yarowsky 提出“每个搭配一个义项”（One Sense per Collocation）的原则，效果良好。他的方法是为每一个义项选择一个合理的标示词（indicator）作为种子。例如，选择

fish 作为识别 bass1 这个义项的种子,选择 play 作为识别 bass2 这个义项的种子。

下面是一些例子:

play—bass2

We need more good teachers—right now, there are only a half a dozen who can play the free bass with ease.(我们现在需要很多好老师,只要有五六个能够熟练地演奏低音乐器的就行了。)

fish—bass1

The researchers said the worms spend part of their life cycle in such fish as Pacific salmon and striped bass and pacific rockfish or snapper.(研究人员说,蠕虫在它们生命周期的一部分生活是在太平洋大马哈鱼和有斑纹的鲈鱼以及太平洋的岩鱼或者甲鱼体内。)

Saturday morning I arise at 8:30 and click on "America's best known fisherman," giving advice on catching bass in cold weather from the seat of a bass boat in Louisiana.（星期六早晨我 8:30 起床,询问"美国最有名的渔人",怎样在大冷天从 Louisiana 的鲈鱼船的座位上捕捉鲈鱼。)

Yarowsky 选择种子的途径有两条:一是机器可读词典;二是利用统计方法根据搭配关系来选择。他对 12 个多义词的歧义消解的正确率为 96.5%。

7. 无指导的词义排歧方法

无指导的方法(unsupervised methods)避免使用通过训练得出义项标注(sense tagging)的语料,只使用无标记的语料作为输入,根据它们的相似度对这些语料进行类聚。这样的类聚可以作为成分的特征向量的代表。根据相似度得出的类聚再经过人工的词义标注后,就可以用来给没有特征编码的实例进行分类。

例如,英语多义词 bank 的义项分别为 bank1 和 bank2,在没有经过训练的语料中,在一个上下文中出现了 money,在第二个上下文中出现了 loan,在第三个上下文中出现了 water,它们在不同上下文中与其他词的共现次数也就是它们的关联向量,如表8.7所示。

表8.7　共现次数

	bank	building	loan	money	mortgage	river	water
loan	150	20	70	100	50	10	40
money	600	500	100	400	50	30	70
water	15	400	40	70	1	400	500

从共现次数的分布(关联向量)可以看出这三个词的相似度的接近程度:water 和 loan 或者 money 的相似度远远小于 money 和 loan 的相似度。也就是说,money 和 loan 的关联向量大于 money 和 water 的关联向量,也大于 loan 和 water 的关联向量。这样,我们就可以把

money 和 loan 类聚在一起,这个类聚是 bank1 的标示,bank1 的含义显然应该是"银行";把 water 单独算为一个类聚,这个类聚是 bank2 的标示,bank2 的含义显然应该是"岸边"。

凝聚法(agglomerative clustering)是一种经常采用的方法。N 个训练实例中的每一个实例都被指派给一个类聚,然后用自底向上的方式陆续地把两个最相似的类聚结合成一个新的类聚,直到达到预期的指标为止。

由于无指导的方法不使用人工标注的数据,它存在如下的不足:

● 在训练语料中,无法知道什么是正确的义项;

● 所得到的类聚往往与训练实例的义项在性质上差别很大,各不相同;

● 类聚的数量几乎总是与需要消解歧义的目标词的义项的数量不一致。

Schuetze(旭茨)在 1992 年和 1998 年,先后使用无指导的方法来进行多义词的歧义消解,其结果与有指导的方法和自举的方法很接近,达到了 90% 的正确率。不过,这种方法所试验的多义词的数量规模都很小。

Schuetze 在 1992 年还使用向量类聚的方法进行词义排歧,比较了向量类聚的词义排歧与只选择最常见义项的歧义消解结果。如表 8.8 所示。

表 8.8 歧义消解结果比较

词	义项数目	向量类聚词义排歧的正确率	选择最常见义项的正确率
tank/s	8	95	80
plant/s	13	92	66
interest/s	3	93	68
capital/s	2	95	66
suit/s	2	95	54
motion/s	2	92	54
ruling	2	90	60
vessel/s	7	92	58
space	10	90	59
train/s	10	89	76

由此可见,向量类聚的效果比早期机器翻译系统使用的选择最常见义项的方法的效果好得多。

8. 基于词典的词义排歧方法

上述方法的最大问题是语料的规模问题。许多词义排歧试验的规模只涉及 2 到 12 个词,最大规模的词义排歧试验也只涉及 121 个名词和 70 个动词 (Ng,Lee,1996)。因此,学者们想到了使用机器可读词典(machine readable dictionary),并采用基于词典的词义排歧方法

(dictionary-based approaches)。这时,机器可读词典可以给词义排歧提供义项以及相应义项的定义上下文。

1986 年,M. Lesk(莱斯克)首先使用词典中的定义来进行词义排歧。机器可读词典中词典条目的定义实际上就是一种既存的知识源,当判断两个单词之间的亲和程度时,可以比较这两个单词在机器可读词典的定义中同时出现的词语情况,如果在两个单词的定义中都出现共同的词语,便可推断它们之间的亲和程度较大,从而据此来进行优选。他把多义词的各个义项的定义进行比较,选择具有最大覆盖上下文的义项为正确的义项。例如,在词组 pine cone(松球)中,cone 是多义词,我们把词典中 pine 的定义与 cone 的定义进行比较如下:

pine 　1　kinds of <u>evergreen tree</u> with needle-shaped leaves(一种具有针状树叶的常绿树)

　　　2　waste away through sorrow or illness(因为悲哀或者疾病而憔悴)

cone 　1　solid body which narrows to a point(圆锥体)

　　　2　something of this shape whether solid or hollow(硬的东西或者空的东西)

　　　3　fruit of certain <u>evergreen trees</u>(某些长绿树的果实)

我们选择 cone3 作为 pine cone 中多义词 cone 的正确义项,因为在 cone3 的定义中,evergreen 和 tree 两个词与 pine1 定义中的词 evergreen 和 tree 相重合。Lesk 从《傲慢与偏见》(*Pride and Prejudice*)和 AP Newswire 的文章中选取部分语料进行试验,正确率达 50%～70%。

又如,在英语中,pen 是一个多义词,可以理解为"笔",也可以理解为"动物的围栏"。如果在一个句子中既有 pen,又有 sheep,而在机器可读词典的 pen 的定义中有"an enclosure in which <u>domestic</u> animals are kept",在 sheep 的定义中有"There are many breeds of <u>domestic</u> sheep",在这两个定义中都存在共同出现的单词 domestic,从而可以判断,在这个句子中,pen 的含义应该是"动物的围栏",而不是"笔",从而消解了歧义。

K. Jensen 和 J-L. Binot 利用联机词典中单词的定义来消解英语介词的功能歧义。

例如,英语的 with 这个介词,其功能可以表示 INSTRUMENT(工具),又可以表示 PART-OF(部分-全体)关系,这就出现了功能上的歧义(case ambiguity)。在英语句子"I ate a fish with a fork"中,fork(叉子)的定义为"an instrument for eating food",其中的 instrument 与 with 的功能 INSTRUMENT(工具)相同,故可判断 with 在这个句子中的功能应该是 INSTRUMENT(工具),故此句的含义应该为"我用叉子吃鱼"。

在英语句子"I ate a fish with bones"中,bone 在机器可读词典中的定义是"a part of animal",在 fish 的定义中,有"a kind of animal",这与 with 的功能 PART-OF(部分-全体)关系相同,故可判断 with 在这个句子中的功能是 PART-OF(部分-全体)关系,这样,这个句子的含义应该是"我吃带骨的鱼"。

这个方法的主要困难是词典中的定义往往太短,不足以为词义排歧提供足够的上下文材料。例如,在 *American Heritage Dictionary* 中,bank(银行)的定义里没有 deposit(存款)这个词,在 deposit(存款)的定义中,没有 bank(银行)这个词,而这两个词有很密切的联系。现在一些词典中有主题分类代码(subject codes),似乎可以弥补这方面的缺陷,因为 bank 和 deposit 都可以划为 EC(Economics)这个主题。1991 年,Guthrie 报告,他使用了 LDOCE(*Longman's Dictionary of Contemporary English*,1978)的主题代码来消解歧义,把正确率由 47%提高到 72%。

五十多年来,自然语言处理在词义排歧方面虽然取得了很大的成绩,但是,学者们的各种方法似乎都很难判定 Bar-Hillel 在 1959 年提出的在"the box was in the pen"中 pen 的词义应该是"游戏的围栏"。可见,词义排歧确实是非常困难的问题。要真正解决词义排歧问题,还需要我们做出不懈的努力。过去的成果使我们看到了解决这个问题的一线曙光,尽管这一线曙光还是很微弱的,但它毕竟是黎明前的曙光,还是很鼓舞人心的,因为它预示了自然语言处理事业光辉的未来。

参考文献

[1] Brown P F, et al. Word-sense disambiguation using statistical methods[C]//Proceedings of the 29th ACL, 1991: 264-270.

[2] Gale W, Church K, Yarowsky D. A method for disambiguating word senses in a large corpus [J]. Computer and the Humanities, 1992, 26(516): 415-439.

[3] Lesk M E. Automatic sense disambiguation: How to tell a pine cone from an ice cream cone [C]//Proceedings SIGDOC'86. New York: Association for Computing Machinery, 1986: 24-26.

[4] Mel'chuk I A. Studies in dependency syntax[M]. Ann Arbor: Karoma Publishers, 1979.

[5] Montague R. The proper treatment of qualification in ordinary English[M]//Thomason R. Formal Philosophy: Selectional Papers of Richard Montague. New Haven: Yale University Press, 1973: 247-270.

[6] Quillian M R. Semantic Memory [M]//Minsky M. Semantic Information Processing. Cambridge: MIT Press, 1968: 227-270.

[7] Schank R C. Conceptual dependency: A theory of natural language understanding [J]. Cognitive Psychology, 1972, 4(3): 552-631.

[8] Schank R C, Reisbeck C K. Scripts, Plans, Goals and Understanding[M]. Hillsdale: Lawrence Erlbaum Associates, 1977.

[9] Wilks Y. A preferential, pattern-seeking, semantics for natural language reference [J].

Artificial Intelligence，1975，6(1)：53-74.

[10] Yarowsky D. Unsupervised word sense disambiguation rivaling supervised methods［C］// Proceedings of the 33rd ACL，1995：189-196.

[11] Мельчук И А. Русский язык в модели（смысл⇔текст）［M］. Москва，1995.

[12] 冯志伟. 蒙塔鸠语法［J］. 外语学刊(黑龙江大学学报)，1985(2)：1-6.

[13] 冯志伟. 数理逻辑方法在机器翻译中的应用［C］//逻辑与语言论集.北京：语文出版社,1986.

[14] 冯志伟. 蒙太格文法在机器翻译中的应用［J］. 现代图书情报技术,1987(4)：39-42.

[15] 冯志伟. 机器翻译和人机对话中语言研究的新方法［J］. 情报科学,1987(1)：9-26.

[16] 冯志伟.自然语言的计算机处理［M］.上海：上海外语教育出版社,1996.

[17] 冯志伟. 从汉英机器翻译看汉语句法语义分析的特点和难点［C］//汉语计算与计量研讨会论文集,香港,1998.

[18] 冯志伟.词义排歧方法研究［J］.术语标准化与信息技术,2004(1)：31-37.

[19] 冯志伟. 概念的有序性：概念系统［J］. 中国科技术语,2008(4)：12-15.

[20] 瞿云华,冯志伟.汉语时体的分类和语义解释［J］.浙江大学学报（人文社会科学版），2006(3)：169-175.

第 9 章
系统功能语法

由于交际功能或语篇功能的差别,同样的内容常常要使用不同的句子来表达。系统功能语法就是根据功能的差别来研究不同的句子表达方式的一种语言学理论,它在自然语言处理中得到了广泛的应用。系统功能语法可以看成是自然语言处理中的系统功能模型。

9.1 系统功能语法的基本概念

系统功能语法(systemic functional grammar)是英国语言学家 M. A. K. Halliday(韩礼德,1925~,图 9.1)提出的。

Halliday 于 1925 年生于英格兰约克郡的利兹,青年时期在伦敦大学主修中国语言文学。1947~1949 年到北京大学深造,受到罗常培的指导;1949~1950 年到岭南大学学习,又受到王力的指导。回英国之后在 J. R. Firth(弗斯,1890~1960)指导下攻读博士学位,于 1955 年完成博士论文《"元朝秘史"汉译本的语言》(*The Language of the Chinese "Secret History of the Mongols"*),获得剑桥大学哲学博士学位。此后,Halliday 先后在剑桥大学、爱丁堡大学、伦敦大学任教,并在美国耶鲁大学、美国布朗大学、肯尼亚内罗毕大学任教。1972~1973 年在美国加利福尼亚州斯坦福行为

图 9.1 Halliday

科学院高级研究中心任研究员, 1973~1975 年担任美国伊利诺伊州立大学语言学教授。此后,Halliday 移居澳大利亚并帮助筹建悉尼大学语言学系并担任系主任。Halliday 先后被授予英国科学院的通讯院士、澳大利亚人文科学院院士、欧洲科学院荣誉院士、悉尼大学终身荣誉教授称号,同时还被法国南锡大学、英国伯明翰大学、希腊雅典大学、澳大利亚麦考里大学、香港岭南大学、英国加的夫大学、印度中央英语和外语学院等大学授予荣誉博士称号。

Halliday 继承并发扬了以他的老师 Firth 为代表的伦敦语言学派的功能主义理论,同时受 B. Manlinowski(马林诺夫斯基),L. Hjelmslev(叶尔姆斯列夫)和 Whorf(沃尔夫)的影响,

建立和发展了独树一帜的系统功能语法。

Firth 的功能主义语言理论的要点如下：

1. 语言除了具有语言内部的上下文之外，还具有情境上下文

Firth 的语言理论受到 Manlinowski 很大的影响。Manlinowski 在南太平洋巴布亚新几内亚的特罗布里恩德群岛(the Trobriand Islands)进行人类学实地考察时，发现当地土著居民的话很难译成英语。例如，一个划独木船的人把他的桨叫作"wood"(木头)，如果不把这人的话与当时的环境结合起来，就不能理解 wood 指的是什么。因此，他认为，要把一种文化所使用的语言中的术语及话语，翻译成另一种文化所使用的语言是不可能的。语言绝非自成体系，语言是根据社会的特定要求而进化的，因而语言的性质及使用都反映了该社会的具体的特性。他说："话语和环境互相紧密地纠结在一起，语言的环境对于理解语言来说是必不可少的。"接着他又说："一个单词的意义，不能从对这个单词的消极的冥思苦想中得出，而总是必须参照特定的文化，对单词的功能进行分析之后才能推测出来。"[①]因此，从总体上来说，只有在"文化上下文"(context of culture)，尤其只能在"情境上下文"(context of situation)中，才能对一段话语的意义做出评估。Manlinowski 所说的"文化上下文"，是指说话者生活在其中的社会文化；Manlinowski 所说的"情境上下文"，是指说话时已在实际发生的事情，即语言发生的情境。

Firth 接受了 Manlinowski 的"情境上下文"这个术语，并且给它做了更加确切的定义。

Firth 认为，语言行为包括如下三个方面的范畴：

"A. 参与者的有关特征：是哪些人，有什么样的人格，有什么样的有关特征。

(1) 参与者的言语行为；

(2) 参与者的言语行为之外的行为。

B. 有关的事物和非语言性、非人格性的事件。

C. 语言行为的效果。"[②]

这里所说的"言语行为之外的行为""非语言性、非人格性的事件""语言行为的效果"等，就是"情境上下文"。

因此，他认为，要把语言作为一种"社会过程"来看。他说，语言是"人类生活的一种形式，并非仅仅是一套约定俗成的符号和记号"。他还说："我们生活下去，就得学习下去，一步步学会各种语言形式来作为厕身社会的条件。自己扮演的是哪些角色，这些角色得说什么样的话，我们心中有数。在情境上下文中说合乎身份的话，这才能行为有效，彬彬有礼。所以要提出各种限制性语言(restricted language)这个概念。"他还说："具备社会性的人能扮演各种各

---

① Manlinowski B. The Problem of Meaning in Primitive Language[M]//Ogden C K，Richards I A. The Meaning of Meaning. London：Kegan Paul，1923：307.

② Firth J R. A Synopsis of Linguistic Theory[M]//Studies in Linguistic Analysis. Oxford：Blackwell，1957.

样、互相联系的角色,并不显得彼此冲突或很不协调。……为了研究语言学,一个具备社会性的人应当看作能运用各种限制性语言的人。"①这里所谓的"限制性语言",就是人们按各自的行业、身份、地位和处境所说出来的得体的话。

Firth 认为,语言的异质性和非联系性,要比大多数人所愿意承认的还要严重得多。人类行为中有多少个专门系统,就有多少套语言,就有多少套同特殊语言联系在一起的特殊的社会行为。人可能有各种身份,有时是乡下人,有时则是有教养阶层的人。他们的语言都各有不同。

逻辑学家们往往认为,单词和命题本身就有意义,他们不考虑"参与者"和"情境上下文"。Firth 指出,这是不对的。他说:"我以为,人们的话语不能脱离它在其中起作用的那个社会复合体,应该认为现代口语的每一段话都有其发言的背景,都应该与某种一般化的情境上下文中的典型参与者联系起来加以研究。"②

2. 语言既有情境意义,又有形式意义

Firth 强调,语言学的目的是说明意义。他说:"描写语言学的首要任务就是对意义进行陈述。"③意义分两种:一种是"情境意义",一种是"形式意义"。他之所以把意义作这样的区分,是由于他认为,语言既有情境上下文,又有语言内部的上下文。"情境意义"出自情境上下文,"形式意义"出自语言内部的上下文。

情境意义就是语言在情境上下文中的功能,前面已经讲过,这是 Firth 接受了 Manlinowski 的观点而提出来的。

形式意义则是 Firth 受了 Ferdinand de Sausurre(索绪尔,1857～1913)关于语言符号具有价值这一观点的启发而提出来的。什么是形式意义呢? Firth 说:"我主张把意义或功能分解为一系列的组成部分。确定每一种功能,都应当从某一语言形式或成分与某一上下文之间的关系下手。这就是说,意义应当被看成上下文关系的复合体,而语音学、语法学、语义学则各自处理放在适当的上下文中间的有关组成部分。"④

在 Firth 看来,形式意义可表现在三个层上:搭配层、语法层、语音层。

所谓"搭配"(collocation),是指某些词常常跟某些词一起使用。Firth 说:"'意义取决于搭配'是组合平面上的一种抽象,它和从'概念'上或'思维'上分析词义的方法没有直接的联系。night(夜晚)的意义之一是和 dark(黑暗)的搭配关系,而 dark 的意义之一自然也是和 night 的搭配关系。"⑤cow(母牛)是常常和动词 to milk(挤牛奶)一起使用的。这两个词往往

---

① Firth J R. The Treatment of Language in General Linguistics[M]. London, Bloomington: Longman and Indiana University Press, 1959: 146.

② Firth J R. Papers in Linguistics: 1934-1951[G]. New York: Oxford University Press, 1961: 226.

③ Firth J R. Papers in Linguistics: 1957[G]. New York: Oxford University Press, 1966: 190.

④ Firth J R. Papers in Linguistics: 1934-1951[G]. New York: Oxford University Press, 1961: 19.

⑤ Firth J R. Papers in Linguistics: 1957[G]. New York: Oxford University Press, 1957: 196.

这样搭配：They are milking the cows（他们给母牛挤奶），Cows gave milk（母牛提供牛奶）。可是，tigress（母老虎）或 lioness（母狮子）就不会和 to milk 搭配，讲英语的人不会说 They are milking the tigresses，或 Tigresses give milk。由此可见，在搭配层，cow 的形式意义与 tigress 和 lioness 不同。

在语法层也有形式意义。例如，名词的数这个语法范畴，在有的语言中只有单数和复数两种数（如英语），在有的语言中有单数、双数和复数三种数（如古斯拉夫语），在有的语言中有单数、双数、大复数、小复数四种数（如斐济语）。这样，在英语中的单数与古斯拉夫语和斐济语中的单数的形式意义就不一样。在英语中，单数只与复数相对；在古斯拉夫语中，单数跟双数与复数相对；在斐济语中，单数跟双数、大复数、小复数相对。

语音层也有形式意义。假定某一语言中有[i]，[a]，[u]三个元音，另一种语言中有[i]，[e]，[a]，[o]，[u]五个元音，那么，[i]这个元音在第一种语言里的形式意义与[a]，[u]相对，在第二种语言里的形式意义与[e]，[a]，[o]，[u]相对，二者的形式意义是不同的。

由此可以看出，Firth 关于"情境意义"的思想是来自 Manlinowski 的，而 Firth 关于"形式意义"的思想是来自 Sausurre 的。他把这两位大师的观点融为一体，独出一家，使其放出异样的光彩。

3. 语言有结构和系统两个方面

在 Firth 的理论中，"结构"和"系统"这两个词有着特定的含义。"结构"是语言成分的"组合性排列"（syntagmatic ordering of elements），而"系统"则是一组能够在结构里的一个位置上互相替换的"类聚性单位"（a set of paradigmatic units）。结构是横向的，系统是纵向的。如图 9.2 所示。

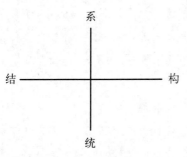

图 9.2　结构与系统

语法层、语音层和搭配层都存在着结构和系统。

在语法层，例如

John greeted him.（约翰欢迎他。）

John invited him.（约翰邀请他。）

John met him.（约翰遇见他。）

这三句话的结构都是 SVO（主语＋动词＋宾语），其结构相同。在这相同的结构中，动词可以用 greet，或用 invite，或用 meet，三者合起来构成一个系统。

在语音层，例如，英语有 pit，bit，pin，pen 这四个词，其结构是 C_1VC_2（辅音$_1$＋元音＋辅音$_2$）。在这个结构中，词首 C_1 位置可出现[p]，[b]，词中 V 位置可出现[i]，[e]，词末 C_2 位置可出现[t]，[n]，这就构成三个不同的系统。

在搭配层，例如

a 栏	b 栏
strong argument（有力的论据）	powerful argument（有力的论据）
strong tea（浓茶）	powerful whiskey（烈性的威士忌）
strong table（结实的桌子）	powerful car（动力大的汽车）

这里的结构是 A + N（形容词 + 名词）。但是，在 a 栏，argument，tea，table 出现在 strong 之后，三者属于一个系统；在 b 栏，argument，whiskey，car 出现在 powerful 之后，三者同属另一个系统。讲英语的人，不能说 * strong whiskey，也不能说 * powerful tea，否则，系统就乱套了。

4. 音位的多系统理论和跨音段理论

Firth 的音位理论包含两个部分：一个是"多系统论"（polysystemic），一个是"跨音段论"（prosodic）。

首先说"多系统论"。根据 Firth 关于"系统"的概念，在音位学中的系统，就是在某个结构中的一个位置上所能出现的若干个可以互换的语音的总称。例如，skate[skeit]，slate[sleit]，spate[speit]这三个词的结构都是 $C_1 C_2 VC_3$（辅音$_1$ + 辅音$_2$ + 元音 + 辅音$_3$），[k]，[1]，[p]都能在 C_2 这个位置上出现，构成一个系统。美国描写语言学描写音位，采用的是"单系统"（mono-systemic）分析法。例如，team 中的[tʰ]是吐气的，它出现于词首；steam 中的[t]是不吐气的，它出现于[s]之后。因此，把[tʰ]，[t]归为一个音位 |t|，并说[tʰ]，[t]是音位 |t| 的变体（allophone）。但是，单系统分析法有时会碰到很大的困难。例如，爪哇语的词首可出现 11 个辅音：[p]，[b]，[t]，[d]，[ṭ]，[ḍ]，[tj]，[dj]，[k]，[g]，[ʔ]，词末只能出现 4 个辅音：[p]，[t]，[k]，[ʔ]。按单系统分析法，应当把词末的 4 个辅音与词首的 11 个辅音中的 4 个合起来算为 4 个音位。但是，词末的[t]是与词首的[t]归为一个音位，还是与词首的[ṭ]或[tj]归为一个音位？这是很难决定的。如果采用多系统分析法，建立两个辅音系统，一个是词首辅音系统，一个是词末辅音系统，这样描写起来就好办得多了。

再说"跨音段论"。Firth 认为，在一种语言里，区别性语音特征不能都归纳在一个音段位置上。例如，语调不是处于一个音段的位置上，而是笼罩着或管领着整个短语和句子。"Has he come?"（他来了吗?）用升调，这个升调不局限于 has 的 |h|，|æ|，|z| 各音段音位的位置，也不局限于 he，come 的 |h|，|i|，|k|，|ʌ|，|m| 各音段音位的位置，而是笼罩着整个问句。这种横跨在音段上的成分，就叫作"跨音段成分"（prosody）。跨音段成分可以横跨一个音节的一部分，也可以横跨整个音节，或一个词，或一个短语，或一个句子。语调是跨音段成分之一，但跨音段成分并不限于语调。

例如 Roman meal（罗马面，由粗小麦粉或黑麦粉掺和亚麻仁制成）这个合成词，有八个音位 |rɔmən mil|，按美国描写语言学的方法，每个音位都要这样描写一番：|r|是浊音、舌尖音、卷舌音，|o|是浊音、圆唇音、央元音，|m|是浊音、双唇音、鼻音，等等。当把这八个音都描写

完,"浊音"这个特征重复了八次,显得叠床架屋,不得要领。事实上,"浊音"是八个音都共有的,它横跨在 Roman meal 这个合成词的整个音段上,因此,在这里,Firth 把"浊音"也看成一种跨音段成分,描写方法简洁明白。

从 Firth 文章的字里行间,我们可以了解到,Firth 所说的跨音段成分,除了语调之外,还有音高、音强、音长、元音性、软腭性等。

音位单位(phonemic units)减去跨音段成分(prosody)之后留下来的东西,Firth 称之为"准音位单位"(phonematic units)。例如,把 |romən mil| 的浊音性抽出,留下的就是八个准音位单位。

以上我们介绍了 Firth 的功能主义语言学理论。

Halliday 是 Firth 的学生,他继承了伦敦语言学派功能主义(functionalism)语言学的思想,并进一步提出了系统功能语法。他的主要著作有:

●《语言功能的探索》(*Explorations in the Functions of Language*, Edward Arnold, London, 1973)。

●《作为社会符号的语言:对语言和意义的社会理解》(*The Social Interpretation of Language and Meaning*, Edward Arnold, London, 1978)。

●《英语的接应》(*Cohesion in English*, Longman, London, 1976, 与 R. Hasan 合著)。

●《功能语法导论》(*An Introduction to Functional Grammar*, 1985, 于 1994 年再版)。

Halliday 的系统功能语法主要在以下三个方面继承和发展了 Firth 的功能主义学说:

● Halliday 发展了 Firth 关于"情境上下文"的理论,提出了"语域"的概念。

Halliday 把 Firth 关于"情境上下文"的理论落实到具体的语言结构中去。他认为,语言的情境可由"场景"(held)、"方式"(mode)和"交际者"(tenor)三部分组成。"场景是话语在其中行使功能的整个事件,以及说话者或写作者的目的。因此,它包括话语的主题。方式是事件中话语的功能,因此,它包括语言采用的渠道(临时的或者有准备的说或写),以及语言的风格或者修辞手段(叙述、说教、劝导、应酬等等)。交际者指交际中的角色类型,即话语的参与者之间的一套永久性的或暂时性的相应的社会关系。场景、方式和交际者一起组成了一段话语的语言情境。"①

语言的语义可以分为概念功能(ideational function)、人际功能(interpersonal function)和语篇功能(textual function)。

概念功能表示说话的内容,又可再分为经验功能(experiential function)和逻辑功能(logical function)。经验功能与说话的内容发生关系,它是说话者对外部环境反映的再现,是说话者关于各种现象的外部世界和自我意识的内部世界的经验。逻辑功能则仅仅是间接地

---

① Halliday M A K, Hasan R. Cohesion in English[M]. London: Longman, 1976: 22.

从经验中取得抽象的逻辑关系的表达。句子"This picture was written by John"的概念功能分析如下：This picture 是对象（goal），was written 是行为（action），by John 是行为者（actor）。它们表示说话的内容和及物关系（transitivity relations）。这些内容和及物关系是由语言情境中的场景决定的。

　　人际功能是一种角色关系，它既涉及说话者在语境中所充当的角色，也涉及说话者给其他参与者所分派的角色。例如，在提问时，说话者自己充当了提问者，即要求信息的人的角色；同时，他也就分派听话者充当了答问者，即提供信息的人的角色。又如，在发命令时，说话者自己充当了命令的发出者，即以上级的口吻讲话的角色，同时，也就分派听话者充当了命令的接受者，即以下级的身份执行命令的角色。不同的说话者，因与听话者的关系不同，在对同一听话者说话时，会采取不同的口气；而同一说话者对不同的听话者说话时，也会采用不同的口气。句子"This picture was written by John"的人际功能分析如下：This picture was 表示过去的行为，是句子的情态（modal）部分，writtren by John 表示内容，是句子的命题（propositional）部分；从句法功能上分析，This picture 表示句子的主语（subject），was written 表示句子的谓语（predicate），by John 表示句子的附加语（adjunct）。它们表示了句子中各个成分的角色关系。这样的角色关系是由语言情境中的交际者决定的。

　　语篇功能使说话者所说的话在语言环境中起作用，它反映语言使用中前后连贯的需要。例如，如何造一个句子使其与前面的句子发生关系，如何选择话题来讲话，如何区别话语中的新信息和听话者已经知道的信息，等等。它是一种给予效力的功能，没有它，概念功能和人际功能都不可能付诸实现。句子"This picture was writtten by John"的语篇功能分析如下：This picture 是主题（theme），was writren by John 是述题（rheme）；从信息的新旧来分析，This picture was written 是旧（given）信息，by John 是新（new）信息。它们表示了句子成分的效能。这样的效能是由语言情境中交际的方式决定的。

　　当语言情境的特征反映到语言结构中时，场景趋向于决定概念意义的选择，交际者趋向于决定人际意义的选择，方式则趋向于决定语篇意义的选择，如图 9.3 所示。

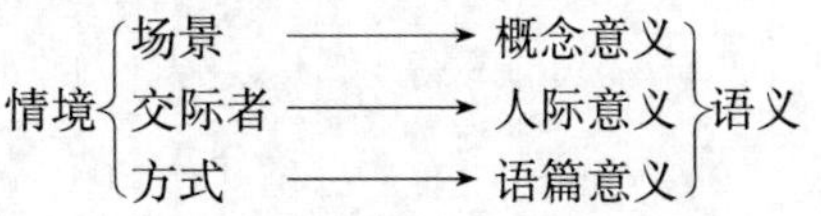

图 9.3　情境决定语义的选择

　　这样，Halliday 便把语言的情境落实到语言本身的语义上来，具体地说明了情境与语言本身的关系究竟是什么。

　　在此基础上，Halliday 提出了"语域"（registers）的概念。

　　语域是语言使用中由于语言环境的改变而引起的语言变异。语言环境的场景、交际者、方式三个组成部分，都可以产生新的语域。

　　由于场景的不同，可产生科技英语、非科技英语等语域。科技英语又可以再细分为冶金英语、地质英语、数学英语、物理英语、化学英语、农业英语、医学英语等语域。这些语域之间的差异,主要表现在词汇、及物关系和语言各结构等级上逻辑关系的不同。

由于交际者的不同,可产生正式英语、非正式英语以及介于这二者之间的、具有不同程度的正式或非正式英语等语域,还可以产生广告英语、幽默英语、应酬英语等语域。这些语域之间的差异,主要表现在语气、情态以及单词中所表达的说话者的态度的不同。

由于方式的不同,可产生口头英语和书面英语等语域。这些语域之间的差异,主要表现在句题结构(主题、述题)、信息结构(新信息、旧信息)和连贯情况(如参照、替代、省略、连接等)的不同。

在现实生活中,语域的变异,通常不只是由一种语言环境因素的改变而引起的。在语言的实际使用中,场景、交际者和方式三个组成部分无时无刻不在改变。这三种类型的变化共同作用的结果,便产生了各式各样的语域。所谓"语言"(language),只不过是一个高度抽象化的概念。

● Halliday 发展了 Firth 关于"结构"和"系统"的理论,对"结构"和"系统"下了新的定义,提出了"系统语法"(systemic grammar)。

Halliday 坚持从系统和功能两大角度来研究语言。Firth 认为,"系统或选择是在语言的结构内部进行的,因而结构是第一性的",Halliday 对于 Firth 的这种看法提出了修正。他明确提出"系统的概念适用于级①的自上而下的各个层次,在语言深层中存在的是系统而不是结构",他主张,"系统存在于所有层次,这样,Halliday 就从'阶'和'范畴'的语法"(scale and category grammar)过渡到"系统语法"(systemic grammar)。

Halliday 提出的系统语法理论包括四个基本范畴:单位(unit)、结构(structure)、类别(classification)、系统(system)。分别解释如下:

- 单位:语言的单位形成一个层级体系(hierarchy),它同时又是一个分类体系,单位之间的关系呈现为从最高(最大)到最低(最小)的层级分布,每个单位都包含一个或一个以上的、紧跟在它下面的(小一号的)单位。例如,英语中的单位就是句子(sentence)、小句(clause)、词组(phrase)、词(word)和语素(morpheme)。一个单位的"级"(rank)就是这个单位在层级体系中的位置。

- 结构:在语法中,为了说明连续事实间的相似性而设立的范畴,叫作"结构"。结构是符号的线性排列,其中,每个符号占一个位,而每个不同的符号代表一个成分。结构中的每个单位,由一个或多个比它低一级的单位组成,而每一个这样的组成成分,都有自己特殊的作用。例如,英语的小句由四个词组组成,这四个词组的作用是分别充当主语(subject)、谓语(predicate)、补语(complement)和附加语(adjunct),分别用 S,P,C,A 来代表。所有的小句都可由它们组合而成。如 SAPA(主语-附加语-谓语-附加语)、

---

① Halliday 的"级"指语篇、句子、小句、词组、短语、词和语素等不同的语言级别。

ASP(附加语-主语-谓语)、SPC(主语-谓语-补语)、ASPCC(附加语-主语-谓语-补语-补语)等等。此外,在词组这一级,还有一类词组,Halliday 把它们叫作"前定语"(modifier)、"中心语"(head)、"后定语"(qualifier),分别用 M,H,Q 来代表。如果可能存在的结构有 H(中心语)、MH(前定语-中心语)、HQ(中心语-后定语)、MHQ(前定语-中心语-后定语)等形式,那么,这些结构可以用(M)H(Q)一个公式表示,其中括号里的成分可有可无,是随选的。

- 类别:一定单位的一群成员,根据它们在上一级单位结构中的作用,可以定出它们的"类别"。例如,对英语的词组可定出动词词组、名词词组、副词词组等类别。动词词组用作小句中的谓语,名词词组用作小句中的主语和补语,而副词词组在小句中则具有附加语的功能。它们的类别都是根据词组中的成员在小句中的作用定出来的。一般地说,如果某一单位具有基本结构 XY,XYZ,YZ,XYZY,那么,下一级单位的基本类别就是"作用于 X 的类别""作用于 Y 的类别"和"作用于 Z 的类别"。

结构和类别为一方,单位为另一方,它们之间的关系可在理论上确定。类别和结构一样,都是同单位相连的,类别始终是一定单位的成员的类别。类别和结构的关系一般不变,类别总是按照上一级单位的结构来定,结构总是按照下一级单位的类别来定。

- 系统:Halliday 指出,所谓"系统",是由一组特点组成的网。如果进入该系统的条件得到满足,那么,就选出一个特点,而且只选出一个特点。从某一特定系统网中形成的特点进行的任何选择,都构成对某一单位的系统的描写。可见,系统从其外部形式上看,就是一份可供说话者有效地进行选择的清单。系统之间的种种关系,可以由系统网来表示。

系统存在于所有的语言层,如语义层、语法层和音位层,它们都有各自的系统来表示本层次的语义潜势。

从系统语法的观点来看,言语行为就是从数量巨大的、彼此有关的、可供选择的各种成分中,同时进行选择的过程。

假设有一个包括特点 *a* 和 *b* 的系统,必须选出 *a* 或 *b*,则可表示为图 9.4。

如果系统(1)包含特点 *a* 和 *b*,系统(2)包含特点 *x* 和 *y*,而系统(1)中的 *a* 是进入系统(2)的条件,也就是说,如果选上了 *a*,那就必须选择 *x* 和 *y*,则可表示为图 9.5。

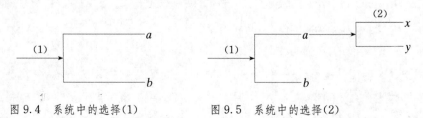

图 9.4　系统中的选择(1)　　图 9.5　系统中的选择(2)

如果在同样的条件 *a* 下,系统 *m*/*n* 与系统 *x*/*y* 同时发生,则可表示为图 9.6。

如果在 a 和 c 二者都选上的条件下,必须选择 x 或 y,则可表示为图 9.7。

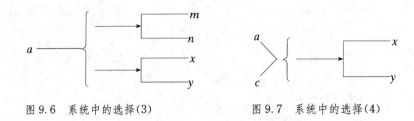

图 9.6　系统中的选择(3)　　　　图 9.7　系统中的选择(4)

如果在 a 或者 b 选上的条件下,选择 x 或 y,则可表示为图 9.8。

由此可以组成系统网,这种系统网可以清楚地描写句子的结构。例如,图 9.9 是英语时间表达法的系统网。

图 9.8　系统中的选择(5)

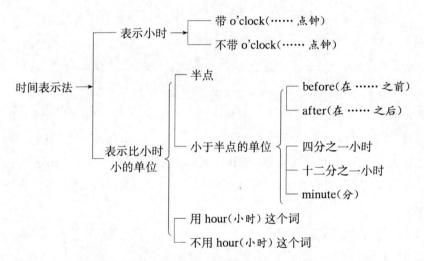

图 9.9　英语时间表达法的系统网

这个系统网可以准确地说明下列各句是否合乎语法。

(1) Is it six yet?（已经六点钟了吗？）

(2) I think it's about half past.（我想大约过了半点钟。）

(3) It was five after ten.（现在是十点五分。）

(4) He got there at eight minutes before twelve.（他于十二点差八分到达那里。）

(5) He got there at eight before twelve.

(6) It was half past ten o'clock.

句(1)是正确的,因为在系统网中,"表示小时"这一类可以选用"不带 o'clock"的用法。句(2)是正确的,因为在系统网中,表示"比小时小的单位"这一类也可以采用"不用 hour(小时)这个词"的用法。句(3)是正确的,因为在系统网中,"表示比小时小的单位"这一类可先进入"比半点小的单位",然后进入"十二分之一小时"(即五分钟)这种用法,而无须用"minute"

（分）这个词；但在"小于半点的单位"这同一条件下，还应同时用"after"（在……之后）或"before"（在……之前），句(3)中用了 after，所以是正确的。句(4)也是正确的，因为在系统网中，"表示比小时小的单位"这一类，可先进入"小于半点的单位"，然后，又可同时地进入"before"（在……之前）和"minute"（分）。句(5)是不正确的，因为在系统网中，当它进入"小于半点的单位"之后，必须在"四分之一小时"或"十二分之一小时"或"minute"（分）之间选择一种，但它哪一种都没有选择。句(6)也是不正确的，因为在系统网中，如果进入了"表示比小时小的单位"，然后又进入了"半点"的表示法，则不应该用"o'clock"，而只有在"表示小时"这一类中，才能带"o'clock"。

可以看出，对系统语法的系统网必须精心地进行编制，才能正确无误地表示语言的结构。

由于系统语法把言语行为看成一个在数量庞大的、彼此有关的可选项目中同时进行选择的过程，如果表示这种选择过程的系统网编制得又详尽、又准确，就可以用形式化的手段对语言进行细致入微的描述，从而使这种系统语法在自然语言处理中得到实际的应用。美国人工智能专家维诺格拉德(T. Winograd)，在 1974 年研制的自然语言理解程序 SHRDLU 中，运用了系统语法的理论，取得了很大的成功。SHRDLU 程序能理解用普通英语键入计算机终端的语句，并能回答询问，以此进行人机对话，还可用英语来指挥机器人摆弄积木、移动简单的几何物体。

Halliday 的系统语法大大地发展了功能语法关于系统的理论，把功能语法发展成了系统功能语法。

● Halliday 提出了语法分析的三个尺度——级、幂、细度。

Halliday 把语法分析的尺度叫作阶。为了把范畴相互联系起来，要采用三种抽象的"阶"(scale)进行工作，这就是"级"(rank)、"幂"(exponence)和"细度"(delicacy)的阶。

在级的阶上，排列着从句子到语素的各层单位，按逻辑顺序从最高单位排列到最低单位。句子的描写只有当语素的描写完备以后才是完备的，反之亦然。

幂的阶是抽象程度的阶梯，它把语法中的概念同实际材料联系起来。从比较抽象的概念向具体的材料推进，就是沿着幂的阶下降。

细度的阶则反映结构和类别的细程度。细度是一个渐进系(cline)，它是潜在的带有无限分度的连续体。它的范围，一头是结构和类别两大范畴中的基本程度，另一头是理论上这样的一个点，过了这个点就得不出新的语法关系。

Halliday 认为，对一个语言项目进行分类时，应该按照细度的阶，由一般逐步趋向特殊，对每一个选择点上的可选项给以近似值。例如，句子可区分为陈述句和祈使句；如果是陈述句，又可进一步细分为肯定句和疑问句；如果是疑问句，又可再进一步细分为一般疑问句和特殊疑问句。

细度的概念也可以适用于语义层。例如，在及物性系统中，过程可细分为物质过程、思维过程、关系过程和言语过程;而思维过程又可进一步细分为感觉过程、反应过程和认知过程。

在每一个选择点上,可选项的选择要考虑概率。当进一步细分时,如果有多重标准,而且其中有关的标准若互相交叉,就要根据不同的情况,给以不同的参数值,进行适当的调整。如果类别的区分细微得使描写只顾得上关键性的标准,而顾不上别的标准,这样的描写也就到了尽头。例如,小句按细度的阶一步一步地区分;到了一定的程度,就会走到语法区分的尽头,就得让它们接下去经受词汇的区分。到了这一步,不论形式项目是否在系统中排列就绪,它们之间进一步的关系只能是词汇关系,必须用词汇理论来说明语法所无法对付的那部分语言形式。

"系统功能语法"包括"系统语法"和"功能语法"两个部分,但这不是两种语法的简单综合,而是一种完整的语言理论框架的两个不可分割的方面。

系统语法着重说明:语言作为系统的内部底层关系,它是与意义相关联的可供人们不断选择的若干个子系统组成的系统网络,又称"意义潜势"。语言作为符号的一种,在表述说话人想要表达的语义时,必然要在语言的各个语义功能部分进行相应的选择。

功能语法着重说明:语言是社会交往的工具,语言系统是人们在长期交往中为了实现各种不同的语义功能而逐渐形成起来的;人们在交往中需要在语言系统中进行选择时,也是根据所要实现的功能而进行有动因的活动。

因此"系统功能语法"除了研究语言符号系统的构成及其内部各个子系统,以及这些子系统运作的方式外,还要研究语言在使用过程中所发挥的作用以及如何发挥这些作用。Halliday 说过,他的系统功能语法最为关心的问题是"人们是怎样破译高度浓缩的日常话语,又是怎样利用社会诸系统来进行破译的"。

总起来说,Halliday 系统功能语法的核心思想主要有如下六点。

● 元功能的(meta-function)思想

Halliday 把语言的语义分为概念功能、人际功能和语篇功能三种。这样的分类,将语言与语言的外部环境联系起来,同时又可以对语言的内部关系进行解释。Halliday 认为语言的性质决定人们对语言的要求,即语言所必须完成的功能。这种功能千变万化,具有无限的可能性,但其中有若干个有限的抽象功能是语言本身所固有的,这就是"元功能"。Halliday 认为,概念功能、人际功能和语篇功能都具有"元功能"的性质。这三种元功能的含义如下:

■ 概念元功能(ideational meta-function):包括经验(experiential)功能或关于所说"内容"的功能和逻辑功能,这个功能与表达的"命题内容"有关。

■ 人际元功能(interpersonal meta-function):这个功能由建立和维护说话人与听话人之间的交互关系的那些功能组成。语言是社会人的有意义的活动,是做事的手段,是行为和动作,因此语言能反映人与人之间不同的地位与关系。

■ 语篇元功能(textual meta-function):这个功能与适合于当前话语的表达方式有关。这包括主题化(thematization)以及所指等问题。实际使用中的语言的基本单位不是词或句这样的语法单位,而是"语篇",语篇能表达的思想比单词或句子更加完整。

在系统功能语法中,概念元功能、人际元功能和语篇元功能三个方面结合成一体,无主次之分。

● 系统的思想

Halliday 不同意 Sausurre 等把语言仅仅看成是一套符号的集合。他认为:

(1) 对语言的解释要用有意义的有规则的源泉(意义潜势)来解释,因为语言并不是所有合乎语法的句子的集合;

(2) 结构是过程的底层关系,是从潜势中衍生的,而潜势可以更好地用聚合关系来表达,语言系统是一种可进行语义选择的网络,当有关系统的每个步骤一一实现后,就可以产生结构;

(3) 系统存在于所有语言层次之中,各个层次的系统都有表示自己层次的意义潜势。

● 层次的思想

Halliday 认为语言是一种多层次的系统结构,包括内容、表达和实体三个层次,各层次间相互联系。他认为:

■ 语言是有层次的,至少包括语义层、词汇语法层和音系层。

■ 各个层次之间存在着"实现"(realize)关系,即对"意义(语义层)"的选择体现于对"形式(词汇语法层)"的选择,对形式的选择体现于对"实体(音系层)"的选择。

■ 整个语言系统是一个多重的代码系统,可以由一个系统代入另一个系统,然后又由另一个系统代入其他的系统。

■ 采用层次的概念可以使人们对语言本质的了解扩展到语言的外部,语义层实际上是语言系统对语境即行为层或社会符号层的体现。

● 功能的思想

Halliday 的功能思想属于语义的概念,这里的功能是形式化的意义潜势的离散部分,是构成一个语义系统的起具体作用的语义成分,词汇语法的成分或结构只是它的表达格式。例如

The little girl broke her glasses at school.(小女孩在学校里把她的眼镜打破了。)
可以如表9.1那样分析这句话。

表9.1 概念功能与词汇语法

概念功能:及物性	*The little girl*	*broke*	*her glasses*	*at school*
	动作者	过 程	目 标	环 境
词汇语法	名词词组	动词	名词词组	介词短语

这就将表达式和它所表达的语义清楚地分为不同的层次。在概念功能层次,可分析为"动作者—过程—目标—环境",在词汇语法层次,可分析为"名词词组—动词—名词词组—介词短语"。然后对这里所涉及的每一个部分再进行具体的研究。

Halliday 认为语言的及物性仅是语义的一个组成部分,从表层即可描写,不强求一致。概念元功能中有表示肯定与否定的归一性,人际元功能和语篇元功能的各个语义系统均可表示语义。

● 语境的思想

Halliday 认为如果人们把语言当作一个整体来看待,那么就必须从外部来确定区别语义系统的标准,也就是要依靠语境来确定属于同一语义类型的语言材料是否具有同一意义的标记。语言之外的社会语境或情景与语言一样也是语义的一部分。"社会语境""环境""相互交往"等概念与"知识""思维"在理论上是同类型的,即"相互交往"能解释"知识"。

● 近似的或概率的思想

Halliday 从信息理论中汲取了"近似的"(approximative)或"概率的"(probabilistic)思想。他认为:

■ 语言固有的特征之一是概率性,这种概率性特征在人们选择词汇时表现得最为明显,例如,从英语中选择"人行道"一词时,有人习惯用 sidewalk,有人却喜欢用 pavement。

■ 人们只能从相对概率来掌握语言的使用范围,把这种原则推广到对语法系统的描写时,各种句型的使用也有一个概率的问题,要掌握不同形式语言项目的使用,必须精确地区别语义与特定情景语境的关系。

■ 语言的概率性说明,不同语域之间的差别可能就是由于它们在词汇语法层面上的概率的不同而形成的,这种概率与所要表达的不同语义的确切程度有关。

9.2　系统功能语法在自然语言处理中的应用

系统功能语法是一种重要的语言学理论,在自然语言处理中得到了广泛的应用,因此,这种语法也是自然语言处理的一种重要的形式模型。这里我们举例说明系统功能语法在自然语言处理中的应用。

在自然语言处理中,我们可以采用包含"与/或"(and/or)逻辑关系的非循环有向图来表示语法,这样的语法被称为"系统网络"(system network),如图 9.10 所示。

图 9.10 以举例的方式给出了一个简单的系统网络。这里,最大的波形括号表示"and"(也就是并列的)系统,而笔直的垂直线表示"or"(也就是不相交的)系统。因此,每个句子

（clause）可以同时具有语态（mood）、及物性（transitivity）和主题（theme）的特征，但是不可能既是指示语（indicative）又是祈使语（imperative），只可能是其中之一。

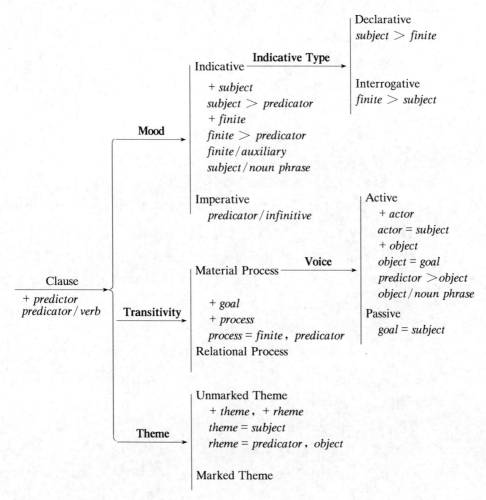

图 9.10　系统网络图

　　系统功能语法采用"实现语句"（realization statement）来建立语法指定的特征（比如指示语、祈使语）与句法形式之间的映射。网络中的每个特征都具有一个实现语句集，并通过该实现语句集来指定对最终表达形式的约束。每个特征的实现语句在系统网络图中以特征下面的斜体语句集来表示。当遍历系统网络时，实现语句将容许语法用于约束表达形式的结构。所采用的简单的运算符号如下所示：

　　+ X：插入功能 X。例如，在图 9.10 的语法中，Clause 的实现语句"+ predicator"表示句子（clause）需要插入一个谓词（predicator）。

　　$X = Y$：合并功能 X 和 Y。这意味着容许语法通过对表达式的相同部分指派不同的功能而建立一个层次化的功能结构。例如，在特征 Active 下面的实现语句"actor = subject"表示主动语态的句子将行为者(actor)与主语(subject)合并,而在特征 Passive 下面的实现语句"goal = subject"表示被动语态的从句将目的(goal)与主语(subject)合并。

$X > Y$:将功能 X 置于功能 Y 之前的某一位置。例如,"subject $>$ predicator"表示句子的主语(subject)置于谓词(predicator)之前。

X/A:将功能 X 与词汇或语法特征 A 划为一类。例如,"predicator / verb"表示把谓词(predicator)功能和动词(verb)划为一类,也就是说,这个谓词功能在词汇语法特征方面必须是动词。

对于一个给定的系统网络,生成的处理程序是:

(1) 从左到右遍历网络,选择正确的特征并执行相关的实现语句;

(2) 建立中间表示,这个中间表示要满足遍历期间执行的实现语句所施加的约束;

(3) 对于任何没有完全指定的功能通过在较下层递归地调用该语法而加以指定。

例如,在汉英机器翻译中,汉语句子"系统将把文件存储起来",经过汉语分析之后,得到了这个句子的"谓词—论元结构",计算机判断这个句子的谓词是"存储",表示"过程"(process),作为"行为者"(actor)的论元是"系统",作为"目标"(goal)的论元是"文件",这个话语行为表示的是"断言"(assertion),时态是"将来时"(future)。这些信息可表示如下:

"存储":	process(过程)
"系统":	actor(行为者)
"文件":	goal(目标)
话语行为:	assertion(断言)
时态:	future(将来时)

经过汉语到英语的词汇转换之后,"存储"转换为 save,"系统"转换为 system,"文件"转换为 document。这样,我们可以得到如下的信息,作为英语句子生成的初始信息:

process:	save-1
actor:	system-1
goal:	document-1
speech act:	assertion
tense:	future

其中,save-1,system-1,document-1 表示它们是词典的选项,词的后面标以"-1",表示系统也可以选择其他的同义词来替代它们。上面给出的这些信息说明,我们要生成的英语句子应该是一个具有将来时态的断言句。

现在,让我们根据这些信息,使用图 9.10 中的系统网络图来生成英语句子。

生成处理从系统网络图中的句子特征 clause 开始,该特征的实现语句是:+ predicator,predicator/verb,表示需要插入一个谓词并将它分类为动词,因此,插入动词 save。

　　然后,继续进行至语态(mood)系统。一个系统的正确选项是通过与系统有关的简单查询或决策网来选择的。因为输入说明指定这是一个断言句,因此语态系统选择指示语(indicative)和陈述语(declarative)的特征。与指示语和陈述语特征有关的实现语句是:+subject,subject > predicator,+finite,finite > predicator,表示要插入主语(subject)和定式(finite)功能,并将它们排列为主语(subject)、定式(finite)、谓词(predicator)的顺序。这样,我们得到如表 9.2 所示的功能结构。

表 9.2　语态系统

Mood	subject	finite	predicator

　　接着,进入及物性(transitivity)系统,我们假定 save-1 行为的特征是物质加工过程,因此,及物系统选择"物质加工"(material process)的特征。这个特征的实现语句是:+goal,+process,process = finite,predicator,因此,插入目的(goal)和处理(process)功能并合并定式(finite)和谓词(predicator)。由于输入中没有指定采用被动语态,因此系统选择主动语态的特征,这个特征的实现语句是:+actor,actor = subject,+object,object = goal,predicator > object,object / noun phrase,因此,插入行为者(actor)并将它与主语(subject)合并;然后,插入宾语(object),将它与目的(goal)合并,并将它置于谓词(predicator)之后,这个宾语(object)是名词短语(noun phrase)。结果如表 9.3 所示。

表 9.3　及物性系统

Mood	subject	finite	predicator	object
Transitivity	actor	process		goal

　　最后,因为输入的信息中没有关于主题(theme)的说明,主题系统选择未标记主题(unmarked theme),这个特征的实现语句是:+theme,+rheme,theme = subject,rheme = predicator,object,因此,插入主位(theme)和述位(rheme),把主位与主语(subject)合并,把述位与谓词(predicator)和宾语(object)合并。所得到的结果是一个完整的功能结构(表 9.4)。

表 9.4　主题系统

Mood	subject	finite	predicator	object
Transitivity	actor	process		goal
Theme	theme	rheme		

　　这时,生成处理还需要多次递归地进入语法的较低层次,以便完全地指定短语、词典项以及词形。名词短语网络将采用与这里给出的过程类似的方法来生成"the system"和"the document"。辅助动词网络将为系统插入词汇项"will"。词汇项"system""document"和

"save"的选择可以通过多种方式来处理。生成的英语句子是

The system will save the document.

系统功能语法把这个句子表示为如表 9.5 所示的多层结构。

表 9.5　多层结构

	the system	*will*	*save*	*the document*
Mood	subject	finite	predicator	object
Transitivity	actor	process	goal	
Theme	theme	rheme		

这里,语态层(Mood)表示这个句子是一个带有主语、定式助动词、谓语动词和宾语的简单陈述句结构:the system 是主语,will 是定式助动词,save 是谓语动词,the document 是宾语。

及物层(Transitivity)表示主语"system"是"save"处理的行为者或实施者(actor),宾语"document"是目标(goal),"will save"是过程(process)。

主题层(Theme)表示"system"是句子的主位(theme)或关注的焦点,"will save the document"是句子的述位(rheme)。

注意这三层处理的是不同的功能集合,它们与不同的元功能有关。

我们说过,Halliday 把语言的语义分为人际元功能、概念元功能和语篇元功能三个不同的"元功能"。语态层、及物层和主题层与系统功能语法中的这三种基本的元功能密切相关。

由于语态层确定了说话人的语态是断言、命令,或询问,因此,它与建立和维护说话人与听话人之间的交互关系的人际元功能有关。

由于及物层表示句子中的谓词-论元结构,即 system 是行为者,也就是施事者(agent),document 是目标,也就是受事者(patient),因此,它与表达"命题内容"的概念元功能有关。

由于主题层表示主题化(thematization)以及所指等问题,在我们的例子中,主题层清楚地表明"the system"是句子的主题(theme),因此,它与适合于当前话语的表达方式的语篇元功能有关。

由上面的例子可以看出,系统功能语法把语言看作在上下文中表示意义的资源,把句子表示为功能的集合以及这些功能与外在的语法形式之间的映射规则。自然语言的自动生成与系统功能语法中的三种基本的"元功能"密切相关。这样的理论具有重要的方法论价值,在自然语言处理的研究中具有广泛的影响。

参考文献

〔1〕 Benson J, Greaves W. Systemic Functional Approaches to Discourse: Selected Papers from the 12th International Systemic Workshop[M]. Norwood: Ablex Publishing Corporation, 1988.

〔2〕 Berry M, Butler C, Fawcett R, et al. Meaning and Form: Systemic Functional Interpretations: Meaning and Choice in Language: Studies for Michael Halliday [M]. Norwood: Ablex Publishing Corporation, 1996.

〔3〕 Butt D, Fahey R, Spinks S, et al. Using Functional Grammar: An explorer's guide[M]. Sydney: Macquarie University, 1995.

〔4〕 Halliday M A K. Explorations in the Functions of Language[M]. New York: Elsevier, 1973.

〔5〕 Halliday M A K. Matthiessen C M I M. Construing Experience Through Meaning: A Language-based Approach to Cognition[M]. London: Continuum, 1999.

〔6〕 Halliday M A K. An Introduction to Functional Grammar[M]. Edward Arnold: 1996; Beijing: Foreign Language Teaching and Research Press, 2000.

〔7〕 Halliday M A K. Linguistic Studies of Text and Discourse[M]. London: Continuum, 2002.

〔8〕 Martin J R. English Text: System and Structure[M]. Philadelphia Amsterdam: John Benjamins Publishing Co., 1992.

〔9〕 Lock G. Functional English Grammar: An Introduction for Second Language Teachers[M]. Cambridge: Cambridge University Press, 1996.

〔10〕 Thompson G. Introducing Functional Grammar[M]. Edward Arnold, 1996; Beijing: Foreign Language Teaching and Research Press, 2000.

〔11〕 冯志伟. 现代语言学流派[M]. 西安: 陕西人民出版社, 1999.

〔12〕 胡壮麟, 朱永生, 张德禄, 等. 系统功能语言学概论[M]. 北京: 北京大学出版社, 2005.

第 10 章

语用自动处理的形式模型

语用学(pragmatics)是对语言与使用环境之间关系的研究。使用环境包括像人和物这样的本体,因此语用学涉及如何将语言用于指示以及回指人和物的研究。使用环境也包括话语的上下文,因此语用学还涉及话语结构的形成以及会话时听话人如何理解说话人的研究。语用自动处理的形式模型的研究现在才刚刚开始,已经取得了初步的成果,这样的研究主要涉及修辞结构理论、文本连贯、言语行为理论和会话智能代理等方面。本章主要介绍这些方面的研究成果。

10.1 Mann 和 Thompson 的
修辞结构理论

1987 年,W. Mann(曼)和 S. Thompson(汤普森)在《修辞结构理论:一种文本组织的理论》(*Rhetorical Structure Theory:A Theory of Text Organization*)一文中,提出"修辞结构理论"(Rhetorical Structure Theory,RST)。这是一种基于文本局部之间关系的关于文本组织的描述理论。

例如,研究下面的两个段落:

(1) I love to collect classic automobiles. My favorite car is my 1899 Duryea.(我喜欢收集古典汽车。我最中意的汽车是我的那辆 1899 年的 Duryea 汽车。)

(2) I love to collect classic automobiles. My favorite car is my 1999 Toyota.(我喜欢收集古典汽车。我最中意的汽车是我的那辆 1999 年的丰田汽车。)

段落(1)是有意义的,它表示了说话人喜欢 1899 年的 Duryea 汽车的事实,这个事实很自然地紧接在他喜欢古典汽车的事实之后,而段落(2)则是有缺陷的。这种缺陷并不是单个句子的问题,段落(2)中的单个句子单独看起来都是完美的,缺陷在于它们在意思上的结合不好,1999 年的丰田汽车显然不是古典汽车。不过,两个句子顺序排列的事实暗示它们之间具有某种连贯关系,而段落(1)和段落(2)的连贯关系是不同的。对于段落(1)来说,这种关系具有详述(elaboration)关系的特征。而对于段落(2)来说,这种关系则具有对照(contrast)关系的特征,因此,段落(2)应当更恰当地表示为

I love to collect classic automobiles. However，my favorite car is my 1999 Toyota.

（我喜欢收集古典汽车。然而，我最中意的汽车是我的那辆 1999 年的丰田汽车。）

这里，"However"明显地将对照关系的信号传递给读者，这个段落在意思上也就顺畅多了。

从理论构建的一开始，RST 奠基者对语言使用的性质和如何解释这种性质持有这样一些基本观点：

- 如果想说明话语本身，就必须对说话者 S 和听话者 H 的参与有个明确的解释；
- 话语的结构比其他任何事物都更反映说话者的意图和目标，而意图普遍是有层次的；
- 注意和意图被认为是文本中相互独立又相互作用的方面；语言形式、语言功能和话语结构互相联系的方式是一种松散的相互制约的方式，而不是某种类似于"一一映射"的方式。因此并不总有什么特定的词汇或语法形式唯一地标记结构特征。

RST 理论的核心是修辞关系的概念。修辞关系（rhetorical relation）是存在于两个互不重叠的文本跨段（text span）之间的关系（当然也有一些例外），这两个文本跨段一个叫"核心单元"（nucleus units），一个叫"卫星单元"（satellite units）。这种对核心单元和卫星单元的区分来自经验观察。例如，在上面的段落（1）中，"I love to collect classic automobiles"这个片断是核心单元，"My favorite car is my 1899 Duryea"这个片断是卫星单元。核心单元与卫星单元的划分说明，许多修辞关系是非对称的。这里的第二个片断是根据第一个片断来解释的，但是反之则不然。下面我们将看到并不是所有的修辞关系都是非对称的。RST 关系是根据它们施加于核心、外围，以及核心和外围的结合处的约束来定义的。

根据文本分析经验，Mann 和 Thompson 又对文本结构做了如下的一些基本假设：组织性、统一性和连贯性、统一和连贯的功能目的、层级性、层级的同质性、关系组合、关系的非对称性、关系性质的"修辞"功能。

在对大量真实文本分析的经验基础上，Mann 和 Thompson 总结出了 25 种修辞关系，分为核心-卫星关系和多核心关系（N-N(⋯N)）。核心-卫星关系可以表示为 N-S，多核心关系可以表示为 N-N(⋯N)。

核心-卫星关系有如下 21 种：

证据（evidence）	辩理（justification）	反主题（antithesis）
让步（concession）	情景（circumstance）	解决（solution）
详述（elaboration）	背景（background）	使能（enablement）
条件（condition）	否则（otherwise）	解释（interpretation）
评估（evaluation）	重述（restatement）	总结（conclusion）
动机（motivation）	目的（purpose）	
意愿性原因（volitional cause）		
非意愿性原因（non-volitional cause）		

意愿性结果（volitional result）

非意愿性结果（non-volitional result）

多核心关系有如下 4 种：

序列（sequence）　对比（contrast）　联结（joint）　列表（list）

Mann 和 Thompson 在多篇论文中反复强调，他们给出的修辞关系类型不是一个封闭的集合。核心-卫星关系所列的是 Mann 和 Thompson 在分析英语独白文本中已经发现的、能覆盖他们遇到的绝大部分语料的各种关系类型。

从这些作用于核心、卫星和核心卫星间组合的限制和一个与每个关系相联系的总体效果中可以得出文本的连贯性。在 RST 中，文本连贯性是从一套限制和一个与每个关系相联系的总体效果中得出的。这些限制作用于核心、卫星和核心卫星间的组合。

用来描写文本结构的 RST 只识辨结构的三种主要类型：整体结构、关系结构和句法结构，并主要研究中间一层的关系结构。RST 提供了一个一般的方法来描写文本各组织元素之间的结构关系，不论这些关系是语法上标记的，还是词汇上标记的。因此，RST 是联系各连词的各种意义、小句组合的语法和无标记平行结构的一个有用的理论框架。同时，RST 提供了研究关系命题（relational propositions）的一个框架，关系命题是在解释文本的过程中从文本结构中得出的、未经陈述但可以引申出来的命题。因为文本的连贯性部分地依赖于这些关系命题，所以 RST 在文本连贯性研究中也很有用。除连贯研究外，RST 还被用于研究小句间关系、连接词语、暗示性交际、小句组合、作品风格和语类等等。

RST 总共给出的 25 种修辞关系已经足以描述各式各样文本的修辞结构。在实践中，研究人员倾向于从这些修辞关系中选出适合他们各自应用领域的子集。

下面我们给出一些常用的 RST 关系的定义：

● 详述（elaboration）——卫星单元给出的是与核心单元内容有关的一些额外的细节。该细节可能的形式有：

■ 已知集的一个成员；

■ 已知抽象类的一个实例；

■ 已知整体的一个部分；

■ 已知过程的一个步骤；

■ 已知客体的一个属性；

■ 已知普遍化原则的一个特定实例。

● 对比（contrast）——核心单元表示的事物尽管在某些方面具有相似性，但是在某些重要方面又是不同的。这种关系具有多个核心（multi-nuclear），因为它并不对核心单元和卫星单元进行区分。

● 条件（condition）——卫星单元给出的某些事件必须在核心单元给出的情形出现之前

就已经发生。

● 目的（purpose）——卫星单元给出的是实施核心单元所表示行为的目的。

● 序列（sequence）——这种关系是多个核心的。核心集被连续地实现。

RST 关系可表示为图 10.1 中典型的图形。

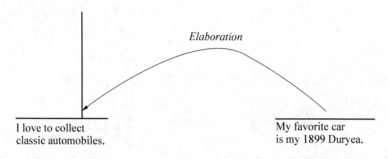

图 10.1　详述关系的表示

这里我们看到的是段落（1）中修辞关系的图形表示。文本片断沿图形的底部顺序排列，在文本之上所建的是修辞关系——详述（elaboration）。单个文本片断通常是句子。

修辞结构分析是层级地进行组合的，因此我们可以采用一对相关文本作为其他高层关系的卫星单元或核心单元。例如，我们有如下的段落：

I love to collect classic automobiles. My favorite car is my 1899 Duryea. However，I prefer to drive my 1999 Toyota.（我喜欢收集古典汽车。我最中意的汽车是我的那辆 1899 年的 Duryea 汽车。但是，我更愿意驾驶我的那辆 1999 年的丰田汽车。）

这个段落的 RST 结构如图 10.2 所示。

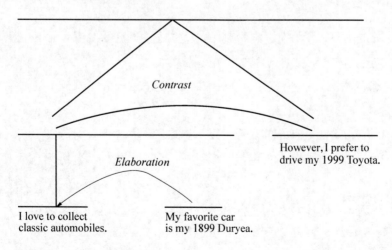

图 10.2　段落的 RST 结构

这里我们看到头两个句子是通过"详述"（elaboration）关系而相关的，并且它们作为一个整体通过"对比"（contrast）关系与第三个句子相关。同时也请注意多个核心的对照关系是如何描述的。这类递归结构容许 RST 为扩充的文本建立一个单一的分析树。

RST 明确地提出了文本的树结构模型。RST 的树结构模型要满足完整性、联系性和唯一性三个条件，从根结点开始的树形图可以代表整个文本的修辞关系结构。

为了能够进行形式化描述和机器处理，RST 将各种修辞关系概括成五种基本图式。后来 Marcu(马尔库)等又根据工程需要做了一些符号表示上的改进。在图 10.3 给出的基本图式及关系举例中，标有关系名称的弧将一个结构中存在一个修辞关系的部分连接起来，箭头指向核心单元。水平线代表文本跨段，竖直线和斜线代表所确认的核心跨段。在 sequence 和 joint 关系中，因为没有对应的卫星单元，所以只有核心单元。图 10.3 是 RST 理论中五种基本图式类型举例。①

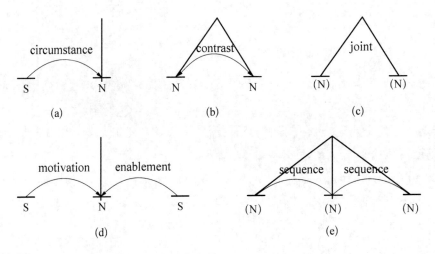

图 10.3　RST 理论的五种基本图式类型

Mann 和 Thompson 认为，对文本的一个典型的分析是应用一套图式使下列限制成立：

● 完整性：有一个图式(根结点)可以覆盖整个文本；

● 联系性：除了根结点之外，每一个分析中的文本跨段要么是一个最小单元，要么是分析中另一个图式应用的一个成分；

● 唯一性：每一个图式应用都涉及不同的一套文本跨段；

● 邻接性：每一个图式应用的文本跨段都组成一个邻近的文本跨段。

完整性、联系性和唯一性三个条件一起就足以使 RST 分析形成树形结构，成为一个树图(tree graph)。树图被用来代表文本的 RST 结构。在这些树图中，每一条竖线从被图式分解的文本跨段中延伸下来，一直到这一图式应用的核心单元。数字代表该结构中没有被分解的部分。

① Marcu D. The Rhetorical Parsing, Summarization and Generation of Natural Texts[D]. Taranto: University of Taranto, 1997.

例如:"李玲拉他去唱卡拉 OK[A2],王梅却约他一起去看电影[B2]。左右为难让他都快疯了[C2]。"这个片段的 RST 结构可以用树图表示,如图 10.4 所示。

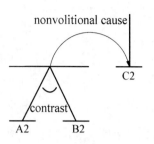

图 10.4　RST 结构的树图表示

Mann 和 Thompson 认为,文本的修辞结构都可以用这样的树图来表示,树图中的各子结点代表各个互不重叠但又相互邻接的文本跨段。一个文本跨段是任何一部分从文本组织的角度上看有功能整体性的一个文本片段。关系存在于两个不重叠的文本跨段之间,由关系定义来确认。文本结构的概念是用一层层更大的文本跨段的网络关系来定义的。

用 RST 进行文本分析一般采取自底向上的剖析过程:首先,将一个文本切分成多个单元;然后,确定跨段和关系,除去非良构的树;最后,进行排歧,对可能共存的多种分析做出解释。具体步骤如下:

(1) 将一个文本切分成多个单元。Mann 和 Thompson 指出,在 RST 中,单元的大小是任意的。原则上单元的大小可以是任意的,从典型的词汇条目到整个段落或更大。在 RST 研究使用中,单元在理论上具有中立性,在功能上具有整体性。RST 的单元大致相当于小句,但排除了具有小句性质的主语和宾语,被认为是主体小句的一部分的限定性关系小句(RRC)作为独立单元处理。

(2) 确定跨段和关系。分析者可以自顶向下逐渐精确地描述跨段,也可以自底向上聚合各层跨段,或者结合这两种方法。在确定两个给定文本跨段之间应该存在何种关系时,分析者要确定作者的写作意图是否有可能适用于这种关系定义。

(3) 除去非良构的树。确定一个良构篇章树结构的四个标准是完整性、联系性、唯一性和邻接性。

(4) 进行排歧。根据 RST 定义的方式,可以预见常常会出现一个文本有不止一种分析的情况。这时,就有必要进行排歧,对可能共存的多种分析做出解释。

Mann 和 Thompson 认为,RST 分析的多样性是正常的,与语言学经验也是一致的。RST 分析的多样性有几种性质上不同的原因:

- 对边界的判定不同;
- 文本结构有歧义;
- 一个结构可以同时存在几种分析;
- 分析者理解差异;
- 分析错误。

对有经验的分析者,分析的多样性主要再现了共存的分析和文本结构歧义。由于分析者出于经验和所扮演的特定角色,会合理拒绝各种奇怪的分析,因此歧义的实际水平要比形式语法分析让人期望得到的歧义水平低得多。

作为一种形式化的语言学理论，RST 提供了一种讨论书面独白文本的联系性和整体性，以及文本如何为作者的目的服务的方法。从渊源上讲，它采用的是一种语用功能主义的思想，受 Halliday 系统功能语法的影响很大。

由于 RST 在自然语言处理中取得的成果，这种理论对话语分析和语言本体研究也产生了重大的影响。很多语言学家运用 RST 理论进行话语分析、阅读理解、写作指导。如 Noel（诺艾尔）指出 RST 能用于分析新闻广播特征；Fox（伏克斯）证实在英语说明文中代词和完全名词词组之间的选择可以从 RST 所揭示的组织结构中得出；Kumpf（昆普夫）在一项对日语和西班牙语说话者中间语的研究中揭示，RST 在描写这些说话者所产生的叙事话语的语法和修辞性质时也有价值。

Mann 和 Thompson 详细讨论了 RST 与其他研究，尤其是那些对 RST 理论有影响的研究之间的关系。

后来，Mann 和 Thompson 又对 RST 的关系集做了一些修改，许多研究人员还对语料库中大量的文本做了 RST 树图标记。针对不同研究者出于 RST 的不同期望而产生的很多不同理解和批评，Mann 和 Thompson 又专门写了 *Two Views on RST* 一文，对该理论的思想和自己的立场再次做了强调，批驳了两种错误的观点。①

在自然语言处理领域，很多研究人员在 Mann 和 Thompson 提出的 RST 原有的树形图式的基础上做了一些形式化的改进。

利用 RST 开发出的文本分析自动剖析器目前尚不多。比较知名的开发者有 Marcu（马尔库）、Corston-Oliver（郭斯通-奥里维）以及最近的 Reitter（莱特）等。

Marcu 在其博士论文中最早提出了一个关于文本结构的完全确定性的形式化模型。他用 13 条公理描写了在该系统中运作的各种限制，并使用数字和谓词逻辑的传统运算符对由每个文本跨段的四类信息所组成的结构进行运算，推导出一个文本的所有可能的修辞-意图树。

Marcu 得出的这种文本结构的通用性足以保证 RST 在非受限自然文本中的应用，同时又简单到能够获得易处理的文本结构的算法。

首先，Marcu 证明了那些对作者的目的来说更为重要的语言学和非语言学构件（通常叫作核心单元 N）和那些次要的构件（常叫作卫星单元 S）之间的区别是构成有效文本结构的"组合标准"（compositionality criterion）的基础。这一标准说明，如果在一个文本的树结构上的两个结点间有一种关系，那么这一关系也存在于与这些结点的最重要成分相关的某些语言学和非语言学构件之间。为了适应当前自然语言处理和人工智能的现有能力，Marcu 同时又提

---

① Mann W C, Thompson S A. Two views of rhetorical structure theory[J]. Verbum, 2001, 23(1): 9-29.

出了一个容易形式化的"强组合标准"。强组合标准规定,如果一个文本树结构的两个跨段之间存在一种关系,那么这一关系在这些成分跨段的最重要的单元之间也存在。Marcu 将这一强组合标准以及文本的其他基本特征用一阶谓词逻辑做了形式化,使其在所能依赖的修辞关系的分类体系中具有通用性。

通过递归应用各种 RST 关系,可以将从类小句单元开始到整个文本的各个跨段修辞关系集合成修辞结构树。如果对一个修辞结构中每个结点反复应用显著性概念,就能得到表示一个文本所有单元的重要性的一个偏序(partial order)。Marcu 创造了获取不受限文本的修辞结构的方法,可以利用核心性、篇章结构来进行文摘生成。

为了达到对文本自动分析的目的,Marcu 利用先前研究中发表的能明确表示文本修辞关系(Rhetoric Relation,RR)的线索词组(Cue Phrases,CP)创建了一个列表;然后对表中的每一个 CP 从语料库中抽取了含有该 CP 的一些文本片段进行手工分析;接着在此语料库数据以及他个人在分析过程中培养出来的直觉的基础上,将每个 CP 与下面这些信息联系起来:

- 在文本中能自动识别的信息;
- 能确定在它周边的基本文本单元边界的信息;
- 能假定在它周边的文本单元之间的修辞关系的信息。

Marcu 根据这个语料库写出了一系列算法,并建立了在篇章分析语境下语料库分析以及非受限文本结构的算法之间的联系,获得了在自然语言生成语境下有效的文本规划。

虽然 Marcu 基于限制的符号性系统当时是文本自动分析的一个很大突破,但今天看来该模型只能对文本进行颗粒度较粗的分析,原因是过度依赖"线索词组",以及使用一种简单的匹配模式来确定提示短语和分析的基本篇章单元。

在 Marcu 之前,日本东芝公司的 Ono 等在 20 世纪 90 年代初也研究过基于修辞结构的自动文摘。他们将日语文本中的修辞关系归纳为举例、原因、总结等 34 种,首先依据连接词等推导出一种类似于句法树的修辞结构树,然后对修辞结构树进行修剪,将保留下来的内容根据它们之间的修辞关系组织成一篇连贯的文摘。

在 Marcu 之后,Corston-Oliver 通过将提示短语与回指、指示词和指称连贯整合,改进了算法,用自己开发的 RASTA 程序对 Microsoft Encarta 文本标注系统做了改进。Reitter 在修辞分析中使用了支持向量机(Support Vector Machine)的学习方法。他的系统应用分类器来指派文本片断间的修辞关系和核心单元,在这些分类器基础上提出了一个剖析算法,并为几种在修辞分析中使用的表层特征建立了一个量化测试。另外,Reitter 还自己建立了一个德语 RST 篇章语料库。

RST 所揭示的文本结构模式加上它在文本自动生成中取得的显著效果,使 RST 在自然语言处理和传统语言学界都受到了广泛的关注和讨论,成为近 20 年来最流行的篇章分析和文本处理的理论之一,在机器翻译的语用自动分析中也受到欢迎。

在互联网上,有为 RST 建立的专门网站(http://www. sil. org/～mannb/rst)和讨论小组,还有已标注语料和有关 RST 文献的链接等。读者也可以免费获取 O'Connell(奥科耐尔)为 RST 开发的文本分析软件 RSTTOOL(http://www. wagsoft. com/RSTTool/)。

RST 理论虽然是用英语写的,其例句也是英语的,但 Mann 和 Thompson 指出,RST 中修辞关系 RR 的集合不是封闭的,在不同体裁(如叙述文和说明文)的篇章中,各种关系使用的频率有可能不同;在不同语言的篇章中,修辞关系类型也可能不同。

修辞关系(RR)数目的可扩展性,为人们用该理论来研究英语以外的其他语言提供了便利,也为对比修辞学研究提供了一个基础。现在,RST 理论应用范围不断扩大,许多学者正在用这种理论研究本国语言,包括阿拉伯语、法语、希伯来语、西班牙语、德语、汉语等。利用 RST 理论对日语、韩语、泰语进行篇章处理的文章也经常可以看到。

但是,就 RST 理论的"跨语言可转移性"(Cross-language Transferability),Mann 和 Thompson 强调:

"There is a widely shared impression that direct use of existing definitions is effective. Beyond such an impression, nothing has been established. The potential for surprises is very large, and no firm claims of significant transferability can be made."[1]

(大意:大家普遍有这么一种印象,认为直接应用已定义的是有效的。但在这一印象之外,并没有建立什么理论。出现惊奇现象的可能性是很大的,而且我们也不能做出任何肯定的断言,说[现有的修辞关系]具有显著性的跨语言可转移性。)

从文化语言学的角度看,Mann 和 Thompson 的观点应该是正确的,所以应该引起各语言 RST 理论研究者和自然语言处理实用系统开发者的注意。

虽然 RST 已经成为近 20 年来最流行的篇章理论之一,但 Mann 和 Thompson 仍认为 RST 只不过是发展交际理论过程中的一个阶段而已。

RST 的优点是:它提供了完整的分析而不是选择性解释,可以应用于很多种不同的文本,允许不考虑语类对文本结构做一种统一的描写,所以它有助于区分文本中那些真正是语类特殊的方面与那些相对而言更独立于语类的方面。

但作为一个发展中的理论,RST 也有不足:

● RST 还没有对各种关系是如何实现的做出系统的描写。这种描写要比任何连词研究的范围都要广,还要覆盖各种情况不带标记的例子。

● RST 还没有将它的理论与各种文本特性的理论,如信息流、主题结构、词汇结构等理论联系起来。

对 RST 理论的批评,目前主要针对一些未解决的问题,例如,确定关系分类知识系统的

---

① Mann W C, Thompson S A. Two views of rhetorical structure theory[J]. Verbum, 2001, 23(1): 9 - 29.

问题,在修辞关系和言语行为之间的映射问题,在意图性和信息性之间的映射问题,以及 RST 理论对中断现象解释的无效性等。

另外,Corston-Oliver 认为,虽然 RST 的支持者认为 RST 提出的关系类型对描写篇章的结构是有用的,但还是有几个问题存在:

- 到底存在几种 RR 关系?
- 该如何合理地说明某一套特定的关系集?
- 这些关系是怎样组织起来的?

尤其在形式化和计算处理方面,Corston-Oliver 认为,虽然 Marcu 构建 RST 文本再现的算法是一个很大的进步,但它不是没有问题的。如 Marcu 宣称他的小句识别程序的平均召回率为 81.3%(即被人识别的小句有81.3%也被他的程序所识别),并承认对连词 AND 的小句句外和句内用法(sentential versus non-sentential uses)特别难以区分。虽然在 Marcu 的数据中被忽视的 AND 篇章用法倾向对应于序列关系和联结关系,且缺少这些用法不会在材料上影响分析,但会导致一个 RST 分析得出较粗的颗粒度。

按照 Corston-Oliver 的观点,Marcu 的这些问题源自对线索词组 CP 的过度依赖和使用一种匹配模式来确定线索词组和终端结点。

汉语是一种与语用联系较为紧密的语言,许多语法现象都需要引入语用的观念进行解释。而作为一种基于语用功能主义的理论,Mann 和 Thompson 在最初发展 RST 理论时,就反复引用了 Ciu(1985)关于普通话和英语论文分析的一篇硕士论文作为修辞结构关系在各种语言中可能普遍存在的证据。可以说,RST 在汉语的跨语言可转移性有其特殊的背景。

2002 年,香港城市大学的 Webster(卫真道)利用 RST 理论进行了较为深入的案例分析。他对英汉对齐语料库的语义分析中也应用了 RST 关系。

同在香港城市大学的邹嘉彦等,在 2000 年的 ACL 上发表了 *Enhancement of a Chinese Discourse Marker Tagger with C4.5* 一文,报告了他们对一个通过机器自动学习来识别和归类汉语文本中篇章标记词 DM 自动标注系统所做的改进工作。他们的这项工作是通过修辞结构来作为自动文摘(text summarization)整体工作研究的一部分,并得出了令人鼓舞的结果。

在邹嘉彦等的报告中,他们为了标注 DM 对 SIFAS 语料库设计了下面的标注方案:对语料中出现的真正篇章标记(RDM)用一个七元组来进行标注;对那些看来像但实际不是 RDM 那样在文本中起作用的假篇章标记(ADM)用一个三元组来标注。他们将从中国香港、中国内地、中国台湾和新加坡四地的报纸社论中抽取到 306 个篇章标记(Discourse Marker,DM)加上一个 NULL 标记都编入一个篇章标记对(Discourse Marker Pair,DMP)-修辞关系(RR)对应表中。这些标记组成 480 个不同的非连续对,对应 25 种修辞关系(RR)。因为在实际使用中,一些 DMP 根据上下文可指明多种 RR,一些 DMP 既可以表示句间也可以表示句内关系,所以在 DMP 和 RR 之间的对应关系不是单值的。

为了能在 SIFAS 语料库中进行标注,在标注算法中,邹等采用了贪婪原则(the principle of greediness)、局部性原则、明确性原则、上级原则(the principle of superiority)和偏爱后-标记原则等来解决匹配非连续性的 DM 过程中的歧义问题。因为邹嘉彦在 1998 年用原先的简单标注器只部分地解决了 CDM 区分和 NULL-标记词定位的问题,所以邹嘉彦在 2000 年提出根据以前的统计数据增加几条规则来解决这些问题。具体的做法是从对错误分析的统计数据中抽取一些附加的规则来指导对 DM 的分类和匹配。另一种解决办法是通过 ML 使句法/语义信息明确。邹嘉彦等提出了一些处理的原则、SIFAS 系统的工程目标,给出了 DM 在句内和句间起作用的分布比例,以及一些实际标注中可以通过给定规则消除错误的例句,并对该系统未来的标注准确率表示乐观。

邹嘉彦等的系统通过相对浅层的分析获得对篇章关系的识别,典型地使用简单的模式匹配技术来识别线索词组 CP。同时,这个系统是在一个文本的形式基础上假设各种篇章关系的,而没有参照对世界知识的附加模型。当然,这个系统不仅仅通过简单的模式匹配来识别 CP,对这些线索词组的识别还使用了对 SIFAS 系统自动切词和词性标注的成果,它同时还考虑了标点符号位置等汉语特点属性。

不过,邹嘉彦等的研究直接利用了 Mann 和 Thompson(1988)的成果和关系集分类标准,并没有对从英语中提出的 25 种关系集进行汉化处理或对 RST 关系在汉语中的可转移性进行检验。他们也没有给出具体的数据表明各种关系在语料中的大致分布情况,或者从语料中抽取标记词的指导性方法,以及添加 NULL-标记的语言学理由。

虽然香港有关单位的研究实际上有很多内地科研人员参与工作,但总体上看,我国在中文文本处理方面,对 RST 的引进工作主要还是写一些介绍性的文章,实际消化、应用工作做得比较少,这可能和篇章分析所需要的巨大的工作量和对研究人员的相关素质要求高不无关系。

为达到中文篇章处理的目的,利用 RST 还有大量的工作要做。尽管线索词组(CP)在汉语句法(连接词语)、复句、句群、文章学已有广泛的研究,但以前的经验研究并不能提供关于 CP 的足够数据来说明 CP 如何能被用来确定在其周边的基本文本单元,并假设这些单元之间的修辞关系。笔者希望我国的自然语言处理研究者更多地重视中文篇章处理的问题。

10.2　文本连贯中的常识推理技术

自然语言处理所集中讨论的大部分问题都是出现于单词和句子层面的语言现象,很少涉及句子与句子之间的关系。但是实际上,通常语言并不是由孤立无关的句子组成的,而是由搭配在一起的相关句子群组成的。我们将这种句子群称为"话语"(discourse)。

如今计算机已经是无所不在(ubiquitous),也深入到了话语的领域,在这个计算机普及的时代,话语除了包括"独白"(monologue)和"对话"(dialogue)之外,还包括"人机交互"(Human-Computer Interaction, HCI),一共有三种类型。

独白的参与者是一个说话人(例如本书的作者)和一个或者多个听话人(例如本书的读者)。独白中的交流是单向的,总是从说话人到听话人。

读完本节之后,也许你会和一个朋友一起谈论本节的内容,这样的谈论是一种非常自由交流的话语,这种话语被称为对话。在对话时,每一个参与者轮流充当说话人和听话人。与典型的独白不同,对话通常由许多不同类型的交流行为组成,例如提问、回答、更正等等。

第三种类型的话语是人机交互。人机交互与普通的人与人之间的对话有很大的不同,部分原因在于目前计算机系统在参与自由无约束的会话方面仍存在局限性。能够进行人机交互的系统常常采用一些策略来约束会话,这些策略只容许在受限的解释背景下才能理解用户的话段。

尽管这三种话语形式具有许多话语处理的共同问题,但是它们各自的特点使得常常需要对它们采用不同的处理技术。本节着重讨论关于独白中的话语处理技术。

假如你随意收集一些结构良好并可独立理解的话段,比如,从《红楼梦》的每一章中随意选择一个句子,然后把它们排在一起,那么你获得的是一个可以理解的话语吗?几乎可以肯定地说,你得到的这些排在一起的东西是不可能理解的。其原因在于,这些句子并列在一起时并不能体现出它们之间的连贯(coherence)关系。

在机器翻译中,文本连贯的研究也是非常重要的。我们来看下面的例子:

Little Johnny was very upset. He had lost his toy train. Then he found it. It was in his **pen**.

这个例子与 Bar-Hillel 在机器翻译的早期举出的例子很接近。如果机器翻译的程序不能判别前面句子与单词 pen 的连贯关系,就难以确定 pen 的含义应该是"游戏的围栏",因而也就不可能得到正确的译文。

在汉英机器翻译中,也需要研究文本的连贯问题。例如,下面两个汉语段落:

(1) 小王是医生。今天他做了手术。

(2) 小王得了阑尾炎。今天他做了手术。

在这两个段落中,前句的主语都是"小王",后句的主语都是"他"。使用所指判定的方法,我们可以判定:后句中的"他"的所指就是"小王",但是,在所指判定之后,后句"今天他做了手术"仍然存在两种可能性,"他"(指"小王")究竟是自己给别人做手术("他"是施事者),还是别人给他做手术("他"是受事者),这种歧义的判别依赖于"他"的身份。如果"他"是医生,那么给别人做手术的可能性就比较大,从而可判定"他"是施事者;如果"他"不是医生,那么,被别人做手术的可能性就比较大,从而可判定"他"是受事者。而要正确地判别后句中"他"的身份,就必须分析在这些话段中前后句子之间的连贯关系。

在段落(1)中,该段落的第一个句子"小王是医生"为第二个句子"今天他做了手术"提供了关于小王身份的信息,根据这样的连贯关系,可以把这个段落翻译为

　　　　Little Wang is a doctor. Today he performed an operation.

这里,"Today he performed an operation"的意思是"Today he performed an operation for the patient"(今天他给病人做了手术)。

在段落(2)中,该段落的第一个句子说明小王已经得了阑尾炎,所以,小王被别人做手术的可能性就比较大,根据这样的连贯关系信息,可以把这个段落翻译为

　　　　Little Wang got the appendicitis. Today he was operated by a doctor.

这里,"Today he was operated by a doctor"的意思是"Today his appendix was cut by a doctor"(今天他的阑尾被医生切除了)。

同样的一个句子"今天他做了手术",由于文本连贯关系的不同,译文完全不一样。由此可见文本连贯对于机器翻译的重要性。

事实上,就是做了这样的判定,也不一定百分之百地准确,因为作为医生的小王也可能得阑尾炎,也可能被别人做手术;而得了阑尾炎的病人,也可能就是医生,他也许会在即使得了阑尾炎的情况下,仍然发扬"救死扶伤"的人道主义精神,带病给别的病人做手术。这样,我们上面的译文就不正确了,因为现实生活中的具体情况确实是非常复杂的。显而易见,这时,连贯关系的判断除了要有关于小王身份的丰富的背景知识之外,还要有关于小王身体健康情况以及小王的工作作风等其他方面的各种知识。如果考虑到这些知识,连贯关系的判断就非常复杂和困难了。

下面是有关文本连贯一些很有趣的例子。

例如,我们来研究下面段落(1)和段落(2)之间的不同。

(1) 张三把李四的车钥匙藏起来了。他喝醉了。

(2) 张三把李四的车钥匙藏起来了。他喜欢菠菜。

大部分人都会发现段落(1)很正常,而段落(2)就有些奇怪。为什么呢?与段落(1)一样,组成段落(2)的两个句子也是结构良好的,并且是容易理解的。但是,将这两个句子并列在一起,就似乎出现了一些不可理解的错误。听话人也许会问,比如,藏起某人的车钥匙与喜欢菠菜有什么关系?之所以会提出这样的问题,是因为听话人对于这种段落的连贯性存在疑惑。

另外,听话人也可能提出一种解释使得这样的话语连贯起来,比如,听话人可以推测,也许有人给张三菠菜,以便用菠菜来交换李四被藏起的车钥匙。事实上,如果我们在一个含有这样推测的上下文中来考虑刚才的话段,就会发现这个段落现在变得好理解了。为什么会如此呢?因为这个推测使听话人能够把张三喜欢菠菜的事实作为他藏起了李四车钥匙的原因,

这样一来,他就可以理解这两个句子为什么被连接在一起的原因了。听话人尽可能去识别出这种连接的事实表明:我们需要把确定话段的连贯作为话语理解的一部分。

话语的话段之间所有可能的连接可以称为连贯关系(coherence relation)的集合。下面是一些常见的连贯关系。符号 S_0 和 S_1 分别表示两个相关句子的意义。

- 结果(result):S_0 所声明的状态或事件导致或可能导致 S_1 所声明的状态或事件。例如

    张三买了一辆"奔驰"汽车。他带着他父亲到了万里长城。

- 说明(explanation):S_1 所声明的状态或事件导致或可能导致 S_0 所声明的状态或事件。例如

    张三把李四的汽车钥匙藏起来。他喝醉了。

- 平行(parallel):S_0 所声明的 $P(a_1, a_2, \cdots)$ 和 S_1 所声明的 $P(b_1, b_2, \cdots)$,对所有 i,a_i 和 b_i 是类似的。例如

    张三买了一辆"奔驰"汽车。李四买了一辆"宝马"汽车。

- 详述(elaboration):S_0 和 S_1 所声明的是同一命题。例如

    张三在这个周末买了一辆"奔驰"汽车。他星期六下午在李四的经销店用二十万元购买了这辆非常漂亮的新的"奔驰"汽车。

- 时机(occasion):推测从 S_0 所声明的状态到 S_1 所声明的最终状态的状态变化,或推测从 S_1 所声明的状态到 S_0 所声明的最初状态的状态变化。例如

    张三买了一辆奔驰汽车。他驾着车到了十三陵。

以上所述的每个连贯关系都是与一个或多个约束有关的,符合这些约束才能维持这种连贯关系。那么,怎样才能应用这些约束呢?我们需要一个进行推理的方法。我们最熟悉的推理类型是演绎(deduction);演绎的中心规则是"取式推理"[①](modus ponens),其规则如下:

$$\alpha \Rightarrow \beta$$
$$\frac{\alpha}{\beta}$$

下面是取式推理的一个例子:

$$\frac{\text{所有的"奔驰"汽车都很快。}}{\text{张三的汽车是"奔驰"。}}$$
张三的汽车很快。

演绎是一种可靠的推理形式。在演绎推理中,如果前提为真,结论必为真。

然而,在许多语言理解系统中所依赖的推理是不可靠的。尽管不可靠推理具有推出大量推论的能力,但是它也导致一些错误的解释和理解。这类推理的方法被称为"溯因推理"

---

① 关于"取式推理"的原理,请参看冯志伟著的《数理语言学》(上海:上海知识出版社,1985)。

（abduction）。溯因推理的中心规则是

$$\frac{\begin{array}{c}\alpha \Rightarrow \beta \\ \beta\end{array}}{\alpha}$$

演绎推理是向前推出隐含的关系，而溯因推理的方向相反，是从结果中寻找可能的原因。下面是溯因推理的一个例子：

$$\frac{\begin{array}{l}\text{所有“奔驰”汽车都很快。}\\ \text{张三的汽车很快。}\end{array}}{\text{张三的汽车是一辆“奔驰”汽车。}}$$

显然，这可能是一个不正确的推理：张三的汽车很快，但不一定是“奔驰”，也完全可能是由其他的制造商生产的汽车，这种汽车的速度也很快。

一般而言，一个给定的结果 β 可能有许多潜在的原因 α_i。我们从一个事实获取的并不仅仅是对它的一个可能的解释，通常我们需要对它的最佳解释。为了达到这个目的，我们需要比较这些可选择的溯因推理的品质。这里我们可以采用各式各样的策略。一种可能的策略是采用概率模型，不过，在使用概率模型时，选择计算概率的正确空间会出现一些问题，如果缺少有关事件的语料库，获取这些概率的方法也会出现一些问题。另一种方法是利用纯粹的启发式策略，比如优先选择那些假设数目最少的解释，或者选择那些采用最具体输入特征的解释。尽管这类启发式策略实现起来很容易，但是它们往往显得过于脆弱和有限。最后，也可以采用更全面的基于代价（cost-based）策略，这种策略结合了概率特征（既包括正值也包括负值）和启发式方法。我们在此描述的演绎解释方法就采用了这样的策略。然而，为了简化讨论，我们几乎完全忽略了系统中的关于代价（cost）的部分。

这里我们将集中讨论怎样利用世界知识和领域知识来确定话段间最合理的连贯关系。我们仍然使用前面段落（1）作为例子：

张三把李四的车钥匙藏起来了。他喝醉了。

现在，我们一步一步地通过分析来确立这个段落中的连贯关系。

首先，我们需要关于连贯关系本身的公理。下面的公理表明一个可能的连贯关系是解释关系：

$$\forall e_i, e_j \ \text{Explanation}(e_i, e_j) \ \Rightarrow \ \text{CoherenceRel}(e_i, e_j)$$

变量 e_i 和 e_j 代表两个相关话段所表示的事件（或状态）。在这个公理以及以下的公理中，量词总是覆盖双箭头右边的所有事物。这个公理告诉我们，假如我们需要在两个事件之间确立一种连贯关系，一种可能的方法就是利用溯因推理，假定这个关系是“说明”（explanation）关系。

说明关系要求第二个句子所表达的是第一个句子表达的结果的原因。我们通过下面的公理来陈述：

$$\forall e_i, e_j \text{ cause}(e_j, e_i) \quad \Rightarrow \quad \text{Explanation}(e_i, e_j)$$

这个公理的含义是：对于事件 e_i, e_j，如果 e_j 是 e_i 的原因，那么我们就用 e_j 来解释 e_i。

除了关于连贯关系的公理之外，我们还需要代表世界常识的公理。

我们采用的第一个常识公理是："如果某人喝醉了，那么我们就不让他开车"。前面一个事件导致了后面一个事件（为了简便起见，我们用 diswant 来表示谓词"不让"，用 drunk 来表示谓词"喝醉"）：

$$\forall x, y, e_i \text{ drunk}(e_i, x)$$
$$\Rightarrow \quad \exists e_j, e_k \text{ diswant}(e_j, y, e_k) \wedge \text{drive}(e_k, x) \wedge \text{cause}(e_i, e_j)$$

这里，x 和 y 表示两个人，谓词 drunk 表示"喝醉"，其事件是 e_i，谓词 diswant 表示"不让"，其事件是 e_j，谓词 drive 表示"开车"，其事件是 e_k，谓词 cause 表示"引起"，e_i 是 e_j 的原因。

我们需要说明两点：

● 在第一个常识公理中采用全称量词来绑定几个变量，这本质上说明在所有的情形下，如果某人喝醉了，所有人都不会让他开车。尽管这是我们通常希望的情形，但是这个陈述还是过于绝对了。在另外的一些系统中对这一点的处理是在这种公理的前提下引入另外的关系，称为"etc 谓词"。"etc 谓词"代表为了应用该公理而必须为真的所有其他属性，但是它太含糊而不能清晰地阐述。因此这些谓词不能被证实，而只能被假定为一个相应的代价。带有较高假定代价的规则的优先性低于较低代价的规则，应用这种规则的可能性可以根据相关的代价来计算。不过，为了简化讨论，我们这里不考虑这样的代价，我们也不考虑"etc 谓词"的用法。

● 每个谓词在论元第一个位置带有一个看起来好像"多余"的变量。例如，谓词 drive 有两个而不是一个变量。这个变量被用于由谓词表示的关系具体化，使得可以在其他谓词的论元位置指向该变量。例如，用变量 e_k 把谓词 drive 具体化，就可以通过指向 diswant 谓词的最后一个论元 e_k 来表达不让某人开车的思想。

我们采用的第二个有关世界常识的公理是：如果某人不想让其他人去驾驶汽车，那么他们就不愿意让这个人拥有他的车钥匙，因为车钥匙能够使人驾驶汽车。

$$\forall x, y, e_j e_k \text{ diswant}(e_j, y, e_k) \wedge \text{drive}(e_k, x)$$
$$\Rightarrow \quad \exists z, e_l, e_m \text{ diswant}(e_l, y, e_m) \wedge \text{have}(e_m, x, z) \wedge \text{carkeys}(z, x)$$
$$\wedge \text{ cause}(e_j, e_l)$$

这里，z 表示车钥匙，还出现了一些新的谓词：谓词 have 表示"拥有"，其事件是 e_m，谓词 carkeys 表示"车钥匙所属"。谓词 diswant 涉及两个事件，一个是事件 e_j（不让开车），一个是事件 e_l（不让拥有车钥匙）。e_j 是 e_l 的原因。

第三个有关世界常识的公理是：如果某人不想让其他人拥有某件东西，那他可以将它藏起来。

$$\forall x,y,z,e_i,e_j \ diswant(e_l,y,e_m) \land have(e_m,x,z)$$
$$\Rightarrow \ \exists e_n \ hide(e_n,y,x,z) \land cause(e_l,e_n)$$

在这里,出现了新谓词 hide,表示"藏起来",其事件是 e_n。

第四个有关世界常识的公理很简单:原因是可传递的。也就是说,如果 e_i 导致 e_j,e_j 导致 e_k,则 e_i 导致 e_k。

$$\forall e_i,e_j,e_k \ cause(e_i,e_j) \land cause(e_j,e_k) \Rightarrow cause(e_i,e_k)$$

现在,我们可以应用这些公理来处理我们的段落(1)了。我们把段落(1)重新写在下面:

张三把李四的车钥匙藏起来了。他喝醉了。

"张三把李四的车钥匙藏起来了"可以表示为

$$hide(e_1,张三,李四,车钥匙) \land carkeys(车钥匙,李四)$$

这里,carkeys 表示"车钥匙所属"。

我们可以用自由变量 he 表示代词,"某人喝醉了"可以表示为

$$drunk(e_2,he)$$

现在我们能够看到怎样通过话段的内容和前面提及的公理在解释关系下来确立段落(1)中的连贯。图 10.5 对这个推导过程进行了总结;方括号中所示的是句子的解释。我们从假定存在一个连贯关系开始,利用关于连贯关系是解释关系的公理推测这个关系是说明关系,得到

$$Explanation(e_1,e_2)$$

通过关于原因的公理,我们推测

$$cause(e_2,e_1)$$

成立。通过关于原因是可传递的公理,我们可以推测这里有一个中间原因 e_3,

$$cause(e_2,e_3) \land cause(e_3,e_1)$$

我们再次重复该公理,将上式中的第一个因子扩展为含有中间原因 e_4:

$$cause(e_2,e_4) \land cause(e_4,e_3)$$

我们从"张三把李四的车钥匙藏起来了"的解释获得 hide 谓词,根据"$cause(e_2,e_3) \land cause(e_3,e_1)$"中的第二个 cause 谓词,并且,利用第三个有关世界常识的公理,就可以推测张三不让李四拥有他的汽车钥匙:

$$diswant(e_3,张三,e_5) \land have(e_5,李四,车钥匙)$$

根据上式,以及 carkeys 谓词"carkeys(车钥匙,李四)""$cause(e_2,e_4) \land cause(e_4,e_3)$"中的第二个 cause 谓词,我们可以利用第二个有关世界常识的公理,推测张三不让李四驾驶汽车:

$$diswant(e_4,张三,e_6) \land drive(e_6,李四)$$

根据上式,以及第一个常识公理,再根据"$cause(e_2,e_4) \land cause(e_4,e_3)$"中第二个 cause 谓词,我们可以推测李四喝醉了:

$$drunk(e_2,李四)$$

现在我们可以看出,如果我们简单地假设自由变量 he 绑定于李四,就可以从第二个句子的解释中"证实"该事实。因此,在我们识别句子的解释之间的推理链的过程中,就确立了句子的连贯。这个例子中的推理链包括关于公理选择和代词指派的一些无法证实的假设,并生成了确立说明关系需要的 $cause(e_2, e_1)$。

现在,我们用图式来把上面的推理总结一下。

我们要处理的段落(1)是:

　　　张三把李四的车钥匙藏起来了。他喝醉了。

这个段落的连贯关系的确立过程表示如图 10.5 所示。

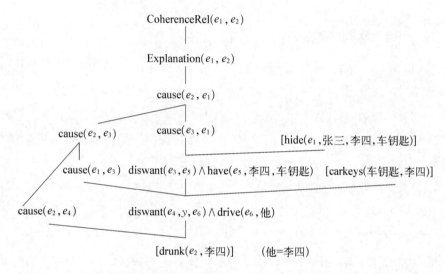

图 10.5　段落(1)的连贯关系的确立过程

这个推导过程的例子说明了连贯的确立具有强有力的特性,它能够导致听话人推理出话语中说话人未说出的信息。在这个例子中,推理所需的假设是:张三藏起了李四的钥匙是因为张三不想让李四开车(大概是由于怕出事故,或被警察逮到),而不是因为其他的原因,比如对他的恶作剧。这个原因在上述段落(1)的任何地方都没有提到,只是出现在确立连贯所需的推理过程中。

从这个角度看,我们可以说,话语的意义大于它每一部分意义的相加。也就是说,通常话语所传递的信息远远大于组成该话语的单个句子的解释所包括的全部信息。

现在我们回到上述段落(2),把它重新编号为段落(4)。它的特别之处在于缺少段落(1)的连贯性,段落(1)现在被重新编号为段落(3)。

(3) 张三把李四的车钥匙藏起来了。他喝醉了。

(4) 张三把李四的车钥匙藏起来了。他喜欢菠菜。

我们会感到段落(4)有些怪异。现在我们看看为什么会这样:它缺少类似的能够连接两个话段表示的推理链,特别是,缺少类似于"如果某人喝醉了,那么我们就不让他开车"这样的原因公理能够说明喜欢菠菜可能导致某人不能驾驶。在缺乏能够支持推理链的额外信息的情况下（比如前面提及的情节，某人对张三承诺用菠菜换取李四被藏起的汽车钥匙），就不能确立段落的连贯。

但是溯因推理是非可靠推理的一种形式，必须能够在以后的处理中撤销溯因推理所得到的假设，也就是说，溯因推理是可废止的（de-feasible）。例如，如果在段落（3）的后面紧接着句子：

李四的汽车不在这儿，张三只是想跟他开个玩笑。

则系统将不得不撤销连接段落（3）中两个句子的原先的推理链，并用事实（藏钥匙事件是恶作剧的一部分）来替代它，重新进行推理。

对于为支持较大范围推理而设计得更全面的知识库，需要使用比那些我们在确立段落（3）的连贯时所采用的更概括的公理。例如，"如果你不想让某人驾驶汽车，你就不想让他拥有他的车钥匙"这个公理的一个更概括的形式是"如果你不想让某人进行某个行为，而某个物体能够让他进行该行为，则你就不想让他拥有该物体"。这样，汽车钥匙能够让某人驾驶汽车的事实就可以被分离出来，而实践中还存在许多其他类似的事实。这是一种"从资源上治理"的策略。同样，对于公理"如果某人喝醉了，则不让他去驾驶"，我们可以用下面的公理来替代："如果某人不想让某件事发生，则他不愿意让可能导致该件事的原因发生"。这是一种"从原因上治理的策略"。再次，我们还可以将人们不让其他人卷入汽车事故的事实与酒后驾车导致事故的事实分离开来。

尽管能够阐明连贯确立问题的计算模型是非常重要的，但是这样的方法和其他类似的方法很难用于覆盖范围广泛的应用领域。特别是，大量的公理需要对世界中所有必需的事实进行编码，并且缺少利用这种大规模公理的集合进行约束推理的鲁棒机制，这使得这些方法在实践中几乎无法实施。非正式地说，这个问题被称为"AI 完全（AI-complete）问题"，也就是"人工智能完全问题"。"AI 完全问题"来自计算机科学中的术语"NP 完全（NP-complete）问题"。"AI 完全问题"是指本质上需要人类拥有的所有知识并能够利用这些知识的问题。这样的问题当然是非常困难的，目前还解决不了。

我们应该注意到，说明段落（3）是连贯的，其证据具有另外一个有趣的特征：尽管代词"他"最初是一个自由变量，但是在推理过程中，它就被绑定于李四。其实，并不需要一个独立的判定代词的处理，在连贯确立的过程中，"他"的指代问题就可以附带地解决了。1978 年，Hobbs（霍布斯）提出采用连贯确立机制作为代词解释的又一种方法。①

这种方法可以说明为什么段落（3）中代词"他"最自然的理解是李四，而段落（5）中代词"他"最自然的理解是张三。

---

① Hobbs J R. Coherence and coreference[J]. Cognitive Science, 1979, 3(1): 67-90.

(5) 张三把李四的汽车钥匙丢失了。他喝醉了。

段落(5)在"说明关系"下确立的连贯需要这样一个公理：喝醉能够导致某人丢失某些东西。因为这样的公理规定了喝醉的人与丢东西的人必定是同一个人，所以表示代词的自由变量就只能绑定为张三。段落(5)和(3)之间具有的词汇-句法差异仅仅在于第一个句子中的动词不同(在(3)中是"藏起来"，在(5)中是"丢失")。代词和可能的先行名词短语的语法位置在两个例子中都是相同的，因此建立在句法基础上的优先关系是无法区分它们的。

有时，说话人会加入特别的线索，被称为话语连接词(discourse connective)，它用于约束两个或更多话段之间的各种连贯关系。例如，段落(6)中的连接词"因为"就可以清楚地表明上面的"说明关系"。

(6) 张三把李四的汽车钥匙藏起来了，因为他喝醉了。

"因为"的意义可以表示为 $cause(e_2, e_1)$，它在证明中所扮演的角色类似于根据溯因推理并通过公理

$$\forall e_i, e_j \, cause(e_j, e_i) \quad \Rightarrow \quad Explanation(e_i, e_j)$$

引入的 cause 谓词。

尽管连贯判定处理可以使用连接词来约束连贯关系(可以从一对话段之间推得)的范围，但是它们本身并不能"造成"连贯。任何由连接词预示的连贯关系仍然必须通过推导来确立。因此，给段落(4)添加连接词并不能使前后的意思连贯起来。

(7) 张三把李四的汽车钥匙藏起来了，因为他喜欢菠菜。

在段落(7)中，我们之所以不能确立连贯关系的原因与段落(2)相同，即缺少能够将喜欢菠菜的事实与导致某人藏起汽车钥匙的事实联系在一起的因果知识。

前面我们讲述了如何确立一对句子的连贯。现在我们来研究对于较长的话语如何确立连贯。是不是只要简单地确立所有相邻句对(sentence pair)的连贯关系就行了呢？

已经证明答案是否定的。正如句子具有结构(即句法)一样，话语也是有结构的。我们来研究段落(8)。

(8) 张三去银行兑取他的薪水。(S1)

　　然后他乘火车去李四开办的汽车经销店。(S2)

　　他需要买一辆汽车。(S3)

　　他工作的那个公司附近现在还没有任何的公共交通。(S4)

　　他也想跟李四谈一谈关于他们的孩子今年考大学的事情。(S5)

从直觉上来看，段落(8)的结构不是线形的。该话语似乎本质上是关于句子(S1)和(S2)中描述的事件的序列，与句子(S3)和(S5)最相关的是(S2)，与句子(S4)最相关的是(S3)。下面我们给出这些句子间的连贯关系所导致的话语结构(图10.6)。

在树图中代表一组局部连贯话段的节点被称为"话语片断"(discourse segment)。粗略地

说，话语中的话语片断就相当于句法中的成分。

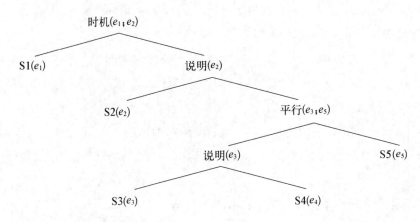

图 10.6　段落(8)的话语结构

我们可以通过扩展上面所采用的话语解释公理来确立像段落(8)这样比较长且有层次的话语的连贯。话语片断和最终话语结构的识别是这种处理的副产品。

首先，我们引入下面的公理：

$$\forall w, e \ \text{sentence}(w, e) \ \Rightarrow \ \text{Segment}(w, e)$$

它表明某个句子是一个话语片断。这里，w 是句中单词的字符串，e 是它所描述的事件。然后，我们引入下面的公理：

$$\forall w_1, w_2, e_1, e_2, e \ \text{Segment}(w_1, e_1) \wedge \text{Segment}(w_2, e_2) \wedge \text{CoherenceRel}(e_1, e_2, e)$$
$$\Rightarrow \ \text{Segment}(w_1 w_2, e)$$

它表明如果在两个较小的片断之间能够确立连贯关系，那么它们就可以组成一个较大的片断。

把我们的公理用于处理较长的话语时，需要我们对 CoherenceRel(e) 谓词增加第三个论元。这个变量的值是 e_1 和 e_2 所表达的信息组合，它代表结果片断的主要声明的内容。这里我们假定：从属关系(subordinating relation)，比如"说明"，只与一个变量有关(在上面的例子中指第一个句子，即结果)，而并列关系(coordinating relation)，比如"平行"和"时机"，则与两个变量的组合有关。在段落(8)的话语结构图中，这些变量出现在每个关系旁边的括号里。

现在我们来解释一段连贯的文本 W，这时，我们必须简单地证明这个文本是一个片断，如下所示：

$$\exists e \ \text{Segment}(W, e)$$

对一个话语，这些规则将导出任何可能的二元分支的片断结构，只要这样的结构能够被片断间连贯关系的确立所支持就行了。在这里，句子句法结构和话语结构的计算之间是有区别的。句子层的语法通常是很复杂的，它牵涉许多关于不同成分(名词短语、动词短语等)怎样才能彼此修饰以及用什么样的次序进行修饰等句法方面的问题。与之相反，上面所提的

"话语语法"就简单得多,它只牵涉两个规则:把一个片断改写为两个较小的片断的规则,以及判断一个句子就是一个片断的规则。实际指派哪个可能的结构依赖于如何确立该段落的连贯。

话语结构的研究对于所指判定是很有用的。代词常常表现出一种被称为"新近"的(recent)优先关系,也就是它们更倾向于指向附近的所指对象。我们对于"新近"有两种可能的定义:一种是按照话语线性顺序的"新近",一种是根据话语层级结构的"新近"。如果我们根据话语层级结构的"新近"来判定代词的所指,效果一定会比根据话语线性顺序的新近来判定好得多。

我们在上面介绍了文本连贯的计算机处理方法的主要研究成果。我们的讨论只局限于"独白"中的话语现象,还没有涉及人与人之间的"对话"以及人与计算机之间的"人机交互"等更加复杂的问题。

从上面的介绍可以看出,话语所传递的信息通常远远大于组成该话语的每一个单个的句子的解释所包括的全部信息。如何挖掘出这些信息,是自然语言处理面临的又一个重要的新课题。

10.3　言语行为理论和会话智能代理

语用学中关于言语行为(speech act)的理论是由一些哲学家提出的。

L. Wittgenstein(维特根施坦,1889~1951,图 10.7)是分析哲学的主要代表人物。他的哲学主要研究的是语言。他想揭示当人们交流时,表达自己的时候到底发生了什么。他主张哲学的本质就是语言。语言是人类思想的表达,是整个文明的基础,因此,哲学的本质只能在语言中寻找。他消解了传统形而上学的唯一本质,为哲学找到了新的发展方向。同时,他又认为,创造一套严格的可以表述哲学的语言是不可能的,因为日常生活的语言是生生不息的,这是哲学的基础和源泉,所以哲学的本质应该在日常生活中解决,日常生活好比"游戏"(德语:spiel),是一种没有

图 10.7　L. Wittgenstein

目的而有规则的自由活动,我们要在游戏中理解语言。因此,他提出了"语言游戏论"(德语:sprachspiel)。

他的主要著作《逻辑哲学论》(*Tractatus Logical-Philosophicus*,1922)主张让哲学成为语言学问题,哲学必须直面语言。他认为,"凡是能够说的事情,都能够说清楚,而凡是不能说的事情,就应该沉默",哲学无非是把问题讲清楚。

何谓沉默(silence)，就是指对眼前的事物或者心中所想闭口不言，把言语滞留在心里而不表达出来。

那么，在哪些环境下要保持沉默呢？Wittgenstein 认为，当对象是无法言说之物时应保持沉默。比如一个简短的哲学理论，虽然只有短短几个字，但即使用成千上万的字去解释它，也难以把它说得透彻和明晰，因为往往在这个时候，人们心里虽然对它有所了解，但无从寻找合适的字眼去把这个理论解释到自己心中所想的程度，所以才没有办法把这个理论清楚地解释出来。再如谈论"人生"和"理想"这类虚有的事物的时候，即使口若悬河，也难以说得清清楚楚。每个人的思想各异，导致不同的人对事物的理解也不尽相同，因此对"人生"或者"理想"的畅谈也将是各式各样、五花八门的，没有一个准确、统一、清楚的答案。

这类与实际有差距的事物被 Wittgenstein 称作"神秘事物"，在这些"神秘事物"面前，按照 Wittgenstein 的思想来说，既然无法言说，那么最好的选择就是沉默。

因此，语言要在使用中才能发挥作用。Wittgenstein 在《哲学研究》中提出"一个词的意义就是它在语言中的用法"的观点。他说："'五'这个词的意义是什么？——刚才根本不是在谈什么意义；谈的只是'五'这个词是怎样使用的。"他又说，"要把语句看成一种工具，把语句的意思看成它的使用。"他主张：不要问词的意义，而要问它的使用。这就是 Wittgenstein 的"意义即使用"的思想。

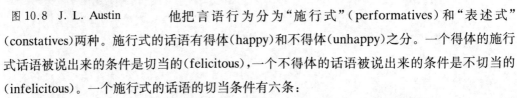

在 Wittgenstein 的这些思想的影响之下，哲学家 J. L. Austin（奥斯汀，1911～1960，图 10.8）于 20 世纪 50 年代提出了"言语行为理论"(speech act theory)。

1962 年 Austin 出版了《如何以言行事》(*How to Do Things with Words*)一书，提出"通过说事来做事"(doing some thing in saying some thing)的重要思想。

图 10.8　J. L. Austin　他把言语行为分为"施行式"(performatives)和"表述式"(constatives)两种。施行式的话语有得体(happy)和不得体(unhappy)之分。一个得体的施行式话语被说出来的条件是切当的(felicitous)，一个不得体的话语被说出来的条件是不切当的(infelicitous)。一个施行式的话语的切当条件有六条：

(1) 必须存在公认的、确实有约定效果的约定程序，这个程序包括由一定的人在一定的情境中说出的一定的话语。违反这一条规则的不切当叫作"无用"(non-plays)。

(2) 在某一确定的场合，那些特定的人和情境对于被援引的特定的程序的执行必须是合适的。违反这一条规则的不切当叫作"误用"(misapplications)。

(3) 所有的话语参与者必须正确地实施这样的程序。违反这一条规则的不切当叫作"缺陷"(flaw)。

(4) 所有的话语参与者必须完全地实施这样的程序。违反这一条规则的不切当叫作"障碍"(hitch)。

(5) 使用这些程序的人,常常是那些具有一定思想或感情的参与者,或者是那些为参与者主持仪式的人;因此,无论是那些参与者还是与程序的实施有关的人,事实上都必须具备那种思想或感情,并且参与者自己必须有意这样去施行。违反这一条规则的不切当叫作"非诚"(insicerity)。

(6) 参与者自己后来确实这样去施行。违反这一条规则的不切当叫作"背诺"(infraction)。

Austin 认为,违反这六条中的任何一条,施行式话语就是不得体的。

Austin 提出,对话具有一个重要特征:对话中的话段是一种由说话人实施的行为(act)。这在类似下面的施行句(performative sentence)中体现得尤其突出:

(a) I name this ship the Titanic.(我命名这艘船为"泰坦尼克号"。)

(b) I second that motion.(我赞成该运动。)

(c) I bet you five dollars it will snow tomorrow.(我与你打赌五美元明天将下雪。)

当由一个有地位的权威人士说出(a)句时,与其他任何能够改变世界的行为一样,它具有改变世界状态的影响,从而导致这艘船具有 Titanic 的名字。像 name(命名)或 second(赞成)这样的能够实施这些行为的动词称为施行动词(performative verb),Austin 把这类行为称作言语行为(speech act)。导致 Austin 的研究有广泛影响的原因是言语行为并不仅仅局限于这一小类的施行动词,他进一步从语法标准和用词标准两个方面,对于施行式的话语做了精细深入的论证。

但是,Austin 发现,他还没有找到关于施行式话语的统一标准,于是,他又从"说事"(say something)和"做事"(do something)的角度来分析言语行为。

Austin 指出,在真实的言语中,发出的任何句子不外乎下面三类言语行为:

● 以言表意行为(locutionary act):发出一个带有特殊意义的句子;

● 以言行事行为(illocutionary act):发出一个句子时带有询问、回答、承诺等行为;

● 以言取效行为(perlocutionary act):发出一个句子对听话人的感情、信念或行为产生一种特定效果(常常是有意的)。

区分这三种言语行为是为了强调以言行事行为。

例如,Austin 解释,说话人说出下面的句子(d)时,具有抗议的行事语力(illocutionary force),并且具有使听话人停止做某事或惹恼听话人的取效影响。

(d) You can't do that.(你不能那样做。)

他认为,如果要检验明显的施行式动词,最好是区分出那些说出施行式话语时具有明显行事语力的动词。

于是,Austin 根据不同的行事语力,以言行事行为分为如下五类:

（1）判定式（verdictive）：说话人对某事发出的裁决、估计、推断或评价等。判定式是判断的运用。

（2）执行式（exercitive）：说话人对某事做出的执行、命令、指导或催促等。执行式是发挥影响或运用能力。

（3）承诺式（commissive）：说话人对于某一行动方案做出的承诺、保证、意向或支持等。承诺式是承担义务或表明意向。

（4）表态式（behabitive）：说话人对于他人的行为做出的反应，包括对他人过去或现在的品行所抱的态度，如道歉、祝贺、感谢或愤恨等。表态式是表明态度。

（5）阐述式（expositive）：说话人阐述观点，做出论证，说明用法等。阐述式是阐明原因、论点或意见。

"言语行为"这个术语常常用于描述"以言行事行为"。

哲学家 J. R. Searle（塞尔，图 10.9）是 Austin 的学生。他从 Austin 那里学习并继承了正在创立之中的言语行为理论，并进一步加以发展，对于语言哲学做出了重大贡献。Searle 因自己的出色研究而成为了美国艺术与科学院院士，2004 年获得了美国国家人文科学总统奖。

Searle 在 1975 年对 Austin 的上述言语行为分类进行了修改，提出将所有的言语行为划分为如下五类：

图 10.9　J. R. Searle

（1）断言式（assertive）：说话人对某事是某种情形的表态（建议、提出、宣誓、自夸、推断等）。

（2）指令式（directive）：说话人的目的是使听话人做某事（询问、命令、要求、邀请、建议、乞求等）。

（3）承诺式（commissive）：说话人对将来的行为做出承诺（承诺、计划、发誓、打赌、反对等）。

（4）表情式（expressive）：表达说话人对一些事情的心理状态（感谢、道歉、欢迎、悲痛等）。

（5）宣告式（declaration）：由说话人说出而使外在世界产生新情景（包括许多施行例句，如"我辞职""你被开除了"等）。

Searle 还分析了这五种言语行为在英语中的语法结构。他认为，这五种言语行为的英语语句一般包含一个带施行式动词的主句和一个从句。例如，"I order you to leave"（我命令你离开）是一个指令式，"I promise to pay you the money"（我答应给你支付钱）是一个承诺式，"I apologize for stepping on your toe"（我为踩了你的脚而表示歉意）是一个表情式，"I find you guilty as charged"（我裁决你有被指控的罪）是一个宣告式。

Austin 和 Searle 的上述研究奠定了言语行为理论的基础。这一理论完全改变了人们对于语言的性质和功能的看法,从而产生了深远的影响。言语行为理论成为了自然语言处理中"会话智能代理"研究的理论基础。

语言本身从来就是人性和感知的标志,口语的会话(conversation)或对话(dialogue)是语言能够尽情展现的最基本且最具特权的舞台。当然会话或对话也是我们自孩提时代开始就首先学习的言语行为,不管我们是点午餐的菜单、买邮票,还是参与商业会谈、与亲朋好友聊天、预订机票或抱怨天气,我们都离不开口语的对话与会话。

在自然语言处理中,人与计算机之间的对话与会话叫作"会话智能代理"(conversation agent),这个术语中的"会话"(conversation)也包括"对话"(dialogue),因为大多数的会话都是以对话这样的方式出现的。会话智能代理涉及语音自动处理,它是语音自动处理的高级问题。

会话智能代理是一种能够使用自然语言与用户进行交流的程序,通过它可以预订机票、回答问题或回复电子邮件。其中的许多问题还与商业会议摘要(business meeting summarization)系统以及其他口语理解系统相关。

会话智能代理要理解会话的意义,因此,是一种"以言表意行为";会话智能代理要与用户进行交流,从而是一种"以言行事行为";会话智能代理要达到自动地预订机票、回答问题或回复电子邮件的效果,故又是一种"以言取效行为"。这样一来,言语行为理论就成为了会话智能代理研究的理论基础之一。

图 10.10 展示了一个会话智能代理系统(Conversation Agent System)的基本架构。它有六个组件:语音识别组件(Speech Recognition)、自然语言理解组件(Natural Language Understanding)、自然语言生成组件(Natural Language Generation)、文本-语音合成组件(Text-to-Speech Synthesis)、对话管理组件(Dialogue Manager)和任务管理组件(Task Manager)。

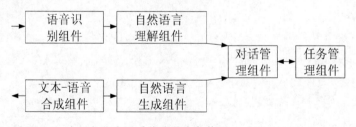

图 10.10　会话智能代理系统的基本架构图

语音识别组件和自然语言理解组件从用户的会话输入中抽取含义;自然语言生成组件和文本-语音合成组件将会话智能代理系统处理得到的结果映射到语音,输出对话的结果;对话管理组件和任务管理组件一起控制会话智能代理系统的整个工作过程。

具体地说,语音识别组件接受语音信号,这样的语音信号一般由用户通过电话、PDA(个人数据助理)或笔记本电脑的麦克风接收,然后把这些语音信号转换为单词串,输入会话智能代理系统。自然语言理解组件根据输入的单词串,产生一个适合于对话任务的语义表示。自然语言生成组件根据得到的语义表示,生成相应的词句,并赋予这些词句必要的韵律。然后,文本-语音合成组件接受这些词句以及它们的韵律注解合成波形图,以语音的方式输出会话的结果。

对话管理组件和任务管理组件控制着会话智能代理系统的整个架构和结构。对话管理组件从语音识别组件和自然语言理解组件接受输入,维护某种状态,与任务管理组件交互,并将输出传递给自然语言生成组件和文本-语音合成组件。所以,在会话智能代理系统中,对话管理组件的作用是至关重要的。

会话智能代理要研究口语会话。口语对话的大部分特征与其他类型的话语(比如书面独白)都是相似的。口语对话中也表现出指代、话语结构和连贯等特点。例如,在口语对话中判定所指时,很重要的一点是看看其他说话人说了什么。

图 10.11 是关于航空旅行对话的一个片断,C 表示客户,A 表示智能代理。我们之所以选择这段对话是因为它属于旅游计划领域,这是近期许多会话智能代理的研究所关注的领域。

C_1: I need to travel in May.

A_1: And, what day in May do you want to travel?

C_2: OK uh I need to be there for a meeting that's from the 12th to the 15th.

A_2: And you're flying into what city?

C_3: Seattle.

A_3: And what time would you like to leave Pittsburgh?

C_4: Uh hmm I don't think there's many options for non-stop.

A_4: Right. There's three non-stops today.

C_5: What are they?

A_5: The first on departs PGH at 10:00 a.m. arrives Seattle at 12:05 their time. The second flight departs PGH at 5:55 p.m., arrives Seattle at 8:00 p.m.. And the last flight departs PGH at 8:15 p.m., arrives Seattle at 10:28 p.m..

C_6: OK I'll take the 115 flight on the night before on the 11th.

A_6: On the 11th? OK. Departing at 5:55 p.m. arrives Seattle at 8 p.m., U.S. Air flight 115.

C_7: OK.

图 10.11　客户(C)和旅行代理人(A)之间电话对话的片断

在这段对话中,如果要确定话段 C_5 中代词 they 的所指是 non-stop flights,就需要看看前面的话段 A_4,而 A_4 是一个断言式的会话行为。

A₄：Right. There's three non-stops today.（是的，今天有三个直达的航班。）

C₅：What are they?（它们是哪些航班呢?）

这段对话中代词 they 所指的判定和 10.2 节中讨论过的所指判定与文本连贯有相似之处。

然而，从更深层次来看，口语对话确实与书面独白有着明显的不同。下面，我们讨论"会话分析"（Conversation Analysis，CA）的三个不同于书面独白的重要特性：话轮转换、会话的共同基础和会话中的隐含。

首先讨论话轮转换（turn-taking）。

口语对话与书面独白之间的一个差别是口语对话具有"话轮转换"的特征。说话人 A 先说一些事情，然后说话人 B 说，然后说话人 A 再说，不断变化。图 10.11 给出的就是添加话轮标记以后的一段对话的样例。

在图 10.11 中，我们用下标来表示话轮，可以看出，这个对话包含七个话轮。说话人如何知道什么时间轮到他说话呢? 我们来研究像图 10.11 这样会话中话段的时间安排。

这个对话中没有明显的重叠。也就是，每个说话人开始说话的时间是接着前面说话人说话结束的时间。在美国英语会话中实际出现重叠的话语的数目似乎很少；有的学者认为总体上少于 5%，而在像图 10.11 这样面向任务的对话中可能更少。如果说话人的谈话不重叠，那么他们也许在其他说话人说完之后会等一会再说，这种现象也是不多见的。话轮之间停顿的时间是非常短暂的，即使在多方话语中通常也少于几百毫秒。实际上，下一个说话人开动脑筋准备生成他们话段的时间就可能大于几百毫秒，这意味着在前一个说话人结束之前，说话人就已经开始准备他们下面的话段了。而如果真是如此，自然会话就可以假定：在大多数情况下，人们能够快速地领悟到谁将是下一个说话人，以及确切的说话时间。这种话轮转换的行为通常是"会话分析"领域的研究内容。

1974 年，Sacks（萨克思）等指出，至少在美国英语中，话轮转换的行为是受一组话轮转换规则制约的。这些规则被应用于"合适转换位置"（Transition-Relevance Place，TRP）。在这些位置的语言结构容许转换说话人。

话轮转换规则（turn-taking rule）由（a），（b），（c）三个子规则组成，每个话轮的每个合适转换位置应遵循这三个规则：

（a）如果在该话轮，目前的说话人已经选择 A 为下一个说话人，则下一个讲话的一定是 A；

（b）如果当前的说话人没有选择下一个说话人，那么其他的说话人可以在下一轮说话；

（c）如果没有其他人参加下一个话轮，当前的说话人可以接着参加下一个话轮。

在这个话轮转换规则中蕴涵着对话模型的许多重要结论。

首先，子规则（a）暗示，通过一些话段，说话人特意选定了下一个说话人。最明显的是问句，说话人通过问句来选择另一个说话人回答该问题。像问答（QUESTION-ANSWER）这样的两部分结构称为毗邻对（adjacency pair）；其他的毗邻对还有"问候"接"问候"（GREETING followed by GREETING）、"称赞"接"自谦"（COMPLIMENT followed by DOWNPLAYER）、"请求"接"准许"（REQUEST followed by GRANT）等。这些毗邻对和由它们建立的对话预期在对话模型中扮演着举足轻重的角色。

　　子规则（a）也对沉默（silence）的解释给出了暗示。尽管在任何话轮之后都可能出现沉默，但是那些紧跟着毗邻对第一部分而出现的沉默是有意义的沉默（significant silence）。例如，下面的例子在括号中给出停顿的时间（以秒计算）：

　　A：Is there something bothering you or not?　　（沉默 1.0 秒）

　　A：Yes or no?　　（沉默 1.5 秒）

　　A：Eh?

　　B：No.

因为 A 刚刚已经问了 B 一个问题，这时的沉默可以理解为拒绝，或也许是不喜欢回应（比如，对一个指责的请求说"不"）。相反，沉默在其他地方，例如说话人结束一个话轮之后的停顿，通常就不能这样理解。这些事实与口语对话系统的用户界面设计有关；语音识别器的速度慢，往往会导致用户受到对话系统中这些停顿的干扰而产生误解。

　　子规则（a）的另一个暗示是：说话人之间转换发生的地点不是任意的，合适转换位置通常出现在话段的边界。因此，口语对话和文本独白还有一个差别：口语的话段相当于书面文本的句子。口语话段与书面的句子还有许多方面的差别：口语话段常常较短，更可能是单一从句，口语话段的主语常常是代词而不是名词或名词短语，口语话段中充斥着停顿、修正、复述等。

　　口语对话和文本独白还有一个很重要的差别在于：尽管书面句子和段落之间相对说来是比较容易自动切分的，但是口语话段和话轮的切分却非常复杂。口语话段的边界识别是很重要的，因为许多计算对话模型都是以抽取的口语话段作为一个基本单元。切分问题是很困难的，因为一个单一的口语话段可能被扩展为几个话轮，或一个单一的口语话轮可能包括好几个更小的口语话段。

　　例如，在下面旅行智能代理和客户之间的对话片断中，旅行智能代理的话段展开为三个以上的话轮：

　　第一个话轮：

　　A：Yeah yeah the um let me see here we've got you on American flight time thirty eight.

　　C：Yep.

　　第二个话轮：

　　A：Leaving on the twentieth of June out of Orange County John Wayne Airport at seven thirty p. m.

C：Seven thirty.

第三个话轮：

A：And into uh San Francisco at eight fifty seven.

但是，在下面的例子中，三个话段在一个话轮里：

A：Three two three and seven five on. OK and then does he know there is a nonstop that goes from Dulles to San Francisco? Instead of connection through St. Louis.

话段切分的算法要根据许多边界线索来设计。这些线索是：

● 线索词(cue word)：例如 well，and，so 等，它们倾向于出现在话段的首尾处。

● N 元词或词性标记序列(N-gram word 或 POS sequence)：特定单词或词性标记序列往往预示着是边界的所在之处。例如，标注了特定的话段边界标记的训练集可用于训练 N 元语法，然后通过解码算法可以给标注的测试集找到最可能的话段边界。

● 韵律(prosody)：韵律的特征在话段话轮的切分中扮演着重要的角色，例如，音高、重音、短语最后延长和停顿音延等都可能是话段的边界。当然，话段和韵律单位(比如语调单位或语调短语)之间的关系是很复杂的。

在人与机器的对话中，话轮和话段之间的关系出现一对一的情形似乎多于上面讨论的在人与人对话中的情形。这可能是因为当前为了保证人机对话系统的简单性，研究人员不得不采用较简单的话段和话轮。

我们现在来讨论口语会话的共同基础(common ground)。

根据 Austin 提出的施行式话语的切当条件，对话区别于独白的另外一个重要特征是：对话是说话人和听话人共同的行为。这意味着，在对话中，说话人和听话人必须不断地建立共同基础，这个共同基础就是被对话双方都认可的事物的集合。

需要获得共同基础意味着听话人必须依靠或确认说话人已经说过的话段，或者说明他们之间达到共同基础但还存在问题。例如，研究单词 mm-hmm 在下面旅行代理人和客户的对话片断中的角色。

A：... returning on U.S. flight one one one eight.

C：Mm-hmm.

这里，单词 mm-hmm 是一个接续(continuer)，也常常称为反输(backchannel)或一个确认标记(acknowledgement token)。接续是一个短的话段，它确认前面话段的某些方面，常常提示其他说话人来继续该对话。通过让说话人知道该话段已经"到达"听话人，从而使接续/反输帮助说话人和听话人获得共同基础。接续只是听话人表明他相信他已经理解了说话人的用意的许多方法中的一种。

1998 年，Clark(克拉克)和 Schaefer(赛菲)讨论了五种接续的方法，按从弱到强的顺序排列为：

（1）继续关注（continued attention）：B 表明他将继续关注，说明他对 A 的陈述保持满意。

（2）相关邻接贡献（relevant next contribution）：B 开始邻接相关的贡献。

（3）确认（acknowledgement）：B 点头，或者说诸如 uh-huh，yeah 这样的接续话语，或者做一个诸如"很好"（That's great）这样的评价。

（4）表明（demonstration）：B 表明他已经理解 A 的所有陈述或部分陈述，例如，B 可以释义或重组 A 的话段，或者协作地完成 A 的话段。

（5）展示（display）：B 逐字地展示 A 的所有陈述或部分陈述。

下面的例子说明，通过 A 对 on the 11th 的重述，说明 A 已经理解了 C 的意思：

C_6：OK，I'll take the 115 flight on the night before on the 11th.

A_6：On the 11th?

对基于会话智能代理的电话系统来说，并不是所有的这五种方法都可以使用。例如，如果没有出现凝视（关注的视觉表征），那继续关注就不是一种选择。实际上，在处理基于语音界面的用户话段之后，如果系统没能给用户一个明显的确认信号，用户常常会感到困惑。

除了这些确认行为，听话人可以表明对前面话段的理解存在问题，例如通过发出一个修复请求（request for repair），比如下面的例子：

A：Why is that?

B：Huh?

A：Why is that?

使用这样的修复请求，可以表明听话人对于前面的话段还没有充分地理解。

会话的最后一个重要特性是对于话段的理解不仅仅是基于句子的字面意义。研究上面例子中客户的反应（C_2），重述如下：

A_1：And，what day in May do you want to travel?

C_2：OK，uh I need to be there for a meeting that's from the 12th to the 15th.

注意客户实际上并没有回答该问题。客户仅仅说在那段时间他要参加一个会议。通过语义解释器生成的这个句子的语义解释中只会简单地提及这次会议。那么，旅行代理人怎样才能推导出客户提及这次会议是为了告知旅行的时间呢？

再看看前面的会话样例中的另一个话段，旅行智能代理说：

... There's three non-stops today.

即使今天有七个直飞航班，这个陈述仍然可以为真，因为即使有七个直飞航班，通过实际界定也可能只有三个。而这里旅行代理人表示的是今天有三个并且不多于三个的直飞航班。客户如何才能推理出旅行代理人要表达的意思是只有三个（only three）直飞航班呢？

这两个例子都有一个共同点：在这两个例子中，说话人似乎都期望听话人能推导出某个结论，换言之，说话人交流的信息大于话段单词的字面所给出的信息。

现在，我们来讨论口语会话的另外一个特性：会话隐含（conversational implicature）。

1975 年，Grice（格赖斯）曾经用这类例子来支持他的会话隐含的理论。会话隐含意味着在会话中对允许的推理需要进行特殊分类。Grice 提出听话人之所以能够推出这些结论，是因为会话都需要遵循一套普遍准则，这些通用的启发式准则在会话话段的解释中起着指导作用。

Grice 提出了下面四个普遍准则：

● 数量准则（maxim of quantity）：提供与需求正好一致的信息。

（1）提供与需求一致的信息，以达到当前交流的目的；

（2）一定不要提供多于需求的信息。

● 质量准则（maxim of quality）：尽可能提供真实的信息。

（1）不要提供你认为是虚假的信息；

（2）不要提供那些你自己还缺乏足够证据的信息。

● 相关准则（maxim of relevance）：提供切题的信息。

● 方式准则（maxim of manner）：提供清楚的信息。

（1）避免模糊的表达；

（2）避免歧义；

（3）简短，避免不必要的啰嗦；

（4）有序。

正是数量准则（特别是数量准则（1））使听话人明白三个直飞航班与七个直飞航班不同。这是因为听话人假定说话人遵循该准则，因此如果说话人想表示七个直飞航班，他将说出七个直飞航班（与需求一致的信息）。相关准则使旅行智能代理明白客户想在 12 日旅行。旅行智能代理假定客户遵循相关准则，因此如果在对话的这一点会议是切题的，则客户就只需提及这个会议。而使这个会议相关的最自然的推理就是客户想让旅行智能代理明白他的出发时间要早于会议时间。

口语会话的这三个特性（话轮转换、共同基础和隐含）在下面关于对话行为、对话结构和对话管理的讨论中将发挥重要的作用。

对话行为的研究是建立在 Austin 和 Searle 的言语行为理论的基础之上的。

但是最近的研究工作，特别是计算机自动对话系统的建立，已经在很大程度上扩展了言语行为这个概念，从而把言语行为的研究建立在话段所能扮演的更多类型的会话功能之上。这种被丰富了的言语行为，称为对话行为（dialogue act）或会话行动（conversational moves）。最近正在努力实施的一个对话行为标注方案叫作"对话行为多层置标语言"

（Dialogue Act Markup in Several Layers，DAMSL）体系，DAMSL 体系编录了话段各种层次的对话信息。其中向前功能（forward looking function）和向后功能（backward looking function）两层，是对言语行为的扩展，它扩展了像我们前面提及的毗邻对这样的对话结构概念以及对话共同基础和对话修复的概念。尽管 DAMSL 标记集是有层级的，并且只集中于对在面向任务的对话中容易发生的那些类型的对话行为的处理，不过，话段的向前功能仍然与 Austin 和 Searle 的言语行为理论有着密切的对应关系，请看表 10.1 中话段向前功能标记的解释。

表 10.1　DAMSL 中话段的向前功能标记

话段的向前功能标记	标记的解释
STATEMENT	a claim made by the speaker（说话人的声明）
INFO-REQUEST	a question by the speaker（说话人的提问）
CHECK	a question for confirming information（确认信息的提问）
INFLUENCE-ON-ADDRESSEE	＝Searl's directives（＝Searl 的指令式）
OPEN-OPTION	a weak suggestion or listing of options（不充分的建议或列出选项）
ACTION-DIRECTIVE	an actual command（行动的命令）
INFLUENCE-ON-SPEAKER	＝Austin's commissives（＝Austin 的承诺式）
OFFER	speaker offers to do something（subject to confirmation）（说话人提议做某事而得到确认）
COMMIT	speaker is committed to do something（说话人全力以赴去做某事）
CONVENTIONAL	other（其他）
OPENING	greetings（欢迎）
CLOSING	farewells（再见）
THANKING	thanking and responding to thanks（谢谢和回应谢谢）

　　从表 10.1 中可以看出，话段向前功能中的标记 INFLUENCE-ON-ADDRESSEE 相当于 Searl 的指令式，话段向前功能中的标记 INFLUENCE-ON-SPEAKER 相当于 Austin 的承诺式。

　　DAMSL 的向后功能集中于对其他说话人发出的前述话段的话段关系的表示，如表 10.2 所示。这包括接受或拒绝的建议（因为 DAMSL 重点研究面向任务对话），以及前面提及的对话的共同基础和对话修复行为。

　　图 10.12 给出的是采用 DAMSL 向前和向后功能标记标注后的样例会话。

表 10.2　DAMSL 中话段的向后功能标记

话段的向后功能标记	标记的解释
AGREEMENT	speaker's response to previous proposal（说话人对前面提议的回应）
ACCEPT-PART	accepting the proposal（接受提议）
MAYBE	accepting some part of the proposal（接受部分提议）
REJECT-PART	neither accepting nor rejecting the proposal（既不接受也不反对提议）
REJECT	rejecting some part of the proposal（反对部分提议）
HOLD	rejecting the proposal（反对提议）
ANSWER	putting off response, usually via subdialogue（常常通过子对话来推迟反应）
UNDERSTANDING	answering a question（回答提问）
SIGNAL-NON-UNDER	whether speaker understood previous（说话人是否理解了会话的前面部分）
SIGNAL-UNDER	speaker didn't understand（说话人不理解）
ACK	speaker did understand（说话人已理解）
REPEAT-REPHRASE	demonstrated via continuer or assessment（通过接续或评价来表态）
COMPLITTION	demonstrated via collaborative completion（通过协同完成来表态）

[ASSERT]	C_1: ... I need to travel in May.
[INFO-REQ, ACK]	A_1: And, what day in May do you want to travel?
[ASSERT, ANSWER]	C_2: OK uh I need to be there for a meeting that's from the 12th to the 15th.
[INFO-REQ, ACK]	A_2: And you're flying into what city?
[ASSERT, ANSWER]	C_3: Seattle.
[INFO-REQ, ACK]	A_3: And what time would you like to leave Pittsburgh?
[CHECK, HOLD]	C_4: Uh-hmm I don't think there's many options for non-stop.
[ACCEQP, ACK]	A_4: Right. There's three non-stops today.
[ASSERT]	
[INFO-REQ]	C_5: What are they?
[ASSERT, OPEN-OPTION]	A_5: The first one departs PGH at 10:00 a.m. arrives Seattle at 12:05 their time. The second flight departs PGH at 5:55 p.m., arrives Seattle at 8:00 p.m.. And the last flight departs PGH at 8:15 p.m. arrives Seattle at 10:28 p.m..
[ACCEQP, ACK]	C_6: OK, I'll take the 115 flight on the night before on the 11th.
[CHECK, ACK]	A_6: On the 11th?
[ASSERT, ACK]	OK. Departing at 5:55 p.m. arrives Seattle at 8:00 p.m., U.S. Air flight 115.
[ACK]	C_7: OK.

图 10.12　图 10.11 样例会话的 DAMSL 标注

上面我们介绍了话段能够实施的对话行为以及其他行为。现在我们来讨论对这些行为的识别或解释问题。也就是说,我们如何来确定一个给定的输入是 QUESTION(疑问),是 STATEMENT(陈述),是 SUGGEST(建议,相当于 Searle 的指令式),还是 ACKNOWLEDGEMENT(承认)呢?

乍一看,这个问题似乎很简单。我们知道,英语中的是非疑问句具有助动词倒置(aux-inversion)的特点,英语中的陈述句具有直陈式句式(没有助词倒置)的特点,英语中的命令句具有祈使句式(没有句法上的主语)的特点。如例(e)所示:

(e) YES-NO-QUESTION   Will breakfast be served on USAir 1557?

                     (美国联航 1557 供应早餐吗?)   →这是一个是非疑问句。

     STATEMENT   I don't care about lunch.

                     (我不关心午餐。)   →这是一个陈述句。

     COMMAND   Show me flights from Milwaukee to Orlando on Thursday night.

                     (请告诉我星期四晚上从 Milwaukee 到 Orlando 的航班。)

                                       →这是一个祈使句。

从例(e)来看,似乎知道了输入句子的表面句法特征,我们就可以轻而易举地判定这个句子是 Austin 所说的"以言表意行为"(locutionary act)中究竟表达的是什么意思。然而,在会话智能代理中,事实往往不是这么简单。表面句法形式和"以言表意行为"所表示的意义之间的对应关系并不是十分明显,有时甚至不是一一对应的。

例如,下面客户对"航空对话系统 ATIS"说的句子(f),看起来像一个是非疑问句,表示类似"Are you capable of giving me a list of …?"("你可以给我一个……列表吗?")的意思:

(f) Can you give me a list of the flights from Atlanta to Boston?

然而,事实上,这个客户感兴趣的并不是 ATIS 系统是否能够给出这样一个列表(list),而是一个 REQUEST(要求)的礼貌表达,相当于 Searle 所说的指令式,表示的意思更接近于"Please give me a list of …"(请给我一个……列表)。因此,这个句子表面上看起来像一个 QUESTION(提问),而实际上却是一个 REQUEST(请求)。

类似地,有的句子表面上看起来像一个 STATEMENT(陈述),而实际上是 QUESTION(提问)。

还有一种常见的疑问句,称为 CHECK(核对)疑问句,用于要求另一个说话人确认某些只有他才知道的事情。这种 CHECK 疑问句实际上是 Searle 所说的指令式的陈述句,但它们具有疑问句的表面形式,比如下面从旅行代理人会话中摘录的用粗体字表示的话段:

A OPEN-OPTION   **I was wanting to make some arrangements for a trip that I'm going to be taking uh to LA uh beginning of the week after next.**

B HOLD   **OK, uh let me pull up your profile and I'll be right with you** here.［pause］

B　CHECK　　　　　And you said you wanted to travel next week?

A　ACCEPT　　　　Uh yes.

采用陈述句的形式提出疑问，或采用疑问的形式发出请求，都被称为间接的言语行为（indirect speech act）。如何才能使"Can you give me a list of the flights from Atlanta to Boston?"（你能给我一个从 Atlanta 到 Boston 的航班列表吗?）这样形式上的是非疑问句实际上对应于"以言表意行为"的 REQUEST（请求）。

解决这种问题的一种方法是使用连续的习语集。在这种连续集的习语集中，假定像"Can you give me a list?"或"Can you pass the salt?"这样具有歧义的句子，一个是字面作为 YES-NO-QUESTION 句（是非疑问句）的意义，另一个是惯用的作为 REQUEST（请求）的意义。英语的语法可以简单地把 REQUEST 作为"Can you X"的一个意义。

这种方法存在一个问题就是：实施一个间接请求的方式可能有很多种，而每种方式表面的语法结构可能会有细微的差别。由于这种语法结构的细微差别，我们就不得不把 REQUEST 的意义添加给许多不同的表达。

与使用连续的习语集方法不同的另一种方法是使用推理。主张使用推理方法的学者认为，像"Can you give me a list of flights from Atlanta?"（你可以给我从 Atlanta 出发的一个航班列表吗?）这样的句子是没有歧义的，这种句子表示的意思就是"Do you have the ability to give me a list of flights from Atlanta?"（你有没有能力给我从 Atlanta 出发的一个航班列表?）的意思。指令式的言语行为"Please give me a list of flights from Atlanta."（请给我从 Atlanta 出发的一个航班列表。）是由听话人通过推理得出的。

通过推理方法来解释对话行为有两种模型：一种叫作基于计划推理（plan-inference based）的对话行为解释模型，另一种叫作基于习语提示（cue based）的对话行为解释模型。

我们先讨论基于计划推理的对话行为解释模型。

对话行为解释的计划推理方法是由 Gordon（郭尔东）和 Lakoff（雷科夫）以及 Searle 最早提出来的。他们注意到存在一种对应于事件类型的结构，通过这些事件类型说话人可以发出间接请求。特别是，他们注意到说话人可以提及或询问所期望行为的各种非常特定的属性以发出间接请求，这里是从 ATIS 语料库摘录的部分例子：

（1）说话人可以对听话人实施该行为的能力提出疑问。

● Can you give me a list of the flights from Atlanta to Boston?

● Could you tell me if Delta has a hub in Boston?

● Would you be able to, uh, put me on a flight with Delta?

（2）说话人可以提及自己对该行为的希望或期望。

● I want to fly from Boston to San Francisco.

● I would like to stop somewhere else in between.

● I'm looking for one way flights from Tampa to Saint Louis.

● I need that for Tuesday.

● I wonder if there are any flights from Boston to Dallas.

(3) 说话人可以提及听话人来做该行为。

● Would you please repeat that information?

● Will you tell me the departure time and arrival time on this American flight?

(4) 说话人可以对自己是否被容许接受该行为的结果提出疑问。

● May I get a lunch on flight U A two one instead of breakfast?

● Could I have a list of flights leaving Boston?

基于这样的认识,Searle 提出了听话人在听到句子"Can you give me a list of the flights from Atlanta to Boston?"(你能给我一个从 Atlanta 到 Boston 的航班列表吗?)时的推理链 (inference chain),它类似于下面的描述:

(1) X 问我一个关于我是否具有给出航班列表能力的问题。

(2) 我认为在会话中 X 是协作的,因此他的话段具有一定的目的。

(3) X 知道我具备给出这样一个列表的能力,并不存在 X 对我的列表能力产生纯理论兴趣的其他原因。

(4) 因此 X 的话段可能有一些隐藏的示意点。这些隐藏的示意点可能是什么呢?

(5) 指令式言语行为的准备条件是听话人具备实施该行为的能力。

(6) X 问我的问题是:我对给他一个航班列表的行为是否有准备。

(7) 而且,X 和我在会话的情形下,给出航班列表是一个普通和预期的行为。

(8) 因此,在缺少任何其他合理的以言表意的行为时,X 可能是请求我给他一个航班列表。

这种推理方法具有许多优点。首先,它解释了为什么"Can you give me a list of flights from Boston?"是给出间接请求的合理方式,而"Boston is in New England"不是。其原因在于:前者提及期望行为的一个先决条件,并且从该先决条件到该期望的行为本身有一个合理的推理链。

根据 Grice(格赖斯)的"会话隐含"(conversational implicature)理论,口语会话中普遍存在会话隐含。因此,系统常常需要从用户隐含的会话中,利用用户的信念(belief)、期望(desire)和意图(intention)等信息进行语用推理(pragmatic inference),从而解释会话中隐含的意义,理解用户向智能代理所表达的"告知"(inform)或"请求"(request)的真实意义。

关于推理方法的建模问题,Allen(艾伦),Cohen(柯恩)和 Perrault(佩罗尔特)都发表了许多有影响的论文,他们提出了"信念-期望-意图模型"(Belief, Desire and Intention Model,简称 BDI 模型)。BDI 模型是一个建立在言语行为理论基础之上的语用自动处理的形式模型。

首先,我们来介绍 BDI 模型中对"信念"和"期望"的形式化定义。

1. "信念"的形式化定义

BDI 模型把"S 相信命题 P"表示为二元谓词 $B(S,P)$,其中的 B 表示"信念"(belief)。

关于"信念"的推理可以通过一些公理来实现。

例如,"A 相信命题 P,并且 A 相信命题 Q,则 A 相信命题 P 和 Q"这个公理可以形式地定义为

$$B(A,P) \wedge B(A,Q) \quad \Rightarrow \quad B(A,P \wedge Q)$$

在 BDI 模型中,"知识"(knowledge)被看成"真的信念"(true belief)。因此,"知识"就是一种"信念";S 具有"知识",就意味着 S"知道某种命题";这样一来,我们就可以利用"知道"(know)来描述"信念"(belief)。

"S 知道命题 P"(S knows that P)可表示为 $KNOW(S,P)$,其含义是"存在某个命题 P,并且 S 相信这个命题 P",可以形式地定义为

$$KNOW(S,P) \equiv P \wedge B(S,P)$$

除了"知道是"(knowing that)之外,还需要定义"知道是不是"(knowing whether)。"如果 S KNOWs that P 或 S KNOWs that $\neg P$,那么,S knows whether(KNOWIF)命题 P 为真"可形式地定义为

$$KNOWIF(S,P) \equiv KNOW(S,P) \vee KNOW(S, \neg P)$$

其中,$KNOW(S, \neg P)$ 表示"S 知道不是 P"。

KNOW 和 KNOWIF 都是"信念"的不同表达方式,它们都属于"信念"的范畴。

2. "期望"的形式化定义

BDI 模型对于"期望"的形式化定义是基于谓词 WANT(想要)的,因此我们可以用谓词 WANT 或 W 来定义期望。

智能代理 S 期望 P 为真,可形式地定义为

$$WANT(S,P) \quad 或 \quad W(S,P)$$

其中,W 是 WANT 的简写,P 可以是一些行为的状态或实施动作。

因此,如果 ACT 是一个行为的名称,那么

$$W(S,ACT(H))$$

表示"S 想要让 H 来实施行为 ACT"。

由此可见,与"信念"的形式化定义一样,表示"期望"的谓词 WANT 的逻辑也是建立在公理的基础之上的。

BDI 模型需要对行为和计划进行形式化描述,因此,需要使用公理化方案(axiomatic scheme),最简单的公理化方案要根据"行为方案"(action schema)来建立。

每个行为方案都有一个参数集,包括对于每个变量类型的"约束"(constraints)以及行为的"前提"(precondition)、"效果"(effect)和"实体"(body):

- precondition:表示成功地实施某种言语行为必须为真的那些条件。
- effect:表示成功地实施某种言语行为之后,结果变为真的那些条件。
- body:表示在实施某种言语行为的过程中,必须达到的部分有序的目标。

例如,在旅行领域中,智能代理 A(Agent)为客户 C(Client)预订航班 F(Flight)这样的行为方案 BOOK-FLIGHT,可以形式地定义如下:

BOOK-FLIGHT(A,C,F):

Constraints: Agent(A) ∧ Client(C) ∧ Flight(F)

Precondition: KNOW(A, departure-date(F)) ∧ KNOW(A, departure-time(F))

∧ KNOW(A, origin-city(F)) ∧ KNOW(A, destination-city(F))

∧ KNOW(A, flight-type(F)) ∧ Has-Seats(F) ∧ W(C, (BOOK(A, C,

F)))) ∧ …

Effect: Flight-Booked(A,C,F)

Body: Make-Reservation(A,C,F)

在这个行为方案 BOOK-FLIGHT 中,约束的变量类型有 A,C 和 F;成功实施这个行为的"前提"是:A 知道 F 的出发日期[departure-date(F)]、出发时间[departure-time(F)]、出发城市[origin-city(F)]、到达城市[destination-city(F)]、航班类型[flight-type(F)]、座位[Has-Seats(F)],这些属于"前提"中"信念"的范畴,这个"前提"的"期望"是:C 预定到符合条件的航班[W(C,(BOOK(A,C,F)))];成功地实施这种行为之后的"效果"是:A 为 C 预定到航班 F[Flight-Booked(A,C,F)];在实施这种行为中达到的目标,也就是该行为的"实体"是:A 为 C 进行航班预定[Make-Reservation(A,C,F)]。

显而易见,这样的行为方案既是"以言表意"的言语行为(locutionary act),也是"以言行事"(illocutionary act)和"以言取效"的言语行为(perlocutionary act)。这是"言语行为理论"的形式化描述。

下面我们对三种与间接请求有关的言语行为方案(INFORM, INFORMIF, REQUEST)做出形式化的定义。

INFORM 是告知听话人某些事情的言语行为。"说话人 S(Speaker)告知(inform)听话人 H(Hearer)某些事情"是通过"让听话人相信说话人想让他们知道(know)一些命题 P(Propositions)"来实现的。

言语行为方案 INFORM 可形式地定义如下:

INFORM(S,H,P):

Constraints: Speaker(S) ∧ Hearer(H) ∧ Proposition(P)

Precondition：KNOW(S,P) ∧ W(S,INFORM(S,H,P))

Effect：　　　KNOW(H,P)

Body：　　　 B(H,W(S,KNOW(H,P)))

在这个言语行为方案 INFORM 中,约束的变量类型有 S,H 和 P;成功实施这个言语行为的"前提"是:S 知道 P[KNOW(S,P)],并且 S 期望把命题 P 告知 H[W(S,INFORM(S,H,P))];成功地实施这种言语行为之后的"效果"是:H 知道了 P[KNOW(H,P)];在实施这种言语行为中达到的目标,也就是该言语行为的"实体"是:H 相信 S 期望 H 知道 P[B(H,W(S,KNOW(H,P)))]。

INFORMIF 是用于告知听话人命题是否为真的言语行为;与 INFORM 类似,"说话人INFORMIF 听话人"是通过"让听话人相信说话人想让他们 KNOWIF 一些事情"来实现的,可形式地定义如下:

INFORMIF(S,H,P)：

Constraints：Speaker(S) ∧ Hearer(H) ∧ Proposition(P)

Precondition：KNOWIF(S,P) ∧ W(S,INFORM(S,H,P))

Effect：　　　KNOWIF(H,P)

Body：　　　 B(H,W(S,KNOWIF(H,P)))

在这个言语行为方案 INFORM 中,约束的变量类型有 S,H 和 P;成功实施这个言语行为的"前提"是:S KNOWIF P[KNOWIF(S,P)],并且 S 期望把命题 P 告知 H[W(S,INFORM(S,H,P))];成功地实施这种言语行为之后的"效果"是:H KNOWIF P[KNOWIF(H,P)];在实施这种言语行为中达到的目标,也就是该言语行为的"实体"是:H 相信 S 期望 H KNOWIF P[B(H,W(S,KNOWIF(H,P)))]。

REQUEST 是说话人请求听话人实施某些行为的言语行为,可形式地定义如下:

REQUEST(S,H,ACT)：

Constraints：Speaker(S) ∧ Hearer(H) ∧ ACT(A) ∧ H is agent of ACT

Precondition：W(S,ACT(H)

Effect：　　　W(H,ACT(H))

Body：　　　 B(H,W(S,ACT(H)))

在这个言语行为方案 REQUEST 中,约束的变量类型有 S,H 和 ACT,并且 H 是言语行为 ACT 的智能代理;成功实施这个言语行为的"前提"是:S 期望 H 做某种行为 ACT[W(S,ACT(H)];成功地实施这种言语行为之后的"效果"是:H 期望 H 做某种行为 ACT[W(H,ACT(H))];在实施这种言语行为中达到的目标,也就是该言语行为的"实体"是:H 相信 S 期望 H 做某种行为[B(H,W(S,ACT(H)))]。

显而易见,REQUEST 这样的言语行为属于 Searle 提出的指令式言语行为。

上述形式化的定义涉及的只是"表面层的行为"（surface-level act）。这些表面层行为对应于自然语言中的命令式、疑问式和陈述式结构的"字面意义"（surface meaning）。在计算语用学中，我们要透过字面意义，推导出隐藏在"字面意义"之后的"真实意义"（authentic meaning），因此，我们还需要进一步说明从字面意义到真实意义的推导机制。

下面，我们来看一看，如何从字面意义出发，通过一系列的推理链，一步一步地推导出字面意义后面隐藏着的真实意义。

例如，"表面层"行为 S. REQUEST 生成命令式的话段：

S. REQUEST(S, H, ACT)：

  Effect：B(H, W(S, ACT(H)))

S. REQUEST 中的 S 表示"表面层"（surface），其"效果"（effect）与常规的 REQUEST 的"实体"（body）是一致的。发出 REQUEST（请求）的"字面意义"是听话人推理链的起点，听话人要从这样的"字面意义"出发来推导其"真实意义"。

"说话人 S 请求听话人 H 让说话人 S 知道是否听话人 H 能够给说话人 S 一个列表"可表示如下：

S. REQUEST(S, H, InformIf(H, S, CanDo(H, Give(H, S, LIST))))

对于这样的表面层行为的字面意义，其真实意义是："听话人 H 需要领会到说话人 S 实际上是向他发出一个请求，请听话人 H 给说话人 S 一个列表"，可以表示如下：

REQUEST(H, S, Give(H, S, LIST))

从"说话人 S 请求听话人 H 告知说话人 S 是否给他一个列表"到"听话人 H 领会到说话人 S 让听话人 H 给说话人 S 一个列表"的推理链，从常识上看是"貌似合理"的（plausible），这是一种"貌似合理的推理链"（plausible inference chain）。

BDI 模型中的这种"貌似合理的推理链"是采用基于"计划推理"（Plan Inference, PI）的启发式规则（heuristic rules）来实现的。

BDI 模型中采用的基于"计划推理"的启发式规则如下：

● 行为-效果规则（Action-Effect Rule, PI. AE 规则）：对所有行为人 S 和 H，如果 Y 是行为 X 的效果，并且如果 H 相信 S 想实施 X，则 H 相信 S 想获得 Y 是合理的。

● 前提-行为规则（Precondition-Action Rule, PI. PA 规则）：对所有行为人 S 和 H，如果 X 是行为 Y 的前提，并且如果 H 相信 S 想获得 X，则 H 相信 S 想实施 Y 是合理的。

● 实体-行为规则（Body-Action Rule, PI. BA 规则）：对所有行为人 S 和 H，如果 X 是 Y 的实体的一部分，并且如果 H 相信 S 想实施 X，则 H 相信 S 想实施 Y 是合理的。

● 知道-期望规则（Know-Desire Rule, PI. KD 规则）：对所有行为人 S 和 H，如果 H 相信 S 想 KNOWIF(P)，则 H 相信 S 想让 P 为真。当然，这样的推理在逻辑上是否合理尚待进一步证实，因此，它只是一个"貌似合理的推理链"。这个"貌似合理的推理链"可表示如下：

$$B(H,W(S,KNOWIF(S,P))) \stackrel{plausible}{\Rightarrow} B(H,W(S,P))$$

● 扩展推理规则（Extended Inference Rule, EI 规则）：如果 $B(H,W(S,X)) \stackrel{plausible}{\Rightarrow} B(H,W(S,Y))$ 是一个 PI 规则，那么

$$B(H,W(S,B(H,(W(S,X))))) \stackrel{plausible}{\Rightarrow} B(H,W(S,B(H,(W(S,Y)))))$$

也是一个 PI 规则。这意味着，我们可以把 $B(H,W(S))$ 放置在任何计划推理规则之前。

现在，让我们看看如何应用这些计划推理启发式规则来解释例句"Can you give me a list of flights from Atlanta?"（你是否能够给我一个从 Atlanta 起飞的航班列表?）的间接言语行为，最后得到字面意义后面隐藏着的真实意义。

计划推理的过程如下：

规则	步骤	结果
	0	S. REQUEST(S,H,InformIf(H,S,CanDo(H,Give(H,S,LIST))))
PI. AE	1	B(H,W(S,InformIf(H,S,CanDo(H,Give(H,S,LIST)))))
PI. AE/EI	2	B(H,W(S,KnowIf(H,S,CanDo(H,Give(H,S,LIST)))))
PI. AE/EI	3	B(H,W(S,CanDo(H,Give(H,S,LIST))))
PI. PA/EI	4	B(H,W(S,Give(H,S,LIST)))
PI. BA	5	REQUEST(H,S,Give(H,S,LIST))

其中步骤 0 的位置给出了说话人最初的言语行为，听话人最初把它解释为一个提问，因此，我们有

S. REQUEST(S,H,InformIf(H,S,CanDo(H,Give(H,S,LIST))))

然后，步骤 1 利用计划推理的"行为-效果规则（PI. AE）"，这个规则表示：对所有行为人 S 和 H，如果 Y 是行为 X 的效果（H 给 S 一个航班表），并且如果 H 相信 S 想实施 X，则 H 相信 S 想获得 Y 是合理的。因此，我们有

B(H,W(S,InformIf(H,S,CanDo(H,Give(H,S,LIST)))))

步骤 2 再次利用"行为-效果规则（PI. AE）"，表示如果说话人 S 想要 InformIf，并且 KnowIf 是 InformIf 的效果，则说话人 S 可能也想要 KnowIf，因此，我们有

B(H,W(S,KnowIf(H,S,CanDo(H,Give(H,S,LIST)))))

步骤 3 在"行为-效果规则（PI. AE）"的基础上，再添加一个重要的推理：人们通常不询问他们不感兴趣的事；所以，如果说话人 S 询问某件事（本例中为 CanDo）是否为真，则说话人 S 可能想让这件事（CanDo）为真，因此，我们有

B(H,W(S,CanDo(H,Give(H,S,LIST))))

步骤 4 利用"前提-行为规则（PI. PA）"，这个规则表示：对所有行为人 S 和 H，如果 X 是行为 Y 的前提，并且如果 H 相信 S 想获得 X，则 H 相信 S 想实施 Y 是合理的。由于事实 CanDo(ACT) 是 (ACT) 的前提，可以做出这样的推理：如果说话人 S 想获得一个行为（本例中

为 Give)的前提(CanDo),则说话人 S 想实施该行为(本例中为 Give)是合理的,因此,我们有
B(H,W(S,Give(H,S,LIST)))))

最后,步骤 5 利用"实体-行为规则(PI.BA)",这个规则表示:对所有行为人 S 和 H,如果 X 是 Y 的实体的一部分,并且如果 H 相信 S 想实施 X,则 H 相信 S 想实施 Y 是合理的;所以,如果听话人 H 想让说话人 S 知道说话人 S 想让他实施一个行为(本例中为 Give),则听话人 H 可能 REQUEST(请求)说话人 S 实施该行为(本例中为 Give),因此,我们有 REQUEST(H,S,Give(H,S,LIST)),最后得到祈使句"Please give me a list of flights from Atlanta"(请你给我一个从 Atlanta 起飞的航班列表)。

因此,"Can you give me a list of flights from Atlanta"这个句子表面上看起来像一个 QUESTION(提问),这在语言学上是一个疑问句,而实际上却是一个 REQUEST(请求): "Please give me a list of flights from Atlanta",这在语言学上是一个祈使句。

上面我们说明了言语理解中的计划推理方法,从疑问句"Can you give me a list of flights from Atlanta"推出了祈使句"Please give me a list of flights from Atlanta"。在这个推理过程中的许多细节我们都忽略了,这些细节包括一些必需的公理,以及确定采用哪个推理规则的机制等等。所以,上述的说明只是计划推理过程的一个粗略的描述而已。

现在,我们来讨论基于习语提示(cue based)的对话行为解释模型。

解释对话行为的计划推理方法是特别强有力的;通过采用丰富的知识结构和强大的计划推理技术,这种方法甚至可以用于解决对话行为很多微妙的问题。

计划推理方法的缺点是耗费太高,无论是从计划推理的启发式规则所花费的人工来看,还是从这些启发式规则在系统中运行的时间来看,都是如此。实际上,由于计划推理方法容许所有可能类型的非语言推理在对话处理中发挥作用,因此,这种方法的完整的应用是一个 "AI 完全问题"。AI 完全问题是指那些在没有解决生成完全的人工智能的整个问题之前,不可能真正解决的问题。

因此,对于许多应用来说,较简单但更有效的数据驱动的方法可能就足够满足需要了。这类方法中的一种就是基于习语提示的对话行为解释模型。我们知道,在这种基于习语方法中,像"Can you give me a list of flights from Atlanta"这样的句子具有两种字面的意义:一种是"提问",而另一种是"请求"。这可以通过对像"Can you X"这样的句子结构添加两种意义而在语法中加以实现。

在对话行为的理解中,许多研究者都采用了基于提示的方法。基于提示的模型之间的不同在于辨别对话行为时所采用提示知识源的不同。例如,可以采用词汇、搭配、句法、韵律或对话结构等不同的提示知识源。我们将描述的方法采用的是有监督的机器学习的算法,利用对每个话段都添加了手工标注的对话行为的语料加以训练。至于采用哪些提示取决于每个系统的需要。这样一来,每一个不同的对话行为常常具有它自己特定的"微语法"

(microgrammar)，以及特定的词汇、搭配和韵律特征。

例如，Jurafsky(朱夫斯凯)等对话行为解释系统就使用了下面的三个信息源：

(1) 单词和搭配(Words and Collocation)：please 或 would you 是 REQUEST(请求)的有效提示，而 are you 是 YES-NO-QUESTION(是非疑问句)的有效提示。

(2) 韵律(Prosody)：上升音高是 YES-NO-QUESTION(是非疑问句)的有效提示。响度或重音可以帮助区分 yeah 是 AGREEMENT(同意)还是 BACKCHANNEL(反输)。

(3) 会话结构(Conversational Structure)：SUGGEST(建议)之后的 yeah 可能是 AGREEMENT(同意)，而 INFORM(通知)之后的 yeah 可能是 BACKCHANNEL(反输)。

前面我们集中讨论了如何通过基于计划的方法得出一个表面的 QUESTION(提问)具有 REQUEST(请求)的行事语力(illocutionary force)。现在，我们将研究一种不同类型的间接请求：CHECK(核实)。

在会话智能代理中，CHECK 是请求对话者确认某些信息提问的一种类型；这些信息既可能是在前面对话中明显提及的信息，也可能是从对话者所说推导出来的信息。在下面的例子中，CHECK 用粗体字表示：

A：OPEN-OPTION　I was wanting to make some arrangements for a trip that I'm going to be taking up to LA uh beginning of the week after next.

B：HOLD　OK uh let me pull up your profile and I'll be right with you here. 〔pause〕

B：CHECK　**And you said you wanted to travel next week**?

A：ACCEPT　Uh yes.

英语中 CHECK 可能的实际例子还有：

(1) 用附加疑问句来核实。

U：**And it's gonna take us also an hour to load boxcars right**?

S：Right.

(2) 用陈述疑问句来核实，通常采用升调。

A：And we have a powerful computer down at work.

B：Oh (laughter).

B：**So, you don't need a personal one (laughter)**?

A：No.

(3) 用片断疑问句来核实，构成句子的单元，例如词、名词短语、从句等。

G：Ehm, curve round slightly to your right.

F：**To my right**?

G：Yes.

如上面的例句所示,对 CHECK(核实)的研究表明它们常常是陈述句结构(即没有助词倒置),它们倾向于采用升调,并且它们常常带有疑问附加,如上例(1)中的 right。它们也常常被实现为带有升调的"片断",构成句子的单词或短语。在 Switchboard 语料中,CHECK 的 REFORMULATION(重组)子类具有非常特殊的微语法:陈述句的词序,常以 you 为主语(31%),常以 so 或 oh 为句子开始(20%),有时以 then 结束。

下面是一些例句:

Oh so you're from the Midwest too.

So you can steady it.

You really rough it then.

进行对话行为解释的这两种方法(基于计划推理的方法和基于提示的方法)各有优缺点。基于提示的方法可能更适合于需要相对浅层对话结构的系统,这样的系统可以通过大规模语料训练而得到。如果需要语义解释,则基于提示的方法还需要采用语义解释来加以扩充。基于计划推理的方法可能更适合于那些需要复杂推理的情形。

我们可以通过连贯关系集来确定话语的连贯。为了确定话语所具有的连贯关系,系统必须对这些关系施加话段信息(information)的约束。我们把这种观点称为处理连贯关系的"信息方法"(informational approach)。从历史上看,这种信息方法主要应用于独白。

前面我们讨论了 BDI 模型中的 B(信念)和 D(期望),现在来讨论 I(意图)。

话段解释的 BDI 方法导致我们可以用另一种观点来研究"连贯关系"(coherence relation),我们称之为"意图方法"(intentional approach)。我们可以把意图方法看成是 BDI 模型的一个组成部分。

根据意图方法,话段被理解为言语行为,需要听话人推测基于计划的说话人的意图,这是确立连贯关系的基础。意图方法主要应用于研究对话(dialogue)。

我们这里所描述的这种意图方法归功于 Grosz(格罗斯)和 Sidner(席德讷),他们认为话语可以表示为三个相互关联的部分:语言结构(linguistic structure)、关注状态(attentional state)、意图结构(intentional structure)。话语是这三个部分组成的混合体。

语言结构包括话语中的话段,分成话语片断的层级结构。

关注状态是话语在每一点具有显著性的对象、属性和关系的动态变化的模型。

这里我们将集中讨论意图方法中的第三个部分,也就是意图结构。

意图结构的基本思想是把话语与该话语行为的发起人所持有的潜在的目的联系在一起,这个目的称为"话语目的"(Discourse Purpose,DP)。同样,话语中的每个话语片断也有一个相应的目的,称为"话语片断目的"(Discourse Segment Purpose,DSP)。在实现话语的 DP 时,其中的每个 DSP 都有一个与该话语片断相对应的角色。

下面所列的是 Grosz 和 Sidner 给出的一些可能的 DP/DSP:

（1）某些行为人企图实施某些实际任务的意图。

（2）某些行为人相信某些事实的意图。

（3）某些行为人相信一个事实支持另外一个事实的意图。

（4）某些行为人企图识别一个对象（现存的物理对象、虚构对象、计划、事件和事件序列）的意图。

（5）某些行为人知道一个对象的某些属性的意图。

为了确立连贯，学者们提出和描述了大量的连贯关系，可是，Grosz 和 Sidner 在他们的研究中，只采用了两种关系：一种是"支配"（dominance）关系，一种是"优先满足"（satisfaction-precedence）关系。

如果满足 DSP_2 的目的是为 DSP_1 的满足提供部分基础，那么，我们就说"DSP_1 支配 DSP_2"。

如果 DSP_1 必须在 DSP_2 之前被满足，那么，我们就说"DSP_1 优先满足于 DSP_2"。

作为示例，让我们回过头去研究图 10.10 中客户（C）和旅行代理人（A）之间的对话。

在这个客户（C）和旅行智能代理（A）之间的电话对话的片断中，作为客户的打电话者要和旅行智能代理共同协作才可能成功地找出满足打电话者所需的航班。实现这个共同目标需要满足顶层的话语意图，这个意图用 I1 表示，其他为 I1 满足提供基础的几个中间意图用 I2～I5 列出：

I1：(Intend C (Intend A (A find a flight for C)))

I2：(Intend A (Intend C (C Tell A departure date)))

I3：(Intend A (Intend C (C Tell A destination city)))

I4：(Intend A (Intend C (C Tell A departure time)))

I5：(Intend C (Intend A (A find a nonstop flight for C)))

意图 I2～I5 都从属于意图 I1，因为它们都是实现意图 I1 的前提。这可以表示为下面的支配关系：

I1 支配 I2；

I1 支配 I3；

I1 支配 I4；

I1 支配 I5；

而且，意图 I2 和 I3 必须在意图 I5 之前被满足，因为为了给客户（C）找到直飞航班，智能代理（A）需要知道出发时间和目的地。这可以表示为下面的优先满足关系：

I2 优先满足于 I5；

I3 优先满足于 I5。

根据支配关系可以从上面的对话中导出图 10.13 所示的话语结构。图 10.13 将前面的

图 10.11 中的每个话轮与它所对应的话语片段(Discourse Segment,DS)联系起来:C_1 属于话语片断 DS_1,$A_1 \sim C_2$ 构成话语片断 DS_2,$A_2 \sim C_3$ 构成话语片断 DS_3,A_3 构成话语片断 DS_4,$C_4 \sim C_7$ 构成话语片断 DS_5。

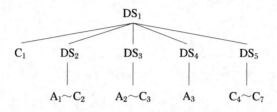

图 10.13 航班预订对话的话语结构

在这个话语结构中,话语片断 DS_1,DS_2,DS_3,DS_4 和 DS_5 又分别与它们各自的意图 I1,I2,I3,I4 和 I5 联系起来,形成一个"意图集"(Intention Set)。

这个意图集以及它们之间的关系要根据什么才能够形成连贯的话语呢?答案是:要根据它们在被推理出的打电话者的整个计划中所充当的角色,才能够形成连贯的话语。

我们采用两个行为方案,第一个行为方案是 BOOK-FLIGHT(A,C,F)。

BOOK-FLIGHT(A,C,F):

    Constraints: $Agent(A) \wedge Flight(F) \wedge Client(C)$

    Precondition: $Know(A,departure\text{-}date(F)) \wedge Know(A,departure\text{-}time(F))$

            $\wedge Know(A,origin\text{-}city(F)) \wedge Know(A,destination\text{-}city(F))$

            $\wedge Know(A,flight\text{-}type(F)) \wedge Has\text{-}Seats(F)$

            $\wedge W(C,(BOOK(A,C,F))) \wedge \cdots$

    Effect: $Flight\text{-}Booked(A,C,F)$

    Body: $Make\text{-}Reservation(A,F,C)$

可以看出,BOOK-FLIGHT(A,C,F)需要智能代理(A)知道许多有关航班的参数信息,包括出发日期、出发时间、出发城市和目的城市等。打电话者(C)发起的这段对话的话段包括出发城市和出发时间的部分信息。智能代理(A)不得不向打电话者(C)请求其他的信息。

第二个行为方案是 REQUEST-INFO(A,C,I),这个行为方案采用了意图方法,使得表达更加简洁。

REQUEST-INFO(A,C,I):

    Constraints: $Agent(A) \wedge Client(C)$

    Precondition: $Know(C,I)$

    Effect: $Know(A,I)$

    Body: $B(C,W(A,Know(A,I)))$

由于 REQUEST-INFO 的效果与 BOOK-FLIGHT 的每一个前提(precondition)都是匹配

的,因此,前者可以用于满足后者的需要。话语片断 DS_2 和 DS_3 是成功实施 REQUEST-INFO 以分别识别出打电话者(C)的出发日期和目的城市等参数值的实例。话语片断 DS_4 也是一个对出发时间的参数值的请求,但是没有成功,因为打电话者(C)没有直接回答而是含蓄地问直飞航班。话语片断 DS_5 通过打电话者(C)从智能代理(A)给出的简短列表中选择了直飞航班,从而满足顶层话语目的 DP 的要求。

像 DS_2 和 DS_3 这样的辅助话语片断也叫作"子对话"(sub-dialogue)。DS_2 和 DS_3 示例的这类辅助对话通常叫作"知识前提子对话"(knowledge precondition sub-dialogue),因为它们是被行动者发起以帮助实现满足更高层目标的前提(在本例中指满足客户在 5 月份旅行的请求)。它们也叫作"信息共享子对话"(information-sharing sub-dialogue)。

子对话的另一种类型是"修正子对话"(correction sub-dialogue),又叫作"磋商子对话"(negotiation sub-dialogue)。

在下面的对话中,话段 C_{20} 到 C_{23a} 是对前面的对话中 5 月 15 日返回计划的修正(重叠话语的前后用♯号表示):

A_{17} : And you said returning on May 15th?

C_{18} : Uh, yeah, at the end of the day.

A_{19} : OK. There's ♯ two non-stops ... ♯

C_{20} : ♯ Act ... actually ♯, what day of the week is the 15th?

A_{21} : It's a Friday.

C_{22} : Uh-hmm. I would consider staying there an extra day till Sunday.

A_{23a} : OK ... OK.

A_{23b} : On Sunday I have ...

对话(以及口语独白)中意图结构的推理算法与对话行为的推理算法很相似。许多算法应用的是 BDI 模型的变体。其他算法依赖于与我们在讨论话轮和话段的时候所描述的话段和话轮切分线索类似的提示,包括线索词、短语、韵律以及其他提示。某些边界声调(boundary tone)也可以用于暗示两个声调短语之间的支配关系。

正如我们刚刚所看到的,意图连贯取决于对话参与者识别彼此的意图并使这些意图适合于他们的计划的能力。除了意图连贯之外,还有信息连贯。信息连贯取决于确立话段之间内容所承担的某些类型关系的能力。因此,也许有人会问,意图连贯与信息连贯之间存在什么关系? 它们是彼此排斥呢,还是可以一起为我们所用呢?

Moore(摩尔)和 Pollack(珀莱克)认为,意图连贯与信息连贯这两个层次的分析必须共存,它们是相辅相成的。

假设我们例子中的智能代理和打电话者在找到合适的航班之后,智能代理说出下面的一段话:

You'll want to book your reservations before the end of the day. Proposition 143 goes into effect tomorrow.

这段话既可以从意图连贯的角度来分析,也可以从信息连贯的角度来分析。从意图连贯的角度看,智能代理试图说服打电话者在今天就预订航班。实现这个目的的一种方式就是为该行为提供动机,这就是上面这个句子所起到的作用。从信息连贯的角度看,这个句子满足了前面描述的说明(explanation)关系,因为这个句子提供了在今天就预订航班的原因是"Proposition 143 goes into effect tomorrow"(明天条款143就要生效了)这样的信息。

基于打电话者的知识,在信息层的识别可能导致对说话人意图的识别,反之亦然。

例如,打电话者知道条款143对机票添加了新税,但是不知道智能代理说第二个句子的意图。根据"激励一个行为的一种方式是提供使该行为发生的原因"这样的常识性的知识,这个打电话者就可以推测出智能代理正在推动第一个句子所描述的行为。换句话说,即使打电话者不知道条款143的内容这样的信息,他也可能从这个话语情景中推测出智能代理的意图。已知一个因果关系和激励某事之间的关系,可能导致打电话者假定一个说明关系,这需要他推论出这个条款143对机票的购买者来说是不利的(也就是说,他估计到条款143生效之后可能要加税,从而导致机票价格的上涨)。

由此可见,信息连贯和意图连贯这两种层次的分析是相辅相成的。

言语行为理论为会话智能代理提供了语用学的理论基础,基于言语行为理论的BDI模型是一个行之有效的语用自动处理的形式模型,这个模型把以言表意、以言行事、以言取效等言语行为综合在一起,着重于言语行为形式方面的研究,使得语言行为理论由一种描述性和解释性的理论变成了一种可计算的理论。这个模型是一个形式化的语用推理模型,有力地推动了会话智能代理系统研究的发展。

会话智能代理的思想令人神往,像ELIZA,PARRY或SHRDLU这样的会话智能代理系统已经成为了自然语言处理技术中最具知名度的实例。当前会话智能代理的应用实例还包括航空旅行信息系统、基于语音的饭店向导系统以及电子邮件或日程表的电话界面等。对话管理是这类会话智能代理的重要组成部分之一,它的功能包括控制对话流,在一个较高的层次确定智能代理这边的会话应该如何进行,询问或陈述有关问题,以及在什么时间给出这些问题。

会话智能代理系统中最简单的对话管理组件的架构是基于有限状态自动机(Finite State Automaton,FSA)的。

例如,设想有一个普通的航班旅行系统,它的工作是询问用户的出发地、目的地、时间以及单程票或往返票,为用户提供订票服务。图10.14是这种航班旅行系统的对话管理组件的一个范例。图中FSA的状态(用方框表示)对应于对话管理组件向用户提出的问题,弧线对应于根据用户回复而做出的动作。这个对话管理组件完全控制着航班旅行系统与用户的会话。它向用户提出一系列问题,忽略任何非直接的回答,并继续询问下一个问题。

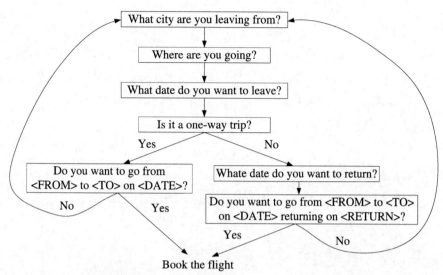

图 10.14 一个用作对话管理组件的简单的有限状态自动机架构①

从图 10.14 中可以看出,对话管理组件一开始就一个接一个地向用户提出如下问题:

—— What city are you leaving from?

—— Where are you going?

—— What date do you want to leave?

—— Is it a one-way trip?

如果是单程旅行,则继续提问:Do you want to go from ⟨FROM⟩ to ⟨TO⟩ on ⟨Date⟩?用户确认之后,就可以订机票(Book the flight)。如果不能确认,则返回第一个问题,继续提问。

如果不是单程旅行,则询问回程的问题,做如下提问:

—— What day do you want to return?

—— Do you want to go from ⟨FROM⟩ to ⟨TO⟩ on ⟨DATE⟩ returning on ⟨RETURN⟩?

图 10.14 只是一个简单的有限状态自动机架,通过这种方式完全控制会话的系统叫作单一主动(single initiative)的系统,或者叫作系统主动(system initiative)的系统。

尽管这个简单的对话管理架构对于某些任务(例如实现电话自动应答系统或简单的地理测验的语音界面)是足够的,但是对于基于语音的旅行代理系统来说,它可能存在过多的限制。其中一个原因是用户更喜欢采用能够一次回答多个问题的更复杂的句子,比如下面的ATIS 中的例子:

---

① 该图是根据美国著名的会话智能代理"空中交通信息系统"(Air Traffic Information System,ATIS)中的口语语料做出的对话管理器架构,其中的 what date 按语法应为 on what date,因为是口语语料,并不严格遵从语法,所以我们在这里均保持语料本来的面貌,没有根据语法更改。

I want a flight from Milwaukee to Orlando one way leaving after 5:00 p. m. on Wednesday.

在这种情况下,由于用户一口气提出了多个问题,单一主动的系统就难以对付了。

许多基于语音的问答系统,都是以用于旅行航线计划的 GUS 系统为基础,并引入了基于框架(frame)或模板(template)的较新的 ATIS 系统以及其他的旅行和饭店向导系统。例如,一个简单的航线系统的目标是帮助用户发现合适的航班。这可以表示为一个带有各式各样用户需要指定的信息槽(slot)的框架。下面是一些信息槽以及事先指定的询问用户的问题:

Slot	Optional Question
From_Airport	From what city are you leaving?
To_Airport	Where are you going?
Dep_time	When would you like to leave?
Arr_time	When do you want to arrive?
Fare_class	
Airline	
Oneway	

这类简单的对话管理系统可能仅仅是向用户提问,将答案填入模板,直到拥有足够的信息来进行数据库查询,然后把结果返回给用户。并不是每个信息槽都有一个相关的问题,因为对话设计者可能并不想让用户面对一连串的问题。然而,如果用户碰巧指定了该信息,则系统必须能够将它们填入对应的信息槽。

即使这种简单的应用领域也需要采用比单一模板复杂的架构。例如,符合用户要求的航班常常不止一个。这意味着要在显示屏上给用户列出一个选择列表,或对于完全的对话界面逐条读出这样的列表。因此,基于模板的系统需要另外的带有能够识别所列航班的信息槽的模板(例如,How much is the first one? 或者 Is the second one non-stop?)。其他模板可能带有一些常见的路线信息(例如,Which airlines fly from Boston to San Francisco?),飞机票价实行的一些信息(例如,Do I have to stay a specific number of days to get a decent airfare?)或汽车和饭店预订的信息。因为用户可能在模板之间转换,也因为用户可能会回答预期的问题而不是系统当前所提的问题,所以系统必须能够对给定的输入应该填入哪一个模板的哪一个信息槽进行排歧,然后将对话控制转换到该模板。因此,基于模板的系统本质上是一个生成规则的系统。不同类型的输入可以激发不同的生成规则,每个生成能够灵活地填入不同的模板。生成规则能够基于一些因素进行转换控制,这些因素包括用户的输入和一些简单的对话历史(例如,系统所问的最后一个问题是什么,等等)。

基于模板和基于 FSA 的对话管理系统的局限性是非常明显的。我们再回过头去研究图 10.11 对话样例中的客户话段 C_4:

A_3：And what time would you like to leave Pittsburgh?

C_4：Uh-hmm. I don't think there's many options for non-stop.

A_4：Right. There's three non-stops today.

C_5：What are they?

A_5：The first one departs PGH at 10:00 a.m. ...

通过 C_4 客户接管了对话的控制或主动权。C_4 是一个间接请求,这个请求让智能代理系统查询直飞航班。这时系统就不能只把 WANTS NON-STOP 这样的信息放入一个模板,而要再次询问用户出发的时间。系统需要领悟到用户表示直飞航班优先于其他航班,因此,在以后的对话中,系统应该以此为重点。

会话智能代理系统也需要使用共同的行为基础。例如,当用户选择航班时,很重要的一点是智能代理系统向客户表明它已经理解了用户的选择。下面给出的是摘自图 10.11 对话样例中的共同基础:

C_6：OK. I'll take the 115 flight on the night before on the 11th.

A_6：On the 11th? OK.

对一个会话智能代理系统来说,利用告知(inform)或请求(request)进行修正也是十分重要的,因为考虑到语音识别或理解中可能出现的一些错误,智能代理系统常常会对用户的告知或请求感到扑朔迷离或无法理解。为了解决这些问题以及其他的一些问题,学者们建立了更复杂的基于 BDI 模型的对话管理系统。这类系统常常与基于逻辑的计划模型集成在一起,并将会话当作计划行为的序列。

数理逻辑学家 R. Carnap(卡尔纳普)在 1942 年出版的《语义学导论》①一书中说:"如果我们要分析语言,那么,我们当然就要考虑语言的表达形式。但是,我们无需同时涉及说话人和话语的所指,尽管只要我们一旦使用语言,这些因素都会牵涉到。关于我们所讨论的语言,我们总是可以抽取这些因素中的一个或两个来进行讨论。因此,我们要区分语言研究的三个领域。如果在一种语言中,明确地指称涉及说话人,或者,用更加一般的术语来说,涉及语言的使用者,那么,我们便把这种研究归于语用学的领域(在这种场合下,是否涉及指称与所指的关系,对于这种分类没有影响)。如果我们抽去语言的使用者,而仅仅分析语言的表达形式及其所指,我们就处于语义学的领域。最后,如果我们再抽去所指,而仅仅分析语言表达形式之间的关系,那么,我们就处于逻辑句法学的领域。"可见,语用学的研究领域比语义学广,比句法学更广,因而语用学的研究也就更加困难。

在自然语言处理中,语用学的形式模型研究还很不充分,计算语用学(computational pragmatics)还是一个新兴的研究领域,它的应用前景是十分吸引人的,还有待我们继续探索。

---

① Carnap R. Introduction of Semantics[M]. Cambridge：Harvard University Press, 1942.

参考文献

［1］ Brennan S E. Centering attention in discourse[J]. Language and Cognitive Process，1995，10：137－167.

［2］ Corston-Oliver S H. Computing Representation of the Structure of Written Discourse[R]. Technical Report，MSR-TR-98-15，1998.

［3］ Grosz B J，Joshi A K，Weinstein S. Centering：A framework for modeling the local coherence of discourse[J]. Computational Linguistics，1995，21（2）：203－225.

［4］ Hobbs J R. Resolution pronoun reference[J]. Lingua，1977，44：311－348.

［5］ Hobbs J R. Coherence and coreference[J]. Cognitive Science，1979，3：67－90.

［6］ Jurafsky D，Martin J. Speech and Language Processing[M]. New Jersey：Prentice Hall，2000.（中文译本：自然语言处理综论[M].冯志伟，孙乐，译.北京：电子工业出版社，2005.）

［7］ Lappin S，Leass H. An algorithm for pronominal anaphora resolution[J]. Computational Linguistics，1994，20（4）：535－561.

［8］ Hovy E. Automated discourse generation using discourse structure relations[J]. Artificial Intelligence，1993，63：341－385.

［9］ Marcu D. The Rhetorical Parsing，Summarization and Generation of Natural Texts[D]. Tarano：University of Taranto，1997.

［10］ Marcu D. Discourse trees are good indicators of importance in text[J]. Advances in Automatic Text Summarization，1998：123－136.

［11］ Marcu D. An Empirical Study in Multilingual Natural Language Generation：What Should a Text Planner Do［C］. First International Language Generation Conference，Mitzpe Ramon，2000.

［12］ Mann W，Mattiessen C，Thompson S. Rhetorical Structure Theory and Text Analysis[J]. Nasa Sti/recon Technical Report N，1989：ISI/RS-89-242.

［13］ Mann W C，Thompson S A. Relational Propositions in Discours［M］//ISI：Information Sciences Institute of University of Southern California，Los Angeles，ISI/RR-83-115，1983：1－28.

［14］ Mann W，Thompson S A. Rhetorical Structure Theory：A Theory of Text Organization[R]. Tech. Rep. RS-87-190，Information Science Institute，1987.

［15］ Mann W C，Thompson S A. Rhetorical Structure Theory：A Framework for the Analysis of Texts[C]//IPRA Papers in Pragmatics 1，1987：1－21.

［16］ Mann W C，Thompson S A. Rhetorical structure theory：Toward a functional theory of text organization[J]. Text，1988，8 (3)：243 - 281.

[17] Mann W C，Thompson S A. Two views of rhetorical structure theory[J]. Verbum，2001，23 (1)：9 - 29.

[18] Matthiessen C，Thompson S. The Structure of Discourse and "Subordination"[M]//Haiman J，Thompson S A. Clause Combining in Discourse Grammar. Amsterdam：John Benjamins，1987.

[19] Moore J D，Cecile L P. Planning text for advisory dialogues：Capturing intentional and rhetorical information[J]. Computational Linguistics，1993，19(4)：651 - 695.

[20] Ono K，Surnita K，Miike S. Abstract Generation based on Rhetorical Structure Extraction [C]//Proceedings of International Conference on Computational Linguistics，Japan，1994：344 - 348.

[21] T'sou B K，Lai T B Y，Chan S W K，et al. Enhancement of a Chinese Discourse Marker Tagger with C4.5[M]. ACL 2000，Vander Linden and Martin，1995.

[22] Webster J. Text Linguistics＝篇章语言学[M].徐赳赳，译.北京：中国社会科学出版社,2002.

[23] Walker M A. Evaluating discourse processing algorithms[J]. Association of Computational Linguistics，1989：251 - 262.

[24] Webster J. A Functional Semantic Processor for Chinese and English Texts[C]//Proceedings of the 1994 International Conference on Computer Processing of Oriental Languages，1994：269 - 273.

[25] 冯志伟.自然语言的计算机处理[M].上海：上海外语教育出版社,1996.

[26] 冯志伟.数理语言学[M].上海：上海知识出版社,1985.

[27] 冯志伟.所指判定和文本连贯的计算机处理[G]//语言研究集刊,第 2 辑.哈尔滨：黑龙江教育出版社,2004.

[28] 冯志伟.计算语言学探索[M].哈尔滨：黑龙江教育出版社,2001.

[29] 冯志伟.应用语言学新论:语言应用研究的三大支柱[M].北京：当代世界出版社,2003.

[30] 冯志伟.机器翻译研究[M].北京：中国对外翻译出版公司,2004.

[31] 冯志伟.文本连贯中的常识推理研究//中文信息处理的探索与实践:HNC 与语言研究第三次会议文集[C].北京：北京师范大学出版社,2006.

[32] 冯志伟.言语行为理论和会话智能代理[J].外国语,2014(1)：21 - 36.

[33] 冯志伟,余卫华.会话智能代理系统中的 BDI 模型[J].外国语,2015(2)：2 - 14.

[34] 乐明,冯志伟.RST 的理论发展和工程应用综述[C]//第二届全国学生计算语言学研讨会论文集,北京,2004.

第 11 章

概 率 语 法

在自然语言的计算机处理中,基于规则的句法剖析主要使用 Chomsky 的上下文无关语法。在上下文无关语法的基础上,学者们提出了自顶向下分析法、自底向上分析法、左角分析法、CYK 算法、Earley 算法、线图分析法等行之有效的剖析技术。但是,这些分析方法在处理自然语言的歧义时都显得无能为力。近年来对上下文无关语法的改进主要体现在两个方面:一方面是给上下文无关语法的规则加上概率,提出了概率上下文无关语法;另一方面是除了给规则加概率之外,还考虑规则的中心词对于规则概率的影响,提出了概率词汇化上下文无关语法。这些研究把基于规则的理性主义方法与基于统计的经验主义方法巧妙地结合起来,取得了很好的成果,反映了当前自然语言处理的新趋势。本章主要介绍概率上下文无关语法和概率词汇化上下文无关语法,我们把它们统称为"概率语法"(probabilistic grammar)。

11.1 概率上下文无关语法
与句子的歧义

上下文无关语法(Context-Free Grammar, CFG)G 可以定义为四元组 $G = \langle N, \Sigma, P, S \rangle$。其中,$N$ 是非终极符号的集合,Σ 是终极符号的集合,S 是初始符号,P 是重写规则,规则的形式为

$$A \rightarrow \beta$$

规则左边的 A 是单独的非终极符号,规则的右边 β 是符号串,它可以由终极符号组成,也可以由非终极符号组成,还可以由终极符号和非终极符号混合组成。

例如,我们有如下的上下文无关语法 $\langle N, \Sigma, P, S \rangle$:

$N = \{S, NP, VP, PP, Prep, Verb, Noun\}$

$\Sigma = \{like, swat, flies, ants\}$

$S = \{S\}$

$P:$

$S \rightarrow NP\ VP$

$S \rightarrow VP$

NP → Noun

NP → Noun PP

NP → Noun NP

VP → Verb

VP → Verb NP

VP → Verb PP

VP → Verb NP PP

PP → Prep NP

Prep → like（含义是"如、像"）

Verb → swat（含义是"猛击"）

Verb → flies（含义是"飞"，单数第三人称现在时）

Verb → likes（含义是"喜欢"）

Noun → swat（专有名词，苍蝇的名字）

Noun → flies（含义是"苍蝇"，复数）

Noun → ants（含义是"蚂蚁"，复数）

我们注意到，swat 可以做动词使用，也可以做专有名词使用；likes 可以做动词使用，也可以做介词使用；flies 可以做动词使用，也可以做名词使用。

如果我们使用上下文无关语法的剖析技术（如线图分析法、Earley 算法等），根据这样的规则来剖析英语句子"swat flies like ants"，可以得到三个结构不同的树形图，如图 11.1～图 11.3 所示。

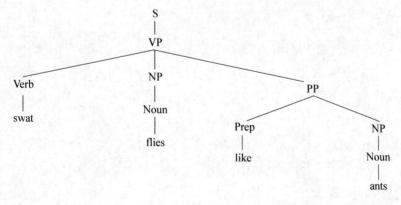

图 11.1　树形图 T1

具有这个树形图结构 T1（图 11.1）的句子的含义是"像猛击蚂蚁一样猛击苍蝇"。

具有这个树形图结构 T2（图 11.2）的句子的含义是"swat 像蚂蚁一样地飞"。

具有这个树形图结构 T3（图 11.3）的句子的含义是"叫作 swat 的一些苍蝇喜欢蚂蚁"。

同样一个英语句子得到了三种不同的分析结果。究竟这个句子的结构和含义是什么？我们处于举棋不定、进退两难的困境。

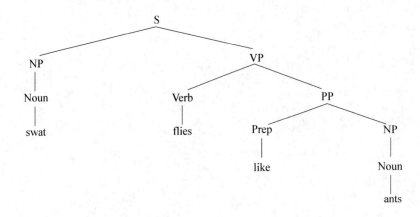

图 11.2　树形图 *T2*

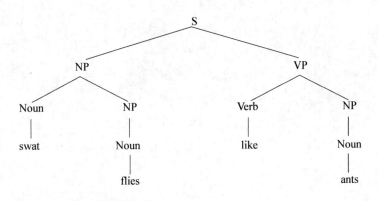

图 11.3　树形图 *T3*

目前已经提出了不少基于规则的歧义消解方法来排除歧义，例如，基于选择限制的方法、基于词典的词义排歧方法等。但是这些基于规则的方法消解歧义的效果都不很理想。于是，学者们试图改进上下文无关语法，采用基于统计的方法，计算上下文无关语法重写规则的使用概率，试图根据概率来改进上下文无关语法。

在自然语言处理中关于规则方法和统计方法的争论反映了语言学中的理性主义思潮与经验主义思潮的对立。有一些学者往往持相当极端的观点。他们或者全盘否定统计的方法，或者全盘否定规则的方法，意见非常偏颇。

更多的学者则以平和的心态，积极地探索将规则方法和统计方法相互结合的途径。他们的研究主要包括两方面，一是提出概率上下文无关语法，二是提出概率词汇化上下文无关语法。下面我们分别介绍这两种概率语法。

11.2　概率上下文无关语法的基本原理

概率上下文无关语法(Probabilistic Context-Free Grammar, PCFG)又叫作随机上下文无关语法(Stochastic Context-Free Grammar, SCFG)。这种语法是由 Booth(布斯)于 1969 年最早提出来的。

上下文无关语法可以定义为四元组$\langle N, \Sigma, P, S \rangle$。而概率上下文无关语法则在每一个重写规则 $A \to \beta$ 上增加一个条件概率 p：

$$A \to \beta [p]$$

这样,上下文无关语法就可定义为一个五元组 $G = \{N, \Sigma, P, S, D\}$,其中 D 是给每一个规则指派概率 p 的函数。这个函数表示某个非终极符号 A 重写为符号串 β 时的概率 p。这个规则可写为

$$p(A \to \beta)$$

或者写为

$$p(A \to \beta | A)$$

从一个非终极符号 A 重写为 β 时应该考虑一切可能的情况,并且其概率之和应该等于 1。

例如,根据对于语料库中规则出现概率的统计,我们可以获得规则的概率,这样,我们就可以在前面的那个上下文无关语法的规则中,给每一条规则加上概率了。从而,我们也就可以把前面的上下文无关语法改进为一个包含概率规则的上下文无关语法了。这些包含概率的规则如下:

S → NP VP	[0.8]
S → VP	[0.2]
NP → Noun	[0.4]
NP → Noun PP	[0.4]
NP → Noun NP	[0.2]
VP → Verb	[0.3]
VP → Verb NP	[0.3]
VP → Verb PP	[0.2]
VP → Verb NP PP	[0.2]
PP → Prep NP	[1.0]

Prep → like	[1.0]
Verb → swat	[0.2]
Verb → flies	[0.4]
Verb → likes	[0.4]
Noun → swat	[0.05]
Noun → flies	[0.45]
Noun → ants	[0.05]

注意,在这些规则中,所有从同一个非终极符号重写的规则的概率之和都为1。只有以Noun 为左部的规则的概率之和不为1,由于名词数量过多,我们只简单地列举了几条。这些数据来自 Eugene Charniak(查里亚克)的专著《统计语言学习》[①],都是示例性的。准确的数据应该到树库中去获取。

如果分析的句子是有歧义的,概率上下文无关语法可给句子的每一个树形图加一个概率。一个树形图 T 的概率应该等于从每一个非终极符号的结点 n 扩充的规则 r 的概率的乘积:

$$P(T) = \prod_{n \in T} p(r(n))$$

其中,n 表示非终极符号的结点,r 表示由该非终极符号扩充的规则,小写字母 p 表示规则 r 的概率,T 表示树形图,大写字母 P 表示整个树形图的概率。这样一来,就可以比较不同树形图的概率,从而进行歧义的消解。

例如,我们可以在前面那个句子"swat flies like ants"的三个不同的树形图的每一个非终极结点上,加上相应规则的概率。

加了概率之后的树形图 $T1$ 如图 11.4 所示。

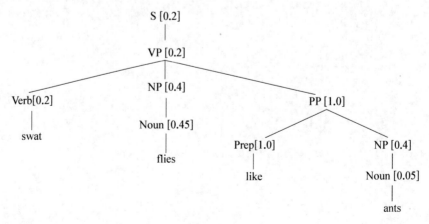

图 11.4　非终极节点上加了概率的树形图 $T1$

---

① Charniak E. Statistical Language Learning[M]. Cambridge：MIT Press，1993.

把结点上相应规则的概率相乘,就可以计算出树形图 $T1$ 的概率如下:

$$P(T1) = 0.2 \times 0.2 \times 0.2 \times 0.4 \times 0.45 \times 1.0 \times 1.0 \times 0.4 \times 0.05$$
$$= 2.88 \times 10^{-5}$$

加了概率之后的树形图 $T2$ 如图 11.5 所示。

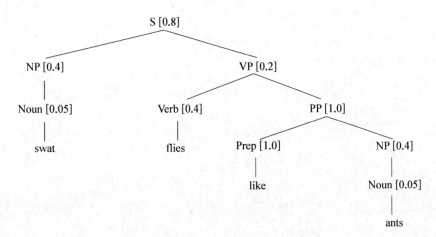

图 11.5　非终极结点上加了概率的树形图 $T2$

把结点上相应规则的概率相乘,就可以计算出树形图 $T2$ 的概率如下:

$$P(T2) = 0.8 \times 0.4 \times 0.05 \times 0.2 \times 0.4 \times 1.0 \times 1.0 \times 0.4 \times 0.05$$
$$= 2.56 \times 10^{-5}$$

加了概率之后的树形图 $T3$ 如图 11.6 所示。

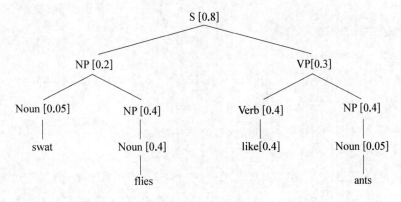

图 11.6　非终极结点上加了概率的树形图 $T3$

把结点上相应规则的概率相乘,就可以计算出树形图 $T3$ 的概率如下:

$$P(T3) = 0.8 \times 0.2 \times 0.05 \times 0.4 \times 0.4 \times 0.3 \times 0.4 \times 0.4 \times 0.4 \times 0.05$$
$$= 1.228\,8 \times 10^{-6}$$

比较这三个树形图的概率,我们有

$$P(T1) > P(T2) > P(T3)$$

根据树形图的概率,我们可以判定:"swat flies like ants"这个句子最可能的结构是树形图 $T1$,它的意思是:"像猛击蚂蚁一样猛击苍蝇"。这个结论与我们的直觉是一致的,足见这个方法是可行的。因此,使用这样的方法,通过比较同一个有歧义的句子的不同树形图的概率,选择概率最大的树形图作为分析的结果,便可以达到歧义消解的目的。

这种歧义消解算法的实质是:从句子 S 的分析所得到的若干个树形图(我们把它们记作 $\tau(S)$)中选出最好的树形图(我们把它记作 T)作为正确的分析结果。

从形式上来说,如果 $T \in \tau(S)$,那么,概率最大的树形图 $T(S)$ 将等于 arg max $P(T)$。我们有

$$T(S) = \text{arg max } P(T)$$

计算出 arg max $P(T)$,就可以得到概率最大的树形图。可见,概率上下文无关语法是歧义消解的有力工具。

CYK 算法(Cocke-Younger-Kasami algorithm)是一种自底向上的动态规划剖析算法,经过概率上下文无关语法增强之后,就可以计算在剖析一个句子时的剖析概率。这样的算法叫作"概率 CYK 算法"。

首先,我们假定,概率上下文无关语法具有 Chomsky 范式(Chomsky Normal Form),也就是说,如果一个语法中的每一个重写规则的形式或者为 $A \rightarrow BC$,或者为 $A \rightarrow a$,那么,这个语法就是具有 Chomsky 范式的语法。CYK 算法假定如下的输入、数据结构和输出:

- 输入。
- Chomsky 范式的 PCFG $G = \{N, \Sigma, P, S, D\}$。假定非终极符号 $|N|$ 的索引号为 1,2,$\cdots$,$|N|$,初始符号的索引号为 1。
- n 个单词为 $w_1, \cdots, w_n$。
- 数据结构。动态规划数组 $\pi[i, j, a]$ 表示跨在单词 $i, \cdots, j$ 上的、非终极索引号为 a 的成分的最大概率。在这个区域上的反向指针用于存储剖析树中成分之间的链接。
- 输出。最大概率剖析将是 $\pi[1, n, 1]$:剖析树的根是 S,剖析树跨在单词 $w_1, \cdots, w_n$ 构成的整个符号串上。

与其他的动态规划算法一样,CYK 算法采用归纳法来填充概率数组,从基底出发,递归地进行归纳。为便于描写,我们用 w_{ij} 来表示从单词 i 到单词 j 的单词符号串。这样,我们有:

- 基底:我们考虑长度为 1 的输入符号串(也就是一个单词 w_i)。在 Chomsky 范式中,给定的非终极符号 A 展开为一个单词 w_i 的概率必定只是来自规则 $A \rightarrow w_i$(因为当且仅当 $A \rightarrow w_i$ 是一个重写规则时,有 $A \Rightarrow w_i$)。
- 递归:对于长度大于 1(length>1)的单词符号串,当且仅当至少存在一个规则 $A \rightarrow BC$ 以及某个 k,$1 \leqslant k < j$,使得 B 推出 w_{ij} 开头的 k 个符号串,C 推出 w_{ij} 的后面 $j - k$ 个符号

串。因为这些符号串都比原来的符号串 w_{ij} 要短，它们的概率已经被存储在矩阵 π 中，我们把这两个片段的概率相乘，计算出 w_{ij} 的概率。当然，这时 w_{ij} 也可能会出现多个的剖析，所以，我们要在所有可能的剖析中（也就是在所有可能 k 的值和所有可能的规则中），选择概率最大的剖析作为我们的剖析结果。

仿照概率 CYK 算法，我们也可以做出概率 Earley 算法、概率线图分析法等。

概率上下文无关语法的概率是从哪里来的？存在两种途径可以给语法指派概率。最简单的途径是使用句子已经得到剖析的语料库。这样的语料库叫作"树库"（tree bank）。

如果我们已经加工并且建立了一个树库，则语料库中的每一个句子都被剖析成相应的树形图，由于树形图中的每一个终极结点及其所管辖的字符串所构成的子树（sub-tree）都相当于一条上下文无关语法中的重写规则，因此，我们可以对树库中的所有树形图所体现出来的这些上下文无关规则进行统计，就可以得出一部概率上下文无关语法。树库的质量越高，我们得到的概率上下文无关语法就越好。

例如，语言数据联盟（Linguistic Data Consortium）发布的宾州树库（Penn treebank）[①]，包括 Brown 语料库的剖析树，规模有 100 万个单词，语料主要来自《华尔街杂志》（*Wall Street Journal*），部分语料来自 Switchboard 语料库。给定一个树库，一个非终极符号的每一个展开的概率都可以通过展开发生的次数来计算，然后将其归一化，就可以得到一部概率上下文无关语法。

但是，树库的加工和建立是非常困难的工作，随着语料库语言学的发展，更为可行的办法是通过未加工过的大规模语料库来自动地学习语法的规则，这样的自动学习，通常叫作"语法归纳"（grammar induction）。

对于一般的上下文无关语法，进行"语法归纳"时，自动学习的素材分为两部分，一部分是"正向训练实例"，一部分是"负向训练实例"。所谓正向训练实例，指的是语料库中那些真正属于该语言的句子或者其他类型的字符串。正向训练实例显然可以由一个语料库来提供。所谓负向训练实例指的是那些不属于该语言的字符串。人们在进行语法归纳时发现，如果不同时拥有正向训练实例和负向训练实例，那么，上下文无关语法的自动归纳就是不可能的。然而，目前我们还没有如何获取负向训练实例的有效手段，所以，对于一般的上下文无关语法，语法归纳是很困难的。

对于概率上下文无关语法，"语法归纳"问题实质上就是如何通过自动学习来获得一部带有概率的语法，从而使得正向训练实例中句子的概率最大的问题，因此，不需要任何的负向训练实例就可以进行了。所以，在"语法归纳"时，概率上下文无关语法比一般的上下文无关语法更容易进行。

---

① Marcus M P，Santoni B，Marcinkiewicz M A. Building a large annotated corpus of English：The Penn treebank[J]. Computational Linguistics，1993，19(2)：313-330.

　　如果有一个未加工过的语料库,我们采用"向内向外算法"(inside-outside algorithm),自动地从语料库中学习规则和概率,就可以得到一部概率上下文无关语法。在使用"向内向外算法"时,如果句子是没有歧义的,那么做法就很简单:只要剖析语料库就行了,在剖析语料库时,为每一个规则都增加一个计数器,然后进行归一化处理,就可以得到概率。但是,由于大多数句子是有歧义的,实际上我们必须为一个句子的每一个剖析都分别保持一个计数,并且根据剖析的概率给每一个局部的计数加权。向内向外算法是 Baker 于 1979 年提出的[①],这种算法的完全描述,请参看 Manning(马宁)和 Schuetze(旭茨)在 1999 年出版的专著《统计自然语言处理基础》。[②]

　　一般的上下文无关语法的规则不考虑概率,规则一旦建立,就被认为是百分之百地成立的,是没有例外的,但是,由于语言具有创造性,即使用来自动学习的语料库再大,也难以保证获取的语法规则没有例外,语料库中总会有超出已经确定的语法系统规定的新语法现象。如果采用概率上下文无关语法,一个规则的成立往往不是百分之百的,它只在某个概率下成立,只要统计样本充分大,就可以保证概率有很高的准确性。对于那些在一般的上下文无关语法看来是例外的语言现象,概率上下文无关语法赋以它们比较小的概率,仍然承认它们存在的合理性。这样,概率上下文无关语法就可以合理地处理那些所谓"例外"的语言现象。

　　一般的上下文无关语法在识别句子时,只能给"合法"和"不合法"两种回答。合法的句子得到接受,不合法的句子遭到拒绝,非此即彼。但这样的办法在分析真实语料时几乎寸步难行,因为在真实的语料中,很多句子的合法性是很难判定的,是亦此亦彼的,这种亦此亦彼的复杂情况往往使得自然语言处理系统处于进退两难的境地,不容易达到实用的要求。采用概率上下文无关语法,我们给合法的句子以较大的概率,给不合法的句子以较小的概率,这样,概率上下文无关语法就不仅能处理合法的句子,也能处理不合法的句子,它使语法摆脱了"非此即彼"的困境,给语法带来了"亦此亦彼"的柔性,使系统具备了容错的处理能力,而这样的容错处理能力对于实用的自然语言处理系统是非常重要的。

11.3　概率上下文无关语法的
　　　三个假设

　　为了能够使用加了概率的规则进行句法分析,概率上下文无关语法需要做如下的假设:

---

　　① 　Baker J K. Trainable grammars for speech recognition[C]//Wolf J J, Klatt D H. Speech Communication Papers for the 97th Meeting of the Acoustical Society of America. New York:ASA, 1979:547-550.

　　② 　Manning C D, Schuetze H. Foundations of Statistical Natural Language Processing[M]. Cambridge:MIT Press, 1999.

● 假设 1(位置无关性假设)：子结点的概率与该子结点所直接管辖的字符串在句子中的位置无关。

为了便于说明,在非终极结点上加了概率的树形图 $T1$(图 11.4)中,我们给每一个非终极结点标上号码,得到如图 11.7 所示的树形图。

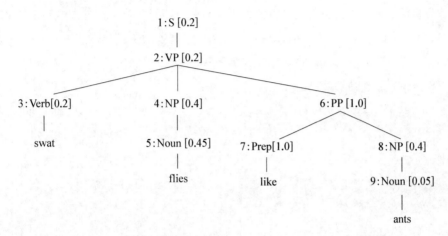

图 11.7　结点上标了号码的树形图 $T1$

在图 11.7 中,在这个树形图的位置 4 有一个规则 NP→Noun,在位置 8 也有一个规则 NP→Noun,尽管结点 NP 处在不同的位置,可是,由于这个结点 NP 直接管辖的字符串都是 Noun,所以,结点 NP 在这两个不同位置的概率都是相同的,都等于[0.4]。也就是说,结点的概率只与它所直接管辖的字符串 Noun 有关,而与 Noun 在句子中的位置无关。

● 假设 2(上下文无关性假设)：子结点的概率与不受该子结点直接管辖的其他符号串无关。

例如,在如图 11.7 所示的树形图中,如果把单词 swat 换成单词 kill,则只会改变在位置 3 的结点 Verb 的概率,但是,不会改变这个树形图中不受位置 3 的结点 Verb 所直接管辖的其他结点的概率。也就是说,树形图中的其他结点 NP,PP 等的概率都保持不变。可见,单词的改变只对于直接支配该单词的非终极符号的概率有影响,而对于树形图中的其他非终极结点的概率没有影响。这个假设是上下文无关假设在概率方面的体现,它说明了在概率上下文无关语法中,不仅重写规则是上下文无关的,而且重写规则的概率也是上下文无关的。

● 假设 3(祖先结点无关性假设)：子结点的概率与支配该结点的所有祖先结点的概率无关。

例如,在如图 11.7 所示的树形图中,位置 4 的结点 NP 和位置 8 的结点 NP 的概率是相同的,因为它们所直接管辖的字符串都是 Noun,可是,在位置 4 的结点 NP 的祖先结点是位置 2 的 VP 以及位置 1 的 S,在位置 8 的结点 NP 的祖先结点是位置 6 的 PP,这些祖先结点的概率都不会影响在位置 4 和在位置 8 的结点 NP 的概率。

　　由于有这三个假设,概率上下文无关语法就不仅继承了一般的上下文无关语法的上下文无关的特性,还使得概率值也具备了上下文无关的特性,这样,我们就可以利用概率上下文无关语法进行句法剖析(parsing)。首先使用通常的上下文无关语法的分析算法来剖析句子,得到句子的句法剖析树形图;然后,给每一个非终极结点加上一个概率值,在上述三个假设下,每一个非终极结点的概率值也就是对该非终极结点进一步重写所使用的规则后面附带的概率,我们得到的树形图是带有概率的树形图。如果句子是有歧义的,我们就会得到不同的带有概率的树形图,比较这些树形图的概率,选择概率最大的树形图作为句法剖析的结果,就可以达到对句子进行歧义消解的目的。

　　然而,概率上下文无关语法并不是完美无缺的,它还存在结构依存和词汇依存的问题。

　　首先讨论结构依存问题。

　　根据上述的三个无关性假设,在概率上下文无关语法中,对规则左部的非终极符号进行重写时,不依赖于其他的非终极符号。正是由于在概率上下文无关语法中,每一条规则都是独立的,所以规则的概率才可以相乘。

　　然而在英语中,结点上规则的转写与结点在树形图中的位置是有关的。例如,英语句子中的主语倾向于使用代词,这是因为主语通常是表示主题或者旧信息,而要援引旧信息时往往使用代词,而不是代词的其他名词往往用于引入新信息。根据 Francis(弗兰西斯)的调查,在 Switchboard 语料库中,陈述句的主语有 31 021 个,其中 91% 的主语是代词,只有 9% 的主语是其他词。与此相反,在 7 498 个宾语中,只有 34% 是代词,而 66% 是其他词。

　　She is able to take her baby to work with her.〔代词做主语,占 91%〕

　　My wife worked until we had a family.〔非代词做主语,只占 9%〕

　　大部分的主语是代词。

　　Some laws absolutely prohibit **it**.〔代词做宾语,占 34%〕

　　All the people signed **applications**.〔非代词做宾语,占 66%〕

　　大部分的宾语是非代词。

　　这样的语言事实是对概率上下文无关语法的上述无关性假设的严重挑战。根据无关性假设,概率上下文无关语法不能处理这样的语言现象。

　　此外,概率上下文无关语法还存在以下两个问题。

　　● PP 附着

　　在英语句子中,介词短语 PP 可以做中心动词短语 VP 的状语,也可以做它前面名词短语 NP 的修饰语,究竟是附着于 VP,还是附着于 NP,这就是所谓"PP 附着"(PP-attachment)问题。PP 附着与词汇有关。

　　例如,在句子 "Washington sent more than 10 000 soldiers into Afghanistan" 中,介词短语(PP) "into Afghanistan" 或者附着于名词短语(NP) "more than 10 000 soldiers",或者附着于

动词短语(VP)"sent"(单独的动词也可以看成一个动词短语)。这里存在 PP 附着问题。

在概率上下文无关语法中,这种 PP 附着的判定要在下面的规则之间进行选择:

$$NP \rightarrow NP\ PP \qquad (PP\ 附着于\ NP)$$

和

$$VP \rightarrow VP\ PP \qquad (PP\ 附着于\ VP)$$

这两个规则的概率依赖于训练语料库。在训练语料库中,NP 附着和 VP 附着的统计结果如表 11.1 所示。

表 11.1 NP 附着和 VP 附着的统计结果

语 料 库	PP 附着于 NP	PP 附着于 VP
AP Newswire(1 300 万个词)	67%	33%
Wall Street Journal & IBM manuals	52%	48%

可以看出,在两个训练语料库中,"PP 附着于 NP"都处于优先地位。根据这样的统计结果,我们应该选择 PP 附着于 NP,也就是选择 PP "into Afghanistan"附着于 NP "more than 10 000 soldiers"这个结果。但是,在我们上面的句子中,介词短语"into Afghanistan"的正确附着却应该是附着于动词短语 VP(sent),这是因为这个 VP(sent)往往要求一个表示方向的介词短语 PP,而介词短语"into Afghanistan"正好满足了这个要求。概率上下文无关语法显然不能处理这样的词汇依存问题。

● 并列结构的歧义

句子"dogs in houses and cats"是有结构歧义的,如图 11.8 所示。

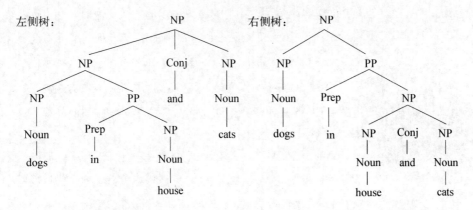

图 11.8 并列结构的歧义

尽管在直觉上我们认为左侧树是正确的,但是,由于左右两侧的树所使用的规则是完全一样的,所以无法判定这个句子的歧义。这些规则如下:

$$NP \rightarrow NP\ Conj\ NP$$

$$NP \rightarrow NP\ PP$$

$$NP \rightarrow Noun$$

$$PP \rightarrow Prep\ NP$$

$$Noun \rightarrow dogs$$

$$Noun \rightarrow house$$

$$Noun \rightarrow cats$$

$$Prep \rightarrow in$$

$$Conj \rightarrow and$$

根据上述的无关性假设,由于规则完全相同,使用这些规则的概率相乘而计算出来的两个树形图的概率也应该是一样的。在这种情况下,概率上下文无关语法将指派给这两个树形图以相同的概率,也就是说,概率上下文无关语法无法判定这个句子的歧义。

由此可见,概率上下文无关语法在遇到结构依存和词汇依存问题的时候就显得捉襟见肘、无能为力了,我们还需要探索其他的途径来进一步提升概率上下文无关语法的功能,其中一个有效的途径,就是在概率上下文无关语法中引入词汇信息,采用词汇中心语概率表示法,把概率上下文无关语法提升为概率词汇化上下文无关语法。

11.4 概率词汇化上下文无关语法

Charniak(图 11.9)于 1997 年提出了词汇中心语概率表示的方法。他的方法实际上是一

图 11.9　Charniak

种词汇语法(lexical grammar),这种语法也叫作概率词汇化上下文无关语法(probabilistic lexicalized context-free grammar)。

在 Charniak 的概率表示中,剖析树的每一个结点要标上该结点的中心词(head)。例如,句子"Workers dumped sacks into a bin"可表示为图 11.10。

这时,概率词汇化上下文无关语法的规则数目将比概率上下文无关语法的规则多得多。例如,我们可以有如下的规则,规则中既包括概率,也包括词汇信息:

$$VP(dumped) \rightarrow VBD(dumped)\ NP(sacks)\ PP(into) \quad [3 \times 10^{-10}]$$

$$VP(dumped) \rightarrow VBD(dumped)\ NP(cats)\ PP(into) \quad [8 \times 10^{-11}]$$

$$VP(dumped) \rightarrow VBD(dumped)\ NP(hats)\ PP(into) \quad [4 \times 10^{-10}]$$

$$VP(dumped) \rightarrow VBD(dumped)\ NP(sacks)\ PP(above) \quad [1 \times 10^{-12}]$$

这个句子也可以被剖析为另一个树形图,不过,这个树形图是不正确的(图 11.11)。

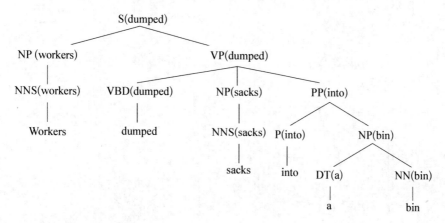

图 11.10 词汇化的剖析树

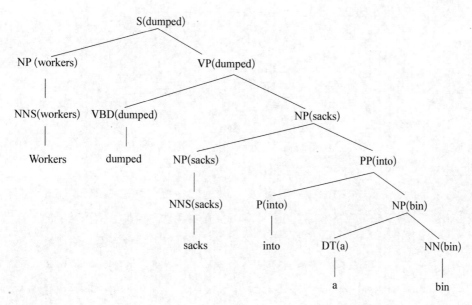

图 11.11 不正确的剖析树

如果我们把 VP(dumped) 重写为 VBD NP PP,那么我们可以得到正确的剖析树。如果我们把 VP(dumped) 重写为 VBD NP,就得到上面的这个不正确的剖析树。

我们可以根据 Penn Tree-bank 中的 Brown 语料库来计算这种词汇化规则的概率:

第一个词汇化规则 VP(dumped)→VBD NP PP 的概率为

$$P(\text{VP}\rightarrow\text{VBD NP PP}\,|\,\text{VP},\text{dumped}) = \frac{C(\text{VP(dumped)} \rightarrow \text{VBD NP PP})}{\sum_{\beta}C(\text{VP(dumped)} \rightarrow \beta)} = 6/9 \approx 0.67$$

第二个词汇化规则 VP(dumped)→VBD NP 从不在 Brown 语料库中出现,因为“dump”这个动词要求指明动作所到达的新的位置,因此,如果它后面没有介词短语,就是不合理的。

$$P(\text{VP} \rightarrow \text{VBD NP} \mid \text{VP}, \text{dumped}) = \frac{C(\text{VP}(\text{dumped}) \rightarrow \text{VBD NP})}{\sum\limits_{\beta} C(\text{VP}(\text{dumped}) \rightarrow \beta)}$$
$$= 0/9 = 0$$

在实际的应用中,如果概率出现零值,一般都要进行平滑(smoothing)。为简单起见,这里我们不考虑平滑问题。

由于第二个词汇化规则的概率为零,所以,使用这个规则得到的图 11.11 中的剖析树是不正确的。

我们也可以用同样的方法来计算中心词的概率。

在正确的剖析树中,结点 PP 的母亲结点(X)是中心词"dumped";在不正确的剖析树中,结点 PP 的母亲结点(X)是中心词"sacks"。

根据 Penn Tree-bank 的 Brown 语料库,我们有

$$P(\text{into} \mid \text{PP}, \text{dumped}) = \frac{C(X(\text{dumped}) \rightarrow \cdots \text{PP} (\text{into}) \cdots)}{\sum\limits_{\beta} C(X(\text{dumped}) \rightarrow \cdots \text{PP} \cdots)}$$
$$= 2/9 \approx 0.22$$

$$P(\text{into} \mid \text{PP}, \text{sacks}) = \frac{C(X(\text{sacks}) \rightarrow \cdots \text{PP} (\text{into}) \cdots)}{\sum\limits_{\beta} C(X(\text{sacks}) \rightarrow \cdots \text{PP} \cdots)}$$
$$= 0/0 = ?$$

可见,通过计算 PP 结点的母亲结点的概率,也可以判断 PP(into)修饰 dumped 的概率比修饰 sacks 的概率大。

当然,只是一个例子还不能证明一种方法一定比其他的方法好。另外,我们上面提到的概率词汇语法只是 Charniak 的实际算法的一个简化版本。他还增加了一些附加的条件因素(例如,某结点的祖父结点句法范畴的规则展开概率),并提出了各种回退与平滑算法,不过,如果要获取这些统计数字现有的语料库还是显得太小了。另外一些统计剖析器包括更多的因素,例如,区分论元成分(argument)与附属成分(adjunct),对于树形图中那些比较接近的词汇依存关系比那些比较疏远的词汇依存关系给以更大的权重(Collins,1999)[1],考虑在给定成分中的三个最左的词类(Magerman,Marcus, 1991)[2],以及考虑一般的结构依存关系(例如,英语中右分支结构优先)(Briscoe,Carroll,1993)[3],等等。这些方法都比较专业,限于篇幅,这里就不再赘述了。有兴趣的读者可以进一步阅读本节脚注中的有关文献。

---

[1]　Collins M J. Head-driven Statistical Models for Natural Language Parsing[D]. Philadelphia: Unversity of Pennsylvania, 1999.

[2]　Magerman D M, Marucs M P. Pearl: A probabilistic chart parser[C]//Proceedings of the 6th Conference of the European Chapter of the ACL, Berlin, 1991.

[3]　Briscoe T, Carrol J. Generalized Probabilistic LR parsing of natural language (corpora) with unification-based grammars[J]. Computational Linguistics, 1993, 19(1): 25-59.

概率上下文无关语法和概率词汇化上下文无关语法对于规则方法和统计方法的结合,进行了有成效的探索,大大地增强了上下文无关语法消解歧义的能力。这样的概率语法是当代自然语言处理的一个值得关注的形式模型。

参考文献

〔1〕 Charniak E. Statistical Language Learning〔M〕. Cambridge:MIT Press,1993.

〔2〕 Charniak E. Statistical parsing with a context-free grammar and word statistics〔M〕//AAAI-97. Menlo Park:AAAI Press,1997:598－603.

〔3〕 Manning C D, Schuetze H. Foundations of Statistical Natural Language Processing〔M〕. Cambridge:MIT Press,1999.

〔4〕 冯志伟.自然语言处理中的概率语法〔J〕.当代语言学,2005(2):166－179.

第 12 章

Bayes 公式与动态规划算法

上一章我们讨论了概率语法,在以后各章,我们将进一步介绍自然语言处理中的其他基于概率的形式模型。在本章中,我们首先介绍检查和更正拼写错误的问题,总结人们典型的拼写错误模式,然后,我们介绍用于解决拼写和发音问题的主要的概率技术:Bayes(贝叶斯)规则和噪声信道模型(noisy channel model)。在语音识别(speech recognition)、词类标注(part-of-speech tagging)和概率剖析(probabilistic parsing)中,Bayes 规则以及它在噪声信道模型中的应用,都起着十分重要的作用。

Bayes 规则和噪声信道模型为解决这些问题提供了概率框架,要实际解决这些问题还需要各种算法。在这一章里,我们还将介绍一种叫作动态规划(dynamic programming)的主要算法,并介绍这种算法的一些实际的应用,包括 Viterbi(韦特比)算法(Viterbi algorithm)、最小编辑距离算法(minimum edit distance algorithm)、向前算法(forward algorithm)。最后,我们还要介绍有限状态自动机的一个概率版本,叫作加权自动机(weighted automaton)。

12.1 拼写错误的检查与更正

在前面的各章中,我们主要讨论在本文处理中的形式模型,基本上没有涉及语音处理中的问题。然而,语音自动处理是自然语言处理的一个重要方面,我们不可忽视,应当给予足够的关注。

语音自动识别需要很多统计方面的知识。为了讲清楚这些知识,我们往往要涉及打字文本更正的一些方法,因此,在下面的几节中,我们除了讨论语音自动识别之外,也同时讨论打字文本更正的问题。

根据 Kukich(库基齐)在 1992 年的统计,在英语中,人们打字文本的拼写错误率在0.05%(对于仔细编辑的新闻文本)到 38%(在电话簿查询等拼写困难的应用场合)之间变动。

这里,我们将讨论拼写错误的检查和更正问题以及与语音自动识别和文本-语音转换系统中模拟发音变化的有关问题。

从表面上看来,文本中的拼写错误以及模拟口语中单词的发音变化的问题似乎没有什么共同点。但是,我们可以使用一种重要的方法把这些问题转化成同构(isomorphic)的问题,也就是把二者都看成"概率转移"(probabilistic transduction)问题。

在语音识别中,要给出表示在上下文中单词发音的一串符号,我们需要得到表示该单词的词汇发音或词典发音的符号串,因此,我们必须查找词典。然而,任何给定的表层发音都是有歧义的:一个表层发音对应于若干个不同的可能的单词。例如,ARPAbet[①] 发音[er]可能对应于 her,were,are,their,your 等单词中的某部分形式。这样的歧义问题可以概括为"发音变异"(pronunciation variation)。例如,单词 the 有时发音为[thee],有时发音为[thuh];单词 because 有时出现的形式为 because,有时出现的形式为 cause。这种变异的某些方面是有系统性的,下面,我们将考察语音识别和文本-语音转换中某些重要的发音变异类别,并介绍描写发音变异的某些初步的规则。高质量的语音合成算法需要知道,什么时候使用什么样的特定的发音变异。要完成语音合成和语音识别这两个方面的任务,要求我们使用概率变异来扩充前面讨论过的表层音子和词汇音子之间的转化方法。

同样,给定对应于拼写错误的单词的字母序列,我们需要产生一个顺序表,把可能的正确单词列举出来。例如,acress 这个序列可能是 actress(女演员),或 cress(水芹),或 acres(英亩)的错误拼写。我们要把 acress 的表层形式转换为它的各种可能的"词汇"形式,并标上它们的相应概率,然后,我们从中选择概率最高的词为正确的词。

拼写错误的检查和更正是现代词语处理器的一个组成部分。同样的算法对于光学字符识别(optical character recognition,OCR)和联机手写体识别(on-line handwriting recognition)也是很重要的,尽管个别的字母还不能保证被精确地识别出来。

"光学字符识别"是机器印刷或者手写字符的自动识别中所使用的一个术语。在光学字符识别中,光学扫描仪把机器印刷或者手写的页面转换成位图(bitmap),然后再把位图传送给 OCR 算法进行处理。

"联机手写体识别"是在用户书写的同时来识别人写的或者曲线手写体字符。与 OCR 对于手写体的分析不同,联机手写体识别的算法可以使用在手写输入时的一些动态信息,例如,字符笔画的数量和顺序,以及每个笔画书写时的速度和方向等。联机手写体识别在不便使用键盘的时候是很重要的,例如,在小规模的计算环境中(如 Palm-Pilot 掌上定位应用等等),或者在中文输入中(这时,由于汉字书写符号的数目很多,键盘难以对付)。在手机的输入中,联机手写体识别也很重要。这时,我们需要使用只包含 10 个字符的手机键盘输入汉字和英文。

在本节中,我们将集中研究拼写的检查和更正,主要研究打字者打印出来的文本,不过这样的算法也可以应用于 OCR 和手写体识别。OCR 系统比打字者会有更高的错误率,尽管

---

① ARPAbet 是使用 ASCII 字符来给英语注音的一套字母表,它可以避免使用国际音标 IPA 中的一些在排版上很难处理的特殊字符,在使用 ASCII 字符的情况下,排版是很方便的。为了便于排版,本章我们使用 ARPAbet 来注音。关于 ARPAbet 和 IPA 的对照,请参看本章后面的附录。

OCR 的错误类型与打字者的错误类型有所不同。例如，OCR 系统经常会错误地混淆"D"和"O"、"ri"和"n"，形成错误拼写的单词，把 derision 判断为 dension，把 PDQ Bach 判断为 POQ Bach。

1992 年，Kukich[1] 在她关于拼写更正的调查文章中，把这个领域分解为三个大问题，这些问题的范围正在扩大：

● 非词错误检查：检查会导致非词的拼写错误。例如，把 giraffe 拼写成 graffe。

● 孤立词错误更正：更正会导致非词的拼写错误。例如，把 graffe 更正为 giraffe，但是只是在孤立的环境中查找这个词。

● 依赖于上下文的错误检查和更正：如果错误的拼写恰好是一个英语中真实存在的单词（真词错误，real-word errors），就需要使用上下文来检查和更正这样的拼写错误。这种情况常常来自打字操作时的错误（例如，插入、脱落、改变位置），或者由于书写者错误地拼写同音词和准同音词，并用这些词来彼此替换（例如，用 dessert 替换 desert，或者用 piece 替换 peace）。

下面我们来讨论在打字文本、OCR 和手写体识别输入中的拼写错误模式的类别。

人的打字文本中出现的拼写错误，在数量和性质方面，不同于在 OCR 和手写体识别器这样的模式识别设备中引起的拼写错误。1983 年，Grudin(格鲁丁)[2]发现，在英语中，人们打字文本的拼写错误率在 1%到 3%之间（包括非词错误和真词错误）。这个错误率对于经过复制编辑后的文本将会明显地下降。英语手写体文本的拼写错误率与此相似，根据 Kukich(1992) 的报告，词错误率在 1.5%到 2.5%之间。

OCR 和联机手写体识别系统的错误是不同的。在联机印刷体字符识别中，单词的识别准确率为 97%～98%，其错误率为 2%～3%。OCR 的错误率，由于输入质量的不同，变化幅度也很大；有的学者建议，在典型情况下，OCR 的字母错误率的范围应在 0.2%（对于第一次复印的干净文本）到 20%之间或更差（对于多次复印的文本或者传真文本）。

在早期的研究中，Damerau(达迈罗)[3]于 1964 年发现，在人工穿孔的文本中，80%的错误是由"单个错误的错拼"(single-error misspelling)引起的。所谓"单个错误"，就是下列错误中的某一个错误[4]：

---

① Kukich K. Technique for automatically correcting words in text[J]. ACM Computing Survey，1992，24 (4)：377-439.

② Grudin J T. Error patterns in novic and skilled transcription typing[M]//Cooper W E. Cognitive Aspects of Skilled Typewriting. New York：Springer-Verlag，1983：121-139.

③ Damerau F J. A technique for computer detection and correction of spelling errors[J]. Communication of the ACM，1964，7(3)：171-176.

④ 根据另外的语料库的调查，Peterson(1986)发现，单个错误的错拼在所有错拼的单词中所占的百分比还更高 (93%～95%)。80%的单个错误的错拼和更高的错拼比例之间的差别可能是由于如下的事实造成的：Damerau 的文本已经包含了转写到穿孔卡片时引起的错误、键盘穿孔的错误、纸带设备引起的错误，再加上纯粹由人造成的拼写错误。

- 插入(insertion)：把 the 错误地打成 ther。

- 脱落(deletion)：把 the 错误地打成 th。

- 替代(substitution)：把 the 错误地打成 thw。

- 换位(transposition)：把 the 错误地打成 hte。

在这项研究的影响下,后来很多的研究工作都集中在更正"单个错误的错拼"方面。

1992 年,Kukich 把人的打字错误分为两大类:打字操作错误(typographical errors)和认知错误(cognitive errors)。打字操作错误(例如,把 spell 错误地拼写为 speel)一般与键盘有关。认知错误(例如,把 separate 错误地拼写为 seperate)是由于写文章的人不知道如何拼写某个单词而造成的。Grudin(格鲁丁)在 1983 年发现,键盘对于错误的产生有强烈的影响;打字操作错误占了所有错误类型的大多数。例如,我们来考虑替代错误,这种错误是打字新手最常见的第一位错误,又是专业打字员最常见的第二位错误。Grudin 发现,键盘中同一行的相邻键(例如,a 和 s)的替代错误为打字新手替代错误的 59%,为专业打字员替代错误的 31%(例如,把 small 错误地拼写为 smsll)。再加上同一列键的替代错误和对应错误(homologous errors,错误地用另一只手打键盘对侧相应的键而造成的错误),打字新手的替代错误的 83%和专业打字员的替代错误的 51%都可以看成是基于键盘的错误。认知错误包括语音错误(用语音上等价的字母序列来替代,例如,用 seperate 来替代 separate)和同音词错误(例如,用 piece 来替代 peace)。

打字错误一般可以用上述的替代、插入、脱落和换位来描述。OCR 错误一般可以分为五类:替代、多重替代、空白脱落、空白插入、识别失败。

1997 年,Lopresti(罗蒲列思提)和 Zhou(周)[1]给出了下列常见的 OCR 错误的例子:

正确输入文本:

The quick brown fox jumps over the lazy dog.

识别输出文本:

'lhe q~ick brown foxjurnps ovcr tb l azy dog.

替代错误(e→c)通常是由视觉的相似性造成的(而不是由键盘键位的距离造成的),多重替代(T→'l,m→rn,he→b)也是由这样的原因造成的。识别失败(用代字符号"~"表示:u→~)则是由于 OCR 的算法没有能够精确地选择到任何字符而造成的。

检查文本中的非词错误,不论这个文本是打字的还是扫描的,最通常的做法是使用词典。例如,在上面 OCR 错误的文本中 foxjurnp 是不可能在词典中出现的。早期的一些研究曾经建议,这样的拼写词典的规模应该比较小,因为规模太大的词典可能包含一些罕用词,它们容易与其他词的错误拼写形式相混淆。例如,wont(习惯)是一个合法的罕用词,但是,它又是

---

① Lopresti D, Zhou J. Using consensus sequence voting to correct OCR errors[J]. Computer Vision and Image Understanding, 1997, 67(1): 39 - 47.

won't 的一个常见的错误拼写形式。同样,veery(一种画眉鸟)也是 very 的一个常见的错误拼写形式。然而,1989 年,Damerau 和 Mays(迈叶斯)[①]发现,实际上并不是这样的,在大规模的词典中,某些错拼并不会被真词"隐藏",事实证明,使用大规模的词典的利大于弊。

为了表示能产生的屈折变化(后缀-s 和-ed)和派生,用来做拼写错误检查的词典一般还要包括形态分析模式。早期的英语拼写错误检查系统容许任何词具有任何的后缀,Unix SPELL 系统容许接受一些带奇怪前缀的单词,如 misclam,antiundoggingly 和一些由 the 派生来的后缀,如 thehood,theness 等。现代的拼写检查系统都使用了更多的、充分考虑语言学规则的形态表示。

12.2　Bayes 公式与噪声信道模型

在本节中,我们介绍发音和拼写变异中的概率模型。这些模型,特别是 Bayes 推理(Bayesian inference)和噪声信道模型(noisy channel model),同时也可以用于解决自然语言处理的其他很多问题。

我们在前面说过,语音识别中发音模型的问题和打字文本、OCR 文本的拼写更正问题是同构的,它们都可以模拟为从一个符号串到另一个符号串的映象问题。在语音识别中,对于给定的表示在上下文中某个单词的发音的一个符号串,我们需要计算并输出表示其词汇发音或者词典发音的一个符号串,因此,我们可以在词典中查找这个单词。同样,对于给定的在拼写错误的单词中不正确的字母序列,我们需要计算并输出在拼写正确的词中的一个正确的字母序列。这样的问题可以使用噪声信道模型来模拟(图 12.1)。

图 12.1　噪声信道模型

此图引自 D. Jurafsky 和 J. Martin 的 *Speech and Language Processing*,谨此致谢

从直觉上说,噪声信道模型可以这样来理解:表层形式("推导出"的发音或错拼单词)可以看成是词汇形式("词汇"的发音或正确拼写的单词)在通过了噪声信道之后得到的一个实例。由于在信道中有"噪声",我们难以辨认出词汇形式的"真实"单词的面目。我们的目的就是建立一个信道模型,使得我们能够计算出,这个"真实"的单词是如何被"噪声"改变面目的,

---

①　Damerau F J, Mays E. An examination of undetected typing errors[J]. Information Processing and Management,1989,25(6):659-664.

从而恢复它本来的面目。对于完全的语音识别研究，它的噪声有很多来源：发音变异、音子实现时的变异、来自信道的声学方面的变异（扩音器、电话网络）等等。我们这里的所谓"噪声"就是指发音变异，也就是那些给词汇发音或"规范"发音戴上假面具的发音变异。对于拼写错误检查，所谓"噪声"就是那些给正确的拼写戴上假面具的拼写错误。

"噪声信道"这个比喻来自 20 世纪 70 年代 IBM 实验室应用于语音识别的模型，F. Jelinek(杰里奈克)在 1976 年的文章中，把这样的模型叫作"噪声信道模型"(noisy channel model)。① 不过，这个模型本身却是 Bayes 推理的一个特殊情况，自从 1763 年 Bayes(贝叶斯，图 12.2)的研究工作以来②，这个模型就为世人所知了。

早在 20 世纪 50 年代末期和 60 年代初期，Bayes 的出色工作就引起了语言研究者的兴趣，1959 年 Bledsoe(布莱德索)在 OCR 方面的研究以及 1964 年 Mosteller(莫特泰勒)和 Wallace(华莱士)应用 Bayes 推理来确定《联邦主义者》(*The Federalist*)的作者分布的创新性研究，就已经成功地应用了 Bayes 推理和 Bayes 分类的方法。

图 12.2　Bayes

在 Bayes 分类中，与在其他的分类中一样，当我们得到某个"观察"(observation)时，我们的任务是确定这个"观察"属于哪一个类别的集合。对于语音识别，所谓"观察"就是构成我们所听到的单词的音子串。对于拼写错误检查，"观察"就是构成可能的错拼单词的字母串。在这两种场合，我们都想把"观察"分摊到单词。在语音识别的场合，不论单词 about 的发音有多少种可能的方式，我们只想把它分摊到 about。在拼写检查的场合，不管单词 separate 是怎样地被错误地拼写了，我们只想把它识别为正确的拼写形式 separate。

让我们从发音的例子开始讨论这个问题。我们得到一个音子串（例如[ni]），我们想知道，哪一个单词对应于这个音子串。这个问题的 Bayes 解释要从考虑一切可能的类开始，所谓"一切可能的类"，在我们的场合，也就是"一切可能的单词"。在所有这些包罗万象的单词中，我们只想选择那些最可能给出我们已有的观察[ni]的单词。换句话说，在词汇 V 的所有单词中，我们只想使得 P（单词 | 观察）为最大的那个单词。我们用 $\hat{w}$ 来表示"我们对正确单词 w 的估计"，用 O 来表示"观察序列[ni]"（之所以说"序列"是因为我们把每一个字母看成一个观察）。因此，从中挑选出最优单词的等式为

$$\hat{w} = \arg\max_{w \in V} P(w \mid O) \tag{12.1}$$

① Jelinek F. Continuous speech recognition by statistical methods[J]. Proceedings of the IEEE, 1976, 64 (4): 532 – 557.

② Bayes T. An Essay Toward Solving a Problem in the Doctrine of Chances[J]. Philosophical Transactions, 1763, 53: 370 – 418. Facsimiles of Two Papers. New York: Hafner Publishing Company, 1963.

函数$\arg\max_x f(x)$的意思是"使得 $f(x)$ 为最大值的 x"。式(12.1)能保证给我们最优的单词 w,但是,我们不清楚怎样才能使这个等式运行起来;这就是说,对于给定的单词 w 和观察序列 O,我们还不知道怎样才能计算出 $P(w|O)$。Bayes 分类的直觉告诉我们,如何利用 Bayes 公式,把 $P(w|O)$ 转换成两个概率的乘积,而其中的每一个概率都比 $P(w|O)$ 容易计算。Bayes 公式如式(12.2)所示;这个规则给了我们把 $P(w|O)$ 分解成其他三个概率的方法:

$$P(x\mid y) = \frac{P(y\mid x)P(x)}{P(y)} \tag{12.2}$$

把式(12.2)代入式(12.1),得到式(12.3),我们就把 $P(w|O)$ 分解成了三个概率:

$$\hat{w} = \arg\max_{w\in V}\frac{P(O\mid w)P(w)}{P(O)} \tag{12.3}$$

式(12.3)中右侧的大部分概率同我们原来试图求最大值的式(12.1)中的 $P(w|O)$ 比起来,更容易进行计算。例如,$P(w)$ 是单词的概率,我们可以根据单词的频率来估计。下面我们将会看到,$P(O|w)$ 也是容易估计出来的。但是,观察的概率 $P(O)$ 却是很难估计的。幸运的是,我们可以忽略 $P(O)$。为什么呢? 因为我们现在要对所有的词求最大值,我们将对每个词计算 $\dfrac{P(O\mid w)P(w)}{P(O)}$。但是每一个单词的 $P(O)$ 是不会改变的,因为我们总是要对同样的观察 O 问最大可能的词串是什么,而观察都有同样的概率 $P(O)$。因此,我们有

$$\hat{w} = \arg\max_{w\in V}\frac{P(O\mid w)P(w)}{P(O)} = \arg\max_{w\in V}P(O\mid w)P(w) \tag{12.4}$$

总体来说,给出某个观察的具有最大概率的单词 w,可以用每一个单词的两个概率的乘积来计算,并且选乘积最大的单词为所求的单词。这两个术语的名称如下:$P(w)$ 叫作先验概率(prior probability),$P(O|w)$ 叫作似然度(likelihood)。

下面我们将说明如何针对发音和拼写的概率计算这两个概率。

拼写更正有很多算法,这里我们将着重研究 Bayes 算法,因为这种算法具有普遍性。本节只集中讨论非词拼写错误。Kernigham(克尼汉)等[①]首先提出把噪声信道方法应用于拼写更正,他们的 CORRECT 程序把被 UNIX spell 程序拒绝的单词生成潜在正确的单词表,从中挑选出序号最高的单词作为真正正确的单词。

让我们以 Kernigham 等的错拼单词 acress 为例,把他们使用的算法走一遍。这个算法分为两步:第一步是提出候选更正表(proposing candidate corrections);第二步是给候选打分(scoring the candidates)。

为了提出候选更正表,Kernigham 等简单地假设:正确单词与错拼单词的差别只表现为

① Kernigham M D, Church K W, Gale W A. A spelling correction program based on a noisy channel model [C]//COLING-90, Helsinki, 1990, 11: 205-211.

插入、脱落、替代、换位四种方式中的一种。Damereu 说明,尽管这个假设可能漏掉某些更正,但是,它可以应对人在打字文本中的大多数拼写错误。这个候选单词表可以由错拼单词生成,而错拼单词(typo)可以应用在单词中引起的任何一个单独的转换方式于一个大型的联机词典而得到。应用所有的转换方式于 acress,就可以得到如表 12.1 所示的候选单词表。

表 12.1　错拼词 acress 的候选更正表以及产生错误的转换方式,"-"表示零字母

错　误	更　正	转　　换			
		正确字母	错误字母	位置(字母#)	类　型
acress	actress	t	-	2	脱落
acress	cress	-	a	0	插入
acress	caress	ca	ac	0	换位
acress	access	c	r	2	替代
acress	across	o	e	3	替代
acress	acres	-	2	5	插入
acress	acres	-	2	4	插入

算法的第二步是使用式(12.4)来给候选更正打分。令 t 表示错拼单词(typo),c 表示候选更正集合 C 上的元素。这样,最佳的更正为

$$\overset{\text{likelihood prior}}{\hat{c} = \underset{c \in C}{\arg\max} P(t \mid c)P(c)} \tag{12.5}$$

其中,likelihood 是似然度,prior 是先验概率。

正如在式(12.4)中一样,我们在式(12.5)中省略了分母,因为错拼词为 t,所以,对于所有的 c,t 的概率 $P(t)$ 是一个常数。每一个更正的先验概率 $P(c)$,可以根据单词 c 在某一语料库中出现的频次来计算。然后,用所有单词的总出现次数来归一化(normalizing)这个频次。[①]

所以,一个更正单词 c 的概率就等于 c 的出现次数除以语料库中的词数 N。零次数可能会引起问题,所以,我们给所有的出现次数都加 0.5。这叫作"平滑"(smoothing)。注意,在下面的式(12.6)中,我们不能只用单词总数 N 来除,因为我们对每个更正单词的出现次数都加了 0.5,所以,我们也要给词汇中的单词 V 加 0.5。

$$P(c) = \frac{C(c) + 0.5}{N + 0.5V} \tag{12.6}$$

现在,我们使用 Kernigham 等的 AP 新闻语料库来进行计算,规模为 4 400 万个词。所以,N 为 4 400 万。在这个语料库中,单词 actress 出现 1 343 次,单词 acres 出现 2 879 次,等

---

① 所谓"归一化",就是用某个总次数来除,使得其概率处于 0 和 1 之间,使之符合规格。

等,我们计算得到如表 12.2 所示的先验概率。

表 12.2　先验概率表

c	freq(c)	$P(c)$
actress	1 343	0.000 031 5
cress	0	0.000 000 014
caress	4	0.000 000 1
access	2 280	0.000 058
across	8 436	0.000 19
acres	2 879	0.000 065

在表 12.2 中, c 表示候选更正单词,freq(c)表示 c 的出现次数(频率), $P(c)$ 表示 c 的概率。

似然度的精确计算至今还是一个没有解决的研究课题;一个单词被错误拼写的概率与打字者是谁,打字者是否熟悉他所使用的键盘,打字者的一只手是否比另一只手更疲倦等因素都有关系。幸运的是,尽管我们不能精确地计算 $P(t|c)$,但是,我们可以相当好地来估算它,因为预示插入、脱落、换位等错拼的大多数重要的因素都是一些局部性的因素,如像正确字母本身是否等同,字母如何被错拼,以及错拼时周围的上下文等等。例如,字母 m 和 n 经常彼此替代而发生错拼,其部分原因是由于这两个字母的等同性(这两个字母发音相近,在键盘的位置彼此相邻),部分原因是由于上下文(这两个字母不仅发音相近,而且它们往往出现在相似的上下文中)。

Kerningham 等使用了一种估算这种概率的简单方法。他们不管大多数可能的因素对于错误概率的影响,而只是进行估算。例如,考虑在某个有错误的大语料库中,e 替代 o 的次数,来估算 $P(\text{acress}|\text{across})$ 。这可以用含混矩阵(confusion matrix)来表示,含混矩阵是 26×26 的方框表,它表示一个字母被另一个字母错误替代的次数。例如,在替代含混矩阵中,标记为[o,e]的单元将给出 e 替代 o 的次数;在插入含混矩阵中,标记为[t,s]的单元将给出 t 插入到 s 后面的次数。计算含混矩阵时,需要手工收集拼写错误及其相应的正确拼写,然后计算不同错误发生的次数。Kernigham 等使用了四个含混矩阵,每个含混矩阵代表一类单独错误。

- del[x,y]:在正确单词中的字符 xy 在训练集中被打为 x 的次数。
- ins[x,y]:在正确单词中的字符 x 在训练集中被打为 xy 的次数。
- sub[x,y]: x 被打为 y 的次数。
- trans[x,y]: xy 被打为 yx 的次数。

注意,他们在这里选择插入和脱落的条件是前面一个字符,他们也可以选择后面一个字符为条件。使用这些含混矩阵,他们估算 $P(t|c)$ 如下(其中 c_p 表示单词 c 中的第 p 个字符):

$$P(t \mid c) = \begin{cases} \dfrac{\text{del}\big[c_{p-1}, c_p\big]}{\text{count}\big[c_{p-1} c_p\big]} & (\text{脱落}) \\[2mm] \dfrac{\text{ins}\big[c_{p-1}, t_p\big]}{\text{count}\big[c_{p-1}\big]} & (\text{插入}) \\[2mm] \dfrac{\text{sub}\big[t_p, c_p\big]}{\text{count}\big[c_p\big]} & (\text{替代}) \\[2mm] \dfrac{\text{trans}\big[c_p, c_{p+1}\big]}{\text{count}\big[c_p c_{p+1}\big]} & (\text{换位}) \end{cases} \qquad (12.7)$$

例如,actress 被错打为 acress 是一种"删除"错误,ct 被错打为 c。在删除的含混矩阵中,ct 出现的次数为 100 000,错打为 c 的次数为 117,则

$$P(t \mid c) = \frac{\text{del}\big[c_{p-1}, c_p\big]}{\text{count}\big[c_{p-1} c_p\big]} = \frac{117}{100\,000} = 0.000\,117$$

表 12.3 给出了每个潜在更正的最后概率;先验概率(根据式(12.6))与似然度(使用式(12.7)和含混矩阵来计算)相乘。最后一栏给出了"归一化后的百分比"。

表 12.3 每个候选更正等级的计算

c	freq(c)	$P(c)$	$P(t\mid c)$	$P(t\mid c)P(c)$	归一化后的百分比/%
actress	1 343	0.000 031 5	0.000 117	3.69×10^{-9}	37
cress	0	0.000 000 014	0.000 001 44	2.02×10^{-14}	0
caress	4	0.000 000 1	0.000 001 64	1.64×10^{-13}	0
access	2 280	0.000 058	0.000 000 209	1.21×10^{-11}	0
across	8 436	0.000 19	0.000 009 3	1.77×10^{-9}	18
acres	2 879	0.000 065	0.000 032 1	2.09×10^{-9}	21
acres	2 879	0.000 065	0.000 034 2	2.22×10^{-9}	23

注意,等级最高的单词不是 actress 而是 acres(在表中最底部的两行),因为 acres 可以通过两个途径生成。

我们使用 Bayes 算法预见到 acres 是正确单词(这个单词的归一化百分比共计为 45%),而 actress 则是第二位最可能的正确单词。遗憾的是,这个算法在这里算错了。文章作者的意图可以从如下的上下文中看得很清楚: ... was called a "stellar and versatile acress whose combination of sass and glamour has defined her ..."(……被称为"主要的和多才多艺的 acress,她把纯熟的技巧和迷人的魅力结合在一起,以表明……")。从 acress 周围的词来看,它的正确单词显然应该是 actress(女演员)而不是 acres(英亩)。

我们所描述的算法要求手工标注数据来训练含混矩阵。Kerningham 等的另一种不同的方法是迭代地使用错拼更正算法本身来计算含混矩阵。迭代算法首先用相等的值启动一个矩阵,这时,任何字符都是相等的,不论它是脱落,还是被另一个字符所替代,等等。然后在一

个拼写错误词的集合上运行错拼更正算法。给出拼写错误类型和它们相对应的更正,这时再计算含混矩阵,再运行拼写算法,这样不断地进行,便可以一步一步得到越来越好的含混矩阵。这个聪明的方法是重要的 EM 算法(期望最大算法,Expectation-Maximization algorithm)的一个实例。Kerningham 等的算法的评测是取一些具有两种潜在更正的拼写错误,请三个评判人从中挑一个最好的更正来投票。他们的程序与评判人大多数的投票是一致的,占了 87%。

下面,我们讨论动态规划(dynamic programming)的三个主要算法:最小编辑距离算法(minimum edit distance algorithm)、向前算法(forward algorithm)、Viterbi(韦特比)算法(Viterbi algorithm)。然后,我们还要介绍加权自动机(weighted automaton)。

12.3 最小编辑距离算法

由上所述可以看出,Bayes 算法与含混矩阵结合起来使用,可以排列出候选更正的等级。但是,Kernigham 等的工作依赖于一个简单的假设,即每一个词只有一个单独的拼写错误。我们还需要更强的算法来处理多个错误的情况。我们可以把这种算法理解为对"符号串距离"(string distance)问题的一般解。符号串距离是某种矩阵,矩阵中要说明两个符号串彼此的相近程度。Bayes 方法可以看成是把这种算法应用于错拼更正问题的一个途径;我们要挑出"最接近于"错误的候选词,也就是说,要挑出具有最高概率的错误。

找出符号串距离的最通行的算法之一就是最小编辑距离(minimum edit distance)算法。这种算法是 Wagner(瓦格纳)和 Fischer(费歇尔)[①]在 1974 年提出的。两个符号串之间的最小编辑距离就是指把一个符号串转换为另一个符号串时,所需要的最小编辑操作的次数。例如,intention 和 execution 之间的距离是五个操作,可以用三种方法来表示:跟踪(trace)、对齐(alignment)、操作表(operational list)。如图 12.3 所示。

我们也可以给每一个操作一个代价值(cost)或权值(weight)。两个序列之间的 Levenshtein(列文斯坦)距离(Levenshtein distance)是最简单的加权因子,在上面三种方法中每一个操作的值为 1。[②] 所以,在 intention 和 execution 之间 Levenshtein 距离为 5。Levenshtein 还提出了另一种不同的度量方法,这种方法规定,插入或脱落操作的值为 1,不容许替代操作(实际上,如果把替代操作表示为一个脱落操作加上一个插入操作,那么,替代操

---

① Wagner R A, Fischer M J. The string to string correction problem[J]. Journal of the Association for Computing Machinary, 1974, 21: 168 - 173.

② Levenshtein V I. Binary codes capable of correcting deletions[J]. Insertions, and Reversals, Cybernetics and Control Theory, 1966, 10(8): 707 - 710.

作的值为 2,这实际上也就等于容许了替代操作)。使用这样的度量方法,在 intention 和 execution 之间的 Levenshtein 距离应该是 8。我们也可以使用更加复杂的函数来给操作加权,例如,使用前面讨论过的含混矩阵来给每一种操作赋予一个概率值。在这种情况下,我们谈的就不是两个符号串之间的"最小编辑距离",而是一个符号串与另一个符号串的"最大概率对齐"(maximum probability alignment)了。如果我们这样做,那么通过给每一个转换都乘上一个概率值的办法来增强最小编辑距离,这种增强了的最小编辑距离就可以用来估算给定候选更正的包含多个错误的错误类型的 Bayes 似然度。

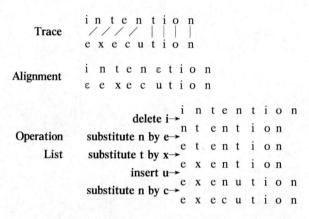

图 12.3　表示符号串差别的三种方法:跟踪、对齐、操作表

最小编辑距离使用动态规划(dynamic programming)来计算。动态规划是一种算法的名字,首先于 1957 年由 Bellman(贝尔曼)[①]提出。动态规划应用表驱动(table-driven)的方法,结合各个子问题的求解来求解整个问题。这一类算法包括了语音处理和语言处理中的大多数通用算法,例如,在拼写错误更正中使用的最小编辑距离算法,在语音识别和机器翻译中使用的 Viterbi 算法(Viterbi algorithm)和向前算法(forward algorithm),在句法剖析中使用的 CYK 算法(CYK algorithm)和 Earley 算法(Earley algorithm)。

从直觉上来说,动态规划就是把一个大的问题化解为不同的子问题来求解,再把这些子问题的解适当地结合起来,就可以实现对大的问题的求解。例如,符号串 intention 和 execution 之间的最小编辑距离的求解,就要考虑被转换的不同单词的序列和"路径"。我们可以设想,某个符号串(比如说,exention)处于最优的路径上(不论哪条路径)。从直觉上说,动态规划要求,如果 exention 处于最优操作表中,那么,最优的序列就必定也应该包含从 intention 到 exention 的最优路径。为什么呢? 因为这时如果还有从 intention 到 exention 更短的路径,那么我们就要用最短的路径来取代它,从而形成所有路径当中最短的路径,在这种情况下,这个临时的最优序列就不是最优的了,这样就导出了矛盾。

①　Bellman R. Dynamic Programming[M]. New York:Princeton University Press,1957.

　　用于序列比较的动态规划算法工作时,要建立一个距离矩阵,目标序列的每一个符号记录在矩阵的行上,源序列的每一个符号记录在矩阵的列上(也就是说,目标序列的字母沿着底线排列,源序列的字母沿着侧线排列)。对于最小编辑距离来说,这个矩阵就是编辑距离矩阵。每一个编辑距离单元$[i,j]$表示目标序列头 i 个字符和源序列的头 j 个字符之间的距离。每个单元可以作为周围单元的简单函数来计算;这样一来,从矩阵的开始点出发,就能够把矩阵中的所有项都填满。计算每个单元中的值的时候,我们取到达该单元时三条可能的路径中的最小路径为其值:

$$P(t|c) = \min \begin{cases} \text{distance}[i-1, j] + \text{ins-cost}(\text{target}_i) \\ \text{distance}[i-1, j-1] + \text{subst-cost}(\text{source}_j, \text{target}_i) \\ \text{distance}[i, j-1] + \text{del-cost}(\text{source}_j) \end{cases} \tag{12.8}$$

这个算法如图 12.4 所示。

```
function MIN-EDIT-DISTANCE (target, source) returns min-distance
    n ← LENGTH(target)
    m ← LENGTH(source)
    Create a distance matrix distance [n+1, m+1]
    distance[0,0] ← 0
    for each column i from 0 to n do
        for each row j from 0 to m do
            distance[i,j] ← MIN(distance[i-1,j] + ins-cost(target_i),
                                distance[i-1,j-1] + subst-cost(source_j, target_j),
                                distance[i,j-1] + del-cost(source_j))
```

图 12.4　最小编辑距离算法(动态规划算法的一个实例)

此算法引自 Jurafsky 和 Martin 的 *Speech and Language Processing*,谨此致谢

　　表 12.4 是应用这个算法计算 intention 和 execution 之间的距离的结果,计算时采用了 Levenshtein 距离,其中插入和脱落分别取值为 1,替代取值为 2,字符自身替代取值为 0。

　　在表 12.4 中,首先要删除 intention 中的 i,从第 1 列第 0 行开始计算。

　　表 12.4 中的计算步骤如下:

　　(1) 删除 i,在第 1 列第 0 行,得 1 分,积累为 1 分;

　　(2) 用 e 替换 n,在第 1 列第 2 行,得 2 分,积累为 1+2=3 分;

　　(3) 用 x 替换 t,在第 2 列第 3 行,得 2 分,积累为 3+2=5 分;

　　(4) e 不变,在第 3 列第 4 行,不得分,积累为 5 分;

　　(5) 用 c 替换 n,在第 4 列第 5 行,得 2 分,积累为 5+2=7 分;

　　(6) 在 c 后插入 u,在第 5 列第 5 行,得 1 分,积累为 7+1=8 分;

　　(7) tion 完全相同,不得分,总积累为 8 分。

表 12.4　应用图 12.4 中的算法计算 intention 和 execution 之间的
最小编辑距离(计算时采用了 Levenshtein 距离)

n	9	10	11	10	11	12	11	10	9	**8**
o	8	9	10	9	10	11	10	9	**8**	9
i	7	8	9	8	9	10	9	**8**	9	10
t	6	7	8	7	8	9	**8**	9	10	11
n	5	6	7	6	7	**8**	9	10	11	12
e	4	5	6	**5**	**6**	7	8	9	10	11
t	3	4	**5**	6	7	8	9	10	11	12
n	2	3	**4**	5	6	7	8	8	10	11
i	1	**2**	3	4	5	6	7	8	9	10
♯	**0**	1	2	3	4	5	6	7	8	9
	♯	e	x	e	c	u	t	i	o	n

12.4　发音问题研究中的 Bayes 方法

发音变异的涉及面很广泛。表 12.5 说明了单词 because 和 about 的最普遍的发音变异情况,这些材料来自美国英语电话对话的 Switchboard 语料库,是手工转写的。注意,当话语处于连续语流中的时候,这两个单词的发音变异的幅度是很大的。

表 12.5　because 和 about 的 16 种最常见的发音

because			about		
IPA	ARPAbet	百分比/%	IPA	ARPAbet	百分比/%
[bikʌz]	[b iy k ah z]	27	[əbaʊ]	[ax b aw]	32
[bɨkʌz]	[b ix k ah z]	14	[əbaʊt]	[ax b aw t]	16
[kʌz]	[k ah z]	7	[baʊ]	[b aw]	9
[kəz]	[k ax z]	5	[ʌbaʊ]	[ix b aw]	8
[bɨkəz]	[b ix k ax z]	4	[ɨbaʊt]	[ix b aw t]	5
[bɪkʌz]	[b ih k ah z]	3	[ɨbæ]	[ix b ae]	4
[bəkʌz]	[b ax k ah z]	3	[əbær]	[ax b ae dx]	3
[kʊz]	[k uh z]	2	[baʊr]	[b aw dx]	3

续表

because			about		
IPA	ARPAbet	百分比/%	IPA	ARPAbet	百分比/%
[ks]	[k s]	2	[bæ]	[b ae]	3
[kɨz]	[k ix z]	2	[baʊt]	[b aw t]	3
[kɪz]	[k ih z]	2	[əbaʊɾ]	[ax b aw dx]	3
[bikʌʒ]	[b iy k ah zh]	2	[əbæ]	[ax b ae]	3
[bikʌs]	[b iy k ah s]	2	[bɑ]	[b aa]	3
[bikʌ]	[b iy k ah]	2	[bæɾ]	[b ae dx]	3
[bikɑz]	[b iy k aa z]	2	[ɨbaʊɾ]	[ix b aw dx]	2
[əz]	[ax z]	2	[ɨbɑt]	[ix b aa t]	2

材料来自美国英语电话会话口语的手工转写语料库(分别用 IPA 和 ARPAbet 记音)。

这样的变异是如何引起的呢? 发音变异有两大类:词汇变异(lexical variation)和音位变异(allophonic variation)。我们可以把词汇变异看成是用来表示词表中单词的语音片段的差异,而音位变异则是单独的语音片段在不同的上下文中的发音差异。在表 12.5 中,大多数的发音变异是音位变异,它们是由于周围语音、音节结构等等的影响而产生的差异。但是,单词 because 可以发音为单音节的 'cause,又可以发音为双音节的 because,这是一种词汇事实,必须联系语音信息的层次来处理。

词汇变异(虽然它也会影响音位变异)的一个重要来源是社会语言变异(sociolinguistic variation)。社会语言变异是由语言外的因素引起的,例如,说话者的社会等同性、社会背景等等都会引起社会语言变异。方言变异(dialect variation)是一种社会语言变异。如美国英语,讲南方方言的人在某些带元音[ai]的词中,用单元音[a]或准单元音[aɛ]来替代双元音。在这些方言中,rice 被发成[raːs]。非洲美国本地英语(African-American Vernacular English,AAVE)与南美英语(Southern American English)一样,有的元音与一般的美国英语的发音不一样,有些单词的发音很特殊,例如,business 发为[bidnis],ask 发为[æsk]。对于有些老人,单词 caught 和 cot 的发音中的元音不同(分别为[kɔt]和[kɑt])。对于年轻的美国人,caught 和 cot 这两个词的发音是一样的。对于来自纽约市本地的人,Mary[meiri],marry[mæri]和 merry[mɛri]这三个词的发音是不同的,而对于纽约市的外地人,Mary 和 merry 的发音完全相同,但 marry 的发音不同于 Mary 和 merry 的发音。对于多数的美国人,这三个词都同样地发为[mɛri]。

除了方音的因素之外,造成社会语言差异的另外一个原因是语域(register)或风格(style)。由风格造成的发音差异表现在,由于说话者谈话的对象或社会地位的不同,同样一个说话者对同一个单词的发音可能也有所不同。上面例子中的 because 和 'cause 的区别,大概就是这样的原因造成的。关于风格变异研究得最好的一个例子是后缀-ing（例如在 something 中），这个后缀的发音可以为[iŋ]，也可以为[in]（这时通常写为 somethin'）。大多数说话者都使用两种形式；Labov（拉波夫）①在 1996 年指出，人们在比较正式的场合就使用[iŋ]，而人们在比较随便的场合就使用[in]。事实上，一个说话者是使用[iŋ]还是使用[in]，会明显地随着社会背景的不同、说话者性别的不同、另外一个说话者的性别的不同等等而变化。1981 年，Wald（瓦尔德）和 Shopen（首蓬）②发现，男性比女性更喜欢使用非标准的形式[in]，当听话者是一位女性的时候，说话者不论是男性还是女性都更喜欢使用标准形式[iŋ]；当男性跟朋友谈话时，则倾向于使用[in]。

词汇变异发生在词汇层面，而音位变异则发生在表层形式，它反映了语音因素和发音因素。③ 例如，表 12.5 中单词 about 的变异是由两个元音变为一个元音引起的，或者是由词末[t]的改变引起的。这种变异是由我们在讨论音位[t]实现时的那些音位变体规则引起的。例如，about 的发音[ebaur]/[ax b aw dx]在词末有一个闪音是由于下一个词是以元音开头的 it；序列 about it 的发音为[ebauri]/[ax b aw dx ix]。与此相似，我们注意到词末[t]经常脱落（about 发音为[bau]/[b aw]）。对于在这些场合的脱落，我们也可以把它看成一种简化；事实上，[t]脱落的很多情况是通过稍微改变元音的音质实现的，这种稍微的改变叫作元音的声门化（glottalization），我们这里没有用音标把它表示出来。

在前面讨论这些规则的时候，我们认为它们都是确定性的：给定一个环境，就可以总是应用某条规则。然而事实并非如此。每一条音位变体规则都依赖于一组十分复杂的因素，这些因素需要在概率上加以解释。很多这样的规则都是模拟协同发音（coarticulation）的。协同发音是由相邻语音片段的发音运动而引起的某一语音片段发音的改变。把英语的音位和它们的音位变体联系起来的大多数音位变体规则可以分为如下为数不多的几种类型：同化（assimilation）、异化（dissimilation）、脱落（deletion）、闪音化（flapping）、元音弱化（vowel reduction）、增音（epenthesis）。

同化就是把一个语音片段改变得更像它邻接的语音片段。[t]在齿音[θ]之前齿音化为[t̪]就是同化。英语中另一种普遍的同化是腭化（palatalization）。腭化也是一种跨语言的同化现象。当一个语段的下一个语段是上腭音或龈腭音时，它就会收缩离开它通常的位置而向硬腭靠拢，这时就发生了腭化。在大多数情况下，/s/变为[ʃ]，/t/变为[tʃ]。在表 12.5 中 because 的发音变为[bikʌʒ]（ARPAbet [b iy k ah zh]），这就是腭化。这时，because 的最后一

① Labov W. The Social Stratification of English in New York City[M]. Washington D C: Center for Applied Linguistics，1966.
② Wald B, Shopen T. A researcher's guide to the sociolinguistic variable (ING)[C]//Style and Variables in English. Cambridge：Winthrop Publishers，1981：219-249.
③ 为了某些目的，有时要区分音位变异和所谓的"随选的音位规则"，不过在本书里，我们把二者统称为"音位变异"。

个片段,词汇读音为[z],实际发音为[ʒ],因为它下面一个词是 you've。因此,字符序列 because you'v 的发音应该是[bikʌʒuv]。腭化规则可简单地表示如下:

$$\begin{Bmatrix} [s] \\ [z] \\ [t] \\ [d] \end{Bmatrix} \rightarrow \begin{Bmatrix} [ʃ] \\ [ʒ] \\ [tʃ]/\_\{y\} \\ [dʒ] \end{Bmatrix} \tag{12.9}$$

表 12.6 是 Switchboard 语料库中的有关例子。

表 12.6　Switchboard 语料库中腭化的例子

Phrase	IPA Lexical	IPA Reduced	ARPAbet Reduced
set your	[sɛtjɔr]	[sɛtʃɚ]	[s eh ch er]
not yet	[nɑtjɛt]	[nɑtʃɛt]	[n aa ch eh t]
last year	[læstjir]	[læstʃir]	[l ae s ch iy r]
what you	[wʌtju]	[wətʃu]	[w ax ch uw]
this year	[ðɪsjir]	[ðɪʃir]	[dh ih sh iy r]
because you've	[bikʌzjuv]	[bikʌʒuv]	[b iy k ah zh uw v]
did you	[dɪdju]	[dɪdʒyʌ]	[d ih jh y ah]

　　词目 you(包括 your,you've,you'd)在很多场合都会引起腭化;如果后面的词是 year(特别在短语 this year 和 last year 中),也会引起腭化。

　　注意,在表 12.6 中,[t]是否发生腭化取决于诸如频率之类的词汇因素(在高频词和高频短语中,[t]最容易发生腭化)。

　　脱落(deletion)在英语的口语中是很普遍的。在上面的例子中,我们已经看到了在单词 about 和 it 中,词末的/t/的脱落现象。/t/和/d/的脱落经常发生在辅音之前,或者当它们是三辅音序列或双辅音序列当中的一部分时,也常常脱落。

$$\begin{Bmatrix} t \\ d \end{Bmatrix} \rightarrow \varnothing / V\_\_C \tag{12.10}$$

表 12.7 是/t/和/d/脱落的一些例子。

　　影响/t/和/d/脱落的很多因素都被广泛地研究过。例如,/d/比/t/更容易脱落。在辅音之前,/t/和/d/二者都更容易脱落(Labov,1972)。词末的/t/和/d/以及 just 中的/t/都特别容易脱落(Labov,1975;Neu,1980)。Wolfram(1969)发现,在快速说话时,或者在很随便地说话时,容易发生脱落,年轻人和男性更容易发生脱落;当两个单词包围着一个片段而作为一个短语单元使用时,或者频繁地一起出现时,都容易发生脱落;当两个单词具有很高的互信息(mutual information)或者三元可预测性(trigram predictability)时,容易脱落;当两个单词由于其他原因被紧密地联系在一起时容易脱落。有一些研究者指出,如果词末的/t/和/d/ 是过去时态的词尾,它们就很少脱落。例如,在 Switchboard 语料库中,单词 around(73% 出现/d/脱落)比单词 turned(30% 出现/d/脱落)更容易出现/d/脱落,尽管这两个单词的频率很接近。

表 12.7　Switchboard 语料库中/t/和/d/脱落的一些例子

Phrase	IPA Lexical	IPA Reduced	ARPAbet Reduced
find him	[famdhɪm]	[famɨn]	[f ay n ix m]
around this	[əraʊndðɪs]	[ɨraʊnɪs]	[ix r aw n ih s]
mind boggling	[mamboglɲ]	[mamboglɲ]	[m ay n b ao g el ih ng]
most places	[moʊstpleɪsɨz]	[moʊspleɪsɨz]	[m ow s p l ey s ix z]
draft the	[dræftði]	[dræfði]	[d r ae f dh iy]
left me	[lɛftmi]	[lɛfmi]	[l eh f m iy]

其中有些例子也可能出现腭化,而不出现完全的脱落。这个例子引自 Jurafsky 和 Martin 的 *Speech and Language Processing*,谨此致谢。

很多学者指出,闪音化的情况非常复杂。在闪音化时,前面的元音要发得高一些,尽管这并不总是必要的(例如,在单词 thermometer[θemɑmire]中总是出现闪音);后面的元音是倾向于非重读的,尽管这也不总是必要的。/t/比/d/更容易发生闪音化。闪音化与音节、音步和单词的界限都有着非常复杂的交互关系。当说话者说得很快时,就容易出现闪音化;闪音化也容易发生在词末,特别是当在这个位置与后面的单词出现搭配关系(具有较高的互信息)的时候。当说话者做强势发音(superarticulate)时,闪音化就较少发生,因为在这个时候,说话者要用特别清楚的形式来说话,例如,当用户对一个语音识别系统讲话时,他就要使用强势发音。还有一种鼻化闪音[r],发鼻化闪音时,舌头的运动与口腔闪音相似,但是软腭下降得要低一些。最后,尽管在环境满足要求时,闪音化也不一定发生,所以说,闪音规则或转录机是有概率的。

现在我们来研究一种最重要的音位过程——元音弱化(vowel reduction)。在元音弱化时,很多非重读音节中的元音变为弱化元音。最常见的弱化元音是混元音(schwa)。重读音节是从肺中出来的空气形成的很强的音节,重读音节一般比较长、比较响,音高一般比非重读音节要高。英语中非重读音节的元音一般都不具备完整的形式;发音动作不像发完整的元音时那样完全。这时,口腔的形状是中性的;舌位不特别高,也不特别低。例如,单词 parakeet(长尾小鹦鹉)中的第二元音就是混元音。

不是所有的非重读元音都要弱化,任何一个元音,特别是双元音,尽管在非重读的位置也能保持住它们的完整的特性。例如,元音[ei](APARbet [ey])可以出现在单词 eight['eit]的重读位置,也可以出现在单词 always['ɔːlweiz]的非重读位置。一个元音是否弱化取决于很多因素。例如,单词 the 可以按完全的元音读为[ði],也可以按弱化元音读为[ðe]。在比较随便的场合快速讲话时,在下一个单词以辅音开头时,the 倾向于发为弱化元音[ðe]。在下一个单词以元音开头,且说话者做有准备有计划的讲话时,the 倾向于发为完全元音[ði];而当说话者不知道他下面将说什么时,他倾向于使用完全元音而不使用弱化元音。影响元音弱化的其他因素还有单词的频率,是否为短语中的最后一个元音,甚至说话者个人的语言习惯等等。

我们曾经使用过 Bayes 算法做拼写错误的最优更正,这个算法也可以用来解决语音识别中通常叫作"发音"(pronunciation)的子问题。在解决"发音"的问题中,对于给出的音子序列(series of phones),我们的任务是计算出生成这些音子序列概率最大的单词。在这里,我们假定音子符号串是正确的,就把这个问题大大地简化了,而一个实际的语音识别系统,对于每一个音子都要进行概率评估,所以,对于任何音子的等同性,语音识别系统是从来没有把握的。现在,我们来研究这个简化了的问题。

开始时,我们要假定已经知道了单词的边界在哪里。后面我们会说明,我们能够同时发现单词的边界("片段")和模拟发音变异。

当在句子的开头,在单词 I 之后出现音子序列[ni]时,我们来研究如何解释这个音子序列[ni]的问题。你能不能想出一个单词,它的发音是[ni]?

也许你能够想到单词 knee。这个单词实际的发音确实是[ni]。可是,通过调查 Switchboard 语料库,发音为[ni]的单词一共有七个! 这七个单词是 the(这),neat(整洁),need(必须),new(新),knee(膝盖),to(向),you(您)。

单词 the 的发音为什么会是[ni]呢? 对于这个发音(以及除了 knee 之外其他各个单词的发音)的解释要根据发音变异。例如,我们已经看到,[t]和[d]处于词末时经常脱落,特别是当它处于具有舌冠特征的音之前时;因此,当 neat 处于单词 little 之前时,就发音为[ni](neat little →[nilel])。the 的发音变为[ni]是由回退同化(regressive assimilation)过程引起的。在鼻音同化的时候,在鼻音之前或之后的音要采取鼻音的发音方法,所以[θ]在实际上就有可能发音为[n]。在 Switchboard 语料库中,在单词 in,on 和 been 之后,在不少场合 the 都发音为[ni](in the→[inni])。在 New York 这个词中,new 的发音常常为[ni],在[y]之前,元音[u]变为前元音[i]。

在 talking to you→[tokiniyu]中,to 的发音变为[ni],这里[u]在[y]之后发生腭化,talking 词末的音发为[n],而 to 的开头的音也发为[n],这两个[n]共同作用的结果,发为一个音子[n]。因为这个音子是两个分开的单词合起来形成的部分,我们不打算来模拟这种特殊的映射。这里我们只考虑下面五个词作为[ni]的候补词汇形式:knee,the,neat,need,new。

前面我们已经说过,Bayes 错拼更正算法包括两部分:候选生成和候选打分。语音识别系统通常采用不同的体系结构来处理存储的语音。在这样的体系结构中,每个发音事先被扩充为它的所有可能的变体,然后再按它们的分数预先存储起来。因此,就用不着进行候选生成;单词[ni]就简单地存储为一个可能生成该单词的词表。让我们采用这种方法,来计算每个单词的先验概率和似然度。

我们将根据式(12.11)来选择先验概率和似然度的乘积最大的单词,在式(12.11)中,y 表示音子序列(在我们的例子中,这是[ni],w 表示候选单词[the,new 等等])。这样,最大可能的单词为

$$\hat{w} = \underset{w \in W}{\arg\max} \overset{\text{likelihood}}{P(y \mid w)} \overset{\text{prior}}{P(w)} \tag{12.11}$$

其中,likelihood 表示似然度,prior 表示先验概率。

看来我们似乎可以使用错拼更正中的含混矩阵方法来生成式(12.11)中的似然度 $P(y \mid w)$。但是事实证明,这样的含混矩阵在发音问题中不如在拼写问题中好用。拼写错误只是稍微改变单词的形式,它对于单词形式的改变不是很大,而在发音问题中,词汇形式和表层形式之间的改变是非常大的。含混矩阵对于单个错误工作得很好,如上所述,它在拼写错误的问题中得到了普遍的使用。可是,发音变异还受到周围音子、词汇频率、重音以及其他韵律因素的强烈影响,因此,发音变异的概率模型所包含的因素要比简单的含混矩阵包含的因素多得多。

我们可以用一个简单的方法来生成发音的似然度,这个方法就是概率规则(probabilistic rules)。其思想是使用发音变异,并且把发音变异与概率联系起来;然后我们可以在一个词表上运行这些概率规则,生成各种可能的不同的表层形式,每一个表层形式带上它们本身的概率。例如,在上面的解释 the 为什么会发音为[ni]的鼻音同化规则中,如果词首[ð]前面的单词以[n]为结尾,或者有时以[m]结尾,则[e]变为[ni]:

$$[0.15]ð \rightarrow n / [+ \text{nasal}] \, \sharp \, \_\_ \tag{12.12}$$

这里,规则左部的 0.15 是概率,这个概率可以根据足够大的标注语料库(例如,经过标音的 Switchboard 语料库)计算而得到。设 ncount 表示当前面的单词以鼻音结尾时,单词开头的词汇形式[ð]实现为表层形式[n]的次数(在 Switchboard 语料库中为 91 次)。设 envcount 表示当前面的单词以鼻音结尾时,词汇形式[ð](当它在表层中实现时)的总出现次数(在 Switchboard 语料库中为 617 次)。结果其概率为

$$P(ð \rightarrow n / [+ \text{nasal}] \, \sharp \, \_\_) = \frac{\text{ncount}}{\text{envcount}} = \frac{91}{617} \approx 0.15$$

我们也可以用同样的方法计算出在其他单词的[ni]发音中,同化规则和脱落规则的概率。表 12.8 说明了这样的一些样本规则以及根据 Switchboard 语料库的发音数据库训练得到的概率。

表 12.8　这些单词发音为[ni]时,由于在连续语音的
上下文中而产生的发音变异的简单规则

Word	Rule Name	Rule	P
the	nasal assimilation	$\eth \Rightarrow n / [+\text{nasal}] \# \_\_$	0.15
neat	final t deletion	$t \Rightarrow \varnothing / V \_\_ \#$	0.52
need	final d deletion	$d \Rightarrow \varnothing / V \_\_ \#$	0.11
new	u fronting	$u \Rightarrow i / \_\_ \# [y]$	0.36

现在我们来计算每个单词的先验概率 $P(w)$。对于拼写更正,我们使用大规模语料库中单词的相对频率来表示先验概率,如果一个单词在 4 400 万单词的语料库中出现 44 000 次,那么,它的先验概率估算值就是 44 000 / 44 000 000 或 0.001。对于发音问题,我们要把书面文本语料库和口语语料库结合起来,根据这样结合起来的语料库来计算先验概率。Brown(布朗)语料库(Brown Corpus)从题材各异的(包括新闻、小说、非小说、学术著作等等)500 篇书面材料的样本中收集了 100 万个词的语料,这个语料库是 Brown 大学的 Kucera(库塞拉)和 Francis(佛兰西思)在 1963～1964 年收集的。[①] Switchboard 语料库(树库)从电话的会话

表 12.9　五个单词的概率表

w	freq(w)	$P(w)$
knee	61	0.000 24
the	114 834	0.046
neat	338	0.000 13
need	1 417	0.000 56
new	2 625	0.001

中收集了 140 万词的口语语料。我们从这两个语料库中收集书面语和口语的语料样本(共 2 486 075 个单词[token],61 672 个单词类型[type])。表 12.9 中列出了我们所研究的五个单词的概率,每个概率是根据它们的出现频率和上述结合起来的语料库中的单词数来计算并加以归一化而得出的(加 0.5×单词类型数 = 30 836,所以,总的分母是 2 486 075 + 30 836)。

现在我们几乎已经可以回答我们原来的问题了,这个问题是:在句子的开头,当发音为 [ni]的单词的前一个单词为 I 的时候,这个发音最可能对应的单词是哪一个? 首先,让我们把 $P(w)$ 和 $P(y|w)$ 相乘而得到一个估算值;我们从最大的概率估算值到最小的概率估算值排序如下(这时,the 的概率估算值为 0,因为它前面一个音子不是鼻音[n],而且没有其他的规则容许[ð]的发音实现为[n])。

我们的算法给出了回答:new 是具有最大可能的单词。然而,这却是一个错误的回答。根据 Switchboard 语料库中的事实,在单词 I 之后的符号串[ni]应该来自单词 need。人们解决这个问题的一个最简单的途径是词汇平面上的知识:人们知道,词串 I need ... 要比词串 I

① Kucera H, Francis W N. Computational Analysis of Present-day American English[M]. Providence:
Brown University Press, 1967.

new ... 具有更大的可能性。不过,我们在解决这个问题的时候,没有必要抛弃我们的 Bayes 模型,我们只需要修改它,使我们的模型也知道 I need 比 I new 具有更大的可能性就行了。以后我们可以使用稍微聪明一点的 $P(w)$ 的估算方法,这种估算叫作二元语法(bigram)估算;在这种情况下,我们不是只考虑单独一个 need 的概率,而是要考虑跟随在 I 之后的 need 的概率。

表 12.10 5 个单词的 $P(y|w)P(w)$

单　词	$P(y|w)$	$P(w)$	$P(y|w)P(w)$
new	0.36	0.001	0.000 36
neat	0.52	0.000 13	0.000 068
need	0.11	0.000 56	0.000 062
knee	1.00	0.000 024	0.000 024
the	0	0.046	0

这个 Bayes 算法事实上是所有现代语音识别系统的一个部分。各种算法的不同之处在于,它们如何检查在声学信号中的音子,以及它们使用什么样的搜索算法来有效地计算 Bayes 概率,以便在连接起来的语音中找出正确的词串来。

12.5　发音变异的决策树模型

根据前面的叙述我们可以看到,使用概率来模拟发音变异可以增强手写规则的效率。在自然语言处理中,还可以使用另外一种手工书写规则的方法,这种方法被证明是很有用的。这种方法使用决策树(decision tree)。1984 年,Breiman(布莱曼)等使用一种叫作分类回归树(Classification and Regression Trees,CART)的决策树,从标注语料库中自动地推导出词汇到表层发音的映射关系。[①] 决策树提取由特征集所描述的情况,并把这种情况分类为范畴和相关的概率。在发音问题研究中,可以训练决策树来提取一个词汇音子和它的各种上下文特征(包围的音子、重音、音节结构信息,大概还有词汇的等同性),并且选择一个适合的表层音子来实现它。我们可以把在前面的错拼更正中使用的含混矩阵看成是一种蜕化的决策树,因此替代矩阵取一个词汇音子作为输入,然后输出在潜在的表层音子中的一个概率分布来替代这个词汇音子。决策树的优点是它可以从标注语料库中自动地推导出来,而且它们都很精确:决策树只提取相关的特征,所以数据稀疏问题比含混矩阵要少一些,因为含混矩阵要以

---

　　① Breiman L, Friedman J H, Olshen R A, et al. Classification and Regression Trees[M]. London: Wadsworth & Brooks,1984.

每个相邻的音子作为条件。

图 12.5 是根据 Switchboard 语料库得出的关于音位/t/发音的一个决策树。这个决策树不包括闪音化(闪音化由另外的决策树来描述),不过它模拟了/t/在辅音前比在元音前更可能脱落的事实。例如,/t/在元音前的音节头脱落的概率为 0.04,在元音前的音节尾脱落的概率为 0.16,而在辅音前脱落的概率高得多,在 g,k,t,n,y 前脱落的概率为 0.64,在 dh,hh,th,b,d,l,m,n,p,s,w 前脱落的概率为 0.32。

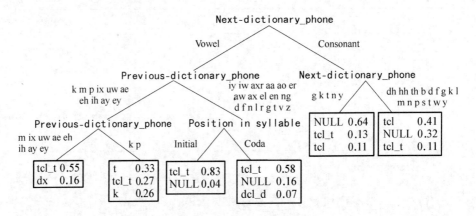

图 12.5 根据 Switchboard 语料库得出的关于音位/t/发音的经过手工修剪的决策树

注意,在实际上,这个决策树可以自动地推导出元音类和辅音类。

另外还要注意,如果/t/没有在一个辅音前面脱落,它就很可能是没有除阻的。例如,如果/t/在辅音前面没有脱落,它的 tcl_t 的概率为 0.13 或 0.11,它的 tcl 的概率为 0.11 或 0.41。

最后,还要注意,/t/很不容易在音节头的位置脱落,概率只有 0.04。

12.6　加权自动机

我们在前面说过,为了提高效率,通常把编辑好的各种发音变异存储在词表中。这种词表的两种最普通的表示是 trie 和加权有限状态自动机(weighted finite-state automaton)或概率有限状态自动机(probabilistic finite-state automaton)。这里我们集中讨论加权有限状态自动机,简称加权自动机(weighted automaton)。

加权自动机是由有限自动机扩充而成的,在加权自动机的每一个弧上标有概率,表示下一步走哪一条途径的可能性。离开同一个结点的所有弧上的概率之和应该为 1。图 12.6 是关于单词 tomato(西红柿)的两个加权自动机。上面的自动机表示了在不同的方言中 tomato 一词的第二个元音的两种不同的发音。下面一个自动机说明了更多的发音情况,一共有 12 个,表示 tomato 的第一个元音可能的弱化和脱落,以及词末[t]可能的闪音化。

在图 12.6 中,上面一个自动机模拟社会语言变异(在某些英国英语或美国英语东部方言中);下面一个自动机加上了协同发音效应。注意音位变异和社会语言变异之间的关联作用;在具有元音[ey]的方言中,闪音化的可能性比其他方言大。

Word model with dialect variation:

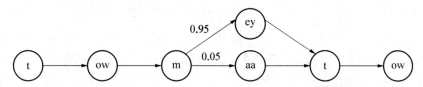

Word model with coarticulation and dialect variation:

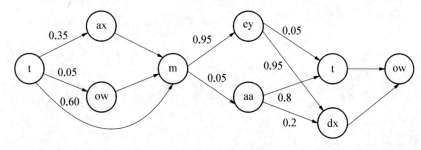

图 12.6 单词 tomato 的两个发音网络

你说[t ow m ey t ow],我说[t ow m aa t ow]

Markov(马尔可夫)链(Markov chain)是加权自动机的一种特殊情况,在 Markov 链中,输入符号序列唯一地确定了自动机将通过的状态。由于这些状态不能表示符号序列内在固有的歧义问题,只有当概率值赋予无歧义的序列时,Markov 链才是有用的;后面将要讨论的 N 元语法模型都是 Markov 链,因为在处理每个单词的时候,都是把它们看成是没有歧义的。实际上,在语音和语言处理中使用的加权自动机等价于隐 Markov 模型(Hidden Markov Models,HMM)。为什么我们在这里首先介绍加权自动机,而在以后才介绍 HMM 呢? 这是因为这两个型式提供了不同的比喻,把某些问题想象成加权自动机比想象成 HMM 更容易理解一些。加权自动机的比喻通常使用在输入字母表能比较清晰地映射于底层字母表的场合。例如,在打字输入的错拼更正问题中,包含字母和自动机状态的输入序列可以对应于字母。因此,就很自然地把这个问题想象成从一个符号集合转录为同一个符号集合的问题,只是做了某些修改而已;正因为这样,使用加权自动机来做错拼更正,便是非常自然的了。在手写输入拼写更正的问题时,输入序列是可以看见的,输入字母表是由直线、角和曲线构成的字母表。这里,我们不是把一个字母表转录成它自己,在把某个输入序列考虑为状态序列之前,我们应该把这个输入序列加以分类。HMM 模型提供了一个更恰当的比喻,因为 HMM 对于输入序列和状态序列,很自然地分别使用不同的字母表来处理。但是,因为任何一个加权自动机,只要其中的输入序列不是唯一地指定其状态序列,那么,它就可以被模拟为一个 HMM,

其差别只是比喻上的差别,而不是解释能力上的差别。

加权自动机可以使用很多方法来构造。Cohen(柯恩)[1]首先提出的一种方法是:从联机的发音词典开始,使用我们在前面介绍过的手写规则,构造不同的潜在表层形式。概率可以通过计算在语料库中每个发音的出现次数而得到,如果语料库的数据太稀疏,也可以通过学习每个规则的概率,并且对于每个表层形式把这些规则概率相乘而得到。最后,这些加权的规则或者决策树,都可以自动地编到加权有限状态转录机中去。另外,对于每个常用词,我们可以简单地从标音语料库中发现足够的发音实例,只要把这些发音实例结合起来加到一个网络中,就可以构造出模型来。

上面关于 tomato 的那个网络只是为了举例说明,不是从任何实际的系统中得来的。图 12.7 是从 Switchboard 语料库中根据对实际发音的训练而得到的关于单词 about 的加权自动机。

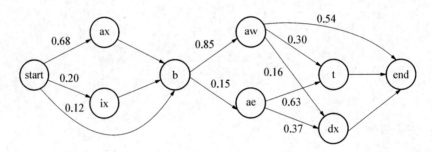

图 12.7 从 Switchboard 语料库的实际发音中训练得到的关于单词 about 的发音网络

12.7 向前算法

基于自动机的词表的优点在于,这种词表有足够的算法来生成正确单词辨别的 Bayes 模型所需要的概率。这些算法可以应用于加权自动机,也可以应用于 HMM 模型。在关于 Bayes 方法的例子中,输入是一个音子序列[n iy],必须在 the,neat,need,new,knee 等单词中进行选择。这种选择通过计算两个概率来进行,这两个概率是:每个单词的先验概率,音子串[n iy]对每个给定单词的似然度。当我们在前面讨论这个例子的时候,我们曾经说过,在例子中,[n iy]对给定单词 need 的似然度是 0.11,因为我们从 Switchboard 语料库中计算词末 d 脱落规则的概率是 0.11。对于 need 来说,这个概率是非常清楚而透明的,因为 need 只有两种可能的发音:[n iy]和[n iy d]。但是,对于像 about 这样的单词来说,由于这个单词具有很

---

① Cohen M H. Phonological Structure for Speech Recognition[D]. Berkeley:University of California,1989.

多不同的概率,情况就很复杂。如果使用一个事先设计好的加权自动机,通过这个自动机能够观察到不同路径的所有不同的概率,就可以把这种复杂的情况变得简单一些了。

有一种简单的算法可以对于给定的加权自动机计算出音子串对于某一单词的似然度,这个算法叫作"向前算法"(forward algorithm)。向前算法是自动语音识别系统(Automatic Speech Recognition,ASR)的一个重要部分,不过,在这里我们只是非常简单地使用一下这个算法。这是因为,当我们考虑某一个单词并且使用加权自动机来进行计算而存在着多条路径的时候,使用向前算法是特别有用的。在这种情况下,加权自动机是对付不了的,而应该使用 HMM 来处理。此外,向前算法也是定义 Viterbi 算法(Viterbi algorithm)的一个重要步骤。

对于似然度的计算问题,首先让我们给出加权自动机、输入和输出的形式定义。

一个加权自动机包括:

- 状态序列 $q = (q_0, q_1, q_2, \cdots, q_n)$,每一个状态对应于一个音子;
- 状态转移概率的集合 $a_{01}, a_{12}, a_{13}, \cdots$,这个转换概率记录着从一个音子到下一个音子的概率。

我们用结点(node)来表示状态,当两个结点之间的转移概率不为零时,我们用两个结点之间的边(edge)来表示转移概率。[①]

输入到模型中的符号序列(当我们把模型看成识别器的时候),或者由模型产生的符号序列(当我们把模型看成生成器的时候),叫作观察序列(observation sequence),表示为 $O = (o_1, o_2, o_3, \cdots, o_i)$(大写字母表示序列,小写字母表示序列中单个的元素)。当我们讨论加权自动机以及以后讨论 HMM 的时候,将会用到这些术语。

图 12.8 是带有观察序列的单词 need 的一个自动机。

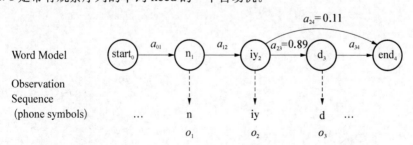

图 12.8　一个简单的用于单词 need 的加权自动机或 Markov 链发音网络
其中说明了转换概率以及一个样本的观察序列。如果没有其他的规定,在状态 x 和 y 之间的转移概率为 1

---

① 我们使用两个"特殊"状态(通常叫作"非发射状态(non-emitting states)")作为初始状态和终结状态。我们也可以避免使用这样的特殊状态。在这种情况下,在自动机中还必须说明两个东西:

状态的初始概率分布 π,使得自动机在状态 i 开始的时候,其概率为 π_i。显而易见,如果在某些状态 j 有 $\pi_j = 0$,就意味着它们不能是初始状态。

合法的接收状态的集合。

　　确定某一观察序列是由什么样的底层单词产生的问题,叫作"解码问题"(decoding problem)。为了找出对于给定的观察序列[n iy],哪一个候选单词是概率最大的单词,我们需要计算其乘积 $P(O|w)P(w)$,也就是说,要计算给定单词的观察序列 O 的似然度和该单词的先验概率的乘积。

　　向前算法可以用来对每一个单词进行这样的计算:我们给向前算法一个观察序列和某个单词的发音自动机,这个算法就可以给我们返回一个 $P(O|w)P(w)$。所以,解决解码问题的一个办法是对于每一个单词运行向前算法,并且选择具有最大值的单词作为结果。正如我们在前面看到的那样,如果我们使用 Bayes 方法来计算,在单词序列 I need 中的后一部分发音 [n iy],Bayes 方法产生的结果是错误的(这个方法首选的单词是 new,第二选择的单词是 neat,第三选择的单词才是 need)。由于向前算法也是实现 Bayes 方法的途径之一,它返回的结果与 Bayes 方法的结果是一样的,所选择单词的顺序与 Bayes 方法所得到的顺序也是一样的。以后我们将研究如何使用二元语法(bigram)的概率来提升这个算法,使这个算法能够利用"观察[n iy]的前面一个单词是 I"这样的知识。

　　向前算法把每一个候选单词的发音网络作为输入。因为单词 the 仅仅在鼻音后面发音才是[n iy],而且我们假定这个单词的实际上下文是"出现在 I 的后面",所以,我们这里跳过 the,只考虑单词 new,neat,need 和 knee。注意,在图 12.9 中,根据我们在前面对于这些单词频率的计算结果,在网络上增加了每个单词的概率。

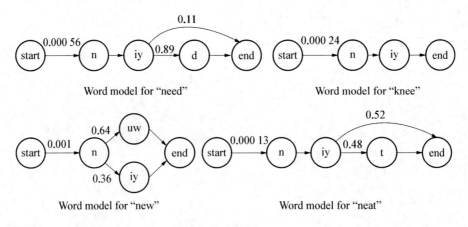

图 12.9　单词 need,neat,new 和 knee 的发音网络

　　这个发音网络中的所有数据都是根据 Switchboard 语料库得出的。每一个网络中还增加了相应单词的一元语法概率(也就是根据 Switchboard 语料库加上 Brown 语料库所得到的每个单词的归一化的频率)。单词的概率一般并不包括在该单词的发音网络之中;我们在这里加上单词的概率只是为了简便地讲解向前算法。

　　向前算法是另外一种动态规划算法,它可以看成是最小编辑距离算法的轻度泛化(slight generalization)。与最小编辑距离算法相同的是,当用它求观察序列的概率的时候,它要使用一个表来存储中间值。与最小编辑距离算法不同的是,在列上所标记的不总是以线性顺序排列的状态,并且还隐含着一个状态图,在这个状态图中,从一个状态到另一个状态之间存在着多条路径。在最小编辑距离算法中,我们从周围的三个单元来计算每一个单元的值,并把计算结果填到矩阵中。而在向前算法中,可能会有其他的状态进入一个状态当中,这样的循环递归关系就比较复杂了。另外,向前算法要计算能够产生观察的所有可能路径的概率总和,而最小编辑距离算法只需要计算概率的最小值。[①]

向前算法矩阵的每一个单元记为 forward$[t,j]$,它表示给定自动机 λ 在看了前面 t 个观察之后状态 j 的概率。由于这里使用单词的概率 $P(w)$ 来增强我们的状态图,因此在我们这个向前算法的例子中,在计算时,要把这个似然度乘以 $P(w)$。计算每个单元 forward$[t,j]$ 值的时候,要把导入这个单元的每一条路径的概率加起来求它们的和。形式地说,每个单元表示如下的概率:

$$\text{forward}[t,j] = P(o_1,o_2,\cdots,o_t,q_t = j \mid \lambda)P(w) \tag{12.13}$$

这里,$q_t = j$ 的意思是:在状态序列中的经过前面 t 个观察之后的第 t 个状态记为状态 j 时的概率。我们计算这个概率的方法是把引导入当前单元的所有路径顺次延伸求其总和。在时刻 $t-1$ 从状态 i 出发的路径顺次延伸的计算方法是把下面三个因素相乘:

- 从前一单元开始的前面路径的概率 forward$[t-1,i]$;
- 从前一状态 i 到当前状态 j 的转移概率 a_{ij};
- 当前状态 j 与观察符号 t 匹配的观察似然度 b_{jt}。对于这里考虑的加权自动机来说,如果观察符号与状态相匹配,则 b_{jt} 为 1,否则为 0。

算法如图 12.10 所示。

function FORWARD (observations,state-graph) **returns** forward-probability
  num-states←NUM-OF-STATES(state-graph)
  num-obs←length(observations)
  Create probability matrix *forward*[num-states+2,num-obs+2]
  forward[0,0]←1.0
    for each time step t **from** 0 **to** num-obs **do**
      for each state s **from** 0 **to** num-states **do**
        for each transition s' from s specified by state-graph
          forward$[s',t+1]$←forward$[s,t] * a[s,s'] * b[s',o_t]$
  return the sum of the probabilities in the final column of forward

图 12.10　对于给定的单词计算观察序列的似然度的向前算法
此算法引自 Jurafsky 和 Martin 的 *Speech and Language Processing*,谨此致谢

在图 12.10 所示的算法中,$a[s,s']$ 是从当前状态 s 到下一个状态 s' 的转移概率,$b[s',$

---

① 　向前算法之所以要计算概率的总和,是因为当解释一个给定的观察序列时,可能会有多条路径通过网络。

o_t]是对给定的 o_t，s' 的观察似然度。对于这里考虑的加权自动机来说，如果观察符号与状态匹配，则 $b[s',o_t]$ 为 1，否则为 0。

　　图 12.11 是把向前算法应用于处理单词 need 的实例。这个算法也可以相似地应用于可以产生符号串[n iy]的其他单词，它们的概率我们在前面已经给出。为了计算出隐藏在观察[n iy]下面的最可能的底层单词，我们需要对每一个候选单词分别运行向前算法，并且挑选出概率最大的单词。

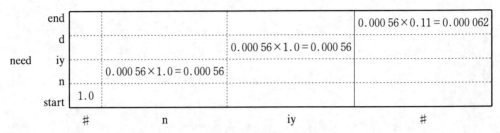

图 12.11　向前算法应用于单词 need，概率 $P(O|w)P(w)$ 的计算

12.8　Viterbi 算法

　　我们在这里介绍的向前算法看起来似乎有点儿小题大做。通过发音网络的路径中只有一条路径将会与输入符号串相匹配，那么为什么我们要用那么大的矩阵？为什么我们要考虑那么多的可能的路径呢？再说，作为一种解码的方法，对每一个单词都运行一次向前算法看起来效率也不算很高。我们只要想一想，如果我们不是对所有可能的单词，而是对所有可能的句子来计算似然度，那效率将会何等之低！向前算法之所以显得有些小题大做的部分原因，是我们过去曾经假定所输入的序列是没有歧义的，把发音问题看得过于简单；向前算法力图纠正这种简单化的倾向，宁愿矫枉过正。我们在以后将会看到，当观察序列是带噪声的声学值的时候，将会有很多的路径通过自动机，这时如果要对这些值相加求和，向前算法将会发挥重要的作用。

　　不过，如果我们对于不同的单词分别运行向前算法，这种算法确实是一种效率非常低的解码方法。幸运的是，向前算法还有一种简单的变体，叫作"Viterbi 算法"（Viterbi algorithm），这种算法不仅可以让我们同时考虑所有的单词，并且还能够计算出最佳的路径。"Viterbi"这个术语在自然语言处理中用得很普遍，但是，正如向前算法一样，Viterbi 算法确实也是经典的动态规划算法的一种很标准的应用，并且它看起来很像最小编辑距离算法。Viterbi 算法首先由 Vintsuyk（温楚依克）应用在语音识别中。Viterbi 的名字在语音识别中使用得非常普遍，尽管人们也使用诸如"动态规划对齐"（Dynamic Programming Alignment，DP 对齐）、"动态时间偏移"（dynamic time warping）、"一遍解码"（one-pass decoding）等术语。

Viterbi 算法这个术语应用于单个词的加权自动机和隐 Markov 模型（HMM）的解码，也应用于连续语音等复杂问题的解码。在这里，我们将介绍怎样使用这种算法来发现通过构成单词网络的最佳路径，从而对于给定的单词符号串观察序列选出具有最佳概率的单词。

我们在这里介绍的这种 Viterbi 算法取一个单独的加权自动机和所观察音子的集合 $o = (o_1, o_2, o_3, \cdots, o_t)$ 作为输入，返回具有最佳概率的状态序列 $q = (q_1, q_2, q_3, \cdots, q_t)$ 及其概率。我们可以这样来建立一个单独的加权自动机，在这个加权自动机中，用一个初始状态和一个终结状态把 knee，need，new，neat 四个单词的发音网络并行地结合起来。图 12.12 说明了这些网络结合的情况。

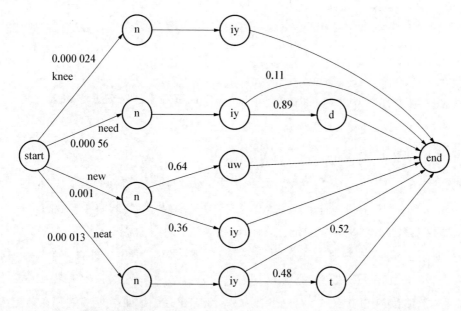

图 12.12　把单词 need，neat，new，knee 的发音网络结合为一个单独的加权自动机

在图 12.12 中，单词的概率一般并不是该单词的发音网络的一个部分；不过这里都加上了单词的概率，这样做主要是为了使我们对于 Viterbi 算法的解释变得简单一些。

图 12.13 是这个 Viterbi 算法的伪代码（pseudocode）。正如在最小编辑距离算法和向前算法中那样，Viterbi 算法也建立了一个概率矩阵，矩阵的列（column）表示每个单词的索引号 t，矩阵的行表示状态图中的每一个状态。正如在向前算法中那样，对于把这四个单词结合起来的这个单独的自动机中的每一个状态 q_i，每一个列都有一个单元。事实上，Viterbi 算法中的代码与向前算法中的代码是一样的，只不过是做了上述的两个修改而已。在向前算法把前面所有路径的总和放到当前单元中，Viterbi 算法则把前面所有路径中最大的放到当前单元中。

在图 12.13 中，为简单起见，使用音子作为输入。给出音子的观察序列和加权自动机（状态图），算法返回具有最大概率的自动机的路径，并且接收观察序列。$a[s, s']$ 表示从当前状

态 s 到下一个状态 s' 的转移概率，$b[s', o_t]$ 表示对于给定的 o_t, s' 的观察似然度。对于我们这里考虑的加权自动机，如果观察符号与状态匹配，$b[s', o_t]$ 为 1，否则为 0。

```
function VITERBI (observations of len T, state-graph) returns best-path
    num-states←NUM-OF-STATES (state-graph)
    Create a path probability matrix viterbi[num-states + 2, T + 2]
    viterbi[0,0]←1.0
    for each time step t from 0 to T do
        for each state s from 0 to num-states do
            for each transition s' from s specified by state-graph
                new-score←viterbi[s, t] * a[s, s'] * b_{s'}(o_t)
                if ((viterbi[s', t + 1] = 0) ‖ (new-score > viterbi[s', t + 1]))
                    then
                            viterbi[s', t - 1]←new-score
                            back-pointer[s', t + 1]←s
    Backtrace from highest probability state in the final column of viterbi[] and return path
```

图 12.13　发现在连续语音识别中最优状态序列的 Viterbi 算法的伪代码

这个算法引自 Jurafsky 和 Martin 的 *Speech and Language Processing*，谨此致谢

首先，算法建立 $N + 2$ 个或 4 个状态列，第一列是初始的伪观察值，第二列代表第一个观察音子 [n]，第三列表示 [iy]，第四列表示最后的伪观察值。开始时，我们在第一列中置开始状态的概率为 1，置其他概率为 0。为便于阅读，概率为 0 的单元都简单地用空白表示。

然后，就像在向前算法中那样，我们转移到下一个状态，对于列 0 中的每一个状态，我们计算转移到列 1 中的每一个状态的概率。取引导入当前单元的所有路径的延伸中最大的值为 Viterbi$[t, j]$ 的值。在时刻 $t - 1$ 从状态 i 出发的一条路径的延伸，只要把我们在向前算法中使用的三个因素相乘起来计算就可以得到：

● 从前一单元开始的前面路径的概率 forward$[t - 1, i]$；

● 从前一状态 i 到当前状态的转移概率 a_{ij}；

● 当前状态 j 与观察符号 t 匹配的观察似然度 b_{jt}。对于这里考虑的加权自动机来说，如果观察符号与状态相匹配，则 b_{jt} 为 1，否则为 0。

在图 12.14 中，每一个单元都保持了在当前情况下最好路径的概率以及沿着这条路径指向前面一个单元的指针。从最后状态 end 回溯，可以重建达到最好的单词 new 的状态。

序列 n_{new} iy_{new}。在输入 n 这一列，每一个单词都以 [n] 开头，因此，在状态为 n 的单元内，每个单元都具有非零概率。在这一列中的其他单元的项目为零，因为它们的状态与 n 不匹配。当往前进入下一列的时候，每个与 iy 匹配的单元的值，等于前一个单元的内容乘以从前一个单元到这一个单元的转移概率。这样一来，单词 new 的状态 iy 的 Viterbi$[2, iy_{new}]$ 的值等于 new 的"单词概率"乘以 new 在这个位置的发音为元音 iy 的概率。注意，如果我们只是

看 iy 这一列,那么,单词 need 是当前具有"最大概率"的单词。但是,如果继续往前移动,进入最后一列,那么,获得最后胜利的将是单词 new,因为 need 进入 end 的转移概率最小(等于0.11),而 new 进入 end 的转移概率为 1.0。现在我们可以跟随返回指针,回溯并且找到最后概率为 0.000 36 的路径,从而判断单词 new 获得最后胜利。

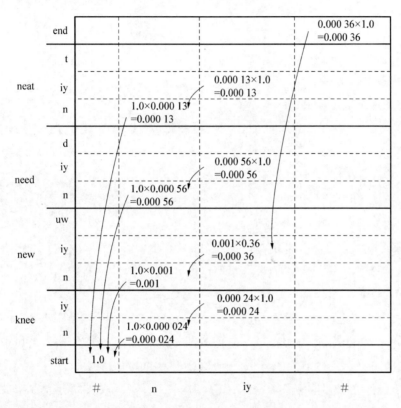

图 12.14　Viterbi 算法在单独的状态列中的各个项目

最后,我们举例说明如何把加权自动机应用于中文文本的自动切分。

加权自动机和 Viterbi 算法在切分(segmentation)的各种算法中起着重要的作用。所谓"切分"就是把一个连续的符号序列分割成"语块"来处理问题。例如,句子切分(sentence segmentation)就是在语料库中自动地找出句子边界的问题。类似地,单词切分(word segmentation)就是在语料库中找出单词边界的问题。在书面英语中,把单词彼此切分开来没有什么困难,因为在单词之间有正词法规定的空白。但是,在使用汉字书写系统的汉语和日语中,情况就不是这样。书面汉语没有单词界限的标志。每个汉字前后相连,彼此之间没有空白。由于每个汉字大体上相当于一个语素,所以,单词可以由一个或多个汉字构成,想要知道单词可以在什么地方被切分开来,通常是十分困难的。但是,在很多应用问题中,特别是在自动剖析和文本-语音转换的应用中,正确地进行单词切分是非常必要的。而且,一个句子按不同的方式切分成一些什么样的单词,往往会影响到它的读音。

我们来考虑 Sproat(斯普洛特)等①研究的如下例子：

日文章鱼怎么说?

这个句子存在着两种不同的切分，但是，只有其中的一个是正确的。似乎有道理的切分是把头两个汉字结合起来构成单词"日文"(rì-wén，声调符号表示音节的声调)，然后，把后面两个汉字结合起来构成单词"章鱼"(zhāng-yú)。

日文	章鱼	怎么	说	?
rì-wén	zhāng-yú	zěn-me	shuō	
日	文章	鱼	怎么	说 ?
rì	wén-zhāng	yú	zěn-me	shuō

Sproat 等提出了一种非常简单的算法，选取包含最高频率的单词的切分为正确的切分。换言之，这种算法把每一种潜在切分中的每一个单词的概率相乘，从中选取概率乘积最大的切分。

在实现这个算法的时候，要把表示汉语词表的加权有限状态转录机和 Viterbi 算法结合起来。这个汉语词表是一个稍微增强了的有限状态转录机词表(FST-lexicon，FST 词表)，关于有限状态转录机，我们已经介绍过；FST 词表中的每个单词表示为弧的一个序列，序列中的每一个弧代表该单词中的一个汉字。正如概率算法中通常的做法那样，这个算法实际上使用了单词的负对数概率($-\log_2 P(w)$)。对数概率是很有用的，因为很多概率的乘积的值太小了，使用对数概率可以避免数值下溢。使用对数概率还意味着是用成本相加(adding costs)来代替概率相乘(multiplying probabilities)；我们要找出"最小成本的解"(minimum cost solution)来代替"最大概率的解"(maximum probability solution)。

我们来研究图 12.15 中的例子。图 12.15(a)是一个样本词表，它只包含五个潜在的单词，如表 12.11 所示。

表 12.11 样本词表

单 词	发 音	意 思	成本($-\log_2 P(w)$)
日文	rì-wén	Japanese	10.63
日	rì	Japan	6.51
章鱼	zhāng-yú	octopus	13.18
文章	wén-zhāng	essay	9.51
鱼	yú	fish	10.28

系统把输入的句子表示为一个没有加权的有限状态自动机 FST，如图 12.15(b)所示。为

---

① Sproat R，Shih C，Chang N. A stochastic finite-state word-segmentation algorithm for Chinese[J]. Computational Linguistics，1996，22(3)：377-404.

了把输入句子和词表结合起来,我们需要把这个有限状态自动机 FST 转换成有限状态转录机
FST。算法使用一个函数 *Id*,这个函数 *Id* 取一个有限状态自动机 *A* 并且把它转换成 FST,这
个 FST 把能够而且只能被 *A* 接收的所有的符号串映射为它们本身。设 D^* 表示 *D* 的转换闭
包,也就是说,通过加圈形成一个自动机,每个圈从词表的终点返回到词表的起点,每加一个
单词就加一个圈。所有可能的切分的集合是 $Id(I) \circ D^*$,也就是说,把输入转录机 $Id(I)$ 和
词表 *D* 的转换闭包 D^* 结合起来,形成有限状态转录机 FST,如图 12.15(c)所示。然后,从其
中选出最好的切分,最好的切分就是 $Id(I) \circ D^*$ 中成本最低的切分,如图 12.15(d)所示。

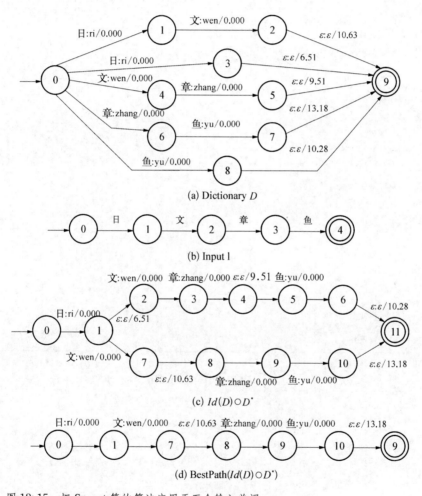

图 12.15 把 Sproat 等的算法应用于五个输入单词

应用 Viterbi 算法,可以很容易地找出最好的路径。如图 12.15(d)所示,成本最小的切分
应该是"日文 章鱼",因为其成本之和为 $10.63 + 13.18 = 23.81$,而切分"日 文章 鱼"的成本之
和为 $6.51 + 9.51 + 10.28 = 26.30$。这个成本最小的切分也就是概率最大的切分。另外,这个
切分算法以及我们前面看到的错拼更正算法,也可以加以扩充,把单词之间的概率(*N* 元语法
概率)也考虑进去。

附　录

1. IPA 辅音表

		Bilabial	Labiodental	Dental	Alveolar	Postalveolar	Retroflex	Palatal	Velar	Uvular	Pharyngeal	Glottal
Plosive		p b			t d		ʈ ɖ	c ɟ	k g	q ɢ		ʔ
Nasal		m	ɱ		n		ɳ	ɲ	ŋ	ɴ		
Trill		ʙ			r					ʀ		
Tap or Flap			ⱱ		ɾ		ɽ					
Fricative		ɸ β	f v	θ ð	s z	ʃ ʒ	ʂ ʐ	ç ʝ	x ɣ	χ ʁ	ħ ʕ	h ɦ
Lateral fricative					ɬ ɮ							
Approximant			ʋ		ɹ		ɻ	j	ɰ			
Lateral approximant					l		ɭ	ʎ	ʟ			

2. IPA 元音表

3. IPA 与 ARPAbet 的辅音对照表

IPA Symbol	ARPAbet Symbol	Word	IPA Transcription	ARPAbet Transcription
[p]	[p]	parsley	[ˈparsli]	[p aa r s l iy]
[t]	[t]	tarragon	[ˈtærəgɑn]	[t ae r ax g aa n]
[k]	[k]	catnip	[ˈkætnɪp]	[k ae t n ix p]
[b]	[b]	bay	[beɪ]	[b ey]
[d]	[d]	dill	[dɪl]	[d ih l]
[g]	[g]	garlic	[ˈgɑrlɪk]	[g aa r l ix k]
[m]	[m]	mint	[mɪnt]	[m ih n t]
[n]	[n]	nutmeg	[ˈnʌtmɛg]	[n ah t m eh g]
[ŋ]	[ng]	ginseng	[ˈdʒɪnsɪŋ]	[jh ih n s ix ng]
[f]	[f]	fennel	[ˈfɛnl]	[f eh n el]
[v]	[v]	clove	[kloʊv]	[k l ow v]

续表

IPA Symbol	ARPAbet Symbol	Word	IPA Transcription	ARPAbet Transcription
[θ]	[th]	thistle	[ˈθɪsl]	[th ih s el]
[ð]	[dh]	heather	[ˈhɛðɚ]	[h eh dh axr]
[s]	[s]	sage	[seɪdʒ]	[s ey jh]
[z]	[z]	hazelnut	[ˈheɪzlnʌt]	[h ey z el n ah t]
[ʃ]	[sh]	squash	[skwɑʃ]	[s k w a sh]
[ʒ]	[zh]	ambrosia	[æmˈbroʊʒɔ]	[ae m b r ow zh ax]
[tʃ]	[ch]	chicory	[ˈtʃɪkɚi]	[ch ih k axr iy]
[dʒ]	[jh]	sage	[seɪdʒ]	[s ey jh]
[l]	[l]	licorice	[ˈlɪkɚɨʃ]	[l ih k axr ix sh]
[w]	[w]	kiwi	[ˈkiwi]	[k iy w iy]
[r]	[r]	parsley	[ˈpɑrsli]	[p aa r s l iy]
[j]	[y]	yew	[yu]	[y uw]
[h]	[h]	horseradish	[ˈhɔrsrædɪʃ]	[h ao r s r ae d ih sh]
[ʔ]	[q]	uh-oh	[ʔʌʔoʊ]	[q ah q ow]
[ɾ]	[dx]	butter	[bʌɾɚ]	[b ah dx axr]
[ɾ̃]	[nx]	wintergreen	[rɪɾəˈgrin]	[w ih nx axr g r i n]
[l]	[el]	thistle	[θɪsl]	[th ih s el]

4. IPA 与 ARPAbet 的元音对照表

IPA Symbol	ARPAbet Symbol	Word	IPA Transcription	ARPAbet Transcription
[i]	[iy]	lily	[ˈlɪli]	[l ih l iy]
[ɪ]	[ih]	lily	[ˈlɪli]	[l ih l iy]
[eɪ]	[ey]	daisy	[ˈdeɪzi]	[d ey z i]
[ɛ]	[eh]	poinsettia	[pɔɪnˈsɛriɔ]	[p oy n s eh dx iy ax]
[æ]	[ae]	aster	[ˈæstɚ]	[ae s t axr]
[ɑ]	[aa]	poppy	[ˈpɑpi]	[p aa p i]
[ɔ]	[ao]	orchid	[ˈɔrkid]	[ao r k ix d]
[ʊ]	[uh]	woodruff	[ˈwʊdrʌf]	[w uh d r ah f]
[oʊ]	[ow]	lotus	[ˈloʊrəs]	[l ow dx ax s]
[u]	[uw]	tulip	[ˈtulip]	[t uw l ix p]
[ʌ]	[uh]	buttercup	[ˈbʌɾəkʌp]	[b uh dx axr k uh p]
[r]	[er]	bird	[ˈbrd]	[b er d]

IPA Symbol	ARPAbet Symbol	Word	IPA Transcription	ARPAbet Transcription
[aɪ]	[ay]	iris	[ˈaɪris]	[ay r ix s]
[aʊ]	[aw]	sunflower	[ˈsʌnflaʊɚ]	[s ah n f l aw axr]
[ɔɪ]	[oy]	poinsettia	[pɔɪnˈsɛrɪə]	[p oy n s eh dx iy ax]
[ju]	[y uw]	feverfew	[fivɚˈʃju]	[f iy v axr f y u]
[ɔ]	[ax]	woodruff	[ˈwʊdrəf]	[w uh d r ax f]
[ɨ]	[ix]	tulip	[ˈtulip]	[t uw l ix p]
[ɚ]	[axr]	beather	[ˈhɛðɚ]	[h eh dh axr]
[ʉ]	[ux]	dude	[dʉd]	[d ux d]

参考文献

[1] Bayes T. An Essay Toward Solving a Problem in the Doctrine of Chances[M]//Facsimiles of two papers by Bayes. New York: Hafner Publishing Company，1963.

[2] Bellman R. Dynamic Programming[M]. New York: Princeton University Press，1957.

[3] Jelinek F. Continuous speech recognition by statistical methods[J]. Proceedings of the IEEE，1976，64(4)：532‑557.

[4] Jurafsky D. Probabilistic Modeling in Psycholinguistics: Linguistic Comprehension and Production [M]//Bod R，Hay J，Jannedy S. Probabilistic Linguistics. Cambridge，MA: MIT Press，2003.

[5] Kucera H，Francis W N. Computational Analysis of Present-day American English[M]. Providence: Brown University Press，1967.

[6] Levenshtein V I. Binary codes capable of correcting deletions，insertions，and reversals[J]. Soviet Physics Doklady，1966，10(10)：707‑710.

[7] Markov A A. Essai d'une recherche statistique sur le texte du roman "Eugene Onegin" illustrant la liaison des epreuve en chain[J]. Bulletin de l'Academie Impérial des science de St. Pétersbourge，1913，7：153‑162.

[8] Woszczyna M，Waibel A. Inferring linguistic structure in spoken language[C]//Proceedings of the International Conference on Spoken Language Processing (ICSLP-94)，Yokohama，Japan，1994：847‑850.

[9] Huang Xuedong，Acerd A，Hon Hsiao-Wuen. Spoken Language Processing: A guide to theory，algorithm，and system development[M]. London: Prentice Hall PTR，2001.

[10] 蔡莲红,黄德智,蔡锐.现代语音技术基础与应用[M].北京:清华大学出版社,2003.

[11] 赵力.语音信号处理[M].北京:机械工业出版社,2003.

第 13 章

N 元语法和数据平滑

在自然语言中,语言单位之间是相互联系的,前面的语言单位会影响到后面的语言单位,N 元语法(N-gram)可以模拟语言单元之间的这种联系。在使用 N 元语法来进行自然语言处理时,往往出现数据稀疏的问题,因此,需要进行数据平滑(data smoothing)。本章讨论 N 元语法和数据平滑的问题。

13.1　N 元语法

根据前面的单词序列来预测下一个单词,可以帮助残疾人表达他们的思想,进行正常的交际,目前,已经有一些计算机系统可以在交际方面帮助残疾人,这样的系统叫作"增强交际系统"。例如,对于那些不能使用口语或手势语言来交际的残疾人,如著名物理学家 Steven Hawking(霍金),计算机系统就可以使用增强交际系统来帮他们说话,让他们通过手的简单动作来选择单词,把这些单词拼写出来,或者从可能单词的选单中把需要的单词挑选出来。不过,这时拼写速度是很慢的,而且单词选单上也不可能把英语中所有可能的单词都在屏幕上一清二楚地显示出来。在这种情况下,如果考虑到单词之间的相互影响,让计算机知道哪一些单词是说话人下一步最想使用的,那么可以把这些单词放到选单之中。

让我们来考虑真词拼写错误的问题。在真实英语的单词中是会出现拼写错误的,尽管写作的人并不想这样做,所以以真词错误的检查很困难,我们无法仅仅通过查词典的方法就发现到真词错误。图 13.1 给出了一些例子。

> They are leaving in about fifteen *minuets* to go to her house.
> The study was conducted mainly *be* John Black.
> The design *an* construction of the system will take more than a year.
> Hopefully, all *with* continue smoothly in my absence.
> Can they *lave* him my messages?
> I need to *notified* the bank of [this problem.]
> He is trying to *fine* out.

图 13.1　真词拼写错误

　　这些错误都可以通过算法检查出来,这时算法需要在其他特征中,查看真词错误周围的单词。例如,短语"in about fifteen minuets"在英语语法上是无懈可击的,但是单词与单词之间的结合情况却是很少见的,minuets 的意思是"小步舞",与"in the fifteen"的结合概率很低。这时拼写检查程序能够检查出这种低概率的结合关系。在图 13.1 的例子中,三个单词的结合概率也是很低的(they lave him,to fine out,to notified the)。当然,在没有拼写错误的句子中,也会出现一些概率很低的单词序列,这种情况是对于错拼检查研究的一个挑战。下面我们将会看到,各种不同的机器学习算法使用了周围单词的信息和其他特征来进行上下文敏感的拼写错误检查。

　　对下一个单词的猜测与另外一个问题有着密切的联系,这个问题就是单词序列概率的计算。例如,下面的单词序列在英语的书面文本中的出现概率不为零:

　　... all of a sudden I notice three guys standing on the sidewalk taking a very good long gander at me. (突然间,我注意到有三个站在人行道旁边的男人老是在盯着我。)

但是,如果把同样的这些单词,按另外的顺序随便派排一下,其出现概率就变得非常低了。

　　good all I of notice a taking sidewalk the me long three at sudden guys gander on standing a a the very.

　　给一个句子分配一个概率的算法也可以用来给下一个单词在一个不完全的句子中分配一个概率。整个句子的概率或单词串的概率对于词类标注(part-of-speech tagging)、词义消歧(word-sense disambiguation)和概率剖析(probabilistic parsing)都是非常有用的。

　　我们在本节中将要介绍的单词预测模型是"N 元语法模型"。N 元语法模型利用前面 $N-1$ 个单词来预测下一个单词。在语音识别中,传统上使用语言模型(language model)这个术语来称呼单词序列的统计模型。在本节的其他地方,我们根据不同的上下文分别使用语言模型(language model)或语法(grammar)这两个术语。

　　概率的计算依赖于对事物的计算。在谈论概率之前,我们需要决定所要计算的是什么以及到哪里找东西来计算。

　　自然语言的统计处理要依赖于语料库(corpora,它的单数形式是 corpus),语料库是联机的文本或口语的集合体。为了计算单词的概率,需要计算在训练语料库中单词的数目。让我们来看一看 Brown 语料库,这是一个规模为 100 万单词的语料库,样本来自 500 篇书面文本,包括不同的类别(新闻、小说、学术著作等),这个语料库是由 Brown 大学在 1963~1964 年收集的。下面是 Brown 语料库中的一个句子,这个句子中有多少个单词呢?

　　He stepped out into the hall, was delighted to encounter a water brother.

　　如果不把标点符号也算作单词,那么这个句子有 13 个单词;如果把标点符号也算进去,那么这个句子有 15 个单词。是否把句点("."）和逗号(","）算作单词,取决于不同的任务。对于诸如语法检查、拼写错误检查、作者辨认这样的任务,标点符号的位置是很重要的(例如,检查句子开头的专有名词是不是大写字母,查找标点符号的特殊使用模式以便唯一地辨认某个作者)。在自然语言处理的应用中,问号是辨别某人提问的重要线索。在词类标注中,问号也是一个有用的线索。因此,在这些应用中,经常把标点符号看成单词。

口语语料库与文本语料库不同,口语语料库通常没有标点符号,不过,口语语料库有另外一些现象要我们决定是不是把它们算作单词。Switchboard 是一个关于陌生人之间电话会话的口语语料库,这个语料库是 20 世纪 90 年代初期收集的,包含 2 430 个会话,每个会话平均 6 分钟,总共有 240 小时的会话,包含 300 万个单词。这里是 Switchboard 中的一个话段样本。因为口语的单位不同于书面语的单位,当我们谈到口语问题的时候,我们将使用"话段"(uttrance)这个术语而不使用"句子"这个术语。

I do uh main-mainly business data processing.

与口语中的多数话段一样,这个话段中存在着"片断"(fragment)。"片断"是一个单词在中间被拦腰切开而形成的,例如,上面句子中的 mainly 被拦腰切开形成的"main-"就是片断。此外还有像 uh 这样的有声停顿(filled pauses),它在书面英语中是不存在的。我们在这里是不是把它们看成单词呢?这也取决于应用的具体情况。如果在自动语音识别的基础上建立一个自动听写系统,我们宁愿把"片断"从话语中剔除。但是,像 uhs 和 ums 这样的有声停顿,事实上更倾向于当作单词来处理。在英语中,um 与 uh 的意思稍有不同,一般说来,当说话人已经胸有成竹而要说一个话段的时候,他就用 um;而当说话人想说但是还没有找到恰当的单词来表达的时候,就用 uh,这样,uh 就可以用来作为预测下一个单词的线索,因此很多语音识别系统都把 uh 当作一个单词来处理。

同一个单词的大写词例 They 和非大写词例 they 又怎样处理呢?对于大多数的统计应用来说,是把它们混在一起来对待的,尽管在某些时候,也把大写作为一个个别的单独特征来处理(在拼写错误更正或词类标注中)。在本节的其他地方,我们假定所讨论的模型是不分大写和小写的。

我们应该如何处理像 cats 对 cat 这样的单词的屈折形式呢?这也取决于应用的情况。当前大多数基于 N 元语法的系统都是以"词形"(wordform)为基础的,所谓"词形"就是在语料库中以屈折形式出现的单词形式。所以,cat 和 cats 要分别处理为两个单词。对于很多领域来说,这种办法不是一种很好的简化处理办法。在很多领域中,我们想把 cat 和 cats 看成同一个抽象单词的实例,或者叫作"词目"(lemma)的实例,一个词目是具有同一词干、同一主要词类、同一词义的词汇形式的集合。以后我们将回过头来再讨论词形(词形区分 cat 和 cats)和词目(词目把 cat 和 cats 混在一起处理)的区别问题。

在英语中有多少个单词?回答这个问题的一个办法是在语料库中进行计算。我们用"型"(type)来表示语料库中不同单词的数目,也就是词典容量的大小;用"例"(token)来表示使用中的单词数目。这样,下面来自 Brown 语料库的句子有 16 个单词"例"和 14 个单词"型"

（不计算标点符号）。

They picnicked by the pool, then lay back on the grass and looked at the stars.

（他们在池塘旁边野炊，然后躺在草地上观看星空。）

Switchboard 语料库有 240 万个词形的"例"和大约 2 万个词形的"型"。其中包括专有名词。口语中的词汇不如书面语丰富。在 Shakespeare（莎士比亚）的全部著作中，词形的"例"有 884 647 个，词形的"型"有 29 006 个。因此，884 647 个词形的"例"是 29 006 个词形的"型"的重复使用。Brown 语料库中的 100 万个词形的"例"包含 61 805 个词形的"型"，这些"型"属于 37 851 个词目。这些语料库都太小了。Brown 等积累了一个 58 300 万个词形的"例"的英语语料库，包含 293 181 个词形的"型"。

词典是用来计算单词数目的另外一种途径。词典中不包含有屈折变化的形式，用词典来计算词目比计算词形更方便。《美国 Heritage 词典》第三版有 20 万条"黑体形式"，这个数目比词目的数目高一些，因为一个词目可能会有一个或多个黑体形式（并且黑体形式包括多词短语）。

在本节的其他部分将继续区分"型"和"例"。"型"是指词形的"型"而不是词目的"型"，并且标点符号一般也算作单词。

在本节中研究的单词序列模型是概率模型。概率模型是给单词的符号串指派概率的方法，不论是计算整个句子的概率，还是在一个序列中，预测下一个单词的概率，都要使用概率模型。

最简单的单词序列概率模型是单纯地假定语言中的任何一个单词后面可以跟随着该语言中的任何一个单词。在这种理论的一个概率版本中，假定任何一个单词后面可能跟随的该语言中任意的其他单词的概率是相等的。如果英语中有 10 万个单词，那么，任何一个单词后面跟随其他任何单词的概率将是 1/100 000 或 0.000 01。

在稍微复杂一些的单词序列模型中，任何一个单词后面都可以跟随着其他的任何单词，但是，后面一个单词要按照它正常的频率来出现。例如，单词 the 的频率相对地比较高，在 100 万个单词的 Brown 语料库中，它出现 69 971 次（也就是说，在这个特定的语料库中，有 7% 的单词是 the）。相比之下，单词 rabbit 在 Brown 语料库中只出现 11 次。

我们可以根据这样的相对频率对下面将要出现的单词指派一个概率分布的估值。这样，如果我们看到了任何的符号串，就可以指派概率 0.07 给 the，指派概率 0.000 01 给 rabbit，从而来猜测下一个单词。例如，假定看到了如下的符号串：

Just then, the white

在这个上下文中，跟随着单词 white 之后，rabbit 似乎是一个比 the 更合理的单词。这说明，我们不是简单地看单词的单独的相对频率，而是要看单词对于给定的前面一个单词的条件概率。也就是说，我们要看当前面的单词是 white 时，rabbit 的概率（我们把这个条件概率表示

为 $P(\text{rabbit} \mid \text{white})$），这个概率要高于当前面是其他单词时 rabbit 的概率。

根据这样的直觉，让我们来研究怎样计算一个完整的单词串的概率（我们把这个单词串表示为 $w_1 \cdots w_n$，或者表示为 w^n）。如果我们把每个单词在它本身位置的出现看作一个独立事件，那么可以把这种概率表示如下：

$$P(w_1, w_2, \cdots, w_{n-1}, w_n) \tag{13.1}$$

我们也可以使用概率的链式规则来分解这个概率：

$$P(w_1^n) = p(w_1)p(w_2 \mid w_1)p(w_3 \mid w_1^2)\cdots p(w_n \mid w_1^{n-1})$$

$$= \prod_{k=1}^{n} p(w_k \mid w_1^{k-1}) \tag{13.2}$$

然而，怎样才可以计算出概率 $P(w_n \mid w_1^{n-1})$ 呢？当前面给定的单词序列很长的时候，我们不知道用什么简单的办法来计算这时一个单词的概率是多少。例如，我们不能在一个很长的符号串之后，来数每一个单词的出现次数。这时我们需要非常大的语料库。

我们可以通过一个有用的简化办法来解决这个问题：对于给定的所有前面的单词来逼近一个单词的概率。我们使用的逼近方法是很简单的：我们只需要计算，当前面给定的单词只是一个单独的单词时，单词的概率是多少！这样的"二元语法模型"（bigram model）通过前面一个单词的条件概率 $P(w_n \mid w_{n-1})$ 来逼近前面给定的所有单词的概率 $P(w_n \mid w_1^{n-1})$。换言之，我们不是计算概率

$$P(\text{rabbit} \mid \text{Just the other day I saw a}) \tag{13.3}$$

而是使用如下的概率来逼近这个概率：

$$P(\text{rabbit} \mid \text{a}) \tag{13.4}$$

一个单词的概率只依赖于它前面单词的概率的这种假设叫作 Markov 假设（Markov assumption）。Markov 模型是一种概率模型，它假设我们没有必要查看很远的过去，就可以预见到某一个单词将来的概率。我们在介绍 Markov 链（Markov chain）的时候就已经知道 "Markov" 这个术语的这种用法。我们曾经说过，Markov 链是一种加权有限状态自动机；在 Markov 链中，"Markov" 这个术语的直觉含义就是：因为在有限自动机中的状态的数目总是有限的，所以加权 FST 的下一个状态总是依赖于它前面有限的历史。基本的二元语法模型可以看成是每个单词只有一个状态的 Markov 链。

我们可以把二元语法模型（只看前面的一个单词）推广到三元语法模型（看前面的两个单词），再推广到 N 元语法模型（看前面的 $N-1$ 个单词）。二元语法模型叫作一阶 Markov 模型（因为它只看前面的一个词例），三元语法模型叫作二阶 Markov 模型，N 元语法模型叫作 $N-1$ 阶 Markov 模型。20 世纪 50 年代末期以前，单词的 Markov 模型曾经在工程技术、心理学、语言学中得到了普遍的应用，但是，自从 1958 年 Chomsky 发表对 Skinner（斯金纳）的《言语行为》（*Verbal Behavior*）评论之后，由于自然语言处理中理性主义方法占据了主流地位，基于经验主义的 Markov 模型就不再流行了。直到 IBM 公司 Thomas J. Watson（华生）研究中

心语音识别实验室应用 N 元语法模型在语音识别中取得了很大的成绩之后，Markov 模型才重新引起了学术界的注意。

在一个序列中，N 元语法对于下一个单词的条件概率逼近的通用等式是

$$p(w_n \mid w_1^{n-1}) \approx p(w_n \mid w_{n-N+1}^{n-1}) \tag{13.5}$$

式(13.5)说明：对于所有给定的前面的单词，单词 w_n 的概率可以只通过前面 N 个单词的条件概率来逼近。二元语法只考虑前面一个单词的条件概率，三元语法也只考虑前面两个单词的条件概率，等等。

对于二元语法来说，我们把式(13.5)代入式(13.2)中，就可以计算出整个符号串的概率。结果如下：

$$P(w_1^n) \approx \prod_{k=1}^{n} p(w_k \mid w_{k-1}) \tag{13.6}$$

让我们来看看语音理解系统中的一个例子。"Berkeley 饭店规划"（Berkeley Restaurant Project）是一个基于语音的饭店咨询系统。用户可以通过这个系统询问关于加利福尼亚州 Berkeley 饭店的问题，系统从地方饭店的数据库中检索出合适的信息显示给用户。这里是用户提问的一些样本：

I'm looking for Cantonese food.

（我在找广东菜的饭店。）

I'd like to eat dinner someplace nearby.

（我喜欢在附近的地方吃晚餐。）

Tell me about Chen Panisse.

（请告诉我关于 Chen Panisse 饭店的情况。）

Can you give me a list of the kinds of food that are available?

（你可以给我已经准备好的各种食品的一个单子吗？）

I'm looking for a good place to eat breakfast.

（我正在找一个适合吃早饭的地方。）

I definitely do not want to have cheap Chinese food.

（我确实不想吃便宜的中国食品。）

When is Cafe Venezia open during the day?

（近来 Venezia 咖啡店什么时候开门？）

I don't wanna walk more than ten minutes.

（走十分钟以上的地方我不想去。）

表 13.1 是关于二元语法概率的一个样本，它说明了在单词 eat 之后可能出现的某些单词的概率，这些概率是从用户所说的句子中统计得出的（现在我们不考虑训练二元语法概率的算法）。注意，这些概率编码说明了某些事实，这些事实是：在本质上很严格的句法事实（在

eat 之后常常会是一个名词短语的开头,例如形容词、修饰词、名词等),以及某些与文化有关的事实(在英国询问如何找英国食品的概率是很低的)。

表 13.1　"Berkeley 饭店规划"中说明 eat 后最容易出现的
单词的二元语法的一个片断

eat on	0.16	eat Thai	0.03
eat some	0.06	eat breakfast	0.03
eat lunch	0.06	eat in	0.02
eat dinner	0.05	eat Chinese	0.02
eat at	0.04	eat Mexican	0.02
eat a	0.04	eat tomorrow	0.01
eat Indian	0.04	eat dessert	0.007
eat today	0.03	eat British	0.001

除了表 13.1 中的概率之外,我们的语法还包括表 13.2 中所示的二元语法概率。表中的 $\langle s \rangle$ 是一个特殊的单词,它的意思是"句子的开始"。

表 13.2　"Berkeley 饭店规划"中关于二元语法的更多片断

$\langle s \rangle$I	0.25	I want	0.32	want to	0.65	to eat	0.26	British food	0.60
$\langle s \rangle$I'd	0.06	I would	0.29	want a	0.05	to have	0.14	British restaurant	0.15
$\langle s \rangle$Tell	0.04	I don't	0.08	want some	0.04	to spend	0.09	British cuisine	0.01
$\langle s \rangle$I'm	0.02	I have	0.04	want thai	0.01	to be	0.02	British lunch	0.01

现在我们可以计算句子"I want to eat British food"或句子"I want to eat Chinese food"的概率了。计算时,只要把相邻两个单词的二元语法概率相乘在一起就行了。如下所示:

$$P(\text{I want to eat British food}) = P(\text{I}|\langle s \rangle)P(\text{want}|\text{I})P(\text{to}|\text{want})P(\text{eat}|\text{to})$$

$$\times P(\text{British}|\text{eat})P(\text{food}|\text{British})$$

$$= 0.25 \times 0.32 \times 0.65 \times 0.26 \times 0.001 \times 0.60$$

$$\approx 0.000\,008\,112$$

根据概率的定义,可以看出,由于概率都小于 1,我们相乘的概率越多,所有概率的乘积就越小。这就会引起数值下溢的危险。如果我们要计算一个相当长的符号串的概率(例如一段文字或者一篇文章),习惯上采用对数空间来进行计算,我们给每个概率取对数(叫作对数概率(logprob)),把所有的对数相加(因为在对数空间中的加与在线性空间中的乘是等价的),然后,再取结果的反对数。由于这个原因,事实上已经存储了很多关于 N 元语法的标准算法,并且所有概率都用对数概率来计算。

三元语法模型与二元语法模型相同,不过这时我们用前面两个单词作为条件(例如,用 $P(\text{food} \mid \text{eat British})$ 来替代 $P(\text{food} \mid \text{British})$)。为了计算在每个句子开头的三元语法的概率,我们可以使用两个假想的单词(pseudo-word)作为三元语法的条件(即 $P(\text{I} \mid \langle \text{start1}\rangle, \langle \text{start2}\rangle)$),其中,start1 和 start2 是位于句子开头的假想的单词。

N 元语法模型可以使用训练语料库和"归一化"(normalizing)的方法得到。对于概率模型来说,所谓归一化,就是用某个总数来除,使最后得到的概率的值处于 0 和 1 之间,以保持概率的合法性。我们取某个训练语料库,从这个语料库中取某个特定的二元语法的计数(count,即出现的次数),然后用与第一个单词相同的二元语法的总数作为除数来除这个计数:

$$p(w_n \mid w_{n-1}) = \frac{C(w_{n-1} w_n)}{\sum_w C(w_{n-1} w)} \tag{13.7}$$

我们可以把式(13.7)加以简化,因为以给定单词 w_{n-1} 开头的所有二元语法的计数必定等于该单词 w_{n-1} 的一元语法的计数。

$$p(w_n \mid w_{n-1}) = \frac{C(w_{n-1} w_n)}{C(w_{n-1})} \tag{13.8}$$

对于一般的 N 元语法,参数估计为

$$P(w_n \mid w_{n-N+1}^{n-1}) = \frac{C(w_{n-N+1}^{n-1} w_n)}{C(w_{n-N+1}^{n-1})} \tag{13.9}$$

在式(13.9)中,用前面第一个单词的观察频率来除这个特定单词序列的观察频率,就得到 N 元语法概率的估计值。这个比值叫作相对频率(relative frequency)。在最大似然估计(Maximum Likelihood Estimation, MLE)中,相对频率是概率估计的一种方法,因为对于给定的模型 M 来说,最后算出的参数集能使训练集 T 的似然度(也就是 $P(T \mid M)$)达到最大值。例如,在容量为 100 万个单词的 Brown 语料库中,假定单词 Chinese 出现 400 次。那么,在另外一个容量为 100 万个单词的文本中,单词 Chinese 的出现概率是多少呢?MLE 可以估计出,其概率也是 400/1 000 000 或 0.000 4。现在 0.000 4 并不是在一切情况下单词 Chinese 出现的概率估计值;但是,这个概率能使我们估计出,在容量为 100 万个单词的语料库中,Chinese 这个单词最可能出现的次数大约是 400 次。

除了使用相对频率来估计 N 元语法概率的方法之外,还有更好的方法,不过,在其他方法中,使用相对频率这种思想的算法要复杂得多。表 13.3 是从"Berkeley 饭店规划"中得到的一个二元语法的某些二元语法计数。注意,大多数的计数为零。实际上,我们选择这七个单词样本时已经设法尽量使它们彼此接应得比较好;如果随机地选择七个单词,数据将更加稀疏。

表 13.4 是经过归一化之后的二元语法概率(用下列的每个单词相应的一元语法计数来除它们各自的二元语法计数)。

表 13.3   在"Berkeley 饭店规划"语料库(容量大约为 10 000 个句子)中,
从 1 616 个单词的"型"中,选出 7 个单词的二元语法计数

	I	want	to	eat	Chinese	food	lunch
I	8	1 087	0	13	0	0	0
want	3	0	786	0	6	8	6
to	3	0	10	860	3	0	12
eat	0	0	2	0	19	2	52
Chinese	2	0	0	0	0	120	1
food	19	0	17	0	0	0	0
lunch	4	0	0	0	0	1	0

表 13.4   在"Berkeley 饭店规划"语料库(容量大约为 10 000 个句子)中,
从 1 616 个单词的"型"中,选出 7 个单词的二元语法概率

	I	want	to	eat	Chinese	food	lunch
I	0.002 3	0.32	0	0.003 8	0	0	0
want	0.002 5	0	0.65	0	0.004 9	0.006 6	0.004 9
to	0.000 92	0	0.003 1	0.26	0.000 92	0	0.003 7
eat	0	0	0.002 1	0	0.020	0.002 1	0.055
Chinese	0.009 4	0	0	0	0	0.56	0.004 7
food	0.013	0	0.011	0	0	0	0
lunch	0.008 7	0	0	0	0	0.002 2	0

每一个单词的一元语法记数如下:

I	3 437
want	1 215
to	3 256
eat	938
Chinese	213
food	1 506
lunch	459

七个单词的二元语法概率如表 13.4 所示。例如

$$P(\text{I}|\text{I}) = 8/3\ 437 = 0.002\ 3$$

$$P(\text{want}|\text{I}) = 1\ 087/3\ 437 = 0.32$$

$$P(\text{I}|\text{want}) = 3/1\ 215 = 0.002\ 5$$

$$P(\text{to}\,|\,\text{want}) = 786/1\,215 = 0.65$$

$$P(\text{want}\,|\,\text{to}) = 0/3\,256 = 0$$

$$P(\text{food}\,|\,\text{Chinese}) = 120/213 = 0.56$$

$$P(\text{Chinese}\,|\,\text{food}) = 0/1\,506 = 0$$

...

下面来研究不同的 N 元语法模型的一些例子，以便从直觉上了解这种模型的两个重要事实。第一个事实是：当增加 N 值的时候，N 元语法模型的精确度也相应地增加。第二个事实是：N 元语法的性能强烈地依赖于训练它们的语料库（特别是语料库的种类和单词的容量）。

D. Jurafsky(朱夫斯凯)等[1]采用 Shannon(香农,1951)[2]提出的直观化(visualization)技术，从直觉上来了解这些语言事实。他们的基本的想法是：首先训练各种 N 元语法，然后用这样的 N 元语法来随机地生成句子。在一元语法的场合，要直观地看到其工作的情况是非常简单的。他们假定，英语中所有的单词覆盖的概率空间是在 0 和 1 之间，在 0 和 1 之间选择一个随机数，然后把覆盖他们所选择实际值的单词打印出来。同样的技术也可以用来生成阶数更高的 N 元语法，首先根据二元语法的概率，从〈s〉开始生成一个随机的二元语法，然后接着这个二元语法，再选择一个随机的二元语法，如此等等。

为了对 N 元语法的能力随着它的阶数的增高而增高这样的事实有一个直观的了解，他们在《莎士比亚全集》的语料库中分别训练一元语法、二元语法、三元语法和四元语法模型。然后使用训练出来的这四个语法生成随机的句子。在下面的例子中，把每一个标点符号也看成一个单词，而且，用语料库来训练语法的时候，把所有的大写字母都改写成小写字母。在生成句子之后，为了便于阅读，再把有关的小写字母改写成大写字母。这样生成的一些句子如下：

(1) 用一元语法来逼近莎士比亚的句子

① To him swallowed confess hear both. Which. Of save on trail for are ay device and rote have.

② Every enter now severally so, let.

③ Hill he late speaks; or! a more to leg less first you enter.

④ Will rash been and by I the me loves gentle me not not slavish page, the and hour; ill let.

---

① Jurafsky D, Martin J H. Speech and Language Processing: An Introduction to Natural Language Processing, Computational Linguistics and Speech Recognition[M]. New Jersey: Prentice Hall, 2000.

② Shannon C E. Prediction and entropy of printed English[J]. Bell System Technical Journal, 1951, 30: 50-64.(关于 Shannon 的方法，请参看本书 2.3 节。)

⑤ Are where exeunt and sighs have rise excellency took of. Sleep knave we. near；vile like.

（2）用二元语法来逼近莎士比亚的句子

① What means，sir. I confess she? then all sorts，he is trim，captain.

② Why dost stand forth thy canopy，forsooth；he is this palpable hit the King Henry. Live king. Follow.

③ What we，hath got so she that I rest and send to scold and nature bankrupt，nor the first gentleman?

④ Enter Menenius，if it so many good direction found'st thou art a strong upon command of fear not a liberal largess given away，Falstaff! Exeunt!

⑤ Thou whoreson chops. Consumption catch your dearest friend，well，and I know where many mouths upon my undoing all but be，how soon. then；we'll execute upon my love's bonds and we do you will?

⑥ The world shall-my lord!

（3）用三元语法来逼近莎士比亚的句子

① Sweet prince，Falstaff shall die. Harry of Monmouth's grave.

② This shall forbid it should be branded. if renown made it empty.

③ What is't that cried?

④ Indeed the duke；and had a very good friend.

⑤ Fly，and will rid me these news of price. Therefore the sadness of parting，as they say，'tis done.

⑥ The sweet! How many then shall posthumus end his miseries.

（4）用四元语法来逼近莎士比亚的句子

① King Henry. What! I will go seek the traitor Gloucester. Exeunt some of the watch. A great banquet serv'd in；

② Will you not tell me who I am?

③ It cannot be but so.

④ Indeed the short and the long. Marry，'tis a noble Lepidus.

⑤ They say all lovers swear more performance than they are to keep obliged faith unforfeited!

⑥ Enter Leonato's brother Antonio，and the rest，but seek the weary beds of people sick.

在训练过程中，随着训练模型的上下文长度的逐步增加，句子的连贯性也就越来越好。

在一元语法生成的句子中,可以看到单词与单词之间没有接应和连贯关系,在一元语法生成的句子中,没有一个句子是以句号或其他可以做句末标点的符号结尾的。二元语法生成的句子中,单词与单词之间只存在着非常局部的接应和连贯关系。三元语法和四元语法生成的句子,看起来已经似乎是莎士比亚的句子了。当然,仔细地查看一下四元语法生成的句子,可以看出,它们更像莎士比亚的句子。"It cannot be but so"这几个词,就是直接从"国王约翰"(King John)那里来的。这是因为,尽管莎士比亚的著作有很多不同的标准版本,但是其总词数不会多于 100 万个单词。前面我们说过,在《莎士比亚全集》中,出现单词数为 884 647("例"),不同单词数为 29 066("型",包括专有名词)。这意味着,即使是二元语法模型,其数据也是非常稀疏的;从 29 066 个不同的单词("型")可以形成 29 066^2 个,或者 84 400 万个以上的二元语法关系,在这种情况下,用 100 万个单词的训练集来估计那些不常见单词的频率,显然是非常不充分的。实际上,在莎士比亚著作中不同的二元关系类型不会超过 300 000 个。莎士比亚著作的规模如果用来训练四元语法那就更小了,因此,这个生成系统对于前面头 4 个词(It cannot be but)的四元语法,下面可能接续的单词只有 5 个(that,I,he,thou 和 so);对于很多包含四个单词的四元语法,它们的接续单词都只有 1 个。

　　为了研究语法对于它的训练集的依赖关系,他们用一个完全不同的语料库来训练 N 元语法。这个语料库是《Wall Street 杂志》(*Wall Street Journal*,WSJ)语料库。一个以英语为母语的人能够读莎士比亚和《Wall Street 杂志》;它们二者都是英语的一个子集。从直觉上来说,也许有人会觉得,莎士比亚的 N 元语法将会与《Wall Street 杂志》的 N 元语法互相重叠,彼此覆盖。为了检验这种感觉是否正确,这里有三个句子,它们是根据每天从《Wall Street 杂志》的文章中的 4 000 万个单词的语料库中训练出来的一元语法、二元语法和三元语法生成的。这些语法经过了平滑处理。为了便于阅读,在下面生成的句子中,用手工把英语的专有名词的首字母改为大写字母。

　　(1)(一元语法)Months the my and issue of year foreign new exchange's September were recession exchange new endorsed a acquire to six executives.

　　(2)(二元语法)Last December through the way to preserve the Hudson corporation N. B. E. C. Taylor would seem to complete the major central planner one point five percent of U. S. E. has already old M. X. corporation of living on information such as more frequently fishing to keep her.

　　(3)(三元语法)They also point to ninety nine point six billion dollars from two hundred four oh six three percent of the rates of interest stores as Mexico and Brazil on market conditions.

　　把这些句子同前面的那些所谓莎士比亚的句子相比较。从表面上看来,它们二者似乎都试图尽量模拟出"像英语的句子"来,但是,显而易见,二者的句子之间没有重叠覆盖的现象,

就是在一个很小的短语中,这种重叠和覆盖也是非常小的。莎士比亚语料库和《Wall Street
杂志》语料库之间的这种差异告诉我们,为了很好地在统计上逼近英语,需要一个规模很大的
语料库,这个语料库应该包容不同的种类,并且覆盖不同的领域。尽管这样,像 N 元语法这
样简单的统计模型也没有能力去模拟不同种类的不同风格。这意味着,当我们阅读莎士比亚
著作的时候,我们只想看见莎士比亚的句子,而思想不会跳到《Wall Street 杂志》文章中间去。

正如 N 元语法一样,统计模型中的概率来自训练它的语料库。这个训练语料库(training
corpus)需要精心的设计。如果训练语料库太偏向于某个任务或某个领域,那么,概率就可能
太窄,对于新的句子缺乏一般性。如果训练语料库太泛,那么,概率就不能充分地反映有关的
任务或领域的特点。

另外,假定我们试图计算某一特定的"测试"句子的概率。如果我们的"测试"句子是训练
语料库的一部分,那么,它将会具有人为地拔高的概率。训练语料库不应该因为包含了这个
句子而发生偏移。因此,当我们面对具有相关数据的某个给定的语料库应用语言的统计模型
的时候,一开始就要把数据分为"训练集"(training set)和"测试集"(test set)。在训练集上训
练统计参数,然后使用这些参数去计算测试集中的概率。

这种把数据分为训练集和测试集的方法,也可以用来评估不同 N 元语法的总体结构。
例如,为了比较各种平滑算法(smoothing algorithm),我们可以使用一个很大的语料库,并且
把它分为训练集和测试集。然后,我们在训练集上训练两个不同的 N 元语法模型,再看看哪
一个 N 元语法模型能比较好地模拟测试集。

在某些场合,我们需要一个以上的测试集。例如,假定我们有若干个不同的语言模型,我
们想首先挑一个最好的模型,然后看这个模型在某一个合理的测试集上运行的情况,但是,在
此之前我们没有见过它,不知道它是不是最好的。我们首先使用"调试测试集"(development
test set,也叫作 devtest)来挑选最好的语言模型,这时我们需要调试某些参数,当我们认为这
个模型已经调试成最好的模型时,就可以在真正的测试集上来运行它。

在比较模型的时候,使用统计模型来决定两个模型之间的差异是否有意义,这是很重
要的。

13.2 数据平滑

标准的 N 元语法模型的一个主要问题在于,这种模型必须通过某些语料库训练而得到,
而每一个特定的语料库都是有限的,因此能够完美无缺地接受英语的 N 元语法的语料库都
注定会忽略了一些东西。这意味着,从任何训练语料库得到的二元语法矩阵都是稀疏的
(sparse),它们注定会存在着大量的公认为"零概率二元语法"的情形,当然,实际上它们也会

真的具有某些非零的概率。此外，当非零的计数很小的时候，MLE 方法也会产生很糟糕的估计值。

这个问题的某些部分是 N 元语法特有的，因为它们不能使用长距离的上下文，它们总是倾向于过低地估计那些在训练语料库中不是彼此邻近出现的符号串的概率。不过，我们可以使用一些技术给那些"零概率的二元语法"指派非零概率。

这种给某些零概率和低概率的 N 元语法重新赋值，并且给它们指派非零值的工作，叫作"平滑"（smoothing）。下面我们将介绍一些平滑算法，并说明怎样使用它们来修改表 13.4 中"Berkeley 饭店"的二元语法概率。

一个简单的平滑方法是：取我们的二元语法的计数矩阵，在我们把它们归一化为概率之前，先给所有的计数加一，这种算法叫作"加一平滑"（add-one smoothing）。虽然这种算法的效果不是很好，并且也不经常使用，但是它引入了很多概念是在其他的平滑算法中将使用到的，并且，这种算法还可以使我们对于平滑算法获得一个最基本的认识。

首先来研究加一平滑对于一元语法概率的应用，因为这会简单一些。非平滑的一元语法概率的最大似然度估计的计算，是用单词的"例"的总数 N 去除单词数：

$$P(w_n) = \frac{c(w_x)}{\sum_i c(w_i)} = \frac{c(w_x)}{N}$$

不同的平滑可依赖于一个可调整的数 c^* 来估算。对于加一平滑来说，这个数 c^* 的调整可以通过在词数上加一然后乘以一个归一化因子 $N/(N+V)$，其中，V 是该语言中单词的"型"的总数，叫作词汇容量（vocabulary size）。因为我们对于每个单词的"型"数都加了一，所以单词的"例"的总数将随着"型"的数目的增加而增加。这样，加一平滑的调整数 c^* 可定义为

$$c_i^* = (c_i + 1)\frac{N}{N+V} \tag{13.10}$$

这个数可以用 N 来归一化，然后转变为概率 p_i^*。

还有一种不同的方法是把平滑算法看成"打折"（discounting），也就是把某个非零的数降下来，使得到的概率量可以指派给那些为零的数。因此，很多文章不提打折的数 c^*，而用折扣 d_c 来定义平滑算法，折扣 d_c 等于打折数 c^* 与原数 c 之比：

$$d_c = \frac{c^*}{c}$$

与此不同，我们也可以直接从单词数来计算概率 p_i^*：

$$p_i^* = \frac{c_i^*}{N} = \frac{(c_i + 1)\dfrac{N}{N+V}}{N} = \frac{c_i + 1}{N+V}$$

现在我们对于一元语法的情况已经在直觉上有了一些认识。让我们来平滑"Berkeley 饭店规划"中的二元语法。表 13.5 说明了表 13.3 中的二元语法的加一平滑数。

表 13.5　在容量≈10 000 个句子的"Berkeley 饭店规划"语料库中，从 1 616 个
单词的"型"中，选出 7 个单词的加一平滑二元语法计数

	I	want	to	eat	Chinese	food	lunch
I	9	1 088	1	14	1	1	1
want	4	1	787	1	7	9	7
to	4	1	11	861	4	1	13
eat	1	1	3	1	20	3	53
Chinese	3	1	1	1	1	121	2
food	20	1	18	1	1	1	1
lunch	5	1	1	1	1	2	1

表 13.6 说明了对于表 13.4 中的二元语法的加一平滑概率。正规的二元语法概率是用一元语法数去归一化每一行的词数而计算出来的：

$$P(w_n \mid w_{n-1}) = \frac{C(w_{n-1}w_n)}{C(w_{n-1})} \tag{13.11}$$

表 13.6　在容量≈10 000 个句子的"Berkeley 饭店规划"语料库中，从 1 616 个
单词的"型"中，选出 7 个单词的加一平滑二元语法概率

	I	want	to	eat	Chinese	food	lunch
I	0.001 8	0.22	0.000 20	0.002 8	0.000 20	0.000 20	0.000 20
want	0.001 4	0.000 35	0.28	0.000 35	0.002 5	0.003 2	0.002 5
to	0.000 82	0.000 21	0.002 3	0.18	0.000 82	0.000 21	0.002 7
eat	0.000 39	0.000 39	0.001 2	0.000 39	0.007 8	0.001 2	0.021
Chinese	0.001 6	0.000 55	0.000 55	0.000 55	0.000 55	0.066	0.001 1
food	0.006 4	0.000 32	0.005 8	0.000 32	0.000 32	0.000 32	0.000 32
lunch	0.002 4	0.000 48	0.000 48	0.000 48	0.000 48	0.000 96	0.000 48

对于加一平滑二元语法的数，我们首先需要用词汇中的所有单词的"型"的数 V 来提升一元语法的数：

$$P^*(w_n \mid w_{n-1}) = \frac{C(w_{n-1}w_n) + 1}{C(w_{n-1}) + V} \tag{13.12}$$

我们需要把 $V(= 1\ 616)$ 加到每一个一元语法数上：

I	$3\ 437 + 1\ 616 = 5\ 053$
want	$1\ 215 + 1\ 616 = 2\ 831$
to	$3\ 256 + 1\ 616 = 4\ 872$
eat	$938 + 1\ 616 = 2\ 554$

Chinese   213 + 1 616 = 1 829

food   1 506 + 1 616 = 3 122

lunch   459 + 1 616 = 2 075

经过平滑化的二元语法概率的结果如表 13.6 所示。

例如,根据式(13.12)算出的条件概率 P^* 如下:

$$P^*(\text{I}|\text{I}) = (8 + 1)/5\ 053 = 9/5\ 053 \approx 0.001\ 8$$

$$P^*(\text{want}|\text{I}) = (1\ 087 + 1)/5\ 053 = 1\ 088/5\ 053 \approx 0.22$$

$$P^*(\text{I}|\text{want}) = (3 + 1)/2\ 831 = 4/2\ 831 \approx 0.001\ 4$$

$$P^*(\text{to}|\text{want}) = (787 + 1)/2\ 831 = 788/2\ 831 \approx 0.28$$

$$P^*(\text{want}|\text{to}) = (0 + 1)/4\ 872 = 1/4\ 872 \approx 0.000\ 21$$

$$P^*(\text{food}|\text{Chinese}) = (120 + 1)/1\ 829 = 121/1\ 829 \approx 0.066$$

$$P^*(\text{Chinese}|\text{food}) = (0 + 1)/3\ 122 = 1/3\ 122 \approx 0.000\ 32$$

...

最方便的办法是重新建立一个计数矩阵,使得我们能够清楚地看出,平滑算法怎样改变了原来的计数。这个调整计数可以用式(13.10)来计算。表 13.7 说明了这些重新建立的计数。

表 13.7　在容量≈10 000 个句子的"Berkeley 饭店规划"语料库中,从 1 616 个单词的"型"中,选出 7 个单词的加一平滑二元语法计数

	I	want	to	eat	Chinese	food	lunch
I	6.12	740	0.680	9.52	0.680	0.680	0.680
want	1.71	0.429	338	0.429	3.09	3.86	3.00
to	2.67	0.668	7.35	575	2.67	0.668	8.69
eat	0.367	0.367	1.10	0.367	7.35	1.10	19.5
Chinese	0.349	0.116	0.116	0.116	0.116	14.1	0.233
food	9.64	0.482	8.68	0.482	0.482	0.482	0.482
lunch	1.11	0.221	0.221	0.221	0.221	0.442	0.221

根据式(13.10)算出的 c^* 举例如下:

$$c^*(\text{I}|\text{I}) = (8 + 1) \times (3\ 437/5\ 053) \approx 9 \times 0.68 = 6.12$$

$$c^*(\text{want}|\text{I}) = (1\ 087 + 1) \times (3\ 437/5\ 053) \approx 1\ 088 \times 0.68 \approx 740$$

$$c^*(\text{I}|\text{want}) = (3 + 1) \times (1\ 215/2\ 831) \approx 4 \times 0.429 = 1.716$$

$$c^*(\text{to}|\text{want}) = (787 + 1) \times (1\ 215/2\ 831) \approx 788 \times 0.429 = 338$$

$$c^*(\text{want}|\text{to}) = (0 + 1) \times (3\ 256/4\ 872) \approx 1 \times 0.671 = 0.671$$

$$c^*(\text{food}|\text{Chinese}) = (120 + 1) \times (213/1\ 829) \approx 121 \times 0.116\ 5 \approx 14.1$$

$$c^*(\text{Chinese}|\text{food}) = (0+1) \times (1\,506/3\,122) \approx 1 \times 0.482 = 0.482$$

……

注意,加一平滑使原来的计数发生了很大的改变。$c^*(\text{want to})$ 从 786 改变为 338!在概率空间中,也同样发生了很大的改变:$P(\text{to}|\text{want})$ 从没有平滑时的 0.65 下降到平滑后的 0.28。

我们再来看折扣 d(新计数与老计数之间的比值):

$$d = \frac{c}{c^*} = \frac{N}{N+V}$$

折扣 d 说明,二元语法中前面单词的计数的改变之大令人吃惊:以 Chinese 开头的二元语法的折扣因子竟然为 8($1\,829/213 \approx 8, 213/1\,829 \approx 0.12$)!

I	0.68	$3\,437/(3\,437+1\,616) = 3\,437/5\,053 \approx 0.68$
want	0.42	$1\,215/(1\,215+1\,616) = 1\,215/2\,831 \approx 0.429$
to	0.69	$3\,256/(3\,256+1\,616) = 3\,256/4\,872 \approx 0.668$
eat	0.37	$938/(938+1\,616) = 938/2\,554 \approx 0.367$
Chinese	0.12	$213/(213+1\,616) = 213/1\,829 \approx 0.116$
food	0.48	$1\,506/(1\,506+1\,616) = 1\,506/3\,122 \approx 0.482$
lunch	0.22	$459/(459+1\,616) = 459/2\,075 \approx 0.221$

单词的计数和概率之所以发生这样大的改变,是因为很多的概率量被转移到为零的那些项目当中去了。问题在于,我们随便地把"1"这个值加到每一个计数上。如果我们把比较小的值加到这些计数上("加一半"或"加千分之一"),就可能避免这样的问题,但是,这样一来,我们就得重新对于每一种情况来训练这些参数。

总而言之,加一平滑是一种很糟糕的算法。其主要问题是,加一平滑在预测带零计数的二元语法的实际概率时,与其他的平滑方法比较起来,显得非常差。另外,加一平滑方法所产生的各种计数实际上比没有平滑的 MLE 方法还要差。

除了加一平滑之外,还有 Witten-Bell(威腾-贝尔)打折法和 Good-Turing(古德-图灵)打折法,它们的效果比加一平滑好得多。下面我们介绍这些平滑方法。

比较好一些的平滑算法是 Witten-Bell 打折法(Witten-Bell discounting),这种方法是由 I. H. Witten(威腾)和 T. C. Bell(贝尔)在 1991 年为解决零概率问题而提出来的[①],与加一平滑算法比起来,只是稍微复杂一点。

Witten-Bell 打折法的基本根据是一种简单而聪明的对于零频率事件的直觉:让我们把一个零频率单词或者 N 元语法看成是刚才没有发生的事件;如果这个事件要发生,那么,它

---

① Witten I H, Bell T C. The Zero-frequency Problem: Estimating the Probabilities of Novel in Adaptive Text Compression[J]. IEEE Transaction on Information Theory, 1991, 37(4): 1085-1094.

将是这个新的 N 元语法中我们首次看到的事件。因此,看一个零频率 N 元语法的概率就可以用首次看一个 N 元语法的概率来模拟。这就是统计语言处理中"再发生"(recurring)的概念,也就是使用你刚才第一次看过的事物的数量来帮助估计你从来没有看过的事物的数量。

借助于"我们第一次看过的事物"的数量来估计"我们从来没有见过的事物"概率这样的思想,在后面讨论 Good-Turing 平滑的时候,还要回过头来再研究它。

怎样来计算首次看到 N 元语法的概率呢? 可以通过在我们的训练语料库中数一数我们首次看到 N 元语法的次数的办法来计算。产生这样的计数是非常简单的,因为"首次" N 元语法的计数恰恰就是我们在该数据中所看到的 N 元语法的"型"的计数,显而易见,当我们首次看某个数据的时候,必须是该数据的"型"第一次出现的时候,这时,每一个"型"都恰恰只看过一次。

这样,我们就可以通过用"例"(token,记为 N)的数加上所观察的"型"(type,记为 T)的数来除"型"的数的办法,来估计所有零的 N 元语法的全部概率量。

$$\sum_{i:\,c_i=0} p_i^* = \frac{T}{N+T} \tag{13.13}$$

为什么要用"例"的数加上"型"的数来进行归一化呢? 我们可以把训练语料库想象成一序列的事件:一个事件表示每一个"例",一个事件表示每一个新的"型"。这样,式(13.13)可给出一个新的"型"事件发生的最大似然估计。注意,所观察的"型" T 的计数不同于我们在加一平滑中所用的"全部型"或"词汇容量 V": T 是我们已经看见过的"型",而 V 是我们可能看到的"型"的全部计数。

式(13.13)给出全部的"未看见的 N 元语法的概率"。我们需要在所有为零的 N 元语法中来分摊它。我们可以只选择等分的方法来分摊它。设 Z 是具有零数的 N 元语法的全部计数(应该是"型",这里没有任何的"例")。前面的每一个为零的一元语法现在都可以同等地共享这个已经重新分布的概率量:

$$Z = \sum_{i:\,c_i=0} 1 \tag{13.14}$$

$$P_i^* = \frac{T}{Z(N+T)} \tag{13.15}$$

如果零的 N 元语法的所有概率用式(13.16)来计算,那么外加的概率必定会从某个地方产生出来;我们使用给所有看到过的 N 元语法的概率打折的方法来得到这些外加的概率:

$$p_i^* = \frac{c_i}{N+T}, \quad c_i > 0 \tag{13.16}$$

换言之,我们可以把平滑了的计数直接表示如下:

$$c_i^* = \begin{cases} \dfrac{T}{Z}\dfrac{N}{N+T}, & c_i = 0 \\[2ex] c_i\dfrac{N}{N+T}, & c_i > 0 \end{cases} \tag{13.17}$$

Witten-Bell 打折法在一元语法时很像加一平滑法。但是如果我们把这个等式扩充到二元语法的时候，就会看到很大的不同。这是因为在二元语法的时候，"型"的计数是以前面的历史为条件的。为了计算我们未看过的二元语法 w_{n-1} w_{n-2} 的概率，我们使用"看以 w_{n-1} 开头的新的二元语法的概率"。这就使得我们对"首次二元语法"的估计要用单词的历史来说明。与那些杂乱无章的单词比起来，那些倾向于以很小数值的二元语法出现的单词，将提供一个较低的二元语法估值。

在前面单词 w_x 以二元语法的"型"的数目为 T，而且二元语法的"例"的数目为 N 的条件下，我们把这个事实用公式表示为

$$\sum_{i: c(w_x w_i) = 0} p^*(w_i \mid w_x) = \frac{T(w_x)}{N(w_x) + T(w_x)} \tag{13.18}$$

像一元语法情况一样，我们也需要把这个概率量在所有未见的二元语法中进行分摊。这里，我们再设 Z 是具有零计数的给定首词的二元语法的全部计数（应该是"型"，这里没有任何的"例"）。每个前面的为零的二元语法现在都同等地共享这个重新分布的概率量：

$$Z(w_x) = \sum_{i: c(w_x w_i) = 0} 1 \tag{13.19}$$

$$p^*(w_i \mid w_{i-1}) = \frac{W(w_{i-1})}{Z(w_{i-1})(N + T(w_{i-1}))}, \quad c_{w_{i-1} w_i} = 0 \tag{13.20}$$

对于非零的二元语法，采用同样的方式，我们引入历史参数 T 来打折：

$$\sum_{i: c(w_x w_i) > 0} P^*(w_i \mid w_x) = \frac{c(w_x w_i)}{c(w_x) + T(w_x)} \tag{13.21}$$

为了用式(13.21)来平滑表 13.4 中的关于饭店的二元语法，对于每一个首次看到的单词，我们都需要二元语法"型" $T(w)$ 的数值，它们的数值如下：

I	95
want	76
to	130
eat	124
Chinese	20
food	82
lunch	45

此外，对于这里的每一个词，我们还需要 Z 的值。因为我们知道在词汇表中有多少个单词（$V = 1\,616$），对于以给定单词 w 开头的可能的二元语法恰恰有 V 个，所以，对于给定的前面的单词的未见二元语法的"型"的数值应该是 V 减去所观察的"型"的数值：

$$Z(w) = V - T(w) \tag{13.22}$$

这里是每个单词 Z 的值：

I	$1\,616 - 95 = 1\,521$

want	$1\ 616 - 76 = 1\ 540$
to	$1\ 616 - 130 = 1\ 486$
eat	$1\ 616 - 124 = 1\ 492$
Chinese	$1\ 616 - 20 = 1\ 596$
food	$1\ 616 - 82 = 1\ 534$
lunch	$1\ 616 - 45 = 1\ 571$

表 13.8 是打折以后的关于饭店的二元语法的计数。

表 13.8　在容量≈10 000 个句子的"Berkeley 饭店规划"语料库中,从 1 616 个单词的"型"中,选出 7 个单词的 Witten-Bell 平滑二元语法的计数

	I	want	to	eat	Chinese	food	lunch
I	8	0.106 0	0.062	13	0.062	0.062	0.62
want	3	0.46	740	0.046	6	8	6
to	3	0.085	10	827	3	0.085	12
eat	0.075	0.075	2	0.075	17	2	46
Chinese	2	0.012	0.012	0.012	0.012	109	1
food	18	0.059	16	0.059	0.059	0.059	0.059
lunch	4	0.26	0.26	0.26	0.26	1	0.26

Witten-Bell 算法的折扣值比加一平滑法要合理得多:

I	0.97
want	0.94
to	0.96
eat	0.88
Chinese	0.91
food	0.94
lunch	0.91

也可以按不同的方式来使用 Witten-Bell 打折法。在式(13.18)中,我们是以前面的单词作为平滑二元语法概率的条件的。这就是说,我们以前面的单词 w_x 作为"型"的计数 $T(w_x)$ 和"例"的计数 $N(w_x)$ 的条件。但是,我们也可以不管二元语法由两个单词组成的事实,把二元语法看成是一个单一的事件。这样,T 就变成了所有二元语法的"型"的数值,N 就变成了所有二元语法发生时的"例"的数值。用这样的办法把二元语法当作一个单元来处理,我们实际上打折的就不是条件概率 $P(w_i \mid w_x)$,而是联合概率 $P(w_x w_i)$ 了。在这种情况下,概率 $P(w_x w_i)$ 就可以像一元语法那样来处理了。与从式(13.18)开始进行的"条件"打折相比,这一类的打折并不经常使用。

还有一种比 Witten-Bell 打折法稍微复杂一些的打折方法,叫作 Good-Turing 打折法 (Good-Turing discounting)。

1953 年,I. J. Good(古德)[①]首先描述了 Good-Turing 算法,而这种算法的原创思想则来自 Turing(图灵)。Good-Turing 平滑的基本思想是用观察计数较高的 N 元语法数的方法,来重新估计概率量的大小,并把它指派给那些具有零计数或较低计数的 N 元语法。换言之,我们要检查出现次数为 c 的 N 元语法数 N_c,把出现次数为 c 的 N 元语法数看成频率 c 出现的频率。这样,应用平滑二元语法联合概率的思想,N_0 就是计数为 0 的二元语法 b 的数值,N_1 就是计数为 1 的二元语法的数值,以此类推,我们有

$$N_c = \sum_{b: c(b) = c} 1 \tag{13.23}$$

对于所有的 c,根据 N_c 的集合,Good-Turing 估计给出一个平滑计数 c^*:

$$c^* = (c + 1) \frac{N_{c+1}}{N_c} \tag{13.24}$$

例如,这种修正了的从未出现的二元语法的计数(c_0),就可以使用把出现一次的二元语法(单一元素或只在语料库中出现一次的单词的二元语法 N_1)的数值分摊给从未出现的二元语法的数值(N_0)。这种使用我们看过一次的事物的计数来估计我们从未看见过的事物的计数的方法,在介绍 Witten-Bell 打折算法时曾经讨论过,大家应该记忆犹新。首先把 Good-Turing 算法使用于 N 元语法平滑的是 S. M. Katz。[②] 表 13.9 给出了应用 Good-Turing 打折

表 13.9　容量为 2 200 万个单词的 AP 二元语法中,"频率 c 出现的频率"的二元语法以及 Good-Turing 重新估值

c(MLE)	N_c	c^*(GT)
0	74 671 100 000	0.000 027 0
1	2 018 046	0.446
2	449 721	1.26
3	188 933	2.24
4	105 668	3.24
5	68 379	4.22
6	48 190	5.19
7	35 709	6.21
8	27 710	7.24
9	22 280	8.25

---

① Good I J. The population frequencies of species and the estimation of population parameters [J]. Biometrika,1953,40:16 - 264.

② Katz S M. Estimation of probabilities from sparse data for the language model component of a speech recognizer[J]. IEEE Transactions on Acoustics,Speech and Signal Processing,1987,35(3):400 - 401.

法于二元语法的一个例子。这里使用了容量为 2 200 万个单词的 Associated Press(AP)新闻语料。第一列是计数 c,也就是二元语法的所观察例子的数值。第二列是这个计数所具有的二元语法数。例如,499 721 个二元语法的计数为 2。第三列是 c^*,这是用 Good-Turing 打折法重新估计的计数。

Good-Turing 估计的根据是每个二元语法的分布都是二项式这样的假设。Good-Turing 估计假定我们知道未见的二元语法数 N_0。我们之所以知道 N_0,是因为对于给定的词汇容量 V,二元语法的总数必定是 V^2,N_0 等于 V^2 减去我们未见的二元语法。

实际上,并不是对于所有的计数 c 都使用打折估计 c^*。假定较大的计数是可靠的(对于某个阈值 k,$c > k$),Katz 建议取 k 的值为 5。这样,我们可定义

$$c^* = c, \quad c > k \tag{13.25}$$

当引入某个 k 的时候,c^* 的正确等式是

$$c^* = \frac{(c + 1) \dfrac{N_{c+1}}{N_c} - c \dfrac{(k + 1)N_{k+1}}{N_1}}{1 - \dfrac{(k + 1)N_{k+1}}{N_1}}, \quad 1 \leqslant c \leqslant k \tag{13.26}$$

在使用 Good-Turing 打折法的时候,与使用其他的打折法一样,通常都用处理计数为 0 的办法来处理计数低的(特别是计数为 1 的)N 元语法。

我们前面讨论的打折法可以帮助我们解决零频率 N 元语法问题。但是,除此之外,自然语言中还存在着其他我们可以汲取的知识资源。如果不存在特定的三元语法的例子 $w_{n-2} w_{n-1} w_n$ 来帮助我们计算概率 $P(w_n \mid w_{n-1} w_{n-2})$,那么可以使用二元语法概率 $P(w_n \mid w_{n-1})$ 来估计这个概率。类似地,如果我们没有有关的计数来计算二元语法概率 $P(w_n \mid w_{n-1})$,就可以使用一元语法的概率 $P(w_n)$ 来估计它。

根据这种 N 元语法的"层级关系",有两种办法可以用来帮助我们解决平滑的问题:一种办法是"删除插值法"(deleted interpolation),一种办法是"回退"(backoff)。现在先重点讨论回退,然后再大致地讨论一下关于删除插值法的问题。回退法是 Katz 于 1987 年提出的。

在回退模型与删除插值法中,我们都根据 $N-1$ 元语法模型来建立 N 元语法模型。不同之处在于,在回退模型中,如果我们有非零的三元语法计数,那么我们只依靠这些三元语法计数,根本不插入二元语法和一元语法的计数。我们只是当阶数较高的 N 元语法中存在零计数的时候,才采用回退模型,把阶数较高的 N 元语法降为阶数较低的 N 元语法。

回退的三元语法可以表示如下:

$$\hat{P}(w_i \mid w_{i-2} w_{i-1}) = \begin{cases} P(w_i \mid w_{i-2} w_{i-1}), & c(w_{i-2} w_{i-1} w_i) > 0 \\ \alpha_1 P(w_i \mid w_{i-1}), & c(w_{i-2} w_{i-1} w_i) = 0 \\ & \text{且 } c(w_{i-1} w_i) > 0 \\ \alpha_2 P(w_i), & \text{其他} \end{cases} \tag{13.27}$$

为什么在式(13.27)中我们需要 α 值? 为什么我们不能只有三套没有权值的概率?

问题的回答是:如果没有 α 值,那么等式的结果就不是一个真正的概率。这是因为我们从相对频率得到的原概率 $P(w_n \mid w_{n-N+1}^{n-1})$ 是真正的概率,这就是说,如果我们对于给定的 w_n,在所有 N 元语法上下文中,其概率之和将为 1:

$$\sum_{i,j} P(w_n \mid w_i w_j) = 1 \qquad (13.28)$$

现在我们来讨论删除插值法。

删除插值法(deleted interpolation)是 Jelinek(杰里奈克)和 Mercer(梅塞尔)[1]于 1980 年提出的,这种方法使用线性插值的手段,把不同阶的 N 元语法结合起来。例如,我们计算三元语法时,把一元语法、二元语法和三元语法三种模型都结合起来。这就是说,当我们估计概率 $P(w_n \mid w_{n-1} w_{n-2})$ 的时候,要把一元语法、二元语法和三元语法都混合在一起。每种语法用线性权值 λ 来加权:

$$\hat{P}(w_n \mid w_{n-1} w_{n-2}) = \lambda_1 P(w_n \mid w_{n-1} w_{n-2}) + \lambda_2 P(w_n \mid w_{n-1}) + \lambda_3 P(w_n) \quad (13.29)$$

使得各个 λ 的和为 1:

$$\sum_i \lambda_i = 1 \qquad (13.30)$$

在实际上,在删除插值法中,不仅仅只为三元语法训练三个 λ,还把每一个 λ 看成上下文的函数。如果对于一个特定的二元语法有特定的精确计数,并且假定三元语法的计数是基于二元语法的,那么这样的办法将更加可靠;因此,我们可以使这些三元语法的 λ 值更高,从而在插值时给三元语法更高的权值。

前面我们已经看到了如何使用 Bayes 公式和噪声信道算法来进行错拼更正,如何从给定的表层发音中挑出其对应的单词。同时,我们也看到了这两种算法都是不成功的,它们给我们返回的是错误的单词,因为它们没有办法模拟含有多个单词的词。现在,N 元语法给我们提供了这样的模型,所以我们回过头来再次讨论这两个问题。

我们曾经介绍过检查拼写错误的一些方法,这些方法是:查找该单词是否在词典中存在,如果不存在就是错拼单词;用符合英语构词法的有限状态自动机来生成,如果不能生成就是错拼单词;如果符合正词法规则的概率很低,就是错拼单词。但是,这些方法对于检查和更正真词错拼(real-word spelling error)或真词错误更正(real-word error detection)都是不充分的。因为真词错拼这一类错误的单词都是在真实的英语单词中实际存在的单词。真词错拼的发生,是由于在排版印刷的时候出现错误操作(插入错误、脱落错误、换位错误),使得偶然排印出一个英语中存在的真词(例如,把 there 打成 three),或者由于写作的人用同音词或准

---

① Jelinek F. Mercer R L. Interpolated estimation of Markov source parameters from sparse data[C]// Gelsema E S, Kanal L N. Proceedings, Workshop on Pattern Recognition in Practice, North Holland, Amsterdam, 1980: 381 - 397.

同音词来错误地进行替换(例如,用 dessert 来替换 desert,用 piece 来替换 peace)。对于这种类型错误的更正叫作上下文有关的错拼更正(context-sensitive spelling error correction)。

　　这种类型的错误的重要性如何呢? Peterson(彼得森)根据对单个排版的印刷错误(插入、脱落、替代、换位的初步分析),估计由于这些排版印刷错误而产生的英语真词量(对于一个相当大的 35 万个单词的词表)大约为 15%。Kukich 根据对于语料库的实验研究,总结出不同的分析结果,认为英语真词错误的比例在 25% 到 40% 之间。表 13.10 是 Kukich(1992)给出的一些例子。他把这种错误分为局部性错误(local errors)和全局性错误(global errors)两种。局部性错误是直接根据围绕该词的上下文就可以检查出的错误,全局性错误是需要根据更广泛的上下文才能检查出的错误。

表 13.10　真词拼写错误:局部性错误和全局性错误

局部性错误	The study was conducted mainly *be* John Black. They are leaving in about fifteen *minuets* to go to her house. The design *an* construction of the system will take more than a year. Hopefully, all *with* continue smoothly in my absence. Can they *lave* him my messages? I need to *notified* the bank of [this problem]. He *need* to go there right *no w*. He is trying to *fine* out.
全局性错误	Won't they *heave if* next Monday at that time? This thesis is supported by the fact that since 1989 the system 　has been operating *system* with all four units on-line, but ...

　　上下文有关的拼写错误检查的方法之一是基于 N 元语法的方法。

　　用于拼写检查与更正的基于单词的 N 元语法方法是 Mays(迈耶斯)等于 1991 年提出的。[①] 这种方法的基本思想是:对于句子中的每一个单词生成它的一切可能的错误拼写,或者是只包括排版印刷错误而造成的错误拼写(字母的插入、删除或替换),或者是也包括同音词造成的错误拼写(可能包括正确拼写),然后选出使该句子具有最高先验概率的拼写。这就是说,给定一个句子 $W = \{w_1, w_2, \cdots, w_k, \cdots, w_n\}$,其中 w_k 的不同拼写是 w'_k, w''_k 等等,在这些可能的拼写中,我们使用 N 元语法计算 $P(W)$,从中选择最大的 $P(W)$。也可以使用基于词类的 N 元语法来代替基于单词的 N 元语法,发现靠不住的词类组合,不过这种方法可能不如发现靠不住的单词组合的效果好。

　　上下文有关的错拼更正还有其他的统计方法,有些方法是专为更正而提出的,有些方法

---

　　① Mays E, Damerau F J, Mercer R L. Context based spelling correction[J]. Information Processing and Management, 1991, 27(5): 517-522.

则是针对更为一般的词义排歧而提出的(例如,词汇歧义的消解或重音复原)。除了我们刚才描写的三元语法方法之外,还包括 Bayes 分类法、Bayes 分类法与三元语法相结合的方法、判定表方法、基于转换的学习方法、潜在语义分析法、筛选算法(winnow algorithm)。把这些方法进行对比,可知筛选算法效果最好。这些算法在很多方面是相似的,它们的根据都是单词和词类的 N 元语法这样的特征,其中很多算法使用一族线性预测算子来进行预测,叫作"线性统计询问假设"(Linear Statistical Queries Hypotheses,LSQ)。

N 元语法也可以用于词形发音问题并且取得较好的结果。我们当时的输入是在单词 I 之后的发音[n iy]。我们曾经指出,发音[n iy]对应的单词有五个:need,new,neat,the 和 knee。我们前面使用的算法是根据每一个单词的一元语法概率和发音似然度的乘积来进行计算,结果我们不正确地选择了单词 new,主要的理由是这个单词的一元语法概率比较高。

如果加上简单的二元语法概率,哪怕不进行适当的平滑,也足以正确地解决这个问题。在表 13.11 中,我们不是只列出单词的一元语法概率$P(w)$,而是列出了五个候选单词在单词 I 之后的二元语法概率。把 Brown 语料库和 Switchboard 语料库结合起来,单词 I 共出现 64 736 次。

表 13.11 候选单词在单词 I 之后的二元语法概率

单 词	$C(\text{"I"}w)$	$C(\text{"I"}w)+0.5$	$P(w\mid\text{"I"})$
need	153	153.5	0.001 6
new	0	0.5	0.000 005
knee	0	0.5	0.000 005
the	17	17.5	0.000 18
neat	0	0.5	0.000 005

现在把相应单词的这些新的概率代入组合模式的公式进行计算,预测出正确的单词应该是 need,如表 13.12 所示。

表 13.12 预测的结算结果

单 词	$P(y\mid w)$	$P(w)$	$P(y\mid w)P(w)$
need	0.11	0.001 6	0.000 18
knee	1.00	0.000 005	0.000 005
neat	0.52	0.000 005	0.000 002 6
new	0.36	0.000 005	0.000 001 8
the	0	0.000 18	0

这里的 $P(w)$ 是使用二元语法计算得到的概率。可以看出,由于使用二元语法,预测的正确性大大提高了。

参考文献

［1］ Good I J. The population frequencies of species and the estimation of population parameters ［J］. Biometrika，1953，40(3/4)：237‐264.

［2］ Jurafsky D，Martin J H. Speech and Language Processing：An Introduction to Natural Language Processing，Computational Linguistics and Speech Recognition ［M］. New Jersey：Prentice Hall，2000.

［3］ Katz S M. Estimation of probabilities from sparse data for the language model component of a speech recognizer［J］. IEEE Transactions on Acoustics，Speech and Signal Processing，1987，35(3)：400‐401.

［4］ Manning C D，Schütze H. Foundations of Statistical Natural Language Processing［M］. Cambridge：MIT Press，1999.

［5］ Shannon C E. Prediction and Entropy of Printed English［J］. Bell System Technical Journal，1951，30：50‐64.

［6］ Witten I H，Bell T C. The Zero-frequency Problem：Estimating the Probabilities of Novel in Adaptive Text Compression［J］. IEEE Transaction on Information Theory，1991，37(4)：1085‐1094.

［7］ 冯志伟.数理语言学［M］.上海：上海知识出版社,1985.

［8］ 冯志伟.数学与语言［M］.长沙：湖南教育出版社,1991.

第 14 章

隐 Markov 模型（HMM）

我们在 2.3 节曾经介绍过 Markov 链（Markov chain）。Markov 链是前面出现的符号对于后面符号的出现概率有影响的链，又叫作 Markov 模型。本章讨论的隐 Markov（马尔可夫）模型（Hiden Markov Model，HMM）是 Markov 模型的新发展。在自然语言处理中，HMM 是一种重要的基于统计的形式模型，在语音自动识别、联机手写体字符自动识别、文本自动词性标注中，都有着广泛的应用。本章首先通过语音识别的实例对 HMM 模型进行初步的描述，接着介绍 HMM 模型中的三个基本问题，然后着重说明 HMM 模型在语音自动识别中的应用。

14.1 HMM 概述

Markov 链也就是加权自动机。前面我们曾经使用自动机来模拟单词的发音。加权自动机包括一个状态序列 $q = (q_0, q_1, q_2, \cdots, q_n)$，每个状态对应一个音子，状态之间转移概率的集合 a_{01}, a_{12}, a_{13} 用一个音子跟随另外一个音子的概率来编码。我们用结点来表示状态，用结点与结点之间的边来表示转移概率，如果在两个结点之间存在非零的转移概率，那么这两个结点之间就有边。我们也可以使用向前算法来计算所观察的音子序列 $o = (o_1, o_2, o_3, \cdots, o_t)$ 的似然度。图 14.1 是单词 need 的 Markov 链的发音网络，这个单词的观察序列（observation sequence）是音子符号（phone symbols）n，iy，d。

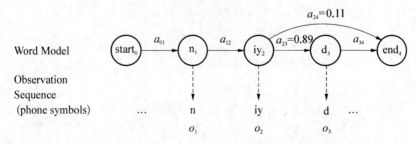

图 14.1　单词 need 的一个简单的加权自动机（或 Markov 链）的发音网络

图中给出了转移概率和一个观察序列的实例。如果没有特别的说明，在两个状态 x 和 y 之间的转移概率 a_{xy} 为 1

我们将会看到,这样的模型在语音识别中是非常重要的,它们在两方面简化了问题。

第一方面,这样的模型简单地假定,输入是由符号序列组成的。这样的假定在现实世界中显然是不对的,在现实世界中的语音输入实质上是由空气粒子的微小运动所组成的。在语音识别中,输入是有歧义的,分成音片的输入信号的实际值的表示叫作特征或声谱特征。声学特征要表示不同的频率所含能量的大小的信息。

第二方面的简化是对加权自动机的简化,这种简化假定输入符号恰好对应于自动机的状态。因此,当我们看到输入符号[b]的时候,就知道我们可以把标记[b]移动一个状态。与此相反,在 HMM 中,我们看不到输入符号,不知道要移动到什么状态。输入符号不能唯一地决定下一个状态。[①]

我们知道,加权自动机可以用状态的集合 Q、转移概率的集合 A、定义好的初始状态和终结状态、观察似然度的集合 B 来描述。对于加权自动机,如果状态 i 和观察值 o_t 相匹配,则概率 $b_i(o_t)$ 为 1;如果不匹配,则概率 $b_i(o_t)$ 为 0。这样的加权自动机也就是 Markov 链,实质上就是一种 Markov 模型。

HMM 与 Markov 模型的不同之处在于,HMM 要增加两个更多的要求。

第一个要求是:HMM 有一个观察符号的集合 O,这个集合中的符号不是从状态集合 Q 中的字母抽取的。

第二个要求是:在 HMM 中,观察似然度函数 B 的值不只限于 1 或 0,概率 $b_i(o_t)$ 可以取 0 和 1 之间的任何值。

图 14.2 给出了单词 need 和一个观察序列实例的 HMM。注意它和图 14.1 的不同之处。

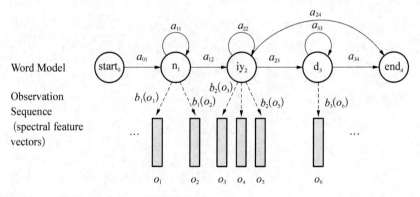

图 14.2　单词 need 的 HMM 发音网络

图中给出了转移概率和观察序列的一个实例。注意增加了输出概率 B(观察似然度的集合)。此图引自 Jurafsky 和 Martin 的 *Speech and Language Processing*,谨此致谢

---

①　实际上,我们在前面研究的自动机,有的在技术上就是 HMM。这是因为,在输入符号串[n iy]中的第一个符号跟单词 need 或者单词 an 中的状态[n]都是相容的。看到符号[n],我们不知道在底层的状态中,这个符号是由 need-n 生成的,还是由 an-n 生成的。

首先,观察序列现在是用于表示语音信号的声谱特征矢量(spectral feature vectors),而不是音子序列。其次,要注意到,我们现在还容许一个状态可以多次重复生成同一观察值,为此,在相应的状态上可以加一个自反圈。这个自反圈使得 HMM 可以模拟音子的可变音延(duration)。音子越长,通过 HMM 的自反圈就越多。

总起来说,我们定义一个 HMM 要求的参数如下:

● 状态序列:状态序列的集合 $Q = (q_1, q_2, \cdots, q_N)$。

● 观察序列:观察序列的集合 $O = (o_1, o_2, o_3, \cdots, o_T)$。

● 转换概率:转换概率的集合 $A = (a_{01}, a_{02}, \cdots, a_{n1}, \cdots, a_{nn})$。每一个 a_{ij} 表示从状态 i 到状态 j 的转换概率。转换概率的集合叫作转换概率矩阵。

● 观察似然度:观察似然度的集合 $B = b_i(o_t)$,每一个观察似然度表示从状态 i 生成的观察值 o_t 的概率。

● 初始状态概率分布:模型的初始状态概率分布 π,使得 π_i 是 HMM 在状态 i 开始时的概率。显而易见,对于某些状态 j,可能有 $\pi_j = 0$,这意味着,这些状态不是初始状态。

● 接收状态:合法的接收状态的集合。

在这六个参数中,对于特定的建模对象而言,状态的集合 Q、观察序列的集合 O 以及接收状态这三个参数都是事先给定的,而转换概率的集合 A,观察似然度的集合 B 以及初始状态概率分布 π 这三个参数,是需要我们求解的,因此,A, B, π 这三个参数就可以表示一个特定的 HMM 模型。在通常情况下,我们使用

$$\lambda = \{A, B, \pi\} \tag{14.1}$$

来表示一组完整的 HMM 模型的参数,这样,我们就可以使用 λ 来定义一个 HMM 模型。

一般说来,如果我们把 HMM 模型想象成识别机,那么输入到模型中的符号序列就是观察序列;如果我们把 HMM 模型想象成生成机,那么由模型产生的符号序列就是观察序列,它们都可以记为 $O = (o_1, o_2, o_3, \cdots, o_T)$。在 HMM 中,由于模型对外表现出来的是观察序列 $O = (o_1, o_2, o_3, \cdots, o_T)$,而状态序列 $Q = (q_1, q_2, \cdots, q_N)$ 不能直接观察得到,它们被"隐藏"在观察序列的后面,因此我们把这样的 Markov 模型叫作"隐 Markov 模型"。

在上述给定的模型的框架下,为了使 HMM 模型能够用于解决实际问题,首先需要解决三个基本问题。它们是:

问题 1 给定观察序列 $O = (o_1, o_2, o_3, \cdots, o_T)$ 和 HMM 模型 $\lambda = (A, B, \pi)$,如何计算由该模型产生该观察序列的概率 $P(O|\lambda)$?

问题 2 给定观察序列 $O = (o_1, o_2, o_3, \cdots, o_T)$ 和 HMM 模型 $\lambda = (A, B, \pi)$,如何获取在某种意义下最优的状态序列 $Q = (q_1, q_2, \cdots, q_N)$?

问题 3 如何选择或调整模型的参数 λ,使得在该模型下产生观察序列 $O = (o_1, o_2, o_3, \cdots, o_T)$ 的概率 $P(O|\lambda)$ 最大?

问题 1 实际上是一个"评估问题",也就是根据给定的观察序列 O 和模型 λ,计算由这个模型产生的观察序列的概率。这个问题也可以看成是给定模型对于观察序列的匹配程度,也就是说,如何从一批竞争的模型中,选出最恰当的、与观察序列最匹配的模型,使得

$$\arg\max_i P(O \mid \lambda_i) \tag{14.2}$$

问题 2 实际上是一个"解码问题",也就是根据给定的观察序列 O 和模型 λ,寻找最可能生成这个观察序列的内部状态序列,即找出最可能的路径。解码问题一般使用 Viterbi 算法来解决。Viterbi 算法不仅可以对观察序列 $O = (o_1, o_2, o_3, \cdots, o_T)$ 确定一个最佳的状态序列 $Q = (q_1, q_2, \cdots, q_N)$,而且还可以近似地求出模型 λ 产生观察序列 $O = (o_1, o_2, o_3, \cdots, o_T)$ 的概率。尽管 Viterbi 算法在每一步都只能选择一条最优的单路径,但是,其最终概率的得分计算的近似程度还是比较好的。此外,我们也可以使用 A* 解码算法来解决这个问题。

问题 3 实际上是一个"训练问题",也就是如何根据一些给定的观察序列来优化模型的参数,使得模型能够最佳地描述这些观察序列。显而易见,问题 3 是所有的 HMM 模型应用的基础,如果不解决训练问题,就不可能得到一个 HMM 模型,也就不可能解决评估问题和解码问题了。

14.2　HMM 在语音识别中的应用

口语的理解是一件非常困难的事情,它可以分为自动语音识别(Automatic Speech Recognition, ASR)和自动语音理解(Automatic Speech Understanding, ASU)两个方面。自动语音识别研究的目标是用计算机来建立语音识别系统,把声学信号映射为单词串。自动语音理解把这个目标扩展到不仅仅是产生单词,还要产生句子,并且在某种程度上理解这些句子。本节着重讨论 HMM 模型在 ASR 中的应用。

迄今为止,任何说话者在任何环境下的语音自动转写的一般问题还远远没有解决。但是,近年来,ASR 技术在某些限定的领域内还是可行的,显示了 ASR 技术的成熟。ASR 的一个重要的应用领域是人和计算机的交互。很多任务已经可以采用可视的和可指的界面来解决,但是,对于那些完全用自然语言交际的任务,对于那些不适合使用键盘的任务,与键盘相比,语音是一个潜在的和比较好的界面。

这些任务包括手和眼用得多的领域,这时用户要用手或眼来操作目标或装备目标以便控制它们。

ASR 另外一个应用领域是电话。在这个领域,语音识别已经在一些方面得到使用,例如口呼数字输入,识别"yes"以便接收集体呼叫,选择呼叫路径,识别诸如"Accounting, please"

(请结账)、"Prof. Regier,Please"(Regier 教授,请)等一般常见的呼叫。

在某些应用中,结合语音和指示的多模态界面比没有语音的图形用户界面更加有效。

最后,ASR 正在应用于自动听写(dictation),也就是把一个特定的单独的说话人口授的比较长的独白自动地转写成文字。口授在法律领域使用很普遍,它也可以作为增强交际的一个重要部分,在计算机和那些不能打字或者不能说话的残疾人之间进行交互。英国诗人 Milton(弥尔顿)在失明之后,曾经给他女儿口授了《失乐园》(*Paradise Lost*),这已经成为闻名迩遐的佳话。Henry James(詹姆斯)在受重伤之后,口授了他晚期的一些小说,这都是众所周知的事情。如果 Milton 和 Henry James 使用 ASR 技术,他们在文学上的贡献也许就更大了。

语音技术的不同的应用需要对于问题给予不同的约束,由此需要采用不同的算法。在这里,我们把重点放在"大词汇量连续语音识别"(Large-Vocabulary Continuous Speech Recognition,LVCSR)这个关键性的领域。所谓"大词汇量"的意思是:系统包含大约 5 000 到 60 000 个单词的词汇;所谓"连续"的意思是:所有单词是自然地、一块儿说出来的;它与"孤立单词语音识别"(isolated-word speech recognition)形成明显的对照,在孤立单词语音识别中,每一个单词的前面和后面都有停顿。

我们的算法一般是"不依赖于说话人"的(speaker-independent)。这就是说,这些算法可以识别人的语音,而这样的语音是在过去从来没有遇见过的人说出来的,它是独立于个别说话人的。

在这一节中,我们首先简略地回顾一下语音识别的总体情况,然后讨论 HMM 在语音识别中的应用,并且讨论与这个问题有关的 Viterbi 算法、A* 解码算法。

让我们首先回顾一下在第 12 章介绍过的噪声信道模型。

语音识别系统把语音的声学输入看成是源句子的一个噪声"版本"。为了对这个噪声句子进行"解码",我们要考虑所有可能的句子,对于每一个句子,我们要计算它生成噪声句子的概率。然后,我们选取概率最大的句子"If music be the food of love ..."。图 14.3 具体地说明了这个"噪声信道"的比喻。

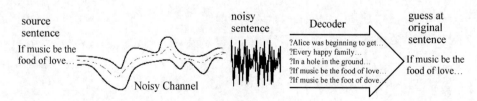

图 14.3　应用于整个句子语音识别的噪声信道模型

从噪声信道模型的角度来看,语音识别系统的工作就是要搜索出一个很大的潜在的"源"句子空间,并从中选择在生成"噪声"句子时具有最大概率的句子。

如图 14.3 所示,建立噪声信道模型需要解决两个问题:

第一个问题是:为了挑选出与噪声输入匹配得最佳的句子,我们需要对"最佳匹配"有一个完全的度量。因为语音是变化多端的,一个声学输入句子不可能与我们对这个句子的任何模型都匹配得天衣无缝。我们使用概率作为度量,并且说明如何把不同的概率估计结合起来,以便对给定的候选句子的噪声观察序列的概率得到一个完全的估计。

第二个问题是:因为所有英语句子的集合非常大,我们需要一个有效的算法使得我们用不着对所有可能的句子都进行搜索,而只搜索那些有机会与输入匹配的句子。这就是解码问题或搜索问题,我们将总结两种方法:Viterbi 解码算法或动态规划算法、栈解码算法或 A* 解码算法。

语音识别的概率噪声信道总体结构的目标如下:

"对于给定的某个声学输入 O,在语言 L 的所有句子中,寻找一个最可能的句子。"

我们可以把声学输入 O 作为单个的"符号"或"观察"的序列来处理。例如,把输入按每 10 微秒切分成音片,每一个音片用它的能量或频率的浮点值来表示。我们用索引号来表示时间间隔,用有顺序的 o_i 表示在时间上前后相续的输入音片。在下面的公式中,我们用大写字母表示符号的序列,用小写字母表示单个的符号:

$$O = o_1, o_2, o_3, \cdots, o_t$$

类似地,在识别句子时,把句子看成是由单词简单地构成的单词串:

$$W = w_1, w_2, w_3, \cdots, w_n$$

不论声学输入还是句子,上面的这种表示都是简化了的假设。例如,有时把句子切分成单词显得太细(当我们想模拟单词的组合而不是单个词的时候),有时又显得太粗(当我们想讨论单词的形态构造的时候)。在语音识别中,单词通常是根据正词法来定义的。例如,oak 与 oaks 当作不同的单词来处理,而助动词 can("can you tell me …?")与名词 can("I need a can of …")却当作相同的单词来处理。

我们把上面的直觉的概率表示如下:

$$\hat{W} = \underset{W \in L}{\arg\max} P(W \mid O) \tag{14.3}$$

函数 $\underset{x}{\arg\max} f(x)$ 的意思是"使得 $f(x)$ 为最大值的 x"。式(14.3)能保证给我们最优的句子 w,但是,我们现在需要使这个等式运行起来;这就是说,对于给定的句子 w 和声学序列 O,我们需要计算出 $P(w|O)$。我们知道,对于任何给定的概率 $P(x|y)$,可以使用 Bayes 规则,把这个概率 $P(x|y)$ 分解如下:

$$P(x \mid y) = \frac{P(y \mid x)P(x)}{P(y)} \tag{14.4}$$

我们在第 12 章中已经知道,我们可以用式(14.4)来替换式(14.3)中的有关项,得到

$$\hat{W} = \underset{W \in L}{\arg\max} \frac{P(O \mid W)P(W)}{P(O)} \tag{14.5}$$

式(14.5)中右侧的大部分概率同概率 $P(W|O)$ 比起来,更容易进行计算。例如,$P(W)$ 是单词串本身的先验概率,我们可以根据 N 元语法的语言模型来估计。下面我们将会看到,$P(O|W)$ 也是容易估计出来的。但是,声学观察序列的概率 $P(O)$ 却是很难估计的。不过,幸运的是,我们可以忽略 $P(O)$。因为现在要对所有可能的句子求最大值,我们将对语言中的每个句子计算 $\dfrac{P(O|W)P(W)}{P(O)}$,但是每一个句子的 $P(O)$ 是不会改变的,因为对于每一个潜在的句子,我们总是要检查同样的观察 O,而观察都有同样的概率 $P(O)$。因此,我们有

$$\hat{W} = \arg\max_{W\in L}\frac{P(O|W)P(W)}{P(O)} = \arg\max_{W\in L}P(O|W)P(W) \tag{14.6}$$

总体来说,对于给定的某个观察 O,具有最大概率的句子 W 可以用每一个句子的两个概率的乘积来计算,并且选乘积最大的句子为所求的句子。概率 $P(W)$ 是先验概率,叫作“语言模型”(language model);$P(O|W)$ 是观察似然度,叫作“声学模型”(acoustic model)。于是,我们有

$$\hat{W} = \arg\max_{W\in L}P(O|W)P(W) \tag{14.7}$$

其中 $P(O|W)$ 为似然度,$P(W)$ 为先验概率。

我们已经知道,如何使用 N 元语法来计算语言模型的先验概率 $P(W)$。这里我们将说明如何计算声学模型 $P(O|W)$。

首先,为了简化起见,假定输入序列是一个音子序列 F,而不是一个声学观察序列。向前算法对于给定的音子序列的观察,能够产生出对于给定单词的这些音子的观察概率。这样的概率音子自动机实际上是 HMM 的一种特殊情况,进一步扩充这个模型,就可以对给定的一个句子,计算出音子序列的概率。

在使用向前算法的时候,为了发现哪一个单词是最可能的单词,我们需要对每一个单词再次运行向前算法。对于句子来说,要这样做显然是行不通的,因为我们无法对于英语中的每一个可能的句子都分别地运行向前算法。因此,我们在这里介绍两种不同的算法,对于给定的句子,它们能同时计算出观察序列的似然度,并且给出最可能的句子。这两种算法是 Viterbi 算法和 A* 解码算法。

图 14.4 是语音识别系统的各个组成部分的大致轮廓。该图说明,一个语音识别系统可以分为三个阶段:信号处理阶段(signal processing stage)、音子阶段(phone stage)、解码阶段(decoding stage)。

信号处理阶段又叫作特征抽取阶段(feature extraction stage),在这个阶段,语音的声学波形切分为音片框架(通常是 10,15 或 20 毫秒),把音片框架转换成声谱特征,声谱特征要给出不同频率信号的能量大小的信息。

音子阶段又叫作亚词阶段(subword stage)。在这个阶段,使用诸如神经网络或 Gauss 模型这样的统计技术,尝试性地识别如 p 或 t 这样的单个语音。对于神经网络,这个阶段的输出

是对于每个音片的音子的概率矢量（例如，对于某个音片，[p]的概率是0.8，[b]的概率是0.1，[f]的概率是0.02，等等）；对于Gauss模型，概率与此稍有不同。

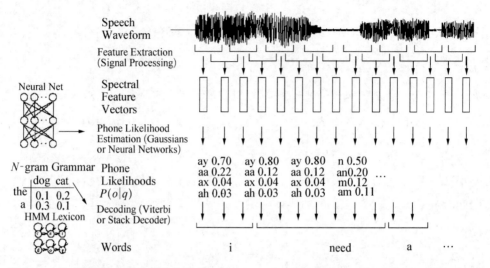

图14.4　简化的语音识别系统的总体结构图

此图引自Jurafsky和Martin的 *Speech and Language Processing*，谨此致谢

最后，在解码阶段，我们利用单词发音词典和语言模型（概率语法），采用Viterbi算法或A*解码算法发现对于给定声学事件具有最大概率的单词序列。

前面已经介绍过，对于给定的一个自动机，如何使用向前算法来计算观察序列的概率，如何使用Viterbi算法来发现通过自动机的最佳路径，以及这个最佳路径的观察序列概率。不过，在前面的介绍中，假定已经知道了单词的边界，这确实是把发音问题大大地简化了，因为我们确信，[ni]这个发音是从一个单词来的，我们只有七个候选可以进行比较。但是，在实际的话语中，我们并不知道单词的边界在什么地方。例如，我们来给下面的句子解码，这个句子来自Switchboard语料库（用ARPAbet记音）：

　　　　[ay d ih s hh er d s ah m th ng ax b aw m uh v ih ng r ih s en I ih]

答案在脚注中。① 不熟悉英语的人猜测起来是比较困难的。

这个问题之所以困难，部分原因在于协同发音（co-articulation）和快速发音（例如，just中的第一个音子[d]），但是主要的原因在于缺乏空间来指出单词的边界之所在。在连续的语音中发现单词边界的问题叫作"切分"（segmentation），在第12章中，我们曾经使用Viterbi算法来解决汉语单词的切分问题，这里也将采用Viterbi算法来解决这样的切分问题。在本节的其他部分，我们将说明，怎样使用N元语法，把Viterbi算法应用于观察音子的简单符号串的切分和解码问题。我们还将说明，怎样使用这个算法来切分非常简单的单词符号串。

---

① I just heard something about moving recently. （我刚才听到关于目前的电影的一些事情。）

下面是我们的输入和输出：

输入	输出
[aa n iy dh ax]	I need the

图 14.5 是 I，need，the 的单词模型，为了稍微复杂一些，我们还加了一个单词 on。

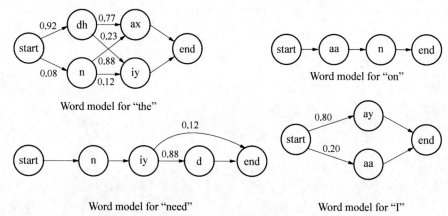

图 14.5　单词 I，on，need 和 the 的单词模型：发音网络

所有的发音网络(特别是单词 the)都大大地被简化了

我们知道，Viterbi 算法的目标是，对于给定的所观察音子的集合 $O = (o_1, o_2, o_3, \cdots, o_t)$，发现最佳的状态序列 $Q = (q_1, q_2, q_3, \cdots, q_t)$。动态规划算法输出的图示说明见图 14.6。沿着 y 轴是词表中的所有单词，在每一个单词项目的内部是其状态。x 轴是按时间排列的，每一个时间单位有一个观察音子。该模型 x 轴中的组成成分在两个主要的方面被简化

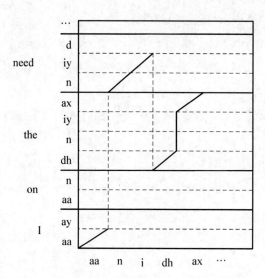

图 14.6　用于发现最佳的音子序列的 Viterbi
算法的结果图示

了。首先,观察值不是音子而应该是被抽取的声谱特征;其次,每个音子不是由时间单位的观察组成的,而是由很多观察组成的(因为音子可以在时间上延长而变得比一个音子更长)。在这个例子中,y 轴也被简化了,因为在大多数的 ASR 系统中,每一个音子都使用了多个"次音子"(subphone)单位。

在矩阵的每一个单元中还将包含在该状态的最佳序列结尾的概率。对于整个的观察符号串,我们能够通过查找在最右列中具有最大概率的单元的办法,发现最佳的状态序列,并且跟踪产生它的序列。

更加形式地说,对于给定的观察序列 $O = (o_1, o_2, \cdots, o_T)$ 和模型 λ,我们要搜索最佳状态序列 $Q = (q_1, q_2, \cdots, q_T)$。矩阵中的每一个单元 viterbi$[i, t]$ 包含头 t 个观察和在 HMM 的状态 i 结束的最佳路径的概率。这是在长度为 $t-1$ 的所有可能的状态序列中的概率最大的路径:

$$\text{viterbi}[t, i] = \max_{q_1, q_2, \cdots, q_{t-1}} P(q_1, q_2, \cdots, q_{t-1}, q_t = i, o_1, o_2, \cdots, o_t \mid \lambda) \tag{14.8}$$

为了计算 viterbi$[t, i]$,Viterbi 算法假定"动态规划恒定"(dynamic programming invariant)。这是一个简化的假定。这种假定认为,如果对于全部的观察序列,最终的最佳路径恰好通过了状态 q_i,那么,这条最佳路径必定是在此之前包括状态 q_i 在内的所有路径中最佳的路径。但是,实际上,并不是在任何时刻 t 的最佳路径就是所有序列中的最佳路径;一条路径在开始时可能看起来是不好的,但后来它可能会变成最佳的路径。所以,对于某些类别的语法(包括三元语法),Viterbi 算法"动态规划恒定"的假定会遭到失败,这说明,这个"动态规划恒定"的假定并不是完全正确的。所以,有些语音识别系统就转而使用其他的解码算法,如栈解码算法或 A* 解码算法以及其他的解码算法。

从我们在前面讨论最小编辑距离算法时可以看出,使用 Viterbi 算法的"动态规划恒定"假定的目的是能够用一种简单的办法来分解最佳路径概率的计算;简单地假定在时刻 t 的每一条最佳路径就是在时刻 $t-1$ 终结的每一条路径的最佳扩充。换言之,对于在状态 j 和在时刻 t 结尾的最佳路径,viterbi$[t, j]$ 就是从时刻 $t-1$ 到时刻 t 的前面每种可能路径的一切可能的扩充的最大值:

$$\text{viterbi}[t, j] = \max_i (\text{viterbi}[t-1, i] a_{ij}) b_j(o_t) \tag{14.9}$$

在图 14.8 描述的算法中,取一个观察序列、一个单独的概率自动机,然后通过自动机返回最佳路径。因为这个算法要求一个单独的自动机,所以我们需要把 the,I, need 和 on 等不同的概率音子网络结合到一个自动机中去。为了建立这个新的自动机,需要在每两个单词之间加上一个弧,而且在弧上标出二元语法概率。表 14.1 是把 Brown 语料库和 Switchboard 语料库结合起来而计算出的一些简单的二元语法概率。

在计算表 14.1 中二元语法概率时,需要把 Brown 语料库和 Switchboard 语料库的数据结合起来,并且采用了加 0.5 的平滑方法。

表 14.1　单词 the,on,need 和 I 彼此相续形成的二元语法概率,以及它们
作为句子开头时(也就是在♯之后)的二元语法概率

I need	0.001 6	need need	0.000 047	♯Need	0.000 018
I the	0.000 18	need the	0.012	♯The	0.016
I on	0.000 047	need on	0.000 047	♯On	0.000 77
I I	0.039	need I	0.000 016	♯I	0.079
the need	0.000 51	on need	0.000 055		
the the	0.009 9	on the	0.094		
the on	0.000 22	on on	0.003 1		
the I	0.000 51	on I	0.000 85		

图 14.7 说明了把这四个单词彼此结合而成的二元语法的发音网络,网络中增加了一些新的弧。为了便于读这个图,大多数的弧都没有画出来,读者可以根据表 14.1 中的各个概率来想象,把相应的概率插入到每两个单词之间。

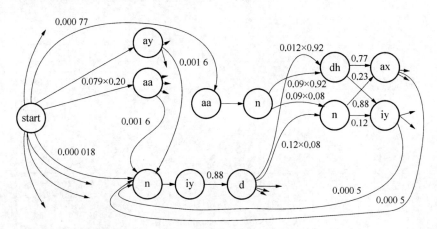

图 14.7　表示单词 I,need,on 和 the 的简化自动机

单词之间的弧上标出的概率来自表 14.1。由于空间不够,图中只画出了很少的几个弧来表示单词之间的转移概率

算法如图 14.8 所示。

在图 14.8 中,为简单起见,使用音子作为输入。给出音子的观察序列和一个加权自动机,算法返回具有最大概率的自动机的路径,并且接收观察序列。$a[s,s']$ 表示从当前状态 s 到下一个状态 s' 的转移概率,$b_{s'}(o_t)$ 表示对于给定的 o_t,s' 的观察似然度。

从图 14.8 的算法中可以看出,Viterbi 算法建立了一个概率矩阵,矩阵的列表示每个时刻的索引号 t,矩阵的行表示状态图中的每一个状态。算法首先建立了 $T+2$ 个列;由图 14.9 中说明了头六个列的情况。第一列是初始的伪观察值,下面的各个列顺次对应于第一个观察音子[aa]、第二个观察音子[n],如此等等。我们从第一列开始,置开始状态的概率为 1.0,置其他概率为0,读者可参看图 14.9。为便于阅读,概率为0的单元都用空白表示。对于矩阵中

function VITERBI（observations of len T, state-graph）**returns** best-path

　num-states←NUM-OF-STATES（state-graph）

　Create a path probability matrix viterbi［num-states + 2, T + 2］

　viterbi［0,0］←1.0

　for each time step t **from** 0 **to** T **do**

　　for each state s **from** 0 **to** num-states **do**

　　　for each transition s' from s specified by state-graph

　　　　new-score←viterbi［s, t］ ＊ a［s, s'］ ＊ $b_{s'}(o_t)$

　　　　if（(viterbi［$s', t+1$］＝0) || (new-score＞viterbi［$s', t+1$]))

　　　　　then

　　　　　　　viterbi［$s', t+1$］←new-score

　　　　　　　back-pointer［$s', t+1$］←s

　Backtrace from highest probability state in the final column of viterbi［］ and

return path

图 14.8　发现在连续语音识别中最优状态序列的 Viterbi 算法

此算法引自 Jurafsky 和 Martin 的 *Speech and Language Processing*，谨此致谢

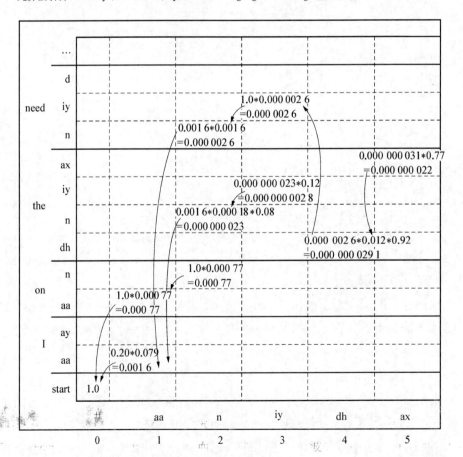

图 14.9　Viterbi 算法在单独的状态列中的各个项目

的每一个列,也就是对于每一个时间索引 t,每一个单元 viterbi$[t,j]$ 将包含通往该单元终点的最大可能路径的概率。我们采用从前面所有可能状态来的概率中求最大值的方法,递归地计算这个概率。然后转入到下一个状态,根据递归关系,对于列 0 中 viterbi$[0,i]$ 的每一个状态 i,计算它转入列 1 中 viterbi$[1,j]$ 的每一个状态 j 的概率。在表示输入 aa 的列中,只有两个项目具有非零的值,因为除了两个标记为 aa 的状态之外,其他所有状态的 b_1(aa)都是 0。单词 I 的 viterbi(1,aa)的值,等于从 ♯ 到 I 的转移概率与 I 的发音为元音 aa 的概率的乘积。

在图 14.9 中,每一个单元保持了在当前情况下的最佳路径的概率以及沿着这条路径指向前面一个单元的指针。从成功的最后一个单词(the)回溯,我们可以重建最好的单词序列 I need the。

注意,如果我们来看关于观察值 n 的这一列,单词 on 将是当前"最可能的"单词。这时,处于状态 2,因此,viterbi$[2,n]$ = 1.0 × 0.000 77 = 0.000 77。在图 14.9 中,它后面的发音应当为"iy dh ax"。但是,由于在词表中没有发音为"iy dh ax"的单词或单词集,所以,以 on 开始的路径在这里进入了死胡同。在这种情况下,这样的假定已经永远不可能扩充到能够覆盖整个语段的程度。尽管单词 on 的概率最大,但是,我们不能选择它。

在状态 2 中,观察值为 n 的另一种可能是"I the",这时,转移概率为0.000 18,观察似然度为0.08,故有 viterbi$[2,n]$ = 0.001 6 × 0.000 18 × 0.08 ≈ 0.000 000 023。它后面的发音是"iy dh ax",由于单词 the 可能有"n iy"这个发音,所以,以"I the"为开始的路径在这里可以进入状态 3。

在状态 2 中,观察值为 n 的第三种可能是"I need",这时,转移概率为0.001 6,观察似然度为1,故有 viterbi$[2,n]$ = 0.001 6 × 0.001 6 × 1 ≈ 0.000 002 6。它后面的发音是"iy dh ax",在观察值为"iy"的时候,与单词 need 相配,故进入状态 3。

当我们在状态 3 看到观察值 iy 的时候,存在着两条候选路径:"I need"和"I the"。在"I need"中,从 n 到 iy 的观察似然度为1;在"I the"中,从 n 到 iy 的观察似然度为 0.12。它们的 viterbi$[3,iy]$ 值分别是 1.0 × 0.000 002 6 = 0.000 002 6 和 0.000 000 023 × 0.12 ≈ 0.000 000 002 8,因此 I need 将是当前最可能的路径。

如果在状态 4 达到观察值 dh 的时候,我们可能从表示 need 的 iy 达到 dh,也可能从表示 the 的 iy 达到 dh。在这种情况下,通过 I need 的路径进入表示 dh 的单元的时候,转移概率为 0.012,观察似然度为 0.92,所以,其概率 viterbi$[4,dh]$ = 0.000 002 6 × 0.012 × 0.92 = 0.000 000 029 1。这是通过这两条路径中的最大概率。

最后,导致最佳路径的概率将在最终的 ax 这一列出现。在这个例子中,最终的这个列只有一个单元是非零的单元,这就是单词 the 的状态 ax,这时,处于状态 5,观察似然度为 0.77,故 viterbi$[5,ax]$ = 0.000 000 029 1 × 0.77 ≈ 0.000 000 022。

当然,这是一个简化了的示例,实际的例子将不会像这样简单,其他很多的单元将不是非零的单元。

如果句子到这里已经真正地结束了,那么现在还必须回过头去找出使我们得到这个概率的路径。我们不能只是在每个列中挑出概率最高的状态。为什么不能呢?因为在前面找出的最可能的路径不一定就是整个句子的最可能的路径。我们还记得,在状态 2 看到 n 之后,最可能的路径是单词 on。但是,这个句子实际上最可能的路径却是 I need the。因此,在图 14.9 中,我们还不得不提示自己:"每当我们进入一个单元的时候,一定要保留住回到我们所来的这个单元的指针。"

这里介绍的 Viterbi 算法是简化过了的。实现一个真正 Viterbi 解码算法要复杂得多,我们曾经指出,有三个关键的办法可以充实这个简化的 Viterbi 算法。

首先,在一个实际的语音识别系统的 HMM 中,输入的不是音子,而是声谱特征或声学特征的特征矢量(feature vector)。因此,对于给定的状态 i,观察值 o_i 的观察似然概率(observation likelihood probabilities)$b_i(t)$ 将不是简单地取值为 0 或者 1,而是要给出一个颗粒度更细的概率估计,这个概率估计可通过 Gauss 概率估计或神经网络的混合方法来计算。

其次,在大多数的语音识别系统中,HMM 的状态不是简单的音子,而是次音子(subphones)。在这些系统中,每个音子被分解成三个状态:该音子的开始部分、中间部分和最后部分。用这样的办法对音子的切分更好地反映了我们的直觉,这是在声学输入方面的很有意义的改变,它比音子具有更细的颗粒度。例如,把塞辅音分解为成阻和除阻等部分。很多系统使用三音子上下文(triphone context)来分解次音子。这样一来,就不是大约 60 个音子单位,而可能就会有 60^3 之多的三音子了。在实际上,许多可能的音子序列是从来不出现的,或者是很少出现的,所以,有的系统就采用把可能的三音子聚类(clustering)的办法来建立数量比较小的三音子模型。图 14.10 说明了一个完整音子的三音子模型 b(ax,aw)。

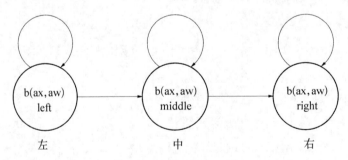

图 14.10 依赖于上下文的三音子 b(ax,aw)的一个例子

在图 14.10 中,音子[b]的前面是[ax],后面是[aw],正如 about 这个单词的开头那样,图中显示了它的左次音子、中次音子和右次音子。

最后,在大容量词汇识别的实际应用中,当算法的延伸路径从一个状态列到另一个状态列的时候,如果考虑所有可能的单词,那么系统的成本将会很高。我们不用这样的办法,在每一个时间步(time step)对低概率的路径进行修剪,而不让它延伸到下一个状态列。这通常可以使用"定向束搜索"(beam search)的方法来实现:对于每一个状态列(时间步),算法要维护一个比较短的表,在这个短表(short list)中,只记录路径概率处于最可能单词路径的某一百分比(定向束宽度)之内的高概率单词。当向下一个时间步转移时,只有从这些单词的转移才能够向前延伸。由于单词是按照路径概率的大小排列的,在定向束之内激活的单词,就可以从一个时间步向另一个时间步转移。采用这种定向束的近似方法,显著地加快了系统的速度,减轻了由于解码而降低系统性能的开销。因为在大多数 Viterbi 算法的应用中都使用了定向束搜索的策略,所以,在某些文献中,使用定向束搜索或"时间同步的定向束搜索"(time-synchronous beam search)这样的术语来替代"Viterbi 算法"这个术语。

Viterbi 解码算法有两个主要的限制。首先来讨论第一个限制,对于给定的声学输入,Viterbi 解码算法实际上不计算具有最大概率的单词序列,而计算与这样的单词序列近似的、对于给定的输入具有最大概率的状态序列(也就是音子序列或次音子序列)。这样的差别不总是重要的;概率最大的音子序列可能与概率最大的单词序列对应得非常好。但是,在有的时候,概率最大的音子序列并不对应于概率最大的单词序列。例如,在一个语音识别系统中,当词表中的每一个单词都有多个发音的时候,就会出现音子序列与单词序列不对应的情况。假定正确的单词序列包含一个具有很多发音的单词,由于离开每个单词的开始弧的概率之和应该为1,所以,通过这个具有多个发音的 HMM 单词模型的发音路径所具有的概率,将小于通过只有一个发音路径的单词的概率。在这种情况下,因为 Viterbi 解码算法只能从这些不同的发音路径中选择一条路径,所以,它就会忽略这个具有不同发音的单词,而支持只有一个发音路径的不正确的单词。

Viterbi 解码算法的第二个问题是,它不能应用于所有可能的语言模型。事实上,在定义 Viterbi 算法的时候,它就不能完全地采用比二元语法模型更复杂的其他语言模型的优点。其原因在于我们已经提过的事实,例如,三元语法破坏了动态规划恒定的假定,而动态规划恒定才使动态规划算法成为可能。前面说过,动态规划恒定是一个被简化而并不正确的假定。动态规划恒定假设,如果整个观察序列的最终的最佳路径恰好通过了状态 q_i,那么这个最佳路径一定包含状态 q_i 之前并且也包含 q_i 的最佳路径。由于在三元语法中,一个单词的概率要根据前面两个单词来决定,这样,一个句子的最佳三元语法概率的路径就可能会通过没有包括在该单词的最佳路径中的某个单词。对于单词 w_y 和 w_z,当一个特定的单词 w_x 具有较高的三元语法概率,但是 w_y 的最佳路径却不包含 w_z(也就是说,对于一切的 w_q,$P(w_y \mid w_q, w_z)$ 比较低)时,就会发生这样的情况。

对于 Viterbi 解码算法的这些问题,存在着两类解决办法。一类解决办法是:修改 Viterbi 解码算法,返回多个潜在的语段,然后,再使用其他高水平的语言模型或发音模型算法,重新给多个输出排序。一般说来,这种"多遍解码"(multiple-pass decoding)的方法在计算上是有效的,不过,如果先使用二元语法这样不太复杂的语言模型来进行第一遍的粗解码,然后,再使用更复杂但是比较慢的解码算法继续工作,这样做大概可以减少搜索空间。

例如，1990 年，Schwartz(施瓦兹)和 Chow(邵乌)①提出了一种类似于 Viterbi 的算法，叫作"N-最佳 Viterbi 算法"，对于给定的语音输入，这种算法可返回 N 个最佳的句子(单词序列)。例如，假定我们使用二元语法，这种 N-最佳 Viterbi 算法将给我们返回 10 000 个概率最高的句子，每个句子带有它们的似然度打分。然后使用三元语法给每一个句子指派一个新语言模型的先验概率。这些先验概率与每个句子的声学似然度相结合，生成每个句子的后验概率(posterior probability)。然后，使用这种更复杂的概率重新给句子打分(recoring)。图14.11 是这个算法的直觉说明。

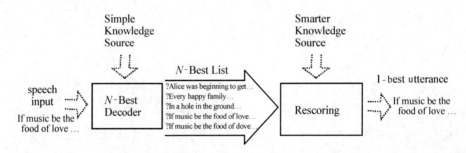

图 14.11　把 N-最佳解码算法用来作为两阶段解码模型的一部分

N-最佳解码算法使用有效但并不复杂的知识源返回 N-最佳语段，明显地减小了第二遍解码模型的搜索空间，使它不至于太复杂，也不至于太慢。

第一类的解决办法中还有一种方法，也是用 N-最佳(N-best)的办法来提升 Viterbi 算法，不过返回的不是一个句子表，而是一个"单词格"(word lattice)。单词格是单词的有向图(directed graph)，单词之间用单词格连接之后就可以对大量的句子进行紧致的编码。在格中的每个单词使用它们的观察似然度来扩充，这样，通过格的任何路径都可以同更复杂的语言模型中推导出的先验概率结合起来。例如，1993 年，Murveit(穆尔威)等②描写了一个在 SRI语音识别系统 Decipher 中使用的算法，这个算法在第一遍粗解码中使用二元语法，产生单词格，然后使用更复杂的语言模型来精心地改进这个单词格。

对于 Viterbi 解码算法的问题的第二类解决办法是使用完全不同的解码算法。在这些不同的算法中，最常见的是栈解码算法，又叫作 A* 解码算法。下面使用 A* 搜索(A* search)这个术语来描述这种算法，这是在人工智能的文献中使用的术语；栈解码算法的研究来自通信理论的文献，它和人工智能中的"最佳优先搜索"(best first search)的结合是后来才被注意到的。

为了理解 A* 解码算法是怎样工作的，需要再谈一谈 Viterbi 算法。我们知道，Viterbi 算法计算的是向前算法的近似值。Viterbi 算法计算通过 HMM 的一个最佳(max)路径的观察

①　Schwartz R，Chow Y L. The N-best algorithm：An efficent and exact procedure for finding the N most likely sentence hypotheses[C]//IEEE ICASSP-90，1990，1：81 – 84.

②　Murveit H，Butzberger J W，Digalakis V V, et al. Large vocabulary dictation using SRI's decipher speech recognition system：Progressive-search techniques[C]//IEEE ICASSP-93，1993，2：319 – 322.

似然度,而向前算法则计算通过 HMM 的所有路径的总和(sum)的观察似然度。我们之所以
接受这样的近似值是因为 Viterbi 算法在计算似然度的时候,同时还搜索最佳的路径。A* 解
码算法与 Viterbi 算法不同,它将依靠完全的向前算法,而不依靠近似值。另外,A* 解码算法
还容许我们使用任何的语言模型。

A* 解码算法是对于"格"(lattice)①和"树"(tree)的一种最佳优先搜索,而格和树隐含地
定义了一种语言中可容许单词的序列。我们来考虑图 14.12 中的树。这个树的根在左边的
START 这个结点上。这个树中的每一条路径都定义了该语言的一个句子;沿着 START 到叶
子的路径,把路径中所有的单词毗连起来,就可形成一个句子。这里对于树的表示不很明显,
但是,栈解码算法隐含地使用树作为构造解码搜索的一种手段。

一种语言中句子的集合是很大的,不可能明显地表示出来,但是,图 14.12 中的这个格作
为一个比喻,可以帮助我们探索这些句子的各种子符号串。

在图 14.12 中,算法从树的根开始向叶子进行搜索,查找概率最大的路径,而概率最大的
路径就代表概率最大的句子。当我们从根向叶子进行搜索时,离开给定单词的结点的每一个
枝所表示的单词可能跟随在这个给定的当前单词之后。每一个这样的枝上都有概率,这个概

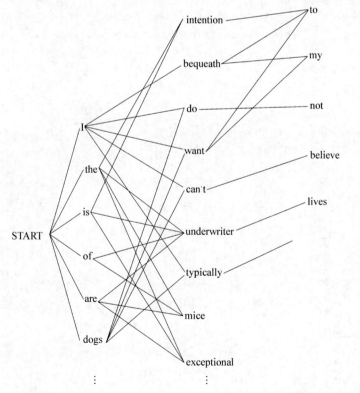

图 14.12 定义一种语言的可容许单词序列的隐含格的可视表示

_____

① 这里的"格"(lattice)是一个数学概念,它与语法中的"格"(case)是完全不同的概念。

率表示在前面所看到句子给定部分的条件下,下一个单词出现的条件概率。此外,我们将使用向前算法给每一个单词指派一个产生所观察声学数据的某个部分的似然度。因此,A* 解码算法必须找出从根到概率最大的叶子之间的路径(也就是"单词序列"),而该路径的概率就可以由语言模型的先验概率和它与声学数据匹配的似然度的乘积来确定。这可以通过保持部分路径"优先队列"(priority queue)的办法来实现。这个优先队列也就是句子中带有得分(score)标注的句子前面部分(prefix of sentence)。在一个优先队列中,每一个成分都打了一个得分,上托(pop)操作返回得分高的成分。A* 解码算法反复地选择最佳的句子前面部分,对于这个最佳的句子前面部分,计算它后面所有可能出现的下一个单词,把句子加以延伸,并且把这些延伸了的句子,加到优先队列中去。图 14.13 给出了一个完全的算法。

---

function STACK-DECODING() **returns** min-distance

    Initialize the priority queue with a null sentence.

    Pop the best (highest score) sentence s off the queue.

    If (s is marked end-of-sentence (EOS)) output s and terminate.

    Get a list of candidate next words by doing fast matches.

    For each candidate next word w:

        Create a new candidate sentence $s + w$.

        Use forward algorithm to compute acoustic likelihood L of $s + w$

        Compute language model probability P of extended sentence $s + w$

        Compute "score" for $s + w$ (a function of L, P, and ???)

        if (end-of-sentence) set EOS flag for $s + w$.

        Insert $s + w$ into the queue together with its score and EOS flag

---

图 14.13　A* 解码算法

这里没有完全地定义用于计算句子得分的评估函数,此算法引自 Jurafsky 和 Martin 的 *Speech and Language Processing*,谨此致谢

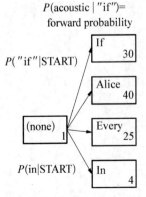

图 14.14　搜索句子 If music be the food of love 开始时的搜索空间

在这个开始阶段,Alice 是最可能的假设,与其他假设相比,它的分数最高

我们来研究 A* 解码算法的一个颇有现代感的例子,这个例子处理的波形所对应的正确的转写是当今年轻人喜欢说的半句时髦话:"If music be the food of love"(如果音乐是爱情的食粮)。图 14.14 说明了解码算法检查了从根开始的第一段长度为 1 的路径之后的搜索空间的情况。我们使用快速匹配(fast match)的办法来选择下面一个或多个最可能的单词。快速匹配是一种试探性的方法,用于筛选下面可能的单词的数目,在通常的情况下,要计算出前面概率的近似值。

在上述例子中的这个点上,使用快速匹配的办法,从下面可能的单词中选择出一个子集合,并且给每一个选择出的单词打一个分数。大致说来,对于给定的声学输入,

这个分数应该是所假定的句子的概率的一个组成部分 $P(W|A)$,它本身是由语言模型的概率 $P(W)$ 和声学似然度 $P(A|W)$ 所构成的。

图 14.15 说明搜索的下一个阶段。我们把结点 Alice 向前延伸,这意味着,Alice 不再处于队列中,但是它的后继单词进入了队列。注意,这时标记为 if 的结点成为了分数最高的结点,它的分数比 Alice 的所有后继结点都高。

在图 14.15 中,我们延伸结点 Alice,并且把它的三个分数比较高的后继(was,wants 和 walls)加入队列,注意,现在分数最高的结点是 START if,顺着 START Alice 的这条路径已经不复存在了。

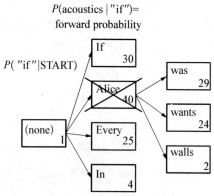

图 14.15　搜索句子 If music be the food of love 的下一个阶段

图 14.16 说明在延伸了结点 if 之后的搜索状态,这时,if 被移走,队列中增加了 if music, if muscle 和 if messy。

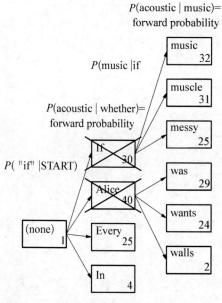

图 14.16　延伸结点 if 后的搜索状态
这时,START if music 这个假设的分数最高

我们前面提到,给一个假设打分的标准与其概率有关。现在来具体说明这个问题。对于给定的声学符号串 y_1^j,单词串 w_1^i 的分数似乎应该等于先验概率和似然度的乘积:

$$P(y_1^j \mid w_1^i)P(w_1^i) \tag{14.10}$$

可惜的是,这样计算出来的概率不能作为分数,因为如果这样计算,越长的路径概率会越小,而越短的路径概率会越大。这是出于概率和子符号串的简单事实;这样,符号串的任何前面的部分将会具有比符号串本身具有更大的概率(例如,$P(\text{START the})$ 的概率将会大于 $P(\text{START the book})$ 的概率)。在这种情况下,如果采用这个概率作为分数,在遇到单个词的假设时,A* 解码算法将会停滞不前,束手无策。

我们不采用上面的办法,而采用 A* 评估函数来计算。A* 评估函数记作 $f^*(p)$,对于给定的局部路径 p,有

$$f^*(p) = g(p) + h^*(p) \tag{14.11}$$

其中,$f^*(p)$ 是从部分路径 p 开始的最佳完全路径(完全句子)的估计分数。换言之,对于给定的部分路径 p,$f^*(p)$ 能够估计出,如果我们继续通过这个句子,这条路径的好坏程度。A*

算法使用两个部分来做这样的估计：

● $g(p)$是从语段的起点到部分路径终点的分数。函数 g 可以通过对于前面给定的声学符号串 p 的概率来很好地估计，也就是对于构成 p 的单词串 W，计算 $P(A|W)P(W)$。

● $h^*(p)$是从部分路径延伸到语段终点的最佳分数的估计。

如何很好地估计 h^* 还是一个没有解决的问题，也是一个很有意思的问题。有一种方法是根据在句子中剩下的单词数来估计 h^* 的值。

不论是 A* 解码算法，还是其他的两阶段解码算法，都要求使用快速匹配，以便很快地找出词表中哪些单词可以作为与声学输入中的某个部分相匹配的最佳候选。很多快速匹配算法都是基于一种"树结构词表"（tree-structured lexicon），在词表中存储着所有单词的发音，存储的方式要使得在向前方推进计算概率的时候，可以与相同音子开头的单词共享，做到前后勾连。图 14.17 是在 Sphinx-Ⅱ 的语音识别系统中使用的树结构词表的一个例子。① 每个树的根表示所有单词开头的第一个音子，单词开头的上下文与音子有关（音子上下文可以穿过单词的边界，也可以不穿过单词的边界），每一个叶子与一个单词相关联。

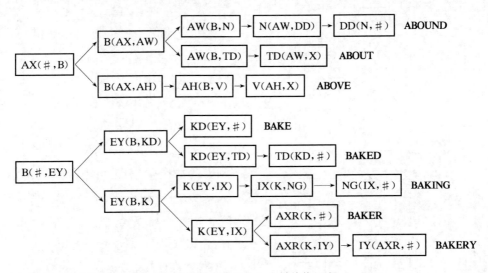

图 14.17　在 Sphinx-II 的语音识别系统中使用的一个树结构词表

在图 14.17 的树结构词表中，每个结点对应于一个特定的三音子，三音子符号的记录方式基本上按照 ARPAbet，只做了很小的修改，因此，EY(B,KD)表示前面为 B 后面以 KD 结尾的音子 EY。

本节中我们详细地说明了如何在语音自动识别中使用 HMM 模型，可以看出，HMM 模型是一种很有效的形式模型。这种模型在自然语言处理中得到广泛的使用。

---

① Ravishankar M. Efficient algorithm for speech recognition[D]. Pittsburgh：Carnegie Mellon University，1996.

参考文献

［1］ Jurafsky D，Martin J H. Speech and Language Processing：An Introduction to Natural Language Processing［M］//Computational Linguistics and Speech Recognition. New Jersey：Prentice Hall，2000.

［2］ Rabiner L R. A tutorial on hidden Markov models and selected application in speech recognition［J］. Proceedings of the IEEE，1989，77(2)：257－286.

［3］ Schwartz R，Chow Y. L. The N-best algorithm：An effcent and exact procedure for finding the N most likely sentence hypotheses［C］//IEEE ICASSP-90，1990，1：81－88.

［4］ Viterbi A J. Error bounds for convolutional codes and an asymptotically optimum decoding algorithm［J］. IEEE Transactions on Information Theory，1967：IT-13(2)，260－269.

［5］ 冯志伟.数理语言学［M］//杨自俭.语言多学科研究与应用：下册.南宁：广西教育出版社,2002.

［6］ 冯志伟.计算语言学探索［M］.哈尔滨：黑龙江教育出版社,2001.

［7］ 冯志伟.隐马尔可夫模型及其在自动词类标注中的应用［J］.燕山大学学报(自然科学版),2013 (4)：283－298.

［8］ 王小捷，常宝宝.自然语言处理技术基础［M］.北京：北京邮电大学出版社,2002.

第15章

语音自动处理的形式模型

在14章中我们介绍了HMM模型在语音识别中的应用。近年来,语音技术得到了突飞猛进的发展,成功地进行了商品化实用系统的开发,因此,在本章中,进一步介绍语音自动处理的形式模型。

语音自动处理主要包括两方面的内容:自动语音识别和文本-语音转换。

自动语音识别(Automatic Speech Recognition,ASR)的核心任务是以语音的声学波形作为输入,产生单词串作为输出,也叫作语音识别。

文本-语音转换(Text To Speech,TTS)的核心任务是以文本中词的序列作为输入,产生声学波形作为输出,也叫作语音合成。

ASR所要解决的问题是让计算机能够"听懂"人类的语音,将语音中包含的文字信息"提取"出来。ASR技术在"能听会说"的智能计算机系统中扮演着重要角色,相当于给计算机系统安装上"耳朵",使其具备"能听"的功能,进而实现信息时代利用"语音"这一最自然、最便捷的手段进行人机通信和交互。

TTS所要解决的问题是让计算机具有类似于人一样的说话能力,把文本转换成语音。TTS是实现人机语音通信,建立一个有讲话能力的口语系统所必需的关键技术,是当今时代信息产业的重要竞争市场。和语音识别相比,语音合成的技术相对说来要成熟一些,并已开始向产业化方向成功迈进,大规模应用指日可待。

语音识别与语音合成的用途是多方面的,包括自动听写和转写,基于语音的计算机接口,电话,供残疾人用的基于语音的输入和输出,对话与会话的智能代理,以及其他方面的很多应用。

本章将在前面章节的基础之上,进一步讨论语音自动处理的主要方法,首先讨论语音和音位的形式描述方法,介绍声学语音学和信号的基础知识,然后讨论语音自动合成的方法和语音自动识别的方法。这些方法是自然语言处理中各种统计方法的基础。

15.1 语音和音位的
形式描述方法

研究单词的发音是语音学的一个部分,语音学是研究世界各种语言中的语音的科学。我们把词的发音模拟为表示音子(phones)和语段(segmants)的符号串。音子就是言语的发音，我们用语音符号来表示音子，这种语音符号与英语中使用的字母很相似。例如，用 l 来代表的音子一般对应于英语字母 l，用 p 来代表的音子一般对应于英语字母 p。事实上，我们以后将会看到，音子具有比字母更多的变异。我们在这一节中还要简短地讨论一下语音学的其他方面，例如，研究音高(pitch)和音长(duration)的韵律(prosody)等。

首先我们来考察英语(特别是美国英语)中的各个音子，说明它们是如何发出的，以及它们是如何用符号来表示的。

我们可以使用三套不同的字母符号——IPA，ARPAbet，SAMPA 来描述音子。

■ IPA：IPA 是国际音标(International Phonetic Alphabet)的简称。IPA 是一个逐步发展起来的标准，最早由国际语音学会于 1888 年研制出来，作为转写人类所有语言的语音的标准。IPA 不仅仅只是一个字母表，它还有一套标音的原则，它随着不同标音的需要不同而不同。因此，同样一段话，根据 IPA 的原则，可能会用不同的方式来标音。

■ ARPAbet：ARPAbet 是美国国防部高级研究计划署(ARPA)为了给美国英语标音而特别设计的字母表。这种字母表使用 ASCII 字符，我们可以把它看成是 IPA 的美国英语子集的一种方便的 ASCII 表示法。不过，在使用非 ASCII 字模的场合，例如在联机的发音词典中，使用 ARPAbet 常常是很不方便的。

IPA 和 ARPAbet 中的很多符号与英语和很多其他语言的正词法中使用的罗马字母是等价的。例如，IPA 和 ARPAbet 中的符号[p]表示处于 platypus(鸭嘴兽)，puma(美洲狮)和 pachyderm(厚皮动物)等单词开头的字母 p，leopard(美洲豹)中间的字母 p，antelope(羚羊)结尾的辅音字母 p。[①]

可是，英语正词法和 IPA 系统中的字母之间的映射关系并不是如此简单。这是因为英语正词法和发音之间的映射关系是很模糊的：一个字母在不同的上下文中可以对应于很不相同的读音。表 15.1 说明了英语 c 在单词 cougar(美洲狮)中读为 IPA 的[k]，可是在单词 civet(麝猫)中却读为 IPA 的[s]。在 IPA 中，k 这个读音除了可以表示英语字母 c 和 k 之外，还可以表示英语字母 x(在 fox(狐狸)中)、ck(在 jackal(豺狼)中)、cc(在 raccoon(浣熊)中)。在其他一些语言中，例如西班牙语，正词法和读音之间的映射关系比英语要清晰得多。

表 15.1 在英语中，IPA 的符号与正词法中的字母之间的映射关系举例

Word	jackal	raccoon	cougar	civet
IPA	[ˈdʒæ. kl]	[ræ. ˈkun]	[ˈku. gɚ]	[ˈsɪ. vit]
ARPAbet	[jh æ k el]	[r æ k uw n]	[k uw g axr]	[s ih v ix t]

注：IPA 中的[k]和英语正词法中的[c]有很多不同的实现方式。

---

① 注意，在单词 antelope 中的最后一个字母 e 只是书面上的，它实际上并不是这个单词的结尾元音，所以，这个单词中，p 是最后一个音。

● SAMPA：这是一种计算机可读的语音学符号（Speech Assessment Methods Phonetic Alphabet）。SAMPA 把 IPA 影射到 ASCII 码的 33～127 范围内（7 位可打印字符），它是许多国家语音研究者合作的结果。最近已经公布了 SAMPA 的扩展版本 X-SAMPA。SAMPA 首先应用于欧洲语言间的通信，现在已经扩展到其他语言。X-SAMPA 可以描述人类的每一种语言。

图 15.1 是 IPA、SAMPA、汉语拼音对照。

音位	IPA	SAMPA	在汉语拼音中的表示
a	a	a	ai、uai、an、uan
	ɑ	a`	ao、iao
	ɛ	{	ian、üan
	ʌ	A	a、ang、uang、iang、ia、ua
	ɐ	A`	All Retroflex（儿化）
e	ɤ	7	E
	ə	@	er（"二"中是 ɐ）、en、eng、ueng、ei、uei
	ɛ	e	ie、üe
E	ɛ	{	E
o	o	o\	o、uo
	u	u	ao、iao、ong、iong
i	i	i	ia、ie、iao、iou、ian、in、iang、ing、iong、ai、ei、uai、uei
	ɿ	i\	(z/c/s) I
	ʅ	i`	(zh/ch/shi/r) I
U	u	u	ao、ou、ua、uo、uai、uei、uan、uen、uang、ueng
Ü	y	y	iong、üe、üan、ün
Er	ɚ	@`	

图 15.1　IPA、SAMPA、汉语拼音对照

现在我们来讨论语音链（speech chain）。

请观察图 15.2。说话人使用发音器官（vocal muscles）发出声波（sound waves），传送到听

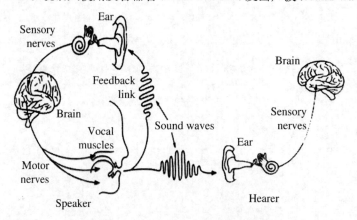

图 15.2　语音链（取自 Denes 和 Pinson，谨此致谢）

话人(hearer)的耳朵(ear),再通过听话人的感知神经(sensory nerves),传送到听话人的大脑(brain)。与此同时,说话人发出的声波,通过反馈链接(feedback link),传送到他自己的耳朵,再通过他自己的感知神经,传送到他自己的大脑,做出反应之后,启动运动神经(motor nerves),使用他自己的发音器官,继续讲话。这样,便形成一个语音链。语音链描述了语音传送的过程。

但是,人类的语音是如何发出来的呢?这是发音语音学(articulatory phonetics)研究的问题。

现在,我们来讨论发音语音学。

发音语音学研究口腔、咽喉和鼻腔等不同的器官是如何改变从肺中来的气流而产生语音的。

声音是由于空气的快速运动而产生的。人类口头语言中的大多数声音是从肺中排出的空气通过气管(技术上叫作trachea),然后从口或鼻中流出而产生的。当通过气管后,空气要通过喉头(larynx,或 Adam's apple,或 voicebox)。喉头上有两块小的肌肉,叫作声带(vocal folds,非技术名称是 vocal cords,图 15.3),声带可以运动到一起,也可以分开。这两个声带之间的空间叫作声门(glottis)。如果声带合在一起(但不是合得很紧),当空气通过声带时,它们就会振动;当声带分开时,它们就停止振动。声带合在一起并且发生振动时而产生的语音,叫作浊音(voiced);当声带不振动时产生的语音,叫作清音(unvoiced 或 voiceless)。浊音包括[b],[d],[g],[v],[z],以及英语中的所有的元音,等等。清音包括[p],[t],[k],[f],[s]等等。

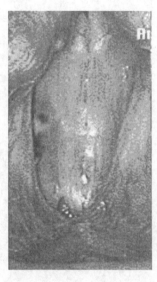

图 15.3　声带

在气管以上的部分叫作声腔(vocal tract),声腔包括口腔(oral tract)和鼻腔(nasal tract)两部分。当空气离开气管之后,它能够通过口腔或鼻腔存在于人的身体中。大多数的语音是空气通过口腔而产生的。通过鼻腔而产生的语音叫作鼻音(nasal sounds),发鼻音时要同时使用口腔和鼻腔作为共鸣腔(resonating cavities)。英语的鼻音有[m],[n]等。

从图 15.4 中可以看出,发音器官包括鼻腔(nasal cavity)、鼻咽腔(nasal pharynx)、软腭(soft palate)、口咽腔(oral pharynx)、喉头盖(epiglottis)、咽腔(pharynx)、假声带(false vocal fold)、喉腔(laryngeal ventricle)、声带(vocal fold)、食管(esophagus)、唇(lips)、甲状软骨(thyroid cartilage)、气管(trachea)等部分。如果你研究语音学,记住这些发音器官的中文及其对应的英文是很有必要的,不然,你读不懂语音学的专业文献。如果你只想了解语音学的常识,那么,你只要记住图 15.5 的发音器官总图中的名称就可以了,它们是:鼻腔(nasal cavity)、咽腔(pharynx)、声带(vocal fold)、气管(trachea)、肺(lungs)。

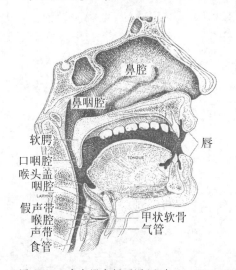

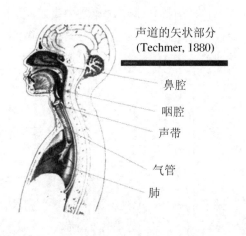

声道的矢状部分
(Techmer, 1880)

鼻腔
咽腔
声带

气管

肺

图 15.4　发音器官侧面图(取自 Sundberg, *Scientific American*,作图人 L. Kubinyi,谨此致谢)　　图 15.5　发音器官总图(取自 Techmer,谨此致谢)

语音可分为辅音(consonants)和元音(vowels)两大类。这两类语音都是空气通过口腔、咽腔或鼻腔时的运动而产生的。辅音产生时要以某种方式限制和阻挡气流的运动,从而形成浊音或清音。而元音在产生时受到的阻挡较小,一般是浊音;元音比辅音响亮,延续时间较长。在技术上,这些语音学术语的使用与普通用法相似;[p]、[b]、[t]、[d]、[k]、[g]、[f]、[v]、[s]、[z]、[r]、[l]等是辅音;[aa]、[ae]、[aw]、[ao]、[ih]、[aw]、[ow]、[uw]等是元音。半元音(semivowels)兼具辅音和元音的某些性质,例如[y]和[w],它们像元音那样具有浊音的特性,但是,又像辅音那样发音时间较短,不能形成音节。

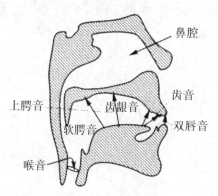

图 15.6　英语的主要发音部位

由于辅音是气流以某种方式受到阻挡而形成的,根据阻挡形成的部位的不同可以把不同的辅音区别开来。最大阻挡形成的部位叫作辅音的发音部位(place of articulation)。图 15.6 是在语音自动识别中经常使用的发音部位图,这是一种把语音分成等价类的有效方法。

根据发音部位的不同,英语辅音可以分类如下:

● 唇音(labial):阻挡主要在双唇的发音部位形成的辅音,叫作双唇音(bilabial)。英语中的双唇音有[p](如 possum(负鼠)),[b](如 bear(熊)),[m](如 marmot(土拨鼠))。发音时上齿背压住下唇,气流从上齿缝流出而形成的辅音,叫作唇齿音(labiodental)。英语的唇齿音有

[v]和[f]。

● 齿音(dental)：舌头顶住牙齿而形成的辅音叫作齿音(dental)。英语中主要的齿音是[θ]和[ð]。发音时，舌头位于牙齿后面，舌端轻轻地置于齿间。

● 齿龈音(alveolar)：齿龈是口腔顶部上齿后面的部分。大多数说美国英语的人发[s]，[z]，[t]和[d]等辅音时，都是用舌尖顶住齿龈。

● 上腭音(palatal)：上腭(palate)处于齿龈后面口腔的顶部。发上腭音(palatal)[y](yak(牦牛))时，舌面隆起接近上腭。发[ʃ](shrimp(小虾))，[tʃ](chinchilla(南美栗鼠))，[ʒ](Asian(亚洲人))和[dʒ](jaguar(美洲虎))时，舌叶向齿龈后部的上腭隆起，这样的上腭音叫作龈腭音(palato-alveolar)。

● 软腭音(velar)：软腭(velum)是口腔顶部最后面的可动的肌肉盖面部分。发[k](cuckoo(布谷鸟))，[g](goose(鹅))和[ng/ARPAbet](kingfisher(翠鸟))时，舌头后部向上隆起接近软腭。

● 喉音(glottal)：发喉塞音[q/ARPAbet]时，声带合起，喉头关闭。

也可以通过气流的阻挡方式的不同来区分辅音(例如，气流是全部地被阻挡，还是部分地被阻挡，等等)。这样的特征叫作发音方法(manner of articulation)。把发音部位与发音方法结合起来一般就能充分地、唯一地鉴别一个辅音。

根据发音方法的不同，英语辅音可以分类如下：

● 塞音(stop)：发塞音时，气流在短时间内被完全地阻塞。当空气解除阻塞时，就会发出爆破的声音。阻塞阶段叫作成阻(closure)，爆破阶段叫作除阻(release)。英语中有浊塞音(如[b]，[d]和[g])和清塞音(如[p]，[t]和[k])。塞音也叫作爆破音(plosives)。不论是ARPAbet还是IPA音标系统，都可以使用严式音标来清楚地区分塞音发音过程中的成阻部分和除阻部分。例如，[p]，[t]，[k]的成阻在ARPAbet中可以分别表示为[pcl]，[tcl]，[kcl]，在IPA中可以分别表示为[p']，[t']，[k']。当使用这种严式音标时，在ARPAbet中，不加标记的[p]，[t]，[k]只是表示这些辅音的除阻。本书中我们不使用这样的严式音标。

● 鼻音(nasal)：发鼻音[n]，[m]和[ng/ARPAbet]时，软腭下降，气流通过鼻腔流出。鼻音之外的辅音叫作口音(oral)。口音和鼻音的气流方向不同，如图15.7所示。

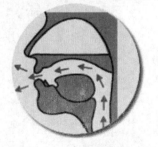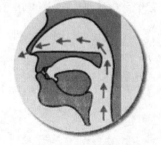

图15.7 口音与鼻音气流方向对比

● 擦音(fricative)：发擦音时，气流被压缩但是并没有被完全切断。由于压缩而振动的气流会产生特殊的摩擦声。英语的唇齿擦音[f]和[v]就是上齿压下唇时，被压缩的气流从上齿间摩擦而形成的。发齿擦音[θ]和[ð]时，气流顺着舌面从齿间摩擦而出。发齿龈擦音[s]和[z]时，舌尖顶住齿龈迫使气流从齿边流处。发龈腭擦音[ʃ]和[ʒ]时，舌头处于齿龈后面，迫使气流通过舌面形成的凹槽摩擦而出。声音较高的擦音(英语中的[s]，[z]，[ʃ]和 [ʒ])叫作咝音(sibilants)。先摩擦而后阻塞的塞音，叫作塞擦音(affricates)，如英语的[tʃ](chicken(鸡))和[dʒ](giraffe(长颈鹿))。

● 半元音(approximant)：在发半元音时，参与发音动作的两个发音部位十分接近，但是还没有接近到能引起强气流的程度。发英语的[y](yellow(黄色))时，舌头很接近口腔的上部，但是还没有接近到能够发出像擦音那样形成强气流的程度。发英语的[w](wormwood(苦艾))时，舌根很接近软腭。在美国英语中，发[r]时至少有两种方法：或者舌尖延伸接近上腭，或者整个舌面隆起接近上腭。发英语的[l]时，舌尖顶住齿龈或牙齿，舌头的一侧或两侧下降，使气流能够顺着舌头的侧面流出。[l]叫作边音(lateral)，因为发[l]时，气流是从舌头的边上流出来的。

● 颤音(tap)：发颤音[dx/ARPAbet]时，舌头顶住齿龈做快速运动。在美国英语的多数方言中，单词 lotus([loudxaxs/ARPAbet])中间的辅音[t]就是一个颤音。但在英语方言区的很多人说话时都把这个单词中的颤音用辅音[t]来替代。

英语辅音发音部位和方式总结于表 15.2。

表 15.2　英语辅音发音(深色部分表示浊辅音)

发音方式		发音部位											
		双唇		唇齿		齿间		齿龈		上腭		软腭	喉
	stop	p	b					t	d			k	g	q	
	fric.			f	v	th	dh	s	z	sh	zh			h
	affric.									ch	jh			
	nasal		m					n				ng	
	approx		w					i/r		y			
	flap							dx					

汉语普通话的辅音(共22个)按发音方法分为

　　　　塞音：b d g p t k

　　　　塞擦音：z c zh ch j q

　　　　擦音：f s sh x h r

　　　　鼻音：m n ng

　　　　边音：l

按发音部位分为

双唇音：b p m

唇齿音：f

舌面前音：d t n l

舌面音：j q x

舌根音：g k h

舌尖前音：z c s

舌尖后音：zh ch sh r

正如辅音一样，元音也可以通过发音部位来描述。元音有两个重要的参数：一个参数是发元音时舌位的高低（height），它大致相当于舌头最高部分所处的位置；另一个参数是发元音时嘴唇的形状（圆唇或者不圆唇）。

图 15.8 说明了不同元音的舌位：前高[iy]、前低[ae]和后高[uw]。

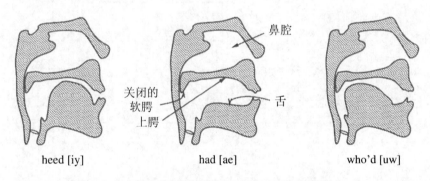

图 15.8 英语三个元音的舌位（舌位根据 Ladefoged，谨此致谢）

发元音[iy]时，舌头的最高位置是对着口腔的前部；发元音[uw]时，舌头的最高点对着口腔的后部；发元音[ae]时，软腭关闭，舌面降低，舌头放平，处于口腔的底部。

舌位处于前面的元音叫作前元音（front vowel）；舌位处于后面的元音叫作后元音（back vowel）。[iy]是前元音，[uw]是后元音。此外，英语中的[I]和[ε]都是前元音，[I]的舌位比[ε]的舌位高。舌位最高点相对高的元音叫作高元音（high vowel），舌位最高点的值处于中部或低部的元音，分别叫作中元音（mid vowel）或低元音（low vowel）。[iy]是前元音，又是高元音，[uw]是后元音，又是高元音，而[ae]是低元音。

图 15.9 是不同的元音舌位高度的图式描述，叫作元音舌位图。之所以说它是图式描述，是由于这种高度抽象的特性只是实际舌位情况的粗略描述；事实上，只有实际的舌位情况才是元音的声学性质的精确反映。注意，图式中有两类元音：一种元音的舌位高低用点来描述，一种元音的则用矢量来表示。矢量是有方向的，可以表示舌位的变化。在发音的过程中舌位发生变化的元音叫作双元音（diphthong），双元音用矢量表示。英语中的双元音很丰富；用 IPA 来记音时，双元音要用两个符号来表示（例如，hake（鳕鱼）中的双元音[ei]，cobra（眼镜蛇）中的双元音[ou]）。

描述元音发音的第二个参数是嘴唇的形状。有些元音发音时嘴唇要变圆（嘴唇形状与吹口哨时相同）。这些圆唇元音包括[u]，[ao/ARPAbet]和双元音[ou]。

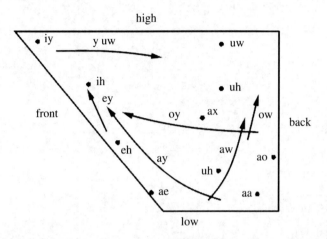

图 15.9　英语的元音舌位图（根据 Ladefoged，谨此致谢）

使用 ARPAbet 标音的英语元音如表 15.3 所示。

表 15.3　英语的元音（使用 ARPAbet 标音）

	b_d	ARPA		b_d	ARPA
1	bead	yi	9	bode	ow
2	bid	ih	10	booed	uw
3	bayed	ey	11	bud	ah
4	bed	eh	12	bird	er
5	bad	ae	13	bide	ay
6	bod(y)	aa	14	bowed	aw
7	bawd	ao	15	Boyd	oy
8	Budd(hist)	uh			

我们可以使用元音舌位图来对比不同元音的发音情况。图 15.10 是[ae]与[aa]、[iy]与[uw]的发音对比。

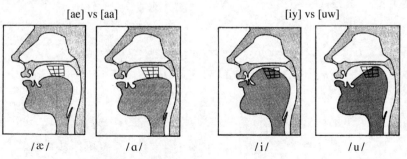

图 15.10　元音发音对比

汉语普通话的元音(共 42 个)可分为单元音、复合元音、复鼻韵尾音 3 种:

- 单元音(13 个):i,a,o,ü 等。
- 复合元音(13 个):ai,ei,ao,ou,iao,iou,uai,uei,ia,ie,ua,uo,üe 等。
- 复鼻韵尾音(16 个):ian,uan,uen,iong,üan,iang,uang,ueng 等。

辅音和元音结合成音节(syllable)。关于音节,目前学术界还没有完全一致的、公认的定义。粗略地说,音节是一个元音之类的音和它周围的一些联系非常紧密的辅音结合而成的。IPA 中,用期间符号[.]来表示音节,其中的点把不同的音节分开;所以,parsley(欧芹)和 catnip(猫薄荷)有两个音节(分别为[par.sli]和[kæt.nIp]),tarragon(龙蒿叶)有三个音节([ˈtæ.regan]),而 dill(莳萝)只有一个音节([dIl])。

　　一个音节通常由音节头(onset)后面跟着一个或多个元音,再跟着音节尾(coda)组成。音节头是音节开头的随选的一个辅音或一组辅音;音节尾是音节结尾的一个辅音或辅音序列。因此,在音节[dIl]中,d 是音节头,l 是音节尾。

　　把一个单词分割为音节的工作叫作音节切分(syllabilification)。在自然语言处理中,虽然已经研制了音节切分的算法,但是,音节切分仍然是一个困难的问题,因为目前还没有一个公认的关于音节边界的定义。

　　此外,尽管判定一个单词中究竟有多少个音节一般来说还是清楚的,可是,语音学家 Ladefoged(拉德福吉德)在 1993 年指出,英语中有些单词(meal(膳食),teal(水鸭),seal(图章),hire(租用),fire(火),hour(小时))可以看成一个音节,也可以看成两个音节。

　　在美国英语的自然句子中,某些音节显得比其他的音节更加突出。这样的音节叫作"重音音节"(accented syllable)。重音音节之所以显得突出,其突显度之所以高,是因为它们更加响,更加长,它们与音高的运动有关联,或者它们跟上述各种因素的组合有关联。由于重音对于辨别意义有重要的作用,要确切地理解为什么说话人要选择某个特定的音节为重音,通常是非常复杂的。

　　但是,重音中有一个重要的因素往往需要在语音词典中表示出来,这个因素就是"词重音"(lexical stress)。当一个单词有重音音节时,具有词重音的音节就要发得响一些,发得长一些。例如,单词 parsley 的词重音是在第一个音节,而不是在第二个音节。所以,当在句子中要强调 parsley 的时候,第一个音节就要发得有力一些。我们在音节前面加符号"[ˈ]"表示该音节是词重音(例如[ˈpar.sli])。

　　词重音的不同会影响到词义。例如,单词 content 可以是名词(意思是"内容"),也可以是形容词(意思是"满意的")。当单独发音的时候,这两个意思的发音是不同的,因为它们有不同的重音音节(名词发音为[ˈkɑn.tɛnt],形容词发音为[ken.ˈtɛnt])。当单独发音时,其他的例子还有 object(名词发音为[ˈɑb.dʒɛkt],意思是"物体";动词发音为[eb.dʒɛkt],意思是"反对")。后面我们还要再进一步讨论韵律(prosody)的作用问题。

汉语普通话中的音节可以分为声母(initial of syllable)和韵母(final of syllable)两部分。

声母有：

　　　　　　双唇音:b　p　m

　　　　　　唇齿音:f

　　　　　　舌面前音:d　t　n　l

　　　　　　舌面音:j　q　x

　　　　　　舌根音:g　k　h

　　　　　　舌尖前音:z　c　s

　　　　　　舌尖后音:zh　ch　sh　r

这些声母都是辅音,它们是根据辅音的发音部位来分类的,不难看出,这样的分类与我们前面对于汉语普通话辅音按照发音部位来分类的结果是完全一致的。

此外,汉语中还有不发音的声母,叫作零声母(zero initial)。

韵母有:

开口呼:以 a,o,e 开头的韵母以及 zi,ci,si 和 zhi,chi,shi,ri 中的-i。

合口呼:以 u 开头的韵母,如 u,ua,uo,uai,uei,uan,uen,uang,ueng,ong。

齐齿呼:以 i 开头的韵母,如 i,ia,ie,iao,iou,ian,in,iang,ing。

撮口呼:以 ü 开头的韵母,如 ü,üe,üan,ün,iong。

汉语普通话的声母和韵母构成的音节形式(syllable form)总结于表 15.4。

对于表中这个音节形式总表,我们做如下的说明:

● Null 表示零声母。

● ＊在音节开头的 u 写为 w。但是,当这个 w 后面没有其他附加元音的时候,作为一个完整音节的 u 不能写作 w,而应当写为 wu。

● ＊＊在 zi,ci,si 等音节中的 i 与在其他大多数音节中的 i 的读音不同。这样的 i 在国际音标中写为 ι,归入开口呼,而不归入齐齿呼。

● ＋＋在 zhi,chi,shi,ri 等音节中的 i 与在其他大多数音节中的 i 的读音不同。这样的 i 在国际音标中写为 ʅ,归入开口呼,而不归入齐齿呼。

● ＋在音节开头的 i 写为 y。但是,当这个 y 后面没有其他的附加元音的时候,它不能写作 y,yn,yng,而应当写作 yi,yin,ying。

● ♯在不会产生歧义的条件下,汉语拼音使用 u 这个形式来代替 ü。这仅仅是为了便于拼写,这些 u 仍然应当读为 ü。

① wei：ui 实际上是 uei 的简写。因此,在汉语拼音的音节形式总表中,有 shui 而没有 shuei,有 dui 而没有 duei。

② wen：un 实际上是 uen 的简写。

表 15.4 汉语普通话音节形式总表

	b	p	m	f	d	t	n	l	g	k	h	s	c	z	zh	ch	sh	r	j	q	x	(Null)
a	ba	pa	ma	fa	da	ta	na	la	ga	ka	ha	sa	ca	za	zha	cha	sha					a
o	bo	po	mo	fo																		o
e			me		de	te	ne	le	ge	ke	he	se	ce	ze	zhe	che	she	re				e
ai	bai	pai	mai		dai	tai	nai	lai	gai	kai	hai	sai	cai	zai	zhai	chai	shai					ai
ei	bei	pei	mei	fei	dei	tei	nei	lei	gei	kei	hei			zei	zhei		shei					ei
ao	bao	pao	mao		dao	tao	nao	lao	gao	kao	hao	sao	cao	zao	zhao	chao	shao	rao				ao
ou		pou	mou	fou	dou	tou	nou	lou	gou	kou	hou	sou	cou	zou	zhou	chou	shou	rou				ou
an	ban	pan	man	fan	dan	tan	nan	lan	gan	kan	han	san	can	zan	zhan	chan	shan	ran				an
ang	bang	pang	mang	fang	dang	tang	nang	lang	gang	kang	hang	sang	cang	zang	zhang	chang	shang	rang				ang
en	ben	pen	men	fen	den		nen		gen	ken	hen	sen	cen	zen	zhen	chen	shen	ren				en
eng	beng	peng	meng	feng	deng	teng	neng	leng	geng	keng	heng	seng	ceng	zeng	zheng	cheng	sheng	reng				eng
ong					dong	tong	nong	long	gong	kong	hong	song	cong	zong	zhong	chong		rong				
er																						er
u	bu	pu	mu	fu	du	tu	nu	lu	gu	ku	hu	su	cu	zu	zhu	chu	shu	ru				wu*
ua									gua	kua	hua				zhua	chua	shua	rua				wa*
uo					duo	tuo	nuo	luo	guo	kuo	huo	suo	cuo	zuo	zhuo	chuo	shuo	ruo				wo*
uai									guai	kuai	huai				zhuai	chuai	shuai					wai*
ui					dui	tui			gui	kui	hui	sui	cui	zui	zhui	chui	shui	rui				wei*1
uan					duan	tuan	nuan	luan	guan	kuan	huan	suan	cuan	zuan	zhuan	chuan	shuan	ruan				wan*
uang									guang	kuang	huang				zhuang	chuang	shuang					wang*
un					dun	tun		lun	gun	kun	hun	sun	cun	zun	zhun	chun	shun	run				wen*2
ueng																						weng*
i	bi	pi	mi		di	ti	ni	li				si**	ci**	zi**	zhi++	chi++	shi++	ri++	ji	qi	xi	yi+
ia					dia			lia											jia	qia	xia	ya+
ie	bie	pie	mie		die	tie	nie	lie											jie	qie	xie	ye+
iao	biao	piao	miao		diao	tiao	niao	liao											jiao	qiao	xiao	yao+
iu			miu		diu		niu	liu											jiu	qiu	xiu	you+3
ian	bian	pian	mian		dian	tian	nian	lian											jian	qian	xian	yan+
iang							niang	liang											jiang	qiang	xiang	yang+
in	bin	pin	min				nin	lin											jin	qin	xin	yin+
ing	bing	ping	ming		ding	ting	ning	ling											jing	qing	xing	ying+
iong																			jiong	qiong	xiong	yong+
ü							nü	lü											ju#	qu#	xu#	yu#
üe							nüe	lüe											jue#	que#	xue#	yue#
üan																			juan#	quan#	xuan#	yuan#
ün																			jun#	qun#	xun#	yun#

注:此表引自国际标准《2015 Information and Documentation: Romanization of Chinese》(ISO 7098)。

③ you：iu 实际上是 iou 的简写。由于在音节开头的 i 写为 y，所以应当拼写为 you 而不是 yu(采用 yu 这样的拼写方法会导致混淆)。

● 在这个音节形式总表中，略去了音节 ê 和儿化音节。

● 音节 er(不同于儿化音节)可归入开口呼。

从表 15.4 中可以看出，汉语普通话中的声母和韵母之间，存在着十分严格的配合关系。这种严格的配合关系对于汉语普通话的语音自动识别与合成是非常有利的。

在英语中，并不是所有的[t]的发音都是完全相同的。在不同的上下文中，同一个音的发音情况也会有所不同。例如，在单词 tunafish(金枪鱼)和 starfish(海星)中的[t]的发音就是不完全相同的。在 tunafish 中的[t]是送气音(aspirated)。发送气音时，在发塞音的成阻之后，在发下一个元音的音节头之前，有一个声带不振动的阶段。因为声带不振动，在[t]之后和在下一个元音之前，送气音的发音就像吐气一样。反之，如果在[t]前面有一个开头的[s]，那么这个[t]就是非送气音(unaspirated)，所以，在 starfish[starfIʃ]中的[t]在发塞音[t]的成阻之后，没有一个声带不振动的阶段。[t]发音的这种变化情况是可以预测的：在英语中，当[t]处于一个单词的开头或者一个非重读音节的开头时，它就是送气音。

这种变化情况也发生在[k]这个音上；sky 这个词中的[k]常常被错听为[g]，因为这个[k]和[g]都是非送气音。在非常严格的音标中，我们可以在单词或非重读音节开头的[t](或[k]，[p])之后加符号[ʰ]来表示送气。例如，单词 tunafish 可标为[tʰunefIʃ](但是，ARPAbet 没有表示送气音的手段)。

[t]还有另外一种随上下文而变化的情况。当[t]出现在两个元音之间，特别是当前面一个元音为重读元音的时候，[t]要发为颤音。颤音是一种带声的音，发颤音的时候，舌尖向后卷起，快速地顶着齿龈。例如，buttercup(毛茛科) 要发为[b uh dx axr k uh p/ARPAbet]，而不发为/[b uh t axr k uh p/ARPAbet]。

[t]的另一个变化是当它处于齿音[θ]之前的时候，[t]要齿音化，发为[t̪]。这时，舌头不对着齿龈形成阻塞，而是舌头要接触牙齿的背面。

怎样来表示[t]这个音和它在不同的上下文环境中的不同变体之间的关系呢？

我们一般是把这一类的发音变化叫作一个抽象的类别——音位(phoneme)。这个音位在不同的上下文环境中实现为不同的音位变体(allophones)。按传统的标音习惯，我们把音位写在两个斜线//之间。在上面的例子中，把音位记为/t/，把音位变体分别记为[tʰ]，[dx/ARPAbet] 和[t̪]。所以，音位是对不同实际语音的一种归纳或抽象。通常我们把音位和词汇放在同一个平面上来处理，词表中的单词也是按照音位来标音的。

当我们来标记单词的发音的时候，我们是在比较宽的音位平面上来标音的，这种音标叫作宽式音标(broad transcription)。标音时不管可能预见到的语音的许多细节，我们也可以选择使用严式音标(narrow transcription)，标音时要使用附加符号(diacritics)或超音段符号

（suprasegmentals）来表示出语音的各种细节，包括它的音位变体。

表 15.5 总结了美国英语中/t/的一些音位变体。

表 15.5　在通用的美国英语中/t/的音位变体

Phone	Environment	Example	IPA
[tʰ]	in initial position	*toucan*	[tʰukʰæn]
[t]	after [s] or in reduced syllables	*starfish*	[stɑrfɨʃ]
[ʔ]	word-finally or after vowel before [n]	*kitten*	[kʰɪʔn]
[ʔ]	sometimes word-finally	*cat*	[kʰæʔt]
[ɾ]	between vowels	*buttercup*	[bʌɾəˈkʰʌp]
[t']	before consonants or word-finally	*fruitcake*	[frut'ˈkʰeɪk]
[t̪]	before dental consonants ([θ])	*eightn*	[eɪt̪θ]
[ ]	sometimes word-finally	*past*	[pæs]

表 15.6 是 IPA 中最常用的一些附加符号。

表 15.6　IPA 的一些附加符号

̥ Voiceless	n̥　d̥	̈ Breathy voiced	b̤　a̤	̪ Dental	t̪　d̪
̬ Voiced	s̬　t̬	̰ Creaky voiced	b̰　a̰	̺ Apical	t̺　d̺
ʰ Aspirated	tʰ　dʰ	̼ Linguolabial	t̼　d̼	̻ Laminal	t̻　d̻
̹ More rounded	ɔ̹	ʷ Labialized	tʷ　dʷ	̃ Nasalized	ẽ
̜ Less rounded	ɔ̜	ʲ Labialized	tʲ　dʲ	ⁿ Nasal release	dⁿ
̟ Advanced	u̟	ˠ Velarized	tˠ　dˠ	ˡ Lateral release	dˡ
̠ Retracted	e̠	ˤ pharyngealized	tˤ　dˤ	̚ No audible release	d̚
̈ Centralized	ë	̴ Velarized or Pharyngealized	ɫ		
̽ Mid-centralized	e̽	̝ Raised	e̝(ɹ̝ = voiced alveolar fricative)		
̩ Syllabic	n̩	̞ Lowered	e̞(β̞ = voiced bilabial approximant)		
̯ Non-syllabic	e̯	̘ Advanced Tongue Root	e̘		
˞ Rhoticity	ɚ　a˞	̙ Retracted Tongue Root	e̙		

图 15.11 是 IPA 中最常用的一些超音段符号。

音位和它的音位变体之间的关系通常可以用"音位规则"（phonological rule）来表示。下面是一条关于齿音化的音位规则，我们使用了 Chomsky 和 Halle（哈勒）的传统记法来表示这个音位规则：

$$/t/ \rightarrow [\underset{\cap}{t}] / \_\theta \qquad (15.1)$$

在这样的记法中,表层的音位变体都出现在箭头的右边,语音环境使用下划线(_)前后的符号来表示。下面是一个颤音化规则:

$$/\left\{\begin{matrix} t \\ d \end{matrix}\right\}/ \rightarrow [dx/ARPAbet] / \dot{V}\_V \qquad (15.2)$$

其中,$\dot{V}$ 表示重读元音,V 表示非重读元音。

	Primary stress	foʊnəˈtɪʃən
ˈ	Secondary stress	
꞉	Long	eː
ˑ	Half-long	eˑ
˘	Extra-short	ĕ
		Minor (foot) group	
‖	Major (intonation) group	
.	Syllable break	ɹi.ækt
‿	Linking (absence of a break)	

图 15.11 IPA 中的一些超音段符号

15.2 声学语音学和信号

我们先来简单地介绍一下声学波形以及怎样将其数字化,并简单地讨论一下频率分析和频谱的思想。

声学分析是在正弦函数和余弦函数的基础上进行的。图 15.12 是一个正弦波的图像,其函数为

$$y = A \times \sin(2\pi f t) \qquad (15.3)$$

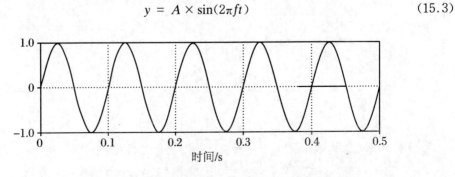

图 15.12 频率为 10 Hz、振幅为 1 的正弦波

这里,我们设振幅 A 为 1,设频率 f 为 10 Hz。

我们从基础数学可以知道,一个波有两个重要的特征:一个是它的频率(frequency),一个是它的振幅(amplitude)。频率是一个波本身在 1 s 之内重复振动的次数,也就是它的周数(cycles)。通常我们用每秒钟内的周数(cycles per second)来度量频率。在图 15.12 的信号中,波在 0.5 s 之内本身重复振动 5 次,因此,它的频率是每秒 10 周,每秒内的周数通常叫作赫兹(Hertz,简写为 Hz),所以,图 15.12 中的频率可描写为 10 Hz。一个正弦波的振幅 A 是它在 y 轴上的最大值。

波的周期(period)T 可定义为它完成一周的振动所用的时间,定义公式如下:

$$T = \frac{1}{f} \tag{15.4}$$

从图 15.12 中,我们可以看出每周用的时间是 1 s 的十分之一,因此,$T = 0.1$ s。

现在让我们转到声波。正如人耳的输入一样,语音识别系统的输入也是空气压力变化的一个复杂系列。这种空气压力的变化显然是来自说话者的,说话者使用特定的方式使空气通过声门由口腔或鼻腔流出,就造成了空气压力变化。可以通过描画空气压力对于时间的变化情况的方法来表示声波。我们可以想象有一个垂直的薄片可以锁住空气压力的波形(大概就像说话者嘴巴前面的扩音器或者听话者耳朵里的鼓膜),这样的比喻可以帮助我们理解这样的图形。这个图形可以测度这个薄片上的空气分子的压缩量(compression)或吸入量(rarefaction,也叫解压量)。图 15.13 是电话谈话 Switchboard 语料库中的一个波形图片段,它描述了一个人在打电话时说"She just had a baby"中的元音[iy]的波形。

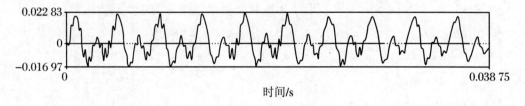

图 15.13 元音[iy]的波形

y 轴表示空气压力对于标准大气压的向上或向下的变化。x 轴表示时间。注意,波形是有规律地重复变化着的

让我们来研究如何对图 15.13 中的声波建立数字化的表示。首先,把声波的空气压强转化为麦克风中的模拟电信号。语音处理的第一步是把模拟信号转换为数值信号。

这个模拟信号到数字信号的转换(analog-to-digital conversion,A-D 转换)又分抽样(sampling)和量化(quantization)两个步骤。为了对信号进行抽样,我们需要度量这个信号在特定时刻的振幅;抽样率(sampling rate)就是每秒钟提取的样本数目。为了精确地测量声波,每周至少需要两个样本:一个样本用于测量声波的正侧部分,一个样本用于测量声波的负侧部分。

如果每周的样本多于两个,就可以增加振幅的精确度,但是,如果样本少于两个,就可能完全地遗漏声波的频率。因此,可能测量的最大频率的波就是那些频率等于抽样率一半的波(因为每周需要两个样本)。对于给定抽样率的最大频率叫作 Nyquist 频率(Nyquist frequency)。人类语音的频率大多数都低于 10 000 Hz,因此,为了保证完全的精确,必须有 20 000 Hz 的抽样率。但是,电话的语音是由开关网络过滤过的,所以电话传输的语音频率都低于 4 000 Hz。这样,对于像 Switchboard 语料库这种电话带宽(telephone-bandwidth)的语音来说,8 000 Hz 的抽样率已经是足够的了。对于麦克风的语音,通常使用 16 000 赫兹的抽样率,有时叫作宽带(wideband)。

对于 8 000 Hz 抽样率的语音,要求每秒钟测量 8 000 个振幅,因此,重要的问题是把振幅的测量结果有效地进行存储。它们一般是以整数来存储的,或者是 8 位(值为 -128～127),或者是 16 位(值为 -32 768～32 767)。这个把实数值表示为整数的过程叫作量化(quantization),因为两个整数之间的差异表现为最小的颗粒度(量化范围),所以接近于这个量化范围的值都可以等同地表示。

一个数据被量化之后,可以用不同的格式来存储。这些格式的参数之一是抽样率和抽样范围;电话语音通常以 8 Hz 抽样,以 8 位的样本存储,麦克风的语音数据通常以 16 Hz 抽样,以 16 位的样本存储。

这些格式的另一个参数是频道(channel)的数目。对于立体声数据或两方对话的数据,我们可以在同一个文档中用两个频道存储,也可以分别用不同的文档存储。最后一个参数个体抽样存储,可采用线性存储或压缩存储。

电话语音使用的一个常见的压缩格式是 μ-律(μ-law)[①]。对于像 μ-律之类的对数压缩算法的直觉解释是:人类的听觉在音强较小时比音强较大时更加敏感;因此,对数表示较小值时的忠实度更高,而表示较大值时,要付出更多的代价,出现更多的错误。

非对数的线性值通常是指线性 PCM(Pulse Code Modulation)值,PCM 表示脉冲编码调制,这里我们不必深究其含义。

下面是把一个线性 PCM 样本值 x 压缩到 8 位 μ-律(8 位时,$\mu = 255$)的公式:

$$F(x) = \frac{\operatorname{sgn}(s)\lg(1 + \mu \mid s \mid)}{\lg(1 + \mu)} \tag{15.5}$$

用于存储数字化的声波文档的标准文档格式有很多种。Microsoft 的".wav"格式、Apple 的 AIFF 格式、Sun 的 AU 格式等都是标准文档格式,所有这些都有特定的标题,也可以使用没有标题的简单的"生文档"格式。例如,".wav"是 Microsoft 的 AIFF 格式用于表示多媒体文档的一个子集;RIFF 是用于表示一序列的嵌套数据块和控制信息的通用格式。图 15.14 是一个简单的".wav"文档,具有一个数据块以及它的格式块。

在图 15.14 的声波文档标题格式中,第 1 个箭头所指区域表示长度(length),第 2 个箭头

[①] 通常写为 nu-律,但是应当读为 mu-律。

所指区域表示格式块(format chunk)和数据长度(16)(data length (16)),第 3 个箭头所指区域表示压缩类型(compression type),第 4 个箭头所指区域表示 ♯ 频道(♯ channels),第 5 个箭头所指区域表示抽样率(sampling rate),第 6 个箭头所指区域表示字节/秒(B/s),第 7 个箭头所指区域表示字节/样本(bytes/sample),第 8 个箭头所指区域表示位/频道(bits/channel),第 9 个箭头所指区域表示数据长度(data length)。

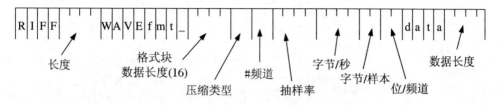

图 15.14　Microsoft 的声波文档标题格式

假设这是一个简单的文档,只带有一个数据块。在 44 B 的标题之后就是数据块

像所有的波一样,声波可以用频率、振幅和在前面介绍过的单纯的正弦波的其他特征来描述。不过,声波的度量并不像正弦波那样简单。

让我们来考虑频率。注意,图 15.13 中的声波尽管不完全是正弦波,不过这样的波仍然具有周期性,从图中可知,这个波在 38.75 ms 内重复振动 10 次(每秒振动 258 次)。因此,这个声波片段的频率是 10/0.038 75 或 258 Hz。

这个 258 Hz 的周期性的声波是从哪里来的呢?它来自声带振动的速度,因为图 15.13 中的波形来自元音[iy],它是一个声带振动的浊音。

我们说过,浊音是由声带有规律地开启和闭合造成的。当声带开启的时候,空气穿过肺部涌出,产生了一个高压区;当声带闭合的时候,就没有来自肺部的压力了。因此,当声带开合振动的时候,我们就会看到在图 15.13 的振幅中那样的一种有规则的波峰,每一个主峰相应地是由声带开启而形成的。声带振动的这个频率,或者复杂波的这个频率,叫作波形的基音频率(fundamental frequency,简称基频),通常简写为 F_0。

我们可以在基音踪迹(pitch track)上,顺着时间的延展描画出 F_0。图 15.15 是英语"Three o'clock?"这个简短问句的基音踪迹,下面是波形曲线。注意,在问句的结尾,F_0 升高。

图 15.13 的纵轴用于度量空气压强变化的大小;压强是单位面积上的压力,用帕[斯卡](Pascal,Pa)来度量。纵轴上的数值越高(振幅高)意味着在该时刻的空气压强大,零值表示标准空气压强(标准大气压),而负值则表示低于标准大气压。

除了这种在任意时刻的振幅的值之外,我们常常还需要知道在某一个时间段之内的平均振幅,从而了解到空气压强的平均变化有多大。不过我们不能只取在某个时间段上的平均振幅的值;如果大多数的正值和负值彼此抵消,那么最后留给我们的将是一个接近于零的值。为了避免这样的问题,我们一般使用振幅的均方根(root-mean-square,RMS),叫作 RMS 振幅(RMS amplitude)。RMS 振幅在计算平均值之前,把每一个值都取平方,使得所有的值都为正值,然后求其平均,最后再求平方根。

$$\text{RMS 振幅} = \sqrt{\frac{1}{N}\sum_{i=1}^{N}x_i^2} \tag{15.6}$$

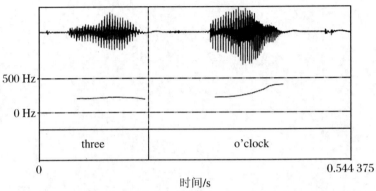

图 15.15 问句"Three o'clock?"的基音踪迹,下面是声波文档波形

注意,F_0 在问句的结尾处升高。还要注意,在平静部分(o'clock 的 o)没有基音踪迹,因为自动基音追踪是建立在浊音区域脉冲计数的基础之上的,如果没有浊音(或者声音不足),它就不能工作

信号的强度(power)与振幅的平方有关。如果声音的样本数目为 N,那么信号强度为

$$\text{强度} = \frac{1}{N}\sum_{i=1}^{N}x_i^2 \tag{15.7}$$

除了信号强度之外,我们更经常地使用音强(intensity),音强是对于人类听觉阈限的强度的归一化,用分贝(dB)来度量。如果听觉阈限的压强 $P_0 = 2\times10^{-5}$ Pa,那么音强定义如下:

$$\text{音强} = 10\lg\frac{1}{NP_0}\sum_{i=1}^{N}x_i^2 \tag{15.8}$$

图 15.16 是英语句子"Is it a long movie?"的音强曲线图,来自 CallHome 语料库,下面也画出了相应的波形曲线图。

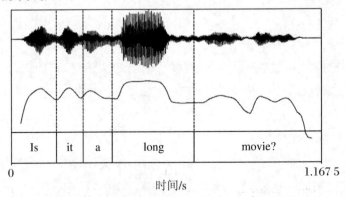

图 15.16 英语句子"Is it a long movie?"的音强曲线图

注意在每一个元音中音强的峰,特别注意在单词 long 中的高峰

音高(pitch)和响度(loudness)是两个重要的感知特性,它们与频率和音强有关。

语音的音高是基音频率在心智上的一种感觉,或者说它与感知有关系。

一般地说,如果语音的基音频率较高,我们就感觉到它具有比较高的音高。我们这里之所以说"一般"两字,是因为这种关系并不完全是线性的,人的听觉对于不同频率的敏锐性是不同的。

粗略地说,在 100~1 000 Hz 范围内,人的音高感知是最敏锐的。在这个范围内,音高与频率是线性相关的。人的听觉在 1 000 Hz 以上,就变得不够敏锐了;超出这个范围,音高与频率就是对数相关的了。使用对数来表示这样的相关性意味着,高频率之间的差别被压缩了,因此,感知的时候也就不那么敏锐了。

对于音高感知的计量,有不同的心理声学模型。有一个常见的计量模型叫作"美"(mel)。"美"是一个音高的单位,它可以这样确定:如果一对语音在感知上它们的音高听起来是等距离的,那么它们就是以相同数目的"美"被分开的。"美"的频率 m 可以根据粗糙的声学频率来计算:

$$m = 1\,127\ln\left(1 + \frac{f}{700}\right) \tag{15.9}$$

语音的响度与信号强度的感知有关。振幅比较大的声音听起来会觉得响一些,但是,它们之间的关系也不是线性的。首先,正如我们在前面定义 μ-律压缩时提到的,在低强度的范围内,人们的分辨率较高;人的耳朵对于强度小的差别更为敏感。其次,业已证明,强度、频率和感知响度之间存在着复杂的关系;在某种频率范围内感知的语音,与在其他频率范围内感知的语音相比,听起来会响一些。

抽取 F_0 叫作基音抽取(pitch extraction),这个术语有些滥用,其算法有很多种。例如,基音抽取的自相关方法把信号与自身在不同的偏移状态下相互关联起来。具有最高的相关性的偏移给出信号的周期。基音抽取的另外一种方法是基于倒谱特征的。有各种可以公开使用基音抽取的工具包,例如,增强的自相关基音追踪工具包是随 Praat 一起提供的。

由于波形是可见的,因此,肉眼直接观察已经足以使我们从中学习到很多东西。例如,元音是非常容易辨认出来的。我们说过,元音是浊音,元音的其他特性是发音比较长,比较响(正如我们在图 15.16 中的音强曲线看到的)。语音的时间长度直接在 x 轴上表现出来。响度与 y 轴上振幅的平方有关。前面我们说过,浊音表现为振幅上有规则的波峰(peak),如图 15.13 所示。每一个主波峰相应于声带的一个开启状态。图 15.17 是英语句子"She just had a baby"的波形。我们给这个波形加上了单词和音子标记。注意,图 15.17 的波形中有六个元音:[iy]、[ax]、[ae]、[ax]、[ey]和[iy],它们每一个的振幅都出现有规则的波峰,表明它们都是浊音。

塞辅音包括一个成阻,成阻之后是一个除阻,这时我们通常可以看到一个沉静的间歇或者一个接近沉静的间歇,然后跟随着的是在振幅上出现一个轻微的爆破。在图 15.17 中,我们从 baby 的两个[b]的波形中都可以观察到这种情况。

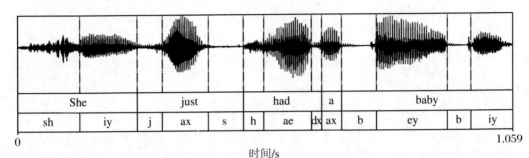

图 15.17 Switchboard 语料库中,英语句子"She just had a baby"的波形(4325 号会话)

发音者是一个女性,在 1991 年录音时,她大约有 20 岁,操美国中南部的方言

在波形上可以容易地观察到的另外一种音子是擦音。我们知道,当发擦音(特别是像[sh]这种非常粗糙的擦音)的时候,气流从狭窄的声道经过,形成噪声,引起空气振动。由此而产生特殊的"摩擦声",相应的波形是不规则的噪声波形。我们也可以从图 15.17 中的波形上看出一些来。在图 15.18 中,我们把第一个单词 she 的波形放大了,这样就可以看得更加清晰了。

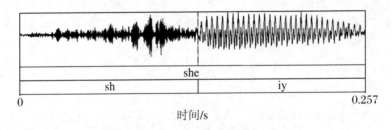

图 15.18 从图 15.17 的声波文档中抽出的第一个单词"she"的
更加细致的波形

请注意在擦音[sh]的随机噪声和元音[iy]的规则浊音之间的差别

图 15.19 Fourier

某些比较宽泛的语音特征(例如能量、基音、浊音的出现,塞音的成阻、擦音等)可以直接从波形上来解释,但是,在语音识别(以及人的听觉处理)等很多计算机应用中,要求对于组成声音的频率做出不同的表示,并以此作为这些应用的基础。

在法国数学家 Fourier(傅里叶,图 15.19)提出的傅里叶分析(Fourier analysis)中,每一个复杂波都可以表示为很多频率不同的正弦波的和。

我们来研究图 15.20 中的波形。这个波形是在 Praat 中把两个正弦波相加而形成的,一个正弦波的频率是 10 Hz,另一个的频率是 100 Hz。

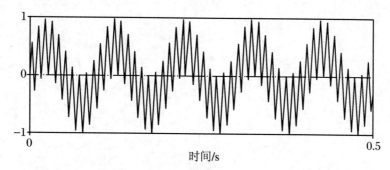

图 15.20　两个正弦波相加形成的波形

一个频率为 10 Hz(注意,在 0.5 s 的窗口内,出现 5 个重复的振动),一个频率为
100 Hz,两个正弦波的振幅都是 1

　　我们可以用声谱(spectrum)来表示这两个频率成分。一个信号的声谱可以代表这个信
号的频率成分和这些频率成分的振幅。图 15.21 是声谱的横轴 x 和纵轴 y。频率以 Hz 为单
位在 x 轴上表示,振幅(声音压强水平)在 y 轴上表示。声谱是原来波形的另外一种表示方
法。我们使用声谱作为一种工具来研究在特定时刻声波的频率成分。

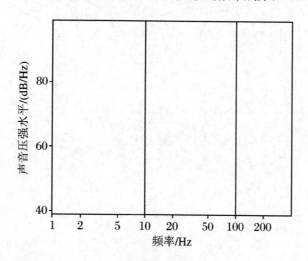

图 15.21　声谱的纵轴和横轴

纵轴表示声音压强水平(dB/Hz),横轴表示频率(Hz)

　　现在我们来看语音波形中的频率成分。图 15.22 是单词 had 中的元音[ae]波形的一部
分,这个波形是从图 15.17"She just had a baby"那个句子的波形中切出来的。

　　注意,图中是一个重复了 10 次的复杂波形,而且在每一个大的波中,又包括四个小的重
复的波(注意在每一个重复的波中有四个小的波峰)。整个复杂波的频率是 234 Hz(因为在
0.427 s 内重复 10 次,所以频率为 10 r/0.0427 s=234 Hz)。

小波的频率大约等于大波频率的 4 倍,大约为 936 Hz。如果你细心观察,你还可以看到,在 936 Hz 的波的波峰内,又包括两个很小的波峰。这些很微小的波的频率应该是 936 Hz 的波的频率的 2 倍,因此,它们的频率等于 1 872 Hz。

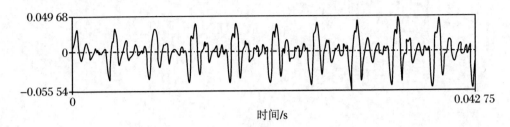

图 15.22　从图 15.17 的波形中切出的单词 had 中元音[ae]部分的波形

图 15.23 是图 15.17 中的句子单词 had 中元音[ae]的波形使用离散傅里叶变换(Discrete Fourier Transform,DFT)计算后得到的一个平滑的声谱。

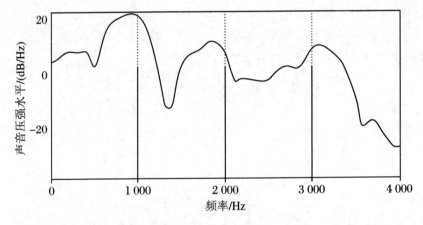

图 15.23　图 15.17 中的句子"She just had a baby"波形中的单词 had 中
元音[ae]的声谱

声谱的 x 轴表示频率,y 轴表示每一个频率成分的振幅的测度,振幅的对数测度用分贝(dB)表示。图 15.23 显示,有意义的频率成分分别在大约 930 Hz、1 860 Hz、3 020 Hz 等处,其他很多是一些低振幅的频率成分。声谱曲线显示的头两个频率成分(930 Hz 和 1 860 Hz)与我们在观察图 15.22 中声波的时间区域时特别注意到的两个频率(一个是 936 Hz,一个是 1 872 Hz)是非常接近的!

为什么说声谱是有用的呢? 因为在声谱中最容易看到的声谱峰是区别不同语音的最明显的特征;声谱峰是音子的声谱特征的"签名"。这种情况,正如当化学元素加热时,它们会显示出不同的光波长度,使得我们可以利用光波长度,根据光谱来探测星体上的元素。类似地,我们也可以通过观察波形的声谱,来探测不同音子的具有"签名"作用的区别性特征。不论对于人的语音识别还是对于机器的语音识别,这种对于声谱信息的利用都是非常重要的。当人在听话的时候,耳蜗(cochlea)或内耳(inner ear)的功能就是计算所接收的波形的声谱。与此类似,在语音识别中,隐 Markov 模型(HMM)的观察值就是声谱信息的所有不同表示的特征。

现在我们来看不同元音的声谱。因为某些元音是随着时间的改变而改变的,我们要使用各种类型的图形来表示它们,这些图形叫作频谱(spectrogram)。声谱表示在某一时刻的声波的频率成分,而频谱则表示这些不同的频率是怎样使波形随着时间的改变而改变的。在频谱上,x 轴表示时间,这与波形的 x 轴表示的是一样的,但是,y 轴则表示频率(Hz)。频谱一个点上的暗度表示频率成分振幅的大小。很暗的点具有较高的振幅,而亮点则具有较低的振幅。这样一来,频谱就成为把声波的三个维(时间维、频率维、振幅维)可视化的一种非常有用的办法。

图 15.24 是美国英语元音[ih],[ae],[ah]的频谱。注意,每一个元音在不同的频带上有一些暗色的条纹,每一个元音的频带有一些小的区别。频带上的这些条纹与我们在图 15.23 中看到的声谱峰表示的内容是相同的。

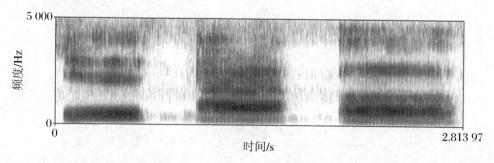

图 15.24　美国计算语言学家 Daniel Jurafsky 发的三个美国英语的元音[ih],[ae],[ah] 的频谱
此图取自 Jurafsky 的 *Speech and Language Processing*(2009)一书,谨此致谢

频谱中的每一个暗色条纹(或者声谱峰)叫作共振峰(formant)。我们下面将要讨论共振峰是被声腔特别地放大的一个频带。由于不同的元音是在声腔的不同的位置而产生的,它们放大或共鸣的情况也各不相同。

让我们来看一看声谱中的头两个共振峰,它们分别记作 F_1 和 F_2,三个元音靠近底部的暗色条纹 F_1 所处的位置不同;[ih]的位置低(其中心处于 470 Hz 左右),而[ae]和[ah]的位置较高(处于 800 Hz 左右)。与之对比,从底部算起的第二个暗色条纹 F_2 的位置也不同,[ih]的位置最高,[ae]的位置居中,而[ah]的位置最低。

在连续的语流中,我们也可以看到同样的共振峰,由于弱化和协同发音等过程的影响,观察起来比较困难。图 15.25 是"She just had a baby"的频谱,其波形如图 15.17 所示,在图 15.25 中,just 中的[ax]、had 中的[ae]、baby 中的 [ey]的 F_1 和 F_2(以及 F_3)都是很清楚的。

图 15.26 是汉语人名"邓小平"的波形（图的上部）、频谱（图的中部）和带声调的拼音（下部）。

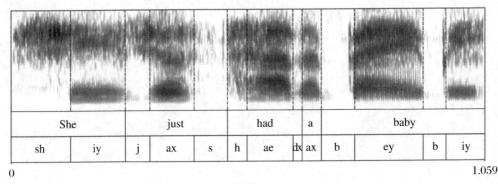

She		just			had		a	baby		
sh	iy	j	ax	s	h	ae	dx ax	b	ey	b	iy

0   1.059

时间/s

图 15.25　句子"She just had a baby"的频谱

其波形如图 15.17 所示。频谱可以想象成是图 15.23 中的声谱按时间片一段一段地结合而成的

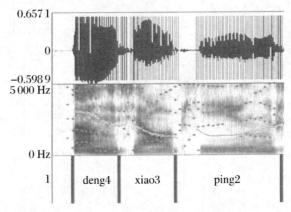

图 15.26　汉语人名"邓小平"的波形和频谱

在辨识音子的时候，频谱可以给我们提供什么样的启示呢？

首先，由于不同的元音在特征位置具有不同的共振峰，因此，频谱可以把不同的元音彼此区别开来。

我们已经说过，在波形样本中，元音[ae]在 930 Hz、1 860 Hz、3 020 Hz 处有共振峰。我们现在来看图 15.17 中语段开始时的元音[iy]。这个元音[iy]的声谱如图 15.24 所示。元音[iy]的第一个共振峰在 540 Hz，它比元音[ae]的第一个共振峰的频率低得多，而它的第二个共振峰的频率（2 581 Hz）又比[ae]的第二个共振峰的频率高得多。如果我们仔细观察就可以看出，这个共振峰的位置就在图 15.24 的 0.5 s 附近，它形成一条暗色的条纹。

图 15.27 是英语句子"She just had a baby"开始处元音[iy]的声谱。这个声谱经过线性预测编码（Linear Predictive Coding，LPC）的平滑处理。LPC 是声谱的一种编码方法，它可以让我们比较容易地看到声谱峰（spectral peak）的位置。

头两个共振峰分别记作 F_1 和 F_2，它们的位置对于元音的辨别起着很大的作用。尽管不同说话人的共振峰不尽相同，但是，较高的共振峰大多数是由于说话人声腔的普遍特征引起的，而不是由个别的元音引起的。共振峰还可以用于区分鼻音音子[n]，[m]和[ng]，以及用于区分边音音子[l]和[r]。

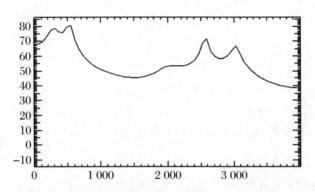

图 15.27　句子"She just had a baby"开始处元音[iy]用
　　　　　　　LPC 平滑后的声谱

注意，元音[iy]的第一个共振峰在 540 Hz，它比图 15.24 中所示的
元音[ae]的第一个共振峰的频率低得多，而它的第二个共振峰的
频率（2 581 Hz）又比[ae]的第二个共振峰的频率高得多

我们把元音[ae]的波形、声谱和频谱分别列在图 15.28、图 15.29、图 15.30 中，读者不难

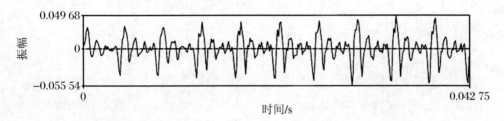

图 15.28　元音[ae]的波形

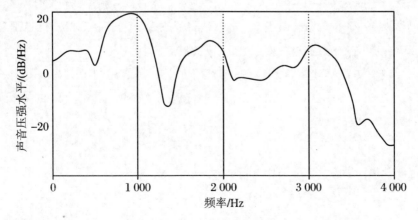

图 15.29　元音[ae]的声谱

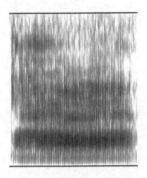

图 15.30　元音[ae]的频谱
横轴表示时间,纵轴表示频率

看出它们之间的对应关系。

从元音[ae]的波形可以看出,大波的 $f = 10$ r$/0.042\ 7$ s $= 234$ Hz,小波的 $f = 234$ Hz$\times 4 = 936$ Hz,形成第一个共振峰;更加小的小波的 $f = 936$ Hz$\times 2 = 1\ 872$ Hz,形成第二个共振峰。

从元音[ae]的声谱可以看出,第一个共振峰大约在 930 Hz 处(与波形计算得出的 936 Hz 接近),第二个共振峰大约在 1 860 Hz 处(与波形计算得出的 1 872 Hz 接近)。

从元音[ae]的频谱可以看出,第一个共振峰的条纹很深,说明其振幅大,能量强;第二个共振峰的条纹较浅,说明其振幅比第一个共振峰小一些。

为什么不同的元音会有不同的声谱特征呢? 我们在前面曾经简要地说过,共振峰是由口腔的共鸣引起的。口腔就是一个滤波器(filter)。

声源滤波器模型(source-filter model)是一种解释声音的声学特性的方法,这种模型可以模拟怎样由声门(即声源)产生脉冲以及怎样由声腔(也就是滤波器)使脉冲成型的过程。

我们来看声源滤波器模型是如何工作的。每当由声门的脉冲引起空气振动的时候,就可以产生一个波,这个波也会有一些谐波(harmonics)。一个谐波是其频率为基本波倍数的另一种波。例如,由声门振动形成的 115 Hz 的基波(fundamental wave)可以导致频率为 $230(=115+115)$ Hz、$345(=230+115)$ Hz、$460(=345+115)$ Hz 的谐波。一般地说,这样形成的谐波都比基波弱一些,也就是说,它们的振幅比处于基频的波要低一些。

不过,已经证明,声腔就像一个滤波器或放大器,声腔就像一个管子那样,可以把某些频率的波放大,也可以把其他频率的波减弱。这种放大的过程是由声腔形状的改变引起的;一种给定的形状会引起某种频率的声音产生共鸣,从而使其得到放大。因此,只要改变声腔的形状,我们就能使不同频率的声音得到放大。

当我们发特定的元音的时候,把舌头和其他的发音器官放到特定的位置,从而改变声腔的形状。其结果使得不同的元音引起不同的谐波得到放大。这样一来,具有同样基频的一个波,在通过不同的声腔位置的时候,就会引起不同的谐波得到放大。

我们只要观察声腔形状和其相应的声谱之间的关系,就可以看到这种放大的结果。图 15.31 显示了[iy],[ae],[uw]三个元音的声腔位置以及它们引起的典型的声谱。在声谱图中,共振峰处于声腔放大特定的谐振频率的位置。

从图 15.31 中可以看出英语中[iy],[ae],[uw]三个元音的舌位以及它们相应地形成的经过平滑后的声谱。在每一个声谱中,还显示了共振峰 F_1 和 F_2。

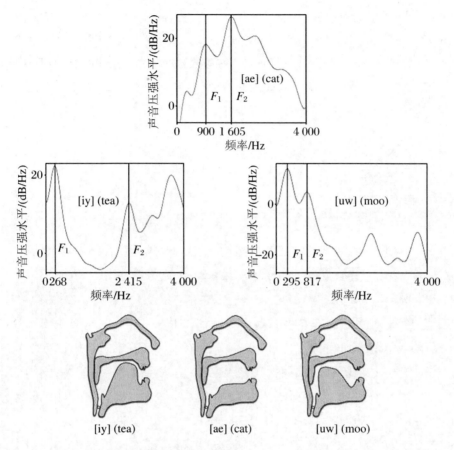

图 15.31　作为滤波器的声腔位置的可视化图示

15.3　语音自动合成的方法

语音自动合成的任务是把文本自动地映射为波形。例如，我们有如下的文本：

PG&E will file schedules on April 20.

语音合成器要把这个文本自动地映射为图 15.32 中的波形。

图 15.32　由文本映射成的波形

语音合成器把这样的映射分为两个步骤来实现：首先把输入文本转换成语音内部表示（phonemic internal representation），然后再把这个语音内部表示转换成波形。我们把第一个步骤叫作文本分析（text analysis），把第二个步骤叫作波形合成（waveform synthesis）；不过，对于这些步骤还有其他不同的叫法。

图 15.33 是"PG&E will file schedules on April 20"这个句子的语音内部表示的一个样本。注意,在图 15.33 中,这个句子中的首字母缩写词 PG&E 扩充为 P G AND E 四个单词,数字 20 扩充为 twentieth,对于每一个单词都给出了它们的音子序列,这个样本中还有韵律信息和短语信息(标注为 *),我们以后再进一步讨论这些信息。

P	G	AND	* E	WILL	FILE	* SCHEDULES	ON	APRIL	* TWENTIETH	* L-L%
p｜iy	jh｜jy	ae｜n｜d	iy	w｜ih｜l	f｜ay｜l	s｜k｜eh｜jh｜ax｜l｜z	aa｜n	ey	p｜r｜ih｜l	t｜w｜eh｜n｜t｜iy｜ax｜th

图 15.33　在一个单元选择语音合成器中,句子"PG&E will file schedules on April 20"的中间输出
在输出中,数字和首字母缩写词都进行了扩充,单词转换为音子序列,并且标注出了韵律特征

现在文本分析算法已经有了相对稳定的标准,而波形合成还存在三个彼此有很大区别的范式,这三个范式是:毗连合成(concatenative synthesis)、共振峰合成(formant synthesis)、发音合成(articulatory synthesis)。

最现代的商业化文本-语音转换(Text To Speech, TTS)系统的体系结构是建立在毗连合成基础之上的,在毗连合成时,语音样本先被切分为碎块,存储在数据库中,然后把它们结合起来进行重新组合,造出新的句子。在本章的大多数论述中,我们都着重讲解毗连合成。

图 15.34 说明了毗连单元选择合成的 TTS 体系结构,其中,我们使用了 Taylor(泰勒)在 2008 年提出的玻璃漏壶比喻(hourglass metaphor),把 TTS 体系结构分为文本分析(text analysis)和波形合成(waveform synthesis)两个步骤,文本分析在上端,波形合成在下端,形成一个玻璃漏壶的形状。文本分析又可以分为文本归一化(text normalization)、语音分析

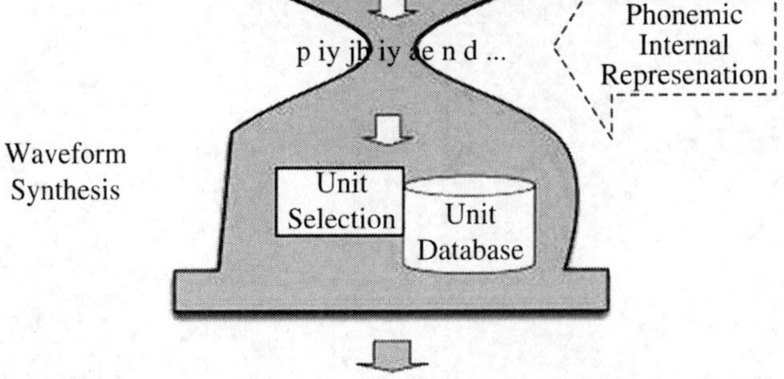

PG&E will file schedules on April 20.

图 15.34　单元选择(毗连)语音合成的 TTS 体系结构

(phonetic analysis)、韵律分析(prosodic analysis)等部分；波形合成又可以分为单元选择(unit selection)、单元数据库(unit database)等部分。下面我们将仔细地考察这个体系结构中的每一部分。

为了生成语音内部表示，首先必须对形形色色的、自然状态的文本做前处理或归一化(normalization)。我们需要把输入的文本分解为句子，并处理缩写词、数字等特异问题。下面的文本是从 Enron 语料库中抽取出来的，我们来考虑一下这个文本在处理上的困难究竟有多大：

(1) He said the increase in credit limits helped B. C. Hydro achieve record net income of about \$ 1 billion during the year ending March 31. This figure does not include any write-downs that may occur if Powerex determines that any of its customer accounts are not collectible. Cousins，however，was insistent that all debts will be collected："We continue to pursue monies owing and we expect to be paid for electricity we have sold."

文本归一化的第一个任务就是句子的词例还原(sentence tokenization)，首先要把上面这个文本的片段切分成彼此分开的话段以便语音合成。我们需要知道，第一个句子是在 March 31 后面的那个小圆点处结尾，而不是在 B.C 后面的小圆点处结尾。我们还需要知道，在单词 collected 处是一个句子的结尾，尽管 collected 后面的标点符号是一个冒号，而不是小圆点。

归一化的第二个任务是处理非标准词(non-standard words)。非标准词包括数字、首字母缩写词、普通缩写词等等。例如，March 31 的发音应当是 March thirty-first，而不是 March three one；\$ 1 billion 的发音应当是 one billion dollars，在 billion 的后面应当加一个单词 dollars。

我们在上面看到了两个例子，说明句子的词例还原是很困难的，因为句子的边界不总是用小圆点来标识，有时也可以用如冒号这样的标点符号来标识。当以一个缩写词来结束句子的时候，还会出现一个附带的问题，这时，缩写词结尾处的小圆点会起双重的作用：

(2) He said the increase in credit limits helped B. C. Hydro achieve record net income of about \$ 1 billion during the year ending March 31.

(3) Cousins，however，was insistent that all debts will be collected："We continue to pursue monies owing and we expect to be paid for electricity we have sold."

(4) The group included Dr. J. M. Freeman and T. Boone Pickens Jr.①

句子的词例还原的一个关键部分就是小圆点的排歧问题，我们通过机器学习的方法来进行训练。在进行这样的训练时，我们首先要手工标注带有句子边界的一个训练集，然后使用任何一种有指导的机器学习方法(例如决策树、逻辑回归、支持向量机(SVM)等等)训练一个

---

① "Jr."中的小圆点，既可以表示 Junior 的缩写(T. Boone Pickens Jr. 表示"小 T. Boone Pickens")，又可以表示句末的句号。这个小圆点有歧义。

分类器来判定并标注句子的边界。

更加具体地说,在开始的时候,我们可以把输入文本还原成彼此之间有空白分隔开的词例,然后,选择包含"!"".""?"三个符号中的任何一个符号(也可能包含冒号":")的词例作为句子的结尾。在手工标注了包含这样的词例的一个语料库之后,我们就可以训练一个分类器,对于这些词例内的潜在句子边界字符进行二元判定,判定某个词例是 EOS(end-of-sentence,句子结尾),还是 not-EOS(非句子结尾)。

这种分类器成功与否依赖于在分类时抽出的特征。让我们来研究在给句子边界排歧的时候可能用得着的某些特征模板,其中的句子边界符号 candidate(候选成分)表示在我们训练的少量数据中可能标注为句子边界的某个符号:

- Prefix:前缀(处于 candidate 之前的候选词例部分);
- Suffix:后缀(处于 candidate 之后的候选词例部分);
- PrefixAbbreviation 或 SuffixAbbreviation:前缀或后缀是不是(一串符号中的)缩写词;
- PreviousWord:处于 candidate 之前的单词;
- NextWord:处于 candidate 之后的单词;
- PreviousWordAbbreviation:处于 candidate 之前的单词是不是一个缩写词;
- NextWordAbbreviation:处于 candidate 之后的单词是不是一个缩写词。

我们来研究下面的例子:

(5) ANLP Corp. chairman Dr. Smith resigned.

对于上面的特征模板,单词"Corp."中的小圆点"."的特征值是

$$PreviousWord = ANLP$$
$$NextWord = chairman$$
$$Prefix = Corp$$
$$Suffix = NULL$$
$$PreviousWordAbbreviation = 1$$
$$NextWordAbbreviation = 0$$

如果我们的训练集足够大,那么,我们也可以找到一些关于句子边界的词汇方面的线索。例如,某些单词可能倾向于出现在句子的开头,某些单词可能倾向于出现在句子的结尾。这样,我们又可以加进去如下的特征:

- Probability[candidate occurs at end of sentence]:表示 candidate 出现于句子结尾的概率;
- Probability[word following candidate occurs at beginning of sentence]:表示跟随在出现于句子开头的 candidate 的单词的概率。

上面所述的这些特征,大部分是与具体的语言无关的。此外,我们还可以使用一些针对

具体语言的特征。例如在英语中，句子一般是以大写字母开头的，所以，我们还可以使用如下的特征：

● Case of candidate：candidate 的大小写情况，例如 Upper, Lower, Allcap, Numbers；

● Case of word following candidate：跟随在 candidate 后面的单词的大小写情况，例如 Upper, Lower, Allcap, Numbers。

类似地，我们还可以使用缩写词的某些此类的信息，例如，尊称或头衔（Dr., Mr., Gen.）、公司名称（Corp., Inc.）、月份名称（Jan., Feb.）。

任何的机器学习方法都可以用来训练 EOS 分类器。逻辑回归和决策树是两种最普通的方法，前者的精确度高一些。

在图 15.35 中，我们介绍了一个决策树，从决策树中比较容易看出各种特征是如何使用的。

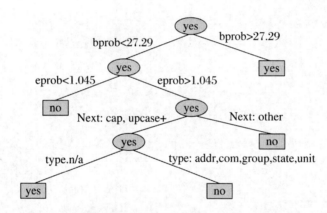

图 15.35　预测小圆点性质的决策树

图 15.35 中的决策树可以预测一个小圆点"."是句子的结尾（yes），或者不是句子的结尾（no）。在判定时使用了一些特征，例如，当前词是句子开头的对数似然度（bprob），前一词是句子结尾的对数似然度（eprob），下一词的首字母是大写，或者缩写词的次类（公司名称、国家名称、测量单位）等。

如果当前词是句子开头的对数似然度，且 bprob<27.29，那么当前词就不太可能是句子的开头。这时，就看当前词是否是句子的末尾。如果它是句子末尾的对数似然度，且 eprob>1.045，那么再看它的下一个词的首字母是否为大写，如果为大写，再看它是否为公司名称、国家名称、测量单位等。如此进行，直到得到一个结论为止。

文本归一化的第二个步骤是非标准词（non-standard words, NSWs）的归一化。非标准词是诸如数字或缩写词之类的词例，在语音合成中，在计算机读出它们之前，需要把它们扩充为英语单词的序列。

非标准词的处理是很困难的，因为它们的读音总是存在不同的读法，这也可以看成是一种歧义（ambiguity）。例如在不同的上下文中，1 750 这个数字至少可以有四种不同的读法：

Seventeen fifty：在"The European economy in 1 750"中；

One seven five zero：在"The password is 1 750"中；

Seventeen hundred and fifty：在"1 750 dollars"中；

One thousand，seven hundred，and fifty：在"1 750 dollars"中。

　　相似的歧义问题也发生在罗马数字Ⅳ或 2/3 等非标准词的读音中。Ⅳ可以读为 four，或者读为 fourth，或者也可以按照字母Ⅰ和Ⅴ分别来读，这时，Ⅳ的含义是"intravenous"（静脉内的）。2/3 可以读为 two thirds，或者读为 February third，或者读为 March second，或者读为 two slash three。

　　某些非标准词是由字母构成的，例如缩写词（abbreviation）、字母序列（letter sequences）、首字母缩写词（acronyms）等。缩写词读音时，一般都要进行扩充（expanded）；所以，Wed 要读为 Wednesday，Jan 1 要读为 January first。像 UN，DVD，PC，IBM 这样的字母序列（letter sequences）读音时，要按照字母在序列中的顺序，一个一个地来读，所以 IBM 的读音是[ay b iy eh m/ARPAbet]。像 IKEA，MoMA，NASA 和 UNICEF 这样的首字母缩写词读音时，要把它们当作一个单词来读；MoMA 的读音是[m ow m ax/ARPAbet]。这里也会出现歧义问题。Jan 按照一个单词（人名 Jan）来读音，还是扩充为月份名称 January 来读音呢？

　　表 15.7 把数字和字母组成的非标准词归纳为不同的类型。

表 15.7　在文本归一化中的非标准词的某些读音类型

LPHA	EXPN	abbreviation	*adv*，*N. Y.*，*mph*，*gov't*
	LSEQ	letter sequence	*DVD*，*D. C.*，*PC*，*UN*，*IBM*，
	ASWD	read as word	*IKEA*，*unknown words/names*
NUMBERS	NUM	number（cardinal）	*12*，*45*，*1/2*，*0.6*
	NORD	number（ordinal）	*May 7*，*3rd*，*Bill Gates III*
	NTEL	telephone（or part of）	*212-555-4523*
	NDIG	number as digits	*Room 101*
	NIDE	identifier	*747*，*386*，*15*，*pc110*，*3A*
	NADDR	number as street address	*747*，*386*，*15*，*pc110*，*3A*
	NZIP	zip code or PO Box	*91020*
	NTIME	a（compound）time	*3.20*，*11:45*
	NDATE	a（compound）date	*2/28/05*，*28/02/05*
	NYER	year（s）	*1998*，*80s*，*1900s*，*2008*
	MONEY	money（US or other）	*$3.45*，*HK$300*，*Y20*，*200*，*$200K*
	BMONEY	money tr/m/billions	*$3.45 billion*
	PRCT	percentage	*75% 3.4%*

注：选自 Sproat 等（2001）的著作，谨此致谢。

　　表 15.7 首先把非标准词的读音类型分为两大类：字母非标准词（alpha）和数字非标准词（numbers）。字母非标准词又可进一步分为缩写词（abbreviation）、字母序列（letter sequence)，按一个单词读音的非标准词（read as word）。数字非标准词又可进一步分为基数词（cardinal number）、序数词（ordinal number）、电话号码或电话号码的一部分（telephone or part of telephone）、数字号码（number as digit）、识别号码（identifier）、街道地址号码（number as street address）、邮政编码或信箱号码（zip code or PO Box）、复合时间（a compound time）、复合日期（a compound date）、年代（years）、货币（money）、万亿/百万/十亿的货币（money trillions/millions/billions）、百分比（percentage）等。

在表 15.7 中，没有列出 URL（Unifying Resource Locator）、电子邮件、标点符号等的某些复杂用法。

每种类型非标准词都有一个或几个特定的实际读法。例如，年代（NYER）通常按双对式读法（paired method）来读，其中每一对数字按照一个整数来读音（例如，1 750 读为 seventeen fifty）；而美国的邮政编码（NZIP）通常按顺序式读法（serial method）来读，序列中的每一个数字单独读音（例如，94 110 读为 nine four one one zero）。货币（BMONEY）这种类型的读法要处理一些特异的表达形式。例如，$ 3.2 billion 在读音的时候要在结尾加一个单词 dollars，读为 three point two billion dollars。对于字母非标准词（NSWs）的读法，我们有 EXPN，LSEQ 和 ASWD 等类型。EXPN 用于诸如"N. Y."这样的缩写词，读的时候要进行扩充；LSEQ 用于读那些要按照字母序列来读音的首字母缩写词；ASWD 用于读那些要按照单词来读音的首字母缩写词。

非标准词的处理至少有三个步骤：词例还原（tokenization）、分类（classification）、扩充（expansion）。词例还原用于分割和识别潜在的非标准词；分类用于给非标准词标上表 15.7 中的读音类型；扩充用于把每一个类型的非标准词转换为标准词的符号串。

在词例还原这个步骤，我们可以使用空白把输入文本还原成词例。在词例与词例之间用空白分开，然后假定在发音词典中没有的单词都是非标准词。一些更加细致的词例还原算法还可以处理某些词典中业已包含某些缩写词这样的事实。例如，CMU 发音词典就包含了缩写词 st，mr，mrs 的发音（尽管这些发音不正确）以及诸如 Mon，Tues，Nov，Dec 等日期和月份的缩写词。因此，除了那些没有看到的单词之外，我们还有必要给首字母缩写词标注发音，并把单字母的词例作为潜在的非标准词来处理。词例还原算法还需要把那些包含两个词例的组合分隔成不同的单词，例如 2-car 或 RVing 等。我们可以使用简单的启发式推理方法来分隔单词，例如，把破折号作为分割的标志，把大写字母与小写字母转换之处作为分割的标志，等等。

下一个步骤是分类，也就是标注非标准词（NSW）的类型。使用简单的正则表达式就可以探测出很多非标准词的类型。例如，NYER 可以使用如下的正则表达式来探测：

$$/(1[89][0\text{-}9][0\text{-}9])\,|\,(20[0\text{-}9][0\text{-}9])/ \tag{15.10}$$

其他类型的规则写起来比较困难，所以，使用带有很多特征的机器学习分类器来进行分类将会更加有效。

为了区分字母非标准词 ASWD,LSEQ 和 EXPN 等不同的类型,我们可以使用组成成分的字母的一些特征。我们在这里通过举例简单地说一说:全是大写字母的单词(IBM,US)可以归入 LSEQ 这一类;带有单引号的全是小写字母组成的一些比较长的单词(gov't,cap'n)可以归入 EXPN 这一类;带有多个元音的全是大写字母组成的单词(NASA,IKEA)可以归入 ASWD 这一类。

另外一个很有用的特征是相邻单词的辨识。我们来研究如 3/4 这样的歧义字符串,它可以归入 NUM(three-fourths)或者归入 NDATE(March third)。归入 NDATE 时,它的前面可能出现单词 on,后面可能出现单词 of,或者在周围单词的某个地方出现单词 Monday。与此不同,归入 NUM 时,它的前面可能是另外一些数字,后面可能出现如 mile 和 inch 之类的单词。类似地,如像 Ⅶ 这样的罗马数字,当前面出现 Chapter,Part 或者 Act 等单词时,可能倾向于归入 NORD(seven);当在相邻单词中出现 king 或者 Pape 之类的单词时,就可能倾向于归入 NUM(seventh)。这些上下文单词可以通过手工的方式选择作为特征,也可以通过诸如决策表(decision list)算法这样的机器学习技术选择作为特征。

我们可以把上述的各种办法结合起来,建立一个机器学习的分类器,这样就能大大地提高分类的效能。例如,2001 年 Sproat(施普罗德)等的 NSW 分类器使用了 136 个特征,其中包括诸如"全是大写字母""含有两个元音""含有斜线号""词例长度"等基于字母的特征,还包括诸如 Chapter,on,king 等特殊的单词是否在周围的上下文中出现的二元特征。Sproat 等还提出了一个基于规则的粗分类器(rough-draft classifier),其中使用手写的正则表达式来给很多表示数字的 NSW 分类。这个粗分类器的输出可以在主分类器(main classifier)中作为另外的特征来使用。

为了建立这样的主分类器,我们需要一个手工标注的训练集,其中的每一个词例都标出其 NSW 分类范畴;Sproat 等就建立了一个这样的手工标注数据库。给出了标注训练集,我们就可以使用任何一种有监督的机器学习算法,例如逻辑回归算法、决策树算法等。然后,我们训练分类器来使用这些特征,从而预测表 15.7 所示的那些手工标注的 NSW 分类范畴。

非标准词处理的第三个步骤是把 NSW 扩充为一般的单词。像 EXPN 这种 NSW 的类型扩充起来是非常困难的。EXPN 这种类型包括缩写词和像 NY 这样的首字母缩写词。一般地说,扩充时需要借助于缩写词词典,并且要使用下一节将要讨论的同音异义词的排歧算法来处理歧义问题。

其他的 NSW 类型的扩充一般都是确定性的。很多的扩充都是简单易行的。例如,LSEQ 把 NSW 中的每一个字母扩充为单词序列;ASWD 把 NSW 读为一个单词,等于把 NSW 扩充为它自己;NUM 把数字扩充为表示基数词的单词序列;NORD 把数字扩充为表示序数词的单词序列;NDIG 和 NZIP 都分别把数字扩充为相应的单词序列。

其他类型的扩充要稍微复杂一些;NYER 把年代按两对数字来扩充,如果年代以 00 结尾,那么年代的四个数字按照基数词来读音(2000 读为 two thousand),或者按照百位式读法(hundreds method)来读音(1800 读为 eighteen hundred)。NTEL 把电话号码扩充为数字序列;也可以把电话号码的最后 4 个数字按照双对式数字读法(paired digit)来读音,每一对数字读为一个整数。电话号码还可以采用所谓的跟踪单位读法(trailing unit)来读音,以若干个零为结尾的数字,非零的数字部分按顺序式读法来读音,零的部分按适当的进位制来读音(例如,876-5000 的读为 eight seven six five thousand)。

当然,这些扩充很多是与方言有关的。在澳大利亚的英语中,电话号码 33 这个数字序列通常读为 double three。在其他语言中,非标准词的归一化会出现一些特殊的困难问题。例如,在法语或德语中,除了上述的情况之外,归一化还与语言的形态性质有关。在法语中,1 fille(一个姑娘)这个短语归一化为 une fille,而 1 garçon(一个小伙子)这个短语却归一化为 un garcon。与此类似,在德语中,由于名词的格的不同,Heinrich Ⅳ(亨利四世)这个短语可以分别归一化为 Heinrich der Vierte,Heinrich des Vierten,Heinrich dem Vierten,或者 Heinrich den Vierten 等。

上面所述的 NSW 算法的目的在于对每一个非标准词(NSW)确定一个标准词的序列,以便把它们读出来。然而,在有的时候,尽管是一个标准词,要想确定它的读音仍然还是非常困难的事情。同形异义词(homograph)的情况就是如此。

同形异义词是拼写相同而读音不同的词。这里是英语同形异义词 use,live 和 bass 的几个例子:

(6) It's no use (/y uw s/) to ask to use (/y uw z/) the telephone.

(7) Do you live (/l ih v/) near a zoo with live (/l ay v/) animals?

(8) I prefer bass (/b ae s/) fishing to playing the bass (/b ey s/) guitar.

法语中的 fils 是同形异义词,含义为"儿子"时,读为[fis],含义为"线绳"时,读为[fil];法语的 fier 和 est 有多个发音,fier 的含义为"骄傲"(读为[fjer])或"信赖"(读为[fje])时,发音各不相同;est 的含义为"是"(读为[e])或"东方"(读为[est])时,发音也各不相同。

同形异义词可以利用词类信息来排歧。

在英语(以及法语和德语这些类似的语言)中,同形异义词的两个不同的形式往往倾向于分属不同的词类。例如,上例中 use 两个形式分别属于名词和动词,live 的两个形式分别属于动词和名词。

表 15.8 说明了英语中某些"名词-动词"同形异义词和"形容词-动词"同形异义词与其读音之间的这种具有系统性的有趣关系。例如,词末辅音浊音化(final voicing):名词/s/对动词/z/;重音转移(stress shift):名词词首重音对动词词末重音;在-ate 中词末元音弱化:名词/形容词对动词。表中使用 ARPAbet 来标音,这种标音不必使用 IPA 的许多特殊国际音标符号,便于在计算机上使用。Liberman(利伯曼)和 Church(邱奇)说明,在 AP newswire 语料库

的 4 400 万个单词中,出现频率最高的同形异义词都可以使用词类信息来排歧(他们用来排歧的 15 个频率最高的单词是 use, increase, close, record, house, contract, lead, live, lives, protest, survey, project, separate, present, read)。

表 15.8 同形异义词之间某些具有系统性的有趣关系

	Final voicing			Stress shift			-ate final vowel	
	N(/s/)	V(/z/)		N(int. stress)	V(fin. stress)		N/A(final/ax/)	V(final/ey/)
use	y uw s	y uw z	record	r ehl k axr0 d	r ix0 k ao1 r d	estimate	eh s t ih m ax t	eh s t ih m ey t
close	k l ow s	k l ow z	insult	ih1 n s ax0 l t	ix0 n s ah1 l t	separate	s eh p ax r ax t	s eh p ax r ey t
house	h aw s	h aw z	object	aa1 b j eh0 k t	ax0 b j eh1 kt	moderate	m aa d ax r ax t	m aa d ax r ey t

由于词类知识已经足够处理很多同形异义词的排歧问题,所以在实际应用中,我们对于标有词类信息的这些同形异义词存储不同的发音,以便进行同形异义词的排歧;然后,对于上下文中给定的同形异义词,可以运行词类标注程序来选择正确的读音。

然而,还有一些同形异义词的不同发音只对应于同样的词类。

在上面的例子中,我们看到 bass 有两个不同的发音,但它们都对应于名词(一个含义表示"鱼",一个含义表示"低音乐器")。另一个这样的例子是 lead(对应于两个名词的发音各不相同,表示"导线"的名词发音为/l iy d/,表示"金属"的名词"铅"的发音为/l eh d/)。

我们也可以把某些缩写词的排歧(前面我们把这样的排歧看成是 NSW 的排歧)看成是同形异义词的排歧。例如,"Dr."具有 doctor(博士)或 drive(驾驶)歧义;"St."具有 Saint(神圣)或 Street(街道)歧义。

最后,还有一些单词的大写字母有差别,如 polish(擦亮)或 Polish(波兰的),这些单词仅只在句子开头或全部字母都大写的文本中才可以看成同形异义词。

在实际应用中,后面这几种同形异义词是不能使用词类信息来解决的,在 TTS 系统中通常可以忽略。

语音合成的下一个阶段是针对在文本分析中得到的已经归一化的单词符号串中的每一个单词,产生出单词的发音。这里,最重要的一个组成部分是大规模的发音词典。

但是,仅仅依靠词典还是不够的,因为实际的文本中总是包含有一些在词典中没有出现的单词。例如,1998 年,Black(布莱克)等把《牛津高级英语学习词典》(OALD)用于检验宾州 *Wall Street Journal* 树库的第一部分。在这一部分中共包括 39 923 个单词(词例),有 1 775 个单词(词例)是词典中没有的,占 4.6%,这 1 775 个词例(token)包括 943 个词型(type)。这些在词典中看不到的单词分布如下:

专有名称	未知词	其他类型
1 360	351	64
76.6%	19.8%	3.6%

因此必须从两个方面来加强词典的功能,一方面是处理名称(name),一方面是处理其他的未知词(unknown word)。下面我们将顺次讨论这些问题:词典、名称、其他未知词的字位-音位转换(grapheme-to-phoneme)规则。

首先讨论词典。

我们可以把各种不同的语音资源抽取出来进行计算。一种最重要的语音资源是发音词典(Pronunciation Dictionary)。这些在线的发音词典对于其中的每一个单词都给出了相应的语音转写。通用的在线英语发音词典有三部,它们是 CELEX,CMU 和 PROLEX;语言数据联盟(Language Data Consortium,LDC)还可以提供阿拉伯语、德语、日语、韩语、汉语普通话和西班牙语的发音词典。所有的这些发音词典既可以用于语音识别,也可以用于语音合成。分别介绍如下:

■ CELEX 发音词典:CELEX 是 Baayen(巴彦)等在 1995 年编写的。CELEX 是标注的信息最为丰富的一部词典。它包括 1974 年版的《牛津高级英语学习词典》(41 000 个原形词)和 1978 年版的《朗文现代英语词典》(53 000 个原形词)的全部单词,总共包含 160 595 个词形的发音。这些词形的发音(是英国英语的发音,不是美国英语的发音)使用 IPA 的一个 ASCII版本来转写,这个版本叫作 SAM。对于每一个单词,除了标出诸如音子串、音节和每一个音节的重音级别等基本的语音信息之外,还标出形态、词类、句法和频率等信息。CELEX(CMU 和 PRONLEX 也一样)把重音表示为三层:主重音、次重音和无重音。例如,在 CELEX 中,单词 dictionary 的信息包括各种发音信息('dIk-S@n-rI 和'dIk-S@-n@-rI 分别对应于 ARPAbet的[d ih k sh ax n r ih]和[d ih k sh ax n ax r ih])、与这些发音信息相应的元辅音的 CV 构架([CVC][CVC][CV]和[CVC][CV][CV][CV])、这个单词的频率,以及这个单词是名词,它的形态结构为 diction + ary 等信息。

■ CMU 发音词典:免费使用的 CMU 发音词典是 Carnegie Meilong University(卡内基梅隆大学,CMU)在 1993 年编写的。CMU 发音词典收录了大约 125 000 个词形的发音,使用了基于 ARPAbet 的 39 个音子推导出的音位集合来标注,按照音位来进行转写,没有标注诸如闪音化、弱化元音等表层的弱化特征,但是,CMU 发音词典对于每一个元音都标注了数字 0(无重音),1(重音)或 2(次重音)。因此,单词 tiger 标注为[T AY1 G ER0],单词 table 标注为[T EY1 B AH0 L],单词 dictionary 标注为[D HI1 K SH AH0 N EH2 R IY0],等等。尽管CMU 发音词典没有标注音节,但是,使用带数字的元音隐性地显示了音节的核心。表 15.9是 CMU 发音词典标音的一些样本。

CMU 发音词典是为语音识别而编写的,而不是为语音合成而编写的,因此,它不说明在多个读音中,哪一个读音是在语音合成时要使用的,也没有标明音节的边界。又由于 CMU词典中的中心词都用大写字母标出,因此,就不能区分 US 和 us,US 这个形式有[AH1 S](表示"我们")和[Y UW 1 EH1 S](表示"美国")两个不同的读音。

表 15.9　CMU 发音词典中标音的一些样本

ANTECEDENTS	AE2 N T IH0 S IY1 D AH0 N T S	*PAKISTANI*	P AE2 K IH0 S T AE1 N IY0
CHANG	CH AE1 NG	*TABLE*	T EY1 B AH0 L
DICTIONARY	D IH1 K SH AH0 N EH2 R IY0	*TROTSKY*	T R AA1 T S K IY2
DINNER	D IH1 N ER0	*WALTER*	W AO1 L T ER0
LUNCH	L AH1 N CH	*WALTZING*	W AO1 L T S IH0 NG
MCFARLAND	M AH0 K F AA1 R L AH0 N D	*WALTZING*(2)	W AO1 L S IH0 NG

■ PRONLEX 发音词典:PRONLEX 是为语音识别而设计的,由 LDC 于 1995 年编写。PRONLEX 包含 90 694 个词形的发音。它可覆盖多年来在 *Wall Street Journal* 和 Switchboard 语料库(Switchboard Corpus)中使用的单词。PRONLEX 的优点是它收录了大量的专有名词(大约收录了 20 000 个专有名词,而 CELEX 只收录了大约 1 000 个专有名词)。在实际的应用中,专有名词是很重要的,它们的使用频率较高,处理起来难度较大。

■ UNISYN 发音词典:这部发音词典包含 110 000 个单词,可以免费提供做研究之用,这部发音词典是专门为语音合成而编制的,因此,它可以解决上面提到的很多问题。UNISYN 给出了音节、重音以及形态边界。另外,UNISYN 中单词的读音还可以用很多方言读出来,包括通用的美式英语、RP 英式英语、澳大利亚英语等。UNISYN 使用的音子集稍微有些不同,下面是一些例子:

$$going:\{ g * ou \}.> i ng >$$
$$antecedent:\{ * a n . t̂ i . s \sim ii . d n! t \}> s >$$
$$dictionary:\{ d * i k . sh @ . n \sim e . r ii \}$$

另外一种有用的语音资源是语音标注语料库(phonetically annotated corpus),在语音标注语料库中,所有的语音波形都是使用相应的音子串手工标注的。重要的英语语音标注语料库有三个,它们是 TIMIT 语料库、Switchboard 语料库和 Bukeye 语料库。

■ TIMIT 语料库:这个语料库是美国的德州仪器公司(Texas Instruments,TI)、MIT 和 SRI 联合研制的,由 NIST 于 1990 年公布。这个语料库包括 6 300 个朗读的句子,由 630 个发音人来朗读,每一个发音人朗读 10 个句子。这 6 300 个句子是从事先设计好的 2 342 个句子中抽取出来的,有的抽取出来的句子带有特殊的方言语音惯用色彩,其他的一些句子也尽可能地把双音素的语音也包含进来。语料库中的每一个句子都是用手工进行语音标注的,音子的序列自动地与句子的波形文件对齐,然后再对于已经自动标注过的音子的边界进行手工修正。修正的结果形成时间对齐的转写(time-aligned transcription)。在这种时间对齐的转写中,每一个音子都与波形的开始时间和结束时间相对应。图 15.17 就是这种时间对齐的转写的一个实例。

表 15.10 是 TIMIT 语料库和 Switchboard 转写语料库中的音子集,它比 ARPAbet 的最

小的音位版本更加细致。具体地说,这个语音转写使用了各种弱化的音子或少见的音子。例如颤音[dx],喉塞音[q],弱化元音[ax]、[ix]和[axr]、音位[h],以及浊化变体[hv],成阻的塞音音子[dcl]和[tcl]等,除阻的塞音音子[d]和[t]等。表 15.10 是一个转写的例子。

表 15.10　取自语料库 TIMIT 中的语音转写例子

she	had		your	dark		suit	in	greasy		wash	water		all	year
sh iy	hv ae dcl		jh axr	dcl d aa r kcl		s ux q	en	gcl g r iy s ix		w aa sh	q w aa dx axr q		aa1	y ix axr

在看表 15.10 的时候请注意:had 中的[d]出现腭化,dark 中的最后一个塞音没有除阻,suit 中的最后一个音[t]腭化为[q],water 中的[t]读为颤音。TIMIT 语料库中的每一个音子也是时间对齐的。

■ Switchboard 转写语料库:TIMIT 语料库是建立在朗读语音的基础之上的,最近研制的 Switchboard 转写语料库课题则是建立在对话语音的基础之上的。语音标注的部分包括从各种对话中抽取出来的大约 3.5 小时的句子。这个语料库与 TIMIT 语料库一样,每一个标注的话段也包含时间对齐的转写。不过,Switchboard 语料库是在音节的平面上进行转写的,而不是在音子的平面上进行转写的;因此,一个转写包含一个音节序列以及在相应的波形文件中每一个音节的开始时间和结束时间。表 15.11 是 Switchboard 转写语料库课题中句子"They're kind of in between right now"的语音转写。

表 15.11　Switchboard 语料库中句子"They're kind of in between right now"的语音转写

0.470	0.640	0.720	0.900	0.953	1.279	1.410	1.630
dh er	k aa	n ax	v ih m	b ix	t w iy n	r ay	n aw

在看表 15.11 时请注意:They're 和 of 已经弱化,在 kind 和 right 中音节尾消失,of 由于与 in 的音节头相连接而变为[v],这是一种再音节化现象。从句子开始到每一个音节的开头都以秒为单位给出了数字来表示时间。

■ Buckeye 语料库:这是 Pitt(皮特)等在 2005 年研制的美国英语自发语音的转写语料库,包含来自 40 个谈话者的 300 000 个单词。

其他的语言也建立了语音转写语料库。例如,德国建立了通用的德语 Kiel 语料库,中国社会科学院建立了若干个汉语普通话的转写语料库。

除了语音词典和语音语料库之类的语言资源之外,还有很多有用的语音软件工具。其中用途最广、功能最丰富的是免费的 Praat 软件包。这个 Praat 软件包可以做声谱和频谱的分析、音高的抽取、共振峰的分析,还可以作为自动控制中的嵌入式脚本语言(embedded scripting language)。Praat 软件包可以在 Microsoft,Macintosh 和 Unix 等环境下使用。

现在我们来讨论名称(name)。

前面我们讨论的未知词的分布情况说明了名称的重要性。名称也叫作命名实体（Naming Entity, NE）。名称包括人名（人的名字和人的姓氏）、地理名称（城市名、街道名和其他的地名）和商业机构名称等。

我们这里仅考虑人名，Spiegel（施丕格尔）在 2003 年估计，仅仅在美国，大约有 200 万个不同的姓氏和 10 万个名字。200 万是一个非常大的数字，比 CMU 发音词典的整个容量大一个多的数量级。正是由于这样的原因，大规模的 TTS 系统都包含一部很大的名称发音词典。正如我们在表 15.9 中看到的，CMU 发音词典本身就包含了各种不同的名称（如 Trotsky, Walter 等），特别是还包含了频率最高的 5 000 个姓氏的发音和 6 000 个名字的发音，其中，姓氏频率统计的数据是根据原 Bell 实验室对于美国人名的频率统计的一些结果得出的。

究竟需要多少个名称才算足够呢？

Liberman 和 Church 发现，在容量为 4 400 万单词的 AP newswire 语料库中，包含 5 万个名称的词典覆盖名称的词例数可以达到 70%。有趣的是，很多不包含在词典中的其他名称（占这个语料库中的词例高达 97.43%）可以通过简单地修改这 5 万个名称而得到，例如，给词典中的名称 Walter 或 Lucas 加上带中重音的后缀，就可以得到新的名称 Walters 或 Lucasville。其他的发音还可以通过韵律类推的方法得到。例如，如果我们知道名称 Trotsky 的发音，而不知道名称 Plotsky 的发音，我们用词首的/pl/来替换 Trotsky 词首的/tr/，就可以得到 Plotsky 的发音。

诸如此类的技术，包括形态分解、类推替换以及把未知的名称映射到已经存储在词典中的拼写变体的技术，已经在名称发音研究中取得了一定的成绩。但是，总的说来，名称的发音仍然是一个困难的问题。很多现代的系统采用字位-音位转换的方法来处理未知的名称，通常需要建立两个预测系统：一个是系统预测名称，一个是系统预测非名称。

现在来讨论字位-音位转换。

当我们对非标准词进行了扩充，并且在发音词典中查找它们的时候，我们需要把那些剩下的未知的单词读出音来。这种把字母序列转换成音子序列的过程叫作字位-音位转换（grapheme-to-phoneme conversion），有时简称为 g2p。所以，字位-音位转换算法的目标在于把如 cake 这样的字母串转换成如[K EY K]这样的音子串。

早期的算法就是一些手写规则，它们都是 Chomsky-Halle 重写规则。这样的规则通常叫作字母-语音规则（letter-to-sound rules, LTS 规则）。有时，我们还会用到这样的规则。LTS规则是按照顺序来使用的，仅当前面规则的上下文条件不符合的时候，才可以使用下面一条规则（默认规则）。例如，我们可以用如下一对规则来描述字母 c 的发音规则：

$$c \rightarrow [k] / \_ \langle a,o \rangle V \quad （依赖于上下文的规则） \tag{15.11}$$

$$c \rightarrow [s] \quad （独立于上下文的规则） \tag{15.12}$$

实际的规则应该比这样的规则复杂得多（例如，在 cello 或 concerto 中，c 也可以读为[ch]）。

更加复杂的规则是那些描述英语重音的规则。众所周知,在英语中的重音是非常复杂的。我们来考察一下 Allen(艾伦)等在 1987 年描写的很多重音规则中的一个,在这个规则中,符号 X 表示所有可能的音节头:

$$V \rightarrow [+ \text{strees}] / X\_C * \{V_{\text{short}}CC? \mid V\} \{V_{\text{short}} C * \mid V\} \tag{15.13}$$

这个规则表示了如下两种情况:

(1) 如果一个音节后面跟着一个弱音节,在这个弱音节的后面跟着一个由一个短元音和 0 个到多个辅音组成的位于语素结尾的音节,那么给该音节中的元音的重音标注为 1(例如,difficult 中的音节-ffi,后面跟着弱音节-cult,其结构是 $V_{\text{short}} C *$,在这个弱音节后面是短元音-u-和两个辅音-lt)。

(2) 如果一个音节的前面是一个弱音节,后面跟着的元音是语素结尾,那么给该音节中的元音的重音标注为 1(例如 oregano 中的音节-no、元音 o,其结构是 V,它处于语素结尾)。

很多现代的系统还在使用这些复杂的手写规则,但是,很多系统不使用这样的手写规则而依赖于自动或半自动的机器学习,取得了更加精确的成果。1984 年,Lucassen(卢卡森)和 Mercer(梅尔赛尔)首次把这种概率性的字位-音位转换问题加以形式化,把这个问题表述为:对于给定的一个字母序列 L,我们要搜索出概率最大的音子序列 P,

$$\hat{P} = \arg \max_{P} P(P \mid L) \tag{15.14}$$

这种概率方法要建立一个训练集和一个测试集,它们中的单词都来自发音词典,每一个单词都要标出它的拼写和读音。下面我们说明怎样训练一个分类器来估计概率 $P(P \mid L)$,并且用这样的方法产生出一个未知词的读音。

大多数的字母-音子转换算法都假定我们已经进行了对齐(alignment),已经知道了每一个字母与什么样的音子相对应。在训练集中,对于每一个单词,我们都需要这样的对齐。一个字母可能与多个音子对齐(例如,x 通常与 k s 对齐),或者也可能根本不与任何音子对齐(例如,在下面对齐中,cake 的最后一个字母就不与任何音子对齐,标为 ε)。

L:c a   k e
  | | | |
P:K EY   K ε

发现这种字母-音子对齐的方法之一是 Black(布莱克)等在 1998 年提出的半自动方法。之所以说他们的方法是半自动的,是因为这种方法要依靠手写的可容许音子(allowable phones)表,在这个表中描写出每一个字母的可容许音子。

下面是字母 c 和 e 的可容许音子表:

c:k ch s sh t-s ε

e:ih iy er ax ah eh ey uw ay ow y-uw oy aaε

为了使训练集中的每一个单词都得到一个字母-音子对齐,我们对所有的字母都要做出这样的可容许音子表,并且对于训练集中的每一个单词,我们都要找出符合可容许音子表要求的发音和拼写之间的所有的对齐。从这个很大的对齐表出发,我们把所有单词的所有对齐加起来,计算出与每一个音子(可能是多音子或 ε)对齐的每一个字母的总计数。对于这些计数进行归一化之后,对于每一个音子 p_i 和字母 l_j,我们得到概率 $P(p_i \mid l_j)$:

$$P(p_i \mid l_j) = \frac{\text{count}(p_i, l_j)}{\text{count}(l_j)} \tag{15.15}$$

现在,我们可以使用这样的概率,对字母和音子进行再对齐,使用 Viterbi 算法对于每一个单词产生出最佳的 Viterbi 对齐结果,其中每一个对齐的概率就是所有个别的音子/字母对齐概率的乘积。这样一来,对于每一个训练偶对 (P, L),其结果就得到一个单独的最佳对齐 A。

如果给出一个新的单词 w,现在我们需要把这个单词的字母映射为一个音子串。我们需要在已经对齐的训练集的基础上来训练一个机器学习分类器。这样的分类器观察到单词中的一个字母,然后把它相应地转换成概率最大的音子。

显而易见,如果我们把观察的范围扩大到围绕该字母前后的一个窗口,就可能把预测音子的工作做得更好一些。例如,我们来考察字母 a 的转换问题。在单词 cat 中,字母 a 读音为/AE/;但是,在单词 cake 中,字母 a 的读音却为/EY/,这是因为单词 cake 有一个词末的 e,因此,知道是否有一个词末的 e 是一个很有用的特征。典型地说,在窗口中,我们一般要观察前面的 k 个字母和后面的 k 个字母。

另外一个很有用的特征,就是我们已经正确地识别了前面的音子。知道了前面已经正确地识别的音子,我们就可以把某些关于音子配列的信息加入到我们的概率模型中来。当然,我们不可能真正地识别前面的音子,但是,可以使用我们的模型来预测前面的音子,通过观察前面的音子来大致地进行估计。为了做到这一点,需要从左到右运行分类器,一个一个地顺次生成音子。

总的来说,在大多数通用的分类器中,当前面已经生成了 k 个音子的时候,每一个音子的概率 p_i 要从包含前面 k 个字母和后面 k 个字母的窗口中来进行估计。

图 15.36 大致地说明了分类器如何给单词 Jurafsky 中的字母 s 选择音子的这种从左到右的处理过程。

在判定计算语言学家 Jurafsky 中的字母 s 时,需要从左到右把字位转换为音位;特征用阴影显示,上下文窗口的 $k = 3$(在实际的 TTS 系统中使用的窗口的大小 $k = 5$ 或者更大)。转换时要考虑如下特征:

- $s(l_i)$ 前面的字母 $l_{i-3}, l_{i-2}, l_{i-1}$;
- $s(l_i)$ 后面的字母 $l_{i+1}, l_{i+2}, l_{i+3}$;
- $s(l_i)$ 前面字母音子的概率 $p_{i-3}, p_{i-2}, p_{i-1}$。

此外,我们还可以在音子集合中加入重音信息,把重音的预测也结合到音子的预测中。

例如,我们可以给每一个元音做两个复件(例如 AE 和 AE1),或者我们甚至可以采用 CMU 发音词典中把重音分为三个级别 AE0,AE1,AE2 的方法。

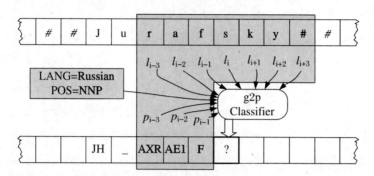

图 15.36   在判定计算语言学家 Jurafsky 中的字母 s 时,从左到右
把字位转换为音位的过程

取自 Jurafsky 的 *Speech and Language Processing*(2009),谨此致谢

另外一个有用的特征是单词的词类标记(大多数的词类标注器都可以估计出单词的词类标记,甚至可以估计出未知词的词类标记)。此外,还可以使用前面的元音是否重读的信息,甚至还可以使用字母的类别信息(字母大致对应于辅音、元音、流辅音等等)。

在图 15.36 中,特征用阴影显示出来,上下文窗口的大小 $k=3$,待判定的字母 s 前面的三个字母从右到左分别是 f,a,r;待判定的字母 s 后面的三个字母从左到右分别是 k,y,♯。

在某些语言中,我们还必须注意关于下面一个单词的特征。在法语中有一种叫作连音变读(liaison)的现象,某些单词的词末音子的读音与该单词后面是否还有单词,或者后面的单词是否以辅音开头或者以元音开头有关。例如,法语单词 six 可以读为[sis](在 j'en veux six(我要 6 个)中),[siz](在 six enfants(6 个孩子)中),[si](在 six filles(6 个女孩)中)。

最后,大多数的语音合成系统都分别建立了两个字位-音位分类器:一个分类器用于未知的人名,另一个分类器用于其他的未知词。对于人名的发音来说,使用一些附加的特征指明该人名来自哪一种外语,显然是很有帮助的。这些特征可以作为基于字母序列的外语分类器的输出。

决策树和逻辑回归都是条件分类器,对于给定的字符序列,它们要计算出那些具有最高条件概率的音位串。目前很多的字位-音位转换都使用一种联合分类器,其中的隐藏状态叫作字位音位(graphone),这种字位音位是音子和字符的结合体。

从符合正词法的文本到语音的转录过程只是描述了在实际生成语音的文本-语音转换系统 TTS 中输入的主要部分的产生过程。输入的另外一个重要部分是韵律(prosody)。韵律这个术语一般用于表示句子发音中没有用从词典中推导出的语音序列来描写的那些方面。韵律是在比语音更长的语言单位上起作用的,因此,韵律的研究有时也叫作超音段现象(suprasegmental phenomena)的研究。

韵律有三个主要的音系学性质：突显度（prominence）、结构（structure）、调（tune）。突显度是用于覆盖重音和重读的一个广义的术语。

（1）突显度。突显度是音节的一个性质，而且它的描述通常都是相对的，只是说明一个音节比另外一个音节显得更加突出。发音词典要标出词重音。例如，table 的重音在第一个音节，而 machine 的重音在第二个音节。像 there，the 或 a 这样的虚词，通常是完全不重读的。当若干个词结合在一块儿的时候，它们的重音模式也会结合起来，在更大的组合体中形成一个更大的重音模型。重音结合时要遵从一些规则。例如，像 new truck（新卡车）这样的形容词-名词组合的重音在右侧的词（new ＊ truck），而像 ＊ tree surgeon（树木医生）这样的名词-名词组合的重音则在左侧。不过，一般地说，这样的规则都有例外，所以，重音的预测就是一个非常复杂的问题。例如，名词-名词组合 ＊ apple cake（苹果蛋糕）的重音在第一个单词，而名词-名词组合 apple ＊ pie（苹果馅饼）的重音则在第二个单词。还有，韵基（rhythm）的作用可以使重读音节稍微有所扩展，例如，city ＊ hall（市政厅）和 ＊ parking lot（停车区）结合成 ＊ city hall ＊ parking lot。最后，重音的位置受到话语因素的强烈影响，例如，新词语或作为焦点的词语经常重读。

突显度有助于突出话语的重点。例如，"Legumes are a good source of vitamine"这个句子，根据不同的问话，可以突出句子中不同的单词（用大写字母表示）：

Q1：What types of foods are a good source of vitamins?

A1：LEGUMES are a good source of vitamins.

Q2：Are legumes a source of vitamins?

A2：Legumes are a GOOD source of vitamins.

Q3：I've heard that legumes are healthy, but what are they a good source of?

A3：Legumes are a good source of VITAMINS.

（2）结构。句子的韵律结构是指某些词似乎自然地结合在一起，而某些词似乎有明显的间隔或者彼此分开。通常用韵律短语（prosodic phrasing）来描述韵律结构，具有同样的韵律短语结构的一段话语应该具有同样的句法结构。例如，句子"I wanted to go to London, but could only get tickets for France"似乎包含两个主要的韵律短语，它们的边界就在逗号处。这些较大的韵律单位通常使用的术语有：语调短语（intonational phrase，IP）、语调单位（intonational unit）、调单位（tune unit）。另外，在第一个短语中，似乎还有更小的韵律短语边界，通常叫作中间短语（intermediate phrases），把单词做如下的分割："I wanted ｜ to go ｜ to London"。

韵律短语和次短语的精确定义以及它们与诸如子句和名词短语之类的句法短语及语义短语之间的关系，过去一直是而且现在仍然是语音合成研究中很多争论的主要内容。尽管这个问题十分复杂，学者们还是提出了一些算法试图自动地把输入文本的句子分割为一些语调短语。一些学者曾经根据周围单词的词类特征,在单词和它下面一个单词中语段的长度特征,从语段的开始或者从语段的结尾的潜在边界的距离特征,以及周围的单词是否有重音等特征,建立统计模型,导入概率预测参数来预测语调短语的边界。

短语的分割有助于区分歧义:

例如,"I met Mary and Elena's mother at the mall yesterday",根据短语分割情况的不同可以表示不同的意思:

I met [Mary and Elena's mother] at the mall yesterday.

I met [Mary] and Elena's mother at the mall yesterday.

又如,"French bread and cheese" 根据短语分割情况的不同可以表示不同的意思:

French [bread and cheese]

[French bread] and [cheese]

(3) 调。具有同样的突显度和短语模型的两段话语可能由于具有不同的调(tune)而在韵律上有所不同。调就是话语的语调节律。我们来考虑语段"Oh,really"。不用改变短语和重音,只要改变语调,这个语段也会有很多变体。例如,我们可以激动地说"Oh,really!"(当有人告诉你中了彩票,你激动地做出的回应);也可以怀疑地说"Oh,really?"(当你不相信说话人所说的是真实的时候),也可以愤怒地说"Oh,really!"来表达你的不快。

语调具有区别意义作用。陈述语调和疑问语调表示的意义是不同的。

例如,"Legume is a good source of Vitamine"的陈述语调比较平:

Legumes are a good source of vitamins.

而疑问语调就把 are 的调提得比较高:

Are legumes a good source of vitamins?

语调可以分解成一些组成部分,其中最重要的组成部分是音高重音(pitch accent)。音高重音出现在重读音节中,形成 F_0 曲拱的一个特殊模式。根据模式的类型,可以产生不同的效应。

音高重音分类的最流行的模式是 Pierrehumbert 模式(Pierrehumbert Model)或 ToBI 模式(Tones and Break Indicex,调和间隔指数模式)。这个模式指出,英语中共有六种音高重音,它们是由高调 H 和低调 L 两个简单的调按不同的方式组合而成的。H+L 模式形成降调,L+H 模式形成升调。星号(*)用于表示调(包括升调或降调)落到的那个重音音节。这样一来,可形成的音高重音模式有:

H * (重音高调);

L * (重音低调);

L+H * (低调+重音高调);

L * +H(重音低调+高调);

H+L＊(高调＋重音低调)；

H＊+L(重音高调＋低调)。

除了音高重音之外,该模式还有两个短语重音 L-和 H-、两个边界调 L%和 H%,它们用于短语的结尾以控制语调的升或者降。

其他的语调模型与 ToBI 模型的不同之处在于,它们不使用离散的音位类别来表示语调重音。例如,Tilt(提尔特)和 Fujisaki(藤崎博也)使用连续的参数而不使用离散的范畴来模拟音高重音。这些研究者试图证明,离散模型通常比较直观,便于掌握;而连续模型则可能具有更高的鲁棒性和更高的精确性,更加便于计算之用。

凸显度、结构和调这三个音位因素相互作用,并且在各种不同的语音和声学现象中被实现。突显的音节一般比非突显的音节要读得重一些,读得长一些。韵律的短语边界通常有停顿,边界之前的音节变长,有时,边界处的音高变低。语调的不同则表现为基频(F_0)曲拱的差异。

TTS 的主要任务是生成韵律的适当的语言表示,并且从这样的语言表示出发,生成适当的声学模式,而这样的声学模式将表现为输出语音的波形。这样的一个韵律成分在 TTS 系统中的输出就是音子的一个序列,每个音子都具有一个音延(duration)的值和一个音高(pitch)的值。每个音子的音延与语音上下文有关。F_0 的值受到上面讨论过的各种因素的影响,包括词重音、句子的重读或焦点成分以及话语的语调(例如,疑问句中后面部分的语调要升高)。图 15.37 是 FESTIVAL 语音合成系统对于句子"Do you really want to see all of it?"的 TTS输出的一个样本。这个句子的精确的语调曲拱如图 15.38 所示。

				H*											L*		L-H%	
do		you		really				want				to		see		all		of	it
d	uw	y	uw	r	ih	l	iy	w	aa	n	t	t	ax	s	iy	ao	l	ah	v	ih	t
110	110	50	50	75	64	57	82	57	50	72	41	43	47	54	130	76	90	44	62	46	220

图 15.37　句子"Do you really want to see all of it?"在 FESTIVAL 语音合成器中的输出

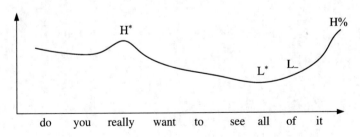

图 15.38　FESTIVAL 语音合成系统生成的图 15.37 中的

示例句子的 F_0 曲拱

如上所述,确定一个句子的韵律模式是很困难的,因为我们需要用真实世界的知识和语义学的信息来判别要重读什么样的音节,要应用什么样的语调。这一类信息很难从文本中抽取出来,因此,韵律模式通常只能产生输入文本的"中性的陈述句",并且假定,在说这样的句子的时候,不需要参照话语的历史或者现实世界的事件。这是在 TTS 中语调总是显得有些"呆板"的一个主要原因。

语音合成是语音和语言处理中最早的研究领域。早在 18 世纪,就出现了关于发音过程的一些物理模型,例如,我们在第 1 章介绍过的 Von Kempelen 设计的 Kempelen 机以及在 1773 年 Kratzenstein 在哥本哈根使用管风琴的管子模拟的元音模型。

不过,可以明确地说,语音合成的现代化的新时代是在 20 世纪 50 年代初才到来的,在这个时候,人们提出了波形合成的三种主要的范型:毗连合成、共振峰合成、发音合成。

毗连合成最早似乎是 1953 年由 Harris(哈里斯)在 Bell 实验室提出的,他的方法是把与音子对应的磁带片段按照字面的顺序拼接在一起。Harris 提出的这种方法实际上更接近于单元选择合成,而不同于双音子合成。他建议,对于每一个音子都要存储多个复本,并且使用连接代价来进行选择(选择转移到相邻单元时具有最为平滑的共振峰的那些单元)。Harris 的模型是建立在单音子基础上的,而不是建立在双音子基础上,由于存在协同发音,显然会产生一些问题。

1958 年,Peterson(彼得森)等对于单元选择合成提出了一些基础性的思想,他们提出,要使用双音子和数据库,对于每一个音子都要存储多个具有不同韵律的复本,且每一个复本都要标注韵律特征,如 F_0、重音、时延等,并且还要使用基于 F_0 和相邻单元共振峰距离的连接代价来进行选择。他们还提出了给波形加窗的微毗连技术。Peterson 等的模型是纯理论的模型,直到 20 世纪六七十年代,毗连合成还没有得到实现,而与此同时,双音子合成却首次得到了实现。后来的双音子合成系统可以包含像辅音聚类这样大的单元。1992 年,学者们又提出了单元选择合成技术的理论,包括非均匀长度大单元的理论,使用目标代价的理论,后来他们把这样的理论形式化了,使之变成了形式模型。1996 年,Donovan(多罗万)把语音识别中使用的决策树聚类算法引入到语音合成中。很多关于单元选择的创新都作为 AT&T 的 NextGen 语音合成器的一部分被采用了。

语音合成目前主要采用毗连合成范型,此外,还有两个语音合成的范型:一个是共振峰合成(formant synthesis),一个是发音合成(articulatory synthesis)。共振峰合成范型试图建立规则来生成人工声谱,其中包括生成共振峰的规则。发音合成范型试图直接地给声道和发音过程的物理机制建模。

共振峰合成器(formant synthesizers)来源于采用生成人工声谱的方法惟妙惟肖地模仿人类话语的尝试。Haskin(哈斯金)实验室的模式反演机器使用在运动的透明带子上印出声谱模式的方法以及反光过滤波形谐波的方法来生成声音的波形。其他早期的共振峰合成器还有 1951 年 Fant(范特)的合成器和 1953 年 Lawrence(洛伦兹)的合成器。最为著名的共振峰合成器大概应当算 Klatt 共振峰合成器(Klatt formant synthesizer)及其后续系统,例如

MITalk 系统、数字设备公司 DECtalk 使用的 Klattalk 软件。

发音合成器(articulatory synthesizer)试图把声道作为一个开放的管道模拟其物理机制，从而合成语音。早期的以及较为近期的有代表性的模型有 1953 年 Stevens(斯蒂文)等的模型、1975 年 Flanagan(弗拉纳甘)等的模型、1986 年 Fant(范特)的模型。

TTS 中的文本分析部分的研制出现得比较晚，作为一种技术，文本分析是从自然语言处理的其他领域中借用过来的。早期的语音合成系统的输入不是文本，而是一些音位(使用穿孔卡片键入)。第一个采用文本作为输入的 TTS 系统似乎是 Umeda(吴默达)等的系统。这个系统包括一个词汇化的剖析器，可以给文本指派韵律边界以及重读和重音；在 Coker(科克)等扩充的系统中，还增加了更多的规则，例如，没有重读的轻动词规则，以及他们研制的发音模型规则等。这些早期的 TTS 系统使用带有单词发音的发音词典。为了进一步扩充使其具有更多的词汇，诸如 MITalk 这样的早期基于共振峰的 TTS 系统，还使用字母-发音的转换规则来代替发音词典，因为存储大型的发音词典，计算机的存储开销是非常大的。

现代的字符-音位转换模型来自 Lucassen(卢卡森)和 Mercer(梅尔赛尔)早期的概率字符-音位转换模型，这个模型本来是在语音识别的背景下提出来的。不过，目前广为使用的机器学习模型出现得比较晚，这是因为早期传闻的一些证据认为，手写的规则会工作得更好。1999 年，Damper(丹培尔)等经过仔细的比较之后说明，在一般情况下，机器学习方法更具优越性。一些这样的模型使用类比方法来发音，此外还提出了潜在类比的方法、HMM 的方法。最新的研究是使用联合字符模型(joint grapheme model)，在联合字符模型中，隐藏变量是音位-字符偶对，概率模型与其说是基于联合概率的，不如说是基于条件似然度的。

在韵律研究方面，有一个重要的计算模型叫作"藤崎模型"(Fujisaki model)，是由日本东京大学的藤崎博也(Fujisaki Hiroya)提出的。IViE 是 ToBI 的扩充，其重点在于标注英语的各种变体。关于语调结构的单元存在着不少的争论，包括语调短语(intonational phrase)、语调单元(intonation unit 或 tone unit)的争论，以及它们与从句和其他句法单元的关系的争论。

语音合成的一些最新的工作重点是研究如何生成有感情的话语。语音合成的一个极为引人注目的新的范式是 HMM 合成(HMM synthesis)，最近学者们对这个范式做了进一步的加工。

为了推动语音合成的研究，人们举行一年一度的语音合成比赛，这个比赛叫作"暴风雪挑战"(Blizzard Challenge)，我国科大讯飞信息科技股份有限公司每年都参加这个比赛。

语音合成领域的杂志有 *Speech Communication*，*Computer Speech and Language*，*IEEE Transaction on Audio*，*Speech and Language* 以及 *ACM Transactions on Speech and Language Processing* 等。语音合成国际会议出版物主要有语音工程会议(INTERSPEECH, IEEE ICASSP)的会议录以及语音合成研讨会(Speech Synthesis Workshop)的会议录。

15.4 语音自动识别的方法

语音自动识别(Automatic Speech Recognition,ASR)研究的目标就是用计算机来建立语音识别系统,把声学信号映射为单词串。

语音自动理解(Automatic Speech Understanding,ASU)研究的目标不仅仅是产生单词,还要产生句子,并且在某种程度上理解这些句子。

显而易见,语音自动理解是语音自动识别的高级阶段。

任何说话者和任何环境下的语音自动转写的一般问题还远远没有解决。但是,近年来,ASR 的技术在某些限定的领域内还是可行的,这显示了 ASR 技术的成熟。

在详细介绍语音识别的总体结构之前,我们来讨论一下有关语音识别工作的一些参数。

(1) 词汇量的大小。语音识别工作的一个可变的维度是词汇量的大小。如果我们要识别的不同的单词的数量比较少,语音识别就会容易一些。只有两个单词的词汇量的语音识别,例如,辨别 yes 还是 no,或者识别只包括 11 个单词的词汇量的数字序列(从 zero 到 nine 再加上 oh),也就是所谓的数字识别工作(digit task),这样的语音识别是比较容易的。另一方面,对于那些包含 20 000 到 60 000 个单词的大词汇量语音识别,例如,转写人与人之间的电话会话,或者转写广播新闻,这样的语音识别就困难得多。

(2) 语音的流畅度和自然度。语音识别的第二个可变的维度是语音的流畅度和自然度。在孤立单词(isolated word)的识别中,每一个单词被某种停顿所包围,孤立单词的识别就比连续语音(continuous speech)的识别容易得多,因为在连续语音的识别中,单词是前后彼此连续的,必须进行分割。连续语音识别的工作本身困难程度也各有不同。例如,人对机器说话的语音识别就比人对人说话的语音识别容易得多。识别人对机器说话的语音,或者是以阅读语音(read speech)的方式来大声地朗读(模拟听写的工作),或者用语音对话系统来进行转写,都是比较容易的。识别两个人以对话语音(conversational speech)的方式彼此谈话的语音,例如,转写商业会谈的语音,这样的语音识别就困难得多。当人对机器讲话的时候,他们似乎总是把他们的语音加以简化,尽量说得慢一些,说得清楚一些,这样的语音也就比较容易识别。

(3) 信道和噪声。语音识别的第三个可变的维度是信道和噪声。听写(dictation)工作(以及语音识别的很多实验室研究)是在高质量的语音以及头戴扩音器的条件下进行的。头戴扩音器就可以消除把扩音器放在桌子上时所发生的语音失真(因为把扩音器放在桌子上时,说话人的头会动来动去而造成语音失真)。任何类型的噪声都会使语音识别的难度加大。因此,在安静的办公室中识别说话人的口授比较容易,而识别开着窗子在高速公路上行驶的充满噪声的汽车中说话人的声音,就要困难得多。

（4）说话人的语音特征。语音识别的最后一个可变的维度是说话人的口音特征和说话人的类别特征。如果说话人说的是标准的方言，或者在总的情况下，说话人的语音与系统训练时的数据比较匹配，那么语音识别就比较容易。如果说话人操陌生的口音，或者是儿童的语音，那么语音识别就比较困难（除非语音识别系统是特别根据这些类型的语音来训练的）。

表 15.12 中的数据来自一些最新的语音识别系统，说明了在不同的语音识别任务中，识别错误的单词的大致百分比，这个百分比叫作词错误率（word error rate，WER）。

在表 15.12 中，广播新闻和电话对话（Conversational Telephone Speech，CTS）的错误率是根据特定的训练和测试方案得到的，可以作为一种粗略的估计数字；在这些以不同方式确定的任务中，词错误率的数值变化范围可以达到两倍之多。

表 15.12 2006 年公布的 ASR 在不同的任务（task）中的词汇量（vocabulary）和词错误率

任　务	词　汇	错误率/%
TI Digits	11（zero-nine，oh）	0.5
wall Street Journal read speech	5 000	3
wall Street Journal read speech	20 000	3
Broadcast News	64 000 +	10
Conversational Telephone Speech（CTS）	64 000 +	20

由于噪声和口音造成的变化会使错误率增加很多。据报道，对于相同的识别任务，带有浓重日本语口音或西班牙语口音的英语的词错误率比说母语的英语的词错误率大约高出 3～4 倍。把汽车的噪声提高 10 dB 信噪比（Signal-to-Noise Ratio，SNR）可能导致错误率上升 2～4 倍。

一般说来，语音识别的词错误率每年都在降低，这是因为语音识别的性能在不断地改进中。由于算法改进和摩尔定律（Moor's law）双重因素结合起来的影响，有人估计，在过去的十年内，语音识别性能的改进比例大约是每年提高 10%。

我们在这里描述的算法应用范围广泛，可以应用于语音识别的各个领域，在第 14 章中，我们曾经指出，目前的语音自动识别选择把重点放在大词汇量连续语音识别（Large-Vocabulary Continuous Speech Recognition，LVCSR）这个关键性领域的基础性问题上。这里所说的"大词汇量"，是指系统包含大约 20 000～60 000 个单词的词汇；这里所说的"连续"，是指所有单词是自然地、连续地说出来的。另外，我们将讨论的算法一般是"不依赖于说话人"的（speaker-independent），这意味着，这些算法可以识别人的真实语音。坚持"大词汇量连续语音识别"这个原则，语音识别取得了长足的进展，目前，语音识别系统已经走出了实验室，进入了实用化和商品化的新阶段。

在 LVCSR 中占统治地位的范式是隐 Markov 模型（HMM）。我们在第 14 章中已经介绍了 HMM 在语音自动识别中的应用,在本章中,我们在第 14 章的基础上,首先对语音识别的总体结构进行了概述;接着介绍用于特征抽取的信号处理、mel 频率倒谱系数(Mel Frequency Cepstral Coefficients,MFCC)特征的抽取、矢量量化、解码等技术的基本原理;最后介绍语音自动处理的历史和现状。

语音识别可以分为三个阶段:特征抽取阶段(feature extraction stage)、声学建模阶段(acoustic modeling stage)、解码阶段(decoding stage),如图 15.39 所示。

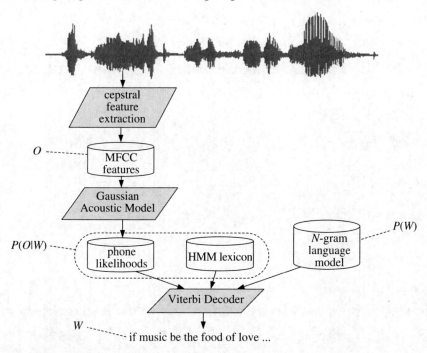

图 15.39　语音识别的三个阶段

从隐 Markov 模型的观点来看,在特征抽取阶段可获取观察值 O,在声学建模阶段可获取观察似然度 $P(O|W)$ 和先验概率 $P(W)$,在解码阶段可获取文本 W。

特征抽取阶段(feature extraction stage)在第 14 章中又叫作信号处理阶段(signal processing stage)。在这个阶段,语音的声学波形按照音片的时间框架(通常是 10,15 或 20 ms)来抽样,把音片的时间框架转换成声谱特征(spectral feature)。每一个时间框架的窗口用矢量来表示,每一个矢量包括大约 39 个特征,用以表示声谱的信息以及能量大小和声谱变化的信息。

声学建模阶段(acoustic modeling stage)在第 14 章中又叫作音子识别阶段(phone recognition stage)。在这个阶段,对于给定的语言单位(单词、音子、次音子),要计算观察到的声谱特征矢量的似然度。例如,我们要使用矢量量化技术(Vector Quantization,VQ)或高斯混合模型(Gaussian Mixture Model,GMM)分类器,对于 HMM 中与一个音子或一个次音子对应的每一个状态 q,计算给定音子与给定特征矢量的似然度 $P(o|q)$。在这个阶段的输出

可以用一种简化的方法把它想象成概率矢量的一个序列,在这个序列中,每一个概率矢量对应于一个时间框架,而每一个时间框架的每一个矢量就是在该时刻生成的声学特征矢量观察与每一个音子单元或次音子单元的似然度。

最后是解码阶段(decoding stage)。在这个阶段,我们取一个声学模型(Acoustic Model,AM),其中包括声学似然度的序列,再加上一个 HMM 的单词发音词典,再取一个语言模型(Language Model,LM,一般是一个 N 元语法),把声学模型与语言模型结合起来,输出最可能的单词序列。HMM 的单词发音词典就是单词的发音表,其中每一个发音用一个音子串来表示。因此,每一个单词可以想象成一个 HMM,其中,音子(有时是次音子)是 HMM 的状态,对于每一个状态,高斯似然度评估器给出 HMM 的输出似然度函数。大多数 ASR 系统使用 Viterbi 算法来解码,还采用各种精心设计的提升方法来加快解码的速度,这些方法有剪枝、快速匹配、树结构的词典等。

现在我们来讨论特征的抽取。我们的目标是描述怎样把输入的波形转换成声学特征矢量(feature vector)的序列,使得每一个特征矢量代表在一个很小的窗口内信号的信息。

有多种可能的方法来表示这样的信息。迄今最为普通的方法是 mel 频率倒谱系数。MFCC 是建立在倒谱(cepstrum)这个重要思想的基础之上的。我们将在比较高的水准上来描述从波形抽出 MFCC 的过程。

首先来讨论模拟语音波形的数字化和量化过程。

我们知道,语音处理的第一步是把模拟信号(首先是空气的压强,其次是扩音器的模拟电信号)转化为数字信号。这个模拟信号–数字信号转换(analog-to-digital conversion)的过程分为两步:第一步是抽样(sampling),第二步是量化(quantization)。信号是通过测定它在特定时刻的幅度来抽样的;每秒钟抽取的样本数叫作抽样率(sampling rate)。为了精确地测量声波,在每一轮抽样中至少需要有两个样本:一个样本用于测量声波的正侧部分,一个样本用于测量声波的负侧部分。每一轮抽样中的样本多于两个时,可以增加抽样幅度的精确性,但是,如果每一轮的样本数目少于两个,将会导致声波频率的完全遗漏。因此,可能测量的最大频率的波就是那些频率等于抽样率一半的波(因为每一轮抽样需要两个样本)。对于给定抽样率的最大频率叫作 Nyquist 频率(Nyquist frequency)。

前面我们说过,对于像 Switchboard 语料库这种电话带宽(telephone-bandwidth)的语音来说,8 000 Hz 的抽样率已经足够了。

8 000 Hz 的抽样率要求对于每一秒钟的语音度量达到 8 000 个幅度,所以,有效地存储幅度的度量是非常重要的。这通常以整数来进行存储,或者是 8 位,或者是 16 位。把实数值表示为整数的这个过程叫作量化(quantization),因为这是一个最小的颗粒度(量程规模),所有与这个量程规模接近的值都采用同样的方式来表示。

我们把经过数字化和量化的波形记为 $x[n]$,其中 n 是对于时间的指标。有了波形的数

字化和量化的表示，我们就可以来抽取 MFCC 特征了。这个过程可以分为七步，如图 15.40
所示。

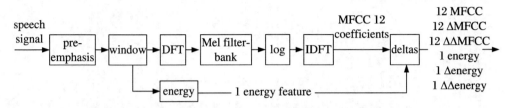

图 15.40　从经过数字化和量化的波形中抽取 39 维的 MFCC 特征矢量序列的过程

从图 15.40 可知，语音信号（speech signal）经过预加重（preemphasis）、加窗（window）、离
散傅里叶变换（DFT）、mel 滤波器组（mel filter bank）、对数表示（log）、逆向离散傅里叶变换
（iDFT）等过程，得到 12 个 MFCC 系数（MFCC 12 coefficients），与能量特征（energy）一起成
为 Delta 特征（Delta），最后得到 12 个倒谱系数（12 MFCCs）、12 个 Delta 倒谱系数（12
ΔMFCCs）、12 个双 Delta 倒谱系数（12 ΔΔMFCCs）、1 个能量系数（1 energy）、1 个 Delta 能量
系数（1 Δ energy）、1 个双 Delta 能量系数（1ΔΔ energy），一共 39 个 MFCC 特征。

现在我们对图 15.40 中的过程分别加以描述。

■ 预加重

MFCC 特征抽取的第一个阶段是加重高频段的能量，叫作预加重。已经证明，如果我们
观察像元音这样的有浊音的语音片段的声谱，我们就会发现，低频端的能量比高频端的能量
要高一些。这种频率高而能量下降的现象叫作声谱斜移（spectral tilt），它是由于声门脉冲的
特性造成的。加重高频端的能量可以使具有较高的共振峰的信息更加适合声学模型，从而改
善音子探测的精确性。

这种预加重使用滤波器来进行。[①]

图 15.41 是计算语言学家 Jurafsky 发单独的元音[aa]时，在预加重之前和预加重之后的
声谱片段。

■ 加窗

我们知道，特征抽取的目的是要得到能够帮助我们建立音子或次音子分类器的声谱特
征。我们不想从整段的话语或会话中抽取声谱特征，因为在整段的话语或会话中，声谱的变
化非常快。从技术上说，语音是非平稳信号（non-stationary signal），因此，语音的统计特性在
时间上不是恒定的。所以，我们只想从语音的一个小窗口（window）中抽取声谱特征，从而描
述特定的次音子，并大致地假定在这个窗口内的语音信号是平稳的（stationary），也就是假定

---

① 具备信号处理知识的读者都知道，预加重滤波器是一种一阶高通滤波器。在时域内，如果输入为 $x[n]$，且
$0.9 \leqslant a \leqslant 1.0$，则滤波器等式为 $y[n] = x[n] - ax[n-1]$。

语音的统计特性在这个区域内是恒定的。

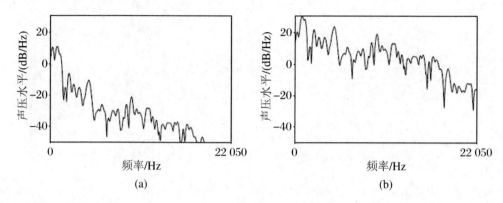

图 15.41 元音［aa］在预加重之前(a)和预加重之后(b)的声谱片段

我们使用加窗(windowing)的方法,使窗口抽取这种大致平稳的语音部分在窗口内的某个区域内语音信号不为零,其他区域为零,对语音信号运行这个窗口,抽出在这个窗口内的波形。

可以使用三个参数——窗口的宽度(width,单位:ms)、连续窗口之间的偏移(offset)、窗口的形状(shape)来刻画这种加窗的过程。我们把从每一个窗口抽出的语音叫作一帧(frame),把帧持续的时间(ms)叫作帧长(frame size),把连续窗口的左边沿之间相距的时间(ms)叫作帧移(frame shift)。

为了抽出信号,我们把时间 n 的信号值 $s[n]$ 与时间 n 的窗口值 $w[n]$ 相乘:

$$y[n] = w[n]s[n] \tag{15.16}$$

图 15.42 说明,因为抽取出的加窗的信号与原始的信号恰好是同样的,所以这种窗口的形状是矩形的。最简单的窗口就是这种矩形窗(rectangular window)。不过,这样的矩形窗会引起一些问题,矩形窗的边界处会支离破碎地切掉一些信号,使得信号不连续。当进行傅里叶分析(Fourier analysis)的时候,这种不连续性会导致一些问题。由于这样的原因,在MFCC 抽取中更加普遍使用的窗口是汉明窗(Hamming window),汉明窗在窗口的边界处把信号值收缩到零,从而避免了信号的不连续性。图 15.43 同时说明了这两种窗口。

计算公式如下(假定一个窗口的长度为 L 帧):

矩形窗计算公式:

$$w[n] = \begin{cases} 1, & 0 \leqslant n \leqslant L-1 \\ 0, & \text{其他} \end{cases} \tag{15.17}$$

汉明窗计算公式:

$$w[n] = \begin{cases} 0.54 - 0.46\cos\dfrac{2\pi n}{L}, & 0 \leqslant n \leqslant L-1 \\ 0, & \text{其他} \end{cases} \tag{15.18}$$

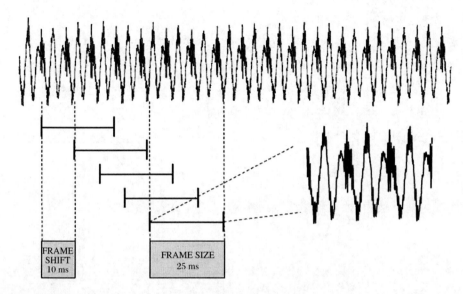

图 15.42　加窗过程

假定帧移是 10 ms,帧长是 25 ms,窗口是矩形窗

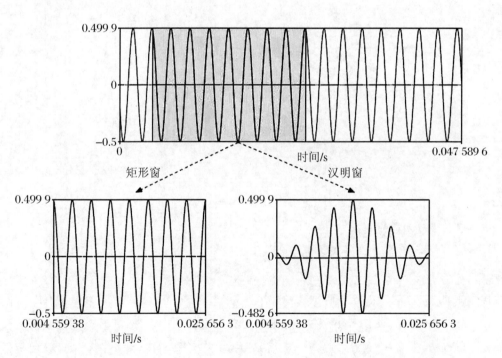

图 15.43　用矩形窗和汉明窗分别给正弦波的一部分加窗

■ 离散傅里叶变换(DFT)

下一步是抽取加窗信号的声谱信息。我们需要知道在不同频带上信号所包含的能量有多少。对于抽样的离散时间信号的离散频带,抽取其声谱信息的工具是离散傅里叶变换

(Discrete Fourier Fransform,DFT)。

DFT 的输入是加窗信号 $x[n]\cdots x[m]$,对于 N 个离散频带中的每一个频带,输出是一个复杂的数 $X[k]$,表示原信号中频率成分的振幅和相位。如果我们把频率和振幅之间的关系描画出来,就可以看到声谱(spectrum)。例如,图 15.44 说明了由汉明窗加窗的一个 25 ms 的信号,经过 DFT 计算之后得到的声谱(做了某些平滑处理)。

这里不介绍 DFT 的数学细节,我们只是说明,傅里叶分析一般是根据欧拉公式(Euler's formula)来进行计算的,计算时采用 j 作为一个虚拟单位,欧拉公式如下:

$$e^{j\theta} = \cos\theta + j\sin\theta \tag{15.19}$$

对于那些学过信号处理的读者,在这里简单地提醒一下,DFT 可定义如下:

$$X[k] = \sum_{n=0}^{N-1} x[n]e^{-j\frac{2\pi}{N}kn} \tag{15.20}$$

计算 DFT 的常用算法是快速傅里叶变换(Fast Fourier Transform,FFT)。用 FFT 算法来实现 DFT 是很有效的,不过,这时窗口的长度 N 的值必须是 2 的幂。

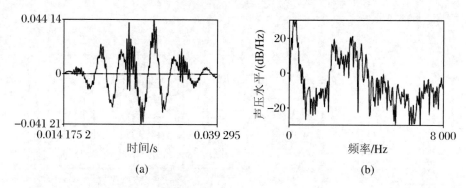

图 15.44 (a) 元音[iy]经过汉明窗加窗的一个 25 ms 的信号;(b) 使用 DFT 计算之后
得到的声谱

■ mel 滤波器组和对数表示

用 FFT 计算得到的结果是关于每一个频带上能量大小的信息。然而,人类的听觉并不是在所有的频带上都是同样敏感的,它在高频部分(大约在 1 000 Hz)就不太敏感。已经证明,在特征抽取时给人类的这种听觉特性建模,可以改善语音识别的性能。在 MFCC 中使用的这种模型的形式就是把 DFT 输出的频率改变为"美"标度,"美"有时也可以直接写为mel。根据定义,如果一对语音在感知上的音高听起来是等距离的,那么它们就可以用相同数目的"美"分开。在低于 1 000 Hz 时,用 Hz 表示的频率与"美"标度之间的映射是线性关系;在高于 1 000 Hz 时,这种映射是对数关系。"美"的频率 m 可以根据粗糙的声学频率来计算:

$$m = 1\,127\ln\left(1 + \frac{f}{700}\right) \tag{15.21}$$

在计算 MFCC 时,我们通过建立一个滤波器组(filter bank)来实现这样的直觉。在这个滤波器组中,收集了来自每一个频带的能量,低于 1 000 Hz 的频带的 10 个滤波器遵循线性分布,而其他的高于 1 000 Hz 的频带的滤波器则遵循对数分布。图 15.45 说明了实现这种思想的三角形滤波器组。

在图 15.45 中,每一个三角形滤波器收集来自给定频率范围的能量。低于 1 000 Hz 的频带的滤波器遵循线性分布,高于 1 000 Hz 的频带的滤波器遵循对数分布。

最后,我们使用对数来表示 mel 声谱的值。在一般情况下,人类对于信号级别的反应是按照对数来计算的;在振幅高的阶段,人类对于振幅的轻微差别的敏感性比在振幅低的阶段低得多。使用对数来估计特征的时候,对于输入的变化也不太敏感。例如,由于说话人口部运动的收缩或由于使用扩音器等功率变化而导致的输入变化,使用对数来估计时,都是不敏感的。

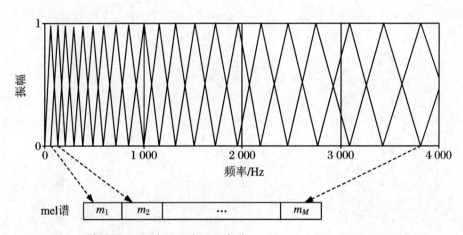

图 15.45　mel 滤波器组,图中显示出 mel 声谱

■ 倒谱:逆向傅里叶变换(iDFT)

使用 mel 声谱作为语音识别的特征表示是可能的,但是,这样的声谱仍然存在一些问题,下面我们将予以描述。

MFCC 特征抽取的下一步就是计算倒谱(cepstrum)。倒谱在语音处理时具有很多好处,它可以改善语音识别的性能。

把声源(source)和滤波器(filter)分开,是理解倒谱的一种有用的途径。前面讲过,当带有特定的基本频率的声门的声源波形通过声腔的时候,其形状会带上特定的滤波器特征。但是,声门所产生的声源的很多特征(它的基频和声门脉冲的细节等等),对于区别不同的音子并不是重要的。正是由于这个原因,对于探测音子最有用的信息在于滤波器,也就是声腔的确切位置。如果我们知道了声腔的形状,也就知道将会产生出什么样的音子来。这意味着,如果找到一种途径把声源和滤波器区别开来,只给我们提供声腔滤波器,那么,我们就可以找到音子探测的有用特征。已经证明,倒谱是达到这个目的的一种途径。

在图 15.46 中,为了有助于看清楚声谱,对(a)和(b)两个声谱的上部进行了平滑处理。为了简单起见,我们忽略了 MFCC 中的预加重和 mel 变形等部分,而只研究倒谱的基本定义。倒谱可以想象成声谱对数的声谱(spectrum of the log of the spectrum)。这样的表达似乎有些晦涩。让我们首先来解释比较容易的部分:声谱对数(log of the spectrum)。倒谱是从标准的振幅声谱开始的,正如图 15.46(a)所示的元音声谱。然后我们对于这个振幅声谱取对数,也就是说,对于振幅声谱中的每一个振幅的值,用它们相应的对数值来表示,如图 15.46 (b)所示。

下一步我们把这个对数声谱本身也看成一个波形。换句话说,我们这样来考虑图 15.46 (b)中的对数声谱:把轴上的标记(x 轴上的频率)去掉,使我们不至于把它想象成声谱,而想象成我们是正在处理一个正规的语音信号,它的 x 轴表示时间,而不是频率。那么,对于这个"假的信号"(pseudo-signal)的声谱,我们能够说些什么呢?注意到在这个波中,存在着高频的重复成分:对于 120 Hz 左右的频率,小波沿着 x 轴每 1 000 个大约重复 8 次。这个高频成分是由信号的基频引起的,在信号的每一个谐波处,表示为声谱的一个小波峰。此外,在这个"假的信号"中还存在着某些低频成分,例如,对于更低的频率,包络结构或共振峰结构在窗口中大约有四个大的波峰。

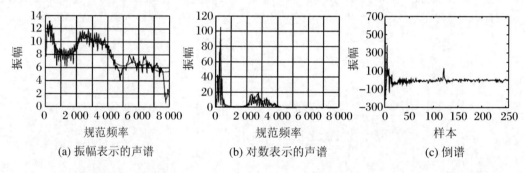

(a) 振幅表示的声谱　　(b) 对数表示的声谱　　(c) 倒谱

图 15.46　三种方法表示的声谱

图 15.46(c)是倒谱。倒谱是对数声谱的声谱,我们刚才已经描述过了。这个倒谱的英文单词 cepstrum 是由 spectrum(声谱)前四个字母倒过来书写而造出来的,所以叫作倒谱。图中的倒谱在 x 轴上的标记是样本(sample)。这是因为倒谱是对数声谱的声谱,我们不再理会声谱的频率领域,而回到了时间领域。已经证明,倒谱的正确单位是样本。

细心地检查这个倒谱,我们会看到,120 Hz 附近有一个大的波峰,相当于 F_0,表示声门的脉冲。在 x 轴的低值部分,还存在着其他各种成分。它们表示声腔滤波器(舌头的位置以及其他发音器官的位置)。因此,如果我们对探测音子有兴趣,那么可以使用这些比较低的倒谱值。如果我们对探测音高有兴趣,那么可以使用较高的倒谱值。

为了抽取 WFCC,一般只取头 12 个倒谱值。这 12 个参数仅仅表示关于声腔滤波器的信息,它们与关于声门声源的信息的区别可谓泾渭分明。

已经证明,倒谱系数有一个非常有用的性质:不同的倒谱系数之间的方差(variance)倾向于不相关。而这对于声谱是不成立的,因为不同频带上的声谱系数是相关的。倒谱特征不相关这个事实意味着,高斯声学模型或高斯混合模型(Gaussian Mixture Model, GMM)不必表示各个 MFCC 特征之间的协方差(covariance),这就大大地降低了参数的数目。

那些做过信号处理的读者应该知道,倒谱可以更加形式化地定义为信号的 DFT 的对数振幅的逆向 DFT(inverse DFT of the log magnitude of the DFT of a signal, iDFT),因此,对于语音的一个窗口帧 $x[n]$,有

$$c[n] = \sum_{n=0}^{N-1} \lg\left(\Big|\sum_{n=0}^{N-1} x[n]e^{-j\frac{2\pi}{N}kn}\Big|\right)e^{j\frac{2\pi}{N}kn} \tag{15.22}$$

■ Delta 特征与能量

从前面的介绍可知,在用逆 DFT 收取倒谱时,每一帧有 12 个倒谱系数。下面我们再加上第 13 个特征:帧的能量。能量与音子的识别是相关的,因此,它是探测音子的一个有用的线索(元音和咝音比塞音具有更多的能量)。一帧的能量(energy)是该帧在某一时段内的样本幂的总和,因此,在时间样本 t_1 到 t_2 的窗口内,信号 x 的能量是

$$Energy = \sum_{t=t_1}^{t_2} x^2[t] \tag{15.23}$$

语音信号的另外一个重要的事实是:从一帧到另一帧,语音信号不是恒定的。共振峰在转换时斜坡的变化、塞音从成阻到爆破的变化,都可能给语音的探测提供有用的线索。因此,我们还可以加上倒谱特征中与时间变化有联系的一些特征。

我们使用对 13 个特征每一个特征都加上 Delta 特征或速度特征(velocity feature),以及加上双 Delta 特征(double Delta feature)或加速度特征(acceleration feature)的办法来做到这一点。这 13 个 Delta 特征中的每一个特征表示在相应的倒谱/能量特征中帧与帧之间的变化,这 13 个双 Delta 特征中的每一个特征表示在相应的 Delta 特征中帧与帧之间的变化。

计算 Delta 特征的一种简单方法是仅仅计算帧与帧之间的差;因此,在时间 t 的特定的倒谱值 $c(t)$ 的 Delta 值 $d(t)$ 可以根据如下公式来估计:

$$d(t) = \frac{c(t+1) - c(t-1)}{2} \tag{15.24}$$

除了这种简单的估计方法之外,更为普遍的做法是使用各个帧的更加广泛的上下文,对于帧与帧之间的倾斜程度进行更加精细的估计。

在我们给 12 个倒谱特征加了能量特征并进一步加了 Delta 特征和双 Delta 特征之后,我们最后得到 39 个 MFCC 特征:

12 个倒谱系数;

12 个 Delta 倒谱系数;

12 个双 Delta 倒谱系数;

1 个能量系数；

1 个 Delta 能量系数；

1 个双 Delta 能量系数。

关于 MFCC 特征的最有用的事实之一就是倒谱系数倾向于不相关。这一事实使得我们的声学模型变得更加简单。

上面我们介绍了语音识别中的特征提取阶段，说明了怎样从波形抽取表示声谱信息的 MFCC 特征，并在每 10 ms 内产生 39 维矢量。

现在，我们来介绍语音识别的声学建模阶段，研究怎样计算这些特征矢量与给定的 HMM 状态的似然度。这个输出的似然度是通过 HMM 的概率函数 B 来计算的。概率函数 B 也就是观察似然度的集合。对于给定的单独状态 q_i 和观察 o_t，在 B 中的观察似然度是 $p(o_t|q_i)$，我们把它叫作 $b_t(i)$。

在词类标注中，每一个观察 o_t 是一个离散符号（一个单词），我们只要数一数在训练集中某个给定的词类标记生成某个给定的观察的次数，就可以计算出一个给定的词类标记生成一个给定观察的似然度。不过，在语音识别中，MFCC 矢量是一个实数值，我们不可能使用数一数每一个这样的矢量出现的次数的方法，来计算给定的状态（音子）生成 MFCC 矢量的似然度，因为每一个矢量几乎都是唯一的，它们是各不相同的。

不论在解码时还是在训练时，我们都需要一个能够对于实数值的观察计算 $p(o_t|q_i)$ 的观察似然度函数。在解码时，我们有一个观察 o_t，我们需要对于每一个可能的 HMM 状态，计算概率 $p(o_t|q_i)$，使得能够选择出最佳的状态序列。为此需要进行矢量的量化。

有一个办法可以使 MFCC 矢量看起来像我们可以记数的符号，这个办法就是建立一个映射函数，把每一个输入矢量映射为少量符号中的一个符号。然后我们就可以使用数一数这些符号的方法来计算概率，正如我们在进行词类标注时所做的那样。这种把输入矢量映射为可以量化的离散符号的思想，叫作矢量量化（vector quantization，VQ）。虽然矢量量化做起来就像现代的 LVCSR 系统中的声学模型那样非常地简单，但是，这是一个行之有效的教学步骤，在 ASR 各种各样的领域中起着重要的作用，所以，我们使用矢量量化作为我们讨论声学模型的开始。

在矢量量化时，通过把每一个训练特征矢量映射为一个小的类别数目的方法，建立起一个规模很小的符号集，然后，我们分别使用离散符号来表示每一个类别。更加形式地说，一个矢量量化系统是使用三个特征来刻画的，这三个特征是码本（codebook）、聚类算法（clustering algorithm）、距离测度（distance metric）。

码本是可能类别的表，是组成词汇 $V = \{v_1, v_2, \cdots, v_n\}$ 的符号的集合。对于码本中的每一个代码 v_k，我们要列出模型矢量（prototype vector），叫作码字（vector word），码字是一个特定的特征矢量。例如，如果我们选择使用 256 个码字，就可以使用从 0 到 255 的数值来表

示每一个矢量。由于我们使用一个 8 位数值来表示每一个矢量，所以称之为 8 位的矢量量化
（8-bit VQ）。这 256 个数值中的每一个数值都与一个模型化的特征矢量相关联。

我们使用聚类算法来建立码本，聚类算法把训练集中所有的特征矢量聚类为 256 个类
别。然后，从这个聚类中选择一个有代表性的特征矢量，并把它作为这个聚类的模型矢量或
码字。经常使用 K-均值聚类（K-means clustering），不过，我们在这里不给 K-均值聚类下
定义。

一旦我们建立了这样的码本，就可以把输入的特征矢量与 256 个模型矢量相比较，使用
某种距离测度（distance metric）来选择最接近的模型矢量，用这个模型矢量的索引来替换输
入矢量。这个过程如图 15.47 所示。

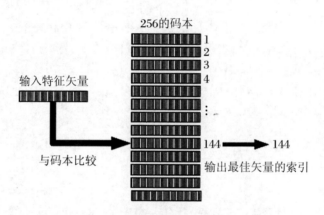

图 15.47　为每一个特征矢量选择一个符号 v_k 的
矢量量化过程

从图 15.47 可以看出，在矢量量化时，把输入的特征矢量（feature vector）与码本中的每
一个码字相比较，使用某种距离测度选择出最接近的条目，输出最接近的码字的索引（output
index of best vector）。

矢量量化的长处在于，由于类别的数目是有限的，当使用状态来标注和归一化的时候，对
于每一个类别 v_k，我们通过简单地数一数该类别在某一个训练语料库中出现次数的方法，就
可以计算出给定的 HMM 状态或次音子生成该类别的概率。

聚类过程和解码过程都要求进行距离测度（distance metric）或失真测度（distortion
metric）的计算，以便说明两个声学特征矢量的相似程度。距离测度用于建立聚类，找出每一
个聚类的模型矢量，并对输入矢量与模型矢量进行比较。

声学特征矢量的最简单的距离测度是欧几里得距离（Euclidean distance），欧几里得距离
是在 N 维空间中由两个矢量定义的两个点之间的距离。在实际应用中，我们使用"欧几里得
距离"这个短语经常意味着欧几里得距离的平方。所以，给定矢量 x 和矢量 y，它们之间的欧
几里得距离（的平方）可以定义如下（图 15.48）：

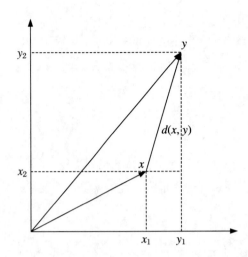

图 15.48　具有两个维度的欧几里得距离
根据毕达哥拉斯定理，在平面上 $x = (x_1, y_1)$ 和
$y = (x_2, y_2)$ 两个点之间的距离是 $d(x, y) =$
$\sqrt{(x_1 - x_2)^2 + (y_1 - y_2)^2}$

$$d_{\mathrm{E}}(x, y) = \sum_{i=1}^{N} (x_i - y_i)^2 \quad (15.25)$$

式(15.25)中描述的(平方)欧几里得距离(这个公式是式(15.21)的二维表示)使用了误差的平方和来计算，也可以使用矢量转值算子表示如下：

$$d_{\mathrm{E}}(x, y) = (x - y)^{\mathrm{T}} (x - y) \quad (15.26)$$

欧几里得距离测度假定特征矢量的每一个维度都是同样重要。但是，实际上，每一个维度都有不同的方差。如果某一个维度的方差太大，在进行距离测度时，我们就宁愿少考虑这个维度，我们将更多地考虑那些具有较低方差的维度中的差别。

Mahalanobis 距离(Mahalanobis distance)是一个稍微复杂的距离测度，它考虑到了每一个维度中不同的方差。

如果我们假定声学特征矢量的每一个维度 i 的方差为 σ_i^2，那么 Mahalanobis 距离为

$$d_{\mathrm{M}}(x, y) = \sum_{i=1}^{N} \frac{(x_i - y_i)^2}{\sigma_i^2} \quad (15.27)$$

对于具有更多线性代数背景的读者，我们在这里提供 Mahalanobis 距离的一个更加一般的形式，其中包含一个完全的协方差(协方差测度公式)：

$$d_{\mathrm{M}}(x, y) = (x - y)^{\mathrm{T}} \Sigma^{-1} (x - y) \quad (15.28)$$

总的来说，当给一个语音信号解码时，为了使用矢量量化来计算对于给定的 HMM 状态 q_j 特征矢量 o_t 的声学似然度，我们要计算 N 个码字中的每一个码字的特征矢量之间的欧几里得距离或 Mahalanobis 距离，选择最接近的码字，得到码字的索引 v_k。然后，我们先计算 HMM 定义的似然度矩阵 B，找出对于给定 HMM 的状态 j，码字索引 v_k 的似然度：

$$\hat{b}_j(o_t) = b_j(v_k) \quad \text{(使得 } v_k \text{ 是最接近矢量 } o_t \text{ 的字)} \quad (15.29)$$

矢量量化的优点是计算起来非常容易，而且只需要很小的存储。尽管有这样的优点，矢量量化还不是语音处理的一个好模型。因为在矢量量化中数量很小的码字不足以捕捉变化多端的语音信号。而且，语音现象并不简单地是一个范畴化的、符号化的过程。

因此，现代语音识别算法一般不使用矢量量化来计算声学似然度，而是直接根据实数值的、连续的输入特征矢量来计算观察概率。这些声学模型是建立在连续空间上计算概率密度函数(Probability Density Function, PDF)的基础之上的。目前最常用的计算声学似然度的方法是高斯混合模型(Gaussian Mixture Model, GMM)的概率密度函数，此外，还可使用神经网络(Neural Network)、支持向量机(Support Vector Machines, SVMs)和条件随机场(Condition

Random Fields,CRFs)等方法。这些方法涉及的数学内容较多,兹不赘述。

语音识别的最后一个阶段是解码阶段(decoding stage)。在解码阶段,我们取一个声学模型(AM),其中包括声学似然度的序列,再加上一个 HMM 的单词发音词典,再取一个语言模型(LM,一般是一个 N 元语法),把声学模型与语言模型结合起来,输出最可能的单词序列,得到语音识别的结果。这个问题,我们在第 14 章中已经讨论论过,这里就不再多说了。

语音自动合成和语音自动识别是语音自动处理的两个最重要的领域。语音自动处理的另外一个重要的领域是说话人识别(speaker recognition),也就是自动地辨识说话人。一般我们把说话人识别分为两个子领域:一个子领域是说话人检验(speaker verification),我们要对说话人进行二元判断,判断该说话人是不是 X,可以保证在电话中访问个人信息时的安全性;另一个子领域是说话人认同(speaker identification),我们要把说话人的语音与多个说话人的数据库中的语音进行匹配,从而在 N 个判定中认同一个。这些工作都与语种识别(language identification)有关,在语种识别系统中,给我们一个波形文件,系统要辨别这个波形文件说的是哪一种语言;这可以自动地把打电话的人引导到说相应语种的电话操作员。

近年来,语音自动识别的研究发展迅速,已经进行了商品化的开发,在人机对话、口语机器翻译、智能人机接口、会话智能代理等领域中得到了广泛的应用。

世界上能够识别语音的第一台机器可能是一个名字叫作"Radio Rex"的商品玩具,这种玩具在 20 世纪 20 年代开始在市场上出售。Rex 是一只赛璐珞的狗,这只狗(通过一个弹簧)会动,弹簧在 500 Hz 的声音能量的作用下放松,弹簧一放松,狗就动起来。由于 500 Hz 粗略地相当于"Rex"中元音的第一个共振峰的频率,所以,当人们说"Rex"的时候,就好像是人在叫唤狗,狗就会在人的叫唤声的控制下走过来。

在 20 世纪 40 年代末 50 年代初,人们建立了一系列的机器语音识别系统。早期的 Bell 实验室的系统可以识别一个单独说话人的 10 个数字中的任何一个。这个系统存储了不依赖于说话人的 10 种模式,每个数字一个模式,每个模式代表数字中的头两个元音的共振峰。他们通过选择与输入存在最高相关系数的模式的方法,识别正确率达到了 97%~99%。

Fry(弗莱)和 Denes(德奈斯)在伦敦大学院建立了一个音位识别系统,根据类似的模式识别原则,该系统能够识别英语中的四个元音和九个辅音。Fry 和 Denes 的系统首次使用音位转移概率来对语音识别系统进行约束。

在 20 世纪 60 年代末 70 年代初,产生了一些重要的创新性研究成果。首先,出现了一系列的特征抽取算法,包括高效的快速 Fourier 变换、倒谱处理在语音中的应用,以及在语音编码中线性预测编码(Linear Predictive Coding,LPC)的研制。其次,提出了一些处理翘曲变形(warping)的方法,在与存储模式匹配时,通过展宽和收缩输入信号的方法,来处理说话速率和切分长度的差异。解决这些问题的最自然的方法是动态规划,在研究这个问题的时候,同样的算法被多次地重新提出。首先把动态规划应用于语音处理技术的是 Vintsyk(万楚科),

尽管他的成果没有被其他的研究人员提及,但是,后来很多研究者都再次重复了他的发明。稍后,Itakura(板仓)把这种动态规划的思想和 LPC 系数相结合,并首先在语音编码中使用。他建立的系统可以抽取输入单词中的 LPC 特征,并使用动态规划的方法把这些特征与所存储的 LPC 模板相匹配。这种动态规划方法的非概率应用是对输入语音进行模板匹配,叫作动态时间翘曲变形(dynamic time warping)。

在这个时期的第三项创新是隐 Markov 模型(HMM)的兴起。1972 年前后,分别在两个实验室独立地应用 HMM 来研究语音问题。一方面的应用是从一些统计学家的工作开始的,Baum(鲍姆)和他的同事们在普林斯顿的国防分析研究所研究 HMM,并把它应用于解决各种预测问题。James Baker(贝克)在 CMU 做研究生期间,学习了 Baum 等的工作,并把他们的算法应用于语音处理。与此同时,在 IBM 的 Thomas J. Watson 研究中心(华生研究中心),Frederick Jelinek(贾里尼克),Robert Mercer(梅尔赛尔),Lalit Bahl(巴尔)独立地把 HMM 应用于语音研究,他们在信息论模型方面的研究受到 Shannon(香农)的影响。IBM 的系统和 Baker 的系统非常相似,特别是他们都使用了 Bayes 方法。他们之间早期工作的一个不同之处是解码算法。Baker 的 DRAGON 系统使用了 Viterbi 动态规划解码,而 IBM 系统则应用 Jelinek 的栈解码算法。Baker 在建立语音识别公司的 Dragon 系统之前,曾经短期参加过 IBM 小组的工作。IBM 的语音识别方法在 20 世纪末期完全支配了这个领域。IBM 实验室确实是把统计模型应用于自然语言处理的推动力量,他们研制了基于类别的 N 元语法模型,研制了基于 HMM 的词类标注系统和统计机器翻译系统,他们还使用熵和困惑度作为评测的度量。

HMM 逐渐在语音处理界流传开来。这种流传的原因之一是由于美国国防部(U. S. Department of Defense)高级研究计划署(Advanced Research Projects Agency,ARPA)发起了一系列的研究和开发计划。第一个五年计划开始于 1971 年,其目标是建立基于少数说话人的语音理解系统,这个系统使用了一个约束性的语法和一个词表(包括 1 000 个单词),要求语义错误率低于 10%。ARPA 资助了四个系统,并且对它们进行了比较。这四个系统是:系统开发公司的系统(System Development Corporation,SDC)、Bolt, Beranek & Newman(BBN)的 HWIM 系统,Carnegie-Mellon 大学的 Hearsay-Ⅱ 系统,Carnegie-Mellon 大学的 Harpy 系统。其中,Harpy 系统使用了 Baker 的基于 HMM 的 DRAGON 系统的一个简化版本,在评测系统时得到了最佳的成绩。对于一般的任务,这个系统的语义正确率达到 94%,这是唯一达到了 ARPA 计划原定目标的系统。

从 20 世纪 80 年代中期开始,ARPA 资助了一些新的语音研究计划。第一个计划的任务是"资源管理"(Resource Management,RM)。这个计划的任务与 ARPA 早期的课题一样,主要是阅读语音(说话人阅读的句子的词汇量为 1 000 个单词)的转写(即语音识别),但这个系统还包括一个不依赖于说话人的语音识别装置。其他的任务包括《华尔街杂志》(*Wall Street*

Journal,WSJ)的句子阅读识别系统,这个系统开始时的词汇量限制在 5 000 个单词之内,最后的系统已经没有词汇量的限制了。事实上,大多数系统已经可以使用大约 60 000 个单词的词汇量。后来的语音识别系统识别的语音已经不再是阅读的语音,而是可以识别更加自然的语音了。其中识别广播新闻的系统可以转写广播新闻,包括转写那些非常复杂的广播新闻,例如街头现场采访的新闻等等;还有 CallHome 系统、CallFriend 系统和 Fisher 系统,可以识别朋友之间或者陌生人之间在电话里的自然对话。空中交通信息系统(Air Traffic Information System,ATIS)这个课题是一个语音理解的课题,它可以帮助用户预订飞机票,回答用户关于可能乘坐的航班、飞行时间、日期等方面的问题。

ARPA 课题大约每年进行一次汇报(bakeoff),参加汇报的课题除了 ARPA 资助的课题之外,还有来自北美和欧洲的其他"志愿者"系统,在汇报时,彼此测试系统的单词错误率和语义错误率。在早期的测试中,那些赢利的公司一般都不参加比赛,但是,后来很多公司却开始比赛起来(特别是 IBM 公司和 ATT 公司)。ARPA 比赛的结果,促进了各个实验室之间广泛地彼此借鉴和技术交流,因为在比赛中,很容易看出在过去一年的研究中,什么样的思想有助于减少错误,而这后来大概就成为了 HMM 模型传播到每一个语音识别实验室的重要因素。ARPA 的计划也造就了很多有用的数据库,这些数据库原来都是为了评估而设计的训练系统和测试系统(如 TIMIT,RM,WSJ,ATIS,BN,CallHome,Switchboard,Fisher),但是,后来都在各个总体性的研究中得到了使用。

我国在语音自动处理的领域也取得了很大的成绩。1999 年 6 月 9 日成立的安徽科大讯飞信息科技股份有限公司(简称"科大讯飞")是一家专门从事智能语音及语音技术研究、软件及芯片产品开发、语音信息服务的国家级骨干软件企业。科大讯飞在语音技术领域是基础研究时间最长、资产规模最大、历届评测成绩最好、专业人才最多及市场占有率最高的公司,其智能语音核心技术代表了世界的最高水平。

科大讯飞作为我国最大的智能语音技术提供商,在智能语音技术领域有着长期的研究积累,并在中文语音合成、语音识别、口语评测等多项技术上拥有国际领先的成果。科大讯飞是我国唯一以语音技术为产业化方向的"国家 863 计划成果产业化基地""国家规划布局内重点软件企业""国家火炬计划重点高新技术企业""国家高技术产业化示范工程",被信息产业部确定为中文语音交互技术标准工作组组长单位,牵头制定中文语音技术标准。2003 年,科大讯飞获迄今我国语音产业唯一的"国家科技进步奖(二等奖)",2005 年获我国信息产业自主创新最高荣誉"信息产业重大技术发明奖",2006 年至 2011 年,在连续六届英文语音合成国际大赛"暴风雪挑战"(Blizzard Challenge)中荣获第一名,2008 年摘得国际说话人识别评测大赛(美国国家标准技术研究院(NIST)2008)桂冠,2009 年获得国际语种识别评测大赛(NIST 2009)高难度混淆方言测试指标冠军、通用测试指标亚军。

基于拥有自主知识产权的世界领先智能语音技术,科大讯飞已推出从大型电信级应用到小型嵌入式应用,从电信、金融等行业到企业和家庭用户,从 PC 到手机到 MP3/MP4/PMP 和玩具,能够满足不同应用环境的多种产品。科大讯飞占有中文语音技术市场 60% 以上市场份额,语音合成产品市场份额达到 70% 以上,在电信、金融、电力、社保等主流行业的份额更达80% 以上,开发伙伴超过 500 家,以科大讯飞为核心的中文语音产业链已初具规模。

语音自动处理技术实现了人机语音交互,使人与机器之间沟通变得像人与人沟通一样简单。让机器说话,用的是语音合成技术;让机器听懂人说话,用的是语音识别技术。语音自动处理技术的应用空间是非常广阔的。

参考文献

[1] Allen J, Core M. Draft of DAMSL: Dialogue Act Markup in Several Layers[EB/OL]. http://www.cs.rochester.edu/research/cisd/resources/dantsl/revisedmanual/revisedmanual.html.

[2] Black, W J, Allwood J, Bunt H C, et al. A pragmatics-based language understanding system[C]//Proceedings of the ESPRIT Conference, Brussels, Belgium, 1991: 10 - 19.

[3] Bunt H. Dialogue pragmatics and context specification[C]//Bunt H, Black W. Abduction, Belief and Context in Dialogue: Studies in Computational Pragmatics. Manchester: Tilburg University / UMIST, 2000: 81 - 150.

[4] Chu-Carroll J. A statistical model for discourse act in recognition in dialogue interactions[C]//Chu-Carroll J, Green N. AAAI Spring Symposium: Applying Machine Learning to Discourse Processing, Pan Alto, USA. AAAI Press, 1998: 12 - 17.

[5] Hintikka J. Semantics for propositional attitudes[C]//Davis J W, Hockney J W D, Wilson W K. Philosophical Logic. Netherlands: Springer, 1969: 21 - 45.

[6] Jurafsky D. Pragmatics and Computational Linguistics[M]//Horn L R, Ward G. Handbook of Pragmatics. Oxford: Blackwell, 2002.

[7] Jurafsky D. Probabilistic Modeling in Psycholinguistics: Linguistic Comprehension and Production[C]//Bod R, Hay J, Jannedy S. Probabilistic Linguistics. Cambridge: MIT Press, 2003: 40 - 96.

[8] Markov A A. Essai d'une recherche statistique sur le texte du roman "Eugene Onegin" illustrant la liaison des epreuve en chain[J]. Bulletin de l'Academie Impérial des science de St.-Pétersbourge, 1913(7): 153 - 162.

[9] Nagata M, Morimoto T. First steps toward statistical modeling of dialogue to predict the speech act type of the next utterance[J]. Speech Communication, 1994(15): 193 - 203.

[10] Perrault C R, Allen J. A plan-based analysis of indirect speech acts[J]. American Journal of Computational Linguistics, 1980(6): 167 - 182.

[11] Pierrehumbert J, Hirschberg J. The meaning of intonational contours in the interpretation of

discourse[C]//Cohen P R，Morgan J，Pollack M. Intentions in Communication. Cambridge：
MIT Press，1990：271-311.

[12] Popescu-Belis A. Dialogue Acts：One or More Dimensions？[R]. ISSCO Working Paper 62.
Geneva：University of Geneva，2005.

[13] Reithinger，et al. Summarizing Multilingual Spoken Negotiation Dialogues [C]//Proceedings of the
38th Conference of the Association for Computational Linguistics，Hong Kong，China，2000：310-317.

[14] Samuel K，Carberry S，Vijay-Shanker K. Automatically selecting useful phrases for dialogue act
tagging[C]//The 4th Pacific Association for Computational Linguistics，Waterloo，Ontario，
Canada，1999.

[15] Searl J. Speech Acts[M]. Cambridge：Cambridge University Press，1969.

[16] Shrriberg，et al. Can prosody aid the automatic classification of dialogue acts in conversational
speech？[J]. Language and Speech (Special Issue on Prosody and Conversation)，1998(41)：
439-487.

[17] Sperber D，Wilson D. Relevance：Communication and Cognition [M]. Oxford：Basil
Blackwell，1986；1995 (2nd ed).

[18] Stolcke A，Ries K，Coccaro N，et al. Dialogue act modeling for automatic tagging and
recognition of conversational speech[J]. Computational Linguistics，2000,26(3)：339-374.

[19] Suhm B，Waibel A. Toward better language models for spontaneous speech[C]//Proceedings of
the International Conference on Spoken Language Processing (ICSLP-94)，Yokohama，Japan，
1994,2：831-834.

[20] Swinney D，Cutler A. The access and processing of idiomatic expressions[J]. Journal of Verbal
Learning and Verbal Behaviour，1979，18：523-534.

[21] Woszczyna M，Waibel A. Inferring linguistic structure in spoken language[C]//Proceedings of
the International Conference on Spoken Language Processing (ICSLP-94)，Yokohama，Japan，
1994：847-850.

[22] Huang Xuedong，Acerd A，Hon Hsiao-Wuen. Spoken language processing：A Guide to
Theory，Algorithm，and System Development[M]. New Jersey：Prentice Hall，2001.

[23] 蔡莲红,黄德智,蔡锐. 现代语音技术基础与应用[M]. 北京：清华大学出版社,2003.

[24] 冯志伟. 语音的自动识别与合成[J]. 语文建设,1986(1):88-92.

[25] 冯志伟. 当前自然语言处理发展的几个特点[J]. 暨南大学华文学院学报,2006,21(1)：34-40.

[26] 冯志伟. 学者新论:中文信息技术标准:汉字注音？拼音正词法？[EB/OL].人民网．[2003-04-
16]. http://www.docin.com/p-104543644.html.

[27] 冯志伟. 汉语拼音运动的历史回顾:上;下[J]. 术语标准化与信息技术,2004(4)：26-31;2005
(1)：35-37.

[28] 冯志伟.《信息处理系统语言文字评测规范(草案)》三个规范研制报告[R]. 北京:教育部语言文

字应用研究所，2009.

[29]　冯志伟. 语音合成中的文本归一化问题[J]. 北华大学学报，2010(2)：41 - 49.

[30]　胡凤国，邹煜. 传媒语音语料库系统的设计与开发[C]//孙茂松，陈群秀. 自然语言理解与大规模内容计算. 北京：清华大学出版社，2005：521 - 527.

[31]　胡凤国. 基于 Web 检索的语料库资源共享：现状和展望[C]//第二届全国学生计算语言学研讨会(SWCL-2004)论文集，北京，2004.

[32]　赵力. 语音信号处理[M]. 北京：机械工业出版社，2003.

第 16 章

统计机器翻译中的形式模型

自 1989 年以来,机器翻译的发展进入了一个新纪元。这个新纪元的重要标志是,在基于规则的技术中引入了语料库方法,其中包括统计方法、基于实例的方法,通过语料加工手段使语料库转化为语言知识库的方法等等。近年来,基于语料库的机器翻译(corpus-based machine translation)系统发展得很快,取得了突出的成绩。

基于语料库的机器翻译方法可分为两种:基于统计的机器翻译方法和基于实例的机器翻译方法。这两种方法都使用语料库作为翻译知识的来源,所以可以统称为基于语料库的机器翻译方法。在基于统计的机器翻译方法中,知识的表示是统计数据,而不是语料库本身;翻译知识的获取是在翻译之前完成,翻译的过程中不再使用语料库。在基于实例的机器翻译方法中,双语语料库本身就是翻译知识的一种表现形式(不一定是唯一的),翻译知识的获取在翻译之前没有全部完成,在翻译的过程中还要查询并利用语料库。基于统计的机器翻译又可以叫作统计机器翻译(Statistical Machien Translation, SMT),本章主要讨论统计机器翻译的形式模型,包括噪声信道模型、最大熵模型、基于平行概率语法的形式模型(中心词转录机模型、同步上下文无关语法模型、反向转录语法模型)、基于短语的统计机器翻译,基于句法的统计机器翻译。

16.1 机器翻译与噪声信道模型

我们在第 1 章中曾经介绍过,早在 1947 年,美国洛克菲勒基金会的自然科学部主任 Weaver 在他的备忘录《翻译》中,就提出了使用解读密码的方法来进行机器翻译,他认为翻译类似于解读密码的过程。他说:"当我阅读一篇用汉语写的文章的时候,我可以说,这篇文章实际上是用英语写的,只不过它是用另外一种奇怪的符号编了码而已,当我在阅读时,我是在进行解码。"他的这段话非常重要,广为流传。

下面,我们举例进一步说明 Weaver 的思想。

如果我们有一篇看不懂的文件,上面写满了奇奇怪怪的密码(图 16.1)。

我们可以假定这段密码原来是用英语写的,只不过在传输过程中被一种特殊的符号转写了,因此变成了我们看不懂的密码。为了解读这段密码,我们首先假定,密码中的字符 n 是由英语中的 e 转换来的,于是,我们得到图 16.2。

> ingcmpnqsnwf cv fpn owoktvcv
>
> hu ihgzsnwfv rqcffnw cw owgcnwf
>
> kowazoanv …

图 16.1 密码解读 1

> ```
>   e    e    e       e
> ingcmpnqsnwf cv fpn owoktvcv
>      e       e        e
> hu ihgzsnwfv rqcffnw cw owgcnwf
>     e
> kowazoanv …
> ```

图 16.2 密码解读 2

接着,我们又可以假定密码中的字符串 fp 是由英语中的 th 转换来的,这样,密码中的字符串 fpn 就可能是从英语的 the 转换来的,我们得到图 16.3。

> ```
>   e    e         the
> ingcmpnqsnwf cv fpn owoktvcv
>      e       e        e
> hu ihgzsnwfv rqcffnw cw owgcnwf
>     e
> kowazoanv …
> ```

图 16.3 密码解读 3

这时,密码中的 f 对应于英语的 t,p 对应于英语的 h,我们把这个转换推广到整篇的密码,得到图 16.4。

> ```
>   e   he  e  t   the     e
> ingcmpnqsnwf cv fpn owoktvcv
>         e     e       e  t
> hu ihgzsnwfv rqcffnw cw owgcnwf
>      e
> kowazoanv …
> ```

图 16.4 密码解读 4

于是,我们进一步假定密码中的字符串 cv 对应于英语的 of,得到图 16.5。

> ```
>   e   he  e t of the
> ingcmpnqsnwf cv fpn owoktvcv
>       e t   tte       e t
> hu ihgzsnwfv rqcffnw cw owgcnwf
>      e
> kowazoanv …
> ```

图 16.5 密码解读 5

我们把密码中的 cv 对应于英语 of 的假定推广到整篇密码,得到图 16.6。

这样的推广似乎有些问题,vcv 转换成了英语的 fof,而在英语中很少出现 fof 这样的符号串,于是我们推翻 cv 对应于英语 of 的假定,得到图 16.7。

```
      e   he  e  t of the      fof
ingcmpnqsnwf  cv  fpn  owoktvcv
         e  f  otte  o    oe t
hu ihgzsnwfv  rqcffnw  cw  owgcnwf
         ef
kowazoanv …
```

图 16.6   密码解读 6

```
      e   he  e  t of the
ingcmpnqsnwf  cv  fpn  owoktvcv
         et    tt        e t
hu ihgzsnwfv  rqcffnw  cw  owgcnwf
         e
kowazoanv …
```

图 16.7   密码解读 7

我们需要给出新的假定。现在,我们假定密码中的 cv 对应于英语的字符串 is,并且把这样的假定推广到整篇密码,得到图 16.8。

```
      ei  he  e t is the       sis
ingcmpnqsnwf  cv  fpn  owoktvcv
         e ts  itte  i    ie t
hu ihgzsnwfv  rqcffnw  cw  owgcnwf
         es
kowazoanv …
```

图 16.8   密码解读 8

使用这样的方法,最后我们可以得到这篇密码对应的英文,如图 16.9 所示。

```
decipherment is the analysis
ingcmpnqsnwf  cv  fpn  owoktvcv
of documents written in ancient
hu ihgzsnwfv  rqcffnw  cw  owgcnwf
languages …
kowazoanv …
```

图 16.9   密码解读 9

通过解读密码,我们得到与这篇密码相对应的英语:

Decipherment is the analysis of document written in ancient language …

(解读密码就是分析用古代语言写的文献……)

解读密码(decipherment)是古典文献研究的一个重要内容,历代学者们曾经依靠自己的聪明才智出色地解读了不少古代的铭文,或者通过铭文中已知的部分来解读铭文中未知的文字。Rosetta(罗塞塔)石碑(Rosetta Stone)上古代埃及文字的解读,能够给我们使用解读密码技术来进行机器翻译带来不少的启发。

Rosetta 石碑由上至下共刻有同一段诏书的三种语言版本,分别是用埃及象形文字(Egyptian hieroglyphs,又称为圣书体,代表献给神明的文字)、埃及通俗文字(Egyptian demotic,又称草书体,是古代埃及平民使用的文字)和古希腊文(Greek,代表统治者的语言,这是因为当时的埃及已臣服于希腊的亚历山大帝国,来自希腊的统治者要求统治领地内所有的此类文书都需要添加希腊文的译版)三种不同的文字写成的,刻于公元前 196 年,现藏于大英博物馆。

Rosetta 石碑如图 16.10 所示。

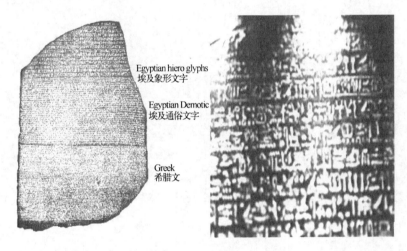

Egyptian hiero glyphs
埃及象形文字

Egyptian Demotic
埃及通俗文字

Greek
希腊文

图 16.10　Rosetta 石碑(右侧为埃及象形文字的局部)

在公元 4 世纪结束后不久,尼罗河文明式微,不再使用的埃及象形文字和埃及通俗文字的读法与写法都彻底失传了,虽然后来有许多考古与历史学家极尽所能来研究,却一直解读不了这些神秘文字的结构与用法。直到 1799 年法国远征军在埃及的 Rosetta 发现了 Rosetta 石碑,才使埃及古代文字的解读工作获得了突破性的进展。Rosetta 石碑独特的三语对照写法,意外成为解码的关键,因为这三种语言中的古希腊文是近代人类可以阅读的,利用这个关键来比对和分析碑上其他两种语言文字的内容,就可以了解这些失传的古代语言的文字与语法结构。学者们依靠已知的希腊文来解读未知的埃及象形文字和埃及通俗文字这两种埃及的古代文字,在 1822 年终于揭开了埃及古代文字的神秘面纱,成功地解读了埃及古代文字。

在许多尝试解读 Rosetta 石碑的学者中,19 世纪初期的英国物理学家 Thomas Young(汤马斯·杨)是第一个证明碑文中曾多次提及 Ptolemy(托勒密)这一人名的读音并且利用这个线索首先解读碑文的学者。至于法国学者 Jean-François Champollion(尚-佛罕索瓦·商博良)则是第一个理解到,一直被认为是用形表义的埃及象形文字,原来也是具有表音作用的,这一重大发现之后成为解读所有埃及象形文字的关键线索。也正是因为这一缘故,Rosetta 石碑被称为了解古埃及语言与文化的关键基础。

我们认为，Rosetta 石碑上面的三种文字就像三个彼此对应的并行语料库（parallel corpus），Rosetta 石碑也许就是世界上最早的并行语料库。这使我们想到，是否可以采用三种文字对照的做法，建立对应的并行语料库来做不同语言的机器翻译呢？回答应当是肯定的。

在采用解读密码的方法来进行机器翻译时，关键的问题是要能够进行正确的猜测，需要有源语言与目标语言对应的知识，如果我们建立类似于 Rosetta 石碑那样的并行语料库，就可以通过机器学习的方法来自动地获取不同语言对应的知识，从而达到机器翻译的目的。

下面，我们举例说明使用双语并行语料库进行机器翻译中单词对齐的方法。①

Centauri 语和 Arcturan 语是两种不同的美洲印第安语，如果我们要使用解读密码的方法把 Centauri 语翻译成 Arcturan 语，我们可以建立如下的双语并行语料库。在这个并行语料库中，有 12 对彼此对齐了的句子，a 表示 Centauri 语的句子，b 表示与之对应的 Arcturan 语句子。如表 16.1 所示。

表 16.1　利用双语语料库进行单词对齐(1)

1a. ok-voon ororok sprok.	7a. lalok farok ororok lalok sprok izok enemok.
1b. at-voon bichat dat.	7b. wat jjat bichat wat dat vat eneat.
2a. ok-drubel ok-voon anok plok sprok.	8a. lalok brok anok plok nok.
2b. at-drubel at-voon pippat rrat dat.	8b. iat lat pippat rrat nnat.
3a. erok sprok izok hihok ghirok.	9a. wiwok nok izok kantok ok-yurp.
3b. totat dat arrat vat hilat.	9b. totat nnat quat oloat at-yurp.
4a. ok-voon anok drok brok jok.	10a. lalok mok nok yorok ghirok clok.
4b. at-voon krat pippat sat lat.	10b. wat nnat gat mat bat hilat.
5a. wiwok farok izok stok.	11a. lalok nok crrrok hihok yorok zanzanok.
5b. totat jjat quat cat.	11b. wat nnat arrat mat zanzanat.
6a. lalok sprok izok jok stok.	12a. lalok rarok nok izok hihok mok.
6b. wat dat krat quat cat.	12b. wat nnat forat arrat vat gat.

现在，我们利用这个双语语料库，使用解读密码的方法，对于 Centauri 语的句子

farok crrrok hihok yorok clok kantok ok-yurp

中的每一个单词，找到它们在 Arcturan 语中的对应单词。这个过程叫作"单词对齐"（word alignment）。

首先在语料库中查这个句子中的第一个单词 farok，我们发现在第 5 句和第 7 句中有 farok（表 16.2）。

---

①　这个例子引自 Kevin Knight（凯文·南依特）在南加州大学信息科学学院（University of South California, Information Sciences Institute）的讲义"Automatic Translation of Human Languages"，谨此致谢。

表 16.2　利用双语语料库进行单词对齐(2)

1a. ok-voon ororok sprok. 1b. at-voon bichat dat.	7a. lalok **farok** ororok lalok sprok izok enemok. 7b. wat jjat bichat wat dat vat eneat.
2a. ok-drubel ok-voon anok plok sprok. 2b. at-drubel at-voon pippat rrat dat.	8a. lalok brok anok plok nok. 8b. iat lat pippat rrat nnat.
3a. erok sprok izok hihok ghirok. 3b. totat dat arrat vat hilat.	9a. wiwok nok izok kantok ok-yurp. 9b. totat nnat quat oloat at-yurp.
4a. ok-voon anok drok brok jok. 4b. at-voon krat pippat sat lat.	10a. lalok mok nok yorok ghirok clok. 10b. wat nnat gat mat bat hilat.
5a. wiwok **farok** izok stok. 5b. totat jjat quat cat.	11a. lalok nok crrrok hihok yorok zanzanok. 11b. wat nnat arrat mat zanzanat.
6a. lalok sprok izok jok stok. 6b. wat dat krat quat cat.	12a. lalok rarok nok izok hihok mok. 12b. wat nnat forat arrat vat gat.

在句子 5a 中,farok 是第二个单词,与它对应的 Arcturan 语中的第二个单词是 jjat,在句子 7 中,farok 也是第二个单词,与它对应的 Arcturan 语中的第二个单词也是 jjat,因此我们推测与 farok 对应的 Arcturan 语中的单词应该是 jjat。这样,我们便可以把 farok 翻译为 jjat (表 16.3)。

表 16.3　利用双语语料库进行单词对齐(3)

1a. ok-voon ororok sprok. 1b. at-voon bichat dat.	7a. lalok **farok** ororok lalok sprok izok enemok. 7b. wat **jjat** bichat wat dat vat eneat.
2a. ok-drubel ok-voon anok plok sprok. 2b. at-drubel at-voon pippat rrat dat.	8a. lalok brok anok plok nok. 8b. iat lat pippat rrat nnat.
3a. erok sprok izok hihok ghirok. 3b. totat dat arrat vat hilat.	9a. wiwok nok izok kantok ok-yurp. 9b. totat nnat quat oloat at-yurp.
4a. ok-voon anok drok brok jok. 4b. at-voon krat pippat sat lat.	10a. lalok mok nok yorok ghirok clok. 10b. wat nnat gat mat bat hilat.
5a. wiwok **farok** izok stok. 5b. totat **jjat** quat cat.	11a. lalok nok crrrok hihok yorok zanzanok. 11b. wat nnat arrat mat zanzanat.
6a. lalok sprok izok jok stok. 6b. wat dat krat quat cat.	12a. lalok rarok nok izok hihok mok. 12b. wat nnat forat arrat vat gat.

在 farok crrrok hihok yorok clok kantok ok-yurp 中的第二单词是 crrrok,这个单词只在

Centauri 语中出现一次,在双语并行语料库中,难以找到与 crrrok 对应的 Arcturan 语中的单词(表 16.4),我们只好暂时存疑。

表 16.4　利用双语语料库进行单词对齐(4)

1a. ok-voon ororok sprok.	7a. lalok **farok** ororok lalok sprok izok enemok.
1b. at-voon bichat dat.	7b. wat jjat bichat wat dat vat eneat.
2a. ok-drubel ok-voon anok plok sprok.	8a. lalok brok anok plok nok.
2b. at-drubel at-voon pippat rrat dat.	8b. iat lat pippat rrat nnat.
3a. erok sprok izok hihok ghirok.	9a. wiwok nok izok kantok ok-yurp.
3b. totat dat arrat vat hilat.	9b. totat nnat quat oloat at-yurp.
4a. ok-voon anok drok brok jok.	10a. lalok mok nok yorok ghirok clok.
4b. at-voon krat pippat sat lat.	10b. wat nnat gat mat bat hilat.
5a. wiwok **farok** izok stok.	11a. lalok nok **crrrok** hihok yorok zanzanok.
5b. totat jjat quat cat.	??? 11b. wat nnat arrat mat zanzanat.
6a. lalok sprok izok jok stok.	12a. lalok rarok nok izok hihok mok.
6b. wat dat krat quat cat.	12b. wat nnat forat arrat vat gat.

在 farok crrrok hihok yorok clok kantok ok-yurp 中的第三单词是 hihok,它在双语并行语料库的 3,11,12 等句子中都出现,共出现三次(表 16.5)。

表 16.5　利用双语语料库进行单词对齐(5)

1a. ok-voon ororok sprok.	7a. lalok farok ororok lalok sprok izok enemok.
1b. at-voon bichat dat.	7b. wat jjat bichat wat dat vat eneat.
2a. ok-drubel ok-voon anok plok sprok.	8a. lalok brok anok plok nok.
2b. at-drubel at-voon pippat rrat dat.	8b. iat lat pippat rrat nnat.
3a. erok sprok izok **hihok** ghirok.	9a. wiwok nok izok kantok ok-yurp.
3b. totat dat arrat vat hilat.	9b. totat nnat quat oloat at-yurp.
4a. ok-voon anok drok brok jok.	10a. lalok mok nok yorok ghirok clok.
4b. at-voon krat prpppat sat lat.	10b. wat nnat gat mat bat hilat.
5a. wiwok farok izok stok.	11a. lalok nok crrrok **hihok** yorok zanzanok.
5b. totat jjat quat cat.	11b. wat nnat arrat mat zanzanat.
6a. lalok sprok izok jok stok.	12a. lalok rarok nok izok **hihok** mok.
6b. wat dat krat quat cat.	12b. wat nnat forat aurat vat gat.

在 Arcturan 语对应的句子中,arrat 这个单词也分别出现三次,它很可能就是 hihok 在

Arcturan 语中的对应单词,接着我们转入 farok crrrok hihok yorok clok kantok ok-yurp 中的第四个单词 yorok,它在句子 10 和 11 中分别出现两次(表 16.6)。

表 16.6　利用双语语料库进行单词对齐(6)

1a. ok-voon ororok sprok.	7a. lalok farok ororok lalok sprok izok enemok.
1b. at-voon bichat dat.	7b. wat jjat bichat wat dat vat eneat.
2a. ok-drubel ok-voon anok plok sprok.	8a. lalok brok anok plok nok.
2b. at-drubel at-voon pippat rrat dat.	8b. iat lat pippat rrat nnat.
3a. erok sprok izok **hihok** ghirok.	9a. wiwok nok izok kantok ok-yurp.
3b. totat dat arrat vat hilat.	9b. totat nnat quat oloat at-yurp.
4a. ok-voon anok drok brok jok.	10a. lalok mok nok **yorok** ghirok clok.
4b. at-voon krat pippat sat lat.	10b. wat nnat gat mat bat hilat.
5a. wiwok farok izok stok.	11a. lalok nok crrrok **hihok yorok** zanzanok.
5b. totat jjat quat cat.	11b. wat nnat arrat mat zanzanat.
6a. lalok sprok izok jok stok.	12a. lalok rarok nok izok **hihok** mok.
6b. wat dat krat quat cat.	12b. wat nnat forat arrat vat gat.

在 Arcturan 语对应的句子 10 和 11 中,单词 mat 也分别出现两次,因此,mat 很可能就是 yorok 的对应单词,接着我们转入 farok crrrok hihok yorok clok kantok ok-yurp 中的第五个单词 clok(表 16.7)。

表 16.7　利用双语语料库进行单词对齐(7)

1a. ok-voon ororok sprok.	7a. lalok farok ororok lalok sprok izok enemok.
1b. at-voon bichat dat.	7b. wat jjat bichat wat dat vat eneat.
2a. ok-drubel ok-voon anok plok sprok.	8a. lalok brok anok plok nok.
2b. at-drubel at-voon pippat rrat dat.	8b. iat lat pippat rrat nnat.
3a. erok sprok izok hihok ghirok.	9a. wiwok nok izok kantok ok-yurp.
3b. totat dat arrat vat hilat.	9b. totat nnat quat oloat at-yurp.
4a. ok-voon anok drok brok jok.	10a. lalok mok nok yorok ghirok **clok**.
4b. at-voon krat pippat sat lat.	10b. wat nnat gat mat bat hilat.
5a. wiwok farok izok stok.	11a. lalok nok crrrok hihok yorok zanzanok.
5b. totat jjat quat cat.	11b. wat nnat arrat mat zanzanat.
6a. lalok sprok izok jok stok.	12a. lalok rarok nok izok hihok mok.
6b. wat dat krat quat cat.	12b. wat nnat forat arrat vat gat.

clok 只在句子 10 中出现一次,如果句子 10 中的 yorok 对应于 Arcturan 语的 mat,那么 Arcturan 语第 10 句中其他单词 wat,nnat,gat,bat,hilat 都可能是 clok 的对应单词(表 16.8)。

表 16.8　利用双语语料库进行单词对齐(8)

1a. ok-voon ororok sprok.	7a. lalok farok ororok lalok sprok izok enemok.
1b. at-voon bichat dat.	7b. wat jjat bichat wat dat vat eneat.
2a. ok-drubel ok-voon anok plok sprok.	8a. lalok brok anok plok nok.
2b. at-drubel at-voon pippat rrat dat.	8b. iat lat pippat rrat nnat.
3a. erok sprok izok hihok ghirok.	9a. wiwok nok izok kantok ok-yurp.
3b. totat dat arrat vat hilat.	9b. totat nnat quat oloat at-yurp.
4a. ok-voon anok drok brok jok.	10a. lalok mok nok yorok ghirok clok. ???
4b. at-voon krat pippat sat lat.	10b. wat nnat gat mat bat hilat.
5a. wiwok farok izok stok.	11a. lalok nok crrrok hihok yorok zanzanok.
5b. totat jjat quat cat.	11b. wat nnat arrat mat zanzanat.
6a. lalok sprok izok jok stok.	12a. lalok rarok nok izok hihok mok.
6b. wat dat krat quat cat.	12b. wat nnat forat arrat vat gat.

另一方面,如果在句子 10 中,除了 clok 之外的其他单词都对应好了:lalok 对应于 wat,mok 对应于 gat,nok 对应于 nnat,yorok 对应于 mat,ghirok 对应于 hilat,那么 clok 将可能对应于句子 10b 中唯一没有对齐的单词 bat(表 16.9)。

表 16.9　利用双语语料库进行单词对齐(9)

1a. ok-voon ororok sprok.	7a. lalok farok ororok lalok sprok izok enemok.
1b. at-voon bichat dat.	7b. wat jjat bichat wat dat vat eneat.
2a. ok-drubel ok-voon anok plok sprok.	8a. lalok brok anok plok nok.
2b. at-drubel at-voon pippat rrat dat.	8b. iat lat pippat rrat nnat.
3a. erok sprok izok hihok ghirok.	9a. wiwok nok izok kantok ok-yurp.
3b. totat dat arrat vat hilat.	9b. totat nnat quat oloat at-yurp.
4a. ok-voon anok drok brok jok.	10a. lalok mok nok yorok ghirok clok.
4b. at-voon krat pippat sat lat.	10b. wat nnat gat mat bat hilat.
5a. wiwok farok izok stok.	11a. lalok nok crrrok hihok yorok zanzanok.
5b. totat jjat quat cat.	11b. wat nnat arrat mat zanzanat.
6a. lalok sprok izok jok stok.	12a. lalok rarok nok izok hihok mok.
6b. wat dat krat quat cat.	12b. wat nnat forat arrat vat gat.

根据排除法(process of elimination),我们把 clok 对应于 bat(表 16.10)。

表 16.10　利用双语语料库进行单词对齐(10)

1a. ok-voon ororok sprok.	7a. lalok farok ororok lalok sprok izok enemok.
1b. at-voon bichat dat.	7b. wat jjat bichat wat dat vat eneat.
2a. ok-drubel ok-voon anok plok sprok.	8a. lalok brok anok plok nok.
2b. at-drubel at-voon pippat rrat dat.	8b. iat lat pippat rrat nnat.
3a. erok sprok izok hihok ghirok.	9a. wiwok nok izok kantok ok-yurp.
3b. totat dat arrat vat hilat.	9b. totat nnat quat oloat at-yurp.
4a. ok-voon anok drok brok jok.	10a. lalok mok nok yorok ghirok clok　process of
4b. at-voon krat pippat sat lat.	10b. wat nnat gat mat bat hilat.　elimination
5a. wiwok farok izok stok.	11a. lalok nok crrrok hihok yorok zanzanok.
5b. totat jjat quat cat.	11b. wat nnat arrat mat zanzanat.
6a. lalok sprok izok jok stok.	12a. lalok rarok nok izok hihok mok.
6b. wat dat krat quat cat.	12b. wat nnat forat arrat vat gat.

在使用双语并行语料库进行单词对齐的时候,我们也可以根据同源词(cognate word)进行单词对齐。例如,在句子 11a 中的 zanzanok 与句子 11b 中的 zanzanat 就是同源词,它们是单词对齐中的重要线索(表 16.11)。

表 16.11　利用双语语料库进行单词对齐(11)

1a. ok-voon ororok sprok.	7a. lalok farok ororok lalok sprok izok enemok.
1b. at-voon bichat dat.	7b. wat jjat bichat wat dat vat eneat.
2a. ok-drubel ok-voon anok plok sprok.	8a. lalok brok anok plok nok.
2b. at-drubel at-voon pippat rrat dat.	8b. iat lat pippat rrat nnat.
3a. erok sprok izok hihok ghirok.	9a. wiwok nok izok kantok ok-yurp.
3b. totat dat arrat vat hilat.	9b. totat nnat quat oloat at-yurp.
4a. ok-voon anok drok brok jok.	10a. lalok mok nok yorok ghirok clok.
4b. at-voon krat pippat sat lat.	10b. wat nnat gat mat bat hilat.
5a. wiwok farok izok stok.	11a. lalok nok crrrok hihok yorok zanzanok.
5b. totat jjat quat cat.	11b. wat nnat arrat mat zanzanat.　cognate?
6a. lalok sprok izok jok stok.	12a. lalok rarok nok izok hihok mok.
6b. wat dat krat quat cat.	12b. wat nnat forat arrat vat gat.

如果在句子 11a 中除了 crrrok 之外的单词都分别与句子 11b 中所有单词相对应,那么我们就说,句子 11b 饱和(fertility)了,这样一来,句子 11a 中的 crrrok 就变成了"孤家寡人",它是一个零对应的单词(zero),也许它没有具体的词汇意义,是具有一定语法功能的虚词,也许它是一个没有具体对应词的实词或者其他成分。这样,我们也只好不强求 crrrok 对应了(表 16.12)。

表 16.12　利用双语语料库进行单词对齐(12)

1a. ok-voon ororok sprok.	7a. lalok farok ororok lalok sprok izok enemok.
1b. at-voon bichat dat.	7b. wat jjat bichat wat dat vat eneat.
2a. ok-drubel ok-voon anok plok sprok.	8a. lalok brok anok plok nok.
2b. at-drubel at-voon pippat rrat dat.	8b. iat lat pippat rrat nnat.
3a. erok sprok izok hihok ghirok.	9a. wiwok nok izok kantok ok-yurp.
3b. totat dat arrat vat hilat.	9b. totat nnat quat oloat at-yurp.
4a. ok-voon anok drok brok jok.	10a. lalok mok nok yorok ghirok clok.
4b. at-voon krat pippat sat lat.	10b. wat nnat gat mat bat hilat.
5a. wiwok farok izok stok.	11a. lalok nok **crrrok** hihok yorok zanzanok.
5b. totat jjat quat cat.	11b. wat nnat arrat mat zanzanat.　zero fertility
6a. lalok sprok izok jok stok.	12a. lalok rarok nok izok hihok mok.
6b. wat dat krat quat cat.	12b. wat nnat forat arrat vat gat.

在句子 9 中,我们还可以发现 ok-yurp 与 Arcturan 语中的 at-yurp 是同源词(cognate),而 kantok 对应于 Arcturan 语中的 oloat。最后,我们得到 Centauri 语和 Arcturan 语这两种语言的单词对应关系,实现了单词对齐,如图 16.11 所示。

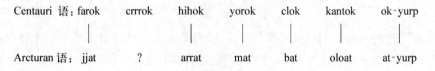

图 16.11　Centauri 语和 Arcturan 语的单词对应关系

在使用解读密码的方法获得 Arcturan 语的对应单词之后,再进一步进行 Arcturan 语的句法生成和形态生成,就可以得到机器翻译的译文。

这种所谓"解读密码"的方法实质上是一种统计的方法,实施起来要进行大量的数学运算,Weaver 是想用基于统计的方法来解决机器翻译问题。

但是,由于在 Weaver 的时代,缺乏高性能的计算机和联机语料,采用基于统计的机器翻译在技术上还不成熟。Weaver 的这种方法是难以付诸实现的。现在,这种局面已经大大改变了,计算机在速度和容量上都有了大幅度的提高,也有了大量的联机语料可供统计使用,因此,在 20 世纪 90 年代,基于统计的机器翻译又兴盛起来。

在 Weaver 思想的基础上,IBM 公司的 Peter F. Brown(布劳恩)等提出了统计机器翻译的数学模型。

基于统计的机器翻译把机器翻译问题看成是一个噪声信道问题,我们把第 12 章中的图 12.1 根据机器翻译的特点改造为下面的图 16.12。

图 16.12 统计机器翻译的噪声信道模型

可以这样来看机器翻译:一种语言 S 由于经过了一个噪声信道而发生了扭曲变形,在信道的另一端呈现为另一种语言 T,翻译问题实际上就是如何根据观察到的语言 T,恢复最为可能的语言 S。语言 S 是信道意义上的输入(源语言),在翻译意义上就是目标语言,语言 T 是信道意义上的输出(目标语言),在翻译意义上就是源语言。

从这种观点看来,一种语言中的任何一个句子都有可能是另外一种语言中的某几个句子的译文,只是这些句子的可能性各不相同,机器翻译就是要找出其中可能性最大的句子,也就是对所有可能的目标语言 S 计算出概率最大的一个作为源语言 T 的译文。由于 S 的数量巨大,可以采用栈式搜索(stack search)的方法。栈式搜索的主要数据结构是表结构,表结构中存放着当前最有希望的对应于 T 的 S,算法不断循环,每次循环扩充一些最有希望的结果,直到表中包含一个得分明显高于其他结果的 S 时结束。栈式搜索不能保证得到最优的结果,它会导致错误的翻译,因而只是一种次优化算法。

可见,统计机器翻译系统的任务就是在所有可能的目标语言 T(这里指翻译意义下的目标语言,也就是噪声信道模型意义上的源语言)的句子中寻找概率最大的那个句子作为源语言 S(这里指翻译意义上的源语言,也就是噪声信道模型意义上的目标语言)的翻译结果。

其概率值可以使用 Bayes 公式得到(注意,下面公式中的 T 和 S 与上面的含义不一样,下面公式中的 T 是在翻译意义上的目标语言,S 是在翻译意义上的源语言):

$$P(T \mid S) = \frac{P(T)P(S \mid T)}{P(S)} \tag{16.1}$$

由于式(16.1)右边的分母 $P(S)$ 与 T 无关,因此,求 $P(T|S)$ 的最大值相当于寻找一个最接近于真实的目标语言句子 T 的 $\hat{T}$,使得等式右边分子的两项乘积 $P(T)P(S|T)$ 为最大,也就是

$$\hat{T} = \arg\max_{T} P(T)P(S \mid T) \tag{16.2}$$

在式(16.2)中,$P(T)$是目标语言的"语言模型"(language model),$P(S \mid T)$是给定 T 的情况下 S 的"翻译模型"(translation model)。根据语言模型和翻译模型,求解在给定源语言句子 S 的情况下最接近真实的目标语言句子$\hat{T}$的过程,相当于噪声信道模型中解码的过程。

在翻译的意义下可以这样解释式(16.2):假定有一个目标语言的文本 T(指翻译意义下的目标语言,也就是噪声信道模型意义下的源语言),经过了某个噪声信道后变成源语言 S(指翻译意义下的源语言,也就是噪声信道模型意义下的目标语言),源语言文本 S 是由目标语言 T 经过了奇怪编码的扭曲变形之后而得到的,机器翻译的目的,就是要把 S 还原成 T,这样一来,机器翻译的过程就可以看成一个解码的过程(图 16.13)。

图 16.13　统计机器翻译的过程是一个解码的过程

在图 16.13 中,$P(T)$是目标语言文本的语言模型,它与源语言无关,$P(S \mid T)$是在考虑目标语言 T 的条件下,源语言 S 的条件概率,它是翻译模型,反映了两种语言翻译的可能性,与源语言和目标语言都有关。

在 IBM 公司 Peter. F. Brown 发表的关于统计机器翻译的经典性论文中,式(16.2)被称为"统计机器翻译的基本方程式"(fundamental equation of statistical machine translation)。

根据基本方程式(16.2)可知,统计机器翻译系统要解决三个问题:

- 语言模型 $P(T)$的参数估计;
- 翻译模型 $P(S \mid T)$的参数估计;
- 设计有效快速的搜索算法(解码器)来求解$\hat{T}$,使得 $P(T)P(T \mid S)$最大。

根据这样的思想,一个统计机器翻译的框架可以表示为图 16.14。

图 16.14　统计机器翻译系统的框架

可见,一个统计机器翻译系统应当包括语言模型、翻译模型和解码器三个部分。

语言模型 $P(T)$表示 T 像一个目标语言中的句子的程度,它反映译文的流利度(fluency)。翻译模型 $P(S \mid T)$表示目标语言 T 像源语言 S 的程度,它反映目标语言 T 对于源语言 S 的忠实度(adequacy)。著名学者严复提出翻译应当遵从"信达雅"三个标准,鲁迅把严复的标准简化为"顺"和"信"两个标准。根据我们的常识,好的机器翻译的译文应当是流畅的,同时又应当是忠实于源语言的,就是说,既要"顺",又要"信"。鲁迅的"顺"这个标准反映了语言模型的要求,"信"这个标准反映了翻译模型的要求。在统计机器翻译中联合地使用语言模型和翻译模型,既考虑了译文的"顺",又考虑了译文的"信",其效果应该比单独地使用翻译模型好。如果仅仅考虑翻译模型,由于只考虑了"信"而忽视了"顺",就常常会产生一些不通顺的译文。

对于语言模型的概率计算,也就是给定一个句子

$$t_1^l = t_1 t_2 \cdots t_l$$

计算它的概率:

$$P(t_1^l) = P(t_1)P(t_2 \mid t_1) \cdots P(t_l \mid t_1 t_2 \cdots t_{l-1}) \tag{16.3}$$

例如,句子 I saw water on the table 的二元语法的概率为

$$P(\text{I saw water on the table}) = P(\text{I} \mid \text{START}) \times P(\text{saw} \mid \text{I}) \times P(\text{water} \mid \text{saw})$$
$$\times P(\text{on} \mid \text{water}) \times P(\text{the} \mid \text{on}) \times P(\text{table} \mid \text{the})$$
$$\times P(\text{END} \mid \text{table})$$

显而易见,这是一个 N 元语法问题,这个问题我们已经在第 13 章中讨论过了,兹不赘述。

对于翻译模型概率的计算,关键在于如何定义目标语言句子中单词与源语言句子中的单词的对应关系。我们在前面讨论过 Centauri 语和 Arcturan 语双语并行语料库中单词的对齐问题。这里我们再讨论英语和法语单词对齐的一些例子。

在句子偶对(John loves Mary ｜ Jean aime Marie)中,我们看到英语单词 John 生成了法语单词 Jean,loves 生成了 aime,Mary 生成了 Marie,这时,我们就说,John 和 Jean 对齐,loves 和 aime 对齐,Mary 和 Marie 对齐。

那么,我们怎样来发现句子中两种语言的单词之间的这种对齐关系呢? 下面讨论这个问题。

假定我们有三组法语短语 la maison,la maison bleue,la fleur,它们与三组英语短语相互对应。从理论上来说,在每一组中的每一个单词,都可以与同一组中另一种语言的所有的单词相对应。这种复杂的对应关系如图 16.15 所示。

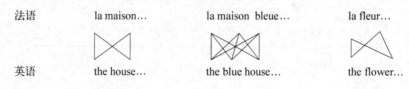

图 16.15　单词之间的复杂对应关系

但是,我们观察到,法语的 la 和英语的 the 在每一组中都同时出现,它们同时出现的频率最大,因此,法语的 la 应当与英语的 the 对齐。法语的 maison 与英语的 house 在两个组中同时出现,它与英语的 the 也在两个组中同时出现,但是,由于英语的 the 已经与法语的 la 相对应,它不可能再与 the 对应,因此,我们可以判断,法语的 maison 应当与英语的 house 对齐。在第二组 la maison bleue 中,la 和 maison 都已经确定了英语的对应单词分别为 the 和 house,

因此,bleue 必定与英语的 blue 对齐。在第三组 la fleur 中,既然法语的 la 已经与英语的 the 相对应,那么 fleur 必定与英语的 flower 对齐。这样,我们得到如图 16.16 所示的对齐结果。

图 16.16　单词之间的对齐结果

在统计机器翻译中,我们使用期望最大(expectation maximization,EM)算法来发现隐藏在两种语言结构后面的单词之间的对应关系,进行单词对齐。这个算法可以采用 GIZA＋＋ 软件来实现。

上面是一对一的对齐,我们再讨论比较复杂的对齐情况。

在句子偶对(And the program has been implemented ｜ Le programme a été mis en application)中,单词的对齐关系如图 16.17 所示。

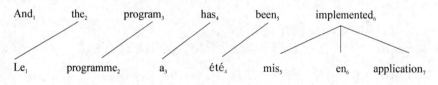

图 16.17　单词对齐的复杂情况

可以看出,在法语的句子中,英语的 and 没有相应的对应单词,这是"一对零"的情况;而英语单词 implemented 则对应于三个法语单词 mis en application,这是"一对多"的情况。

如果从法语的角度来看英语,在表示这种对齐关系的时候,只要在英语的相应单词上标上法语单词的编号就行了,用 IBM 公司 Brown 的表示方法,其对齐情况可以写为

(Le programme a été mis en application ｜ And the(1) program(2) has(3) been(4) implemented(5,6,7))

由于英语的 and 在法语句子中没有对应的单词,因此,and 后面没有出现相应的数字。

实际上,在两种语言的翻译中,单词之间除了"一对一""零对一""一对零"的情况之外,还有"一对多""多对一""多对多"的情况,单词对齐是一个非常复杂的问题。

在目标语言句子 T 的长度为 l(包含 l 个单词),源语言句子 S 的长度为 m(包含 m 个单词)的情况下,T 和 S 之间有 $l \times m$ 种不同的对应关系。在使用解码器进行搜索时,要在所有的 t_1^l 中,搜索使 $p(t_1^l) \times p(s_1^m | t_1^l)$ 最大的结果,最后在进行适当的变换处理之后,输出目标语言的句子。

由此可见,在统计机器翻译中,单词的对齐是一个关键性的问题。为此引入隐含变量 A,这个隐含变量表示对齐(alignment),这样,翻译句子偶对$(S|T)$的概率,可以通过条件概率 $P(S,A|T)$ 而获得:

$$P(S \mid T) = \sum_{A} P(S, A \mid T) \tag{16.4}$$

这样一来,我们就把 $P(S \mid T)$ 的计算转化为对 $P(S, A \mid T)$ 的估计。

假设源语言句子 $S = s_1^m = s_1 s_2 \cdots s_m$ 有 m 个单词,目标语言句子 $T = t_1^l = t_1 t_2 \cdots t_l$ 有 l 个单词,对齐序列表示为 $A = a_1^m = a_1 a_2 \cdots a_m$,其中, $a_j (j = 1, 2, \cdots, m)$ 的取值范围为 0 到 l 之间的整数。如果源语言中的第 j 个单词与目标语言中的第 i 个单词对齐,则 $a_j = i$;如果没有单词与它对齐,则 $a_j = 0$。

不失一般性,我们有

$$P(S, A \mid T) = P(m \mid T) \prod_{j=1}^{m} P(a_j \mid a_1^{j-1}, s_1^{j-1}, m, T) P(s_j \mid a_1^{j}, s_1^{j-1}, m, T) \tag{16.5}$$

式(16.5)的左边表示在给定一个目标语言句子的情况下生成一个源语言句子及其对齐关系的概率,在计算这个概率的时候,我们首先根据已有的关于目标语言句子的知识,考虑源语言句子长度的概率(等式右边的第一项);然后,再选择在给定目标语言句子和源语言句子长度的情况下,目标语言句子中与源语言句子的第一个单词的位置以及对齐的概率(等式右边乘积中的第一项);接着,再考虑在给定目标语言句子和源语言句子长度,并且目标语言句子中与源语言句子的第一个单词对齐的那个位置的情况下,源语言句子中第一个单词的概率(等式右边乘积中的第二项)。依此类推,分别计算源语言句子的第二个单词的概率、第三个单词的概率……这样一来,等式 $P(S, A \mid T)$ 总是可以被变换成像式(16.5)中的那样多个项相乘的形式。

IBM 公司首先使用统计方法进行法语到英语的机器翻译。对于翻译模型 $P(S \mid T)$,由于 S 是法语(French), T 是英语(English),因此,他们用 $P(F \mid E)$ 来表示;对于语言模型 $P(T)$,由于 T 是英语,因此,他们用 $P(E)$ 来表示。

图 16.18 是从噪声信道理论来看 IBM 公司的法英机器翻译系统的一个示例。可以假定一个英语的句子从英语的信道(channel source) E 经过噪声信道(noisy channel)之后在法语

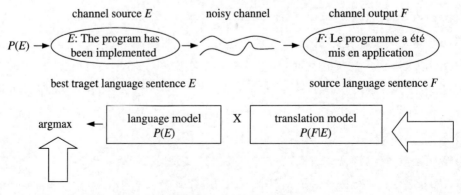

图 16.18　从噪声信道理论来看 IBM 公司的法英机器翻译

的输出信道(channel output)F 中变成了一个法语的句子。从翻译的角度来看,IBM 公司的法英统计机器翻译的任务就是从源语言法语 F 的句子出发,建立翻译模型 $P(F|E)$ 和语言模型 $P(E)$ 来进行解码,选出最好的英语句子作为输出,最后得到英语的译文。

对于翻译模型 $P(F|E)$,IBM 公司提出了五个复杂程度递增的数学模型,简称 IBM Model 1~5。

模型 1 只考虑词对词相互翻译的概率 $P(f_j|e_i)$,其中,f_j 是法语单词,e_i 是与 f_j 对应的英语单词。

模型 2 考虑在翻译过程中单词位置的变化,引入了参数 $P(a_j|j,m,l)$,其中,m 是源语言法语句子的长度,l 是目标语言英语句子的长度,j 是法语单词的位置,a_j 是与位置为 j 的法语单词对应的英语单词的位置。由于单词所在的不同位置和句子偶对不同长度的影响,可能导致任何两个单词之间的对齐关系存在不同的概率。

模型 3 考虑源语言中的一个单词翻译为目标语言中的多个单词的概率,以及目标语言中的一个单词对应于源语言中的多个单词的概率。

我们以把一个英语句子翻译成法语句子为例,说明模型 3 的工作步骤如下:

(1) 对于句子中每一个英语单词 e,选择一个产出率 φ,其概率为 $n(\varphi|e)$;

(2) 对于所有单词的产出率求和,得到 m-prime;

(3) 按照下面的方式构造一个新的英语单词串:删除产出率为 0 的单词,复制产出率为 1 的单词,复制两遍产出率为 2 的单词,依此类推;

(4) 在这 m-prime 个单词的每一个后面,决定是否插入一个空单词 Null,插入和不插入的概率分别为 p_1 和 p_0;

(5) 设 φ_0 为插入的空单词 NULL 的个数;

(6) 设 m 为目前的总单词数: m-prime + φ_0;

(7) 根据概率表 $t(f|e)$,将每一个英语单词 e 替换为法语单词 f;

(8) 对于不是由空单词 Null 产生的每一个法语单词,根据概率表 $d(j|i,l,m)$,赋予一个位置,这里 j 是法语单词在法语句子中的位置,i 是产生当前这个法语单词的对应英语单词在英语句子中的位置,l 是英语串的长度,m 是法语串的长度;

(9) 如果任何一个目标语言位置被多重登录(含有一个以上单词),则返回失败;

(10) 给空单词 Null 产生的法语单词赋予一个目标语言位置,这些位置必须是没有被占用的空位置,任何一个赋值都被认为是等概率的,概率值为 $1/\varphi_0$;

(11) 最后,读出法语单词串,其概率为上述每一步概率的乘积,按照概率的大小输出结果。

模型 4 不仅考虑在对齐时单词位置的变化,而且还考虑该位置上单词类别的差异,建立了一个基于类的模型,自动地把源语言和目标语言的单词划分到 50 个不同的类别中。

U. Germann（杰尔曼）基于 IBM 的模型 4，提出了贪心爬山解码算法（greedy hill-climbing algorithm）①，这种算法不是通过在每一个时刻处理一个输入单词的办法来最终建立一个优化的、完整的翻译假设，而是直接从输入句子的一个完整的、可能的翻译结果开始，不断地调整源语言（法语）单词 f 和目标语言（英语）单词 e 之间的对应关系，逐步得到最优的结果，就像贪心地从下而上爬山那样，力图达到山峰的顶点。

例如，在法英机器翻译中，对于输入的法语句子"Bien entendu, il parle de une belle victoie."（当然，他谈到了一个伟大的胜利。），使用贪心爬山解码算法求解英语最佳译文的过程如下：

首先根据单词的对应关系，得到英语的初步译文，如图 16.19 所示。

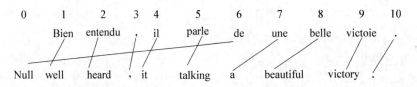

图 16.19　初步对齐的英语译文

在图 16.19 中，如果标点符号也算单词，那么输入的法语句子中一共有 10 个单词，我们分别给它们编号，初步翻译得到的英语译文以及它们与法语单词的对应列在下方，法语的 de 在这个英语句子中没有对应单词，故对应为 Null。

下面，我们使用贪心爬山解码算法来逐步地改进这段初步对齐的英语译文。

（1）把英语译文中的第 5 个单词 talking 替换成 talks，把第 7 个单词 beautiful 替换成 great，以便与 victory 更好地搭配。

结果如图 16.20 所示。

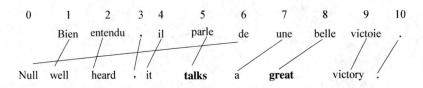

图 16.20　贪心爬山解码算法第一步的结果

（2）把英语译文中的第 2 个单词 heard 替换成 understand，把第 0 个单词 Null 替换成 about，并插入到 talks 的后面。

结果如图 16.21 所示。

（3）把英语译文中的第 4 个单词 it 替换成 he。

---

①　Germann U. Greedy Decoding for Statistical Machine Translation in Almost Linear Time［C］// Proceedings of HLT-NAACL-2003，Edmonton，Canada，2003.

结果如图 16.22 所示。

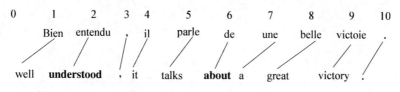

图 16.21   贪心爬山解码算法第二步的结果

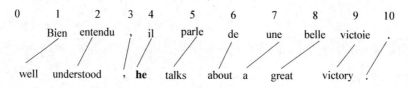

图 16.22   贪心爬山解码算法第三步的结果

(4) 把英语译文中的第 1 个单词 Bien 替换成 quite,把第 2 个单词替换成 naturally。
结果如图 16.23 所示。

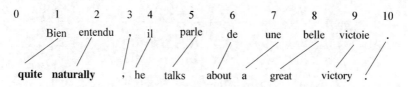

图 16.23   贪心爬山解码算法第四步的结果

最后得到的英语译文"Quite naturally,he talks about a great victory"的翻译质量比使用
贪心爬山解码算法之前有了很大的改善。可见贪心爬山解码算法是一种很有效的解码算法,
它大大地改善了 IBM 的模型 4。

模型 5 修正了模型 4 的一些缺陷,避免对于一些不可能出现的对齐给出非零的概率。

在模型 1 和模型 2 中,首先预测源语言句子的长度,假定所有的长度都具有相同的可能
性,然后对源语言句子中的每个位置,猜测它们与目标语言句子中单词的对应关系,以及源语
言的该位置上的单词。在模型 3、模型 4 和模型 5 中,首先对于目标语言中的每一个单词选择
对应的源语言单词个数,然后确定这些单词,最后判断这些源语言单词的具体位置。

这些模型的主要区别在于,它们在计算源语言单词与目标语言单词之间连接
(connection)的概率的方式不同。在模型 1 中,只考虑单词与单词之间相互翻译时的概率,不
考虑单词的位置信息,整个模型与单词在句子中的次序无关,这样的模型虽然简单,但是它的
参数估计具有全局最优的特点,最后总可以收敛于一个与初始值无关的点。模型 2 和模型 5
都只能收敛到局部最优。在 IBM 的各个模型中,每一个模型的参数估计都要把上一个模型
的结果作为初始值,因此,最后的结果也是与初始值无关的。

IBM 公司 Peter F. Brown 等研究者以英法双语对照加拿大议会辩论记录作为双语语料库,基于统计机器翻译的思想开发的英法机器翻译系统叫作 Candide。

Candide 系统分为分析—转换—生成三个阶段,中间表示是线性的,分析和生成都是可逆的。

在分析阶段,需要对于输入的法语文本进行预处理,例如短语切分、专名与数词检测、大小写与拼写校正、形态分析、语言的归一化等。

在转换阶段使用基于统计的方法进行解码。解码又可以分为两个阶段:第一阶段,使用粗糙模型的堆栈搜索,输出 140 个评分最高的译文。其语言模型为三元语法,其翻译模型使用 EM 算法(Expection Maximization algorithm)。第二阶段,使用精细模型的扰动搜索,对第一阶段的输出结果先扩充,再重新评分,其语言模型采用链语法,翻译模型采用最大熵方法。

这个基于统计的机器翻译系统 Candide 与基于规则的机器翻译系统 Systran 的结果比较如表 16.13 所示。

表 16.13 Candide 系统与 Systran 系统比较

	Fluency		Adequacy		Time Ratio	
	1992	1993	1992	1993	1992	1993
Systran	0.466	0.540	0.686	0.743		
Gandide	0.511	0.580	0.575	0.670		
Transman	0.819	0.838	0.837	0.850	0.688	0.625
Manual		0.833		0.840		

表 16.13 是 ARPA(美国国防部高级研究计划署)对几个机器翻译系统的测试结果,其中第一行是著名的 Systran 系统的翻译结果,第二行是 Candide 的翻译结果,第三行是 Candide 加人工校对的结果,第四行是纯人工翻译的结果。评价指标有两个:Fluency(流利度)和 Adequacy(忠实度)。Transman 是 IBM 研制的一个译后编辑工具。Time Ratio 显示的是用 Candide 加 Transman 人工校对所用的时间和纯手工翻译所用的时间的比例。从指标上看,Candide 已经超越了采用传统的基于规则方法的商品系统 Systran。

由于计算的复杂性,Candide 请了一些语言学家来帮助他们做形态分析表、语义标注、中间表达式的转换,Candide 也使用了词典。可见,这个基于统计的机器翻译系统也适当地吸收了一些有益的规则方法。

IBM 公司在统计机器翻译方面的成绩引起了学术界极大的兴趣,很多人都试图效仿 IBM 公司的做法,重复 IBM 的试验,并对它进行改进。但是,IBM 试验的工作量太大,一般的研究人员得不到 IBM 公司的源代码,在编码方面有很大的困难。于是,在 1999 年夏天,很多相关的研究人员会聚在美国 John-Hopkins University(JHU,约翰霍普金斯大学)的夏季机器翻译研讨班上,大家共同合作,重复了 IBM 公司的统计机器翻译试验,并且开发了一个公开源代码的统计机器翻译软件包 EGYPT,免费传播。在研讨班上,学者们用这个 EGYPT 软件包,在一天之内就构造出一个捷克语-英语的机器翻译系统。

JHU 夏季研讨班的与会者回到了自己原来的研究单位之后,使用 EGYPT 软件包对 IBM 的系统进行了改进,有力地推动了统计机器翻译的研究。在自然语言处理的领域中,出现了研究统计机器翻译的热潮。

EGYPT 软件包有四个模块:

● GIZA＋＋:这是一个语料库工具,用于从双语并行语料库中抽取统计知识,进行参数训练。

● Decoder:这是一个解码器,用于执行具体的翻译过程,在噪声信道模型中,所谓"翻译"就是"解码"。

● Cairo:这是整个统计机器翻译系统的可视化界面,用于管理所有的参数、查看双语语料库对齐的过程和翻译模型的解码过程。

● Whittle:这是语料库预处理的工具。

1999 年 JHU 统计机器翻译研讨班的技术报告指出:"当这个解码器的原形系统在研讨班上完成时,我们很高兴并惊异于其速度和性能。20 世纪 90 年代早期在 IBM 公司举行的 DARPA 机器翻译评价时,我们曾经预计只有很短的句子(10 个词左右)才可以用统计方法进行解码,即使那样,每个句子的解码时间也可能需要几个小时。在早期 IBM 的工作过去将近 10 年后,摩尔定律、更好的编译器以及更加充足的内存和硬盘空间帮助我们构造了一个能够在几秒钟之内对 25 个单词的句子进行解码的系统。为了确保成功,我们在搜索中使用了如下所述的相当严格的域值和约束。解码器相当有效的这个事实为统计机器翻译这个方向未来的工作预示了很好的前景,并肯定了 IBM 的工作的初衷,即强调概率模型比效率更重要。"

EGYPT 软件包可在网上免费下载,它为相关的研究工作提供了一个很好的研究基础,一时成为统计机器翻译研究的基准。

美国卡内基梅隆大学(Carnegie Mellon University,CMU)王野翔和 Alex Waible(韦布勒)在德英口语统计机器翻译系统的研究工作中,提出了用基于结构的对齐模型(structure-based aligment model)来改进 IBM 的模型。由于德语和英语的语法结构差异较大,口语的语料库训练数据有限,有严重的数据稀疏问题。他们使用两个层次的对齐模型,一个层次是短语之间对齐的粗对齐(rough aligment)模型,一个层次是短语之内单词的细对齐(detailed alignment)模型。粗对齐模型相当于 IBM 的模型 2,细对齐模型相当于 IBM 的模型 4。在粗对齐过程中,引入了一种短语的语法推导算法,在训练口语语料库的基础上,通过基于互信息的双语词语聚类和短语归并反复迭代,得到一组基于词语聚类的短语规则,再用这些规则进行句子的短语分析。这个基于结构的对齐模型使口语机器翻译的错误率降低了 11%,提高了整个系统的正确率,由于使用了结构方面的知识,搜索空间更小,提高了整个系统的效率,缓解了因口语数据缺乏导致的数据稀疏问题。

16.2 最大熵模型

从16.1节中我们讨论的统计机器翻译的基本方程式

$$\hat{T} = \arg\max_{T} P(T) P(S \mid T)$$

可以知道,在统计机器翻译中,我们需要训练两个不同的知识源:一个是语言模型 $P(T)$ 的知识源,一个是翻译模型 $P(S \mid T)$ 的知识源。

具体地说,在法英机器翻译中,当我们要把源语言法语的句子

$$f_1^j = f_1, \cdots, f_j$$

翻译成英语的句子

$$e_1^l = e_1, \cdots, e_l$$

的时候,我们可以根据统计机器翻译的基本方程式,使用如下的模型来训练知识源:

$$\hat{e}_1^l = \arg\max P(e_1^l) P(f_1^j \mid e_1^l) \tag{16.6}$$

在机器翻译系统实现的过程中,一般都采用最大似然估计的方法(Maximum Likehood Estimation,MLE)进行参数训练。如果语言模型

$$P(e_1^l) = P_\gamma(e_1^l) \tag{16.7}$$

依赖于参数 γ,翻译模型

$$P(f_1^j \mid e_1^l) = P_\theta(f_1^j \mid e_1^l) \tag{16.8}$$

依赖于参数 θ,那么优化的参数值通过在并行语料库(句子偶对 F_s 和 E_s)的基础上求最大似然估计获得:

$$\hat{\gamma} = \arg\max \prod_{s=1}^{s} P_\gamma(E_s) \tag{16.9}$$

$$\hat{\theta} = \arg\max \prod_{s=1}^{s} P_\theta(F_s \mid E_s) \tag{16.10}$$

由式(16.9)和式(16.10),我们得到如下公式:

$$\hat{e}_1^l = \arg\max\{P_{\hat{\gamma}}(e_1^l) P_{\hat{\theta}}(f_1^j \mid e_1^l)\} \tag{16.11}$$

这意味着,我们在训练参数的时候,需要式(16.11)中的语言模型和翻译模型的组合达到最优,才可以使翻译系统达到最优。但是实际上,我们所采用的模型和训练方法只是真实概率分布的一种比较差的近似,因此在某些情况下,采用语言模型和翻译模型的其他组合方式来进行参数训练,反而能够得到较好的翻译结果。

F. J. Och(奥赫)在 1999 年指出[①],有些可以与式(16.11)匹敌的翻译结果可以通过如下的决策式(16.12)而得到:

$$\hat{e}_1^l = \arg\max\{P_{\hat{\gamma}}(e_1^l)P_{\hat{\theta}}(e_1^l \mid f_1^j)\} \tag{16.12}$$

在式(16.12)中,Och 用 $P_{\hat{\theta}}(e_1^l \mid f_1^j)$ 替换了式(16.11)中的翻译模型 $P_{\hat{\theta}}(f_1^j \mid e_1^l)$,这样的替换,从噪声信道模型的理论框架来看是解释不通的,因为在训练法语到英语的机器翻译系统的翻译模型时,作为机器翻译源语言的法语被看成是机器翻译的目标语言英语在噪声信道中受到噪声干扰之后形成的,我们首先需要的是从英语的角度出发,来训练把受到噪声干扰之后形成的法语翻译为英语的统计参数,如果我们反其道而行之,从受到噪声干扰之后形成的法语的角度出发,来训练把法语翻译为英语的统计参数,那么就与噪声信道模型的理论框架相矛盾了。可是,Och 却使用反其道而行之的式(16.12)得到了与使用完全遵从噪声信道模型的式(16.11)一样好的机器翻译的译文。Och 的工作说明,在统计机器翻译研究中,我们还有可能采用更加有利于搜索的决策公式,不一定拘泥于噪声信道模型本来的理论框架,而可以使用直接翻译模型来替代原来的噪声信道模型。

直接翻译模型可以这样来考虑:

假设 e 和 f 是机器翻译的目标语言(英语用 e 表示)的句子和源语言(法语用 f 表示)的句子,$h_1(e,f),\cdots,h_m(e,f)$ 分别是 e 和 f 上的 M 个特征函数,$\lambda_1,\cdots,\lambda_M$ 是与这些特征函数分别对应的 M 个模型参数,那么直接翻译概率可以用以下公式模拟:

$$P(e \mid f) \approx p_{\lambda_1\cdots\lambda_M}(e \mid f)$$

$$= \exp\left[\sum_{m=1}^{M}\lambda_m h_m(e,f)\right] \sum_{e'}\exp\left[\sum_{m=1}^{M}\lambda_m h_m(e',f)\right] \tag{16.13}$$

对于给定的法语句子 f,其最佳的英语译文 e 可以用以下公式表示:

$$\hat{e} = \arg\max_e P(e \mid f) = \arg\max_e \sum_{m=1}^{M}\lambda_m h_m(e,f) \tag{16.14}$$

这意味着,我们可以不再考虑统计机器翻译基本方程式中的语言模型和翻译模型,而统一地使用式(16.14)来表示一个单独的直接翻译模型。在这个直接翻译模型中,只要不断地调整特征函数 h_m 和模型参数 λ_m 的值,也就是不断地计算

$$\lambda_1 \cdot h_1(e_1^l,f_1^j), \lambda_2 \cdot h_2(e_1^l,f_1^j), \cdots, \lambda_m \cdot h_m(e_1^l,f_1^j)$$

的值,进行参数训练和全局搜索,获得最合适的参数值,从而得到

$$\arg\max_e \sum_{m=1}^{M}\lambda_m h_m(e,f)$$

在进行参数训练的时候,可以使用最大后验概率标准作为训练标准,最大后验概率标准也就是最大互信息标准(Maximum Mutual Information,MMI),它使得系统的熵最大,所以可

---

① Och F J, Tillman C, Ney H. Improved Alignment Models for Statistical Machine Translation[C]// Proceedings of Empirical Method in Natural Language Processing and very Large Corpora,1999:20-28.

以把这个模型叫作"最大熵模型"(Maximum Entropy Model,ME 模型)。

当然,使用最大熵模型得到的这种英语译文,还需要进行后处理,使之更加流畅和准确,经过后处理,我们便可以得到比较理想的机器翻译的译文。

最大熵模型可以归纳为统计机器翻译中通常所说的"对数-线性模型"(log-linear model)。如果我们使用如下两个特征函数:

$$h_1(e_1^l, f_1^j) = \log_2 P_{\hat{\gamma}(e_1^l)}$$

$$h_2(e_1^l, f_1^j) = \log_2 P_{\hat{\theta}}(f_1^i \mid e_1^l)$$

并且令

$$\lambda_1 = \lambda_2 = 1$$

那么公式

$$\hat{e}_1^l = \arg\max P_{\hat{\gamma}}(e_1^l) P_{\hat{\theta}}(f_1^j \mid e_1^l)$$

表示的噪声信道模型就成为公式

$$\arg\max_e \sum_{m=1}^{M} \lambda_m h_m(e, f)$$

表示的最大熵模型的一个特例。

在这个意义下,我们可以说,最大熵模型是统计机器翻译的一种更带有普遍性的形式模型。

前面我们所讨论的参数训练问题实际上就是如何获得模型参数 λ_m 值的问题,这个模型参数可以表示 λ_1^M。因此,最大熵模型中的参数训练问题也就是如何获得参数 λ_1^M 的问题,我们可以使用最大互信息标准(MMI)得到 λ_1^M:

$$\hat{\lambda}_1^M = \arg\max \sum_{s=1}^{S} \log_2 P_{\lambda_1}^M(e_s \mid f_s) \tag{16.15}$$

Och 等提出的最大熵模型(Maximum Entropy,ME)的思想来源于 Papineni(帕皮内尼)等在 1997 年提出的一种基于特征的自然语言理解方法。[①] 最大熵模型不再使用噪声信道模型,而直接使用统计翻译模型,因此它是一种直接翻译模型,是一种比噪声信道模型更具有一般性的模型,噪声信道模型只不过是最大熵模型的一个特例。

噪声信道模型的机器翻译系统只有在理想的情况下才能达到最优,最大熵方法拓广了统计机器翻译的思路,使得特征的选择更加灵活,改善了噪声信道模型。

统计机器翻译中的最大熵模型体现了"最大熵原则"(maximum principle)的方法论。最大熵原则认为,任何事物都存在着约束和自由的统一;熵是事物不确定性程度的度量,事物的状态越是自由,它的熵越大;任何物质系统,除了受到或多或少的外部约束之外,其内部总有

---

① Panineni K A, Roukos S, Ward R T. Feature-based Language Understanding[C]//Proceedings of Eurospeech'97, 1997: 1435–1438.

一定的自由度,这种自由度导致物质系统内的各个元素处于不同的状态;熵最大就是物质状态的自由和丰富程度达到最大的值;任何事物总是在一定的约束条件下,争取达到最大的自由度。所以,最大熵原则是自然界的一个基本规律。在随机事件中,事物总是在满足约束条件的情况下,使状态的自由和丰富程度达到最大值。在对随机事件的所有相容的预测中,熵最大的预测出现的概率占绝对优势。这就是统计机器翻译中的最大熵模型在方法论上的根据。

16.3　基于平行概率语法的形式模型

平行概率语法(parallel probabilistic grammar)的基本思想是在源语言和目标语言两种语言之间建立一套平行的语法规则,规则一一对应,两套规则服从同样的概率分布。这样源语言的句法分析与目标语言的生成是同步进行的,分析的过程决定了生成的过程。

基于平行概率语法的形式模型主要有: H. Alshawi(阿尔沙威)的基于"中心词转录机"(head transducer)的模型、同步上下文无关语法(Synchronous Context-Free Grammar,SCFG)模型、Wu Dekai(吴德恺)的"反向转录语法"(Inverse Transduction Grammar,ITG)模型。

我们首先来讨论中心词转录机。

中心词转录机是一种有限状态转录机(finite state transducer)。

中心词转录机的一个转录可定义为 $\langle q, q', w, v, \alpha, \beta, c \rangle$,其中,$q$ 是输入状态,q' 是输出状态,w 是输入符号,v 是输出符号,α 是输入位置,β 是输出位置,c 是转录的权重或者代价(cost)。

中心词转录机与一般的有限状态转录机的区别是:中心词转录机的每一条边上不仅有输入,而且有输出,而一般的有限状态转录机的每一条边上只有输入;中心词转录机不是从左至右输入,而是以中心词为坐标往两边输入,而一般的有限状态转录机是从左至右输入。

图 16.24 说明中心词转录机一条边上的输入和输出情况,其中,w 是输入符号;v 是输出符号;$w_1 \cdots w_{k-1}$ 是 w 的左侧输入符号,$w_{k+1} \cdots w_n$ 是 w 的右侧输入符号,它们是输入符号 w 的上下文;$v_1 \cdots v_{j-1}$ 是 v 的左侧输出符号,$v_{j+1} \cdots v_p$ 是 v 的右侧输出符号,它们是输出符号 v 的上下文。由于可以表达输入符号和输出符号的上下文,中心词转录机对于自然语言有更强的描述能力。

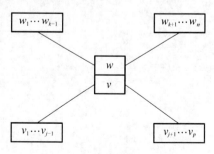

图 16.24　以中心词为坐标两边输入的中心词转录机

中心词转录机可以把源语言的一个中心词以及它左侧和右侧依存的单词构成的序列转换成目标语言的单词 v 以及它左侧和右侧依存的单词构成的另一个序列,由于空符号串可以代替源语言或目标语言的字符出现,所以源语言或目标语言依存结点的个数可以有所不同。

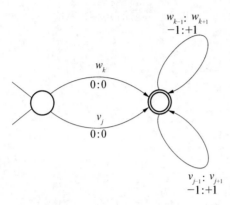

为了简单起见,也可以把左侧和右侧的输入或输出符号一律写在中心词的右侧,分别加负号($-$)和正号($+$)表示。例如,一个能够将任何 w_k 和 v_j 为中心词及其前后符号组成的串转录的中心词转录机可以用状态图表示,如图 16.25 所示。

在图 16.25 中,如果我们把 w_k 作为源语言的符号,把 v_j 作为目标语言的符号,那么,就可以实现源语言符号到目标语言符号的转录。这样的转录也就是翻译。不过我们要记住,这样的转录是有权重的。转录时权重的参数,需要通过语料库来

图 16.25　中心词转录机的状态图

训练。

下面,我们具体地说明如何用中心词转录机来描述英语句子"I want to make a collect call"和西班牙句子"Quiero hacer una llamada de cobrar"对应的过程。

首先,我们来看英语句子的中心词 want,want 的前一词为 I,后一词为 to,want 在西班牙语中对应的中心词应当是 quiero,它与 want 的前一词 I 对应的词为空,记为 ε,它与 want 的后一词 to 对应的词也为空,也记为 ε。对齐结果如图 16.26 所示。

英语句子中 want 的下一个中心词是 make,它的前一词为 want,后一词为 collect,在西班牙语句子中与 want 对应的中心词是 hacer,它与 make 前一词 want 对应的词是 quiero,与 make 后一词 collect 对应的词是 de cobrar。对齐结果如图 16.27 所示。

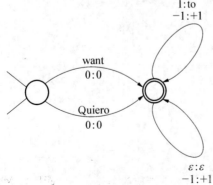

图 16.26　英语-西班牙语翻译的
中心词转录机(1)

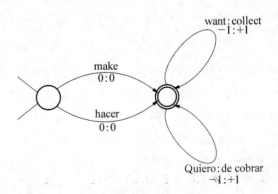

图 16.27　英语-西班牙语翻译的
中心词转录机(2)

英语句子中 make 的下一个中心词是 collect,它的前一词为 a,后一词为 call;在西班牙语
句子中与 collect 对应的中心词是 de cobrar,它与 collect 前一词 a 对应的词是 una;而在西班
牙语中,与 collect 后一词 call 对应的词 llamade 也需要移动到 de cobrar 的前面,这样,de
cobrar 的后一词就变空了,记为 ε。对齐结果如图 16.28 所示。

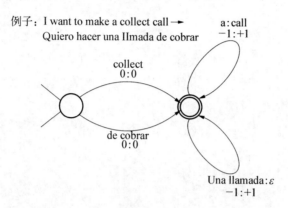

图 16.28 英语-西班牙语翻译的中心词转录机(3)

我们把英语句子"I want to make a collect call"和西班牙句子"Quiero hacer una llamada
de cobrar"对齐的结果总结于图 16.29。

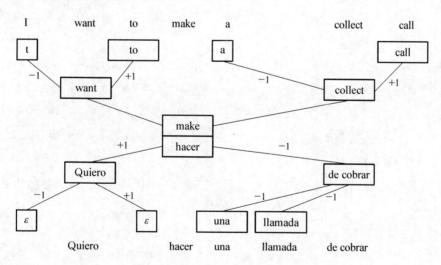

图 16.29 英语句子与西班牙语句子的对齐

从图 16.29 中可以看出,中心词转录机对齐的结果是依存树,依存树中的所有结点都是
具体的单词,不使用词性标记和短语标记。

在使用中心词转录机来进行统计机器翻译时,所有的语言知识(词典、规则)都表现为中
心词转录机。中心词转录机可以嵌套,一个中心词转录机的边是另一个中心词转录机的识别
结果。

统计机器翻译的参数使用纯统计的方法来训练,为此需要建立双语言并行的依存树库(dependency tree bank),计算机根据依存树库中的数据自动获取双语言对应的统计规则,这些统计规则就是建立中心词转录机的基本依据。

另外一种基于平行概率语法的形式模型是同步上下文无关语法(Synchronous Context-Free Grammar,SCFG)。

SCFG 由两个上下文无关语法 G_1 和 G_2 构成,G_1 表示源语言的上下文无关语法,G_2 表示目标语言的上下文无关语法,G_1 中的所有规则与 G_2 中的所有规则是彼此对应的,在句法剖析时同步进行。这样,在对源语言的句子进行分析的时候,也就同步地生成了相应的目标语言的句子。

例如,在英语-日语的机器翻译中,我们可以建立如下的同步上下文无关语法的规则:

$$S \rightarrow \langle NP_1\ VP_2, NP_1\ VP_2 \rangle \qquad\qquad (\text{I})$$

$$VP \rightarrow \langle V_1\ NP_2, NP_2\ V_1 \rangle \qquad\qquad (\text{II})$$

$$NP \rightarrow \langle I, はたし \rangle \qquad\qquad (\text{III})$$

$$NP \rightarrow \langle the\ box, は\ はこ \rangle \qquad\qquad (\text{IV})①$$

$$V \rightarrow \langle open, あけます \rangle \qquad\qquad (\text{V})$$

在这个同步上下文无关语法的重写规则中,规则的左部是非终极符号,规则的右部是用尖括号表示的符号串,逗号前的符号串表示源语言(英语)中的重写的结果,逗号后的符号串表示目标语言(日语)中相应的重写结果。

规则的右部可以由非终极符号组成,非终极符号的下标数字表示该符号在符号串中的顺序。例如,在规则 $S \rightarrow \langle NP_1\ VP_2, NP_1\ VP_2 \rangle$ 中,英语符号的顺序是 $NP_1 > VP_2$,日语符号的顺序也是 $NP_1 > VP_2$,两种语言中的符号顺序相同。而在规则 $VP \rightarrow \langle V_1\ NP_2, NP_2\ V_1 \rangle$ 中,英语符号的顺序是 $V_1 > NP_2$,NP_2 位于 V_1 之后,而日语符号的顺序则是 $NP_2 > V_1$,NP_2 位于 V_1 之前,两种语言中的符号顺序不同。

规则的右部也可以是具体的单词,表示源语言(英语)的单词与目标语言(日语)的单词的对应关系。

同步上下文无关语法的重写规则也要使用统计方法,通过训练双语树库来获取。为此需要建立双语树库,双语树库的质量越高,训练得到的规则越是准确。

使用上面的规则,可以把英语句子"I open the box"(我打开盒子)翻译为日语。在翻译过程中,英语的分析和日语的生成是同步进行的。英语分析结束,日语的生成也就同时完成了。翻译过程如下:

$$\langle S, S \rangle$$

---

① 规则(IV)是计算机通过统计学习得到的,在统计学习过程中,计算机把英语树库中的 the box 与日语树库中的 は はこ对应起来,这与传统日语语法对于は的处理不一样。

$\langle NP_1\ VP_2, NP_1\ VP_2 \rangle$　　　　　　　使用规则（Ⅰ）

$\langle NP_1\ V_{21}\ NP_{22}, NP_1\ NP_{22}\ V_{21} \rangle$　　　使用规则（Ⅱ）

$\langle I\ V_{21}\ NP_{22}, NP_1$ はたし $V_{21} \rangle$　　　使用规则（Ⅲ）

在使用规则（Ⅲ）的时候，我们用英语的 I 来替换英语符号串中的第一个符号 NP_1，用日语的は
たし来替换日语符号串中的第二个符号 NP_{22}。尽管 I 和はたし都是 NP，但是，由于违反了规
则中符号的顺序，造成了错误，这样的替换是不容许的。

　　于是我们用はたし来替换日语符号串中的第一个符号 NP_1，得到

$$\langle I\ V_{21}\ NP_{22}, はたし\ NP_{22}\ V_{21} \rangle$$

继续使用规则（Ⅴ）来替换，得到

$$\langle I\ open\ NP_{22}, はたし\ NP_{22} あけます \rangle$$

最后，使用规则（Ⅳ）来替换 NP_{22}，得到

$$\langle I\ open\ the\ box, はたし\ は\ はこ\ あけます \rangle$$

使用同步上下文无关语法的推导过程如下：

$$\langle S, S \rangle$$

$$\langle NP_1\ VP_2, NP_1\ VP_2 \rangle$$

$$\langle NP_1\ V_{21}\ NP_{22}, NP_1\ NP_{22}\ V_{21} \rangle$$

$$\langle I\ V_{21}\ NP_{22}, はたし\ NP_{22}\ V_{21} \rangle$$

$$\langle I\ open\ NP_{22}, はたし\ NP_{22} あけます \rangle$$

$$\langle I\ open\ the\ box, はたし\ は\ はこ\ あけます \rangle$$

在分析建造英语树形图的同时也就生成了日语相应的树形图，英语分析与日语生成同步完
成。如图 16.30 所示。

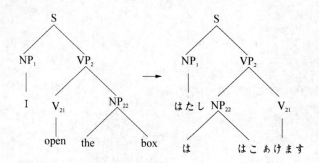

图 16.30　同步分析与同步生成

　　吴德恺提出"反向转录语法"（Inverse Transduction Grammar，ITG）模型，引入了反向产
生式，在统一的语法体系之下，对于源语言句子和目标语言句子进行同步处理。

　　反向转录语法 ITG 可以定义为一个五元组：

$$G = (N, W_1, W_2, R, S)$$

其中,G 表示反向转录语法,N 是非终极符号的有限集合,W_1 是语言 1 的终极符号(单词)的有限集合,W_2 是语言 2 的终极符号(单词)的有限集合,R 是重写规则的有限集合,$S \in N$ 是初始符号。

两种语言的终极符号偶对(单词偶对) $X = (W_1 \bigcup \{\varepsilon\}) \times (W_2 \bigcup \{\varepsilon\})$ 之间含有一个表示翻译的符号,表示为 $x/y, x/\varepsilon, \varepsilon/y$ 的形式,这里,$x \in W_1, y \in W_2$,x/y 表示语言 1 中的单词 x 在语言 2 中翻译为 y,x/ε 表示语言 1 中的单词 x 在语言 2 中没有对应的翻译,ε/y 表示语言 1 中的某个空位置(空单词)在语言 2 中被翻译成单词 y,这时,在语言 2 中需要插入一个单词(一般是虚词)。x/ε 和 ε/y 这两种表示形式,在 ITG 中叫作"单身汉"(singleton)。

每一个产生式的右部生成的符号都可以有两个方向:一个是正常的顺向(straight orientation),产生式右部生成的符号按从左到右的正常顺序连接,产生式右部用方括号表示为 $A \to [a_1 a_2 \cdots a_r]$;一个是反向(inverted orientation),产生式右部生成的符号按从右到左的反向顺序连接,产生式右部用尖括号表示为 $A \to \langle a_1 a_2 \cdots a_r \rangle$。

ITG 语法生成的转录结果集合记为 $T(G)$,语言 1 的字符串集合记为 $L_1(G)$,语言 2 的字符串集合记为 $L_2(G)$。

对于任何一个反向转录语法 G,存在着一个等价的反向转录语法 G',G' 的产生式可以表示为如下形式:

$$S \to \varepsilon/\varepsilon$$
$$A \to x/y$$
$$A \to x/\varepsilon$$
$$A \to \varepsilon/y$$
$$A \to [B\ C]$$
$$A \to \langle C\ B \rangle$$

不难看出,与上下文无关语法相比,反向转录语法产生式右部生成的符号可以有顺向和反向两种方式连接,因此,我们可以把一个反向转录语法改写成一个同步上下文无关语法,反向转录语法也是一种平行概率语法的形式模型。

在反向转录语法的句法分析过程中,输入的是两种语言的句子偶对,而不是单个的句子,句法分析的过程也就是为输入的句子偶对建立彼此匹配的结构成分的过程。

例如,如果我们有一个反向转录语法 G,其产生式如下:

$$S \to [S\ J]$$
$$S \to [BNP\ VP]$$
$$VP \to \langle BVP\ PP \rangle$$
$$BNP \to [Det\ N]$$
$$BVP \to [Aux\ V]$$

$$PP \rightarrow [Prep\ N]$$
$$Det \rightarrow the/\varepsilon$$
$$N \rightarrow game/比赛$$
$$Aux \rightarrow will/\varepsilon$$
$$V \rightarrow start/开始$$
$$Prep \rightarrow on/\varepsilon$$
$$N \rightarrow Wednesday/星期三$$
$$J \rightarrow ./。$$

其中,BNP 表示简单名词短语(Base NP),BVP 表示简单动词短语(Base VP),其他符号的含义与前面相同。

给定英语和汉语的句子偶对:

英语句子: The game will start on Wednesday.

汉语句子: 比赛星期三开始。

根据上面的反向转录语法 G 的产生式,我们可以得到该句子偶对的剖析树,如图 16.31 所示。

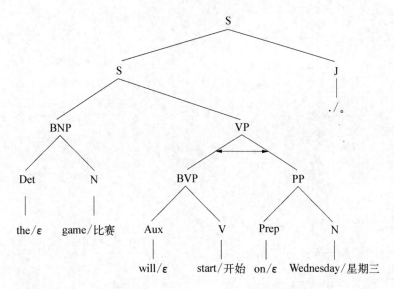

图 16.31 反向转录语法的剖析树

在图 16.31 中,带有双箭头的子树表示 ITG 右部的反向操作"〈 〉",相当于反向规则。对于英语句子,剖析树叶子结点上的单词按照深度优先、自左向右的顺序排列;而对于汉语的句子,双箭头两端的子树的枝首要进行顺序的交换,然后才按照深度优先、自左向右的顺序排列。在 ITG 剖析树中,操作时必须同时符合两种语言的约束,剖析的过程也就是两种语言句子的平行成分(包括单词)进行对齐的过程。例如,在子树 VP→〈BVP PP〉中,对于英语句子,按照深度优先、自左向右的顺序排列，可得到"will start on Wednesday"；对于汉语句子，首先交换 BVP 和 PP 的位置，然后才按照深度优先、自左向右的顺序排列，得到"ε—星期三—ε—开始"，也就是"星期三开始"。

吴德恺还提出随机反向转录语法（Stochastic ITG，SITG），在 SITG 中，每一条重写规则都有一个概率，这提高了语言模型的准确率。重写规则概率需要在双语并行树库中用统计方法自动获取。

16.4 基于短语的统计机器翻译

我们前面讨论的统计机器翻译的形式模型都是基于单词的。例如，如果我们要建立一个西班牙语到英语的统计机器翻译系统，首先我们要根据西班牙语和英语的双语文本语料库，使用统计分析的方法把西班牙语转换为质量低劣的英语，我们把它叫作"破英语"（broken English）；然后，再用统计分析的方法，从破英语生成目标语言英语。如图 16.32 所示。

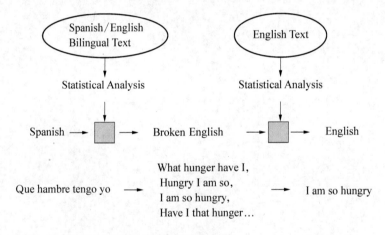

图 16.32 西班牙语-英语统计机器翻译系统

在图 16.32 中，西班牙语句子"Que hambre tengo yo"（我是多么饿啊）首先被转换为若干个不同的破英语句子：

What hunger have I

Hungry I am so

I am so hungry

Have I that hunger

……

最后，使用统计方法在这些破英语句子中进行优选，得到比较好的英语译文：I am so

hungry.

从噪声信道模型的角度来看,我们首先使用翻译模型 $P(s|e)$,把西班牙语转换为破英语,再使用翻译模型 $P(e)$,把破英语转换为英语的译文。如图 16.33 所示。

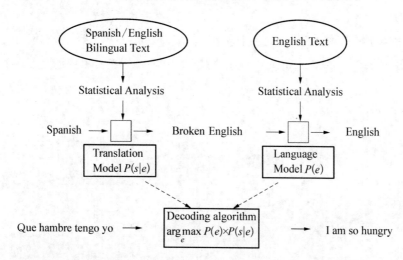

图 16.33　从噪声信道模型看西班牙语-英语统计机器翻译系统

在对于破英语进行优选时,使用解码算法求解 $\arg \max P(e) \times P(s|e)$,最后得到英语译文:I am so hungry.

这样的解码过程是在单词的基础之上进行的。输入的西班牙语句子"Que hambre tengo yo"中的每一个单词,经过统计分析之后,还可能与若干个英语单词相对应。例如,西班牙语的 Que 对应于英语的单词 what,that,so,where,西班牙语的 hambre 对应于英语的单词 hunger,hungry,西班牙语的 tengo 对应于英语的单词 have,am,make,西班牙语的 yo 对应于英语单词 I,me。

针对这种复杂的对应情况,我们使用解码算法进行计算,最后得到最优的英语单词序列:I am so hungry. 见图 16.34。

与西班牙语单词对应的英语单词是把目标语单词(target word)排列成柱状,形成 1st target word,2nd target word,3rd target word,4th target word 等

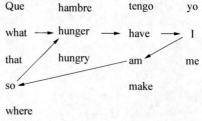

图 16.34　使用解码算法得到英语译文

柱子(beam),从 start 开始,解码器采用动态规划柱状搜索(dynamic programming beam search)技术,从柱子中选出与西班牙语单词最匹配的英语单词(best predecessor link),当西班牙语句子中的单词都全部覆盖时,达到终点(end),搜索结束,就可以得到相应的英语译文。如图 16.35 所示。

上面的统计机器翻译是建立在单词的基础之上的,可以叫作基于单词的统计机器翻译

（Word-Based SMT，WBSMT），这种基于单词的统计机器翻译技术存在如下的不足：

● 这种技术可以处理源语言中的一个单词对应于目标语言中的若干个单词的"一对多"情况。但是，当源语言中的多个单词对应于目标语言中的一个单词的"多对一"的时候，这种技术就束手无策。

● 这种技术无法处理源语言中的固定短语。例如，interest in 中 interest 的含义是"兴趣"，而 interest rate 中的 interest 的含义是"利息"，如果只考虑单词本身是无法处理的。

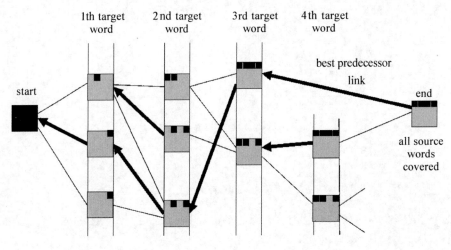

图 16.35　动态规划柱状解码

因此，我们有必要在统计机器翻译中结合短语的知识，建立基于短语的统计机器翻译系统（Phrase-Based SMT，PBSMT）。例如，在德语到英语的统计机器翻译系统中，当把德语句子"Morgen fliege ich nach Kanada zur Konferenz"（明天我将飞往加拿大去参加会议）翻译为英语句子"Tomorrow I will fly to the conference in Canada"的时候，我们把德语中的 nach Kanada 组成一个短语与英语的 in Canada 相对应，把德语中的 Zur Konferenz 组成一个短语与英语的 to the conference 相对应，形成图 16.36 的对应关系，就比完全依靠单词对应要好得多。

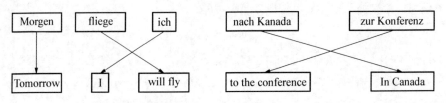

图 16.36　德语和英语中的短语对应

在这种基于短语的统计机器翻译系统中，源语言的句子首先切分为短语和单词的组合，然后根据从双语语料库中获取短语翻译的知识，把每一个源语言短语翻译成目标语言短语的可能性用概率表示。例如，对于上面的例子，我们有

$$P(\text{to the conference} \mid \text{zur Konferenz})$$

$$P(\text{into the meeting} \mid \text{zur Konferenz})$$

短语之间翻译的可能性也是用概率表示的。

这种基于短语的统计机器翻译系统的好处是：

● 可以实现源语言和目标语言单词"多对多"的映射，因为当源语言中的多个单词对应于目标语言中的多个单词的时候，我们就可以把它们当作短语来处理；

● 可以使用短语中的局部上下文进行多义词的排歧，例如，在短语 interest in 中的 interest 的词义是"兴趣"，在短语 interest rate 中的 interest 的词义是"利息"。

因此，结合短语知识的统计机器翻译系统克服了基于单词的统计机器翻译系统的不足。

P. Koehn(科恩)[1]等指出，在基于短语的统计机器翻译中，也可以使用柱状搜索解码的方法。在 P. Koehn 建立的统计机器翻译系统"法老"(Pharaoh)中，就使用了柱状搜索解码器来进行基于短语的分析。

实践证明，这种基于短语的技术，可以改善统计机器翻译的质量，但是，当短语的长度扩大到 3 个以上的单词时，翻译系统的性能就很难得到提高，随着短语中包含单词数目的增大，数据稀疏问题会变得越来越严重。

David Chiang 提出基于层次短语的统计翻译模型(hierarchical phrase-based model for statistical machine translation)。这种模型的基本思想是，在不干预基于短语的机器翻译方法的前提下，第一遍调整短语内部单词的顺序，第二遍调整短语之间的顺序，短语是由单词和子短语(subphrase)构成的，这样在短语之内就出现了子短语这个层次。这种基于层次短语的翻译模型在形式上是一个同步的上下文无关语法(SCFG)，这种语法是从没有任何句法信息标注的双语语料库中通过机器学习获得的。

这种基于短语的机器翻译模型要依靠源语言和目标语言的短语对应表(phrase list)来进行翻译，而短语对应表要通过双语并行语料库来自动地抽取，为了自动地抽取短语对应表，关键问题是要进行"短语对齐"(phrase alignment)。为此，Och[2] 提出了建造短语"对齐模板"(alignement templetes)的方法。例如，通过德语和英语的双语言并行语料库，对于德语短语 drei Uhr Nachmittag(下午 3 时)和英语短语 three o'clock in the afternoon，计算机可以自动地建造这样的对齐模板(图 16.37)。

图 16.37　德语和英语的短语对齐模板

① Koehn P. Pharaoh: A beam search decoder for phrase-based statistical machine translation models[C]// Proceedings of the 6th Conference of the Association for machine translation in the Americas, 2004: 115-124.

② Och F J, Tillman C, Ney H. Improved Alignment Models for Statistical Machine Translation[C]// Proceedings of the Joint Conference of Empirical Method in natural Language Processing and very Large Corpora, 1999: 20-28.

图 16.37 中,T_1,T_2,T_3 分别表示德语单词 drei,Uhr,Nachmittag,S_1,S_2,S_3,S_4,S_5 分别表示英语单词 three,o'clock,in,the,afternoon。T_1 与 S_1 对应,T_2 与 S_2 对应,T_3 与 S_3,S_4,S_5 对应。其中,英语的 in the afternoon 是短语,而德语的 Nachmittag 是单词,这样就实现了短语和单词的对齐。所以,这样的短语对齐模板对于基于短语的统计机器翻译是非常有用的。

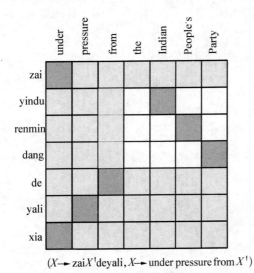

$(X \rightarrow zai X' de yali, X \rightarrow under pressure from X')$

图 16.38　汉语短语与英语短语的对齐模板

仿照这样的短语对齐模板,我们还可以在汉语和英语的双语言并行语料库中自动地建造如图 16.38 所示的模板来实现汉语短语"在印度人民党的压力下"(在模板中用汉语拼音转写)与英语短语"under pressure from the Indian People's Party"的对齐。

在图 16.38 中,竖行表示汉语短语,横行表示英语短语,汉语的"在"和"下"与英语的 under 对应,汉语的"印度"与英语的 Indian 对应,"人民"与 People's 对应,"党"与 Party 对应,而英语的 the 在汉语中没有对应的单词,这样,汉语短语的"印度人民党"就与英语的短语 the Indian People's Party 实现了对

应,汉语的"的"与英语的 from 对应,汉语的"压力"与英语的 pressure 对应。在对齐"印度人民党"这个短语的时候,我们首先对齐了其中的单词"印度""人民""党",接着处理了没有汉语对应单词的 the,然后再实现短语的对齐,这意味着,我们可以首先分别实现单词对齐,然后在单词对齐的基础上进一步实现短语对齐;同样,"印度人民党"(the Indian People's Party)是整个大的短语中的一个子短语,我们首先实现了子短语的对齐,然后再实现整个短语的对齐。

在把两种语言中对应的单词归并为对应的短语的时候应该注意保持两种语言的短语中所包含的单词的一致性,一定要包含短语中含有的全部单词,不能有遗漏,也不能超出短语范围之外,否则,归并出的短语就是不可靠的。

例如,如果我们要在西班牙语的短语 Maria no 和英语的短语 Mary did not 之间对齐,由于单词 Maria 和单词 Mary 是对应的,单词 no 和短语 did not 也是对应的,因此,我们可以得到图 16.39 中的第一个对齐的结果,短语中的单词保持了一致性,这是正确的短语对齐,如图中第一种情况;如果英语中的单词只包含 Mary 和 did,不包含 not,短语中少了一个单词,就不能与西班牙语的短语 Maria no 保持一致性,对齐的结果就是错误的,如图中的第二种情况;如果西班牙语短语中再加上一个 dió,也不能与英语的短语 Mary did not 保持一致性,对齐的结果也是错误的,如图中的第三种情况。

短语对齐是建立在单词对齐的基础上的,如果我们得到了单词对齐的结果,就可以在这

个基础上进一步进行短语对齐。例如,在西班牙语-英语的统计机器翻译系统中,我们通过双语语料库的训练,得到了西班牙句子"Maria no dió una bofetada a la bruja verde"(Maria 没有拍击绿色的女巫)和英语句子"Mary did not slap the green witch"如图 16.40 所示的单词对齐结果,假定这时西班牙语句子和英语句子中的单词都达到了最好的对应。

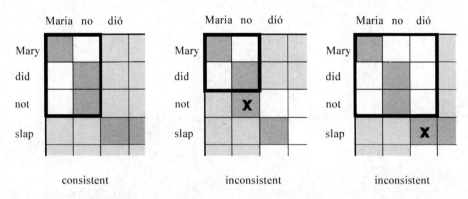

图 16.39　短语对齐时要保持短语中单词的一致性

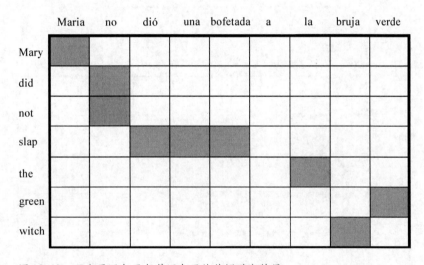

图 16.40　西班牙语句子与英语句子的单词对齐结果

从图 16.40 中我们可以看出,有些单词是与短语相对应的。例如,西班牙语中的单词 no 与英语中的短语 did not 相对应,英语中的单词 slap 与西班牙语中的短语 dió una bofetada 相对应。有的单词在对方的语言中没有对应的单词或短语。例如,西班牙语中的 a 就没有相应的英语单词对应。在图 16.41 中,凡是对齐了的单词和短语,我们都用黑色粗线的边框标出。一共有六组:(Maria,Mary),(no,did not),(dió una bofetada,slap),(la,the),(bruja,witch),(verde,green)。

在这个基础上,我们在保持西班牙语短语与英语短语一致性的原则下,继续进行短语对齐,西班牙语中的 a 在英语中没有对应的单词,我们把它纳入到短语 dió una bofetada 和单词

la 中,得到如下的对齐短语:(dió una bofetada la,slap the),(a la,the),如图 16.42 所示。

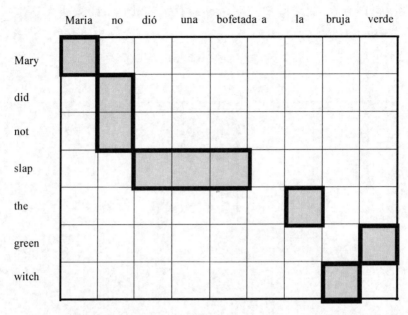

图 16.41　对齐的单词和短语

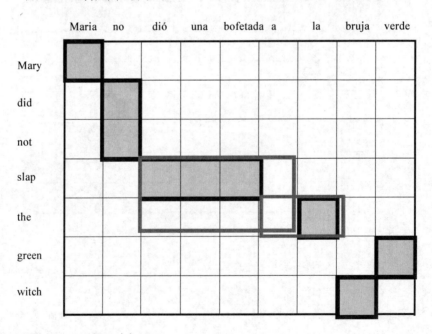

图 16.42　双语短语对齐(1)

　　我们还可以进一步得到如下的几组对齐短语:(Maria no,Mary did not),(no dió una bofetada,did not slap),(dió una bofetada a la,slap the),(bruja verde,green witch),如图 16.43 所示。

　　然后,我们还可以得到如下的对齐短语:(Maria no dió una bofetada,Mary did not

slap)，(a la bruja verde，the green witch)，(no dió una bofetada a la，did not slap the)，(Maria no dió una bofetada a la，Mary did not slap the)，(dió una bofetada a la bruja verde，slap the green witch)。最后，我们把短语对齐扩大到整个的句子，得到(Maria no dió una bofetada a la bruja verde，Mary did not slap the green witch)，如图 16.44 所示。

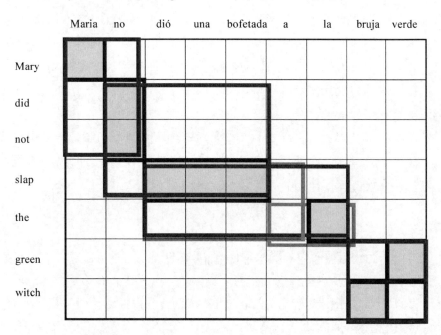

图 16.43　双语短语对齐(2)

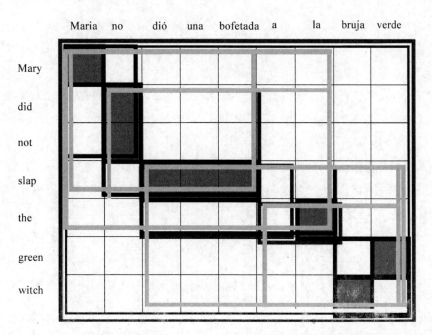

图 16.44　双语短语对齐(3)

在使用对齐模板在双语并行语料库中进行双语的短语对齐时,可能会产生很多的对齐短语偶对,我们可以使用短语中的高频词来过滤掉一些多余的短语偶对。如果一个源语言的短语对应于目标语言中的若干个短语,就会产生对齐的歧义,当出现歧义短语偶对时,我们可以根据上下文进行排歧。

如果我们使用这样的方法从双语语料库中提取出对齐的短语,建成双语言的“短语对应表”,在进行基于短语的统计机器翻译时,就可以首先将源语言句子切分成短语串,然后将这些源语言中的短语串,按照双语言的短语对应表进行映射,把它们映射成目标语言中相对应的短语,最后对目标语言的短语串进行排序,得到目标语言的输出。双语言的短语中包含了局部的单词选择和单词的局部顺序以及很多的习惯表达和搭配信息,这些是基于单词的统计机器翻译不具备的。由于引入了短语的语言信息,基于短语的统计机器翻译(PBSMT)在性能上超过了基于单词的统计机器翻译(WBSMT),所以基于短语的统计机器翻译系统得到了机器翻译研究者的欢迎。

16.5 基于句法的统计机器翻译

基于短语的统计机器翻译尽管优越于基于单词的统计机器翻译,但是,基于短语的统计机器翻译只考虑短语本身的信息,并没有考虑短语与短语之间的关系,因此,在机器翻译时,难以处理短语之间重新排序的问题。例如,在把英语中的 SVO 结构转换成日语中的 SOV 结构时必须进行重新排序,这种基于短语的机器翻译就感到束手无策,对于在短语之间的长距离依存关系(long distance dependency),基于短语的机器翻译也常常感到捉襟见肘,难以对付。

由于基于短语的统计机器翻译的这些不足,学者们希望通过引入句法信息来解决这些问题,2001 年 Yamada 和 Knight[①] 提出了基于句法的统计机器翻译(syntax-based SMT,SBSMT)。

在这个机器翻译系统中,输入是源语言的句法树,输出是目标语言的句子。因此,源语言必须经过自动句法剖析,得到了句法树之后,才作为初始的输入进入统计机器翻译系统。统计机器翻译过程分为如下几个步骤:

(1) 调序(reorder):输入树形图中的每个子树需要根据它们的概率重新排列,进行顺序的调整;

(2) 插入(insert):在子树结点的左边或右边随机插入恰当的功能词,插入时,左插入、右

---

① Yamada K,Knight K. A syntax-based statistical translation model[C]//Proceedings of the 39th Annual Meeting of the Association for Computational Linguistics,2001:523~530.

插入和不插入的概率取决于父结点和当前结点的标记,所插入单词的概率只与该单词本身有关,与位置无关;

(3) 翻译(translation):根据词对词的翻译概率,把树形图中每一个叶子结点上的单词翻译为目标语言的相应单词;

(4) 输出(output):输出译文句子。

例如,应用 SBSMT 方法,把英语句子"He adores listening to music"翻译为日语的过程如下:

首先,对于英语句子进行自动剖析,得到如图 16.45 所示的树形图。

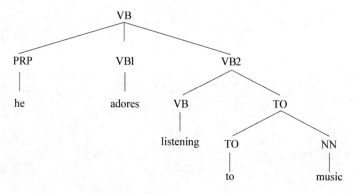

图 16.45　输入树形图

然后根据英语与日语双语言并行语料库中关于英语和日语调序关系的概率,对于输入树形图中的子树重新排列,把 VB1 移动到 VB2 之后,在以 VB2 为父结点的子树中,把结点 VB 移动到结点 TO 之后,在以 TO 为父结点的子树中,把结点 TO 移动到结点 NN 之后,得到图 16.46 的结果。

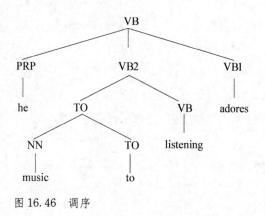

图 16.46　调序

经过调序之后,树形图中的子树已经具有日语的顺序,再根据日语语法的规则,插入日语的功能词(如格助词、助动词等),把它们添加到树形图的有关结点上,得到图 16.47。

最后,根据词对词的翻译概率,把树形图叶子结点上的英语翻译为日语,如图 16.48

所示。

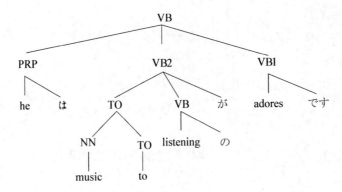

图 16.47　插入日语功能词

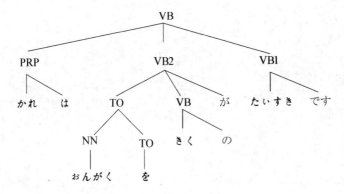

图 16.48　翻译叶子结点上的英语为日语

顺次取出叶子结点上的单词,得到日语的译文:

かれ は ぉんがく を きく の が たいすき です

再把有关的假名符号转写为日语汉字,就得到可读性强的日语译文:

彼は音樂を聞くのが大好きです

从这个例子中可以看出,在基于句法的统计机器翻译中,需要进行三种操作:

● 调序操作(reordering operation):调整句子中符号串(在树形图中表现为子树)的顺序,把源语言符号串的顺序 $A_1A_2A_3$ 调整为目标语言符号串的顺序 $A_1A_3A_2$。其公式为

$$A \rightarrow (A_1A_2A_3, A_1A_3A_2)$$

● 插入操作(insertion operation):在符号串 A_1 的前面或后面插入功能词 w。其公式为

$$A \rightarrow (A_1, wA_1)$$

或者

$$A \rightarrow (A_1, A_1w)$$

● 翻译操作(translating operation):把源语言的单词 x 翻译为目标语言的单词 y。其公式为

$$A \rightarrow (x, y)$$

上述操作的统计知识通过训练双语言并行语料库来获取,建立不同的模型参数表(model parameter tables)。

为了进行调序操作,需要建立调序表(reordered table,r-table),如表 16.14 所示。

表 16.14　调序表

original order	reordering	$P(\text{reordar})$
	PRP VB1 VB2	0.074
	PRP VB2 VB1	0.723
	VB1 PRP VB2	0.061
PRP VB1 VB2	VB1 VB2 PRP	0.037
	VB2 PRP VB1	0.083
	VB2 VB1 PRP	0.021
VB TO	VB TO	0.251
	TO VB	0.749
TO NN	TO NN	0.107
	NN TO	0.893
⋮	⋮	⋮

在调序表中,记录着调序规则的概率 $P(\text{orderer})$,对于符号串 PRP VB1 VB2 调序时,存在着多种可能性:PRP VB1 VB2(保持原来顺序),PRP VB2 VB1,VB1 PRP VB2,VB1 VB2 PRP,VB2 PRP VB1,VB2 VB1 PRP 等,其中,调序为 PRP VB2 VB1 的概率最大,为 0.723,故选择调序为 PRP VB2 VB1,也就是把 VB2 移动到 VB1 之前。同理,我们把 VB TO 调序为 TO VB,因为这种调序的概率最大,为 0.749;我们把 TO NN 调序为 NN TO,因为这种调序的概率最大,为 0.893。我们有

PRP VB1 VB2 →PRP VB2 VB1:$P(\text{reorder}) = 0.723$

VB TO →TO VB:$P(\text{reorder}) = 0.749$

TO NN →NN TO:$P(\text{reorder}) = 0.893$

调序后整个结构树的概率为

$$0.723 \times 0.749 \times 0.893 = 0.484$$

为了进行插入操作,需要建立结点表(node table,n-table),如表 16.15 所示。

表 16.15 的结点表分左右两个,分别叫作 n-table(1) 和 n-table(2)。

n-table(1)记录非终极符号插入树形图中有关结点上的概率。假定在输入句子中有一个看不见的空间,它生成的单词随机地分布在输出句子的任何位置上,插入单词的位置根据句法树中结点的不同来决定,其概率见表 n-table(1)。

表 16.15 结点表

parent	TOP	VB	VB	VB	TO	TO	...
node	VB	VB	PRP	TO	TO	NN	...
P(None)	0.735	0.687	0.344	0.709	0.900	0.800	...
P(Left)	0.004	0.061	0.004	0.030	0.003	0.096	...
P(Right)	0.260	0.252	0.652	0.261	0.007	0.104	...

w	$P(\text{ins}\mid w)$
ha	0.219
ta	0.131
wo	0.099
no	0.094
ni	0.080
te	0.078
ga	0.062
⋮	⋮
desu	0.000 7
⋮	⋮

例如,当父结点为 TOP(句子的顶点),当前结点为 VB 时,如果不插入任何单词,保持原状 P(None),那么其插入概率为 0.735,记为

$$P(\text{None} \mid \text{Parent} = \text{TOP}, \text{Node} = \text{VB}) = 0.735$$

又如,当父亲结点为 VB,当前结点为 PRP,而且在 PRP 中插入的单词是处于子树的右侧时,其插入概率为 0.652,记为

$$P(\text{Right} \mid \text{Parent} = \text{VB}, \text{Node} = \text{PRP}) = 0.652$$

图 16.47 中的八个非终极结点上,分别有八个非终极符号:VB,PRP,VB2,VB1,TO,VB,NN,TO,它们都分别要进行插入操作,所以一共需要进行八个插入操作,其中有四个插入操作都在右侧插入了功能词,有四个插入操作保持原来的位置,其概率分别如下:

$$P(\text{None} \mid \text{Parent} = \text{TOP}, \text{Node} = \text{VB}) = 0.735$$

$$P(\text{Right} \mid \text{Parent} = \text{VB}, \text{Node} = \text{PRP}) = 0.652$$

$$P(\text{Right} \mid \text{Parent} = \text{VB}, \text{Node} = \text{VB2}) = 0.252$$

$$P(\text{Right} \mid \text{Parent} = \text{VB}, \text{Node} = \text{VB1}) = 0.252$$

$$P(\text{None} \mid \text{Parent} = \text{VB}, \text{Node} = \text{TO}) = 0.709$$

$$P(\text{Right} \mid \text{Parent} = \text{VB2}, \text{Node} = \text{VB}) = 0.252$$

$$P(\text{None} \mid \text{Parent} = \text{TO}, \text{Node} = \text{NN}) = 0.800$$

$$P(\text{None} \mid \text{Parent} = \text{TO}, \text{Node} = \text{TO}) = 0.900$$

此外还要考虑功能词本身的插入概率,n-table(2)记录各个功能词的概率:

$$P(\text{は}) = 0.219, \quad P(\text{の}) = 0.094$$

$$P(\text{が}) = 0.062, \quad P(\text{です}) = 0.000\ 7$$

整个树的插入概率既要考虑插入结点位置概率的乘积,也要考虑插入功能词概率的乘积,把这两个乘积再相乘,就是整个树的插入概率。例句中整个树的插入概率为

$$(0.735 \times 0.652 \times 0.252 \times 0.252 \times 0.709 \times 0.252 \times 0.800 \times 0.900)$$
$$\times (0.219 \times 0.094 \times 0.062 \times 0.000\,7)$$
$$\approx 3.498\mathrm{e}^{-9}$$

为了进行翻译操作,需要建立翻译表(translation table, t-table)。

t-table 中记录源语言单词翻译为目标语言单词的概率。句子中单词的翻译概率等于源语言句子中单词的翻译为目标语言的单词的翻译概率的乘积。

例句的单词翻译概率为

$$P(かれ \mid he) \times P(おんがく \mid music) \times P(を \mid to)$$
$$\times P(きく \mid listening) \times P(たいすき \mid adores)$$
$$= 0.952 \times 0.900 \times 0.038 \times 0.333 \times 1.000$$
$$\approx 0.010\,8$$

最后,我们还需要计算调序-插入-翻译的联合概率。这个联合概率等于调序概率-插入概率-翻译概率的乘积。

例句的联合概率为

$$0.484 \times 3.498\mathrm{e}^{-9} \times 0.010\,8 \approx 1.828\mathrm{e}^{-11}$$

这个基于句法的统计机器翻译系统使用期望最大算法进行概率估计。其步骤如下:

(1) 初始化所有的概率表,在通常情况下,这些概率按均匀分布设置。

(2) 清除每种操作的计数器。

(3) 对于每一个英语句法树和日语句子的偶对执行如下操作:

● 计算 reorder, insert 和 translation 三种操作每种可能的组合方式的概率;

● 把每种操作的概率分别加到相应的计数器中。

(4) 根据计数器的值,重新计算 r-table, n-table 和 t-table 中的概率值,并修改这些表中的概率值。

(5) 重复上述步骤(2)~(4),使概率收敛到一定程度。

这个机器翻译系统使用英语-日语双语语料库进行训练,包括例句 2 121 对、日语平均句长为 9.7 个词,英语平均句长为 6.9 个词,词典中有英语 3 463 个词、日语 3 983 个词。它们使用 Brill's POS Tagger 和 Collins' Parser 进行句法剖析,使用中心词词性标记提取短语标记,合并中心词相同的句法子树,从而压扁句法树。经过测试,该系统明显地优于 IBM 的模型 5。可见,在统计机器翻译中使用句法信息是很有帮助的。

参考文献

[1] Al-Onaizan Y, Curin J, Jahr M, et al. Smith and David Yarowsky. Statistical Machine

Translation: Final Report[C]//Johns Hopkins University 1999 Summer Workshop on Language Engineering, Center for Speech and Language Processing, Baltimore, MD, 1999.

[2] Alshawi H, Bangalore S, Douglas S. Automatic acquisition of hierarchical transduction models for machine translation[C]//Proc. 36th Conference Association of Computational Linguistics, Montreal, Canada, 1998.

[3] Berger A, Brown P, Pietra S D, et al. The Candide System for Machine Translation[C]// Proceedings of the DARPA Workshop on Human Language Technology (HLT), 1994: 157 - 162.

[4] Berger A L, Pietra S A D, Pietra V J D. A maximum entropy approach to natural language processing[J]. Computational Linguistics, 1996, 22(1): 39 - 71.

[5] Brown P F, Cocke J, Pietra S A D, et al. A Statistical Approach to Machine Translation[J]. Computational Linguistics, 1990, 16(2): 79 - 85.

[6] Brown P F, Pietra V J D, Pietra S A D, et al. The Mathematics of Statistical Machine Translation: Parameter Estimation[J]. Computational Linguistics, 1993, 19(2): 263 - 311.

[7] Ker Sue J, Jason S Chang. A Class-based Approach to Word Alignment[J]. Computational Linguistics, 1997, 23(2): 313 - 343.

[8] Knight Kevin. A Statistical Machine Translation Tutorial Workbook[C/OL]. JHU summer workshop, August 1999. http://www.clsp.jhu.edu/ws99/projects/mt/wkbk.rtf.

[9] Och F J, Weber H. Improving statistical natural language translation with categories and rules [C]//In Proc. Of the 35th Annual Conf. of the Association for Computational Linguistics and the 17th Int. Conf. on Computational Linguistics, Montreal, Canada, August, 1998: 985 - 989.

[10] Och F J, Tillmann C, Ney H. Improved alignment models for statistical machine translation [C]//Proc. of the Joint SIGDAT Conf. On Empirical Methods in Natural Language Processing and Very Large Corpora, University of Maryland, College Park, MD, 1999: 20 - 28.

[11] Och F J, Ney H. What Can Machine Translation Learn from Speech Recognition? [C]// Proceedings of MT 2001 Workshop: Towards a Road Map for MT, Santiago de Compostela, Spain, 2001: 26 - 31.

[12] Och F J, Ney H. Discriminative Training and Maximum Entropy Models for Statistical Machine Translation[M]//ACL-2002, 2002: 295 - 302.

[13] Papineni K A, Roukos S, Ward R T. Feature-based language understanding[C]//European Conf. on Speech Communication and Technology, Rhodes, Greece, 1997: 1435 - 1438.

[14] Papineni K A, Roukos S, Ward R T. Maximum likelihood and discriminative training of direct translation models [C]//Proc. Int. Conf. on Acoustics, Speech, and Signal Processing, Seattle, WA, 1998: 189 - 192.

[15] Takeda K. Pattern-Based Context-Free Grammars for Machine Translation[C]//Proc. of 34th ACL，June 1996：144-151.

[16] Wang Y Y，Waibel A. Modeling with Structures in Statistical Machine Translation[C]// Proceedings of the 36th Annual Meeting of the Association for Computational Linguistics and 17th International Conference on Computational Linguistics Montreal，Canada，1998：1357-1363.

[17] Wang Y. Grammar Inference and Statistical Machine Translation[D]. Pittsburgh：Carnegie Mellon University，1998.

[18] Wu Dekai. Stochastic Inversion Transduction Grammars，with Application to Segmentation， Bracketing，and Alignment of Parallel Corpora[C]//14th Intl. Joint Conf. On Atifical Intelligence，Montreal，1995：1328-1335.

[19] Wu Dekai. Stochastic Inversion Transduction Grammars and Bilingual Parsing of Parallel Corpora[J]. Computational Linguistics，1997，23(3)：377-403.

[20] Yamada K，Kevin K. A Syntax-Based Statistical Translation Model[C]//Proc. of the Conference of the Association for Computational Linguistics (ACL)，2001：523-530.

[21] 冯志伟.机器翻译的现状和问题[G]//徐波,孙茂松,靳光瑾.中文信息处理若干重要问题.北京：科学出版社,2003：353-377.

[22] 冯志伟.机器翻译研究[M].北京：中国对外翻译出版公司,2004.

[23] 冯志伟.机器翻译今昔谈[M].北京：语文出版社,2007.

[24] 冯志伟,冯绍锋.第一次机器翻译试验的前前后后:纪念机器翻译 60 周年[J].现代语文,2014(24)：4-7.

[25] 冯志伟.基于短语和句法的统计机器翻译[J].燕山大学学报(自然科学版),2015(6)：1-9.

[26] 刘群.汉英机器翻译若干关键技术研究[M].北京：清华大学出版社,2008.

第17章

自然语言处理系统的评测

评测是推动自然语言处理研究发展的一种重要而有效的手段。本章参照有关国际标准和国家标准，从标准化和规范化的角度，来讨论我国对于文语转换（Text to Speech Transfer，TTS）、语音识别（Automatic Speech Recognition，ASR）、机器翻译（Machine Translation，MT）和语料库（corpus）等自然语言处理系统的评测原则和方法，并介绍近年来国外自然语言处理系统评测的新进展。我们的这些意见仅供从事自然语言处理的同行参考，只有推荐性，没有强制性。

17.1　评测的一般原则和方法

自然语言处理系统的评测标准（assessment norms）是用于评测的标准体系，包括评测内容、评价指标、评测方法和文件格式等。在评测的时候，我们要依据一定的技术指标体系和有关规范，采用一定的方法和程序，对于自然语言信息处理系统（例如语音合成和文语转换系统、语音识别系统、机器翻译系统、语料库系统）及其组成要素的功能、特性和运行效果进行评价和检测。

自然语言处理系统的评测应遵守如下原则：

● 公平公正的原则：评测应努力做到公平、公正。

● 遵循标准的原则：评测应遵循国际标准、国家标准和相关语言文字规范。

● 人机结合的原则：在当前条件下，基本上应当以人工评测为主，辅之以机器自动评测。

● 区别对待的原则：评测应针对不同语言信息处理系统和用户类型的特点，区别对待。

● 灵活柔性的原则：语言文字具有一定的灵活性和柔性，并非处处都是界限分明、非此即彼的，在遵循标准的前提下，有时可以容许两种或多种可能的结果并存。

● 可操作性的原则：评测应当是可以操作的，评测时，应当具体地说明评测的方法、步骤和评分方式。

在自然语言处理系统的评测中，有两种不同的评测方法，一种是黑箱评测（black box assessment），一种是白箱评测（glass box assessment）。

在进行黑箱评测时，不关心自然语言信息处理系统的内部机制和组成结构，主要根据系统的输入数据与输出结果进行判断。黑箱评测有助于了解信息处理系统外在的总体性能，又叫作"外在评测"（extrinsic assessment）。

在进行白箱评测时，需要对自然语言信息处理系统的内部机制分别进行分析，逐一评测系统的各个组成部分的性能。白箱评测可以针对信息处理系统的各个组成部分分别进行，对于不同的部分准备不同的测试数据，从而判断所出现的错误是由哪一个部分造成的，这样就可以为规则的调整和算法的改进提供可靠的数据。白箱评测有助于了解信息处理系统内部组成部分的性能，又叫作"内在评测"（intrinsic assessment）。

由于自然语言信息处理系统的语言文字评测基本上只涉及系统的外在的总体性能，因此，主要采用黑箱评测的方法。

在评测时，对自然语言信息处理系统的输入和输出采取有区别的评测态度，采用"宽进严出"的策略。这是因为系统可能需要根据用户要求处理不规范的自然语言信息，系统的输入部分应允许存在不规范之处；系统的输出部分应严格规范。

17.2 语音合成和文语转换系统的评测

把自然语言的文本自动地转换成语音流的技术叫作文语转换。利用语音分析技术，抽取语音特征，自动地把自然语言的语音转换成文本的技术叫作语音识别。

语音合成和文语转换评测包括语音学模块评测和语言学模块评测两部分。目前，在我国的自然语言处理系统的评测中，语音合成评测只包括语音学模块的评测，文语转换评测除了包括语音学模块的评测之外，还包括语言学模块的评测。

语音学模块评测内容包括语音清晰度（articulation）测试和语音自然度（naturallity）测试两部分。语音清晰度是指输出语音是否容易听清楚，语音自然度是指输出语音听起来是否自然。

语音清晰度测试又可进一步分为音节清晰度测试、单词清晰度测试和单句清晰度测试。

音节清晰度的测试方法主要有诊断性押韵测试法（Diagnostic Rhyme Test，DRT）和改进的押韵测试法（Modified Rhyme Test，MRT）两种。

诊断性押韵测试法要根据国家标准《汉语清晰度诊断押韵测试（DRT）法》（GB/T 13504—1992）和《通信设备清晰度 DRT 法评价用语音材料库》（GB/T 16532—1996）来进行汉语音节清晰度测试。测试时，一般以三个音节为一组，每个组为一个文本文件。

MRT 是一种改进的押韵测试法，测试时，一般以一个音节为一组，每个组为一个文本文件。MRT 的结果可以作为 DRT 测试法的参考。

对单词清晰度进行测试时,采用"语义不可预测句"(Semantic Unpredictable Sentence, SUS)来测试单词清晰度。这样的句子在语义上是不可预测的。如果采用语义可预测句的方式来评测单词清晰度,对听音会有负面的影响,影响测试的准确性。采用语义不可预测的方式,就可以避免根据上文来猜测,并且可以在一定程度上削弱学习效应。

语义不可预测句的格式举例如下:

1	隔壁	电报	懂	扣子
2	少有的	服务	蒸	飞机
3	学问	房子	洗	锤子
4	老太太	拥护	白	道德
5	爷爷	下去	一	碟子

在编制单词清晰度测试题目的时候,应该注意参照《普通话异读词审音表》(1985 年 12 月修订),选择一些《普通话异读词审音表》中规定必须区分读音的单词,例如,在"供给、供销、提供"中的"供"读为[gong1],在"口供、翻供、上供"中的"供"读为[gong4];在"银行"中的"行"读为[hang2],在"行人"中的"行"读为[xing2]。在测试题目的单词中,还应当注意词形的规范,参照《第一批异形词整理表》(GF 1001—2001),使用推荐词形。例如,对于"毕恭毕敬"和"必恭必敬",应当使用推荐词形"毕恭毕敬",对于"奢靡"和"奢糜",应当使用推荐词形"奢靡"。

测试单句的清晰度,主要测试单句中语调的清晰性和单句类型的差异性,因此,可以采用语义可预测的句子编制句表来进行测试。

在测试单句清晰度时,应该注意区分单句的类型(如陈述句、命令句、感叹句、疑问句),注意测试标点符号对于句子语音清晰度的影响。

句表的实例如下:

(1) 经济起飞像神话似的创造出了奇迹。

(2) 他成了大学教授,不忘人民养育之恩。

(3) 在人的一生中,机会可遇而不可求!

(4) 通过国旗法进行爱国主义思想教育。

(5) 实验失败了 32 次,难度可想而知。

在编制句表时,应该注意选择一些《普通话异读词审音表》中规定必须区分读音的单词,并注意词形的规范,使用推荐词形。

单句清晰度也可以采用语义不可预测的句子来测试,从而避免听音人根据上文猜测下文和学习效应等弊病,以提高单句清晰度测试的准确性。这样的单句清晰度测试句表由若干个语义不可预测的句子组成。这些句子在构成上符合语法,并且尽可能覆盖测试语种的典型语法结构,但在语义上,是独立于上下文的,是不可预测的,因而可以更客观地测试单句的清晰度。

语音自然度测试主要测试合成语音的拟人性、连贯性和韵律感。

测试语音的拟人性时,要考察合成语音是否与人的语音接近。

测试语音的连贯性时,要考察合成语音是否连贯,切词是否正确,节奏与停顿是否自然,语速是否正常,发音是否流利。

测试语音的韵律感时,要考察合成语音的语调、重音的位置、轻声和儿化是否正确,听起来是否费力。

这些特征在短文中得到了比较全面的体现。因此,语音自然度的测试一般以短文作为测试材料。

短文集合可以根据领域来分类,分为通用领域测试短文集合和特定领域测试短文集合。

通用领域测试短文集合由不同体裁的若干段短文组成,短文长度控制在 50～200 字。例如:

吃什么,怎么吃? 这个本来十分简单的问题,现在正困扰着拥有5 000年历史的中国人。在城市,在沿海地区,在富裕起来的农村,有 80%的家庭主妇对一日三餐感到头疼。在不断加快的生活节奏的冲击下,人们不能忍受长时间背着做饭重担,一生不断地在厨房里重复劳动。但是,自己不做饭又到哪里去吃? 大的饭店太贵,吃不起;小餐馆的价格倒便宜,可是不卫生。

特定领域测试短文集合由若干个欢迎语、提示语、情景对话、信息服务内容的片断组成,它们一般与赛事报道、天气预报、交通、旅游、餐饮服务领域相关。短文长度控制在 50～200 字。

(1) 关于交通的短文,例如:

从今天开始,北京地铁将延长运营时间,其中 2 号线地铁运营延长时间多达 82 分钟。具体运营时间如下。1 号线:苹果园站首班车 5:10,末班车 23:30;四惠东站首班车 5:05,末班车 23:50。2 号线:积水潭站首班车 5:10,末班车次日 0:18。13 号线:西直门站首班车 6:00,末班车 21:45。

这段短文中,要测试时间的读法。例如,"23:30"要读为"二十三点三十分[er4 shi2 san1 dian3 san1 shi2 fen1]","5:10"要读为"五点十分[wu3 dian3 shi2 fen1]"①。

(2) 关于赛事的短文,例如:

本主题可以为您提供参赛者、参赛队、体育场馆以及赛程安排的详细信息。您可以通过输入运动员或运动队的名称来获得相关的信息。

在出征巴黎之前,中国队预定的目标是三枚金牌,但在本届世乒赛全部五个单项的角逐中,中国队获得女单、女双、男双、混双四个项目的金银牌,还包揽了混双项目的前四名。男子单打虽然未能获得冠军,但孔令辉、马琳、王励勤都是在关键局的比赛中意外失手,本身具备

---

① 注意:"23:30"中的":"为半角符号,"5:10"中的":"为全角符号。在评测时,我们要求系统能够同时识别半角符号和全角符号。

了获得冠军的实力。

在这些短文中，要测试体育赛事的一些术语的切词是否正确，如"参赛者、赛程、女单、女双、男双、混双"等；人名的切词是否正确，如"孔令辉、马琳、王励勤"等，以保证合成短文的自然度。

(3) 关于天气预报的短文，例如：

预计，本周全国大部分地区以晴到多云天气为主；华北北部和东北地区的气温将比常年同期偏低，我国其他大部分地区气温接近常年或偏高。北京地区具体预报如下：9 月 30 日至 10 月 1 日，有降雨，降雨量一般有 3～15 毫米。10 月 2 至 4 日，北京天气以晴为主，奥运村地区和主场馆温度为 19 ℃至 25 ℃，丰台棒球中心温度为 18 ℃至 24 ℃，昌平赛马场温度为 16 ℃至 23 ℃。

这段短文中，要测试"～"的读法，应该读为"到[dao4]"或者"至[zhi4]"，还要测试温度的读法，例如，"25℃"要读为"二十五摄氏度[er2 shi2 wu3 she4 shi4 du4]"。

音节清晰度采用 DRT 或 MRT 方法测试，单词、单句清晰度采用 SUS 方法测试。收集完所有系统的合成语音后，打乱顺序播放，由听音人对合成语音的结果测试进行打分，按百分比进行评分。

● DRT 和 MRT 测试时，听音人要辨识语音合成结果中的音节，正确辨识的音节数量越多，错误辨识的音节数量越少，音节辨识的效果就越好，因此，最后得分可以按下式计算：

$$P = 100 \times \frac{R - W}{T} \tag{17.1}$$

其中，R 是正确辨识的音节数量，W 是错误辨识的音节数量，T 是总共测试的音节数量，P 是清晰度辨识的得分。

● 测试单词清晰度时，听音人要辨识语音合成结果中的单词，应该按单词来判断正误，对于双音节词或多音节词，若其中一个音节错，则判该词为错。

● 测试单句清晰度时，听音人要辨识语音合成结果中的句子，应该按句子来判断正误，听音人记录每一短句中如有一个关键词错误即判为全句错。

单词和单句清晰度的得分按下式来计算：

$$P = 100 \times \frac{R}{T} \tag{17.2}$$

根据这个公式计算得出的 P 比计算 DRT 和 MRT 测试时得出的 P 要宽一些，因为音节识别比单词识别和单句识别相对容易。

语音自然度评分方法有两两比较评分法（Paired Comparison，PC）和平均评价分（Mean Opinion Score，MOS）评分法两种。

使用两两比较评分法的时候，对于同一段短文，如果参测系统为 n 个，每个系统的语音合成结果都要和其他的 $n-1$ 系统的合成结果对比，这样共有 $n(n-1)/2$ 个对比组合。m 段短

文就有 $n(n-1)m/2$ 个两两对比组合(每个组合由 A 和 B 组成,A 和 B 表示同一段短文的不同的语音合成系统的合成版本)。听音人按照拟人性、连贯性、韵律感等因素对合成结果采用五级评分制($+2,+1,0,-1,-2$)评分,评分标准如表 17.1 所示。

表 17.1 两两比较评分法的评分标准

比 较 结 果	A 得 分	B 得 分
A 比 B 好	$+2$	-2
A 比 B 稍微好	$+1$	-1
A 比 B 不相上下	0	0
A 比 B 稍微差	-1	$+1$
A 比 B 差	-2	$+2$

平均评价分评分法对于听音人要求较高,最好邀请有经验的听音专家来参与评分。听音专家根据语音合成结果的输出与自然语言接近程度的总体印象,从拟人性、连贯性、韵律感等方面,用优、良、中、差、劣五级记分来评价,言语自然度评价的 MOS 分级为:

1. 劣,不能接受;

2. 差,不愿接受;

3. 中,可以接受;

4. 良,愿意接受;

5. 优,很自然。

参测系统各段得分平均作为其自然度得分。

评分时,以 PC 法的评分为主,以 MOS 法的评分为辅。

在用 MOS 法评分时,如果听音专家不清楚五级记分的具体表现就可能出现大的方差。可以把好的语音和坏的语音例子让听音专家先听一下,然后再开始测试打分。在同样的测试条件下,在不同国家用本土语言,听音专家不容易在等级定位上取得相互一致的结果。因此,MOS 需要进行调整之后,才可以得到可靠的品质指标。

语言学模块测试是文语转换系统必测的项目。其内容包括切词、多音字、数字进位制、符号与单位(所有键盘符号、常用化学物理符号及计量单位)等的文本处理能力的测试。具体要求如下:

● 切词:在经过文语转换系统后输出的拼音文件中,单词边界用空格(space)表示,要特别注意人名、地名和机构名以及术语的切词是否正确,应当遵照《汉语拼音正词法基本规则》、《信息处理用现代汉语分词规范》(GB/T 13715—1992)等规范进行判断。

● 多音字:参测系统应能根据上下文在输出的拼音文件中对多音字给出正确的拼音。例如,"参加"和"参差"中的"参",前者读为[can1],后者读为[cen1]。

● 姓氏的特殊读音：参测系统应能区别姓氏的特殊读音。如，"曾国藩"和"曾经"中的"曾"，前者是姓氏，读为[zeng1]，后者读为[ceng2]。

例句：

记者带着这个问题采访了中国食文化研究会会长曾老。这位 75 岁老人曾参加八路军，四面八方都到过。

其中的两个"曾"，第一个"曾"是姓氏，应读为[zeng1]，后一个"曾"应读为[ceng2]。

又如，"仇为之"（人名）和"仇恨"中的"仇"，前者是姓氏，读为[qiu2]，后者读为[chou2]。

例句：

它的地址在旃坛寺，老板姓仇。

其中的"仇"是姓氏，应读为[qiu2]。

● 数字进位制：对测试材料中的数字串，应按汉语习惯以亿、万、千、百、十为单位读出，如 1 254 000 000 应读成"十二亿五千四百万[shi2 er4 yi4 wu3 qian1 si4 bai3 wan4]"。在输出拼音文本中应给出相应的拼音形式。

例句：

这片林子共有 14 000 棵树。

其中的 14 000 应读为"一万四千[yi1 wan4 si4 qian1]"。

● 年代、时间、电话号码、百分比、分数和小数：参测系统应能区分年代、时间、电话号码和特殊数字表示的顺序式读法和进位制读法以及某些特殊读法，并能处理全角的数字符号。

例句：

食源开发和物种驯化，中国在 4 000 年前就开始进行了。

其中的"4 000 年"应读为"四千年[si4 qian1 nian2]"，采用进位制读法。

美联社 16 日报道了中国首位进入太空的宇航员安全返回地面。报道说，在环绕地球 21 小时后，航天飞船按计划准时着陆。中国的指挥控制中心宣布：中国首次载人航天飞行获得圆满成功。报道说，这次飞行的圆满完成是中国 11 年载人航天计划取得的最高成就，也是中国赢得世界声望的象征。

其中的"16"应读为"十六[shi2 liu4]"，"21"应读为"二十一[er4 shi2 yi1]"，"11"应读为"十一[shi2 yi1]"，都采用进位制读法。

秦朝建立于公元前 221 年。

其中的"221 年"应读为"两百二十一年[liang3 bai3 er4 shi2 yi1 nian2]"，采用进位制读法。

马克思生于 1818 年。

其中的"1818 年"应读为"一八一八年[yi1 ba1 yi1 ba1 nian2]"，采用顺序式读法。

研讨会定于 12 月 23 日上午 9:35 开幕。

其中的"12""23"都采用进位制读法,分别读为"十二[shi2 er4]"和"二十三[er4 shi2 san1]","9:35"表示时点,应读为"九点三十五分[jiu3 dian3 san1 shi2 wu3 fen1]"。

旅游投诉电话是9258。

其中的 9258 应读为"九二五八[jiu3 er4 wu3 ba1]",采用顺序式读法。

有 80%的家庭主妇对一日三餐感到头疼。

其中的"80%"应读为"百分之八十[bai3 fen1 zhi1 ba1 shi2]"。

美国太空发展经费占全球约 80.2%。

其中的"80.2%"应读为"百分之八十点二[bai3 fen1 zhi1 ba1 shi2 dian3 er4]"。

他的年龄是我的 1/2。

其中的"1/2"应读为"二分之一[er2 fen1 zhi1 yi1]"。

2/5 等于 0.4。

其中的"2/5"应读为"五分之二","0.4"应读为"零点四[ling2 dian3 si4]"。

我将住 5～8 天。

其中的"5～8"应读为"五到八[wu3 dao4 ba1]"或者"五至八[wu3 zhi4 ba1]"。

● 符号与单位:对测试材料中的符号和单位,有中文法定计量单位的应给出相应的拼音形式,并按照汉语普通话读音,读音应遵照《关于在我国统一实行法定计量单位的命令》(1984年)的规定;一般外文符号可按原文给出,按照原文读音。

例句:

1987 年 7 月肯德基前门餐厅开业,门脸儿招牌上 KFC 三个大字,远远儿就能瞧见。顾客排队最长达 20 m,中午就餐最多达 3 000～4 000 人,真有人驱车 20 km 从通县来的,够火的吧!

其中的"20 m"应读为"二十米[er4 shi2 mi3]";"20 km"应读为"二十千米[er4 shi2 qian1 mi3]"。

中国选手获得男子举重 60 kg 级冠军。

其中的 60 kg 应读为"六十千克[liu4 shi2 qian1 ke4]"。

声音在空气中传播的速度是 340 米/秒。

其中的"340 米/秒"应读为"三百四十米每秒[san1 bai3 si4 shi2 mi3 mei3 miao3]"。

比热容单位(焦耳每千克开尔文)的国际符号是 J/(kg·K)。

其中的 J/(kg·K)应按英文字母读。

● 以西文字母开头的词语:以西文字母开头的词语有的是借词,有的是外语缩略语,其中的西文字母部分按西文读音,汉字部分按汉语普通话读音。例如,"α 粒子"应读为[alfa li4 zi3],"B 超"应读为[B chao1],"ATM 机"应读为[ATM ji1]。

● "一""不"的读音:现有的用于语音处理的汉语发音词典还没有很好的模型来处理"一""不"等字的读音。这是因为这些字发音变化的语音上下文环境很复杂。一般在发音词典中只包含某些最基本的形式(例如"一"的发音为[yi1]),在文语转换时,要使用相应的算法根据上下文推出它们的发音变体。

- ■ "一"在非去声前变为去声；
- ■ "一""不"在去声前变为阳平；
- ■ "一""不"夹在词语中间时变为轻声。

● 上声变调：上声在语流中发生音变，在文语转换时，这种语流音变十分复杂，也要使用相应的算法根据上下文推出它们的发音变体，主要应处理如下的现象。

- ■ 上声在非上声（阴平、阳平、去声）前一律变为平上，调值由原来的[214]变为[21]，只降不升。例如，"影星，影评，影印"中的"影"应读为平上。
- ■ 上声在上声前（上上相连），前一个上声变得像阳平，调值由[214]变为[24]，只升不降。例如，"本领、讲解、导演"中的"本、讲、导"的调值为[24]。

● 轻声的读音：普通话的轻声具有区别意义的作用，在语音合成的评测中，应当注意评测如下要点：

- ■ 辨义轻声：同一个汉字，由于是否读轻声而导致语义不同。例如，"老子"读轻声时表示骄傲的自称，不读轻声时表示古代人名或书名。
- ■ 连接词"和"读为轻声。
- ■ 助词"的、地、得"读为轻声。
- ■ 方位结构中的非中心音节读为轻声：例如，"眼里、手上、乡下"中的"里、上、下"读为轻声。
- ■ 双字重叠的指人名词，后一个音节读为轻声。例如，"哥哥、妈妈、婆婆"中的后一个音节"哥、妈、婆"读为轻声。
- ■ 单音节动词重叠式的后一个音节读为轻声。例如，"看看、洗洗、说说"中的后一个音节"看、洗、说"读为轻声。

● 儿化的读音：儿化音对于语音合成的自然度有重要的作用，在语音合成中，应当对儿化进行系统化的处理：

- ■ 对于有区别意义作用的儿化词，必须按儿化读音。例如：

信（表示"信件"）——信儿（表示"消息"）　头（表示"脑袋"）——头儿（表示"领头的人"）

- ■ 对于有区别词性作用的儿化词，必须按儿化读音。例如：

盖（动词）——盖儿（名词）　尖（形容词）——尖儿（名词）

- ■ 对于表示感情色彩的儿化词，尽量按儿化读音。例如：

小孩——小孩儿　好玩——好玩儿

- ■ 在语音词典中，应当对上述儿化词一一标注拼音，儿化词中的音节数等于汉字字数减一。例如，"花儿"应标注为[hua'er]，其音节数为1。
- ■ 当自动切词得到后缀"儿"时，将"儿"与前面的单词合并，并把前面单词的最后一个音节儿化,语音合成时"儿"不再发音。

■ 非儿化词中的"儿",应当单独读成一个音节。例如,"孤儿、男儿、混血儿"中的"儿",都应当读成一个音节,不能儿化。

在语音合成评测时,应当考察系统对于上述问题的处理能力。

● 专有名词的读音:专有名词是文语转换中的一个困难问题;词典中不可能事先列举出汉语中的一切专有名词;专有名词还可能来自其他语言,而且还可能有不同的拼写方法。语音合成和文语转换的很多应用都是与专有名词分不开的。例如,在与电话有关的应用中,电话簿和打电话都离不开人名和地名。汉语专有名词有的读音很特殊,应该注意区别。例如,"单"作为姓时应读为[shan4],不能读为[dan1]。地名"枞阳"中的"枞"应读为[zong1],不能读为[cong1]。

● 专业术语的读音:把语音技术应用于不同的专业领域需要正确处理专业术语的读音。例如,地貌学术语"潟湖"(浅水海湾因湾口被淤积的泥沙封闭而形成的湖)中的"潟"应读为[xi4],不读为[xie4]。

下面我们来讨论语音识别系统的评测问题。

语音识别的目的是让计算机通过识别和理解,将语音信号转变为相应的文本或命令。目前我国主要测试语音文本转换和音节转换。

进行语音文本转换和音节转换测试时,应当采用包含一定数量句子的汉语普通话样本,由发音人朗读,作为测试数据。测试样本中有标点,在录音时,约定标点不发音,但应有适当停顿。

选择样本的发音人时应当注意:

■ 适当的性别搭配,以便反映发音时性别的差异,例如,发音人可以男女各半,男 10 人,女 10 人。

■ 适当反映方言的特点,以便测试计算机是否能够识别带有方言色彩的普通话。

语音文本转换测试的目的是测试非特定人的、无限词汇的、以朗读方式读出的汉语普通话连续语音识别技术,输入是语音信号,输出是相应的文本或者命令。

音节测试的目的是测试语音识别系统的算法。测试时,输入是无调的语音串,输出是相应音节的拼音形式,可以输出多组不同音节来测试算法的功能。

语音文本转换的评测指标是参照自然语言处理中"词错误率"的概念设计的。主要有如下几个指标:

● 汉字正识率 = 正确汉字数/原文汉字总数×100%;

● 插入汉字错误率 = 插入错误汉字数目/(正确 + 替换 + 插入 + 删除汉字数目)×100%;

● 删除汉字错误率 = 删除错误汉字数目/(正确 + 替换 + 插入 + 删除汉字数目)×100%;

● 替换汉字错误率 = 替换错误汉字数目/(正确 + 替换 + 插入 + 删除汉字数目)×100%;

● 句子正识率 = 正识(一字不差)句子数/句子总数×100%;

- 完成时间＝系统完成全部任务所用的时间；
- 系统故障数＝在评测过程中测试系统出现故障的次数。

音节识别评测指标有如下几种：

- 音节正确率＝正确音节数/原文音节总数×100%；
- 插入音节错误率＝插入错误音节数目/(正确＋替换＋插入＋删除音节数目)×100%；
- 删除音节错误率＝删除错误音节数目/(正确＋替换＋插入＋删除音节数目)×100%；
- 替换音节错误率＝替换错误音节数目/(正确＋替换＋插入＋删除音节数目)×100%；
- 完成时间＝系统完成全部任务所用的时间；
- 系统故障数＝在评测过程中测试系统出现故障的次数。

对语音识别系统产生的文本也须进行语言学方面的评测。其内容包括字形、异形词、同音词、歧义(切分)、儿化词等的处理能力。具体要求如下：

- 字形：经过语音识别系统输出的文本在字形方面应符合《第一批异体字整理表》《简化字总表》的规定，使用规范字形。要特别注意计量单位的用字，应使用《部分计量单位名称统一用字表》的规定字形。例如，"十四海里/十四浬/十四海浬"，应选用规范的"十四海里"。
- 异形词：经过语音识别系统输出的文本对异形词的处理应注意词形规范，使用《第一批异形词整理表》的推荐词形。例如，"百叶窗"和"百页窗"，应选用推荐词形"百叶窗"；"参与"和"参预"，应选用推荐词形"参与"。
- 同音词：语音识别系统应能对同音词做出正确识别。例如，"枇杷"和"琵琶"读音完全相同，但在"我爱吃枇杷"中，应能识别为"枇杷"；在"她会弹琵琶"中应能识别为"琵琶"。
- 歧义(切分)：语音识别系统应能对歧义语音串做出正确识别。例如，对"计算鸡蛋的重量"应能做出正确识别，不能识别为"计算机蛋的重量"。
- 儿化词：语音识别系统应能对儿化音节进行正确识别，并在文本中给以标识，具体标识方式可以灵活处理，如"把盖儿盖上""把盖(儿)盖上""把盖ₗ盖上"都可以，但如果输出为"把盖盖上"，则认为没有正确识别出儿化音节。

17.3 机器翻译系统的评测

机器翻译(machine translation)，是利用计算机把一种自然语言转变成另一种自然语言的过程。用以完成这一过程的软件叫作机器翻译系统。

机器翻译的译文质量评测与用户的类型有密切关系，不同类型的用户对译文有不同的要求。根据用户需求的不同，机器翻译系统一般可以分为如下类型：

- 用于浏览者的机器翻译(MT for the Watcher，MT-W)：其目的是帮助浏览者查阅外文资料,对于译文质量要求不高的资料,浏览者可以接受粗糙的译文。

● 用于修订者机器翻译(MT for the Reviser,MT-R):其目的是帮助用户修订粗糙的译文,粗糙的译文经过修订之后,质量应该比用于浏览者的译文有所提高。

● 用于翻译者的机器翻译(MT for the Translator,MT-T):其目的是帮助用户进行在线机器翻译,用户在翻译时可以使用在线机器词典、翻译实例库等,因此,对于译文质量的要求比较高。

● 用于写作者的机器翻译(MT for the Author,MT-A):其目的在于帮助用户进行翻译或写作,要尽量避免翻译中的歧义,因此,对于译文质量要求更高。

根据上述分类,可以有针对性地对机器翻译系统进行评测,根据用户类型的不同,评测时考虑不同的评测重点。

机器翻译的评测题目是用于机器翻译评测的数据,这些评测题目是从评测题库中抽取的,评测题目的选取应该遵循以下的基本原则:

● 为了测试机译系统的质量,在外汉机器翻译系统中,对作为源语言的英语、日语或法语,基本上应该以相应外语的大学教学大纲作为测试题目选取的主要依据,在汉外机器翻译系统中,对作为源语言的汉语应该以汉语常用句型作为测试题目选取的主要依据。

● 对于通用机器翻译系统的测试,测试题目中的词汇应该选自一般领域,侧重在社会、生活、政治、经济、常识等方面,不出冷僻的词,也不出专业性很强的术语。对于专业机器翻译系统的测试,测试题目中的词汇和语法结构应该体现出不同专业领域的特点。

● 测试题目中可以包含少量的固定词组,但是,这些固定词组应该是常用的,不选罕用的俗语和谚语。

● 测试题目应该注意区别兼类词:兼类词是具有不同词类的词,在机器翻译中应该加以区分,使得一个单词只有一个词类标记。区别兼类词是词性标注的基本问题。

例如,在英语中,face,use 是"动词-名词"兼类词(V-N 兼类词),may,can,will 是"助动词-名词"兼类词(AUX-N 兼类词),机器翻译系统应该加以区别:

face: The house faces the park. (V)

　　　She pulled a long face. (N)

use: All the paper has been used. (V)

　　　A new machine for the kitchen with several different uses. (N)

May: May I help you? (AUX)

　　　May Day is first day of May. (N)

can: She can speak German. (AUX)

　　　He opened a can of beans. (N)

will: It will rain tomorrow. (AUX)

Have you made your <u>will</u> yet?（N）

● 测试题目应该注意区别多义词或同音词。

多义词是具有多个意义的同一个词,在机器翻译中应该注意区分。

例如,英语的 doctor 是多义词,可以翻译为"医生",也可以翻译为"博士",机器翻译系统应该加以区别:

John is a medical <u>doctor</u>.（doctor 应翻译为"医生"）

John is a <u>doctor</u> of philosophy.（doctor 应翻译为"博士"）

同音词是指词形相同而意义不同的两个或两个以上的词。在词源学中,多义词和同音词的区分是很重要的,同音词往往有不同的来源,而多义词则只有同一个来源,往往是由于词义的引申而形成的。但是,在机器翻译中,多义词和同音词在语言学上的这种差异是不重要的,关键是要把不同的意义区别开来。

例如,英语的 bank 是同音词,其意义可以是"河岸",也可以是"银行",机器翻译系统应该加以区别:

He looked at the river bank.（bank 应翻译为"河岸"）

He looked at the money bank.（bank 应翻译为"银行"）

● 测试题目应该有一定数量的用于区别结构歧义的句子,以便测试机器翻译系统分析结构歧义的能力:

如果一个语法可以把一个以上的剖析指派给同一个句子,那么就说这个句子具有结构歧义（structure ambiguity）。例如,英语句子"They made a decision on the boat"中的介词短语 on the boat,既可以修饰名词 decision,也可以修饰动词 made,从而形成结构歧义。

对于这样的具有结构歧义的句子,机器翻译系统应该根据有关语言学知识给出一个正确的翻译结果,以显示系统处理歧义结构的能力。

例如:

He bought a car with four doors.

介词短语 with four doors 是修饰名词词组 a car 的,因此机器翻译系统只给出一个结果。

结构歧义是机器翻译研究的一个难点,为了推动机器翻译的进一步发展,有必要适当地测试系统处理结构歧义的能力。

● 测试题目的句子,应该选取现代书面语中的规范句子,句子中的单词和语法应该严格遵循所测试语言的规范标准。

目前,我国机器翻译系统的评测分为人工评测和自动评测两种,以人工评测为主。

人工评测时,可以分别就"忠实度"和"流畅度"制定评测标准,鲁迅先生曾经提出过翻译的两个标准,一个是"信",一个是"顺"。我们这里的忠实度相当于"信"这个标准,流畅度相当于"顺"这个标准。我们在机器翻译评测中采用的标准,竟然与鲁迅先生提出的关于翻译的两个标准对应起来,这绝不是巧合,这说明我们提出的标准具有语言文学上的根据。当然,我们也可以不区分忠实度和流畅度,综合地采用可理解度(intelligibility)进行评测。在评测时,我们还应当充分注意系统应遵循有关语言文字标准。

- 忠实度(adequacy):评测译文是否忠实地表达了原文的内容。按 0~5 分打分,打分可含一位小数。最后的得分是所有打分的算术平均值。如表 17.2 所示。

- 流畅度(fluency):评测译文是否流畅和地道。按 0~5 分打分,打分可含一位小数。最后的得分是所有打分的算术平均值。如表 17.3 所示。

表 17.2　人工评测的忠实度打分标准

分　数	得　分　标　准
0	完全没有译出来
1	译文中只有个别单词与原文相符
2	译文中有少数内容与原文相符
3	译文基本表达了原文的信息
4	译文表达了原文的绝大部分信息
5	译文准确、完整地表达了原文信息

也可以不区分忠实度和流畅度,综合地采用可理解度(intelligibility)进行评测。如表 17.4 所示。

表 17.3　人工评测的流畅度打分标准

分　数	得　分　标　准	分　数	得　分　标　准
0	完全不可理解	3	译文基本流畅
1	译文晦涩难懂	4	译文流畅但不够地道
2	译文很不流畅	5	译文流畅而且地道

表 17.4　人工评测可理解度打分

分　数	得　分　标　准	译文可理解度
0	完全没有译出来	0%
1	看了译文不知所云或者意思完全不对。只有小部分词语翻译正确	20%
2	译文有一部分与原文的部分意思相符;或者全句没有翻译对,但是关键词都孤立地翻译出来了,对人工编辑有点用处	40%
3	译文大致表达了原文的意思,只与原文有局部的出入,一般情况下需要参照原文才能改正译文的错误。有时即使无需参照原文也能猜到译文的意思,但译文的不妥明显是由翻译程序的缺陷造成的	60%
4	译文传达了原文的信息,不用参照原文,就能明白译文的意思;但是部分译文在词形变化、词序、多义词选择、地道性等方面存在问题,需要进行修改。不过这种修改无需参照原文也能有把握地进行,修改起来比较容易	80%
5	译文准确、流畅地传达了原文的信息,语法结构正确,除个别错别字、小品词、单复数、地道性等小问题外,不存在很大的问题,这些问题只需进行很小的修改;或者译文完全正确,无需修改	100%

评测时按 0~5 分打分,可含一位小数,最后采用百分制换算评测结果。计算公式如下:

$$总的可理解度 = 所有句子得分之和/总句数 \times 100\% \tag{17.3}$$

对于机器翻译系统中的外译汉系统,汉语译文除了忠实度、流畅度、可理解度之外,还应符合国家有关语言文字规范,包括字形、异形词、标点符号、术语、人名等的规范。具体要求如下:

● 字形:经过外译汉机器翻译系统输出的汉语译文在字形方面应符合《第一批异体字整理表》《简化字总表》《部分计量单位名称统一用字表》规定的字形。

● 异形词:汉语译文对异形词的处理应注意词形规范。

● 标点符号:汉语译文中的标点符号应注意使用规范,应符合《标点符号用法》(GB/T 15834—2011)的规定。

● 术语:外译汉机器翻译系统应注意术语的翻译问题,各学科术语的翻译应使用全国科学技术名词审定委员会已公布的术语。例如,计算机术语"backup"有"备制/后备/备用/备份"几种译法,应选用"备份";"menu"有"菜单/选单"两种译法,应选用"选单"。又如,物理学术语"charm quark"有"魅夸克/粲夸克"两种译法,应选用"粲夸克";"diffraction"有"绕射/衍射"两种译法,应选用"衍射"。

● 人名:外国人名的翻译应遵循"名从主人""约定俗成"的原则。例如,法国数学家Galois 是法国人,其中文译名应遵照"名从主人"的原则,按法语读音规则译为"伽罗华",而不能按英语读音规则译为"伽罗依斯"。对于早已熟知的外国人名,由于他们的中文译名已经相沿成俗,可以按照"约定俗成"的原则,继续沿用旧译名,不宜改动。例如,笛卡儿(R. Descartes)、伽利略(G. Galileo)、牛顿(I. Newton)。英美人名应当以新华社编写的《英语姓名译名手册》或全国科学技术名词审定委员会已公布的译名为准。例如,诺贝尔文学奖获得者 William Faulkner 有"威廉·福克纳"和"威廉姆·弗格纳"等不同的译法,根据《英语姓名译名手册》应译为"威廉·福克纳"。

除此之外,机器翻译系统还应注意不同风格、不同语体文章的翻译问题。例如,小说对话的译文应使用口语词汇,而正式文体的译文则应使用书面语词汇。

对于汉译外机器翻译系统,汉语原文应遵循我国已经发布的有关语言文字标准,使用《第一批异体字整理表》《简化字总表》中的规范字形。

2008 年,微软亚洲研究院周明提出了一种采用自动构建语言学测试点的机器翻译评测方法。该方法具有如下特点:

● 利用句法剖析器、词对齐工具等自动构建测试集;

● 利用多个句法剖析器提高抽取测试点的准确率,并使用词典来计算自动抽取的测试点译文的可信度;

● 采用基于 n 元匹配的计算公式进行打分,使得分数更能精确地体现译文与原文匹配的程度；

　　● 由于采用自动抽取测试点的方法，这种方法便于应用到其他语言对的机器翻译测试中。

　　2005 年由中国科学院自动化所、计算所和厦门大学联合发起并组织了第一届统计机器翻译技术评测及学术研讨会，会议在厦门大学成功举办。随后，会议由中科院计算所、自动化所、软件所、哈尔滨工业大学和厦门大学五家单位联合组织，分别在 2006 年、2007 年举行了第二、第三届全国统计机器翻译研讨会（Symposium of Statistical Machine Translation，SSMT）。2008 年，第四届会议在中科院自动化所成功举办，并由这一届开始会议名称更改为全国机器翻译研讨会（China Workshop on Machine Translation，CWMT）。

　　全国机器翻译研讨会组织全国机器翻译研讨会评测（简称 CWMT 评测）。CWMT 评测的举办方为中国中文信息学会，组织方为中科院计算所。中科院计算所统一提供训练语料、测试语料及评测标准，参评单位提交自己系统的翻译结果并由中国中文信息学会统一测评。参评系统的研制人员应提交系统介绍的论文，并到会做报告。

　　第五届 CWMT 研讨会于 2009 年在南京大学举行，第六届 CWMT 研讨会于 2010 年在中国科学院软件所举行，第七届 CWMT 研讨会于 2011 年在厦门大学举行，第八届 CWMT 研讨会于 2012 年在西安理工大学举行。在第八届 CWMT 研讨会上决定，此后每逢偶数年举行的 CWMT 研讨会只讨论机器翻译的理论方法和实现技术，每逢奇数年举行的 CWMT 研讨会组织机器翻译评测。这样一来，我国机器翻译的评测便制度化了，每两年举行一次。

　　CWMT 研讨会加强了国内外同行的学术交流，促进了中国机器翻译事业的发展。

　　CWMT 评测使用了周明提出的上述方法。这种方法不仅可以对被测的机器翻译系统提供一个总体的评价，而且能使研究人员了解到自己的系统在各个测试点上的翻译性能，这是一种行之有效的评测方法。

　　近年来，由于统计机器翻译的迅速发展，在我国机器翻译评测中也开始采用自动评测的方法，目前主要有 BLEU 评测方法和 NIST 评测方法两种[①]，它们都是国际上公认的机器翻译系统自动评测方法。

　　BLEU 评测方法是一种基于 N 元语法的自动评测方法，它通过对译文跟参考译文进行 N-gram 的比较综合而得出译文的好坏的评价分数。这种基于 N 元语法共现的统计方法中，一元词的共现代表了翻译的忠实度，它表征了原文里面有多少个单词被翻译了过来；而二元以上的共现词汇代表了目标语言的可懂度，阶数高的 N 元词的匹配度越高，系统译文的可懂度就越好。

　　其基本计算公式为

---

　　① BLEU 是 BiLingual Evaluation Understudy 的简称，NIST 是美国 National Institute of Standards and Technology 的简称。

$$Score = BP \cdot \exp\left(\sum_{n=1}^{N} w_n \log_2 p_n\right) \tag{17.4}$$

$$BP = \min\left\{1, \exp\left(1 - \frac{L_{\text{ref}}}{L_{\text{sys}}}\right)\right\} \tag{17.5}$$

其中，p_n = 被测译文中与参考答案匹配的 N-gram 总数/被测译文中 N-gram 总数；BP = 长度惩罚因子；L_{ref} = 与被测句子长度最接近的答案长度；L_{sys} = 被评测句子的长度；N = 最大 N-gram 长度；w_n = N-gram 的权重；$\exp x$ 表示 e^x，即以自然对数 e 为底的指数函数。

BLEU 是根据 N-gram 准确率的几何平均值来计算的，得分越高越好。

NIST 是在 BLEU 标准基础上提出的一个改进方案，称为 NIST 评测标准。NIST 方法采用各阶 N-gram 的算术平均值而不是几何平均值，使得总体评价结果更偏重于忠实度，而且也不至于因为某一阶 N-gram 的匹配率为零而导致总体评价为零。另外，NIST 考虑到每一个 N-gram 在多个参考译文中出现的次数不同能够表现出该词的重要性，因此根据其在多个参考译文中出现的次数而给每一个 N-gram 赋予一个权值。实验证明，NIST 在敏感性（对被测系统的区分程度）方面高于 BLEU。

下面是 NIST 的基本公式。

评分公式：

$$Scorce = \sum_{n=1}^{N} \left\{ \sum_{\substack{\text{all } w_1 \cdots w_n \\ \text{that co-occur}}} \text{Info}(w_1 \cdots w_n) \Big/ \sum_{\substack{\text{all } w_1 \cdots w_n \\ \text{in sys output}}} (1) \right\} \cdot \exp\left[\beta \log_2\left(\min\left\{\frac{L_{\text{sys}}}{L_{\text{ref}}}, 1\right\}\right)\right] \tag{17.6}$$

信息权重公式：

$$\text{Info}(w_1 \cdots w_n) = \log_2 \frac{\text{the \# of occurrences of } w_1 \cdots w_{n-1}}{\text{the \# of occurrences of } w_1 \cdots w_n} \tag{17.7}$$

其中，β 是一个常数，是一个经验阈值，使得在 $L_{\text{sys}} / L_{\text{ref}} = 2/3$ 时，β 使得长度罚分率为 0.5；$\overline{L}_{\text{ref}}$ 是参考答案的平均长度；其余参数意义与 BLEU 相同。

NIST 是根据 N-gram 准确率的算术平均值来计算的，得分越高越好。

BLEU 和 NIST 的自动评测结果有助于减少人工评测的主观性，对于人工评测有一定参考价值。在机器翻译评测中，应当以人工评测为主，以 BLEU 和 NIST 的评测结果作为参考。

我们还可以采用其他的方式来评测机器翻译的译文质量：

● 根据译后编辑对译文的修改量来进行评测；

● 把机器翻译的译文同人翻译的译文相比较来进行评测；

● 把标准换算成费用，根据最终费用的多少来进行评测。

除了对机器翻译的译文质量进行评测之外，还可以采用如下指标来评测机器翻译系统：

● 根据机器翻译所需要的时间来进行评测：由主持评测的工作人员现场记录翻译时间，各系统自动显示从第一个句子翻译开始到所有句子翻译完毕所用的时间（不计系统初始化所用时间，只记开始翻译到所有句子翻译完毕所用时间）。

- 根据使用环境的要求来进行评测：评测机器翻译系统对计算机硬件的要求、其他软件的依赖性、输入文本的要求、用户界面的质量进行评测。

- 根据可维护性进行评测：评测机器翻译系统能否解决实际应用中出现的问题，能否保证系统的正常运行。

- 根据可扩充性进行评测：评测机器翻译系统是否便于扩充系统的词汇和语法结构的覆盖面。

- 根据系统的性能价格比进行评测：评测机器翻译系统的翻译速度和译后编辑所需要的时间，以求得最好的性能价格比。

- 根据系统的鲁棒性进行评测：评测机器翻译系统对于错误输入原文的处理能力以及系统的容错性。

- 根据模块性进行评测：评测机器翻译系统模块各个部分的接口是否清晰，数据与算法是否分开。

- 根据单调性进行评测：评测当机器翻译系统升级之后，原来的性能是否会退步，若干独立的升级是否能够彼此结合，避免冲突。

17.4　语料库系统的评测

语料库（corpus）是为一个或多个应用目标而专门收集的、有一定结构的、有代表性的、可被计算机程序检索的、具有一定规模的语料的集合。它是按照一定的语言学原则，运用随机抽样方法，收集自然出现的连续的语言运用文本或话语片段而建成的具有一定容量的大型电子文库。从其本质上讲，语料库实际上是通过对自然语言运用的随机抽样，以一定大小的语言样本代表某一研究中所确定的语言运用总体。

语料库可以按照不同的方式而划分为不同的类型。

- 按语料选取的时间划分，语料库可以分为历时语料库和共时语料库。
- 按语料库的结构划分，语料库可以分为平衡结构语料库和自然随机结构的语料库。
- 按语料库的用途划分，语料库可分为通用语料库和专用语料库。
- 按语料库的表达形式划分，语料库可分为口语语料库和文本语料库。
- 按语料库中语料的语种划分，语料库可分为单语种语料库和多语种语料库。
- 按语料库的动态更新程度划分，语料库可以分为参考语料库（reference corpus）和监控语料库（monitor corpus）。参考语料库原则上不做动态更新，而监控语料库则需要不断地进行动态更新，以反映语言的动态变化和流通情况。

语料库可以从规范性、代表性、结构性、平衡性等四个方面进行评测。

● 语料库规范性的评测

语料库中的语料应该符合国家有关语言文字的规范。如国家关于异体字、异形词、简化字、数字用法、标点符号用法、计量单位名称、异读词的规范。应当根据《第一批异体字整理表》、《第一批异形词整理表》、《部分计量单位名称统一用字表》、《简化字总表》、《标点符号用法》(GB/T 15834—2011)、《出版物上数字用法的规定》(GB/T 15835—2011)、《汉语拼音方案》、《中国人名汉语拼音字母拼写法》、《普通话异读词审音表》、《中文书刊名称汉语拼音拼写法》等语言文字规范标准,设置相应的测试点,对于语料库中的语言文字进行检查,以评测语料库符合规范的程度。

例如,可以设置如下的测试点来测试语料库中异体字、异形词的规范性:

■ 异体字:汉语书面语中并存并用的同音、同义而书写形式不同的字,如:"雇—僱",应根据《第一批异体字整理表》测试其规范性,以"雇"为规范字。

■ 异形词:汉语书面语中并存并用的同音、同义而书写形式不同的词语,如"按语—案语""百废俱兴—百废具兴",应根据《第一批异形词整理表》测试其规范性,以"按语""百废俱兴"为规范词语。

对于语料库中不规范的语言现象,应当根据国家有关规范进行测试,以评测语料库规范的程度。但是,对于某些特殊用途的语料库,例如外国留学生汉语学习中介语语料库,就以语料的真实性为主,而不强求对其进行规范。

● 语料库代表性的评测

语料库对于其应用领域来说,要具有足够的代表性,这样,才能保证基于语料库得出的知识具有较强的普遍性和较高的完备性。

由于真实的语言应用材料是无限的,语料库的样本有限性这个特点是无法回避的。承认语料库样本的有限性,建设语料库时,在语料的选材上,就要尽量追求语料的代表性,要使有限的样本语料尽可能多地反映无限的真实语言现象的特征。语料库的代表性不仅要求语料库中的样本取自于符合语言文字规范的真实的语言材料,而且要求语料库中的样本要来源于正在"使用中"的语言材料,包括各种环境下规范的或非规范的语言应用。语料库的代表性还要求语料具有时代性,能反映语言的发展变化,能反映当代的语言生活规律。

只有通过具有代表性的语料库,自然语言处理技术才能让计算机了解真实的语言应用规律,才有可能让计算机不仅能够理解和处理规范的语言,而且还能够处理不规范的但被广泛接受的语言,甚至包含有若干错误的语言。能否处理未经编辑或非受限的真实文本以及处理真实文本的数量,是衡量一个自然语言处理系统究竟是实用化系统还是实验性系统的试金石。

因此,语料库评测时,还应当指出语料库中存在的那些不规范但被广泛接受的语言现象,以及包含有若干错误的语言现象,以反映语言文字使用的真实面貌。

● 语料库结构性的评测

语料库是有目的地收集的语料的集合，不是任意语言材料的堆积，这就要求语料库具有一定的结构。

语料库必须是以电子文本形式存在的、计算机可读的语料集合。

语料库的逻辑结构设计要确定语料库由哪几个子库组成，定义语料库中语料记录的码、元数据项、每个数据项的数据类型、数据宽度、取值范围、完整性约束等。

在语料库的建设中，提倡采用通用的扩展标记语言 XML（eXtensible Markup Language）来组织语料文件。采用 XML 语言组织语料库，可以减少程序和数据的依赖性，提高语料库的数据独立性，从而提高语料库的共享性。

使用 XML 语言组织语料库时，一个语料库的文件是一个或多个 XML 格式的文件集合，可以用 DTD（Document Type Definition，文件类型定义）或者 XML 模式（XML Schema）来定义它们的结构，这样，通用的软件（如 IE 5.0）就可以依据 DTD 来检查每个语料文件的结构是否规范，解读语料文件的程序就不用向传统的文件系统那样，过多地在程序中去解决物理存储结构的问题，从而提高语料数据和程序的独立性以及共享性。

语料文件的形式可以是纯文本文件、XML 格式的文本文件、关系数据库文件等，以便用户既可以利用语料库管理系统已提供的功能研究语料库，也可以在自己熟悉的软件环境下使用语料库。

● 语料库平衡性的评测

在平衡语料库中，语料库为了达到平衡，首先要确定语料的分类指标，即平衡因子。平衡因子是影响语料库的代表性的关键要素。

影响语言应用的因素很多，例如语体、年代、文体、学科、登载语料的媒体、使用者的年龄、性别、文化背景、阅历、语料的用途（公函、私信、广告）等等。不能把这所有的特征都作为平衡因子，只能根据实际需要来选取其中的一个或者几个重要的指标作为平衡因子。最常用的平衡因子有学科、时间、文体、地域等。应该根据平衡语料库的用途来评测语料库所选择的平衡因子是否恰当。

随着计算机技术的发展，语料库的规模正在变得越来越大。大规模的语料库对于语言研究，特别是自然语言处理研究具有不可替代的作用。但是，随着语料库的增大，垃圾语料带来的统计垃圾问题也越来越严重。而且，当语料库达到一定的规模后，语料库的功能并不会随着其规模同步地增长。因此，应当根据实际的需要来评测语料库的规模，语料库规模的大小应当以是否能够满足其需要来决定。

语料的元数据可以反映语料库的基本信息。

元数据（metadata）可泛义地理解为关于数据的数据或关于数据的信息。语料的元数据对于语料库语言学研究具有重要的意义，可以通过元数据了解语料的时间信息、地域信息、作

者信息、文体信息等各种相关信息；也可以通过元数据形成不同的子语料库，满足不同兴趣的
研究者的研究需要；还可以通过元数据对不同的子语料库进行比较，研究和发现一些对语言
应用和语言发展可能有影响的因素；元数据还可以记录语料的知识版权信息，记录语料库的
加工信息和管理信息。

语料库元数据的评测应当遵循如下原则：

● 简单明了、面向用户

一般来说，语料库用户不可能花很多精力去学习和掌握复杂的标注格式，因此，语料库的
元数据要尽量接近日常的语言习惯。

● 有弹性

语料库的篇头标注信息除了语料的知识版权信息、语料创建者的背景信息、语料载体的
发行信息、语料的内容信息、语料的采样方式信息（书面语料或者口头语料）、语料的管理信息
等共同项外，不同的语料库还有其各自特殊的要求，语料库的元数据的标准需要定义共同的
数据项、命名规则、数据类型、数据宽度。在具体标注时，设计人员可以选择其中的一些项目，
这些项目要遵守规范的约定，设计人员另外还可再增加一些别的项目。

● 用标准的英文单词定义元数据项名

元数据项命名时，最好用西文符号，因为有些软件在解读数据时不支持中文的变量名。
另外，为了国际交流的方便，应尽量用标准的英文单词定义元数据项名，而不要使用汉语拼音
的简写。

● 机器可读

标注后的语料库的元数据要能被通用的计算机程序解读，而不应是专门编写程序来解
读，这是实现语料库可共享、可集成的关键。用目前流行的文本标记语言 XML 来标注语料，
可以部分达到这个目标。

● 遵守元数据定义的国际标准

语料库元数据规范的制定应该遵守元数据定义的国际标准，并以之作为共同的规范
标准。

提倡使用国际通用的 XML 语言来组织语料库中的语料。

语料库的自动切词和自动标注是语料库自动处理的一项重要内容。语料库的自动切词
就是使用计算机把连续汉字文本中的单词切出来，使单词与单词之间出现空白。语料库的自
动标注就是使用计算机给切分后的各个单元标注上正确的词类和其他语法、语义信息。

语料库自动切词和自动标注的评测应当遵守如下原则：

● 语料库的自动切词的评测应当遵循国家标准《信息处理用现代汉语分词规范》（GB/T
13715—1992，以下简称《分词规范》）。

● 对于具体词语的切分，在考虑规范仍然举棋不定的情况下，可以参照《现代汉语词典》

来决定。例如,"立功/的/机会/有的是/。"中的"有的是"在《分词规范》中没有规定,但是在《现代汉语词典》中收录了,就可以将"有的是"作为一个切词单位。

● 不同的应用对象对于切词的颗粒度的要求不完全相同,为了兼容不同词语的颗粒度,可以容许同一语言结构按照不同的层次切分。例如,"工具箱"可以切分为"工具"+"箱",也可以算为一个切分单位"工具箱",这时,可以使用多层次的括号式表示为[工具/n 箱/n]n(其中,n 为名词)。

● 应注意切分时的歧义。切分歧义主要表现为:

■ 交集型歧义切分字段:例如,"从小学"在"从小学电脑"中应当切分为"从小/学",在"从小学毕业后"中应当切分为"从/小学"。

■ 多义组合型歧义切分字段:例如,"将来"在"他将来北京工作"中应当分别切分为"将"和"来",在"情况将来会改变"中则不能切分,应当为一个单词"将来"。

● 应注意命名实体(人名、地名、机构名)的正确切分。由于大多数的命名实体都不会存储在机器词典中,切分时容易出现错误,应当把命名实体的切分作为语料库自动切词评测的重要内容。

● 标注时应当注意区分兼类词,选择正确的词性标注。

例如:

　　路很直("直"应当标注为 a)　　他直哭("直"应当标注为 d)

又如:

　　我在家("在"应当标注为 v)　　我在办公室开会("在"应当标注为 p)

再如:

　　他从日本回来("从"应当标注为 p)　　我从不抽烟("从"应当标注为 d)

● 根据上述原则,采用手工或者半自动的方法制定评测语料的标准答案。作为标准切词和标准标注。

下面是国家语委现代汉语语料库切词和标注语料的样例,可以作为评测时的标准答案①:

　　鸟/n 的/u 世界/n

　　杨栋/nh

　　鸟/n 是/vl[大/a 自然/n]n 的/u 歌手/n,/w 鸟语/n[就/d 是/vl]vl[大/a 自然/n]n 的/u 音乐/n 和/c 诗歌/n 了/u。/w

　　山村/n 里/nd 的/u 鸟/n 除了/p 麻雀/n,/w 就/d 数/v 燕子/n 多/a 了/u。/w[村/n 人/

---

① 词类标记说明:

n:名词,nh:人名,u:助词,vl:系动词,w:标点符号,d:副词,c:连接词,nd:方位词,p:介词,a:形容词,r:代词,k:后加成分,vu:助动词,vd:趋向动词。

n]n 对/p 燕子/n 很/d 爱护/v，/w 说/v 它/r 吃/v 庄稼/n 的/u 害虫/n，/w 常/a 吓唬/v［孩子/n 们/k]n 不要/vu 去/v 玩/v 燕子/n，/w 会/vu 坏/v 自己/r 的/u 眼睛/n。/w 有时/r 光/a 屁股/n 的/u 小/a 燕/n 掉/v 下来/vd，/w 也/d 要/vu 送回/v［燕/n 窝/n]n 里/nd 去/vd。/w

语料库的自动切词和自动标注的评测在很大的程度上依赖于词典，由于参测语料库系统的词典中的词条和词的颗粒度不完全相同，因此，有必要明确地给出有关定义。

● 正确切词和错误切词

如果切词序列 $S_i S_{i+1} \cdots S_j$ 中的汉字序列与切词序列 $S_{i_1} S_{i_{i+1}} \cdots S_{j_1}$ 中的汉字序列一致，则称切词序列 $S_i S_{i+1} \cdots S_j$ 与切词序列 $S_{i_1} S_{i_{i+1}} \cdots S_{j_1}$ 相等，记为 $S_i S_{i+1} \cdots S_j = S_{i_1} S_{i_{i+1}} \cdots S_{j_1}$。例如，工具/n 箱/n ＝ 工具箱/n。

在给定的语料中，设其字符串的基本汉字序列为 $W_1 W_2 \cdots W_n$，如果在标准答案中存在切词序列 $S_i S_{i+1} \cdots S_{i+k}$，使得

$$X = S_i S_{i+1} \cdots S_{i+k}$$

则称 $X = W_1 W_2 \cdots W_n$ 为被测语料库系统的一个正确切词。这时，X 的正确切词数为 $k+1$。

例如，"工具/n 箱/n"是一个正确切词，正确切词数为 2；"工具箱/n"也是一个正确切词，正确切词数为 1。

不正确的切词，称为错误切词。

● 正确标注和错误标注

对于被测语料库系统的正确切词 X，X 的词性标注是 T，标准切词 $S_{i_1}, S_{i_{i+1}}, \cdots, S_{i_{i+k}}$ 的词性标注依次是 $T_0, T_1, \cdots, T_k$。若 T 与 $T_0, T_1, \cdots, T_k$ 一一匹配，则 X 的标注为正确标注，且正确标注数为 $k+1$，由于正确标注之前必须正确切词，所以这个 $k+1$ 也可以称为正确标注切词数；若 T 与 $T_0, T_1, \cdots, T_k$ 不完全匹配，则不匹配的标注为错误标注，不匹配的标注数就是错误标注数。在通常情况下，切词的颗粒度越大，其词性标注的歧义越小。在存在兼类词的情况下，应该进行兼类词判断，从若干个标注中选择出一个正确的标注。

我们建议使用如下公式来计算切词和标注的结果：

● 切词正确率（Segment Right rate）

$$SR = \frac{SRN}{Sum} \tag{17.8}$$

其中，SRN 是被测语料中正确的切词数，Sum 是与被测语料对比的标准切词中切词的总数。

● 词性标注正确率（Tagging Right rate）

$$TR = \frac{TRN}{Sum} \tag{17.9}$$

其中，TRN 是被测语料中正确标注的切词数，Sum 是与被测语料对比的标准切词中切词的总数。由于切词错误时标注就没有意义了，TRN 是指被测语料中切词和标注都正确的数目，所以，总是有 $TRN \leqslant SRN$。

● 词性标注相对正确率（Relative tagging Rate）

$$RR = \frac{TRN}{SRN} \tag{17.10}$$

其中，TRN 是被测语料中正确标注的切词数，SRN 是标准切词中正确的切词数。

基于同一标准语料测试的结果具有可比性。在上述定义中，Sum 是标准语料的切词总数，SRN 和 TRN 都是参照标准语料的切词得到的，因此，被测试语料的正确切词越多，SRN 就越大，SR 也就越大。同理，TRN，TR，RR 也是如此。

例如，被测语料的切词和标注结果如下：

鸟/n 的/u 世界/n

杨栋/nh

鸟/n 是/vl 大自然/n 的/u 歌手/n，/w 鸟语/n 就/d 是/vl 大自然/n 的/u 音乐/n 和/c 诗歌/n 了/u。/w

山村/n 里/nd 的/u 鸟/n 除了/p 麻雀/n，/w 就/d 数/v 燕子/n 多/a 了/u。/w 村人/n 对/p 燕子/n 很/d 爱护/v，/w 说/v 它/r 吃/v 庄稼/n 的/u 害虫/n，/w 常/a 吓唬/v 孩子/n 们/k 不要/vu 去/v 玩/v 燕子/n，/w 会/vu 坏/v 自己/r 的/u 眼睛/n。/w 有时/r 光/n 屁股/n 的/u 小/a 燕/n 掉/v 下来/vd，/w 也/d 要/vu 送回/v 燕/n 窝里/n 去/vd。/w

与标准答案相比，标准答案中的"大自然"切为"[大/a 自然/n]n"，被测语料切为"大自然/n"，是正确的切分；标准答案中的"就是"切为"[就/d 是/vl]vl"，被测语料切为"就/d 是/vl"，是正确切分；标准答案中的"村人"切为"[村/n 人/n]n"，被测语料切为"村人/n"，是正确切分；标准答案中的"孩子们"切为"[孩子/n 们/k]n"，被测语料切为"孩子/n 们/k"，是正确切分；标准答案中的"燕窝里"切为"燕窝/n 里/nd"，被测语料库切为"燕/n 窝里/n"，是错误切分，因为这样的错误切分涉及两个单词，算为 2 个错误切分。在被测语料中总共有 77 个切分单位，故 $Sum = 77$，有 2 个错误切分，故正确切词数为 75，$SRN = 75$，所以

$$SR = \frac{SRN}{Sum} = \frac{75}{77} \approx 0.9740 = 97.40\%$$

与标准答案相比，标准答案中的"光"是名词和形容词兼类词，标准答案标注为 a，而被测语料标注为 n，是错误标注；如果存在切词错误，标注也就没有价值了，所以，切词错误数也应当包含在标注错误数之内；在这种情况下，被测语料的错误标注数为 3，正确标注切词数为 74，故 $TRN = 74$，所以

$$TR = \frac{TRN}{Sum} \approx \frac{74}{77} = 0.9610 = 96.10\%$$

与标准答案相比，$TRN = 74$，$SRN = 75$，所以

$$RR = \frac{TRN}{SRN} = \frac{74}{75} = 0.9866 = 98.66\%$$

我们在本章前面各节中讨论了我国自然语言处理系统的评测问题，我们的意见都是推荐

性的,目前我国自然语言处理系统开发的研究很多,可是对于评测问题的研究比较少,我们希望大家注意评测问题的研究。

17.5 国外自然语言处理系统的评测

近年来,为了通过评测来推动自然语言处理系统的开发和研究,国外自然语言处理系统评测的研究非常活跃,成绩显著。自然语言处理系统的评测已经成为这个领域研究的重要内容之一,系统评测有力地促进了相关问题的研究。本节着重介绍国外自然语言处理系统评测的新进展。

早在 1964 年,美国就成立了语言自动处理咨询委员会(Automatic Language Processing Adversary Committee,ALPAC),对当时机器翻译的译文质量进行评估,这是机器翻译系统评测的开始。

20 世纪 90 年代初期,美国国家自然科学基金会和欧盟资助的国际语言工程标准 (International Standard of Language Enguneering,ISLE)计划中设立了机器翻译评测工作组 (Evaluation Working Group,EWG)。1992 年至 1994 年,美国国防部高级研究计划处 (DARPA)组织专家从忠实度(adequacy)、流畅度(fluency)和可理解度(comprehension)三方面对当时的法语-英语、日语-英语、西班牙-英语等机器翻译系统进行大规模的评测。1999 年,DARPA 设立了 TIDES(Translingual Information Detection, Extraction and Summarization)项目,研究跨语言信息侦测、信息抽取、自动文摘以及机器翻译的评测。其中,机器翻译评测由美国国家标准技术研究院(National Institute of Standards and Technology,NIST)负责,从 2002 年开始,NIST 举行机器翻译系统的评测,每年举行一次,实行自动评测,评测方法采用前面在 17.3 节中介绍过的 BLEU 和 NIST。从 2004 年开始,国际语音翻译先进研究联盟 C-STAR 组织口语机器翻译系统的评测,召开学术会议 IWSLT,每年举行一次。欧共体资助语音翻译的技术和语料库项目(Technology and Corpus for Speech to Speech Translation,TC-STAR)的评测。

目前,国际机器翻译系统的评测都是采用网上评测的方法。首先,由组织评测的单位(如 NIST,C-STAR,TC-STAR 等)给参加评测的单位发布训练集和开发集的数据,供参加评测的单位对自己的系统进行参数训练和模拟测试,然后,由组织评测的单位统一发布正式的评测数据,并要求所有参加评测的系统在限定的时间内通过网络提交系统的运行结果,而且要求所有参加评测的单位提交论文来介绍自己开发的系统。收到参加评测单位的系统运行结果之后,组织评测的单位召集专家对所有的运行结果进行主观评测和自动评测。之后,将每一个系统的评测结果分别发给参加评测的单位,但不公开系统的排名。最后,召开评测研讨会。在评测研讨会上,组织评测的单位全面介绍评测的过程、评测使用的语料以及评测指标,并正式公布评测结果,参加评测的单位分别介绍自己的系统采用的理论以及实现的方法。

前面介绍过的采用 BLEU 和 NIST 指标的评测方法实际上是一种基于 N 元语法的评测方法,其实质是在候选译文和参考译文的 N 元语法集合上进行匹配,计算匹配的得分。

此外还有基于词对齐(word alignment)的方法、基于编辑距离(edit distance)的方法等,这些方法都是根据字符串(单词、词组、句子)的相似度(similarity)来进行计算的。

除了这些基于字符串相似度计算的方法之外,从 2001 年开始,在机器翻译的自动评测中还采用了机器学习(machine learning)的方法,主要是分类、回归和排序。

● 分类(classification):把评测看成一个分类问题,从多个机器翻译系统中选取最好的译文。

● 回归(regression):通过训练调节不同特征的权值,使得特征组合产生的评价尽可能地接近训练数据的人工评分。

● 排序(ranking):根据不同机器翻译系统之间的译文质量进行排序,排序是一种"多分类"。

研究发现,分类的准确率高并不能保证评测的效果好;回归比分类更可靠;在相同的特征集上,回归与排序的评测效果很接近。

在机器翻译系统评测中,往往需要比照参考译文来对译文的质量进行评价,但是,人工参考译文的数量有限,获取时费时费力,于是,学者们提出了两种自动增加参考译文的方法:使用伪参考译文和同义互训。

● 使用伪参考译文(pseudo references):所谓"伪参考译文",是指其他机器翻译系统的译文。研究发现,使用多个机器翻译系统的伪参考译文来评测,其效果要好于只使用一个机器翻译系统的参考译文来评测;参考译文的数量和质量对于机器翻译系统的评测效果的影响不是绝对的,伪参考译文也是机器翻译系统评测的有用资源。

● 使用同义互训(paraphrase):把一些句子或短语表示为语义上对等的句子或短语,叫作"同义互训"。使用同义互训的方法,对于平行语料库进行训练,可以自动生成大量的同义互训译文,从而迅速地增加机器翻译评测参考译文的数量。

随着机器翻译评测的发展,除了对机器翻译系统进行评测之外,还对机器翻译的评测方法进行了评估。

2006 年召开了统计机器翻译研讨会(Workshop on Statistical Machine Translation, WMT),会议的主要任务是对统计机器翻译系统进行评测,同时对机器翻译评测方法进行评估。WMT 使用欧洲语言的平行语料库,所以,主要评测英语或其他欧洲语言的统计机器翻译系统并评估其评测方法。WMT 每年召开一次。

从 2008 年起,美国的 NIST 开始举办 MetricsMATR,其目标是为评估机器翻译系统的评测方法提供一个公共的平台,从而对评测方法的改进提供详细的、有效的指导。MetricsMATR 每两年举办一次。

统计机器翻译已经成为机器翻译研究的主流。根据美国 NIST 组织的统计机器翻译评测,汉语–英语机器翻译系统和阿拉伯语–英语机器翻译系统的 BLEU 指标是逐年增长的。如图 17.1 所示。

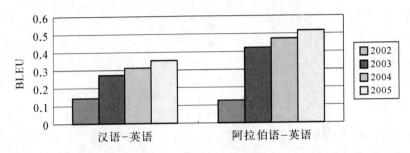

图 17.1　统计机器翻译系统的 BLEU 指标逐年提高

可以看出,机器翻译评测推进了统计机器翻译系统译文质量的提高。

通过机器翻译系统的评测还发现,统计机器翻译系统的质量与语言模型的规模有密切关系。随着语言模型训练数据的增大,机器翻译的译文质量也相应提高。图 17.2 描述了阿拉伯语–英语机器翻译系统中,训练数据与机器翻译评测指标 BLEU 的关系,从图中可以看出,英语–阿拉伯语机器翻译系统的 BLEU 指标随着语言模型训练数据的增大而不断地提高。

这意味着,只要我们不断地增加语言模型的训练数据,就有可能不断地提高机器翻译系统的水平。可见,机器翻译系统的评测的结果为我们不断地提高机器翻译系统的质量提供了有益的启示。

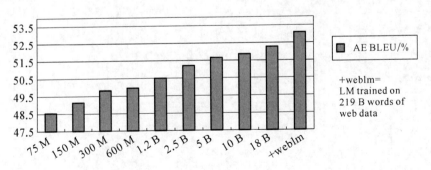

图 17.2　机器翻译系统的 BLEU 指标随着语言模型训练数据的增大而提高

C-STAR 主要进行口语机器翻译系统的评测。在 2005 年 C-STAR 组织的口语机器翻译系统评测中,参与评测的语言有汉语–英语、日语–英语、阿拉伯语–英语、韩语–英语、英语–汉语五个语言对。源语言输入包括来自手工文本和来自语音识别器的输出结果两种。

对于文本输入的训练数据有四种类型:

- 来自 C-STAR 旅游领域的 BTEC 语料 2 万个句子对,分别为汉语–英语、日语–英语和韩语–英语 3 个语言对,汉语、日语和韩语都进行了切词处理;
- 对这 2 万个句子对的源语言和目标语言都进行了词性标注、语块标注和句法剖析;
- 除了使用 C-STAR 提供的这 2 万个句子对之外,参加评测的单位还可以使用其他的任何数据以及语料处理工具来训练自己的系统;
- C-STAR 的核心成员还可以使用 BTEC 中 20 万个句子对的全部口语语料。

在 C-STAR 评测时,对于采用语音识别结果为机器翻译输入的评测,语音识别结果采用词格形式,并提供 n-best 列表。汉语语音识别结果由中国科学院自动化所(NLPR)提供,日语语音识别结果由日本 ATR 提供,英语语音识别结果由德国 Karlsruhe 大学(UKA)提供。

在 2005 年 C-STAR 组织的口语机器翻译系统评测中,一共有 16 个单位的 19 个系统参加评测,其中有 15 个基于统计的机器翻译系统、1 个基于实例的机器翻译系统、1 个多引擎的机器翻译系统。

在 2006 年 C-STAR 组织的口语机器翻译系统评测中,训练数据仍然为 BTEC 的语料,但规模扩大到 4 万个句子对,尤其关注连续语音的口语机器翻译,包括评测系统对于语法错误、不完整句子和冗余等非规范语言现象的处理能力。

国外对于语音合成和语音识别的评测也很重视。早在 20 世纪 80 年代,美国国防部高级研究计划署(DARPA)就资助了四个语音研究系统,而且对它们进行了评测。这四个系统是:

- 系统开发公司(System Development Corporation,SDC)的系统;
- Bolt,Beranek & Newman(BBN)的 HWIM 系统;
- Carnegie-Mellon 大学的 Hearsay-Ⅱ 系统;
- Carnegie-Mellon 大学的 Harpy 系统。

其中,Harpy 系统使用了 Baker 的基于 HMM 的 DRAGON 系统的一个简化版本,在评测系统时得到了最佳的成绩。对于一般的任务,Harpy 系统的语义正确率达到 94%。

从 20 世纪 80 年代中期开始,DARPA 资助了一些新的语音研究计划。

第一个计划的任务是"资源管理"(Resource Management,RM)。这个计划的任务与 DARPA 早期的课题一样,主要包括:

- 阅读语音转写系统:在这个系统中,说话人阅读的句子的词汇有 1 000 个单词,系统把语音转写为文字,也就是进行语音识别;这个系统还包括一个不依赖于说话人的语音识别装置。
- 句子阅读识别系统:《华尔街杂志》(WSJ)的句子阅读系统开始研制时的词汇量限制在 5 000 个单词之内,后来研制的系统已经没有词汇量的限制了(事实上,大多数系统已经可以使用大约 60 000 个单词的词汇量)。而且,语音识别系统识别的语音已经不再是阅读的语音,而是可以识别更加自然的语音了。

● 广播新闻识别系统：Hub-4 系统可以转写广播新闻，包括转写那些非常复杂的广播新闻，例如街头现场采访的新闻等等。

● 电话自然对话识别系统：CALLHOME 和 CALLFRIEND 等系统可以识别朋友之间在电话里的自然对话，其中的一部分叫作 Hub-5。

● 空中交通信息系统：Air Traffic Information System（ATIS）是一个语音理解的系统，它可以帮助用户预订飞机票，回答用户关于可能乘坐的航班、飞行时间、日期等方面的问题。

DARPA 课题大约每年进行一次评测，参加评测的课题除了 DARPA 资助的课题之外，还有来自北美和欧洲的其他自愿参加评测的系统，评测时，各个系统之间彼此测试系统的单词错误率和语义错误率。在早期的测试中，那些赢利的公司一般都不参加评测，但是，后来很多公司都愿意参加评测了（特别是 IBM 公司和 ATT 公司）。

DARPA 评测的结果促进了各个实验室之间广泛地彼此借鉴和交流技术，因为在评测中很容易看出，在过去一年的研究里，什么样的思想有助于减少错误，而这后来大概就成为了 HMM 模型传播到每一个语音识别实验室的重要因素。

DARPA 的计划也创建了很多有用的数据库，这些数据库原来都是为了评测而设计的训练系统和测试系统（如 TIMIT，RM，WSJ，ATIS，BN，CALLHOME，Switchboard），但是，后来都在各个总体性的研究中得到了使用。由此可见，评测推动了研究工作的进展。

在信息检索的评测方面，NIST 每年组织一次文本检索会议（Text REtrieval Conference，TREC）。TREC 评测的主要指标有准确率（precision，用 P 表示）、召回率（recall，用 R 表示）、F-测度值（F-Measure value）和 $P@10$。

准确率计算公式为

$$P = \frac{系统检索出的正确文本个数}{系统返回的全部文本个数} \times 100\% \tag{17.11}$$

召回率的计算公式为

$$R = \frac{系统检索出的正确文本个数}{针对测试的全部正确文本个数} \times 100\% \tag{17.12}$$

F-测度值的计算公式为

$$F\text{-}Measure = \frac{(\beta^2 + 1) \times P \times R}{\beta^2 \times P + R} \tag{17.13}$$

其中，β 为比例因子，当 $\beta=1$ 时，

$$F\text{-}Measure = \frac{2PR}{P + R} \tag{17.14}$$

TREC 检索系统评测一般采用算术平均准确率（Mean Average Precision，MAP）作为衡量指标。单个主题的平均检索准确率是每一篇相关文档检索准确率的平均值，多个主题的算术平均准确率（MAP）是每一个主题的平均准确率的算术平均值。系统检索出来的相关文档越靠前，MAP 就可能越高。

单个主题的 $P@10$ 是系统对于该主题返回的前 10 个结果的准确率,多个主题的 $P@10$ 是每一个主题的 $P@10$ 的平均值。一个好的信息检索系统应当保证排列在前面的查询结果为最相关的文档,$P@10$ 正好反映了这种情况。

在 2005 年的 TREC 关于检索系统鲁棒性的评测中,测试的文档集采用语言数据联盟(Language Data Consortium, LDC)提供的英语新闻文本语料,文档分别来自 1998 年至 2000 年的 AP 新闻专线(AP Newswire)、1998 年至 2000 年的纽约时代新闻专线(New York Times Newswire)以及 1996 年至 1998 年的新华社新闻署英文新闻(Xinhua News Agency)。测试的查询主题为 50 个,系统测试的主要指标是每一个主题的平均准确率的几何平均值,叫作几何平均准确率(geometric MAP, gmap),其他两个指标是 MAP 和 $P@10$。共有 17 个系统参加了 2005 年的 TREC 评测,每一个系统允许提供五次运行结果。

为了保证参加评测的系统不同次的运行结果之间具有可比性,TREC 还规定,参加评测的单位提供系统自动运行的结果时,要求有一次运行只准许使用主题陈述(topic statement)的描述域(description field),记为 Description-only Run,另外有一次运行只准许使用主题陈述的标题域(title field),记为 Tile-only Run。

2005 年 TREC 检索系统鲁棒性评测的结果如表 17.5 所示。

表 17.5 TREC 检索系统鲁棒性评测的结果

运 行 方 式	gmap	MAP	$P@10$
Tile-only Run	0.233	0.310	0.592
Description-only Run	0.178	0.289	0.536

从评测结果可以看出,gmap 和 MAP 的指标都不高,即使是前 10 个返回结果的准确率($P@10$)也不到 60%。可见,当前信息检索系统的性能并不好。

近年来,问答系统(QA System)的研究有了长足的进展,因此,NIST 还组织了 TREC QA Track 来对问答系统进行评测。

目前比较成功的英语问答系统有 Ask Jeeves, AnswerBus 和 START。其中,Ask Jeeves 接受自然语言提问,返回结果是与用户提问相关的文档,AnswerBus 是多语言问答系统,用户可以使用英语、法语、西班牙语、德语、意大利语、葡萄牙语提问,系统返回可能包含答案的八个句子,START 接受用户的自然语言提问,并用自然语言给用户提供简明的答案,是典型的自然语言问答系统。

TREC QA Track 评测自 1999 年开始,每年举行一次。它的评测任务如下:

- Factoid 任务:该任务测试系统对基于事实、有简短答案的提问的处理能力。
- List 任务:该任务要求系统列出满足用户提问的若干个答案。
- Definition 任务:该任务要求系统给出对于某个概念、术语或现象的定义或者释义。

● Context 任务：该任务测试系统对于相互关联的系列提问的处理能力。

● Passage 任务：这是 2003 年 TREC AQ Track 评测提出的新任务，该任务对于答案的要求比较低，不需要系统给出精确的答案，只要求系统给出包含答案的一个字符序列。

● Other 任务：这是 2004 年 Trec AQ Track 评测提出的新任务。2004 年 TREC 的测试集包括 65 个目标，每一个目标由若干个 Factoid 问题、0 到 2 个 List 问题和 1 个 Other 问题组成，Other 任务返回的答案应当是非空的、无序的、无限定内容的关于目标的描述，但不能包含 Factoid 和 List 已经回答的内容。

在 2004 年 TREC QA Track 的评测中，测试集为 65 个系列，包括 351 个提问，表现最好的系统准确率为 60.1%。

文本自动文摘（text automatic summarization）系统的评测比较困难，传统的文摘评测主要使用人工的方法，从文摘的一致性、可读性、语法的合理性以及内容含量的多少等方面进行评价。在 2005 年 NIST 组织的文档理解会议（Document Understanding Conference，DUC）的评测中，人工评测指标有五项：文摘是否合乎语法（grammaticality）、文摘是否冗余（non-redundancy）、指代是否清晰（referential clarity）、聚焦情况（focus）以及结构和连贯性（structure and coherence）。文摘系统的自动评测方法可以分为内在评测方法（intrinsic evaluation）和外在评测方法（extrinsic evaluation）两类。内在评测通过直接分析文摘的质量来评价文摘系统，计算文摘的召回率（recall rate）、准确率（precision rate）、冗余率（overgeneration rate）和偏差率（fallout）等指标。外在评测是一种间接的评测方法，根据文摘系统执行特定任务的效果来评价文摘系统的性能。有的学者提出利用比较不同文本的余弦相似度的方法来评价自动文摘系统的性能。由于我们不能确定"理想文摘"的标准究竟是什么，自动文摘的评测至今仍然是一个很困难的问题。

随着网络的发展和大数据时代的到来，人们迫切需要对于海量的网络信息自动地进行提取、分类和重构，文本信息抽取（text information extraction）应运而生。文本信息处理技术从自然语言的文本中自动地抽取指定类型的实体（entity）、关系（relation）、事件（event）等事实信息，并形成结构化的数据输出。文本信息抽取的任务比自动文摘更加明确和具体，近年来特别受到自然语言处理研究者的关注。

美国高级研究计划署（DARPA）资助的信息理解会议（Massage Understanding Conference，MUC）对于文本信息抽取系统进行统一的评测，有力地促进了文本信息抽取技术的发展。

第一次 MUC 会议于 1987 年召开，总共只有六个系统参加评测，评测时既没有明确的任务定义，也没有具体的评测指标。但是，这次会议首次进行信息理解的评测，促进了文本信息抽取研究的发展。此后的 MUC 会议越来越深入，评测指标越来越明确。

在第六次 MUC 会议（MUC-6）时，评测指标明确地规定为对共指关系的一般性评测。评测内容包括专有名称、别名、名词短语、裸名词(bare noun)和代词之间的共指,甚至还包括一些与句法有关的共指(例如,句子中的谓词性名词和同位语所预示的共指)。系统的性能是通过计算基于差异的召回率和准确率来评测的,这里的差异是指系统生成的共指描述的等价类与那些手工标注的答案之间的差异。参与评测的七个单位中有五个单位的召回率在 51% 至 63% 之间,准确率在 62% 至 72% 之间。

在 1998 年召开的 MUC 第七次会议时,不但有了明确的评测指标,而且,评测的任务已经确定为五个:

● 场景模板填充(Scenario Template,ST):定义描述场景的模板以及槽填充的规范;

● 命名实体识别(Named Entity,NE):识别文本中出现的专有名称(例如人名、地名、机构名等)和有意义的数量短语,并加以归类;

● 共指关系确定(Co-Reference,CR):识别文本中的参照表达,并确定这些表达之间的共指关系;

● 模板元素填充(Template Element,TE):识别实体的描述和名字,文本中的每一个实体只有一个模板元素,并把模板元素填充到槽中;

● 模板关系确定(Template Relation,TR):确定模板之间的关系。

参加 1998 年 MUC 评测的有 18 个单位,评测结果表明,命名实体识别的效果较好,场景模板填充的得分较差。

为了进一步推动信息抽取技术的研究,自 2000 年以来,NIST 组织了自动内容抽取(Automatic Content Extraction,ACE)评测会议。ACE 的目的在于研究和开发自动内容抽取技术,支持来自普通文本、语音识别得到的文本、OCR 自动识别得到的文本的自动处理,从而实现新闻语料中实体、关系和事件的内容的自动抽取。ACE 试图定义一种通用的文本信息抽取标准,而不是像 MUC 那样限定场景和领域,因此,ACE 力图从语义的角度制定一套更加系统化的信息抽取框架将文本信息抽取归结为建立在本体知识体系(ontology)上的实体、关系和事件的抽取,从而使信息抽取能够适应不同领域和不同类型的文本。

ACE 对 MUC 的信息抽取任务进行了融合,把命名实体识别和共指关系确定结合为一个任务,叫作"实体检测和识别"(Entity Detection and Recognition,EDR),把模板元素填充和模板关系确定结合为一个任务,叫作"关系检测和识别"(Relation Detection and Recognition,RDR),把场景模板填充改称为"事件检测和识别"(eVent Detection and Recognition,VDR)。除此之外,还增加了时间短语表达和数量值识别的任务,这就为开放领域的信息抽取奠定了基础。

ACE 还提出了以"误报"(标准答案中没有,而系统输出中有)和"漏报"(标准答案中有,而系统输出中没有)为基础的一套评价体系,并对系统的跨文档处理(cross-document processing)能力进行评测。

自然语言处理系统的评测实际上也是一种比赛。通过评测可以帮助参加评测的单位了解自己系统的不足和其他系统的优点,有助于发现在系统研制和开发中的各种问题,从而激励系统研制者进一步改进自己的系统。实践证明,评测确实是推动自然语言处理发展的一种重要而有效的手段。

参考文献

［1］ Appelt D E. Semantics and Information Extraction［C］//Tutorial of Workshop at Johns Hopkins University, June 30－August 22, 2003.

［2］ Feng Zhiwei. Evolution and present situation of corpus research in China［J］. International Journal of Corpus Linguistics, 2006, 11(2)：173－207.

［3］ Voorhees E M. Overview of the TREC 2005 Robust Retrieval Track［C］//Proceedings of the 14th Text Retrieval Conference (TREC 2005), Maryland, 2004.

［4］ White J S, O'Connell T, O'Mara F. The ARPA MT evaluation methodology：evolution, lessons, and future approaches［C］//Proceedings of the AMTA, 1994：193－205.

［5］ 国际标准化组织,国际电工委员会.信息技术数据元的规范与标准化 第 3 部分:数据元的基本属性:250 IIEC 11179-3［S］.

［6］ 中国标准化研究院.汉语信息处理词汇 01 部分:基本术语:GB/T 12200.1—1990［S］.

［7］ 中国标准化研究院.信息处理用现代汉语分词规范:GB/T 13725—1992［S］.

［8］ 中国标准化研究院.汉语清晰度诊断押韵测试(DRT)法:GB/T 13504—2008［S］.

［9］ 中国标准化研究院.军用通讯系统音质 MOS 评价法:SJ 20771—2000［S］.

［10］ 中国标准化研究院.中文书刊名称汉语拼音拼写法:GB 3259—92［S］.

［11］ 中国标准化研究院.标点符号用法:GB/T 15834—2011［S］.

［12］ 中国标准化研究院.出版物上数字用法的规定:GB/T 15834—2011［S］.

［13］ 中国标准化研究院.汉语拼音正词法基本规则:GB/T 16159—2012［S］.

［14］ 冯志伟.机器翻译系统消歧功能测试［M］//黄河燕.机器翻译研究进展.北京:电子工业出版社,2002.

第 18 章

自然语言处理中的理性主义与经验主义

　　我们在 1.4 节中曾经介绍过,1992 年 6 月在加拿大蒙特利尔举行的第四届机器翻译的理论与方法国际会议(即 TMI-92)上,宣布会议的主题是"机器翻译中的经验主义和理性主义的方法"。所谓"理性主义"(rationalism),就是指以生成语言学为基础的方法;所谓"经验主义"(empiricism),就是指以大规模语料库的分析为基础的方法。可见,在自然语言处理研究中,从 20 世纪 90 年代开始,就注意到了理性主义与经验主义,并试图从哲学的高度,来考察当前自然语言处理的发展趋势与动向。因此,在本书的最后一章,我们有必要来仰望一下哲学这一片充满了人类智慧的天空,从哲学中的理性主义与经验主义的角度,来考察自然语言处理中的理性主义和经验主义,并分析它们的利弊得失,这对于我们从哲学的高度来理解自然语言处理的形式模型是有好处的。

18.1　哲学中的理性主义
　　　　和经验主义

　　自从人类有哲学以来,在认识论中就产生了理性主义和经验主义这样两种不同的倾向。在欧洲哲学史上,当近代哲学家们把这两种倾向的冲突以及解决这一冲突的不懈努力提到全部哲学的中心地位上来之前,无数的哲学家们就已经对此进行了艰苦卓绝的研究,走过了崎岖漫长的探索道路。

　　人类哲学从它产生的第一天起,就在自身之内包含着深刻的矛盾:哲学来自经验,但它又是超越经验的结果;哲学研究理性思维、范畴和概念的运动,但又只有经验才能推动它。感性与理性的这种矛盾实质上也就是经验主义和理性主义的矛盾,它作为存在和思维的矛盾在认识论方面的一个表现,自开始的时候起,就是人类哲学思想发展的内在动力之一。

　　这种矛盾,在人们的思想中都有不同程度、不同形式的表现,但是,理性主义和经验主义作为比较典型的认识论的理论,并且形成了两个既互相对立、互相斗争,又互相影响、互相渗透的哲学流派而在哲学史上出现,则是在西欧早期资产阶级革命时期前后,成为 16 世纪末期到 18 世纪中期重要的历史现象。

　　在这个时期,欧洲大陆出现了 René Descartes(笛卡儿,1596~1650),Benetict de Spinoza

(斯宾诺莎,1632~1677),Gottfried Wilhelm Leibniz(莱布尼茨,1646~1716)等杰出的理性主义哲学家。Descartes 改造了传统的演绎法,制定了理性的演绎法。他认为,任何真理性的认识,都必须首先在人的认识中找到一个最确定、最可靠的支点,才能保证由此推出的知识也是确定可靠的。他提出在认识中应当避免偏见,要把每一个命题都尽可能地分解成细小的部分,直待能够圆满解决为止,要按照次序引导我们的思想,从最简单的对象开始,逐步上升到对复杂事物的认识。Spinoza 把几何学方法应用于论理学研究,使用几何学的公理、定义、命题、证明等步骤来进行演绎推理,在他的《论理学》的副标题中明确标示"依几何学方式证明"。Leibniz 把逻辑学高度地抽象化、形式化、精确化,使逻辑学成为一种用符号进行演算的工具。Descartes 是法国哲学家,Spinoza 是荷兰哲学家,Leibniz 是德国哲学家,他们崇尚理性,提倡理性的演绎法。他们都居住在欧洲大陆,因此,理性主义也被称为"大陆理性主义"。

除了理性主义之外,在欧洲还存在着经验主义哲学。经验主义以 Francis Bacon(培根,1561~1626),Thomas Hobbes(霍布斯,1588~1679),John Locke(洛克,1632~1704),David Hume(休谟,1711~1776)为代表,他们都是英国哲学家,因此,经验主义也被称为"英国经验主义"。Bacon 批评理性派哲学家,他说,"理性派哲学家只是从经验中抓到一些既没有适当审定也没有经过仔细考察和衡量的普遍例证,而把其余的事情都交给了玄想和个人的机智活动"。[①] 他提出"三表法",制定了经验归纳法,建立了归纳逻辑体系,对于经验自然科学起了理论指导作用。Hobbes 认为归纳法不仅包含分析,而且也包含综合,分析得出的普遍原因只有通过综合才能成为研究对象的特殊原因。Locke 把理性演绎隶属于经验归纳之下,对演绎法做了经验主义的理解,他认为,一切知识和推论的直接对象是一些个别、特殊的事物,我们获取知识的正确途径只能是从个别、特殊进展到一般,他说,"我们的知识是由特殊方面开始,逐渐才扩展到概括方面的。只是在后来,人心就采取了另一条相反的途径,它要尽力把它的知识形成概括的命题"。[②] Hume 运用实验推理的方法来剖析人性,试图建立一个精神哲学体系,他指出,"一切关于事实的推理,似乎都建立在因果关系上面,只要依照这种关系来推理,我们便能超出我们的记忆和感觉的见证以外"[③],他认为,"原因和结果的发现,是不能通过理性,只能通过经验的"[④],经验是我们关于因果关系的一切推论和结论的基础。

现代自然科学的代表人物 Isaac Newton(牛顿,1642~1727)建立了经典力学的基本定律,即 Newton 三定律和万有引力定律,使经典力学的科学体系臻于完善。他的哲学思想也带有明显的经验主义倾向。他认为自然哲学只能从经验事实出发去解释世界事物,因而经验归纳法是最好的论证方法。他说:"虽然用归纳法来从实验和观察中进行论证不能算是普遍

---

① 北京大学哲学系外国哲学史教研室.十六—十八世纪西欧各国哲学[M].北京:商务印书馆,1958:23.

② 洛克.人类理解论[M].北京:商务印书馆,1998:598.

③ 休谟.人类理解研究[M].北京:商务印书馆,1957:27.

④ 北京大学哲学系外国哲学史教研室.十六—十八世纪西欧各国哲学[M].北京:生活·读书·新知三联书店,1958:634.

的结论,但它是事物本性所许可的最好的论证方法,并随着归纳的愈为普遍,这种论证看来也愈有力"。① 他把经验归纳作为科学研究的一般方法论原理,认为,"实验科学只能从现象出发,并且只能用归纳来从这些现象中推演出一般的命题"。② Newton 正是由于遵循经验归纳法,才在物理学上取得了划时代的伟大成就。

法国启蒙运动的代表人物 Voltaire(伏尔泰,1694~1778)也有明显的经验主义倾向。他以 Locke 的经验主义为武器去反对教会至上的权威,否定神的启示和奇迹,否认灵魂不死。他赞美经验主义哲学家 Locke:"也许从来没有一个人比 Locke 头脑更明智,更有条理,在逻辑上更为严谨"。③ 他积极地把英国经验主义推行到法国,推动了法国的启蒙运动。

我们认为,当我们仰望哲学这块无比广阔的天空的时候,除了理性主义,也不能忽视经验主义。我们应当使用唯物辩证法的武器来分析和评价西方哲学中的理性主义和经验主义,权衡它们的利弊和得失,汲取先贤哲人的智慧,从而推动自然语言处理研究的发展。

18.2　自然语言处理中理性主义和经验主义的消长

早期的自然语言处理研究带有鲜明的经验主义色彩。

1913 年,俄国科学家 A. Markov(1856~1922)使用手工查频的方法,统计了普希金长诗《欧根·奥涅金》中的元音和辅音的出现频率,提出了 Markov 随机过程理论,建立了 Markov 模型,他的研究是建立在对于俄语的元音和辅音的统计数据的基础之上的,采用的方法主要是基于统计的经验主义的方法。

1948 年,美国科学家 Shannon(香农)把离散 Markov 过程的概率模型应用于描述语言的自动机。他把通过诸如通信信道或声学语音这样的媒介传输语言的行为比喻为"噪声信道"(noisy channel)或者"解码"(decoding)。Shannon 还借用热力学的术语"熵"(entropy)作为测量信道的信息能力或者语言的信息量的一种方法,并且他采用手工方法来统计英语字母的概率,然后使用概率技术首次测定了英语字母的不等概率零阶熵为 4.03 位。Shannon 的研究工作基本上是基于统计的,也带有明显的经验主义倾向。④

然而,这种基于统计的经验主义的倾向到了 Noam Chomsky 那里出现了重大的转向。

1956 年,Chomsky 从 Shannon 的工作中吸取了有限状态 Markov 过程的思想,首先把有

---

① 塞耶.牛顿自然哲学著作选[M].上海:上海译文出版社,2001:212.
② 塞耶.牛顿自然哲学著作选[M].北京:商务印书馆,2011:8.
③ 北京大学哲学系.十八世纪法国哲学[M].北京:商务印书馆,1963:59.
④ 笔者在 20 世纪 70 年代末 80 年代初,模仿 Shannon 的工作,采用手工查频的方法测定出汉字的不等概率零阶熵为 9.65 位。笔者的方法也是一种基于统计的经验主义方法。

限状态自动机作为一种工具来刻画语言的语法,并且把有限状态语言定义为由有限状态语法生成的语言,建立了自然语言的有限状态模型(finite state model)。Chomsky 根据数学中的公理化方法来研究自然语言,采用代数和集合论把形式语言定义为符号的序列,从形式描述的高度,分别建立了有限状态语法、上下文无关语法、上下文有关语法和 0 型语法的数学模型,并且在这样的基础上来评价有限状态模型的局限性,Chomsky 断言:有限状态模型不适合用来描述自然语言。这些早期的研究工作产生了"形式语言理论"(formal language theory)这个新的研究领域,为自然语言和形式语言找到了一种统一的数学描述理论,形式语言理论也成为计算机科学最重要的理论基石。

Chomsky 在他的著作中明确地采用理性主义的方法,他高举理性主义的大旗,把自己的语言学称为"笛卡儿语言学"(Descartes linguistics),充分地显示出 Chomsky 的语言学与理性主义之间不可分割的血缘关系。Chomsky 完全排斥经验主义的统计方法。在 1969 年的 *Quine's Empirical Assumptions* 一文中,他说:"然而应当认识到,'句子的概率'这个概念,在任何已知的对于这个术语的解释中,都是一个完全无用的概念"。[①] 他主张采用公理化、形式化的方法,严格地按照一定的规则来描述自然语言的特征,他提出了"生成语法"(generative grammar),试图使用有限的规则描述无限的语言现象,发现人类普遍的语言机制,建立所谓的"普遍语法"(universal grammar)。生成语法在 20 世纪 60 年代末、70 年代时期在国际语言学界风靡一时,生成语法对于自然语言的形式化描述方法,为计算机处理自然语言提供了有力的武器,有力地推动了自然语言处理的研究和发展。

生成语法的研究途径在一定程度上克服了传统语言学的某些弊病,推动了语言学理论和方法论的进步,但 Chomsky 认为经验主义的统计方法只能解释语言的表面现象,不能解释语言的内在规则或生成机制,这样,他就远离了早期自然语言处理的经验主义的途径。这种生成语法的研究途径实际上全盘继承了理性主义的哲学思潮。

Chomsky 认为,生成语法的研究应当遵循自然科学研究中的"Galileo-Newton(伽利略-牛顿)风格"(Galilean-Newtonian style)。"Galileo(伽利略)风格"(Galilean style)的核心内容是:人们正在构建的理论体系是确实的真理,由于存在过多的因素和各种各样的事物,现象序列往往是对于真理的某种歪曲。所以,在科学研究中,最有意义的不是去考虑现象,而应当去寻求那些看起来确实能够给予人们深刻见解的原则。Galileo 告诫人们,如果事实驳斥理论的话,那么事实可能是错误的。Galileo 忽视或无视那些有悖于理论的事实。"Newton(牛顿)风格"(Newtonian style)的核心内容是:在目前的科学水平下,世界本身还是不可理解的,科学研究所要做的最好的事情就是努力构建可以被理解的理论。Newton 关注的是理论的可理解性,而不是世界本身的可理解性,科学理论不是为了满足常识和直觉而构建的,常识和直

---

① Chomsky N. Quine's Empirical Assumptions[M]//Davidson D, Hintikka J. Words and Objections. Dordrecht:Reidel, 1969.

觉不足以理解科学的理论。Newton 摒弃那些无助于理论构建的常识和直觉。因此，"Galileo-Newton 风格"的核心内容是：人们应当努力构建最好的理论，不要为干扰理论解释力的现象而分散精力，同时应当认识到，世界与常识直觉是不相一致的。

Chomsky 生成语法的发展过程，处处体现着这种"Galileo-Newton 风格"。生成语法的目的是构建关于人类语言的理论，而不是描写语言的各种事实和现象。语言学理论的构建需要语言事实作为其经验的明证，但是，采用经验明证的目的是更好地服务于理论的构建，生成语法所采用的经验明证一般是与理论的构建有关的那些经验明证。因此，生成语法研究的目的不是全面地、广泛地、客观地描写语言事实和现象，而是探索和发现那些在语言事实和现象后面掩藏着的本质和原则，从而构建解释性的语言学理论。所以，在生成语法看来，收集和获得的语言客观事实材料越多，越不利于人们对于语言本质特征的抽象性的把握和洞察。

我们认为，Chomsky 的生成语法全盘继承了理性主义的哲学思想。这种思想对于自然语言处理中的理性主义方法有着十分深远的影响。

在自然语言处理中的理性主义方法是一种基于规则的方法（rule-based approach），或者叫作符号主义的方法（symbolic approach）。这种方法的基本根据是"物理符号系统假设"（physical symbol system hypothesis）。这种假设主张，人类的智能行为可以使用物理符号系统来模拟，物理符号系统包含一些物理符号的模式（pattern），这些模式可以用来构建各种符号表达式以表示符号的结构。物理符号系统使用对于符号表达式的一系列的操作过程来进行各种操作，例如符号表达式的建造（creation）、删除（deletion）、复制（reproduction）和各种转换（transformation）等。自然语言处理中的很多研究工作基本上是在物理符号系统假设的基础上进行的。

这种基于规则的理性主义方法适合于处理深层次的语言现象和长距离依存关系，它继承了哲学中理性主义的传统，多使用演绎法（deduction）而很少使用归纳法（induction）。

在自然语言处理中，在基于规则的方法的基础上发展起来的形式模型有：有限状态转移网络（finite state transition network）、有限状态转录机（finite state transition transducer）、递归转移网络（recursive transition network）、扩充转移网络（augmented transition network）、短语结构语法（phrase structure grammar）、自底向上剖析（bottom-up parsing）、自顶向下剖析（top-down parsing）、左角分析法（left-corner analysis）、Earley 算法（Earley algorithm）、CYK 算法（Cocke-Younger-Kasami algorithm）、Tomita 算法（Tomita algorithm）、复杂特征分析法（complex feature analysis）、合一运算（unification calculus）、依存语法（dependency grammar）、概念依存理论（conceptual dependency theory）、Montague 语法（Montague grammar）、一阶谓词演算（first order predicate calculus）、语义网络（semantic network）、框架网络（FrameNet）等。

从 20 世纪 50 年代末期到 60 年代中期，自然语言处理中的经验主义也兴盛起来，注重语言事实的传统重新抬头，学者们普遍认为：语言学的研究必须以语言事实作为根据，必须详尽地、大量地占有材料，才有可能在理论上得出比较可靠的结论。

自然语言处理中的经验主义方法是一种基于统计的方法（statistic-based approach），这种方法使用概率或随机的方法来研究语言，建立语言的概率模型。这种方法表现出强大的后劲，特别是在语言知识不完全的一些应用领域中，基于统计的方法表现得很出色。基于统计的方法最早在文字识别领域中取得很大的成功，后来在语音合成和语音识别中大显身手，接着又扩充到自然语言处理的其他应用领域。

基于统计的方法适合于处理浅层次的语言现象和近距离的依存关系，它继承了哲学中经验主义的传统，多使用归纳法（induction）而很少使用演绎法（deduction）。

这个时期自然语言处理中的经验主义派别，主要是一些来自统计学专业和电子学专业的研究人员。在 20 世纪 50 年代后期，Bayes 方法（Bayesian method）开始被应用于解决最优字符识别的问题。1959 年，Bledsoe 和 Browning 建立了用于文本识别的 Bayes 系统，这个系统使用了一部大词典，他们把单词中每一个字母的似然度相乘，就可以求出字母系列的似然度来。1964 年，Mosteller 和 Wallace 用 Bayes 方法成功地解决了在匿名文章中的原作者的分布问题，显示出经验主义方法的优越性。

1959 年，英国伦敦大学教授 Randolph Quirk（奎克）提出建立英语用法调查语料库，叫作 SEU。① 不久，Nelson Francis（佛兰西斯）和 Henry Kucera（库塞拉）在美国 Brown 大学召集了一些语料库的有识之士，建立了 Brown 语料库（布朗语料库），这是世界上第一个根据系统性原则采集样本的标准语料库，规模为 100 万词次，是一个代表当代美国英语的语料库。由英国 Lancaster 大学 Geoffrey Leech（里奇）教授倡议，由挪威 Oslo 大学的 Stig Johansson（约翰森）教授主持完成，最后在挪威 Bergen 大学的挪威人文科学计算中心联合建立了 LOB 语料库（LOB 是 London，Oslo 和 Bergen 的首字母简称），规模与 Brown 语料库相当，这是一个代表当代英国英语的语料库。欧美各国学者利用这两个语料库开展了大规模的研究，其中最引人注目的是对语料库进行语法标注的研究。20 世纪 70 年代，Greene（格林纳）和 Rubin（鲁宾）设计了一个基于规则的自动标注系统 TAGGIT 来给布朗语料库的 100 万个词的语料做自动标注，正确率为 77%。Geoffrey Leech 领导的 UCREL（University Centre for Computer Corpus Research on Language）研究小组，根据成分似然性理论，设计了 CLAWS（Constitute Likelihood Automatic Word-tagging System）系统来给 LOB 语料库的 100 万个词的语料做自动标注，根据统计信息来建立算法，自动标注正确率达 96%，比基于规则的 TAGGIT 系统提高了将近 20%。他们还同时考察三个相邻标记的同现频率，使自动语法标注的正确率达到 99.5%。这个指标已经超过了人工标注所能达到的最高正确率。

① 后来 Quirk 根据这个语料库领导编写了著名的《当代英语语法》。

20 世纪 60 年代初,英国伦敦大学 Randolph Quirk 教授主持的英语用法调查研究课题组曾经收集了 2 000 小时的谈话和广播等口语素材,并把这些口语素材整理成书面材料。后来,在瑞典 Lund 大学教授 J. Svartvik(斯瓦特威克)主持下,把这些书面材料全部录入计算机,在 1975 年建成了 London-Lund 英语口语语料库,收篇目 87 篇,每篇约 5 000 个词,共约 43.5 万个词,有详细的韵律标注(prosodic marking)。

以上这三个语料库都装备在挪威 Bergen 大学的国际现代英语计算机文档(International Computer Archive of Modern English, ICAME)的数据库中。

20 世纪 80 年代以后,建立了一些以词典编纂为应用背景的大规模语料库。英国伯明翰大学(University of Birmingham)与 Collins 出版社合作,建立了 COBUILD(Collins Birmingham University International Language Database)。1987 年,Collins 出版社出版了建立在 COBUILD 基础上的英语词典,词条选目、用法说明、释义都直接来自真实的语料,《COBUILD 词典》出版后,得到了读者的广泛好评,影响很大,现在又出版了各种用途的 COBUILD 词典。

20 世纪 80 年代还建立了 Longman 语料库,也应用于词典编纂。这个语料库由 LLELC(Longman Lancaster 英语语料库),LSC(Longman 口语语料库)和 LCLE(Longman 英语学习语料库)等三个语料库组成。这个语料库主要用于编纂英语学习词典,帮助外国人学习英语,规模为 2 000 万词次。

由于这些语料库可直接用于词典编纂,在商业上获得了成功,语料库语言学(corpus linguistics)的研究开始从纯学术走向实用,词典编纂是语料库语言学发展的推动力之一。

美国计算语言学学会(the Association for Computational Linguistics, ACL)发起倡议的数据采集计划(Data Collection Initiative, DCI),叫作 ACL/DCI,这是一个语料库项目,其宗旨是向非营利的学术团体提供语料,以免除费用和版权的困扰,用标准通用置标语言(Standard General Mark-up Language, SGML)和文本编码规则(Text Encoding Initiative, TEI)统一置标,以便于数据交换。这样的工作是很有价值的,它为语料库在不同计算机环境下进行数据交换奠定了基础。ACL/DCI 的语料范围广泛。包括《华尔街日报》、《Collins 英语词典》、Brown 语料库、Pennsylvania 大学的树库(tree bank),还有双语和多语的语料。

20 世纪 80 年代末 90 年代初,美国 Pennsylvania 大学开始建立树库,对百万词级的语料进行句法和语义标注,把线性的文本语料库加工成为树库。这个项目由 Pennsylvania 大学计算机系的 M. Marcus(马尔库斯)主持,到 1993 年已经完成了 300 万个词的英语句子的句法结构标注。

在美国 Pennsylvania 大学还建立了语言数据联盟(Linguistic Data Consortium, LDC),实行会员制,有 163 个语料库(包括文本的和口语的),共享语言资源。2000 年,LDC 还发行了一个中文树库,包含 10 万个词、4 185 个句子,这是世界上第一个中文的树库,可惜规模比较小。

为了推进语料库研究的发展,欧洲成立了 TELRI 和 ELRA 等专门学会。TELRI 是跨欧洲语言资源基础建设学会(Trans-European Language Resources Infrastructure)的首字母缩写,John Sinclair(辛克莱)担任主席,由欧洲共同体提供经费,其目的在于建立欧洲诸语言的语料库,现已经建成 Plato(柏拉图)的《理想国》(*Politeia*)多语言语料库①,建立了计算工具和资源的研究文档(Research Archive of Computational Tools and Resources,TRACTOR),正在语料库的基础上建立欧洲语言词库(EUROVOCA)。TELRI 每年召开一次研讨会(seminar)。

ELRA 是欧洲语言资源学会(European Language Resources Association)的首字母缩写,由意大利比萨大学 Zampolli(查珀里)教授担任主席,ELRA 负责搜集、传播语言资源并使之商品化,对于语言资源的使用提供法律支持。ELRA 建立了欧洲语言资源分布服务处(European Language resources Distribution Agency,ELDA),负责研制并推行 ELRA 的战略和计划。ELRA 还组织语言资源和评价国际会议(Language Resources & Evaluation Congress,LREC),每两年一次。

显而易见,语料库语言学的蓬勃发展,对生成语法的理性主义观点提出了严峻的挑战。

20 世纪 60 年代,统计方法在语音识别算法的研制中取得成功。其中特别重要的是隐 Markov 模型(hidden Markov model)、噪声信道模型(noisy channel model)。Fred Jelinek,Bahl(巴勒),Mercer(梅尔塞)和 IBM 的华生研究中心的研究人员,卡内基梅隆大学(Carnegie Mellon University)的 Baker(拜克)等,为这些形式模型的研制立下了汗马功劳。

在自然语言处理中,在基于统计的方法的基础上发展起来的形式模型有:噪声信道模型(noisy channel model)、最大熵模型(maximum entropy model)、最小编辑距离算法(minimum edit distance algorithm)、加权自动机(weighted automata)、支持向量机(support vector machine)、Viterbi 算法(Viterbi algorithm)、A* 解码算法(A* decoding algorithm)、隐 Markov 模型(hidden Markov model)、概率上下文无关语法(probabilistic context-free grammar)、中心词转录机(head transducer)模型、同步上下文无关语法(Synchronous Context-Free Grammar,SCFG)模型、反向转录语法(Inverse Transduction Grammar,ITG)模型、条件随机场(Condition Random Field,CRF)模型等。

不过,在 20 世纪 60 年代至 80 年代初期的这一个时期,由于 Chomsky 生成语法的影响极为深远,自然语言处理领域的主流方法仍然是基于规则的理性主义方法,经验主义方法并没有受到特别的重视。

这种情况在 20 世纪 80 年代初期发生了明显的变化。在 1983～1993 年的十年中,自然

---

① 我国教育部语言文字应用研究所为 TELRI 的这个多语言语料库提供了汉语语料,并进行了汉英双语言对齐的研究。

语言处理研究者对于过去的研究历史进行了深刻的反思,他们发现过去被忽视的经验主义方法仍然有其合理的内核。在这十年中,自然语言处理的研究又回到了 20 世纪 50 年代末期到 20 世纪 60 年代初期几乎被否定的经验主义方法。

随着一系列大规模语料库的建立以及语言资源建设的大踏步进展,从 20 世纪 90 年代开始,自然语言处理进入了一个新的阶段。1993 年 7 月在日本神户召开的第四届机器翻译高层会议(MT Summit Ⅳ)上,英国著名学者 J. Hutchins(哈钦斯)在他的特约报告中指出,自 1989 年以来,机器翻译的发展进入了一个新纪元。这个新纪元的重要标志是,在基于规则的技术中引入了语料库方法,其中包括统计方法、基于实例的方法、通过语料加工手段使语料库转化为语言知识库的方法等等。Hutchins 明确地强调:语料库方法的引入是机器翻译研究史上的一场革命,它将把自然语言处理推向一个崭新的阶段。

在这样的情况下,人们开始深入地思考,Chomsky 提出的形式语法规则是否是真正的语言规则? 是否能够经受大量的语言事实的检验? 这些形式语言规则是否应该和大规模真实文本语料库中的语言事实结合起来考虑,而不是一头钻入理性主义的牛角尖?

Chomsky 作为一位求实求真、虚怀若谷的语言学大师,最近他也开始对于理性主义进行了反思,表现了与时俱进的勇气。在他最近提出的"最简方案"(minimalist project)中,他认为,所有重要的语法原则直接运用于表层,不同语言之间的差异通过词汇来处理,把具体的规则减少到最低限度,开始注重对具体的词汇的研究。可以看出,Chomsky 的生成语法也开始对词汇重视起来,逐渐地改变了原来的理性主义的立场,开始向经验主义妥协,或者悄悄地向经验主义复归。

在 20 世纪 90 年代的最后五年(1994~1999),自然语言处理的研究发生了很大的变化,出现了空前繁荣的局面。概率和数据驱动的方法几乎成为自然语言处理的标准方法。句法剖析、词类标注、参照消解和话语处理的算法全都开始引入概率,并且采用从语音识别和信息检索中借过来的评测方法,统计方法已经渗透到了机器翻译、文本分类、信息检索、问答系统、自动文摘、信息抽取、语言知识挖掘等自然语言处理的应用系统中去,基于统计的经验主义方法逐渐成为自然语言处理研究的主流。统计机器翻译的研究空前活跃,在统计机器翻译中,噪声信道模型、最大熵模型、平行概率语法模型的研究都很见成效,并且在统计方法中引入短语信息和句法信息,出现了把基于规则的理性主义方法与基于统计的经验主义方法结合起来的可喜局面。

根据 Google 的调查,从 1990 年到 2002 年的 12 年间,基于统计的自然语言处理的论文与日俱增,如图 18.1 所示。

从图 18.1 可以看出,从 1990 年到 2002 年的 12 年间,基于统计的自然语言处理的论文增加了 100 多倍,基于统计的经验主义方法已经成为当前自然语言处理研究的主流。

与此同时,我们也注意到,一些使用经验主义方法取得成功的学者开始头脑发热,贬低基于规则的理性主义方法。IBM公司的 Fred Jelinek 是一位使用统计方法研究语音识别与合成的著名学者,他在统计自然语言处理研究中取得的成绩是人所共知的。我们都很佩服他的成就。可是,他却看不起使用规则方法研究自然语言处理的人。他于 1988 年 12 月 7 日在自然语言处理评测讨论会上的发言中曾经说过:"每当一个语言学家离开我们的研究组,语音识别率就提高一步。"(Anytime a linguist leaves the group the recognition rate goes up.) 根据一些参加这个会议的人回忆,当时 Jelinek 的原话更为尖刻,他说:"每当我解雇一个语言学家,语音识别系统的性能就会改善一些。"(Every time I fire a linguist the performance of the recognizer improves.) Jelinek 的这些话,把基于规则的自然语言处理研究贬低到了一无是处的程度,把从事基于规则的自然语言处理研究的语言学家贬低到了一钱不值的程度,他对于基于规则的自然语言处理,采取了嗤之以鼻的态度。①

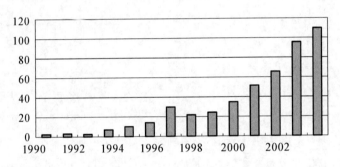

图 18.1 基于统计的自然语言处理的论文与日俱增

Jelinek 的这种言论有失偏颇。我们了解的情况与他的言论并不一致。在统计机器翻译的研究中我们发现,每当一个有坚实语言学素养的语言学家加入我们的研究团队,给我们提供可靠的、形式化的短语规则和句法规则,统计机器翻译的译文的忠实度和流畅度就会提高一步,而每当一个有坚实语言学素养的语言学家离开我们的研究团队,统计机器翻译的译文质量就会明显地降低。事实证明,语言学家是自然语言处理研究不可缺少的,关键在于这样的语言学家应当是有语言学素养的高水平的语言学家,语言学家的素养越高,他们提供的语言学规则越是科学,对于自然语言处理的研究越有帮助。我们决不可轻视语言学规则在自然语言处理中的重要作用。

可以看出,在自然语言处理发展的过程中,始终充满了基于规则的理性主义方法和基于统计的经验主义方法之间的矛盾,这种矛盾时起时伏、此起彼伏。自然语言处理也就在这样的矛盾中逐渐成熟起来。

---

① Palmer M, Finin T. Workshop on the evaluation of natural language processing systems[J]. Computational Linguistics, 1990, 16(3): 175-181.

18.3 理性主义方法和经验主义方法的利弊得失

仰望哲学的天空,总结自然语言处理的历史,我们认为,基于规则的理性主义方法和基于统计的经验主义方法各有千秋,我们应当用科学的态度来权衡它们的利弊得失,来分析它们的优点和缺点。

基于规则的理性主义方法的优点是:

● 这种方法中的规则主要是语言学规则。这些规则的形式描述能力和形式生成能力都很强,在自然语言处理中有很好的应用价值。

● 这种方法可以有效地处理句法分析中的长距离依存关系(long-distance dependencies)等困难问题,如句子中长距离的主语和谓语动词之间的一致关系(subject-verb agreement)问题、wh 移位(wh-movement)问题。

● 这种方法通常都是明白易懂的,表达得很清晰,描述得很明确,很多语言事实都可以使用语言模型的结构和组成成分直接地、明显地表示出来。

● 这种方法在本质上是没有方向性的,使用这样的方法研制出来的语言模型,既可以应用于分析,也可以应用于生成。这样,同样的一个语言模型就可以双向使用。

● 这种方法可以在语言知识的各个平面上使用,可以在语言的不同维度上得到多维的应用。不仅可以在语音和形态的研究中使用,而且在句法、语义、语用、篇章的分析中也可以大显身手。

● 这种方法与计算机科学中提出的一些高效算法是兼容的,例如,计算机算法分析中使用 Earley 算法(1970 年提出)和 Marcus 算法(1978 年提出)都可以作为基于规则的方法在自然语言处理中得到有效的使用。

基于规则的理性主义方法的缺点是:

● 这种方法研制的语言模型一般都比较脆弱,鲁棒性很差,一些与语言模型稍微偏离的非本质性的错误,往往会使得整个语言模型无法正常地工作,甚至导致严重的后果。不过,近来已经研制出一些鲁棒的、灵活的剖析技术,这些技术能够使基于规则的剖析系统在剖析失败中得到恢复。

● 使用这种方法来研制自然语言处理系统的时候,往往需要语言学家、语音学家和各种专家配合工作,进行知识密集的研究,研究工作的强度很大;基于规则的语言模型不能通过机器学习的方法自动地获得,也无法使用计算机自动地进行泛化。

● 使用这种方法设计的自然语言处理系统的针对性都比较强,很难进行进一步的升级。

例如,Slocum(斯罗肯)在1981年曾经指出,LIFER自然语言知识处理系统在经过两年的研发之后,已经变得非常复杂和庞大,以至于这个系统原来的设计人很难再对它进行一点点的改动。对于这个系统的稍微改动将会引起整个连续的"水波效应"(ripple effect),以至于"牵一发而动全身",而这样的副作用是无法避免和消除的。

● 这种方法在实际的使用场合其表现往往不如基于统计的经验主义方法那样好。因为基于统计的经验主义方法可以根据实际训练数据的情况不断地优化,而基于规则的理性主义方法很难根据实际的数据进行调整。基于规则的理性主义方法很难模拟语言中局部的约束关系,例如,单词的优先关系对于词类标注是非常有用的,但是基于规则的理性主义方法很难模拟这种优先关系。

不过,尽管基于规则的理性主义方法有这样的或那样的不足,但这种方法终究是自然语言处理中研究得最为深入的技术,它仍然是非常有价值和非常强有力的技术,我们决不能忽视这种方法。事实证明,基于规则的理性主义方法的算法具有普适性,不会由于语种的不同而失去效应,这些算法不仅适用于英语、法语、德语等西方语言,也适用于汉语、日语、韩语等东方语言。在一些领域针对性很强的应用中,在一些需要丰富的语言学知识支持的系统中,特别是在需要处理长距离依存关系的自然语言处理系统中,基于规则的理性主义方法是必不可少的。

基于统计的经验主义方法的优点是:

● 使用这种方法来训练语言数据,从训练的语言数据中获取语言的统计知识,可以有效地建立语言的统计模型。这种方法在文字和语音的自动处理中效果良好。

● 这种方法的效果在很大的程度上依赖于训练语言数据的规模。训练的语言数据越多,这种方法的效果就越好。

● 这种方法很容易与基于规则的理性主义方法结合起来,从而处理语言的约束问题,以提高系统的效能。

● 这种方法很适合用来模拟那些有细微差别的、不精确的、模糊的概念(如"很少、很多、若干"等),而这些概念,在传统语言学中需要使用模糊逻辑(fuzzy logic)才能处理。

基于统计的经验主义方法的缺点是:

● 使用这种方法研制的自然语言处理系统,其运行时间是与统计模式中所包含的符号类别的多少成比例线性地增长的,不论是在训练模型的分类中或者是在测试模型的分类中,情况都是如此。因此,如果统计模式中的符号类别数量增加,系统的运行效率会明显地降低。

● 在当前语料库技术的条件下,要使用这种方法为某个特殊的应用领域获取训练数据,还是一件费时费力的工作,而且很难避免出错。基于统计的方法的效果与语料库的规模、代表性、正确性以及加工深度都有密切的关系,可以说,用来训练数据的语料库的质量决定了基于统计方法的效果。

● 这种方法很容易出现数据稀疏的问题，随着训练语料库规模的增大，数据稀疏的问题会越来越严重，这个问题需要使用各种平滑（smoothing）的方法来解决。

自然语言中既有深层次的现象，也有浅层次的现象，既有远距离的依存关系，也有近距离的依存关系，自然语言处理中既要使用演绎法，也要使用归纳法。因此，我们主张把理性主义和经验主义结合起来，把基于规则的方法和基于统计的方法结合起来。我们认为，强调一种方法，反对另一种方法，都是片面的，都无助于自然语言处理的发展。

随着互联网的发展，我们进入了大数据（big data）时代。这种大数据环境下基于统计的研究进一步加快了它的发展速度。

这样的加速发展在很大的程度上受到下面三种彼此协同的趋势的推动。

首先是建立带标记语料库的趋势。在语言数据联盟（Linguistic Data Consortium，LDC）和其他相关机构的帮助下，计算语言学研究者可以获得口语和书面语的大规模的海量语料。重要的是，在这些海量语料中还包括一些标注过的语料，如宾州树库（Penn Treebank）、布拉格依存树库（Prague Dependency Tree Bank）、宾州命题语料库（PropBank）、宾州话语树库（Penn Discourse Treebank）、修辞结构库（RST-Bank）和时态库（TimeBank）。这些语料库是带有句法、语义和语用等不同层次标注的标准文本语言资源，其中蕴藏着丰富的语言学知识。这些带标注的语言资源大大地推动了人们使用有监督的机器学习方法（supervised machine learning）来处理那些在传统上非常复杂的自动句法分析和自动语义分析等问题。这些语言资源也推动了有竞争性的评测机制的建立，评测的范围涉及句法自动分析、信息抽取、词义排歧、问答系统、自动文摘等诸多领域。

第二是统计机器学习的趋势。在大数据的环境下，对机器学习日益增长的重视，导致了计算语言学研究者与统计机器学习的研究者更加频繁地交互，彼此之间互相切磋，互相影响。对于支持向量机技术、最大熵技术以及与它们在形式上等价的多项逻辑回归、图式 Bayes 模型等技术的研究，都成为了计算语言学研究的重要内容。

第三是高性能计算机系统发展的趋势。在大数据环境下，高性能计算机系统的广泛应用，为机器学习系统的大规模训练和效能发挥提供了有利的条件，而这些在 20 世纪是难以想象的。

最近，大规模的无监督的机器学习方法（unsupervised machine learning）得到了重新关注。在机器翻译和文本主题模拟等领域中统计方法的进步，说明了除了使用带标记的语料库之外，也可以训练完全没有标记过的语料库来构建机器学习系统，这样的系统也可以得到有效的应用。由于建造可靠的带标记语料库要花费很高的成本，建造的难度很大，在很多问题中，这成为了使用有监督的机器学习方法的一个限制性因素。因此，这个趋势的进一步发展，将使我们更多地使用无监督的机器学习方法，以减少建造带标记的语料库的成本。

这样，在当代的计算语言学的研究中，基于统计的经验主义方法便成为了主流方法，基于语言学规则的理性主义方法受到了冷落。

不过,计算语言学家 Lori Levin(列文)在 2009 年的欧洲计算语言学会(EACL)的"语言学与计算语言学"互动专题讨论上却提出了一个发人深省的建议。他建议计算语言学要关注语言学的基础研究,在国际计算语言学学会(Association of Computational Linguistics,ACL)里设置一个语言学专委会。Levin 指出,从本质上说,在当前的自然语言处理工程里,已经把语言学置于非常次要的地位了,大家整天考虑的几乎都是程序技术或者算法问题,很少关注自然语言处理工程背景后面隐藏着的语言学问题,因此,计算语言学事实上已经成为了没有语言学支持的语言学科,在计算语言学研究中,语言学在整体上是缺位的! 这意味着,在当前的计算语言学研究中,语言学已经失去了它应有的位置。

于是,在 2009 年的《计算语言学》杂志第 35 卷第 4 期上,以色列海法大学计算机科学系高级讲师 Shuly Wintner(维茵特纳)发表一篇题为《什么是自然语言工程的科学支撑?》(*What Science Underlies Natural Language Engineering*?)的文章,她强烈地呼吁"语言学重新回到计算语言学中"。

她指出,在大数据环境下,我们完成了计算语言学研究范式的整体转型。过去我们使用基于规则的研究方法已经难以满足处理大规模真实文本的需要,由于语言学知识在数据规模扩张到真实世界的需求后仍然无法应用而带来的沮丧,以及由于形式语言占统治地位的理论带来的沮丧,我们转向了语料库,转向了把语言的使用作为我们知识的潜在源泉。与方法论的转型相伴生的,是计算语言学整个行当的目标的微妙变化。在 20 年前,一个计算语言学家或许既对开发自然语言处理的应用系统感兴趣,也对语言学过程的形式化以及自动推理等基础性研究感兴趣。而在如今,他们只对开发自然语言处理的应用系统感兴趣,而对于语言学过程的形式化以及自动推理的基础性研究漠不关心了。计算语言学领域会议上的主要文章,绝大多数都是工程型的,讨论的都是实际问题的工程解决方案,几乎不再有人讨论那些基础性的语言学问题。成天和语言打交道的自然语言处理的工程师居然不研究语言学,岂非咄咄怪事!

究竟什么才是给自然语言处理工程做后盾的学科呢? 什么才是我们建立应用时所依赖的理论基础支撑呢? 当然应当是语言学。自然语言处理的工程师怎么能够不研究语言学呢?

机器翻译、词性标注、词汇歧义消解、随机句法分析、文本分类、自动问答、语义角色标记、语音识别、知识本体开发,随便什么你感兴趣的自然语言处理的应用,都可以追问:它是基于什么学科的? 它受到哪个理论的支撑? 它的理论支点在哪里? ——显然都应当是语言学。

因此,Wintner 得出结论:没有明确的语言学知识作为基础的自然语言处理系统的应用领域是走不远的。计算语言学肯定不是应用统计学的一个分支。假如真是应用统计学的话,那自然语言处理系统和其他非语言的字符串(比如 DNA 序列、乐谱、棋谱等)处理系统就没有什么区别了。我们的系统所处理的字符串肯定有某种唯一的特性,有某种可以从理论角度加以概括、在科学意义上加以研究的东西,这个东西就是自然语言。决定自然语言处理系统的特殊性的,正是在于这个系统处理的是自然语言,而能给我们以指导的唯一的科学领域就是语言学。实际上,在语言学的世界里新东西越多,计算语言学能从中受益的就越多。

Wintner 是一个具有计算机背景的计算语言学家,我们认为,她的建议是高瞻远瞩的。

显而易见,在基于统计的经验主义方法中引入语言学信息,可以弥补统计方法的不足,使基于统计的经验主义方法如虎添翼。因此,在大数据环境下,把基于统计的经验主义方法与基于规则的理性主义方法紧密地结合起来,是计算语言学超学科研究的关键。

美国计算语言学家 Kenneth Church(邱奇)在《语言工程中的语言问题》2007 年第 2 卷第 4 期上发表了一篇文章叫作《钟摆摆得太远了》,值得我们密切注意。在这篇文章中,Church 回顾了 20 世纪 90 年代在国际计算语言学学会(ACL)上他及其年轻的同事们创建一个"数据研究兴趣组"(Special Interest Group for Data,SIGDAT)的情形。他说:"当时我们出于实用主义的考虑,背叛了自己老师的理性主义方法的立场,专门建立一个兴趣小组来研究数据。我们认为,既然现在数据可以轻而易举地得到,我们为什么不可以拿过来利用一下呢?与其高不成低不就,不如顺水推舟,做一些简单易行的事情。让我们来摘取那些大树上低枝头的唾手可得的果实吧。"他们采取的技术路线是基于数据的经验主义方法。

当时他们这些年轻人只是想在国际计算语言学学会众多的兴趣组中取得一席之地,并没有更大的野心。可是,过了几年之后,情况有了很大的变化,在大数据的环境下,计算语言学中的这种基于统计的经验主义方法不仅复苏了,而且取得了很大的成功,以至于成为了计算语言学的主流方法。这样,语言数据的统计研究就显得特别重要了,Church 和 SIGDAT 年轻的同事们使用基于统计的方法,率先摘取那些大树上低枝头的唾手可得的果实,取得了辉煌的成就,可以看出,他们当初建立 SIGDAT 确实有先见之明。

如果当时 Church 等紧随在他们的老师之后亦步亦趋,不敢越雷池一步,把自己局限在基于规则的理性主义方法的狭小天地之中,估计就不会有今天这样辉煌的成就。

然而,在这样的成就面前,他们并没有得意忘形,Church 清醒地认识到,当前这个基于统计方法的"钟摆"已经"摆得太远了"。他问道:"如果那些低枝头的果实都被摘完之后,谁去摘那些处于大树的高枝头上的果实呢?究竟怎样去摘呢?"他认为,我们需要依靠深层的语言学知识去摘取。他在文章中建议,要他的学生们认真地学习语言学的知识,深入研究语言学中的规律和各种规则,把语言学规则融合到统计方法中去,把基于统计的经验主义方法和基于规则的理性主义方法有效地结合起来,才有可能摘取高枝头上的果实。

Church 的建议值得我们深思。

2012 年 6 月,《纽约时报》披露了"谷歌大脑"(Google Brain)项目。这个项目用 16 000 个 CPU 核的并行计算平台,训练一种称为"深度神经网络"(Deep Neural Networks,DNN)的机器学习模型。在神经网络中,把基于规则的理性主义方法和基于基于统计的经验主义方法在更深的程度上结合起来。深度神经网络在语音识别和图像识别等领域获得了巨大的成功。

2012 年 11 月,微软在天津的一次活动上公开演示了一个全自动的同声翻译系统,讲演者用英文演讲,后台的计算机自动完成英语语音识别、英汉机器翻译和汉语语音合成等自然语言处理过程,把演讲者说的英文翻译成汉语普通话,由计算机流畅地讲出来。据这位演讲者透露,后面支撑的关键技术也是深度神经网络,这种深度神经网络就是一种深度学习(Deep Learning, DL)模型。

2014 年 9 月 16 日的江苏卫视《芝麻开门》节目迎来了一位"非人类"的挑战选手——智能机器人"小度"。这个机器人小度用流利的普通话与主持人互动调侃,并用普通话回答了涉及音乐、影视、历史、文学等领域的 40 道问题,回答全部正确。机器人小度的出色表现赢得了现场观众的频频掌声,在小度回答问题的过程中,全场不时发出欢快的笑声。机器人小度是百度公司自然语言处理部的研究成果,他们在研制中也使用了深度学习模型,让计算机通过深度学习的方法来理解自然语言的含义,从海量的网页数据中提取问题的答案,进行"深度问答"(deep question-answer)。目前,这种深度学习模型还被百度公司应用到智能搜索的领域,在语法结构和语义关系更为复杂的中文环境中完成了技术升级和突破。

这种情况说明,在大数据环境下,如果使用跨学科的研究方法,把语言学、数学、计算机科学知识全面结合起来,建立比较复杂的深度学习模型,就能够充分地发掘在海量的语言数据中蕴藏着的丰富信息,把计算语言学的研究提高到一个新的阶段。计算语言学的研究有着令人鼓舞的光辉前景。

18.4 探索理性主义方法和经验主义方法 结合的途径

近年来,在统计机器翻译(Statistical Machine Translation, SMT)的研究中,一些学者开始把短语知识、句法知识逐渐地导入到系统中,把规则的和统计的方法巧妙地结合起来,致力于研制"基于短语的统计机器翻译"和"基于句法的统计机器翻译",有效地改善了统计机器翻译的译文质量,这是非常可喜的现象。

美国南加州大学信息系统研究所的 Kevin Knight 教授对于机器翻译从 1954 年到 2004 年的发展过程做了如下的总结:

在图 18.2 中,横轴表示机器翻译的自动化程度,从 1954 年到 2004 年,由全手工(full manual)发展到全自动(fully automated);纵轴表示机器翻译系统的加工深度,从 1954 年到 2004 年,由浅层/简单(shallow/simple)发展到深层/复杂(deep/complex)。当前机器翻译研究的任务是,自动化程度要高,加工的程度要深。这就应当把语言知识融入统计机器翻译中,把理性主义和经验主义的方法结合起来。Kevin Knight 教授的这个卓越的见解是值得我们深思的!

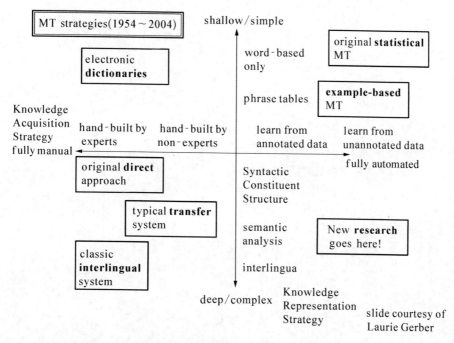

图 18.2 1954 年至 2004 年机器翻译发展图式

英国经验主义哲学家 Bacon 既反对理性主义,也反对狭隘的经验主义。他指出,经验能力和理性能力这两方面的"离异"和"不和",给科学知识的发展造成了严重的障碍,为了克服这样的弊病,他提出了经验能力和理性能力联姻的重要原则。他说,"我以为我已经在经验能力和理性能力之间永远建立了一个真正合法的婚姻,二者的不和睦与不幸的离异,曾经使人类家庭的一切事务陷于混乱"。① 他生动而深刻地说道:"历来处理科学的人,不是实验家,就是教条者。实验家像蚂蚁,只会采集和使用;推论家像蜘蛛,只凭自己的材料来织成丝网。而蜜蜂却是采取中道的,它从庭园里和田野里的花朵中采集材料,而用自己的能力加以变化和消化。哲学的真正任务就正是这样,它既非完全或主要依靠心的能力,也非只把从自然历史和机械实验收来的材料原封不动、囫囵吞枣地累置于记忆当中,而是把它们变化过和消化过放置在理解力之中。这样看来,要把这两种机能,即实验的和理性的这两种机能,更紧密地和更精纯地结合起来(这是迄今还未做到的),我们就可以有很多的希望。"②

Bacon 是著名的哲学家,他的主张是值得我们深思的。在自然语言处理的研究中,我们不能采取像蜘蛛那样的理性主义方法,单纯依靠规则,也不能采取像蚂蚁那样的经验主义方

① 北京大学哲学系外国哲学史教研室.十六—十八世纪西欧各国哲学[M].北京:商务印书馆,1961.
② 培根.新工具[M].北京:商务印书馆,1984.

法,单纯依靠统计,我们应当像蜜蜂那样,把理性主义和经验主义"更紧密地""更精纯地"结合起来,推动自然语言处理的发展。

参考文献

［1］ Jurafsky D, Martin J. 自然语言处理综论［M］.冯志伟,孙乐,译. 北京：电子工业出版社,2005.

［2］ Feng Zhiwei. Evolution and Present Situation of Corpus Research in China ［J］. International Journal of Corpus Linguistics, 2006,11(2)：173‐207.

［3］ 冯志伟. 从知识本体看自然语言处理的人文性［J］.语言文字应用,2005(4)：100‐107.

［4］ 冯志伟.自然语言处理中的哲学问题［J］.心智与计算,2007(3)：333‐353.

附录

走在文理结合的道路上

——记自然语言处理专家冯志伟先生

教育部语言文字应用研究所研究员、杭州师范大学外国语学院高端特聘教授冯志伟先生是北京大学的校友,也是中国科学技术大学的校友。他在北京大学学习人文科学,又在中国科学技术大学学习自然科学,多年来,他一直致力于文科和理科的结合,坚定不移地走在文理结合的道路上。最近,他从北京回云南家乡扫墓、探亲、访友,笔者有幸拜访了这位蜚声国内外的学者。冯志伟先生是我的老朋友,由于他近年来都在德、韩等国讲学,笔者去北京几次都无缘见面。多年阔别,老朋友相见,分外亲热,我和他进行了多次长谈,又浏览了他惠赠的新著,深入地了解到他这几年的学术活动与成就。

在我国的学者中,像冯志伟这样文理兼通的跨学科专家是比较少见的。

冯志伟是教育部语言文字应用研究所的学术委员会委员,又是中国科学院自动化研究所国家模式识别重点实验室的学术委员会委员,横跨了语言学科和自动化学科;冯志伟是中国语文现代化学会顾问,又是中国人工智能学会理事,横跨了语文研究领域和人工智能研究领域;冯志伟是国家社会科学基金语言学科的评审委员,又是国家自然科学基金和北京市自然科学基金计算机学科的评审委员,横跨了语言学科和计算机学科;冯志伟是国家语言文字工作委员会21世纪语言文字规范(标准)审定委员会委员,又是中国外语教育研究中心的学术委员会委员,横跨了汉语学科和外语学科。在国外,他是德国特里尔大学(University of Trier)文学院的教授,又是韩国科学技术院(KAIST)电子工程与计算机科学系(EECS)的教授,同样也横跨了文科和理科。在学术发展的历史长河中,语言学属于人文科学,计算机和自动化属于自然科学。语言学的基础是语文,计算机和自动化的基础是数学,在传统的教育体系中,语文是文科的典型代表,数学是理科的典型代表,它们之间的区别泾渭分明。冯志伟是专门研究汉语的,而他又懂得多种外语并且研究外语。一个学者能够在性质如此差异的不同学科、不同语言研究中取得重要的成就,并成为这些学科的学术带头人,冯志伟确实是一位在信息时代这个特殊的环境下成长起来的新型的学者。

死里逃生:
日寇轰炸中的幸存者

冯志伟于1939年4月15日出生于昆明大东门外(今天长春路东段)一个小商人之家。

1939 年正是抗日战争烽火硝烟的年代,他是日本侵略的受害者。

1944 年,日本从云南蒙自市派飞机轰炸昆明,昆明全城响起了警报声,当时冯志伟才 5 岁,家里人带着他跑,当他们逃到昆明大东门外的交三桥的时候,日本飞机瞄准手无寸铁的民众投下一连串的炸弹,冯志伟被炸弹震昏了,晕倒在河岸上。当轰炸过后他醒过来时,他发现周围很多人都被炸死了,有一个被炸死的大汉的尸体盖住了他幼小的身体,才得以幸免于难。他掀开尸体挣扎着爬出来,在河岸上哇哇大哭。轰炸过后天空是黑沉沉的,弥漫着火药味,河里满是鲜血,一匹炸伤的马倒在河中挣扎,马车翻倒在河里。家里的人都跑散了,也找不到了,冯志伟孤零零一个小孩儿,哭着走到了附近一个叫作"东庄"的村子里,老乡看到他遍身是血,给他换了衣服,暂时留他住下了。家里的人找不到冯志伟,都以为他在交三桥被炸死了,终日以泪洗面,痛苦不堪,后来历尽艰辛终于找到了仍然活着的冯志伟,喜出望外,皆大欢喜。

在冯志伟死里逃生之后一年(1945 年 8 月 15 日),日本投降了,他和昆明的老乡一起在街头歌唱以欢庆胜利,当时他们的唱词是:

> 看黑夜已经带来黎明,
> 大地上阳光到处飞舞,
> 解放的人们已经起来了,
> 起来迎接咱祖国的新生!

> 和平在荡漾,
> 幸福在飞舞,
> 民主在开花,
> 自由在结果!

> 千百万人民在歌唱,
> 千百万人民在舞蹈,
> 到处充满了欢乐!
> ……

这样的唱词表达了胜利民众的心声!

北大十年:
数理语言学之梦

在日寇的轰炸中冯志伟没有死于非命,在抗日战争胜利后的第二年,冯志伟开始在昆明长春路东升小学上学。

冯志伟有弟妹六人,他排行在前。他的父母虽然文化程度不高,负担很重,却很有卓识远见,除起早贪黑搞好土杂店的经营、节衣缩食来供养七个子女念书外,总是严格地教育和督促子女搞好学习。

冯志伟自幼聪慧沉静,善于思考,勤奋好学,在长春路东升小学读书时,就品学兼优,成绩出众,初、高中都以第一名的成绩考入全省著名的重点学校昆明一中就读,是昆明一中有名的顶尖学生,文理兼能,多次受到学校和任课教师的嘉奖。这个学校曾培育了无数的英才,如获诺贝尔奖的著名物理学家杨振宁、著名哲学家艾思奇、著名史学家吴晗、著名出版家黄洛峰等等。冯志伟在昆明一中读书时,从初一到高三,年年名列前茅,他在默默地追赶着那些曾经给昆明一中带来声誉的前辈老校友们。

1957年高中毕业时,冯志伟才18岁,是班上年龄最小的学生之一,却以优异成绩考入北京大学地球化学专业本科就读。

当时冯志伟家境贫寒,家里已无钱供他读书。当他兴致勃勃地把他已经得到北京大学录取通知书的好消息向父亲报告时,父亲却阴沉着脸抱怨说:"怎么你考到北京那么远的地方去上学?家里一直入不敷出,连吃饭都困难,怎么拿出路费来供你到北京读书?你为什么就不体谅家里的困难?"冯志伟理解父亲的困难,他不愿意顶撞父亲,只好自己想办法筹集路费。他带着北京大学的录取通知书一家一户地请求亲友资助,好心的亲友们同情这个可怜的年轻人,纷纷给予资助,终于凑得了100元。当时从昆明到北京没有直达火车,需要先乘汽车到广西金城江,再从金城江乘火车到北京,总共路费需要60多元,沿途7天的食宿费用还需要30多元,当他到北京大学报到的时候,口袋里只剩下5元了。学校领导知道冯志伟的困难后,很快就给了他临时补助,不久又给他每月12.5元的人民助学金,使他得以安心地在北京大学学习。

进入北京大学之后,冯志伟一心想研究化学元素在地球上的分布规律。他的兴趣主要是稀有元素,它们在元素周期表上是排在比较靠后的元素,是国家很需要的自然资源。冯志伟非常热爱地球化学专业,当时也没有任何想从事其他学科的想法,这个学科确实也很有意思。地球化学在1957年属于国家要重点发展的尖端学科之一,在地球科学里面,地球化学也是属于最先进的学科。

他入学后曾经对五光十色的矿物发生了浓厚的兴趣,他研究这些矿物的晶体结构,如醉如痴地观察着不同结晶形状的各种矿物,六方晶系的金刚石、方斜晶系的石墨……这些立体结构不同的矿物有着差异很大的物理和化学性质,冯志伟被大自然的奥秘深深地吸引住了,更增添了他学科学、爱科学的信心和决心。

就在冯志伟认真学习地球化学的前后,国外兴起了数理语言学,建立起了完善的理论和方法,并且在大学中开设了数理语言学的课程,从而使数理语言学作为一个独立的学科出现在现代语言学的百花园中,日益芬芳灿烂。

1956 年,我国开始注意到国外数理语言学的兴起和发展,在我国科学研究的发展规划中,确立了名称叫作"机器翻译、自然语言翻译规则的建立和自然语言的数学理论"的课题。这个课题包括两部分:一部分是机器翻译,另一部分是自然语言的数学理论,也就是今天我们所说的"数理语言学"。

不久,我国语言学家刘涌泉在《中国语文》上发表了《谈数理语言学》一文,非常简要地介绍数理语言学这个新兴学科的主要内容和研究方法。但是,由于数理语言学研究要求研究者同时兼具语言学和数学的背景,当时我国的语言学界还没有这样的学者,因此,虽然数理语言学与机器翻译的研究同时列入了我国的科学研究发展规划,但实际上我国只是开展了机器翻译的研究,并没有开展数理语言学的研究。由于缺乏文理兼通的人才,我国的数理语言学处于难产之中。

北京大学为我国数理语言学的研究造就了这样的人才。北京大学高举五四"民主"和"科学"的大旗,学术氛围非常自由,北京大学的图书馆藏书丰富,学生可以阅读到各种最新的科学杂志,了解到国内外最新的学术发展动向。这种学术自由的气氛大大地开阔了学生的眼界,使他们有可能紧紧跟上国际学术发展的前沿。当时正在北京大学地球化学专业研究化学元素分布规律的冯志伟,在北京大学图书馆馆藏的 1956 年出版的美国 *IRE Transactions on Information Theory* 杂志上,偶然地看到了美国语言学家 N. Chomsky(乔姆斯基)的论文《语言描写的三个模型》(*Three Models for the Description of Language*),被 Chomsky 在语言研究中的新思想深深地吸引了。Chomsky 追求语言描写的简单性原则,为了使用有限的手段描述变化无穷的自然语言,在他的文章中,建立了形式语言和形式文法的新概念,他把自然语言和计算机程序设计语言置于相同的平面上,用统一的数学方法进行解释和定义,提出了语言描写的三个模型。用数学方法描写的这三个模型是这样地抽象,它们既可以用于描写自然语言,又可以描写计算机程序设计语言,达到了"有限手段的无限运用"的目标。冯志伟预感到这种语言的数学描写方法,将会把自然语言和程序设计语言紧密地结合起来,在未来的信息的处理和研究中发挥出巨大的威力。他经过反复考虑,下决心来研究数学方法在语言中的应用这个问题,并经学校同意,他便从地球化学专业转到中文系语言学专业,从事语言学的学习。转入语言学专业之后,冯志伟一面学好传统语言学的各门课程和外语,一面利用课余时间,继续研究数理语言学的问题,他还尽量充分地利用北京大学图书馆丰富藏书和最新的杂志,跟踪着国际上数理语言学发展的足迹,这使他成为了班上名列前茅的学生。

冯志伟对于外语的领悟很灵敏,到 1961 年底的时候,他已经学会了四门外语,而且能够使用这四种外语阅读数理语言学的外文文献了。由于他对数理语言学有着强烈的兴趣,数理语言学又是交叉学科,这样冯志伟除了要学好中文系的语言学课程之外,还要自学数学和外语等不同的学科,时间比别的同学紧,也就没有更多的时间来关心政治。而当时学校的政治气氛特别浓,不太主张学生读书,冯志伟就显得有些古怪:明明是学中文的文科学生,却一有空就做些数学题,经常还读点外文书,这在当时是很不合拍的。因此,有的同学认为冯志伟是在走"只专不红"的道路,对他颇有微词。

1961 年 11 月 11 日,当时的团中央第一书记胡耀邦同志在富强胡同的家中亲自接见了冯志伟,鼓励冯志伟研究数理语言学。胡耀邦正色地对冯志伟说:"事实将证明你的道路是正确的!"

1964 年冯志伟大学毕业,同年考上了北京大学语言学理论的研究生,经导师岑麒祥教授同意,他的研究生毕业论文的题目定为《数学方法在语言学中的应用》。我国语言学研究中,这是首次系统地、全面地来研究数理语言学这个新兴学科。

这样,我国的数理语言学研究便首先在北京大学正式地开展起来,北京大学中文系的著名语言学家王力先生和朱德熙先生都支持冯志伟的数理语言学研究,王力先生曾对冯志伟说:"语言学不是很简单的学问,我们应

1961 年胡耀邦(左二)
接见冯志伟(中间)

该像赵元任先生那样,首先做一个数学家、物理学家、文学家、音乐家,然后再做一个合格的语言学家。"朱德熙先生曾对冯志伟说:"数学和语言学的研究都需要有逻辑抽象的能力,在这一方面,数学和语言学有共同性。"北京大学的这些第一流的学者,总是站在科学的最前沿来看待学术的发展,他们的鼓励给了冯志伟巨大的力量。

1964 年冯志伟考上
北京大学研究生

但是这时候发生了一件事情,就是 1966 年的 5 月 25 日,第一张马列主义的大字报贴到了北大饭厅的门口。冯志伟记得很清楚,那一天是 5 月 25 日,因为那一天他要去买一本法文词典,当时的《法汉词典》编得很不好,很简单,单词太少了。冯志伟学过日文,可以阅读日文文献,他的导师岑麒祥教授说:"你去买本《仏和词典》①吧!"于是,冯志伟就到五道口的外文书店买了一本《仏和词典》。中午时分,冯志伟刚刚在五道口外文书店旁边的小饭馆吃完中饭回到北京大学,看到学校的大饭厅前人头攒动。他伸头一看,大饭厅前面的墙上贴着大字报呢。上面写着:"陆平、彭珮云你们要走往何方?",言词很激烈。当时,陆平是北大的校长,彭珮云是北大的党委书记。他们俩当时被认为是北京市委的黑线人物,当时彭真已被揪

---

① 《仏和词典》是《法日词典》的日语写法。

出来了。冯志伟一看到大字报,就知道他的论文泡汤了,一场很大的革命就要来临了。果然,过了几天《人民日报》就发表了社论说,"这是一张马列主义的大字报",一下把火点起来了。从此,北大进入"文化大革命"的混乱状态,王力先生和朱德熙先生等一些人,都被打成"反动学术权威",冯志伟的数理语言学研究也随之失去了支持,这个新兴学科的研究被这场"革命"扼杀在襁褓之中。冯志伟的数理语言学之梦破灭了,他随之离开了北京大学,被分配到云南边疆的一所中学里教物理课。

边疆十年:
"文革"浩劫中的艰苦探索

冯志伟离开了全国的最高学府北京大学,他的心情是很沉重的,但是,他并没有灰心。他想起了普希金的诗歌:

> Если жизнь тебя обманет,
>
> Не печалься, не сердись!
>
> В день уныния смирись:
>
> День веселья, верь, настанет.
>
> (假如生活欺骗了你,
>
> 不要忧郁,也不要愤慨!
>
> 不顺心时暂且克制自己,
>
> 相信吧,快乐之日就会到来。)

普希金的诗歌给了他无比的勇气,他决心从沉重的心情中奋起。

他说:"离开了北京大学,我不能做大事了,但是,丈夫之志,穷且越坚,我可以做小事情,我要怀着博大的爱心来做小事。"

冯志伟的爱心就是对科学执著的追求。他实践了自己的诺言,从此,他怀着这样的爱心,执著地追求着新的知识。

在云南边疆的中学任教的十年间,冯志伟不信"读书无用论",不埋怨大材小用,更不考虑生活的艰苦和清贫,除身体力行,认认真真地教好学生,努力搞好本职工作外,还怀着博大的爱心追求新的知识,朝朝暮暮,年复一年,利用一切业余时间,密切地关注着国外学术发展的动向。数理语言学仍然像磁石一样强烈地吸引着他。在云南边疆那样闭塞的环境中,他设法利用业余时间,潜心研究数理语言学的问题,在信息不足、资料缺乏的困难条件下,阅读了他所能搜集到的各种关于数理语言学的资料,他懂得英、法、德、俄、日等五种外国语,阅读了散见于各种外文书刊中的数理语言学文献,紧跟着世界上数理语言学发展的步伐。就在"读书无用论"的口号甚嚣尘上的时候,冯志伟总结了当时国外数理语言学的成果,于1975年以中学教师的名义写成了《数理语言学简介》的长篇文章,在重庆的一家自然科学杂志《计算机应用与应用数学》上发表,向国内计算机界和数学界详尽地介绍了数理语言学的最新情况。这一篇文章犹如空谷足音,使当时被"文化大革命"封闭了世界学术进展的中国学术界了解到国外信息时代已经到来的最新动态。冯志伟在这篇文章中兴奋地告诉广大读者:"信息时代的到来,使得语言学、数学和计算机科学结下了不解之缘,语言研究和计算机技术已经到了非结合不可的地步了!"如今,我国自然语言处理界的许多著名学者,就是从这篇文章中最早了解到语言学与数学的联系,从而决心走上了研究自然语言处理的学术道路。他们当时对于冯志伟这个中学老师的名字极为惊叹,没有想到在云南边疆的一个普通的中学里竟然有这样能够洞察国际学术最新动态的高手!

在云南边疆的这些日子里,冯志伟利用业余时间还潜心研究了汉字熵值的测定问题。汉字的"熵"(entropy)是汉字所含信息量大小的数学度量。为了进行语言文字的信息处理,必须知道文字的信息量,因此,也就必须测定文字的熵。这是信息时代语言文字处理应该研究的基础性问题。近几十年来,国外学者已陆续测出一些拼音文字字母中的熵,而汉字数量太大,各个汉字的出现概率各不相同,因此,要计算包含在一个汉字中的熵是一个十分复杂和繁难的问题。

为了计算汉字的熵,首先需要统计汉字在文本中的出现频率。由于20世纪70年代我们还没有机器可读的汉语语料库,哪怕是小规模的汉语语料库也没有,冯志伟只得根据书面文本进行手工查频,他请了几个志同道合的朋友,用手工帮助他进行汉字频率的调查。他给这些朋友每个人发了一箱卡片,请他们帮助统计在选定样本资料中的汉字出现的频率,并且把这些频率记录在卡片上。在朋友们的帮助下,冯志伟用了将近10年的业余时间,对数百万字的现代汉语文本(占70%)和古代汉语文本(占30%)进行手工查频,从小到大地逐步扩大统计的规模,建立了6个不同容量的汉字频率表,最后根据这些不同的汉字频率表,逐步地扩大汉字的容量,终于估算出了汉字的熵。

为了给汉字熵的测定建立一个坚实的理论基础,冯志伟提出了"汉字容量极限定律",他用数学方法证明:当统计样本中汉字的容量不大时,包含在一个汉字中的熵随着汉字容量的增加而增加,当统计样本中的汉字容量达到12 366字时,包含在一个汉字中的熵就不再增加了,这意味着,在测定汉字的熵的时候,统计样本中汉字的容量是有极限的。这个极限值就是12 366字,超出这个极限值,测出的汉字的熵再也不会增加了。1976年,冯志伟在"汉字容量极限定律"的基础上,采用逐步扩大汉字容量的办法,在包含12 370个不同汉字的统计样本的范围内,初步测出了在考虑语言符号出现概率差异的情况下,包含在一个汉字中的熵为9.65位。由此得出结论:从汉语书面语总体来考虑,在现代汉语和古代汉语的全部汉语书面语中,包含在一个汉字中的熵是9.65位。20世纪80年代,我国北京航空学院计算机系刘源教授使用计算机统计汉字的频率,并计算出汉字的熵为 9.71 位。刘源教授使用计算机计算的结果与冯志伟手工测定的结果相差不大,足以说明冯志伟对于汉字熵的测定是十分认真的。冯志伟这项极为重要的科学研究说明,由于汉字的熵大于 8 位,所以,汉字不能使用 8 位的单字节编码,而要使用 16 位的双字节编码。这项研究为汉字信息的计算机处理提供了基本的数据,对于汉字编码、汉字改革和汉语的规范化都有重要的指导意义。

在云南边疆的十年间,冯志伟的生活非常窘困,微薄的工资,狭小的住房,繁重的工作,几乎摧毁了他的健康。1973 年,他被安排在学校的小工厂带领学生劳动一年,生产硫酸亚铁,他每天都要在浓硫酸的蒸气旁边劳动,浓硫酸的蒸气熏坏了他的牙齿,满口的牙齿都松动了;1974 年夏天,他担任班主任带领学生到工厂学工,机床失去控制击中他的眼睛,他的右眼被打伤,视力降到 0.1 以下,几乎失明;另外,他的肺部和心脏都出现了问题;当时他才 30 多岁,但已经是满头白发了。他的健康情况处在崩溃的边缘。虽然艰苦的环境和恶劣的条件摧毁了他的身体,却磨炼了他的意志,在繁忙的本职工作之余,他仍然顽强地坚持着自己的学术兴趣,始终不渝地用数学方法来探索语言问题。

从北京到法国:
研制世界上第一个汉语到多种外语的机器翻译系统

1976 年,在凝固而寒冷的空气里突然传来了春天的气息:祸国殃民的"四人帮"被粉碎了。"寒凝大地发春华",满目疮痍的神州大地迎来了科学的春天。高等学校又重新开始招生了。毛泽东生前对于大学招生做过指示:"大学还是要办的",但接着他又指示:"我这里主要说的是理工科大学还要办"。毛泽东在他的指示中没有说文科大学还要办。这样,大学开始招生时,首先恢复招生的是理工科大学,而文科没有招生。冯志伟渴望着早日回到科学研究的岗位上去,但是,北京大学中文系当时不招生,他决定,既然文科不招生,那就报考理工科吧。于是,他报考了中国科学技术大学研究生院,毅然参加理工科大学的入学考试。1978 年,原来毕业于北京大学中文系研究生班的文科学生冯志伟,以高分通过了理工科的考试,考上了中国科学技术大学研究生院信息科学系的研究生,弃文学理,又开始了理科的学习,从云南边疆回到了北京。

"文化大革命"的十年浩劫终于过去了,冯志伟考上中国科学技术大学研究生院,使他有一种"久病初愈,妙手回春"的感觉:正是中国科学技术大学研究生院的妙手,才使贫病交困的他有机会回到了科学的春天。他抑制不住内心的喜悦,乘飞机从昆明到北京入学报到。在飞机上,冯志伟写了一首小诗,表达他内心的感慨:

　　浩劫凝寒十年死,

　　妙手回春一日生;

劫波历尽入科大，

跃马扬鞭重起程。

在中国科学技术大学研究生院学习期间，我国老一辈的科学家亲自给研究生们讲课和辅导，严济慈校长到冯志伟所在班级给他们介绍治学经验，数学所的华罗庚教授开讲座给他们介绍数学的前沿发展动向，物理所的彭桓武教授给他们上理论物理的课程，计算技术研究所的曹东启教授和张锦文教授分别给他们上编译程序技术和数理逻辑的课程。这些就像久旱之后的甘霖，滋润着冯志伟的心，他如饥似渴地学习新的知识，广泛涉猎各种外文杂志，关注着国际上数理语言学发展的最新动向。入学不到一年，冯志伟就熟悉了理工科的学习方法，很快就在理工科的杂志上发表论文。1979 年，《计算机科学》杂志创刊，他就在该杂志创刊号上发表了《形式语言理论》的长篇论文，用较为严格的数学表达方式向计算机科学界说明数理语言学中的形式化方法如何推动了当代计算机科学的发展，并且指出：在数理语言学研究中发展起来的形式语言理论，事实上已经成为了当代计算机科学不可缺少的一块重要的理论基石，计算机科学绝不可忽视形式语言理论。由于"文化大革命"的浩劫，我国的科技发展与国际严重脱节，当时我国的计算机界对于形式语言理论了解甚少，冯志伟的文章使人们大开眼界。许多人认为这篇文章一定是资深的计算机科学家写的。后来，计算机界的一些专家了解到，这篇论文的作者竟然是中国科学技术大学研究生院的一个刚刚入学的研究生，感到非常惊讶。

由于冯志伟学习成绩突出，中国科学技术大学研究生院选送他到法国 Grenoble（格勒诺布尔）理科医科大学应用数学研究所（IMAG）自动翻译中心（GETA）学习，师从当时国际计算语言学委员会主席、法国著名数学家 B. Vauquois（沃古瓦）教授，并专门研究自动翻译和数理语言学问题。Vauquois 教授是国际计算语言学委员会的创始人，是当时国际计算语言学的领军人物，他领导的 GETA 在机器翻译的理论和实践上都做出了出色的成绩，冯志伟在 GETA 良好的学习环境中，可以了解到机器翻译发展的最新情况，可以学习到当代机器翻译最前沿的技术。冯志伟喜欢数学，而 Vauquois 教授是数学家，他们都深知自然语言的形式理论对于构建机器翻译系统的重要性。

在法国留学期间，冯志伟的主要工作是进行汉语与不同外语的机器翻译研究。开始时，他使用的自然语言形式理论是 Chomsky 的短语结构语法，他试图使用短语结构语法来进行汉语的自动分析。早在 1957 年，冯志伟就接触到 Chomsky 的形式语言理论，他对于 Chomsky 的理论是有深入了解的。Chomsky 根据形式语法的原理，提出了短语结构语法作为自然语言形式描述的一种手段，这种语法在自然语言处理中得到了广泛的使用。国内外的许多机器翻译系统都采用 Chomsky 的短语结构语法作为系统设计的基本理论依据。根据 Chomsky 的短语结构语法，表示句子结构的树形图中的每一个结点只有一个相应的标记，结点与标记之间的这种关系是一种单值标记函数的关系。这种单值标记函数表示的语言特征是十分有限的，因而在机器翻译中进行汉语的自动分析时，会出现大量的歧义问题，难于区分句法结构相同而语义结构不同的汉语句子,这种分析法是短语结构语法在分析汉语时一个致命的缺点。

当时冯志伟在法国研制开发机器翻译系统的实践中,就敏锐地认识到短语结构语法的这种致命缺点。

有一天,Vauquois 教授和冯志伟讨论汉语自动分析的问题。冯志伟坦率地向 Vauquois 教授说:"Chomsky 的短语结构语法对于法语和英语的分析可能没有多大问题,可是,用这种语法来分析汉语,几乎寸步难行。"

Vauquois 教授用好奇的目光看着冯志伟,他希望冯志伟进一步阐述自己的看法。冯志伟举例对 Vauquois 教授做了如下的说明:

在汉语中可以说"点心吃了",实际上是"点心被吃了",但汉语一般不用"被"字;汉语中还可以说"张三吃了",实际上是"张三把点心吃了"。"张三"是个名词短语 NP(Noun Phrase),"点心"也是个 NP,"吃了"是个动词短语 VP(Verb Phrase),这两个句子的规则都是:S→NP＋VP,其中,S(Sentence)表示句子,它们的层次相同,词序相同,词性也相同,但它们却有截然不同的含义,一个是被动句,一个是主动句。我们怎么来解释这样的差异呢? 如果我们使用 Chomsky 的短语结构语法,用计算机来分析这两个不同的句子,计算机最后做出来的肯定是一样的树形图,它们的差别只是在叶子结点上的词不一样,整个树形图的上层都是同样的 S→NP＋VP,这样在结构上相同的句子为什么会有不同的语义解释,从而产生不同的含义? 使用短语结构语法显然是解释不了的,而中文里到处都是这样的句子,因为中文里的被动关系有不同的表示方法,有时主动和被动在形式上没有明显的区别,可以从句子的上下文和意念上来加以区分。在这种进退两难的局面下,唯一的出路就是根据汉语语法的特点改进 Chomsky 的短语结构语法,设法使用一种新的方法来描述汉语。

Vauquois 教授耐心地听完了冯志伟的说明,他从沙发上站起来惊叹地说:"汉语真是一种 langue terrible(法语:糟糕的语言)"。他说:"哪种语言能够不分主动和被动,'人吃了'和'被人吃了'怎么能一样? 怎么这么乱?"

冯志伟向 Vauquois 教授解释道:其实中国人一点儿也不感觉到乱,我们中国人在说话时是分辨得很清楚的,因为我们中国人知道在一般情况下,人是不能被吃的。所以"小王吃了"的语义不能是"小王被吃了",而点心它不吃东西,所以"点心吃了"必定是"点心被吃了"。汉语是靠词汇的固有语义来解决语法问题的,但是对于你们法国人来讲,并不存在这样的问题。所以,我们不能按照法语的思考方法来处理这个汉语的问题,我们必须另辟蹊径!

Vauquois 教授是一个知识广博、眼界开阔的学者,他鼓励冯志伟沿着这个思路继续探索。他对冯志伟说:"Chomsky 的短语结构语法也不一定永远正确嘛!"

在冯志伟告别时,Vauquois 教授兴奋地说:"我相信,你一定能找出一种汉语自动分析的新方法。"

这次和 Vauquois 教授的谈话使冯志伟深刻地认识到,Chomsky 的短语结构语法在汉语自动分析时确实出现了极大的困难。这种困难甚至连 Vauquois 教授这样世界第一流的计算语言学家也承认了。作为中国的科学工作者,他必须想出一种新的办法,来克服短语结构语法的缺点。不然,他现在进行的汉语自动分析就很难搞下去了。

这一天夜里冯志伟很不平静,翻来覆去总在思考这个问题。第二天清早,冯志伟走到 Vauquois 教授的办公室,他明确地向 Vauquois 教授提出:我们正面临一个新的挑战,我们必须要思考一种新的语法理论来解决这个问题。Vauquois 教授完全同意冯志伟的意见,他进一步鼓励冯志伟探索新的理论和方法来解决汉语自动分析中出现的这个困难问题。

在 Vauquois 教授的鼓励下,冯志伟对这个问题反复进行了思考。他观察到:"小王吃了"和"点心吃了"这两个貌似相同的句子在词汇的语义上有很大的不同,"小王"在语义上是一个"人",在一般情况下,"人"是"吃了"这个行为的主动者,而"点心"在语义上是"食品",在一般情况下,"食品"是"吃了"的被动者,是"吃了"的对象。在短语结构规则 S→NP＋VP 中,如果我们不把 NP 看成一个不可分割的单元,而把 NP 进一步加以分割,使用若干个特征来代替 NP 这个单一的特征。例如,在"小王吃了"中,我们把 NP 分解为"NP｜人"两个特征,在"点心吃了"中,我们把 NP 分解为"NP｜食品"两个特征,这样一来,就有可能在计算上把它们分解开来了。在计算机处理语言时,特征也就是"标记",冯志伟提出,如果我们使用"多标记"来代替短语结构语法中的"单标记",就有可能大大地提高短语结构语法描述语言的能力,从而可以使用改进后的这种语法来描述汉语,实现汉语的自动分析。这就是冯志伟提出的关于"多标记"的设想。

冯志伟对于短语结构语法的另一个改进是使用多叉树代替短语结构语法的二叉树。Chomsky 曾经提出 Chomsky 范式,并认为自然语言的结构具有二分的特性,因此主张在自然语言处理中使用"二叉树"(binary-tree)。冯志伟认为在汉语中存在着"兼语式"和"连动式"等特殊句式,它们都不具备二分的特性,因此,冯志伟主张使用"多叉树"来代替"二叉树",从而提高短语结构语法描述汉语的能力。例如,"请小王吃饭"是一个兼语式的句子,其中的"小王"做前一个动词"请"的宾语,又做后一个动词"吃饭"的主语,在计算机处理时,究竟是分析为"请／小王吃饭",还是"请小王／吃饭",我们将处于进退维谷的境地。如果我们采取三分,把这个句子分析为"请／小王／吃饭",可以避免分析树的交叉,得到唯一的分析结果。

经过在计算机上编写程序进行潜心的钻研和反复的试验后,冯志伟提出了"多叉多标记树模型"(Multiple-labeled and Multiple-branched Tree Model,MMT 模型),在 MMT 模型中,他采用多值标记函数来代替短语结构语法的单值标记函数,使得树形图中的一个结点,不再仅仅对应于一个标记,而是对应于若干个标记,他还使用多叉树来代替二叉树,这样便大大地提高了树形图的标记能力,使得树形图的各个结点上,都能记录足够多的语法语义信息,把句子中所蕴含的丰富多彩的信息充分地表示出来,这种多值标记函数的理论实质上是一种复杂特征的理论,它从根本上克服了 Chomsky 的短语结构语法在描述自然语言时的严重缺点,提高了其有限的分析能力,限制了其过强的生成能力。显而易见,冯志伟的 MMT 模型是对 Chomsky 短语结构语法的一个带有实质意义的重要改进,这个模型提出后,立即引起了国际计算语言学界的高度重视,在 1982 年于布拉格召开的国际计算语言学会议(COLING'82)上,在 1983 年于北京召开的国际中文信息处理会议(ICCIP'83)上,在 1984 年于香港召开的东南亚电脑会议(SEARCC'84)上,冯志伟都介绍了他提出的 MMT 模型。Vauquois 教授在 1982 年的国际计算语言学会议的大会发言中,也赞扬了冯志伟的研究工作。COLING 是计算语言学界最高水平的学术会议,冯志伟是我国第一个参加 COLING 会议的学者。他在这些国际会议上的发言,引起了国际学术界对汉语自动句法分析和汉语自动语义分析的兴趣。他的 MMT 模型是我国学者在汉语自动句法-语义分析方面最引人注目的早期研究成果,直到 20 世纪 90 年代以后,我国计算语言学界才开始注意到采用复杂特征的方法来进行汉语的自动句法-语义研究,这比冯志伟的 MMT 模型晚了十几年。

就在冯志伟提出 MMT 模型的同时,国外一些计算语言学家也看到了短语结构语法的局限性,分别提出了各种手段来改进它。例如 1983 年 R. M. Kaplan(卡普兰)和 J. Bresnan(布列斯南)提出的"词汇功能语法"、1983 年 Martin Kay(马丁·凯依)提出的"功能合一语法"、1985 年 G. Gazdar(盖兹达)等提出的"广义短语结构语法"、1985 年 C. Pollard(珀拉德)提出的"中心语驱动的短语结构语法"等,都采用了复杂特征来描述自然语言,他们所谓的"复杂特征"实际上也就是冯志伟提出的"多值标记",名异而实同。所以,冯志伟提出的 MMT 模型,是世界计算语言学者对 Chomsky 的短语结构语法进行改进的一个重要方面和不可分割的组成部分,MMT 模型是 80 年代较早提出的一个旨在改进短语结构语法的形式化模型,当时我国学者在这方面的研究在国际上是处于前沿地位的。

1984 年荷兰阿姆斯特丹北荷兰出版社出版的多卷专著《计算机科学基础研究》第 9 卷《自然语言处理的计算机模型》一书(由意大利米兰大学主编)中,曾详细介绍了冯志伟的 MMT 模型,并评论说:"冯氏关于独立分析-独立生成的主张,关于尽可能地从源语言分析中获取多方面信息的主张,是当前自然语言处理研究中的一个重要进展。"

冯志伟还结合汉语的特点需要,研究了采用 MMT 模型来解决汉语自动分析的各种问题。他指出,在汉语的自动分析中,采用"多值标记"的必要性更加明显。这是因为汉语的句子不能只用词类或词组类型等简单特征来描述,汉语句子各个成分的词类、词组类型、句法功能、语义关系、逻辑关系之间,存在着极为错综复杂的关系,如果只采用简单特征,就无法区分各种歧义现象,达不到汉语自动处理的目的。

具体地说,这是由于:① 汉语句子中的词组类型(或词类)与句法功能之间不存在简单的一一对应关系;② 汉语句子中词组类型(或词类)和句法功能相同的成分,与句子中其他成分的语义关系还可能不同,句法功能和语义关系之间也不是简单地一一对应的;③ 汉语中单词所固有的语法特征和语义特征,对于判别词组结构的性质,往往有很大的参考价值,除了词组类型这样的简单特征之外,再加上单词固有的语法特征和语义特征,采用多值标记来描述,就可以判断词组结构的性质。

冯志伟还提出了用于多值标记的汉语"特征-值"系统,建立了"双态原则"(Di-States Principle,DSP)。他把自然语言的特征分为静态特征和动态特征两大类。其中,静态特征有词类特征、单词的固有语义特征和它的值、单词的固有语法特征和它的值,动态特征有词组类型特征和它的值、句法功能特征、语义关系特征、逻辑关系特征。在自动句法语义分析中,静态特征是计算机进行运算的基础,计算机依赖于这些预先在词典中给出的静态特征,通过有穷步骤的运算,逐渐计算出各种动态特征,从而逐步弄清楚汉语句子中各个语言成分之间的关系,达到自动句法语义分析的目的。冯志伟的"双态原则"为自然语言处理建立了一个操作性很强的形式模型。

冯志伟在法国留学期间,了解到法国语言学家 L. Tesnière(特尼耶尔)的从属关系语法和语法"配价"的概念后,他用这种语法来研究汉外机器翻译问题,首次把"配价"(法语:valence)的概念引入我国的机器翻译研究中,他把动词和形容词的行动元(法语:actant)分为主体者、对象者、受益者 3 个,把状态元(法语:circonstant)分为时刻、时段、时间起点、时间终点、空间点、空间段、空间起点、空间终点、初态、末态、原因、结果、方式、目的、工具、范围、条件、作用、内容、论题、比较、伴随、程度、判断、陈述、附加、修饰等 27 个,以此来建立多语言的自动句法分析系统,对于一些表示观念、感情的名词,也分别给出了它们的价。他还把从属关系语法和短语结构语法结合起来,在表示结构关系的多叉多标记树形图中,明确地指出中心语的位置,并用核心(GOV)、枢轴(PIVOT)等结点来表示中心词。这是我国学者最早利用从属关系语法和配价语法来进行自然语言计算机处理的尝试,他提出的 3 个行动元和 27 个状态元的汉语配价系统,经过了机器翻译实践的检验,证明是行之有效的。这个汉语配价系统为汉语配价的研究奠定了初步的理论基础,学者们后来提出的诸多汉语配价系统,与冯志伟在 MMT 模型中的这个汉语配价系统大同小异。

冯志伟根据机器翻译的实践,提出了表示从属关系语法的从属树(dependence tree)应该满足如下五个条件。① 单纯结点条件:从属树中只有终极结点,没有非终极结点,从属树中的所有结点所代表的都是句子中实际出现的具体的单词;② 单一父结点条件:在从属树中,除了根结点没有父结点之外,所有的结点都只有一个父结点;③ 独根结点条件:一个从属树只能有一个根结点,这个根结点,就是从属树中唯一没有父结点的结点,这个根结点支配着其他的所有的结点;④ 非交条件:从属树中的树枝不能彼此相交;⑤ 互斥条件:从属树中的结点之间,从上到下的支配关系和从左到右的前于关系之间是互相排斥的,如果两个结点之间存在着支配关系,它们之间就不能存在前于关系。冯志伟提出的这五个条件比 1970 年美国计算语言学家 J. Robinson(罗宾逊)提出的从属关系语法的四条公理更加直观,更加便于在机器翻译中使用。

冯志伟在法国研究的另一个问题是生成语法的公理化方法。冯志伟从公理化方法的角度来研究 Chomsky 的形式文法，他把 Chomsky 的形式文法同数学中的"半图厄系统"（semi-Thue system）相比较，指出了 Chomsky 的形式文法，不过是数学中的公理系统理论在语言分析中的应用而已，语言就是由文法这一公理系统从初始符号出发推导出的无限句子的集合；文法的规则是有限的，文法中的终极符号和非终极符号的数目也是有限的，可是，由于语言符号具有递归性，文法这一公理系统就能够根据有限的符号，通过有限的重写规则，递归地推导出无限的句子来。冯志伟的研究，从数学的基础理论方面揭示了形式文法的实质。

冯志伟根据他提出的 MMT 模型，于 1981 年完成了汉-法/英/日/俄/德多语言机器翻译试验，建立了 FAJRA 系统。在 IBM-4341 大型计算机上，把二十多篇汉语文章自动地翻译成英文、法文、日文、俄文、德文，译文通顺，可读性强。当时在 GETA 自动翻译中心做研究的，除了法国学者之外，还有来自英国、日本、德国的学者，当他们看到冯志伟把他们不懂的汉语输入计算机，自动地翻译成他们可以理解的法语、英语、日语、德语的时候，他们都感到由衷的高兴和无比的振奋。FAJRA 系统是世界上第一个汉语到多种外语的机器翻译系统，开创了多语言机器翻译系统的先河。

冯志伟的研究从理论和实践上都改进了短语结构语法，受到了导师 Vauquois 教授的赞赏。冯志伟急切地想把他的成果应用到中国的科技信息文献的大规模翻译方面，而建立一个实用的机器翻译系统，因此，实验报告一写完，他就马上离开法国回到了祖国。

回到北京后，冯志伟想到的第一件事情就是到北京大学拜见他的老师著名语言学家王力先生，向王力先生汇报在法国学习的收获。早年冯志伟在北京大学中文系开始研究数理语言学的时候，王力先生就支持过冯志伟的研究，在北京大学求学期间，冯志伟曾经认真地听过王力先生讲授的"古代汉语""汉语史""中国语言学史""清代古音学"等课程，这些关于汉语文字、音韵和训诂的课程，使他对汉语和汉字的研究越来越热爱，为他后来从事自然语言处理的研究奠定了坚实的基础，冯志伟永远忘不了他的恩师王力先生。

1982 年春天，冯志伟和他的一个老同学一起到北京大学燕南园去看望王力先生，一进门，王力先生就高兴地请他们坐下，王力先生对冯志伟说："听说你考上了中国科学技术大学研究生院，已经改行学习自然科学了，然后中国科学技术大学选派你到法国 Grenoble 理科医科大学应用数学研究所学习，现在你已经更新了知识，你有了很好的数理化基础，因此也就有了科学的头脑，这些都是很宝贵的财富，在语言学研究中随时用得着。"冯志伟向王力教授汇报了他在法国研究多语言机器翻译的收获。王力先生细心地听着，他对冯志伟说："我前年在武汉召开的中国语言学会成立大会上曾经说，我一辈子吃亏就吃亏在我不懂数理化。现在你懂得数理化，就不会像我这样吃亏了，我相信你今后一定会做出更好的成绩。"接着，王力先生又说："二十多年前我曾经对你说过，我希望你学习赵元任先生。当然，这是很难的。赵元任先生是以哲学家、物理学家、数学家、文学家、音乐家做底子,最后才成为世界著名的语言学家的。我一辈子都想学他,但是,我的数理化基础差,没有学好。你现在到法国学习了自然科学,已经具备学习赵元任先生的条件了,我再一次提醒你,你要向赵元任先生学习,而且一定要学得比我好。"王力先生这些语重心长的话,给了冯志伟极大的鼓励,他决心按照王力先生的教导,把数理化的知识和语言学的知识结合起来,做一个信息时代的新型的语言学家。

从法国回国之后,冯志伟在中国科技信息研究所计算中心担任机器翻译研究组的组长,在王力先生和刘涌泉先生的鼓励之下,他利用当时北京遥感技术研究所的 IBM-4361 计算机,于 1985 年进行了德-汉机器翻译试验和法-汉机器翻译试验,建立了 GCAT 德-汉机器翻译系统和 FCAT 法-汉机器翻译系统,检验了 MMT 模型分析汉语和生成汉语的能力,试验结果良好。可惜由于资金缺乏,不能开展更大规模的实验,他要建立实用性机器翻译系统的愿望没有马上实现。

1982 年秋天,冯志伟应北京大学的邀请,在北京大学中文系汉语专业开设了"语言学中的数学问题"的选修课。这是国内首次在高等学校全面地、系统地讲述数理语言学的课程,受到了学生们的欢迎。北京大学前任校长、著名数学家丁石孙教授在他的专著《数学与教育》一书中,对冯志伟的这门课程做了如下的评价:"1982 年,北京大学中文系开设了'语言学中的数学问题'这一课程,这是给汉语专业学生开的选修课程,许多同学对这门学科产生了很大的兴趣。经过一个学期的学习,同学们初步认识了现代数学的发展给语言学注入了生机,觉得获益匪浅,对语言学这门古老的学科分支的发展充满了信心,而且这一举动冲击了相当多的人的旧概念,使闭塞的中国学术界认识到,即使在人文科学教育中,数学也在逐渐起作用。"在北京大学讲稿的基础之上,冯志伟写出了我国第一部数理语言学的专著——《数理语言学》,于 1985 年 8 月由上海知识出版社出版。接着,他又出版了《自动翻译》的专著,深入地探讨自然语言机器翻译的理论和实践问题。这两本专著的出版,受到了我国计算语言学界的欢迎。不少出国学习计算语言学的留学生,出国时都带着这两本书,作为入门的向导。

德国斯图加特:
建立世界上第一个中文术语数据库

1985 年,原文字改革委员会改名为国家语言文字工作委员会,需要计算语言学方面的人才,冯志伟调入了国家语言文字工作委员会语言文字应用研究所担任计算语言学研究室主任,得以专门从事计算语言学的研究工作。与此同时,理工科方面仍然很需要他,他也在中国科学院软件研究所担任兼职研究员。

冯志伟取得的成就引起了国内外学术界的瞩目,但是,冯志伟却非常谦虚。他说:"我的所知总是很有限的,而我的未知却是无限的,因此,我要不懈地追求新知。"他是这样说的,也是这样做的。

冯志伟一鼓作气,不倦地探索新的知识。不久,他就向术语学这个新的领域进军了。

根据中德科技合作协定,冯志伟受中国科学院软件研究所的派遣,于1986年至1988年到德国夫琅禾费研究院(FhG)新信息技术与通信系统研究所担任客座研究员,从事术语数据库的开发。FhG在德国的Stuttgart(斯图加特),是德国著名的工程研究院,在信息科学和术语数据库方面的研究尤其出色。

术语是人类科学技术知识在自然语言中的结晶。术语数据库是在计算机上建立的人类科学技术的知识库,冯志伟的这项研究属于知识工程的研究,具有重要的意义。

当时还没有很好的汉字输入输出软件,冯志伟克服了重重困难,在FhG使用UNIX操作系统和INGRES软件,建立了数据处理领域的中文术语数据库GLOT-C,并且把这个数据库与FhG的其他语言的术语数据库相连接,可以快速地进行多语言术语的查询和检索,并且能够处理汉字。这是世界上第一个中文术语数据库,具有开创作用。

在FhG研究术语数据库的过程中,冯志伟还接触到多种语言的大量术语,他惊异地发现,几乎在每一种语言中,词组型术语的数量都大大地超过了单词型术语的数量。他试图从理论上对这样的语言事实进行解释。

为此,他把数理语言学的理论应用到术语数据库的研究中,提出了"术语形成的经济律"。他证明了:在一个术语系统中,术语系统的经济指数与术语平均长度的乘积恰恰等于单词的术语构成频率之值,并提出了"FEL公式"来描述这个定律。

根据FEL公式可知,在一个术语系统中,提高术语系统经济指数的最好方法是在尽量不过大地改变术语平均长度的前提下,增加单词的术语构成频率。这样,在术语形成的过程中,将会产生大量的词组型术语,使得词组型术语的数量大大地超过单词型术语的数量,而成为术语系统中的大多数。

FEL公式从数理语言学的角度,正确地解释了为什么术语系统中词组型术语的数目总是远远大于单词型术语的数目的数学机理,它反映了语言中的省力原则和经济原则,这是我国学者对于数理语言学中著名的齐夫定律(Zipf's law)的新发展,并从术语的角度说明了语言中的省力原则和经济原则是具有普遍意义的原则。

"术语形成的经济律"提出之后,国内外的术语学界根据术语数据库的事实进行检验,检验证明,在各种术语数据库中,词组型术语的数目确实都大于单词型术语的数目。因此,冯志伟提出的"术语形成的经济律"是适应于各种语言的一条普遍规律,是现代术语学的一条重要的基本定律。

语言是现实的编码体系,术语形成的经济律反映了用词作为语言材料进行单词型术语和词组型术语的编码时的经济律,这一经济律也可适用于语言编码的其他领域。汉语中在用单字组成多字词的时候,有限数目的单字组成了为数可观的多字词,多字词以增加自身的长度为代价来保持汉语中原有单字的个数或者尽量不增加原有单字的个数,体现了组字成词这个编码过程的经济律。多字词也就是双音词或多音词,著名语言学家吕叔湘先生指出,"北方话的语音面貌在最近几百年里没有多大变化,可是双音词的增加以近百年为甚,而且大部分是与经济、政治和文化生活有关的所谓'新名词'。可见同音词在现代主要是起消极作用,就是说,要创造新的单音词是极其困难的了"。吕叔湘先生在这里一方面指出了要创造新的单音词(即单字)极其困难,一方面又指出了双音词(即双字词)大量增加的现象,这正是组字成词的经济律的生动体现。

对汉字结构及其构成成分的统计与分析表明,在《辞海》(1979 年版)所收的 16 295 个字和国家标准《信息交换用汉字编码字符集·基本集》(GB 2312—1980)收入而《辞海》未收的 43 个字中,简化字和被简化的繁体字(包括被淘汰的异体字和计量用字)以及未简化的汉字共有 16 339 个,它们是由 675 个不能再分解的末级部件构成的,简化字和未简化的汉字(不包括被简化的繁体字、被淘汰的异体字和计量用字)共 11 837 个,它们是由 648 个不能再分解的末级部件构成的。由少量的部件构成大量的汉字,体现了部件构成汉字这一编码过程的经济律。

所以,冯志伟提出的术语形成经济律实际上乃是"语言编码的经济律",这是语言学中的一个普遍规律,它支配着语言编码的所有过程。

冯志伟在研究 FEL 公式的同时还提出了"生词增幅递减律",他指出,在一个术语系统中,每个单词的绝对频率是不同的,经常使用的单词是高频词,不经常使用的单词是低频词,随着术语条目的增加,高频词的数目也相应地增加,而生词出现的可能性越来越小,这时,尽管术语的条数还继续增加,生词总数增加的速率却越来越慢,而高频词则反复地出现,生词的增幅有递减的趋势。这个"生词增幅递减律"不仅适用于术语系统,也适用于阅读书面文本的过程,人们在阅读一种用自己不熟悉的语言写的文本时,开始总有大量不认识的生词,随着阅读数量的增加,生词增加的幅度会逐渐减少,如果阅读者能够掌握好已经阅读过的生词,阅读将会变得越来越容易。

冯志伟在术语研究中还提出了"潜在歧义论"(Potential Ambiguity Theory,PA 论),指出了中文术语的歧义格式中,包含着歧义性的一面,也包含着非歧义性的一面,因而这样的歧义格式是潜在的,它只是具有歧义的可能性,而并非现实的歧义,潜在的歧义能否转化成现实的歧义,要通过潜在歧义结构的"实例化"(instantiation)过程来实现,"实例化"之后,有的歧义结构会变成真正的歧义结构,有的歧义结构则不然。这一理论是对传统语言学中"类型-实例"(type-token)观念的冲击,深化了对于歧义格式本质的认识,近年来,冯志伟又把 PA 论推广到日常语言的领域,促进了自然语言处理中的歧义消解的研究。术语是记录科学技术知识的基本单元,哪里有知识,哪里就有术语。因此,术语的研究对于人类知识的系统处理,对于科学技术交流都有着重要的价值。冯志伟把他研究术语的成果写成《现代术语学引论》一书于 1997 年出版，这是我国第一本关于术语学的专著。

在 1991 年，冯志伟还在湖南教育出版社出版了《数学与语言》，著名数学家陈省身教授在扉页上题词："我们赞赏数学，我们需要数学"。

德国特里尔：
在马克思的故乡探索汉字的数学结构

1990 年至 1993 年，冯志伟被德国 Trier（特里尔）大学语言文学院聘任为客座教授。Trier 是一座有 2 000 年历史的古城，又是马克思的故乡，冯志伟有机会经常到马克思的故居了解这位无产阶级革命导师的光辉业绩。

在 Trier 大学语言文学院任教期间，冯志伟用德语给德国学生讲授"汉魏六朝散文""唐诗宋词""中国现代散文""汉字的发展与结构""汉语拼音正词法""汉语词汇史""机器翻译的理论和方法"等课程。为了讲好课，他苦练德语口语，认真用德语备课，在上每一节课之前，他都要先用德语把讲课的内容对自己叙述一遍或多遍，直到能够熟练地背诵为止，他把"备课"当作了"背课"。由于冯志伟的备课特别认真，课堂教学效果很好，他的讲课受到德国学生们的一致好评。冯志伟当时的一些学生现在已经成为德国知名的语言学家了。

在教学中，他发现德国学生学习汉语时，学讲话并不困难，最困难的是学汉字。汉字数量多，结构复杂，因此，他开始研究如何教德国学生学习汉字的问题。

他经过反复的思考，把自己在法国留学时提出的 MMT 模型运用到汉字结构的教学中，提出了汉字结构的括号式表示法，用这种方法可以把一个汉字按层次分解为若干个部件，构成一个树形结构，再把这样的树形结构用括号表示出来。学生只要掌握了基本的汉字部件，就可以进一步学会由这些部件构成的整个汉字，以简驭繁，使汉字便于理解和记忆。这样的方法受到德国学生的欢迎。

冯志伟把他的研究结果写成了《汉字的历史和现状》一书用德文在 Trier 科学出版社出版。

德国 Trier 大学 Dorothea Wippermann（韦荷雅）博士 1996 年在《评冯志伟新著〈汉字的历史和现状〉》（德文版）一文中指出，冯志伟"在汉字研究中引入了现代的成分分析法。对于这种方法，直到现在为止，许多在专家圈子之外的普通人还很不熟悉，所知极少。这种分析法认为，汉字是由不同的图形成分组合而成的一个封闭

用德文出版的《汉字的历史和现状》

的集合,其中的每一个较大的成分都可以进一步被拆分为较小的成分,一直被拆分到单独的笔画为止。汉字结构的这种多层次的多分叉的构造图形可以用树形图来表示,这样一来,便为揭示汉字总体结构的研究提供了一种系统性的理论和方法。这种在中文信息处理中行之有效的成分分析法,对于汉字的研究和学习,也提供了一种新的记忆手段"。

冯志伟在 Trier 大学用德语讲授了一系列的汉语语言学课程,并且用德语出版了语言学的专著,显示了他的外语才能。在我国中文系出身的语言学家当中,像冯志伟这样通晓多门外语的人还不多。他不仅是一位善于深思的语言学的理论家,而且还是一位勇于实践的能操多种外国语的多面手。

在德国讲学的这段时间里,有一次他到一位德国教授的家里做客。闲谈中谈到了德国著名诗人 Heinrich Heine(海涅),冯志伟年轻时曾经读过 Heine 的诗歌和散文,当这位德国教授谈到 Heine 的《哈尔茨山游记》(Harzreise)时,冯志伟情不自禁地朗诵起来:"Die Stadt Göttingen, berühmt durch ihre Würste und Universität, gehört dem Könige von Hannover"(哥廷根属于汉诺威公国,以它的香肠和大学而闻名于世)。这位德国教授感到非常惊讶,他万万没有想到一个中国人竟然能够如数家珍地背诵 Heine 的散文,怀疑地问冯志伟:"你背诵的可能不准确吧?"冯志伟很有信心地回答:"我认为是准确的,这是《哈尔茨山游记》的第一句话。"这位德国教授从书架上找到了 Heine 的《哈尔茨山游记》来核对,冯志伟的背诵确实一字不差,果然是《哈尔茨山游记》的第一句话。

冯志伟年轻时学习外语是非常刻苦的。为了学习英语,他就买一本中型的英汉词典来,一页一页地记忆和背诵,背完一页就撕去一页。几年来,冯志伟先后撕完了英汉、俄汉、法汉、德汉、日汉等多部词典,他就用这样的"笨方法",学会了多门外语。学习外语几乎成了他的一种爱好。当然,掌握了多门外语,使得他对于语言现象的观察有若干个参照系,他有可能参照多种语言来研究某一种语言的特殊问题。这大概也是冯志伟能够在语言研究中取得成功的一个原因吧!

韩国大田:
用英语讲授自然语言处理技术

2001 年,他应邀到韩国科学技术院(Korean Advanced Institute of Science and Technology, KAIST)电子工程与计算机科学系担任教授。KAIST 是韩国著名的理工科大学,学生都是通过严格的考试和数学物理竞赛选出来的精英。他用英语给该系博士研究生开设了"自然语言处理-Ⅱ"(Natural Language Processing-Ⅱ, NLP-Ⅱ)课程。在备课中,他发现美国 Colorado 大学的 Daniel Jurafsky(朱夫斯凯)和 James Martin(马丁)的新著 *Speech and*

Language Processing：*An Introduction to Natural Language Processing*，*Computational Linguistics*，*and Speech Recognition*（《语音和语言处理：自然语言处理、计算语言学和语音识别导论》）是一本很优秀的自然语言处理的教材，这本教材覆盖面非常广泛，理论分析十分深入，而且强调实用性和注重评测技术，几乎所有的例子都来自真实的语料库。他常常想，如果能够把这本优秀的教材翻译成中文，让国内的年轻学子们也能学习本书，那该是多么好的事情！

冯志伟在韩国科学技术院

2002 年，在他回国参加的一次学术讨论会上，电子工业出版社的编辑找到冯志伟，说他们打算翻译出版此书。这位编辑说，电子工业出版社已经进行过调查，目前国外绝大多数大学的计算机科学系都采用此书作为"自然语言处理"课程的研究生教材，他们希望冯志伟亲自来翻译这本书，与电子工业出版社配合，推出高质量的中文译本。电子工业出版社的意见与冯志伟原来的想法不谋而合，于是，他欣然接受了这本长达 600 多页的英文专著的翻译任务，于 2003 年开始进行翻译。

冯志伟虽然已经通读过这本书两遍，对于这本书应该说是有一定的理解了，但是，亲自动手翻译起来，却不像原来想象的那样容易，要把英文的意思表达为确切的中文，下起笔来，总有汲深绠短之感，大量的新术语如何用中文来表达，也是颇费周折和令人踌躇的难题。在韩国教授期间，冯志伟利用了全部的业余时间来进行翻译，晚上加班到深夜，连续工作了 11 个月，当翻译完 14 章（全书的三分之二）的时候，他不幸患了双眼黄斑前膜的眼病，他的右眼在"文化大革命"浩劫期间受过伤，视力本来就不好，现在双眼的视力又出现了新的障碍，难于继续翻译工作，还剩下 7 章（全书的三分之一）没有翻译，"行百里者半九十"，这 7 章的翻译工作究竟如何来完成呢？正当冯志伟束手无策、一筹莫展的时候，中国科学院软件研究所的一位年轻的研究员表示愿意继续他的工作，协助冯志伟完成本书的翻译。这位研究员把剩下的 7 章逐一翻译成中文，通过计算机网络一章一章地传给在韩国的冯志伟，冯志伟使用语音合成装置,让计算机把书面的文本读出来,冯志伟通过读出来的语音进行译文的校正,语音合成技术使冯志伟克服了视力不济的困扰,帮助他迈过了重重的难关。2004 年,在两人的通力合作下,全书的翻译总算大功告成了,由电子工业出版社以《自然语言处理综论》的书名出版。

这本书的出版受到了广大读者的欢迎,而冯志伟为此却损害了自己的视力,他不得不借助于语音合成装置来阅读自己翻译的著作了。

荣获维斯特奖

2006 年 6 月 30 日,联合国教科文组织奥地利委员会(Austrian Commission for UNESCO)、维也纳市(City of Vienna)和国际术语信息中心(INFOTERM)给冯志伟颁发了 Wüster(维斯特)奖(Wüster Special Prize),以表彰他在术语学理论和术语学方法研究方面做出的突出贡献。Wüster(1898~1977)是奥地利著名科学家,是术语学和术语标准化工作的奠基人。维斯特奖是专门为那些对于术语学和术语标准化工作有出色成就的科学家而设置的。

下面是冯志伟获得的 Wüster 奖的奖章和奖状的照片:

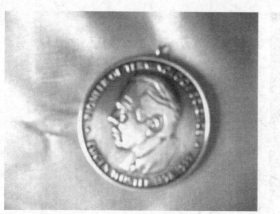

Wüster 奖的奖章和奖状

冯志伟获得 Wüster 奖,说明他数十年的努力,终于得到了国际的承认。可惜的是,冯志伟的视力越来越差,当他接受 Wüster 奖的时候,已经不能看清奖章上面的图案了。他为我国自然语言处理和术语学而付出的代价确实是太大了。

迈开汉语拼音走向世界的新步伐

国际标准《信息与文献——中文罗马字母拼写法》(ISO 7098)是汉语拼音在国际上得到

认可并推广使用的重要依据,是用以规范国际上使用汉语拼音的统一标准。该标准主要应用于世界各国图书馆、博物馆、国际机构中有关中国人名地名的拼写、图书编目、信息与文献的排序检索等,发布后实现了跨语种的信息交换,有力地推进了中外文化交流与发展。

这个国际标准最早发布于 1982 年,1991 年做了微调。鉴于这个国际标准自发布至今时间久远,内容不够细化,不能满足国际相关应用领域的需要,教育部于 2011 年 3 月成立了 ISO 7098 修订工作组,由冯志伟担任组长,启动了 ISO 7098 的修订工作。接着,冯志伟代表我国向国际标准化组织 ISO 提出了修订建议,并通过积极争取翌年获得了由我国主导的标准修订权。在教育部语言文字信息管理司的领导下,冯志伟组织该领域资深专家对这个国际标准进行全面的修订完善,更新条目,补充内容;在人名地名拼写、标调、标点符号转换等方面列出更为具体的规则及说明,增加了分词连写和计算机自动转写等内容,更新了参考文献和普通话音节形式总表。修订后的国际标准更加符合当前信息时代发展的需要,更具科学性和实用性。

2011 年 5 月 6 日,ISO/TC 46 第 38 届会议在澳大利亚悉尼召开,冯志伟出席了这次会议,并在会议上提出了修改 ISO 7098(1991)以便反映当前中文罗马化的新发展和实际应用需要的建议。会后,我国国家标准化委员会(SAC)正式向 ISO 国际标准化组织提出了修订 ISO 7098(1991)的新工作项目的提案。

冯志伟在 ISO/TC 46 第 38 届会议的中国代表席上(悉尼)

2012 年 5 月 6 日至 11 日,ISO/TC 46 第 39 届会议在德国柏林举行,冯志伟出席了这次会议,会议接受了我国的提案,并将这个提案直接作为 ISO 7098 的工作草案(Working Draft,WD),成立了 ISO 7098 国际修订工作组,并任命冯志伟担任国际工作组组长,由美国、俄罗斯、德国和加拿大四国各派一位专家参加,这样,ISO 7098 的修订便正式列入了国际标准化组织的工作日程。

2013 年 6 月 3 日至 7 日 ISO/TC 46 第 40 届会议在巴黎召开,冯志伟在会议上正式向 ISO/TC 46 秘书处提交了 ISO 7098 的委员会草案(Committee Draft,CD)。

2014 年 5 月 5 日至 9 日,ISO/TC 46 第 41 届会议在美国华盛顿召开。冯志伟在 5 月 7 日上午举行的第 3 工作组(Working Group 3,WG3)会议上,就 ISO 7098(1991)的修订问题重申了中国的立场。会后向 ISO/TC 46 秘书处提交了 ISO 7098 的国际标准草案（Draft of International Standard，DIS）。

2015 年 6 月 1 日至 5 日的 ISO/TC 46 第 42 届会议在北京召开，冯志伟出席了这次会议。根据大会的安排，他在 6 月 2 日下午的大会专题报告会上，用英语做了《ISO 7098 国际标准及其在人机交互中的应用》的报告，用生动的实例说明了在数字化环境下，汉语拼音在人机交互中发挥了巨大的作用。这个报告受到了各国代表的热烈欢迎。在 6 月 3 日上午的 WG3 会议上，他又介绍了各国对于 ISO 7098 的 DIS 稿提出的意见以及我国对于这些意见的处理情况，向与会人员出示了 DIS 的修改稿。

会后，冯志伟把经过修改的 DIS 稿正式提交至 ISO TC 46 秘书处，根据 ISO/TC 46 第 41 届会议的决议，ISO TC 46 秘书处于 2015 年 7 月 27 日把 DIS 的修改稿分发给 ISO/TC 46 的各成员国进行委员会内部投票（Committee Internal Balloting，CIB），投票于 2015 年 9 月 18 日结束。ISO/TC 46 秘书处的 N2526 号文件公布了投票结果：ISO/TC 46 委员会中没有弃权的 19 个国家（保加利亚、加拿大、中国、克罗地亚、丹麦、爱沙尼亚、法国、德国、伊朗、意大利、日本、韩国、拉脱维亚、挪威、俄罗斯、泰国、乌克兰、英国、美国）全都投了赞成票，获得全票通过。值得注意的是，在 1982 年对 ISO 7098 投反对票的美国和投弃权票的英国，现在都改变了立场，投了赞成票。这说明 ISO 7098 在世界上得到了越来越多的国家的支持。至此，ISO 7098 的修订工作进入了出版阶段，形成了新的修订稿，叫作《ISO 7098：2015》。2015 年 11 月 12 日，冯志伟向 ISO/TC 46 秘书处提交了《ISO 7098：2015》的最终版本，并转 ISO 总部出版。2015 年 12 月 15 日，ISO 总部正式出版了《ISO 7098：2015》，作为新的国际标准向全世界公布了。这是汉语拼音迈向世界的新步伐，将进一步扩大汉语拼音在国际上的影响。

在修订过程中，相对于研制技术内容，取得国际上的认可和赞成是更为艰巨的任务。这期间，冯志伟用他熟悉的英语、德语、法语、日语等外国语，积极地与各国代表和应用部门分别进行沟通与协调，克服多轮投票表决过程中遇到的重重困难和问题，认真应对，智慧处理，圆满完成了这项体现国家语言主权、关系国家利益的重要使命。由我国主导的修订提案顺利通过了工作组草案、委员会草案、国际标准草案等各阶段投票以及委员会内部最终投票，成功出版发布。冯志伟也因在此次修订工作中的出色表现受到了第 42 届国际标准化组织信息与文献标准化技术委员会的表彰。

冯志伟今年 77 岁，著述颇丰，多有建树，其内容涉及不少领域，引起国内外不少同行专家的广泛关注和高度评价。他现在已在多家出版社出版了二十余部专著，翻译和导读国外重要论著六部，并用汉、英、法、德等语言撰写了学术论文三百余篇在国内外许多著名刊物上发表，其中很多论文被 SCI，SSCI，CSSCI 等收录。其著述不胜一一列举。最主要的代表作如：专著《数理语言学》《自动翻译》《现代语言学流派》《现代汉字和计算机》《中文信息处理与汉语研究》《数学与语言》《自然语言机器翻译新论》《应用语言学综论》《应用语言学新论》《计算语言学基础》《计算语言学探索》《机器翻译研究》《现代术语学引论》《自然语言的计算机处理》《汉语教学与汉语拼音正词法》《机器翻译今昔谈》《术语浅说》《自然语言处理的形式模型》《自然语言处理简明教程》《汉字的历史与现状》(德文版),译著《自然语言处理综论》,等等。他还主持和参与了若干个国家标准和国际标准的制定,为我国和世界的标准化工作做出了贡献。他又是《中国大百科全书》语言文字卷编委会成员、《数学辞海》总编委会委员,还是《计算机百科全书》《中国少年百科全书》等大型工具书的撰稿人,为这些权威性工具书的编纂做出了重要的贡献。

冯志伟的部分著作

尽管冯志伟的视力不济,但是,他仍然孜孜不倦地坚持学术研究。他认为:"我的所知总是很有限的,但是,我的无知却是无限的,学海无涯勤是岸,我要不懈地追求新知,增强自己的有知,减少自己的无知。"他说,这是他做学问的秘诀。最近,为了帮助年轻读者阅读英文学术原著,他先后为《应用语言学中的语料库》《译者的电子工具》《人工智能在第二语言教学中的应用:提高对于偏误的意识》《语言学中的数学方法》《系统与语料》《牛津计算语言学手册》《统计机器翻译》等英语名著写导读。他认为,既然是写导读,自己一定要认真地把原著反复推敲几遍,直到烂熟于心之后才执笔。他写的导读内容丰富,分析深刻,出版后受到读者的欢迎。

冯志伟热爱教育事业,他在国内外许多著名大学担任兼职教授或讲座教授。2012 年 6 月,他应聘为杭州师范大学外国语学院高端特聘教授。他在北京师范大学外国语学院聘请他担任兼职教授的会议上说:"我们教育者的责任,就是把我们对于科学和文化的热爱,传授给青年学子,让他们与我们老一代人一起来分享人类知识宝库中的知识财富,并且为这个知识宝库添砖加瓦,做出我们的贡献,以此来体现我们人生的价值,从中得到最大的愉悦。俗语说:'智者乐,仁者寿',也就是这个意思,让我们都成为天天快乐的'智者'。"他在中国传媒大学招收计算语言学专业方向的博士生,不少毕业的博士生在学术上取得了突出的成绩,有的已是博士生导师,他们已经成为我国计算语言学的骨干力量。

冯志伟经过数十年的艰苦努力,终于实现了他使用数学方法研究语言的愿望,并把语言学和计算机科学非常自然地结合起来,进行跨学科的研究,取得了多方面辉煌的成就,为语言学、计算机等学科做出了重要贡献。他的这些光彩、亮丽、丰硕的成果琳琅满目,异彩纷呈,多么令人欣慰、激动呀!

冯志伟和他的博士生们

过去的著名语言学家有的只懂社会科学,不懂自然科学。许多人只懂古代汉语、现代汉语或普通语言学,一般只着重研究汉语的语音、词汇、语法或文字等某一个方面的问题,研究的问题和领域比较单一,他们中的一些佼佼者,至多也只懂得两三门外语,视野不够开阔,语言的纵横向对比研究都不够,有一定的局限性。而冯志伟却专门学习过理科中的数学和化学,讲授过物理学和计算机科学,又懂得语言学中的古代汉语、现代汉语、普通语言学和文字学,使用计算机技术分析过汉、英、法、德、俄、日等语言的语音、词汇和语法,并把各方面的知识紧密地结合起来综合应用,在计算机上加以实现,成为文理兼通的专家。冯志伟不但能在电子工程与计算机科学系讲授理科的机器翻译的方法和技术研究、自然语言处理的算法研究、计算语言学专题研究等艰深的博士课程,而且也能够在语言文学院讲授汉魏六朝散文、唐诗、宋词、古代汉语、现代汉语、汉字的历史与结构等饶有风趣的课程,他还能在外国语学院给学生们讲授外国语课程,他的散文和诗歌也写得很好,他还是一位翻译专家,出版过翻译著作,为一些外国语言学名著做过审校,为许多外文学术专著写过导读。这样的文理兼通的人才实在是很罕见的。

然而,冯志伟对于他的这些成就却看得很平淡,很少对别人谈起他的成就。每当朋友们谈起他的这些成就时,他总是引用陶渊明的诗句"不言春作苦,常恐负所怀",谦虚地说:"自己虽然不怕劳苦地努力了,可是离时代的要求还差得很远呢!"他除了平时喜欢喝白开水和游泳之外,几乎没有什么特殊的嗜好,每日粗茶淡饭,过着非常清贫的生活。他从来不以为自己是什么"专家",没有任何的架子,总是谦和地对待他的学生和周围的同志。在北京大学中文系1959级同学纪念册上,他写下了这样的人生感言:

先天不足,后天失调;

岁月蹉跎,艰辛备尝;

老当益壮,穷且越坚;

平生无悔,褒贬由之。

他始终认为自己是一个很平常的普通人,对于别人的褒贬,他是看得很平淡的。他对于生活的信条是:只要平生无悔就很好了!

今年是 2016 年,从 1957 年冯志伟下决心研究数学方法在语言学中的应用这个问题算起,他为我国自然语言处理的开创和发展呕心沥血地奋斗了整整 59 年的时间,这 59 年中,他始终坚定不移地走在文理结合的道路上,为文科和理科的结合做出了贡献,为汉语和外语的结合做出了贡献,还为汉语拼音的国际推广做出了贡献。由于长期的超负荷工作而积劳成疾,付出了他自己的健康,想到他这些不幸,我们会感到一阵阵的辛酸。每当我们回顾冯志伟在 59 年的科学研究中走过的人生历程时,心里总有一种悲壮的感觉。

王国维在他的《人间词话》中,用诗的语言描述了知识分子做事业求学问的三个境界。他说:"古今之成大事业、大学问者,必经过三种之境界:'昨夜西风凋碧树。独上高楼,望尽天涯路。'此第一境也。'衣带渐宽终不悔,为伊消得人憔悴。'此第二境也。'众里寻他千百度,蓦然回首,那人却在,灯火阑珊处。'此第三境也。"王国维这里所说的第一境界,就是人们在开始做事业做学问的时候,首先必须高瞻远瞩,立下志向,朝着选定的方向坚定地走下去。冯志伟从 1957 年开始,就以他极为敏锐的洞察力,看到了自然语言处理将会在信息社会中发挥巨大的威力,毅然弃理学文,"独上高楼,望尽天涯路",选定了明确的奋斗目标。王国维这里所说的第二境界,就是既然已经选定了奋斗的目标,就必须发愤图强,卧薪尝胆,"苦其心志,劳其筋骨,饿其体肤,空乏其身,行拂乱其所为,所以动心忍性,曾(增)益其所不能",锲而不舍地追求这个奋斗目标,以至于"衣带渐宽终不悔,为伊消得人憔悴",没有这种不达目的决不休止的精神,当然不可能成就任何事业和学问。冯志伟在他 59 年的奋斗历程中,持之以恒,排除万难,终于到达第三境界,实现了他追求的理想,为我国的自然语言处理事业做出了突出的贡献,真是"众里寻他千百度,蓦然回首,那人却在,灯火阑珊处"!我们为此感到无比的兴奋。

冯志伟先生,我们希望你珍惜自己的身体健康,继续为文科和理科的沟通,为我国科学技术事业的发展,做出更大的贡献。

【说明】 本文原载《现代语文:语言研究》2009 年第 21 期(总第 366 期),7 月下旬刊,4～12页。收入本书时做了一些修改和补充。

(云南大学教授 张在云)